统计学习要素

机器学习中的数据挖掘、推断与预测（第2版）

特雷弗 · 哈斯蒂
[美] 罗伯特 · 提布施拉尼 著
杰罗姆 · 弗雷曼
张军平 译

清华大学出版社
北 京

内容简介

本书在一个通用的概念框架中描述通用于数据挖掘、机器学习和生物信息学等领域的重要思想和概念。这些统计学范畴下的概念是人工智能与机器学习的基础。全书共 18 章，主题包括监督学习、回归的线性方法、分类的线性方法、基展开和正则化、核光滑方法、模型评估和选择、模型推断和平均、加性模型、树和相关方法、Boosting 和加性树、神经网络、支持向量机和柔性判断、原型方法和最近邻、非监督学习、随机森林、集成学习、无向图模型和高维问题等。

本书主题全面，是一本经典的统计学习教材，适合本科高年级学生和研究生使用和参考。

北京市版权局著作权合同登记号　图字：01-2019-7935

First published in English under the title
The Elements of Statistical Learning: Data Mining, Inference, and Prediction (2nd Ed.)
by Trevor Hastie, Robert Tibshirani and Jerome Friedman

图书在版编目（CIP）数据

统计学习要素：机器学习中的数据挖掘、推断与预测：第 2 版 / (美) 特雷弗・哈斯蒂，(美) 罗伯特・提布施拉尼，(美) 杰罗姆・弗雷曼著；张军平译. —北京：清华大学出版社，2021.1
（2024.8重印）

书名原文：The Elements of Statistical Learning: Data Mining, Inference, and Prediction, Second Edition

ISBN 978-7-302-55739-5

Ⅰ. ①统…　Ⅱ. ①特…　②罗…　③杰…　④张…　Ⅲ. ①机器学习　Ⅳ. ①TP181

中国版本图书馆 CIP 数据核字(2020)第 106629 号

责任编辑：文开琪
封面设计：李　坤
责任校对：周剑云
责任印制：杨　艳
出版发行：清华大学出版社
网　址：https://www.tup.com.cn，https://www.wqxuetang.com
地　址：北京清华大学学研大厦 A 座　　邮　编：100084
社 总 机：010-83470000　　邮　购：010-62786544
投稿与读者服务：010-62776969，c-service@tup.tsinghua.edu.cn
质 量 反 馈：010-62772015，zhiliang@tup.tsinghua.edu.cn
印 装 者：三河市铭诚印务有限公司
经　销：全国新华书店
开　本：185mm×260mm　　**印　张**：36　　**字　数**：958 千字
版　次：2021 年 1 月第 1 版　　**印　次**：2024 年 8 月第 5 次印刷
定　价：159.00 元

产品编号：085279-02

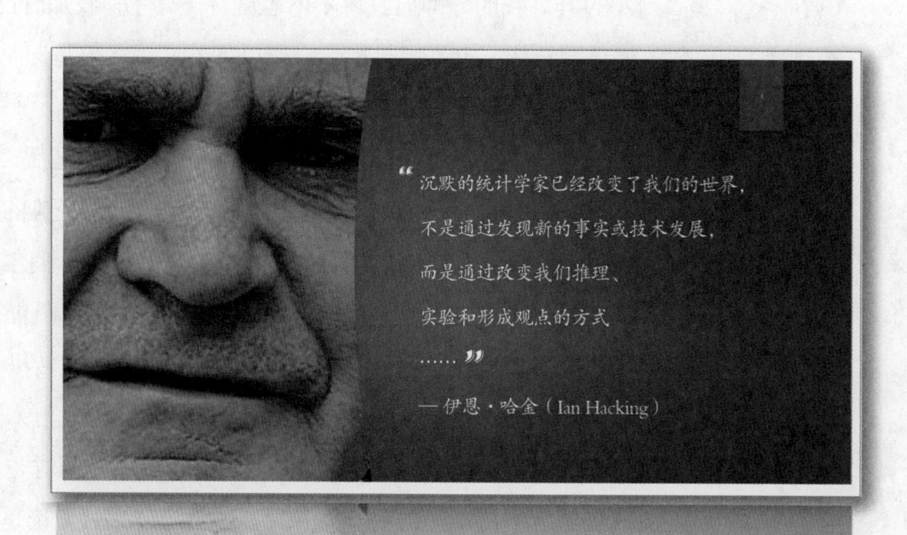
“沉默的统计学家已经改变了我们的世界，
不是通过发现新的事实或技术发展，
而是通过改变我们推理、
实验和形成观点的方式
……”
— 伊恩·哈金（Ian Hacking）

译者序

虽然老套，但我还是想以这句开头。如果上天再给我一次机会的话，我肯定不会同意接翻译这本书的活。因为从接活儿到完成，前前后后居然有 11 年的时间，单纯从性价比来看，绝对是不值得的。

2009 年，我的导师问我愿不愿意翻译一本书。我那时已经毕业 6 年，但还算年轻，也不懂得拒绝，所以就答应了。于是，便和我的几个学生一起，开始了这部经典著作的漫漫译途。

书里面的公式不是一般的多，所以我们几个商量之后，决定采用 LaTex。现在想想，可能从这个决定开始，就注定了经典的难产。第一次交稿大约是在 2011 年初，然后就是漫长的等待，偶尔也催一催当时负责这本书的编辑，答复基本是在改但事情多，只能暂时先搁置着。这一搁，居然就是 8 年。直到 2019 年，才有了转机。

LaTex 的升级，再加上当年参与翻译的学生已毕业五六年，所以，我花了不少时间来重新调整全书和仔细审查译稿，同时也多少明白了此书当年之所以难产的另一个原因。放到十年前，无论是译者还是编辑，在统计学习这个领域的知识储备都还处于初级阶段，直接造成了翻译初稿的粗和编辑的难以下手。在过去的十年中，就我个人而言，差不多也在统计学习、机器学习和人工智能的基础与应用研究中打拼了近十年，耳濡目染，对这一领域的历史、发展状况、利弊的认识更加全面和深刻。而且，就在 2018 年下半年，我还针对人工智能所存在的不足，从错觉的角度写了一本科普书《爱犯错的智能体》，并在 2019 年 7 月交付清华大学出版社正式出版。

此后不久，我便利用 2019 年暑假的间隙期，独立对全书重新做了一遍纠错和调整。虽然我自认为是个高效率人士，但这本书毕竟有近 600 页的篇幅，没日没夜，起早贪黑地审校，也花了近 3 个月的时间。而后，在 2019 年寒假，我再次检查出版社返回的校样稿。需要指出的是，这本书虽然是 2009 年出版的，但作者非常认真，在后续 17 次重印时做了勘误。另外，作者还在网上放了一些未体现到书中的纠错内容。为了保证翻译的内容是最新和更准确的，所有这些更新，我都一并体现到我们的翻译版中。

2020 年 6 月，经过与编辑的协商，决定让专做排版且熟悉 Latex 的公司帮着一起修改。因我使用的 Latex 版本、宏包和操作系统与排版公司的不同，排版人员也花了不少的时间来熟悉我的源包。2020 年 7 月末，我再次核对清样，尽可能清除翻译问题、打印错误和拼写错误。

比较有意思而且值得回顾的是，2009 年刚接到翻译任务时，深度学习还没有出现 AlexNet 这样性能卓越的神经网络结构，在 ImageNet 上的算法性能的比拼还主要集中在传统机器学习方面，比如支持向量机和集成学习。而依照这本书浓烈的统计味，按理说，那个时间点出版无疑是最佳时期。在此期间，人工智能已经进入了第三波热潮。由于深度学习在预测上的优越表现，自 2012 年开始，大多数机器学习研究者和对人工智能感兴趣的科研工作者开始转向深度神经网络的研究。

而在深度学习中，大家关心的是如何进行数据的生成，如何调整网络的参数和基于先期调整好的网络进行精调（fine-tune），如何利用模块化的结构将各种机制（如注意力、对抗和金字塔）引入，如何通过构造损失函数来适应不同的应用，如何提取更有效的深层特征表示，如何并行计算，如何压缩模型，诸如此类。对统计学习中常关心的可解释性、收敛界、泛化和模型复杂性等问题的研究，则明显没有了深度学习流行之前的热度。这从人工智能相关的诸多顶会上、深度变化上与传统机器学习论文数量的比例变化就可见一斑。

虽然深度学习目前仍处在如火如荼之中，但需要注意的是，人工智能的研究很像时装热潮的更替，隔段时间就会来个循环。冷的会热，热的也会变冷。神经网络自 1956 年以来的三次兴衰能非常明显地体现这个特点。当然，这与我们对数据的采集能力大小、对模型逼近能力的认识程度有很大的关系。

最近两年，关于深度学习的可解释性和局限性，有了越来越多的反思。而《统计学习要素》似乎对其中的一些问题早就已经有过比较完整且清晰的分析。比如神经网络的优势和不足，书中早就有过定论，如果用来做预测的话，还是不错的。但做可解释性，这方面就不如其他统计学习或机器学习模型。从就业的角度来看，很多人工智能相关的企业也已经不满足于招只懂调深度网络模型参数的学生，而是更希望他们也懂一些统计基础和机器学习，以备不时之需。在这方面，《统计学习要素》正好可以提供比较全面的介绍。

《统计学习要素》的三位作者均是斯坦福大学统计系的资深教授，在统计分析和机器学习领域都提出了重要的研究成果。比如哈斯蒂（Trevor Hastie），我最早了解他的工作是读他的博士论文"主曲线"，这项工作是试图将线性情况的第一主成分推广到非线性情况，去寻找通过数据中间的曲线或超曲面。我读博士期间及毕业后有一系列的工作都与其研究的主曲线相关。

尽管英文版的第 2 版出版发行于 2009 年，但我认为，如果希望能够全方位了解人工智能和机器学习的理论基础，这本书仍然值得认真研读。主要原因有三个。第一，相对于人工智能的工程应用发展，数学和统计的理论基础更为稳定，不太容易在短时间内如 20、30 年发生大的变化，甚至在很长一段时间都能成为我们从事人工智能研究的启蒙，为相关的科研工作者提供理论基石和指导。比如 1895 年黎曼提出的弯曲空间，即流形概念，时隔 100 多年，才在机器学习和人工智能的研究中大放异彩。第二，三位作者都是在统计和机器学习两大学科间积极参与过实际研究的。书中有太多细节，绝对不是在纸上谈兵，都是干货。这些经验能帮助大家在设计模型和算法时，少走很多不必要的弯路。第三，这本书的主线很值得我们深思，尤其是经历了深度学习这波热潮后。如果仔细看这本书，便会发现作者们始终在围绕两个概念讲故事。一个是偏差，即模型离真实模型之间的差异。另一个是方差，即模型本身的稳定性。对偏差与方差之间平衡的思考贯穿全书，并基于此来讨论各种学习方法的优劣，而这一平衡与我们今后更需要关注的可解释性、以及理解人和其他生命的智能密切相关。

最后，感谢为本书翻译做出贡献的同学，包括 2009 年最初为本书设计 LaTex 模板并翻译的何力同学以及参与各章节翻译的陈昌由、谭犇、王晓丹和周骥同学。也感谢 2019 年对我重新翻译的内容进行过校对的黄智忠、陈首臻、陈捷、张政峰、袁一帆和何沛阳同学。此外，还要特别感谢目前远在美国做博士后的吴新星副教授。他帮助我解决了书里面图中英文标注的汉化问题，使我能批量定位掩盖英文的框，并在框上叠加翻译好的中文。他也帮助我解决了书稿在 LaTex 版本升级后的排版问题并提供了不少有用的宏包（如翻译版最后的关键词术语对照表）。我还要感谢“教育部指导高校科技创新规划项目”、国家自然科学基金项目（资助号：61673118）、上海市“脑与类脑智能基础转化应用研究”市级科技重大专项资助项目（项目编号: 2018SHZDZX01）和张江实验室对本书翻译版所提供的支持。另外，由于本人的翻译水平和投入的时间都比较有限，如有翻译不到位的地方还请见谅。

如有可能，也欢迎反馈至编辑部或我本人的学校邮箱，再版时一并改正。

张军平

2020 年 9 月 4 日于上海

第2版前言

"我们信靠上帝，其他的只信数据！"

— 威廉·爱德华·戴明 (William Edwards Deming, 1900—1993) ① ②

本书第 1 版受到了广大读者的肯定和欢迎，让我们备受鼓舞。同时，自此书出版以来，统计学习领域的研究步伐也日新月异。这些促使我们将本书更新至第 2 版。

我们增加了 4 章新的内容，并更新了已有章节的部分内容。考虑到许多读者对第 1 版的布局比较熟悉，我们尝试了尽量少改动本书的结构。下表总结一些主要的变化。

章	新增内容
1. 概述	
2. 监督学习综述	
3. 回归的线性方法	最小角度回归（Least Angle Regression，LAR）算法和 Lasso 的推广
4. 分类的线性方法	用于逻辑斯特回归（logistic）的 Lasso 路径
5. 基展开与正则化	增加了对重建核希尔伯特空间（RKHS）的描述
6. 核平滑方法	
7. 模型的评估和选择	交叉验证的优势和陷阱
8. 模型的推断和平均	
9. 加性模型、树和相关方法	
10. Boosting 和加性树	一个生态学的新示例, 一些内容被转到第16章
11. 神经网络	贝叶斯神经网和 NIPS 2003 挑战
12. 支持向量机和柔性判别分析	支持向量机（SVM）分类器的路径算法
13. 原型方法与最近邻	
14. 非监督学习	谱聚类，核主成分分析（PCA），稀疏 PCA，非负矩阵分解中的典型分析，非线性维数约简，谷歌的页面排名（Page Rank）算法，一个实现独立分量分析（ICA）的直接方法
15. 随机森林	新
16. 集成学习	新
17. 无向图模型	新
18. 高维问题：$p \gg N$	新

① 在网络上，这一引语曾经广泛认为是戴明（Deming）和海登（Robert W. Hayden）提出的。然而，海登教授告诉我们，他从未说过此话。比较搞笑的是，我们也没有找到"数据"来证实戴明实际上说过这句话。

② 中文版编注：在 NASA 有一间会议室的墙上，有这样一句原话："In God we trust, all others bring data."

其他说明如下。

- 第 1 版对色盲读者不是太友好，特别是我们偏好采用会引起麻烦的红/绿对比。在新版中，我们对颜色配置进行了较大的改进，用橙色/蓝色对比来代替原来的红/绿对比。
- 我们将第6章的标题从“核方法”改成“核平滑方法”，以免与第12章中的支持向量机部分以及第5章和第14章、在机器学习框架下广泛讨论的核方法混淆。
- 在第 1 版中，因为没有明确区分条件误差率（以训练集为条件）和无条件误差率，所以第 7 章关于误差率估计的讨论有些凑合。在新版中，我们已经修正这一问题。
- 第15章和第16章是从第10章自然发展而来的，读者最好能按这个顺序来阅读。
- 在第17章，我们没有试图涵盖图模型的全部内容，而是只讨论了无向图模型以及估计它们的一些新方法。具体来说，由于篇幅限制，我们在本书中忽略了与有向图模型相关的内容。
- 第18章探索了高维特征空间学习中的 $p \gg N$ 问题。这一问题在很多领域（如基因组、蛋白质组和文本分类）中都广泛存在。

我们感谢在第 1 版中发现（大量）错误的众多读者。在新版本里，我们为那些错误表示歉意，并尽我们最大的努力来避免错误再次发生。我们感谢马克（Mark Segal）、巴拉（Bala Rajaratnam）和拉瑞（Larry Wasserman）对新增各章的内容提出建议，也感谢斯坦福大学的许多研究生和博士后提出的建议，尤其是默罕默德（Mohammed AlQuraishi）、约翰（John Boik）、霍尔格（Holger Hoefling）、阿瑞（Arian Maleki）、多拉尔（Donal McMahon）、撒哈荣（Saharon Rosset）、巴巴克（Babak Shababa）、丹尼尔拉（Daniela Witten）、朱奇（Ji Zhu）和邹辉（Hui Zou）。我们感谢约翰（John Kimmel），因为他耐心指导我们完成了新的版本。罗伯特（Robert Tibshirani）将此书献给安娜（Anna McPhee）。

特雷弗·哈斯蒂（Trevor Hastie）
罗伯特·提布施拉尼（Robert Tibshirani）
杰罗姆·弗雷曼（Jerome Friedman）
加州，斯坦福大学
2008 年 8 月

第1版前言

“我们淹没在信息的海洋里，却一心渴求知识。”

— 卢瑟福·罗杰（Rutherford D. Roger）

统计学领域不断受到来自科学和工业界问题的挑战。早期，这些问题通常来自于工业和农业实验，且问题的规模相对较小。随着计算机和信息时代的来临，统计问题已经在复杂性和规模两个方面都有了急剧的增长。数据存储、组织和搜索领域的挑战导致“数据挖掘”这个新领域的出现；生物学和医学出现的统计和计算问题催生了“生物信息学”。海量数据正从众多领域涌现，统计学家的工作是让所有这些变得有意义：从数据中提取重要的模式和趋势以及理解“数据在说什么”，我们称其为“从数据中学习”（learning from data）。

从数据中学习的挑战已经导致了统计科学的革命。因为计算在这个革命中扮演着关键的角色，所以，相当多新的进展是由其他领域如计算机科学和工程的研究人员做出的，这也就不奇怪了。

我们考虑的学习问题可以粗略地归类为监督（supervised）或非监督（unsupervised）。监督学习的目标是要基于大量输入的度量，预测一个结果度量的值；在非监督学习中，则没有结果度量，其目的是描述一组输入的度量集之间的关联和模式。

在本书中，我们试图将学习中许多重要的、新的观点放在一起并从统计的框架来解释。尽管需要一些数学细节，但我们这里强调的是方法和它们的概念基础，而不是它们的理论性质。我们希望本书不仅能吸引统计学家，也能吸引更多其他领域的研究人员和实践者。

正如我们从统计学领域以外的研究人员学到大量的知识一样，我们的统计观点也可以帮助非统计背景的人更好地理解统计学习的不同侧面：

“万事没有真正的解释；解释是服务于人类理解的途径。解释的价值在于能让其他人就某个想法展开卓有成效的思考。”

— 安迪亚斯·布加（Andreas Buja）

我们感谢许多人对本书的构思和完善所做出的贡献。大卫（David Andrews）、里欧（Leo Breiman）、安迪亚斯（Andreas Buja）、约翰（John

Chambers）、布兰德雷（Bradley Efron）、杰弗里（Geoffrey Hinton）、维纳（Werner Stuetzle）和约翰（John Tukey）对我们的工作有很深的影响。巴拉撒布拉马莲（Balasubramanian Narasimhan）给了我们很多宝贵的建议并在很多计算问题方面给予了帮助，也维护了一个极好的计算环境。方兴和（Shin-Ho Bang）帮助制作了本书中的多数图例。李（Lee Wilkinson）在彩色图像制作中建议了很多有价值的小窍门。伊拉那（Ilana Belitskaya）、伊万（Eva Cantoni）、玛雅（Maya Gupta）、米切尔（Michael Jordan）、辛提（Shanti Gopatam）、拉德福特（Radford Neal）、佐治（Jorge Picazo）、波格丹（Bogdan Popescu）、奥利弗（Olivier Renaud）、撒哈荣（Saharon Rosset）、约翰（John Storey）、朱奇（Ji Zhu）、朱穆（Mu Zhu）、两个评审和许多阅读过部分手稿的学生提出了许多有帮助的建议。约翰（John Kimmel）在成书的每个阶段都十分耐心地给予了支持和帮助，玛丽安（MaryAnn Brickner）和弗兰克（Frank Ganz）领导着斯普林格（Springer）出版社中极好的一个出版团队。特雷弗（Trevor Hastie）也十分感谢开普敦大学统计系在本书最后阶段对他的款待。我们也要致谢美国国家自然科学基金（NSF）和美国国立卫生研究院（NIH），因为他们对本书的完成提供了支持。最后，我们要对我们的家庭和父母对我们的爱和支持表示感谢。

特雷弗·哈斯蒂（Trevor Hastie）
罗伯特·提布施拉尼（Robert Tibshirani）
杰罗姆·弗雷曼（Jerome Friedman）
加州，斯坦福大学
2001年5月

“沉默的统计学家已经改变了我们的世界，不是通过发现新的事实或技术发展，而是通过改变我们推理、实验和形成观点的方式……”

— 伊恩·哈金（Ian Hacking）

简明目录

第 1 章 概述 1

第 2 章 监督学习综述 7

第 3 章 回归的线性方法 33

第 4 章 分类的线性方法 77

第 5 章 基展开与正则化方法 105

第 6 章 核平滑方法 143

第 7 章 模型的评估和选择 165

第 8 章 模型的推断和平均 197

第 9 章 加性模型、树和相关方法 223

第 10 章 **Boosting** 和加性树 255

第 11 章 神经网络 293

第 12 章 支持向量机与柔性判别分析 315

第 13 章 原型方法与最近邻 347

第 14 章 非监督学习 365

第 15 章 随机森林 441

第 16 章 集成学习 455

第 17 章 无向图模型 471

第 18 章 高维问题：$p \gg N$ 489

详细目录

第 1 章 概述 …… 1
1.1 示例 1：垃圾邮件 …… 1
1.2 示例 2：前列腺癌 …… 2
1.3 示例 3：手写数字识别 …… 2
1.4 示例 4：DNA 表达微阵列 …… 4
1.5 本书的读者群体 …… 5
1.6 本书的组织 …… 6
1.7 本书网站 …… 6
1.8 给教师的建议 …… 6
第 2 章 监督学习综述 …… 7
2.1 概述 …… 7
2.2 变量类型和术语 …… 7
2.3 两个简单的预测方法：最小二乘和最近邻 …… 8
2.3.1 线性模型和最小二乘 …… 8
2.3.2 最近邻方法 …… 11
2.3.3 从最小二乘到最近邻 …… 12
2.4 统计决策理论 …… 14
2.5 高维中的局部方法 …… 17
2.6 统计模型、监督学习和函数逼近 …… 21
2.6.1 联合分布 $\Pr(X,Y)$ 的统计模型 …… 21
2.6.2 监督学习 …… 22
2.6.3 函数逼近 …… 22
2.7 结构化的回归模型 …… 24
2.8 受限估计子的种类 …… 26
2.8.1 粗糙度惩罚和贝叶斯方法 …… 26
2.8.2 核方法和局部回归 …… 26
2.8.3 基函数和词典方法 …… 27
2.9 模型选择和偏差-方差折中 …… 28
文献说明 …… 30
习题 …… 30
第 3 章 回归的线性方法 …… 33
3.1 概述 …… 33

3.2 线性回归模型和最小二乘 · · · · · · · · · · 33
3.2.1 示例：前列腺癌 · · · · · · · · · · 38
3.2.2 高斯-马尔可夫定理 · · · · · · · · · · 39
3.2.3 源自简单一元回归的多元回归 · · · · · · · · · · 40
3.2.4 多元输出 · · · · · · · · · · 43
3.3 子集选择 · · · · · · · · · · 44
3.3.1 最佳子集选择 · · · · · · · · · · 44
3.3.2 分步前向和分步反向选择 · · · · · · · · · · 45
3.3.3 分阶段前向回归 · · · · · · · · · · 46
3.3.4 示例：前列腺癌（续） · · · · · · · · · · 46
3.4 收缩方法 · · · · · · · · · · 47
3.4.1 岭回归 · · · · · · · · · · 48
3.4.2 Lasso 回归 · · · · · · · · · · 52
3.4.3 讨论：子集选择、岭回归和 Lasso 回归 · · · · · · · · · · 54
3.4.4 最小角度回归 · · · · · · · · · · 56
3.5 采用导出的输入方向的方法 · · · · · · · · · · 60
3.5.1 主成分回归 · · · · · · · · · · 60
3.5.2 偏最小二乘 · · · · · · · · · · 61
3.6 讨论：选择和收缩方法的比较 · · · · · · · · · · 62
3.7 多元输出的收缩和选择 · · · · · · · · · · 63
3.8 关于 Lasso 和相关路径算法的更多讨论 · · · · · · · · · · 65
3.8.1 增量式分阶段前向回归 · · · · · · · · · · 65
3.8.2 分段线性路径算法 · · · · · · · · · · 67
3.8.3 Dantzig 选择算子 · · · · · · · · · · 67
3.8.4 成组 Lasso · · · · · · · · · · 68
3.8.5 Lasso 的进一步特性 · · · · · · · · · · 69
3.8.6 逐路径坐标优化 · · · · · · · · · · 70
3.9 计算考虑 · · · · · · · · · · 71
文献说明 · · · · · · · · · · 71
习题 · · · · · · · · · · 71
第 4 章 分类的线性方法 · · · · · · · · · · 77
4.1 概述 · · · · · · · · · · 77
4.2 指示矩阵的线性回归 · · · · · · · · · · 78
4.3 线性判别分析 · · · · · · · · · · 82
4.3.1 正则判别分析 · · · · · · · · · · 85
4.3.2 LDA 的计算 · · · · · · · · · · 86

4.3.3 降秩线性判别分析 · 86
4.4 Logistic 回归 · 90
4.4.1 拟合 Logistics 回归模型 · · · · · · · · · · · · · · · · 90
4.4.2 示例：南非人的心脏病 · · · · · · · · · · · · · · · · 92
4.4.3 二次逼近和推断 · · · · · · · · · · · · · · · · · · 94
4.4.4 L_1 正则化 Logistic 回归 · · · · · · · · · · · · · · · 95
4.4.5 Logistic 回归或 LDA? · · · · · · · · · · · · · · · · 96
4.5 分离超平面 · 97
4.5.1 罗森布拉特的感知机学习算法 · · · · · · · · · · · · · 99
4.5.2 最优分离超平面 · · · · · · · · · · · · · · · · · · 100
文献说明 · 102
习题 · 102
第 5 章 基展开与正则化方法 · · · · · · · · · · · · · · · · · 105
5.1 概述 · 105
5.2 分段多项式与样条 · · · · · · · · · · · · · · · · · · 106
5.2.1 自然三次样条 · · · · · · · · · · · · · · · · · · · 109
5.2.2 示例：南非心脏病（续） · · · · · · · · · · · · · · · 109
5.2.3 示例：音素识别 · · · · · · · · · · · · · · · · · · 111
5.3 滤波与特征抽取 · · · · · · · · · · · · · · · · · · · 113
5.4 平滑样条 · 113
5.5 平滑参数的自动选取 · · · · · · · · · · · · · · · · · 118
5.5.1 固定自由度 · 118
5.5.2 偏差—方差折中 · · · · · · · · · · · · · · · · · · 119
5.6 非参 Logistic 回归 · · · · · · · · · · · · · · · · · · 121
5.7 多维样条 · 122
5.8 正则化与再生核希尔伯特空间 · · · · · · · · · · · · · 126
5.8.1 核生成的函数空间 · · · · · · · · · · · · · · · · · 126
5.8.2 RKHS 的例子 · 128
5.9 小波平滑 · 131
5.9.1 小波基与小波变换 · · · · · · · · · · · · · · · · · 133
5.9.2 自适应小波滤波 · · · · · · · · · · · · · · · · · · 135
文献说明 · 137
习题 · 137
附加内容：样条的计算 · · · · · · · · · · · · · · · · · · 140
B 样条 · 140
平滑样条的计算 · 142

第 6 章 核平滑方法 143

6.1 一维核平滑方法 143

6.1.1 局部线性回归 145

6.1.2 局部多项式回归 147

6.2 选择核宽度 149

6.3 $\mathbb{R}^p$ 上的局部回归 150

6.4 $\mathbb{R}^p$ 上特征结构化局部回归 152

6.4.1 结构化的核函数 152

6.4.2 结构化的回归函数 152

6.5 局部似然与其他模型 153

6.6 核密度估计与分类 156

6.6.1 核密度估计 156

6.6.2 核密度分类 157

6.6.3 朴素贝叶斯分类器 158

6.7 径向基函数与核 159

6.8 密度估计与分类的混合模型 161

6.9 计算细节 162

文献说明 163

习题 163

第 7 章 模型的评估和选择 165

7.1 概述 165

7.2 偏差、方差与模型复杂性 165

7.3 偏差-方差分解 168

7.4 训练错误率的乐观估计 171

7.5 样本内预测错误的估计 173

7.6 参数的有效个数 175

7.7 贝叶斯方法和 BIC 175

7.8 最小描述长度 177

7.9 Vapnik-Chernovenkis 维数 178

7.10 交叉验证 182

7.10.1 k 折交叉验证 182

7.10.2 交叉验证的错误和正确做法 185

7.10.3 交叉验证有效吗？ 186

7.11 自举法 188

7.12 条件还是期望测试误差？ 191

文献说明 193

习题 194
第 8 章 模型的推断和平均 197
8.1 概述 197
8.2 Bootstrap 和最大似然方法 197
8.2.1 一个光滑的示例 197
8.2.2 最大似然推断 199
8.2.3 Bootstrap 与最大似然 201
8.3 贝叶斯方法 202
8.4 Bootstrap 和贝叶斯推断的联系 204
8.5 EM 算法 205
8.5.1 两分量混合模型 205
8.5.2 通用 EM 算法 208
8.5.3 作为最大化－最大化过程的 EM 209
8.6 MCMC 用于从后验中采样 210
8.7 Bagging 213
8.8 模型平均和 Stacking 217
8.9 随机搜索：Bumping 219
文献说明 220
习题 221
第 9 章 加性模型、树和相关方法 223
9.1 广义加性模型 223
9.1.1 拟合加性模型 224
9.1.2 示例：加性 Logistics 回归 226
9.1.3 示例：预测垃圾电子邮件 227
9.1.4 小结 229
9.2 基于树的方法 230
9.2.1 背景 230
9.2.2 回归树 231
9.2.3 分类树 233
9.2.4 其他问题 234
9.2.5 示例：垃圾邮件 (续) 236
9.3 PRIM：凸块搜索 240
9.4 MARS：多元自适应回归样条 243
9.4.1 示例：垃圾邮件（续） 246
9.4.2 示例：模拟数据 247
9.4.3 其他问题 248

9.5 层次专家混合 248
9.6 缺失数据 251
9.7 计算考虑 252
文献说明 252
习题 253
第 10 章 Boosting 和加性树 255
10.1 Boosting 方法 255
10.2 Boosting 拟合加性模型 258
10.3 前向分阶段加性建模 258
10.4 指数损失和 AdaBoost 259
10.5 为什么要用指数损失 261
10.6 损失函数和鲁棒性 262
10.6.1 用于分类的鲁棒损失函数 262
10.6.2 回归的鲁棒损失函数 264
10.7 数据挖掘的“现成”过程 265
10.8 示例：垃圾邮件数据 266
10.9 Boosting 树 268
10.10 通过梯度 Boosting 的数值优化 270
10.10.1 最速下降 270
10.10.2 梯度 Boosting 271
10.10.3 梯度 Boosting 的执行 272
10.11 Boosting 合适大小的树 273
10.12 正则化 275
10.12.1 收缩 275
10.12.2 子采样 276
10.13 解释 277
10.13.1 预测变量的相对重要性 277
10.13.2 部分相关性图 278
10.14 实例 280
10.14.1 加州住房 280
10.14.2 新西兰黑鲂鱼 283
10.14.3 人口统计数据 287
文献说明 289
习题 290
第 11 章 神经网络 293
11.1 概述 293

11.2 投影寻踪回归 · · · 293
11.3 神经网络 · · · 295
11.4 拟合神经网络 · · · 297
11.5 神经网络训练中的一些问题 · · · 299
11.5.1 初始值 · · · 299
11.5.2 过拟合 · · · 299
11.5.3 输入数据的尺度 · · · 301
11.5.4 隐层是神经网络的学术语 · · · 301
11.5.5 多个极小值 · · · 301
11.6 示例：仿真数据 · · · 301
11.7 示例：邮政编码数据 · · · 303
11.8 讨论 · · · 307
11.9 贝叶斯神经网络和 NIPS 2003 挑战 · · · 307
11.9.1 贝叶斯，Boosting 和 Bagging · · · 308
11.9.2 性能比较 · · · 309
11.10 计算问题 · · · 311
文献说明 · · · 312
习题 · · · 312
第 12 章 支持向量机与柔性判别分析 · · · 315
12.1 概述 · · · 315
12.2 支持向量机分类器 · · · 315
12.2.1 支持向量分类器的计算 · · · 317
12.2.2 示例：混合模型（续） · · · 318
12.3 支持向量机与核 · · · 319
12.3.1 计算分类的 SVM · · · 320
12.3.2 作为罚方法的 SVM · · · 322
12.3.3 函数估计和重建核 · · · 323
12.3.4 SVM 和维数灾难 · · · 325
12.3.5 SVM 分类器的路径算法 · · · 326
12.3.6 用于回归支持向量机 · · · 328
12.3.7 回归与核 · · · 329
12.3.8 讨论 · · · 330
12.4 线性判别分析泛化 · · · 331
12.5 柔性判别分析 · · · 332
12.6 罚判别分析 · · · 337
12.7 混合判别分析 · · · 339

文献说明 343
习题 344
第 13 章 原型方法与最近邻 347
13.1 概述 347
13.2 原型方法 347
13.2.1 K-均值聚类 347
13.2.2 向量量化学习 348
13.2.3 混合高斯 349
13.3 K-近邻分类器 350
13.3.1 示例：一个比较性研究 352
13.3.2 示例：K-近邻和图像场景分类 353
13.3.3 不变度量和切距离 355
13.4 自适应最近邻方法 357
13.4.1 示例 360
13.4.2 最近邻的全局维数约简 361
13.5 计算考虑 361
文献说明 362
习题 362
第 14 章 非监督学习 365
14.1 概述 365
14.2 关联规则 366
14.2.1 购物车分析 367
14.2.2 Apriori 算法 368
14.2.3 示例：购物车分析 370
14.2.4 非监督作为监督学习 372
14.2.5 广义关联规则 374
14.2.6 监督学习方法的选择 375
14.2.7 示例：购物车分析（续） 376
14.3 聚类分析 377
14.3.1 邻接矩阵 378
14.3.2 基于属性的不相似性 379
14.3.3 目标不相似性 380
14.3.4 聚类算法 382
14.3.5 组合算法 382
14.3.6 K-均值算法 383
14.3.7 作为软 K-均值聚类的高斯混合 385

14.3.8 示例：人类癌症微阵列数据 385
14.3.9 向量量化 387
14.3.10 *K*-中心点 388
14.3.11 实际问题 390
14.3.12 层次聚类 391
14.3.13 聚合聚类 394
14.4 自组织映射 398
14.5 主成分、主曲线和主曲面 402
14.5.1 主成分 402
14.5.2 主曲线和主曲面 407
14.5.3 谱聚类 409
14.5.4 核主成分 411
14.6 非负矩阵分解 415
14.7 独立分量分析和探测式投影寻踪 419
14.7.1 隐变量和因子分析 419
14.7.2 独立分量分析 421
14.7.3 探测式投影寻踪 425
14.7.4 ICA 的直接方法 425
14.8 多维尺度 428
14.9 非线性维数约简和局部多维尺度 430
14.10 谷歌的 PageRank 算法 432
文献说明 434
习题 435
第 15 章 随机森林 441
15.1 概述 441
15.2 随机森林的定义 441
15.3 随机森林的细节 444
15.3.1 包外样本 445
15.3.2 变量重要性 445
15.3.3 邻近图 446
15.3.4 随机森林与过拟合 447
15.4 分析随机森林 449
15.4.1 变量与去相关影响 449
15.4.2 偏差 451
15.4.3 自适应最近邻 451
文献说明 452

习题 …… 452
第 16 章　集成学习 …… 455
16.1　概述 …… 455
16.2　Boosting 与正则化路径 …… 456
16.2.1　惩罚式回归 …… 456
16.2.2　“押稀疏”原则 …… 459
16.2.3　正则化路径，过拟合与边缘 …… 461
16.3　集成学习 …… 463
16.3.1　学习一个好的集成 …… 464
16.3.2　规则集成 …… 466
文献说明 …… 468
习题 …… 468
第 17 章　无向图模型 …… 471
17.1　概述 …… 471
17.2　马尔可夫图及其性质 …… 472
17.3　连续变量的无向图模型 …… 474
17.3.1　当图结构已知时的参数估计 …… 475
17.3.2　图结构的估计 …… 478
17.4　离散变量的无向图模型 …… 481
17.4.1　图结构已知时参数的估计 …… 481
17.4.2　隐节点 …… 483
17.4.3　图结构的估计 …… 484
17.4.4　受限玻尔兹曼机 …… 484
文献说明 …… 486
习题 …… 486
第 18 章　高维问题：$p \gg N$ …… 489
18.1　p 远大于 N 的情形 …… 489
18.2　对角线性判别分析与最近收缩质心 …… 490
18.3　二次正则化的线性分类器 …… 494
18.3.1　正则化判别分析 …… 494
18.3.2　二次正则化的 Logistic 回归 …… 495
18.3.3　支持向量分类器 …… 495
18.3.4　特征选择 …… 496
18.3.5　$p \gg N$ 时的计算捷径 …… 496
18.4　L_1 正则化的线性分类器 …… 498
18.4.1　Lasso 在蛋白质质谱仪中的应用 …… 500

18.4.2 函数型数据的融合 Lasso · · · 502
18.5 特征无法获取时的分类 · · · 503
18.5.1 示例：字符串核以及蛋白质分类 · · · 504
18.5.2 使用内积核以及成对距离的分类和其他模型 · · · 505
18.5.3 示例：摘要分类 · · · 507
18.6 高维回归：有监督主成分 · · · 508
18.6.1 与隐变量模型的关联 · · · 511
18.6.2 与偏最小二乘的关联 · · · 512
18.6.3 特征选择的预条件件处理 · · · 514
18.7 特征评估和多重检验问题 · · · 515
18.7.1 错误发现率 · · · 517
18.7.2 非对称割点和 SAM 过程 · · · 520
18.7.3 FDR 的贝叶斯解释 · · · 521
文献说明 · · · 522
习题 · · · 522
参考文献 · · · 527
关键名词和术语中英文对照 · · · 543

第 1 章　概述

统计学习（statistical learning）在科学、金融和工业的许多领域中起着至关重要的作用。下面是一些学习问题的例子。

- 预测一个曾因心脏病发作而住院的病人是否会再次心脏病发作。该预测基于人口统计学以及该病人的饮食和临床诊断来实现。
- 基于公司业绩和经济数据，预测某只股票从现在开始六个月内的价格。
- 从数字图像中辨识手写邮政编码中的数字。
- 根据患者血液的红外吸收光谱来估计糖尿病患者血液中血糖的含量。
- 基于临床和人口统计学变量来辨识前列腺癌的风险因素。

学习的科学在统计学、数据挖掘和人工智能领域扮演着关键角色，与工程和其他学科领域相互交叉。

本书的主题是从数据中学习。在一个典型场景中，我们希望基于一组特征（feature，如饮食和临床数据）来预测，得到一个结果的度量，通常是定量（如股价）或分类的（如心脏病/非心脏病）。对目标（如人）集合，我们有一组观测到了结果和特征度量的训练（training）数据。利用这些数据，我们可以建立一个预测模型或学习器（learner），使得我们能够对新的未知目标预测其结果。一个好的学习器是能够精确预测这种结果的。

前面描述的例子称为监督学习（supervised learning）问题。之所以称为“监督”，是因为有结果变量来指导学习过程。在非监督学习（unsupervised learning）问题中，我们仅观测到特征，而没有结果的度量。我们的任务是描述数据怎样被组织和聚类。我们将本书的大多数内容放在监督学习上；非监督学习问题在本书中较少展开，仅在第14章会有重点讨论。

下面是一些将在本书中讨论的实际学习问题的例子。

1.1　示例 1: 垃圾邮件

本例数据由来自 4601 个电子邮件（email）的信息组成，在一个研究里是用于预测是否邮件是垃圾邮件（spam）。目标是要设计一个能在垃圾邮件完全堵塞用户邮箱前过滤掉这些垃圾邮件的自动垃圾邮件检测器。在全部 4601 封电子邮件信息中，(表意不明)。这是一个监督学习问题，因为在结果中，类别变量“邮件/垃圾邮件（email/spam）”已经给定。它也被称为分类（classification）问题。

表 1–1列出了垃圾邮件（spam）和邮件（email）之间有最大平均差异的单词和字符。

表 1–1 在一封邮件信息中单词或符号等于指定的单词或字符的平均百分比。我们已经选择了能反映在垃圾邮件和正常邮件之间具有最大差异的单词和字符

类型	george	you	your	hp	free	hpl	!	our	re	edu	remove
垃圾邮件	0.00	2.26	1.38	0.02	0.52	0.01	0.51	0.51	0.13	0.01	0.28
邮件	1.27	1.27	0.44	0.90	0.07	0.43	0.11	0.18	0.42	0.29	0.01

我们的学习方法必须决定要使用哪些特征以及怎样使用。举例来说，可以考虑使用如下规则

$$\text{if } (\%\text{george} < 0.6)\ \&\ (\%\text{you} > 1.5) \quad \begin{cases} \text{then} & \text{spam} \\ \text{else} & \text{email} \end{cases} \tag{1.1}$$

这个规则的另一种形式可以是

$$\text{if } (0.2 \cdot \%\text{you} - 0.3 \cdot \%\text{george}) > 0 \quad \begin{cases} \text{then} & \text{spam} \\ \text{else} & \text{email} \end{cases} \tag{1.2}$$

对这个问题, 并不是所有误差都应同等对待。尽管让垃圾邮件通过并不是所期望的，但我们想避免过滤好的电子邮件，以便较少引起严重的后果。在本书中，我们讨论了大量的方法来解决这个学习问题。

1.2 示例 2：前列腺癌

本例中的数据显示于图1–1。该数据来自 Stamey 等 (1989) 的研究[①]。这项研究要检查 97 个将进行放射性前列腺治疗的患者前列腺特异抗原（PSA）的水平和大量临床测量数据之间的相关性。

其目标是要从大量度量中，包括对数肿瘤体积（lcavol）、对数前列腺权值（lweight）、年龄、对数良性前列腺增生量（lbph）、精囊浸润（svi）、对数包膜穿刺（lcp）、格里森分数（Gleason score, gleason）[②]和格里森分数 4 或 5 的百分比（pgg45），预测对数前列腺特异抗原（PSA）（lpsa）。图1–1是这些变量的散点图矩阵。一些变量与 lpsa 是明显相关的，但一个好的预测模型很难凭肉眼看就能构造出来。

这是个监督学习问题。因为其结果度量是定量的，因此也被称为*回归问题*（regression problem）。

1.3 示例 3：手写数字识别

本例中的数据取自美国邮政信封上的手写 ZIP（邮政）编码。每幅图是对一个五位数字邮政编码进行字符分割后，仅包含单个数字的图像。图像是 16 × 16 的 8 位灰度图，每个像素的强度或灰度值从 0 到 255。一些样本图像如图1–2所示。

① 本书第 1 版的数据中有一个错误。标本 32 的 lweight 的值是 6.1，被换成了一个 449 克的前列腺！正确的值是 44.9 克。感谢 Stephen W. Link 教授指出这一错误。

② 译者注：svi 和 gleason 是范畴变量。范畴变量指其特征属性为离散值的形式或具有特定的类型。

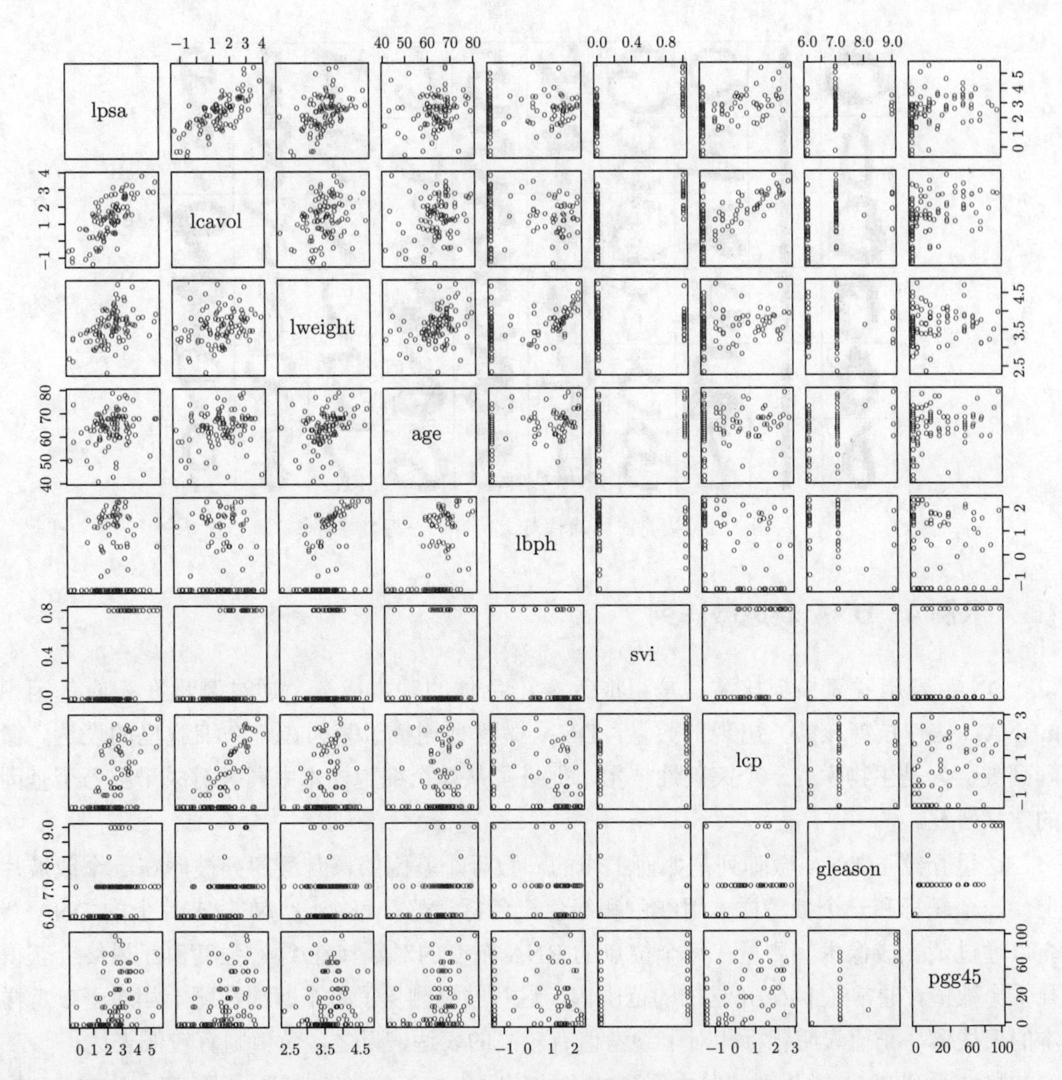

图 1–1　前列腺癌数据的散点图矩阵。第一行依次显示了对每一个预测子的响应。其中两个预测子，svi 和 gleason，是范畴变量

图像已经标准化到具有大致相同的大小和方向。任务是从这由 16×16 像素强度组成的矩阵中，快速准确地识别图像 $(0, 1, \cdots, 9)$。如果足够精确，最终的算法将能作为自动信封分拣过程的组成部分。这是一个分类问题。其中误差率需要保持得尽可能低，以免误投邮件。为了实现低的误差率，一些目标能被分配至“不知道”（don't know）范畴, 并采用手工分拣。

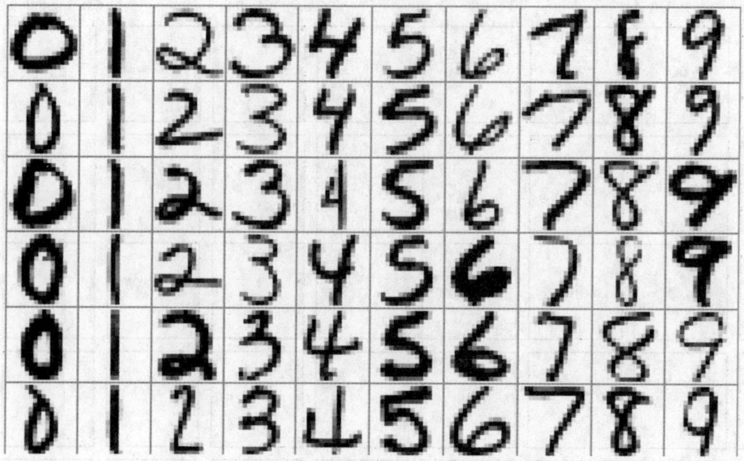

图 1–2　从美国邮政信封上获得的手写数字样本

1.4　示例 4：DNA 表达微阵列

DNA 表示脱氧核糖核酸，是组成人类染色体的基本成分。通过测量在相应基因中 mRNA（信使核糖核酸）出现的数量，DNA 微阵列测量了基因在一个细胞里的表达。微阵列被认为是生物学的一个突破性技术，促进了从单个细胞样本中同时对成千上万个基因的定量研究。

这里介绍下 DNA 微阵列是如何工作的。数千个基因的核苷酸序列被印在一个载玻片上。一个靶标和一个参考样本用红色和绿色染色标记好，每个均与在载玻片上的 DNA 杂交。通过荧光成像术，测量在每个位点的 RNA 杂交的对数（红/绿）强度值。最终会获得几千个数值，通常在 $[-6, 6]$ 这样的范围内。这些结果测量了每个基因在靶上相对于参考样本的表达谱。正值表明靶标相对于参考值有较高的表达，反之，负值则有较低表达。

将一系列 DNA 微阵列实验中得到的表达值收集在一起，其中每一列代表一次实验，就构成一个基因表达数据集。因此，该数据集将有数千个行表示单个基因和数十列表示样本。在图1–3的示例中，实际的样本集有 6830 个基因（行）和 64 个样本（列）。为便于说明，我们只显示 100 行随机样本。该图将数据集显示成一个从绿色（负）到红色（正）范围的热度图。样本是从不同病人采集来的 64 个肿瘤数据。

这里的挑战是要理解基因和样本是怎么组织的。典型的问题如下。

1. 按基因形成的表达谱（profile），哪些样本相互间相似度最高？

2. 按样本形成的表达谱（profile），哪些基因相互间相似度最高？

3. 是否有某些基因对某些癌症样本表现了非常高（或低）的表达？

我们可以将这一任务视为具有两个范畴预测变量——基因和样本——和将表达水平作为响应变量的回归问题。然而，可能更有用的是将其视为非监督学习（unsupervised learning）问题。举例来说，对以上问题 1，我们将样本视为在 6830 维数空间上的点，我们希望采用某种方式将其聚类（cluster）。

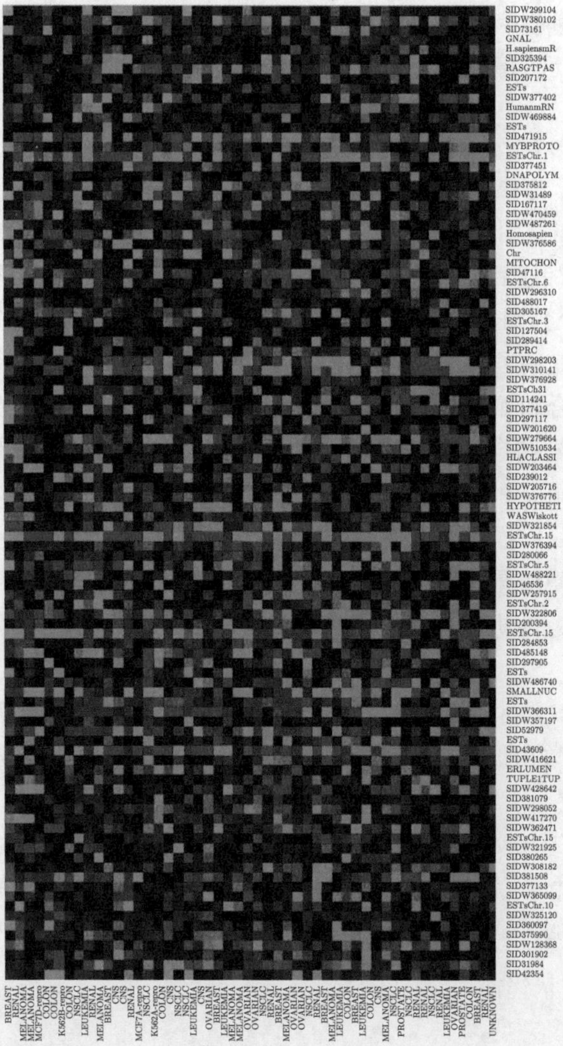

图 1–3　DNA 微阵列数据：6830 个基因（行）和 64 个样本（列）组成的表达矩阵，反映人类肿瘤数据。仅随机的 100 行被显示。显示是一个从亮绿（负，欠表达）到亮红（正，过表达）的热度图。缺失值是灰色。行和列采用随机选择的序来显示

1.5　本书的读者群体

本书是为众多领域的研究人员和学生写的。这些领域包括统计学、人工智能、工程、金融和其他一些领域。我们期望读者应该至少学过一门统计学方面的基础课程。该课程覆盖包括线性回归在内的一些基础概念。

我们没有试图囊括全部学习方法，而是介绍其中一些最重要的技术。同样值得注意的是，我们描述了内在概念和考虑，研究人员可以通过这些来评价学习方法。我们已经试图用一种直观的方式来写本书，即强调其中的概念而不是数学细节。

作为统计学家，我们的着眼点自然反映了我们的背景和专业领域。然而，在过去 8 年

间，我们一直在出席神经网络、数据挖掘和机器学习方面的各种会议，我们的思维也深受这些 (令人激动的) 领域的影响。这种影响在我们目前的研究以及本书中有明显的体现。

1.6 本书的组织

我们的观点是，在试图领会更复杂的方法之前，必须先理解简单的方法。因此，在第2章对监督学习问题进行综述后，我们将在第3章和第4章中讨论用于回归和分类的线性方法。在第5章中描述针对单个预测子的样条、小波和正则化/ 罚方法。同时，第6章涵盖核方法和局部回归。这些方法都是高维学习技术的重要基础。模型评估和选择是第7章的主题，涵盖偏差和方差概念，过拟合和如交叉验证等选择模型的方法。第8章讨论模型推断和平均，包括最大似然、贝叶斯推断和自举法（bootstrap）、EM 算法、Gibbs（吉布森）采样和 Bagging 综述。一个称为 Boosting 的相关过程是第10章的焦点。

在第9~13章中，我们描述一系列用于监督学习的结构化方法，其中第9章和第10章涵盖回归，第12章和第13章侧重于分类。第14章介绍非监督学习的方法。第15章和第16章讨论最近提出的两个算法：随机森林和集成学习。第17章介绍无向图模型，最后在第18章研究高维问题。

在每一章的结尾，我们都会讨论对数据挖掘应用十分重要的计算考虑，包括计算规模怎样随着观测样本总数和预测子数量的增加而变化。每章最后均给出这些材料的背景参考文献说明。

我们推荐读者首先按次序阅读第1~4章。第7章也是必读的，因为这一章涵盖与所有学习方法相关的核心概念。除此以外，本书的其他部分可以按章节次序来阅读，或读者根据自己的兴趣来选择性阅读。

书中的符号表示当前内容属于技术难点，可以略过，不影响整体讨论。

1.7 本书网站

本书网站 http://www-stat.stanford.edu/ElemStatLearn 提供了大量的资源，包括本书中使用的许多数据集。

1.8 给教师的建议

我们曾经成功采用本书的第 1 版作为一个二季度课程的基本内容。加上第 2 版新增的内容，甚至可以用于一个三季度的课程。每章最后提供了练习题。对学生而言，重要的是要用好的软件工具来研究这些练习。我们在课程中使用的是 R 和 S-Plus 这两种语言。

第2章 监督学习综述

2.1 概述

第 1 章提到的前三个示例有几个共同的分量。每个例子均有可以定义为输入（input）的一组变量。这些输入变量要么是测量的，要么是预设的。这些变量会对一个或多个输出（output）产生影响。每个例子的目标均是利用输入来预测输出值。这种练习称为*监督学习*（supervised learning）。

我们已经使用了机器学习领域中更现代的语言。在统计学著述中，输入常常被称为*预测子*（predictor）。在本书中，预测子将与输入交替使用。另外，该项还有个更经典的称呼，叫*自变量*（independent variable）。在模式识别文献中，输入常被称为*特征*（feature），我们在本书中也采用了这一称谓。输出被称为*响应*（response）或经典地称为*因变量*（dependent variable）。

2.2 变量类型和术语

在这些示例中，本质上输出是变化的。在葡萄糖预测示例中，输出是*定量*值，其中一些值大于其他的，而度量值相近的，本质上也相互接近。在费希尔（R.A. Fisher）提供的著名的鸢尾属植物（Iris）判别示例中，输出是*定性*的（鸢尾的种类)，并假定值位于有限集合 $\mathcal{G} = \{Virginaica, Setosa, Versicolor\}$ 中。在手写数字示例中，输出是十个不同数字类别中的一个：$\mathcal{G} = \{0, 1, \cdots, 9\}$。在这两个示例中，类与类之间没有显式的序关系，事实上常用描述性标签而不是数字来定义这些类。定性变量也可视为*分类/范畴*（categorical）、*离散变量*（discrete variables）或*因子*（factor）。

对于这两种类型的输出，考虑利用输入来预测输出是有意义的。例如，已知今天和昨天某些具体的环境测量，我们想预测明天的臭氧层水平。再如，已知手写数字图像每个像素的灰度值，我们想预测数字图像的类别标签。

输出类型的不同导致对预测任务的命名不同，当预测定量输出时，称为*回归*（regression）；当预测定性输出时，称为*分类*（classification）。我们将发现，这两类任务存在许多共性，尤其是这两者都可以视为函数逼近任务。

输入也存在多种测量类型，我们能有一些定性和定量的输入变量。这些不同也导致了用于预测的方法在类型上的不同：一些方法非常适用于定量输入；一些适用于定性输入；还有一些可以同时处理两种类型的变量。

第三种变量类型是*有序范畴变量*（ordered categorical），如小、中和大。在这些值之间存在序关系，但没有合适的度量概念（中和小的差异不需要与大和中的差异相同)。这些将在第4章进一步讨论。

定性变量典型是通过编码以数值方式来表达。最容易的例子是当仅存在两类或范畴时，如“成功”或“失败”，”幸存”或“死亡”。这种情况常用单个二值数字或位（bit）如 0 和 1 或 –1 和 1 来表示。因为后面将会澄清的原因，数值编码有时会被看作目标（target）。当出现超过两个范畴的情况时，就可以考虑几种替代编码方式。最有用和常用的编码是采用哑变量（dummy variable）。一个 K 层定性变量可以用 K 位二值变量或位的向量来表示，每次该向量仅有其中一位处于“开启”。尽管可能有更紧的编码形式，哑变量在因子（factor）级别上是对称的。

典型情况下，我们用符号 X 定义一个输入变量。如果 X 是一个向量，则它的分量可以通过下标 X_j 来表示。定量输出用 Y 定义，而定性输出则用 G 表示（指英文的 group，即群）。当涉及到一个变量的整体时，我们采用大写字母如 X，Y 或 G。观测值用小写表示，因此 X 的第 i 个观测值写成 x_i（这里 x_i 又是标量或向量）。矩阵采用黑体大写字母表示，举例来说，一组 N 个输入的 p-向量集 x_i，$i = 1, \cdots, N$ 可表示成 $N \times p$ 矩阵 $\mathbf{X}$。一般而言，除非存在 N 个分量，向量不能写成黑体，这一约定将第 i 个观测上的一个 p-向量输入 x_i 与在变量 $\mathbf{X}_j$ 上由全体观测组成的 N-向量 $\boldsymbol{x}_j$ 区分开来。因为所有向量被假设为列向量，$\mathbf{X}$ 的第 i 行是 x_i^T，即 x_i 的向量转置。

现在我们可以不严密地如下表述学习任务：给定一个输入向量 X 的值，对输出 Y 作一个好的预测，定义为 $\hat{Y}$（发音为“y-hat”）。如果 Y 在 $\mathbb{R}$ 域上取值，则 $\hat{Y}$ 亦如此；类似地对于分类或范围输出，$\hat{G}$ 应该在与 G 相关的同样集合 $\mathcal{G}$ 中取值。

对一个二类 G，一种方法是定义二值编码目标为 Y，然后将其视为定量输出。典型情况下，预测 $\hat{Y}$ 将位于 $[0, 1]$ 区间。因此，我们可以根据是否 $\hat{y} > 0.5$ 来给 $\hat{G}$ 分配相应的类别标签。这一方法也可以推广到 K 级定性输出。

我们需要数据，通常是大量的数据来构造预测规则。因此，我们假定有一组可用的度量集合 (x_i, y_i) 或 (x_i, g_i)，$i = 1, \cdots, N$，称为训练集（training set)，并用这些数据来构造我们的预测规则。

2.3　两个简单的预测方法：最小二乘和最近邻

本节中我们发展了两个简单但很强大的预测方法：通过最小二乘拟合的线性模型和 k 最近邻预测规则。线性模型就结构做了大量假设，因而获得了稳定但不精确的预测。k 最近邻则只做了非常适度的结构假设，它的预测通常是精确但可能不稳定的。

2.3.1　线性模型和最小二乘

线性模型是过去四十年统计学的主要支柱，现在也仍然是我们最重要的工具之一。给定一个输入向量 $X^{\mathrm{T}} = (X_1, X_2, \cdots, X_p)$，我们通过模型

$$\hat{Y} = \hat{\beta}_0 + \sum_{j=1}^{p} X_j \hat{\beta}_j \tag{2.1}$$

预测输出 Y。其中，项 $\hat{\beta}_0$ 是截距，在机器学习中也称为*偏差*（bias）。为方便起见，通常可以将常值变量 1 包含到 X 里，将 $\hat{\beta}_0$ 包含到协因子向量 $\hat{\beta}$ 里。这样，向量形式的线性模型就可以写成内积形式：

$$\hat{Y} = X^T \hat{\beta} \tag{2.2}$$

其中，X^T 代表向量或矩阵转置（X 是一个列向量）。这里我们对单个输出建模，因此 $\hat{Y}$ 是一个标量；在一般情况中，$\hat{Y}$ 可以是 K 向量，β 则是协因子组成的 $p \times K$ 的矩阵。在 $(p+1)$ 维输入输出空间中，$(X, \hat{Y})$ 表示一个超平面。如果常数被包含进 X，则超平面包括原点，是一个子空间；如果没有，则超平面是一个与 Y 轴相切于点 $(0, \hat{\beta}_0)$ 的仿射集。从现在开始，我们假定 $\hat{\beta}$ 包含截距。

将线性模型 $f(X) = X^T\beta$ 看成是在 p 维输入空间的函数，则梯度 $f'(X) = \beta$ 是在此输入空间里指向最陡上升方向的向量。

如何拟合线性模型到一组训练数据集呢？有很多种不同的方法。但迄今为止，最受欢迎的是*最小二乘*（least square）。在这个方法中，我们选择协因子 β 来最小化残差平方和

$$\text{RSS}(\beta) = \sum_{i=1}^{N} (y_i - x_i^T \beta)^2. \tag{2.3}$$

$\text{RSS}(\beta)$ 是参数的二次函数，因此其最小值始终存在，但可能不是唯一的。其解最容易用矩阵形式来刻画。我们可以写为

$$\text{RSS}(\beta) = (\boldsymbol{y} - \boldsymbol{X}\beta)^T (\boldsymbol{y} - \boldsymbol{X}\beta) \tag{2.4}$$

这里 $\boldsymbol{X}$ 是一个每行是一个输入向量的 $N \times p$ 的矩阵，$\boldsymbol{y}$ 是训练集里的一个 N-向量输出。考虑 β 对上式进行微分，可以得到*标准方程*（normal equation）：

$$\boldsymbol{X}^T (\boldsymbol{y} - \boldsymbol{X}\beta) = 0 \tag{2.5}$$

如果 $\boldsymbol{X}^T \boldsymbol{X}$ 非奇异，则唯一解为

$$\hat{\beta} = (\boldsymbol{X}^T \boldsymbol{X})^{-1} \boldsymbol{X}^T \boldsymbol{y}, \tag{2.6}$$

在第 i 个输入 x_i 的拟合值是 $\hat{y}_i = \hat{y}(x_i) = x_i^T \hat{\beta}$。对任意输入 x_0，则有预测 $\hat{y}(x_0) = x_0^T \hat{\beta}$。整个拟合曲面由 p 个参数 $\hat{\beta}$ 来刻画。直觉上，似乎我们不需要用一个非常大的数据集来拟合这样的模型。

现在让我们来看一个在分类前提下的线性模型例子。图2–1显示了在一对输入 X_1 和 X_2 上训练数据的散点图。数据是仿真的，但目前仿真模型不重要。输出类别变量 G 有值蓝或橙（BLUE或ORANGE），如散点图所示。两个类的每一类都有 100 个点。线性回归模型用

来拟合这些数据，响应 Y 用 0 表示BLUE和 1 表示ORANGE来编码。拟合值 $\hat{Y}$ 按下列规则转换成拟合的类别变量 $\hat{G}$：

$$\hat{G} = \begin{cases} \text{ORANGE} & \text{if } \hat{Y} > 0.5, \\ \text{BLUE} & \text{if } \hat{Y} \leqslant 0.5. \end{cases} \tag{2.7}$$

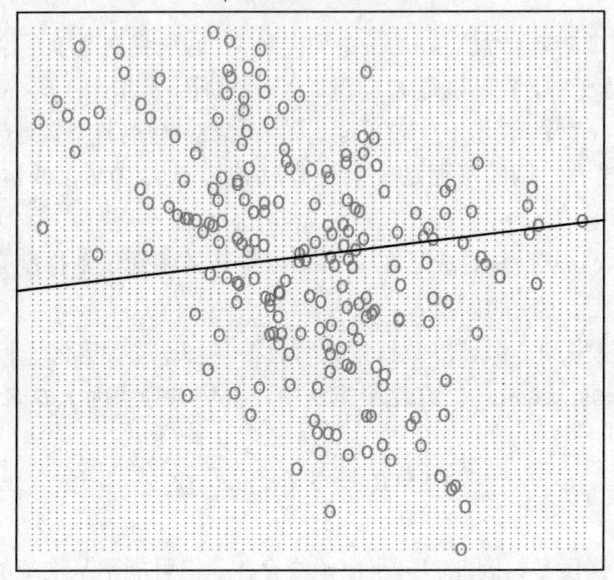

图 2–1 二维分类示例。类别编码成二值变量 (蓝色=0，橙色=1)，然后用线性回归拟合。直线是由 $x^T\hat{\beta} = 0.5$ 定义的决策边界。橙色阴影区表示分类成橙色的输入空间的部分，同时蓝色区域是分类成蓝色的部分

在 $\mathbb{R}^2$ 空间的点集中，如图2–1所示，满足 $\{x : x^T\hat{\beta} > 0.5\}$ 被分类为橙色。同时，两个被预测的类由*决策边界*（decision boundary）$\{x : x^T\hat{\beta} = 0.5\}$ 分离，在本例中决策边界是线性的。我们发现，在决策面的两边，这些数据均存在一些误分样本。可能我们的线性模型太过于简单粗暴了——或者像这样的误差是不可避免的。记住，这是来自训练数据本身的误差，我们并没有提及构造的数据从何而来。考虑两种可能的情况。

- 情况 1：每类的训练数据由具有不相关分量和不同均值的二元高斯分布生成。
- 情况 2：每类的训练数据来自十个低方差高斯分布的混合，且均值本身也服从高斯分布。

一个混合高斯分布最好按生成式模型来描述。我们可以先生成一个离散变量来决定要使用哪一个分量高斯，然而从选择的密度中生成观测。在每个类一个高斯的情况，我们在第4章将发现，线性决策边界是最好的，我们的估计也几乎是最优的。当区域重叠不可避免时，将要预测的新数据也会被这种重叠影响。

在紧密聚集的高斯混合下，故事则有所不同。一个线性决策边界不可能是最优的，事实上也不是。最优决策边界是非线性的、分离的，因此将更难获得。

我们现在看另一个分类和回归过程。从某种意义上看，这一过程是线性模型谱上的另一端，能够非常好地处理第 2 种情况。

2.3.2　最近邻方法

最近邻方法利用训练集 $\mathcal{T}$ 里那些在输入空间最接近 x 的观测来形成 $\hat{Y}$。具体而言，拟合 $\hat{Y}$ 的 k 最近邻定义如下：

$$\hat{Y}(x) = \frac{1}{k} \sum_{x_i \in N_k(x)} y_i, \tag{2.8}$$

这里 $N_k(x)$ 指训练样本里样本 x 的 k 个最近邻 x_i 定义的、x 的邻域。因为邻近性隐含着度量，在这里，我们姑且假设是欧氏距离。因此，换句话来说，我们在找 k 个在输入空间最接近 x 的、样本 x_i 对应的观测，然后对它们的响应进行平均。

在图2–2中，我们使用了与图2–1相同的训练数据，采用二值编码响应的 15 最近邻平均作为拟合方法。因此 $\hat{Y}$ 是橙色在邻域中所占的比例，如果 $\hat{Y} > 0.5$，则分配类别标签橙色到 $\hat{G}$，这相当于在邻域内按少数服从多数来投票。着色的区域显示了所有在输入空间的点均按这一规则来分类到蓝色或橙色，其区域大小通过评估输入空间中的精细栅格来完成。我们发现，分离蓝色或橙色区域的决策边界相当不规则，也反映出在局部聚类时，总是一个类占主导地位。

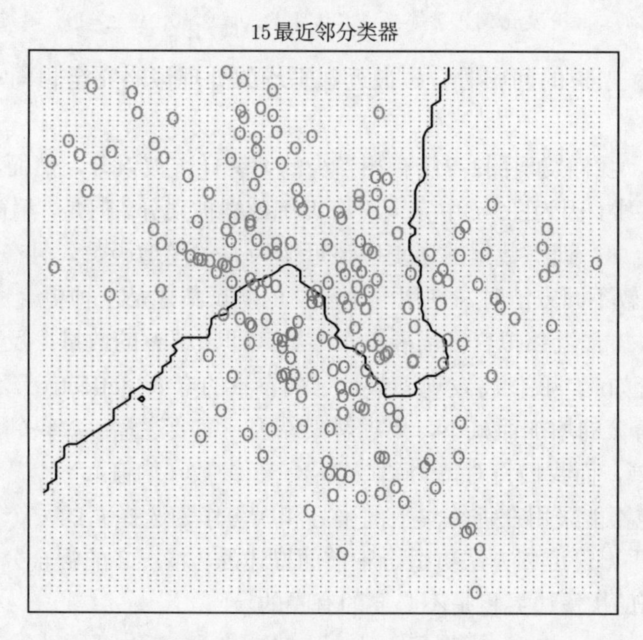

图 2–2　与图2–1相同的二维的分类示例。类被编码成二值变量（蓝色=0，橙色=1），然后用如式 (2.8)的 15 最近邻平均来拟合。预测的类别因此由 15 最近邻的大多数投票来选择

图2–3展示了 1 最近邻分类的结果，即将训练数据中最接近 x 的样本 x_l 的值 y_l 分配给 $\hat{Y}$。在这种情况，分类区域相对比较容易计算，对应于训练数据的一个 Voronoi 嵌图（Voronoi tessellation）。每个点 x_i 有一个相关的方格（tile）用来界定属于它的最近输入点的区域。对

所有在这个方格中的点，有 $\hat{G}(x) = g_i$。相比前面的 15 最近邻分类器，其决策边界甚至更加不规则。

1最近邻分类器

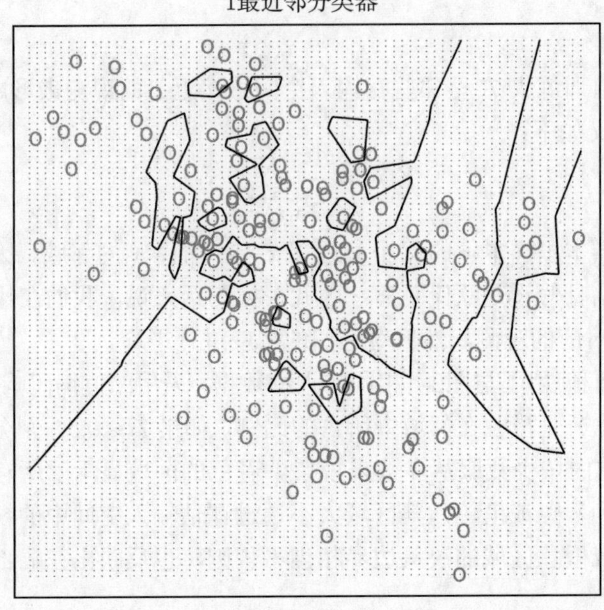

图 2–3 与图2–1相同的二维分类示例。类编码成二值变量（蓝色=0，橙色=1），通过 1 最近邻分类来预测

当用于定量输出 Y 的回归时，k 最近邻平均的处理策略完全相同，只是不可能选择 $k = 1$。

与图2–1相比，我们发现图2–2仅有相当少的训练样本被误分。然而，这一结果并不会让我们觉得舒服多少，因为图2–3中完全没有训练数据被误分。但是，稍微想一下可以发现：在 k 最近邻的拟合中，训练数据的误差应该近似为 k 的递增函数，且在 $k = 1$ 时将一直等于 0。所以，在比较不同方法时，使用一个独立的测试集才是一种更合适的方式。

另外，看上去 k 最近邻拟合仅需要单个参数，即邻域 k 的数量，反而最小二乘拟合时有 p 个参数。尽管如此，我们将发现 k 最近邻的参数的有效（effective）总数是 N/k，一般比 p 要大，且随着 k 的增加而减小。要理解其原因，需要注意：如果邻域是非重叠的，则应该有 N/k 个邻域，而我们将对每个邻域拟合一个参数（均值）。

另外，我们也不能采用在训练集上的平方和误差作为选择 k 的一个准则，因为将一直会选择 $k = 1$！似乎 k 最近邻方法更适合于前面描述的、情况 2 的混合分布情况，而对于高斯数据，k 最近邻的决策边界将是不必要的有噪的。

2.3.3 从最小二乘到最近邻

最小二乘得到的线性决策边界非常光滑，拟合显然也很稳定。然而，它的确也十分依赖于“线性决策边界是合适的”这一假设。用我们后面将使用的语言来表述的话，它具有低的方差和潜在高的偏差。

另一方面，k 最近邻过程没有依赖关于内在数据的任何严格假设，能够适用于任何场所。然而，决策边界的任何特定的子区域依赖于一组输入点及其特定的位置，因此是扭曲和不稳定的——高方差和低偏差。

每种方法有其能获得最优解的适用场合。具体来说，线性回归更适合于情况 1，而最近邻则更适合情况 2。现在，是时候来揭示这个预言了！我们展示的数据实际上是从一个模型上仿真出来的。该模型介乎二者之间，但更接近于情况 2。首先，我们从一个二元高斯分布 $N((1,0)^T, \boldsymbol{I})$ 中生成 10 个均值 m_k，标记这一类为蓝色。类似的，另外 10 个从 $N((0,1)^T, \boldsymbol{I})$ 中生成并标记成橙色。然后，我们对每一类生成 100 个观测，如下所述：对每个观测，我们以概率 1/10 随机选择一个 m_k，然后生成一个 $N(m_k, \boldsymbol{I}/5)$，因此使得每个类有一个混合高斯聚类。图2–4显示了分类 10 000 个新的从此模型中生成的观测的结果。我们比较了最小二乘和给定 k 值的范围内的全部 k 最近邻的结果。

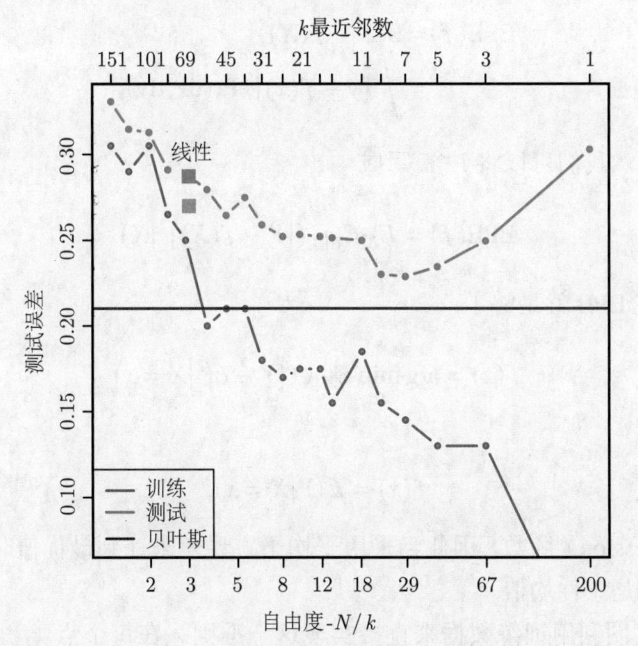

图 2–4　用于图2–1，图2–2和图2–3的仿真示例的误分类曲线。训练样本大小是 200，测试样本大小是 10 000。橙色曲线是对 k 最近邻分类的测试误差，蓝色是训练误差。线性回归的结果是在三自由度时较大的橙色和蓝色方块。紫色线是最优贝叶斯误差率

今天使用的、最流行的技术中，很大一个子集是这两个简单过程的变种。事实上，所有方法中最简单的 1 最近邻，在针对低维问题上，占有很大的市场份额。下面介绍增强这些简单过程的一些办法。

- 核方法，按照到目标点的距离，利用权值来平滑的减少至零，而不是采用 k 近邻的有效 0/1 权值。
- 在高维空间，修改距离核来强调某个变量而非其他变量。
- 局部回归采用局部加权最小二乘，而不是局部拟合常数来拟合线性模型。
- 线性模型拟合原输入的一个基展开，允许拟合任意复杂的模型。

- 投影寻踪（projection pursuit）和神经网络模型由非线性变换的线性模型之和组成。

2.4 统计决策理论

本节中，我们将发展少量的理论。它会为发展那些迄今为止非正式讨论过的模型，提供一个理论性的框架。我们首先考虑定量输出的情况，将自己置身于随机变量和概率空间的世界。令 $X \in \mathbb{R}^p$ 表示一个实值随机输入向量，$Y \in \mathbb{R}$ 表示一个实值随机输出变量，而 $\Pr(X, Y)$ 是它们的联合分布。给定输入 X 的值，我们寻找一个能预测 Y 的函数 $f(X)$。该理论要求一个损失函数（loss function）$L(Y, f(X))$ 来惩罚预测中的误差。迄今为止，最常用的损失函数是平方误差损失（squared error loss）：$L(Y, f(X)) = (Y - f(X))^2$。这使得我们可以使用期望（平方）预测误差作为选择函数 f 的准则：

$$\text{EPE}(f) = E(Y - f(X))^2 \tag{2.9}$$

$$= \int [y - f(x)]^2 \Pr(\mathrm{d}x, \mathrm{d}y), \tag{2.10}$$

通过以 X 为条件[①]，我们可以将 EPE 写成

$$\text{EPE}(f) = E_X E_{Y|X}([Y - f(X)]^2 | X) \tag{2.11}$$

显然，逐点最小化 EPE 就足够了：

$$f(x) = \operatorname{arg\,min}_c E_{Y|X}([Y - c]^2 | X = x) \tag{2.12}$$

其解是条件期望：

$$f(x) = E(Y | X = x), \tag{2.13}$$

也称为回归（regression）函数。因此当采用平均平方误差来评判最优值时，在任意点 $X = x$ 上，Y 的最佳预测是条件均值。

最近邻方法试图利用训练数据来直接实现这一准则。在每个点 x，我们可能需要计算输入是 $x_i = x$ 时所有 y_i 的平均值。因为在典型情况下，任意点 x 最多有一个观测，我们可以换成

$$\hat{f}(x) = \text{Ave}(y_i | x_i \in N_k(x)), \tag{2.14}$$

这里 Ave 表示平均，$N_k(x)$ 是在集合 $\mathcal{T}$ 中包含最接近 x 的 k 个点的邻域。这里出现了两个近似。

- 通过在样本数据上的平均来近似期望。
- 将在一个点取条件放松成“靠近”目标点的某个区域取条件。

---

① 在这里，取条件相当于因子分解联合密度为 $\Pr(X, Y) = \Pr(Y|X)\Pr(X)$，这里 $\Pr(Y|X) = \Pr(Y, X)/\Pr(X)$，并相应分裂成二元积分。

当训练样本总数 N 比较大时，邻域中的点可能接近 x。并且，随着 k 增大，平均也会更加稳定。事实上，在联合概率分布 $\Pr(X,Y)$ 取适度正则条件下，可以证明当 $N,k \to \infty$ 使得 $k/N \to 0$ 时，$\hat{f}(x) \to E(Y|X=x)$。按照这个情况来看，似乎我们已经获得一个普适的逼近子（approximator），那为什么还要进一步寻找呢？因为，我们通常没有足够大的样本。如果线性或某个更结构化的模型是适合的，则尽管我们还是必须从数据中学习这些知识，我们能获得较 k 最近邻更稳定的估计。同时，k 最近邻也存在其他问题，有时这些问题是灾难性的。在2.5节中，我们发现随着维数 p 加大，k 最近邻邻域的度量尺寸也要增大。结果，采用邻域大小来作为替代的取条件方式将毫无疑问会失效。以上提及的收敛性仍然成立，但是收敛率将随维数的增加而减小。

线性回归如何纳入到这个框架呢？最简单的解释是假设回归函数 $f(x)$ 在参数上是近似线性的：

$$f(x) \approx x^T\beta \tag{2.15}$$

这是基于模型的方法，即我们为回归函数指定了一个模型。将这个 $f(x)$ 的线性模型代入式(2.9)中，并取微分，理论上可以求解 β:

$$\beta = [E(XX^T)]^{-1}E(XY) \tag{2.16}$$

注意，我们没有在 X 上取条件，而是利用我们在函数关系上的知识来将 X 的值池化（pool）。最小二乘解式(2.6)相当于用在训练数据上的平均来池化，以代替式(2.16)的期望。

因此，k 最近邻和最小二乘均利用平均来近似条件期望。但是它们在模型假设上存在显著的差异。

- 最小二乘假设 $f(x)$ 能被一个全局线性函数很好地逼近。
- k 最近邻假设 f 能被一个局部常值函数很好地逼近。

尽管后者似乎更方便，但我们已经看到了这种灵活性要付出的代价。

尽管远比刚体线性模型灵活，本书中介绍的许多更现代的技术是基于模型的。举例来说，加性模型（additive model）假定

$$f(X) = \sum_{j=1}^{p} f_j(X_j) \tag{2.17}$$

这一模型保持线性模型的可加性，但每个坐标函数 f_j 是任意的。能够证明，加性模型的最优估计，会利用如 k 最近邻的技术，对每一个坐标函数（coordinate function）同时逼近单变元（univariate）的条件期望。因此，在这种情况下，我们引入了某些（通常是不现实的）模型假设（比如这里讲的加性）来解决在高维情况下估计条件期望的问题。

我们对准则(2.11)是否满意呢？如果我们用 $L_1: E(Y - f(X))$ 代替 L_2 损失函数，情况会怎样呢？在这种情况的解是条件中位数（median）：

$$\hat{f}(x) = \text{median}(Y|X=x) \tag{2.18}$$

条件中位数是一种不同的位置度量，它的估计比条件均值的估计要更鲁棒一些。L_1 准则的不足是其偏导是不连续的，因而阻碍了它被广泛使用。更多其他鲁棒的损失函数将在随后的章节中提及，但是平方误差是分析上比较方便和最流行的。

当输出是范畴变量 G 时，我们如何做呢？事实上除了需要一个不同的损失函数来惩罚预测误差以外，仍然可以采用相同的框架。一个估计 $\hat{G}$ 将假设是在可能类的集合 $\mathcal{G}$ 中的值。损失函数表示为 $K \times K$ 的矩阵 $\boldsymbol{L}$，其中 $K = \text{card}(\mathcal{G})$。$\boldsymbol{L}$ 在矩阵对角上等于零，且处处非负。这里 $L(k,l)$ 是将属于类 $\mathcal{G}_k$ 的一个观测错分到 $\mathcal{G}_l$ 时所付的代价。更常用的是采用 0-1 损失函数，这里全体误差都取一个单位。期望预测误差是

$$\text{EPE} = \mathbb{E}[L(G, \hat{G}(X))] \tag{2.19}$$

这里期望再次考虑联合分布 $\Pr(G, X)$ 来获得。我们再在 X 上取条件，因此 EPE 可写为

$$\text{EPE} = \mathbb{E}_X \sum_{k=1}^{K} L[\mathcal{G}_k, \hat{G}(X)] \Pr(\mathcal{G}_k|X) \tag{2.20}$$

再次，逐点最小化 EPE 是足够的：

$$\hat{G}(x) = \arg\min_{g \in \mathcal{G}} \sum_{k=1}^{K} L(\mathcal{G}_k, g) \Pr(\mathcal{G}_k|X = x) \tag{2.21}$$

采用 0-1 损失函数，上式能简化为

$$\hat{G}(x) = \arg\min_{g \in \mathcal{G}} [1 - \Pr(g|X = x)] \tag{2.22}$$

或简写为

$$\hat{G}(X) = \mathcal{G}_k \quad \text{若} \quad \Pr(\mathcal{G}_k|X = x) = \max_{g \in \mathcal{G}} \Pr(g|X = x) \tag{2.23}$$

这个合理的解称为贝叶斯分类器（Bayes classifier），也就是说，我们采用条件 (离散) 分布 $\Pr(G|X)$ 来分类样本到最可能的类。图2–5显示了我们仿真例子的贝叶斯最优决策边界。贝叶斯分类器的误差率称为贝叶斯率（Bayes rate）。

我们再次发现，k 最近邻分类器直接近似了此解，除了在一个点的条件概率被放松到一个点的邻域内的条件概率，以及概率采用了训练样本的比例来估计以外，在最近邻域内的多数投票方式与其框架是完全相同的。

假定对一个两类问题，我们已经采用哑变量方法，用二元值 Y 编码 G，并且采用了平方误差损失估计。则如果 $\mathcal{G}_1$ 对应于 $Y = 1$，有 $\hat{f}(X) = E(Y|X) = \Pr(G = \mathcal{G}_1|X)$。类似的，对于一个 K 类问题，有 $E(Y_k|X) = \Pr(G = \mathcal{G}_k|X)$。这证明了，我们的哑变量回归过程加上利用最大拟合值来分类，是表达贝叶斯分类器的另一种方式。尽管理论上是精确的，但实际上由于使用的回归模型不同，会有不同的问题产生。举例来说，当采用线性回归时，$\hat{f}(X)$ 不需要是正的。显然，我们会置疑是否能用它作为概率的估计[①]。我们将在第4章讨论各种建模 $\Pr(G|X)$ 的方法。

① 译者注：因为概率要求是正值。

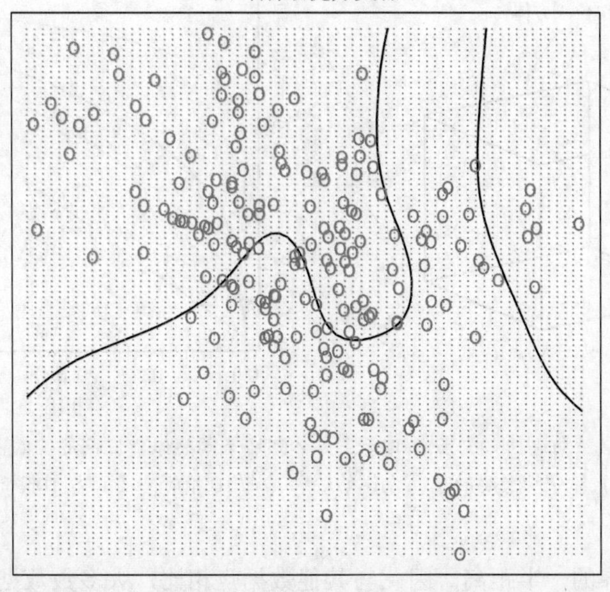

图2–5 对于图2–1，图2–2和图2–3的模拟示例的最优贝叶斯决策边界。因为每类的生成密度已知，此边界可以精确计算（习题2.2）

2.5 高维中的局部方法

迄今为止，我们已经检查了两种用于预测的学习问题：稳定但有偏的线性模型和较少稳定但明显较少有偏的 k 最近邻估计。乍一看，给定合理大的训练数据集，我们总能通过 k 最近邻平均来逼近理论上最优的条件期望，因为我们应该能够找到邻近任何 x 的一个相当大邻域内的观测集并进行平均。然而，这个方法和我们的直觉在高维时都会失效，这一现象常称为维数灾（curse of dimensionality）(Bellman, 1961)。针对这一问题，有多种表述。本书只讨论其中一些。

考虑输入均匀分布在 p 维单位超立方体上的最近邻过程，如图2–6所示。假定我们设定一个关于目标点的超立方邻域，以获得比例为 r 的观测。因为这对应于一个单位体积的 r 部分，因此期望的边缘将是 $e_p(r) = r^{1/p}$。在 10 维时 $e_{10}(0.01) = 0.63$ 或 $e_{10}(0.1) = 0.80$，而每个输入的全部值域也仅仅是 1.0。因此，要获取 1% 或 10% 的数据来构造一个局部平均，我们必须覆盖每个输入变量值域的 63% 或 80%。像这样的邻域不再是“局部的”。显著减少 r 也不会有太多帮助，因为平均的观测值越少，拟合的方差越高。

在高维空间稀疏采样的另一个后果是所有样本点都会靠近样本的边缘。考虑 N 个均匀分布在以原点为中心的 p 维单位球上的数据点。假设我们考虑在原点的最近邻估计。从原点到最近数据点的中位数距离可表达为（习题2.3）

$$d(p,N) = \left(1 - \frac{1}{2}^{1/N}\right)^{1/p} \tag{2.24}$$

另外，到最近点的均值距离的表达式则更为复杂。对 $N = 500$，$p = 10$，$d(p,N) \approx 0.52$，已

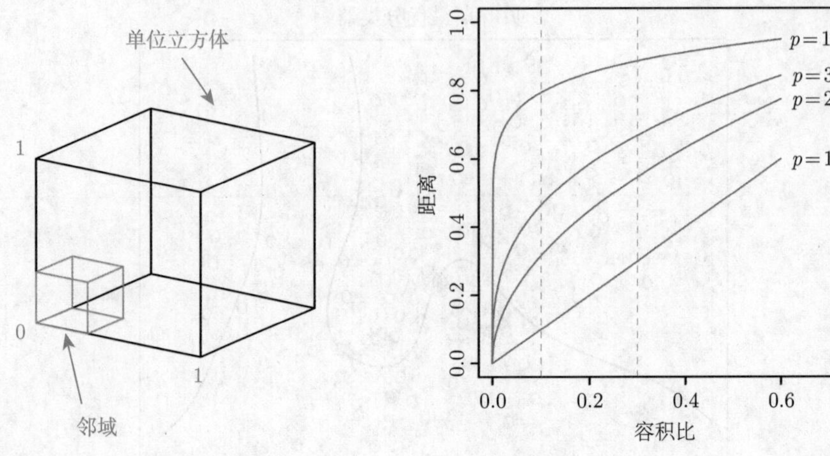

图 2–6 通过在一个单位立方体上均匀数据的子立方体邻域来阐述维数灾问题。右图显示，针对不同的维数 p，要覆盖数据集的 r 部分所需要的子立方体的边长。在 10 维时，要涵盖 10% 的数据，需要覆盖每个坐标 80% 的范围

经超过从原点到边界的一半距离。因此与其他数据点相比，大多数数据点会更靠近样本空间的边界。其后果是，在靠近训练样本的边缘进行预测会相当的困难。一个人必须从邻域样本点外推，而不是从邻域样本点间进行内插。

维数灾的另一种表述是采样密度要比例于 $N^{1/p}$，这里 p 是输入空间的维数，N 是样本集大小。因此，如果对一个单输入问题，$N_1 = 100$ 表示了一个稠密的样本集，则有 10 个输入时，要达到相同采样密度所需的样本集大小是 $N_{10} = 100^{10}$。因此，在高维中，所有可用的训练样本将稀疏地散布在输入空间。

让我们构造另一个均匀样本。假定我们 1000 个从 $[-1,1]^p$ 中均匀生成的样本 x_i。假定没有任何测量误差，X 和 Y 的真实关系是

$$Y = f(X) = \mathrm{e}^{-8\|X\|^2}$$

训练采用 1 最近邻法则来预测在测试点 $x_0 = 0$ 的 y_0 值。定义训练集为 $\mathcal{T}$。在我们的过程中，我们能通过在全部 1000 个样本上取平均，来计算在 x_0 的期望预测误差。因为问题是确定的，估计 $f(0)$ 的均方根误差（Mean Squared Error，MSE）是

$$\begin{aligned}\mathrm{MSE}(x_0) &= E_{\mathcal{T}}[f(x_0) - \hat{y}_0]^2 \\ &= E_{\mathcal{T}}[\hat{y}_0 - E_{\mathcal{T}}(\hat{y}_0)]^2 + [E_{\mathcal{T}}(\hat{y}_0) - f(x_0)]^2 \\ &= \mathrm{Var}_{\mathcal{T}}(\hat{y}_0) + \mathrm{Bias}^2(\hat{y}_0) \end{aligned} \tag{2.25}$$

图2–7图示了这种构成。我们将 MSE 分解成我们将逐渐熟悉的两个分量：方差和平方偏差。像这样的分解一直是可能的，而且通常很有用，被称为*偏差一方差分解*（bias-variance decomposition）。除非最近邻是在 0，在本例中 $\hat{y}_0$ 将比 $f(0)$ 小，因此平均估计将是向下有偏的。方差则是因为 1 最近邻的采样方差造成的。在低维和 $N = 1000$ 时，最近邻非常接近 0，因此偏差和方差都很小。随着维数增加，最近邻趋向于远离目标点，偏差和方差均会产

生。当 $p=10$ 时，超过 99% 的样本的最近邻距离将大于离原点 0.5 远的距离。因此，随着 p 增加，估计多半会趋于 0，因此 MSE 水平会稳定在 1.0，正如偏差表现的一样，同时方差开始下降（本例的人为设计）。

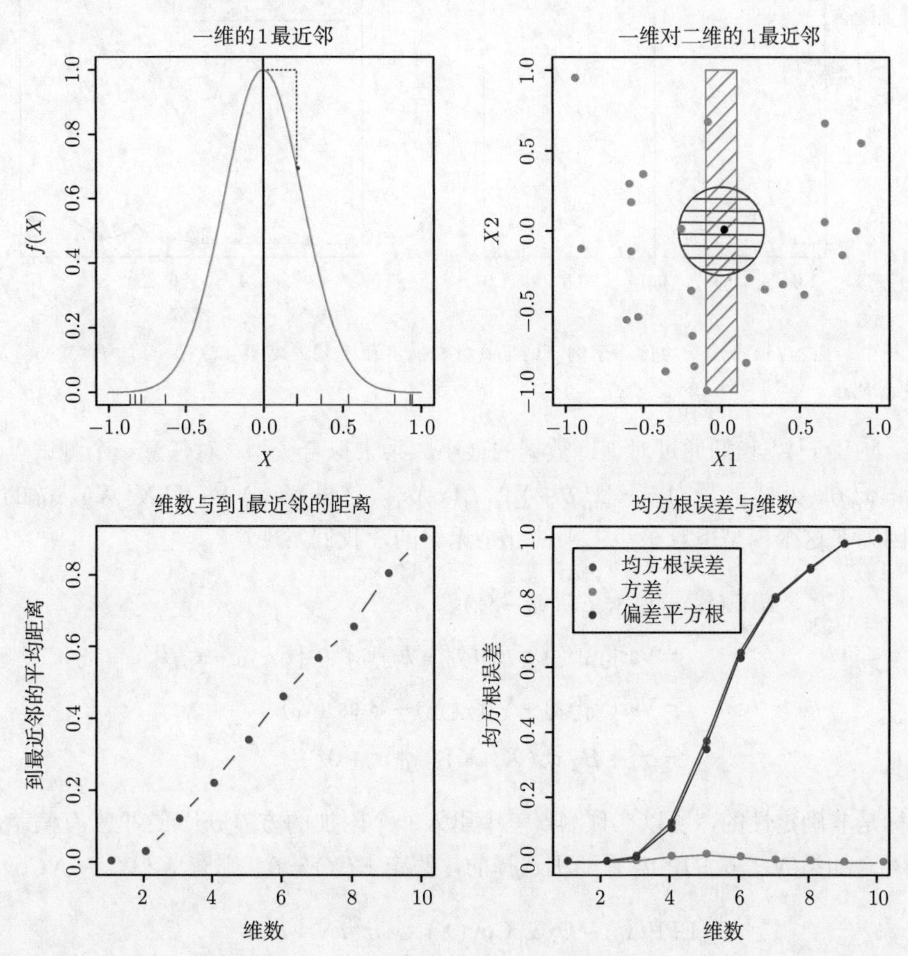

图 2–7　本仿真示例演示了维数灾和它对均方根误差、偏差和方差的影响。对 $p=1,\cdots,10$，输入特征均匀分布在 $[-1,1]^p$。左上图显示在 $\mathbb{R}$ 的目标函数（无噪声）：$f(x)=\mathrm{e}^{-8\|X\|^2}$，阐述了估计 $f(0)$ 时 1 最近邻产生的误差。训练点用蓝色圆点标记。右上图阐述了为什么 1 最近邻域的半径会随着维数 p 增加。左下图显示了 1 最近邻域的平均半径。右下图显示了维数 p 函数的均方根误差、平均偏差和方差曲线

尽管这是一个精心编排的例子，类似的现象常常发生。许多变量的函数复杂性会随着维数而指数增加，如果我们希望能用与低维函数相同的精度估计这些函数，则我们需要指数级增加训练集的大小。在这个例子中，该函数是所有涉及的 p 变量的复杂交互作用。

偏差项对距离的依赖性是不争的事实，但它不必一直在 1 最近邻中起主导作用。举例来说，如果函数仅仅涉及在图2–8所示的少数几维，则方差能取而代之，占主导地位。

另一方面，假定我们知道 Y 和 X 的关系是线性的，

$$Y=X^T\beta+\varepsilon \tag{2.26}$$

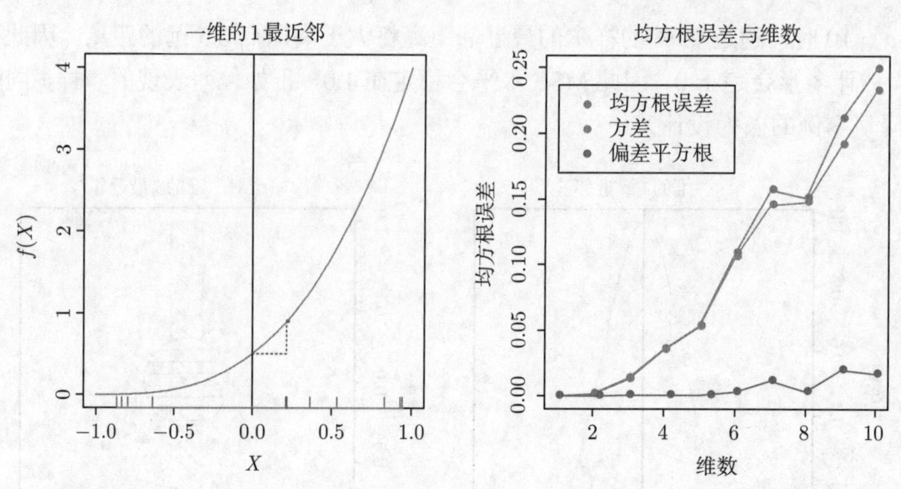

图 2–8 一个如图2–7相同设置的仿真示例。这里函数在所有维度均是常数，除了一维：$f(X)=\frac{1}{2}(X_1+1)^3$。方差占支配地位

这里 $\varepsilon \sim N(0,\sigma^2)$。我们通过对训练数据的最小二乘来拟合模型。对任意一个测试点 x_0，我们有 $\hat{y}_0=x_0^T\hat{\beta}$。此式能写为 $\hat{y}_0=x_0^T\beta+\sum_{i=1}^N \ell_i(x_0)\varepsilon_i$，这里 $\ell_i(x_0)$ 是 $\boldsymbol{X}(\boldsymbol{X}^T\boldsymbol{X})^{-1}x_0$ 的第 i 个元素。因为在这个模型下，最小二乘估计是无偏的，我们发现

$$\begin{aligned}
\text{EPE}(x_0) &= E_{y_0|x_0}E_{\mathcal{T}}(y_0-\hat{y}_0)^2 \\
&= \text{Var}(y_0|x_0)+E_{\mathcal{T}}[\hat{y}_0-E_{\mathcal{T}}\hat{y}_0]^2+[E_{\mathcal{T}}\hat{y}_0-x_0^T\beta]^2 \\
&= \text{Var}(y_0|x_0)+\text{Var}_{\mathcal{T}}(\hat{y}_0)+\text{Bias}^2(\hat{y}_0) \\
&= \sigma^2+E_{\mathcal{T}}x_0^T(\boldsymbol{X}^T\boldsymbol{X})^{-1}x_0\sigma^2+0^2
\end{aligned} \tag{2.27}$$

因为目标是非确定性的，所以在预测误差中引入一个附加的方差 σ^2。这里没有偏差，方差依赖于 x_0。如果 N 是大的，$\mathcal{T}$ 是随机选择的，假定 $E(X)=0$，则有 $\boldsymbol{X}^T\boldsymbol{X}\to N\text{Cov}(X)$ 和

$$\begin{aligned}
E_{x_0}\text{EPE}(x_0) &\sim E_{x_0}x_0^T\text{Cov}(X)^{-1}x_0\sigma^2/N+\sigma^2 \\
&= \text{trace}[\text{Cov}(X)^{-1}\text{Cov}(x_0)]\sigma^2/N+\sigma^2 \\
&= \sigma^2(p/N)+\sigma^2
\end{aligned} \tag{2.28}$$

这里我们发现期望 EPE 是随 p 线性增加的函数，其斜率为 σ^2/N。如果 N 是大的，和/或 σ^2 是小的，则在方差上的增量是可以忽略的（在确定性的情况等于零）。通过在要拟合的模型类中引入某些强的限制，我们已经避免了维数灾问题。在式(2.27)和(2.28)中的一些技术细节可从习题2.5中推导出来。

图2–9比较了两种情况下的 1 最近邻和最小二乘。两种情况均有形式 $Y=f(X)+\varepsilon$。与前面相同，X 是均匀的，同时噪声 $\varepsilon\sim N(0,1)$。样本大小是 $N=500$。如图2–9所示，对橙色曲线，$f(x)$ 在第一坐标上是线性的，对蓝色曲线，为三次方的。曲线描述的是 1-最近邻对最小二乘的相对 EPE 比值。从图示来看，对线性情况是从 2 开始。在这种情况最小二乘是无偏的，同时，如前讨论的，EPE 是轻微地高于 $\sigma^2=1$。1-最近邻的 EPE 一直在 2 以上，

因为 $\hat{f}(x_0)$ 的方差至少是 σ^2。比值随维数增加，因为最近邻开始远离目标点。对三次情况，最小二乘是有偏的，因而平均了比值。显然，我们能杜撰一些导致最小二乘的偏差超过方差的样本，从而 1 最近邻将成为胜者。

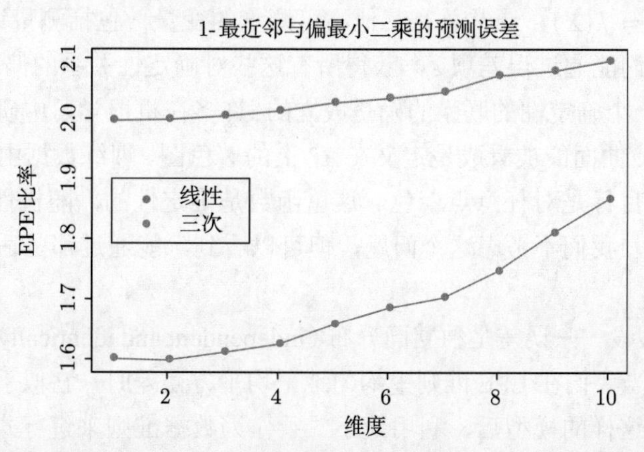

图 2-9　曲线显示了针对模型 $Y = f(X) + \varepsilon$，(在 $x_0 = 0$ 处)1 最近邻相对于最小二乘的期望预测误差。橙色曲线对应于 $f(x) = x_1$，同时蓝色曲线对应于 $f(x) = \frac{1}{2}(x_1 + 1)^3$

依赖于严格假设，线性模型是完全无偏的，并具有可忽略的方差；同时在 1 最近邻上的误差是真正比较大的。然而，如果假设是错的，所有的赌注都押错了，则 1 最近邻可能占优势。我们将发现存在一个在严格的线性模型和异常灵活的 1 最近邻模型之间的完整的模型谱，每一个有它们自己的假设和偏差，都通过强依赖于这些假设，来避免在高维空间中函数复杂性指数增长的问题。

在更深入讨论之前，我们先稍微详述一下统计模型（statistical model）的概念，并了解它们是如何纳入到预测框架的。

2.6　统计模型、监督学习和函数逼近

我们的目的是，找出反映输入和输出内在预测关系的函数 $f(x)$ 的有用逼近 $\hat{f}(x)$。在2.4节的理论框架中，我们看到，针对定量响应，平方误差损失能获得回归函数 $f(x) = E(Y|X = x)$。最近邻这类方法能看成是这个条件期望的直接估计，但我们也发现这类方法会在至少两种情况中失效。

- 如果输入空间的维数高，则最近邻样本不一定会靠近目标点，因而能导致大的误差。
- 如果已知存在特殊的结构，则这一信息可用于减少估计的偏差和方差。

我们期望对 $f(x)$ 使用其他类型的模型，在很多特定场合可以克服维数问题。这里，我们讨论一个能将它们融入到预测问题的框架。

2.6.1　联合分布 $\Pr(X, Y)$ 的统计模型

假定我们的数据实际上是从一个统计模型生成

$$Y = f(X) + \varepsilon \tag{2.29}$$

这里随机误差 ε 有均值 $E(\varepsilon)=0$，并且独立于 X。请注意，对于该模型，$f(x)=E(Y|X=x)$，并且事实上条件分布 $\Pr(X|Y)$ 仅通过条件均值 $f(x)$ 依赖于 X。

加性误差模型是对真实情况的有用逼近。对大多数系统来说，输入－输出对 (X,Y) 不会有确定的关系 $Y=f(X)$。通常总有其他不可测量的变量，包括测量误差参与 Y 的构成。加性模型假定了我们能通过误差项 ε，获得所有这些对确定性关系的偏离。

对某些问题，一个确定性的联系的确是成立的。许多在机器学习中研究的分类问题具有这种形式，那里响应曲面能被看成是定义在 $\mathbb{R}^p$ 上的着色图。训练数据由来自映射图 $\{x_i, g_i\}$ 的有色样本组成，目标是对任意点着色。这里函数是确定性的，随机性则通过训练点的 x 位置来引入。目前，我们不考虑这个问题，但可以看到，能通过那些适合基于误差的模型的技术来处理。

式(2.29)中的假设——误差是独立同分布（independent and identically distributed）——不是严格必要的。但当我们在 EPE 准则里均匀地平均平方误差时，它似乎是支持我们观点的一个基础。采用像这样的模型后，利用最小二乘作为数据准则来进行式(2.1)的模型估计会变得很自然。稍作修改就可以避开独立性假设，举例来说，我们可以令 $\mathrm{Var}(Y|X=x)=\sigma(x)$，则均值和方差均会依赖于 X。一般来说，条件分布 $\Pr(Y|X)$ 能采用更复杂的方式来依赖 X，但是加性误差模型阻止了这些情况。

迄今为止，我们一直专注于定量响应。加性误差模型通常不能用于定性输出 G；在这种情况目标函数 $p(X)$ 是条件密度 $\Pr(G|X)$，可以直接建模。举例来说，对两类数据，可以合理假设数据是从独立二元实验中获得的，其中一个结果的概率是 $p(X)$，另一个则是 $1-p(X)$。因此，如果 Y 是 G 的 0 － 1 编码版本，则 $E(Y|X=x)=p(x)$，但是方差也依赖于 x：$\mathrm{Var}(Y|X=x)=p(x)[1-p(x)]$。

2.6.2 监督学习

在使用更多统计学的行话之前，我们先从机器学习的角度提出函数拟合的框架。为简化起见，假定误差是加性的，模型 $Y=f(X)+\varepsilon$ 是合理假设。监督学习试图利用样本，通过一个*教师* (teacher) 来学习 f。一个人观察学习中的系统，既有输入又有输出，将其组装成一个有观测数据 $\mathcal{T}=(x_i,y_i)$，$i=1,\cdots,N$ 的*训练*（training）集。系统中观测到的输入值 x_i 也被反馈到一个称为学习算法（通常是计算机程序）的人工系统。该系统也产生对输入的响应并形成输出 $\hat{f}(x_i)$。学习算法的特点是能够根据原始输出和生成的输出之差 $y_i-\hat{f}(x_i)$ 来调整输入和输出的联系 $\hat{f}$。这个过程称为*基于样本的学习*（learning by example）。一旦学习过程完成，希望是对所有可能遇到的输入集，人工的和实际的输出能做到足够接近。

2.6.3 函数逼近

上一节的学习框架一直是机器学习（模拟人的推理）和神经网络（生理上模拟大脑）领域研究监督学习问题的动机。应用数学和统计学采用的方法则一直是从函数逼近和估计的角度来考虑的。数据点对 $\{x_i, y_i\}$ 被看成是一个 $p+1$ 维欧氏空间的点集。函数 $f(x)$ 的定义域相当于 p 维输入子空间的域，通过模型如 $y_i = f(x_i) + \varepsilon$ 与数据相联系。尽管通常输入可以具有混合类型，为方便起见，我们假定定义域是 p 维欧氏空间 $\mathbb{R}^p$。目标是给定在 $\mathcal{T}$ 的表达，在 $\mathbb{R}^p$ 的某个区域对全体 x 获得对 $f(x)$ 的有用逼近。尽管不如学习框架华丽，把监督学习看成是函数逼近中的一个问题，有助于将欧氏空间的几何概念以及概率推断中的数学概念引入到这一问题。这是本书的一个主要考虑。

我们将遇到的许多逼近都与一组可以根据数据来调整的参数集 θ 相关。举例来说，线性模型 $f(x) = x^T\beta$ 有 $\theta = \beta$。另一类有用的逼近子能表达成线性基展开：

$$f_\theta(x) = \sum_{k=1}^{K} h_k(x)\theta_k, \tag{2.30}$$

这里 h_k 是输入向量 x 的一组合适的函数集或变换。传统的例子如多项式或三角展开。举例来说，h_k 可以是 x_1^2，$x_1x_2^2$，$\cos(x_1)$ 等。我们也会遇到非线性展开，如常见于神经网络模型的 sigmoid 变换，

$$h_k(x) = \frac{1}{1 + \exp(-x^T\beta_k)} \tag{2.31}$$

正如曾经在线性模型所做的，我们能够利用最小二乘来估计在 f_θ 的参数，即最小化作为 θ 的函数的残差平方和

$$\text{RSS}(\theta) = \sum_{i=1}^{N} (y_i - f_\theta(x_i))^2 \tag{2.32}$$

对于加性误差模型，这似乎是一个合理的准则。按照函数逼近，可以想象参数化的函数是处在 $p+1$ 维空间上的一个曲面，能观察到它的有噪实现。当 $p = 2$ 时，这是很容易可视化的，如图2–10所示，其中垂直坐标是输出 y。噪声是在输出坐标里，因此我们要找一组参数使拟合的曲面尽可能靠近观测点。这里的远近程度通过在 $\text{RSS}(\theta)$ 的平方垂直误差和来度量。

对线性模型，我们能得到这个最小化问题的闭式解。对基函数方法，如果基函数本身没有任何隐参数，则也能得到闭式解。否则要么采用迭代方法，要么用数值优化来求解。

尽管最小二乘是相当方便的，它并非唯一可用的准则。在某些场合，也没有太多意义。更一般的估计原则是*最大似然估计*（maximum likelihood estimation）。假定我们有随机样本 y_i，$i = 1, \cdots, N$，该样本从参数 θ 标定的密度 $\text{Pr}_\theta(y)$ 中提取。观测样本的对数概率是

$$L(\theta) = \sum_{i=1}^{N} \log \text{Pr}_\theta(y_i) \tag{2.33}$$

最大似然原则假定了 θ 最合理的值是那些使得观测样本的概率最大的值。对于噪声为 $\varepsilon \sim N(0, \sigma^2)$ 的加性误差模型，最小二乘等价于采用条件似然

$$\text{Pr}(Y|X, \theta) = N(f_\theta(X), \sigma^2) \tag{2.34}$$

的最大似然。因此尽管附加的正态假设似乎更有限制性，但结果是相同的。数据的对数似然是

$$L(\theta) = -\frac{N}{2}\log(2\pi) - N\log\sigma - \frac{1}{2\sigma^2}\sum_{i=1}^{N}(y_i - f_\theta(x_i))^2, \tag{2.35}$$

唯一涉及 θ 的是最后一项。这一项等价于 RSS(θ) 乘上一个负数。

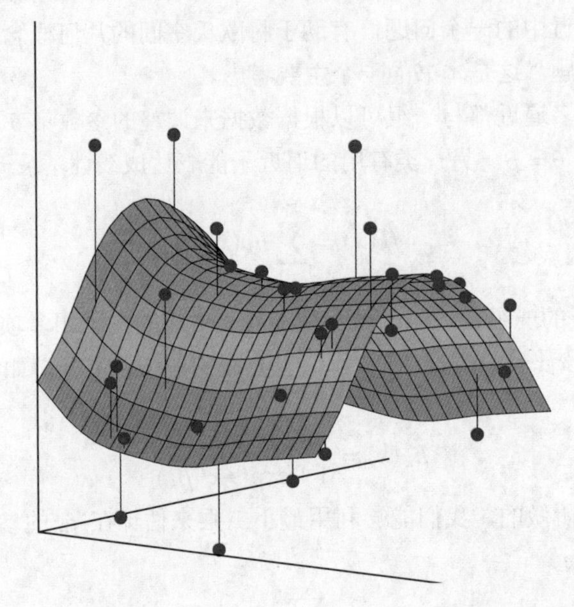

图 2–10 具有两个输入的函数的最小二乘拟合。选择 $f_\theta(x)$ 的参数来最小化平方垂直误差和

一个更有趣的例子是，对定性输出 G 的回归函数 $\Pr(G|X)$ 的多项式似然（multinomial likelihood）。假设给定 X，每个类的条件概率是由参数向量 θ 所标定的模型 $\Pr(G = \mathcal{G}_k|X = x) = p_{k,\theta}(x)$，$k = 1,\cdots,K$，则对数似然（也称为交叉熵）是

$$L(\theta) = \sum_{i=1}^{N}\log p_{g_i,\theta}(x_i), \tag{2.36}$$

最大化它，将使得在似然意义下 θ 的值最符合数据。

2.7 结构化的回归模型

我们已经知道，尽管最近邻和其他局部方法侧重于直接在一个点上估计函数，它们在高维时会出现问题。即使在低维时，当更多结构化方法能更有效地利用数据时，它们也是不合适的。本节介绍这一类结构化方法。不过在继续进行之前，我们先进一步讨论为什么需要这类方法。

问题的困难性

考虑对一个任意函数 f 的残差平方和（Residual sum of squares，RSS）准则：

$$\mathrm{RSS}(f) = \sum_{i=1}^{N} (y_i - f(x_i))^2. \tag{2.37}$$

最小化式 (2.37) 导致了无穷多的解：任何通过训练点 (x_i, y_i) 的函数 $\hat{f}$ 是一个解。任何选择的特解，可能是在不同于训练点集的测试点集上表现很差的预测子。如果在每个 x_i 的值上存在多个观测对 x_i, y_{il}，$l = 1, \cdots, N$，则风险会降低。在这种情况，这些解会经过每个 x_i 上的 y_{il} 的平均值，参见习题2. 6。这种情况类似于我们曾在前面 2.4节中讨论过的；的确，式 (2.37) 是在前面第 14页的公式 (2.11) 的有限样本版本。如果样本尺寸 N 充分大，使得可重复性能够保持，并且样本被稠密的安排，则似乎所有这些解都可能趋近极限条件期望。

为了对有限的 N 获得有效解，必须将式 (2.37) 的可行解限制到较小的函数集上。如何限制要基于数据以外的考虑。这些限制要么显式或隐式地通过 f_θ 的参数表达来编码，要么构建到学习方法本身去。本书的主题是关于这些限制类的解。然而，一件事应该清楚，任何加在 f 上，导致式 (2.37) 产生唯一解的限制并不会真正消除由多解产生的不确定性。这里有无穷多个可能的限制，每一个都会导致一个唯一解。结果，不确定性仅仅是被转移至约束的选择上。

一般来说，由大多数学习方法引入的约束能被描述成这种或那种类型的复杂性（complexity）限制。这通常意味着在输入空间的小邻域内的某种正则化行为。也就是说，对在某个度量下全体相互间足够接近的输入样本 x，$\hat{f}$ 表示了某种特殊的结构，如接近常数，线性或低阶多项式的行为。这个估计子然后可通过在那个邻域的平均或多项式拟合来获得。

约束的强度由邻域大小来决定。邻域越大，约束越强，解对约束的特定选择越敏感。举例来说，在无穷小邻域的局部常值拟合相当于完全没有约束；在很大邻域上的局部线性拟合则几乎是一个全局线性模型，因而是非常强的限制。

约束的本质依赖于使用的度量。一些方法直接指定了邻域的度量和大小，如核方法、局部回归和基于树的方法。迄今为止讨论的最近邻方法是基于函数在局部是常数的假设；邻近一个目标输入 x_0 时，函数不会变化太多；因此可以平均相互邻近的输出来形成 $\hat{f}(x_0)$。其他方法如样条，神经网络和基函数方法隐式地定义了邻域的局部行为。我们讨论了一个等价核 (equivalent kernel) 的概念 (见第118页的图5–8)。这个核刻画了任何输出是线性的方法的局部相关性。在许多场合这些等价核看上去像上面讨论过的，显式定义的加权核——在目标点有峰值响应，远离目标点时，响应会光滑下降。

到目前为止，一个事实需要清楚。任何试图在小的各向同性（isotropic）的邻域形成局部变化函数的方法都会在高维遇到问题——仍然是维数灾问题。相反，任何克服维数问题的方法都有一个相关的——通常隐式或自适应的——度量来测量邻域。这种度量基本上不允许邻域同时在所有方向上是小的。

2.8 受限估计子的种类

依赖于引入的限制的特性，大量非参回归技术或学习方法可分成多个不同的种类。这些种类之间的区分不是很明显，有些方法的确可归属到几类中。这里我们仅给一个简要的小结，详细的介绍将在随后几章给出。每个种类中的方法均涉及一个至多个参数，有时比较适合称之为光滑（smoothing）参数。这些参数控制着局部邻域的有效大小。这里主要介绍三大类。

2.8.1 粗糙度惩罚和贝叶斯方法

本小节的一类函数是通过用粗糙度惩罚（roughness penalty）

$$\mathrm{PRSS}(f;\lambda)=\mathrm{RSS}(f)+\lambda J(f) \tag{2.38}$$

显式惩罚 $\mathrm{RSS}(f)$ 来控制。对于在输入空间的小区域里变化太快的函数 f，用户选择的泛函 $J(f)$ 将会很大。举个例子，常用的针对一维输入的三次方光滑样条（cubic smoothing spline）是罚最小二乘准则的解：

$$\mathrm{PRSS}(f;\lambda)=\sum_{i=1}^{N}(y_i-f(x_i))^2+\lambda\int[f''(x)]^2\mathrm{d}x \tag{2.39}$$

这里粗糙度惩罚控制 f 的二阶导数出现大值的情况，惩罚的程度由 $\lambda\geqslant 0$ 来决定。当 $\lambda=0$ 时，则无惩罚引入，因此任何插值函数均可考虑。同时，当 $\lambda=\infty$ 时，则仅允许在 x 上是线性的函数。

罚泛函 J 可以为任意维数的函数构造，并且通过引入特殊的结构还可以创建其特定的形式。举例来说，加性惩罚 $J(f)=\sum_{j=1}^{p}J(f_j)$ 常与加性函数 $f(X)=\sum_{j=1}^{p}f_j(X_j)$ 一起，以构造具有光滑坐标函数的加性模型。类似地，为了自适应选择方向 α_m，投影寻踪回归（projection pursuit regression）模型会构造函数 $f(X)=\sum_{m=1}^{M}g_m(\alpha_m^TX)$，并且每个函数 g_m 均有一个相关联的粗糙度惩罚。

惩罚函数或正则化（regularization）方法反映了我们的先验信念，即我们搜寻的函数类型能展示某类光滑性行为。所以，这类方法的确能归纳到贝叶斯框架里面。惩罚 J 对应于对数先验分布，$\mathrm{PRSS}(f;\lambda)$ 对应于对数后验分布，而最小化 $\mathrm{PRSS}(f;\lambda)$ 相当于找后验众数（posterior mode）。我们将在第5章讨论粗糙度惩罚方法，在第8章讨论贝叶斯框架。

2.8.2 核方法和局部回归

通过指定局部邻域的性质和局部拟合的正则函数的性质，这类方法可以看成是回归函数或条件期望的显式估计。在这些方法中，局部邻域由核函数 $K_\lambda(x_0,x)$ 来指定（见第6章第144页图6–1）。该核函数分配权值到点 x_0 周围区域里的点 x 上。举例来说，高斯核是一个基于高斯密度函数的加权函数：

$$K_\lambda(x_0,x)=\frac{1}{\lambda}\exp\left[-\frac{\|x-x_0\|^2}{2\lambda}\right] \tag{2.40}$$

这里分配到点的权值会随着到 x_0 的平方欧氏距离的增加呈指数的下降直到消失。参数 λ 对应于高斯密度的方差，它控制着邻域的宽度。核估计最简单的形式是 Nadaraya-Watson 加权平均：

$$\hat{f}(x_0) = \frac{\sum_{i=1}^{N} K_\lambda(x_0, x_i) y_i}{\sum_{i=1}^{N} K_\lambda(x_0, x_i)} \tag{2.41}$$

一般来说，我们能够定义 $f(x_0)$ 的局部回归估计为 $f_{\hat{\theta}}(x_0)$，这里，$\hat{\theta}$ 最小化：

$$\text{RSS}(f_\theta, x_0) = \sum_{i=1}^{N} K_\lambda(x_0, x_i)(y_i - f_\theta(x_i))^2, \tag{2.42}$$

其中，f_θ 是某个参数化的函数，如低阶多项式。一些例子如下。

- $f_\theta = \theta_0$，常值函数；这一函数得出上式 (2.41) 的 Nadaraya-Watson 估计。
- $f_\theta = \theta_0 + \theta_1 x$ 是最常用的局部线性回归模型。

最近邻方法能看成是更依赖于数据的度量的核方法。的确，k 最近邻的度量是

$$K_k(x, x_0) = I(\|x - x_0\| \leqslant \|x_{(k)} - x_0\|)$$

这里 $x_{(k)}$ 是训练样本中第 k 个距离上靠近 x_0 的样本，$I(S)$ 是集 S 的指示函数。

当然，要避免维数灾，在高维情况这些方法均要进行调整。各种自适应方法将在第6章讨论。

2.8.3　基函数和词典方法

这类方法包括熟悉的线性和多项式展开，但更重要的是包括大量更灵活的模型。用于刻画 f 的模型是多个基函数的线性展开：

$$f_\theta(x) = \sum_{m=1}^{M} \theta_m h_m(x) \tag{2.43}$$

这里每个 h_m 是输入 x 的一个函数，术语“线性”指参数 θ 的作用。这一类覆盖了大量的方法。在某些情况下，基函数序列会被预先指定，如在 x 上总项数为 M 的多项式基。

对一维 x，具有 K 次的多项式样条可以用 M 个样条基函数的适当序列来表示。这些基函数序列依次由 $M - K - 1$ 个结点决定。这形成了在结点间具有 K 次的分段多项式函数，并通过在结点的 $K - 1$ 次的连续性来连接。以线性样条或分段线性函数为例。一个直觉上满意的基函数是由函数 $b_1(x) = 1$，$b_2(x) = x$，和 $b_{m+2} = (x - t_m)_+$，$m = 1, \cdots, M - 2$ 组成。其中 t_m 是第 m 个结点，z_+ 表示正值部分。样条基的张量集能用于具有大于 1 维的输入 (参见5.2节和第9章的 CART 和 MARS 模型)。在样条情况下，参数 M 控制了多项式的总阶数或结点的数量。

径向基函数（radial basis functions）是位于特定质心的、对称的 p-维核，

$$f_\theta(x) = \sum_{m=1}^{M} K_{\lambda_m}(\mu_m, x)\theta_m; \tag{2.44}$$

举例来说，高斯核 $K_\lambda(\mu, x) = \mathrm{e}^{-\|x-\mu\|^2/2\lambda}$ 是常用的一种。

在径向基函数中，重心 μ_m 和尺度 λ_m 需要确定。样条基函数则有结点要确定。一般来说，我们希望数据也能决定它们。但把它们包含到参数后，回归问题会从原本直接的线性问题转变成组合困难的非线性问题。因此，实际上常使用如贪婪算法和两阶段过程的快捷方法来处理。6.7节描述了这样一些方法。

具有线性输出权值的单层前馈神经网络模型能看成是自适应的基函数方法。该模型具有形式

$$f_\theta(x) = \sum_{m=1}^{M} \beta_m \sigma(\alpha_m^T x + b_m) \tag{2.45}$$

这里 $\sigma = 1/(1+e^{-x})$ 被称为*激活函数*（activation function）。在投影寻踪模型中，方向 α_m 和*偏置* (bias) 项 b_m 必须要确定。它们的估计是计算的实质，其细节将在第11章给出。

这些自适应选择的基函数方法也称为*词典*（dictionary）方法。那里可能有一个无穷集合或具有候选基函数的词典 $\mathcal{D}$ 可供选择，而模型则通过应用某种搜索机制来建立。

2.9 模型选择和偏差-方差折衷

所有以上描述的模型和在随后章节中讨论的其他模型有一个必须确定的*光滑*（smoothing）或*复杂性*（complexity）参数：

- 罚项的乘数；
- 核的宽度；
- 或者基函数的总数。

在光滑样条的情况，参数 λ 囊括了从直线拟合到插值模型的各种模型。类似地，局部 m 次的多项式模型覆盖的范围也从“当窗口尺寸无限大时，m 次的全局多项式”到“当窗口尺寸缩小到零时，插值拟合”。这意味着我们不能采用训练数据的残差平方和来决定这些参数，因为我们会一直选择那些能进行插值拟合，并有零残差的模型。但这类模型又根本不可能很好地预测未知数据。

k 最近邻回归拟合 $\hat{f}_k(x_0)$ 有效地说明了影响上述逼近的预测能力的竞争力。假定数据是从具有零均值（$E(\varepsilon)=0$），方差为 $\mathrm{Var}(\varepsilon)=\sigma^2$ 的模型 $Y=f(X)+\varepsilon$ 中生成。为求简化，这里假定样本中 x_i 的值是预先固定的（非随机性）。在 x_0 的期望预测误差，也称为*测试*（test）或*泛化*（generalization）误差，能分解成

$$\begin{aligned}
\mathrm{EPE}_k(x_0) &= E[(Y-\hat{f}_k(x_0))^2|X=x_0] \\
&= \sigma^2 + [\mathrm{Bias}^2(\hat{f}_k(x_0)) + \mathrm{Var}_{\mathcal{T}}(\hat{f}_k(x_0))] \qquad (2.46) \\
&= \sigma^2 + [f(x_0) - \frac{1}{k}\sum_{\ell=1}^{k} f(x_{(\ell)})]^2 + \frac{\sigma^2}{k} \qquad (2.47)
\end{aligned}$$

括号中的下标 (ℓ) 指示了到 x_0 的最近邻的序列。

这个表达式共有三项。第一项 σ^2 是*不可约*（irreducible）的误差——新测试目标的方差——即使我们知道真实的 $f(x_0)$，它还是超出了我们能控制的范围，

第二项和第三项是可控的，由估计 $f(x_0)$ 时 $\hat{f}_k(x_0)$ 的*均方误差*（mean squared error）组成。该误差可以分解成一个偏差分量和一个方差分量。偏差项是真实均值 $f(x_0)$ 与估计的期望值之间的差的平方——$[E_{\mathcal{T}}(\hat{f}_k(x_0))-f(x_0)]^2$——是在训练数据上的随机性的期望平均。如果真实函数是合理光滑的，这一项最有可能会随 k 增加。对小的 k，最近的几个邻域样本将有接近 $f(x_0)$ 的值 $f(x_{(\ell)})$，因此它们的平均应该接近 $f(x_0)$。随着 k 增加，邻域样本进一步远离，然后任何结果都可能发生。

方差项在这里仅是平均的方差，随着 k 的减小而增加。因此，随着 k 的变化，会出现*偏差-方差折衷*（bias-variance tradeoff）。

更一般情况下，随着我们过程的*模型复杂性*（model complexity）增加，方差趋向于增加，而平方偏差趋向于减小。当模型复杂性降低时，情况相反。对于 k 最近邻，模型复杂性由 k 来控制。

典型情况下，我们希望选择我们的模型复杂性来平衡偏差和方差，实现测试误差最小化。一个明显的测试误差估计是计算*训练误差*（training error）$\frac{1}{N}\sum_i(y_i-\hat{y}_i)^2$。不幸的是，训练误差不是测试误差的好的估计，因为它并未恰当的解释模型复杂性。

图2–11阐述了随模型复杂度变化，测试和训练误差的典型表现。只要增加模型复杂性，即只要采用更严格的方式拟合数据，训练误差将趋向于减少。然而，当拟合程度太高时，模型自己会过于邻近训练数据，结果将不能得到好的泛化（即有大的测试误差）。如式 (2.46) 最后一项反映的，在这种情况下，预测 $\hat{f}(x_0)$ 有大的方差的情形。相反，如果模型不是足够复杂，则会*欠拟合*（underfit），可能会有大的偏差，从而也会导致差的泛化能力。在第7章中，我们讨论了估计一个预测方法的测试误差的办法，因此对于给定的预测方法和训练集，可以估计模型复杂性的最佳值。

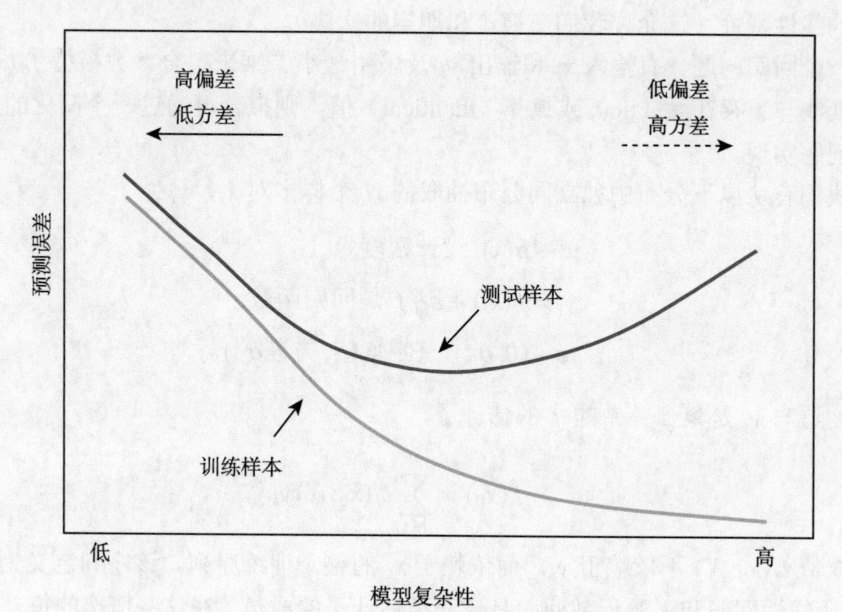

图 2–11　作为模型复杂性函数的测试误差和训练误差

文献说明

一些关于学习问题的、好的通用书籍包括 (Duda 等, 2000; Bishop, 1995, 2006), (Cherkassky and Mulier, 2007) 和 (Vapnik, 1996)。本章的部分内容基于 (Friedman, 1994b)。

习题

2.1 假设 K 类中的每一个都有一个相关联的目标 t_k。t_k 是一个除第 k 位等于 1，其余位均为 0 的向量。证明：如果 $\hat{y}$ 的元素的和等于 1，分类到 $\hat{y}$ 的最大元素相当于选择最接近的目标，$\min_k \|t_k - \hat{y}\|$。

2.2 对于图2–5的仿真示例，说明怎样计算贝叶斯决策边界。

2.3 导出方程 (2.24)。

2.4 在前面第17页讨论的边缘影响问题不是从有界域均匀采样独有的。考虑从球形多项式分布 $X \sim N(0, \boldsymbol{I}_p)$ 提取输入样本。从任意样本点到原点的平方距离是均值为 p 的 $\mathcal{X}_p^2$ 分布。考虑从此分布提取的预测点 x_0，令 $a = x_0/\|x_0\|$ 是一个相关的单位向量。令 $z_i = a^T x_i$ 是在这个方向的每一个训练点的投影。

证明 z_i 分布在 $N(0, 1)$ 上，具有离原点的期望平均距离为 1，同时目标点离原点的期望平均距离为 p。

因此对于 $p = 10$，一个随机提取的测试点离原点的标准偏差大约是 3.1，同时所有训练样本沿方向 a 的平均标准偏差等于 1。因此，大多数预测点位于训练集的边缘上。

2.5 (a) 导出方程式 (2.27)。最后一行通过一个条件化参数来利用式 (3.8)。

(b) 导出方程式 (2.28)。线索：利用迹算子的翻转特性（cyclic）[trace(AB)=trace(BA)]，和它的线性特性（这允许我们交换迹和期望的次序）。

2.6 考虑一个回归问题。有输入 x_i 和输出 y_i 及采用最小二乘来拟合参数模型 $f_\theta(x)$。证明：如果观测与 x 存在结（tie）或恒等（identical）值，则拟合可通过一个简化的加权最小二乘问题实现。

2.7 假设我们有从以下分布中独立同分布抽取的 N 个样本对 x_i，y_i：

$$x_i \sim h(x), \text{设计密度}$$

$$y_i = f(x_i) + \varepsilon_i, f \text{ 是回归函数}$$

$$\varepsilon \sim (0, \sigma^2) \quad (\text{零均值, 方差}\sigma^2)$$

我们构造与 y_i 是线性关系的 f 的估计子，

$$\hat{f}(x_0) = \sum_{i=1}^{N} \ell_i(x_0; \mathcal{X}) y_i$$

这里权值 $\ell_i(x_0; \mathcal{X})$ 不依赖于 y_i，而依赖于 x_i 的整个训练序列。该序列定义为 $\mathcal{X}$。

(a) 证明线性回归和 k 最近邻回归是这一类估计子的成员。在这些情况的每一个上，显式描述权值 $\ell_i(x_0; \mathcal{X})$。

(b) 分解条件均方误差

$$E_{\mathcal{Y}|\mathcal{X}}(f(x_0) - \hat{f}(x_0))^2$$

到一个条件平均偏差和一个条件方差分量。类似于 $\mathcal{X}$，$\mathcal{Y}$ 表示了 y_i 的全体训练序列。

(c) 分解 (无条件) 均方误差

$$E_{\mathcal{Y},\mathcal{X}}(f(x_0) - \hat{f}(x_0))^2$$

到一个平方偏差和一个方差分量。

(d) 建立在以上两种情况下，平方偏差和方差的关系。

2.8 在邮编数据上，比较线性回归和 k-最近邻分类器的分类性能。具体来讲，仅仅考虑数字 2 和 3，$k = 1,3,5,7$ 和 15 的情况。陈述每个选择下的训练误差和测试误差。邮编数据可以从本书网站 http://www-stat.standford.edu/ElemStatLearn 下载。

2.9 考虑具有 p 个参数的线性回归模型，其通过最小二乘来拟合一组从数据中随机提取的训练样本 $(x_1, y_1), \cdots, (x_N, y_N)$。令 $\hat{\beta}$ 是最小二乘估计。假定我们有某些与训练数据相同群体中随机提取的测试数据 $(\tilde{x}_1, \tilde{y}_1), \cdots, (\tilde{x}_M, \tilde{y}_M)$。如果 $R_{tr}(\beta) = \frac{1}{N}\sum_1^N (y_i - \beta^T x_i)^2$ 和 $R_{te}(\beta) = \frac{1}{M}\sum_1^M (\tilde{y}_i - \beta^T \tilde{x}_i)^2$，证明：

$$E[R_{tr}(\hat{\beta})] \leqslant E[R_{te}(\hat{\beta})]$$

这里期望是每个表达式里全体随机的那些样本的期望。[此习题来自吴恩达（Andrew Ng）布置的一个家庭作业，由瑞恩·提布施拉尼（Ryan Tibshirani）引入到本书中。]

第3章 回归的线性方法

3.1 概述

线性回归模型假定回归函数 $E(Y|X)$ 在输入 $X_1, \cdots, X_p$ 上是线性的。在统计学的前计算机时代，线性模型已经得到长足的发展。但是即使在当今计算机时代，仍然有好的理由继续研究和使用它们。线性模型简单，对输入如何影响输出通常也提供了充分和可解释的描述。在预测方面，它们有时会比更酷炫的非线性模型有更好的性能，尤其是对于小训练样本、低信噪比或稀疏数据的情况。最后，线性模型可用于变换后的输入，这也极大地扩展了它们的适用范围。这些拓展有时称为“基函数方法”，将在第5章讨论。

在本章中，我们描述了用于回归的线性方法，同时在下一章我们将讨论用于分类的线性方法。在某些主题上，我们会做更深入的讨论，因为我们坚信理解线性方法对理解非线性方法至关重要。事实上，许多非线性技术是在这里讨论的线性方法的直接拓展。

3.2 线性回归模型和最小二乘

如第2章所介绍的，我们有一个输入向量 $X^T = (X_1, X_2, \cdots, X_p)$，并想预测一个实值输出 Y。线性回归模型具有形式

$$f(X) = \beta_0 + \sum_{j=1}^{p} X_j \beta_j. \tag{3.1}$$

线性模型假定了回归函数 $E(Y|X)$ 是线性的，或者假定线性模型是合理近似。这里，β_j 是未知的参数或系数，变量 X_j 可能从不同的来源获得：

- 定量输入；
- 定量输入的变换，如对数，平方根或平方；
- 基展开，如 $X_2 = X_1^2, X_3 = X_1^3$，形成了多项式的表达；
- 定性输入级的数值或“哑”编码。举例来说，如果 G 是一个五级因子输入，我们可以创建 X_j，$j = 1, \cdots, 5$，使得 $X_j = I(G = j)$。将这组 X_j 合在一起，通过一个“级依赖”（level-dependent）的常数集合，可以表达 G 的影响。因为在 $\sum_{j=1}^{5} X_j \beta_j$ 里，X_j 的其中一个是 1，其余均是 0。
- 变量间的相互影响，如 $X_3 = X_1 \cdot X_2$

不管 X_j 的来源是什么，模型在参数上是线性的。

典型情况下，我们有一组用于估计参数 β 的训练数据 $(x_1, y_1), \cdots, (x_N, y_N)$。每个 $x_i = (x_{i1}, x_{i2}, \cdots, x_{ip})^T$ 是第 i 个例子的特征度量的向量。最常用的估计方法是最小二乘（least square）。我们将选择能最小化残差平方和

$$\begin{aligned}\text{RSS}(\beta) &= \sum_{i=1}^{N}(y_i - f(x_i))^2 \\ &= \sum_{i=1}^{N}(y_i - \beta_0 - \sum_{j=1}^{p} x_{ij}\beta_j)^2 \end{aligned} \tag{3.2}$$

的系数 $\beta = (\beta_0, \beta_1, \cdots, \beta_p)^T$。从统计的角度来看，如果训练观测 (x_i, y_i) 是从它们的总体中独立且随机提取的，则这个准则是合理的。即使这些 x_i 不是随机抽取的，如果给定输入 x_i，y_i 之间相互条件独立，准则仍然是有效的。图3–1图示了数据对 (X, Y) 所在的 $\mathbb{R}^{p+1}$ 维空间中采用最小二乘拟合的几何结构。注意，式 (3.2) 没有假设模型 (3.1) 的有效性；它仅仅是找数据的最佳线性拟合。不管数据是如何产生的，最小二乘拟合直觉上是满意的；这个准则度量了拟合的平均偏离。

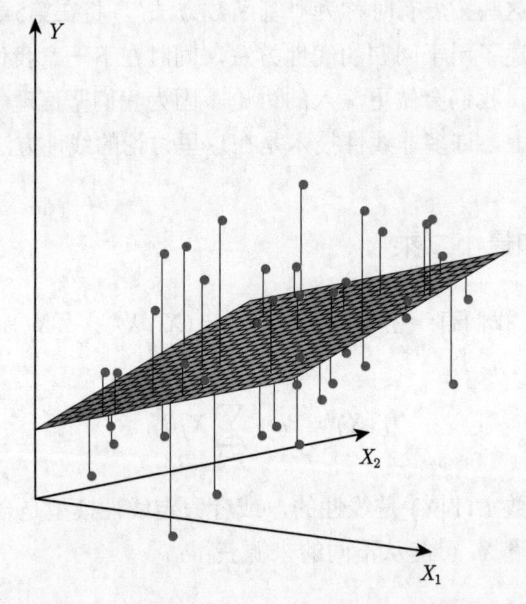

图 3–1　对 $X \in \mathbb{R}^2$ 的线性最小二乘拟合。我们搜索最小化到 Y 的平方残差和的 X 的线性函数

我们怎么最小化式 (3.2) 呢？定义 $\boldsymbol{X}$ 为 $N \times (p+1)$ 的矩阵，其中每一行表示一个输入向量（注意，在第一个位置等于 1）。与此类似，令 y 是训练集里的 N-向量输出，则我们可以将残差平方和写成

$$\text{RSS}(\beta) = (\boldsymbol{y} - \boldsymbol{X}\beta)^T(\boldsymbol{y} - \boldsymbol{X}\beta) \tag{3.3}$$

这是一个在 $p+1$ 个参数里的二次函数。对 β 微分可得

$$\begin{aligned}\frac{\partial \text{RSS}}{\partial \beta} &= -2\boldsymbol{X}^T(\boldsymbol{y} - \boldsymbol{X}\beta) \\ \frac{\partial^2 \text{RSS}}{\partial \beta \partial \beta^T} &= 2\boldsymbol{X}^T\boldsymbol{X} \end{aligned} \tag{3.4}$$

（暂时）假定 $\boldsymbol{X}$ 是列满秩，因此 $\boldsymbol{X}^T\boldsymbol{X}$ 是正定的。令一阶偏导为 0

$$\boldsymbol{X}^T(\boldsymbol{y}-\boldsymbol{X}\beta)=0 \tag{3.5}$$

可得到唯一解

$$\hat{\beta}=(\boldsymbol{X}^T\boldsymbol{X})^{-1}\boldsymbol{X}^T\boldsymbol{y} \tag{3.6}$$

在一个输入向量 x_0 的预测值由 $\hat{f}(x_0)=(1:x_0)^T\hat{\beta}$ 给出；在训练输入集上的拟合值是

$$\hat{\boldsymbol{y}}=\boldsymbol{X}\hat{\beta}=\boldsymbol{X}(\boldsymbol{X}^T\boldsymbol{X})^{-1}\boldsymbol{X}^T\boldsymbol{y} \tag{3.7}$$

这里 $\hat{y}_i=\hat{f}(x_i)$。因为在方程 (3.7)中的矩阵 $\boldsymbol{H}=\boldsymbol{X}(\boldsymbol{X}^T\boldsymbol{X})^{-1}\boldsymbol{X}^T$ 像加了一个帽子在 $\boldsymbol{y}$ 上面，有时也称为“帽”矩阵。

图3–2展示了在 $\mathbb{R}^N$ 空间上，最小二乘估计的不同几何表示。我们定义 $\boldsymbol{X}$ 的列向量为 $\boldsymbol{x}_0,\boldsymbol{x}_1,\cdots,\boldsymbol{x}_p$，且有 $\boldsymbol{x}_0\equiv 1$。对多数随后讨论的内容，第一列与其他列同等对待。这些向量张成一个 $\mathbb{R}^N$ 的子空间，也称为“$\boldsymbol{X}$ 的列空间”。通过选择 $\hat{\beta}$，我们最小化 $\mathrm{RSS}(\beta)=\|\boldsymbol{y}-\boldsymbol{X}\beta\|^2$，使得残差向量 $\boldsymbol{y}-\hat{\boldsymbol{y}}$ 与这个子空间是正交的。这个正交性被表达在式 (3.5) 中，最终的估计 $\hat{\boldsymbol{y}}$ 因此是 $\boldsymbol{y}$ 到这个子空间的*正交投影*（orthogonal projection）。帽矩阵 $\boldsymbol{H}$ 计算了正交投影，所以也称“投影矩阵”。

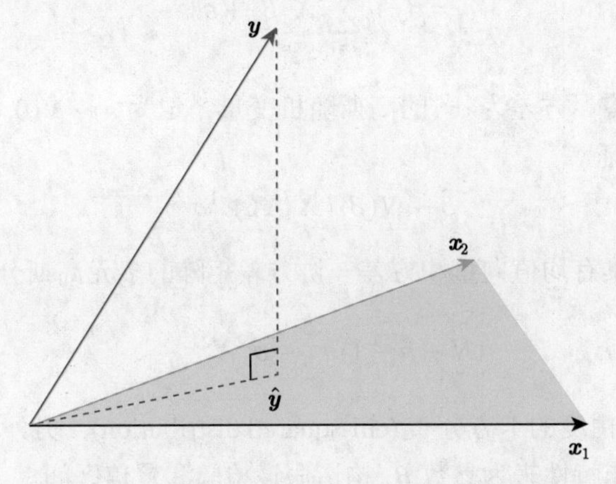

图 3–2 具有两个预测子的最小二乘回归的 N-维几何。结果向量 $\boldsymbol{y}$ 正交投影于由输入向量 $\boldsymbol{x}_1$ 和 $\boldsymbol{x}_2$ 张成的超平面。投影 $\hat{\boldsymbol{y}}$ 反映了最小二乘预测的向量

有时，可能 $\boldsymbol{X}$ 的列不是线性独立的，因此 $\boldsymbol{X}$ 非满秩。举例来说，如果输入中的两个向量是完全相关的（如 $\boldsymbol{x}_2=3\boldsymbol{x}_1$），则会出现上述情况。则 $\boldsymbol{X}^T\boldsymbol{X}$ 是奇异的，最小二乘系数 $\hat{\beta}$ 因而不能唯一确定。然而，拟合值 $\hat{\boldsymbol{y}}=\boldsymbol{X}\hat{\beta}$ 仍然是 $\boldsymbol{y}$ 到 $\boldsymbol{X}$ 的列空间的投影；不过按 $\boldsymbol{X}$ 的列向量，会有超过一种以上的方式来表达这个投影。当一个或多个定性输入用冗余的方式进行编码时，这种非满秩情况最会经常发生。通常，一种解决非唯一表达问题的自然方式，是通过重新编码和/或移去 $\boldsymbol{X}$ 中的冗余列。大多数回归软件包能够检测和自动采用某种策略来移去这些冗余。秩缺失还会发生在信号和图像分析中，那里输入 p 的总数能超出

训练样本集的总数 N。在这种典型情况下，特征在典型情况下是通过过滤来减少的，或在拟合中通过正则化来控制（参见第18章和5.2.3节）。

到目前为止，我们就数据的真实分布只做了最少的假设。为了确定 $\hat{\beta}$ 的采样特性，现在假设观测 y_i 之间不相关，且具有常值方差 σ^2，同时 x_i 是固定的（非随机）。最小二乘参数估计的方差－协方差矩阵容易从式 (3.6) 导出，等于

$$\mathrm{Var}(\hat{\beta}) = (\boldsymbol{X}^T\boldsymbol{X})^{-1}\sigma^2. \tag{3.8}$$

典型情况下，我们可以用

$$\hat{\sigma}^2 = \frac{1}{N-p-1}\sum_{i=1}^{N}(y_i - \hat{y}_i)^2$$

来估计方差 σ^2。上式中分母取 $N-p-1$ 而不是 N，因为前者使得 $\hat{\sigma}^2$ 是 σ^2 的无偏估计：$E(\hat{\sigma}^2) = \sigma^2$。

要实现关于参数和模型的推断，需要额外的假设。现在假设式 (3.1) 是均值的正确模型；即 Y 的条件期望在 $\boldsymbol{X}_1, \cdots, \boldsymbol{X}_p$ 上是线性的。我们也假设 Y 在它的期望上的偏差是加性和高斯的。因此，

$$\begin{aligned}\boldsymbol{Y} &= E(\boldsymbol{Y}|\boldsymbol{X}_1, \cdots, \boldsymbol{X}_p) + \varepsilon \\ &= \beta_0 + \sum_{j=1}^{p}\boldsymbol{X}_j\beta_j + \varepsilon\end{aligned} \tag{3.9}$$

这里误差 ε 是期望为零、方差为 σ^2 的高斯随机变量，记为 $\varepsilon \sim N(0, \sigma^2)$。

根据式 (3.9)，易证

$$\hat{\beta} \sim N(\beta, (\boldsymbol{X}^T\boldsymbol{X})^{-1}\sigma^2) \tag{3.10}$$

如上所示，这是一个具有均值向量和方差－协方差矩阵的多元高斯分布。也可以得到

$$(N-p-1)\hat{\sigma}^2 \sim \sigma^2\chi^2_{N-p-1}. \tag{3.11}$$

是一个有 $N-p-1$ 自由度的卡方分布 (chi-squared distribution)。另外，$\hat{\beta}$ 和 $\hat{\sigma}^2$ 是统计独立的。我们利用这些分布特性来为参数 β_j 构造假设检验和置信区间。

要检验系数 $\beta_j = 0$ 的假设，可以构造标准系数或 Z 分数：

$$z_j = \frac{\hat{\beta}_j}{\hat{\sigma}\sqrt{v_j}} \tag{3.12}$$

这里 v_j 是 $(\boldsymbol{X}^T\boldsymbol{X})^{-1}$ 的第 j 个对角元素。在零假设（null hypothesis）$\beta_j = 0$ 下，z_j 的分布是 t_{N-p-1}（一个具有 $N-p-1$ 自由度的 t 分布），因此一个大的 z_j 的（绝对）值将拒绝零假设。如果用一个已知值 σ 代替式中的 $\hat{\sigma}$，则 z_j 将是一个标准正态分布。随着样本大小的增加，t 分布和标准正态分布在尾部分位数（tail quantile）上的差异将是可忽略的，因此我们常采用正态分位数（见图3–3）。

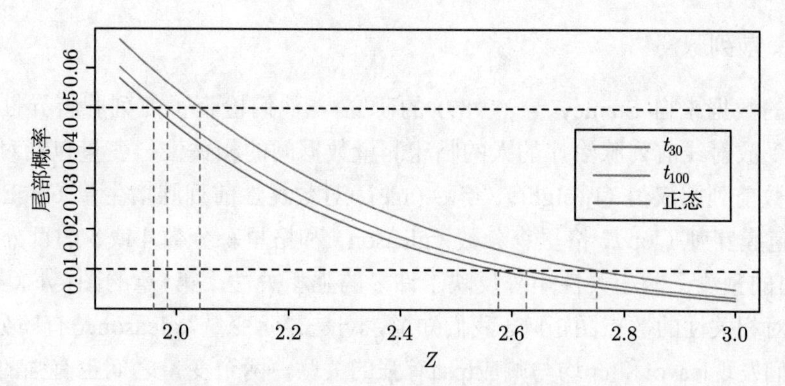

图 3–3　三个分布 t_{30}，t_{100} 和标准正态的尾部概率 $\Pr(|Z| > z)$。图中显示的是测试在 $p = 0.05$ 和 0.01 级的显著性的适当分位数。当 N 大约大于 100 时，t 分布和标准正态的差异可忽略不计

通常，我们需要同时检验多组系数的显著性。举例来说，要检验是否一个有 k 级的分类变量能从一个模型中被排除，我们需要检验是否用于表达这些级的哑变量系数全都可以设成零。这里我们采用 F 统计量，

$$F = \frac{(\mathrm{RSS}_0 - \mathrm{RSS}_1)/(p_1 - p_0)}{\mathrm{RSS}_1/(N - p_1 - 1)} \tag{3.13}$$

这里，RSS_1 是用最小二乘拟合具有 $p_1 + 1$ 个参数的较大模型上的残差平方和，RSS_0 是嵌套在其中的一个较小模型的残差平方和。较小模型具有 $p_0 + 1$ 个参数，其余 $p_1 - p_0$ 个参数约束为零。F 统计量度量了在较大模型上每增加一个参数后，残差平方和变化的程度。通常用一个 σ^2 的估计来标准化该统计量。在高斯假设和较小模型是正确的零假设下，F 统计量将服从 $F_{p_1-p_0,N-p_1-1}$ 分布。能够证明（习题3.1），式 (3.12) 的 z_j 等价于将单个系数 β_j 从模型中移去时的 F 统计量。对于大的 N，$F_{p_1-p_0,N-p_1-1}$ 的分位数逼近于 $\mathcal{X}^2_{p_1-p_0}$ 的分位数。

类似，我们可以孤立式 (3.10) 中的 β_j，为 β_j 获得一个 $1 - 2\alpha$ 的置信区间：

$$(\hat{\beta}_j - z^{(1-\alpha)} v_j^{\frac{1}{2}} \hat{\sigma},\ \hat{\beta}_j + z^{(1-\alpha)} v_j^{\frac{1}{2}} \hat{\sigma}) \tag{3.14}$$

这里，$z^{(1-\alpha)}$ 是正态分布的 $1 - \alpha$ 百分位数：

$$\begin{aligned} z^{(1-0.025)} &= 1.96, \\ z^{(1-0.05)} &= 1.645, \quad 等. \end{aligned}$$

因此，报道的 $\hat{\beta} \pm 2 \cdot \mathrm{se}(\hat{\beta})$ 的标准操作相当于一个近似 95% 的置信区间。即使高斯误差假设不成立，这个区间也是近似正确的，并且随着样本大小 $N \to \infty$，它的覆盖接近 $1 - 2\alpha$。

用类似的方式，我们能对全体参数向量 β 获得一个近似的置信集合，即

$$C_\beta = \{\beta | (\hat{\beta} - \beta)^T \boldsymbol{X}^T \boldsymbol{X} (\hat{\beta} - \beta) \leqslant \hat{\sigma}^2 \mathcal{X}^{2\ \ (1-\alpha)}_{p+1}\} \tag{3.15}$$

这里 $\mathcal{X}^{2(1-\alpha)}_{\ell}$ 是在 ℓ 自由度的卡方分布的 $(1 - \alpha)$ 百分位数。举例来说，$\mathcal{X}^{2(1-0.05)}_5 = 11.1$，$\mathcal{X}^{2(1-0.1)}_5 = 9.2$。这个 β 的置信集为真实函数 $f(x) = x^T\beta$，即 $\{x^T\beta | \beta \in C_\beta\}$ 生成了一个相应的置信集（习题3.2，也可参见5.2.2节中图5–4关于函数置信带的例子）。

3.2.1 示例：前列腺癌

本例中的数据来自 Stamey 等 (1989) 的研究 。他们检查了前列腺特异性抗原的水平与大量将接受放射线前列腺治疗的人的临床测量数据间的相关性。变量包括对数肿瘤体积（lcavol)、对数前列腺权值（lweight)、年龄 (age)、对数良性前列腺增生量（lbph)、精襄浸润（svi)、对数包膜穿刺（lcp)、格里森分数（gleason）和格里森分数 4 或 5 的百分比（pgg45)。在表3–1给出的预测子的相关性矩阵反映了许多的强相关性。第1章的图1–1（第3页）显示了变量间逐对相关性的散点图矩阵。我们知道，svi是二元变量，gleason是有序分类变量。举例来说，我们发现lcavol和lcp均与响应lpsa有强的关联，两个变量之间也有强的联系。我们需要联合拟合这些影响，以解开响应和预测子之间的关联。

表 3–1　在前列腺癌数据中预测子的相关性

	lcavol	lweight	age	lbph	svi	lcp	gleason
lweight	0.300						
age	0.286	0.317					
lbph	0.063	0.437	0.287				
svi	0.593	0.181	0.129	−0.139			
lcp	0.692	0.157	0.173	−0.089	0.671		
gleason	0.426	0.024	0.366	0.033	0.307	0.476	
pgg45	0.483	0.074	0.276	−0.030	0.481	0.663	0.757

在标准化预测子到具有单位方差后，我们用线性模型来拟合对数前列腺特异性抗原lpsa。我们将数据集随机划分成大小为 67 的训练集和大小为 30 的测试集。我们对训练集应用最小二乘估计，并形成估计，其中的标准误差和 Z-分数见表3–2中。

表 3–2　对前列腺癌数据的线性模型拟合。Z 分数是系数除以它的标准误差 (3.12)。粗略地说，一个在绝对值上大于 2 的 Z 分数是在 $p = 0.05$ 水平上显著非零的

项	系数	标准误差	Z 分数
Intercept	2.46	0.09	27.60
lcavol	0.68	0.13	5.37
lweight	0.26	0.10	2.75
age	−0.14	0.10	−1.40
lbph	0.21	0.10	2.06
svi	0.31	0.12	2.47
lcp	−0.29	0.15	−0.15
gleason	−0.02	0.15	−0.15
pgg45	0.27	0.15	1.74

定义于式 (3.12) 的 Z 分数度量了从模型中去除某个变量的影响。一个绝对值大于 2 的 Z-分数相当于在 5% 的显著水平上。（在本例中，我们有 9 个参数，因此 t_{67-9} 分布的 0.025 尾分位数是 ±2.002!）预测子 lcavol 展现了最强的影响，同时 lweight 和 svi 也很强。请注意，

一旦 lcavo 在此模型里，则 lcp 就变得不显著了（若 lcavo 不在此模型中，则 lcp 是强显著的）。我们也采用式 (3.13) 的 F-统计量测试了一次排除多项的情况。举例来说，我们考虑将表3–2中所有非显著的项，即 age，lcp，gleason 和 pgg45，均移去。我们得到

$$F = \frac{(32.81 - 29.43)/(9-5)}{29.43/(67-9)} = 1.67, \tag{3.16}$$

上式的 p 值是 0.17（$\Pr(F_{4,58} > 1.67) = 0.17$），因此是不显著的。

在测试数据上的均值预测误差是 0.521。相反，采用 lpsa 的平均训练值来预测时，测试误差是 1.057，被称为“基误差率”。因此，与基误差率相比，线性模型降低了约 50% 的误差率。我们将在比较各种选择和收缩的方法时，再回来讨论这个例子。

3.2.2　高斯-马尔可夫定理

统计学中最著名的结论之一断言，在全部线性无偏估计中，参数 β 的最小二乘估计具有最小方差。在这里，我们将使这一结论更精确，同时我们也将澄清，限制到无偏估计并不一定是明智的选择。这一观察导致我们在本章的后面考虑了如岭回归的有偏估计，我们着重考虑参数 $\theta = \alpha^T\beta$ 的任意线性组合的估计，举例来说，预测 $f(x_0) = x_0^T\beta$ 就是这种形式。$\alpha^T\beta$ 的最小二乘估计是

$$\hat{\theta} = \alpha^T\hat{\beta} = \alpha^T(\boldsymbol{X}^T\boldsymbol{X})^{-1}\boldsymbol{X}^T\boldsymbol{y} \tag{3.17}$$

如果固定 $\boldsymbol{X}$，则它是响应向量 $\boldsymbol{y}$ 的线性函数 $\boldsymbol{c}_0^T\boldsymbol{y}$。如果假定线性模型是正确的，则 $\alpha^T\beta$ 是无偏的，因为

$$\begin{aligned} E(\alpha^T\hat{\beta}) &= E(\alpha^T(\boldsymbol{X}^T\boldsymbol{X})^{-1}\boldsymbol{X}^T\boldsymbol{y}) \\ &= \alpha^T(\boldsymbol{X}^T\boldsymbol{X})^{-1}\boldsymbol{X}^T\boldsymbol{X}\beta \\ &= \alpha^T\beta \end{aligned} \tag{3.18}$$

高斯-马尔可夫定理表明，如果我们有对 $\alpha^T\beta$ 无偏的任意线性估计子 $\tilde{\theta} = \boldsymbol{c}^T\boldsymbol{y}$，即 $E(\boldsymbol{c}^T\boldsymbol{y}) = \alpha^T\beta$，则有

$$\mathrm{Var}(\alpha^T\hat{\beta}) \leqslant \mathrm{Var}(\boldsymbol{c}^T\boldsymbol{y}) \tag{3.19}$$

其证明采用了三角不等式 (习题3.3)。为简化，我们按单个参数 $\alpha^T\beta$ 的估计来陈述结论。但增加几个定义后，我们也能按全体参数向量 β 来证明它 (习题3.3)。

考虑到在估计 θ 时，估计子 $\tilde{\theta}$ 的均方误差：

$$\begin{aligned} \mathrm{MSE}(\tilde{\theta}) &= E(\tilde{\theta} - \theta)^2 \\ &= \mathrm{Var}(\tilde{\theta}) + [E(\tilde{\theta}) - \theta]^2 \end{aligned} \tag{3.20}$$

第一项是方差，同时第二项是平方偏差。高斯-马尔可夫定理暗示，在所有无偏的线性估计子中，最小二乘估计子有最小的均方误差。然而，这里可能也存在具有更小均方误差的有偏

估计子。像这种估计子是通过允许增加少量的偏差来换取较大方差的减少。所以，有偏估计也是常用的方法。任何将最小二乘系数的某一些收缩或设成零可能会导致有偏估计。我们讨论了许多例子，包括在本章稍后讨论的可变子集选择（variable subset selection）和岭回归（ridge regression）。从更实用的角度来看，大多数模型是失真的，因此是有偏的；选择正确的模型相当于在偏差和方差间建立正确的平衡。我们将在第7章更详细地讨论这些问题。

如第2章讨论的，均方误差直接与预测精度相关。考虑在输入 x_0 的新响应的预测，

$$Y_0 = f(x_0) + \varepsilon_0 \tag{3.21}$$

则估计 $\tilde{f}(x_0) = x_0^T\tilde{\beta}$ 的期望预测误差是

$$\begin{aligned} E(Y_0 - \tilde{f}(x_0))^2 &= \sigma^2 + E(x_0^T\tilde{\beta} - f(x_0))^2 \\ &= \sigma^2 + \mathrm{MSE}(\tilde{f}(x_0)) \end{aligned} \tag{3.22}$$

因此，期望误差和均方误差仅相差一个常数 σ^2，表示新观测值 y_0 的方差。

3.2.3 源自简单一元回归的多元回归

具有 $p > 1$ 个输入的线性模型 (3.1) 称为多线性回归模型（multiple linear regression model）。如我们在本节所指出的，对这个模型的最小二乘估计 (3.6)，最好按对一元 (univariate, $p = 1$) 线性模型的估计来理解。

首先假定我们有一个无截距的一元模型，即

$$Y = X\beta + \varepsilon \tag{3.23}$$

最小二乘估计和残差是

$$\begin{aligned} \hat{\beta} &= \frac{\sum_1^N x_i y_i}{\sum_1^N x_i^2} \\ r_i &= y_i - x_i\hat{\beta} \end{aligned} \tag{3.24}$$

用更方便的向量概念来描述，令 $\boldsymbol{y} = (y_1, \cdots, y_N)^T$，$\boldsymbol{x} = (x_1, \cdots, x_N)^T$，定义

$$\begin{aligned} \langle \boldsymbol{x}, \boldsymbol{y} \rangle &= \sum_{i=1}^N x_i y_i \\ &= \boldsymbol{x}^T \boldsymbol{y}, \end{aligned} \tag{3.25}$$

是 $\boldsymbol{x}$ 和 $\boldsymbol{y}$ 的内积（inner product）[①]，则有

$$\begin{aligned} \hat{\beta} &= \frac{\langle \boldsymbol{x}, \boldsymbol{y} \rangle}{\langle \boldsymbol{x}, \boldsymbol{x} \rangle} \\ \boldsymbol{r} &= \boldsymbol{y} - \boldsymbol{x}\hat{\beta} \end{aligned} \tag{3.26}$$

① 内积概念对拓展线性回归至不同测度空间和概率空间是有建设性的。

正如我们将看到的，这个简单的一元回归为多元线性回归提供了基本构件。下面假定输入 $\boldsymbol{x}_1, \boldsymbol{x}_2, \cdots, \boldsymbol{x}_p$（数据矩阵 $\boldsymbol{X}$ 的列）是正交的，即对所有 $j \neq k$，$\langle \boldsymbol{x}_j, \boldsymbol{x}_k \rangle = 0$。容易发现多个最小二乘估计的每一个 $\hat{\beta}_j$ 等于一元的估计 $\langle \boldsymbol{x}_j, \boldsymbol{y} \rangle / \langle \boldsymbol{x}_j, \boldsymbol{x}_j \rangle$。换句话来说，当输入是正交的，模型的参数估计相互不会有影响。

正交输入经常在平衡的、精心设计的实验中出现（那里正交性是强制的），但是对实际观测数据几乎从来不是真的。因此要继续讨论这个观点，我们必须先正交化这些观测数据。下面假定我们有一个截距和一个单输入 $\boldsymbol{x}$。则 $\boldsymbol{x}$ 的最小二乘系数具有形式

$$\hat{\beta}_1 = \frac{\langle \boldsymbol{x} - \bar{x}\mathbf{1}, \boldsymbol{y} \rangle}{\langle \boldsymbol{x} - \bar{x}\mathbf{1}, \boldsymbol{x} - \bar{x}\mathbf{1} \rangle} \tag{3.27}$$

这里 $\bar{x} = \sum_i x_i / N$ 以及 $\mathbf{1} = \boldsymbol{x}_0$，即具有 N 个 1 的向量。我们可以把估计 (3.27) 看成是简单回归 (3.26) 的两个应用的结果。步骤如下。

1. 将 $\boldsymbol{x}$ 回归到 $\mathbf{1}$ 上，产生残差 $\boldsymbol{z} = \boldsymbol{x} - \bar{x}\mathbf{1}$。
2. 将残差 $\boldsymbol{z}$ 回归到 $\boldsymbol{y}$ 上，产生系数 $\hat{\beta}_1$。

在这个过程中，“回归 $\boldsymbol{b}$ 到 $\boldsymbol{a}$ 上”意味着在无截距情况，$\boldsymbol{b}$ 在 $\boldsymbol{a}$ 上做简单的一元回归，产生系数 $\hat{\gamma} = \langle \boldsymbol{a}, \boldsymbol{b} \rangle / \langle \boldsymbol{a}, \boldsymbol{a} \rangle$ 和残差向量 $\boldsymbol{b} - \hat{\gamma}\boldsymbol{a}$。我们称 $\boldsymbol{b}$ 是为 $\boldsymbol{a}$ 而调整，或者考虑 $\boldsymbol{a}$ 而被“正交化”。

步骤 1 考虑 $\boldsymbol{x}_0 = \mathbf{1}$ 来正交化 $\boldsymbol{x}$。步骤 2 仅仅是利用正交预测子 $\mathbf{1}$ 和 $\boldsymbol{z}$ 的简单一元回归。图3–4对两个通用输入 $\boldsymbol{x}_1$ 和 $\boldsymbol{x}_2$ 图示了该过程。正交化不会改变由 $\boldsymbol{x}_1$ 和 $\boldsymbol{x}_2$ 张成的子空间，仅仅是生成一个正交基来描述这个子空间。

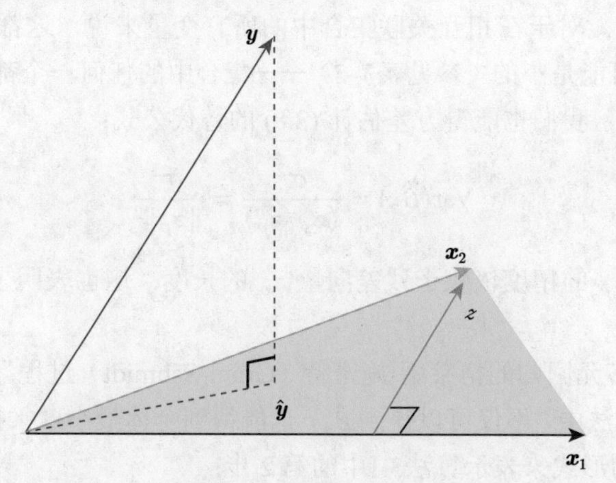

图 3–4　对输入正交化的最小二乘回归。向量 $\boldsymbol{x}_2$ 在向量 $\boldsymbol{x}_1$ 上回归，余下了残差向量 $\boldsymbol{z}$。在 $\boldsymbol{z}$ 上 $\boldsymbol{y}$ 的回归得到 $\boldsymbol{x}_2$ 的多元回归系数。将 $\boldsymbol{y}$ 在 $\boldsymbol{x}_1$ 和 $\boldsymbol{z}$ 的投影加在一起，则获得最小二乘拟合 $\hat{\boldsymbol{y}}$

如算法3.1所示，这种处理方式能拓展到 p 个输入的情况。注意，在第 2 步时，输入 $\boldsymbol{z}_0, \cdots, \boldsymbol{z}_{j-1}$ 是正交的，因此在这里计算的简单回归系数事实上也是多元回归系数。

算法 3.1 相继正交化的回归

1. 初始化 $z_0 = x_0 = \mathbf{1}$.
2. 对于 $j = 1, 2, \cdots, p$

   在 z_0，回归 x_j 到 z_1，…，z_{j-1} 上，获得系数 $\hat{\gamma}_{lj} = \langle z_\ell, x_j \rangle / \langle z_\ell, z_\ell \rangle$，
   $\ell = 0, \cdots, j-1$ 和残差向量 $z_j = x_j - \sum_{k=0}^{j-1} \hat{\gamma}_{kj} z_k$
3. 在残差 z_p 上回归 y 来得到估计 $\hat{\beta}_p$。

该算法的结果如下：

$$\hat{\beta}_p = \frac{\langle z_p, y \rangle}{\langle z_p, z_p \rangle}. \tag{3.28}$$

重新安排第 2 步中的残差，我们能发现每一个 x_j 都是 z_k，$k \leqslant j$ 的线性组合。因为 z_j 之间都是正交的，它们就形成了 X 的列空间的基，因此到这个子空间的最小二乘投影是 $\hat{y}$。因为 z_p 仅涉及 x_p（系数为 1），我们发现式(3.28)的系数的确是 y 在 x_p 上的多元回归系数。这个关键的结果揭示了相关输入在多元回归的影响。也要注意，通过重新安排 x_j 的次序，任何当中的一个均可以是最后的位置，但相似的结果成立。因此更一般的陈述是，我们已经证明了第 j 个多元回归系数是 y 在 $x_{j\cdot 012\cdots(j-1)(j+1)\cdots,p}$ 上的一元回归系数，或回归 x_j 到 $x_0, x_1, \cdots, x_{j-1}, x_{j+1}, \cdots, x_p$ 上的残差：

> 在 x_j 已经为 $x_0, x_1, \cdots, x_{j-1}, x_{j+1}, \cdots, x_p$ 调整后，多元回归系数 $\hat{\beta}_j$ 反映了 x_j 在 y 上的附加贡献。

如果 x_p 与其他 x_k 中的某一些高度相关，残差向量 z_p 将接近零。从式 (3.28) 可知，系数 $\hat{\beta}_p$ 将非常不稳定。对于在相互关联集合中的所有变量来说，这都是正确的。在这种情况，所有 Z-分数都可能是小的（参见表3–2）——集合中的任何一个都能删去——但不能全部删除。从式 (3.28)，我们也能得方差估计 (3.8) 的替代公式：

$$\mathrm{Var}(\hat{\beta}_p) = \frac{\sigma^2}{\langle z_p, z_p \rangle} = \frac{\sigma^2}{\|z_p\|^2} \tag{3.29}$$

换句话来说，估计 $\hat{\beta}_p$ 的精度依赖于残差向量 z_p 的长度；这也表明了 x_p 中还有多少未被其他 x_k 解释。

算法3.1称为“多元回归的格莱姆-施密特（Gram-Schmidt）过程”，也是计算估计的有效数值策略。从该算法中，不仅可以得到 $\hat{\beta}_p$，也能得到全体最小二乘拟合，如习题3.4所示。

我们能用矩阵的形式来表示算法3.1中的第 2 步：

$$X = Z\Gamma \tag{3.30}$$

这里，Z（依次）由列向量 z_j 组成，Γ 是元素为 $\hat{\gamma}_{kj}$ 的上三角矩阵。引入第 j 个对角元素是 $D_{jj} = \|z_j\|$ 的对角矩阵 D，我们得到 X 的所谓 QR 分解：

$$\begin{aligned} X &= ZD^{-1}D\Gamma \\ &= QR \end{aligned} \tag{3.31}$$

这里 $\boldsymbol{Q}$ 是 $N\times(p+1)$ 的正交矩阵，即 $\boldsymbol{Q}^T\boldsymbol{Q}=\boldsymbol{I}$。$\boldsymbol{R}$ 是 $(p+1)\times(p+1)$ 的上三角矩阵。

$\boldsymbol{QR}$ 为 $\boldsymbol{X}$ 的列子空间提供了一个方便的正交基。举例来说，容易看出，最小二乘解是由

$$\hat{\beta}=\boldsymbol{R}^{-1}\boldsymbol{Q}^T\boldsymbol{y} \tag{3.32}$$

$$\hat{\boldsymbol{y}}=\boldsymbol{Q}\boldsymbol{Q}^T\boldsymbol{y} \tag{3.33}$$

给出的。因为 $\boldsymbol{R}$ 是上三角的，方程式 (3.32) 是容易求解的 (参见习题3.4)。

3.2.4 多元输出

假定我们希望从输入 $\boldsymbol{x}_0,\boldsymbol{x}_1,\boldsymbol{x}_2,\cdots,\boldsymbol{x}_p$ 中预测多个输出 $\boldsymbol{y}_1,\boldsymbol{y}_2,\cdots,\boldsymbol{y}_K$。我们假定每一个输出都有一个线性模型：

$$\boldsymbol{y}_k=\beta_{0k}\cdot\mathbf{1}+\sum_{j=1}^{p}x_j\beta_{jk}+\varepsilon_k \tag{3.34}$$

$$=f_k(\boldsymbol{X})+\varepsilon_k \tag{3.35}$$

在 N 个训练样本的情况下，我们可以将模型写成矩阵的形式：

$$\boldsymbol{Y}=\boldsymbol{XB}+\boldsymbol{E} \tag{3.36}$$

这里 $\boldsymbol{Y}$ 是 $N\times K$ 响应矩阵，其中第 ik 项为 y_{ik}，$\boldsymbol{X}$ 是 $N\times(p+1)$ 输入矩阵，$\boldsymbol{B}$ 是 $(p+1)\times K$ 参数矩阵，以及 $\boldsymbol{E}$ 是 $N\times K$ 误差矩阵。一元损失函数 (3.2)的直接改进是

$$\mathrm{RSS}(\boldsymbol{B})=\sum_{k=1}^{K}\sum_{i=1}^{N}(y_{ik}-f_k(x_i))^2 \tag{3.37}$$

$$=\mathrm{tr}[(\boldsymbol{Y}-\boldsymbol{XB})^T(\boldsymbol{Y}-\boldsymbol{XB})] \tag{3.38}$$

其最小二乘估计与前面的具有完全相同的形式：

$$\hat{\boldsymbol{B}}=(\boldsymbol{X}^T\boldsymbol{X})^{-1}\boldsymbol{X}^T\boldsymbol{Y} \tag{3.39}$$

因此对第 k 个结果的系数刚好是 $\boldsymbol{y}_k$ 在 $\boldsymbol{x_0},\boldsymbol{x_1},\cdots,\boldsymbol{x_p}$ 上回归的最小二乘估计。注意，多个输出不会影响其他输出的最小二乘估计。

如果在式 (3.34) 的误差 $\varepsilon=(\varepsilon_1,\cdots,\varepsilon_K)$ 是相关的，则修正式 (3.37) 来适应多元版本可能更合适。具体来说，假定 $\mathrm{Cov}(\varepsilon)=\boldsymbol{\Sigma}$，则多元加权准则：

$$\mathrm{RSS}(\boldsymbol{B};\boldsymbol{\Sigma})=\sum_{i=1}^{N}(y_i-f(x_i))^T\boldsymbol{\Sigma}^{-1}(y_i-f(x_i)) \tag{3.40}$$

可以很自然地从多元高斯理论中得到。这里 $f(x)$ 是向量函数 $(f_1(x),\cdots,f_K(x))$，y_i 是对观测 i 的 K 个响应的向量。然而，能证明解再次能从式 (3.39) 得到；即忽略了相关性的 K 个分开的回归（参见习题3.11）。如果 Σ_i 随观测值变化，则不再有这种情况，$\boldsymbol{B}$ 的求解也不再能解耦。

在3.7节中，我们继续讨论多元输出问题，并考虑了组合回归的情况。

3.3 子集选择

有以下两个原因使得我们并不满足于最小二乘估计（3.6）。

- 第一是预测精度（prediction accuracy）：最小二乘通常有低的偏差，但是大的方差。预测精度有时能够通过收缩或设置某些系数等于 0 来改进。这样做的话，我们会牺牲一点偏差，但是会减少预测值的方差，因而可以改进总的预测精度。
- 第二个是解释（interpretation）。在大量的预测子中，我们通常希望决定能展示最强影响的较小子集。为了能够得到一个“大蓝图”，我们宁愿牺牲某些小的细节。

在本节中我们将介绍许多关于线性回归的可变子集选择方法。在随后几节中，我们将讨论控制方差的收缩和混合方法，以及其他维数约简策略。所有的这些都可以纳入到更一般的题目，不限定于线性模型的模型选择（model selection）。第7章将更详细地覆盖这一主题。

采用子集选择，我们仅仅保持变量集合的一个子集，并从模型中去除其他的变量。最小二乘回归用于估计要被保持在输入中的系数。这里有大量不同的策略来选择子集。

3.3.1 最佳子集选择

最佳子集回归为每个 $k \in \{0, 1, 2, \cdots, p\}$，寻找能获得最小平方残差和 (3.2) 的大小 k 的子集。一个有效算法——大幅度提升（leaps and bounds）过程 (Furnival and Wilson, 1974)——能在 p 大到 30 或 40 时，使这一搜索仍然可行。图3–5显示了前列腺癌症例子中的所有子集模型。较低的边界表明了，能通过最佳子集方法来选择的模型。值得注意的是如大小为 2 的最佳子集，不必要包括大小为 1 的最佳子集中的变量（对这个例子，所有的子集是嵌套的）。由于最佳子集曲线（图3–5中的红色下边界）是必然下降的，因此，不能用于选择子集大小 k。如何选择 k 的问题涉及偏差和方差的折衷，以及更主观的期望[①]。这里有大

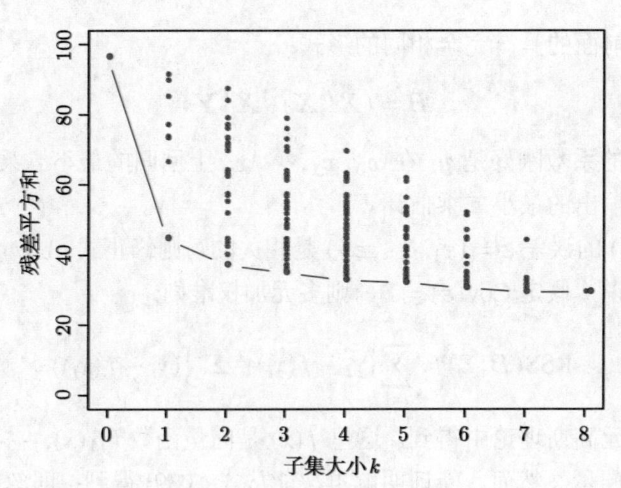

图 3–5 前列腺癌例子中所有可能的子集模型。在每个子集上，子集大小与每个模型对应的残差平方和的关系被显示在图上

① 译者注：等价于奥卡姆剃刀原理。

量的准则可资利用：典型情况下，我们选择能最小化期望预测误差估计的最小模型。

许多在本章中讨论的其他方法是类似的，它们均使用训练数据来产生一系列用单个参数标记、随复杂性变化的模型，在下一节中将使用交叉验证来估计预测误差和选择 k；另外，AIC 准则[①] 也是流行的、常用来替代的方案。我们将在第7章详细讨论它们和其他方法。

3.3.2　分步前向和分步反向选择

没有必要去穷尽所有可能的子集（对于 p 远大于 40 时，这将不可行），我们也可以从其中找出一条好的路径。*前向分步选择*（forward-stepwise selection）从截距开始，然后序贯地将最能改善拟合的预测子增加到模型中。当存在多个候选的预测子时，似乎需要大量的计算：然而，聪明的更新算法可以利用当前拟合的 QR 分解来快速找到下一个候选者（习题3.9）。类似于最佳子集回归，分步前向也会形成一系列模型。模型由必须确定的子集大小 k 来索引。

分步前向选择是*贪婪算法*（greedy algorithm），会产生一个嵌套序列的模型。在这个意义下，与最佳子集选择相比，它似乎是次优的。然而，有几个理由可以解释为什么它更值得考虑的。

- *计算方面*：对大的 p，我们不能计算最佳子集序列，但我们一直可以计算分步前向序列（甚至当 $p \gg N$ 时）。
- *统计方面*：为每个子集大小选择最佳子集得在方差上付出一点代价；分步前向是更受约束的搜索，因此将有较低的方差，但可能更多的偏差。

分步反向选择（Backward-stepwise selection）是从全模型开始，序贯地删除对拟合影响最小的预测子。删除掉的候选者是具有最小 Z-分数的变量（习题3.10）。反向选择仅能在 $N > p$ 时使用，而分步前向一直可以使用。

图3–6图示了一个小的仿真实验的结果，用来比较最佳子集回归和两个较简单的、可替代的前向和反向选择方法。和常见的情况一样，它们的性能非常相似。包含在图中的另一个方法是分阶段前向回归（forward stagewise regression，下一节介绍）。这一方法需要更长的时间来实现最小误差。

在前列腺癌的例子中，最佳子集、前向和后向选择都给出了完全相同的序列项。

一些软件包执行的是混合分步选择策略，在每一步都既考虑前向，也考虑反向移动，并选择两者中“最佳”的。举例来说，在 R 软件包中，step 函数采用AIC准则来加权那些适当考虑了参数拟合总数的选择；在每一步，增加或减少都会考虑最小化AIC分数的项。

其他更为传统的软件包基于 F-统计量来增加“显著”项和移去“非显著”项。这些方法有点过时，因为它们没有适当的考虑多元检验问题。这些方法也试图在一个模型搜索后，给出像表3–2那样关于选择模型的总结；然而，因为它们没有考虑搜索过程，这样的标准误差是无效的。自举（bootstrap，参见8.2节）在这种情况时就有用了。

---

① 译者注：Akaike Information Criterion。

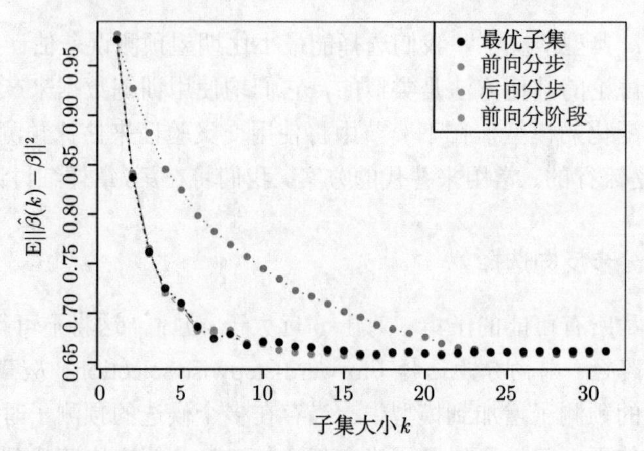

图 3–6　在一个仿真线性回归问题 $\boldsymbol{Y}=\boldsymbol{X}^T\beta+\varepsilon$ 上，四种子集选择技术的比较。这里，在 $p=31$ 个标准高斯变量上有 $N=300$ 个观测，它们的逐对相关性都等于 0.85。对于变量中的 10 个，系数都是随机从 $N(0,0.4)$ 的分布提取，其他为零。噪声 $\varepsilon\sim N(0,6.25)$ 导致了 0.64 的信噪比。结果是 50 次仿真的平均。显示的是在每一步，估计的系数 $\hat{\beta}(k)$ 与真实 β 之间的均方差

最后，请注意，变量通常是成组出现的（如编码多级分类的哑变量）。聪明的分步过程（如在 R 软件中的 step 函数）会在适当考虑它们的自由度后，一次性增加或移去整个组。

3.3.3　分阶段前向回归

分阶段前向回归（FS）比分步前向回归甚至有更多约束。在开始的时候，它类似于分步前向回归，有一个等于 $\bar{y}$ 的截距和中心化的预测子，系数均被初始化到 0。在每一步，算法辨识与当前残差最相关的变量。然后在这个选择的变量上计算残差的简单线性回归系数，再将它增加到那个变量当前的系数上。持续这一过程，直至没有一个变量与残差——即，当 $N>p$ 时的最小二乘拟合——相关。

不像分步前向回归，当这一项增加到模型时，其他变量不需调整。结果，分阶段前向需要远比 p 步更多的步骤来实现最小二乘拟合，历史上曾经因为其无效而被摒弃。但现在发现，这种“慢拟合”是能在高维问题上获利的。我们将在3.8.1节中看到，分阶段前向和它的一个甚至更慢的变种是相当有竞争力的，尤其在非常高维的问题上。

分阶段前向也包括在图3–6中。在本例中，它用了超过 1000 步得到了所有在 10^{-4} 以下的相关性。按子集大小 k，我们画出了在最后一步，存在 k 个非零系数时的误差。尽管它逼近了最佳拟合，但需要花更长的时间来获得。

3.3.4　示例：前列腺癌（续）

表3–3显示了从多种不同选择和收缩方法获得的系数。它们采用全子集搜索的最佳子集选择（best-subset selection）、岭回归（ridge regression）、Lasso、主成分回归（principal components regression）和偏最小二乘（partial least squares）。每种方法都有一个复杂性参数。这个参数是基于十倍交叉验证最小化预测误差的估计来选择；完整的细节将在7.10节

给出。简要来说，交叉验证是将训练数据集分成十个相等的部分。学习方法是，在复杂性参数的值域上，拟合数据的十分之九，再在余下的十分之一上计算预测误差。这个过程在数据的每个十分之一等分上都做一次以上的操作，然后平均获得的十次预测误差。通过该过程，我们得到估计的预测误差曲线。该曲线是复杂性参数的函数。

表 3-3　用于前列腺数据的不同子集和收缩方法所估计的系数和测试误差结果。空白处对应于变量被省略的情况

项	最小二乘 (LS)	最佳子集	岭 (Ridge)	Lasso	PCR	PLS
Intercept	2.465	2.477	2.452	2.468	2.497	2.452
lcavol	0.680	0.740	0.420	0.533	0.542	0.419
lweight	0.263	0.316	0.238	0.169	0.289	0.344
age	−.141		−0.0046		−0.152	−0.026
lbph	0.210		0.162	0.002	0.214	0.220
svi	0.305		0.227	0.094	0.315	0.243
lcp	−0.288		0.000		−0.051	0.079
gleason	−0.021		0.040		0.232	0.011
pgg45	0.267		0.133		−0.056	0.084
测试误差	0.521	0.492	0.492	0.479	0.449	0.528
标准偏差误差	0.179	0.143	0.165	0.164	0.105	0.152

请注意，我们已经将这些数据分成大小为 67 的训练集和大小为 30 的测试集。因为选择收缩参数是训练过程的一部分，因此交叉验证被也被用于训练集。测试集则用于判断选择模型的性能。

估计的预测误差曲线显示见图3–7。许多曲线在靠近它们最小值的很大范围内是非常平坦的。图中包含每个估计误差率的估计标准误差带，它们是基于交叉验证得到的 10 个误差估计。我们曾经使用“一个标准误差”（one-standard-error）规则 ——我们在最小值的一个标准误差内选取最简洁的模型（7.10节，第182页）。像这样的规则认可一个事实：折衷曲线是带误差估计的，因此采用了保守的方法。

最佳子集选择选择要使用两个预测子（lcvol和lweight）。表中的最后两行给出了在测试集上的平均预测误差（和它的估计标准误差）。

3.4　收缩方法

通过保持预测子的一个子集并抛弃其余的，子集选择获得了可解释的模型，且可能比全模型有较低的预测误差。然而，因为它是离散过程——变量要么被保持，要么被抛弃——它通常有高的方差，因此没有降低整个模型的预测误差。收缩方法 (Shrinkage method) 是更连续的，不会从高可变性中导致过多的性能损失。

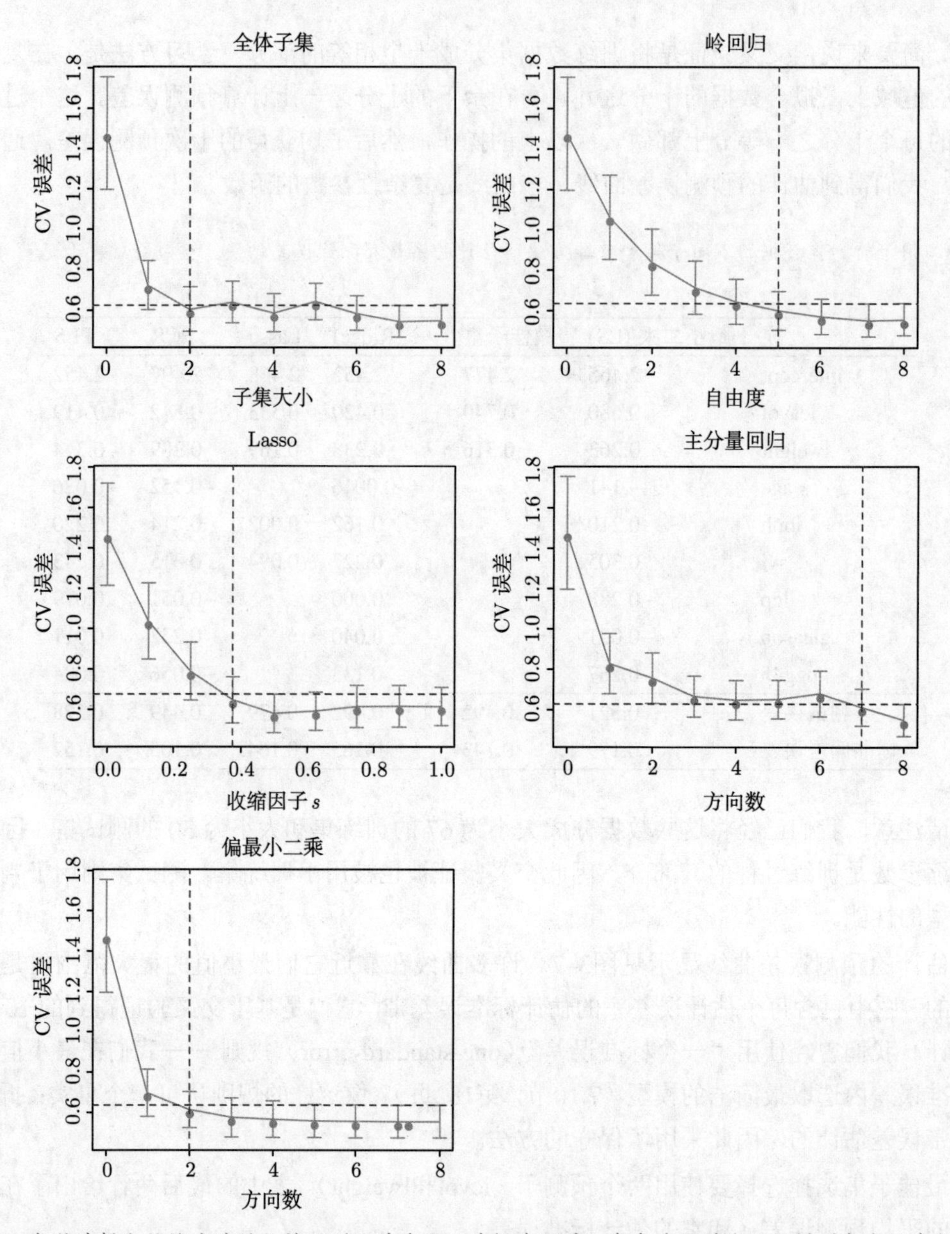

图 3–7 各种选择和收缩方法的估计预测误差曲线及其标准误差。每条曲线对应于该模型复杂性参数的函数。水平轴的选择要保证模型复杂度是从左到右增加。预测误差及其标准误差的估计由十倍交叉验证获得，详细信息在7.10节中。我们选出了最佳的一个标准误差内的最小复杂模型，用紫色垂直断线来指示

3.4.1 岭回归

岭回归（Ridge Regression）引入了关于系数集大小的罚项来收缩回归系数。岭系数最小化如下的罚残差平方和：

$$\hat{\beta}^{\text{ridge}} = \arg\min_{\beta}\left\{\sum_{i=1}^{N}(y_i - \beta_0 - \sum_{j=1}^{p} x_{ij}\beta_j)^2 + \lambda\sum_{j=1}^{p}\beta_j^2\right\} \tag{3.41}$$

这里，$\lambda \geqslant 0$ 是控制收缩范围的复杂性参数: λ 值越大，收缩的程度越大。这些系数向零收缩（并相互收缩）。通过参数的平方和来加罚的思想也用于神经网络，那里称为*权衰减*（weight decay，见第11章）。

岭问题等价的写法是

$$\hat{\beta}^{\text{ridge}} = \arg\min_{\beta} \sum_{i=1}^{N} \left(y_i - \beta_0 - \sum_{j=1}^{p} x_{ij}\beta_j \right)^2 \tag{3.42}$$

$$\text{服从约束:} \quad \sum_{j=1}^{p} \beta_j^2 \leqslant t$$

它对参数的数量做了显式的约束。式 (3.41) 的参数 λ 和式 (3.42) 的 t 存在一一对应的关系。当线性回归模型里有多个相关变量时，它们的系数能变得很难确定，并会表现高的方差。一个变量上很大的正系数能被它的相关变量上类似大小的负系数抵消。通过对式 (3.42) 的系数引入数量约束，这个问题能被缓解。

注意，岭解在输入大小进行缩放后是不等价的，因此通常在求解式 (3.41) 前，要标准化输入。除此以外，注意到截距 β_0 未置于罚项中。惩罚截距将使得岭回归过程依赖于为 $\boldsymbol{Y}$ 选择的原点；也就是说，对每个目标 y_i 中增加常数 c 不会仅仅只引起预测移动同样的量 c。可以证明（习题3.5），在使用*中心化*（centered）的输入重参数化后，式 (3.41) 的解能够分成两部分：每个 x_{ij} 用 $x_{ij} - \bar{x}_j$ 代替。我们用 $\bar{y} = \frac{1}{N}\sum_1^N y_i$ 来估计 β_0。其余系数使用中心化的 x_{ij}，用无截距的岭回归来估计。从现在开始，我们假设已经做好数据中心化，因此输入矩阵 $\boldsymbol{X}$ 有 p 列 (而不是 $p+1$)。

将式 (3.41) 的准则写成矩阵的形式

$$\text{RSS}(\lambda) = (\boldsymbol{y} - \boldsymbol{X}\beta)^T(\boldsymbol{y} - \boldsymbol{X}\beta) + \lambda\beta^T\beta, \tag{3.43}$$

容易得到岭回归的解为

$$\hat{\beta}^{\text{ridge}} = (\boldsymbol{X}^T\boldsymbol{X} + \lambda\boldsymbol{I})^{-1}\boldsymbol{X}^T\boldsymbol{y}, \tag{3.44}$$

这里，$\boldsymbol{I}$ 是 $p \times p$ 单位矩阵。需要注意的是，采用二次罚 $\beta^T\beta$，岭回归的解又是 $\boldsymbol{y}$ 的线性函数。这个解在求逆前增加了一个正常数到 $\boldsymbol{X}^T\boldsymbol{X}$ 的对角上。这使得即使 $\boldsymbol{X}^T\boldsymbol{X}$ 不是满秩的，问题是非奇异的。这是岭回归最初引入到统计学 (Hoerl and Kennard, 1970)的主要动机。岭回归的传统表述是从定义 (3.44) 开始的。我们选择通过式 (3.41) 和式 (3.42) 来阐述其动机，因为这样就能洞察岭回归如何工作。

在图3–8的前列腺癌的例子中，岭系数估计被画成 $df(\lambda)$ 函数——即惩罚 λ 隐含的*有效自由度*（effective degrees of freedom, 定义在第51页的式 (3.50)）——的曲线。在标准正交化的输入时，岭估计只是最小二乘的缩放版本，即 $\hat{\beta}^{\text{ridge}} = \hat{\beta}/(1+\lambda)$。

如果适当选择先验分布，岭回归也能导出后验分布的均值或众数。具体来讲，假定 $y_i \sim N(\beta_0 + x_i^T\beta, \sigma^2)$，参数 β_j 每一个都服从 $N(0, \tau^2)$ 分布，且相互独立。则在假定 τ^2 和 σ^2 已知时，β 的（负）对数后验密度等于式 (3.41) 里的大括号里的表达项，且有 $\lambda=\sigma^2/\tau^2$（习题3.6）。因此，岭估计是后验分布的众数；因为是高斯分布，所以它也是后验均值。

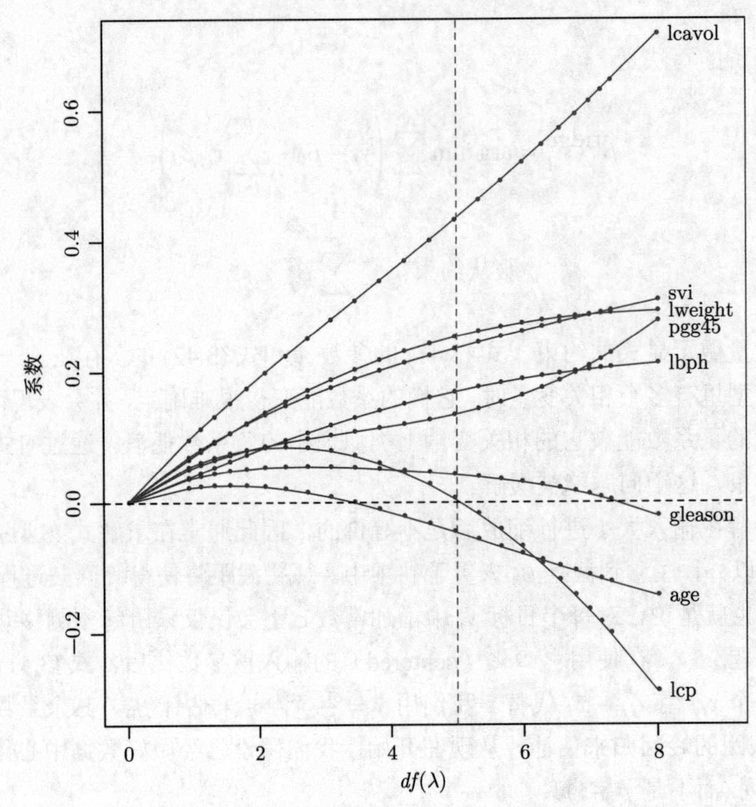

图 3–8　前列腺癌例子中，岭系数随调整参数 λ 变化的曲线图。系数按有效自由度 $\mathrm{df}(\lambda)$ 绘出。一条垂线绘在 df = 0.5 处，其值由交叉验证选取

中心化输入矩阵 $\boldsymbol{X}$ 的奇异值分解（singular value decomposition，SVD）让我们能进一步洞察岭回归的本质。在许多统计学方法的分析里，这个分解异常有用。$N\times p$ 矩阵 $\boldsymbol{X}$ 的 SVD 具有形式

$$\boldsymbol{X}=\boldsymbol{U}\boldsymbol{D}\boldsymbol{V}^T. \tag{3.45}$$

这里，$\boldsymbol{U}$ 是 $N\times p$ 的非方块矩阵，具有标准正交列但非正交；$\boldsymbol{V}$ 是 $p\times p$ 的正交矩阵。其中 $\boldsymbol{U}$ 的列张成了 $\boldsymbol{X}$ 的列空间，$\boldsymbol{V}$ 的列张成了 $\boldsymbol{X}$ 的行空间。$\boldsymbol{D}$ 是 $p\times p$ 的对角矩阵，其对角元素 $d_1\geqslant d_2\geqslant\cdots\geqslant d_p\geqslant 0$ 称为 $\boldsymbol{X}$ 的奇异值。如果一个或多个 $d_j=0$，则 $\boldsymbol{X}$ 是奇异的。

利用奇异值分解，在适当简化后我们能将最小二乘拟合向量写成

$$\begin{aligned}\boldsymbol{X}\hat{\beta}^{ls}&=\boldsymbol{X}(\boldsymbol{X}^T\boldsymbol{X})^{-1}\boldsymbol{X}^T\boldsymbol{y}\\&=\boldsymbol{U}\boldsymbol{U}^T\boldsymbol{y}.\end{aligned}\tag{3.46}$$

请注意，$\boldsymbol{U}^T\boldsymbol{y}$ 是考虑了正交标准基 $\boldsymbol{U}$ 后的 $\boldsymbol{y}$ 的坐标。也要注意，与式 (3.33) 的类似性；$\boldsymbol{Q}$ 和 $\boldsymbol{U}$ 一般是针对 $\boldsymbol{X}$ 列空间的不同的正交基（习题3.8）。

现在，岭的解是

$$\begin{aligned} \boldsymbol{X}\hat{\beta}^{ridge} &= \boldsymbol{X}(\boldsymbol{X}^T\boldsymbol{X}+\lambda\boldsymbol{I})^{-1}\boldsymbol{X}^T\boldsymbol{y} \\ &= \boldsymbol{U}\boldsymbol{D}(\boldsymbol{D}^2+\lambda\boldsymbol{I})^{-1}\boldsymbol{D}(\boldsymbol{U}^T\boldsymbol{y}) \\ &= \sum_{j=1}^{p}\boldsymbol{u}_j\frac{d_j^2}{d_j^2+\lambda}\boldsymbol{u}_j^T\boldsymbol{y} \end{aligned} \tag{3.47}$$

这里，$\boldsymbol{u}_j$ 是 $\boldsymbol{U}$ 的列。需要注意的是，因为 $\lambda \geqslant 0$，我们将有 $d_j^2/(d_j^2+\lambda) \leqslant 1$。像线性回归，岭回归要考虑正交标准基 $\boldsymbol{U}$ 来计算 $\boldsymbol{y}$ 的坐标。然后按因子 $d_j^2/(d_j^2+\lambda)$ 来收缩这些坐标。这意味着更大程度的收缩会应用到具有较小 d_j^2 的基向量的坐标上。

一个小的 d_j^2 意味着什么呢？中心化矩阵 $\boldsymbol{X}$ 的 SVD 是表示 $\boldsymbol{X}$ 的主成分（principal components）的另一种方式。样本协方差矩阵由 $\boldsymbol{S} = \boldsymbol{X}^T\boldsymbol{X}/N$ 给出，从式 (3.45)，我们有 $\boldsymbol{X}^T\boldsymbol{X}$ 的特征分解（eigen decomposition），和增加一个因子 N 的 $\boldsymbol{S}$ 的特征分解）：

$$\boldsymbol{X}^T\boldsymbol{X} = \boldsymbol{V}\boldsymbol{D}^2\boldsymbol{V}^T \tag{3.48}$$

特征向量 v_j（$\boldsymbol{V}$ 的列）也称为 $\boldsymbol{X}$ 的主成分（principal components 或 Karhunen-Loeve）方向。第一主成分方向 v_1 的特性是：$\boldsymbol{z}_1 = \boldsymbol{X}v_1$ 在 $\boldsymbol{X}$ 列的全体标准化的线性组合中，具有最大样本方差。容易看出，这个样本方差是

$$\mathrm{Var}(\boldsymbol{z}_1) = \mathrm{Var}(\boldsymbol{X}v_1) = \frac{d_1^2}{N} \tag{3.49}$$

事实上，$\boldsymbol{z}_1 = \boldsymbol{V}v_1 = \boldsymbol{u}_1 d_1$。导出的变量 $\boldsymbol{z}_1$ 称为“$\boldsymbol{X}$ 的第一主成分”，因此 $\boldsymbol{u}_1$ 是标准化的第一主成分。随后的主成分 $\boldsymbol{z}_j$ 有最大方差 d_j^2/N，服从与前面的主成分都正交的约束。相反，最小主成分有最小（minimum）方差。因此，最小奇异值 d_j 对应于具有最小方差的 $\boldsymbol{X}$ 的列空间上的方向，岭回归在这些方向收缩最多。

图3–9图示了一些数据点在两维上的主成分。如果我们考虑要在这个域上拟合一个线性平面（Y 轴垂直于页面），数据的结构，允许我们在长的方向比在短方向上能更精确地决定它的梯度。岭回归防止了在短方向上估计梯度时潜在的高方差问题。这个隐含的假设是在输入高方差的方向上，响应趋向于变化最多。这通常是一个合理的假设，因为之所以一些预测子常被选择用于研究，是因为它们会随响应变量而变化，但这个假设并不总是一直成立的。

在图3–7中，我们画了估计预测误差对定量值的关系：

$$\begin{aligned} df(\lambda) &= \mathrm{tr}[\boldsymbol{X}(\boldsymbol{X}^T+\lambda\boldsymbol{I})^{-1}\boldsymbol{X}^T] \\ &= \mathrm{tr}(\boldsymbol{H}_\lambda) \\ &= \sum_{j=1}^{p}\frac{d_j^2}{d_j^2+\lambda} \end{aligned} \tag{3.50}$$

这个单调递减的函数 λ 是岭回归拟合的有效自由度（effective degrees of freedom）。通常在有 p 变量的线性回归拟合里，拟合的自由度是自由参数的总数 p。该想法是尽管在一个岭

拟合里的所有 p 个系数将是非零的，它们的拟合由 λ 控制。请注意，当 $\lambda = 0$（无正则化）时 $df(\lambda) = p$，以及 $\lambda \to \infty$，$df(\lambda) \to 0$。当然这一直有一个来自截距的额外的自由度，通常会被先验（apriori）地移去。这个定义在3.4.4节和7.4~7.6节中有更详细的说明。在图3–7中，最小值发生在 $df(\lambda) = 5.0$。表3–3表明，岭回归稍微减小了满最小二乘估计时的测试误差。

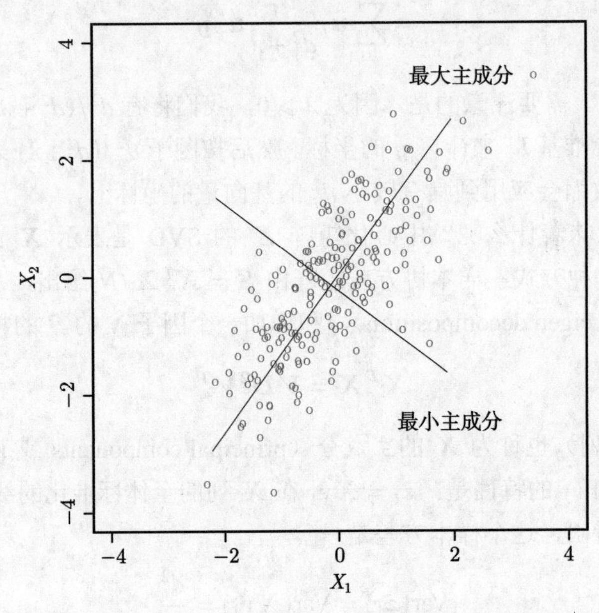

图 3–9　一些输入数据点的主成分。最大主成分是最大化投影数据方差的方向，最小主成分最小化这个方差。岭回归投影 $\mathbf{y}$ 到这些成分上，然后对低方差成分上的系数的收缩大于高方差成分上的系数

3.4.2　Lasso 回归

Lasso 回归是与岭回归方法类似，有细微但却重要差别的收缩方法。Lasso 估计定义为

$$\hat{\beta}^{\text{Lasso}} = \arg\min_{\beta} \sum_{i=1}^{N}\left(y_i - \beta_0 - \sum_{j=1}^{p} x_{ij}\beta_j\right)^2$$

$$\text{服从} \quad \sum_{j=1}^{p} |\beta_j| \leqslant t \tag{3.51}$$

正如在岭回归里，我们能够通过标准化预测子来重参数化常数 β_0；$\hat{\beta}_0$ 的解是 $\bar{y}$，因此我们能在无截距下拟合一个模型（习题3. 5）。在信号处理文献中，Lasso 也称为基寻踪 (basis pursuit, Chen 等, 1998)。

我们还可将 Lasso 问题写成等价的拉格朗日形式（Lagrangian form）：

$$\hat{\beta}^{\text{Lasso}} = \arg\min_{\beta}\left\{\frac{1}{2}\sum_{i=1}^{N}(y_i - \beta_0 - \sum_{j=1}^{p} x_{ij}\beta_j)^2 + \lambda\sum_{j=1}^{p}|\beta_j|\right\} \tag{3.52}$$

请注意它与岭回归问题 (3.42) 或 (3.41) 的相似性：L_2 的邻罚项 $\sum_1^p \beta_j^2$ 被 Lasso 的 L_1 罚项 $\sum_1^p |\beta_j|$ 代替。后一约束使得解在 y_i 上非线性，因此没有像岭回归那样的闭式解。尽管我们

在3.4.4节可以看到，存在能计算随 λ 变化的全部解路径的有效算法，且该算法的计算代价和岭回归相同，但本质上 Lasso 解的计算是二次规划问题。因为约束的特性，令 t 充分小将使得一些系数精确等于零。因此 Lasso 是一种连续子集选择。如果选择 t 大于 $t_0 = \sum_1^p |\hat{\beta}_j|$（这里最小二乘估计 $\hat{\beta}_j = \hat{\beta}_j^{ls}$），则 Lasso 估计是 $\hat{\beta}_j$ 的估计。另一方面，对于如 $t = t_0/2$ 的情况，则最小二乘系数将平均被收缩 50% 左右。然而，这种收缩的性质不是非常显而易见的，我们将在下面的3.4.4节进一步研究它。像在可变子集选择里的子集大小，或在岭回归的罚参数，t 应该被自适应地选择以最小化期望预测误差的估计。

为易于解释，我们在图3–7中，绘制了 Lasso 预测误差估计对标准化参数 $s = t/\sum_1^p |\hat{\beta}_j|$ 的曲线图。值 $\hat{s} \approx 0.36$ 是通过十倍交叉验证选取的；它使得四个系数被设成零（前面表3–3的第 5 列）。最终的模型有第二最小测试误差，略低于满最小二乘模型，但是测试误差估计的标准误差相当大（前面表3–3的最后一行）。

图3–10图示了随标准化调整参数 $s = t/\sum_1^p |\hat{\beta}_j|$ 变化的 Lasso 系数。在 $s = 1.0$ 时，它是最小二乘估计；随着 $s \to 0$，这些系数会减小到 0。尽管在本例中是严格单调递减的，这个减少并非一直成立。一条垂线绘在由交叉验证选择的、$s = 0.36$ 的位置上。

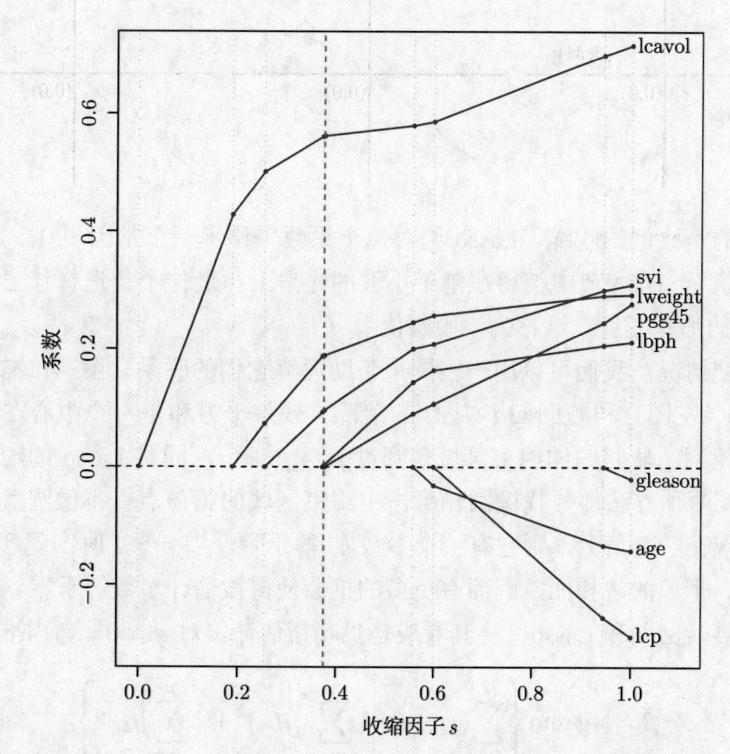

图 3–10　随调整参数 t 变化，Lasso 系数的轮廓。系数与 $s = t/\sum_1^p |\hat{\beta}_j|$ 的关系图被绘制。在由交叉验证选择的值 $s = 0.36$ 处，绘出一条垂线。与第50页的图3–8相比；多个 Lasso 轮廓接触到零值，同时岭的那些没有。轮廓是分段线性的，因此仅在显示的点上做了计算，详情参见3.4.4节

3.4.3 讨论: 子集选择、岭回归和 Lasso 回归

在本节中，我们讨论和比较了三种迄今为止用于约束线性回归模型的方法：子集选择、岭回归和 Lasso 回归。

在一个标准正交输入矩阵 $\boldsymbol{X}$ 的情况中，这三个过程有显式解。如表3–4所示，每种方法都对最小二乘估计 $\hat{\beta}_j$ 做了一个简单的变换。

表 3–4 在 $\boldsymbol{X}$ 的标准正交列情况下 β_j 的估计子。M 和 λ 是由相应技术选取的常数；sign 定义参数的符号 (±1)，x_+ 表示 x 的“正部分”。在下表中，估计子用红色断线表示。45 度灰线是作为参考的无约束估计

估计子	公式
最佳子集（大小 M）	$\hat{\beta}_j \cdot \boldsymbol{I}(\lvert\hat{\beta}_j\rvert \geqslant \lvert\hat{\beta}_{(M)}\rvert)$
岭	$\hat{\beta}_j/(1+\lambda)$
Lasso	$\text{sign}(\hat{\beta}_j)(\lvert\hat{\beta}_j\rvert-\lambda)_+$

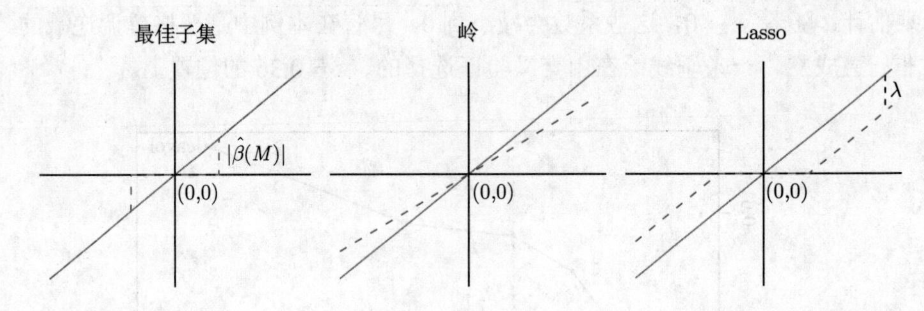

岭回归做的是比例的收缩。Lasso 则对每个系数平移了一个常因子 λ，为零时则剪去。这称为“软阈值”，在5.9节中被用在基于小波的光滑上。最佳子集选择移去所有系数比第 M 个最大值小的那些变量，这称为“硬阈值”。

回到非正交情况；我们可以用一些图来帮助理解它们的联系。图3–11描述了仅有两个参数时，Lasso（左图）和岭回归 (右图) 的情况。残差平方和是一个中心在满最小二乘估计，椭圆形的轮廓。岭回归的约束区域是圆盘 $\beta_1^2+\beta_2^2 \leqslant t$，同时 Lasso 的约束区域是菱形 $|\beta_1|+|\beta_2| \leqslant t$。两种方法都要找椭圆轮廓击中约束区域的第一点。不像圆盘，菱形是有角的；如果解出现在一个角上，则它有一个参数 β_j 等于零。当 $p>2$ 时，菱形变成平行四边形，有许多角、平坦的边和面，因而有更多的机会使得被估计参数等于零。

我们能拓展岭回归和 Lasso，将其看成是贝叶斯估计。对 $q \geqslant 0$，考虑准则

$$\tilde{\beta} = \arg\min_{\beta}\left\{\sum_{i=1}^{N}(y_i-\beta_0-\sum_{j=1}^{p}x_{ij}\beta_j)^2+\lambda\sum_{j=1}^{p}|\beta_j|^q\right\} \tag{3.53}$$

对于两个输入的情况，$\sum_j|\beta_j|^q$ 的常数值等高线如图3–12所示。

考虑 $|\beta_j|^q$ 是 β_j 的对数先验密度，它们也是参数的先验分布的等值线。值 $q=0$ 对应于变量子集选择，因为惩罚仅仅统计非零参数的总数。$q=1$ 对应于 Lasso，同时 $q=2$ 对应于岭回归。注意，对于 $q \leqslant 1$ 的情况，该先验在各个方向不是均匀的，而是更多集中在坐

标轴方向上。对每个输入而言，对应于 $q=1$ 的先验是一个独立双指数（或拉普拉斯）分布，具有密度 $(1/2\tau)\exp(-|\beta|/\tau)$ 和 $\tau=1/\lambda$。$q=1$ 的情况（Lasso）是使约束区域为凸的的最小 q；非凸约束区域会使优化问题变得更加困难。

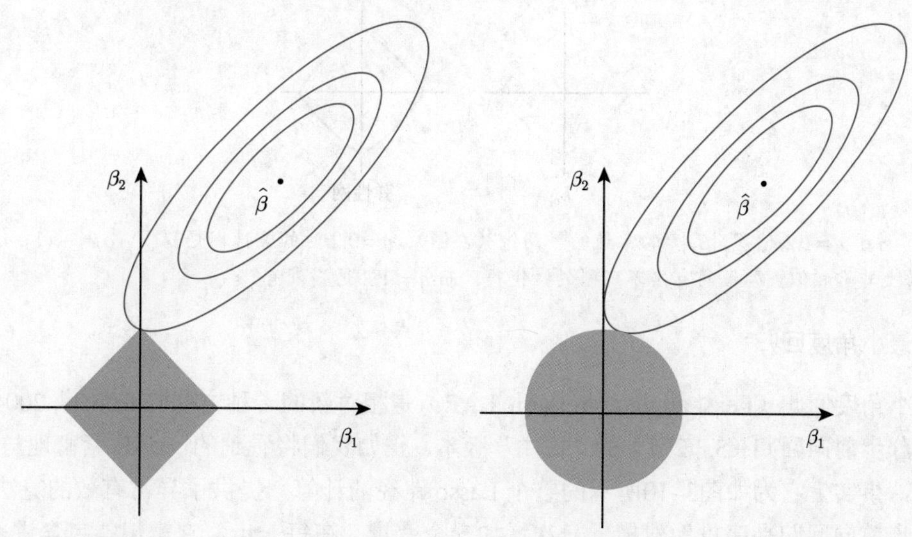

图 3–11　Lasso（左图）和岭回归（右图）的估计图。图中显示的是误差和约束函数的等高线。实蓝色区域分别是 $|\beta_1|+|\beta_2|\geqslant t$ 和 $\beta_1^2+\beta_2^2\leqslant t^2$ 的约束区域，同时，红色椭圆是最小二乘误差函数的等高线

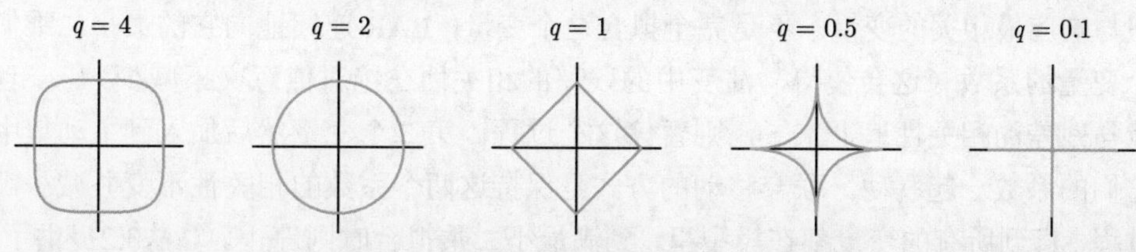

图 3–12　给定 q 值，$\sum_j |\beta_j|^q$ 的常值的等高线

在这个观点下，Lasso、岭回归和最佳子集选择都是采用不同先验的贝叶斯估计。然而需注意的是，是作为后验众数导出的，即后验的最大者。更常见的是要使用后验均值作为贝叶斯估计。岭回归也是后验均值，而 Lasso 和最佳子集选择则不是。

再回头来看准则 (3.53)，我们可能试图使用除 0，1 和 2 以外的 q 的其他值。尽管可以考虑从数据中估计 q，但我们的经验是这会导致额外的方差，因此不值得去尝试。取 $q\in(1,2)$ 相当于在 Lasso 和岭回归之间找一个折衷。尽管存在这种折衷，但在 $q>1$ 时，$|\beta_j|^q$ 在 0 处是可微的，因此没有分享 Lasso($q=1$) 可以令系数完全等于零的能力。部分是由于这个原因，部分是出于计算上的可跟踪性考虑，Zou and Hastie (2005)引入了弹性网（elastic-net）惩罚：

$$\lambda\sum_{j=1}^{p}(\alpha\beta_j^2+(1-\alpha)|\beta_j|) \tag{3.54}$$

这是在岭回归和 Lasso 之间不同的折衷方式。图3–13比较了 q 取 1.2 时的 L_q 惩罚和 $\alpha=0.2$ 时的弹性网惩罚，肉眼很难分辨两者的差异。弹性网像 Lasso 一样选择变量，像岭方法一

样对相关预测子的系数一起收缩。与 L_q 惩罚相比，弹性网也有相当多计算上的优势。我们将在18.4节中进一步讨论弹性网。

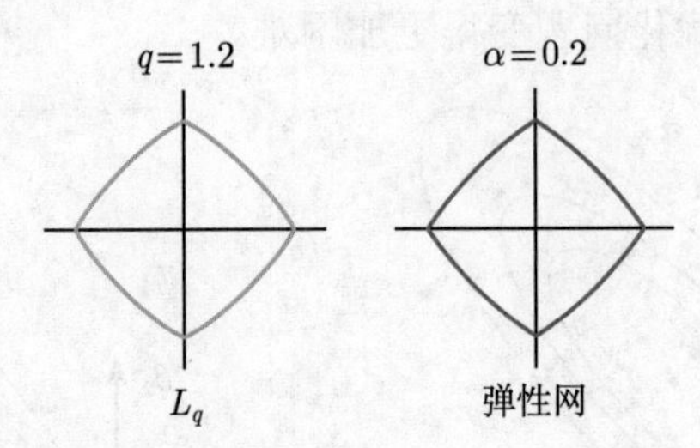

图 3–13 对于 $q=1.2$ 时 $\sum_j |\beta_j|^q$ 的常值的等高线（左图），$\alpha=0.2$ 时的弹性网惩罚 $\sum_j(\alpha\beta_j^2+(1-\alpha)|\beta_j|)$。尽管视觉上非常相似，弹性网有（不可微的）锐角，而 $q=1.2$ 惩罚没有

3.4.4 最小角度回归

最小角度回归（Least angle regression, LAR）是相对新的一种方法 (Efron 等, 2004)，可看成是分步前向回归（3.3.2节）的“民主”版本。正如我们将看到的，LAR 紧密地与 Lasso 相联系，事实上它为如图3–10所示的整个 Lasso 路径的计算，提供了异常有效的算法。

分步前向回归是序贯地建模，一次增加一个变量。在每一步，它辨识能包含进*主动集*（active set）的最佳变量，然后更新最小二乘拟合来包括所有的主动变量。

最小角度回归利用了类似的策略，但仅在值得时才输入预测子的相同部分。在第一步，它辨识与响应最相关的变量。不是完全拟合这个变量，LAR 连续地向它的最小二乘值中移动这个变量的系数（这会使得与演变中的残差的相关性在绝对值意义下减少）。一旦另一个变量与残差的相关性追上来了，则暂停这个过程。第二个变量然后加入到主动集中，并且将它们的系数一起联动。联合移动的方式是保持这两个系数的相关性不变并减少。持续这个过程，直到所有的变量都在模型里，到满最小二乘拟合时则停止。算法3.2提供了细节。第 5 步的终止条件需要做点解释。如果 $p > N-1$，LAR 算法在 $N-1$ 步后达到零残差解（–1 是因为我们中心化了数据）。

算法 3.2 最小角度回归

1. 标准化预测子，使其具有零均值和单位范数。从残差为 $\boldsymbol{r}=\boldsymbol{y}-\bar{\boldsymbol{y}}$，$\beta_1,\beta_2,\cdots,\beta_p=0$ 开始。
2. 找与 $\boldsymbol{r}$ 最相关的预测子 $\boldsymbol{x}_j$。
3. 从 0 向它的最小二乘系数 $<\boldsymbol{x}_j,\boldsymbol{r}>$ 移动 β_j，直到其他竞争者 $\boldsymbol{x}_k$ 与 $\boldsymbol{x}_j$ 在残差上有相同的相关性相当的情况。
4. 根据在 $(\boldsymbol{x}_i,\boldsymbol{x}_k)$ 上的当前残差的联合最小二乘系数所定义的方向，移动 β_j 和 β_k，直到其他竞争者 $\boldsymbol{x}_l$ 有与当前残差相同的相关性。
5. 以这种方式继续，直到所有 p 个预测子均已进入。在 $\min(N-1,p)$ 步后，我们得到了满最小二乘解。

假定 $\mathcal{A}_k$ 在第 k 步开始时，变量的主动集，令 $\mathcal{B}_{\mathcal{A}_k}$ 是在该步这些变量的系数向量；这将有 $k-1$ 个非零值，以及一个刚进入的将等于零。如果 $\boldsymbol{r}_k=\boldsymbol{y}-\boldsymbol{X}_{\mathcal{A}_k}\beta_{\mathcal{A}_k}$ 是当前的残差，则这一步的方向是

$$\delta_k=(\boldsymbol{X}_{\mathcal{A}_k}^T\boldsymbol{X}_{\mathcal{A}_k})^{-1}\boldsymbol{X}_{\mathcal{A}_k}^T\boldsymbol{r}_k \tag{3.55}$$

系数轮廓然后按 $\beta_{\mathcal{A}_k}+\alpha\cdot\delta_k$ 来演化。习题3. 23验证的是，采用这种方式选择的方向确实做到了它所声称的“保持相关性相同和减少”。如果这一步开始时的拟合向量是 $\hat{\boldsymbol{f}}_k$，则按 $\hat{\boldsymbol{f}}_k=\hat{\boldsymbol{f}}_k+\alpha\cdot\boldsymbol{u}_k$ 演化，这里，$\boldsymbol{u}_k=\boldsymbol{X}_{\mathcal{A}_k}\delta_k$ 是新的拟合方向。“最小角度”这个说法来源于这一过程的几何解释；$\boldsymbol{u}_k$ 形成了与在 $\mathcal{A}_k$ 上的每个预测子的最小（和相等）角度（习题3.24）。图3–14采用仿真数据，显示了 LAR 算法每一步上的绝对相关性在减小和联合序关系。

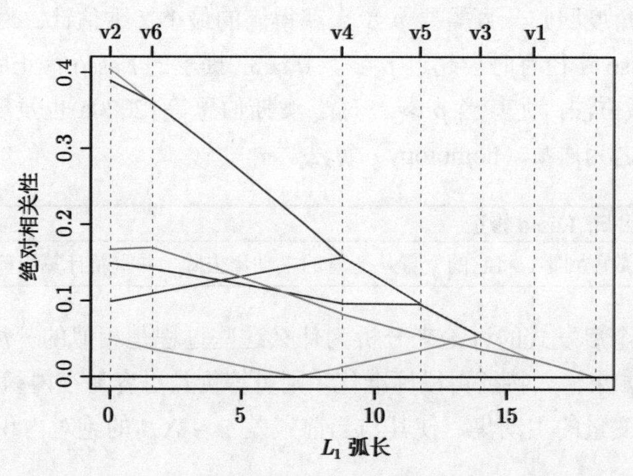

图 3–14　采用具有六个预测子的一个模拟数据集，在 LAR 过程的每一步期间，绝对相关性的进程。图顶部的标签指示了哪些变量在每一步中进入有效集。步长采用 L_1 弧长单位来度量

通过构造，LAR 上的系数用一种分段线性的方式变化。图3–15（左图）显示了 LAR 系数轮廓随它们的 L_1 弧长函数演化的过程。①

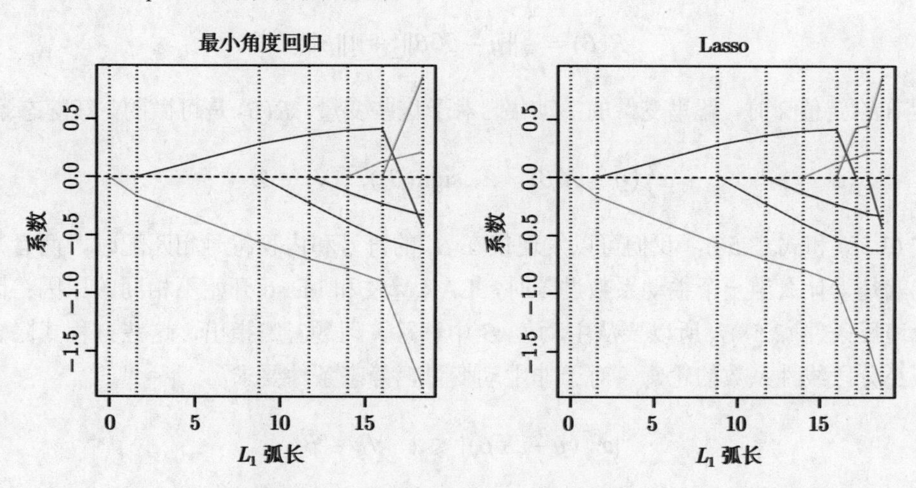

图 3–15　左图显示了作为 L_1 弧长的函数，在仿真数据上 LAR 系数的轮廓。右图显示了 Lasso 轮廓。直到时弧长约等于 18，黑-蓝色系数过零前，这两种方法都是相同的

请注意，我们不需要在第 3 步采用小的步长和重新检查相关性；使用预测子的协方差的知识和算法的分段线性特性，我们可以在每一步的开始得到精确的步长（习题3.25）。

① 一条可微曲线 $\beta(s)$ 在 $s\in[0,S]$ 区间的 L_1 弧长由 $TV(\beta,S)=\int_0^S\|\dot{\beta}(s)\|_1ds$，这里 $\dot{\beta}(s)=\partial\beta(s)/\partial s$。对于分段线性 LAR 系数轮廓，这相当于分步在系数里求出变化的 L_1 范数。

图3–15中右图显示了在相同数据集上的 Lasso 系数轮廓。它们几乎和在左边画线上的相同，第一次不同出现在当蓝色系数反向过零时。对于前列腺数据，LAR 系数轮廓证明是与在图3–10的 Lasso 轮廓是相同的，都从未过零。这个观测导致了对 LAR 算法的一个简单修正，使得得到的全部 Lasso 路径也是分段线性的。

LAR（Lasso）算法是异常有效的，与采用 p 个预测子来进行单个最小二乘拟合的计算复杂度相同。最小角度回归一直需要 p 步来获得满的最小二乘估计。尽管通常和最小角度回归相当相似，Lasso 路径有时会超过 p 步。算法3.2提出的 Lasso 修正版3.2a是可计算任意 Lasso 问题解的有效方法，尤其当 $p \gg N$ 时。奥斯伯恩等 (2000a)也发现一个计算 Lasso 的分段线性路径，称之为同质（homotopy）算法。

算法 3.2a　最小角度回归: Lasso 修正

4a. 如果一个非零系数碰到零，将它的变量从变量的主动集去除，并重新计算当前的联合最小二乘方向。

我们现在给一个启发式的讨论来分析为什么这些过程是相似的。尽管 LAR 算法是按相关性来表述的，如果输入特征得以标准化，则可等价且更容易在内积下实现。假定 $\mathcal{A}$ 是在算法某个阶段的变量的主动集，使其与当前残差 $\boldsymbol{y}-\boldsymbol{X}\beta$ 的绝对内积相等。我们可以将其表示为

$$\boldsymbol{x}_j^T(\boldsymbol{y}-\boldsymbol{X}\beta)=\gamma\cdot s_j,\quad \forall j\in\mathcal{A} \tag{3.56}$$

这里 $s_j\in\{-1,1\}$ 表示内积的符号，γ 是共同的值。同时，$\boldsymbol{x}_k^T(\boldsymbol{y}-\boldsymbol{X}\beta)\leqslant\gamma\quad\forall k\notin\mathcal{A}$。现在考虑 Lasso 准则 (3.52)，可以表示成向量的形式：

$$R(\beta)=\frac{1}{2}\|\boldsymbol{y}-\boldsymbol{X}\beta\|_2^2+\lambda\|\beta\|_1 \tag{3.57}$$

令 $\mathcal{B}$ 是在给定值 λ 时，解里变量的主动集。对于这些变量，$R(\beta)$ 是可微的，其静态条件为：

$$\boldsymbol{x}_j^T(\boldsymbol{y}-\boldsymbol{X}\beta)=\lambda\cdot\mathrm{sign}(\beta_j),\quad\forall j\in\mathcal{B} \tag{3.58}$$

比较式 (3.58) 和式 (3.56)，我们可以发现仅在 β_j 的符号和内积符号相匹配时，两者是相等的。这就是为什么当一个主动系数过零时，LAR 算法和 Lasso 开始不相同的原因；因为那个变量违反条件 (3.58)，所以要从主动集 $\mathcal{B}$ 中移除。习题3. 23指出，这些方程式隐含了随着 λ 减小分段线性系数的轮廓。对于非主动变量，静态条件要求

$$|\boldsymbol{x}_k^T(\boldsymbol{y}-\boldsymbol{X}\beta)|\leqslant\lambda\quad\forall k\notin\mathcal{B} \tag{3.59}$$

这和 LAR 算法再次一致。

图3–16比较了 LAR 和 Lasso 与分步前向和分阶段前向回归。这里除了 $N=100$ 而不是 300 以外，其余实验环境与第46页的图3–6相同，因此这个问题更加的困难。我们发现，更激进的分步前向相当早地就过拟合（在 10 个变量进入模型前，性能就已经很好），最终比较慢的分阶段前向回归更差。LAR 和 Lasso 的行为类似于分阶段前向回归的行为。增量式分阶段前向与 LAR 和 Lasso 类似，将在3.8.1节中描述。

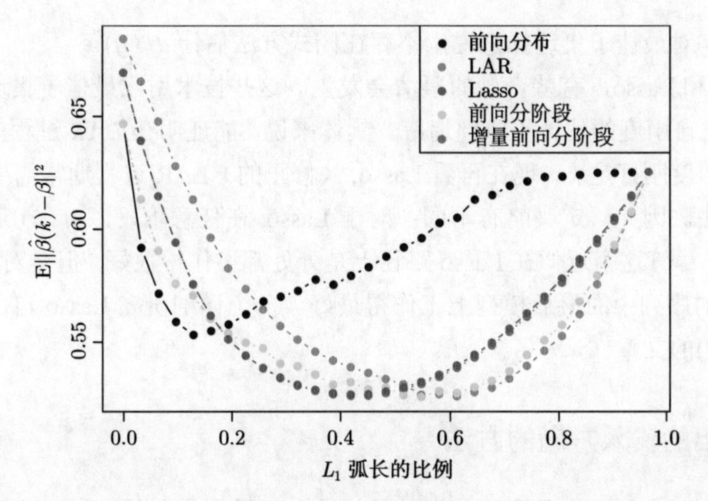

图 3–16 LAR，Lasso，分步前向，分阶段前向（FS）和增量式分阶段（FS_0）回归方法的比较。这里除了 $N = 100$ 而不是 300 以外，其余实验环境与图3–6相同。这里较慢的 FS 回归最终优于分步前向。LAR 和 Lasso 展示了与 FS 和 FS_0 相似的行为。因为过程采用了不同的步长数（包括仿真的重复样本和方法），我们将 MSE 作为沿最小二乘拟合的总 L_1 弧长的部分的函数绘于图上

LAR 和 Lasso 的自由度公式

假定通过最小角度回归过程来拟合线性模型，在某个步数 $k < p$ 停止或者等价利用 Lasso 的界 t 来形成满最小二乘拟合的约束版本。那么，需要使用多少参数或“自由度”呢？

首先考虑使用 k 个特征子集的线性回归。如果这个子集是不考虑训练数据前提下预先指定的，则用于拟合模型的自由度定义为 k。的确，在经典统计学中，线性独立参数的总数就是“自由度”。备选方案是，假定采用最佳子集选择来确定 k 预测子的“最优”集。然后最终模型有 k 个参数，但在某种意义上，我们已经用完了超过 k 个自由度的参数。

对于自适应拟合模型的有效自由度，我们需要更一般的定义。定义拟合向量 $\hat{\boldsymbol{y}} = (\hat{y}_1, \hat{y}_2, \cdots, \hat{y}_N)$ 的自由度为

$$df(\hat{\boldsymbol{y}}) = \frac{1}{\sigma^2}\sum_{i=1}^{N}\text{Cov}(\hat{y}_i, y_i) \tag{3.60}$$

这里，$\text{Cov}(\hat{y}_i, y_i)$ 指在预测值 $\hat{y}_i$ 和相应结果值 y_i 间的采样协方差。这直觉上是有意义的：我们越难拟合数据，协方差就越大，因此 $\text{df}(\hat{\boldsymbol{y}})$ 也会很大。式 (3.60) 是有用的自由度概念，能用于任意模型预测 $\hat{\boldsymbol{y}}$。它包括那些自适应拟合训练数据的模型。这个定义的动机和讨论将在7.4~7.6节进一步展开。

现在对于有 k 个固定预测子的线性回归来说，容易证明 $df(\hat{\boldsymbol{y}}) = k$。类似，对于岭回归，这一定义导致第51页的闭式表达 (3.50)：$df(\hat{\boldsymbol{y}}) = \text{tr}(\boldsymbol{S}_\lambda)$。在两种情况中，评估式 (3.60) 比较简单，因为拟合 $\hat{\boldsymbol{y}} = \boldsymbol{H}_\lambda \boldsymbol{y}$ 在 $\boldsymbol{y}$ 上是线性的。如果从具有大小 k 的最佳子集选择的前提来考虑定义 (3.60)，则似乎显然 $df(\hat{\boldsymbol{y}})$ 将比 k 大，这可认通过用仿真直接估计 $\text{Cov}(\hat{y}_i, y_i)/\sigma^2$

来验证。然而，对最佳子集选择来说，不存在闭式方法估计 $df(\hat{\boldsymbol{y}})$。

对于 LAR 和 Lasso，有些奇妙的事情会发生。这些技术用比最佳子集选择更光滑的方式自适应，因此自由度的估计更方便追踪。具体来说，能证明在 LAR 过程的第 k 步，拟合向量的有效自由度刚好是 k。现在再看 Lasso，（修正的）LAR 过程通常需要超过 p 步，因为预测子能移去。因此，定义略有不同：对于 Lasso, 在任意阶段，$df(\hat{\boldsymbol{y}})$ 近似等于模型中预测子的数量。尽管这个近似在 Lasso 路径上是处处都工作得很好，但是对每个 k，它在包含 k 个预测子的序列中的最后模型上工作得最好。一个详细研究 Lasso 自由度的工作可参见 Zou 等 (2007)的文章。

3.5 采用导出的输入方向的方法

在很多场合，我们有大量通常非常相关的输入变量。本节的方法形成了原始输入变量 X_j 的少量线性组合 $Z_m m = 1, \cdots, M$，然后 Z_m 代替 X_j 作为回归里的输入。这些方法在怎样构造线性组合上是不同的。

3.5.1 主成分回归

在这个方法中使用的线性组合 Z_m 是定义在3.4.1节上的主成分。

主成分回归形成导出的输入列 $\boldsymbol{z}_m = \boldsymbol{X} v_m$，然后对某个 $M \leqslant p$，在 $\boldsymbol{z}_1, \boldsymbol{z}_2, \cdots, \boldsymbol{z}_M$ 上回归 $\boldsymbol{y}$。因为 $\boldsymbol{z}_m$ 是正交的，这个回归仅仅是一元回归的和：

$$\hat{\boldsymbol{y}}_{(M)}^{\text{pcr}} = \bar{y}\mathbf{1} + \sum_{m=1}^{M} \hat{\theta}_m \boldsymbol{z}_m \tag{3.61}$$

这里，$\hat{\theta}_m =< \boldsymbol{z}_m, \boldsymbol{y} > / < \boldsymbol{z}_m, \boldsymbol{z}_m >$。因为每一个 $\boldsymbol{z}_m$ 都是 $\boldsymbol{x}_j$ 的线性组合，我们可以按 $\boldsymbol{x}_j$ 的系数来表示式 (3.61) 的解（习题3.13）：

$$\hat{\beta}^{\text{pcr}}(M) = \sum_{m=1}^{M} \hat{\theta}_m v_m \tag{3.62}$$

正如岭回归，主成分依赖于输入的大小，因此通常会首先做标准化。需要注意，如果 $M = p$，我们就回到了通常的最小二乘估计，因为 $\boldsymbol{Z} = \boldsymbol{UD}$ 的列张成了 $\boldsymbol{X}$ 的列空间。对于 $M < p$ 时，我们可得到一个约简的回归。我们发现主成分回归非常类似于岭回归：两者均通过输入矩阵的主成分来操作。岭回归收缩主成分的系数（图3–17），收缩程度依赖于相应特征值的大小；主成分回归丢弃第 $p - M$ 个最小的特征分量。图3–17图示了这些区别。

在图3–17中，我们发现，交叉验证的结果建议七项分量。如表3–3所示，最终的模型有最低测试误差的。

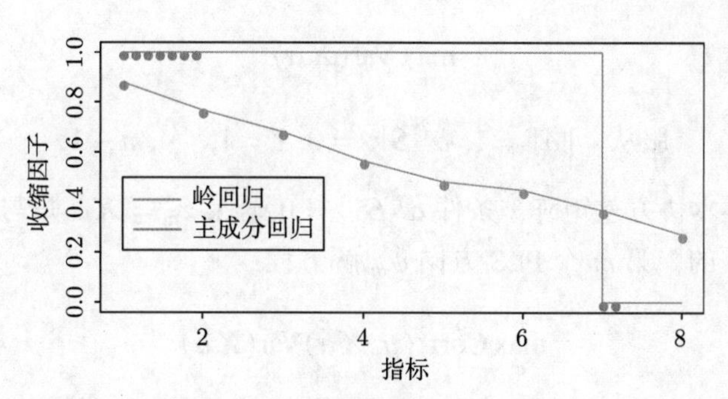

图 3–17 岭回归采用式 (3.47) 的收缩因子 $d_j^2/(d_j^2+\lambda)$ 来收缩主成分的回归系数。主成分回归剪枝它们。显示的是作为主成分指标的函数，对应于图3–7的收缩和剪枝模式

3.5.2 偏最小二乘

本技术也构造了一组输入变量的线性组合来回归，但与主成分回归不同，它采用 $\boldsymbol{y}$（加上 $\boldsymbol{X}$）来构造。像主成分回归，偏最小二乘（partial least squares，PLS）不是尺度不变的，因此需要假定每个 $\boldsymbol{x}_j$ 标准化到均值 0 和方差 1。在 PLS 中，首先对每个 j，计算 $\hat{\varphi}_{1j} =<\boldsymbol{x}_j, \boldsymbol{y}>$。从这里我们构造导出的输入 $\boldsymbol{z}_1 = \sum_j \hat{\varphi}_{1j}\boldsymbol{x}_j$，即第一偏最小二乘方向。因此，在每个 $\boldsymbol{z}_m$ 的构造中，输入都用在 $\boldsymbol{y}$ 上的一元效应强度加了权。[①]然后，给定系数 $\hat{\theta}_1$，结果值 $\boldsymbol{y}$ 在 $\boldsymbol{z}_1$ 上做回归，再考虑 $\boldsymbol{z}_1$ 来正交化 $\boldsymbol{x}_1, \cdots, \boldsymbol{x}_p$。继续这一过程，直到 $M \leqslant p$ 个方向都已经获得。用这个方式，偏最小二乘产生了一系列导出的、正交输入或方向 $\boldsymbol{z}_1, \boldsymbol{z}_2, \cdots, \boldsymbol{z}_M$。正如主成分回归，如果我们要构造全体 $M = p$ 个方向，我们将获得与通常的最小二乘估计等价的解；采用 $M < p$ 个方向则产生了约简的回归。这一过程的详细介绍在算法3.3中。

算法 3.3 偏最小二乘

1. 标准化每个 $\boldsymbol{x}_j$ 到均值 0 和方差 1。令 $\hat{\boldsymbol{y}}^{(0)} = \bar{y}\mathbf{1}$，和 $x_j^{(0)} = \boldsymbol{x}_j$，$j = 1, \cdots, p$。
2. For $m = 1, 2, \cdots, p$
   (a) $\boldsymbol{z}_m = \sum_{j=1}^p \hat{\varphi}_{mj}\boldsymbol{x}_j^{(m-1)}$，这里 $\hat{\varphi_{mj}} = \langle \boldsymbol{x}_j^{(m-1)}, \boldsymbol{y}\rangle$。
   (b) $\hat{\theta}_m = \langle \boldsymbol{z}_m, \boldsymbol{y}\rangle / \langle \boldsymbol{z}_m, \boldsymbol{z}_m\rangle$。
   (c) $\hat{\boldsymbol{y}}^{(m)} = \hat{\boldsymbol{y}}^{(m-1)} + \hat{\theta}_m \boldsymbol{z}_m$。
   (d) 考虑 $\boldsymbol{z}_m : \boldsymbol{x}_j^{(m)} = \boldsymbol{x}_j^{(m-1)} - [\langle \boldsymbol{z}_m, \boldsymbol{x}_j^{(m-1)}\rangle / \langle \boldsymbol{z}_m, \boldsymbol{z}_m\rangle]\boldsymbol{z}_m$，$j = 1, 2, \cdots, p$。
3. 输出拟合向量序列 $\{\hat{\boldsymbol{y}}^{(m)}\}_1^p$。因为 $\{\boldsymbol{z}_\ell\}_1^m$ 在最初的 $\boldsymbol{x}_j$ 上是线性的，因此 $\hat{\boldsymbol{y}}^{(m)} = \boldsymbol{X}\hat{\beta}^{\mathrm{pls}}(m)$ 也是线性的。这些线性系数可以从 PLS 变换的序列中还原回来。

在前列腺癌的示例中，交叉验证选择了 $M = 2$ 个 PLS 方向，如图3–7所示。这形成了在表3–3最右列给出的模型。

偏最小二乘解决的优化问题是什么呢？因为它采用响应 $\boldsymbol{y}$ 来构造它的方向，所以其解的路径是 $\boldsymbol{y}$ 的非线性函数。能够证明（习题3.15），偏最小二乘搜索具有高方差和与响应高度相关的方向，这与主成分回归中仅考虑高方差 (Stone and Brooks, 1990; Frank and Friedman, 1993)是相反的。尤其是，第 m 个主成分方向 v_m 解了下列优化方程：

① 因为 $\boldsymbol{x}_j$ 被标准化，第一方向 $\hat{\varphi}_{1j}$ 是一元回归系数（加上一个不相关的常数）；对于随后的方向就不是这种情况了。

$$\max_{\alpha} \operatorname{Var}(\boldsymbol{X}\alpha) \tag{3.63}$$

$$\text{服从} \quad \|\alpha\| = 1,\ \alpha^T \boldsymbol{S} v_\ell = 0,\ \ell = 1, \cdots, m-1,$$

这里，$\boldsymbol{S}$ 是 x_j 的样本协方差矩阵。条件 $\alpha^T \boldsymbol{S} v_\ell = 0$ 确保 $\boldsymbol{z}_m = \boldsymbol{X}\alpha$ 是与所有先前的线性组合 $\boldsymbol{z}_\ell = \boldsymbol{X} v_\ell$ 不相关的。第 m 个 PLS 方向 $\hat{\psi}_m$ 解方程：

$$\max_{\alpha} \operatorname{Corr}^2(\boldsymbol{y}, \boldsymbol{X}\alpha) \operatorname{Var}(\boldsymbol{X}\alpha) \tag{3.64}$$

$$\text{服从} \quad \|\alpha\| = 1,\ \alpha^T \boldsymbol{S} v_\ell = 0,\ \ell = 1, \cdots, m-1,$$

进一步的分析表明方差方面趋向于占主要地位，因此偏最小二乘的行为非常像岭回归和主分量回归。我们将在下一节中进一步讨论。

如果输入矩阵 $\boldsymbol{X}$ 是正交的，则偏最小二乘在 $m = 1$ 步后，会找到最小二乘估计。因为对 $m > 1$，$\hat{\varphi}_{mj}$ 为零，随后的步骤没有影响（习题3.14）。也能够证明，对于 $m = 1, 2, \cdots, p$，PLS 系数序列表示了用于计算最小二乘解的共轭梯度序列（习题3.18）。

3.6 讨论：选择和收缩方法的比较

本小节介绍一些简单的情况，以帮助我们更好理解上述不同方法之间的联系。考虑相关性为 ρ 的两个相关输入 $\boldsymbol{X}_1$ 和 $\boldsymbol{X}_2$ 的例子。假定真实回归系数是 $\beta_1 = 4$ 和 $\beta_2 = 2$。图3–18图示了随着它们的调整参数变化时不同方法的系数轮廓。上图中 $\rho = 0.5$，下图中 $\rho = -0.5$。岭方法和 Lasso 方法的调整参数在一个连续的范围内变化，同时最佳子集、PLS 和 PCR 仅采用两个离散步骤来达得最小二乘解。上图中，岭回归从原点开始，同时收缩系数直至它最终收敛到最小二乘。尽管是离散和更极端，PLS 和 PCR 有类似于岭方法的行为。最佳子集则选择越过最优解后再回溯。Lasso 的行为是介乎于其他方法的中间。当相关性是负的（下图），PLS 和 PCR 再次粗略地沿岭方法的路径，同时所有方法相互间都更加相似。

比较这些方法之间的收缩行为是件有趣的事。记住，岭回归是在所有方向收缩，但在低方差方向收缩更多。主成分回归则仅保留 M 个高方差方向，并把其余的丢弃。有意思的是，能证明这样一个事实：偏最小二乘也趋向于收缩低方差方向，但实际上能把某些更高方差的方向放大。这使得 PLS 有些不稳定，并且使得其较岭回归有稍微高一些的预测误差。一个全面的研究可参考 Frank and Friedman (1993)的工作。这些作者认为，要最小化预测误差，岭回归比可变子集选择、主成分回归和偏最小二乘更合适。然而，相对于后两种方法的改进却很小。

总的说来，PLS，PCR 和岭回归趋向于相似的行为。岭回归更为合适，因为它是光滑而不是离散的收缩。Lasso 处在岭回归和最佳子集回归之间，拥有这两种方法的某些特性。

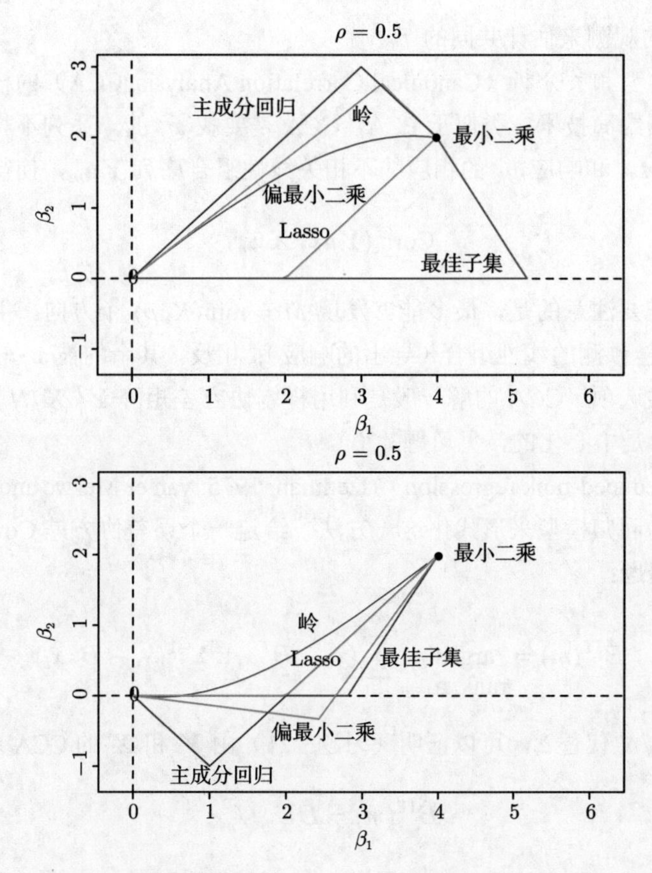

图 3–18　对一个简单问题，不同方法的系数轮廓：两个具有相关性 ±0.5 的输入，真实回归系数 $\beta=(4,2)$

3.7　多元输出的收缩和选择

如3.2.4节所提及的，在多元输出线性模型上的最小二乘估计仅仅是对每个输出上的单个最小二乘估计。

要在多元输出情况应用选择和收缩方法，可以将一元技术分别用于每个输出，或同时用于所有输出。以岭回归为例，我们可以使用不同的参数 λ，应用式 (3.44) 到输出矩阵 Y 的 K 列中的每一列，或使用相同的参数 λ，应用式 (3.44) 到所有的列。前一个策略允许对不同输出采用不同的正则化，但要求分别估计 k 个正则化参数 $\lambda_1,\cdots,\lambda_k$，同时后者将允许所有在估计中要使用的 k 个输出采用唯一正则化参数 λ。

其他更复杂的收缩和选择策略利用了不同响应的相关性，对于多个输出情况是有帮助的。举例来说，假定在输出中有

$$\boldsymbol{Y}_k=f(\boldsymbol{X})+\varepsilon_k \tag{3.65}$$

$$\boldsymbol{Y}_\ell=f(\boldsymbol{X})+\varepsilon_\ell; \tag{3.66}$$

即式(3.65)和式(3.66)在模型里分享了相同的结构部分 $f(\boldsymbol{X})$。显然，在这种情况下，我们应

该汇聚 $\boldsymbol{Y}_k$ 和 $\boldsymbol{Y}_\ell$ 的观测来估计共同的 f。

组合响应是典型相关分析（Canonical Correlation Analysis, CCA）的核心。这是一种用于多元输出的数据约简技术。类似于 PCA，CCA 是要找 $\boldsymbol{x}_j$ 的一系列不相关线性组合序列 $\boldsymbol{X}v_m, m=1,\cdots,M$，和响应 $\boldsymbol{y}_k$ 的相应的不相关线性组合序列 $\boldsymbol{Y}u_m$，使得相关性

$$\mathrm{Corr}^2(\boldsymbol{Y}u_m, \boldsymbol{X}v_m) \tag{3.67}$$

被相继最大化。需要注意的是，最多能够发现 $M=\min(K,p)$ 个方向。主要的典型响应变量是那些被 $\boldsymbol{x}_j$ 最佳预测的线性组合（导出的响应）；相反，其余的被 $\boldsymbol{x}_j$ 较差预测的典型变量则是可去除的候选项。CCA 的解一般是利用样本协方差矩阵 $\boldsymbol{Y}^T\boldsymbol{X}/N$ 的广义 SVD 来计算（假定 $\boldsymbol{Y}$ 和 $\boldsymbol{X}$ 是中心化的，见习题3.20）。

降秩回归（Reduced-rank regression）(Izenman, 1975; van er Merwe and Zidek, 1980)是按照显式汇聚信息的回归模型来形式化这一方法。给定一个误差协方差 $\mathrm{Cov}(\varepsilon)=\Sigma$，求解下列约束多元回归问题：

$$\hat{\boldsymbol{B}}^{\mathrm{rr}}(m) = \underset{\mathrm{rank}(\boldsymbol{B})=m}{\arg\min} \sum_{i=1}^{N} (y_i - \boldsymbol{B}^T x_i)^T \boldsymbol{\Sigma}^{-1} (y_i - \boldsymbol{B}^T x_i) \tag{3.68}$$

如果用估计 $\boldsymbol{Y}^T\boldsymbol{Y}/N$ 代替 Σ，可以证明（习题3.21）由 $\boldsymbol{Y}$ 和 $\boldsymbol{X}$ 的 CCA 求出的解是

$$\hat{\boldsymbol{B}}^{\mathrm{rr}}(m) = \hat{\boldsymbol{B}}\boldsymbol{U}_m\boldsymbol{U}_m^- \tag{3.69}$$

这里 $\boldsymbol{U}_m$ 是 $\boldsymbol{U}$ 的前 m 列组成的 $K\times m$ 子矩阵，$\boldsymbol{U}$ 是左典型向量 $u_1,u_2,\cdots,u_M$ 组成的 $K\times M$ 矩阵，$\boldsymbol{U}_m^{-1}$ 是一个广义逆。重写上式为

$$\hat{\boldsymbol{B}}^{\mathrm{rr}}(M) = (\boldsymbol{X}^T\boldsymbol{X})^{-1}\boldsymbol{X}^T(\boldsymbol{Y}\boldsymbol{U}_m)\boldsymbol{U}_m^- \tag{3.70}$$

我们发现降秩回归在汇聚的响应矩阵 $\boldsymbol{Y}\boldsymbol{U}_m$ 上执行了线性回归，然后映射系数（因此也映射拟合）回到原响应空间。降秩拟合由下式给出：

$$\begin{aligned}\hat{\boldsymbol{Y}}^{(\mathrm{rr})}(m) &= \boldsymbol{X}(\boldsymbol{X}^T\boldsymbol{X})^{-1}\boldsymbol{X}^T\boldsymbol{Y}\boldsymbol{U}_m\boldsymbol{U}_m^- \\ &= \boldsymbol{H}\boldsymbol{Y}\boldsymbol{P}_m\end{aligned} \tag{3.71}$$

这里 $\boldsymbol{H}$ 是通常的线性回归投影算子，$\boldsymbol{P}_m$ 是秩-m 的 CCA 响应投影算子。需要注意的是，$\boldsymbol{P}_m$ 不是一个正交投影算子。尽管 $\boldsymbol{\Sigma}$ 的最佳估计是 $(\boldsymbol{Y}-\boldsymbol{X}\hat{B})^T(\boldsymbol{Y}-\boldsymbol{X}\hat{B})/(N-pK)$，能够证明其解是相同的（习题3.22）。

降秩回归借用了通过对 CCA 剪枝获得的响应的力量。Breiman and Friedman (1997)探索过在 $\boldsymbol{X}$ 和 $\boldsymbol{Y}$ 之间的典型变量的一些成功收缩，即降秩（reduced rank）回归的光滑版本。它们的方法具有下列形式，请比较式(3.69)

$$\hat{\boldsymbol{B}}^{c+w} = \hat{\boldsymbol{B}}\boldsymbol{U}\boldsymbol{\Lambda}\boldsymbol{U}^{-1} \tag{3.72}$$

这里 Λ 是对角收缩矩阵（c+w 表示 Curds 和 Whey，是他们对这一过程的命名）。基于在总体的最优预测，它们证明了 Λ 具有对角元素：

$$\lambda_m = \frac{c_m^2}{c_m^2 + \frac{p}{N}(1 - c_m^2)}, \quad m = 1, \cdots, M \tag{3.73}$$

这里 c_m 是第 m 个典型相关系数。请注意，随着输入变量总数对样本数量的比例 p/N 减小，收缩因子接近 1。基于训练数据和交叉验证，Breiman and Friedman (1997)提出了 Λ 的修改版本，但是一般形式是相同的。这里拟合响应具有形式

$$\hat{\boldsymbol{Y}}^{(c+w)} = \boldsymbol{HYS}^{c+w} \tag{3.74}$$

其中，$\boldsymbol{S}^{c+w} = \boldsymbol{U\Lambda U}^{-}1$ 是响应收缩算子。

Breiman and Friedman (1997)也建议在 Y 和 X 空间都收缩。这导致具有形式

$$\hat{\boldsymbol{Y}}^{\text{ridge, c+w}} = \boldsymbol{A}_\lambda \boldsymbol{Y} \boldsymbol{S}^{c+w} \tag{3.75}$$

的混合收缩模型。其中，$\boldsymbol{A}_\lambda = \boldsymbol{X}(\boldsymbol{X}^T\boldsymbol{X}+\lambda\boldsymbol{I})^{-1}\boldsymbol{X}^T$ 是岭回归收缩算子，如第50页的式 (3.46)。他们的论文和讨论包含了更多的细节。

3.8　关于 Lasso 和相关路径算法的更多讨论

自从 LAR 算法 (Efron 等, 2004)出版以来，一直有大量的努力在针对大量不同问题，发展拟合正则化路径的算法。除此以外，L_1 正则化有它自己独特的路线，它导致了信号处理领域里压缩传感（compressed sensing）的发展 (Donoho, 2006a; Candes, 2006) 。在本节中，我们将从 LAR 算法的一个改进开始，讨论一些相关的方法和其他路径算法。

3.8.1　增量式分阶段前向回归

这里，我们提出了另一个类似 LAR 的算法 3.4，其重点在分阶段前向回归。有趣的是，理解一个灵活的非线性回归过程（Boosting）的努力导致了新的线性模型（LAR）的算法。在阅读本书的第 1 版和第16章的分阶段前向算法16.1时[①]，我们的同事布兰德·埃夫隆（Brad Efron）意识到用线性模型就能显式地构造如图3–10所示的分段线性 Lasso 路径。他因此提出了3.4.4节的 LAR 过程以及在这里提及的分阶段前向回归过程的增量版本。

考虑在16.1节提出的分阶段前向 boosting 算法 16.1(第461页) 的线性回归版本。它通过（用一个小量 ε）重复更新与当前残差最相关的变量的系数，来生成一个系数的轮廓。算法3.4给出了细节。图3–19左图显示了在前列腺数据上，采用步长 $\varepsilon = 0.01$ 时算法的进程。如果 $\delta_j = \langle x_j, \boldsymbol{r}\rangle$（在第 j 个预测子的残差的最小二乘系数），则其刚好是3.3.3节上的常用的分阶段前向过程（FS）。

---

① 第 1 版中，它是第 10 章的算法 10.4。

算法 3.4 增量式分阶段前向回归— FS_ε

1. 令残差 $\boldsymbol{r}$ 等于 $\boldsymbol{y}$，和 $\beta_1, \beta_2, \cdots, \beta_p = 0$。所有预测子标准化到零均值和单位范数。
2. 寻找与 $\boldsymbol{r}$ 最相关的预测子 $\boldsymbol{x}_j$
3. 更新 $\beta_j \leftarrow \beta_j + \delta_j$，这里 $\delta_j = \varepsilon \cdot \text{sign}[\langle \boldsymbol{x}_j, \boldsymbol{r} \rangle]$。$\varepsilon > 0$ 是一个小的步长，设 $\boldsymbol{r} \leftarrow \boldsymbol{r} - \delta_j \boldsymbol{x}_j$。
4. 多次重复第 2 步和第 3 步，直到残差与所有预测子不相关。

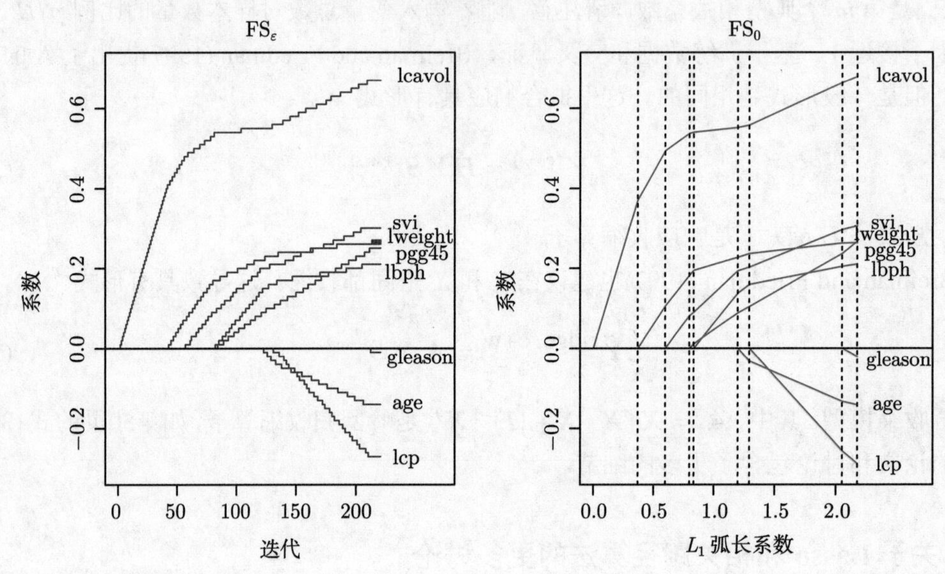

图 3–19 前列腺数据的系数轮廓。左图表示步长 $\varepsilon = 0.01$ 的增量式分阶段前向回归。右图显示的是令 $\varepsilon \to 0$ 获得的无穷小版本 FS_0。这个轮廓通过对 LAR 算法 3.2 的修正 3.2b 来拟合。在这个例子中，FS_0 轮廓是单调的，因此与 Lasso 和 LAR 的轮廓相等

这里，我们主要对小值 ε 感兴趣。令 $\varepsilon \to 0$，则得到图3–19的右图，结果和图3–10的 Lasso 路径相同。我们称这个极限过程是*无穷小分阶段前向回归*（infinitesimal forward stagewise regression）或 FS_0。这个过程在如 boosting（第10章和第16章中）的非线性、自适应方法中扮演了重要角色，也是理论上最容易分析的增量式分阶段回归的版本。因为它与 boosting 的联系，所以 Bühlmann and Hothorn (2007)将相同的过程认为是“L2boost”。

埃费隆（Efron）最初认为 LAR 算法3.2是 FS_0 的实现，允许每个相等的预测子有机会用平衡的方式来更新系数，同时维持相同的相关性。他随后意识到在相等的预测子中，LAR 最小二乘拟合能够导致系数向它们相关性相反的方向移动，这在算法3.4中是不会出现的。下面的 LAR 算法修正版执行了 FS_0。

算法 3.2b 最小角度回归— FS_0 修正

4. 通过求解约束最小二乘问题

$\min_b \|\boldsymbol{r} - \boldsymbol{X}_{\mathcal{A}} b\|_2^2$ 服从 $b_j s_j \geqslant 0$，$j \in \mathcal{A}$，

寻找新的方向。这里，s_j 是 $< \boldsymbol{x}_j, \boldsymbol{r} >$ 的符号。

这一修正相当于非负最小二乘拟合，其保持系数的符号与相关性的那些符号相同。能够证明，对于最大相关性相同的那些变量，此修正实现了无穷小“更新次数”的最优平衡(Hastie 等, 2007)。像 Lasso, 整个 FS_0 路径能通过 LAR 算法十分有效的计算。

结果是，如果LAR轮廓是单调非增或非减，如图3–19所示，则所有三种方法–LAR, Lasso和 FS_0 均会得到相同的轮廓。如果轮廓是非单调但不穿越零轴的，则 LAR 和 Lasso 相同。

因为 FS_0 不同于 Lasso, 自然要问是否它优化了某个准则。其答案比 Lasso 的更复杂；FS_0 系数轮廓是一个微分方程的解。Lasso 是按照减少在系数向量 β 的 L_1 范数上的每单位残差平方和增加，来实现最优过程，同时 FS_0 是在沿系数路径行进的 L_1 弧长上的每单位增加是最优的。因此，后者的系数有效路径不建议方向的变化过于频繁。

FS_0 比 Lasso 有更多约束，事实上能看成是 Lasso 的单调版本，参见第465页的图16–3，那里有一个比较夸张的例子。FS_0 在 $p \gg N$ 的场合是有用的，那里它的系数轮廓更加光滑，因此比 Lasso 的系数轮廓有较小的方差。更多关于 FS_0 的细节可见于16.2.3节和 Hastie 等 (2007)的文章。图3–16包括性能上与 Lasso 十分相似的 FS_0。

3.8.2 分段线性路径算法

最小角度回归过程探索了 Lasso 求解路径的分段线性本质。它已经为其他正则化问题提供了类似的“路径算法”。假定要求解

$$\hat{\beta}(\lambda) = \arg\min_{\beta}[R(\beta) + \lambda J(\beta)] \tag{3.76}$$

其中

$$R(\beta) = \sum_{i=1}^{N} L\left(y_i, \beta_0 + \sum_{j=1}^{p} x_{ij}\beta_j\right) \tag{3.77}$$

这里，损失函数 L 和惩罚函数 J 都是凸的。则以下是解路径 $\hat{\beta}(\lambda)$ 为分段线性的充分条件(Rosset and Zhu, 2007)：

1. R 是 β 函数的二次或分段二次项；
2. J 是 β 的分段线性。

这也（原则上）隐含了解路径能被有效计算。例子包括平方误差损失和绝对值误差损失，Huberize 损失，和在 β 上的 L_1，L_∞ 惩罚。另一个例子是用于支持向量机的 Hinge 损失函数。这个损失是分段线性的，而罚是二次的。有趣的是，它导致了在对偶空间（dual space）的分段线性路径算法。更多细节参见12.3.5节。

3.8.3 Dantzig 选择算子

Candes and Tao (2007)提出了下列准则：

$$\min_{\beta} \|\beta\|_1 \quad \text{服从} \quad \|\boldsymbol{X}^T(\boldsymbol{y} - \boldsymbol{X}\beta)\|_\infty \leqslant s \tag{3.78}$$

他们称其解为（Dantzig selector，DS）。这可以等价写成

$$\min_{\beta} \|\boldsymbol{X}^T(\boldsymbol{y}-\boldsymbol{X}\beta)\|_\infty \quad 服从 \quad \|\beta\|_1 \leqslant t \tag{3.79}$$

这里，$\|\cdot\|$ 表示 L_∞ 范数，即向量分量的最大绝对值。从这个形式来看，它有些类似于 Lasso，是通过用梯度的最大绝对值来代替平方误差损失。请注意，随着 t 增大，如果 $N > p$，两个过程都得到最小二乘解。如果 $p \geqslant N$，则都得到具有最小 L_1 范数的最小二乘解。然而对于更小的 t 值，DS 过程形成了一个不同于 Lasso 的路径解。

Candes and Tao (2007)证明 DS 的解是线性规划问题。为了纪念线性规则的单纯形方法的发明人乔治・丹齐格 (George Dantzig)[①], 因此他们将此方法命名为"Dantzig 选择器"。他们也证明了这一方法的大量有趣的数学性质，这些特性与它恢复内在的稀疏系数向量的能力相关。同样的性质也适用于 Lasso，正如随后为 Bickel 等 (2008)证明的一样。

不幸的是，DS 方法的操作特征有点不令人满意。该方法似乎本质上类似于 Lasso, 尤其是当我们看 Lasso 的静态条件时(3.58)。像 LAR 算法，Lasso 对主动集里的所有变量，保持着和当前残差相同的内积（和相关性），并且移动其系数来最优地减少残差平方和。在该过程中，这个共同的相关性被单调递减（习题3.23)，且这个相关性会一直大于非主动变量的相关性。另一种方案是，Dantzig 选择子试图最小化当前残差和所有预测子的最大内积。因此它实现了比 Lasso 较小的最大值，但在此过程中，一个奇怪的现象会发生。如果主动集的大小是 m，这将会有 m 个变量同时有最大相关性。然而，这些却不必和主动集是一致的！因此，它能包括一个与某一些去除的变量相比，在模型中和当前残差有更小相关性的变量 (Efron 等, 2007)。这似乎是不合理的，可能是导致其有时具有差的预测精度的原因。埃弗隆（Efron 等， (2007)也证明了随正则化参数 s 变化，DS 能形成异常古怪的系数路径。

3.8.4 成组 Lasso

在某些问题里，预测子属于预定义的组，举例来说，属于相同的生物通路（biological pathway）的一些基因；或者用来表达范畴预测子级别的一组指示（哑）变量。在这种情况，可能一起收缩和选择一个组的成员是期望的。成组 *Lasso*（grouped Lasso）是实现这个目标的一种方法。假定将 p 个预测子分成 L 个组，组 ℓ 的预测子的数量是 p_ℓ。为简化概念，采用矩阵 $\boldsymbol{X}_\ell$ 来表示对应于第 ℓ 组的预测子，而相应的系数向量则为 β_ℓ。成组 Lasso 最小化了凸准则：

$$\min_{\beta\in\mathbb{R}^p}\left(\|\boldsymbol{y}-\beta_0\boldsymbol{1}-\sum_{\ell=1}^{L}\boldsymbol{X}_\ell\beta_\ell\|_2^2+\lambda\sum_{\ell=1}^{L}\sqrt{p_\ell}\|\beta_\ell\|_2\right) \tag{3.80}$$

这里，$\sqrt{p_\ell}$ 项统计了变化组的大小，$\|\cdot\|_2$ 是欧氏范数（非平方）。因为向量 β_ℓ 的欧氏范数是零，仅在它所有的分量为零时成立，这一过程因此鼓励了既在成组水平的又在单个水平

① 中文版编注：1914 年生于美国俄勒冈波特兰。1947 年提出单纯形法而被誉为"线性规划之父"，他与"计算机之父""博弈伦之父"冯・诺依曼和线性规划对偶理论提出者列奥尼德・康托罗维奇 (后者因解决稀稀资源的最优配置而获得 1975 年诺贝尔经济学奖)。

上的稀疏性。也就是说，对某个值 λ，可以从模型中将一组预测子去除。Bakin (1999)和 Lin and Zhang (2006)提出了这一过程，随后 Yuan 和 Lin (2007)加以拓展。推广也包括采用更一般的 L_2 范数 $\|\eta\|_k = (\eta^T K\eta)^{1/2}$，以及允许预测子的重叠 (Zhao 等, 2008)。这里也与拟合稀疏性的加性模型的方法存在一些联系 (Lin 和 Zhang, 2006; Ravikumar 等, 2008)。

3.8.5 Lasso 的进一步特性

很多作者研究过，随着 N 和 p 增加，Lasso 和相关过程恢复正确模型的能力。这一工作的例子包括 Knight and Fu (2000)，Greenshtein and Ritov (2004)，Tropp (2004)，Donoho (2006b)，Meinshausen (2007)，Meinshausen and Bühlmann (2006)，Tropp (2006), Zhao and Yu (2006)，Wainwright (2006)和 Bunea 等 (2007)。举例来说，Donoho (2006b)聚焦于 $p > N$ 的情况以及考虑随界 t 变大时 Lasso 的解。在极限情况，这会在所有具有零训练误差的模型中，得到有最小 L_1 范数的解。他证明了在对模型矩阵 $\boldsymbol{X}$ 做某种假设后，如果真实模型是稀疏的，则这个解会以高概率辨识正确的预测子。

这一领域的许多结果均假定在模型矩阵的条件具有形式

$$\max_{j\in\mathcal{S}^c} \|\boldsymbol{x}_j^T \boldsymbol{X}_{\mathcal{S}}(\boldsymbol{X}_{\mathcal{S}}^T \boldsymbol{X}_{\mathcal{S}})^{-1}\|_1 \leqslant (1-\varepsilon) \quad \text{对某个} \quad \varepsilon \in (0,1]. \tag{3.81}$$

这里，$\mathcal{S}$ 索引了在真实内在模型里，具有非零系数的特征子集，$\boldsymbol{X}_{\mathcal{S}}$ 是对应于这些特征的 $\boldsymbol{X}$ 的列。类似地，$\mathcal{S}^c$ 是真实系数等于零的特征，$\boldsymbol{X}_{\mathcal{S}^c}$ 是相应的列。这就是说，在 $\boldsymbol{X}_{\mathcal{S}}$ 上 $\boldsymbol{X}_{\mathcal{S}^c}$ 的列的最小二乘系数不太大，即“好”的变量 $\mathcal{S}$ 与无关的变量 $\mathcal{S}^c$ 不是太高度相关。

考虑系数本身，Lasso 收缩使得非零系数的估计是向零有偏的，一般来说它们是不相合的。[①]减少这种偏差的方法是执行 Lasso 去辨识非零系数的集合，然后对选择的特征集用无约束的线性模型来拟合。如果选择的集是大的，则不是一直可行的。可替代地，可以使用 Lasso 来选择非零预测子，然后再次应用 Lasso，但仅采用从第一步选择到的预测子。这称为松驰 *Lasso*（relaxed Lasso）(Meinshausen, 2007)。该想法是要采用交叉验证来估计 Lasso 的初始罚参数，然后再次为选择的预测子集合采用交叉验证来估计第二个罚参数。因为第二步的变量具有较少来自噪声变量的“竞争”，交叉验趋向于选择较小的 λ，因此系数将比在初始估计的系数收缩得少一些。

还有一种办法，我们也可以修改 Lasso 罚函数，来使得更大的系数较少被严重收缩；Fan and Li (2005)提出的光滑剪裁绝对偏差（smoothly clipped absolute deviation, 简称 SCAD）用 $J_\alpha(\beta,\lambda)$ 代替 $\lambda|\beta|$，这里，对某些 $a \geqslant 2$，有

$$\frac{dJ_\alpha(\beta,\lambda)}{d\beta} = \lambda\cdot\operatorname{sign}(\beta)\left[I(|\beta|\leqslant\lambda) + \frac{(a\lambda-|\beta|)_+}{(a-1)\lambda}I(|\beta|>\lambda)\right] \tag{3.82}$$

在方括号里的第二项，在 Lasso 里，对大 β 值会减少收缩的量，最终随 $a\to\infty$ 而停止收缩。图3–20显示了 SCAD 惩罚，以及 Lasso 和 $|\beta|^{1-\nu}$ 惩罚。然而，该准则的缺陷是它是非

① 统计的相合意味着随样本规模增加，估计收敛到真实值。

凸的，因此使得其在计算上更加困难。自适应 *Lasso*（adaptive lasso）(Zou, 2006)采用了具有形式 $\sum_{j=1}^{\beta}\omega_j|\beta|_j$ 的加权惩罚。那里 $\omega_j = 1/|\hat{\beta}_j|^{\nu}$，$\hat{\beta}_j$ 是常最小二乘估计，以及 $\nu > 0$。这是对3.4.3节讨论的 $|\beta|^q$ 惩罚（这里 $q = 1-\nu$）的一个实际近似。自适 Lasso 产生了参数的相合估计，同时保持了 Lasso 的比较有吸引力的凸性。

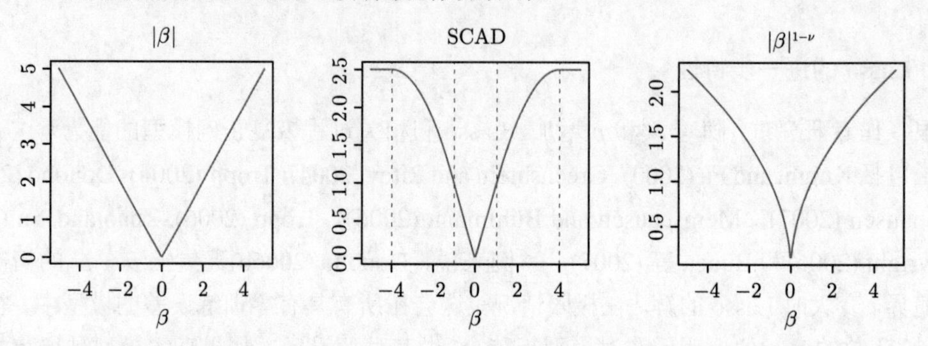

图 3–20 Lasso 和两个更替代的设计成较少惩罚大系数的非凸惩罚。对于 SCAD，我们采用了 $\lambda = 1$ 和 $a = 4$。在最后一个图上 $\nu = \frac{1}{2}$

3.8.6 逐路径坐标优化

为了计算 Lasso 解，一种可替代 LARS 算法的方法是简单坐标下降。该想法由 (Fu, 1998)和 Daubechies 等 (2004)提出，随后被 Friedman 等 (2007)，Wu and Lange (2008)以及其他人研究和拓展。其想法是在拉格朗日形式 (3.52)中固定惩罚因子 λ，相继优化每个参数，同时保持其他参数值在当前值不变。

假定预测子都标准化到零均值和单位范数。定义 $\tilde{\beta}_k(\lambda)$ 是采用惩罚参数 λ 时 β_k 的当前估计。我们重安排式 (3.52) 来隔离 β_j，

$$R(\tilde{\beta}(\lambda), \beta_j) = \frac{1}{2}\sum_{i=1}^{N}\left(y_i - \sum_{k\neq j} x_{ik}\tilde{\beta}_k(\lambda) - x_{ij}\beta_j\right)^2 + \lambda\sum_{k\neq j}|\tilde{\beta}_k(\lambda)| + \lambda|\beta_j|, \tag{3.83}$$

这里，我们已经抑制了截距，并且出于方便，引入了因子 $\frac{1}{2}$。这可以看成是一元 Lasso 问题，其响应变量是部分残差：$y_i - \tilde{y}_i^{(j)} = y_i - \sum_{k\neq j} x_{ik}\tilde{\beta}_k(\lambda)$。这有显式解，导致更新

$$\tilde{\beta}_j(\lambda) \leftarrow S\left(\sum_{i=1}^{N} x_{ij}(y_i - \tilde{y}_i^{(j)}), \lambda\right). \tag{3.84}$$

这里，$S(t,\lambda) = \text{sign}(t)(|t| - \lambda)_+$ 是第54页中表3–4里的软阈值算子。$S(\cdot)$ 的第一个参数是在标准化变量 x_{ij} 上的部分残差的简单最小二乘系数。重复式 (3.84) 的迭代——循环更新每个变量直到收敛——便得到 Lasso 估计 $\hat{\beta}(\lambda)$。

我们也能使用这个简单算法来有效计算在 λ 的一组栅格值上的 Lasso 解。我们从 $\hat{\beta}(\lambda_{\max}) = 0$ 的最小值 $\lambda_{\max}$ 开始，每次减少一点，并循环更新每个变量，直至收敛。然后再减小 λ，重复以上过程，并对新的 λ，采用先前的解作为“暖启动”。这一过程比 LARS 算法更快，尤其是在大问题时。其速度的关键点是事实上，式 (3.84) 的量能随着 j 的变化快

速更新，通常更新是要获得 $\tilde{\beta}_j = 0$。另一方面，它在一组 λ 的栅格求解，而不是全部解路径。同类型的算法可应用于弹性网，成组 Lasso 和许多惩罚是单个参数函数和的其他模型中 (Friedman 等, 2008a)。经过必要的修改，它也能应用到融合 Lasso（fused Lasso，见18.4.2节）；更多细节可参考 Friedman 等 (2007)。

3.9　计算考虑

最小二乘拟合常通过矩阵 $\boldsymbol{X}^T\boldsymbol{X}$ 的乔里斯基分解（Cholesky decomposition）或 $\boldsymbol{X}$ 的 QR 分解来实现。给定 N 个观测值，p 个特征，乔里斯基分解要求 $p^3 + Np^2/2$ 次运算，同时 QR 分解要求 Np^2 次运算。依赖于 N 和 p 的相对大小，乔里斯基分解有时能够更快；另一方面，它在数值上较少稳定 (Lawson and Hansen, 1974)。通过 LAR 算法的 Lasso 计算有与最小二乘拟合相同的计算阶数。

文献说明

线性回归在许多统计学的书上讨论过，举例来说，(Seber, 1984)、(Weisberg, 1980) 和 Mardia 等 (1994)。岭回归由 Hoerl and Kennard (1970) 提出，同时，Lasso 由 (Tibshirani, 1996) 提出。大约在相同的时间，Lasso 类型的惩罚在信号处理基寻踪（basis pursuit）方法里被提出 (Chen 等, 1998)。最小角度回归过程由 Efron 等 (2004) 提出，与其相关的是 Osborne 等 (2000a) 和 Osborne 等 (2000b) 较早提出的同质（homotopy）过程。他们的算法也利用了在 LAR/Lasso 算法中采用的分段线性，但缺乏它的透明度。Hastie 等 (2007) 讨论过用于分阶段前向准则的准则。Park and Hastie (2007) 针对广义回归模型，发展了类似于最小角度回归的路径算法。偏最小二乘由 Wold (1975) 提出。收缩方法的比较可以参考 Copas (1983) 和 Frank and Friedman (1993) 的文章。

习题

3.1 证明从一个模型中去除单个系数的 F 统计量 (3.13) 等于相应的 z-分数的平方 (3.12)。

3.2 给定两个变量 X 和 Y 上的数据，考虑拟合一个三次多项式回归模型 $f(X) = \sum_{j=0}^{3} \beta_j X^j$。除了绘制拟合曲线外，也需要在曲线周围画一个 95% 的置信带。考虑下面两种方法。

(a) 在每个点 x_0，对线性函数 $a^T\beta = \sum_{j=0}^{3} \beta_j x_0^j$ 形成一个 95% 的置信区间。

(b) 如式 (3.15)，对 β 形成一个 95% 的置信集，并依次为 $f(x_0)$ 生成置信区间。

这些方法有哪些不同？哪个带可能更宽？执行一个小的仿真实验来比较这两种方法。

3.3 高斯-马尔可夫定理：

(a) 证明高斯-马尔可夫定理：参数 $\alpha^T\beta$ 的最小二乘估计具有不大于其他任何 $\alpha^T\beta$ 的线性无偏估计的方差（3.2.2节）。

(b) 如果 $\boldsymbol{A}-\boldsymbol{B}$ 是正半定的，矩阵不等式 $\boldsymbol{B} \le \boldsymbol{A}$ 成立。证明如果 $\hat{\boldsymbol{V}}$ 是 β 的最小二乘估计的方差-协方差矩阵，$\tilde{\boldsymbol{V}}$ 是任何其他线性无偏估计的方差-协方差估计，则 $\hat{\boldsymbol{V}} \le \tilde{\boldsymbol{V}}$。

3.4 阐述最小二乘系数向量怎样能从单步格莱美-施密特 (Gram-Schmidt) 过程（算法3.1）中获得。按 $\boldsymbol{X}$ 的 QR 分解来表示你的解。

3.5 考虑式 (3.41) 的岭回归问题。证明这个问题等价于问题：

$$\hat{\beta}^c = \underset{\beta^c}{\arg\min}\left\{\sum_{i=1}^{N}[y_i-\beta_0^c-\sum_{j=1}^{p}(x_{ij}-\bar{x}_j)\beta_j^c]^2+\lambda\sum_{j=1}^{p}\beta_j^{c2}\right\}. \tag{3.85}$$

给出 β^c 和式 (3.41) 中的原始 β 之间的相互关系，说明这个修正准则的解的特点。证明对 Lasso，存在一个类似的解。

3.6 证明在高斯先验 $\beta \sim N(0,\tau\boldsymbol{I})$ 和高斯采样模型 $\boldsymbol{y} \sim N(\boldsymbol{X}\beta,\sigma^2\boldsymbol{I})$ 下，岭回归估计是后验分布的均值（和众数）。找出在岭公式里里正则化参数 λ 和方差 τ 及 σ^2 的联系。

3.7 假定 $y_i \sim N(\beta_0+x_i^T\beta,\sigma^2)$，$i=1,2,\cdots,N$, 每一个参数 β_j，$j=1,\cdots,p$ 的分布服从 $N(0,\tau^2)$，且相互独立。假定 σ^2 和 τ^2 已知，且 β_0 未由先验控制（或有一个扁平的不恰当先验），证明 β 的（负）对数后验密度比例于 $\sum_{i=1}^{N}[y_i-\beta_0^c-\sum_j x_{ij}\beta_j]^2+\lambda\sum_{j=1}^{p}\beta_j^2$。这里 $\lambda=\sigma^2/\tau^2$。

3.8 考虑一个未中心化的 $N\times(p+1)$ 矩阵 $\boldsymbol{X}$(第一列全是 1) 的 QR 分解，和 $N\times p$ 中心化矩阵 $\tilde{\boldsymbol{X}}$ 的 SVD 分解。证明 $\boldsymbol{Q}_2$ 和 $\boldsymbol{U}$ 张成了相同的子空间，那里 $\boldsymbol{Q}_2$ 是移去第一列的 $\boldsymbol{Q}$ 的子矩阵。在什么情况下，它们是相同的，最多只是符号上的差异？

3.9 *分步前向回归*（forward stepwise regression）。假定在一个响应为 $\boldsymbol{y}$ 的多元回归问题，我们利用 QR 分解获得 $N\times q$ 矩阵 $\boldsymbol{X}_1$，同时在矩阵 $\boldsymbol{X}_2$ 上有额外的 $p-q$ 个预测子。定义当前残差是 $\boldsymbol{r}$。我们希望确定这些额外的变量中的哪一个，当包含到 $\boldsymbol{X}_1$ 里时，将最大减少残差平方和。描述一个能实现这个目标的有效过程。

3.10 *分步反向回归*（Backward stepwise regression）。假定我们有在 $\boldsymbol{X}$ 上的 $\boldsymbol{y}$ 的多元回归拟合，和如表3–2所示的标准误差和 Z-分数。我们希望确定哪些变量在移去时将会最少地增加残差平方和。如何实现？

3.11 证明式 (3.40) 的多元线性回归问题的解由式 (3.39) 给出。如果协方差矩阵 Σ_i 对每个观测值都不同，情况会如何？

3.12 证明岭回归估计能在一个增量的数据集上，通过常最小二乘回归获得。我们增加 p 行 $\sqrt{\lambda}\boldsymbol{I}$ 到中心化矩阵 $\boldsymbol{X}$ 中，增加 p 个零到 $\boldsymbol{y}$ 中。通过引入响应值为零的人造数据，拟合过程迫使系数向零收缩。这联系到一个 (Abu-Mostafa, 1995) 提出的*线索*（hints）的想法，那里模型约束通过增加满足他们的人造数据样本来完成。

3.13 导出表达式 (3.62)，证明 $\hat{\beta}^{\text{pcr}}(p)=\hat{\beta}^{ls}$。

3.14 证明在正交情况下，因为在算法 3.3 中第 2 步的随后的 $\hat{\varphi}_{mj}$ 均为零，PLS 在 $m=1$ 步停止。

3.15 验证表达式 (3.64)，以此来证明偏最小二乘方向是在常回归系数和主成分方向之间的折衷。

3.16 推导在表3–4中的结果，在正交情况下估计子的显式形式。

3.17 重复表3–3关于在第1章讨论过的垃圾数据的分析。

3.18 阅读共轭梯度算法 (如 Murray 等, 1981)，建立在这些算法和偏最小二乘之间的联系。

3.19 证明 $\|\hat{\beta}^{\text{ridge}}\|$ 会随着它的调节参数 $\lambda \to 0$ 而增加。问，是否对于 Lasso 和偏最小二乘估计有相同的特性成立？对于后者，考虑“调整参数”是算法中相继的步骤。

3.20 考虑典型相关性问题 (3.67)。证明典型变量 u_1 和 v_1 构成的主要对（leading pair）解决如下问题：

$$\max_{\substack{u^T(\boldsymbol{Y}^T\boldsymbol{Y})u=1 \\ v^T(\boldsymbol{Y}^T\boldsymbol{Y})v=1}} u^T(\boldsymbol{X}^T\boldsymbol{X})v, \tag{3.86}$$

即一个广义 SVD 问题。证明解是 $u_1 = (\boldsymbol{Y}^T\boldsymbol{Y})^{-\frac{1}{2}}u_1^*$ 和 $v_1 = (\boldsymbol{Y}^T\boldsymbol{Y})^{-\frac{1}{2}}v_1^*$。这里，$u_1^*$ 和 v_1^* 是在

$$(\boldsymbol{Y}^T\boldsymbol{Y})^{-\frac{1}{2}}(\boldsymbol{Y}^T\boldsymbol{X})(\boldsymbol{X}^T\boldsymbol{X})^{-\frac{1}{2}} = \boldsymbol{U}^*\boldsymbol{D}^*\boldsymbol{V}^{*T} \tag{3.87}$$

中的主要的左和右奇异向量。证明全序列 $u_m, v_m, m = 1, \cdots, \min(K, p)$ 由式 (3.87) 给出。

3.21 证明降秩回归问题(3.68)的解，由式(3.69)得出。其中 $\boldsymbol{\Sigma}$ 由 $\boldsymbol{Y}^T\boldsymbol{Y}/N$ 来估计。线索：变换 $\boldsymbol{Y}$ 到 $\boldsymbol{Y}^* = \boldsymbol{Y}\boldsymbol{\Sigma}^{-\frac{1}{2}}$，按典型向量 u_m^* 来求解。证明 $\boldsymbol{U}_m = \boldsymbol{\Sigma}^{-\frac{1}{2}}\boldsymbol{U}_m^*$ 以及一个广义逆是 $\boldsymbol{U}_m^- = \boldsymbol{U}_m^{*T}\boldsymbol{\Sigma}^{\frac{1}{2}}$。

3.22 证明如果 $\boldsymbol{\Sigma}$ 由更自然的量 $(\boldsymbol{Y} - \boldsymbol{X}\hat{\boldsymbol{B}})^T(\boldsymbol{Y} - \boldsymbol{X}\hat{\boldsymbol{B}})/(N - pk)$ 估计，在习题3.21中的解不会改变。

3.23 考虑所有变量和响应均有零均值和标准偏差等于 1 的回归问题。也假定每个变量有和响应相同的绝对相关性：

$$\frac{1}{N}|<\boldsymbol{x}_j, \boldsymbol{y}>| = \lambda,\ j = 1, \cdots, p.$$

令 $\hat{\beta}$ 是在 $\boldsymbol{X}$ 上 $\boldsymbol{y}$ 的最小二乘系数。同时，对于 $\alpha \in [0, 1]$，令 $\boldsymbol{u}(\alpha) = \alpha\boldsymbol{X}\hat{\beta}$ 是向最小二乘拟合 $\boldsymbol{u}$ 移动一个比例 α 的向量。令 RSS 是满最小二乘拟合的残差平方和。

(a) 证明

$$\frac{1}{N}|<\boldsymbol{x}_j, \boldsymbol{y} - \boldsymbol{u}(\alpha)>| = (1 - \alpha)\lambda,\ j = 1, \cdots, p,$$

因此，随着我们向 $\boldsymbol{u}$ 靠近，每个 $\boldsymbol{x}_j$ 和残差的相关性在幅度上会保持相等。

(b) 证明这些相关性都等于

$$\lambda(\alpha) = \frac{(1 - \alpha)}{\sqrt{(1 - \alpha)^2 + \frac{\alpha(2-\alpha)}{N} \cdot \text{RSS}}} \cdot \lambda,$$

因此它们会单调减少到零。

(c) 使用这些结果证明：如式 (3.55) 主张的，3.4.4节的 LAR 算法会保持相关性相同和单调递减。

3.24 LAR 方向（directions）。使用在第56页方程式 (3.55) 中的概念，证明 LAR 方向在 $\mathcal{A}_k$ 的预测子的每一个形成了相等的角度。

3.25 LAR 展望（look-ahead）(见 Efron 等, 2004, 第 2 章 2 节)。从 LAR 算法的第 k 步开始，导出表达式来辨识在第 $k+1$ 步要进入主动集的下一个变量以及出现这一结果时 α 的值，使用式 (3.55) 式中的概念。

3.26 分步前向回归在每一步引入最多减少残差平方和的变量。LAR 调整那些与当前残差最（绝对）相关的变量。证明这两个准则不必然是相同的。[线索：令 $\boldsymbol{x}_{j,\mathcal{A}}$ 是第 j 个变量，对所有目前在模型中的变量作线性调节。] 证明第一个准则相当于辨识在幅度上 $\mathrm{Cor}(x_{j,\mathcal{A}}, r)$ 最大的 j。

3.27 Lasso 和 LAR: 按拉格朗日乘子形式考虑 Lasso 问题：采用 $L(\beta)=\frac{1}{2}\sum_i(y_i-\sum_j x_{ij}\beta_j)^2$，我们对固定值 $\lambda>0$，最小化

$$L(\beta)+\lambda\sum_j|\beta_j| \tag{3.88}$$

(a) 设 $\beta_j=\beta_j^+-\beta_j^-$，其中 $\beta_j^+,\beta_j^-\geqslant 0$，表达式 (3.88) 成为 $L(\beta)+\lambda\sum_j(\beta_j^++\beta_j^-)$。证明拉格朗日对偶函数是

$$L(\beta)+\lambda\sum_j(\beta_j^++\beta_j^-)-\sum_j\lambda_j^+\beta_j^+-\sum_j\lambda_j^-\beta_j^- \tag{3.89}$$

且 Karush-Kuhn-Tucker（KTT）优化条件是

$$\begin{aligned}\nabla L(\beta)_j+\lambda-\lambda_j^+&=0\\-\nabla L(\beta)_j+\lambda-\lambda_j^-&=0\\\lambda_j^+\beta_j^+&=0\\\lambda_j^-\beta_j^-&=0\end{aligned} \tag{3.90}$$

以及在参数和拉格朗日乘子上的非负约束。

(b) 证明 $|\nabla L(\beta)_j|\leqslant\lambda$，$\forall j$，KKT 条件隐含下列三种情况中的一种：

$$\begin{aligned}\lambda=0&\Rightarrow\nabla L(\beta)_j=0\ \forall j\\\beta_j^+>0,\lambda>0&\Rightarrow\lambda_j^+=0,\nabla L(\beta)_j=-\lambda<0,\beta_j^-=0\\\beta_j^->0,\lambda>0&\Rightarrow\lambda_j^-=0,\nabla L(\beta)_j=\lambda>0,\beta_j^+=0\end{aligned} \tag{3.91}$$

因此证明，对具有 $\beta_j\neq 0$ 的任意“主动”预测子，如果 $\beta_j>0$，我们必须有 $\nabla L(\beta)_j=-\lambda$；如果 $\beta_j<0$，则 $\nabla L(\beta)_j=\lambda$。假定预测子被标准化，联系 λ 到第 j 个预测子和当前残差的相关性。

(c) 假定主动预测子的集对于 $\lambda_0\geqslant\lambda\geqslant\lambda_1$ 是不变的。证明有向量 γ_0 使得

$$\hat{\beta}(\lambda)=\hat{\beta}(\lambda_0)-(\lambda-\lambda_0)\gamma_0 \tag{3.92}$$

因此，随 λ 从 λ_0 变化到 λ_1，Lasso 解路径是线性的 (Efron 等, 2004; Rosset and Zhu, 2007)。

3.28 假定针对式 (3.51) 中的给定的 t，对于变量 $\boldsymbol{X}_j$ 的拟合 Lasso 系数是 $\hat{\beta}_j = a$。假定增加一个相同的拷贝 $\boldsymbol{X}_j^* = \boldsymbol{X}_j$ 到我们的变量集合。使用相同的 t 值，通过阐述 $\hat{\beta}_j$ 和 $\hat{\beta}_j^*$ 的解的集合，分析这个精确共线性的影响。

3.29 假定在一个单变量 $\boldsymbol{X}$ 上用参数 λ 执行岭回归，并获得系数 a。现在包括一个完全相同的拷贝 $\boldsymbol{X}^* = \boldsymbol{X}$，并重拟合我们的岭回归。证明两组系数是相等的，并导出它们的值。证明：一般来说，如果包含 m 份变量 $\boldsymbol{X}_j$ 的复制到岭回归中，它们的系数就是完全相同的。

3.30 考虑弹性网优化问题：

$$\min_{\beta} \|\boldsymbol{y} - \boldsymbol{X}\beta\|^2 + \lambda[\alpha\|\beta\|_2^2 + (1-\alpha)\|\beta\|_1] \tag{3.93}$$

证明利用 $\boldsymbol{X}$ 和 $\boldsymbol{y}$ 的增量版本能够将其转化成一个 Lasso 问题。

第 4 章 分类的线性方法

4.1 概述

本章我们将回顾分类问题，并聚焦于分类的线性方法。因为预测子 $G(x)$ 是在离散集 $\mathcal{G}$ 上取值，我们能一直将输入空间分成按类别标记的一组区域。在第2章中，我们知道，依赖于预测函数，这些区域的边界可以是粗糙的或光滑的。对一类重要的过程，这些*决策边界*（decision boundary）是线性的；这就是我们所指的“分类的线性方法”的意思。

发现线性决策边界的方法有多种。在第2章中，我们对类别指示变量拟合线性回归模型，并分类到最大拟合。假定有 K 个类，为方便起见，标记为 $1,2,\cdots,K$，第 k 个指示响应变量的拟合线性模型是 $\hat{f}_k(x)=\beta_{k0}+\beta_k^T x$。在第 k 类和第 ℓ 类之间的决策边界是满足 $\hat{f}_k(x)=\hat{f}_\ell(x)$ 的点集，即 $\{x:(\hat{\beta}_{k0}-\hat{\beta}_{\ell 0})+(\hat{\beta}_k-\hat{\beta}_\ell)^T x=0\}$ 的仿射集或超平面[1]。因为对任意类别对都是如此，输入空间被逐个超平面决策边界分成若干个常数分类区域。该回归方法属于某一类方法中的一种。这类方法对每个类建模*判别函数*（discriminant function）$\delta_k(x)$，然后按判别函数，将 x 分类到最大值的类。建模后验概念 $Pr(G=k|X=x)$ 的方法也属于这一类。显然，如果要么 $\delta_k(x)$，要么 $Pr(G=k|X=x)$ 在 x 上是线性的，则决策边界将是线性的。

实际上，所有我们只要求的是：为了让决策边界是线性的，$\delta_k(x)$ 或 $Pr(G=k|X=x)$ 的某个单调变换要是线性的。举例来说，如果有两个类，流行的后验概念模型是

$$Pr(G=1|X=x)=\frac{\exp(\beta_0+\beta^T x)}{1+\exp(\beta_0+\beta^T x)}$$
$$Pr(G=2|X=x)=\frac{1}{1+\exp(\beta_0+\beta^T x)} \tag{4.1}$$

这里，单调变换是 logit 变换：$\log[p/(1-p)]$，实际上我们知道

$$\log\frac{\Pr(G=1|X=x)}{\Pr(G=2|X=x)}=\beta_0+\beta^T x \tag{4.2}$$

这个决策边界是对数几率（log-odd）为零时的点集，其超平面定义为 $\{x|\beta_0+\beta^T x=0\}$。我们讨论了两种非常流行的，但会导致对数几率或 logit 的不同方法：线性判别分析和线性逻辑斯特（logistic）回归。它们的推导是不同的，两者本质上的差异在于拟合训练数据的线性函数的方式。

一个更直接的方法是要显式将类间边界建模成线性的。对于在 p 维输入空间的两类问题而言，这相当于把决策边面建模成一个超平面——换句话说，一个法向量和一个割点。我

① 严格来说，一个超平面要通过原点，同时一个仿射集不必通过原点。我们有时会忽略这个区别，统称为" 超平面"。

们将审视两种显式寻找“分离超平面”的方法。第一个是著名的Rosenblatt (1958)提出的感知机（perceptron）模型，如果分离超平面存在，其算法将从训练数据中找到该超平面。第二种方法归功于Vapnik (1996)，寻找一个最优分离超平面（optimal separating hyperplane），否则找一个能最小化训练数据重叠性度量的超平面。我们这里主要考虑可分的情况，而不可分的情况将推迟至第12章讨论。

尽管本章的全部内容均与线性决策边界相关，这里仍然会有大量篇幅涉及泛化。举例来说，我们能通过包含变量集 $X_1, \cdots, X_p$ 的平方项和交积 $X_1^2, X_2^2, \cdots, X_1X_2, \cdots$ 来增加 $p(p+1)/2$ 个额外的变量，从而扩展我们的变量集规模。在这个增量空间的线性函数等价于原空间的二次函数——因此线性决策边界变成二次决策边界。图4–1阐述了这个观点。数据是相同的，左图采用了如图所示的二维空间的线性决策边界，同时右图采用了如上描述的五维增量空间上的线性决策边界。该方法能被任意基变换 $h(X)$ 使用，这里 $h: \mathbb{R}^p \mapsto \mathbb{R}^q$，其中 $q > p$。这种变换技巧将在随后的章节中讨论。

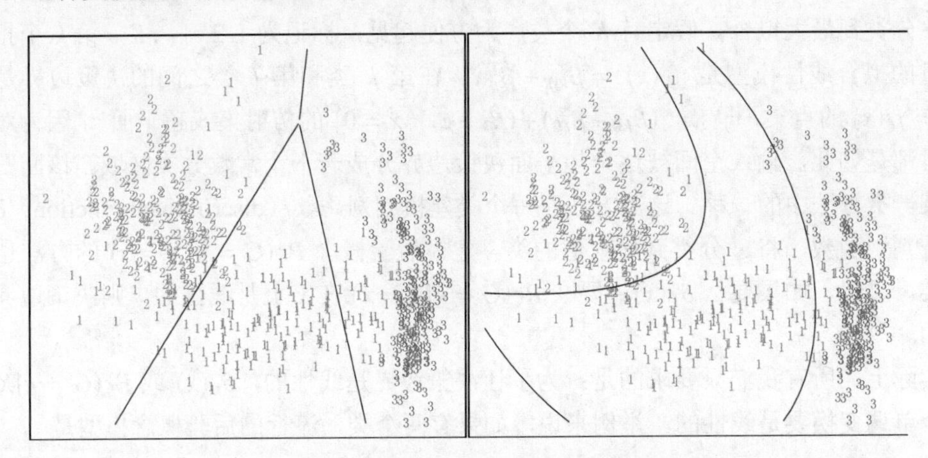

图 4–1　左图显示来自三个类别的数据，以及由线性判别分析找到的线性决策边界。右图显示二次决策边界。这些边界是从五维空间 $X_1, X_2, X_1X_2, X_1^2, X_2^2$ 找到的线性边界获得。在这个空间的线性不等式是原空间的二次不等式

4.2 指示矩阵的线性回归

这里每一个响应范畴用一个指示变量来编码。因此如果 $\mathcal{G}$ 有 K 类，则将有 K 个这样的指示子 Y_k，$k = 1, \cdots, K$，如果 $G = k$，则 $Y_k = 1$，否则为 0。这些指示子可合在一起写成向量的形式 $Y = (Y_1, \cdots, Y_K)$，同时 N 个这种形式的训练序列形成了一个 $N \times K$ 的指示响应矩阵（indicator response matrix）$\boldsymbol{Y}$。$\boldsymbol{Y}$ 是由 0 和 1 组成的矩阵，且每一行只有一个 1。我们同时对 $\boldsymbol{Y}$ 的每一列拟合一个线性回归模型，其拟合由下式给出：

$$\hat{\boldsymbol{Y}} = \boldsymbol{X}(\boldsymbol{X}^T\boldsymbol{X})^{-1}\boldsymbol{X}^T\boldsymbol{Y} \tag{4.3}$$

第3章有关于线性回归的更多细节。请注意，每个响应列 $\boldsymbol{y}_k$，均有一个系数向量，因此形成了 $(p+1) \times K$ 的系数矩阵 $\hat{\boldsymbol{B}} = (\boldsymbol{X}^T\boldsymbol{X})^{-1}\boldsymbol{X}^T\boldsymbol{Y}$。这里 $\boldsymbol{X}$ 是具有 $p+1$ 列的模型矩阵，由 p

个输入列和对应于截距的全为 1 的主列组成。

针对新的输入 x 的观测，按下面的步骤来分类。

- 计算一个 K 向量的拟合输出 $\hat{f}(x) = [(1, x^T)\hat{\boldsymbol{B}}]^T$。
- 辨识最大分量，并进行相应的分类。

$$\hat{G}(x) = \arg\min_{k \in \mathcal{G}} \hat{f}_k(x). \tag{4.4}$$

这种方法的合理性是什么？一个相当正式的证明是把回归看成是条件期望的估计。对于随机变量 $\boldsymbol{Y}_k$ 而言，$E(\boldsymbol{Y}_k|\boldsymbol{X} = x) = \Pr(G = k|\boldsymbol{X} = x)$，因此每一个 $\boldsymbol{Y}_k$ 的条件期望似乎是合理的目标。实际的问题是：相当刚性的线性回归模型逼近条件期望究竟有多好？或者换个问法，$\hat{f}_k(x)$ 是后验概率 $\Pr(G = k|\boldsymbol{X} = x)$ 的合理估计吗？更重要的是，这有关系吗？

对于任意 x，只要在模型中有截距（在 $\boldsymbol{X}$ 中全 1 的列），就能直接验证 $\sum_{k \in \mathcal{G}} \hat{f}_k(x) = 1$。然而，$\hat{f}_k(x)$ 可以是负值或大于 1，并且通常就是如此。这是线性回归的刚体本质的结果，尤其是如果对训练数据构成的壳以外作预测时。这种违背本身并不保证这一方法不工作，而且事实上在许多问题上，它取得了与用于分类的更多标准线性方向类似的结果。如果我们允许在输入的基扩展 $h(\boldsymbol{X})$ 上做线性回归，该方法可以导致对概率的相合估计。随着训练集 N 的规模变大，我们能自适应地包含更多基元素，使得在这些基函数的线性回归逼近条件期望。我们将在第5章讨论这些方法。

一个更简化的观点是对每个类构造目标 t_k，这里 t_k 是 $K \times K$ 单位矩阵的第 k 列。我们的预测问题是要对一个观测，尝试和复制其合适的目标。采用与前相同的编码，如果 $g_i = k$，则观测 i 的响应向量 y_i（$\boldsymbol{Y}$ 的第 i 行）有值 $y_i = t_k$。然后，我们可以用最小二乘来拟合线性模型：

$$\min_{\boldsymbol{B}} \sum_{i=1}^{N} \|y_i - [(1, x_i^T)\boldsymbol{B}]^T\|^2 \tag{4.5}$$

这个准则是拟合向量到其目标的欧氏距离平方和。一个新观测通过计算它的拟合向量 $\hat{f}(x)$，并分类到最近的目标

$$\hat{G}(x) = \arg\min_{k} \|\hat{f}(x) - t_k\|^2 \tag{4.6}$$

来实现分类。这和先前的方法是完全相同的。

- 平方范数和准则就是多元响应线性回归的准则，只是看的角度略有差异。因为平方范数本身是平方之和，分量解偶并重安排后，可为每个元素构成一个分离的线性模型。注意这仅仅是可能，因为模型中并没有什么将不同的响应绑在一起的东西。
- 容易看出，最近目标分类规则 (4.6) 与最大拟合分量准则 (4.4) 是完全相同的，但要求拟合值的和要等于 1。

当类数 $K \geqslant 2$ 时，回归方法有严重的问题，尤其是 K 很大时，问题会很普遍。因为回归模型的刚性本质，一些类可能被其他类所掩蔽（mask）。图4–2图示了 $K = 3$ 时的极端情况。三个类被线性决策边界完美地分离开了，然而线性回归完全不能区分中间的类。

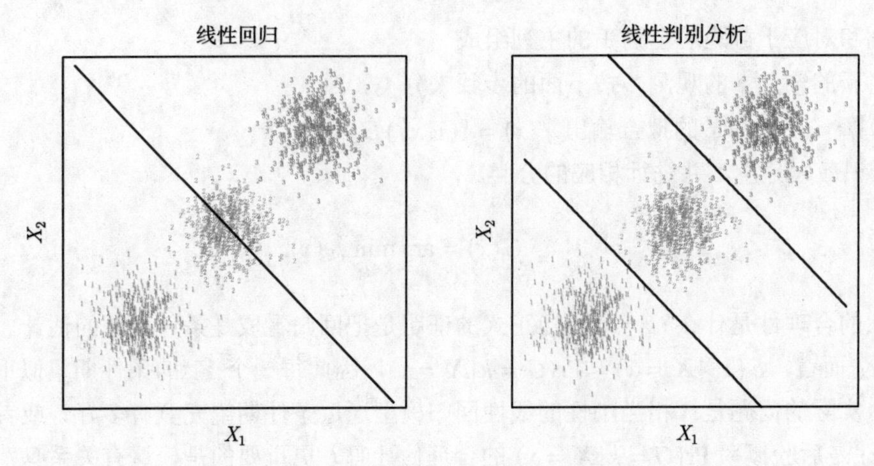

图 4–2 取自 $\mathbb{R}^2$ 三个类别中的数据，这些数据易于用线性决策边界分开。右图显示由线性判别分析找到的边界。左图显示由指示响应变量的线性回归找到的边界。中间类别被完全掩蔽（从来不占支配地位）

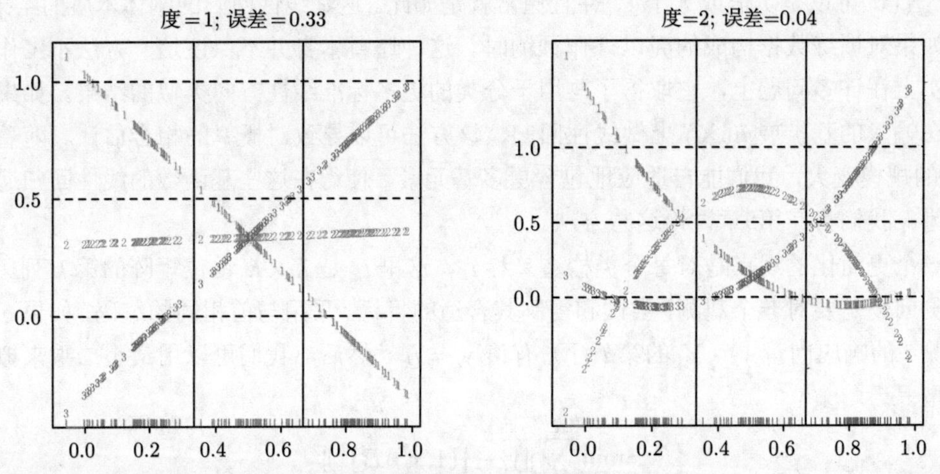

图 4–3 对一个三类问题，在 $\mathbb{R}$ 上线性回归掩蔽的影响。在基线的底部图（rug plot）显示了每个观测的位置和类别成员关系。每个图的三条曲线是对三类指示变量的拟合回归；举例来说，对于蓝色类别，y_{blue} 对蓝色观测是 1，对绿色和橙色都是 0。拟合是线性和二次多项式。每个图的上方标记了训练误差率。本问题的贝叶斯误差率是 0.025，与 LDA 误差率一样

图4–3中，我们已经将数据投影到连接三个重心的直线上（在此情况中，没有正交方向的信息），我们也已经包括和编码了三个因变量 $\boldsymbol{Y}_1, \boldsymbol{Y}_2$ 和 $\boldsymbol{Y}_3$。三条回归线（左图）也被包括。我们发现对应于中间类别的直线是水平的，且它的拟合值从来不占主要地位！因此，来自类别 2 的观测值要么被分到类别 1，要么到类别 3。右图采用了二次回归而不是线性回归。对这个简单的例子，二次式而不是线性拟合（至少对中间类别来说）将解决这个问题。然而，可以看出，如果存在四个而不是三个连在一起的类时，二次拟合还不是足够的，还需要三次的拟合。

一个松散但普遍的规则是，如果 $K > 3$ 个类被排在一起，要对它们求解，可能需要大到 $K-1$ 度的多项式项。还有注意，与这些多项式一起，还有通过能有任意方向的重心的导出方向。因此，在 p 维输入空间中，需要有总共 $K-1$ 度，$O(p^{K-1})$ 项数的多项式项和交

叉积来解决最坏的情况。

这个例子是极端的，但对于大的 K 和小的 p，像这种掩蔽会自然发生。作为一个更实际的图示，图4–4将元音识别问题的训练数据投影到信息较多的二维子空间。这里，在 $p = 10$ 维空间有 $K = 11$ 类。这是一个困难的分类问题，最好的方法能在测试数据上大约有 40% 的误差。

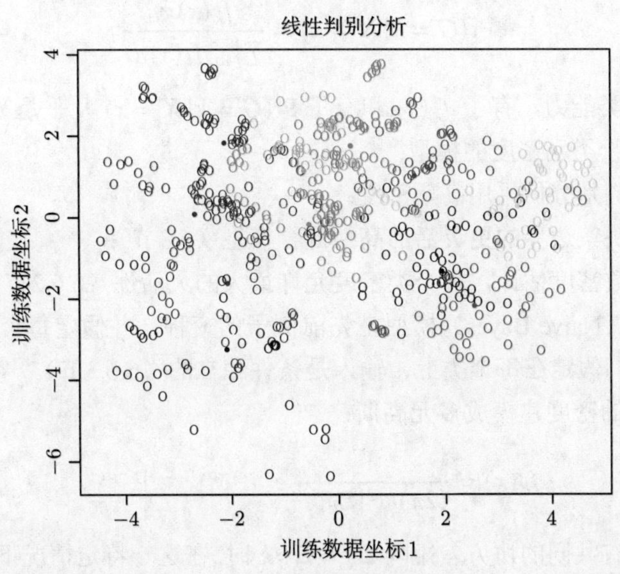

图 4–4　元音训练数据的二维图。这里有 11 个类别 $X \in \mathbb{R}^{10}$。这是 LDA 模型的最佳视图（4.3.3节）。更厚的几个圆圈是每个类的投影均值向量。类间的重叠相当大

一些主要的结果总结在表 4–1中，线性回归有 67% 的误差率，同时其最相近的方法，线性判别分析的误差率是 56%。在这种情况下，似乎掩蔽会损及分类器的性能。尽管所有本章的其他方法也都是基于 x 的线性函数，它们会用避免掩蔽问题的方式来使用线性函数。

表 4–1　采用各种线性技术在元音数据上的训练和测试误差率。这里，在 10 维空间中有 11 个类别。其中的 3 维解释了约 90% 的方差（通过主成分分析）。我们发现，线性回归被掩蔽损害，测试和训练误差均增加了约 10%

技术	误差率	
	训练	测试
线性回归	0.48	0.67
线性判别分析	0.32	0.56
二次判别分析	0.01	0.53
Logistic 回归	0.22	0.51

4.3 线性判别分析

由分类的决策论（2.4节）可知，要实现最优分类，需要知道类的后验概率 $\Pr(G|X)$。假定 $f_k(s)$ 是在类别 $G=k$ 时，$\boldsymbol{X}$ 的类条件密度，令 π_k 是类 k 的先验概率，满足 $\sum_{k=1}^{K}\pi_k=1$。简单应用贝叶斯理论可知：

$$\Pr(G=k|\boldsymbol{X}=x)=\frac{f_k(x)\pi_k}{\sum_{\ell=1}^{K}f_\ell(x)\pi_\ell} \tag{4.7}$$

我们发现，按照分类能力，有了 $f_k(x)$ 和有了 $\Pr(G=k|\boldsymbol{X}=x)$ 几乎是等价的。

许多技术是基于类别密度的模型：

- 线性和二次判别分析采用高斯密度；
- 允许非线性决策边界的更灵活的高斯混合模型（6.8节）；
- 一般的非参数密度估计，每个类密度允许最大的灵活性（6.6.2节）；
- 朴素贝叶斯（Naive Bayes）模型是先前例子的变种，并假定每个类密度是边缘密度的积，即它们假定在每个类上，输入是条件独立的（6.6.3节）。

假定我们把每个类的密度建模成多元高斯：

$$f_k(x)=\frac{1}{(2\pi)^{p/2}|\boldsymbol{\Sigma}_k|^{1/2}}e^{-\frac{1}{2}(x-\mu_k)^T\boldsymbol{\Sigma}_k^{-1}(x-\mu_k)}. \tag{4.8}$$

当我们假定各个类有共同的协方差矩阵 $\boldsymbol{\Sigma}_k=\boldsymbol{\Sigma}\ \forall k$ 时，在这一特定情况下，会出现线性判别分析（LDA）。在比较两个类 k 和 ℓ 时，考察对数比（log-ratio）就足够了，我们可以看到：

$$\begin{aligned}\log\frac{\Pr(G=k|X=x)}{\Pr(G=\ell|X=x)}=&\log\frac{f_k(x)}{f_\ell(x)}+\log\frac{\pi_k}{\pi_\ell}\\ =&\log\frac{\pi_k}{\pi_\ell}-\frac{1}{2}(\mu_k+\mu_\ell)^T\boldsymbol{\Sigma}^{-1}(\mu_k-\mu_\ell)\\ &+x^T\boldsymbol{\Sigma}^{-1}(\mu_k-\mu_\ell)\end{aligned} \tag{4.9}$$

上式是在 x 上是线性的。等协方差矩阵导致标准化因子和指数项中的二次部分被消去。这个线性对数几率（log-odd）函数意味着在类 k 和类 ℓ 的决策边界——集合 $\Pr(G=k|X=x)=\Pr(G=\ell|X=x)$——在 x 上是线性的；在 p 维是一个超平面。这当然对任意类别对都成立，因此全部决策边界是线性的。如果我们将 $\mathbb{R}^p$ 分成被分类为类 1，类 2 等等的区域，这些区域将被超平面分离。图4–5（左图）展示了一个有三个类和 $p=2$ 维的理想样例。这里数据的确是从三个具有共同协方差矩阵的高斯分布中产生。我们已经在图中包含对应于 95% 最高概率密度的等高线以及各类的质心。需要注意的是，决策边界不是连接各个质心的线段的垂直二分区域。但如果协方差 $\boldsymbol{\Sigma}$ 是球形 $\sigma^2\boldsymbol{I}$ 且类先验是相等的，则将是这种情况。从式 (4.9) 我们可以得到，线性判别函数（linear discriminant functions）：

$$\delta_k(x)=x^T\Sigma^{-1}\mu_k-\frac{1}{2}\mu_k^T\Sigma^{-1}\mu_k+\log\pi_k \tag{4.10}$$

是决策规则的等价描述，即 $G(x)=\arg\min_k\delta_k(x)$。

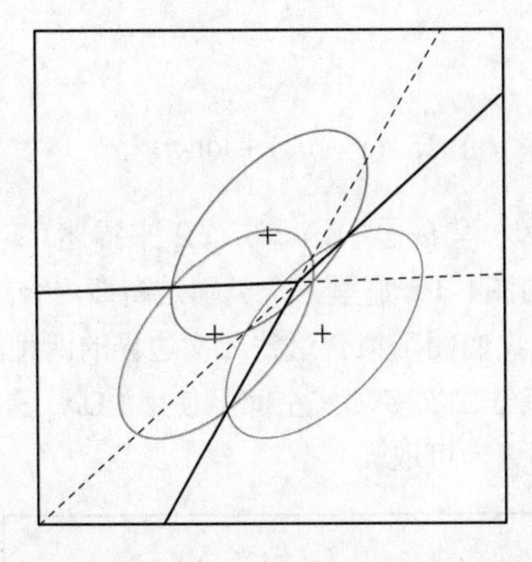
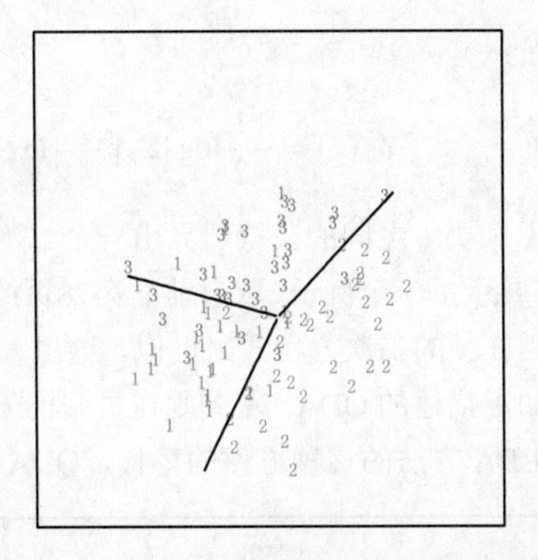

图 4–5 左图显示三个具有相同协方差不同均值的高斯分布。也显示了每种情况中包围 95% 概率的常值密度区域的等高线。每个类别对之间的贝叶斯决策边界被显示（虚线），分离所有三个类别的贝叶斯决策边界是较厚的实线（前者的一个子集）。在右图中，我们看到从每个高斯分布提取的 30 个样本和拟合的 LDA 决策边界

实际上，我们不知道高斯分布的参数，需要利用训练数据来估计：

- $\hat{\pi}_k = N_k/N$，这里 N_k 是第 k 类观测样本的总数；
- $\hat{\mu}_k = \sum_{g_i=k} x_i/N_k$；
- $\hat{\mathbf{\Sigma}} = \sum_{k=1}^{K}\sum_{g_i=k}(x_i - \hat{\mu}_k)(x_i - \hat{\mu}_k)^T/(N-k)$。

图4–5（右图）显示了基于一组分别取自三个高斯分布、大小均为 30 的样本集估计的决策边界。第78页的图4–1是另一个例子，但其类别不是高斯。

当有两个类时，在线性判别分析和采用式 (4.5) 的线性最小二乘分类之间存在简单对应。如果

$$x^T\hat{\mathbf{\Sigma}}^{-1}(\hat{\mu}_2 - \hat{\mu}_1) > \frac{1}{2}(\hat{\mu}_2 + \hat{\mu}_1)^T\hat{\mathbf{\Sigma}}^{-1}(\hat{\mu}_2 - \hat{\mu}_1) - \log(N_2/N_1), \tag{4.11}$$

LDA 规则将分类至第 2 类，否则至第 1 类。假定我们编码在两个类的目标分别为 +1 和 −1。容易证明从最小二乘获得的系数向量比例于由式 (4.11) 得出的 LDA 方向（习题4.2）。（事实上，这个对应在任何（不同）编码的目标都会出现，见习题4.2）。然而，除非 $N_1 = N_2$，截距是不同的，因此最终的决策规则不同。

因为经最小二乘导出的 LDA 方向未对特征使用高斯假设，因此，其可用性可以扩展到高斯数据的王国以外。然而，由式 (4.11) 给出的具体截距或割点的推导却的确要求高斯数据。因此，选择经验上能最小化给定数据集的训练误差的割点就很有意义。我们发现这在实际中是可行的，但尚未见到文献提及。

当超过两类时，LDA 与类别指示矩阵的线性回归是不同的，它避免了联系到线性回归方法的掩蔽问题 (Hastie 等，1994)。在回归和 LDA 的对应可以通过在12.5节讨论的，最优评分（optimal scoring）的概念来建立。

回到一般的判别问题 (4.8)，如果 $\mathbf{\Sigma}_k$ 没有假设成相等的，则式 (4.9) 中方便的消项不会发生；尤其是在 x 上的几个二次项仍会存在。我们因此得到二次判别函数（quadratic discriminant function, QDA）：

$$\delta_k(x) = -\frac{1}{2}\log|\mathbf{\Sigma}_k| - \frac{1}{2}(x-\mu_k)^T\mathbf{\Sigma}_k^{-1}(x-\mu_k) + \log\pi_k \tag{4.12}$$

在每对类 k 和类 ℓ 之间的决策边界由一个二次方程 $\{x:\delta_k(x)=\delta_\ell(x)\}$ 来描述。

图4–6展示了一个例子（取自前面第78页的图4–1），那里三个类别是高斯混合（见6.8节），决策边界由在 x 的二次方程式来近似。这里，我们图示拟合这些二次边界的两种流行方法。右图采用如上描述的 QDA，左图则在扩张的五维二次多项式空间上使用 LDA。差别一般很小；作为 LDA 方法的一种方便的替代，QDA 更为可取[①]。

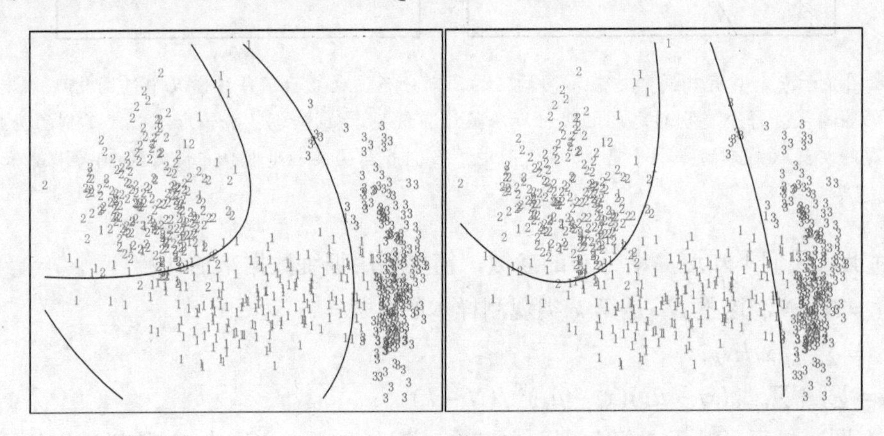

图 4–6 两种拟合二次边界的方法。左图显示了对于图4–1中数据的二次决策边界（使用 LDA 在五维空间 $X_1, X_2, X_1X_2, X_1^2, X_2^2$ 获得）。右图显示由 QDA 找到的二次决策边界。差别是小的，通常也是如此

QDA 估计类似于那些 LDA 的估计，除了必须分别估计每类的协方差矩阵。当 p 是大的，这意味参数会显著增加。因为决策边界是密度参数的函数，统计参数的数量需要仔细处理。对于 LDA，似乎有 $(K-1)\times(p+1)$ 个参数，因为我们仅仅需要判别函数间的差别 $\delta_k(x)-\delta_K(x)$。这里 K 是某个预先选择的类（这里我们选择最后一个），每个差别需要 $p+1$ 个参数[②]。类似地，QDA 需要 $(K-1)\times\{p(p+3)/2+1\}$ 个参数。LDA 和 QDA 都在相当大的数据集规模和多样化的分类任务上有相当好的性能。举例来说，在 STATLOG 项目中 (Michie 等, 1994)，LDA 在 22 个数据集中的 7 个上排在了分类器的前三名，QDA 是四个数据集中排前三名，这一对中的其中一个会在 10 个数据集中排前三。两种技术都被广泛使用，同时，本书着重讨论 LDA。似乎不管今天可能出现什么奇特的工具，我们都一直可以考虑这两种简单的工具。问题是为什么 LDA 和 QDA 一直能有如何好的记录。原因不可能是因为数据是近似高斯的，以及对 LDA 来说，协方差是近似相等的。更可能的原因是，数据仅仅支持如线性或二次的简单决策边界，而通过高斯模型提供的估计是稳定的。这是一个偏差－方差的折衷——我们能够忍受线性决策边界的偏差，因为它能比更多奇特的替代

① 对于本图和本书中的其他类似图，我们采用了穷尽的等高线方法来计算决策边界。我们在精细的栅格点上计算决策规则，然而使用等高线算法来计算边界。

② 尽管我们拟合协方差矩阵 $\hat{\mathbf{\Sigma}}$ 来计算 LDA 判别函数，但它的一个相当简化的函数是只要求估计计算决策边界所需的 $O(p)$ 个参数。

方法，用更低的方差来估计。然而，这个证据很难支持 QDA，因为它本身有许多参数，尽管可能比非参数的替代方法要少一些。

4.3.1　正则判别分析

Friedman (1989) 提出了在 LDA 和 QDA 之间的折衷方法，允许 QDA 像 LDA 一样将 QDA 上的各个协方差向一个共同协方差收缩。这些方法非常类似于岭回归的形式。正则化协方差矩阵具有形式

$$\hat{\mathbf{\Sigma}}_k(\alpha) = \alpha\hat{\mathbf{\Sigma}}_k + (1-\alpha)\hat{\mathbf{\Sigma}}, \tag{4.13}$$

其中 $\hat{\mathbf{\Sigma}}$ 是如 LDA 中采用的汇聚协方差矩阵。这里 $\alpha \in [0,1]$ 允许一组在 LDA 和 QDA 之间的连续统（continuum）模型，其参数 α 需要指定。实际上，α 可根据在验证数据集上模型的性能或通过交叉验证来选择。

图4–7显示了应用到元音数据的 RDA （Regularized Discriminant Analysis）的结果。尽管测试误差在 $\alpha = 0.9$ 以后显著增加，训练误差和测试误差均随 α 的增加而改进。在训练误差和测试误差间存在大的分歧，部分是由于在小量的个体中存在许多重复的测量，这些样本的比例在训练集和测试集是不同的。

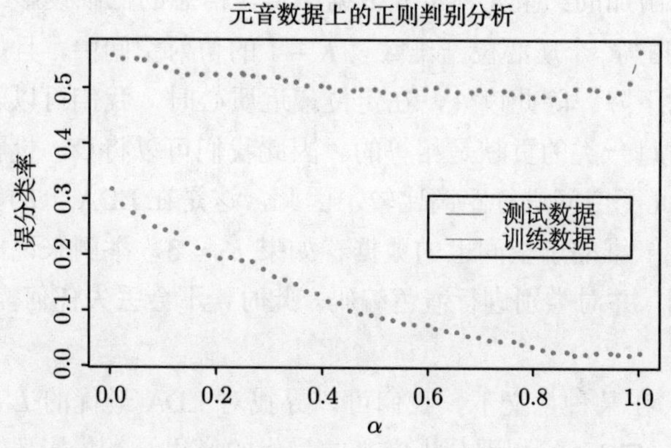

图 4–7　基于一系列 $\alpha \in [0,1]$ 的值，采用正则判别分析得到的元音数据的测试和训练误差。对于测试数据，最优值约在 $\alpha = 0.9$，接近二次判别分析的结果

类似的修正允许 $\hat{\mathbf{\Sigma}}$ 本身向一个标量协方差上收缩。即对于 $\gamma \in [0,1]$，有

$$\hat{\mathbf{\Sigma}}(\gamma) = \gamma\hat{\mathbf{\Sigma}} + (1-\gamma)\hat{\sigma}^2\boldsymbol{I} \tag{4.14}$$

用 $\hat{\mathbf{\Sigma}}(\gamma)$ 代替式 (4.13) 中的 $\hat{\mathbf{\Sigma}}$ 导致了由一对参数索引、更一般的协方差簇 $\hat{\mathbf{\Sigma}}(\alpha,\gamma)$。

在第12章中，我们讨论了 LDA 的其他正则版本。在数据是来源于数字模拟信号和图像时，这些正则版本会更合适。在这些情况中，特征是高维和相关的，且在信号的原始域中，LDA 系数能被正则化到是光滑或稀疏。这导致了更好的泛化，也使得系数的解释更容易。在第18章中我们也处理了非常高维的问题，举例来说，特征是基因微阵列研究的基因表达度量。这里方法侧重于在式 (4.14) 中 $\gamma = 0$ 的情况以及 LDA 的其他强正则化的版本。

4.3.2 LDA 的计算

作为在下一个主题前的一个开场白，我们暂时离题来讨论 LDA，尤其是 QDA 的计算要求。它们的计算可以通过对角化 $\hat{\boldsymbol{\Sigma}}$ 或 $\hat{\boldsymbol{\Sigma}}_k$ 来简化。对于后者，假定为每个 $\hat{\boldsymbol{\Sigma}}_k$ 计算特征分解，即 $\hat{\boldsymbol{\Sigma}}_k = \boldsymbol{U}_k \boldsymbol{D}_k \boldsymbol{U}_k^T$，这里 $\boldsymbol{U}_k$ 是 $p \times p$ 标准正交，$\boldsymbol{D}_k$ 是正特征值 $d_{k\ell}$ 的对角矩阵。则 $\delta_k(x)$ 的组成 (4.12) 是

- $(x - \hat{\mu}_k)^T \hat{\boldsymbol{\Sigma}}_k^{-1} (x - \hat{\mu}_k) = [\boldsymbol{U}_k^T (x - \hat{\mu}_k)] \boldsymbol{D}_k^{-1} [\boldsymbol{U}_k^T (x - \hat{\mu}_k)]$；
- $\log |\hat{\boldsymbol{\Sigma}}_k| = \sum_\ell \log d_{k\ell}$。

按照以上概括的计算步骤，LDA 分类器可按下列两步来执行。

- 考虑共同协方差估计 $\hat{\boldsymbol{\Sigma}}$: $\boldsymbol{X}^* \leftarrow \boldsymbol{D}^{-\frac{1}{2}} \boldsymbol{U}^T \boldsymbol{X}$ 来球形化 (sphere) 数据，这里 $\hat{\boldsymbol{\Sigma}} = \boldsymbol{U}\boldsymbol{D}\boldsymbol{U}^T$。$\boldsymbol{X}^*$ 的共同协方差估计现在将是单位阵。
- 分类到在变换空间上最近的类质心，建模类别先验概率 π_k 的影响。

4.3.3 降秩线性判别分析

迄今为止，我们讨论了 LDA 作为约束的高斯分类器的情况。但事实上，其受欢迎的部分原因是因为另一个附加的约束允许审视数据中富含信息的低维投影。

在 p 维输入空间的 K 个质心位于维数 $\leqslant K - 1$ 的仿射空间中，且如果 p 远大于 K，则在维数上会有明显的下降。除此以外，在定位最近质心时，我们可以忽略与该子空间的正交距离，因为它们对每一类的贡献是相等的。因此我们可以将 $\boldsymbol{X}^*$ 投影到由重心张成的子空间 H_{K-1} 中，并在此子空间进行距离比较。因此，这是在 LDA 上的基本维数约简，即我们仅考虑在最多 $K - 1$ 维的子空间上的数据。如果 $K = 3$，举例来说，它将允许我们在一个二维图上观察数据，并对类别进行着色编码。此时，不会丢失任何需要用于 LDA 分类的信息。

如果 $K > 3$ 呢？在某种意义下，我们可以寻找对 LDA 最优的 $L < K - 1$ 维的子空间 $H_L \subseteq H_{K-1}$。费舍尔（Fisher）判别分析定义的最优的意思是，投影质心要按方差尽可能大来展开。这相当于找质心自己的主成分子空间（主成分在3.5.1节简要介绍了，更多细节将在14.5.1节介绍）。图4–4图示了关于元音数据的一个最优二维子空间。这里是十一个类，每个有一个不同的元音，分布在一个十维输入空间中。在这种情况下，质心要求是全空间，因为 $K - 1 = p$。但是，我们已经展示了一个最优二维子空间。因此，将维数排序，以便能序贯地计算附加的维数。图4–8表明了四个额外的坐标对，也称为标准（canonical）或判别变量。作为总结，为 LDA 找最优子空间序列包括下列步骤。

- 计算 $K \times p$ 的类质心 $\boldsymbol{M}$ 矩阵和共同协方差矩阵 $\boldsymbol{W}$（类内协方差，within-class covariance）。
- 利用 $\boldsymbol{W}$ 的特征值分解计算 $\boldsymbol{M}^* = \boldsymbol{M}\boldsymbol{W}^{-\frac{1}{2}}$。
- 计算 $\boldsymbol{M}^*$ 的协方差矩阵 $\boldsymbol{B}^*$（$\boldsymbol{B}$ 是类间协方差，between-class covariance），以及它的特征值分解 $\boldsymbol{B}^* = \boldsymbol{V}^* \boldsymbol{D}_B \boldsymbol{V}^{*T}$。$\boldsymbol{V}^*$ 的列 v_ℓ^* 按序列，从第一个到最后一个定义了最优

子空间的坐标轴。

组合以上运算，则第 ℓ 个判别变量（discriminant variable）由 $Z_\ell = v_\ell^T \boldsymbol{X}$ 给出，其中 $v_\ell = \boldsymbol{W}^{-\frac{1}{2}} v_\ell^*$。

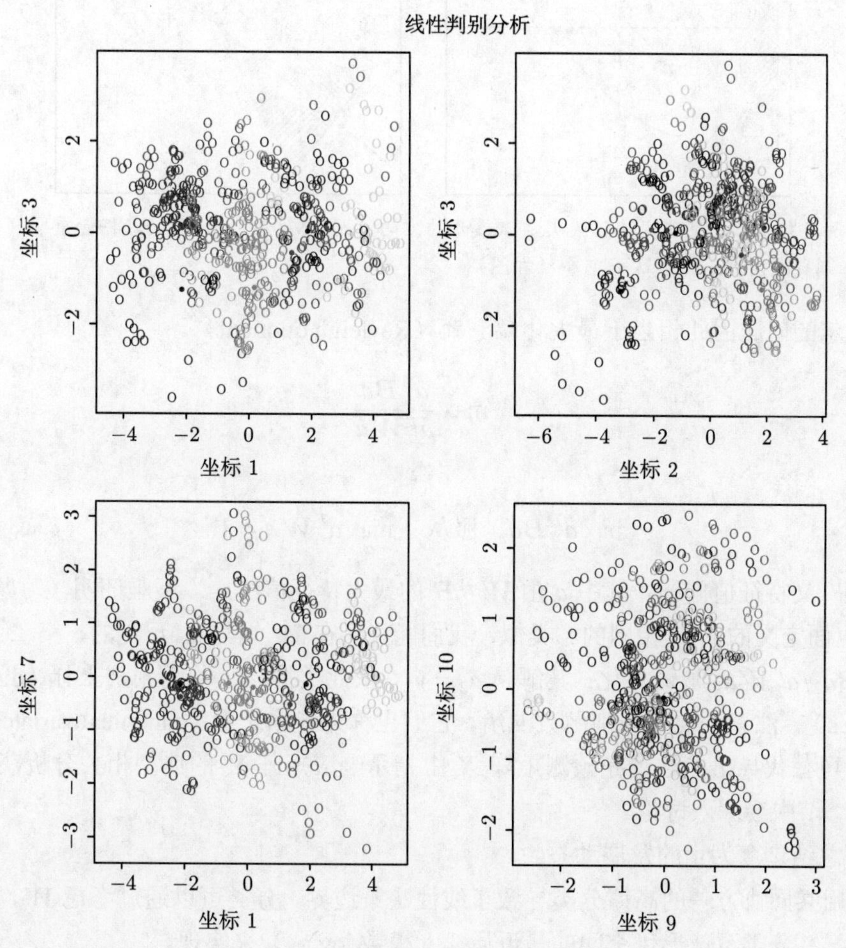

图 4–8　四个到标准变量对的投影。注意，随有标准变量的秩增加，质心会变得较少扩散开。在右下图，它们看上去重叠在一起，此时，类别最容易混叠

费舍尔通过不同的途径实现了这一分解，他完全没有涉及高斯分布。他提出了下面这个问题：

寻找线性组合 $Z = a^T X$，使得相对于类内方差而言，类间方差被最大化。

由此，类间方差再次是 Z 的类均值的类间方差，类内方差是关于均值的汇聚方差。图4–9图示了为什么该准则有意义。尽管联接质心的方向将均值尽可能的分开了（即最大化类间方差），由于协方差的本性，在投影的类之间仍存在相当大的重叠。通过也考虑协方差，一个具有最小重叠的方向可能被找到。

Z 的类间方差是 $a^T \boldsymbol{B} a$，类内方差是 $a^T \boldsymbol{W} a$，这里 $\boldsymbol{W}$ 如上定义，$\boldsymbol{B}$ 是类质心矩阵 $\boldsymbol{M}$ 的协方差矩阵。注意，$\boldsymbol{B} + \boldsymbol{W} = \boldsymbol{T}$，这里 $\boldsymbol{T}$ 是 X 的总协方差矩阵，忽略类的信息。

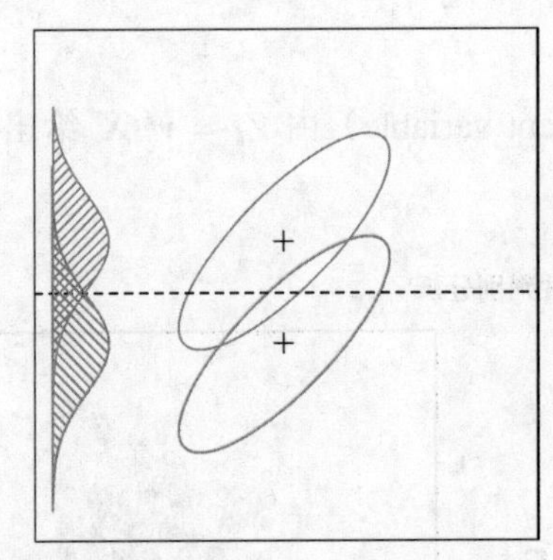

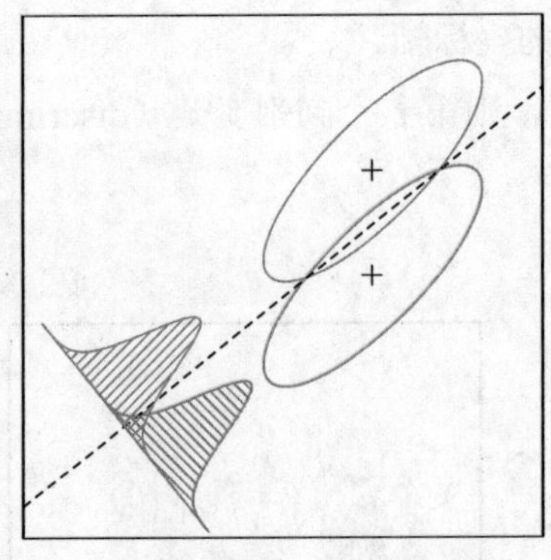

图 4–9 尽管连接质心的直线定义了最大质心展开的方向，因为协方差，投影的数据会重叠（左图）。对高斯数据，判别方向最小化了这一重叠（右图）

费舍尔的问题因此相当于最大化瑞利商（Rayleigh quotient）。

$$\max_a \frac{a^T \boldsymbol{B} a}{a^T \boldsymbol{W} a} \tag{4.15}$$

或等价于

$$\max_a a^T \boldsymbol{B} a \quad \text{服从} \quad \max_a a^T \boldsymbol{W} a = 1. \tag{4.16}$$

这是一个广义特征值问题，其中 a 由 $\boldsymbol{W}^{-1}\boldsymbol{B}$ 的最大特征值给定。不难证明（习题4.1），最优 a_1 与上面定义的 v_1 是相同的。类似，我们能找到在 $\boldsymbol{W}$ 里与 a_1 正交的，第二个方向 a_2，使得 $a_2^T \boldsymbol{B} a_2 / a_2^T \boldsymbol{W} a_2$ 被最大化；其解是 $a_2 = v_2$，依此类推。a_ℓ 称为判别坐标（discriminant coordinates），注意不要与判别函数混淆。它们也称为标准变量（canonical variates），因为该结果的可替代导出能通过在预测矩阵 $\boldsymbol{X}$ 上指示响应矩阵 $\boldsymbol{Y}$ 的典型相关分析获得。这条路线在12.5节中会深入讨论。

下面总结迄今为止的发展动态。

- 采用共同协方差的高斯分类导致了线性决策边界。分类可以通过考虑 $\boldsymbol{W}$，球形化数据，并分类至球形化空间的最近质心（模数 $\log \pi_k$）来实现。
- 因为仅考虑到质心数的相对距离，因此能限制数据至由在球形化空间质心张成的子空间上。
- 这个子空间可以进一步按质心可分性分解成相继的最优子空间。该分解与 Fisher 提出的分解是相等的。

约简子空间是以数据约简（为可视化）工具为动机提出的。那它们也能用于分类吗？什么是其中的合理性？显然可以，正如在最初的推导中，我们仅仅限制在选择的子空间中计算到质心的距离。能够证明这是高斯分类规则，附加了高斯质心处在 $\mathbb{R}^p$ 的 L 维子空间的限制。通过最大似然来拟合这样的模型，然后使用相当于上面描述的分类准则的、贝叶斯定理来构造后验概率（习题4.8）。

高斯分类规定了在距离计算中的 $\log \pi_k$ 校正因子。校正的原因可从图4–9看出。误分类率是基于在两类密度的重叠区域。如果 π_k 是相同的（隐含在此图中），则最优割点在投影均值的中间。若 π_k 不等，向较小的类移动割点可改进误差率。如前所述，对两个类，可用LDA（或任意其他方法）推导出线性规则，然后在训练数据上选择最小化分类误差的割点。

作为能展示降秩约束好处的例子，我们回到元音数据。这里有11个类和10个变量，因此，对此分类器有10个可能的维数。我们能在这些层次子空间的每一个计算训练误差和测试误差；图4–10显示了这些结果。图4–11显示了基于二维LDA解的分类器的决策边界。

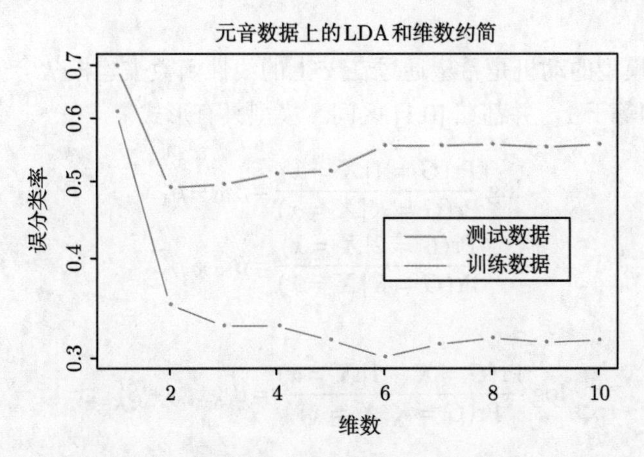

图4–10　对元音数据，作为判别子空间维数的函数的训练和测试误差率。在这个例子中，最佳误差率是在2维的时候。图4–11显示了这个空间的决策边界

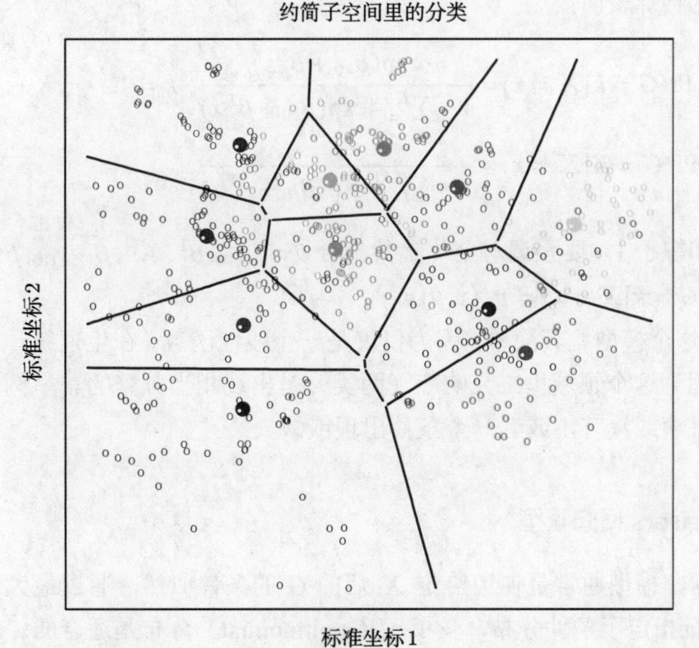

图4–11　对元音训练数据，在由前两个标准变量展开的二维子空间里的决策边界。注意，在任意更高维子空间里，决策边界是更高维的仿射平面，不能采用直线表示

在费舍尔降秩判别分析和指示响应矩阵的回归之间存在紧密的联系。它证明了：LDA相当于先回归，再做 $\hat{\mathbf{Y}}^T\mathbf{Y}$ 的特征分解。在两类情况中，这是单个判别变量，与在 $\hat{\mathbf{Y}}$ 的列

的其中任何一个上增加一个标量乘积相等。这些联系将在第12章进一步展开。一个相关的事实是，如果变换最初的预测子 $\boldsymbol{X}$ 到 $\hat{\boldsymbol{Y}}$，则使用 $\hat{\boldsymbol{Y}}$ 的 LDA 等同于在原空间的 LDA（习题4.3）。

4.4 Logistic 回归

Logistic 回归模型的动机是希望通过在 x 上的线性函数来建模 K 类的后验概率，同时确保这些概率的和等于 1，并都在 [0,1] 区间。模型具有形式

$$
\begin{aligned}
\log \frac{\Pr(G=1|\boldsymbol{X}=x)}{\Pr(G=K|\boldsymbol{X}=x)} &= \beta_{10} + \beta_1^T x \\
\log \frac{\Pr(G=2|\boldsymbol{X}=x)}{\Pr(G=K|\boldsymbol{X}=x)} &= \beta_{20} + \beta_2^T x \\
&\vdots \\
\log \frac{\Pr(G=K-1|\boldsymbol{X}=x)}{\Pr(G=K|\boldsymbol{X}=x)} &= \beta_{(K-1)0} + \beta_{K-1}^T x
\end{aligned} \tag{4.17}
$$

模型按 K-1 对数几率或 Logit 变换（反映了概率和等于 1 的约束）来确定。尽管模型采用最后一个类作为机会比例的分母，分母的选择是任意的，因为在该选择下的估计是等价的。一个简单的计算表明：

$$
\begin{aligned}
\Pr(G=k|\boldsymbol{X}=x) &= \frac{\exp(\beta_{k0} + \beta_k^T x)}{1 + \sum_{\ell=1}^{K-1} \exp(\beta_{\ell 0} + \beta_\ell^T x)},\ k = 1, \cdots, K-1 \\
\Pr(G=K|\boldsymbol{X}=x) &= \frac{1}{1 + \sum_{\ell=1}^{K-1} \exp(\beta_{\ell 0} + \beta_\ell^T x)},
\end{aligned} \tag{4.18}
$$

显然，它们的和等于 1。要强调对全体参数集合 $\theta = \{\beta_{10}, \beta_1^T, \cdots, \beta_{(K-1)0}, \beta_{K-1}^T\}$ 的依赖，我们定义概率 $\Pr(G=k|\boldsymbol{X}=x) = p_k(x;\theta)$。

当 $K=2$，这个模型尤其简单，因为仅仅是一个线性函数。在生理统计学的应用中它得到广泛使用，因为这个领域里二元响应（两类）是出现相当频繁的。举例来说，病人幸存或去世，有心脏病或没有，或者一个条件出现或缺失。

4.4.1 拟合 Logistics 回归模型

Logistics 回归模型通常是使用给定 $\boldsymbol{X}$ 后的 G 的条件似然，通过最大似然来拟合。因为 $\Pr(G|\boldsymbol{X})$ 完全指定了条件分布，多项式（multinomial）分布是适合的。N 个观测的对数似然是

$$
\ell(\theta) = \sum_{i=1}^{N} \log p_{g_i}(x_i;\theta), \tag{4.19}
$$

这里 $p_k(x_i;\theta) = \Pr(G=k|\boldsymbol{X}=x_i;\theta)$。

我们详细讨论了类别 2 的情况，因为算法相当简单。通过 0/1 响应 y_i 来编码两类 g_i 是比较方便的，那里当 $g_i = 1$ 时，$y_i = 1$，当 $g_i = 2$ 时，$y_i = 0$。令 $p_1(x;\theta) = p(x;\theta)$，$p_2(x;\theta) = 1 - p(x;\theta)$。则对数似然可写成

$$\begin{aligned}\ell(\beta) &= \sum_{i=1}^{N} \{y_i \log p(x_i;\beta) + (1-y_i)\log(1-p(x_i;\beta))\}. \\ &= \sum_{i=1}^{N} \left\{y_i\beta^T x_i - \log(1+e^{\beta^T x_i})\right\}.\end{aligned} \tag{4.20}$$

这里，$\beta = \{\beta_{10}, \beta_1\}$，同时我们假定输入 x_i 的向量包含用于表示截距的常数项 1。

要最大化对数似然，我们令上式的偏导等于 0，则得分（score）方程是

$$\frac{\partial \ell(\beta)}{\partial \beta} = \sum_{i=1}^{N} x_i(y_i - p(x_i;\beta)) = 0 \tag{4.21}$$

它们是在 β 上的 $p+1$ 个非线性方程。注意，因为 x_i 的第一个分量是 1，第一个得分方程变为 $\sum_{i=1}^{N} y_i = \sum_{i=1}^{N} p(x_i;\beta)$；即类别 1 的期望（expected）数与观测样本的数量相同 (对类别 2 也是如此)。

要求解得分方程 (4.21)，我们采用了要求二阶偏导或海森（Hessian）矩阵的牛顿-拉夫逊（Newton-Raphson）算法：

$$\frac{\partial^2 \ell(\beta)}{\partial\beta\partial\beta^T} = -\sum_{i=1}^{T} x_i x_i^T p(x_i;\beta)(1-p(x_i;\beta)). \tag{4.22}$$

从 β^{old} 开始，单次牛顿更新是

$$\beta^{\text{new}} = \beta^{\text{old}} - (\frac{\partial^2 \ell(\beta)}{\partial\beta\partial\beta^T})^{-1} \frac{\partial \ell(\beta)}{\partial\beta}, \tag{4.23}$$

这里偏导在 β^{old} 处估计。

用矩阵的概念来写得分方程和海森采是方便的。令 $\boldsymbol{y}$ 定义 y_i 值的向量，$\boldsymbol{X}$ 是包含 x_i 值的 $N \times (p+1)$ 矩阵，$\boldsymbol{p}$ 是拟合概率向量，其中第 i 个元素为 $p(x_i;\beta^{\text{old}})$，$\boldsymbol{W}$ 是 $N \times N$ 的权值的对角矩阵，其中第 i 个对角元素是 $p(x_i;\beta^{\text{old}})(1-p(x_i;\beta^{\text{old}}))$。则有

$$\frac{\partial \ell(\beta)}{\partial\beta} = \boldsymbol{X}^T(\boldsymbol{y} - \boldsymbol{p}) \tag{4.24}$$

$$\frac{\partial^2 \ell(\beta)}{\partial\beta\partial\beta^T} = -\boldsymbol{X}^T\boldsymbol{W}\boldsymbol{X} \tag{4.25}$$

牛顿步因此是

$$\begin{aligned}\beta^{\text{new}} &= \beta^{\text{old}} + (\boldsymbol{X}^T\boldsymbol{W}\boldsymbol{X})^{-1}\boldsymbol{X}^T(\boldsymbol{y}-\boldsymbol{p}) \\ &= (\boldsymbol{X}^T\boldsymbol{W}\boldsymbol{X})^{-1}\boldsymbol{X}^T\boldsymbol{W}(\boldsymbol{X}\beta^{\text{old}} + \boldsymbol{W}^{-1}(\boldsymbol{y}-\boldsymbol{p}))\end{aligned}$$

$$= (\boldsymbol{X}^T\boldsymbol{W}\boldsymbol{X})^{-1}\boldsymbol{X}^T\boldsymbol{W}\boldsymbol{z} \tag{4.26}$$

在第二和第三行中我们将牛顿步重新表达成加权最小二乘步，具有响应

$$\boldsymbol{z} = \boldsymbol{X}\beta^{\text{old}} + \boldsymbol{W}^{-1}(\boldsymbol{y} - \boldsymbol{p}), \tag{4.27}$$

有时称其为*被调整的响应*（adjusted response）。因为在每次迭代中 $\boldsymbol{p}$ 变化，因此 $\boldsymbol{W}$ 和 $\boldsymbol{z}$ 也变化，所以这些方程式要重复求解。此算法称为*迭代重加权最小二乘*（iteratively reweighted least squares）或 IRLS，因为每一步求解一个加权最小二乘问题：

$$\beta^{\text{new}} \leftarrow \arg\min_{\beta}(\boldsymbol{z} - \boldsymbol{X}\beta)^T\boldsymbol{W}(\boldsymbol{z} - \boldsymbol{X}\beta). \tag{4.28}$$

尽管收敛从来不被保证，对于迭代过程而言 $\beta = 0$ 似乎是好的初始值。典型情况下，算法确实收敛，因为对数似然是凹的，但是超调也能发生。在对数似然减少这种较少见的情况下，步长减半可以保证收敛。

对于多类问题（$K \geqslant 3$），牛顿算法也能表达成迭代重加权最小二乘算法，但是具有一个 $K-1$ 响应的向量和每个观测有一个非对角的权值矩阵。后者排除了任何简化的算法，在这种情况下直接在扩展向量 θ 上做处理，数值上会更方便（习题4.4）。可替代的坐标下降方法（coordinate-descent，见3.8.6节）能用于有效地最大化对数似然。*R* 软件包中的函数 *glmnet*(Friedman 等, 2008a)能有效地拟合在 N 和 p 都非常大的 Logistic 回归问题。尽管其是设计成拟合正则化模型的，它也可用于非正则化拟合。

Logistic 回归模型常作为数据分析和推断的工具，其目的是要理解输入变量在解释结果时的角色。典型情况下，许多模型通过搜索，被拟合到一个包含变量子集的贪婪模型上，这些子集变量之间可能具有一些交叉项。下例中阐述了涉及的一些问题。

4.4.2 示例：南非人的心脏病

这里提供一个二元数据的分析，来阐述逻辑斯特回归模型的传统统计学用法。在图4–12中的数据是 Coronary 风险因子研究（CORIS）基本调查的一个子集。调查在南非西开普敦的三个农村地区进行 (Rousseauw 等, 1983)。研究的目的是要确定在高发地区的缺血性心脏病风险因子的强度。数据取自在 15 到 64 岁之间的白人男性，因变量是在那段调查时间中是否发生心肌梗塞（myocardial infarction，MI）（该区域 MI 的总体发病率是 5.1%）。数据集中有 160 个病例和 302 个对照样本。这些数据在 Hastie and Tibshirani (1987)的文章中有更详细的介绍。

我们用最大似然来拟合逻辑斯特回归模型，得到表 4–2所示的结果。这个总结包括在模型中每个系数的 Z 分数（系数除上它们的标准误差）；一个非显著的 Z 分数建议可以从此模型中去除该系数。系数中的每一个形式地对应于空假设的一个检验：空假设是有问题的系数为零，同时其他项不是（也称为 Wald 测试）。一个在绝对值意义下 Z 分数近似大于 2 的是在 5% 水平上显著的。

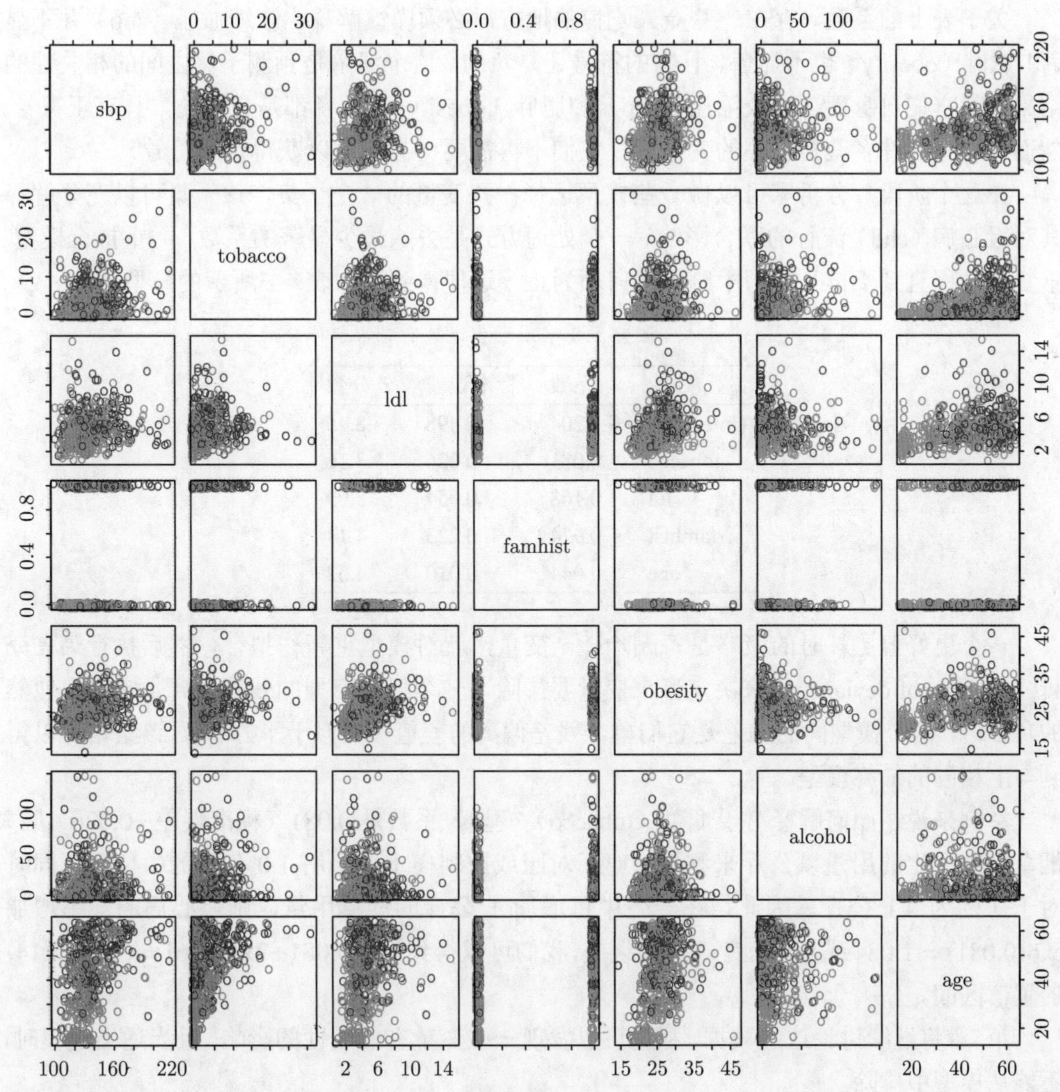

图 4–12　南非人心脏病数据的散点图矩阵。每张图显示了一对风险因子，病例和控制样本采用颜色着色（红色是病例）。变量“心脏病家族史”（famhist）是二值的（是或否）

表 4–2　对南非人心脏病数据采用逻辑斯特回归拟合的结果

	系数	标准误差	Z 分数
(Intercept)	−4.130	0.964	−4.285
sbp	0.006	0.006	1.023
tobacco	0.080	0.026	3.034
ldl	0.185	0.057	3.219
famhist	0.939	0.225	4.178
obesity	−0.035	0.029	−1.187
alcohol	0.001	0.004	0.136
age	0.043	0.010	4.184

关于表上的系数，存在一些令人吃惊的地方，必须谨慎解释。收缩血压（sbp）并不显著！肥胖（obesity）也不显著，且它的符号还是负的。这个混淆是预测子集之间的相关性的结果。就它们自身而言，收缩压（sbp）和肥胖（obesity），两者都是显著的，具有正符号。然而，在存在许多其他相关的变量后，它们不再需要（甚至可以获得负的符号）。

在这个阶段，分析家可以做一些模型选择；找变量的一个子集，该子集可以充分解释其对冠心病（chd）流行的联合影响。一个处理方式是去除最少显著的系数，并重拟合模型。重复该过程直到不再从模型中删除任何项为止。这便得到了如表 4–3所示的模型。

表 4–3 对南非人心脏病数据采用逐步逻辑斯特回归拟合的结果

	系数	标准误差	Z 分数
(Intercept)	−4.204	0.498	−8.45
tobacco	0.081	0.026	3.16
ldl	0.168	0.054	3.09
famhist	0.924	0.223	4.14
age	0.044	0.010	4.52

一个更好但更耗时的策略是每删除一个变量，就对模型重新作拟合，然后执行*偏差分析*（analysis of deviance）来决定哪个变量要排除。一个拟合模型的残差偏离是它对数似然的负 2 倍，两个模型间的偏差是它们单个残差偏离的差值（类似于平方和）。该策略可以得到与上相同的最终模型。

举例来说，如何解释对于烟草（tobacco）变量，系数是 0.081（标准误差 =0.026）呢？烟草采用一生的用量以公斤来测量，对于对照或控制样本，采用 1.0 公斤的中位数，同时对于病例为 4.1 公斤。因此，在一生中每增加 1 公斤的烟草用量，则冠心病的几率增加 $\exp(0.081) = 1.084$ 或 8.4%。考虑标准误差，我们可以得到 $\exp(0.081\pm2\times0.026) = (1.03, 1.14)$ 的置信区间。

第5章将继续讨论这些数据，那里可以发现一些变量有非线性的影响，且当适当建模时，不能从模型中排除。

4.4.3 二次逼近和推断

最大似然参数估计 $\hat{\beta}$ 满足自相合关系：它们是加权最小二乘拟合的系数，在那里，响应是

$$z_i = x_i^T \hat{\beta} + \frac{y_i - \hat{p}_i}{\hat{p}_i(1 - \hat{p}_i)} \tag{4.29}$$

权值是 $w_i = \hat{p}_i(1 - \hat{p}_i)$。两者均依赖于 $\hat{\beta}$ 本身。除了提供一个方便的算法外，它与最小二乘的联系还有更多的好处。

- 加权残差平方和是熟悉的皮尔森卡方（Pearson Chi-square）统计量

$$\sum_{i=1}^{N} \frac{(y_i - \hat{p}_i)^2}{\hat{p}_i(1 - \hat{p}_i)}, \tag{4.30}$$

是对偏差的二次近似。

- 渐近似然理论表明，如果模型是正确的，则 $\hat{\beta}$ 是相合的 (即，收敛到真实的 β)。
- 中央极限定理则表明，$\hat{\beta}$ 的分布收敛到 $N(\beta, (\boldsymbol{X}^T\boldsymbol{W}\boldsymbol{X})^{-1})$。这个和其他渐近性能够通过模拟正态理论推断，直接从加权最小二乘拟合中推出。
- 对于逻辑斯特回归模型，模型建立是有代价的，因为每个拟合的模型都要求做迭代。流行的捷径是检验加入一项的 *Rao* 分数检验（Rao score test）以及用于检验排除一项的 Wald 检验。两者均不要求迭代拟合，而是基于当前模型的最大似然拟合。能证明，两个方法均相当于使用相同权值，从加权最小二乘中增加或排除一项。这样的计算可以有效地进行，而不需要重计算全部加权最小二乘拟合。

软件实现可利用这些联系。举例来说，在 *R* 中的广义线性建模软件（包括逻辑斯特回归作为二项式模型簇的一部分）完全利用了这些联系。GLM（广义线性模型，generalized linear model）对象可以看成是线性模型对象，并且所有可用于线性模型的工具都能够自动使用。

4.4.4 L_1 正则化 Logistic 回归

用于 Lasso（4.4.2节）的 L_1 惩罚可用于任意线性回归模型中的变量选择和收缩。对于 Logistic 回归，我们将最大化式 (4.20) 的惩罚版本：

$$\max_{\beta_0,\beta}\left\{\sum_{i=1}^{N}\left[y_i(\beta_0+\beta^T x_i)-\log(1+e^{\beta_0+\beta^T x_i})\right]-\lambda\sum_{j=1}^{p}|\beta_j|\right\} \tag{4.31}$$

如 Lasso，我们平常不会惩罚截距项，并且标准化用于惩罚的预测子是要有意义的。准则 (4.31) 是凹的，其解可使用非线性规划方法来找到 (如 Koh 等, 2007)。还有一种替代方案是，采用用于 4.4.1 节的牛顿算法的相同二次逼近，我们能通过重复应用加权 Lasso 算法来求解式 (4.31)。有趣的是，关于具有非零系数的变量的得分方程 [见式 (4.21)] 具有形式：

$$\boldsymbol{x}_j^T(\boldsymbol{y}-\boldsymbol{p})=\lambda\cdot\mathrm{sign}(\beta_j), \tag{4.32}$$

这推广了3.4.4节中的式 (3.58)；主动变量与残差的广义相关性绑定在一起。

路径算法如用于 Lasso 的 LAR 是更加困难，因为系数轮廓是分段光滑而不是线性的。不过，这个过程也可以通过二次逼近来完成。

图4–13显示了用于4.4.2节上南非心脏病数据的 L_1 正则化路径。结果采用 *R* 软件包 glmpath 生成 (Park and Hastie, 2007)。该软件包利用凸优化的预测-校正（predictor-corrector）方法来辨识，当非零系数的主动集变化时（图中的垂线），λ 的精确值。这里轮廓看上去几乎是线性的；而在其他例子曲率会更可见。

坐标下降方法（3.8.6节）在 λ 的栅格值上计算系数轮廓是非常有效的。*R* 软件包 glmnet(Friedman 等, 2010) 可对非常大的逻辑斯特回归模型，十分有效地拟合系数路径（在 N 或 p 上很大时）。其算法可以利用预测矩阵 $\boldsymbol{X}$ 的稀疏性，甚至允许在更大的问题。更多细节可参考18.4节以及 L_1 正则化多项式模型的讨论。

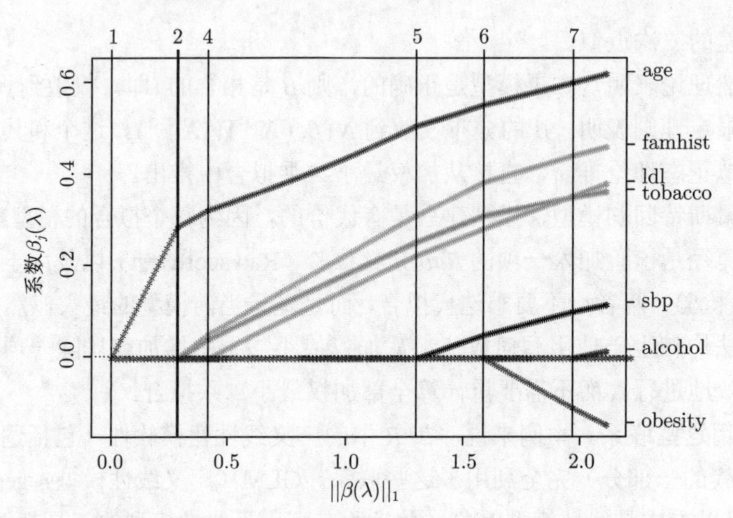

图 4–13 对于南非人心脏病数据的 L_1 正则化逻辑斯特回归系数，按 L_1 范数的函数来绘制。变量均标准化到具有单位方差。轮廓在画出的每个点上被精确计算

4.4.5 Logistic 回归或 LDA?

在4.3节中，我们发现在类 k 和 K 之间的对数后验机率是 x 的线性函数(4.9)：

$$\begin{aligned}\log\frac{\Pr(G=k|\boldsymbol{X}=x)}{\Pr(G=K|\boldsymbol{X}=x)} &= \log\frac{\pi_k}{\pi_K}-\frac{1}{2}(\mu_k+\mu_K)^T\boldsymbol{\Sigma}^{-1}(\mu_k-\mu_K)\\ &\quad +x^T\boldsymbol{\Sigma}^{-1}(\mu_k-\mu_K)\\ &= \alpha_{k0}+\alpha_k^T x.\end{aligned} \tag{4.33}$$

这个线性特性是假定类别密度服从高斯假设的结果，也是假设了共同协方差矩阵的结果。经构造的线性逻辑斯特模型(4.17)具线性逻辑形式 (logits)：

$$\log\frac{\Pr(G=k|\boldsymbol{X}=x)}{\Pr(G=K|\boldsymbol{X}=x)}=\beta_0+\beta_k^T x. \tag{4.34}$$

似乎这些模型是相同的。尽管他们具有完全相同的形式，估计线性系数的方式是不同的。逻辑斯特回归模型更一般，因为它做的假设较少。我们可将 $\boldsymbol{X}$ 和 $\boldsymbol{G}$ 的联合密度（joint density）写为

$$\Pr(\boldsymbol{X},G=k)=\Pr(\boldsymbol{X})\Pr(G=k|\boldsymbol{X}), \tag{4.35}$$

这里 $\Pr(\boldsymbol{X})$ 表示输入 $\boldsymbol{X}$ 的边缘密度。对 LDA 和 Logistic 回归来说，右边的第二项具有逻辑-线性形式

$$\Pr(G=k|\boldsymbol{X}=x)=\frac{e^{\beta_{k0}+\beta_k^T x}}{1+\sum_{\ell=1}^{K-1}e^{\beta_{\ell 0}+\beta_\ell^T x}}, \tag{4.36}$$

这里我们再次随意选择最后一类作为参考。

Logistic 回归模型允许 $\boldsymbol{X}$ 边缘密度为任意密度函数 $\Pr(\boldsymbol{X})$，并通过最大化条件似然(conditional likelihood)来拟合 $\Pr(G|\boldsymbol{X})$ 中的参数——具有概率 $\Pr(G=k|\boldsymbol{X})$ 的多项式似然。

尽管 $\Pr(\boldsymbol{X})$ 完全被忽略，我们可以把这个边缘密度视为在一个完全非参和无限制的方式下，使用在每个观测上有 $1/N$ 个群体的经验分布数来估计的。

利用 LDA，我们可以基于联合密度

$$\Pr(\boldsymbol{X}, G=k) = \phi(\boldsymbol{X}; \mu_k, \Sigma)\pi_k, \tag{4.37}$$

通过最大化满对数似然来拟合参数。这里 ϕ 是高斯密度函数。标准正态理论容易获得在4.3节中给出的 $\hat{\mu}_k$，$\hat{\boldsymbol{\Sigma}}$ 和 $\hat{\pi}_k$ 的估计。因为式 (4.33) 逻辑斯特的线性参数是高斯参数的函数，我们可以通过插入相应的估计来获得最大似然估计。然而，不像在条件的情况，边缘密度 $\Pr(\boldsymbol{X})$ 确实在这里扮演了角色。它也是涉及这些参数的混合密度

$$\Pr(\boldsymbol{X}) = \sum_{k=1}^{K} \pi_k \phi(\boldsymbol{X}; \mu_k, \Sigma) \tag{4.38}$$

这个额外的分量/限制扮演了什么角色呢？通过依赖额外的模型假设，关于参数能有更多的信息，因此估计参数会更有效（较低方差）。如果事实上真实的 $f_k(x)$ 是高斯的，则在最差情况下，忽略这个似然的边缘部分将在误差率上渐近损失约 30% 的有效性 (Efron, 1975)。换句话说，增加 30% 的数据，条件似然会做得一样好。

举例来说，远离决策边界的观测（会被逻辑斯特回归降低权值）在估计共同协方差矩阵时会起作用。这不完全是好的消息，因为它意味着 LDA 对所有奇点没有鲁棒性。

从混合公式来看，显然，即使没有类别标签的观测也有关于参数的信息。通常要生成类别标签是昂贵的，但未分类样本反而来得便宜。通过依赖强的模型假设，如这里谈到的，我们可以利用这两种类型的信息。

边缘似然可以看成是正则子，在某种意义上，要求类密度从边缘的角度来看是可见（visible）的。举例来说，如果在两类逻辑斯特回归模型的数据可以完美地被超平面分开，参数的最大似然估计是未定的 (即不定的，参见习题4.5)。对同样数据的 LDA 系数则是良定的，因为边缘似然不允许这种退化。

实际上，这些假设从来不是正确的，通常 $\boldsymbol{X}$ 的分量的一些是定性变量。通常的感觉是，逻辑斯特回归比 LDA 模型更安全和鲁棒，也依赖较少的假设。在我们的经验中，这些模型会得到非常类似的结果，即使当 LDA 被不恰当地使用时，比如有定性预测子的时候。

4.5 分离超平面

我们已经看到，线性判别分析和逻辑斯特回归均类似地、但略微不同地估计了线性决策边界。在本章的余下部分，我们将介绍分离超平面分类器。这些过程构造线性决策边界，显式地试图尽可能好的分离数据到不同的类别。它们为在第12章讨论的支持向量分类器提供了基础。请注意，这一小节的数学基础比前几节的相对要深一些。

图4–14显示了在 $\mathbb{R}^2$ 上的两类的 20 个数据点。这些数据点能用一个线性边界分开。包含在图中的（蓝线）是无限多个可能的分离超平面（separating hyperplane）中的其中两个。

橙线是该问题的最小二乘解，通过在 $\boldsymbol{X}$ 上对 –1/1 响应 $\boldsymbol{Y}$ 做回归获得；此直线由下式给出：

$$\{x : \hat{\beta}_0 + \hat{\beta}_1 x_1 + \hat{\beta}_2 x_2 = 0\}. \tag{4.39}$$

此最小二乘解在分离不同类别的数据点上没有完美的正确，存在一个错分样本。同样的边界可由 LDA，以及在两类时与 LDA 等价的线性回归获得（4.3节和习题4.2）。

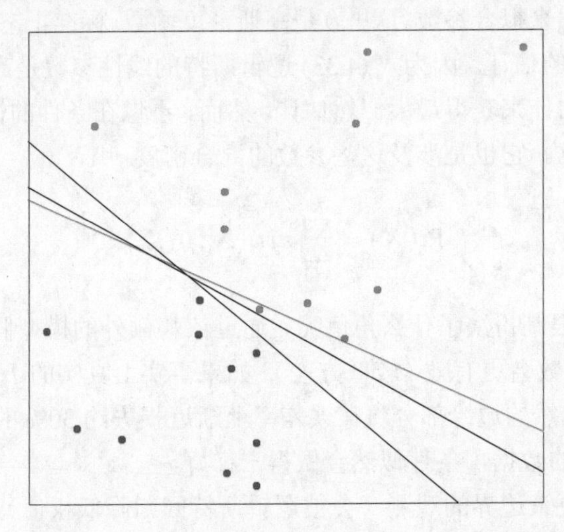

图 4–14　被超平面分离、具有两类的玩具示例。橙色线是最大二乘解，错分了一个训练点。另外两条蓝色的分离超平面是基于不同随机初始点的感知机学习算法找到的。

如式 (4.39) 的、计算输入特征的线性组合并返回符号的分类器，在 20 世纪 50 年代后期的工程文献中称为感知机 (perceptrons; Rosenblatt, 1958)。感知机为 20 世纪 80 年代和 20 世纪 90 年代的神经网络模型奠定了基础。

在我们继续之前，让我们稍微离题，复习几个向量代数。图4–15描述了由方程 $f(x) = \beta_0 + \beta^T x = 0$ 定义的超平面或仿射集（affine set）L；因为现在讨论的是 $\mathbb{R}^2$ 空间，因此它是一条直线。

这里我们列出一些特性。

- 对位于 L 上的任意两点 x_1 和 x_2，$\beta^T(x_1 - x_2) = 0$，因此 $\beta^* = \beta/\|\beta\|$ 是到 L 平面的法向量。
- 对任意在 L 上的点 x_0，有 $\beta^T x_0 = -\beta_0$。
- 到 L 的任意点 x 的有符号距离由下式给出：

$$\begin{aligned}\beta^{*T}(x - x_0) &= \frac{1}{\|\beta\|}(\beta^T x + \beta_0) \\ &= \frac{1}{\|f'(x)\|} f(x)\end{aligned} \tag{4.40}$$

因此，$f(x)$ 比例于从 x 到由 $f(x) = 0$ 定义的超平面的有符号距离。

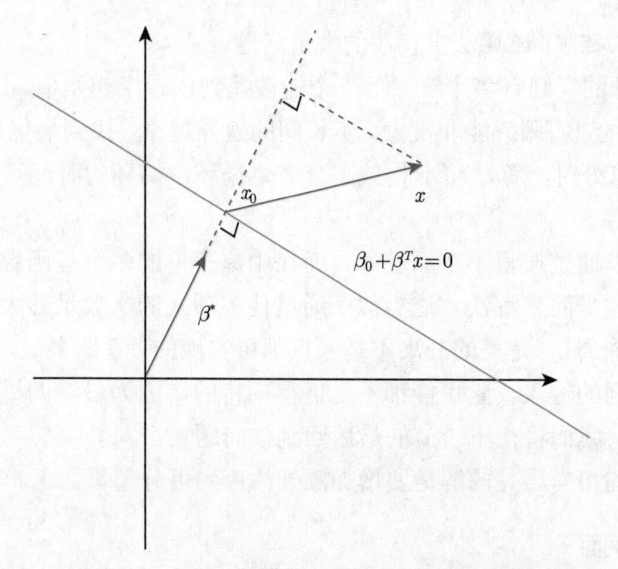

图 4–15　一个超平面（仿射集）的线性代数

4.5.1 罗森布拉特的感知机学习算法

感知机学习算法（perceptron learning algorithm）试图通过最小化误分类点到决策边界的距离来寻找分离超平面。如果一个响应 $y_i=1$ 被错分，则 $x_i^T\beta+\beta_0<0$，对于响应 $y_i=-1$ 时的错分，情况则相反。其目标是要最小化

$$D(\beta,\beta_0)=-\sum_{i\in\mathcal{M}}y_i(x_i^T\beta+\beta_0),\tag{4.41}$$

其中 $\mathcal{M}$ 索引了误分类点的集合。该方程的量是非负的，且比例于误分类点到定义为 $\beta^Tx+\beta_0=0$ 的决策边界的距离。其梯度（假定 $\mathcal{M}$ 是不变的）由下式给出：

$$\partial\frac{D(\beta,\beta_0)}{\partial\beta}=-\sum_{i\in\mathcal{M}}y_ix_i,\tag{4.42}$$

$$\partial\frac{D(\beta,\beta_0)}{\partial\beta_0}=-\sum_{i\in\mathcal{M}}y_i.\tag{4.43}$$

该算法实际上采用了随机梯度下降（stochastic gradient descent）来最小化这个分段线性准则。这意味着，不是先计算每个观测的梯度贡献的和，然后沿负梯度方向走一步，而是在每个样本被访问后就走一步。因此，误分类观测在某个序列被访问，参数 β 通过

$$\begin{pmatrix}\beta\\\beta_0\end{pmatrix}\leftarrow\begin{pmatrix}\beta\\\beta_0\end{pmatrix}+\rho\begin{pmatrix}y_ix_i\\y_i\end{pmatrix}.\tag{4.44}$$

来更新。这里 ρ 是学习率，不失一般性可以取 1。如果这些类是线性可分性，能证明在有限步内，算法将收敛到一个分离超平面（习题4.6）。图4–14展示了一个“玩具问题”[①]的两个解，每一个从不同的随机猜测开始。

① 中文版编注：玩具问题指的是为方便初学者理解的简单问题。

Ripley (1996)中总结了该算法中存在的大量问题。

- 当数据是可分的，则有多个解。哪一个能被找到依赖于初始值。
- "有限"步中的"有限"能非常大。步长间的差异越小，找到最优超平面的时间越长。
- 当数据是不可分时，算法将不收敛，会产生循环。循环的时间可能很长，也很难发现。

第二个问题通常可以通过搜索不在原空间、而在由原变量的多个基函数变换下构成的相当大的空间上的一个超平面来解决。这类似于通过使多项式的次数足够大，从而使得在多项式回归问题的残差降到 0。完美的分离不是一直都可实现的：举例来说，如果来自两个不同类的观测分享了相同的输入。它可能都不是值得期待的，因为最终的模型可能过拟合，而且不能很好的推广。我们将在下一节的最后回到该问题。

对第一个问题的相当漂亮的解是要增加额外约束到可分超平面上。

4.5.2 最优分离超平面

最优分离超平面（optimal separating hyperplane）分离两个类，并最大化两个类中最近点的距离 (Vapnik, 1996)。它不仅为分离超平面问题提供了唯一解，而且通过最大化在训练数据集上两个类别之间的边缘，它也在测试数据上获得了更好的分类性能。

我们需要推广 (4.41) 的准则。考虑优化问题

$$\max_{\beta,\beta_0,\|\beta\|=1} M \tag{4.45}$$

$$\text{服从} \quad y_i(x_i^T\beta+\beta_0) \geqslant M, i=1,\cdots,N.$$

这组条件确保了所有点至少是一个由 β 和 β_0 定义的决策边界的有符号距离 M，而我们要找的是最大的 M 和相关的参数。通过用（重定义 β_0）

$$\frac{1}{\|\beta\|} y_i(x_i^T\beta+\beta_0) \geqslant M \tag{4.46}$$

或等价于

$$y_i(x_i^T\beta+\beta_0) \geqslant M\|\beta\| \tag{4.47}$$

来代替上式的条件，我们摆脱了 $\|\beta\|=1$ 的约束。因为对于满足这些不等式的任何 β 和 β_0，任何正的标量乘积均满足它们，我们可能任意设 $\|\beta\|=1/M$。因此式 (4.45) 等价于

$$\max_{\beta,\beta_0} \frac{1}{2}\|\beta\|^2 \tag{4.48}$$

$$\text{服从} \quad y_i(x_i^T\beta+\beta_0) \geqslant 1, i=1,\cdots,N.$$

按照式 (4.40)，约束定义了一个围绕线性决策边界的、空的且厚度为 $1/\|\beta\|$ 的厚板或边缘。因此我们选择 β 和 β_0 来最大化它的厚度。这是凸优化问题（采用线性不等式约束的二次准则）。考虑 β 和 β_0，要最小化的拉格朗日（原）函数是

$$L_P = \frac{1}{2}\|\beta\|^2 - \sum_{i=1}^{N} \alpha_i [y_i(x_i^T \beta + \beta_0) - 1] \tag{4.49}$$

令偏导为零，我们可以得到

$$\beta = \sum_{i=1}^{N} \alpha_i y_i x_i, \tag{4.50}$$

$$0 = \sum_{i=1}^{N} \alpha_i y_i, \tag{4.51}$$

将上两式代回式 (4.49)，我们可以得到所谓的 Wolfe 对偶：

$$L_D = \sum_{i=1}^{N} \alpha_i - \frac{1}{2}\sum_{i=1}^{N}\sum_{k=1}^{N} \alpha_i \alpha_k y_i y_k x_i^T x_k$$

$$\text{服从} \quad \alpha_i \geqslant 0 \quad \text{和} \quad \sum_{i=1}^{N} \alpha_i y_i = 0 \tag{4.52}$$

这个解通过在正象限上最大化 L_D 来获得。这个较简单的凸优化问题可以用标准的软件来求解。除此以外，解必须满足包括式 (4.50)，式 (4.51)，式 (4.52) 和

$$\alpha_i [y_i(x_i^T \beta + \beta_0) - 1] = 0 \quad \forall i. \tag{4.53}$$

的 Karush-Kuhn-Tucker 条件。从这些可知：

- 如果 $\alpha_i > 0$ 时，则 $y_i(x_i^T \beta + \beta_0) = 1$，或换句话说，$x_i$ 是在厚板的边界上。
- 如果 $y_i(x_i^T \beta + \beta_0) > 1$ 时，x_i 不在厚板带的边界，且 $\alpha_i = 0$。

从式 (4.50)，可以知道解向量 β 是按照*支撑点*（support point）x_i 的线性组合来定义。x_i 是定义在 $\alpha_i > 0$ 的隔离带的边界上。图4–16图示了我们玩具例子的最优分离超平面；图上有三个支撑点。与此类似，β_0 通过对任意支撑点求解式 (4.53) 来获得。

最优分离超平面产生函数 $\hat{f}(x) = x^T \hat{\beta} + \hat{\beta}_0$，以用于分类新观测值：

$$\hat{G}(x) = \operatorname{sign} \hat{f}(x). \tag{4.54}$$

尽管（依构造）没有一个训练观测值落在边缘内，对于测试观测值不必是这种情况。直觉上，在训练数据上的大的边缘将导致在测试数据上好的分离。

按支撑点的解的描述似乎建议最优超平面更多聚焦在需要统计的点上，对模型的错误指定会更鲁棒。在另一方面，LDA 的解依赖于所有的数据，甚至那些远离决策边界的点。然而，注意，辨识这些支持点需要使用所有的数据。当然，如果类别真的是高斯的，则 LDA 是最优的，分离超平面将为关注类边界上的（更有噪）数据付出代价。

包括在图4–16的是对这个问题的逻辑斯特回归解，由最大似然拟合。两个解在该例是相似的。当一个分离超平面存在时，逻辑斯特回归将一直能找到它，因为对数似然在这个情况能够达到 0（习题4.5）。逻辑斯特回归解与分离超平面解分享了其他一些定性特征。系

数向量由在输入特征上，零均值线性化响应的加权最小二乘拟合定义，权值在靠近决策边界上的点具有较远离决策边界上的点更大。

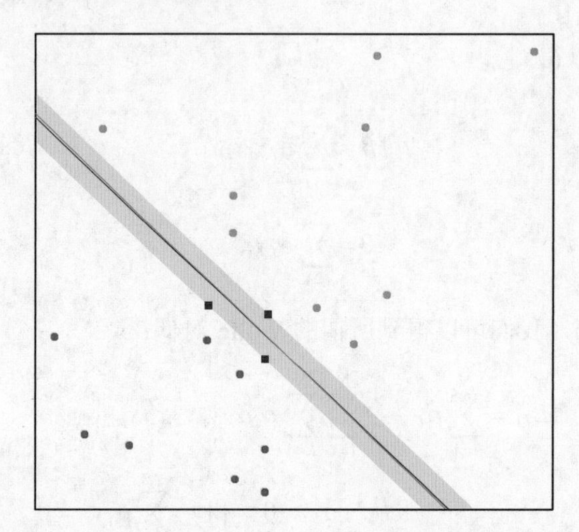

图 4–16 与图4–14相同的数据。阴影区描绘了分离两个类别的最大边缘。这里显示了三个紧靠边缘的边界的支撑点，最优分离超分面（蓝线）两分了这个厚板。包括在图中的还有采用逻辑斯特回归获得的边界（红线），它与最优分离超平面非常接近（见12.3.3节）

当数据不可分时，这个问题将没有可行解，因此需要其他可替代的形式。我们又可以使用基变换来扩大空间，但这可能会通过过拟合导致人为的分离。在第12章中，我们讨论了一个更有吸引力的方法，称为支持向量机。它允许重叠，但可以最小化这种重叠的范围。

文献说明

好的关于分类的通用教科书包括 Duda 等 (2000)，Hand (1981)，McLachlan (1992) 和Ripley (1996)。Mardia 等 (1979) 有一个关于线性判别分析的简洁讨论。Michie 等 (1994) 在一组公用比较数据集上比较了大量流行的分类器。线性可分超平面在Vapnik (1996) 一书中讨论过。我们对感知机学习算法的描述是基于Ripley (1996)。

习题

4.1 指出如何变换到一个标准特征值方程，来求解服从约束 $a^T\boldsymbol{W}a = 1$ 的广义特征方程 $\max a^T\boldsymbol{B}a$。

4.2 假定有特征 $x \in \mathbb{R}^p$，一个二类的响应，具有类大小 N_1, N_2，其目标编码为 $-N/N_1, N/N_2$。

(a) 证明如果

$$x^T\hat{\boldsymbol{\Sigma}}^{-1}(\hat{\mu}_2 - \hat{\mu}_1) > \frac{1}{2}(\hat{\mu}_2 + \hat{\mu}_1)^T\hat{\boldsymbol{\Sigma}}^{-1}(\hat{\mu}_2 - \hat{\mu}_1) - \log(N_2/N_1),$$

LDA 规则分类到类 2，否则分类到类 1。

(b) 考虑最小二乘准则的最小化：

$$\sum_{i=1}^{N}(y_i - \beta_0 - x_i^T\beta)^2. \tag{4.55}$$

证明（在简化后），解 $\hat{\beta}$ 满足：

$$\left[(N-2)\hat{\mathbf{\Sigma}} + N\hat{\mathbf{\Sigma}}_B\right]\beta = N(\hat{\mu}_2 - \hat{\mu}_1) \tag{4.56}$$

这里 $\hat{\mathbf{\Sigma}}_B = \frac{N_1N_2}{N^2}(\hat{\mu}_2 - \hat{\mu}_1)(\hat{\mu}_2 - \hat{\mu}_1)^T$。

(c) 因此证明 $\mathbf{\Sigma}_B^{\hat{}}\beta$ 在 $(\hat{\mu}_2 - \hat{\mu}_1)$ 的方向上，并且

$$\hat{\beta} \propto \hat{\mathbf{\Sigma}}^{-1}(\hat{\mu}_2 - \hat{\mu}_1) \tag{4.57}$$

因此最小二乘回归系数与 LDA 系数相等，再加上一个标量乘项。

(d) 证明这个结果对两类的任意（不同的）编码均成立。

(e) 找出解 $\hat{\beta}_0$（最多如 (c) 里一样乘一个标量），因此预测值 $\hat{f} = \hat{\beta}_0 + \hat{\beta}^T x$。考虑下列规则：如果 $\hat{y}_i > 0$，则分类到类别 2；否则类别 1。证明这与 LDA 规则是不同的。除非类有相同的观测数。

(Fisher, 1936; Ripley, 1996)

4.3 假定我们通过线性回归将最初的预测子 $\boldsymbol{X}$ 变换到 $\hat{\boldsymbol{Y}}$。具体来说，令 $\hat{\boldsymbol{Y}} = \boldsymbol{X}(\boldsymbol{X}^T\boldsymbol{X})^{-1}\boldsymbol{X}^T\boldsymbol{Y} = \boldsymbol{X}\hat{\boldsymbol{B}}$，这里 $\boldsymbol{Y}$ 是指示响应矩阵。类似，对任意输入 $x \in \mathbb{R}^p$，我们可以得到一个变换向量 $\hat{y} = \hat{\boldsymbol{B}}^T x \in \mathbb{R}^K$。证明采用 $\hat{\boldsymbol{Y}}$ 的 LDA 等同于在原空间的 LDA。

4.4 考虑有 K 类的多元 logit 模型 (4.17)。令 β 为由所有系数组成的 $(p+1)(K-1)$ 向量。定义输入向量 x 的适当扩展版来容纳这个向量化的系数矩阵。推导最大化多项式对数似然的牛顿-拉夫逊（Newton-Raphson）算法，阐述将怎么实现这个算法。

4.5 考虑在 $x \in \mathbb{R}$ 的两类逻辑斯特回归问题。如果两类的样本 x_i 被点 $x_0 \in \mathbb{R}$ 分开，描述斜坡和截距参数的最大似然估计的特性。推广这个结果到 (a) $x \in \mathbb{R}^p$ (参见图4–16)，(b) 超过两类的情况。

4.6 假定我们在 $\mathbb{R}^p$ 的一般位置上有 N 个点 x_i，具有类标签 $y_i \in \{-1, 1\}$。证明在有限步上，感知机学习算法收敛到一个分离超平面。

(a) 按 $f(x) = \beta_1^T x + \beta_0 = 0$ 定义超平面，或更紧的概念 $\beta^T x^* = 0$，这里 $x^* = (x, 1)$ 和 $\beta = (\beta_1, \beta_0)$。令 $z_i = x_i^*/\|x_i^*\|$。证明可分性隐含着 β_{sep} 的存在性，使得 $y_i\beta_{\text{sep}}^T z_i \geqslant 1\ \forall i$

(b) 给定当前值 β_{old}，感知机算法辨识一个错分的点 z_i，产生更新 $\beta_{\text{new}} \leftarrow \beta_{\text{old}} + y_i z_i$。证明 $\|\beta_{\text{new}} - \beta_{\text{sep}}\|^2 \leqslant \|\beta_{\text{old}} - \beta_{\text{sep}}\|^2 - 1$，因此算法在不超过 $\|\beta_{\text{start}} - \beta_{\text{sep}}\|^2$ 步会收敛到一个可分超平面 (Ripley, 1996)。

4.7 考虑准则：

$$D^*(\beta, \beta_0) = -\sum_{i=1}^{N} y_i(x_i^T\beta + \beta_0), \tag{4.58}$$

上式是式 (4.41) 的推广，这里我们在所有观测上求和。考虑最小化 D^*，满足 $\|\beta\| = 1$。简要描述该准则。它是否解决了最优分离超平面问题？

4.8 考虑多元高斯模型 $X|G = k \sim N(\mu_k, \mathbf{\Sigma})$，附加的约束是 $\text{rank}\{\mu_k\}_1^K = L < \max(K-1, p)$。对 μ_k 和 $\mathbf{\Sigma}$ 推导约束 MLE。证明贝叶斯分类规则等价于在由 LDA 计算的约简子空间中作分类 (Hastie and Tibshirani, 1996b)。

4.9 写一段计算机程序，通过对每个类拟合一个高斯模型，来进行二次判别分析。试着在元音数据上运行该程序，并计算在测试数据上的误分类误差。数据集可从本书的网站下载，网址为 www-stat.stanford.edu/ElemStatLearn。

第 5 章　基展开与正则化方法

5.1　概述

我们已经利用输入特征的线性模型进行了回归和分类。线性回归、线性判别分析、logistic 回归以及分离超平面，都依赖于线性模型。然而，“真实函数 $f(X)$ 在特征 X 上是线性的”实际上几乎不可能。在回归问题中，典型的回归函数 $f(X) = \mathbb{E}(Y \mid X)$ 可能既不是 X 的线性函数，也不是由单个 X 元素的函数相加而成。使用线性模型表示 $f(X)$ 常常为了方便，有时也是必要和近似的。“方便”是因为线性模型容易解释，同时也是对 $f(X)$ 的一阶泰勒（Taylor）逼近。有时候，“必要”是因为当样本数 N 小和/或者维数 p 大时，线性模型可能在不出现过拟合的情况下拟合数据。与此类似，在分类问题中，线性、贝叶斯最优决策边界意味着 $\Pr(Y = 1 \mid X)$ 的某种单调变换后仍是 X 的线性函数。这不可避免是一种逼近。

在这一章和下一章，我们将讨论一些流行的非线性方法。本章的核心思想是用一些额外的变量对输入向量 X 进行扩增或者替换。这些变量都是 X 的某种变换的结果，我们将在这个由导出输入特征构成的新空间中使用线性模型。

令函数 $h_m(X) : \mathbb{R}^p \mapsto \mathbb{R}$ 是 X 的第 m 个变换，$m = 1, \ldots, M$。我们建立如下模型，

$$f(X) = \sum_{m=1}^{M} \beta_m h_m(X) \tag{5.1}$$

作为 X 的线性基展开（linear basis expansion）。该方法的优美之处在于，一旦基函数 h_m 给定，模型就是新变量 $h_m(X)$ 的线性组合，拟合的过程和先前一样。

下面是一些简单并且常用的基函数 h_m 的例子。

- $h_m(X) = X_m$，$m = 1, \ldots, p$，这就还原成原来的线性模型。
- $h_m(X) = X_j^2$ 或者 $h_m(X) = X_j X_k$ 允许我们使用多项式项扩充输入向量，获得更高阶的泰勒展开。值得注意的是，新增的变量个数会随着多项式次数的增加而呈指数增加。一个完整的 p 元二次模型需要 $O(p^2)$ 个平方项或者交叉乘积项，更一般的情况是 d 次多项式基需要 $O(p^d)$ 项。
- $h_m(X) = \log X_j, \sqrt{X_j}, \ldots$ 允许我们使用单个变量的非线性变换。更一般的情况是我们可以使用牵涉多个输入的类似多元函数，如 $h_m(X) = \|X\|$。
- $h_m(X) = I(L_m \leqslant X_k < U_m)$，作为 X_k 在某个区域的指示函数。通过把 X_k 的定义域分解成为 M_k 个互不重叠的区域，我们就得到了对 X_k 具有分段常值贡献的模型。

有时候，亟待解决的问题需要特殊的基函数 h_m，如对数或者指数函数。然而更多的时候，基展开能更加灵活表示 $f(X)$，比如使用多项式进行基展开，尽管多项式本身为全局特性所限——调整多项式系数来在一个区域实现函数形式，将会使得较远区域上的函数值

产生很大的变化。这章我们将会讨论更有用的分段多项式（piecewise polynomial）和样条（spline）簇，因为它们允许在局部使用多项式表达。我们也会讨论小波（wavelet）基，这对信号和图像建模尤为有用。这类方法都相当于建立了一个字典（dictionary）$\mathcal{D}$，这些方法包含了非常大的 $|\mathcal{D}|$ 的基函数，远超我们常用来拟合数据的基函数的数量。除了字典之外，我们还要求一种使用字典中的基函数控制模型复杂性的方法，以下是常见三种方法。

- 限制法：这里我们决定预先限制函数类。可加性（additivity）就是一例，我们假设模型有形式

$$f(X) = \sum_{j=1}^{p} f_j(X_j) = \sum_{j=1}^{p}\sum_{m=1}^{M_j} \beta_{jm} h_{jm}(X_j) \tag{5.2}$$

  模型的规模受到每个分量函数 f_j 所使用的基函数个数 M_j 的限制。
- 选择法：自适应的扫描字典，仅包含那些对拟合模型有显著贡献的基函数 h_m。在这里，第3章讨论的变量选择技术是有用的。分阶段贪心算法方法，如 CART，MARS 和 boosting 都是这一类算法。
- 正则化：我们使用整个字典里面的基函数，但是限制每个基函数的系数。岭回归就是正则化方法的简单例子，而 Lasso 既是正则化又是选择法。接下来，我们会讨论这些以及更复杂的正则化方法。

5.2 分段多项式与样条

从本节开始到5.7节之前，我们都假定 X 是一维的。分段多项式 $f(X)$就是把 X 的定义域划分成若干个连续的区间，在每个区间使用单独的多项式表示 $f(X)$。图 5–1是两个简单的分段多项式，其一是分段常值多项式，共有以下三个基函数

$$h_1(X) = I(X < \xi_1), \quad h_2(X) = I(\xi_1 \leqslant X < \xi_2), \quad h_3(X) = I(\xi_2 \leqslant X)$$

由于它们在不相交的区间里都为正值，所以模型 $f(X) = \sum_{m=1}^{3} \beta_m h_m(X)$ 的最小二乘估计就是在第 m 个区间上的均值，即 $\hat{\beta}_m = \bar{Y}_m$。

图5–1的右上图有一个分段线性拟合。它需要三个额外的基函数 $h_{m+3} = h_m(X)X$，$m = 1, 2, 3$。除非有特殊情况，我们一般更偏好左下图/第三图的结果：它不仅仅是分段线性函数，而且在两个节点间是连续的。这种连续性的限制导致了参数的线性约束。例如，$f(\xi_1^-) = f(\xi_1^+)$ 等价于 $\beta_1 + \xi_1\beta_4 = \beta_2 + \xi_1\beta_5$。这样，我们有两个等式约束，也就减少了两个可以活动的参数，剩下四个可以自由取值的参数。

更直接的方法是在基函数里就把约束考虑进去：

$$h_1(X) = 1, \quad h_2(X) = X, \quad h_3(X) = (X - \xi_1)_+, \quad h_4(X) = (X - \xi_2)_+$$

其中 t_+ 表示取 0 和 t 较大的正值。函数 h_3 显示在图5–1的右下图中。通常，我们偏好更光滑的函数，它们可以通过增加局部多项式的阶次来实现。图5–2上是一系列分段三次多项式对

相同数据拟合的结果，每一幅图在节点上的连续阶次都比前一幅要高。其中，右下图的函数是连续的，其在节点处的一阶、二阶导函数也都是连续的，称为三次样条（cubic spline）。再增加一阶的连续性，则会形成全局三次多项式。不难证明（见习题5.1），下面的基函数反映了以 ξ_1 和 ξ_2 为节点的三次样条：

$$\begin{aligned} h_1(X) &= 1, \quad h_3(X) = X^2, \quad h_5(X) = (X-\xi_1)_+^3 \\ h_2(X) &= X, \quad h_4(X) = X^3, \quad h_6(X) = (X-\xi_2)_+^3 \end{aligned} \tag{5.3}$$

这六个基函数相当于六维线性空间上的函数。快速检查，就可以得到参数总数：（三个区间）×（每个区间四个参数）-（两个节点）×（每个节点三个约束）= 6。

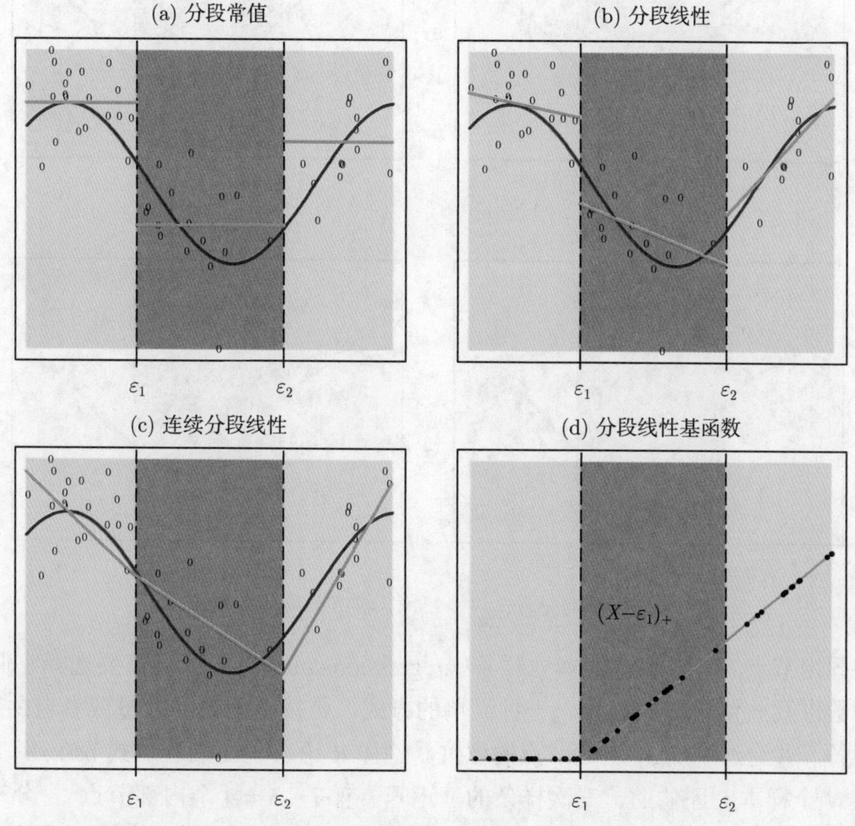

图 5–1 左上图是使用分段常值函数对某人造数据拟合的结果。垂直虚线表示两个节点 ξ_1 和 ξ_2 的位置。蓝色的曲线表示真实函数，数据在该函数上添加高斯噪声生成。接下来两幅图是使用分段线性函数拟合相同数据：右上图无约束，左下图要求函数在节点处是连续的。右下图是分段线性基函数 $h_3(X) = (X-\xi_1)_+$，它在 ξ_1 处连续，图中黑点是每个样本对应的函数值 $h_3(x_i), i = 1, \ldots, N$

更一般的情况下，以 ξ_j，$j = 1, \ldots, K$ 为节点的 M 阶样条是 M 阶的分段多项式，具有 $M-2$ 阶连续的导函数。一个三次样条的阶数 $M = 4$。事实上，图5–1中的分段常值函数是一阶样条，而连续的分段线性函数是二阶样条。类似的，截断幂（truncated power）基集合的一般形式为

$$h_j(X) = X^{j-1}, \quad j = 1, \ldots, M,$$

$$h_{M+\ell}(X)=(X-\xi_\ell)_+^{M-1},\quad \ell=1,\ldots,K$$

一般认为，三次样条是人眼看不出节点不连续的最低阶样条。因此，除非对光滑导函数有特别的兴趣，很少有任何好的理由要使用超过四阶的样条。实践中最常用的阶数为 $M=1$, 2 和 4。

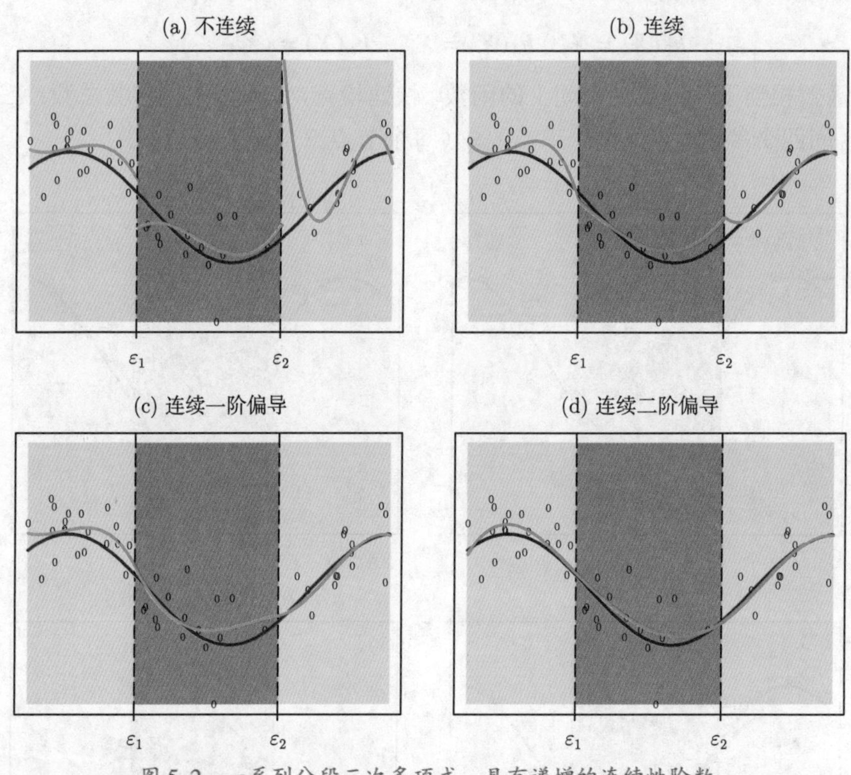

图 5–2　一系列分段三次多项式，具有递增的连续性阶数

这些固定节点的样条也称为回归样条（regression spline）。我们需要选择它们的阶数、节点的个数以及放置它们的位置。一种简单的方式，是按基函数的数量或者自由度来参数化一族样条，并通过观测 x_i 决定节点的位置。例如 R 语言里面的表达式 bs(x,df=7) 就会生成在 x 的 N 个样本上评估的、三次样条的基矩阵，有 $7-3=4$ 个内部节点①，分布在 X 的合适的百分位点（percentile）上（如第 20、40、60 和 80 个百分位点）。然而，还可以做得更显式，即用 bs(x,degree=1, knots=c(0.2, 0.4, 0.6)) 生成具有三个内部节点的线性样条的基，并返回 $N\times 4$ 的矩阵。

因为具有特定阶和节点序列的样条函数的空间是向量空间，这里有多个等价的基来表示它们（正如普通多项式一样）。截断幂函数作为样条的基在概念上是简洁的，但在数值上却并不吸引人：较大数值的幂会引起严重的舍入误差。本章附加内容中介绍的 B 样条基可以在节点数 K 大时，继续进行有效的计算。

① 一个含有四个节点的三次样条是八维的。函数 bs() 默认省略基函数的常数项，因为常数项往往包含在模型的其他项里。

5.2.1 自然三次样条

我们知道多项式对数据拟合时在靠近边界时会比较古怪，因而外插（extrapolation）是比较危险的。对于样条而言，这些问题将会更加严重。全局多项式在边界节点以外的拟合甚至比在那个区域的拟合更疯狂。这可以方便地用最小二乘拟合的样条函数在每点的方差展示出来（参见下节中关于方差计算的细节）。图5–3比较了多个不同模型的逐点方差。图上可以清楚看见在边界上方差的剧烈增长，其中三次样条的表现尤其差。

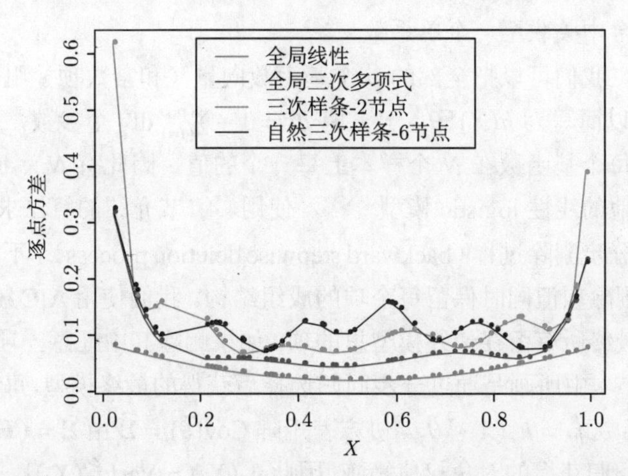

图 5–3 四个不同模型逐点方差曲线。从 $U[0,1]$ 随机抽取 X 的 50 个样本，假定误差模型具有常数方差。线性和三次多项式拟合分别有两个和四个自由度，而三次样条和自然三次样条有六个自由度。三次样条的节点在 0.33 和 0.66，而自然样条的边界节点在 0.1 和 .9，四个内部节点均匀的分布在它们之间

自然三次样条（natural cubic spline）增加了额外的约束，即函数在边界节点之外是线性函数，这会去掉四个自由度（在两个边界上各有两个约束）。通过在内部区域放置更多的节点，这种处理可以带来更大的便利。按方差来阐述的折衷如图5–3所示。它在边界上要付的代价是偏差，但是，在信息较少的边界做这个假定通常被认为是合理的。

K 个节点的自然三次样条多用 K 个基函数表示。这可以从三次样条的基开始，引入边界约束条件，导出简化的基。例如，我们从5.2节描述的截断幂级数基开始，可以获得（习题5.4）

$$N_1(X) = 1, \quad N_2(X) = X, \quad N_{k+2}(X) = d_k(X) - d_{K-1}(X) \tag{5.4}$$

其中

$$d_k(X) = \frac{(X-\xi_k)_+^3 - (X-\xi_K)_+^3}{\xi_K - \xi_k} \tag{5.5}$$

可见，每个基函数对于 $X \geqslant \xi_K$，其二阶和三阶导函数都为 0。

5.2.2 示例：南非心脏病（续）

在第4.4.2节我们使用线性 logistic 回归对南非心脏病数据进行了建模。这里，我们探索采用自然样条的函数的非线性特性。模型的函数形式为

$$\text{logit}[\Pr(\text{chd} \mid X)] = \theta_0 + h_1(X_1)^{\top}\boldsymbol{\theta}_1 + h_2(X_2)^{\top}\boldsymbol{\theta}_2 + \cdots + h_p(X_p)^{\top}\boldsymbol{\theta}_p \tag{5.6}$$

其中每个 $\boldsymbol{\theta}_j$ 都是乘上自然样条基函数 h_j 相关向量的系数向量。

该模型中每项含有四个自然样条基函数。例如，X_1 表示 `sbp`，$h_1(X_1)$ 是包含四个基函数的基。这实际意味着我们使用了三个而不是两个内部节点（选择放置在 `sbp` 的均匀分位点上），以及在数据边限的两个边界节点，因为常数项从每一个 h_j 中排除。

因为 `famhist` 是一个二级的因子，因此用简单的二值或者哑变量（dummy variable）来表示，在模型拟合中关联至一个单系数。

更简约的方式，我们可以把全部的 p 个基函数向量（和常数项）组合成一个大的向量 $h(X)$，然后模型可以简写为 $h(X)^{\top}\boldsymbol{\theta}$，一共有 $\text{df} = 1 + \sum_{j=1}^{p} \text{df}_j$ 个参数，即每个分项中参数的总和。我们计算每个基函数在 N 个样本上每一个的值，因此有 $N \times \text{df}$ 的基矩阵 $\boldsymbol{H}$。到这里，模型就和其他的线性 logistic 模型一样，使用4.4.1节介绍的算法求解即可。

我们使用后向分步删除过程（backward stepwise deletion process），不是一次删掉一个系数，而是从模型中删除项但同时保留每个项的成组结构。我们使用 AIC 统计量（见第7.5节）作为删除的准则，最终所有留在最终模型里的项，如果删除其中任意一项的话，将引起 AIC 增加（见表5–1）。图5–4中所画是通过分步回归选择后获得的最终模型，每幅小图显示的是每个变量 X_j 对应的函数 $\hat{f}_j = h_j(X_j)^{\top}\hat{\boldsymbol{\theta}}_j$。协方差矩阵 $\text{Cov}(\hat{\theta}) = \boldsymbol{\Sigma}$ 由 $\hat{\boldsymbol{\Sigma}} = (\boldsymbol{H}^{\top}\boldsymbol{W}\boldsymbol{H})^{-1}$ 来估计，其中 $\boldsymbol{W}$ 是 logistic 回归获得的对角权值矩阵。因此 $v_j(X_j) = \text{Var}[\hat{f}_j(X_j)] = h_j(X_j)^{\top}\hat{\boldsymbol{\Sigma}}_{jj}h_j(X_j)$ 就是 $\hat{f}_j$ 的逐点方差函数，其中 $\text{Cov}(\hat{\boldsymbol{\theta}}_j) = \hat{\boldsymbol{\Sigma}}_{jj}$ 是 $\hat{\boldsymbol{\Sigma}}$ 的子矩阵。每个子图的阴影区域由 $\hat{f}_j(X_j) \pm 2\sqrt{v_j(X_j)}$ 定义。

表 5–1 通过逐步删除自然样条的项获得的最终 logistic 回归模型。标为“LRT”的列是对应项被删除后似然比测试统计量，也就是相对于完整的模型（标注为 `none`）而言，偏差的改变量

Terms	Df	Deviance	AIC	LRT	P-value
none		458.09	502.09		
sbp	4	467.16	503.16	9.076	0.059
tobacco	4	470.48	506.48	12.387	0.015
ldl	4	472.39	508.39	14.307	0.006
famhist	1	479.44	521.44	21.356	0.000
obesity	4	466.24	502.24	8.147	0.086
age	4	481.86	517.86	23.768	0.000

AIC 统计量比似然比测试（likelihood-ratio test，亦即 deviance test）稍微宽松一些。`sbp` 和 `obesity` 都被包含在最后的模型中，而它们都不在线性模型中。图上可以看出原因，它们对结果的贡献本质上是非线性的。这个结果起初看来令人惊讶，但是解释源自反省数据的特点。这些测量有时是在心脏病发作一段时间后才收集的。在很多情况下，病人已经开始接受治疗，采用了更加健康的饮食和生活习惯，因此明显增加了在 `obesity` 和 `sbp` 取较低值时患病的风险。前面的表5–1列出了对所选模型的总结。

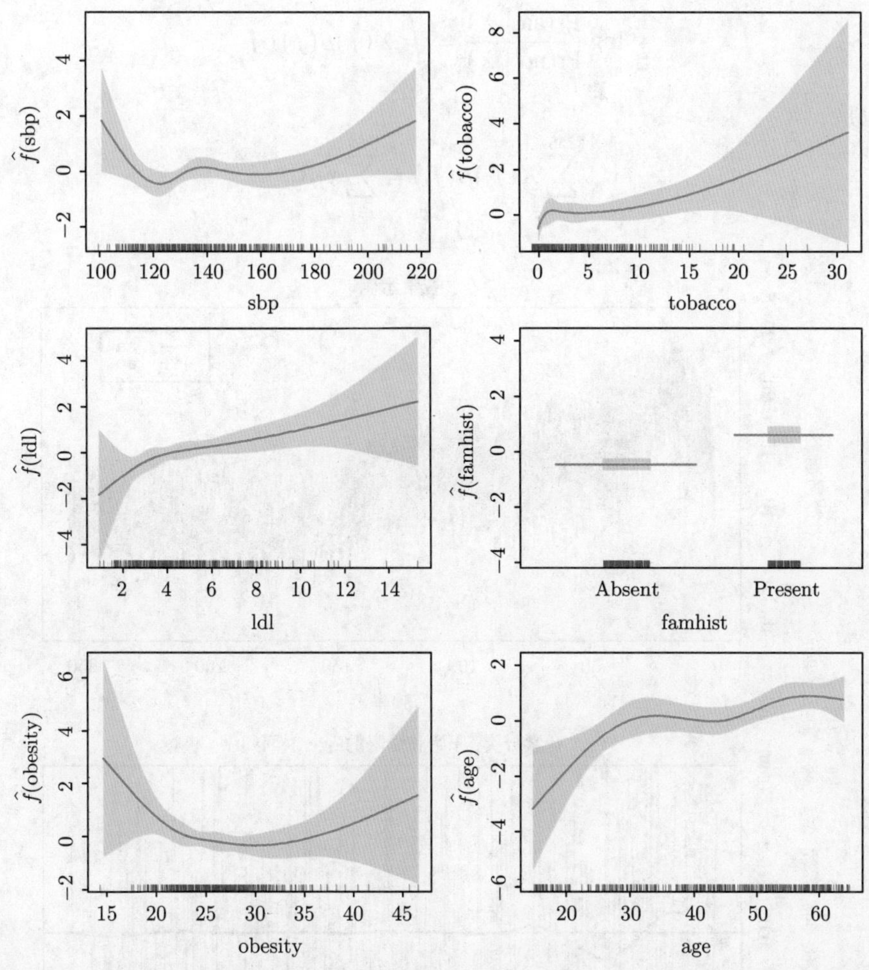

图 5–4　通过分步过程选择获得的最终模型里，每项拟合出的自然样条函数。图上阴影表示的是标准误差带。每张图基底红色的点是所有样本对应变量的值的位置

5.2.3　示例：音素识别

在本例中，我们使用样条来削弱而非增强灵活性；我们从一般性的函数（functional）建模角度来看这个应用。在图5–5(a) 中，可以看见音素 aa 和 ao 各有 15 个样本，每个样本用 256 个频率上的测量值所做的对数周期图（log-periodogram）表示。目标是使用这些数据对音素进行分类。选择这两个音素的原因是它们比较难以区分。

输入特征是长度为 256 维的向量 x，可以认为是在频率网格 f 上的函数 $X(f)$ 评估值组成的向量。在实际情况中，我们处理的是频率函数的连续模拟信号，而这里的特征向量是从其中采样获得。

图5–5中下图的灰线是线性 logistic 模型的系数。该模型系数是对从总共 695 个 aa 和 1022 个 ao 中抽取的 1000 个样本，使用最大似然拟合获得的。系数也是画成频率的函数绘制。事实上，我们可以按该模型对应的连续形式来看待：

$$\log \frac{\Pr(\text{aa} \mid X)}{\Pr(\text{ao} \mid X)} = \int X(f)\beta(f)\,\mathrm{d}f \tag{5.7}$$

它的近似是

$$\sum_{j=1}^{256} X(f_j)\beta(f_j) = \sum_{j=1}^{256} x_j\beta_j \tag{5.8}$$

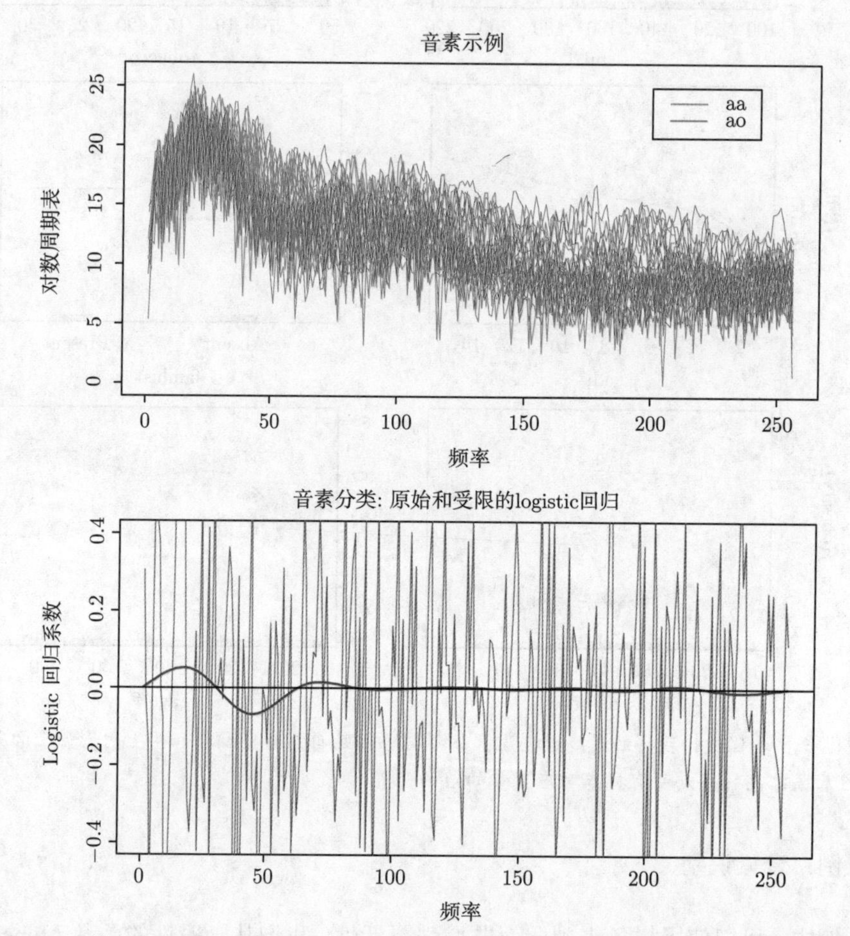

图 5–5　上图是以频率为函数的对数周期图，这是对总共 695 个 aa 和 1022 个 ao 采样获得的其中 15 个 aa 和 ao 的表示。每一个对数周期表使用 256 个均匀间隔的频率测量。下图是通过最大似然训练获得的 logistic 回归模型中（作为频率的函数）的系数，其输入的特征是这 256 个对数周期表的值。红色曲线的是系数受到约束平滑后的结果，没有该约束的情况对应的是抖动更为明显的灰色曲线

这些系数计算了一个对比泛函（contrast funtional），并在两类的对数周期图有差异的某个频率段上，有显著高的值。

灰色的曲线非常不平滑。因为输入信号有相当强的正自相关性，这导致系数中的负自相关。另外，样本大小为每个系数有效提供了四个观测样本。

类似这样的应用允许使用自然正则化，即要求系数随着频率的变化而光滑的变化。在图5–5的下图里的红色曲线就是在这种正则化下对该数据拟合的结果。我们发现低频部分

提供了最主要的分辨能力。平滑处理不仅允许就区分两者有更好的解释，产生的分类器也更加精准。

	原始分类器	正则化的分类器
训练错误率	0.080	0.185
测试错误率	0.255	0.158

光滑的红色曲线是通过简单应用自然三次样条获得的。我们把系数函数表示成样条的展开 $\beta(f)=\sum_{m=1}^{M}h_m(f)\theta_m$。实际上这意味着 $\boldsymbol{\beta}=\boldsymbol{H}\boldsymbol{\theta}$，其中 $\boldsymbol{H}$ 是一个大小为 $p\times M$，定义在频率集上的自然三次样条基矩阵。这里，我们使用 $M=12$ 个基函数，节点均匀的放置在代表频率的整数 $1,2,\ldots,256$ 上。因为 $x^\top\boldsymbol{\beta}=x^\top\boldsymbol{H}\boldsymbol{\theta}$，我们可以仅仅把输入的特征 x 用经过滤波的 $x^*=\boldsymbol{H}^\top x$ 替代，并且在 x^* 用线性 logistic 回归拟合 $\boldsymbol{\theta}$。那么，红色的曲线就是 $\hat{\beta}(f)=h(f)^\top\hat{\boldsymbol{\theta}}$。

5.3　滤波与特征抽取

在先前的例子中，我们构造了一个 $p\times M$ 的基矩阵 $\boldsymbol{H}$，然后将特征 x 变换成为新的 $x^*=\boldsymbol{H}^\top x$。经过滤波的特征接着被当作输入用于学习过程。在前面的例子中，学习器就是线性 logistic 回归。

对高维特征的预处理是提高学习算法性能的、非常通用和强有力的方法。预处理并不一定要像前面的例子是线性的，它可以是一般的（非线性）函数 $x^*=g(x)$。导出的特征 x^* 可以作为输入用于任意（线性或者非线性）的学习过程。

例如，对信号或者图像识别，一个流行的方法是把原始的特征进行小波变换 $x^*=\boldsymbol{H}^\top x$（见5.9节），然后把特征 x^* 当作神经网络（见11章）的输入。小波可以有效地捕捉到离散数值的跳跃或者图像里的边缘，而神经网络是构造这些特征的非线性函数，以用来预测目标变量值的强大工具。通过使用领域知识构造出合适的特征，我们通常能改进仅利用原始特征 x 作为输入的学习算法的性能。

5.4　平滑样条

这里要讨论样条基方法，该方法使用最大的节点集来完全避免节点选择问题。拟合的复杂程度由正则化来控制。考虑下面的问题：在所有的拥有二阶连续导函数的函数 $f(x)$ 中，找到能最小化带罚残差平方和

$$\mathrm{RSS}(f,\lambda)=\sum_{i=1}^{N}\{y_i-f(x_i)\}^2+\lambda\int\{f''(t)\}^2\,\mathrm{d}t \tag{5.9}$$

的函数，其中 λ 是固定的平滑参数（smoothing parameter）。第一项度量对数据的逼近程度，而第二项惩罚函数的曲率，λ 在两者之间起到均衡作用。两个特例如下：

$\lambda=0$：f 可以是对数据插值的任意函数

$\lambda = \infty$：简单最小二乘线拟合，因为二阶导函数必须恒为 0

随着 λ 的增加，获得的函数将会从非常粗糙变成非常光滑，我们也希望 $\lambda \in (0, \infty)$ 在这两种情况之间指示了一族让我们感兴趣的函数。

式(5.9)所表示的准则是定义在无限维的函数空间，事实上，在索伯列夫空间的函数，式中第二项才有定义。值得一提的是，可以证明式(5.9)有显式的，有限维且唯一的最小值，对应的解就是以 $x_i, i = 1, \ldots, N$ 中不同的样本[①]为节点的自然三次样条（见习题5.7）。表面上看，这族函数仍然过参数化了，因为有 N 个节点，也就是说还有 N 个自由度。但是惩罚项会收缩样条的系数，使得结果倾向于线性拟合。

因为解是一个自然样条，我们可以把它写成

$$f(x) = \sum_{j=1}^{N} N_j(x)\theta_j \tag{5.10}$$

其中 $N_j(x)$ 是一个表达这族自然样条的 N 维基函数集（见第5.2.1节和习题5.4）。这时，准则简化为

$$\text{RSS}(\boldsymbol{\theta}, \lambda) = (\boldsymbol{y} - \boldsymbol{N\theta})^\top (\boldsymbol{y} - \boldsymbol{N\theta}) + \lambda \boldsymbol{\theta}^\top \boldsymbol{\Omega}_N \boldsymbol{\theta} \tag{5.11}$$

其中 $\{\boldsymbol{N}\}_{ij} = N_j(x_i)$ 且 $\{\boldsymbol{\Omega}_N\}_{jk} = \int N_j''(t) N_k''(t)\,\mathrm{d}t$。可以容易解出

$$\hat{\boldsymbol{\theta}} = (\boldsymbol{N}^\top \boldsymbol{N} + \lambda \boldsymbol{\Omega}_N)^{-1} \boldsymbol{N}^\top \boldsymbol{y} \tag{5.12}$$

这是广义的岭回归。拟合出的平滑样条即为

$$\hat{f}(x) = \sum_{j=1}^{N} N_j(x)\hat{\theta}_j \tag{5.13}$$

平滑样条的有效计算方法将在本章的附录予以讨论。

图5–6图示了用平滑样条拟合青少年骨骼矿物质密度（bone mineral density，简称 BMD）的数据。响应是脊椎 BMD 在连续两次访问中的相对变化，通常的间隔为一年。不同性别的数据用不同颜色画出，分别拟合出两条曲线。这个简要总结增强了在数据里的证据，即女性生长的高峰期比男性要提前两年。在两种情况下，平滑参数 λ 都大约为 0.00022，如何选择该参数将在下一节讨论。

自由度与平滑矩阵

我们尚未指出如何选择 λ。本章后面我们将介绍一些自动选择的技术，比如交叉验证。这一节我们讨论一些直观的、预先设定平滑程度的方法。

预选 λ 平滑参数的平滑样条是线性平滑子（linear smoother，类似于线性算子中的平滑方法）的例子。这是因为式(5.12)中估计的参数 $\boldsymbol{\theta}$ 是 y_i 的线性组合。定义 $\hat{\boldsymbol{f}}$ 为在训练预测

① 因为 x_i 中可能存在 $x_i = x_j$ 而 $i \neq j$，所以这里强调取不同的样本。

子 x_i 上的拟合值 $\hat{f}(x_i)$ 的 N 维向量。那么

$$\begin{aligned}\hat{\boldsymbol{f}} &= \boldsymbol{N}(\boldsymbol{N}^\top\boldsymbol{N} + \lambda\boldsymbol{\Omega}_N)^{-1}\boldsymbol{N}^\top\boldsymbol{y} \\ &= \boldsymbol{S}_\lambda\boldsymbol{y}\end{aligned} \tag{5.14}$$

拟合再次在 $\boldsymbol{y}$ 轴上线性，且有限线性算子 $\boldsymbol{S}_\lambda$ 称为平滑（样条）矩阵（smoother matrix）。这一线性关系导致的一个后果是通过 $\boldsymbol{y}$ 预测 $\hat{\boldsymbol{f}}$ 的变换机制不依赖于 $\boldsymbol{y}$ 自己；$\boldsymbol{S}_\lambda$ 仅仅依赖于 x_i 和 λ。

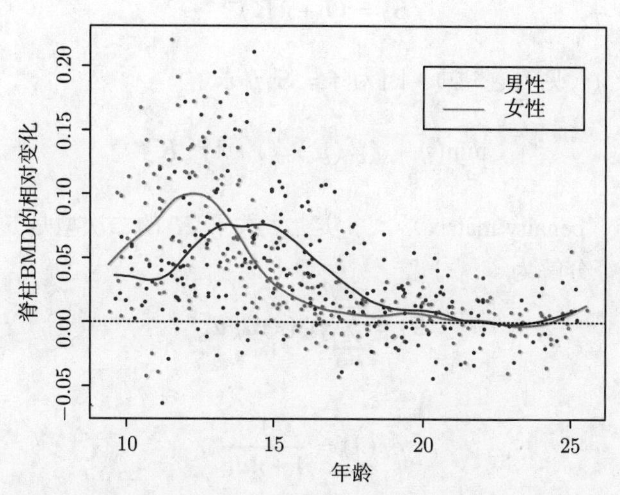

图 5–6　响应变量是青少年的脊柱骨骼矿物质密度的相对变化，是年龄的函数。对男性和女性使用了不同的平滑样条进行拟合，取 $\lambda \approx 0.00022$。该选择对应大约 12 个自由度

线性算子在经典的最小二乘拟合中更为人所熟知。假设 $\boldsymbol{B}_\xi$ 是 $N \times M$ 的矩阵，对应于 M 个三次样条的基函数在 N 个训练样本 x_i 上测得的函数值，其中 ξ 是节点序列，且 $M \ll N$，则拟合样条值的向量为

$$\begin{aligned}\hat{\boldsymbol{f}} &= \boldsymbol{B}_\xi(\boldsymbol{B}_\xi^\top\boldsymbol{B}_\xi)^{-1}\boldsymbol{B}_\xi^\top\boldsymbol{y} \\ &= \boldsymbol{H}_\xi\boldsymbol{y}\end{aligned} \tag{5.15}$$

这里，线性算子 $\boldsymbol{H}_\xi$ 是一个投影算子，在统计学里面也被称作帽矩阵（hat matrix）。$\boldsymbol{H}_\xi$ 和 $\boldsymbol{S}_\lambda$ 之间有一些重要的异同点。

- 两者都是对称半正定矩阵。
- $\boldsymbol{H}_\xi$ 是幂等阵（即 $\boldsymbol{H}_\xi\boldsymbol{H}_\xi = \boldsymbol{H}_\xi$），同时 $\boldsymbol{S}_\lambda\boldsymbol{S}_\lambda \leq \boldsymbol{S}_\lambda$，亦即右侧的矩阵减去左侧的矩阵仍然是一个半正定矩阵，这是 $\boldsymbol{S}_\lambda$ 的收缩性（shrinking）导致的结果，下面我们将会更加详细的讨论。
- $\boldsymbol{H}_\xi$ 的秩是 M 而 $\boldsymbol{S}_\lambda$ 的秩是 N。

等式 $M = \text{trace}(\boldsymbol{H}_\xi)$ 给出了投影空间的维数，也就是基函数的个数，因此是拟合涉及的参数个数。与此类似，定义平滑样条的有效自由度（effective degrees of freedom）为

$$\text{df}_\lambda = \text{trace}(\boldsymbol{S}_\lambda) \tag{5.16}$$

即 $\boldsymbol{S}_\lambda$ 矩阵对角元素之和。这个十分有用的定义允许我们用一种更直观的并且一致的方式来参数化平滑样条以及其他很多平滑方法。例如，图5–6中，我们令曲线中的每一条有 $\mathrm{df}_\lambda = 12$，通过数值求解关于 λ 的方程 $\mathrm{trace}(\boldsymbol{S}_\lambda) = 12$ 可得 $\lambda \approx 0.00022$。另外有很多支持这种自由度定义的论据，我们在这里将列出一些。

因为 $\boldsymbol{S}_\lambda$ 是对称的（且半正定的），所以存在一个实值的特征分解将其对角化。继续讨论之前，我们先把 $\boldsymbol{S}_\lambda$ 改写成为如下的 Reinsch 形式

$$\boldsymbol{S}_\lambda = (\boldsymbol{I} + \lambda \boldsymbol{K})^{-1} \tag{5.17}$$

其中 $\boldsymbol{K}$ 并不依赖于 λ（见习题5.9）。因为 $\hat{\boldsymbol{f}} = \boldsymbol{S}_\lambda \boldsymbol{y}$ 求解

$$\min_{\boldsymbol{f}} (\boldsymbol{y} - \boldsymbol{f})^\top (\boldsymbol{y} - \boldsymbol{f}) + \lambda \boldsymbol{f}^\top \boldsymbol{K} \boldsymbol{f} \tag{5.18}$$

其中 $\boldsymbol{K}$ 是*惩罚矩阵*（penalty matrix）。事实上，关于 $\boldsymbol{K}$ 的二次型是二阶差分（差商）平方加权和。$\boldsymbol{S}_\lambda$ 的特征分解为

$$\boldsymbol{S}_\lambda = \sum_{k=1}^{N} \rho_k(\lambda) \boldsymbol{u}_k \boldsymbol{u}_k^\top \tag{5.19}$$

其中

$$\rho_k(\lambda) = \frac{1}{1 + \lambda d_k} \tag{5.20}$$

这里 d_k 是矩阵 $\boldsymbol{K}$ 对应的特征值。图5–7上图是将三次平滑样条应用到某个空气污染数据（共 128 个观测）上获得的结果。两个拟合被给出：选择较大的 λ 得到了一个光滑的拟合结果，而选择较小的 λ 得到了较粗糙的拟合结果。图 5-7 中、左下图是对应平滑矩阵的特征值，图 5.7(c) 是对应的特征向量。特征表示下一些有意思的地方如下。

- 特征向量（eigenvectors）不受 λ 取值变化影响，因此（对特定的序列 $\boldsymbol{x}$ 的）由 λ 索引的整族平滑样条都有相同的特征向量。
- $\boldsymbol{S}_\lambda \boldsymbol{y} = \sum_{k=1}^{N} \boldsymbol{u}_k \rho_k(\lambda) \langle \boldsymbol{u}_k, \boldsymbol{y} \rangle$，因此平滑样条预测时，将 $\boldsymbol{y}$ 在（完备的）基 $\{\boldsymbol{u}_k\}$ 上进行分解，用 $\rho_k(\lambda)$ 不同程度地收缩贡献。这与基函数进行回归的方法（如回归样条）相反，回归中分量要么不变，要么收缩至零，也就是说如以上的投影矩阵 $\boldsymbol{H}_\xi$ 有 M 个为 1 的特征值，而其他的特征值全为 0。由于这个原因，平滑样条常称为*收缩*（shrinking）平滑方法，而回归样条被称为*投影*（projection）平滑方法（见图3–17）。
- 依照特征值 $\rho_k(\lambda)$ 降序排列的特征向量 $\boldsymbol{u}_k$，在复杂性上是增加的。也就是说，k 越大对应的是次数越高的多项式基函数，它们有更多的过零点行为[①]。因为 $\boldsymbol{S}_\lambda \boldsymbol{u}_k = \rho_k(\lambda) \boldsymbol{u}_k$，我们可以看出每个特征向量是如何被平滑样条收缩的：复杂性越高，收缩得越厉害。如果 X 的定义域是周期的，则 $\boldsymbol{u}_k$ 是不同频率下的正弦和余弦函数。
- 前两个特征值恒为 1，且它们对应的是 x 的线性函数张成的函数空间（见习题5.11），因此，这个子空间不会被收缩。

① 见图5–7右下图，横线是 $y = 0$，曲线和该横线交点的个数，随着 k 增大而增多。

- 特征值 $\rho_k(\lambda) = 1/(1+\lambda d_k)$ 是惩罚矩阵 $\boldsymbol{K}$ 的特征值 d_k 的逆函数，由 λ 调节；λ 控制着 $\rho_k(\lambda)$ 收缩到 0 的速率。$d_1 = d_2 = 0$ 和再次表明线性函数是不被惩罚的。
- 可以用基向量 $\boldsymbol{u}_k$（称为“Demmler-Reinsch 基”），对平滑样条进行重参数化。在这种情况，平滑样条求解优化问题：

$$\min_{\boldsymbol{\theta}} \|\boldsymbol{y} - \boldsymbol{U}\boldsymbol{\theta}\|^2 + \lambda\boldsymbol{\theta}^\top \boldsymbol{D}\boldsymbol{\theta} \tag{5.21}$$

  其中 $\boldsymbol{U}$ 的列为 $\boldsymbol{u}_k$，$\boldsymbol{D}$ 是对角阵，对角元是 d_k。
- $\mathrm{df}_\lambda = \mathrm{trace}(\boldsymbol{S}_\lambda) = \sum_{k=1}^{N} \rho_k(\lambda)$。对于投影平滑子，所有的特征值都是 1，每个特征值对应投影子空间的一个维度。

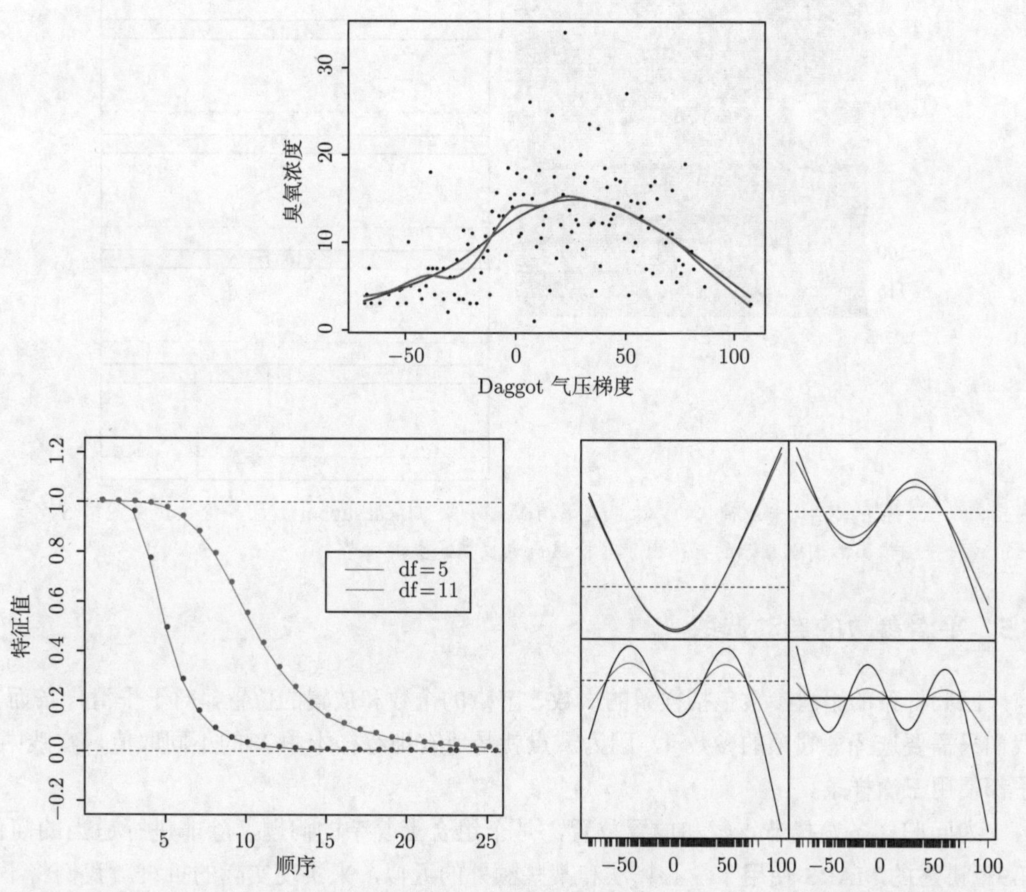

图 5–7　上图中，对以 Daggot 气压梯度为自变量的臭氧浓度使用平滑样条进行拟合。两次拟合的结果对应于不同的平滑参数，它们分别是取有效自由度 $\mathrm{df}_\lambda = \mathrm{trace}(\boldsymbol{S}_\lambda)$ 为 5 和 11 的时候计算出来 λ 值。左下图中，两个平滑样条对应平滑矩阵的前 25 个特征值。前两个特征值精确为 1，所有的都非负。右下图中，平滑矩阵的第三个到第六个特征向量。每个例子中，每个特征向量 $\boldsymbol{u}_k$ 均按对应样本 $\boldsymbol{x}$ 为横坐标来画，作为 x 的函数。图底部的点对应的就是数据点 x_i 的位置。曲线使用了 5 个自由度的平滑方法进行了拟合，因此图中所示是光滑的曲线

图5–8画的是平滑样条矩阵，每行按 x_i 来排序。这种带状表示表明，平滑样条是局部拟合方法，与第6章里讨论的局部加权回归（locally weighted regression）非常相像。右图上

详细显示了 $\boldsymbol{S}$ 中选择的行，这些函数我们称为等价核（equivalent kernel）。当 $\lambda \to 0$ 时，$\mathrm{df}_\lambda \to N$ 且 $\boldsymbol{S}_\lambda \to \boldsymbol{I}$，即 N 维单位阵；而当 $\lambda \to \infty$ 时，$\mathrm{df}_\lambda \to 2$ 且 $\boldsymbol{S}_\lambda \to \boldsymbol{H}$，也就是在 $\boldsymbol{x}$ 上做线性回归的帽矩阵。

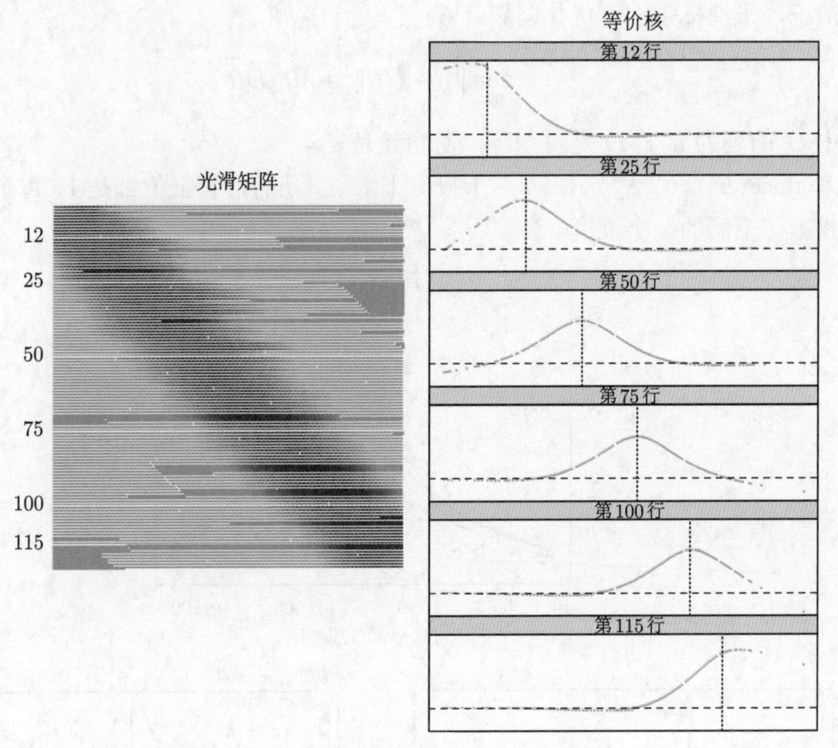

图 5–8　平滑样条矩阵几乎是带状的，表明是具有局部支集（local support）的等价核。左图将 $\boldsymbol{S}$ 的元素表示成一张图像。右图就指示的行画出了等价核或者权值函数的细节

5.5　平滑参数的自动选取

回归样条的平滑参数包括样条的次数、节点的个数和放置的位置，对于平滑样条而言，我们只需要选择惩罚项的参数 λ，因为节点就是所有训练样本中 X 的不同取值，实践中几乎都使用三次样条。

为回归样条选择节点数和放置位置，是个组合上复杂的问题，除非进行适当的简化。第9章讲述的 MARS 使用了贪心算法和某些额外的近似，来实现实际的折衷。我们将不会在这里进行更深入的讨论。

5.5.1　固定自由度

对平滑样条而言，$\mathrm{df}_\lambda = \mathrm{trace}(\boldsymbol{S}_\lambda)$ 是关于 λ 的单调函数，因此我们可以反转这个关系，通过固定 df 来求出 λ。实际应用中，这可以用数值方法求解。比如在 R 语言里，可以用 smooth.spline(x, y, df=6) 来表明需要平滑的程度。这就促成了一种更传统的模型选择方案，那里我们可以测试几个不同的 df 取值，并基于近似 F 检验、残差图或者别的主观准则选择

其中之一。像这样使用 df 提供了一种统一的方法来比较很多不同类型的平滑方法。这对广义加性模型（见第9章）尤为有用，那里，一个模型可以使用多个平滑方法。

5.5.2　偏差—方差折衷

图5–9表明了在应用平滑样条到如下简单的例子时，选择 df_λ 的效果，

$$\begin{aligned} Y &= f(X) + \varepsilon \\ f(X) &= \frac{\sin(12(X+0.2))}{X+0.2} \end{aligned} \tag{5.22}$$

其中 $X \sim U[0,1]$ 且 $\varepsilon \sim N(0,1)$。训练样本包括从该模型中独立抽取的 $N = 100$ 对 x_i, y_i。

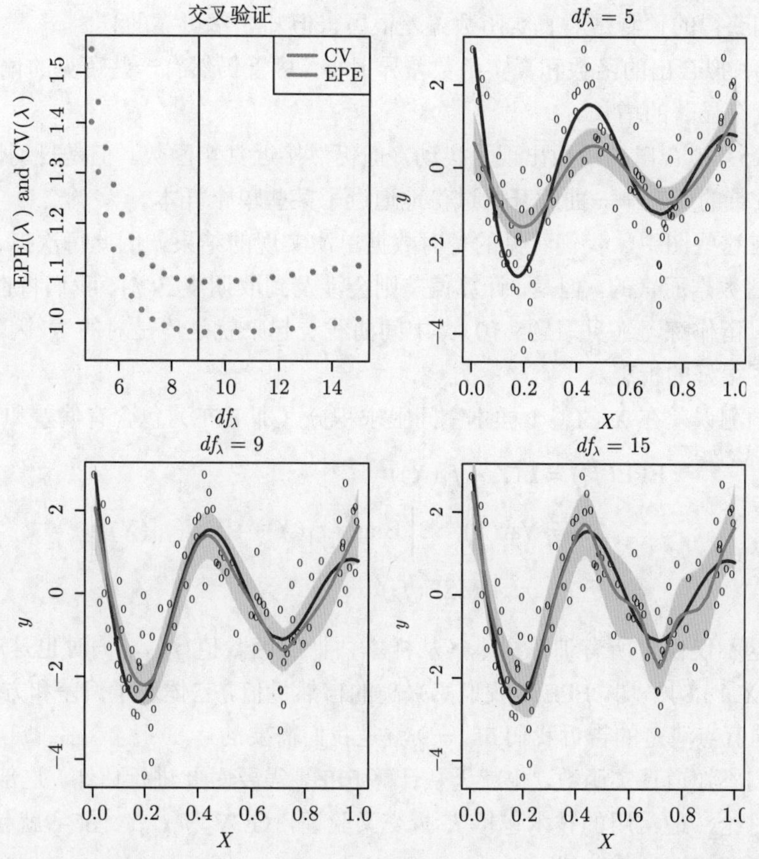

图 5–9　第一个图显示的是实现非线性加性模型(5.22)得到的 EPE(λ) 以及 CV(λ) 曲线。其余的三个图显示的是数据，真实函数（紫色），拟合的曲线（绿色）以及黄色表示的区域对应的 ±2 倍的标准差，每幅图对应三个不同的 df_λ

图中展示了使用三个不同的 df_λ 取值拟合出来的样条。黄色阴影区域表示的是 $\hat{\boldsymbol{f}}_\lambda$ 的逐点标准误差，亦即我们将 $\hat{\boldsymbol{f}}_\lambda(x) \pm 2 \cdot \mathrm{se}(\hat{\boldsymbol{f}}_\lambda(x))$ 之间的区域涂成黄色。因为 $\hat{\boldsymbol{f}} = \boldsymbol{S}_\lambda \boldsymbol{y}$，所以

$$\begin{aligned} \mathrm{Cov}(\hat{\boldsymbol{f}}) &= \boldsymbol{S}_\lambda \mathrm{Cov}(\boldsymbol{y}) \boldsymbol{S}_\lambda^\top \\ &= \boldsymbol{S}_\lambda \boldsymbol{S}_\lambda^\top \end{aligned} \tag{5.23}$$

该式对角元就是在训练样本 x_i 处的逐点方差。偏差由下式给出：

$$\begin{aligned}\text{Bias}(\hat{\boldsymbol{f}}) &= \boldsymbol{f} - \mathbb{E}(\hat{\boldsymbol{f}}) \\ &= \boldsymbol{f} - \boldsymbol{S}_\lambda \boldsymbol{f}\end{aligned} \tag{5.24}$$

其中 $\boldsymbol{f}$ 是真实函数 f 在训练样本 X 上估计的（未知的）向量。所求得的期望和方差都是从模型(5.22)反复采样的 $N = 100$ 个样本上获得的。使用类似的方法，我们可以计算出任意点 x_0 上的方差 $\text{Var}(\hat{f}_\lambda(x_0))$ 和偏差 $\text{Bias}(\hat{f}_\lambda(x_0))$（见习题5.10）。图中所示的三个拟合结果很好地可视化了在选择平滑参数的过程中偏差方差的均衡。

- $\text{df}_\lambda = 5$：样条欠拟合，很明显的是对波峰值预测偏小或截峰，对波谷值预测偏大或填充了。这导致在曲率高的区域会产生了很剧烈的偏差。图中标准差的波带窄小，因此我们获得的预测是对真实函数偏差很厉害但却非常可靠的！
- $\text{df}_\lambda = 9$：拟合出的函数和真实函数差异很小，尽管仍然有一些可见的偏差。同时，方差并没有显著的增长。
- $\text{df}_\lambda = 15$：拟合出的函数出现了抖动，但仍然接近真实函数。但是抖动性也解释了标准差波带的变宽——曲线开始过份地逼近了某些单个样本。

注意，在这些图中，我们看见的是对数据单次实现的结果，因此每次拟合出来的函数 $\hat{f}_\lambda$ 也是对这些数据而言的。但是，计算偏差则会涉及到取期望 $\mathbb{E}(\hat{f})$。我们将也展示偏差的、相似图的计算留作练习（见习题5.10）。中间曲线看起来就是“是对的”，因为它在偏差和方差之间做了很好的折衷。

对平方预测误差在 X 的整个样本空间上求积分（即 EPE）包含有偏差和方差两者，

$$\begin{aligned}\text{EPE}(\hat{f}_\lambda) &= \mathbb{E}(Y - \hat{f}_\lambda(X))^2 \\ &= \text{Var}(Y) + \mathbb{E}\Big[\text{Bias}^2(\hat{f}_\lambda(X)) + \text{Var}(\hat{f}_\lambda(X))\Big] \\ &= \sigma^2 + \text{MSE}(\hat{f}_\lambda)\end{aligned} \tag{5.25}$$

需要注意，这不仅仅对所有训练样本（从样本估计的函数值 $\hat{f}_\lambda$），同时也是对（独立抽取的）预测点 (X, Y) 的平均。EPE 是我们感兴趣的自然量值，它体现了偏差和方差的折衷。在图5–9(a) 中的蓝点清楚的告诉我们 $\text{df}_\lambda = 9$ 就是我们需要的。

因此我们不知道真实函数，也就无从计算 EPE，需要对此进行估计。这部分将在第7章较为详细的讨论，最常用的技术包括 K 折交叉验证，GCV 和 C_p。图5–9就包含了 N 折交叉验证（又叫留一法）的曲线：

$$\text{CV}(\hat{f}_\lambda) = \frac{1}{N}\sum_{i=1}^{N}(y_i - \hat{f}_\lambda^{(-i)}(x_i))^2 \tag{5.26}$$

$$= \frac{1}{N}\sum_{i=1}^{N}\left(\frac{y_1 - \hat{f}_\lambda(x_i)}{1 - S_\lambda(i,i)}\right)^2 \tag{5.27}$$

这可以从最初拟合的结果以及 $\boldsymbol{S}_\lambda$ 的对角元 $S_\lambda(i,i)$，对每个给定 λ 值计算出 CV 值（见习题5.13）。

EPE 和 CV 曲线有相似的形状，但是整条 CV 曲线都在 EPE 曲线之下。对某些实现，这个情况是反过来的，但 CV 曲线整体是对 EPE 曲线做的近似无偏估计。

5.6 非参 Logistic 回归

第5.4节中，式(5.9)所描述的平滑样条问题是在回归这类情况下提出来的。将该技术引入到其他领域是非常直接的。这里我们考虑单个定量输入 X 的 logistic 回归模型，

$$\log \frac{\Pr(Y=1 \mid X=x)}{\Pr(Y=0 \mid X=x)} = f(x) \tag{5.28}$$

意味着

$$\Pr(Y=1 \mid X=x) = \frac{e^{f(x)}}{1+e^{f(x)}} \tag{5.29}$$

用光滑的方式拟合 $f(x)$ 导致条件概率 $\Pr(Y=1 \mid X)$ 的光滑估计，这可用于分类或者评估风险。

我们建立如下带罚对数似然准则，

$$\begin{aligned}\ell(f;\lambda) &= \sum_{i=1}^{N}\left[y_i \log p(x_i) + (1-y_i)\log(1-p(x_i))\right] - \frac{1}{2}\lambda\int \{f''(t)\}^2\,\mathrm{d}t \\ &= \sum_{i=1}^{N}\left[y_i f(x_i) - \log(1+e^{f(x_i)})\right] - \frac{1}{2}\lambda\int \{f''(t)\}^2\,\mathrm{d}t\end{aligned} \tag{5.30}$$

这里，我们将 $\Pr(Y=1 \mid x)$ 简写为 $p(x)$。该表达式第一项是二项分布（参见第4章）的对数似然函数。利用与第5.4节类似的方法可以证明最优 f 是唯一值 x 为节点的有限维自然样条。这意味着 $f(x)=\sum_{j=1}^{N} N_j(x)\theta_j$。这样，计算一阶和二阶导函数，

$$\frac{\partial \ell(\theta)}{\partial \theta} = \boldsymbol{N}^{\top}(\boldsymbol{y}-\boldsymbol{p}) - \lambda\boldsymbol{\Omega}\theta \tag{5.31}$$

$$\frac{\partial^2 \ell(\theta)}{\partial\theta\partial\theta^{\top}} = -\boldsymbol{N}^{\top}\boldsymbol{W}\boldsymbol{N} - \lambda\boldsymbol{\Omega} \tag{5.32}$$

其中 $\boldsymbol{p}$ 是 N 维向量，其元素为 $p(x_i)$，$\boldsymbol{W}$ 是以权值 $p(x_i)(1-p(x_i))$ 为对角元的对角矩阵。式(5.31)中的一阶导函数是 θ 的非线性函数，因此需要使用类似第4.4.1节中的迭代算法。对线性 Logistic 回归，应用式(4.23)和(4.26)中的牛顿-拉夫逊（Newton-Raphson）算法，这里迭代的更新方程为

$$\begin{aligned}\theta^{\text{new}} &= (\boldsymbol{N}^{\top}\boldsymbol{W}\boldsymbol{N}+\lambda\boldsymbol{\Omega})^{-1}\boldsymbol{N}^{\top}\boldsymbol{W}(\boldsymbol{N}\theta^{\text{old}}+\boldsymbol{W}^{-1}(\boldsymbol{y}-\boldsymbol{p})) \\ &= (\boldsymbol{N}^{\top}\boldsymbol{W}\boldsymbol{N}+\lambda\boldsymbol{\Omega})^{-1}\boldsymbol{N}^{\top}\boldsymbol{W}\boldsymbol{z}\end{aligned} \tag{5.33}$$

用拟合出的函数值也可以表达这个更新，

$$\begin{aligned}\boldsymbol{f}^{\text{new}} &= \boldsymbol{N}(\boldsymbol{N}^{\top}\boldsymbol{W}\boldsymbol{N}+\lambda\boldsymbol{\Omega})^{-1}\boldsymbol{N}^{\top}\boldsymbol{W}\left(\boldsymbol{f}^{\text{old}}+\boldsymbol{W}^{-1}(\boldsymbol{y}-\boldsymbol{p})\right) \\ &= \boldsymbol{S}_{\lambda,w}\boldsymbol{z}\end{aligned} \tag{5.34}$$

对比(5.12)与(5.14)，我们可以发现，每次更新都是对当前迭代的响应 $\boldsymbol{z}$ 拟合了一个加权平滑样条（见习题5.12）。

式(5.34)非常有启发性。它试图用任意的非参数（加权）回归算子替换 $\boldsymbol{S}_{\lambda,w}$，获得一族一般性的非参 logistic 回归模型。尽管这里 x 是一维的，这个过程对更高维的 x 同样适用。此扩展是广义加性模型（generalized additive models）的核心思想，我们将在第9章讨论。

5.7 多维样条

迄今为止，我们仅仅关心一维的样条模型。前面讲述的方法都在多维情况下有类似的算法。假定 $X \in \mathbb{R}^2$，对于坐标 X_1 有基函数 $h_{1k}(X_1), k = 1, \ldots, M_1$，类似对坐标 X_2 有 M_2 个函数 $h_{2k}(X_2)$，则定义为

$$g_{jk}(X) = h_{1j}(X_1)h_{2k}(X_2), \quad j = 1, \ldots, M_1, k = 1, \ldots, M_2 \tag{5.35}$$

$M_1 \times M_2$ 维的张量积（tensor product）基函数可以用来表示二元函数

$$g(X) = \sum_{j=1}^{M_1}\sum_{k=1}^{M_2} \theta_{jk} g_{jk}(X) \tag{5.36}$$

图5–10是一组使用 B 样条获得的张量积基函数。和前面一样，其系数可以用最小二乘法进行拟合。这种方法能推广到 d 维，但需注意，随着维数的增加，基函数的个数是指数增长的，这也是维数灾的另外一种表象。第9章讨论的 MARS 就是为了避免这个问题设计的贪心前向算法，它仅仅选择那些最小二乘必需的张量积基函数。

图5–11展示了加性（additive）和张量积（自然）样条在第2章的仿真分类数据上的区别。我们用 logistic 回归模型 $\text{logit}[\Pr(T \mid x)] = h(x)^\top \boldsymbol{\theta}$ 对二值响应进行拟合，估计出的决策边界是等高线 $h(x)^\top \hat{\boldsymbol{\theta}} = 0$。张量积基函数可以获得更为灵活的决策边界，但是同时也引入了一些伪结构。

（通过正则化获得的）一元平滑样条也可以推广到高维情形。假设有样本对 y_i, x_i，且 $\in \mathbb{R}^d$，我们希望找到 d 元回归函数 $f(x)$。想法是求解如下的优化问题，

$$\min_f \sum_{i=1}^{N} \{y_i - f(x_i)\}^2 + \lambda J[f] \tag{5.37}$$

其中 J 是一个合适的惩罚泛函，用于让函数 f 在 $\mathbb{R}^d$ 空间保持某种性质。例如，一元函数的粗糙性惩罚函数(5.9)在 $\mathbb{R}^2$ 上的自然推广是

$$J[f] = \iint_{\mathbb{R}^2} \left[\left(\frac{\partial^2 f(x)}{\partial x_1^2}\right)^2 + 2\left(\frac{\partial^2 f(x)}{\partial x_1 \partial x_2}\right)^2 + \left(\frac{\partial^2 f(x)}{\partial x_2^2}\right)^2 \right] \mathrm{d}x_1\,\mathrm{d}x_2 \tag{5.38}$$

使用这个惩罚函数对(5.37)进行优化可以获得两维的光滑曲面，称为薄板样条（thin-plate spline）。它和一维的三次平滑样条有许多共性：

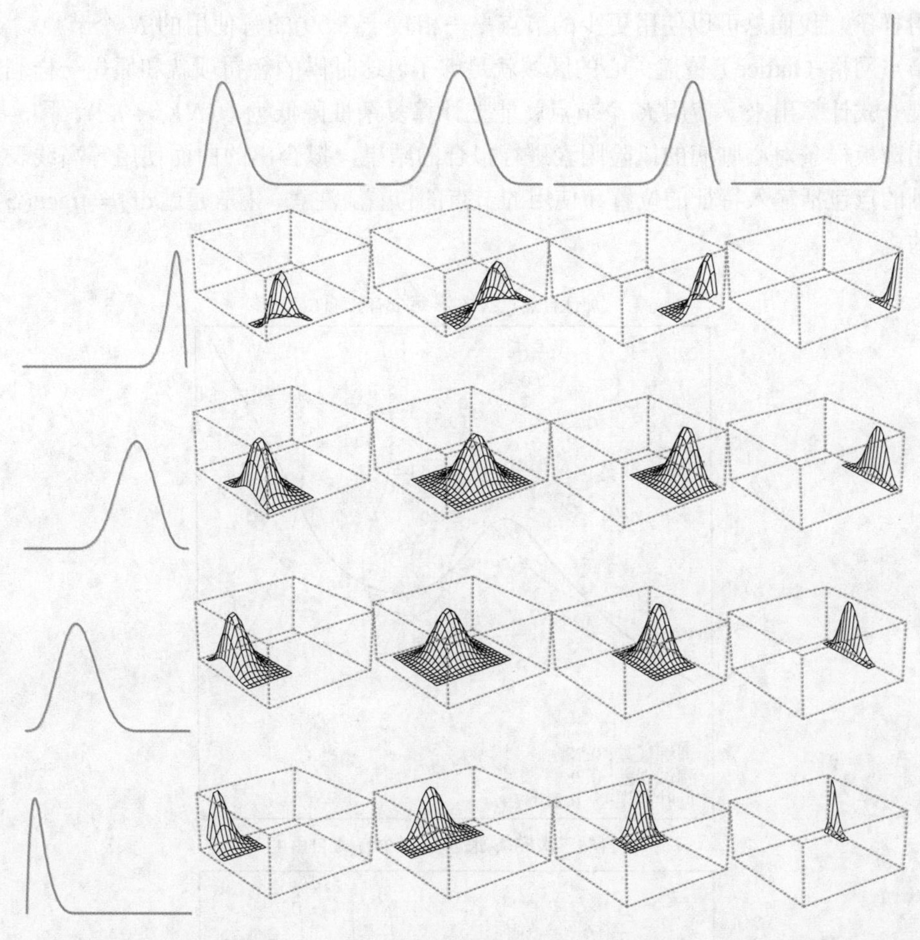

图 5–10　B 样条的张量积基函数，显示某些选定的对。每个二元函数都是对应一元边际函数的张量积

- 当 $\lambda \to 0$ 时，解逼近一个插值函数（对应式(5.38)有最小的惩罚函数值）；
- 当 $\lambda \to \infty$，解趋近于最小二乘拟合的平面；
- 对于中间取值的 λ，解是基函数的线性组合，系数是通过广义岭回归的一种形式计算出来的。

解具有如下形式

$$f(x) = \beta_0 + \beta^\top x + \sum_{j=1}^{N} \alpha_j h_j(x) \tag{5.39}$$

其中 $h_j(x) = \|x - x_j\|^2 \log \|x - x_j\|^2$。这些 h_j 就是径向基函数（radial basis function），这将在下一节详细讨论。系数可以通过将式(5.39)代入(5.37)计算出来，这又简化成一个有限维带罚最小二乘问题。对于惩罚是有限的，系数 α_j 必须满足一组线性约束集，参见习题5.14。

薄板样条可以在任意 d 维空间上得到更具有一般性的定义，只要我们能提供更具有一般性且合适的 J。

实际上，有很多常用的混合方法，在计算上和概念上都很简洁。与一维的平滑样条不同，薄板样条的计算复杂性为 $O(N^3)$，因为通常没有任何可供利用的稀疏结构。然而，对一元平滑样条，我们总可以使用更少的节点——相较于(5.39)的解使用的 N 个节点。实际上，使用节点网格（lattice）覆盖关心的区域就足够了。这时候的惩罚项就和原先一样利用简化后的展开式计算出来。使用 K 个节点就能把计算复杂性降低为 $O(NK^2 + K^3)$。图5–12显示的是用薄板样条对心脏病的风险因素进行拟合的结果，拟合出的曲面使用等高线表示。图中所画的点包括输入特征的位置和使用的节点的位置。注意，λ 是通过 $\mathrm{df}_\lambda = \mathrm{trace}(\boldsymbol{S}_\lambda) = 15$ 确定的。

加性自然三次样条-每个有 4 自由度

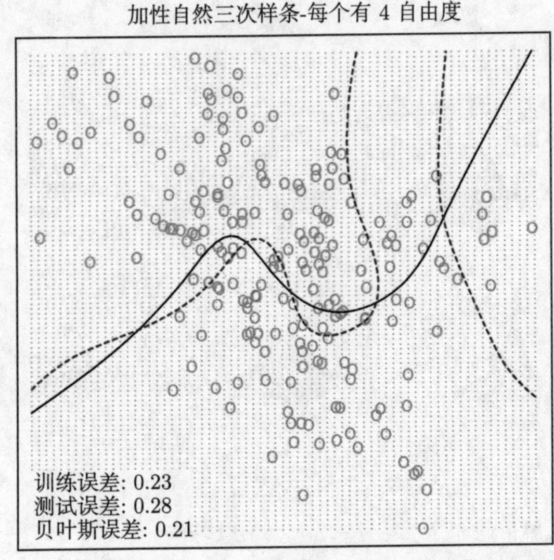

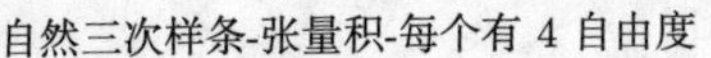

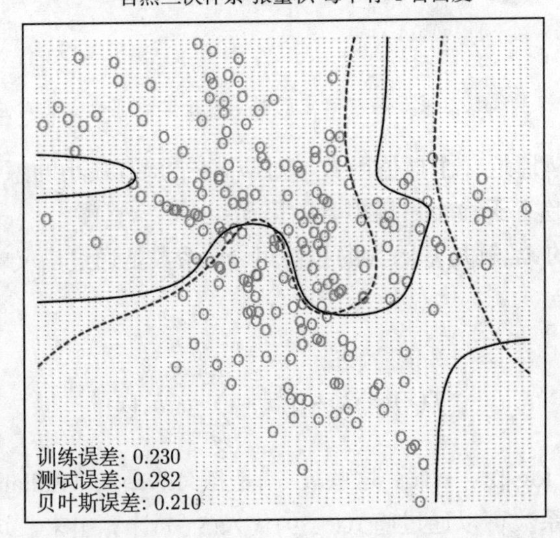

图 5–11 前面第 2 章图2–1所示仿真数据。上图显示的是加性 logistic 回归模型的决策边界，对每个坐标使用自然样条，其总的自由度为 $df = 1 + (4-1) + (4-1) = 7$。下图是使用自然样条的张量积基函数获得的结果（总共的自由度是 $df = 4 \times 4 = 16$）。其中紫色的虚线是该问题的贝叶斯决策边界

更一般的作法，是将函数 $f \in \mathbb{R}^d$ 用任意大的一族基函数展开，然后通过应用如式(5.38)的正则化项控制模型的复杂度。例如，我们可以如式(5.35)一样，把所有一元平滑

样条基成对形成张量积扩展，来获得高维空间的样条基，例如，使用第5.9.2节所推荐的一元 B 样条基。这导致的结果是随维数的增加，基函数个数指数增长。结果，我们不得不把每个坐标对应的基函数数目相应减少。

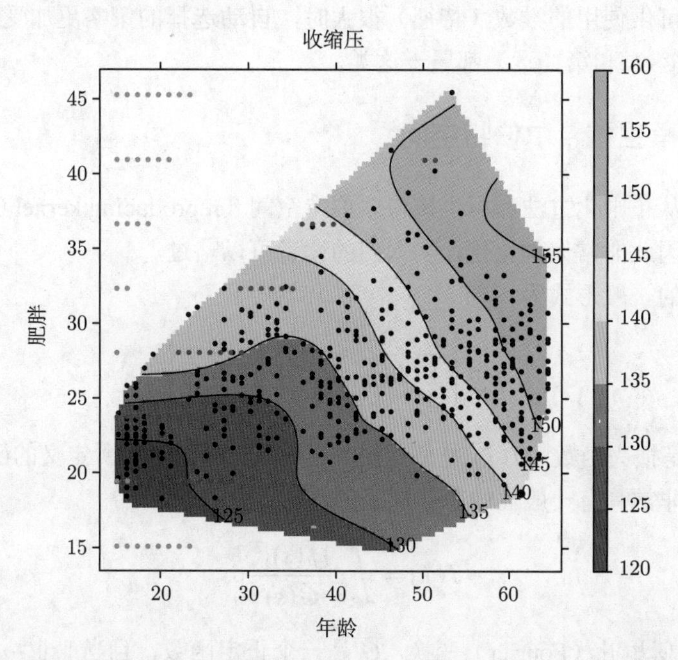

图 5-12　对心脏病数据的薄板样条拟合结果，以等高线形式显示在图中。响应是收缩压，作为年龄和肥胖的函数。数据点在图中用黑点标出，网格点是用红色或绿色的点标出。要注意，节点仅仅使用数据点围成凸包内的节点（红点），而不要使用在外面的节点（绿点）

在第9章讲述的加性样条模型是一类受限的多维样条。当然，它们可以用一般形式表达出来，也就是说存在某个惩罚函数确保解的形式为 $f(X)=\alpha+f_1(X)+\cdots+f_d(X_d)$，且每个函数 f_j 都是一元样条。这种情况下，惩罚项存在退化，更自然地是直接假定 f 是加性的，然后只需要对每一个成分用一个额外的惩罚项，

$$\begin{aligned} J(f) &= J(f_1+f_2+\cdots+f_d) \\ &= \sum_{j=1}^{d}\int f_j''(t_j)^2\,\mathrm{d}t_j \end{aligned} \tag{5.40}$$

很自然就能扩展到 ANOVA 样条分解，

$$f(X)=\alpha+\sum_j f_j(X_j)+\sum_{j<k} f_{jk}(X_j,X_k)+\cdots \tag{5.41}$$

其中每一项都是要求的维上的样条。这里需要做出多个选择。

- 交叉项出现的最大阶数——上式中我们提到两阶交叉项。
- 哪一些项最终需要——不是所有主要影响的和交叉项都需要。

- 使用哪种表达形式——选择包括两个：第一，每个坐标考虑相对少量基函数的回归样条，使用它们的张量积作为需要的交叉项；第二，平滑样条一族完备的基，并且对展开式中每项包括合适的正则化惩罚。

许多情况下，当可供使用的维数（特征）很大时，自动选择的策略更加受欢迎。MARS 和 MART（分别见第9章和第10章）都属于这类。

5.8 正则化与再生核希尔伯特空间

本节我们将从正则化方法和再生核希尔伯特空间（reproducing kernel Hilbert space）的角度讨论样条，因此非常偏理论化，初入门的读者可以略过。

正则化问题的一般形式为

$$\min_{f\in\mathcal{H}}\left[\sum_{i=1}^{N}L(y_i,f(x_i))+\lambda J(f)\right] \tag{5.42}$$

其中 $L(y,f(x))$ 是损失函数，$J(f)$ 是惩罚泛函，$\mathcal{H}$ 是泛函 $J(f)$ 所定义的函数空间。Girosi 等 (1995)描述了非常具有一般性的惩罚泛函的形式：

$$J(f)=\int_{\mathbb{R}^d}\frac{|\tilde{f}(s)|^2}{\tilde{G}(s)}\,\mathrm{d}s \tag{5.43}$$

其中 $\tilde{f}$ 表示 f 的傅里叶（Fourier）变换，$\tilde{G}$ 是一个正定函数，且当 $\|s\|\to\infty$ 时趋于 0。其想法在于 $1/\tilde{G}$ 增加了对 f 的高频分量的惩罚。在某些额外的假设下，证明解有如下形式

$$f(X)=\sum_{k=1}^{K}\alpha_k\phi_k(X)+\sum_{i=1}^{N}\theta_iG(X-x_i) \tag{5.44}$$

其中，ϕ_k 张成惩罚泛函 J 的零空间，G 是 $\tilde{G}$ 的逆傅里叶变换。平滑样条和薄板样条都可以归入该框架。这个解值得一提的特点是，尽管式(5.42)中准则定义于无限维空间，其解却是有限维的。下面几节中，我们将看到几个具体的例子。

5.8.1 核生成的函数空间

式(5.42)问题中一个重要的子类是由正定核函数 $K(x,y)$ 产生的，对应的函数空间 $\mathcal{H}_K$ 称之为再生核希尔伯特空间（reproducing kernel Hilbert space，简写为 RKHS）惩罚泛函 J 也是按核函数定义的。这里我们对此类模型给予一个简短的介绍，选自Wahba (1990)和 Girosi 等 (1995)，Evgeniou 等 (2000)针对该模型进行一个不错的总结。

令 $x,y\in\mathbb{R}^p$。考虑函数空间是由 $\{K(\cdot,y),y\in\mathbb{R}^p\}$ 的线性展开而生成的，即任意形式为 $f(x)=\sum_m\alpha_mK(x,y_m)$ 的线性组合，其中的核函数都看做是第一个变量的函数，而把第二个变量来索引。假设 K 存在一个特征展开

$$K(x,y)=\sum_{i=1}^{\infty}\gamma_i\phi_i(x)\phi_i(y) \tag{5.45}$$

其中 $\gamma_i \geqslant 0, \sum_{i=1}^{\infty} \gamma_i^2 < \infty$。函数空间 $\mathcal{H}_K$ 的元素因此按这些特征函数来展开，

$$f(x) = \sum_{i=1}^{\infty} c_i \phi_i(x) \tag{5.46}$$

且具有约束

$$\|f\|_{\mathcal{H}_K}^2 \stackrel{\text{def}}{=} \sum_{i=1}^{\infty} c_i^2 / \gamma_i < \infty \tag{5.47}$$

其中 $\|f\|_{\mathcal{H}_K}$ 就是由 K 导出的范数。式(5.42)中关于空间 $\mathcal{H}_K$ 的惩罚泛函定义为范数的平方 $J(f) = \|f\|_{\mathcal{H}_K}^2$。$J(f)$ 可以被解释为广义岭回归的惩罚项，展开式(5.45)中特征值较大的函数被惩罚得较少，而特征值较小的惩罚得较大。

将式(5.42)重写为

$$\min_{f \in \mathcal{H}_K} \left[\sum_{i=1}^{N} L(y_i, f(x_i)) + \lambda \|f\|_{\mathcal{H}_K}^2 \right] \tag{5.48}$$

或者等价于

$$\min_{\{c_j\}_1^{\infty}} \left[\sum_{i=1}^{N} L(y_i, \sum_{j=1}^{\infty} c_j \phi_j(x_i)) + \lambda \sum_{j=1}^{\infty} c_j^2 / \gamma_j \right] \tag{5.49}$$

可以证明 (见 Wahba, 1990, 和习题5.15)，式(5.48)的解是有限维的，且有如下形式

$$f(x) = \sum_{i=1}^{N} \alpha_i K(x, x_i) \tag{5.50}$$

基函数 $h_i(x) = K(x, x_i)$（看作是第一个变量的函数）被称为 $\mathcal{H}_K$ 空间在 x_i 的评估表示子（representer of evaluation），因为对于任意 $f \in \mathcal{H}_K$，$\langle K(\cdot, x_i), f \rangle_{\mathcal{H}_K} = f(x_i)$。类似的 $\langle K(\cdot, x_i), K(\cdot, x_j) \rangle_{\mathcal{H}_K} = K(x_i, x_j)$，这就是 $\mathcal{H}_K$ 空间的再生性（reproducing property），因此对于给定的函数 $f(x) = \sum_{i=1}^{N} \alpha_i K(x, x_i)$，有

$$J(f) = \sum_{i=1}^{N} \sum_{j=1}^{N} K(x_i, x_j) \alpha_i \alpha_j. \tag{5.51}$$

根据式(5.50)和(5.51)，式(5.48)可简化到有限维优化准则

$$\min_{\boldsymbol{\alpha}} L(\boldsymbol{y}, \boldsymbol{K\alpha}) + \lambda \boldsymbol{\alpha}^\top \boldsymbol{K\alpha} \tag{5.52}$$

这里我们用了向量表达，其中 $\boldsymbol{K}$ 是一个 $N \times N$ 的矩阵，其第 i 行第 j 列个元素为 $K(x_i, x_j)$。我们可以找到简单的数值算法用于求解(5.52)中的优化问题。在关于支撑向量机（见第12章）的文献中，这个无限维优化问题(5.48)或(5.49)简化成为有限维优化问题的现象被称为核性质（kernel property）。

这类模型有一个贝叶斯的解释：函数 f 被解释为，具有先验协方差函数 K，零均值静态高斯过程的实现。K 特征分解产生了一族正交的特征函数 $\phi_j(x)$ 和对应的方差 γ_j。典型的情

况是“光滑的”函数 ϕ_j 有较大的先验方差，而“粗糙的” ϕ_j 有较小的先验方差。式(5.48)中的惩罚项就是先验对联合对数似然函数的贡献，惩罚了含有较小方差的分量，请对照式(5.43)。

简单起见，我们这里仅仅对 $\mathcal{H}$ 中所有分量都受到惩罚的情况，如(5.48)进行的分析。更一般地，$\mathcal{H}$ 中可能有我们希望不受影响的分量，比如第5.4节中三次平滑样条中的线性函数。第5.7节讲的多维薄板样条和张量积样条也属于这一类别。这些情况下更方便的表示是 $\mathcal{H} = \mathcal{H}_0 \oplus \mathcal{H}_1$，其中 $\mathcal{H}_0$ 是惩罚泛函 J 的零空间，通常由次数较低的多项式张成，该空间的函数不受到惩罚。这样，惩罚项变为 $J(f) = \|P_1 f\|$，其中 P_1 是 f 到 $\mathcal{H}_1$ 上的正交投影算子。这时，解的形式为 $f(x) = \sum_{j=1}^M \beta_j h_j(x) + \sum_{i=1}^N \alpha_i K(x, x_i)$，其中第一项对应的是 $\mathcal{H}_0$ 上的展开。从贝叶斯统计的角度，$\mathcal{H}_0$ 空间上分量的系数的先验是不适定的（improper），其方差是无限大。

5.8.2 RKHS 的例子

上述理论需要选择核函数 K 以及损失函数 L。我们先考虑使用平方误差作为损失的回归问题。这种情况下，式(5.48)特化成为带罚最小二乘，解可以用与式(5.49)或者(5.52)分别等价的两种方式表示出来：

$$\min_{\{c_j\}_1^\infty} \sum_{i=1}^{\infty} \left(y_i - \sum_{j=1}^{\infty} c_j \phi_j(x_i) \right)^2 + \lambda \sum_{j=1}^{\infty} \frac{c_j^2}{\gamma_j} \tag{5.53}$$

这个无限维，广义岭回归问题，或者

$$\min_{\boldsymbol{\alpha}} (\boldsymbol{y} - \boldsymbol{K}\boldsymbol{\alpha})^\top (\boldsymbol{y} - \boldsymbol{K}\boldsymbol{\alpha}) + \lambda \boldsymbol{\alpha}^\top \boldsymbol{K}\boldsymbol{\alpha} \tag{5.54}$$

优化问题的解 $\boldsymbol{\alpha}$ 很容易获得

$$\hat{\boldsymbol{\alpha}} = (\boldsymbol{K} + \lambda \boldsymbol{I})^{-1} \boldsymbol{y} \tag{5.55}$$

且

$$\hat{f}(x) = \sum_{j=1}^{N} \hat{\alpha}_j K(x, x_j) \tag{5.56}$$

在样本点上拟合出的 N 个函数值为

$$\begin{aligned} \hat{\boldsymbol{f}} &= \boldsymbol{K}\boldsymbol{\alpha} \\ &= \boldsymbol{K}(\boldsymbol{K} + \lambda \boldsymbol{I})^{-1} \boldsymbol{y} \qquad (5.57) \\ &= (\boldsymbol{I} + \lambda \boldsymbol{K}^{-1})^{-1} \boldsymbol{y} \qquad (5.58) \end{aligned}$$

式(5.57)的估计也在空间统计（spatial statistics）的高斯随机场的克里格估计中出现了 (Cressie, 1993)。可以将式(5.58)与式(5.17)中的平滑样条拟合比照一下。

带罚多项式回归

核函数 $K(x,y)=(\langle x,y\rangle+1)^d$ (Vapnik, 1996)，其中 $x,y\in\mathbb{R}^p$，拥有 $M=\binom{p+d}{d}$ 个特征函数，它们张成了 $\mathbb{R}^p$ 上次数不超过 d 的多项式函数。例如，对 $p=2$ 且 $d=2$，这时 $M=6$ 且

$$K(x,y)=1+2x_1y_1+2x_2y_2+x_1^2y_1^2+x_2^2y_2^2+2x_1x_2y_1y_2 \tag{5.59}$$

$$=\sum_{m=1}^{M}h_m(x)h_m(y) \tag{5.60}$$

其中

$$h(x)^\top=(1,\sqrt{2}x_1,\sqrt{2}x_2,x_1^2,x_2^2,\sqrt{2}x_1x_2) \tag{5.61}$$

可以用 M 个正交的特征函数和 K 的特征值来表示 h,

$$h(x)=\boldsymbol{V}\boldsymbol{D}_\gamma^{\frac{1}{2}}\phi(x) \tag{5.62}$$

其中 $\boldsymbol{D}_\gamma=\mathrm{diag}(\gamma_1,\gamma_2,\dots,\gamma_M)$，$\boldsymbol{V}$ 是 $M\times M$ 的正交阵。

假设我们期望求解如下带罚多项式回归问题

$$\min_{\{\beta_m\}_1^M}\sum_{i=1}^{N}\left(y_i-\sum_{m=1}^{M}\beta_m h_m(x_i)\right)^2+\lambda\sum_{m=1}^{M}\beta_m^2 \tag{5.63}$$

将式(5.62)代入(5.63)，我们就获得了要优化的表达式式(5.53)（见习题5.16）。

基函数的个数 $M=\binom{p+d}{d}$ 可以非常大，通常远远大于样本个数 N。式(5.55)告诉我们用核表示解函数，我们仅仅需要对核评估 N^2 次，求解需要 $O(N^3)$ 次操作。

这种简化并非明显。式(5.61)中每个多项式 h_m 从给定的 K 导出时都含有一个系数，这会影响到式(5.63)中的惩罚项。我们将在下一节详细解释这一点。

高斯径向基函数

前面的例子里面，选择该核是因为它表示了多项式展开，因此能方便的计算高维空间的内积。这里我们选用的核函数是因为其在式(5.50)中的函数形式。

例如，选取高斯核函数 $K(x,y)=e^{-\nu\|x-y\|^2}$ 和平方误差损失，就是用高斯径向基函数展开的回归模型，其基：

$$k_m(x)=e^{-\nu\|x-x_m\|^2},m=1,\dots,N \tag{5.64}$$

是以每个训练样本 x_m 为中心。对应的系数用(5.54)估计。

图5–13展示了 $\mathbb{R}^1$ 中的径向核函数，数据是第14章的混合分布的例子中第一个坐标。图中画出了 200 个基函数 $k_m(x)=K(x,x_m)$ 中的五个。

图5–14展示了 $x\in\mathbb{R}^1$ 上径向核对应的隐含特征空间。我们求出了一个 200×200 的核矩阵 $\boldsymbol{K}$ 以及它的特征分解 $\boldsymbol{\Phi}\boldsymbol{D}_\gamma\boldsymbol{\Phi}^\top$。我们可以把 $\boldsymbol{\Phi}$ 的列以及对应 $\boldsymbol{D}_\gamma$ 对角元上的特征值

作为式(5.45)的一个经验估计①。尽管特征向量是离散的，我们也可以把它们当作是 $\mathbb{R}^1$ 中的函数（见习题5.17）。图5–15显示了 $\boldsymbol{K}$ 的最大 50 个特征值。特征值大的特征向量对应的特征函数是光滑的，越小的特征值对应的特征函数越粗糙。这也就使得式(5.49)的惩罚项有了意义，即高阶函数的系数受到的惩罚较对应低阶函数的系数受到的惩罚更大。图5–14(b) 是由特征函数表示的特征空间（feature space），

$$h_\ell(x) = \sqrt{\hat{\gamma}_\ell}\hat{\phi}_\ell(x), \ell = 1, \ldots, N \tag{5.65}$$

注意，$\langle h(x_i), h(x_{i'})\rangle = K(x_i, x_{i'})$。多数函数被特征值迅速收缩到 0，最后留下有效的维数大约是 12。对应的优化问题正如式(5.63)是标准的岭回归问题。因此，尽管原则上隐含的特征空间是无限维的，其有效的维数却因为对基函数一定程度的收缩，最终表现出来的非常的小。核函数的尺度参数 ν 在这里也起到了重要作用，ν 越大，产生的 k_m 越具有局部性，这会增大特征空间的有效维数，详见 (Hastie and Zhu, 2006)。

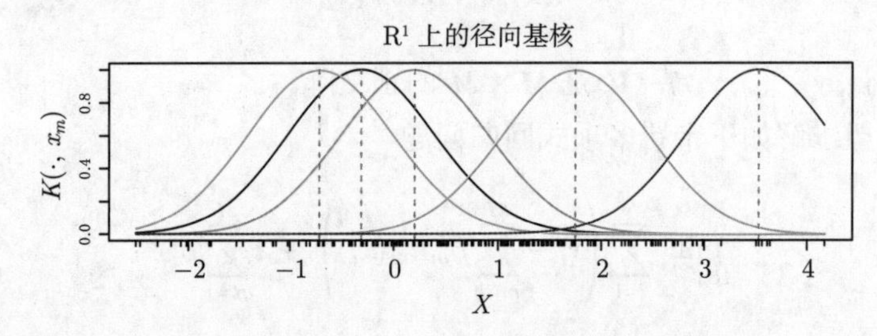

图 5–13　在混合分布数据上的径向核函数 $k_m(x)$，选择的尺度参数 $\nu = 1$。我们从 200 个样本中随机选择出来 5 个，画出了以它们为中心的核函数

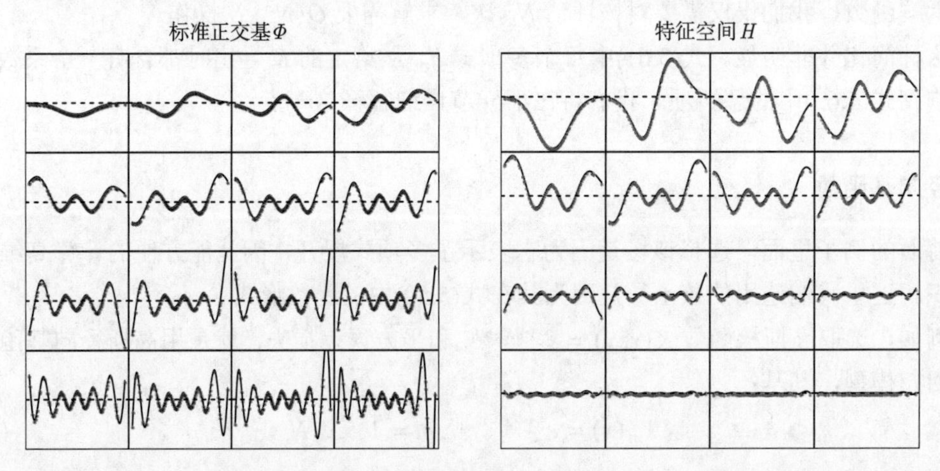

图 5–14　左图中，200×200 的核矩阵 $\boldsymbol{K}$ 前 16 个标准化后的特征向量，数据来自混合分布数据的第一个坐标。这可以作为式(5.45)中特征函数的估计 $\hat{\phi}_\ell$，图中曲线表示的是该函数，每个样本上的函数值用彩色的点标记出来。这 16 个特征函数一行 4 个，从左上角开始。右图是左图中函数乘上特征值 $h_\ell = \sqrt{\hat{\gamma}_\ell}\hat{\phi}_\ell$ 后收缩过的样子，也就是核函数计算“内积”使用的基函数

① $\boldsymbol{\Phi}$ 的第 ℓ 列是对 ϕ_ℓ 的估计，计算的是该函数在 N 个观测上的函数值。另一方面，$\boldsymbol{\Phi}$ 的第 i 行是基函数向量在 x_i 上取值 $\phi(x_i)$ 的估计。尽管理论上有无限多个特征函数 ϕ，但是我们估计出来的最多只有其中 N 个元素。

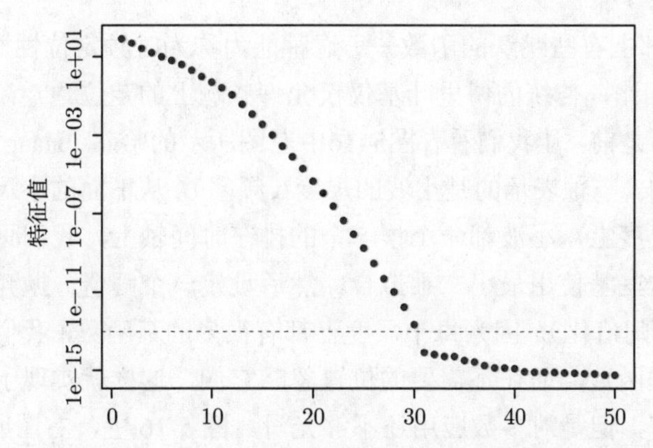

图 5–15　核矩阵 $\boldsymbol{K}$ 最大的 50 个特征值；其中第 30 个特征值后面的基本上可以认为是 0

另外，薄板样条（见5.7节）也是径向基函数展开的结果 (Girosi 等, 1995)，对应生成的核函数为

$$K(x, y) = \|x - y\|^2 \log(\|x - y\|) \tag{5.66}$$

径向基函数在6.7节进行了更详细的讨论。

支撑向量分类器

对两类分类问题,第12章讲述的支撑向量分类器的解的形式为 $f(x) = \alpha_0 + \sum_{i=1}^N \alpha_i K(x, x_i)$，我们找到能最小化下式的参数

$$\min_{\alpha_0, \boldsymbol{\alpha}} \left\{ \sum_{i=1}^N [1 - y_i f(x_i)]_+ + \frac{\lambda}{2} \boldsymbol{\alpha}^\top \boldsymbol{K} \boldsymbol{\alpha} \right\} \tag{5.67}$$

其中 $y_i \in \{-1, 1\}$ 且 $[z]_+ = \max\{0, z\}$ 表示了 z 的正值部分。这可以当作是带有线性约束的二次优化问题，因此需要二次规划算法进行求解。“支撑向量”的名称来源于多数情况下 $\hat{\alpha}_i = 0$（这是由式(5.67)中损失函数有一段是零值引起的），因此 $\hat{f}$ 是 $K(\cdot, x_i)$ 的子集的线性组合产生的。详见第12.3.3节。

5.9　小波平滑

我们已经看见两种处理基函数字典的操作方法。回归样条中，或者通过主观的领域知识，或者使用自动选择的方法。更自适应性的过程如 MARS（见第9章），则可以捕捉到数据光滑或者不光滑的行为。平滑样条中，我们使用了一族完备的基函数，然后向光滑函数收缩基函数的系数。

典型情况下，小波是用一族完备标准正交基来张成空间，但然后会通过收缩和选择系数获得稀疏表示。正如一个光滑的函数可以用少数几个样条基函数表达，一个几乎平坦的函数（函数值变化不大或者基本不变）加上几个孤立的断点，可以用几个跳跃性（bumpy）的基函数来表示。小波基在信号处理和压缩上有着广泛的应用，因为它们能够以有效的方式

表达既光滑又/或局部上有些跳跃的函数——这种能力称为时频定位性（time and frequency localization）。与之相比，传统的傅里叶基仅仅允许频域上的定位。

在我们考虑细节之前，让我们看看图5–16中左图所示的哈尔（Haar）小波，直观理解小波平滑是如何工作的。竖轴表示的是小波的尺度（频率），从下面的小尺度到顶上大尺度的基函数。在每一个尺度上，小波都一个挨一个的排在时间轴上，我们画出来的仅有一小部分。小波平滑就对这些基使用最小二乘拟合，然后设定一个阈值，抛弃较小系数对应的基函数，实现滤波（即阈值化）。因为每个尺度上都有很多的基函数，我们可以在需要的位置和时间使用对应的基函数，而在不需要的位置忽略它们，这样就实现了时频定位特性。哈尔小波非常容易理解，但是对多数应用还不够光滑。图 5-16 中，右图所示的 *symmlet* 小波有一样的正交性，但是更光滑一些。

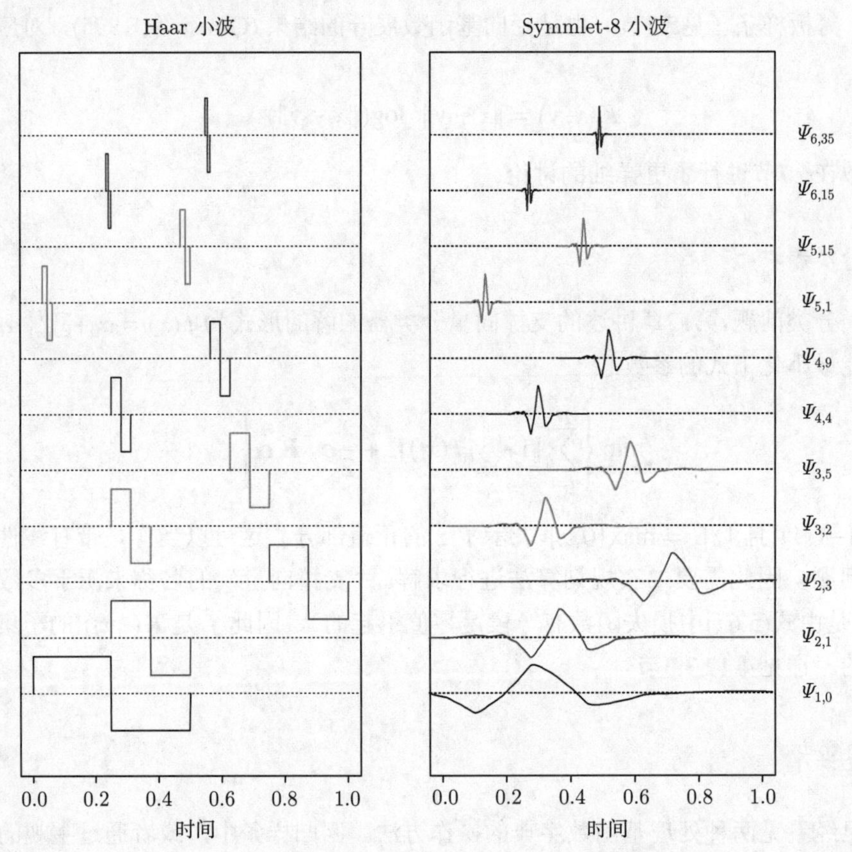

图 5–16　Haar 小波和 Symmlet 小波在不同位置和不同膨胀情况下一些选择的小波基。为了能更好的显示，函数值在图上进行了放缩

图5–17是一幅核磁共振（nuclear magnetic resonance，NMR）的信号，该信号可看作是光滑分量，几个孤立的尖峰和噪声组成。采用 Symmlet 小波的小波变换结果显示在图5–17的左下图中。小波的系数也是按行排列的，最下面对应最小的尺度，最上面对应最大的尺度。每条竖线的长度表示系数的大小。图5–17的右下图是被阈值化后的小波系数，阈值化在下面的式(5.69)中给出，其实是和线性回归的 Lasso（见3.4.2节）使用相同的软阈值化过程。注

意许多较小的系数都被收缩到零。上图中的绿线是将阈值化后的小波转换回信号，我们就获得了原始信号平滑后的结果。下节中，我们将详细介绍这个过程，包括构造小波和阈值化规则。

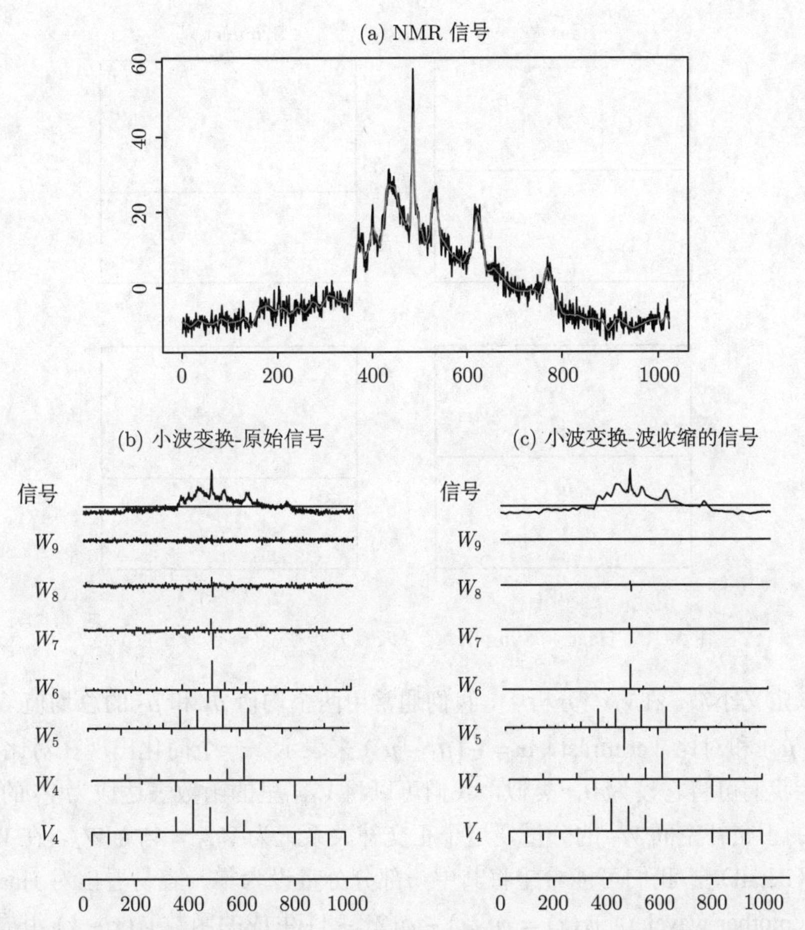

图 5–17　上图显示的是 NMR 信号以及通过小波滤波后的信号（绿色）。左下图是对原信号用 Symmlet-8 小波基做小波变换后的结果，下采样到 V_4。每个系数的大小用竖直线段的高度（正负）来表示。右下图是通过 S-PLUS 软件的 `waveshrink` 函数收缩系数后的结果，该函数实现了 Donoho 和 Johnstone 的 *SureShrink* 小波自适应方法

5.9.1　小波基与小波变换

在这节中，我们详细介绍小波的构造和滤波。小波基是通过尺度函数 $\phi(x)$（也称为父函数，father function）的平移、拉伸生成的。图5–18中的红色曲线是 Haar（哈尔）和 Symmlet-8 的父函数。Haar 基函数非常容易理解，尤其是有过分析方差或者树的经验的研究人员，因为它的表示是分段常值函数。因此如果 $\phi(x) = I(x \in [0,1])$，那么 $\phi_{0,k}(x) = \phi(x-k)$（其中 k 是整数）生成了在整数点发生跳跃的函数的一组标准正交基。称该函数空间为参考空间（reference space）V_0，将函数拉伸为 $\phi_{1,k}(x) = \sqrt{2}\phi(2x-k)$ 形成了一个在长度为 $\frac{1}{2}$ 的区间上

取常数的分段常值函数组成函数空间的标准正交基，记为 $V_1 \supset V_0$。与此类似，我们可以得到更具有一般性的 $\cdots \supset V_1 \supset V_0 \supset V_{-1} \supset \cdots$，其中 V_j 是 $\phi_{j,k} = 2^{j/2}\phi(2^j x - k)$ 张成的函数空间。

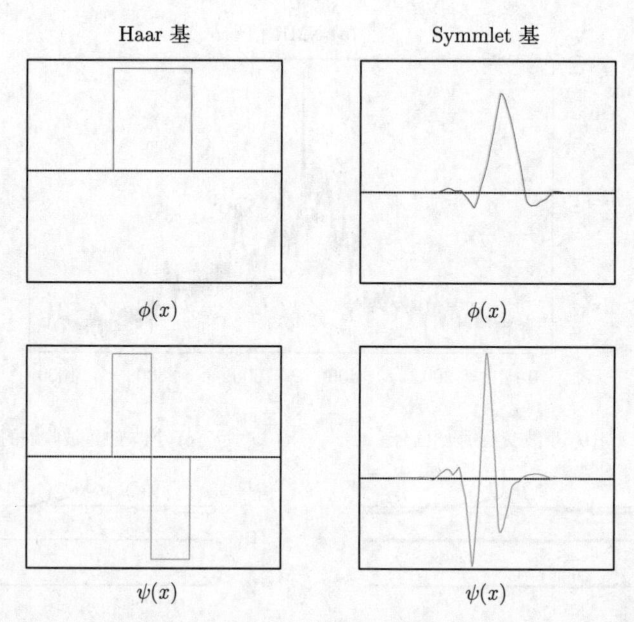

图 5–18 Haar 和 Symmlet 父（尺度）小波 $\phi(x)$ 和母小波 $\psi(x)$

现在来定义小波。在方差分析中，我们通常用两个均值 μ_1 和 μ_2 的总均值（grand mean）$\mu = \frac{1}{2}(\mu_1 + \mu_2)$ 和对比（contrast）$\alpha = \frac{1}{2}(\mu_1 - \mu_2)$ 来表示。一个简化出现在对比 α 非常小的时候，因为我们可将它设为 0。类似，我们可以将 V_{j+1} 里的函数表达成为 V_j 的一个分量和 V_{j+1} 中 V_j 的正交补空间 W_j 的分量，这个正交补关系记为 $V_{j+1} = V_j \oplus W_j$。在 W_j 中的分量代表细节（detail），我们可能希望将其中一部分分量设为零。容易看出对 Haar 这族小波，由母小波（mother wavelet）$\psi(x) = \phi(2x) - \phi(2x - 1)$ 生成的函数 $\psi(x - k)$ 组成了 W_0 的一族正交基。类似，$\psi_{j,k} = 2^{j/2}\psi(2^j x - k)$ 形成了 W_j 的一组基。

现在 $V_{j+1} = V_j \oplus W_j = V_{j-1} \oplus W_{j-1} \oplus W_j$，因此除了通过第 j 级细节和第 j 级粗糙分量来表达一个函数，我们还可以将第 j 级的粗糙分量进一步分解成为第 $(j-1)$ 级的细节和第 $(j-1)$ 级的粗糙结果，依此类推。最终，我们获得 $V_J = V_0 \oplus W_0 \oplus W_1 \oplus \cdots \oplus W_{J-1}$。图5–16显示了一族特殊的小波函数 $\psi_{j,k}(x)$。

注意，因为这些空间都是正交的，所以所有基函数都是标准正交的。事实上，如果信号是离散的，具有 $N = 2^J$ 个（时间）点，分解成以上结果就是我们力所能及的极限了。在第 j 级，共有 2^j 个基函数，加在一起，我们在 W_j 中一共有 $2^J - 1$ 个基，在 V_0 中有一个基。这个结构化的标准正交基使得我们可以进行多分辨率分析（multiresolution analysis），这将在下节中介绍。

尽管以上构造过程非常易懂，Haar 基对实际应用而言往往过于粗糙。幸运的是，许多更加精巧的小波已被设计出来。图5–16和图5–18显示了 Daubechies 的 Symmlet-8 小波基。

该基函数有比 Haar 小波更光滑的分量，但是也存在一定的折衷。

- 每个小波有一个覆盖了 15 个连续的时间间隔的支集，而不像 Haar 小波仅仅覆盖了一个时间间隔。更一般地，Symmlet-p 族小波的支集为 $2p-1$ 个连续的时间间隔。支集越大，小波衰减到零需要的时间越长，因此，它可以以更光滑的方式完成这一过程。值得注意的是，有效的支集其实比这个长度小很多。
- symmlet-p 小波 $\psi(x)$ 有 p 个积为 0 的矩，即

$$\int \psi(x)x^j \,\mathrm{d}x = 0, j = 0, \ldots, p-1$$

  这意味着在 $N = 2^J$ 个点上的任意 p 阶多项式可以在 V_0 里精确还原出来（参见习题5.18）。在这个意义上来说，V_0 可以认为是平滑样条惩罚泛函的 0 空间。Haar 小波只有一阶矩为 0，因此 V_0 只能精确恢复常值函数。

Symmlet-p 尺度函数是很多小波生成器家族的一种。其生成过程和 Haar 小波类似。

- 如果 V_0 为 $\phi(x-k)$ 张成，则 $V_1 \supset V_0$ 是由 $\phi_{1,k}(x) = \sqrt{2}\phi(2x-k)$ 所张成，其中 $\phi(x) = \sum_{k\in\mathcal{Z}} h(k)\phi_{1,k}(x)$，$h(k)$ 是给定的滤波系数。
- W_0 是由 $\psi(x) = \sum_{k\in\mathcal{Z}} g(k)\phi_{1,k}(x)$ 张成，滤波系数 $g(k) = (-1)^{1-k}h(1-k)$。

5.9.2 自适应小波滤波

如果数据是在一个均匀的网格上测量的，比如离散化的信号，图片或者时间序列小波就会非常有用。方便起见，我们这里仅仅关注一维且有 $N = 2^J$ 个网格点上观测的情况。假定 $\boldsymbol{y}$ 是响应向量，$\boldsymbol{W}$ 是一个 $N \times N$ 的标准正交小波基矩阵，其元素是每个基函数在这 N 个等间距观测上的估计值。那么 $\boldsymbol{y}^* = \boldsymbol{W}^\top\boldsymbol{y}$ 称为 $\boldsymbol{y}$ 的小波变换（wavelet transform），又称为完全最小二乘回归系数。一个流行的自适应小波拟合方法叫 *SURE* 收缩 (Stein Unbiased Risk Estimation，见 Donoho and Johnstone, 1994)。我们从下面的目标函数开始讨论，

$$\min_{\boldsymbol{\theta}} \|y - \boldsymbol{W\theta}\|_2^2 + 2\lambda\|\boldsymbol{\theta}\|_1 \tag{5.68}$$

这与第3章的 Lasso 准则相同。因为 $\boldsymbol{W}$ 是正交阵，这可以导出一个简单的解

$$\hat{\theta}_j = \mathrm{sign}(y_j^*) \cdot (|y_j^*| - \lambda)_+ \tag{5.69}$$

最小二乘系数将被向零平移，并在零处截断。拟合的函数可以通过逆小波变换（inverse wavelet transform）获得 $\hat{\boldsymbol{f}} = \boldsymbol{W}\hat{\boldsymbol{\theta}}$。

选择 λ 的简单方案是 $\lambda = \sigma\sqrt{2\log N}$，其中 σ 是对噪声标准差的估计。我们可以给出这样选择的某个动机。因为 $\boldsymbol{W}$ 是标准正交变换，如果 $\boldsymbol{y}$ 的元素是白噪声（独立的高斯分布变量，均值为零，方差为 σ^2），那么 $\boldsymbol{y}^*$ 也将是白噪声。进一步考虑，如果随机变量 $Z_1, Z_2, \ldots, Z_N$ 是白噪声，则 $|Z_j|, j = 1, \ldots, N$ 的期望最大值近似为 $\sigma\sqrt{2\log N}$。因此，所有小于 $\sigma\sqrt{2\log N}$ 的系数很可能是噪声，将被设为零。

空间 $\boldsymbol{W}$ 可以是任意的正交函数基，多项式、自然样条或者正余弦函数。使得小波不同的是它的基函数的独特形式，它允许时频定位（localized in time and frequency）。

让我们回头看一下图5–17中的 NMR 信号。小波变换采用 Symmlet-8 小波基计算。注意，系数并不是一直计算到 V_0，而是停在具有 16 个基函数的 V_4 后就不继续分解了。当我们进入到更高一级的细节时，系数很快变小，除了出现尖峰的几个位置上的基对应的系数。这样，小波系数刻画了信号位于时间上的特性（因为在每一级的小波相互间是平移关系），也刻画了在频域上的特性。每次拉伸就以两倍的程度增加细节，这对应着传统傅里叶变换频率的成倍增长。事实上，更数学化的分析表明，在某个尺度上的小波类似于在一个局部区域上或者一段频域上的傅里叶变换。

图5–17(b) 中收缩/截断的方法采用本节引文部分介绍的 SURE 来实现。$N \times N$ 的标准正交矩阵每列对应一个小波基函数，每列元素是这些函数在 N 个观测上的估计值。具体来说，有 16 列对应 $\phi_{4,k}(x)$，其余的对应的是 $\psi_{j,k}(x), j = 4, \dots, 11$。实践中，$\lambda$ 依赖于噪声的方差，需要从数据中估计出来（如从最高级上的系数的方差估计）。

注意，式(5.68)表示 SURE 准则和式(5.21)中平滑样条准则有以下相似性。

- 两者都拥有从粗到细的层次结构，但是小波在每级分辨率下都是在时域上考虑。
- 通过引入微分收缩常数 d_k，样条建立了一组有偏光滑函数。早期的 SURE 收缩对所有的尺度等同对待。在 `S+wavelets` 的函数 `waveshrink()` 有许多选项，其中一些也允许微分收缩。
- 样条的 L_2 惩罚仅仅产生收缩效果，而 SURE 的 L_1 惩罚项却同时完成了收缩和选择。

更具有一般性的平滑样条通过强制赋予光滑性起到压缩原始信号的作用，而小波本身能导致稀疏的表达。图5–19在两个性质截然不同的数据上比较了小波拟合（使用 SURE 收缩）和平滑样条拟合（使用交叉验证）的结果。对图5–17(a) 中 NMR 数据，平滑样条在整体上引入了过多的细节以期能对几个孤立的尖峰获得更多的细节；而小波恰好能够很好的捕捉到这些局部上的尖峰。在图5–17(b) 和 (c) 中，真实函数本身是光滑的，噪声相对较高。小波的拟合引入了一些不必要的额外的抖动，这就是它为更好拟合数据在方差上付出的代价。

小波变换通常不是通过 $\boldsymbol{y}^* = \boldsymbol{W}^\top \boldsymbol{y}$ 这种矩阵乘法实现的。事实上，利用更灵巧的金字塔型层次算法，$\boldsymbol{y}^*$ 只需要 $O(N)$ 次计算就能获得，甚至比快速傅里叶变换（fast Fourier transform，简写为 FFT）的 $O(N\log(N))$ 次操作更快。对于一般情形算法的构造已经不属于本书的内容，但是对 Haar 小波却是比较容易的（见习题5.19）。类似的逆小波变换 $\boldsymbol{W}\hat{\boldsymbol{\theta}}$ 也是 $O(N)$ 复杂度的。

本节仅仅着眼于对小波这个宽广而又快速发展的领域管中一窥。有非常多为小波发展出来的数学理论和计算理论。现代图像压缩就是常用二维小波表达来实行的。

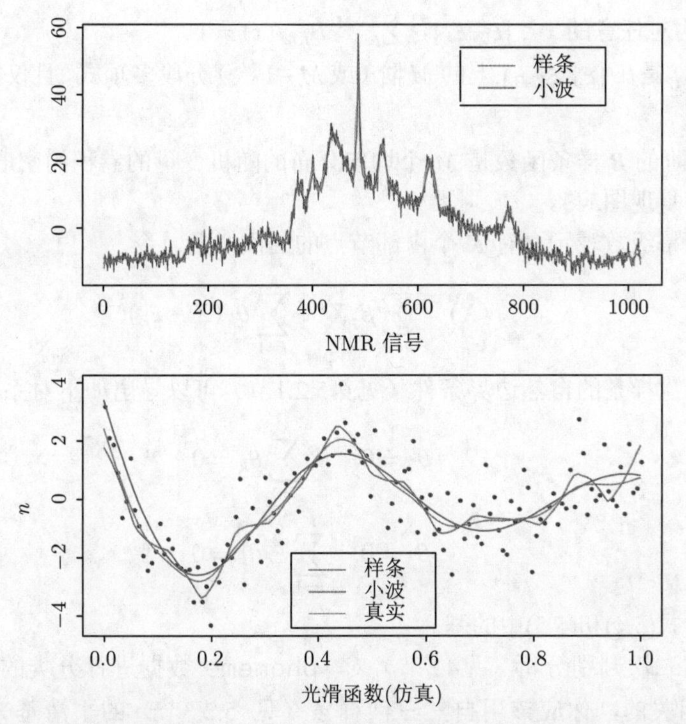

图 5–19　小波平滑与平滑样条在两个例子上的比较。每幅小图中比较的是使用 SURE 收缩的小波拟合结果与交叉验证获得的平滑样条拟合结果

文献说明

样条和 B 样条在de Boor (1978) 里有详细的讨论。Green and Silverman (1994) 和Wahba (1990) 讲述了处理平滑样条和薄板样条的整个方法，后者还讨论了再生核希尔伯特空间。另见 Girosi 等 (1995) 及 Evgeniou 等 (2000) 中关于使用 RKHS 方法设计的非参回归技术之间的联系。对泛函数据的建模，如5.2.3节，在 Ramsy and Silverman (1997) 中有详细的讨论。

Daubechies (1992) 是经典的关于小波的数学文集。其他有用的资料包括有Chui (1992) and Wickerhauser (1994)。Donoho and Johnstone (1994) 从统计估计框架发展出 SURE 收缩和选择技术；另可参考Vidakovic (1999)。Bruce and Gao (1996) 很有用，对小波的应用进行介绍，另外也描述了 S-PLUS 中的小波软件。

习题

5.1 证明式(5.3)中的截断幂函数基是含有两个节点的三次样条的一个基。

5.2 假定 $B_{i,M}(x)$ 是 M 阶 B 样条，其定义见式(5.77)和(5.78)。

(a) 归纳证明对 $x \notin [\tau_i, \tau_{i+M}]$ 有 $B_{i,M}(x) = 0$。这表明，举例来说，三次 B 样条的支集顶多只能覆盖 5 个节点。

(b) 归纳证明对 $x \in (\tau_i, \tau_{i+M})$ 有 $B_{i,M}(x) > 0$。即 B 样条在其支集的内部为正。

(c) 归纳证明对任意的 $x \in [\xi_0, \xi_k]$，$\sum_{i=1}^{K+M} B_{i,M}(x) = 1$。

(d) 证明 $B_{i,M}$ 是在 $[\xi_0, \xi_{K+1}]$ 上的 M 阶（或 $M-1$ 次）分段多项式，且仅在节点 $\xi_1, \ldots, \xi_K$ 上有断点。

(e) 证明 M 阶的 B 样条函数是 M 个均匀分布的随机变量的卷积的密度函数。

5.3 写一个程序复现图5–3。

5.4 考虑用截断幂级数表示含有 K 个内部节点的三次样条。令

$$f(X) = \sum_{j=0}^{3} \beta_j X^j + \sum_{k=1}^{K} \theta_k (X - \xi_k)_+^3 \tag{5.70}$$

证明自然三次样条的自然边界条件（见第5.2.1节）可以导出如下对系数的线性约束：

$$\begin{aligned} \beta_2 = 0, &\quad \sum_{k=1}^{K} \theta_k = 0 \\ \beta_3 = 0, &\quad \sum_{k=1}^{K} \xi_k \theta_k = 0 \end{aligned} \tag{5.71}$$

由此推导出式(5.4)和(5.5)中的基。

5.5 写一个使用二次判别分析（见4.3节）对 phoneme 数据进行分类的程序。因为有很多特征是相关的，你应该用自然三次样条（见 5.2.3节）的平滑基来滤波或去冗余。预先尝试五种不同的选择，确定使用的节点数和节点的位置，然后使用 10 折交叉验证做出最终的选择。phoneme 数据可以从本书的网站下载，请访问 http://www-stat.stanford.edu/ElemStatLearn。

5.6 假设你需要拟合一个周期函数，且已知其周期为 T。描述如何修改截断幂函数来解决这个问题。

5.7 平滑样条的推导 (Green and Silverman, 1994)。假设 $N \geqslant 2$ 且 g 是对 $\{x_i, z_i\}_1^N$ 点对插值的自然三次样条，其中 $a < x_1 < \ldots < x_N < b$。这是一个以所有的 x_i 为节点的自然三次样条；作为 N 维的函数空间，我们可以确定其系数并且对序列 z_i 精确的插值。令 $\tilde{g}$ 是 $[a, b]$ 区间上任意其他的可微函数，且对这 N 个点对插值，

(a) 令 $h(x) = \tilde{g}(x) - g(x)$。使用分部积分及 g 是一个自然三次样条来证明，

$$\begin{aligned} \int_a^b g''(x) h''(x) \,\mathrm{d}x &= -\sum_{j=1}^{N-1} g'''(x_j^+) \{h(x_{j+1}) - h(x_j)\} \\ &= 0 \end{aligned} \tag{5.72}$$

(b) 由此证明

$$\int_a^b \tilde{g}''(t)^2 \,\mathrm{d}t \geqslant \int_a^b g''(t)^2 \,\mathrm{d}t$$

且等式成立当且仅当 $h(x)$ 在 $[a, b]$ 上恒为 0。

(c) 考虑带罚最小二乘问题，

$$\min_f \left[\sum_{i=1}^{N} (y_i - f(x_i))^2 + \lambda \int_a^b f''(t)^2 \,\mathrm{d}t \right]$$

利用5.7证明其最小解一定是以 x_i 为节点的的三次样条。

5.8 在本章附录中，我们证明了如何使用 $(N+4)$ 维的 B 样条基更加有效的计算平滑样条。试描述使用定义在 $N+2$ 个内部节点上的，$(N+2)$ 维 B 样条基的更简洁的计算框架。

5.9 请推导平滑样条中平滑矩阵的的 Reinsch 形式 $\boldsymbol{S}_\lambda = (\boldsymbol{I} + \lambda\boldsymbol{K})^{-1}$。

5.10 请推导出 $\mathrm{Var}(\hat{f}_\lambda(x_0))$ 和 $\mathrm{Bias}(\hat{f}_\lambda(x_0))$ 的表达式。请利用式(5.22)所举的例子，照图5–9做出 $\hat{f}(x)$ 每点的均值和四分位点的图像。

5.11 证明：对于平滑样条，罚矩阵 $\boldsymbol{K}$ 的零空间是 X 的线性函数所张成。

5.12 给出下面问题的解的形式

$$\min_f \mathrm{RSS}(f,\lambda) = \sum_{i=1}^{N} w_i\{y_i - f(x_i)\}^2 + \lambda \int \{f''(t)\}^2\, \mathrm{d}t \tag{5.73}$$

其中 $w_i \geqslant 0$ 是观测的已知权重。

描述平滑样条问题(5.9)在训练数据中有重复时，解的特点。

5.13 现有一个对 N 个数据对 (x_i, y_i) 拟合的平滑样条 $\hat{f}_\lambda$。假定对原数据增加了一个新的数据对 $(x_0, \hat{f}(x_0))$，并且重新拟合，描述你的结果。通过这个结果推导出 N 折交叉验证的公式(5.26)。

5.14 推导出式(5.39)中薄板样条在 α_j 上的约束，以确保惩罚项 $J(f)$ 是有限的。还有没有其他的方法可以保证该罚项是有限的？

5.15 这个练习要推导在第5.8.1节引用的一些结果。假定 $K(x,y)$ 满足条件(5.45)且令 $f(x) \in \mathcal{H}_K$。证明

(a) $\langle K(\cdot, x_i), f\rangle_{\mathcal{H}_K} = f(x_i)$；

(b) $\langle K(\cdot, x_i), K(\cdot, x_j)\rangle_{\mathcal{H}_K} = K(x_i, x_j)$。

(c) 如果 $g(x) = \sum_{i=1}^{N} \alpha_i K(x, x_i)$，那么

$$J(g) = \sum_{i=1}^{N}\sum_{j=1}^{N} K(x_i, x_j)\alpha_i\alpha_j$$

假定 $\tilde{g}(x) = g(x) + \rho(x)$，其中 $\rho(x) \in \mathcal{H}_K$，且在 $\mathcal{H}_K$ 与 $K(x, x_i), i = 1, \cdots, N$ 的每一个正交。证明

(d)

$$\sum_{i=1}^{N} L(y_1, \tilde{g}(x_i)) + \lambda J(\tilde{g}) \geqslant \sum_{i=1}^{N} L(y_i, g(x_i)) + \lambda J(g) \tag{5.74}$$

其中等号成立当且仅当 $\rho(x) = 0$。

5.16 考虑式(5.53)描述的岭回归问题，假定 $M \geqslant N$。假设有一个核函数 K 能够计算内积 $K(x,y) = \sum_{m=1}^{M} h_m(x) h_m(y)$。

(a) 推导出正文中式(5.62)。如何在给定 K 的情况下计算 $\boldsymbol{V}$ 和 $\boldsymbol{D}_\gamma$？证明式(5.63)与(5.53)等价。

(b) 证明

$$\begin{aligned}\hat{\boldsymbol{f}} &= \boldsymbol{H}\hat{\boldsymbol{\beta}}\\ &= \boldsymbol{K}(\boldsymbol{K}+\lambda\boldsymbol{I})^{-1}\boldsymbol{y}\end{aligned} \tag{5.75}$$

其中 $\boldsymbol{H}$ 是 $N\times M$ 的矩阵，其元素为函数值 $h_m(x_i)$，且 $\boldsymbol{K}=\boldsymbol{H}\boldsymbol{H}^\top$ 是一个 $N\times N$ 的内积矩阵，其元素为 $h(x_i)^\top h(x_j)$。

(c) 证明

$$\begin{aligned}\hat{f}(x) &= h(x)^\top\hat{\beta}\\ &= \sum_{i=1}^{N} K(x,x_i)\hat{\alpha}_i\end{aligned} \tag{5.76}$$

且 $\hat{\boldsymbol{\alpha}}=(\boldsymbol{K}+\lambda\boldsymbol{I})^{-1}\boldsymbol{y}$。

(d) 如果 $M<N$，你将如何修正你的解？

5.17 如何将5.8.2节里离散情形的核矩阵 $\boldsymbol{K}$ 的特征分解转换成为对核函数 K 的特征函数的估计。

5.18 Symmlet-p 小波函数 $\psi(x)$ 不超过 p 阶的矩都是零。证明这意味着 p 阶多项式在 V_0 里有精确的表示，V_0 的定义见第133页。

5.19 证明 Haar 小波对长度为 $N=2^J$ 的信号做小波变换只需要 $O(N)$ 次计算。

附加内容：样条的计算

在这个附录里，我们将描述 B 样条基，它可以用于表示多项式样条。还要讨论如何把它们应用到平滑样条的计算中。

B 样条

在开始之前，我们需要对5.2节定义的节点序列进行扩充。令 $\xi_0<\xi_1$ 和 $\xi_K<\xi_{K+1}$ 是两个边界（boundary）节点，这往往是我们需要计算样条的区域。现在定义节点序列 τ 满足以下条件：

- $\tau_1\leqslant\tau_2\leqslant\cdots\leqslant\tau_M\leqslant\xi_0$；
- $\tau_{j+M}=\xi_i, j=1,\ldots,K$；
- $\xi_{K+1}\leqslant\tau_{K+M+1}\leqslant\tau_{K+M+2}\leqslant\cdots\tau_{K+2M}$。

这些超出边界的附加节点的实际值是任意的，习惯上常令它们均相等，并分别等于为 ξ_0 和 ξ_{K+1}。

令 $B_{i,m}(x)$ 是给定节点序列 τ 的第 i 个 m 阶 B 样条基函数，$m\leqslant M$。它们用差商（divided difference）递归定义，

$$B_{i,1}(x)=\begin{cases}1 & \text{如果}\tau_i\leqslant x<\tau_{i+1}\\ 0 & \text{其他情况}\end{cases} \tag{5.77}$$

其中 $i = 1, \ldots, K + 2M - 1$。它们又被称为 Haar 基函数。

$$B_{i,m}(x) = \frac{x - \tau_i}{\tau_{i+m-1} - \tau_i} B_{i,m-1}(x) + \frac{\tau_{i+m} - x}{\tau_{i+m} - \tau_{i+1}} B_{i+1,m-1}(x) \tag{5.78}$$

其中 $i = 1, \ldots, K + 2M - m$。

因此，对于 $M = 4$, $B_{i,4}, i = 1, \ldots, K+4$ 是给定节点序列 ξ 的 $K+4$ 个三次 B 样条基函数。递归可以继续进行下去，产生任意阶样条的 B 样条基函数。图5–20中包含不超过四阶的 B 样条基，它们以 $0.0, 0.1, \ldots, 1.0$ 为节点。因为我们可能有一些重复节点，所以要注意避免除以零。如果我们约定当 $\tau_i = \tau_{i+1}$，则有 $B_{i,1} = 0$，就可以归纳得出，如果 $\tau_i = \tau_{i+1} = \cdots = \tau_{i+m}$，则有 $B_{i,m} = 0$。也要注意，在上面的构造过程中，对以 ξ 为节点的阶数 $m < M$ 的 B 样条基函数，求子集 $B_{i,m}, i = M - m + 1, \ldots, M + K$ 即可。

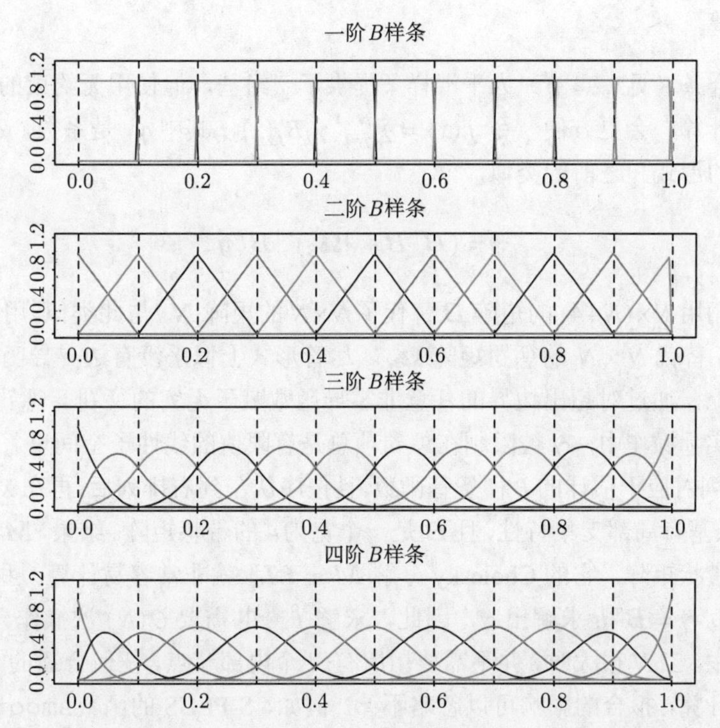

图 5–20　拥有 10 个均匀分布在 0 和 1 之间的节点，阶数为 4 的节点 B 样条基函数。B 样条有局部性质的支集；它们仅在 $M+1$ 个节点之间的区域上非零

要完全理解这些函数的性质，且证明它们的确扩张成了给定节点序列的三次样条空间，我们需要额外的数学知识，包括差商的性质。习题5.2涵盖了这些问题。

B 样条应用的范围远远不止这里所讨论的，还需要处理有重复节点的情况。如果我们在构造如上 τ 序列时，将其内部的一个节点复制一次，然后生成如前 B-样条序列，那么最终的基张成了在重复节点有低一阶连续可导的分段多项式空间。一般说来，除了重复的边界节点之外，如果将内部节点 ξ_j 重复 $1 \leqslant r_j \leqslant M$ 次，$x = \xi_j$ 上最低阶不连续的导函数出现在 $M - r_j$ 阶。因此，对于没有重复节点的三次样条，$r_j = 1, j = 1, \ldots, K$，在每个内部节点的三次导函数（4-1）是不连续的。将第 j 个节点重复三次，则该节点上一阶导函数不连续（即不光滑）；如果重复四次，则在该节点上零阶导函数不连续，亦即函数在 $x=\xi_j$ 不连续。这正是在边界节点上发生的事情，因为我们有 M 个重复的边界节点，所以样条在边界节点是不连续的（即超过边界后函数值无定义）。

B 样条有局部性质的支集，这对计算有非常重要的意义，尤其当节点数 K 较大的时候。对 N 个观测、$K+M$ 个变量（基函数个数）下最小二乘计算需要 $O(N(k+M)^2+(K+M)^3)$ 次浮点运算。如果 K 仅略小于 N，这将导致 $O(N^3)$ 的算法，这对较大的 N 将是不能接受的。如果 N 个观测排序过，那么 $N\times(K+M)$ 的回归矩阵，其元素是 $K+M$ 个 B 样条基在 N 点上的函数值，这将会有大量的元素为零，利用这一点能降低计算复杂性为 $O(N)$。我们将在下节中继续讨论这一点。

平滑样条的计算

尽管自然样条（见5.2.1节）为平滑样条提供了一组基，但使用无约束的 B 样条在更大的空间中进行计算，会更方便。令 $f(x)=\sum_{j=1}^{N+4}\gamma_j B_j(x)$，其中 γ_j 是系数，B_j 是三次 B 样条基函数。解的形式和之前的类似，

$$\hat{\gamma}=(\boldsymbol{B}^{\top}\boldsymbol{B}+\lambda\boldsymbol{\Omega}_B)^{-1}\boldsymbol{B}^{\top}\boldsymbol{y} \tag{5.79}$$

只不过现在我们用 $N\times(N+4)$ 的矩阵 $\boldsymbol{B}$ 替代了 $N\times N$ 的矩阵 $\boldsymbol{N}$。与此类似，用 $(N+4)\times(N+4)$ 的惩罚矩阵 $\boldsymbol{\Omega}_B$ 替代 $N\times N$ 的惩罚矩阵 $\boldsymbol{\Omega}_N$。尽管形式上似乎没有边界导函数的约束条件，但事实但事实上，通过对超出边界的任意非零导函数赋予无穷的惩罚。惩罚项已经自动引入这些约束。实际操作中，$\hat{\gamma}$ 被限制在惩罚项总是有限值的线性子空间里。

因为 $\boldsymbol{B}$ 的列对应于估计的 B 样条基函数，且按序从左到右排列后，再在 X 的排序值上估计。立方 B 样条基有局部支集特性，且 $\boldsymbol{B}$ 是一个宽为 4 的带状矩阵。结果，$\boldsymbol{M}=(\boldsymbol{B}^{\top}\boldsymbol{B}+\lambda\boldsymbol{\Omega})$ 也是宽为 4 的带状矩阵，它的 Cholesky 分解 $\boldsymbol{M}=\boldsymbol{L}\boldsymbol{L}^{\top}$ 就非常容易计算。我们可以使用后向代入法从 $\boldsymbol{L}\boldsymbol{L}^{\top}\boldsymbol{\gamma}=\boldsymbol{B}^{\top}\boldsymbol{y}$ 求解出 $\boldsymbol{\gamma}$，因此，求解 $\hat{f}$ 一共需要 $O(N)$ 次操作。

实际操作中，当 N 很大时，并不需要用所有 N 个内部节点，任何合适的细化（thinning）策略都能简化计算，拟合的影响可以忽略不计。例如，S-PLUS 的函数`smooth.spline`使用一个近似为对数的策略：如果 $N<50$，就包括所有样本节点，但是即使 $N=5000$，也只用 204 个节点。

第6章 核平滑方法

本章中，我们将介绍一类回归技术，它在每一个查询点 x_0 上分别拟合出不同但简单的模型，以此获得在 $\mathbb{R}^p$ 上估计回归函数 $f(X)$ 的灵活性。这类技术通过仅用靠近目标样本 x_0 的观测建立简单的模型来实现，获得的估计函数 $\hat{f}(X)$ 在 $\mathbb{R}^p$ 上是平滑的。这个局部特性是通过权值函数或者核函数 $K_\lambda(x_0, x_i)$ 实现的，其权值根据 x_i 到 x_0 的距离计算得出。核函数 K_λ 往往由表示邻域宽度的参数 λ 来索引。这些基于记忆（memory-based）的方法原则上不需要或者需要很少训练；主要的计算是在测试的时候进行的。唯一需要从训练数据中确定的参数是 λ。获得的模型是整个训练集。

我们还将讨论基于核函数的一类更一般的技术，它与其他章节的结构化方法有密切的联系，同时在密度估计和分类方面也非常有用。

本章所讲的技术不要与常用的*核方法*相混淆。这一章的核函数主要是用作产生局部特性的手段。我们在5.8节、14.5.4节和18.5节和第12章讨论核方法；在那些章节里，核函数计算的是（隐含）的高维特征空间的内积，主要用于正则化的非线性建模。我们将在6.7节最后揭示与这个方法之间的联系。

6.1 一维核平滑方法

第2章里，我们把 K 最近邻平均

$$\hat{f}(x) = \text{Ave}(y_i \mid x_i \in N_k(x)) \tag{6.1}$$

作为对回归函数 $\mathbb{E}(Y \mid X = x)$ 的估计。这里的 $N_k(x)$ 是到 x 平方距离最近的 k 个点组成的集合，Ave 计算的是均值。其想法是放松条件期望的定义，如图6–1(a) 所示，然后计算目标点某个邻域中样本的均值。如图中的例子，我们使用 30(最近邻域) 在 x_0 处的拟合是 x_i 值最接近 x_0 的 30 对样本的平均。图中绿色的曲线就是对不同的 x_0 应用该方法所得。该曲线的抖动厉害，因为 $\hat{f}(x)$ 对 x 不连续。当我们把 x_0 从左侧移到右侧，k 个最近邻域会维持不变，直到 x_0 到其右侧某个样本 x_i 比 x_0 邻域中左侧最远的样本 $x_{i'}$ 更近才会发生改变，这时 x_i 替代 $x_{i'}$ 成为 x_0 最近的 k 个样本。因此，式(6.1)中的均值是离散的、变化的，产生了不连续的 $\hat{f}(x)$。

这个不连续性既难看又不必要。更合理的策略是不给邻域中样本以相同的权值，而是让权值随到目标点的距离光滑的减弱。图 6-1(b) 中就是这样，使用的 Nadaraya-Watson 核函数加权平均：

$$\hat{f}(x_0) = \frac{\sum_{i=1}^{N} K_\lambda(x_0, x_i) y_i}{\sum_{i=1}^{N} K_\lambda(x_0, x_i)} \tag{6.2}$$

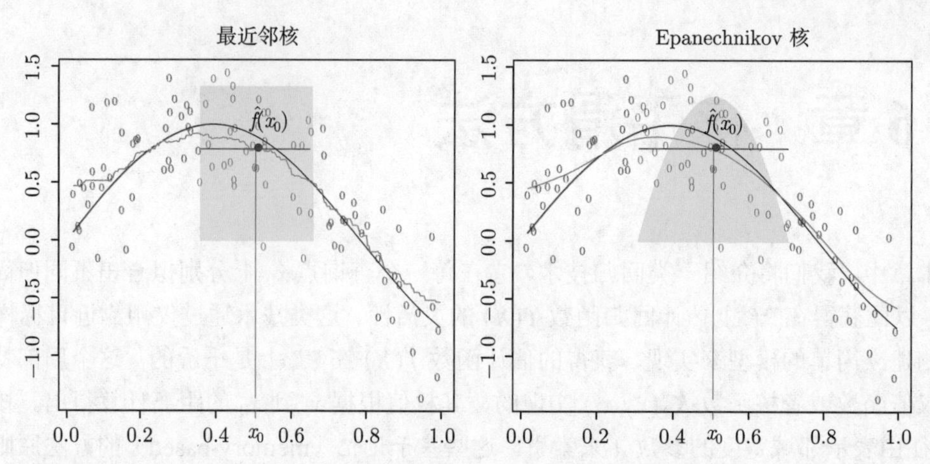

图 6–1 每幅图中有 100 个点对 (x_i, y_i)，它们是在蓝色的曲线添加高斯误差生成的：$Y = \sin(4X) + \varepsilon, X \sim U[0,1], \varepsilon \sim N(0,1/3)$。左图中的绿色曲线是通过 30 个最近邻样本均值光滑获得的，红点是拟合的数值 $\hat{f}(x_0)$，而红圈是对 x_0 处拟合有贡献的样本，黄色区域代表每个观测贡献的权值。右图中，绿色的曲线是核函数加权平均，使用的是 Epanechnikov 核，其（半个）窗口宽度为 $\lambda = 0.2$

其中的核函数为 Epanechnikov 二次核函数，

$$K_\lambda(x_0, x) = D\left(\frac{x - x_0}{\lambda}\right) \tag{6.3}$$

且

$$D(t) = \begin{cases} \frac{3}{4}(1 - t^2) & \text{如果}|t| \leqslant 1; \\ 0 & \text{否则} \end{cases} \tag{6.4}$$

这样拟合出的函数是连续的，从图6–1(b) 可见，也是非常光滑的。当我们把目标点从左移到右，每个点进入这个邻域之前都是权值为 0，然后开始缓慢增加（见习题6.1）。

图6–1(b) 中，我们用于核拟合的度量窗口大小是 $\lambda = 0.2$，并且这个值并不随我们移动目标点 x_0 而改变，而 30-最近邻平滑方法的窗口大小会随 x_i 的局部密度自适应。不过，我们也可以对核函数的情况使用自适应的邻域，但是需要使用更一般性的概念。令 $h_\lambda(x_0)$ 是核函数的一族为 λ 索引的宽度函数，它决定着 x_0 处邻域的大小，因此，更一般的情况下，我们有

$$K_\lambda(x_0, x) = D\left(\frac{|x - x_0|}{h_\lambda(x_0)}\right) \tag{6.5}$$

在式(6.3)中，$h_\lambda(x_0) = \lambda$ 是常值函数。对 k 近邻，邻域大小 k 替代了窗口大小 λ，因此 $h_k(x_0) = |x_0 - x_{[k]}|$，这里，其中 $x_{[k]}$ 是到 x_0 第 k 个最近的样本。

实际操作中有不少应该注意到的细节。

- 决定局部邻域宽度的平滑参数 λ 必须已经确定。较大的 λ 意味着较低的方差（由于使用更多的样本求均值），但会引入较大的偏差（因为本质上我们假定真实函数在窗口内是常数）。

- 度量窗口的宽度（即常数 $h_\lambda(x)$）会使得估计的偏差为常数，但是方差将与局部密度成反比。最近邻窗口宽度会产生相反的效果，即方差维持常数，而绝对偏差与局部样本密度成反比变化。
- 当样本 x_i 中有重复的时候，最近邻方法就会产生问题。多数平滑方法面对这种情况只需要在重复样本 x_i 处将对应 y_i 取均值，然而对于这些新的具有唯一值的观测 x_i 引入额外的权值 w_i（这将和核函数的权值乘在一起）。
- 这又引入了另一个更一般的问题：观测权值 w_i。操作上，我们仅仅在计算加权平均之前将它们和核函数值相乘。对于最近邻方法，自然可以要求邻域具有总权重 k（相对于 $\sum w_i$）。当发生权值溢出时（邻域内最后一个观测的权值为 w_j，加上这个使得总权值超过了“预算” k），则要使用较 k 小的总权值。
- 边界问题。在边界上，度量邻域倾向于包含较少的样本，而使用最近邻方式则会产生更大的邻域。
- Epanechnikov 核函数的支集是紧集（这在于最近邻窗口大小）。另外一个拥有紧支集的核函数是三立方体（tri-cube）函数

$$D(t) = \begin{cases} (1 - |t|^3)^3 & \text{如果}|t| \leqslant 1 \\ 0 & \text{其他情况} \end{cases} \tag{6.6}$$

这个核函数在峰顶更平（和最近邻的矩形一样平），在支集的边界上可微。高斯密度函数 $D(t) = \phi(t)$ 是一个常用的拥有非紧支集的核函数，其标准差起到控制窗口大小的作用。图6–2将三者做了一个比较。

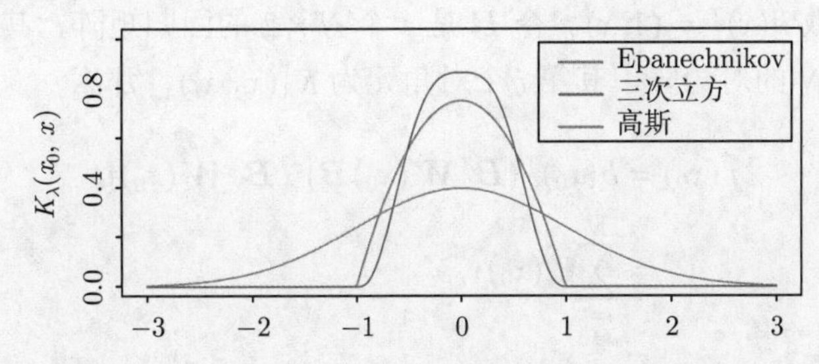

图 6–2　三个常用作局部平滑化的核函数的比较。每一个都被规范化使得其积分为 1。三立方体核函数具有紧支集，在边界点上拥有两个连续的导函数，而 Epanechnikov 核函数在边界上没有连续导函数。高斯核函数连续可微，支集的长度是无限大的

6.1.1　局部线性回归

我们使用核函数加权获得了平滑变化的局部加权平均，这改进了直接的移动均值。但是，平滑核函数拟合仍然有一些问题，见图6–3中左图。局部加权平均可能在边界上产生糟糕的偏差，因为在这些区域上核函数并不对称。我们可以通过在局部拟合直线而不是使用常数，这样就能去掉一阶项上产生的偏差，见图6–3中右图。事实上，类似的偏差也可能出

现在定义域的内部，当 X 的取值不是等间距时（产生的原因一样，但是可能并不那么严重）。同理，局部加权线性回归将会纠正其一阶项上产生的偏差。

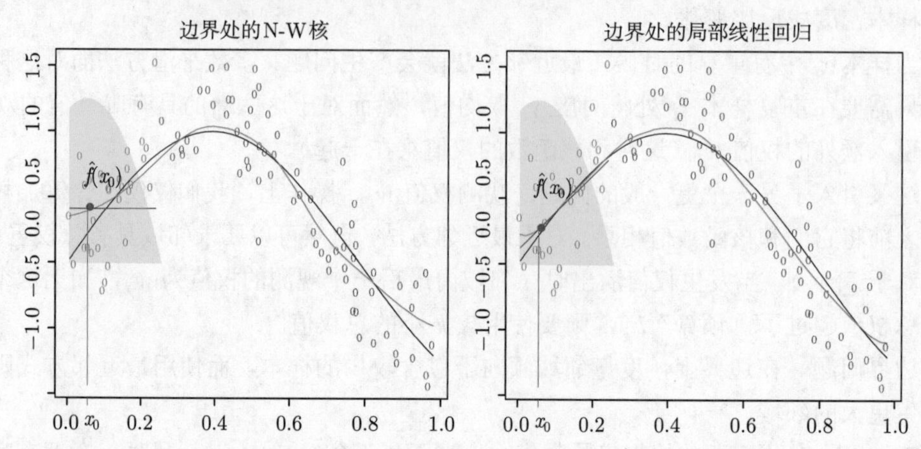

图 6–3 局部加权平均在或靠近边界位置有偏差问题。这里真实的函数近似是线性的，但是多数邻域里的样本有较目标样本更高的均值，因此尽管使用了加权平均，所得的均值仍然会偏向更大的数值。通过拟合一个局部加权线性回归（见右图），可以消除一阶偏差

局部加权回归在每个目标点 x_0 上求解一个单独的加权最小二乘问题：

$$\min_{\alpha(x_0),\beta(x_0)} \sum_{i=1}^{N} K_\lambda(x_0,x_i)[y_i-\alpha(x_0)-\beta(x_0)x_i]^2 \tag{6.7}$$

获得的估计是 $\hat{f}(x_0)=\hat{\alpha}(x_0)+\hat{\beta}(x_0)x_0$。需要注意，尽管所得的线性模型是在整个区域中的数据上拟合出来的，但是我们只使用它在 x_0 上的函数值。

定义向量值函数 $b(x)^\top=(1,x)$。令 $\boldsymbol{B}$ 是一个 $N\times 2$ 的回归矩阵，其中第 i 行是 $b(x_i)^\top$，$\boldsymbol{W}(x_0)$ 是一个 $N\times N$ 的对角阵，其第 i 个对角元为 $K_\lambda(x_0,x_i)$，那么

$$\hat{f}(x_0)=b(x_0)^\top(\boldsymbol{B}^\top\boldsymbol{W}(x_0)\boldsymbol{B})^{-1}\boldsymbol{B}^\top\boldsymbol{W}(x_0)\boldsymbol{y} \tag{6.8}$$

$$=\sum_{i=1}^{N} l_i(x_0)y_i \tag{6.9}$$

式(6.8)给出了一个局部线性回归估计的显式表达，式(6.9)强调估计是 y_i 的线性组合（且 $l_i(x_0)$ 与 $\boldsymbol{y}$ 无关）。权值 $l_i(x_0)$ 结合了权值核函数 $K_\lambda(x_0,\cdot)$ 和最小二乘操作，有时也被称为等价核（equivalent kernel）[①]。图6–4展示了局部线性回归对等价核函数的作用。在历史上，Nadaraya-Watson 以及其他的局部平均核方法都是通过修正核函数来校正偏差。这些修正是根据理论上渐进均方误差考虑来设计的，不仅难以实现，对有限样本容量也仅仅获得近似的结果。局部线性回归可以自动的修改核函数，将一阶偏差校正过来，这被称为自动核校正技术（automatic kernel carpentry）。考虑如下对 $\mathbb{E}\hat{f}(x_0)$ 的展开，利用局部回归的线性特性和真实函数 f 在 x_0 处的级数展开

① 译者注：这里的等价核定义与前面的并不矛盾，因为 $l_i(x_0)$ 对应的样本是 x_i，所以可以视为以 x_i 为自变量的函数。

$$
\begin{aligned}
\mathbb{E}\hat{f}(x_0) &= \sum_{i=1}^{N} l_i(x_0) f(x_i) \\
&= f(x_0)\sum_{i=1}^{N} l_i(x_0) + f'(x_0)\sum_{i=1}^{N}(x_i - x_0) l_i(x_0) \\
&+ \frac{f''(x_0)}{2}\sum_{i=1}^{N}(x_i - x_0)^2 l_i(x_0) + R
\end{aligned} \tag{6.10}
$$

其中余项 R 包括 f 的三阶及其以上阶导函数项，一般在合适的光滑性假设下都较小。可以证明（见习题6.2）对局部线性回归，$\sum_{i=1}^{N} l_i(x_0) = 1$ 且 $\sum_{i=1}^{N}(x_i - x_0) l_i(x_0) = 0$。因此，中间那项等于 $f(x_0)$，有因为偏差是 $\mathbb{E}\hat{f}(x_0) - f(x_0)$，我们可以看出，偏差仅仅依赖于 f 展开式中二次及其以上阶导数。

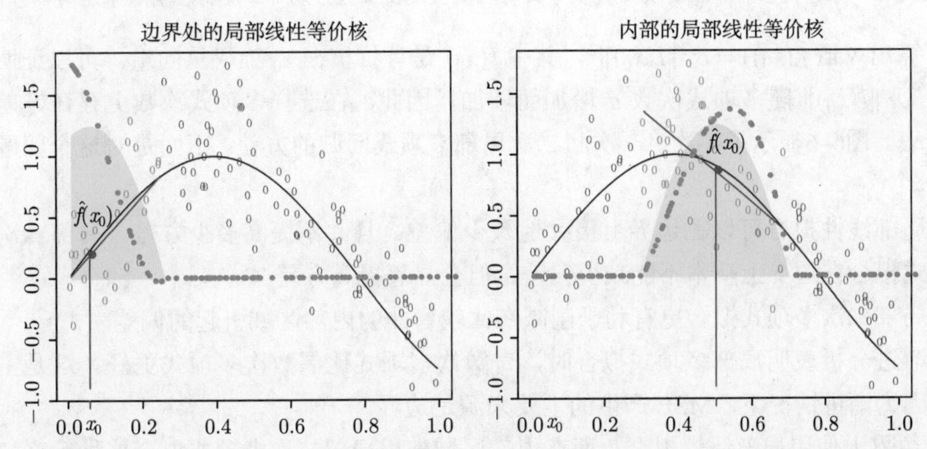

图 6–4　绿色的点显示的是局部回归的等价核 $l_i(x_0)$。它们是 $\hat{f}(x_0) = \sum_{i=1}^{N} l_i(x_i) y_i$ 的权值作为对应 x_i 的函数值画出来的。为了更好的显示，它们的数值进行了放缩，因为事实上它们的和为 1。因为黄色区域是（放缩后的）Nadaraya-Watson 局部均值的等价核，我们可以看出局部回归如何自动修正核函数的权值，从而消除了平滑窗口里由于不对称性产生的偏差

6.1.2　局部多项式回归

为什么只用局部的线性拟合呢？我们可以使用一个局部任意的 d 次多项式拟合，

$$
\min_{\alpha(x_0),\beta_j(x_0),j=1,\dots,d} \sum_{i=1}^{N} K_\lambda(x_0, x_i)\left[y_i - \alpha(x_0) - \sum_{j=1}^{d}\beta_j(x_0) x_i^j\right]^2 \tag{6.11}
$$

其解为 $\hat{f}(x_0) = \hat{\alpha}(x_0) + \sum_{j=1}^{d}\hat{\beta}_j(x_0) x_0^j$。事实上，展开式(6.10)可知，偏差将仅有 $d+1$ 阶以及更高阶分量（见习题6.2）。图6–5显示的是局部二次回归，局部线性回归容易在真实函数曲率较厉害的地方产生偏差，产生所谓的*截峰填壑*（trimming the hills and filling the valleys）现象。局部二次回归一般可以校正这个偏差。

削减这个偏差当然是有代价的，即导致方差的增长。图6–5(b) 产生的拟合更加抖动，特别是在尾部。假定 $y_i = f(x_i) + \varepsilon_i$，其中 ε_i 是独立同分布的以零为均值 σ^2 为方差的噪声。

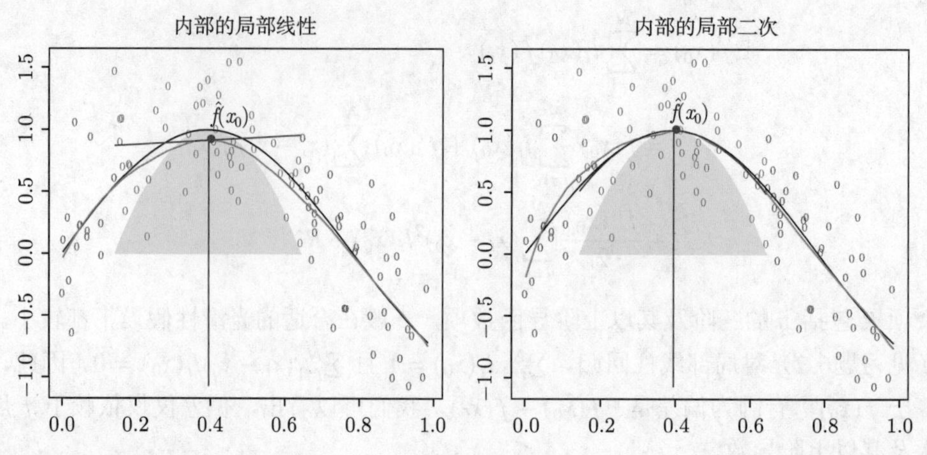

图 6–5 局部线性回归在真实函数较弯曲的区域呈现出偏差。局部二次拟合消除了这种偏差

可以计算出 $\mathrm{Var}(\hat{f}(x_0)) = \sigma^2\|l(x_0)\|^2$，其中 $l(x_0)$ 是等价核在 x_0 上权重向量。可以证明（见习题6. 3）$\|l(x_0)\|$ 随多项式次数 d 增加而增加，因此，在选择多项式次数上存在方差和偏差的折衷。图6–6显示了零次、一次和二次局部多项式回归的方差。下面是对这个问题的一些结论。

- 局部线性拟合可以在边界上极大地减少偏差，且并不提高多少方差。局部二次多项式拟合在边界上基本不能减少偏差，但会显著提高方差。
- 局部二次多项式拟合更有利于削减在比较弯曲的内部区域引起的偏差。
- 渐进分析表明局部多项式拟合时，奇数次多项式比偶数次多项式更好。这是主要是因为渐进情况下，MSE 产生的主要来源是边界。

尽管在边界上使用局部线性拟合、而在内部区域使用局部二次多项式拟合这种策略，可能是会有助于修补前面的缺陷，我们并不推荐这样做。通常，应用决定了使用的多项式次数。例如，如果我们在处理外推问题，那么我们将更多的关注边界，则局部线性拟合可能更加可靠。

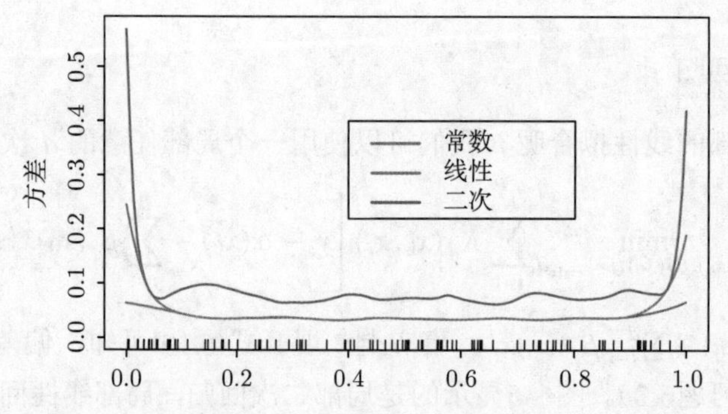

图 6–6 局部常值回归、一次和二次局部多项式回归的方差函数 $\|l(x)\|^2$，使用双三次核函数，窗口大小为 $\lambda = 0.2$

6.2 选择核宽度

在每个核函数 K_λ 里，λ 是控制其宽度的参数。

- 对于使用度量宽度的 Epanechnikov 或者双三次核函数，λ 就是支集的半径。
- 对于高斯核函数，λ 是标准偏差。
- 在 k 近邻方法中，λ 是选择最近的 k 个样本的样本数，通常用训练样本总数的 k/N 来表示。

当我们改变取均值的窗口大小的时候，有一个自然的偏差和方差的均衡，这对局部均值是最明显的。

- 如果窗口比较窄小，$\hat{f}(x_0)$ 就是少量 y_i 的均值，其对应的样本离 x_0 很近，这样获得的方差将会相对较大——过于靠近某个 y_i。偏差会较小，因为 $\mathbb{E}(y_i) = f(x_i)$ 应该和 $f(x_0)$ 接近。
- 如果窗口比较宽大，$\hat{f}(x_0)$ 的方差相对于每个 y_i 的方差将会较小，这是取平均的结果。偏差将会较大，因为这时我们取平均的观测 x_i 含有离 x_0 较远的样本，因此不能保证 $f(x_i)$ 和 $f(x_0)$ 仍然接近。

对于局部回归估计我们可以得到类似的结论，比如对局部线性回归，当宽度接近于 0，获得的估计就会接近于对训练数据的分段线性插值函数[①]；当宽度变得无限大的时候，拟合的结果就成为了全局线性最小二乘拟合。

在第5章讨论了如何选择平滑样条的正则化参数，在这里也是适用的，不再赘述。局部回归平滑方法也是线性估计子，根据式(6.8)的等价核，光滑矩阵 $\hat{\boldsymbol{f}} = \boldsymbol{S}_\lambda \boldsymbol{f}$ 被构造[②]，即 $\{\boldsymbol{S}_\lambda\} = l_i(x_j)$。使用留一法作交叉验证非常简单（见习题6. 7），其余的广义交叉验证，C_p（见习题6.10）以及 k 折交叉验证也同样容易计算。模型的有效自由度同样被定义为 $\mathrm{tr}(\boldsymbol{S}_\lambda)$，也被用于调整平滑程度的大小。图6–7比较了平滑样条和局部线性回归的等价核。局部回归平滑方法大约使用了 40% 的样本取（加权）均值，对应的自由度 $\mathrm{df} = \mathrm{tr}(\boldsymbol{S}_\lambda) = 5.86$。平滑样条也使用相同的自由度，获得两者的等价核在性质上非常接近。

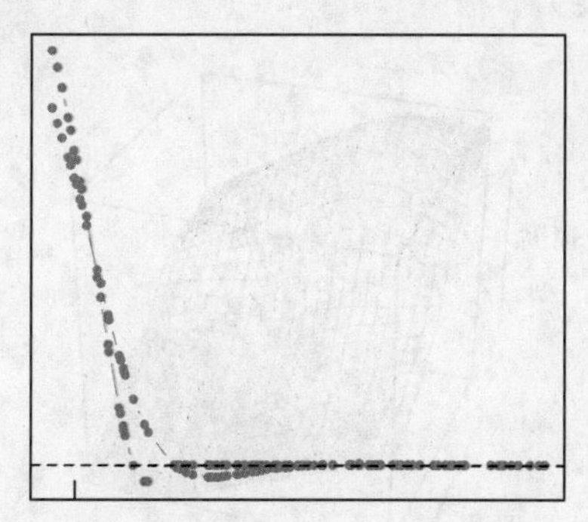
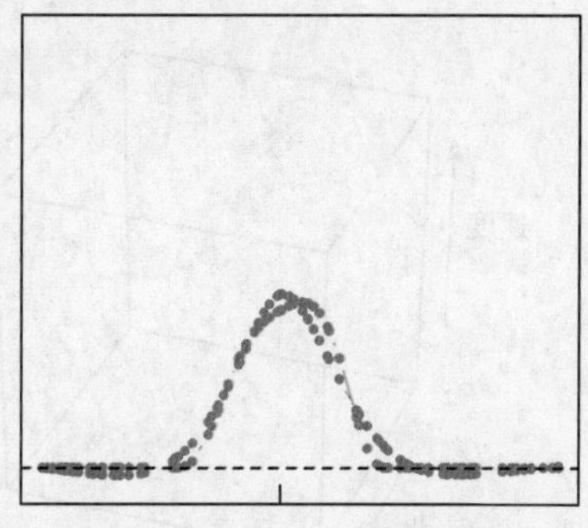

图 6–7　局部线性回归（使用双三次核函数，橙色）与平滑样条（蓝色）的等价核，它们的自由度被人为设成一样。竖线是目标点出现的位置

① 对等间距的 x_i 来说是这样的；对于不等间距 x_i，结果会更差。

② 译者注：其中的平滑矩阵 $\boldsymbol{S}_\lambda$ 就是将在 x_i 的等价核作为一行获得的。

6.3 $\mathbb{R}^p$ 上的局部回归

核平滑方法与局部回归都可以很自然的推广到两维或者更高维空间里。Nadaraya-Watson 核平滑方法在局部上用常数拟合，其值是通过 p 维空间的核函数值进行加权平均获得的。局部线性回归在局部通过加权最小二乘拟合一个关于 X 的超平面，其权值由 p 维空间的核提供。后者更容易实现，通常更偏好局部常数拟合，因为它在边界上有更好的表现。

令 $b(X)$ 是一个关于 X 的最大次数为 d 的多项式组成的向量。例如，对于 $d=1$ 且 $p=2$，$b(X)=(1,X_1,X_2)$；对于 $d=2$，$b(X)=(1,X_1,X_2,X_1^2,X_2^2,X_1X_2)$；平凡的情况是 $d=0$ 这样 $b(X)=1$。对每个 $x_0\in\mathbb{R}^p$，求解以下优化问题

$$\min_{\beta(x_0)}\sum_{i=1}^{N}K_\lambda(x_0,x_i)(y_i-b(x_i)^\top\beta(x_0))^2 \tag{6.12}$$

这样，我们获得了拟合的函数 $\hat{f}(x_0)=b(x_0)^\top\hat{\beta}(x_0)$。选择核函数典型的形式是径向函数，比如径向 Epanechnikov 核函数或者双三次核函数

$$K_\lambda(x_0,x)=D\left(\frac{\|x-x_0\|}{\lambda}\right) \tag{6.13}$$

其中 $\|\cdot\|$ 是 Euclidean 范数。因为 Euclidean 范数依赖于每个坐标，因此最有意义的是将每个预测子（predictor）标准化，例如在平滑前，使得每个坐标上标准差为 1。

虽然边界效应在一维平滑问题中是个问题，但在两维或者更高维空间里这将是非常大的问题，因为在边界上的点所占比例将会增加。事实上维数灾的一个证据就是随着维数的增加，点接近边界的比例将会增加到 1。直接修改核函数使得它们能处理两维的边界将会是非常麻烦的，对不规则的边界尤为如此。局部多项式回归可以在任意维的期望阶数上无缝地实现边界纠正。图6–8展示了将局部线性回归应用到天文研究获得的数据上。其数据的分布呈星状（star-shaped），因此其边界高度的不规则，拟合的曲面必须在越靠近边界、数据越稀疏的时候，进行有效的内插（interpolate）。

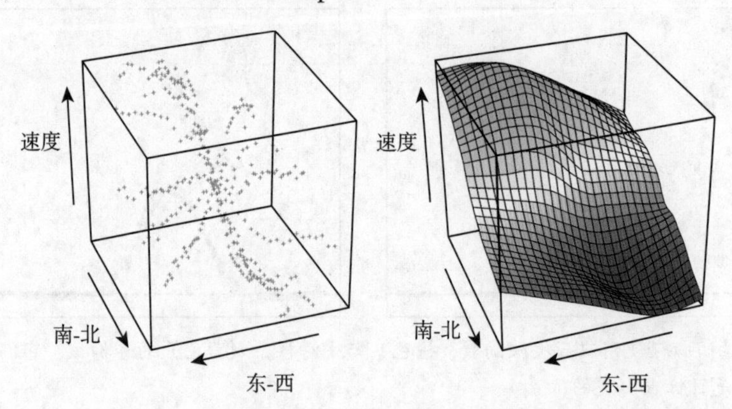

图 6–8 左图显示的是三维数据，其中响应是一个星系的速度测量值，两个特征记录的是在天空球面上的位置。不常见的“星状”设计表明数据测量的方式，它产生了高度不规则的边界。右图显示了使用局部线性回归平滑在 $\mathbb{R}^2$ 上的结果，使用的最近邻窗口包含数据的 15%

局部回归在维数超过了两维或者三维后就变得不那么有用了。我们早在第2章就详细讨论了维数引起的问题。在维数上升而又不按 p 指数增加采样的情况下，想要同时保持局部性（这意味着较低的偏差）和邻域中有可观的样本数目（这意味着较低的方差）简直是不可能的。同时，在高维空间可视化 $\hat{f}(X)$ 也变得困难起来，而这是平滑的主要目标之一。尽管图6–8所示的散点云图（scatter-cloud）和线框图（wire-frame plot）看起来不错，但是除了能解释整体上的结果以外，其他一切都很难解释。从数据分析的角度来看，条件图（conditional plot）可能更有用。

图6–9展示了用三个预测子分析环境数据的例子。网格展示了在给定两个变量温度和风速的情况下，臭氧浓度作为辐射的函数。然而以一个变量值为条件，其实意味着该值的局部（这和局部回归非常类似）。图6–9中每幅小图上方都写着该图中给定变量的取值范围。小图中画的是数据的一个子集（响应作为剩余的变量的函数），我们使用一个一维的局部线性回归对其拟合。尽管这与观察三维曲面的一个切面不大一样，但对我们理解数据在几个变量联合作用下的行为更为有用。

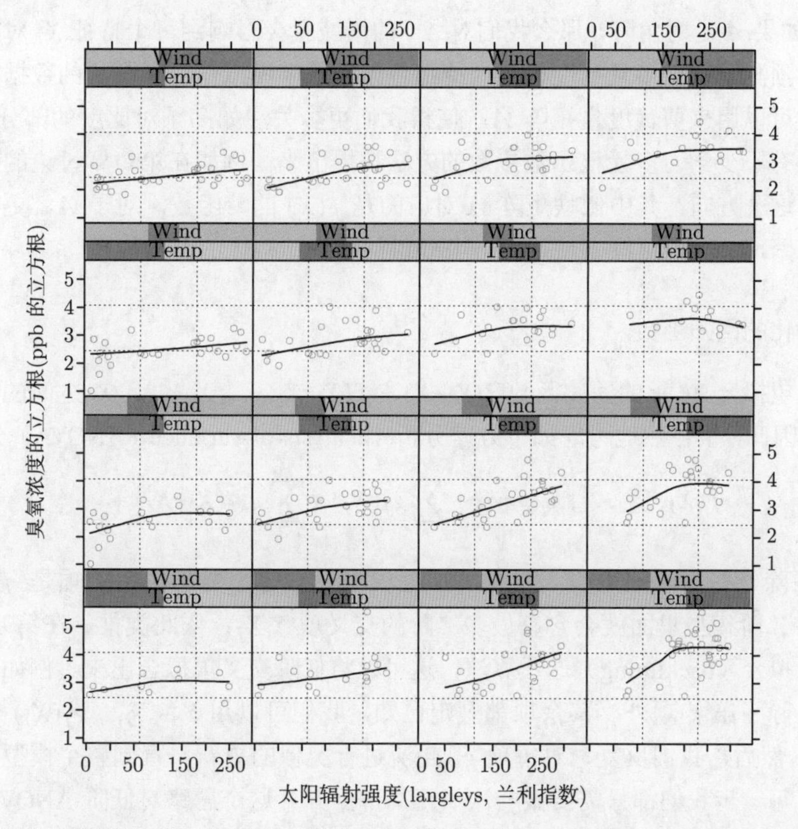

图 6–9　三维空间平滑算法的例子。响应是臭氧浓度（的立方根），三个特征或预测子是温度，风速和放射量。网格上将臭氧浓度作为在给定了另外两个变量温度和风速（分别对应暗绿和橙色的条）情况下辐射的函数。每幅小图大约包括给定变量 40% 以上的取值范围。每幅小图中的曲线是对该子图中数据的一元局部线性回归

6.4 $\mathbb{R}^p$ 上特征结构化局部回归

如果维数与样本大小的比例不合适时，局部回归方法就没有多大用处，除非我们愿意为模型做一些结构化的假定。这本书很多地方都是在讲结构化的回归和分类模型。这里，我们仅仅把注意力集中在直接与核方法相关的一些算法上。

6.4.1 结构化的核函数

一类方法就是修改核函数。式(6.13)默认的是球状核函数[①]，每一个坐标在其中给予了相同的权重，因此，一个自然的默认的策略是将每一个变量标准化至 1 个单位的标准偏差。更一般的是使用半正定矩阵 $\boldsymbol{A}$，这可以为不同的坐标系加权：

$$K_{\lambda,\boldsymbol{A}}(x_0,x)=D\left(\frac{(x-x_0)^\top\boldsymbol{A}(x-x_0)}{\lambda}\right) \tag{6.14}$$

我们可以对 $\boldsymbol{A}$ 添加合适的约束，使得整个坐标系或者各个方向的坐标减小或者完全被忽略掉。例如，如果 $\boldsymbol{A}$ 是对角阵，那么我们对 A_{jj} 的增减就会影响到每个特征 X_j 对模型的重要性。通常，预测子有很多且高度相关，特别是源于数字模拟信号和图片的数据。预测子的协方差函数可以用来剪裁度量矩阵 $\boldsymbol{A}$，使得我们更少关注如高频对比度的部分（见习题6.4）。也已经有不少学习多元核函数参数的方法被提出来。例如在第11章讨论的投影寻踪回归模型就是这个方向，其中低秩矩阵 $\boldsymbol{A}$ 对应的是 $\hat{f}(X)$ 的岭函数。对于 $\boldsymbol{A}$，更具有一般性的模型非常繁琐，我们更倾向使用下一节要讲的特征结构化的回归模型。

6.4.2 结构化的回归函数

我们希望拟合 $\mathbb{R}^p$ 上的回归函数 $\mathbb{E}(Y\mid X)=f(X_1,X_2,\ldots,X_p)$，且 X_i 之间的交叉作用不可以忽略，因此，很自然地考虑如下方差分析（analysis-of-variance，ANOVA）分解的形式：

$$f(X_1,X_2,\ldots,X_p)=\alpha+\sum_j g_j(X_j)+\sum_{k<\ell} g_{k\ell}(X_k,X_\ell)+\cdots \tag{6.15}$$

然后通过消除一些高阶项来引入结构。加性模型仅假定主要起作用的项是 $f(X)=\alpha+\sum_j g_j(X_j)$；二阶模型里面就会含有最多二阶的交叉项 X_iX_j；依此类推。在第9章中，我们将介绍反向拟合（backfitting）迭代算法，这可以将低阶交叉项拟合出来。例如在加性模型里面，如果除了第 k 项外，其余项都假定已知，我们可以用 $Y-\sum_{j\neq k} g_j(X_j)$ 的局部回归来估计 g_k。然后，我们反复、对每项 g_k 轮流进行类似的更新，直到整个模型收敛。重要的一点是，每一步我们都只需要做一次一元局部回归。这个思路对低阶 ANOVA 分解同样适用。

一类重要的结构化的模型是变系数模型（varying coefficient model）[②]。比如，假定将含有 p 个特征的 X 分成两部分，一个集合 $(X_1,X_2,\ldots,X_q)$，其中 $q<p$，剩余的变量放在向

① 译者注：称为球状核函数，是因为该函数的等高面是球面。

② 译者注：因为和前面的模型相比，这里的系数不再是待确定的常数。

量 Z。然后，我们假定条件线性模型为

$$f(X)=\alpha(Z)+\beta_1(Z)X_1+\cdots+\beta_q(Z)X_q \tag{6.16}$$

对于给定的 Z，这是线性模型，但是每个系数会随 Z 的变化而变化。很自然，可以使用局部加权最小二乘来拟合此模型：

$$\min_{\alpha(z_0),\beta(z_0)}\sum_{i=1}^{N}K_\lambda(z_0,z_i)(y_i-\alpha(z_0)-x_{1i}\beta_1(z_0)-\cdots-x_{qi}\beta_q(z_0))^2 \tag{6.17}$$

图6–10展示了在人类大动脉上测量的数据。一个长期以来被认可的结论是大动脉随着年龄（age）的增长而变厚。这里，我们对作为年龄（age）的线性函数的大动脉直径（diameter）进行建模，但是允许系数随性别（gender）和沿着大动脉向下行的深度（depth）而变化。我们对男性和女性分别使用了不同的局部回归模型。我们一方面可以看出，在大动脉的更高区域，的确随年龄的增长而变厚，但是随深度增加，这个关系就会变得不那么明显了。图6–11展示了作为深度的函数截距和斜率。

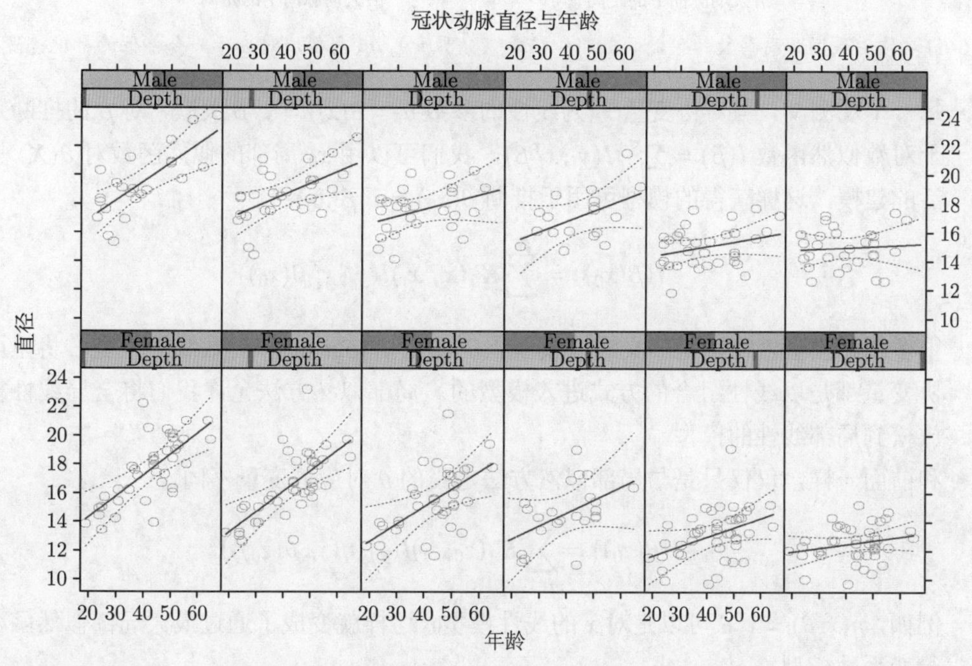

图 6–10　每幅小图中，大动脉直径（aorta diameter）都是作为年龄（age）的线性函数。模型的系数随性别（gender）和沿大动脉的深度（depth）（靠左侧是顶部，靠右侧是下部）而变化。可以看出线性模型系数的清晰变化

6.5 局部似然与其他模型

局部回归以及变系数模型的概念是非常广泛的，任意一个参数模型都可以转换成为局部模型，只要拟合模型的方法允许对每个观测赋予不同的权值。下面是一些例子。

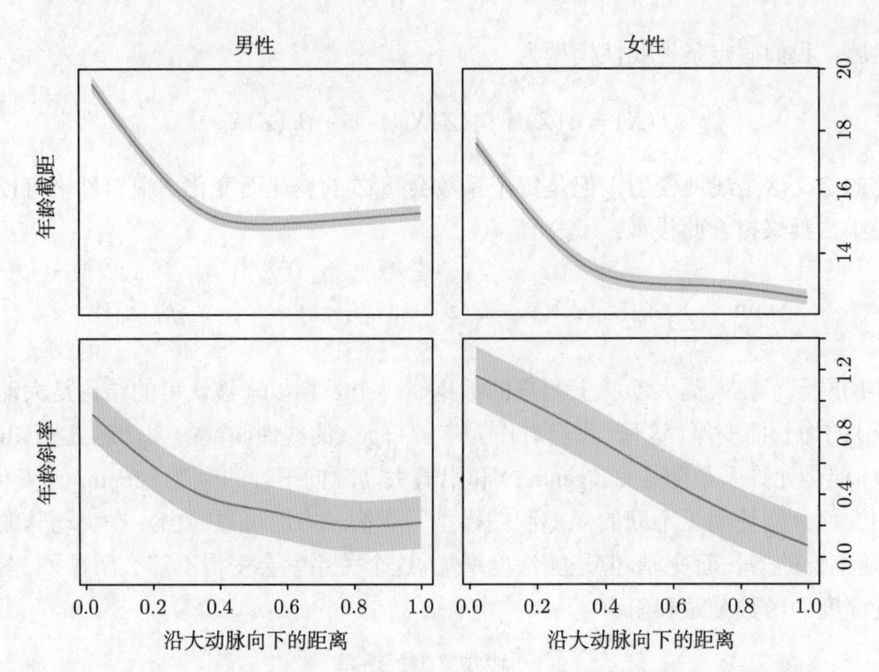

图 6–11 作为深度距离函数的年龄的截距和斜率（分男女）。黄色区域对应于一个单位的标准差宽度

- 每一个观测 y_i，与对协变量 x_i 为线性的参数 $\theta_i = \theta(x_i) = x_i^\top \beta$ 关联，对 β 的推断是基于对数似然函数 $l(\beta) = \sum_{i=1}^N l(y_i, x_i^\top \beta)$，我们可以用 x_0 局部的似然函数对 $\theta(X)$ 更灵活的建模，这样获得的模型可用于推断 $\theta(x_0) = x_0^\top \beta(x_0)$：

$$l(\beta(x_0)) = \sum_{i=1}^{N} K_\lambda(x_0, x_i) l(y_i, x_i^\top \beta(x_0))$$

  很多似然模型，特别是广义线性模型族的，包括 logistic 和对数线性模型，将里面的协变量都是以线性组合的方式进入模型的。局部似然方法允许我们将全局线性模型放松到局部线性的模型。

- 和前面一样，仅仅只是与局部似然方法定义的 θ 对应的变量不同，

$$l(\theta(z_0)) = \sum_{i=1}^{N} K_\lambda(z_0, z_i) l(y_i, \eta(x_i, \theta(z_0)))$$

  例如，$\eta(x, \theta) = x^\top \theta$ 可以是对 x 的线性模型，这样就变成了通过最大局部似然函数获得变系数模型 $\theta(z)$。

- k 阶自回归时间序列模型具有形式 $y_t = \beta_0 + \beta_1 y_{t-1} + \beta_2 y_{t-2} + \cdots + \beta_k y_{t-k} + \varepsilon_t$。用 $z_t = (y_{t-1}, y_{t-2}, \ldots, y_{t-k})$ 表示滞后集（lag set）。此模型看起来像一个标准线性模型 $y_t = z_t^\top \beta + \varepsilon_t$，而且典型地用最小二乘拟合。用核函数 $K(z_0, z_t)$ 加权的局部最小二乘训练的模型能够更好地根据序列的短期历史数据而变化。这与那些按窗口时间变化的传统动态线性模型是有区别的。

作为局部似然函数的示例，我们考虑第4章多类线性 logistic 回归模型(4.36)的局部版本。数据由特征向量 x_i 以及对应的类别响应 $g_i \in \{1, 2, \ldots, J\}$ 组成，线性模型为

$$\Pr(G=j \mid X=x)=\frac{e^{\beta_{j0}+\beta_j^\top x}}{1+\sum_{k=1}^{J-1} e^{\beta_{k0}+\beta_k^\top x}} \tag{6.18}$$

对应的 J 类模型的局部对数似然模型可以写为

$$\sum_{i=1}^{N} K_\lambda(x_0,x_i)\Bigg\{\beta_{g_i0}(x_0)+\beta_{g_i}(x_0)^\top(x_i-x_0) \\ -\log\left[1+\sum_{k=1}^{J-1}\exp\left(\beta_{k0}(x_0)+\beta_k(x_0)^\top(x_i-x_0)\right)\right]\Bigg\} \tag{6.19}$$

注意，

- g_i 在第一行中被用作下标，选出合适的分子
- 根据模型的定义，$\beta_{J0}=0$ 且 $\beta_J=0$
- 因为我们使用的是中心在 x_0 的局部回归模型，因此在 x_0 处的后验概率为

$$\hat{\Pr}(G=j \mid X=x_0)=\frac{e^{\hat\beta_{j0}(x_0)}}{1+\sum_{k=1}^{J-1} e^{\hat\beta_{k0}(x_0)}} \tag{6.20}$$

这个模型可以在相对较低维空间进行灵活的多类分类，但是在高维的 ZIP-code 识别问题上也获得过成功。使用核函数平滑方法的广义加性模型（见第9章）与此非常相关，并且通过对回归函数假定加性结构来克服维数问题。

作为一个简单的示例，我们使用第4章的心脏病数据，拟合了一个两类分类的局部线性 logistic 模型。图6–12展示了在两个风险因素上（分别）拟合出来的一元局部 logistic 模型。当数据本身并不能提供很多可视化的信息的时候，这是一种简便的发现非线性的可视化方法。这个情况下，我们从数据中发现了未曾料到的异常现象，若是使用传统方法的话，这可能会被忽视。

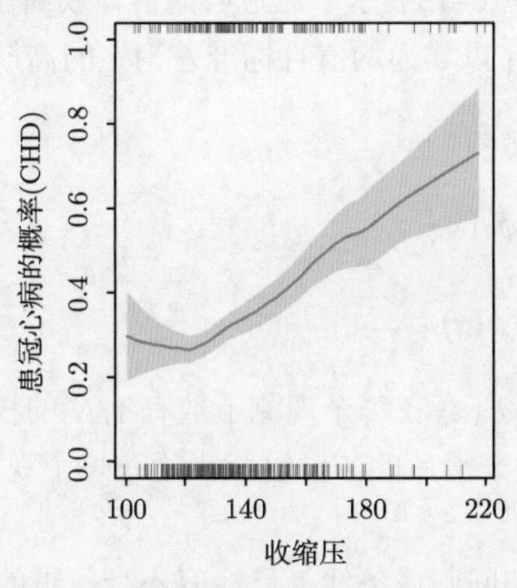

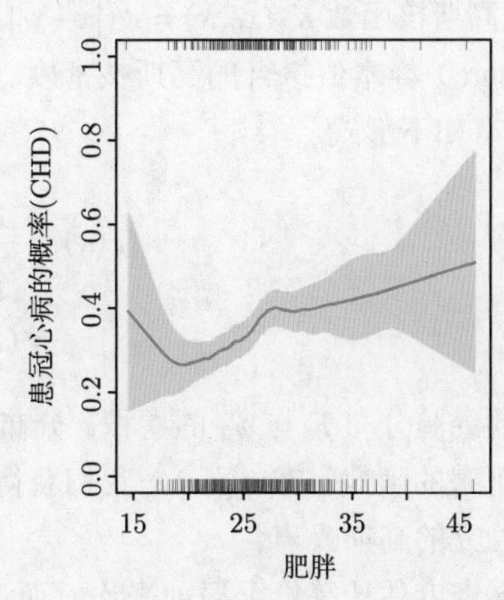

图 6–12　每幅小图显示的是南非心脏病数据上二值响应冠心病（Coronary Heart Disease，CHD）作为一个风险因素的函数。在小图里，我们采用局部线性 logistic 回归模型计算冠心病的拟合流行。在区域低端的 CHD 流行的非预期增长是因为数据涉及了以前的情况，统计数据时有一些病人已经开始接受治疗，降低了血压和体重。阴影部分表示估计出来每点上的标准偏差

因为 CHD 是一个二值变量，我们可以通过直接对该函数进行平滑，而并不考虑其似然函数的意义，从而可以估计条件概率 $\Pr(G=j \mid x_0)$。这相当于拟合一个局部常数的 logistic

回归模型（见习题6.5)。为了能更好利用局部线性平滑方法的偏差校正带来的好处，对不受限制的 logit 尺度操作更加自然。

通常，使用 logistic 回归，我们计算参数估计以及它们的标准误差。这个也可以在局部意义上完成，并且如图所示，我们也可以获得对拟合估计的患病流行性的每点标准差带。

6.6 核密度估计与分类

核密度估计是一个非监督学习过程，历史上对它的研究要早于核函数回归。它同时也导出了非参数分类的一族方法。

6.6.1 核密度估计

假定我们有抽取自概率密度函数 $f_X(x)$ 的随机样本 $x_1,\ldots,x_N$，我们期望能估计出 f_X 在点 x_0 上的函数值。为简单起见，我们现在假定 $X\in\mathbb{R}$。与前面的方法一样，一个自然的局部估计形式为

$$\hat{f}_X(x_0)=\frac{\#x_i\in\mathcal{N}(x_0)}{N\lambda}\tag{6.21}$$

其中 $\mathcal{N}(x_0)$ 是在 x_0 为中心半径为 λ 的邻域。这个估计是非常粗糙的，平滑的 *Parzen* 估计更受青睐，

$$\hat{f}_X(x_0)=\frac{1}{N\lambda}\sum_{i=1}^{N}K_\lambda(x_0,x_i)\tag{6.22}$$

因为它对靠近 x_0 的观测计数的时候，使用了随离 x_0 距离增大而减少的权值。这种情况下，常用的 K_λ 是高斯核函数 $K_\lambda(x_0,x)=\phi(|x-x_0|/\lambda)$。图6–13展示了对冠心病群体收缩压（systolic blood pressure）样本值拟合的高斯核密度。令 ϕ_λ 以零为均值且标准差为 λ 的高斯密度，则式(6.22)会有如下形式

$$\begin{aligned}\hat{f}_X(x)&=\frac{1}{N}\sum_{i=1}^{N}\phi_\lambda(x-x_i)\\&=(\hat{F}\star\phi_\lambda)(x)\end{aligned}\tag{6.23}$$

这是样本的经验分布 $\hat{F}$ 与 ϕ_λ 的卷积。分布函数 $\hat{F}(x)$ 在每个观测上放有 $1/N$ 的权重，是一个抖动很厉害的函数。在 $\hat{f}_X(x)$，我们获得的是平滑后的 $\hat{F}$，这相当于在每个观测 x_i 的响应加上了独立的高斯噪声。

Parzen 密度估计等价于局部平均，而沿局部回归这条线上已经有不少改进的方案（对密度函数的对数做的，见Loader (1999)）。我们将不会在这里进一步讨论这些。在 $\mathbb{R}^p$，高斯密度估计的自然推广相当于使用在式(6.23)的高斯乘积核。

$$\hat{f}_X(x_0)=\frac{1}{N(2\lambda^2\pi)^{\frac{p}{2}}}\sum_{i=1}^{N}e^{-\frac{1}{2}(\|x_i-x_0\|/\lambda)^2}\tag{6.24}$$

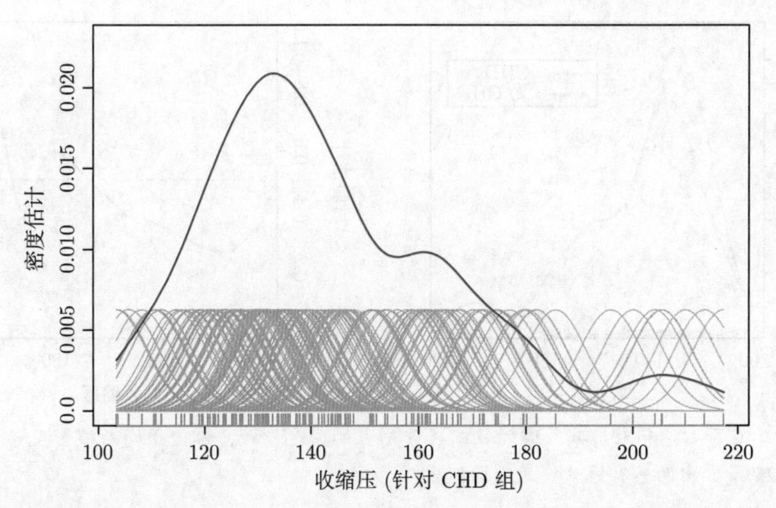

图 6–13　针对患有冠心病的人群收缩压的核密度估计。在每点的密度估计是来自于所有核函数在该点上函数值的平均贡献。我们把所有的核函数的函数值缩小到原来的 1/10 以方便阅读

6.6.2　核密度分类

利用贝叶斯定理，我们可以直接使用非参密度估计来分类。假设对 J 类分类问题，我们使用非参密度估计分别对每一类进行拟合 $\hat{f}_j(X), j = 1, \cdots, J$。另外，我们还有每类的先验 $\hat{\pi}_j$ 的估计（一般用每类样本所占的比例估计）。那么

$$\hat{\Pr}(G = j \mid X = x_0) = \frac{\hat{\pi}_j \hat{f}_j(x_0)}{\sum_{k=1}^{J} \hat{\pi}_k \hat{f}_k(x_0)} \tag{6.25}$$

图6–14使用该方法估计了患有冠心病（CHD）的概率或流行性，旨在研究造成心脏病的风险因素。与图6–12(a) 比较，主要差异在图6–14(b) 中收缩压（SBP）较高的部分。在这个区域里面，两类数据都很稀疏，由于高斯核函数是随远离中心函数值迅速下降，所以估计出来的密度很小，质量也很差（方差高）。局部 logistic 回归模型(6.20)使用双三次核函数，窗口宽度用 k-NN 确定，这就会有效的加宽核函数在这个区域的宽度，且利用局部线性的假设就能将估计平滑掉（取了 logit 尺度后）。

如果分类是最终的目标，那么学习每类的密度函数可能是不必要的，事实上还可能产生误导。图6–15显示了一个例子，密度函数都是多模分布，但是后验似然函数比却是非常光滑。在学习数据中不同的密度时，我们最需要的可能是一个更粗糙、高方差的拟合结果，以便捕捉到数据分布的性质，这与估计后验概率的目的是不相关。事实上，如果分类是最终的目标，我们只需要在决策边界上把后验概率估计好（对于两类分类问题，这就是集合 $\{x \mid \Pr(G = 1 \mid X = x) = \frac{1}{2}\}$）。

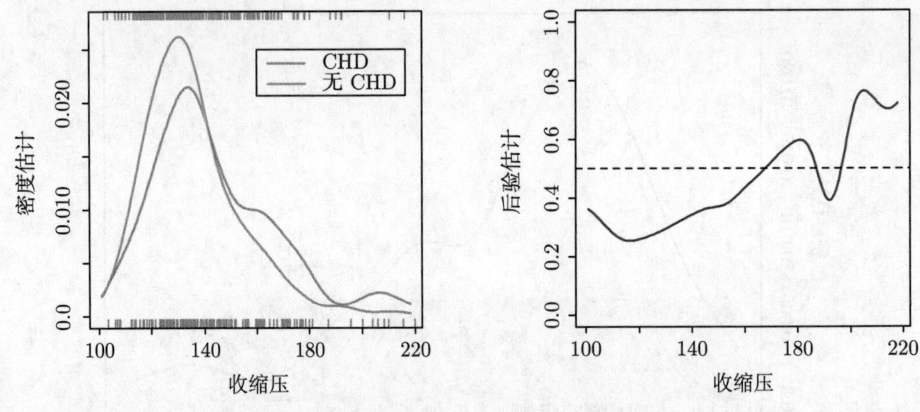

图 6–14　是对患有冠心病和未患病人群的收缩压分别做的密度估计，都使用高斯核密度估计。右图显示的是使用式(6.25)计算出的患有冠心病的后验概率

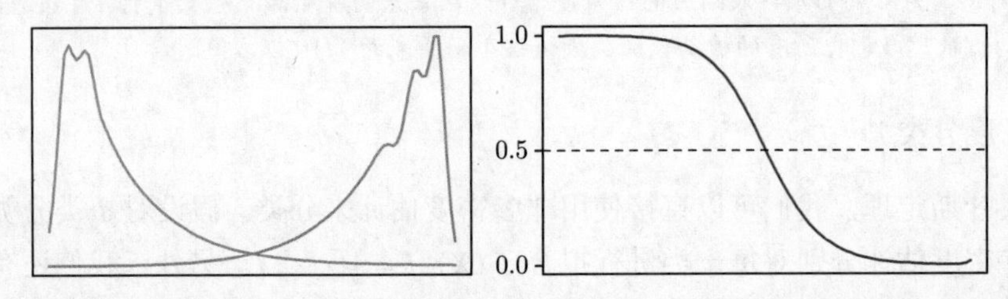

图 6–15　每类的边际分布可能有一些有意思的结构（见左图），但是在后验概率上却消失不见了（见右图）

6.6.3　朴素贝叶斯分类器

很多年来，这项技术一直很受欢迎，尽管它的名称（Naive Bayes，也称为“傻瓜贝叶斯"！）不那么出众。在特征空间维数很高的时候它尤其合适，这时密度估计已经没有什么意义了。朴素贝叶斯模型假定给定类 $G = j$，特征 X_k 是独立的，即

$$f_j(X) = \prod_{k=1}^{p} f_{jk}(X_k) \tag{6.26}$$

尽管这个假设一般都不对，但是它显著降低了估计的难度。

- 每类的条件边际密度 f_{jk}，每一个可以单独用一维的核密度估计来估计。这事实上是对原始朴素贝叶斯算法的一个推广，原来是假定每个边际分布是一元高斯分布。
- 如果 X 的分量 X_j 是离散的，则适合于直方图来估计。这也对特征向量中混合变量类型的情况提供了一致的处理方案。

尽管使用了过于乐观的假设，朴素贝叶斯分类器经常能比更复杂的分类器提供更好的结果。原因可从图6–15找到一些：尽管每类的密度估计可能是有偏的，但是偏差却不致影响后验概率太多，尤其在靠近决策边界的地方。事实上，求解问题时，相当大的偏差可能被由“简单”假设导致的低方差所弥补，最后的效果也不会太差。

从式(6.26)开始，我们可以推导出 logit-变换（第 J 类作为参考类），

$$
\begin{aligned}
\log \frac{\Pr(G=\ell \mid X)}{\Pr(G=J \mid X)} &= \log \frac{\pi_\ell f_\ell(X)}{\pi_J f_J(X)} \\
&= \log \frac{\pi_\ell \prod_{k=1}^{p} f_{\ell k}(X_k)}{\pi_J \prod_{k=1}^{p} f_{Jk}(X_k)} \\
&= \log \frac{\pi_\ell}{\pi_J} + \sum_{k=1}^{p} \log \frac{f_{\ell k}(X_k)}{f_{Jk}(X_k)} \\
&= \alpha_\ell + \sum_{k=1}^{p} g_{\ell k}(X_k)
\end{aligned}
\tag{6.27}
$$

这有广义加性模型（generalized additive model）的形式，将在第9章详细介绍。但是模型训练方式截然不同：它们不同之处可参见习题6.9。朴素贝叶斯和广义加性模型的关系与线性判别分析和 logistic 回归的关系类似（见 4.4.5节）。

6.7 径向基函数与核

在第5章，函数用基函数的展开来表示，$f(x)=\sum_{j=1}^{M}\beta_j h_j(x)$。使用基函数灵活建模的技巧包括选择一族合适的基函数，然后通过选择、正则化或者这两者控制其表达的复杂程度。有一些基函数族，它们的元素是定义在局部上的：例如 B 样条是在 $\mathbb{R}$ 的局部上定义的。如果期望在某个区域具有更加灵活的函数形式，那个区域就需要用更多的基函数来表示（对于 B 样条，也就是需要更多的节点）。在 $\mathbb{R}$ 上局部的基函数的张量积产生了 $\mathbb{R}^p$ 上局部的基函数。但并不是所有基函数都是定义在局部上的——比如样条的截断幂函数基，或者神经网络（见第11章）中使用的 sigmoidal 基函数 $\sigma(\alpha_0+\alpha x)$。然而，组合函数 $f(x)$ 可能会显示局部行为，这是因为系数的特定符号和取值导致了全局效应的消失。比如，截断幂基函数对相同空间的函数有一个等价的 B 样条基：这里恰好消掉全局行为。

核方法的灵活性在于仅在目标点 x_0 的邻域上训练一个简单的模型。局部性是通过加权的核函数 K_λ 实现，每个样本获得的权重是 $K_\lambda(x_0,x_i)$。

通过将核函数 $K_\lambda(\xi,x)$ 视为基函数，径向基函数（Radial Basis Function，RBF）将这些思想组合在一起。这就导出了以下模型

$$
\begin{aligned}
f(c) &= \sum_{j=1}^{M} K_{\lambda_j}(\xi_j,x)\beta_j \\
&= \sum_{j=1}^{M} D\left(\frac{\|x-\xi_j\|}{\lambda_j}\right)\beta_j
\end{aligned}
\tag{6.28}
$$

其中每个基元素都被一个位置或者原型（prototype）参数 ξ_j 以及一个尺度参数 λ_j 决定。常用的 D 的选择是标准高斯密度函数。有多种方式来学习参数 $\{\lambda_j,\xi_j,\beta_j\}$, $j=1,\ldots,M$。简单起见，我们仅仅关心回归问题的最小二乘解，并使用高斯核。

- 考虑所有参数来优化平方和：

$$\min_{\{\lambda_j,\xi_j,\beta_j\}_1^M}\sum_{i=1}^N\left(y_i-\beta_0-\sum_{j=1}^M\beta_j\exp\left\{-\frac{(x_i-\xi_j)^\top(x_i-\xi_j)}{\lambda_j^2}\right\}\right)^2 \tag{6.29}$$

  这个模型通常被称为 RBF 网络，作为第11章所讲的 sigmoidal 神经网络的替代选择；ξ_j 和 λ_j 扮演权重的角色。这个准则是非凸的，含有多个局部极小值，优化算法和用于神经网络的类似。

- 参数 $\{\lambda_j,\xi_j\}$ 的估计和 β_j 的估计是分开的。给定前者，后者的估计是简单最小二乘问题。通常，核函数的参数 λ_j 和 ξ_j 是仅使用 X 的分布，用非监督学习的方法确定。其中一种方法是对训练样本 x_i 拟合一个高斯混合密度模型，这将会提供中心 ξ_j 和尺度 λ_j。其他更加特殊的方法使用聚类算法确定原型 ξ_j，然后将 $\lambda_j=\lambda$ 当作一个超参数。这些方法有一个明显的缺点是条件分布 $\Pr(Y\mid X)$，尤其是条件期望 $\mathbb{E}(Y\mid X)$ 对这些过程没有任何发言权。优点是这些方法实现起来都比较容易。

尽管减少参数集和对 $\lambda_j=\lambda$ 假定一个常值看似有吸引力，这也会产生不希望看到的副作用——在 $\mathbb{R}^p$ 上产生空洞，即没有核函数对其有显著影响的区域，如图6–16(a) 所示。重新归一化 (renormalized) 径向基函数

$$h_j(x)=\frac{D(\|x-\xi_j\|/\lambda)}{\sum_{k=1}^M D(\|x-\xi_k\|/\lambda)} \tag{6.30}$$

可以避免这个问题，参见图6–16。

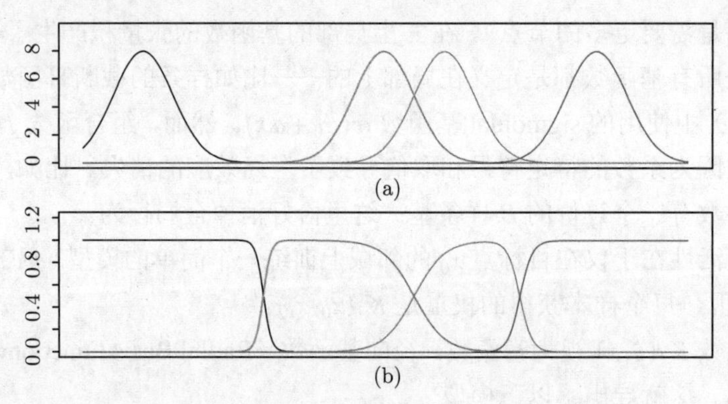

图 6–16 $\mathbb{R}$ 中固定宽度的高斯径向基函数可能留下空洞（a）。重新对高斯径向基函数归一化避免了这个问题，产生的基函数和 B 样条在某些方面有些相似。

式(6.2)中的 Nadaraya-Watson 核函数回归估计可以被认为是重新归一化的径向基函数的展开

$$\begin{aligned}\hat{f}(x_0)&=\sum_{i=1}^N y_i\frac{K_\lambda(x_0,x_i)}{\sum_{i'=1}^N K_\lambda(x_0,x_{i'})}\\&=\sum_{i=1}^N y_i h_i(x_0)\end{aligned} \tag{6.31}$$

其中基函数 h_i 位于每个观测，对应系数 y_i，即：$\xi_i = x_i, \hat{\beta}_i = y_i, i = 1, \ldots, N$。

注意展开式(6.31)与由核函数 K 诱导的正则化问题的解(5.50)的相似性。径向基函数成为现代核方法和局部拟合技术的桥梁。

6.8　密度估计与分类的混合模型

混合分布模型是密度估计的有用工具，也可以看成是一种核方法。高斯混合分布模型的形式如下

$$f(x) = \sum_{m=1}^{M} \alpha_m \phi(x; \mu_m, \mathbf{\Sigma}_m) \tag{6.32}$$

其中的混合比例为 $\alpha_m, \sum_m \alpha_m = 1$，每个高斯分布的均值为 μ_m，协方差矩阵为 $\mathbf{\Sigma}_m$。一般来说，混合分布模型可以将式(6.32)中的高斯分布换成其他任意分布：迄今为止，高斯混合分布模型是最常用的。

参数一般使用最大似然的方法求出，使用第8章介绍的 EM 算法。一些特例如下。

- 如果协方差矩阵是标量矩阵 $\mathbf{\Sigma}_m = \sigma_m \boldsymbol{I}$，则式(6.32)就是径向基展开的形式。
- 如果加上 $\sigma_m = \sigma > 0$ 是固定值，且 $M \uparrow N$，那么式(6.32)的最大似然估计就会趋近式(6.22)的核密度估计，其中 $\hat{\alpha}_m = 1/N$ 且 $\hat{\mu}_m = x_m$。

使用贝叶斯定理，每一个类的混合分布密度可以转换成为后验分布 $\Pr(G \mid X)$，这将在第12章介绍。

图6–17展示了一个将混合分布模型应用到心脏病风险因素研究上的例子。最上面一行分别是患有冠心病（CHD）的和没有患病的对年龄（Age）的直方图，最右边是合并在一起的直方图。我们用合并的数据拟合出两个成分如式(6.32)所示的混合分布模型，对应的（标量）$\mathbf{\Sigma}_1$ 和 $\mathbf{\Sigma}_2$ 并不要求相等。我们使用 EM 算法（见第8章）：注意，对于这个过程，我们并没有利用是否患冠心病的信息，获得的估计是

$$\begin{aligned} &\hat{\mu}_1 = 35.4, \qquad &\hat{\Sigma}_1 = 157.7, \qquad &\hat{\alpha}_1 = 0.7 \\ &\hat{\mu}_2 = 58.0, \qquad &\hat{\Sigma}_2 = 15.6, \qquad &\hat{\alpha}_1 = 0.3 \end{aligned}$$

分量密度 $\phi(\hat{\mu}_1, \hat{\Sigma}_1)$ 和 $\phi(\hat{\mu}_2, \hat{\Sigma}_2)$ 显示在 (a) 下图和 (b) 下图。(c) 下图是两个分量分布密度函数（橙色和蓝色）以及估计出的混合密度（绿色）。

混合分布模型也提供了一种判断某个观测 x_i 属于第 m 个成分的概率的估计

$$\hat{r}_{im} = \frac{\hat{\alpha}_m \phi(x_i; \hat{\mu}_m, \hat{\Sigma}_m)}{\sum_{k=1}^{M} \hat{\alpha}_k \phi(x_i; \hat{\mu}_k, \hat{\Sigma}_k)} \tag{6.33}$$

其中 x_i 是本例中的年龄。假定我们为 $\hat{r}_{i2}$ 指定阈值，因此定义 $\hat{\delta}_i = I(\hat{r}_{i2} > 0.5)$。则我们可以比较按冠心病的与否来对每个观测进行分类，和与混合分布模型分类的结果：

		混合分布模型	
		$\hat{\delta}=0$	$\hat{\delta}=1$
冠心病	未患病	232	70
	患病	76	84

尽管混合分布模型没有使用患病（CHD）与否的信息，它仍然能够较好地发现数据中两个子类别。线性 logistic 回归，以是否患有冠心病作为响应，通过最大似然对数据进行拟合，获得的错误率为 32%（见4.4节）。

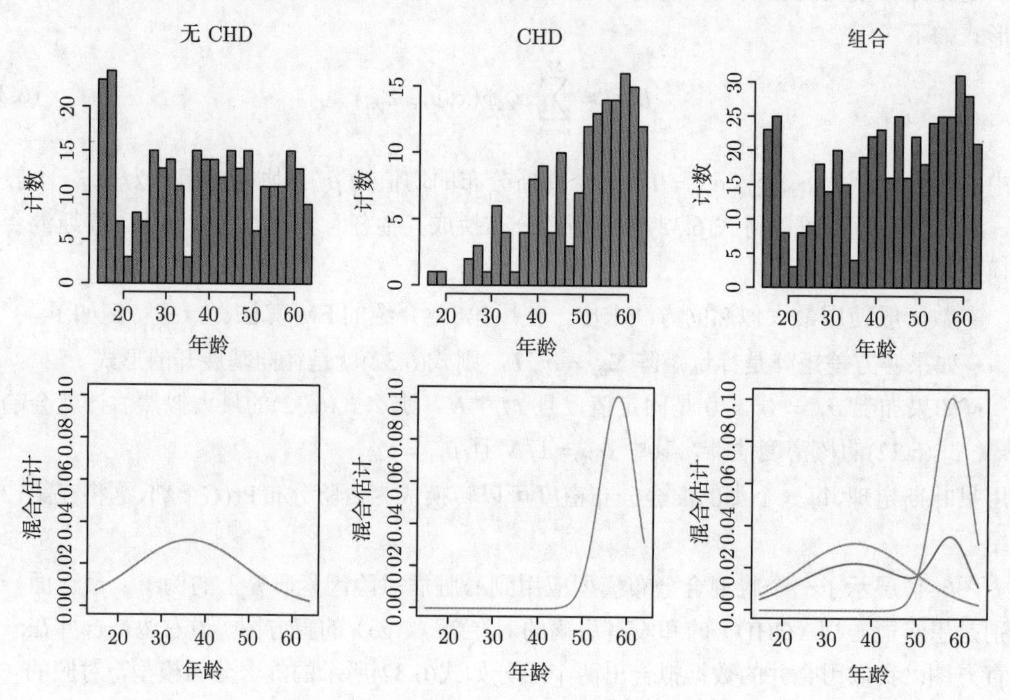

图 6–17 混合分布模型在心脏病风险因素研究中的应用。（第一行）患有冠心病（CHD）和没患病的人的年龄（Age）的直方图以及两者合并在一起的直方图。（第二行）估计出来的高斯混合分布模型中分量分布密度，（左下图，中下图）；（右下图）估计出的分量密度（橙色和蓝色）以及混合分布密度（绿色）。蓝色密度函数的标准差很大，接近于一个均匀分布

6.9 计算细节

核平滑、局部回归与密度估计都是基于记忆 (memory-based)的方法：模型需要所有的训练样本，拟合在预测或者评估时才会进行。对许多实时的应用，这会使得这类算法不可用。

除了在一些过于简单的情况下（如平方核函数），在单一观测 x_0 拟合所需要的计算代价是 $O(N)$ 次浮点操作。与之相比，M 个基函数的展开式求值一次需要 $O(M)$ 的开销，一般 $M \sim O(\log N)$。因此，基函数方法至少有 $O(NM^2+M^3)$ 的初始开销。

核方法的平滑参数 λ 一般是离线确定的，例如使用交叉验证，这需要 $O(N^2)$ 次浮点操作。

局部回归流行的实现，如 S-PLUS 和 R 语言里面的`loess`函数，还有Loader (1999)中的`locfit`过程，都使用了三角化框架来减少计算量。它们精确的计算了在 M 个精心选择的位置上拟合的结果，这步开销为 $O(NM)$，然后使用混合技术将其于地方的函数值插值获得，这步开销为每个位置 $O(M)$。

文献说明

有大量关于核方法的文献，我们并不准备尝试对其小结。这里仅仅给出一些较好的文献，它们自己的参考文献含有足够丰富的文献供读者参考。Loader (1999)覆盖了局部回归和局部似然方法，同时也介绍了流行的相关软件。Fan and Gijbels (1996)更注重理论一些。Hastie and Tibshirani (1990)在加性模型的框架下讨论了局部回归。Silverman (1986)是一篇关于密度估计的综述，另有Scott (1992)。

习题

6.1 证明使用固定度量宽度 λ 的 Nadaraya-Watson 核函数或者高斯核函数的平滑结果是可微的。对 Epanechnikov 核函数呢？对使用自适应最近邻宽度 $\lambda(x_0)$ 的 Epanechnikov 核函数呢？

6.2 证明对局部线性回归，$\sum_{i=1}^{N}(x_i - x_0)l_i(x_0) = 0$。令 $b_j(x_0) = \sum_{i=1}^{N}(x_i - x_0)^j l_i(x_0)$。证明对任意次数（包括局部常值）的局部多项式回归，$b_0(x_0) = 1$。证明 k 次局部多项式回归中对所有的 $j \in \{1, 2, \ldots, k\}$ 来说 $b_j(x_0) = 0$。这对偏差有什么影响？

6.3 证明 $\|l(x)\|$（见6.1.2节）随着局部回归的多项式次数的增加而增加。

6.4 假定 p 个预测子的 X 是在 p 个均匀放置的横坐标值上，从相对光滑的模拟信号曲线获得。令 $\mathrm{Cov}(X \mid Y) = \boldsymbol{\Sigma}$ 是特征的条件协方差，且它并不随 Y 的变化而变化太多。讨论选取 $\boldsymbol{A} = \boldsymbol{\Sigma}^{-1}$ 作为式(6.14)中马氏（Mahalanobis）度量的性质。与 $\boldsymbol{A} = \boldsymbol{I}$ 比较有什么异同？给出 (a) 和 (b)：(a) 将高频分量在距离度量中弱化；（b）完全忽视它们的作用，你将如何设计一个核矩阵 $\boldsymbol{A}$？

6.5 证明拟合具有形式(6.19)的局部常值多项 logit 模型，等价于为每类分别用 Nadaraya-Watson 核平滑来光滑二值响应指示子，其中，每个样本的权值为 $K_\lambda(x_0, x_i)$。

6.6 假定仅有局部回归的软件，但是你能说明在拟合中使用了哪些单项式。那么，怎么使用该软件对关于某些变量的变系数模型进行拟合？

6.7 为局部多项式回归推导出留一法交叉验证的残差平方和。

6.8 假定对于连续响应 Y 和预测子 X，我们对 X, Y 的联合分布密度用多元高斯核估计子进行建模。请注意，这个问题中我们使用的核函数是乘积核 $\phi_\lambda(X)\phi_\lambda(Y)$。证明从该估计获得的条件均值 $\mathbb{E}(Y \mid X)$ 是 Nadaraya-Watson 估计。将这个结论推广分类问题，即对一个连续的 X 和一个离散的 Y 的联合分布，提供了一个合适的核函数。

6.9 探讨朴素贝叶斯模型(6.27)于广义加性 logistic 回归模型的不同，着眼于（a）模型假设和（b）估计方法。如果所有的变量 X_k 是离散的，对应的 GAM 会如何？

6.10 假定我们有 N 个从模型 $y_i = f(x_i) + \varepsilon_i$ 生成的样本，其中 ε_i 是独立同分布的噪声，均值为零，方差为 σ^2，x_i 假定是固定的（非随机的）。我们使用线性平滑方法（如局部回归、平滑样条等）估计 f，平滑参数为 λ。因此，拟合的结果为 $\hat{\boldsymbol{f}} = \boldsymbol{S}_\lambda \boldsymbol{y}$。考虑样本内 (in-sample)预测误差

$$\mathrm{PE}(\lambda) = \frac{1}{N}\mathbb{E}\sum_{i=1}^{N}(y_i^* - \hat{f}_\lambda(x_i))^2 \tag{6.34}$$

这作为在 N 个位置上预测新的响应的预测误差。证明在训练数据上的平均残差平方 $\mathrm{ASR}(\lambda)$ 是 $\mathrm{PE}(\lambda)$ 的一个有偏（偏向乐观）估计，而

$$C_\lambda = \mathrm{ASR}(\lambda) + \frac{2\sigma^2}{N}\mathrm{tr}(\boldsymbol{S}_\lambda) \tag{6.35}$$

是无偏估计。

6.11 证明高斯混合分布模型(6.32)的似然函数将在 ∞ 时最大化，并具体描述怎么构造。

6.12 写一个计算机程序执行局部线性判别分析。在每一个查询点 x_0，训练数据从加权核中获得权值 $K_\lambda(x_0, x_i)$，同时，线性决策边界的成份（见4.3节）是通过加权平均获得。在 `zipcode` 数据上测试程序，并给出五个预设的 λ 的值在训练集和测试集上的误差。zipcode 数据可以从本书网站 http://www-stat.stanford.edu/ElemStatLearn 获得。

第 7 章　模型的评估和选择

7.1　概述

学习方法的泛化（generalization）性能指的是在独立测试集上的预测性能。在实际应用中，对泛化性能的评估极为重要，因为它指导了学习算法或者模型的选择，也是衡量最终模型品质的度量准则。

在本章中，我们叙述评估模型性能的核心方法，然后介绍如何用它们来选择模型。本章将从关于偏差、方差和模型复杂性之间关系的讨论开始。

7.2　偏差、方差与模型复杂性

图7–1展示了在评估学习方法泛化能力的重要问题。首先考虑定量或者区间标量响应的情况。我们有目标变量 Y，输入向量 X，和从训练集 $\mathcal{T}$ 中估计出来的预测模型 $\hat{f}(X)$。衡量 Y 与预测值 $\hat{f}(X)$ 之间的误差的损失函数用 $L(Y,\hat{f}(X))$ 表示。典型的选择为

$$L(Y,\hat{f}(X)) = \begin{cases} (Y-\hat{f}(X))^2 & \text{平方误差} \\ |Y-\hat{f}(x)| & \text{绝对值误差} \end{cases} \tag{7.1}$$

测试误差（test error）又名泛化误差（generalization error），是在独立测试样本上的预测误差，

$$\mathrm{Err}_{\mathcal{T}} = \mathbb{E}[L(Y,\hat{f}(X)) \mid \mathcal{T}] \tag{7.2}$$

其中 X 和 Y 都是从它们的联合分布（总体）随机抽取的。这里训练集 $\mathcal{T}$ 是固定的，测试误差是指关于这个特定的训练集获得的模型的误差。相关的一个量是期望预测误差（或者期望测试误差）

$$\mathrm{Err} = \mathbb{E}[L(Y,\hat{f}(X))] = \mathbb{E}[\mathrm{Err}_{\mathcal{T}}] \tag{7.3}$$

注意，这个期望会对所有随机的变量取平均数，包括生成 $\hat{f}$ 的训练集的随机性。

图7–1显示的是在 100 个仿真训练集（每个训练集包含 50 个样本）上训练出来的模型的预测误差（浅红色曲线）$\mathrm{Err}_{\mathcal{T}}$。LASSO（见 3.4.2节）用于形成拟合序列。实心红线是它们的平均，因此是对 Err 的估计。

尽管我们将会看到对 Err 进行统计分析可能更方便，并且多数方法都能有效地估计期望误差，但对 $\mathrm{Err}_{\mathcal{T}}$ 的估计将仍然是我们的目标。如果仅仅给出相同训练集的信息，想有效的估计条件误差看来不大可能。对此的相关讨论在7.12节有所涉及。

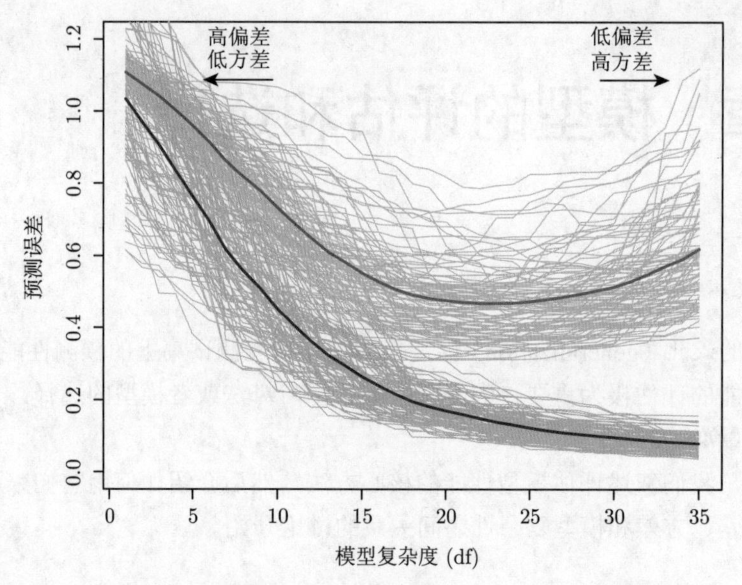

图 7–1 当模型复杂程度变化的时候测试样本和训练样本的误差的变化。浅蓝色的曲线是训练误差 $\overline{\text{err}}$，浅红色的曲线是条件测试误差，曲线表示随模型复杂性变化，给定了 100 个、每类 50 个样本的训练集训练出来的模型的误差的变化。实心曲线表示期望测试误差 Err 以及期望训练误差 $\mathbb{E}[\overline{\text{err}}]$

训练误差（training error）是在训练样本上的平均损失

$$\overline{\text{err}} = \frac{1}{N}\sum_{i=1}^{N} L(y_i, \hat{f}(x_i)) \tag{7.4}$$

我们想知道估计出来的模型 $\hat{f}$ 的期望测试误差。当模型变得越来越复杂的时候，它需要更多的训练数据并且能适应更复杂的内在结构。因此，这时偏差会有所减少，而方差将有所增加。所以，有一个能得到期望测试误差最小的、中等复杂程度的模型。

不幸的是，训练误差并不是测试误差的一个很好的估计，如图7–1所示。训练误差随着模型复杂程度的上升而一致下降，一般当我们模型足够复杂后将变成零。然后，训练误差为零的模型对训练数据产生了过拟合，通常会使得泛化能力变差。

对取值于集合 $\mathcal{G}$ 的 K 个值（为了方便起见，一般写为 $1, 2, \ldots, K$ 的）的定性（qualitative）或者范畴（categorical）类型的响应 G，同理。常见的做法是对条件概率 $p_k(X) = \Pr(G = k \mid X)$（或者对单调变换 $f_k(X)$）进行建模，则 $\hat{G}(X) = \arg\max_k \hat{p}_k(X)$。在某些情况下，例如 1-最近邻分类器（见第2章和第13章），我们直接获得 $\hat{G}(X)$。典型的损失函数有

$$L(G, \hat{G}(X)) = I(G \neq \hat{G}(X)) \qquad \text{（0-1 损失函数）} \tag{7.5}$$

$$\begin{aligned} L(G, \hat{p}(X)) &= -2\sum_{k=1}^{K} I(G = k)\log \hat{p}_k(X) \\ &= -2\log \hat{p}_G(X) \qquad \text{（}-2\times \text{ 对数似然函数）} \end{aligned} \tag{7.6}$$

$-2\times$ 对数似然函数有时也被称为偏差（deviance）。

在这里，测试误差为 $\mathrm{Err}_{\mathcal{T}} = \mathbb{E}[L(G, \hat{G}(X)) \mid \mathcal{T}]$，也就是在 $\mathcal{T}$ 上的训练的分类器的总体平均误分类率，Err 是期望分类误差。

训练误差是在样本上定义的，例如

$$\overline{\mathrm{err}} = -\frac{2}{N}\sum_{i=1}^{N}\log \hat{p}_{g_i}(x_i) \tag{7.7}$$

即模型的样本对数似然。

对数似然可以用作一般的响应密度的损失函数，如泊松（Poisson）分布、伽马（Gamma）分布、指数分布和对数正态分布等。如果 $\mathrm{Pr}_{\theta(X)}(Y)$ 是 Y 的分布密度，以 $\theta(X)$ 为参数，而该参数依赖于观测 X，那么

$$L(Y, \theta(X)) = -2 \cdot \log \mathrm{Pr}_{\theta(X)}(Y) \tag{7.8}$$

这里的 -2 使得高斯分布的对数似然损失函数正好是平方误差损失函数。

为了表达方便，本章剩余部分我们使用 Y 和 $f(X)$ 表达以上所有情况，因为我们主要想着眼于处理定量响应（使用平方误差损失函数）。对于其他的情况，稍作修改即可。

本章中，我们描述了许多估计模型期望预测误差的方法。一般来说，模型有一个或多个可以调整的参数 α，所以预测函数可以写为 $\hat{f}_\alpha(x)$。这个可调整的参数可以改变模型的复杂程度，我们希望找到能够最小化期望预测误差的、合适的 α，也就是找到图7–1中的平均测试误差曲线的最小值。后面有时候为了简便，将把对 α 的依赖性省略掉，直接写为 $\hat{f}(x)$。

重要的事说三遍，请注意，现在需要记住我们实际上有两个目标。

- 模型选择 估计不同模型的性能，以便选择最佳模型。
- 模型评估 已经选择最终的模型后，在新数据上估计它的预测误差（泛化误差）。

如果我们有充足的数据，两个问题最好的解决方案是将数据集随机分成三个部分：一个训练集、一个验证集和一个测试集。训练集用于拟合模型；验证集用于估计预测误差进行模型选择；测试集用于评估最终模型的泛化能力。理想情况下，测试集应该放在“保险柜”里面，仅仅在数据分析的最后阶段才拿出来使用。如果我们反复使用测试集，选择获得最小测试集误差的模型。那么最终选择的模型的测试误差将会低估真实的测试误差，有时候相差甚远。

关于如何选择三个数据集含有的观测数目，是很难给出一般性的原则的，因为这依赖于数据的信噪比以及训练样本的容量。一般来说，可以用 50% 的数据于用训练，25% 用于验证，剩下 25% 用于测试。

本章的方法是为了解决没有充足的数据来分成三个部分的情况。但是，我们依然无法给出一般性的原则来判断训练集是否足够：这依赖于生成数据的函数的信噪比以及用于拟合数据模型的复杂程度。

本章介绍的方法或者通过解析的逼近验证步骤（如 AIC、BIC、MDL 和 SRM），或者通过有效的重复使用样本（如交叉验证和 bootstrap 方法）。除了它们在模型选择上的应用，我们也会研究每种方法在最终选择模型的测试误差上究竟能提供多大程度的可靠估计。

在切入到这些话题之前，我们先探索测试误差的性质以及偏差和方差的均衡。

7.3 偏差-方差分解

如同第2章，如果我们假定 $Y = f(X) + \varepsilon$，其中 $\mathbb{E}(\varepsilon) = 0$ 且 $\mathrm{Var}(\varepsilon) = \sigma_\varepsilon^2$，就能使用平方误差损失，在输入点 $X = x_0$ 推导回归拟合函数 $\hat{f}(X)$ 的期望预测误差的表达式如下：

$$\begin{aligned}
\mathrm{Err}(x_0) &= \mathbb{E}[(Y - \hat{f}(x_0))^2 \mid X = x_0] \\
&= \sigma_\varepsilon^2 + [\mathbb{E}\hat{f}(x_0) - f(x_0)]^2 + \mathbb{E}[\hat{f}(x_0) - \mathbb{E}\hat{f}(x_0)]^2 \\
&= \sigma_\varepsilon^2 + \mathrm{Bias}^2(\hat{f}(x_0)) + \mathrm{Var}(\hat{f}(x_0)) \\
&= \text{不可约误差} + \text{偏差}^2 + \text{方差}
\end{aligned} \tag{7.9}$$

第一项是目标在其真实均值 $f(x_0)$ 附近波动的方差，除非 $\sigma_\varepsilon^2 = 0$，否则，不论我们估计 $f(x_0)$ 有多好，此项都是无法避免的。第二项是偏差的平方，也就是我们的平均估计偏离真实均值的大小；最后一项是方差，即 $\hat{f}(x_0)$ 到其均值的期望平方标准差。通常，模型 $\hat{f}$ 越复杂，平方偏差项就会越小，而方差项就会越大。

对于 k 最近邻回归拟合，这些项都有更简单的形式

$$\begin{aligned}
\mathrm{Err}(x_0) &= \mathbb{E}[(Y - \hat{f}_k(x_0))^2 \mid X = x_0] \\
&= \sigma_\varepsilon^2 + \left[f(x_0) - \frac{1}{k}\sum_{\ell=1}^{k} f(x_{(\ell)}) \right]^2 + \frac{\sigma_\varepsilon^2}{k}
\end{aligned} \tag{7.10}$$

这里，方便起见我们假定训练输入 x_i 是固定不变的，随机性仅仅来自 y_i。近邻个数 k 与模型的复杂程度成反比关系。对较小的 k，估计 $\hat{f}_k(x)$ 可以更好的估计出真实的 $f(x)$。当我们增加了 k，偏差——即 $\hat{f}(x)$ 在 k 个最近邻上的均值与 $f(x_0)$ 的差的平方——一般会出现增长，而方差会减少。

对于线性模型拟合 $\hat{f}_p(x) = x^\top\hat{\beta}$，其中含有 p 个分量的参数向量 β 使用最小二乘拟合获得，有

$$\begin{aligned}
\mathrm{Err}(x_0) &= \mathbb{E}[(Y - \hat{f}_p(x_0))^2 \mid X = x_0] \\
&= \sigma_\varepsilon^2 + [f(x_0) - \mathbb{E}\hat{f}_p(x_0)]^2 + \|\boldsymbol{h}(x_0)\|^2\sigma_\varepsilon^2
\end{aligned} \tag{7.11}$$

这里 $\boldsymbol{h}(x_0) = \boldsymbol{X}(\boldsymbol{X}^\top\boldsymbol{X})^{-1}x_0$，是形成拟合 $\hat{f}_p(x_0) = x_0^\top(\boldsymbol{X}^\top\boldsymbol{X})^{-1}\boldsymbol{X}^\top\boldsymbol{y}$ 的 N 向量的线性权值，因此 $\mathrm{Var}[\hat{f}_p(x_0)] = \|\boldsymbol{h}(x_0)\|^2\sigma_\varepsilon^2$。方差随 x_0 的位置改变而改变，但是它在样本上的均值是 $(p/N)\sigma_\varepsilon^2$，其中 x_0 从样本值 x_i 的每一个取得，因此

$$\frac{1}{N}\sum_{i=1}^{N}\mathrm{Err}(x_i) = \sigma_\varepsilon^2 + \frac{1}{N}\sum_{i=1}^{N}[f(x_i) - \mathbb{E}\hat{f}(x_i)]^2 + \frac{p}{N}\sigma_\varepsilon^2 \tag{7.12}$$

是样本集内的样本（in-sample）误差。这里，模型复杂性直接与参数 p 相关。

对于岭回归 $\hat{f}_\alpha(x_0)$，其测试误差 $\text{Err}(x_0)$ 与式(7.11)有相同的形式，除了在方差项的线性权值不同，$\boldsymbol{h}(x_0) = \boldsymbol{X}(\boldsymbol{X}^\top\boldsymbol{X} + \alpha\boldsymbol{I})^{-1}x_0$。偏差项也是不同的。

对于一族线性模型，比如岭回归，我们可以把偏差项分解得更加细致。令 β_* 表示对 f 拟合最好的线性逼近所对应的参数，

$$\beta_* = \underset{\beta}{\operatorname{argmin}}\, \mathbb{E}\big(f(X) - X^\top\beta\big)^2 \tag{7.13}$$

这里的期望是对输入变量 X 的分布取的。我们可以把均方偏差写为

$$\begin{aligned}\mathbb{E}_{x_0}\left[f(x_0) - \mathbb{E}\hat{f}_\alpha(x_0)\right]^2 &= \mathbb{E}_{x_0}\left[f(x_0) - x_0^\top\beta_*\right]^2 + \mathbb{E}_{x_0}\left[x_0^\top\beta_* - \mathbb{E}x_0^\top\hat{\beta}_\alpha\right]^2 \\ &= \text{Ave}[\text{模型偏差}]^2 + \text{Ave}[\text{估计偏差}]^2\end{aligned} \tag{7.14}$$

在等式右侧的第一项是均方模型偏差（model bias），即最佳线性逼近模型对真实函数的误差。第二项是均方估计偏差（estimation bias），即估计的均值 $\mathbb{E}(x_0^\top\hat{\beta})$ 与最佳线性逼近的误差。

对于使用常最小二乘拟合的线性模型，估计的偏差为零。对于受限拟合，如岭回归，偏差是正值，我们用这部分换来的是方差的降低。模型的偏差仅仅能够通过引入更丰富的模型（如包含变量间的相互作用（即交叉项）和变量的变换等等）来消除。

图7–2定性展示了偏差-方差均衡的概念。

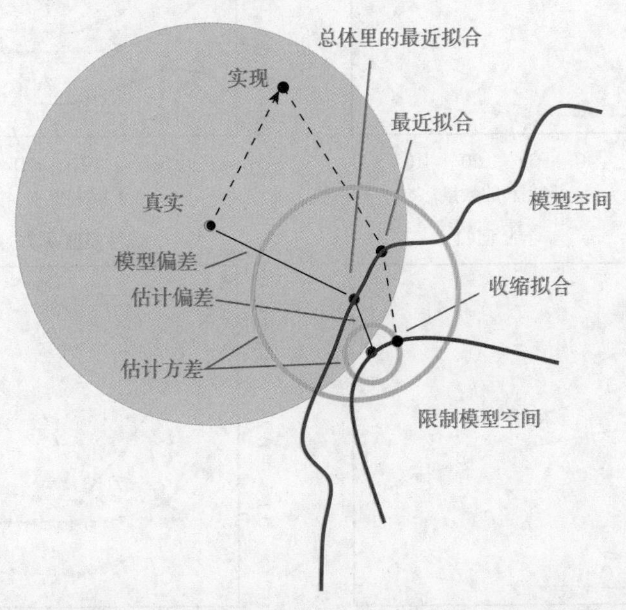

图 7–2　偏差和方差变化的示意图。模型空间是给定模型形式下所有可能的预测集合，其中最优的方案是标为“最近拟合”的黑点。模型对真实函数的偏差图中已经画出来了，另外对应的方差以“总体最近拟合”的黑点为圆心的黄色圆圈表示。一个收缩过或者正则化的拟合结果也被画在图上，它具有额外的偏差。但是由于方差的减小，可能得到较小的预测误差

对于线性模型，模型空间是所有 p 维输入的线性预测方法的集合，其中表示“最近拟合”黑点是 $x^{\top}\beta_{*}$。蓝色阴影区域是表示误差 σ_{ε}，即我们希望从带有这种程度噪声的数据里找到真实函数。

图中另外也画出了最小二乘拟合的方差，这是被图中以黑点（标为“总体中的最近拟合”）为圆心的黄色圆圈。现在如果我们使用较少的特征或预测子，或者对系数进行正则化，比如将它们向 0 收缩，我们就得到了图中所示的“被收缩的拟合结果”。这个结果含有额外的估计偏差，因为它不是整个模型空间里面最好的拟合。另一方面，它却有较小的方差。如果方差上的减少量超过了（平方）偏差的增长，那么这样做就是值得的。

示例：偏差——方差折衷

图7–3展示了两个仿真数据上偏差和方差的折衷。实验中有 20 个预测子，形成了均匀分布在 $[0,1]^{20}$ 里的 80 个观测，具体情况如下。

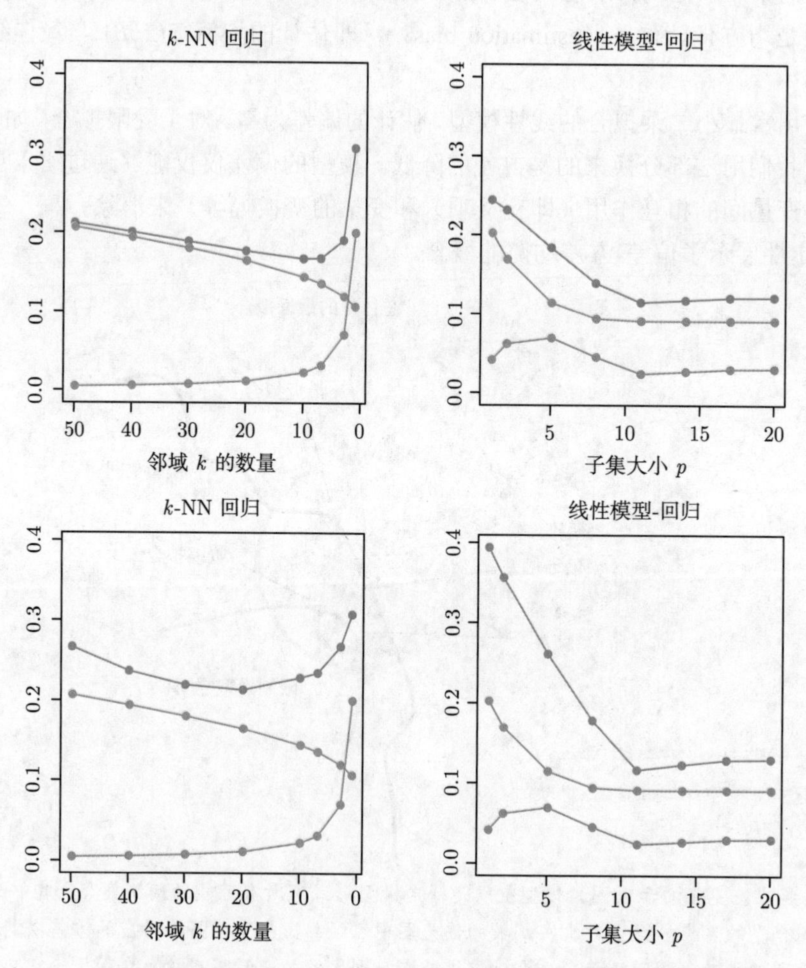

图 7–3　在仿真示例上的期望预测误差（橙色）、平方偏差（绿色）与方差（蓝色）。上一行使用平方误差损失函数；下一行使用 0-1 损失函数。使用的模型是 kNN（左列）与大小为 p 的最优子集回归（右列）。方差与偏差曲线与回归的时候一致，但是预测误差曲线不同

- 左侧，如果 $X_1 \leqslant 1/2$，则 $Y = 0$；否则 $Y = 1$，我们使用 k-近邻进行分类。
- 右侧，如果 $\sum_{j=1}^{10} X_j > 5$，则 $Y = 1$；否则 $Y = 0$，我们使用大小为 p 的最优子集线性回归。

上面一行是使用平方误差损失函数回归的结果，下面一行是使用 0-1 损失函数获得的结果。图中画出了预测误差（红色）、平方偏差（绿色）以及方差（蓝色），它们是在很大的测试集上计算出来的。

在回归问题中，偏差和方差加在一起形成了预测误差曲线，对 k-最近邻方法在大约 $k = 5$ 时有最小值，对于线性模型则约在 $p \geqslant 10$。对于分类损失（底图），可以看到一些有趣的现象。偏差和方差曲线与上图的相同，但预测曲线现在是误分类率。我们发现预测误差不再是平方偏差和方差的和。对于 k-最近邻分类器，在最近邻的数量增加到 20 以后，预测误差会减少或停止，尽管事实上平方偏差正在上升。对于线性模型分类器，如回归情况一样，最小值在 $p \geqslant 10$ 时发生，但在 $p = 1$ 处的模型性能上的改进更显著。我们看到偏差和方差似乎在交互影响着预测误差的决定。

为什么会这样呢？对第一个现象，我们有一个简单的解释。假定在给定输入点，类别 1 的真实概率是 0.9，同时我们估计的期望值是 0.6。则平方偏差——$(0.6 - 0.9)^2$——是相当大的，但因为我们做了正确的决策，所以预测误差为 0。换句话说，估计误差让我们留在了不会受到损害的决策边界的右边。习题7.2分析了这一现象，也展示了偏差和方差之间的相互影响。

总的观点是偏差-方差折衷对 0-1 损失不同于对平方误差损失的情况。这反过来意味着调参的最佳选择在这两种情况有着明显的不同。我们应该基于预测误差的估计来选择要调整的参数，正如下面几节所描述的一样。

7.4 训练错误率的乐观估计

讨论错误率估计可能容易引起混淆，因为我们必须搞清楚哪些量是固定的，哪些量是随机的[①]。在继续之前，我们需要一些定义，将7.2节的内容细化。给定训练集 $\mathcal{T} = \{(x_1, y_1), (x_2, y_2), \ldots, (x_N, y_N)\}$，模型 $\hat{f}$ 的泛化误差是

$$\mathrm{Err}_{\mathcal{T}} = \mathbb{E}_{X^0, Y^0}[L(Y^0, \hat{f}(X^0)) \mid \mathcal{T}] \tag{7.15}$$

请注意，式(7.15)中的训练集 $\mathcal{T}$ 是固定的。点 (X^0, Y^0) 是一个新的测试样本，从数据的联合分布 F 中抽取。对所有训练集 $\mathcal{T}$ 取均值就得到了期望预测误差

$$\mathrm{Err} = \mathbb{E}_{\mathcal{T}}\mathbb{E}_{X^0, Y^0}[L(Y^0, \hat{f}(X^0)) \mid \mathcal{T}] \tag{7.16}$$

这在统计分析中更加容易计算。与早前提及的一样，它表明，多数方法可以有效的估计期望预测误差而不是 $\mathrm{Err}_{\mathcal{T}}$，详情参见7.12节。

① 在第 1 版中，这一节说得不够清楚。

一般来说，训练误差

$$\overline{\text{err}} = \frac{1}{N}\sum_{i=1}^{N} L(y_i, \hat{f}(x_i)) \tag{7.17}$$

比真实的预测误差 $\text{Err}_{\mathcal{T}}$ 小，因为同样的数据既被用于拟合，又被用于评估其误差（见习题2.9)。拟合算法往往会对训练数据本身（而不是真实的分布）产生适应性，因此训练误差 $\overline{\text{err}}$ 将会是对泛化误差 $\text{Err}_{\mathcal{T}}$ 的过于乐观的估计。

两者产生差异的部分原因是测试观测的位置或评估点发生位置的不一样。$\text{Err}_{\mathcal{T}}$ 可以认为是样本集外的样本 (extra-sample) 误差，因为测试样本不必和训练样本一样。$\overline{\text{err}}$ 的乐观本质在我们仅关注样本集内的样本（in-sample）误差时最容易理解

$$\text{Err}_{\text{in}} = \frac{1}{N}\sum_{i=1}^{N} \mathbb{E}_{Y^0}[L(Y_i^0, \hat{f}(x_i)) \mid \mathcal{T}] \tag{7.18}$$

这里 Y^0 表示我们在每个训练样本 x_i 获得的 N 个新响应。我们将（误差估计的）乐观程度（optimism）定义为训练误差 Err_{in} 和 $\overline{\text{err}}$ 的差

$$\text{op} \equiv \text{Err}_{\text{in}} - \overline{\text{err}} \tag{7.19}$$

这个值一般都是正的，因为 $\overline{\text{err}}$ 通常是对预测误差偏小的估计。最后，平均乐观程度是乐观程度在所有训练集上的期望误差

$$\omega \equiv \mathbb{E}_{\boldsymbol{y}}(\text{op}) \tag{7.20}$$

这里，训练集的预测子是固定的，期望是对训练集上响应或结果值上（即 Y_i^0）取的，因此我们的记号是 $\mathbb{E}_{\boldsymbol{y}}$ 而不是 $\mathbb{E}_{\mathcal{T}}$。通常，我们可以计算出期望乐观程度 ω 而不是 op，正如我们能够估计期望预测误差 Err，而不能估计出条件误差 $\text{Err}_{\mathcal{T}}$。

对于平方误差、0-1 以及其他的损失函数，可以证明如下一般性的结论

$$\omega = \frac{2}{N}\sum_{i=1}^{N} \text{Cov}(\hat{y}_i, y_i) \tag{7.21}$$

其中 Cov 是协方差。因此，$\overline{\text{err}}$ 低估真实误差的程度依赖于 y_i 能以多强的程度影响它自己的预测值。我们对数据的拟合程度越高，$\text{Cov}(\hat{y}_i, y_i)$ 会越大，也将因此而增大乐观程度。习题7.4对平方误差损失函数证明了这个结论，其中的 $\hat{y}_i$ 是从回归中拟合的函数值。对 0-1 损失函数，$\hat{y}_i \in \{0,1\}$ 是在 x_i 处的分类结果，对于熵损失函数，$\hat{y}_i \in [0,1]$ 是在 x_i 取 1 的拟合概率。

小结一下，我们有如下重要的关系

$$\mathbb{E}_{\boldsymbol{y}}(\text{Err}_{\text{in}}) = \mathbb{E}_{\boldsymbol{y}} + \frac{2}{N}\sum_{i=1}^{N} \text{Cov}(\hat{y}_i, y_i) \tag{7.22}$$

如果 $\hat{y}_i$ 是 d 维输入或基函数的线性拟合结果，此表达式还可简化。例如，对于加性误差模型 $Y = f(X) + \varepsilon$

$$\sum_{i=1}^{N} \text{Cov}(\hat{y}_i, y_i) = d\sigma_{\varepsilon}^2 \tag{7.23}$$

因此

$$\mathbb{E}_{\boldsymbol{y}}(\mathrm{Err_{in}}) = \mathbb{E}_{\boldsymbol{y}}(\overline{\mathrm{err}}) + 2 \cdot \frac{d}{N}\sigma_\varepsilon^2 \tag{7.24}$$

式(7.23)是7.6节定义的有效参数个数的基础。乐观程度随着输入维数或者使用的基函数个数 d 线性增长，但是随训练集样本数目的增加而减少。式(7.24)对于其他的误差模型，比如二值数据与熵损失函数，也能近似的成立。

一种估计预测误差的明显方式是估计乐观程度，然后将它加到训练误差 $\overline{\mathrm{err}}$ 上。在下一节中介绍的方法——C_p、AIC、BIC 以及其他的方法——都是这样对一类特殊的估计起作用的，这类估计是它们的参数的线性函数。

作为对比，在本章后面介绍的交叉验证和 bootstrap 方法是直接对样本集外的样本（extra-sample）误差 Err 的估计。这些更一般的工具可以与任何损失函数，非线性、自适应的拟合技术一起使用。

样本集内的样本（in-sample）误差一般不是那么令人感兴趣，因为将来获得的观测很可能与训练集里面的是不一样的。但是作为模型之间互相比较的方法，样本集内的样本误差是非常方便的，而且常常能够获得有效的模型选择结果。原因在于误差的相对大小而不是绝对大小对模型选择是重要的。

7.5 样本内预测错误的估计

样本内（In-sample）误差的一般形式为

$$\widehat{\mathrm{Err_{in}}} = \overline{\mathrm{err}} + \hat{\omega} \tag{7.25}$$

其中 $\hat{\omega}$ 是对平均乐观程度的估计。

利用式(7.24)，当 d 个参数通过平方误差损失函数拟合时，可计算出一个所谓的 C_p 统计量：

$$C_p = \overline{\mathrm{err}} + 2 \cdot \frac{d}{N}\hat{\sigma}_\varepsilon^2 \tag{7.26}$$

这里 $\hat{\sigma}_\varepsilon^2$ 是对噪声方差的估计，它从低偏差模型的均方误差获得。利用这个准则，我们通过一个正比于使用的基函数数量的因子，来调整训练误差。

Akaike 信息准则（Akaike information criterion，AIC）是对 $\mathrm{Err_{in}}$ 的类似但更一般的估计，如果用的是对数似然损失函数。它依赖于与式(7.24)类似的关系。该关系

$$-2 \cdot \mathbb{E}\log \Pr_{\hat{\theta}}(Y) \approx -\frac{2}{N} \cdot \mathbb{E}[\mathrm{loglik}] + 2 \cdot \frac{d}{N} \tag{7.27}$$

在 $N \to \infty$ 时，渐进的成立。这里 $\Pr_\theta(Y)$ 表示一族 Y 的密度（包含“真实”的密度函数），$\hat{\theta}$ 是对 θ 的最大似然估计，而 loglik 是最大化的似然函数

$$\mathrm{loglik} = \sum_{i=1}^{N} \log \Pr_{\hat{\theta}}(y_i) \tag{7.28}$$

例如，对 logistic 回归模型，使用二项分布的对数似然函数，有

$$\text{AIC} = -\frac{2}{N} \cdot \text{loglik} + 2 \cdot \frac{d}{N} \tag{7.29}$$

对于线性回归模型，其损失函数为平方误差（其方差 $\sigma_\varepsilon^2 = \hat{\sigma}_\varepsilon^2$ 假定已知），对应的 AIC 统计量等价于 C_p，因此我们将它们统称为 AIC。

为了将 AIC 用于模型选择，我们就选择给定模型中 AIC 值最小的那个。对于非线性和其他复杂的模型，需要将 d 替换为其他的能够衡量模型复杂性的数值，7.6节将讨论这个问题。

给定一族模型 $f_\alpha(x)$，其中 α 是可调整的参数，用 $\overline{\text{err}}(\alpha)$ 和 $d(\alpha)$ 表示训练误差以及对应模型的参数个数，则对这族模型，我们定义

$$\text{AIC}(\alpha) = \overline{\text{err}}(\alpha) + 2 \cdot \frac{d(\alpha)}{N}\hat{\sigma}_\varepsilon^2 \tag{7.30}$$

函数 $\text{AIC}(\alpha)$ 提供对测试误差曲线的估计，我们去寻找能最小化该值的可调参数 $\hat{\alpha}$。最终选择的模型为 $f_{\hat{\alpha}}(x)$。注意，如果基函数是自适应选择的，式(7.23)将不再成立。例如，如果共有 p 个特征，我们选择的最优子集线性模型使用了 $d < p$ 个特征，获得的乐观程度将大于 $(2d/N)\sigma_\varepsilon^2$。换种说法，通过选择有 d 个输入的最佳拟合模型，其拟合的 有效参数个数将大于 d。

图7–4展示了 AIC 对5.2.3节中音素识别例子进行模型选择的结果。输入向量是所读元音在 256 个等间距频段上量化的对数周期表。我们用线性 logistic 模型来预测音素的种类，系数函数为 $\beta(f) = \sum_{m=1}^{M} h_m(f)\theta_m$，它是通过 M 个样条基函数展开的。对于任意给定 M，h_m 选择为自然三次样条基，其节点均匀的分布在频段中间（于是 $d(\alpha) = d(M) = M$）。使用 AIC 选择基函数个数大致能近似地最小化使用熵损失函数或者 0-1 损失函数的 $\text{Err}(M)$。

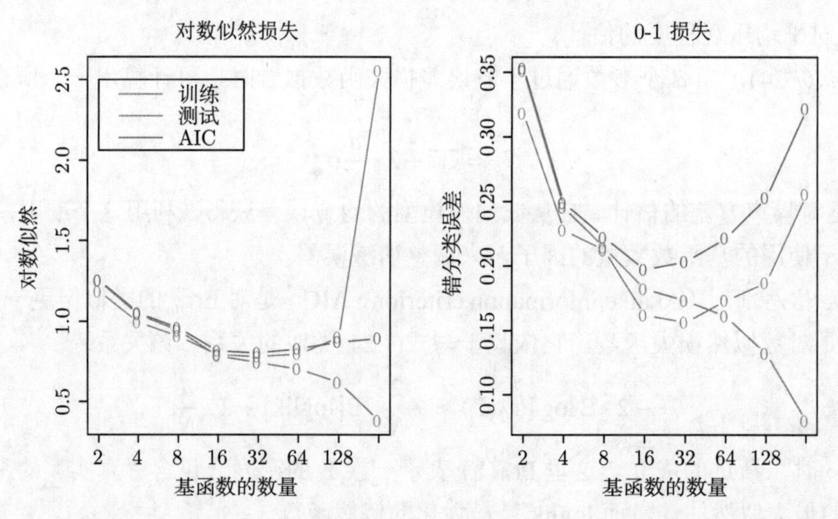

图 7–4　AIC 被用作5.2.3节中音素识别问题的模型选择。logistic 回归系数函数 $\beta(f) = \sum_{m=1}^{M} h_m(f)\theta_m$ 是 M 个样条基函数的展开式。左图中，AIC 统计量用来估计对数似然损失函数下的 Err_{in}。图上还含有在一个独立的测试集上对 Err 的估计。AIC 的估计非常准确，除了对使用了过于多的参数（$M = 256$ 个参数，在 $N = 1000$ 个观测的训练集上）。右图不同之处仅仅在于使用了 0-1 损失函数。尽管 AIC 公式对此并不严格适用，但是仍然给出了一个合理的结果

简单公式

$$\frac{2}{N}\sum_{i=1}^{N}\text{Cov}(\hat{y}_i,\hat{y}_i)=2\cdot\frac{d}{N}\sigma_\varepsilon^2$$

对于加性误差的线性模型以及平方误差损失函数的情况是精确成立的，对线性模型和对数似然损失函数是近似成立的。许多作者不管该公式对于 0-1 损失函数一般并不成立的事实 Efron (1986)，也将它直接用于这种情况下的平均乐观程度估计（见图7–4）。

7.6 参数的有效个数

参数数量的概念可以推广到其他的模型上，尤其是正则化模型。假设我们将响应 $y_1, y_2, \dots, y_N$ 堆成向量 $\boldsymbol{y}$，对应的预测向量为 $\hat{\boldsymbol{y}}$。那么线性拟合方法可以写为

$$\hat{\boldsymbol{y}}=\boldsymbol{S}\boldsymbol{y} \tag{7.31}$$

其中 $\boldsymbol{S}$ 是 $N\times N$ 的矩阵。它依赖于观测 x_i，而不依赖于 y_i。线性拟合方法，包括在原特征或者是导出的基函数集合上的线性回归模型以及使用了二次收缩的平滑方法，如岭回归或者三次平滑样条。那么，参数有效个数（effective number of parameters）定义为

$$\text{df}(\boldsymbol{S})=\text{trace}(\boldsymbol{S}) \tag{7.32}$$

即 $\boldsymbol{S}$ 对角元素之和（也被称为有效自由度）。请注意，如果 $\boldsymbol{S}$ 是正交投影矩阵，它的投影子空间是 M 个特征张成的，那么 $\text{trace}(\boldsymbol{S})=M$。这说明 $\text{trace}(\boldsymbol{S})$ 恰好可以替换掉 d，作为式(7.26)中 C_p 统计量中的参数个数。如果 $\boldsymbol{y}$ 是从加性误差模型 $Y=f(X)+\varepsilon$ 中获得的，其中 $\text{Var}(\varepsilon)=\sigma_\varepsilon^2$，那么可以证明 $\sum_{i=1}^{N}\text{Cov}(\hat{y}_i,y_i)=\text{trace}(\boldsymbol{S})\sigma_\varepsilon^2$，这促进了更一般定义的提出，即：

$$\text{df}(\hat{\boldsymbol{y}})=\frac{\sum_{i=1}^{N}\text{Cov}(\hat{y}_i,y_i)}{\sigma_\varepsilon^2} \tag{7.33}$$

（见习题7.4与7.5）。从平滑样条的角度，为定义 $\text{df}=\text{tr}(\boldsymbol{S})$ 给出了更多、更直观的解释。

对于神经网络这类模型，当我们使用权衰减惩罚（weight decay penalty，一种正则化）$\alpha\sum_m w_m^2$ 来对误差函数 $R(w)$ 最小化时，参数的有效个数有如下形式

$$\text{df}(\alpha)=\sum_{m=1}^{M}\frac{\theta_m}{\theta_m+\alpha} \tag{7.34}$$

其中 θ_m 是海森矩阵 $\partial^2R(w)/\partial w\partial w^\top$ 的特征值。式(7.34)可以使用在解的位置对误差函数做二次逼近，然后用式(7.32)推导出来 (Bishop, 1995)。

7.7 贝叶斯方法和 BIC

贝叶斯信息准则（Bayesian Information Criterion BIC），就像 AIC 一样，适用于使用最大似然进行拟合的情况下进行模型选择。BIC 的一般形式为

$$\text{BIC}=-2\cdot\text{loglik}+(\log N)\cdot d \tag{7.35}$$

BIC 统计量（的 1/2）又称为舒瓦茨准则(Schwarz, 1978)。

对于高斯模型，假定方差 σ_ε^2 已知。$-2\cdot\text{loglik}$ 等于（差一个常数项）$\sum_i(y_i-\hat{f}(x_i))^2/\sigma_\varepsilon^2$，也就是 $N\cdot\overline{\text{err}}/\sigma_\varepsilon^2$ 的平方误差损失函数。因此，我们可以改写为

$$\text{BIC}=\frac{N}{\sigma_\varepsilon^2}\left[\overline{\text{err}}+(\log N)\cdot\frac{d}{N}\sigma_\varepsilon^2\right] \tag{7.36}$$

因此，BIC 大致正比于 AIC（或者 C_p），除了括号里面第二项的因子乘的是 $\log N$ 而不是 2。假定 $N>e^2\approx 7.4$，BIC 会比 AIC 更严厉地惩罚复杂的模型，获得选择的模型更倾向于简单的模型。与使用 AIC 类似，σ_ε^2 一般会用一个低偏差模型的均方误差来进行估计。对于分类问题，使用多项式对数似然将会获得与 AIC 使用交叉熵（cross entropy）作为损失函数类似的关系。值得注意的是，误分类率不能用在 BIC 里面，因为它不对应数据的哪一个概率模型的对数似然损失函数。

尽管 AIC 和 BIC 是非常相似的，BIC 源自一个非常不同的起因，模型选择的贝叶斯方法，我们下面要叙述。

假定有一族候选模型 $\mathcal{M}_m, m=1,\ldots,M$ 且对应的模型参数为 θ_m，我们希望从中间选择一个最佳模型。假定每个模型 $\mathcal{M}_m$ 的参数的先验分布为 $\Pr(\theta_m\mid\mathcal{M}_m)$，则给定模型的后验概率为

$$\begin{aligned}\Pr(\mathcal{M}_m\mid \boldsymbol{Z})&\propto\Pr(\mathcal{M}_m)\cdot\Pr(\boldsymbol{Z}\mid\mathcal{M}_m)\\&\propto\Pr(\mathcal{M}_m)\cdot\int\Pr(\boldsymbol{Z}\mid\theta_m,\mathcal{M}_m)\Pr(\theta_m\mid\mathcal{M}_m)\,\mathrm{d}\theta_m\end{aligned} \tag{7.37}$$

其中 $\boldsymbol{Z}$ 代表训练数据 $\{x_i,y_i\}_1^N$。为了比较两个模型 $\mathcal{M}_m$ 和 $\mathcal{M}_\ell$，我们计算后验概率比

$$\frac{\Pr(\mathcal{M}_m\mid\boldsymbol{Z})}{\Pr(\mathcal{M}_\ell\mid\boldsymbol{Z})}=\frac{\Pr(\mathcal{M}_m)}{\Pr(\mathcal{M}_\ell)}\cdot\frac{\Pr(\boldsymbol{Z}\mid\mathcal{M}_m)}{\Pr(\boldsymbol{Z}\mid\mathcal{M}_\ell)} \tag{7.38}$$

如果比值大于 1，我们就选择模型 m，否则我们选择模型 ℓ。最右边的一项

$$\text{BF}(\boldsymbol{Z})=\frac{\Pr(\boldsymbol{Z}\mid\mathcal{M}_m)}{\Pr(\boldsymbol{Z}\mid\mathcal{M}_\ell)} \tag{7.39}$$

称为贝叶斯因子（Bayes factor），即数据对后验概率比的贡献。

一般情况下，我们假设模型的先验是均匀分布，这样 $\Pr(\mathcal{M}_m)$ 是常数。我们需要一些近似 $\Pr(\boldsymbol{Z}\mid\mathcal{M}_m)$ 的方法。通过对积分的所谓拉普拉斯（Laplace）近似以及另外一些简化 (见 Ripley, 1996, 第 64 页)，式(7.37)化简为

$$\log\Pr(\boldsymbol{Z}\mid\mathcal{M}_m)=\log\Pr(\boldsymbol{Z}\mid\hat{\theta}_m,\mathcal{M}_m)-\frac{d_m}{2}\cdot\log N+O(1) \tag{7.40}$$

这里 $\hat{\theta}_m$ 是最大似然估计，d_m 是模型 $\mathcal{M}_m$ 的自由参数个数。如果损失函数定义为

$$-2\log\Pr(\boldsymbol{Z}\mid\hat{\theta}_m,\mathcal{M}_m)$$

这就等价于式(7.35)中的 BIC 准则。

因此，选择最小 BIC 的模型等价于选择能够（近似）最大后验概率的模型。但这个框架给了我们更多的东西。如果我们对 M 个模型计算 BIC，有相应的 $\text{BIC}_m, m = 1, 2, \ldots, M$，那么我们可以用它们来估计每个模型 $\mathcal{M}_m$ 的后验概率

$$\frac{e^{-\frac{1}{2}\cdot \text{BIC}_m}}{\sum_{\ell=1}^{M} e^{-\frac{1}{2}\cdot \text{BIC}_\ell}} \tag{7.41}$$

这样我们不仅估计了最好的模型，同时还评估了各个模型的相对好处。

就模型选择的目的而言，在 AIC 和 BIC 之间并没有明确的倾向。BIC 作为选择的准则是渐进一致的。这也就是说，给定一族模型，包含真实的模型，BIC 选择正确模型的概率会随着样本容量 $N \to \infty$ 接近 1。但是对 AIC 却并不是这样，它在 $N \to \infty$ 的时候倾向选择过于复杂的模型。另外一方面，对有限样本，BIC 经常由于对复杂模型的严重惩罚而选择过于简单的模型。

7.8　最小描述长度

最小描述长度（Minimum Description Length，MDL）方法是一个在选择准则上、形式和 BIC 完全相同的的方法，但是它起源于最优化编码。我们先回顾一下数据压缩的编码理论，然后将它应用到模型选择上。

我们把数据 z 看成是需要编码并且发送给某人（接收者）的消息。我们可以将模型想象成用来一种编码数据的方式，而将选择的模型会是最节约的，也就是输出的、用于传输的编码长度最小。

首先假定可能需要传送的消息是 $z_1, z_2, \ldots, z_m$。我们的编码使用长度为 A 的有限字母表（alphabet）：例如我们可能使用长度 $A = 2$ 的二进制编码 $\{0, 1\}$。这里是一个共四条可能消息、二进制编码的例子：

消息	z_1	z_2	z_3	z_4
编码	0	10	110	111

(7.42)

这个编码被称为瞬时前缀码（instantaneous prefix code）：没有一个编码是另外一个编码的前缀，接收者（知道所有的编码）接受到完整的消息时可以立即解码。我们这里只讨论这种瞬时前缀码。

可以使用式(7.42)中的编码，或者也可以置换编码，如使用 110，10，111，0 分别表示 z_1, z_2, z_3, z_4。那么我们应该如何决定使用哪种方式呢？这依赖于我们将如何频繁发送其中的哪一些消息。例如，如果我们发送 z_1 最频繁，那么给 z_1 使用最短的编码 0 就比较有道理。使用这种策略——越频繁的消息使用越短的编码——平均消息长度就会越短。

一般来说，如果消息以概率 $\Pr(z_i), i = 1, \ldots, 4$ 来发送，香农（Shannon）的著名定理告诉我们：应该使用的码长为 $l_i = -\log_2 \Pr(z_i)$，这时，平均消息长度满足

$$\mathbb{E}(\text{长度}) \geqslant -\sum \Pr(z_i) \log_2(\Pr(z_i)) \tag{7.43}$$

上式右边又称为分布 $\Pr(z_i)$ 的熵（entropy）。不等式的等号成立条件是概率满足 $p_i = A^{-l_i}$。在我们的例子中，如果 $\Pr(z_i) = 1/2, 1/4, 1/8, 1/8$，那么式(7.42)的编码是最优编码，并且能达到熵的下界。

一般说来，这个下界都是不能达到的，但是像哈夫曼（Huffman）编码方法可以逼近这个界。请注意，如果有一个消息的无穷集，则熵由 $-\int \Pr(z)\log_2 \Pr(z)\,\mathrm{d}z$ 来计算。

根据这个结果，我们总结如下：

> *为了传送一个概率密度函数为 $\Pr(z)$ 的随机变量 z，我们需要大约 $-\log_2 \Pr(z)$ 比特的信息。*

从这里开始，我们将记号从 $\log_2 \Pr(z)$ 改为 $\log \Pr(z) = \log_e \Pr(z)$；这仅仅是为了方便，引入了一个并不重要的乘子常数。

现在，我们将此结果应用到模型选择上。有一个参数是 θ 的模型 M，数据 $\boldsymbol{Z} = (\boldsymbol{X}, \boldsymbol{y})$ 包含有输入输出。令在模型下输出的（条件）概率为 $\Pr(\boldsymbol{y} \mid \theta, M, \boldsymbol{X})$，假定接收者知道所有的输入，我们希望传送对应的输出。那么需要传送输出的消息长度是

$$\text{长度} = -\log \Pr(\boldsymbol{y} \mid \theta, M, \boldsymbol{X}) - \log \Pr(\theta \mid M) \tag{7.44}$$

即给定了输入和模型下响应的概率的对数值。第一项是为了传送模型与真实输出值之间差异的平均编码长度，第二项是传输模型参数 θ 的平均编码长度。例如假设目标 $y \sim N(\theta, \sigma^2)$，参数 $\theta \sim N(0, 1)$，（简单起见）没有输入，消息的长度为

$$\text{长度} = \text{常数} + \log\sigma + \frac{(y-\theta)^2}{2\sigma^2} + \frac{\theta^2}{2} \tag{7.45}$$

请注意，σ 越小，平均消息长度就越短，因为 y 就基本上集中在 θ 的附近。

MDL 原则要求我们选择能够最小化(7.44)式的模型。将式(7.44)视为（负）对数后验分布，因此最小化描述长度等价于最大后验概率。因此 BIC 准则，作为对数后验概率的逼近，也可以被认为是一种通过最小化描述长度（近似）模型选择的方法。

请注意，我们忽略了随机变量 z 编码的精度。对于有限码长，我们不能对连续变量精确编码。然而，如果我们对 z 编码允许有 δz 的偏差，则消息长度就可以用区间 $[z, z+\delta z]$ 的概率的对数表示，在 δz 较小的时候这可以用 $\delta z \Pr(z)$ 很好的近似。因为 $\log \delta z \Pr(z) = \log \delta z + \log \Pr(z)$，这意味着我们可以忽略掉常数项 $\log \delta z$，而仅将 $\log \Pr(z)$ 作为消息长度的度量，就如同前面我们所做的一样。

前面从 MDL 的角度看待模型选择表明我们应该选择能得到最高后验概率的模型。然而，许多贝叶斯统计学家宁愿从后验分布采样来推断。

7.9 Vapnik-Chernovenkis 维数

在使用样本内误差估计的难点在于需要指定拟合中使用的参数个数（或者模型的复杂程度）d。尽管7.6节提出的参数有效个数对某些非线性模型有用，但是并不是普遍适用的。

Vapnik-Chervonenkis 理论（VC 理论）提供了一种一般的度量复杂性的方法，并给出了乐观程度的界。这里，我们简要回顾一下这个理论。

假定有一族函数 $\{f(x,\alpha)\}$，其中 α 是参数向量，$x \in \mathbb{R}^p$。假定 f 是一个指示函数，也就是说取值 0 或者 1。如果 $\alpha = (\alpha_0, \alpha_1)$，且 f 是线性指示函数 $I(\alpha_0 + \alpha_1^\top x) > 0$，那么似乎有理由说这族函数 f 的复杂性为参数的数量 $p+1$。但是，$f(x,\alpha) = I(\sin(\alpha \cdot x)$（其中 α 是任意实数）的参数复杂性是多少呢？图7–5展示的是 $\sin(50 \cdot x)$。这是一个抖动得非常厉害的函数，随着频率 α 的增加，会更加粗糙，但是却仅有一个参数。尽管这样，但下结论说它的复杂性低于 $p=1$ 维空间的线性指示函数 $I(\alpha_0 + \alpha_1 x)$，似乎又不大合理。

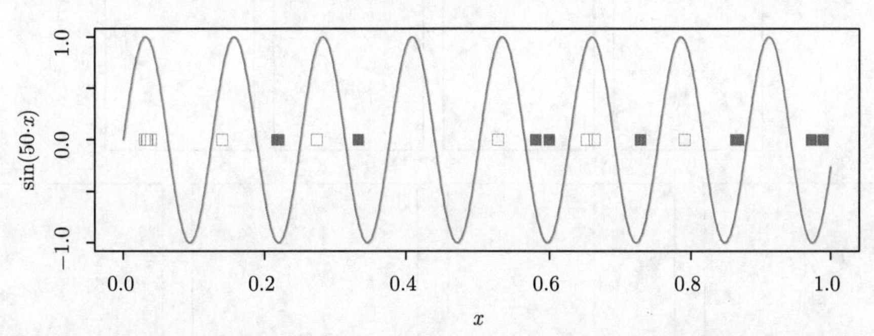

图 7–5　实线表示的是在 $x \in [0,1]$ 上的函数 $\sin(50x)$。绿色的（实心）和蓝色的（空心）点表示表明了对应的指示函数 $I(\sin(\alpha x) > 0)$ 可以打散（分离）任意多个点，只要选择合适的高频 α

Vapnik-Chervonenkis 维（VC 维）是一种衡量一类函数复杂性的方法，该衡量策略通过评估这族函数里面元素的抖动程度来实现。

> 函数类 $f(x,\alpha)$ 的 *VC* 维定义为，（在某种配置下）能被这类函数 $\{f(x,\alpha)\}$ 中成员打散的最大点数。

一个点集被一类函数“打散”（shatter），不论我们如何对每点分配二值标签，这类函数中总有一个函数可以完美将它们 (根据标签) 分隔开。

图7–6表明，平面上线性指示函数的 VC 维为 3 而不是 4，因为四个点不能被直线打散。一般说来，p 维空间的线性指示函数的 VC 维为 $p+1$，这正好是自由参数的个数。另一方面，可以证明 $\sin(\alpha x)$ 类函数的 VC 维是无穷大的，正如图7–5所建议的那样。适当选择 α，任意点集都可以被这个函数打散（见习题7.8）。

到此为止，我们仅仅讨论了指示函数的 VC 维，但是这可以被推广到实值类函数上。一族实值函数类 $\{g(x,\alpha)\}$ 的 VC 维是 $\{I(g(x,\alpha) - \beta > 0)\}$ 指示类函数的 VC 维，其中 β 可以取 g 值域里面任意值。

可以用 VC 维构造对样本外样本的（extra-sample）预测误差估计：不同类型的结果都可以获得。使用 VC 维的概念，可以证明，当使用一族函数时，关于训练误差的乐观程度的结果。一个这样结果的例子如下所示。如果用 VC 维为 h 的类函数 $\{f(x,\alpha)\}$ 来拟合 N 个训练样本，则至少是以概率 $1-\eta$ 在训练集上有

$$
\begin{aligned}
\mathrm{Err}_{\mathcal{T}} &\leqslant \overline{\mathrm{err}} + \frac{\varepsilon}{2}\left(1+\sqrt{1+\frac{4\cdot\overline{\mathrm{err}}}{\varepsilon}}\right) \quad \text{（二分类）}\\
\mathrm{Err}_{\mathcal{T}} &\leqslant \frac{\overline{\mathrm{err}}}{(1-c\sqrt{\varepsilon})_+} \quad \text{（回归）}
\end{aligned} \tag{7.46}
$$

$$
\text{其中 } \varepsilon = a_1\frac{h[\log(a_2N/h)+1]-\log(\eta/4)}{N}
$$

$$
\text{且} 0 < a_1 \leqslant 4, 0 < a_2 \leqslant 2
$$

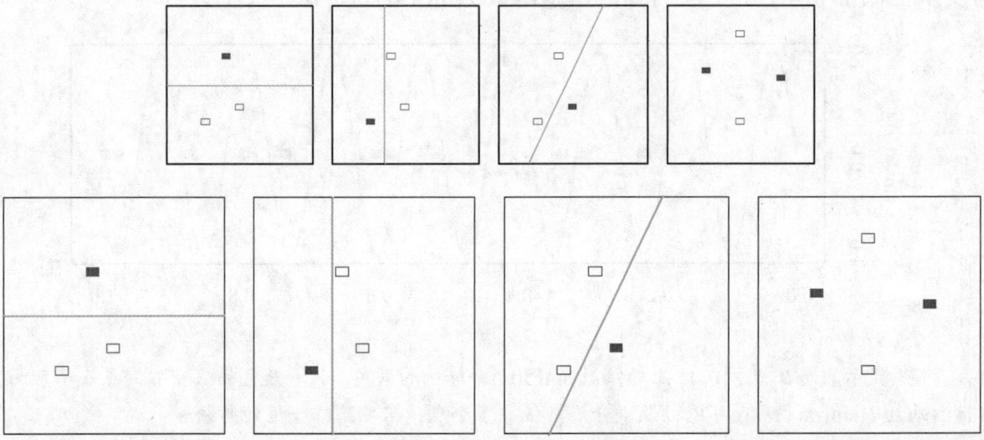

图 7–6 前三幅图表明平面上的直线指示函数族可以将任意三点粉碎。最后一幅小图表明这族函数无法粉碎四个点，因为没有一条直线可以把空心点放在一侧而实心点在另一侧。因此平面上直线的 VC 维为 3。请注意，一族非线性的曲线可以粉碎四个点，因此其 VC 维是大于 3 的

这些界同时对所有成员 $f(x,\alpha)$ 成立，其结论取自 (Cherkassky and Mulier, 2007)的第 116–118 页。他们推荐使用 $c=1$。对于回归问题，他们建议使用 $a_1=a_2=1$，对于分类问题，他们没有推荐取值，但指出了 $a_1=4$ 且 $a_2=2$ 对应最坏情况。他们也对回归给出了一个可替代的、实用（practical）的界

$$
\mathrm{Err}_{\mathcal{T}} \leqslant \overline{\mathrm{err}}\left(1-\sqrt{\rho-\rho\log\rho+\frac{\log N}{2N}}\right)_+^{-1} \tag{7.47}
$$

其中 $\rho=\frac{h}{N}$，这里没有可调整的常数。这个界表明乐观程度随 h 的增加而增加，随 N 的增大而减小，和 AIC 在式(7.24)中所做校正具有一致性。但是，式(7.46)的结果更强：不是对给定的函数 $f(x,\alpha)$ 估计的期望乐观程度的界，而是对所有函数 $f(x,\alpha)$ 都成立的概率上界，因而允许对整族函数进行搜索比较。

Vapnik 的结构风险最小化（Structured Risk Minimization，SRM）方法拟合一个嵌套的模型序列（每一族函数都包含在下一族函数里面），该序列有递增的 VC 维 $h_1 < h_2 < \cdots$，然后选择其中有最小上界的模型。

不过要注意，类似式(7.46)的上界通常非常松散，但是这并不排除它们可以作为选择模型好的准则，因为对模型选择而言，测试误差的相对大小（而不是绝对大小）是重要的。这

个方法主要的缺陷是计算一族函数的 VC 维是困难的。通常只能获得 VC 维的很粗的上界，而这可能是不够的。一个成功应用结构风险最小化（SRM）到支撑向量分类器上的例子将在12.2节讨论。

示例（续）

图7–7展示了对图7–3中的例子使用 AIC、BIC 和 SRM 方法进行模型选择的结果。

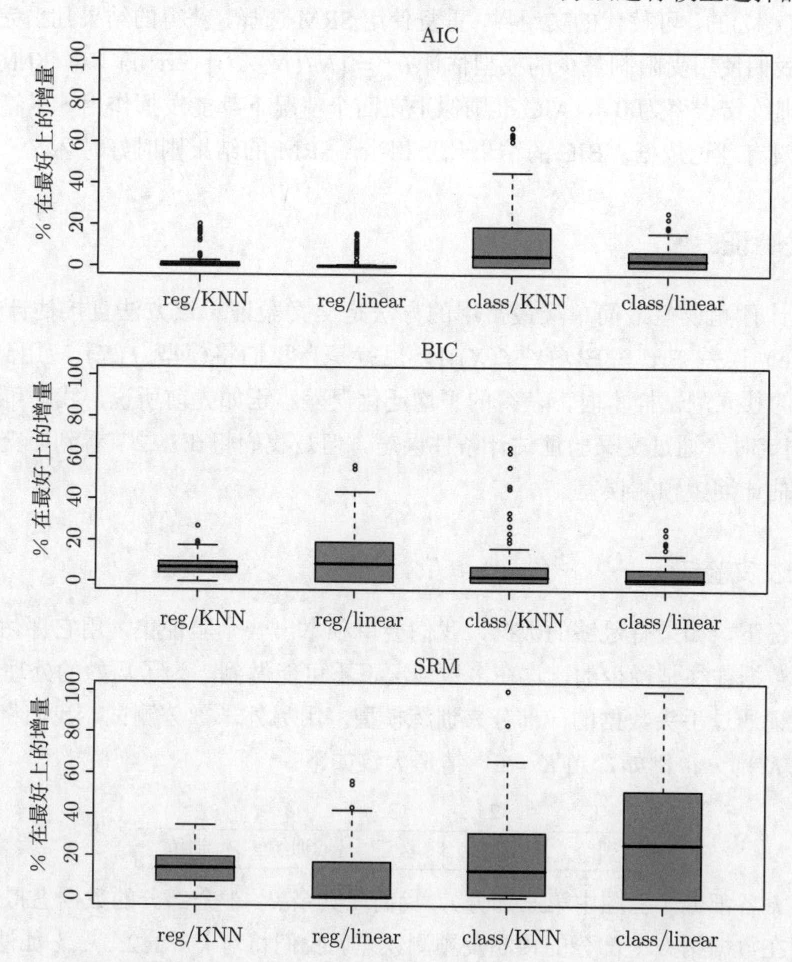

图 7–7 这幅箱形图展示了对图7–3中四个情况下的相对误差 $100[\mathrm{Err}_{\mathcal{T}}(\hat{\alpha})-\min_\alpha \mathrm{Err}_{\mathcal{T}}(\alpha)]/[\max_\alpha \mathrm{Err}_{\mathcal{T}}(\alpha)-\min_\alpha \mathrm{Err}_{\mathcal{T}}(\alpha)]$。这个误差是使用选择的模型相对于最好的模型计算出来的。每个 bloxplot 中使用了 100 个训练集，每个训练集含有 80 个观测，测试误差是在一个容量为 10000 的测试集上获得的

对于标注为 KNN 的例子，模型的下标 α 指邻域的大小，而对标为 REG 的，α 指子集大小。对于每一个模型选择方法（如 AIC），我们估计最优模型 $\hat{\alpha}$，并在一个测试集上计算它真实的预测误差。对于相同的训练集，我们计算最好的以及最差的模型：即 $\min_\alpha \mathrm{Err}_{\mathcal{T}}(\alpha)$ 与 $\max_\alpha \mathrm{Err}_{\mathcal{T}}(\alpha)$。箱形图展示的是下面这个量的分布情况

$$100 \times \frac{\mathrm{Err}_{\mathcal{T}}(\hat{\alpha}) - \min_\alpha \mathrm{Err}_{\mathcal{T}}(\alpha)}{\max_\alpha \mathrm{Err}_{\mathcal{T}}(\alpha) - \min_\alpha \mathrm{Err}_{\mathcal{T}}(\alpha)}$$

这表明使用选择的模型相对于最好模型的误差。对线性回归，模型的复杂程度是用特征数来衡量的；正如7.5节提到的那样，它低估了有效自由度 df，因为它并没有考虑为搜索最优的子集实际上增大了每个参数的有效性。这个特征数也被用在计算线性分类器的 VC 维上。对于 k-最近邻，我们使用 N/k 这个量。在加性误差回归模型中，这可以调整为精确的有效自由度（见习题7.6）；我们不知道它是否对应着 VC 维。我们使用式(7.46)里的常数，令其中 $a_1 = a_2 = 1$；SRM 的结果会受到这些常数的影响，我们现在选择的值对应的结果最好。我们利用如式(7.47)的、可替代的实用界，重复使用 SRM 选择，获得的结果几乎完全一样。对误分类率，我们使用受限制最少的模型估计 $\hat{\sigma}_\varepsilon^2 = [N/(N-d)] \cdot \overline{\mathrm{err}}(\alpha)$（对 KNN 使用 5-NN，因为 1-NN 训练错误率为 0）。AIC 准则似乎在四个情况下都能发挥作用，尽管对 0-1 损失函数的情况没有理论依据。BIC 的结果几乎相当，SRM 的结果则时好时坏。

7.10 交叉验证

也许估计预测误差最简单又最常用的方法是交叉验证。该方法直接估计期望样本外（extra-sample）误差 $\mathrm{Err} = \mathbb{E}[L(Y, \hat{f}(X))]$，也就是当我们将模型 $\hat{f}(X)$ 应用到来自 X 和 Y 联合分布的独立测试样本时，获得的平均泛化误差。正如先前所说，我们可能期望，在训练集 $\mathcal{T}$ 固定时，通过交叉验证估计条件误差。但是我们将在7.12节看到，交叉验证往往仅能很好的估计期望预测误差。

7.10.1 k 折交叉验证

理想情况下，如果有足够的数据，我们会单独拿出一个验证集，用它评估预测模型的性能。但是数据往往是稀少的，这在多数情况下不可能做到。为了巧妙的处理好这个问题，K 折交叉验证通过手头数据的一部分来训练模型，用另外一部分测试。我们将数据分成粗略等大小的 K 部分；例如，当 $K = 5$，情形大致如下：

1	2	3	4	5
训练	训练	验证	训练	训练

对于第 k 各部分（上图中第三部分），我们在其余 $k-1$ 个部分的数据上拟合一个模型，计算该模型在数据第 k 个部分的预测及预测误差。我们将对 $k = 1, 2, \ldots, k$ 如法炮制，然后将 k 个预测误差的估计组合起来。

下面是详细的步骤：令 $\kappa : \{1, \ldots, N\} \mapsto \{1, \ldots, K\}$ 是一个索引函数，以指示哪个观测 i 将随机的划分到分割集合里面。用 $\hat{f}^{-k}(x)$ 表示移去第 k 部分样本后计算获得的拟合函数。对预测误差的交叉验证估计是

$$\mathrm{CV}(\hat{f}) = \frac{1}{N} \sum_{i=1}^{N} L(y_i, \hat{f}^{-\kappa(i)}(x_i)) \tag{7.48}$$

常见 K 的选择是 5 或者 10（见后文）。$K = N$ 称为留一法（leave-one-out）交叉验证。在这种情况下，$\kappa(i) = i$ 意味着，对于第 i 个观测，拟合是在除掉该观测后的全体数据上完成的。

给定一族由可调参数 α 控制的模型 $f(x,\alpha)$，令 $\hat{f}^{-k}(x,\alpha)$ 表示用去掉第 k 部分数据后的数据拟合的第 α 个模型。那么对这族模型定义：

$$\mathrm{CV}(\hat{f},\alpha) = \frac{1}{N}\sum_{i=1}^{N} L(y_i, \hat{f}^{-\kappa(i)}(x_i,\alpha)) \tag{7.49}$$

函数 $\mathrm{CV}(\hat{f},\alpha)$ 是对测试误差曲线的一个估计，我们寻找能最小化它的可调参数 $\hat{\alpha}$。最终选择的模型是 $f(x,\hat{\alpha})$，这是用整个数据拟合出来的模型。

思考下 K 折交叉验证到底在估什么，是非常有意思的。当 $K = 5$ 或者 10 的时候，我们可能猜测它估计的是期望误差 Err，因为每一折的训练集与原始的训练集都非常不一样。另一方面，当 $K = N$ 时，我们猜测交叉验证估计的是条件误差 $\mathrm{Err}_{\mathcal{T}}$。但事实上，交叉验证仅仅有效估计了平均预测误差 Err，正如7.12节讨论的一样。

那么 K 应该取什么值呢？如果 $K = N$，交叉验证估计近似是对真实（期望）预测误差的无偏估计，但是可能会产生较高的方差，因为 N 个“训练集”相互间太相似。其计算的负担也非常重，需要学习方法的 N 次应用。在某些特殊的问题上，这个计算是可以快速完成，详见习题7.3和习题5.13。

另一方面，比如 $K = 5$，交叉验证就会获得较低的方差。但是产生的偏差便是个问题，它依赖于学习算法的性能随训练集的容量如何变化。图7–8显示的是某个分类器在给定任务上假想“学习曲线”，即 $1 - \mathrm{Err}$ 作为训练样本容量 N 的函数。当训练集容量增长到 100 个观测样本时，分类器的性能也随之明显改进；但是当样本再增多到 200 时，性能改进的空间却不那么显著了。如果我们的训练集有 200 个观测样本，而五折交叉验证估计的分类器性能是从 160 个样本的训练集上获得的，从图7–8上看，实际上和 200 个训练样本的性能相当。因此交叉验证将不会因为偏差而估计的误差大打折扣。然而，如果训练集只有 50 个观测样本，五折交叉验证估计出来的分类器的性能是在含有 40 个样本的训练集上获得的，从图上看，得到的是对 $1 - \mathrm{Err}$ 过低的估计。因此，作为 Err 的估计，交叉验证将是向上有偏。

简要总结一下，如果学习曲线在给定训练集大小有相当大的斜率，五折或者十折交叉验证将会过高的估计了真实的预测误差。在实际操作中这个偏差是不是一个缺点要看应用的目的。另一方面，留一法有较低的偏差，但可能有较大的方差。整体而言，五折或者十折交叉验证是一个不错的折衷，参见 Breiman and Spector (1992)和 (Kohavi, 1995)。

图7–9显示的是从图7–3的右侧下图场景里的单个训练集，估计的预测误差与十折交叉验证曲线。这是一个两类分类问题，使用子集大小为 p 的、最优子集回归的线性模型。图上显示了标准差的柱子，是十部分上单独误分类率的标准误差。两条曲线在 $p = 10$ 的地方有最小值，尽管 CV 曲线超过了 10 之后相当平坦。通常我们在交叉验证的时候使用“一个标准差”规则，即我们选择的最贪心的模型不会高于最优模型一个标准差。这里，看起来 $p = 9$ 个预测子的模型将会被选择，而真实的模型使用的是 $p = 10$。

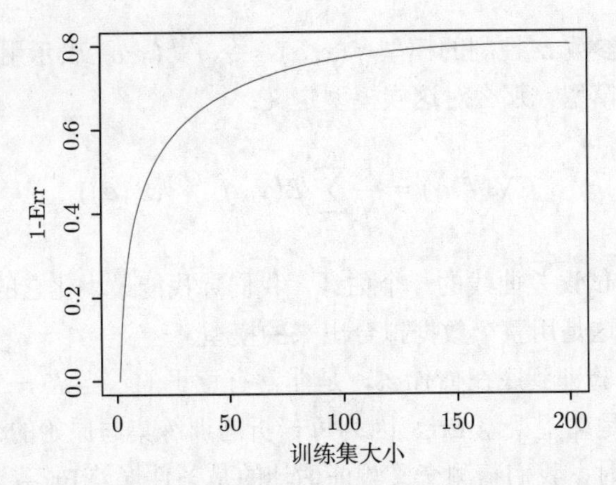

图 7–8 一个分类器在指定任务上的假想学习曲线：图中为 1 – Err 作为训练集 N 大小的函数。如果数据集有 200 个观测样本，5 折交叉验证就用与全部数据集效果相当的 160 个样本作为训练集。但如果数据集只有 50 个观测样本，五折交叉验证就只用训练集中的 40 个样本，这会对预测误差产生相当大的正偏差

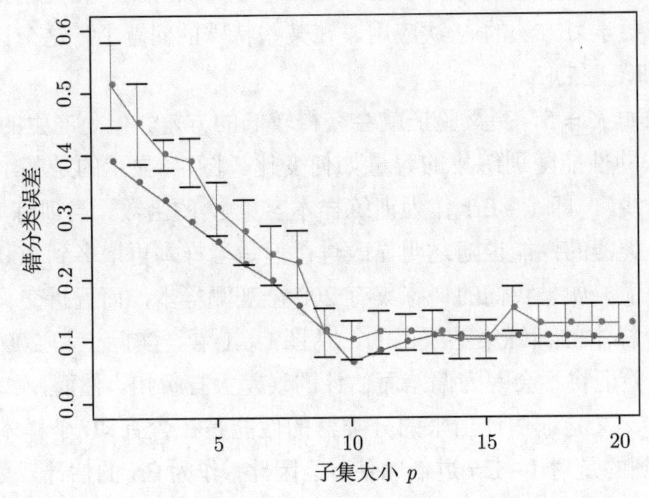

图 7–9 从单个训练集估计的预测误差（橙色）与十折交叉验证曲线（蓝色），数据来源于图7–3的右侧下图

广义交叉验证（Generalized Cross Validation，GCV）为平方误差损失下的线性拟合方法，提供了对留一法交叉验证的近似。如7.6节所定义的，线性拟合方法可以写作

$$\hat{\boldsymbol{y}} = \boldsymbol{S}\boldsymbol{y} \tag{7.50}$$

现在对于许多线性拟合方法，

$$\frac{1}{N}\sum_{i=1}^{N}[y_i - \hat{f}^{-i}(x_i)]^2 = \frac{1}{N}\sum_{i=1}^{N}\left[\frac{y_i - \hat{f}(x_i)}{1 - S_{ii}}\right]^2 \tag{7.51}$$

其中 S_{ii} 是矩阵 $\boldsymbol{S}$ 第 i 个对角元（见习题7.3），GCV 逼近为

$$\text{GCV}(\hat{f}) = \frac{1}{N}\sum_{i=1}^{N}\left[\frac{y_i - \hat{f}(x_i)}{1 - \text{trace}(\boldsymbol{S})/N}\right]^2 \tag{7.52}$$

其中 trace($\mathbf{S}$) 是有效参数个数，与7.6节定义的一致。

GCV 在某些问题上有计算上的好处，如 $\mathbf{S}$ 的迹比起每个单独的元素 S_{ii} 更容易计算。对于平滑问题，GCV 也能缓解交叉验证"欠平滑"的问题。GCV 与 AIC 的相似性可以从 $1/(1-x)^2 \approx 1+2x$ 的近似得到（见习题7.7）。

7.10.2　交叉验证的错误和正确做法

考虑一个有大量预测子的分类问题，比方说，可能来自染色体或者蛋白质相关的应用。一个典型的分析策略可能如下。

1. 对预测子进行筛选，找到一个"好的"特征的子集，它们与类别有相当强的（一元）相关性。
2. 使用这个预测子的子集，建立一个多元分类器。
3. 使用交叉验证估计未知的可调整参数，并且估计最终模型的预测误差。

这是交叉验证的正确应用吗？考虑这样一个情景，有 $N = 50$ 个样本，分为两类且每类样本个数一样，和 $p = 5000$ 的、与类别独立的定量预测子（标准高斯）。任何分类器的真实（测试）误差为 50%。我们依照上面的步骤，在第一步中选择了与类别标签最相关的 100 个预测子或特征，然后第二步在这 100 维空间里使用 1-最近邻分类器。通过 50 次以上的模拟，平均 CV 误差率为 3%。它远低于真实的错误率 50%。

到底发生了什么？问题就在于选取的特征有不公平的优势，因为它们在第一步被选的时候是基于所有样本的。在变量选择好后，再留样本出来并没有准确地模仿在完全独立测试集上使用分类器的应用，因为这些预测子已经"看见"了用于测试的样本。

图7–10（上图）说明了这个问题。我们选择的 100 个特征与在所有 50 个样本上的类标签有最大的相关性。然后我们根据五折交叉验证的过程，随机选择了一个含有十个样本的子集，在这十个样本上计算所选 100 个特征与类标签的相关性，我们发现相关系数的平均值大约为 0.28，而不是我们期望的 0。

下面是对这个例子正确的交叉验证的步骤。

1. 将样本随机划分为 K 个交叉验证的部分（组）。
2. 对第 $k = 1, 2, \ldots, K$ 折，首先，找到一个"好的"预测子子集，它们在除掉第 k 折外数据上，与类别标签有相当强的（单变元）相关性。然后，使用这个特征子集，在除掉第 k 部分数据上建立一个多元分类器。最后，利用上步建立的分类器在第 k 部分数据上预测类标签。这一的误差估计在所有 K 折上累加，就获得了预测误差的交叉验证估计。

图7–10的下图显示的是在第 k 折上，使用正确的方式选择的 100 个预测子与类标签的相关系数。我们可以看出，它们的均值大约为零，这也是它应该取的正确值。

一般说来，对于一个多步骤建模过程，交叉验证必须要应用到全部建模序列中。尤其要注意的是，在作特征选择或者滤波前，测试样本一定要"留出来"。只有一种情况是允许发生在将数据拆分成 K 折之前的：对数据非监督（unsupervised）的初始筛选。例如，我们可以在进行交叉验证之前，从 50 个样本中选择 1000 个最高方差的预测子。因为这样的滤波不涉及类标签，所以不会造成选取的预测子有不公平的获利。

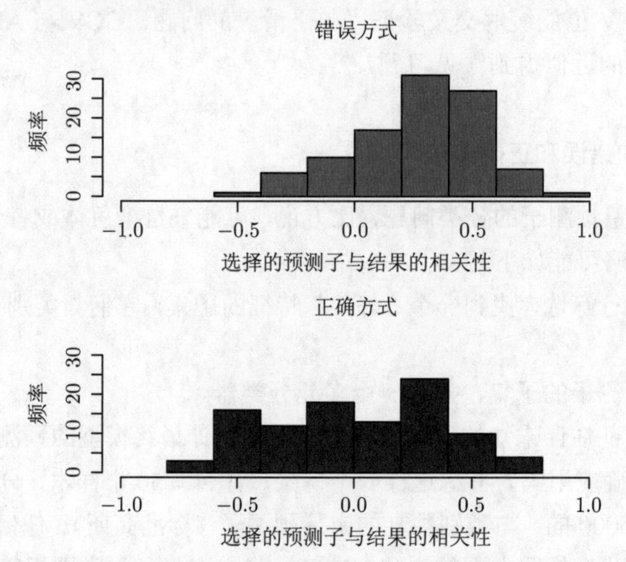

图 7–10 错误的和正确的交叉验证：直方图表明了在随机选取的 10 个样本，使用错误的（上红）和正确的（下绿）选择的 100 个特征与类标签的相关系数的分布

尽管对读者来说，这一点看起来非常明显，但我们仍然可在很多顶级期刊上发表的文章中频频看到这种错误。在染色体和其他领域里，当大量预测子相当常见时，这个错误的潜在后果也就会显著地增加，对此问题的详细讨论请参见 (Ambroise 和 McLachlan, 2002)。

7.10.3 交叉验证有效吗？

我们再一次检查在高维空间分类问题上交叉验证的行为。考虑这样一个场景，在相等规模的两类上的 $N = 20$ 个样本，并有 $p = 500$ 个与类标签独立的定量预测子。和前面一样，任何分类器的真实错误率是 50%。考虑一个简单的一元分类器：最小化误分类率的单次分割（称为树桩，stump)。stump 是只有一次分支的树，常用于 boosting 算法（见第10章)。在这个条件下交叉验证将不能发挥作用[①]：

> 对整个训练集进行拟合，如果作五折交叉验证，我们会发现一个预测子将不同类数据分离的很好。相同的预测子也可以将任意 4/5 和剩下 1/5 的数据分离得很好，因此其交叉验证误差将会很小（远小于 50%)。因此交叉验证不能给出预测误差的精确估计。

为了调查这个结论是否正确，图7–11展示了在这个情况下的仿真结果。这里有 500 个预测子，20 个样本，两类每类样本大小相等，每个特征或预测子都是标准高斯分布。左侧上图是 500 个 stump 的每一个在拟合训练数据时，产生的训练误差的数量。我们将其中错

① 这个论点是在蛋白质实验室会晤的时候一个科学家提出来的，最终导致了本节内容的产生。

误最少的六个预测子用彩色标记了。右侧上图是 stump 在随机抽取的 4/5 的数据（共 16 个）上的训练错误数以及在剩余 1/5 数据（共 4 个）上的测试错误。彩色的点依然代表左上图中对应标为相同彩色的特征。我们发现标为蓝色的特征，它在左侧上图上对应的 stump 有最好的分类性能，大概四个测试错了两个（50%），并不比随机的好多少。

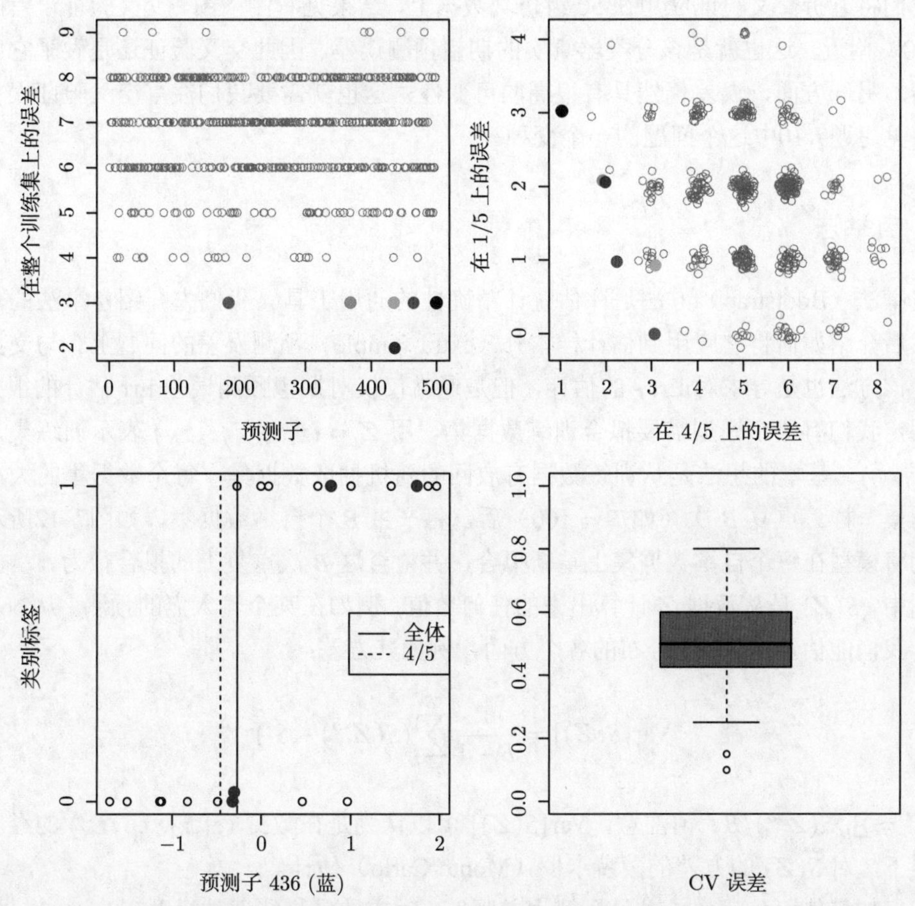

图 7–11　一个模拟数据的例子，用来研究在高维空间交叉验证的性能，这里的特征与类标签独立。左侧上图展示了单个 stump 分类器在整个数据集上（20 个观测）误分类的样本个数。右侧上图是将 stump 在将数据随机分成的 4/5 上训练（含 16 个观测），在剩余的 1/5 的数据（含 4 个观测）上测试获得的误分类的样本个数。每个小图里面最好的 stump 都用彩色标出来了。左侧下图表示在每折重新估计分割点的效果：其中四个彩色点对应于在第 1/5 验证集里的四个样本。从所有数据获得的分割点能将全部四个样本正确分类，但是当在第 4/5 的数据上重新估计分割点时（因为应该是如此），它会在 4 个验证样本上产生两个误差。右侧下图是五折交叉验证作用在 50 个模拟数据上得到的整体结果，平均错误率大约在 50%，这正是它应该取的值

那么到底发生了什么？前面的观点忽略了在交叉验证中，模型必须为每一折完全重新训练。现在这个例子里面，这意味着最优的特征和对应的分割点是从通过数据的 4/5 部分获得。在右侧上图我们可以看见选择特征或预测子的效果。因为类标签与预测子是独立的，树桩在 4/5 的训练数据上的性能并没有包含其在剩余 1/5 数据上的性能。选择分割点的效

果显示在左侧下图。那里我们显示了预测子 436，对应于左上图的蓝点。这里着色的点表示验证集中的四个点，而其他的来自于剩下的 4/5。根据全部数据以及 4/5 的数据训练出来的树桩对应的分割点如图所示。基于全部数据的树桩没有分类错误，但是交叉验证要求我们训练分类器的时候仅在那 4/5 的数据上，这就产生了四个样本中的两个错误。

我们将五折交叉验证应用在 50 组仿真数据上，结果见右侧下图。交叉验证误差的平均值在 50% 附近，这也就是该分类器真实的期望预测误差。因此交叉验证还是做了它应该做的事情。另一方面，误差仍然具有很高的可变性，这也就需要我们注重交叉验证误差的标准差。见习题7.10中这个问题的一个变种。

7.11 自举法

自举法（Bootstrap）方法是评估统计精确性的通用工具。我们先介绍自举法的一般思想，然后介绍如何将它应用到估计样本外（extra-sample）预测误差的问题上。与交叉验证一样，该方法也是寻求对 $\mathrm{Err}_{\mathcal{T}}$ 的估计，但是通常仅仅对期望预测误差 Err 估计的很好。

假定我们有一个模型需要拟合训练数据集。用 $\boldsymbol{Z} = (z_1, z_2, \dots, z_N)$ 表示训练集，其中 $z_i = (x_i, y_i)$。基本的想法是从训练数据有放回的随机抽取数据集，每个数据集的大小和原来数据集一样。重复 B 次（如 $B = 100$）后，将产生 B 个自举数据集，如图7–12所示。然后我们将模型在每个自举数据集上重新拟合，并检查这 B 次重复上的拟合行为。

图中，$S(\boldsymbol{Z})$ 是从数据 $\boldsymbol{Z}$ 计算出来的任何数值，例如在某个输入点的预测。从 bootstrap 采样，我们能估计出 $S(\boldsymbol{Z})$ 分布的各个方面，例如其方差：

$$\widehat{\mathrm{Var}}[S(\boldsymbol{Z})] = \frac{1}{B-1}\sum_{b=1}^{B}(S(\boldsymbol{Z}^{*b}) - \bar{S}^*)^2 \tag{7.53}$$

其中 $\bar{S}^* = \sum_b S(\boldsymbol{Z}^{*b})/B$。请注意，$\widehat{\mathrm{Var}}[S(\boldsymbol{Z})]$ 可以认为是在数据 $(z_1, z_2, \dots, z_N)$ 的经验分布 $\hat{F}$ 采样下，对 $S(\boldsymbol{Z})$ 的方差的蒙特卡罗（Monte-Carlo）估计。

我们如何使用 bootstrap 估计预测误差呢？一种方法是将待评估模型在 bootstrap 样本集合上进行拟合，然后跟踪每个模型在原训练集上的预测效果究竟有多好。如果 $\hat{f}^{*b}(x_i)$ 是利用第 b 个 bootstrap 训练集拟合的模型，在 x_i 上的预测值，那么我们的估计是

$$\widehat{\mathrm{Err}}_{\mathrm{boot}} = \frac{1}{B}\frac{1}{N}\sum_{b=1}^{B}\sum_{i=1}^{N} L(y_i, \hat{f}^{*b}(x_i)) \tag{7.54}$$

然而，很容易看出来，$\widehat{\mathrm{Err}}_{\mathrm{boot}}$ 通常不能提供一个很好的估计。原因是 bootstrap 数据集在扮演着训练集的角色，而原始的训练集又扮演着测试集的角色，这两个样本集有很多共同的观测。这种重叠使得过拟合的预测看起来会不切实际的好，也是为什么要在交叉验证中，使用完全没交集的数据分别用作训练和测试的原因。考虑一个例子，对两类分类问题使用 1-最近邻分类器。两类样本的观测数一样，而预测子和类别标签实际上是独立的。因此真实的错误率为 0.5。但是，除非观测 i 不在 bootstrap 集 b 中出现，否则对 boostrap 估计 $\widehat{\mathrm{Err}}_{\mathrm{boot}}$ 的

贡献将为 0。当观测 i 不在 bootstrap 集 b 中出现时，它才会有正确的期望 0.5。现在

$$\begin{aligned}\Pr\{\text{观测 } i \in \text{bootstrap 集合 } b\} &= 1 - \left(1 - \frac{1}{N}\right)^N \\ &\approx 1 - e^{-1} \\ &\approx 0.632\end{aligned} \tag{7.55}$$

因此，我们获得的 $\widehat{\mathrm{Err}}_{\mathrm{boot}}$ 的期望大约是 $0.5 \times 0.368 = 0.184$，远远低于正确的错误率 0.5。

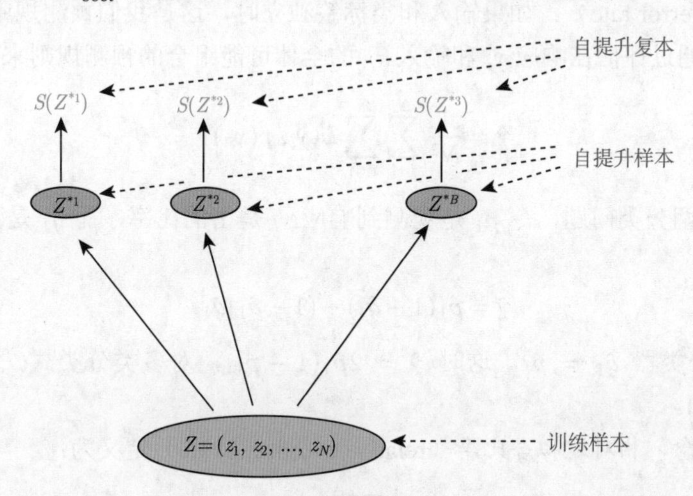

图 7–12　Bootstrap 过程示意图。我们希望对从数据集计算得出的量 $S(Z)$ 的统计精度进行评估。B 个训练集 $Z^{*b}, b = 1, \ldots, B$，每个大小为 N，都从原来的数据集中使用带放回的抽样获得。我们感兴趣的量 $S(Z)$ 从每一个 bootstrap 训练集上计算得出，相应的数值 $S(Z^{*1}), \ldots, S(Z^{*B})$ 用于评估 $S(Z)$ 的统计精度

通过模仿交叉验证，我们可以获得更好的 bootstrap 估计。对于每一个观测，我们只计算那些未包含在 bootstrap 集合样本内的预测结果。留一法 bootstrap 对期望预测误差的估计定义为

$$\widehat{\mathrm{Err}}^{(1)} = \frac{1}{N} \sum_{i=1}^{N} \frac{1}{|C^{(-i)}|} \sum_{b \in C^{-i}} L(y_i, \hat{f}^{*b}(x_i)) \tag{7.56}$$

这里 $C^{(-i)}$ 是不包含观测 i 的 bootstrap 集合 b 的指标集，$|C^{(-i)}|$ 是此集合里样本的总数。在计算 $\widehat{\mathrm{Err}}^{(1)}$ 时，我们或者选择足够大的 B 以确保全体 $|C^{(-i)}|$ 比 0 大，或者我们就干脆忽略掉那些在(7.56)里对应于 $|C^{(-i)}|$ 为零的项。

留一 bootstrap 法解决了 $\widehat{\mathrm{Err}}_{\mathrm{boot}}$ 引发的过拟合问题，但是又会有在交叉验证中讨论过的训练集大小偏差。在每个 bootstrap 样本里，不同观测的平均数量大约是 $0.632 \cdot N$ 个，因此产生的偏差和两折交叉验证的有些类似。因此，如果学习曲线在样本容量为 $N/2$ 是有相当大的斜率，留一 bootstrap 法将会产生对真实误差偏大的估计。

“.632 估计”就是为减小这类偏差而设计的估计方法，它定义为

$$\widehat{\mathrm{Err}}^{(.632)} = .368 \cdot \overline{\mathrm{err}} + .632 \cdot \widehat{\mathrm{Err}}^{(1)} \tag{7.57}$$

.632 估计的推导是复杂的；直观上，它把留一 bootstrap 法的估计向下接近了训练误差率，因此减少了正偏差。常数 .632 的使用与式(7.55)有关。

.632 估计对“轻拟合[①]”情况比较有效，但在过拟合的时候会出问题。这里有个来自 Breiman 等 (1984)的例子。假定我们有两个样本数相同的类别，类标签与特征独立，我们使用 1-最近邻分类器原则。那么 $\overline{\text{err}} = 0$，$\widehat{\text{Err}}^{(1)} = 0.5$，则 $\widehat{\text{Err}}^{(.632)} = .632 \times 0.5 = .316$。但是真实的错误率为 0.5。

我们可以考虑过拟合的程度，以改进 .632 估计子的性能。首先定义 γ 是无信息错误率（non-information error rate）：如果输入和类标签独立时，这是我们预测规则的错误率。对 γ 的估计，可以通过评估在响应 y_i 和输入 $x_{i'}$ 的全体可能组合的预测规则来获得：

$$\hat{\gamma} = \frac{1}{N^2}\sum_{i=1}^{N}\sum_{i'=1}^{N} L(y_i, \hat{f}(x_{i'})) \tag{7.58}$$

例如，考虑两分类问题，令 $\hat{p}_1$ 是观测到响应 y_i 是 1 的比率，而 $\hat{q}_1$ 是预测 $\hat{f}(x_{i'})$ 为 1 的比率，那么

$$\hat{\gamma} = \hat{p}_1(1 - \hat{q}_1) + (1 - \hat{p}_1)\hat{q}_1 \tag{7.59}$$

对于 1-最近邻分类器 $\hat{q}_1 = \hat{p}_1$，这时 $\hat{\gamma} = 2\hat{p}_1(1 - \hat{p}_1)$，对多类分类式(7.59)可以推广为 $\hat{\gamma} = \sum_\ell \hat{p}_\ell(1 - \hat{q}_\ell)$。

利用这个概念，相对过拟合比率（relative overfitting rate）定义为：

$$\hat{R} = \frac{\widehat{\text{Err}}^{(1)} - \overline{\text{err}}}{\hat{\gamma} - \overline{\text{err}}} \tag{7.60}$$

这个值在没有过拟合时（$\widehat{\text{Err}}^{(1)} = \overline{\text{err}}$）为零，产生的过拟合与无信息时的 $\hat{\gamma} - \overline{\text{err}}$ 相同时为 1。最后，我们定义“.632+”估计如下

$$\begin{aligned}\widehat{\text{Err}}^{(.632+)} &= (1 - \hat{w}) \cdot \overline{\text{err}} + \hat{w} \cdot \widehat{\text{Err}}^{(1)} \\ \text{且 } \hat{w} &= \frac{.632}{1 - .368\hat{R}}\end{aligned} \tag{7.61}$$

权值的变化范围为：当 $\hat{R} = 0$ 时，$\hat{w} = .632$，$\hat{R} = 1$ 时，$\hat{w} = 1$，于是 $\widehat{\text{Err}}^{(.632+)}$ 从 $\widehat{\text{Err}}^{(.632)}$ 变化到 $\widehat{\text{Err}}^{(1)}$。对式(7.61)的推导也是复杂的；大致来说它就是对留一 bootstrap 法以及依赖过拟合程序的训练错误率之间的折衷。对 1-最近邻分类问题，如果类标签与输入独立，$\hat{w} = \hat{R} = 1$，于是 $\widehat{\text{Err}}^{(.632+)} = \widehat{\text{Err}}^{(1)}$，这样就有了正确的期望值 0.5。在其他问题中如果过拟合不那么严重，$\widehat{\text{Err}}^{(.632+)}$ 就在 $\overline{\text{err}}$ 和 $\widehat{\text{Err}}^{(1)}$ 之间的某个位置。

示例（续）

图7–13是对图7–7中相同的四个问题使用十折交叉验证与 .632+ bootstrap 估计的结果。与那幅图一样，图7–13也画出了 $100 \cdot [\text{Err}_{\hat{\alpha}} - \min_\alpha \text{Err}(\alpha)]/[\max_\alpha \text{Err}(\alpha) - \min_\alpha \text{Err}(\alpha)]$ 的

① light fitting，相对于 overfitting。

箱形图，所选模型相对于最优模型的误差。每个箱形图中有 100 个不同的训练集。两种选择策略结果都不错，也许与图7–7中 AIC 的结果相比是一样的或稍微差一点。

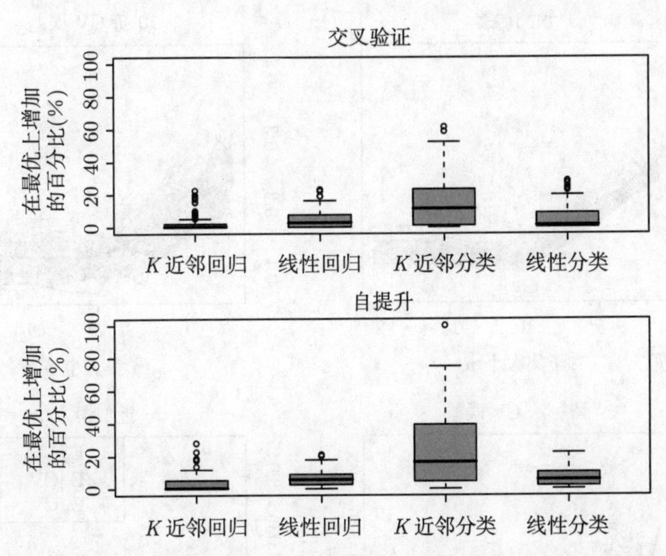

图 7–13　这个箱形图展示的是图7–3所示的四个问题中相对误差 $100 \cdot [\mathrm{Err}_{\hat{\alpha}} - \min_\alpha \mathrm{Err}(\alpha)]/[\max_\alpha \mathrm{Err}(\alpha) - \min_\alpha \mathrm{Err}(\alpha)]$ 的分布。这是被选模型相对于最优模型的误差。每个箱形图对应于 100 个训练集获得的结果

我们的结论是：对于这些特定的问题和拟合的方法，AIC、交叉验证或者 bootstrap 的最小化都能获得与最优模型相当接近的模型。请注意，出于模型选择的目的，任何测量都是有偏的，但这不会影响什么，只要偏差没有改变这些模型的相对性能。例如，对这些准则增加一个常数不会改变最终选择的模型。然而，对于很多自适应的、非线性方法（如树），对有效参数数量的估计是非常难的。这使得类似 AIC 的方法不可用，此时我们只好选择交叉验证或者 boostrap。

一个不同的问题是这些方法估计出来的测试误差有多准确呢？平均说来，AIC 准则容易过高估计预测误差。在图里面的四个场景中，所选的模型引起的预测误差分别偏大了 38%，37%，51%，30%，BIC 的结果类似。相对来说，交叉验证则小很多，分别过高估计的比率为 1%，4%，0%，4%，bootstrap 获得的结果类似。因此，如果希望有更精确的测试误差，对交叉验证、boostrap 做额外的计算是值得的。对于其他一些拟合方法，如树，交叉验证和 bootstrap 可能会低估真实的误差 10%，因为搜索最优的树会受到验证集强烈的影响。在这种情况下，只有通过单独的测试集，才能获得对测试误差的无偏估计。

7.12　条件还是期望测试误差？

图7–14和图7–15都检测了交叉验证是否能估计好 $\mathrm{Err}_{\mathcal{T}}$ 的问题，即在给定训练集 $\mathcal{T}$ 的条件误差，见式(7.17)，作为与期望测试误差的对比。根据图7–3中，左上图的 REG/LINEAR 的设置生成 100 个训练集，对每一个训练集，图7–14(a) 将条件误差 $\mathrm{Err}_{\mathcal{T}}$ 作为子集大小的函数画出一组曲线。右上图和左下图分别是十折交叉验证和 N 折交叉验证的结果。后者又

称为留一法（Leave-One-Out，LOO）。每幅图中的粗红线表示期望误差 Err，而粗黑线是期望交叉验证曲线。右下图显示的是交叉验证对条件误差和期望误差的近似程度。

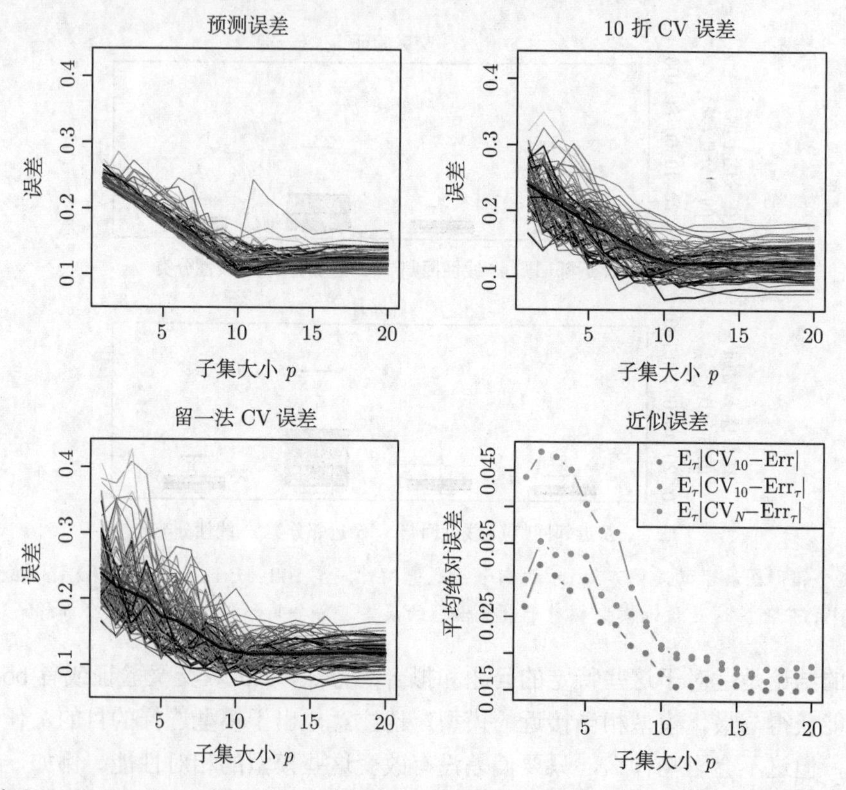

图 7–14　对图7–3的右上图 100 次仿真实验获得的条件预测误差 $\mathrm{Err}_{\mathcal{T}}$，10 折交叉验证与留一法交叉验证曲线。粗红线表示期望预测误差 Err，同时粗黑线表示期望 CV 曲线 $\mathbb{E}_{\mathcal{T}}\mathrm{CV}_{10}$ 与 $\mathbb{E}_{\mathcal{T}}\mathrm{CV}_{N}$。右下图显示了 CV 曲线对条件期望误差的绝对偏差均值，即 $\mathbb{E}_{\mathcal{T}}|\mathrm{CV}_K-\mathrm{Err}_{\mathcal{T}}|$，其中 $K=10$ 用蓝线表示，$K=N$ 用绿线表示，另外，橙线对应的是对期望预测误差的绝对偏差均值 $\mathbb{E}_{\mathcal{T}}|\mathrm{CV}_{10}-\mathrm{Err}|$

我们可能会期望 N 折 CV 能够很好的近似 $\mathrm{Err}_{\mathcal{T}}$，因为它几乎使用了整个训练集来拟合新的测试样本。另一个方面，10 折 CV 可能对 Err 估计的很好，因为它是对不同的训练集取平均。从图中可见，似乎 10 折 CV 比 N 折 CV 对 $\mathrm{Err}_{\mathcal{T}}$ 的估计更好，对 Err 的估计甚至更好。的确，两条黑线与红线的的相似性表明两条 CV 曲线都是对 Err 的近似无偏估计，其中 10 折 CV 的方差更小。在Efron (1983)中也报导了类似的结果。

图7–15是对 10 折和 N 折交叉验证的误差估计对真实条件误差在 100 次仿真数据上的散点图。尽管散点图看不出两者的相关性，图 7-15(d) 表明，多数情况下两者是负相关的。这个奇怪的现象在以前也被观察到过。负相关性解释了为什么两种形式的 CV 对 $\mathrm{Err}_{\mathcal{T}}$ 的估计都不好。每幅小图中的虚线是 $\mathrm{Err}(p)$，即大小为 p 的最优子集的期望误差。我们再次看见，两种形式的 CV 都是对期望误差的近似无偏估计，但是不同训练集下的测试误差的变化还是相当大的。

在图7–3的四个实验条件下，这个 `REG/LINEAR` 情形显示了真实和预测的测试误差的最高相关性。这个现象在误差的 bootstrap 估计时同样会发生。我们猜测，对任意其他对条件预测误差的估计也会发生。

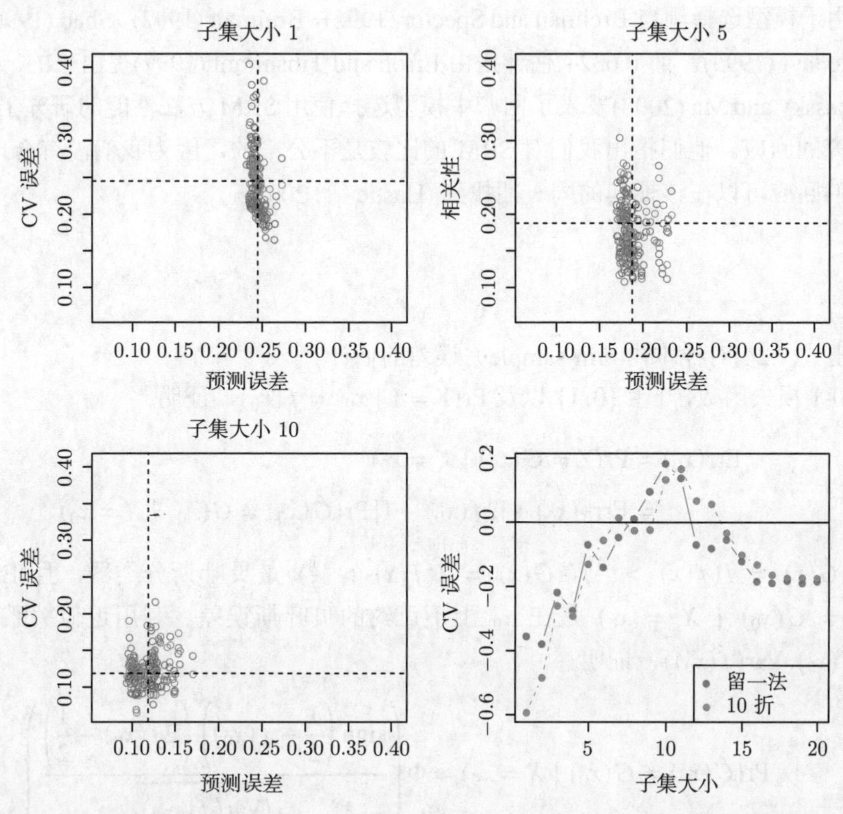

图 7–15 在图7–3的右上图仿真设置的 100 个训练集上，误差的 CV 估计与真实条件误差的比较图。10 折以及留一法 CV 用不同的颜色表示了出来。前三幅小图对应的是不同子集大小 p，竖直和水平线对应的是 $\mathrm{Err}(p)$。尽管图上看不出两者有什么明显的关系，我们在右下图中看到，多数情况下，两者都是负相关的

我们得到的结论是：对给定的训练集，如果只是从相同的训练集中取数据，那估计其测试误差一般不是容易的。相反，交叉验证和相关的方法可以对期望预测误差 Err 给出合理的估计。

文献说明

交叉验证的重要文献是Stone (1974)，Stone (1977)和Allen (1977)。AIC 是由Akaike (1973)提出，而 BIC 是为Schwarz (1978)引入的。Madigan 和 Raftery (1994)概述了贝叶斯模型选择方法。MDL 准则归功于Rissanen (1983)。Cover 和 Thomas (1991)包含了对编码理论和复杂性的好的描述。VC 维在Vapnik (1996)中有所描述。Stone (1977)证明 AIC 与留一法交叉验证渐进等价。广义交叉验证在 (Golub 等, 1979)与Wahba (1980)中有叙述；关于这个话题，更深入的讨论可以在Wahba (1990)的专题论文中找到。也可以参考 Hastie and Tibshirani (1990)的第 3 章。Bootstrap 方法归功于Efron (1979)；另可见于 Efron and Tibshirani (1993)的概述。Efron (1983)提出了不少 bootstrap 对预测误差的估计，包括乐观程度

及.632 估计。Efron (1986)比较了 CV、GCV 和 bootstrap 对误差率的估计。将交叉验证和 bootstrap 用于模型选择源自 Breiman and Spector (1992)，Breiman (1992)，Shao (1996)，Zhang (1993)和Kohavi (1995)。而 0.632+ 估计是由 Efron and Tibshirani (1997)提出来的。

Cherkassky and Ma (2003)发表了回归中模型选择使用 SRM 方法性能的研究工作，作为对我们研究的回应。他们指出我们对 SRM 的比较是不公平的，因为我们没有合理使用它。我们对此的回应可以在该期刊的同一期找到 (Hastie 等, 2003)。

习题

7.1 推导出式(7.24)对样本内（in-sample）误差的估计。

7.2 对于 0-1 损失函数，$Y \in \{0,1\}$ 以及 $\Pr(Y=1 \mid x_0) = f(x_0)$，证明

$$\begin{aligned}\text{Err}(x_0) &= \Pr(Y \neq \hat{G}(x_0) \mid X = x_0)\\ &= \text{Err}_{\text{B}}(x_0) + |2f(x_0) - 1| \Pr(\hat{G}(x_0) \neq G(x_0) \mid X = x_0)\end{aligned} \tag{7.62}$$

其中 $\hat{G}(x) = I(\hat{f}(x) > \frac{1}{2})$，$G(x) = I(f(x) > \frac{1}{2})$ 是贝叶斯分类器，且 $\text{Err}_{\text{B}}(x_0) = \Pr(Y \neq G(x_0) \mid X = x_0)$ 是在 x_0 上不可约的贝叶斯误差。利用近似关系 $\hat{f}(x_0) \sim N(\mathbb{E}\hat{f}(x_0), \text{Var}(\hat{f}(x_0)))$，证明

$$\Pr(\hat{G}(x_0) \neq G(x_0) \mid X = x_0) \approx \Phi\left(\frac{\text{sign}\left(\frac{1}{2} - f(x_0)\right)\left(\mathbb{E}\hat{f}(x_0) - \frac{1}{2}\right)}{\sqrt{\text{Var}(\hat{f}(x_0))}}\right) \tag{7.63}$$

上式中

$$\Phi(t) = \frac{1}{\sqrt{2\pi}} \int_{-\infty}^{t} \exp(-t^2/2)\,\mathrm{d}t$$

是累积高斯分布函数。它是单调递增函数，在 $t=-\infty$ 处为零，在 $t=+\infty$ 为 1。

我们可以把 $\text{sign}(\frac{1}{2} - f(x_0))(\mathbb{E}\hat{f}(x_0) - \frac{1}{2})$ 认为是一种*边界偏差*项，因为它仅仅依赖于 $f(x_0)$ 出现在贝叶斯边界 $f(x) = \frac{1}{2}$ 的哪一侧。还可以发现，偏差和方差以乘积的方式组合在一起，而不是以相加的方式。如果 $\mathbb{E}\hat{f}(x_0)$ 与 $f(x_0)$ 落在 $\frac{1}{2}$ 边界的同一侧，那么偏差会是负的，且减少方差将会减少误分类率。另一方面，如果 $\mathbb{E}\hat{f}(x_0)$ 与 $f(x_0)$ 在 $\frac{1}{2}$ 决策边界的两侧，会产生正偏差，这会增大方差！但是方差的增大，将会增大 $f(x_0)$ 落入分类边界正确一侧的机会 (Friedman, 1997)。

7.3 令 $\hat{\boldsymbol{f}} = \boldsymbol{S}\boldsymbol{y}$ 是对 $\boldsymbol{y}$ 的线性平滑。

(a) 如果 S_{ii} 是 $\boldsymbol{S}$ 的第 i 个对角元，证明对于最小二乘投影以及三次平滑样条获得的矩阵 $\boldsymbol{S}$，交叉验证的残差可以写为

$$y_1 - \hat{f}^{-i}(x_i) = \frac{y_i - \hat{f}(x_i)}{1 - S_{ii}} \tag{7.64}$$

(b) 用以上结果证明 $|y_i - \hat{f}^{-i}(x_i| \geqslant |y_i - \hat{f}(x_i)|$。

(c) 找到使得式(7.64)成立的，在任意平滑矩阵 $\boldsymbol{S}$ 需要的通用条件。

7.4 在平方误差损失函数下，考虑样本内预测误差(7.18)和训练误差 $\overline{\text{err}}$：

$$\text{Err}_{\text{in}} = \frac{1}{N}\sum_{i=1}^{N} \mathbb{E}_{Y^0}(Y_i - \hat{f}(x_i))^2$$

$$\overline{\text{err}} = \frac{1}{N}\sum_{i=1}^{N} (y_i - \hat{f}(x_i))^2$$

通过在每项添加并减去 $f(x_i)$ 和 $\mathbb{E}\hat{f}(x_i)$ 然后展开，证明训练误差中的平均乐观程度是如式(7.21)给出的：

$$\frac{2}{N}\sum_{i=1}^{N} \text{Cov}(\hat{y}_i, y_i)$$

7.5 对于线性平滑方法 $\hat{\boldsymbol{y}} = \boldsymbol{S}\boldsymbol{y}$，证明

$$\sum_{i=1}^{N} \text{Cov}(\hat{y}_i, y_i) = \text{trace}(\boldsymbol{S})\sigma_\varepsilon^2 \tag{7.65}$$

能作为有效参数数量的理由。

7.6 证明对于加性误差模型，k-最近邻回归拟合的有效自由度是 N/k。

7.7 使用 $1/(1-x)^2 \approx 1+2x$ 这个近似方法，剖析式(7.26)中 C_p/AIC 与式(7.52)中 GCV 的关系，主要的不同在于用来估计噪声方差 σ_ε^2 的模型。

7.8 证明函数集合 $\{I(\sin(\alpha x) > 0)\}$ 可以将直线上下面的点粉碎：

$$z^1 = 10^{-1}, \ldots, z^\ell = 10^{-\ell} \tag{7.66}$$

对于任意的 ℓ。因此这族函数 $\{I(\sin(\alpha x) > 0)\}$ 的 VC 维是无穷大。

7.9 对第3章的前列腺数据进行如表3–3（从左开始第三列）的最优子集线性回归分析。计算对预测误差的 AIC，BIC，5 折和 10 折交叉验证以及 bootstrap .632 估计并讨论结果。

7.10 参考7.10.3节的例子，不过假定所有 p 个特征都是二值的，因此不需要估计分割点的位置。预测子仍然与前面一样和类标签独立。那么，如果 p 非常大，我们可能能找到一个能将整个数据集完美分开的预测子，因此可以将验证集上的数据（所有数据的 $\frac{1}{5}$）也完美的分类正确。这种预测子获得的分类器产生了零交叉验证误差。那么，是不是意味着在这种情况下，交叉验证不能够提供一个对测试误差很好的估计呢？（这个问题是马丽提出来的）

第 8 章　模型的推断和平均

8.1　概述

在本书的大部分地方，对于回归，模型的拟合 (学习) 可通过最小化平方和来实现；而对于分类，则可通过最小化交叉熵来实现。事实上，这两种最小化都是最大似然拟合方法的示例。

在本章中，我们全面探讨最大似然方法以及用于推断的贝叶斯方法。在第7章中曾介绍的自举法（Bootstrap），也将在此背景下讨论，同时与将解释它与最大似然和贝叶斯的联系。最后，我们将提出几个与模型平均和改进相关的技术，包括 committee方法，Bagging，Stacking 和 Bumping。

8.2　Bootstrap 和最大似然方法

8.2.1　一个光滑的示例

通过从训练数据中采样，Bootstrap 方法提供了评估不确定性的直接计算方式。这里我们首先图示一个在简单一维光滑问题的 Bootstrap，并说明其与最大似然的联系。

定义 $\boldsymbol{Z} = \{z_1, z_2, \cdots, z_n\}$ 是训练数据，其中 $z_i = (x_i, y_i)$，$i = 1, 2, \cdots, N$。这里 x_i 是一维输入，y_i 是输出，要么是连续型，要么是范畴型。作为示例，考虑显示于图8–1左图的 $N = 50$ 个数据点。

假定我们决定用三次样条来拟合数据，其中在 $\boldsymbol{X}$ 值的 4 分位上有 3 个节点。这是位于 7 维线性空间的函数，举例来说，可以用 B-样条基函数的线性展开来表达（见5.9.2节）:

$$\mu(x) = \sum_{j=1}^{7} \beta_j h_j(x). \tag{8.1}$$

这里 $h_j(x)$，$j = 1, \cdots, 7$ 是如图 8–1右图所示的 7 个函数。我们可以把 $\mu(x)$ 视为条件均值 $E(Y|X = x)$ 的表达。

令 $\boldsymbol{H}$ 是具有 ij 个元素 $h_j(x_i)$ 的 $N \times 7$ 矩阵。β 常可以通过最小化训练集上的均方差来估计，即

$$\hat{\beta} = (\boldsymbol{H}^T \boldsymbol{H})^{-1} \boldsymbol{H}^T y. \tag{8.2}$$

相应的拟合 $\hat{\mu} = \sum_{j=1}^{7} \hat{\beta}_j h_j(x)$ 显示于图8–1的左图。

$\hat{\beta}$ 的估计协方差矩阵是

$$\hat{\text{Var}}(\hat{\beta}) = (\boldsymbol{H}^T \boldsymbol{H})^{-1} \hat{\sigma}^2. \tag{8.3}$$

这里我们用 $\hat{\sigma}^2=\sum_{i=1}^N(y_i-\hat{\mu}(x_i))^2/N$ 来估计噪声方差。令 $h(x)^T=(h_1(x),h_2(x),\cdots,h_7(x))$，则预测 $\hat{\mu}(x)=h(x)^T\hat{\beta}$ 的标准误差是

$$\widehat{\mathrm{se}}[\hat{\mu}(x)]=[h(x)^T(\boldsymbol{H}^T\boldsymbol{H})^{-1}h(x)]^{\frac{1}{2}}\hat{\sigma}. \tag{8.4}$$

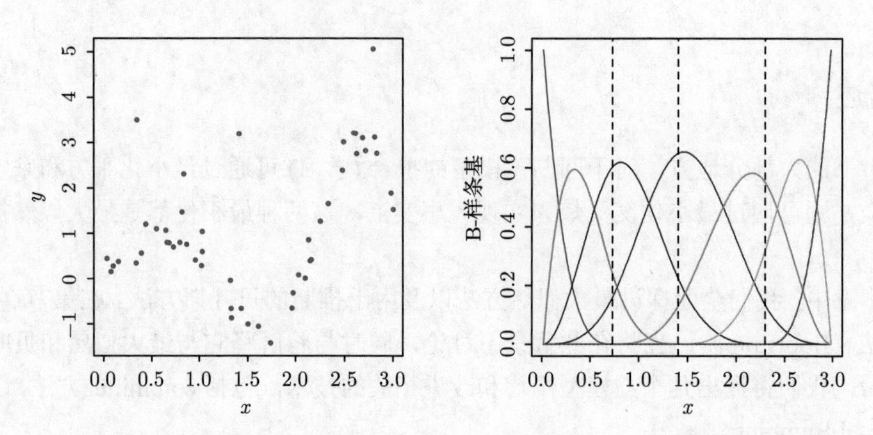

图 8–1　左图为用于光滑示例的数据。右图为 7 个 B-样条基函数的集合。垂直的虚线指示 3 个节点的位置

在图8–2的右上图中，我们已经画出了 $\hat{\mu}(x)\pm1.96\cdot\widehat{\mathrm{se}}[\hat{\mu}(x)]$。因为 1.96 是标准正态分布的 97.5% 的位置，这意味着它近似了 $\mu(x)$ 的 $100-2\times2.5\%=95\%$ 逐点置信带。

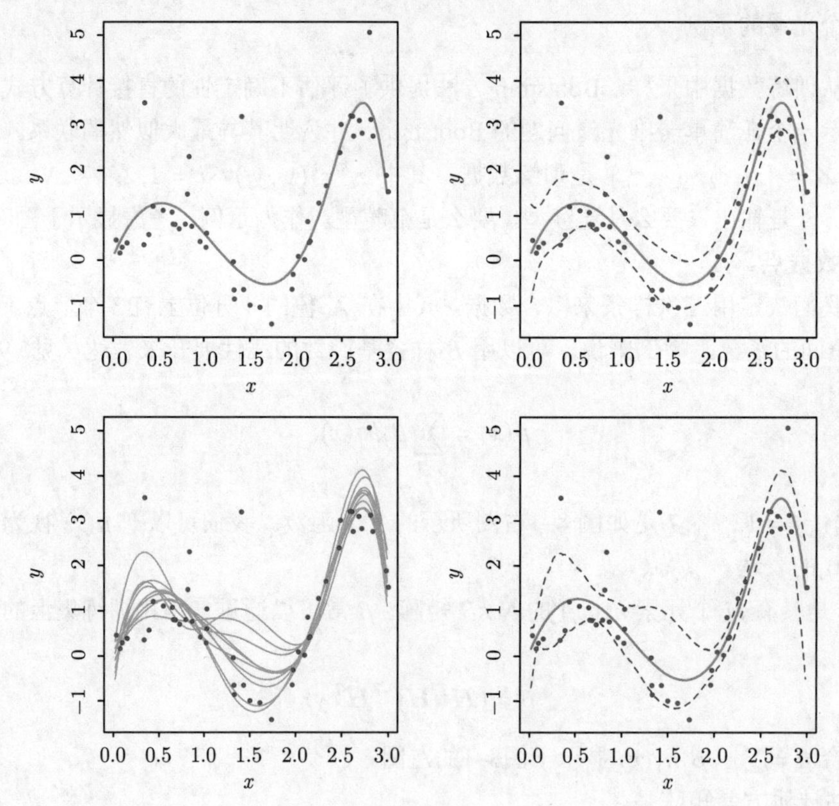

图 8–2　左上图：数据的 B-样条平滑。右上图：B-样条平滑的 $\pm1.96\times$ 标准误差带。左下图：B-样条平滑的十次 Bootstrap 重复。右下图：B-样条平滑和从 Bootstrap 分布计算来的 95% 标准误差带

以下分析我们如何在这个例子中应用 Bootstrap 技术。我们从训练数据集中有放回的提取 B 份数据集，每一个大小是 $N = 50$，采样单元是数据对 $z_i = (x_i, y_i)$。对每个 Bootstrap 数据集 $\boldsymbol{Z}^*$，我们拟合一个三次样条 $\hat{\mu}^*(x)$；从 10 个这样的样本中得到的拟合显示在图8–2的左下图中。利用 $B = 200$ 个 Bootstrap 样本，我们可以从每个 x 的百分位上形成 95% 的逐点置信带：我们发现在每个 x 处有 $2.5\% \times 200 =$ 第 5 个的最大和最小值。这些值画在图8–2的右下图中。这些置信带看上去与右上图的类似，但在端点处会稍微宽一些。

实际上，在最小二乘估计 (8.2) 和 (8.3)，Bootstrap 和最大似然之间有紧密的联系。假定我们进一步假设模型误差是高斯的：

$$Y = \mu(X) + \varepsilon; \quad \varepsilon \sim N(0, \sigma^2),$$
$$\mu(x) = \sum_{j=1}^{7} \beta_j h_j(x) \tag{8.5}$$

如前描述的 Bootstrap 方法，采用从训练数据中有放回提取样本，称为非参自举（non-parametric bootstrap）。这真正意味着此方法是"与模型无关的"，因为它用的是原始数据集，而不是一个特定的参数模型来生成新的数据集。考虑 Bootstrap 的一个变种，参数自举（parametric bootstrap），那里通过增加高斯噪声到预测值中来模拟一个新的响应：

$$y_i^* = \hat{\mu}(x_i) + \varepsilon_i^*; \quad \varepsilon_i^* \sim N(0, \hat{\sigma}^2); \quad i = 1, 2, \cdots, N. \tag{8.6}$$

这个过程重复 B 次。比如，$B = 200$。产生的 Bootstrap 数据集具有的形式为 $(x_1, y_1^*), \cdots, (x_N, y_N^*)$。我们在每一个上重新计算 B-样条光滑。随着 Bootstrap 的样本趋于无穷，从这个方法获得的置信带将精确地等于在右上图的最小二乘带。从 Bootstrap 样本 $\boldsymbol{y}^*$ 估计的函数为 $\hat{\mu}^*(x) = h(x)^T(\boldsymbol{H}^T\boldsymbol{H})^{-1}\boldsymbol{H}^T\boldsymbol{y}^*$，具有分布

$$\hat{\mu}^*(x) \sim N(\hat{\mu}(x), h(x)^T(\boldsymbol{H}^T\boldsymbol{H})^{-1}h(x)\hat{\sigma}^2). \tag{8.7}$$

请注意，该分布的均值是最小二乘估计，同时，它的标准偏差与近似公式 (8.4) 相同。

8.2.2　最大似然推断

由此证明：因为模型8.5有加性高斯噪声，在先前例子中，参数 Bootstrap 与最小二乘是一致的。一般来说，参数 Bootstrap 不会和最小二乘一致，而是如我们将论述的，与最大似然一致。

我们首先为观测指定概率密度函数或概率质量函数：

$$z_i \sim g_\theta(z). \tag{8.8}$$

在本例中，θ 表示控制 Z 分布的一个或多个未知参数。这称为 Z 的参数模型（parametric model）。作为示例，如果 Z 是均值 μ 和方差 σ^2 的正态分布，则有

$$\theta = (\mu, \sigma^2), \tag{8.9}$$

和

$$g_\theta(z) = \frac{1}{\sqrt{2\pi}\sigma} e^{-\frac{1}{2}(z-\mu)^2/\sigma^2}. \tag{8.10}$$

最大似然是基于由下式给出的似然函数（likelihood function）：

$$L(\theta; \boldsymbol{Z}) = \Pi_{i=1}^N g_\theta(z_i), \tag{8.11}$$

即在模型 g_θ 下观测数据的概率。似然定义取决于一个正乘项，我们取乘项为 1。我们认为 $L(\theta; \boldsymbol{Z})$ 是，固定数据 $\boldsymbol{Z}$ 后 θ 的函数。

定义 $L(\theta; \boldsymbol{Z})$ 的对数为

$$\begin{aligned}\ell(\theta; \boldsymbol{Z}) &= \sum_{i=1}^N \ell(\theta; z_i)\\ &= \sum_{i=1}^N \log g_\theta(z_i),\end{aligned} \tag{8.12}$$

有时我们简写为 $\ell(\theta)$。这个表达式称为对数似然，每个值 $\ell(\theta; z_i) = \log g_\theta(z_i)$ 称为一个对数似然分量。最大似然方法选择能最大化 $\ell(\theta, \boldsymbol{Z})$ 的值 $\theta = \hat{\theta}$。

似然函数可用于评估 $\hat{\theta}$ 的精度。我们需要更多一些的定义。评分函数（score function）定义为

$$\dot{\ell}(\theta; \boldsymbol{Z}) = \sum_{i=1}^N \dot{\ell}(\theta; z_i), \tag{8.13}$$

这里 $\dot{\ell}(\theta; z_i) = \partial\ell(\theta; z_i)/\partial\theta$。假定似然是取参数空间内部的最大值，即 $\dot{\ell}(\hat{\theta}; \boldsymbol{Z}) = 0$。则信息矩阵（information matrix）是

$$\boldsymbol{I}(\theta) = -\sum_{i=1}^N \frac{\partial^2\ell(\theta; z_i)}{\partial\theta\partial\theta^T}. \tag{8.14}$$

当 $\boldsymbol{I}(\theta)$ 在 $\theta = \hat{\theta}$ 上评估时，通常称为观测信息（observed information）。Fisher 信息（或期望信息）是

$$\boldsymbol{i}(\theta) = E_\theta[\boldsymbol{I}(\theta)]. \tag{8.15}$$

最后，令 θ_0 表示为 θ 的真实值。

一个标准结果表明，随着 $N \to \infty$，最大似然估计子的采样分布有极限正态分布

$$\hat{\theta} \to N(\theta_0, \boldsymbol{i}(\theta_0)^{-1}), \tag{8.16}$$

这里，我们是独立地从 $g_{\theta_0}(z)$ 中采样。它建议了 $\hat{\theta}$ 的采样分布可以用

$$N(\hat{\theta}, \boldsymbol{i}(\hat{\theta})^{-1}) \quad 或 \quad N(\hat{\theta}, \boldsymbol{I}(\hat{\theta})^{-1}) \tag{8.17}$$

来近似。这里 $\hat{\theta}$ 表示了从观测数据中的最大似然估计。

对于 $\hat{\theta}_j$ 的标准误差的相应的估计可以从下式获得：

$$\sqrt{\boldsymbol{i}(\hat{\theta})^{-1}_{jj}} \quad \text{和} \quad \sqrt{\boldsymbol{I}(\hat{\theta})^{-1}_{jj}} \tag{8.18}$$

θ_j 的置信点可以从 (8.17) 的两个近似之一来构造。像这样的置信点分别具有形式

$$\hat{\theta}_j - z^{(1-\alpha)} \cdot \sqrt{\boldsymbol{i}(\hat{\theta})^{-1}_{jj}} \quad \text{或} \quad \hat{\theta}_j - z^{(1-\alpha)} \cdot \sqrt{\boldsymbol{I}(\hat{\theta})^{-1}_{jj}}$$

这里，$z^{(1-\alpha)}$ 是标准正态分布的 $1-\alpha$ 的百分位数。更精确的置信区间可以通过使用卡方近似

$$2[\ell(\hat{\theta}) - \ell(\theta_0)] \sim \mathcal{X}^2_p, \tag{8.19}$$

从似然函数中导出。这里 p 是在 θ 的分量的总数。最终的 $1-2\alpha$ 的置信区间是所有 θ_0 的集合，使得 $2[\ell(\hat{\theta}) - \ell(\theta_0)] \leqslant \mathcal{X}^{2(1-2\alpha)}_p$，这里 $\mathcal{X}^{2(1-2\alpha)}_p$ 是具有 p 个自由度的卡方分布的 $1-2\alpha$ 的百分位数。

现在，回到我们的平滑例子中来看一下最大似然获得的结果。参数是 $\theta = (\beta, \sigma^2)$。对数似然是

$$\ell(\theta) = -\frac{N}{2}\log\sigma^2 2\pi - \frac{1}{2\sigma^2}\sum_{i=1}^{N}(y_i - h(x_i)^T\beta)^2. \tag{8.20}$$

令 $\partial\ell/\partial\beta = 0$ 和 $\partial\ell/\partial\sigma^2 = 0$，则可得到最大似然估计，给出

$$\begin{aligned} \hat{\beta} &= (\boldsymbol{H}^T\boldsymbol{H})^{-1}\boldsymbol{H}^T y, \\ \hat{\sigma}^2 &= \frac{1}{N}\sum(y_i - \hat{\mu}(x_i))^2, \end{aligned} \tag{8.21}$$

这里的结果与 (8.2) 和 (8.3) 下面的估计结果相同。

$\theta = (\beta, \sigma^2)$ 的信息矩阵是块对角的，且对应于 β 的块是

$$\boldsymbol{I}(\beta) = (\boldsymbol{H}^T\boldsymbol{H})/\sigma^2, \tag{8.22}$$

使得估计方差 $(\boldsymbol{H}^T\boldsymbol{H})^{-1}\hat{\sigma}^2$ 与最小二乘估计 (8.3) 一致。

8.2.3　Bootstrap 与最大似然

本质上，Bootstrap 是非参或参数最大似然的计算机实现。与最大似然公式相比，Bootstrap 的优势是它允许我们在无公式可利用的情况下，计算标准误差的最大似然估计和其他量。

在我们的例子中，假定不是预先固定定义 B-样条的节点的位置和数量，而是通过交叉验证自适应的选择它们。用 λ 定义节点和相应位置的集合。则标准误差和置信带应该解释了 λ 的自适应选择，但是没办法对其选择进行解析。利用 Bootstrap，我们对每个 Bootstrap 样本用自适应选择的节点来计算 B-样条平滑。最终曲线的百分位数捕捉了来自目标上的噪声和来自 $\hat{\lambda}$ 的变化。在这个特例中，置信带（未显示）看上去与固定的 λ 带没有什么不同。但在其他使用更多的自适应问题中，这可能有需要留意的重要影响。

8.3 贝叶斯方法

在用于推断的贝叶斯方法中，对于给定参数的数据，我们要指定一个采样模型 $\Pr(\boldsymbol{Z}|\theta)$（密度或概率质量函数）以及一个关于参数 $\Pr(\theta)$ 的先验分布。这个参数反映了我们在看到数据前关于 θ 的知识。然后，计算在看到数据后能反映知识更新的后验分布：

$$\Pr(\theta|\boldsymbol{Z}) = \frac{\Pr(\boldsymbol{Z}|\theta)\cdot\Pr(\theta)}{\int\Pr(\boldsymbol{Z}|\theta)\cdot\Pr(\theta)d\theta} \tag{8.23}$$

要理解这个后验分布，我们可以从中提取样本，或者通过计算它的均值或众数来总结。贝叶斯方法不同于那些做推断的标准（“频率主义”）方法的地方在于，它采用先验分布来表示未看到数据前的不确定性，并允许在看到数据后，通过后验分布的形式表达残留的不确定性。

后验概率也通过预测分布（predictive distribution）

$$\Pr(z^{\text{new}}|\boldsymbol{Z}) = \int\Pr(z^{\text{new}}|\theta)\cdot\Pr(\theta|\boldsymbol{Z})d\theta. \tag{8.24}$$

为预测将来的观测 z^{new} 提供了基础。

相反，最大似然方法将采用在最大似然估计上估计的数据密度，$\Pr(z^{\text{new}}|\hat{\theta})$，来预测未来的数据。不像预测分布 (8.24)，这个结果不能解释在估计 θ 时的不确定性。

再浏览下我们平滑例子中的贝叶斯方法。从方程式 (8.5) 给定的参数模型开始，假定 σ^2 是已知的。我们假定观测特征值 $x_1, x_2, \cdots, x_N$ 是固定的，使得数据里的随机性仅来自 y，并围绕均值 $\mu(x)$ 变化。

需要的第二个成分是先验分布。在函数上的分布是相当复杂的：一种方法是要使用高斯过程先验。这里，我们要指定在任意两个函数值 $\mu(x)$ 和 $\mu(x')$ 之间的先验协方差 (Wahba, 1990; Neal, 1996)。

这里，我们采用一个更简单的路线：对 $\mu(x)$ 考虑一个有限 B-样条基，因此为系数 β 提供了一个先验，它隐式地为 $\mu(x)$ 也定义了一个先验。我们选择一个将在下面讨论的，中心在 0，先验相关性矩阵 $\boldsymbol{\Sigma}$ 和方差为 τ 的高斯先验：

$$\beta \sim N(0, \tau\boldsymbol{\Sigma}) \tag{8.25}$$

这个对 $\mu(x)$ 的隐过程先验，因此是高斯，具有协方差核

$$\begin{aligned} K(x,x') &= \mathrm{cov}[\mu(x),\mu(x')] \\ &= \tau\cdot h(x)^T\boldsymbol{\Sigma}h(x'). \end{aligned} \tag{8.26}$$

β 的后验分布也是高斯，其均值和协方差分别是

$$E(\beta|\boldsymbol{Z}) = (\boldsymbol{H}^T\boldsymbol{H} + \frac{\sigma^2}{\tau}\boldsymbol{\Sigma}^{-1})^{-1}\boldsymbol{H}^T\boldsymbol{y},$$

$$\text{cov}(\beta|\boldsymbol{Z}) = (\boldsymbol{H}^T\boldsymbol{H} + \frac{\sigma^2}{\tau}\boldsymbol{\Sigma}^{-1})^{-1}\sigma^2, \tag{8.27}$$

对于 $\mu(x)$，相应的后验值是

$$\begin{aligned} E(\mu(x)|\boldsymbol{Z}) &= h(x)^T(\boldsymbol{H}^T\boldsymbol{H} + \frac{\sigma^2}{\tau}\boldsymbol{\Sigma}^{-1})^{-1}\boldsymbol{H}^T\boldsymbol{y}, \\ \text{cov}[\mu(x), \mu(x')|\boldsymbol{Z}] &= h(x)^T\left(\boldsymbol{H}^T\boldsymbol{H} + \frac{\sigma^2}{\tau}\boldsymbol{\Sigma}^{-1}\right)^{-1}h(x')\sigma^2. \end{aligned} \tag{8.28}$$

如何选择先验相关性矩阵 $\boldsymbol{\Sigma}$ 呢? 在一些情况中，先验可以根据关于参数的主观知识来选择。这里，我们希望 (比方说) 函数 $\mu(x)$ 应该是平滑的，并通过用一个 B-样条上的平滑低维基来表达 μ 来保证。因此，我们能取先验相关性矩阵为单位阵 $\boldsymbol{\Sigma} = \boldsymbol{I}$。当基函数的总数太大时，这种选择可能不是充分的，需要对 $\boldsymbol{\Sigma}$ 引入的限制来增强额外的平滑性；这刚好是平滑样条的情况 (见5.8.1节)。

图8–3显示了 10 个从关于 $\mu(x)$ 的相应先验中提取的函数。给定相应的后验值 $\mu'(x) = \sum_1^7 \beta'_j h_j(x)$，要生成函数 $\mu(x)$ 的后验值，我们从它的后验 (8.27) 中生成值 β'。10 个后验曲线显示在图8–3中。对于先验方差 τ，两个不同的值（1 和 1000）被采用。请注意，右图非常相似于前面图8–2中左下图的 Bootstrap 分布。这个类似并非偶然。随着 $\tau \to \infty$，后验分布 (8.27) 和 Bootstrap 分布 (8.7) 一致。另一方面，对于 $\tau = 1$，图8–4中左图的后验曲线 $\mu(x)$ 比 Bootstrap 曲线更平滑，因为我们已经在平滑性上加入了更多的先验权值。

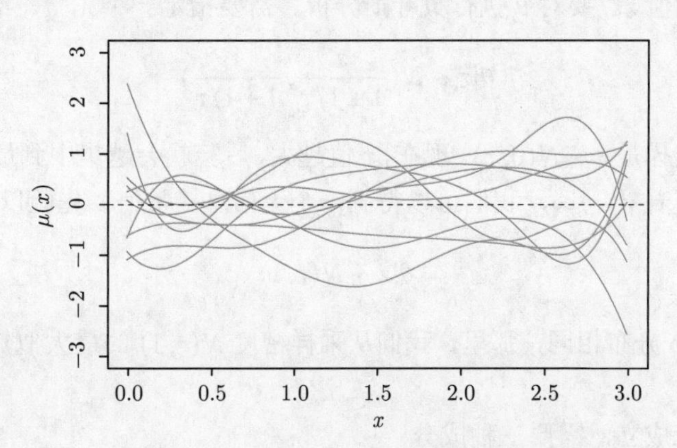

图 8–3　平滑示例：10 个从高斯先验分布中提取的函数 $\mu(x)$

具有 $\tau \to \infty$ 的分布 (8.25) 称为 θ 的无信息先验（noninformative prior）。在高斯模型中，对于无参的情况，最大似然和参数 Bootstrap 分析趋向于与采用无信息先验的贝叶斯分析一致。这相当于认同，因为有了常值先验，后验分布将比例于这个似然。这种对应也扩展到非参情况，那里，非参 Bootstrap 近似了无信息的贝叶斯分析，8.4节有详细的介绍。

然而，我们已经做了从贝叶斯角度看不太合适的事情。我们已经对 σ^2 采用了一个无信息（常值）先验，和在后验中用最大似然估计 $\hat{\sigma}^2$ 来代替它。更标准的贝叶斯分析也要在 σ 上加一个先验（通常 $g(\sigma) \propto 1/\sigma$），对 $\mu(x)$ 和 σ 计算联合后验，然后积分积掉 σ，而不是仅仅提取后验分布的最大值（“MAP” 估计）。

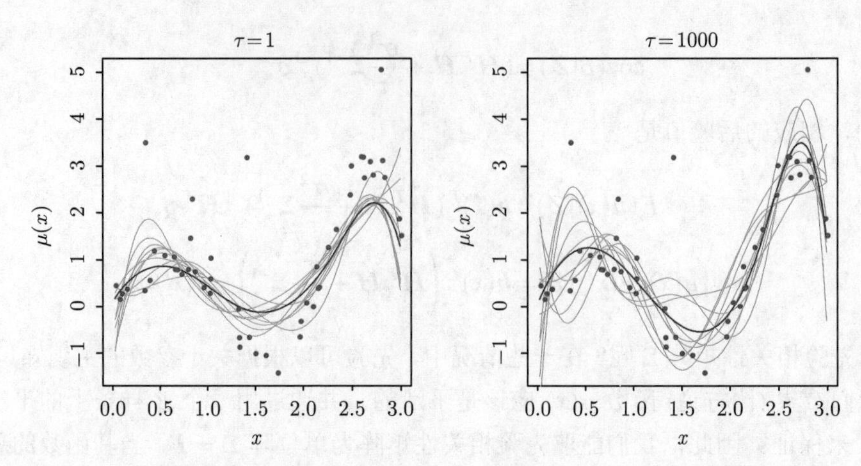

图 8–4 平滑示例：10 个从后验分布中获得的函数 $\mu(x)$，对应两个不同的先验方差值 τ。紫色曲线是后验均值

8.4 Bootstrap 和贝叶斯推断的联系

首先考虑一个十分简单的例子，从一个正态分布

$$z \sim N(\theta, 1). \tag{8.29}$$

中观测到一个观测值 z。要对 θ 执行贝叶斯分析，需要指定一个先验。给定后验分布：

$$\theta|z \sim N(\frac{z}{1+1/\tau}, \frac{1}{1+1/\tau}) \tag{8.30}$$

最方便和共同的选择是 $\theta \sim N(0, \tau)$。现在，τ 值越大，后验就会越集中到最大似然估计 $\hat{\theta} = z$。在极限意义下，随着 $\tau \to \infty$，我们可以得到一个无信息（常值）先验以及后验：

$$\theta|z \sim N(z, 1) \tag{8.31}$$

这与参数 Bootstrap 分布相同，那里，我们从采样密度 $N(z, 1)$ 的最大似然估计中生成 Bootstrap 值 $z*$。

要使这个对应成立，需要三种成分。

1. 为 θ 选择无信息的先验。

2. 仅通过最大似然估计 $\hat{\theta}$，对数似然 $\ell(\theta; \boldsymbol{Z})$ 在数据 $\boldsymbol{Z}$ 上的依赖性。因此，我们能将对数似然写成 $\ell(\theta, \hat{\theta})$。

3. 对数似然在 θ 和 $\hat{\theta}$ 之间的对称性，即 $\ell(\theta, \hat{\theta}) = \ell(\hat{\theta}, \theta) +$ 常数。

本质上，属性 (2) 和 (3) 仅对高斯分布成立。然而，它们也对多项式分布（multinomial distribution）近似成立，使得在非参 Bootstrap 和贝叶斯推断之间形成对应，如我们下面所表述的那样。

假定我们有一个有 L 个范畴的离散样本空间。令 ω_j 是一个样本点落在类别 j 的概率，$\hat{\omega}_j$ 是在类别 j 的观测比例。令 $\omega = (\omega_1, \omega_2, \cdots, \omega_L)$，$\hat{\omega} = (\hat{\omega}_1, \hat{\omega}_2, \cdots, \hat{\omega}_L)$。用 $S(\hat{\omega})$ 定义

我们的估计子：对 ω 取参数为 α 的对称狄利克雷（Dirichlet）分布作为先验分布：

$$\omega \sim Di_L(a1), \tag{8.32}$$

也就是说，先验概率质量函数比例于 $\Pi_{\ell=1}^{L}\omega_{\ell}^{\alpha-1}$。则 ω 的后验密度是

$$\omega \sim Di_L(a1 + N\hat{\omega}), \tag{8.33}$$

这里 N 是样本大小。令 $\alpha \to 0$ 来获得一个无信息先验

$$\omega \sim Di_L(N\hat{\omega}). \tag{8.34}$$

现在通过从数据中有放回采样获得的 Bootstrap 分布，可表达成从一个多项式分布中采样范畴比例的形式。具体来说：

$$N\hat{\omega}^* \sim \text{Mult}(N, \hat{\omega}), \tag{8.35}$$

这里 $\text{Mult}(N, \hat{\omega})$ 定义了一个具有概率质量函数 $\binom{N}{N\hat{\omega}_1^*, \cdots, N\hat{\omega}_L^*}\Pi\hat{\omega}_{\ell}^{N\hat{\omega}_{\ell}^*}$ 的多项式分布。这一分布类似于上面的后验分布，具有相同的支集，相同的均值，和几乎相同的协方差矩阵。因此，$S(\hat{w}^*)$ 的 Bootstrap 分布将紧密地逼近 $S(\omega)$ 的后验分布。

在某种意义上，关于我们的参数，Bootstrap 分布表示了（近似的）非参、无信息后验分布。但是，这个 Bootstrap 分布可轻易获得，不必要正式地指定一个先验和不必要从后验分布中采样。因此，我们可以将 Bootstrap 分布看成是一个“穷人”的贝叶斯后验。通过扰动数据，Bootstrap 逼近了扰动参数的贝叶斯影响，且一般更简单易行。

8.5　EM 算法

EM 算法是一种简化高难度最大似然问题的常用工具。我们首先从一个简单混合模型的角度来介绍它。

8.5.1　两分量混合模型

在本节中，我们描述了密度估计的一个简单混合模型以及执行最大似然估计的相关 EM 算法。对于贝叶斯推断，这与吉布斯（Gibbs）采样方法有自然的联系。混合模型在本书的其他部分讨论和展示了，尤其是6.8节、12.7节和13.2.3节。

图8–5的左图显示了表 8-1 中 20 个伪数据点的直方图。我们将建模数据点的密度，由于有明显的双峰性（bi-modality），所以高斯分布不合适。这里似乎有两个分离的内在的王国，因此可选择另一个方案，我们将 Y 建模成二个正态分布的混合：

$$Y_1 \sim N(\mu_1, \sigma_1^2)$$
$$Y_2 \sim N(\mu_2, \sigma_2^2)$$

$$Y = (1 - \Delta) \cdot Y_1 + \Delta \cdot Y_2, \tag{8.36}$$

表 8–1 在图8–5的二分量混合示例中使用的 20 个虚拟点

−0.39	0.12	0.94	1.67	1.76	2.44	3.72	4.28	4.92	5.53
0.06	0.48	1.01	1.68	1.80	3.25	4.12	4.60	5.28	6.22

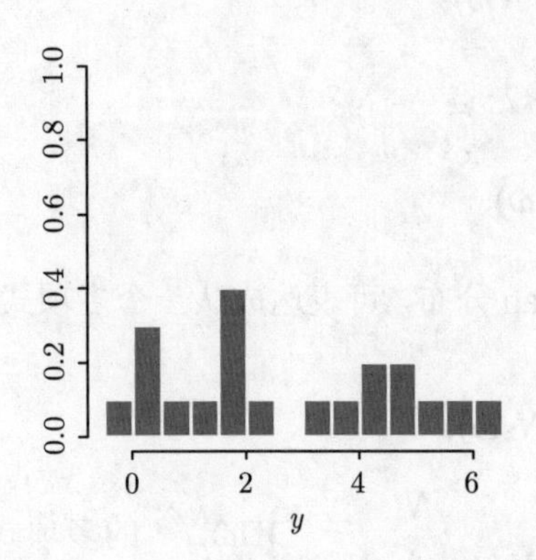

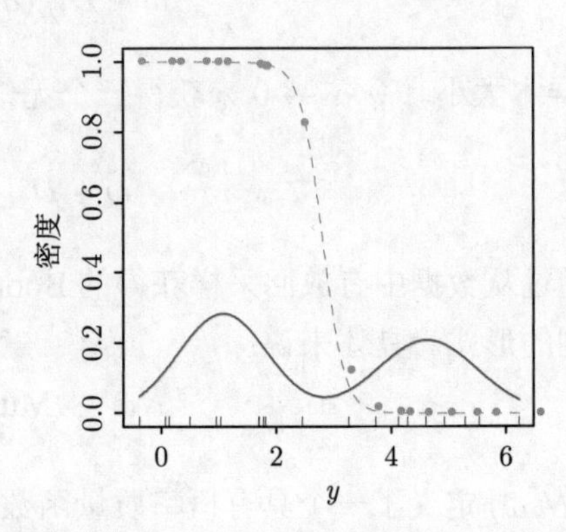

图 8–5 混合示例。左图是数据的直方图。右图是高斯密度的最大似然拟合（实红线）和作为 y 的函数的观测 y 的左分量密度的响应

这里 $\Delta \in \{0,1\}$，服从 $\Pr(\Delta = 1) = \pi$。这种生成式（generative）表达是显式的：用概率 π 来生成一个 $\Delta \in \{0,1\}$，然后依赖于结果可得：要么 Y_1，要么 Y_2。令 $\phi_\theta(x)$ 表示具有参数 $\theta = (\mu, \sigma^2)$ 的正态密度。则 Y 的密度是

$$g_Y(y) = (1-\pi)\phi_{\theta_1}(y) + \pi\phi_{\theta_2}(y). \tag{8.37}$$

现在，假定我们希望用最大似然来对图8–5中的数据拟合模型。参数是

$$\theta = (\pi, \theta_1, \theta_2) = (\pi, \mu_1, \sigma_1^2, \mu_2, \sigma_2^2). \tag{8.38}$$

基于 N 个训练样例的对数似然是

$$\ell(\theta; \mathbf{Z}) = \sum_{i=1}^{N} \log[(1-\pi)\phi_{\theta_1}(y_i) + \pi\phi_{\theta_2}(y_i)]. \tag{8.39}$$

直接最大化 $\ell(\theta; \mathbf{Z})$ 数值上是相当困难的，因为各项的求和都在对数的里面。然而，这里存在一个更简单的方法。如 (8.36) 所示，我们考虑取值为 0 或 1 的未观测隐变量 Δ_i：如果 $\Delta_i = 1$，则 Y_i 来自模型 2，否则来自模型 1。假定知道各个 Δ_i 的值。则对数似然将是

$$\begin{aligned}\ell_0(\theta; \mathbf{Z}; \Delta) = &\sum_{i=1}^{N} [(1-\Delta_i)\log\phi_{\theta_1}(y_i) + \Delta_i \log\phi_{\theta_2}(y_i)] \\ &+ \sum_{i=1}^{N} [(1-\Delta_i)\log(1-\pi) + \Delta_i \log\pi],\end{aligned} \tag{8.40}$$

且 μ_1 和 σ_1^2 的最大似然估计将是那些 $\Delta_i = 0$ 的数据的样本均值和方差，类似地，μ_2 和 σ_2^2 的最大似然估计将是那些 $\Delta_i = 1$ 的数据的样本均值和方差。π 的估计将是 $\Delta_i = 1$ 的比例。

因为各个 Δ_i 的值实际上是未知的，我们采用一种迭代的方法，用它的期望值

$$\gamma_i(\theta) = E(\Delta_i|\theta, \boldsymbol{Z}) = \Pr(\Delta_i = 1|\theta, \boldsymbol{Z}) \tag{8.41}$$

替代在 (8.40) 的每一个 Δ_i。这个期望值也称为对观测 i 的模型 2 的响应度（responsibility）。我们采用称为EM 算法的过程，针对高斯混合的特殊情况示例见算法8.1。在期望（expectation）这一步，我们对每个模型上的每一个观测执行软分配：按照每个模型的训练点的相对密度，参数的当前估计被用于估计响应度。在最大化 (maximization) 这一步，这些响应用于加权最大似然拟合中，更新参数的估计。

算法 8.1　两分量高斯混合的 EM 算法

1. 对参数 $\hat{\mu}_1, \hat{\sigma}_1^2, \hat{\mu}_2, \hat{\sigma}_2^2, \hat{\pi}$ 进行初始猜测 (参见正文)。
2. 期望步骤：计算响应度

$$\hat{\gamma}_i = \frac{\hat{\pi}\phi_{\hat{\theta}_2}(y_i)}{(1-\hat{\pi})\phi_{\hat{\theta}_1}(y_i) + \hat{\pi}\phi_{\hat{\theta}_2}(y_i)}, \quad i = 1, 2, \cdots, N. \tag{8.42}$$

3. 最大化步骤：计算加权均值和协方差：

$$\hat{\mu}_1 = \frac{\sum_{i=1}^N (1-\hat{\gamma}_i) y_i}{\sum_{i=1}^N (1-\hat{\gamma}_i)}, \qquad \hat{\sigma}_1^2 = \frac{\sum_{i=1}^N (1-\hat{\gamma}_i)(y_i-\hat{\mu}_1)^2}{\sum_{i=1}^N (1-\hat{\gamma}_i)}$$

$$\hat{\mu}_2 = \frac{\sum_{i=1}^N \hat{\gamma}_i y_i}{\hat{\gamma}_i}, \qquad \hat{\sigma}_2^2 = \frac{\sum_{i=1}^N \hat{\gamma}_i (y_i-\hat{\mu}_2)^2}{\sum_{i=1}^N \hat{\gamma}_i}$$

和混合概率 $\hat{\pi} = \sum_{i=1}^N \hat{\gamma}_i / N$.

4. 迭代步骤 2 和步骤 3 步直到收敛。

表8–2列出了迭代步骤。

表 8–2　混合示例中 EM 算法的选择迭代步骤

迭代	$\hat{\pi}$
1	0.485
5	0.493
10	0.523
15	0.544
20	0.546

一个好的构造 $\hat{\mu}_1$ 和 $\hat{\mu}_2$ 初始猜测的方式是随机选择两个 y_i。$\hat{\sigma}_1^2$ 和 $\hat{\sigma}_2^2$ 可以设成等于总的样本方差 $\sum_{i=1}^N (y_i - \bar{y})^2/N$。混合比例 $\hat{\pi}$ 可以从值 0.5 开始。

请注意，当我们在任意一个数据点上放一个无限高度的尖峰时，即对某个 i 有 $\hat{\mu}_1 = y_1$ 以及 $\sigma_1^2 = 0$，似然的实际最大情况就会出现。这导致了无穷似然，但并不是有用的解。因此，我们实际要寻找的是好的局部最大似然，满足 $\hat{\sigma}_1^2, \hat{\sigma}_2^2 > 0$。对更复杂的例子，可以有多个满足 $\hat{\sigma}_1^2, \hat{\sigma}_2^2 > 0$ 的局部最大。在我们的例子中，我们对所有拥有 $\hat{\sigma}_k^2 > 0.5$ 的参数，采用

大量不同的初始猜测，运行 EM 算法，然后选择有最高似然的运行结果。图8–6展示了在最大化对数似然中 EM 算法的过程。表8–2显示了 $\hat{\pi} = \sum_i \hat{\gamma}_i/N$ 时，在 EM 的选择迭代步骤中，在类别 2 的观测部分的最大似然估计。

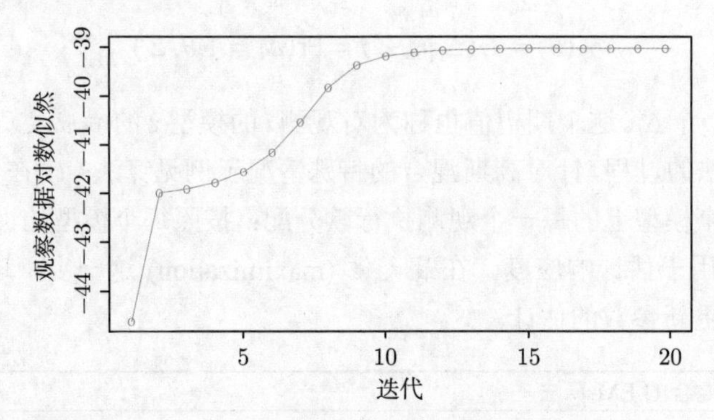

图 8–6 EM 算法：观测数据的对数似然作为迭代次数的函数

最终的最大似然估计是

$$\hat{\mu}_1 = 4.62, \qquad \hat{\sigma}_1^2 = 0.87,$$
$$\hat{\mu}_2 = 1.06, \qquad \hat{\sigma}_2^2 = 0.77,$$
$$\hat{\pi} = 0.546$$

图8–5显示了从这个过程（实红曲线）得到的估计高斯混合密度以及响应度（点绿曲线）。请注意，混合在监督学习中也是有用的；在6.7节中，我们将展示高斯混合模型怎样得到一个径向基函数的版本。

8.5.2 通用 EM 算法

上述过程是在某类问题中用于最大似然的 EM（或 Baum-Welch）算法的一个例子。这些问题在似然的最大化时是困难的，但通过利用隐（未观测）数据来扩大样本，可以使问题变得容易一些。这称为*数据增广*（data augmentation）。这些隐数据是模型隶属关系 Δ_i。在其他问题中，隐数据是本应观测到但实际缺失的数据。

算法8.2给出了 EM 算法的一般形式。我们的观测数据是 $\boldsymbol{Z}$，具有依赖于参数 θ 的对数似然 $\ell(\theta;\boldsymbol{Z})$。隐或缺失数据是 $\boldsymbol{Z}^m$，使得完整数据是具有对数似然 $\ell_0(\theta;\boldsymbol{T})$ 的 $\boldsymbol{T} = (\boldsymbol{Z}, \boldsymbol{Z}^m)$。这里 ℓ_0 是基于完全密度。在混合问题中，$(\boldsymbol{Z}, \boldsymbol{Z}^m) = (\boldsymbol{y}, \Delta)$，而 $\ell_0(\theta;\boldsymbol{T})$ 由 (8.40) 给出。

在我们的混合例子中，$\boldsymbol{E}(\ell_0(\theta';\boldsymbol{T})|\boldsymbol{Z}, \hat{\theta}^{(j)})$ 简单地用响应度 $\hat{\gamma}_i(\hat{\theta})$ 来代替 Δ_i 的式 (8.40)，在第 3 步的最大化刚好是加权均值和方差。

我们现在给出为什么 EM 算法可以奏效的解释。

因为

$$\Pr(\boldsymbol{Z}^m|\boldsymbol{Z}, \theta') = \frac{\Pr(\boldsymbol{Z}^m, \boldsymbol{Z}|\theta')}{\Pr(\boldsymbol{Z}|\theta')}, \tag{8.43}$$

我们可以写

$$\Pr(\boldsymbol{Z}|\theta') = \frac{\Pr(\boldsymbol{T}|\boldsymbol{\theta}')}{\Pr(\boldsymbol{Z}^m|\boldsymbol{Z},\theta')} \tag{8.44}$$

按照对数似然，我们有 $\ell(\theta';\boldsymbol{Z}) = \ell_0(\theta';\boldsymbol{T}) - \ell_1(\theta';\boldsymbol{Z}^m|\boldsymbol{Z})$，这里，$\ell_1$ 是基于条件密度 $\Pr(\boldsymbol{Z}^m|\boldsymbol{Z},\theta')$。考虑由参数 θ 主导的 $\boldsymbol{T}|\boldsymbol{Z}$ 的分布，取条件期望，则有

$$\begin{aligned}\ell(\theta';\boldsymbol{Z}) &= E[\ell_0(\theta';\boldsymbol{T})|\boldsymbol{Z},\theta] - E[\ell_1(\theta;\boldsymbol{Z}^m|\boldsymbol{Z})|\boldsymbol{Z},\theta]\\ &\equiv Q(\theta',\theta) - R(\theta',\theta),\end{aligned} \tag{8.45}$$

算法 8.2 EM 算法

1. 对参数 $\hat{\theta}^{(0)}$ 进行初始猜测。
2. 期望：在第 j 步，作为哑参数 θ' 的函数，计算
$$Q(\theta',\hat{\theta}^{(j)}) = E(\ell_0(\theta';\boldsymbol{T})|\boldsymbol{Z},\hat{\theta}^{(j)}) \tag{8.46}$$
3. 最大化：确定新的估计 $\hat{\theta}^{(j+1)}$，作为在 θ' 上的 $Q(\theta',\hat{\theta}^{(j)})$ 的最大子。
4. 迭代步骤 2 和 3 直到收敛。

在 M 步中，EM 算法在 θ' 上最大化 $Q(\theta',\theta)$，而不是最大化实际的目标函数 $\ell(\theta';\boldsymbol{Z})$。为什么它能成功最大化 $\ell(\theta';\boldsymbol{Z})$? 请注意，$R(\theta^*,\theta)$ 是考虑到由 θ 索引的相同密度，一个（由 θ^*）索引的密度的对数似然期望。因此，（依 Jensen 不等式）$R(\theta^*,\theta)$ 在 $\theta=\theta^*$ 时，作为 θ^* 的函数被最大化（见习题8.1）。因此，如果 θ' 最大化 $Q(\theta',\theta)$，我们可以得到

$$\begin{aligned}\ell(\theta';\boldsymbol{Z}) - \ell(\theta;\boldsymbol{Z}) &= [Q(\theta',\theta) - Q(\theta,\theta)] - [R(\theta',\theta) - R(\theta,\theta)]\\ &\geqslant 0,\end{aligned} \tag{8.47}$$

因此，EM 迭代从来不会减少对数似然。

这个结论也澄清了一点: 在 M 步的完全最大化是不必要的，我们只需要找一个值 $\hat{\theta}^{(j+1)}$ 使得 $Q(\theta',\hat{\theta}^{(j)})$ 作为第一项的函数来增加, 即 $Q(\hat{\theta}^{(j+1)},\hat{\theta}^{(j)}) > Q(\hat{\theta}^{(j)},\hat{\theta}^{(j)})$。像这样的过程称为广义 EM（generalized EM，简称 GEM 算法）。EM 算法也可以视为一个极小化的过程，见习题8.7。

8.5.3 作为最大化－最大化过程的 EM

这里对 EM 过程有一个不同的视角，即看成联合最大化算法。考虑函数

$$F(\theta',\tilde{P}) = E_{\tilde{P}}[\ell_0(\theta';\boldsymbol{T})] - E_{\tilde{P}}[\log\tilde{P}(\boldsymbol{Z}^m)]. \tag{8.48}$$

这里 $\tilde{P}(\boldsymbol{Z}^m)$ 是在隐数据 $\boldsymbol{Z}^m$ 上的任意分布。在混合示例中，$\tilde{P}(\boldsymbol{Z}^m)$ 包含概率 $\gamma_i = \Pr(\Delta_i = 1|\theta,\boldsymbol{Z})$ 的集合。注意在 $\tilde{P}(\boldsymbol{Z}^m) = \Pr(\boldsymbol{Z}^m|\boldsymbol{Z},\theta')$ 上评估的 F，是从 (8.45)[①] 得到的观测数据的对数似然。函数 F 通过扩展对数似然的定义域，来促进它的最大化。

① (8.47) 对所有 θ 成立，包括 $\theta=\theta'$。

EM 算法可以看成是对于 F 在 θ' 和 $\tilde{P}(\boldsymbol{Z}^m)$ 的联合最大化方法，其通过固定一个参数并在另一个参数上最大化来实现。对于固定 θ'，在 $\tilde{P}(\boldsymbol{Z}^m)$ 上的最大化，可以证明是 (习题8.2)：

$$\tilde{P}(\boldsymbol{Z}^m) = \Pr(\boldsymbol{Z}^m|\boldsymbol{Z},\theta'). \tag{8.49}$$

这是由 E 步计算所得到的分布，举例来说，在混合例子中的 (8.42)。在 M 步，我们固定 $\tilde{P}$，在 θ' 上最大化 $F(\theta',\tilde{P})$：这与最大化第一项 $E_{\tilde{P}}[\ell_0(\theta';\boldsymbol{T})|\boldsymbol{Z},\theta]$ 是相同的，因为第二项不包含 θ'。

最后，当 $\tilde{P}(\boldsymbol{Z}^m) = \Pr(\boldsymbol{Z}^m|\boldsymbol{Z},\theta')$ 时，因为 $F(\theta',\tilde{P})$ 和观测到的数据的对数似然一致，前者的最大化也完成了后者的最大化。图8–7给出了这个过程的示意图。EM 的这一看法导致了一种可替代的最大化过程。举例来说，一个人不需要同时对所有的隐数据参数最大化，而是可以一次在其中的一个参数上执行最大化，并在M步交替优化。

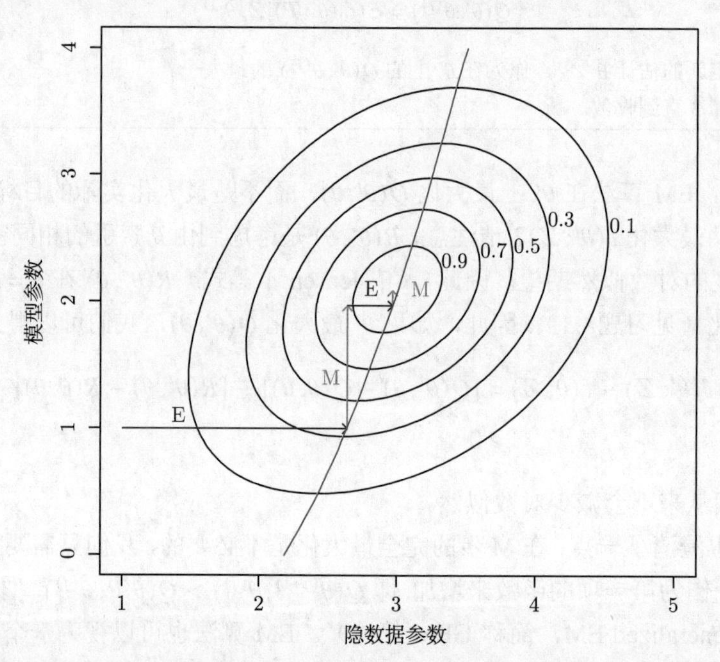

图 8–7 EM 算法的最大化-最大化观点。显示的是（增广）观测数据对数似然 $F(\theta',\tilde{P})$ 的等高线。E 步等价于在隐数据分布的参数上最大化对数似然。M 步在对数似然的参数上最大化参数。红曲线对应于观测数据的对数似然，是对 θ' 的每个值最大化 $F(\theta',\tilde{P})$ 所获得的轮廓

8.6 MCMC 用于从后验中采样

已经定义了贝叶斯模型，我们希望从产生的后验分布中提取样本，以便对参数进行推断。除了一些简单的模型，这通常是一个有难度的计算问题。在本节中，我们讨论后验采样的马尔可夫链蒙特卡罗 (Markov Chain Monte Carlo，MCMC)方法。我们将看到 Gibbs 采样，一种 MCMC 过程，紧密地联系到 EM 算法：主要的不同是它是从条件分布采样，而不是在它们中做最大化。

首先考虑下列抽象问题。有随机变量 $U_1, U_2, \cdots, U_k$，我们希望从它们的联合分布中提取一个样本。假定这很难实现，但容易从条件分布 $\Pr(U_j|U_1, U_2, \cdots, U_{j-1}, U_{j+1}, \cdots, U_K)$，$j = 1, 2, \cdots, K$ 中模拟。吉布斯（Gibbs）采样过程交替地模拟这些分布中的每一个，当过程稳定时，从期望的联合分布中提供一个样本。这个过程的定义在算法8.3中。

算法 8.3　吉布斯 (Gibbs) 采样器

1. 取初始值 $U_k^{(0)}, k = 1, 2, \cdots, k$。
2. 对 $t = 1, 2, \cdots, \cdot$ 重复

   对 $k = 1, 2, \cdots, K$，从
   $$\Pr(U_k^{(t)}|U_1^{(t)}, \cdots, U_{k-1}^{(t)}, U_{k+1}^{(t-1)}, \cdots, U_K^{(t-1)})$$
   中生成 $U_k^{(t)}$。
3. 继续第 2 步直到 $(U_1^{(t)}, U_2^{(t)}, \cdots, U_K^{(t)})$ 的联合分布不再变化。

算法8.4是联合分布的吉布斯（Gibbs）采样器。

算法 8.4　混合分布的吉布斯（Gibbs）采样器

1. 取初始值 $\theta^{(0)} = (\mu_1^{(0)}, \mu_2^{(0)})$。
2. 对 $t = 1, 2, \cdots, \cdots$ 重复

   (a) 对 $i = 1, 2, \cdots, N$，从方程 (8.42)，采用 $\Pr(\Delta_i^{(t)} = 1) = \hat{\gamma}_i(\theta^{(t)})$ 生成 $\Delta_i^{(t)} \in \{0, 1\}$。

   (b) 设
   $$\hat{\mu}_1 = \frac{\sum_{i=1}^N (1 - \Delta_i^{(t)}) \cdot y_i}{\sum_{i=1}^N (1 - \Delta_i^{(t)})},$$
   $$\hat{\mu}_2 = \frac{\sum_{i=1}^N \Delta_i^{(t)} \cdot y_i}{\sum_{i=1}^N \Delta_i^{(t)}},$$
   生成 $\mu_1^{(t)} \sim N(\hat{\mu}_1, \hat{\sigma}_1^2)$ 和 $\mu_2^{(t)} \sim N(\hat{\mu}_2, \hat{\sigma}_2^2)$。
3. 继续第 2 步直到 $(\Delta^{(t)}, \mu_1^{(t)}, \mu_2^{(t)})$ 的联合分布不再变化。

在正则化条件下，能够证明这个过程最终稳定，且产生的随机变量的确是从 $U_1, U_2, \cdots, U_K$ 的联合分布中提取的一个样本。尽管事实上样本 $(U_1^{(t)}, U_2^{(t)}, \cdots, U_K^{(t)})$ 对不同的 t 不是明显独立的，但还是可以提取联合分布的一个样本。更正式地，吉布斯采样产生了一个马尔可夫链，它的静态分布是真实的联合分布，因此，有术语称为“马尔可夫链蒙特卡罗”。毫不惊讶，真实的联合分布在这个过程中是平稳的，因为连续的步骤使得 U_k 的边缘分布仍然保持不变。

注意，我们不需要知道条件密度的显式形式，而只需要能够从中采样。在过程达到平稳后，变量的任意子集的边缘密度可以基于应用于样本值的密度估计来逼近。然而，如果条件密度 $\Pr(U_k, |U_\ell, \ell \neq k)$ 的显式形式可用，U_k 边缘密度更好的估计可以从 (习题8. 3) 获得：

$$\hat{\Pr}_{U_k}(u) = \frac{1}{(M - m + 1)} \sum_{t=m}^{M} \Pr(u|U_\ell^{(t)}, \ell \neq k). \tag{8.50}$$

这里，我们已经在序列的最后 $M-m+1$ 个成员上做了平均，以便在达到稳定前，允许有初始的“烙印”阶段。

现在回到贝叶斯推断，我们的目标是要在给定数据 $\boldsymbol{Z}$ 后，从参数的联合后验中提取一个样本。如果给定其他参数和 $\boldsymbol{Z}$，从每个参数的条件分布采样是容易的，则 Gibbs 采样是有帮助的。一个例子“高斯混合问题”详述如下。

后验的吉布斯采样与指数族模型的 EM 算法之间有着密切的联系。其关键是要将 EM 过程的隐数据 $\boldsymbol{Z}^m$ 看成是吉布斯采样器的另一个参数。为了使其对于高斯混合问题是显式的，我们取参数为 $(\theta,\boldsymbol{Z}^m)$。为简便，我们固定方差 σ_1^2,σ_2^2，以及在其最大似然值的混合比例 π，使得在 θ 上唯一未知的值是均值 μ_1 和 μ_2。混合问题的吉布斯采样器在算法8.4中给出。我们看到，第 2(a) 步和第 2(b) 步与 EM 过程的 E 和 M 步相同，除了我们是采样而不是最大化。在第 2(a) 步，不是计算最大似然响应度 $\gamma_i=E(\Delta_i|\theta,\boldsymbol{Z})$，吉布斯采样过程模拟了从分布 $\Pr(\Delta_i|\theta,\boldsymbol{Z})$ 中的隐数据 Δ_i。在第 2(b) 步，我们不是计算后验 $\Pr(\mu_1,\mu_2,\Delta|\boldsymbol{Z})$ 的最大化，而是模拟了条件分布 $\Pr(\mu_1,\mu_2|\Delta,\boldsymbol{Z})$。

图8–8展示了 200 次迭代的吉布斯采样。在左图显示的是均值参数 μ_1（下）和 μ_2（上），右图的是第 2 类观测的比例 $\sum_i\Delta_i/N$。在每幅图中，水平虚线绘制在最大似然估计值 $\hat{\mu}_1,\hat{\mu}_2$ 和 $\sum_i\hat{\gamma}_i/N$ 处。这些值似乎很快就稳定了，且围绕最大似然值均匀的分布着。

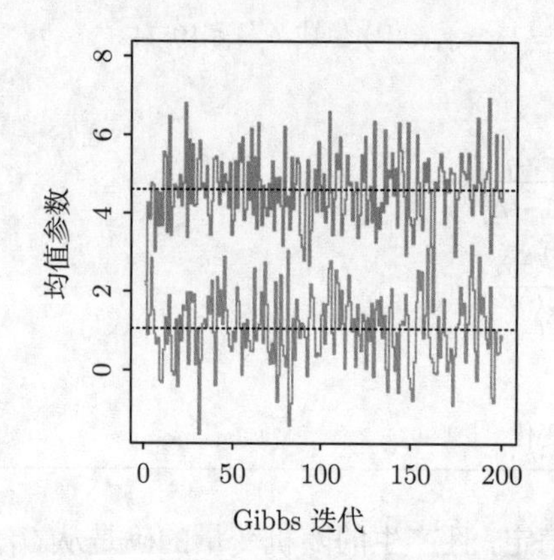

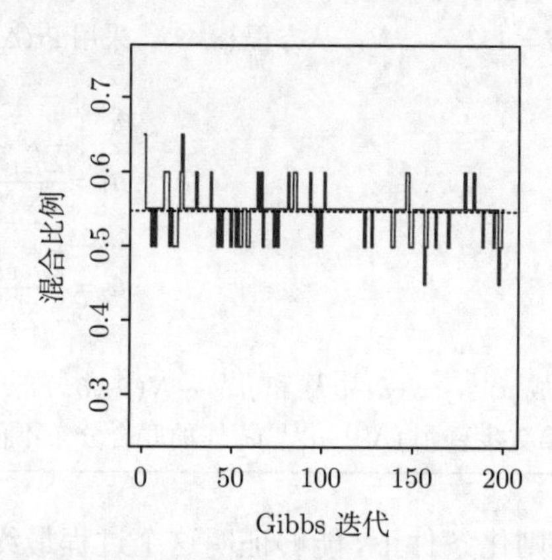

图 8–8　混合示例。左图中，从吉布斯采样的两个均值参数的 200 个值；水平线是从最大似然估计 $\hat{\mu}_1,\hat{\mu}_2$ 中提取的。右图中，对 200 个吉布斯采样迭代的每一个，$\Delta_i=1$ 的值的比例；水平线是从 $\sum_i\hat{\gamma}_i/N$ 上提取

以上混合模型是简化版的，旨在澄清吉布斯采样和 EM 算法之间的联系。更现实的情况是我们可以在方差 σ_1^2,σ_2^2 和混合比例 π 上加入先验分布，并且包括分离的吉布斯采样步。那里可从它们的后验分布中采样，并在其他参数上取条件。也可以为均值参数融入适当的（富含信息的）先验。这些先验必须不能是不适合的，因为这将导致退化的后验，以及把所有的混合权都加在一个分量上。

吉布斯采样仅是大量新近发展的并从后验分布中采样过程中的一种。给定其他参数，它用每个参数的条件采样，当问题结构使得这种采样容易执行时，它才有用。其他一些方法不要求这样的结构，如 Metropolis-Hastings 算法。这些和其他计算贝叶斯方法用于复杂的学习算法，如高斯过程和神经网络。详细内容可以在本章末尾的文献说明中找到。

8.7 Bagging

早先我们将 Bootstrap 作为评估参数估计或预测的精度的方式。这里我们介绍怎样用 Bootstrap 来改进估计或预测本身。在8.4节中，我们研究了 Bootstrap 和贝叶斯方法的联系，发现 Bootstrap 均值近似是一个后验平均。Bagging 进一步利用了这种联系。

首先考虑回归问题。假定我们对训练数据 $\boldsymbol{Z} = \{(x_1, y_1), (x_2, y_2), \cdots, (x_N, y_N)\}$ 拟合一个模型，在输入 x 上获得预测 $\hat{f}(x)$。Bootstrap 集成或 *Bagging* 在一组 Bootstrap 样本上平均了这个预测，因此降低了它的方差。对每个 Bootstrap 样本 $\boldsymbol{Z}^{*b}$，$b = 1, 2, \cdots, B$，我们拟合模型，给出预测值 $\hat{f}^{*b}(x)$。Bagging 估计定义为

$$\hat{f}_{\text{bag}}(x) = \frac{1}{B}\sum_{b=1}^{B}\hat{f}^{*b}(x). \tag{8.51}$$

定义 $\hat{\mathcal{P}}$ 是在每个数据点 (x_i, y_i) 上具有等概率 $1/N$ 的经验分布。事实上，“真实”的 Bagging 估计定义为 $E_{\hat{\mathcal{P}}}\hat{f}^*(x)$，这里 $\boldsymbol{Z}^* = (x_1^*, y_1^*), (x_2^*, y_2^*), \cdots, (x_N^*, y_N^*)$，且每个 $(x_i^*, y_i^*) \sim \hat{\mathcal{P}}$。随着 $B \to \infty$，表达式 (8.51) 是真实 Bagging 估计的一个蒙特卡罗估计。

Bagged 估计 (8.51) 不同于最初的估计 $\hat{f}(x)$，仅当后者是数据的非线性或自适应函数时。举例来说，要 bag8.2.1节的 B-样条平滑，我们在 x 的每个值上对图8–2左下图的曲线作平均。如果我们固定输入，则 B-样条平滑器在数据上是线性的；因此如果我们采用方程 (8.6) 的参数 Bootstrap 采样，则随着 $B \to \infty$ 有 $\hat{f}_{\text{bag}}(x) \to \hat{f}(x)$(习题8.4)。因此 Bagging 仅仅是复制了图8–2左上图的最初的平滑。如果我们采用非参 Bootstrap 来 bag，同样也是近似正确的。

一个更有趣的例子是回归树，那里 $\hat{f}(x)$ 表示在输入向量 x 处的树的预测值（回归树将在第9章描述）。典型情况下，每棵 Bootstrap 树会有与初始特征不同的特征，也可能有不同数目的端节点。Bagged 估计是 B 棵树在 x 处的平均预测。

现在，假定我们的树对 K 类响应产生了一个分类器 $\hat{G}(x)$。考虑内在的指示向量函数 $\hat{f}(x)$ 是有用的。该函数具有单个 1 和 $K-1$ 个零，使得 $\hat{G}(x) = \arg\max_k \hat{f}(x)$。则 Bagged 估计 $\hat{f}_{\text{bag}}(x)$ (8.51) 是一个 K 向量 $[p_1(x), p_2(x), \cdots, p_K(x)]$，且 $p_k(x)$ 等于在 x 处预测类 k 的树的比例。Bagged 分类器从 B 树中选择多数投票的类，$\hat{G}_{\text{bag}}(x) = \arg\max_k \hat{f}_{\text{bag}}(x)$。

通常，我们要求在 x 处的类别概率估计，而不是分类本身。这是试图把投票比例 $p_k(x)$ 看成是这些概率的估计。一个简单的两类例子表明，它们在这种考虑中会失效。假定在 x 处的类别 1 的真实概率是 0.75，每个 Bagged 分类器精确预测了一个 1。$p_1(x) = 1$，却是不正确的。对多数分类器 $\hat{G}(x)$，然而，这已经是一个在 x 处估计类概率的内在函数 $\hat{f}(x)$（对于树来说，在终节点的类别概率）。一个可替代的 Bagging 策略是要平均这些概率，而不是平均投影指标向量。不仅这个过程改进了类别概率的估计，而且它也倾向于制造具有较低方差的 Bagged 分类器，尤其对于小的 B（见下一个例子的图8–10）。

示例：仿真数据的树

我们生成了一个两类，$p = 5$ 个特征和大小 $N = 30$ 的样本集，每类是具有逐对相关性 0.95 的，标准高斯分布。响应 Y 按照 $\Pr(Y = 1|x_1 \leqslant 0.5) = 0.2$，$\Pr(Y = 1|x_1 > 0.5) = 0.8$ 来生成。贝叶斯误差是 0.2。一个大小为 2000 的测试样本也从相同的群体中生成。我们对训练样本以及 200 个 Bootstrap 样本中的每一个都拟合分类树（分类树在第9章中描述）。没有采用剪枝。图8–9显示了最初的树和 11 颗 Bagged 树。请注意，这些树是完全不同的，具有不同的分裂特征和割点。初始树和 Bagged 树的测试误差显示在图8–10中。在这个例子中，由于预测子的相关性，树具有高的方差。Bagging 继续平滑这种方差，因此降低了测试误差。

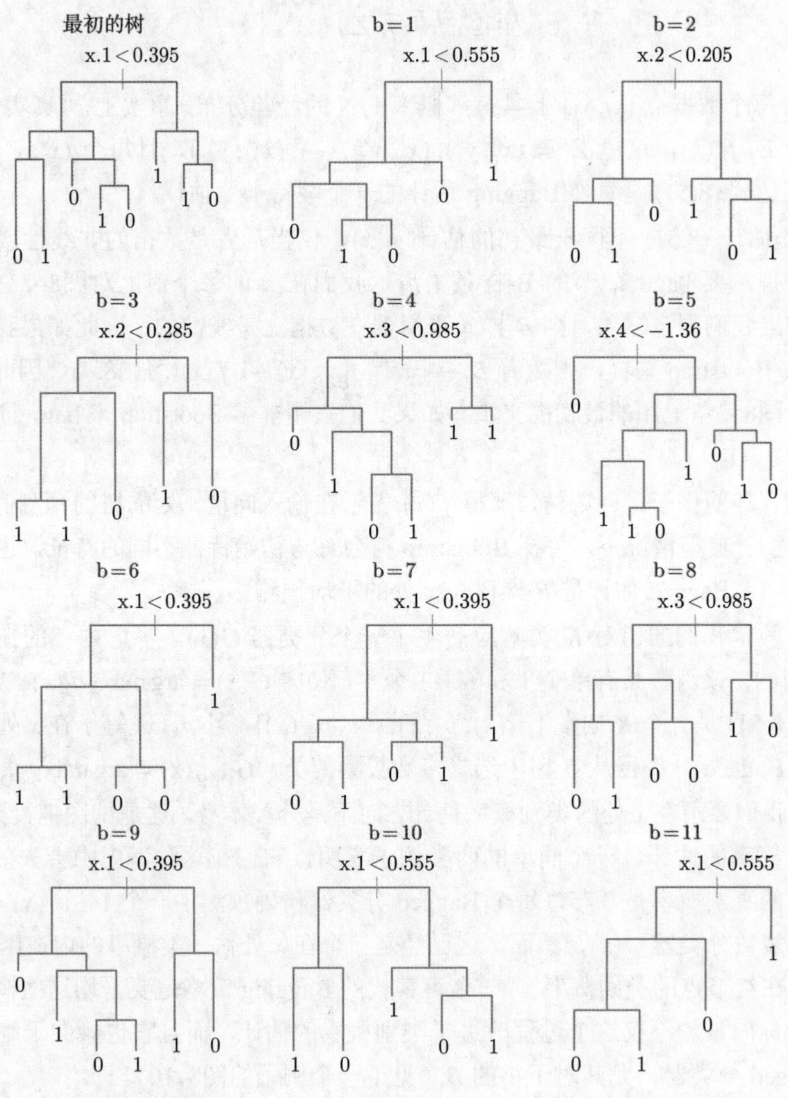

图 8–9 在仿真数据集上的 Bagging 树。左上图显示了最初的树。11 棵在 Bootstrap 样本上生成的树被显示出来。在每棵树上，顶端分裂点被标注出来

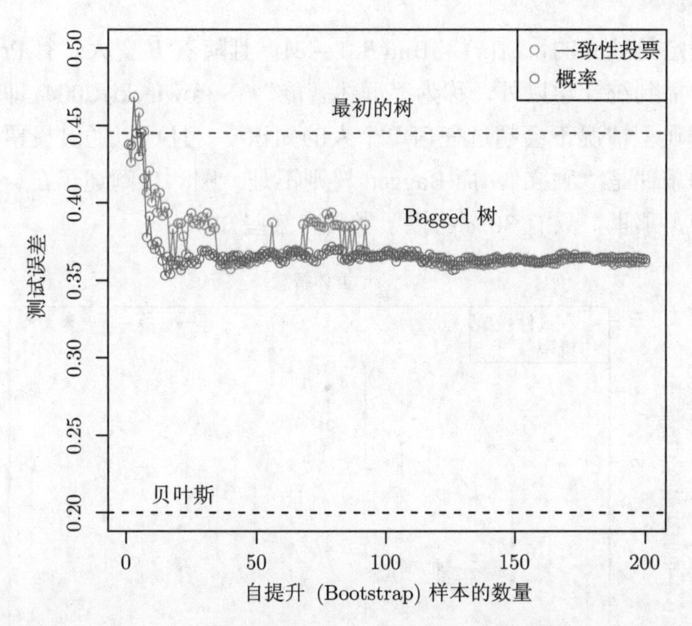

图 8–10　图8–9的 Bagging 样本的误差曲线。显示的是作为 Bootstrap 样本总数的函数的初始树和 Bagged 树的测试误差。橙色点对应于一致性投票，同时，绿色点是平均概率

Bagging 能显著减少像树这样不稳定过程的方差。一个简单的论据表明为什么 Bagging 在平方误差损失下是有帮助的，简而言之，是因为平均减少了方差，同时保持偏差不变。

假定训练样本 (x_i, y_i)，$i = 1, \cdots, N$ 是从分布 $\mathcal{P}$ 独立提取的，考虑理想的平均估计子 $f\text{ag}(x) = E_{\mathcal{P}}\hat{f}^*(x)$。这里 x 固定，Bootstrap 数据集 $\boldsymbol{Z}^*$ 由从 $\mathcal{P}$ 采样的观测值 x_i^*, y_i^*，$i = 1, 2, \cdots, N$ 组成。请注意，$f\text{ag}(x)$ 是一个 Bagging 估计，是从实际的分布 $\mathcal{P}$ 中而不是数据中提取 Bootstrap 样本。它不是一个我们实际使用的估计，但比较方便分析。我们可以写成

$$\begin{aligned} E_{\mathcal{P}}[Y - \hat{f}^*(x)]^2 &= E_{\mathcal{P}}[Y - f\text{ag}(x) + f\text{ag}(x) - \hat{f}^*(x)]^2 \\ &= E_{\mathcal{P}}[Y - f\text{ag}(x)]^2 + E_{\mathcal{P}}[\hat{f}^*(x) - f\text{ag}(x)]^2 \\ &\geqslant E_{\mathcal{P}}[Y - f\text{ag}(x)]^2. \end{aligned} \tag{8.52}$$

方程右边额外的误差来自于围绕 $\hat{f}^*(x)$ 的均值的方差。因此，真实的群体聚集从来不会增加均方误差。这表明 Bagging——从训练数据中提取样本——通常会减少均方误差。

以上论据在 0-1 损失的分类中不成立，因为偏差和方差具有非加性。在这种情况下，Bagging 一个好的分类器可以使它更好，但 Bagging 一个坏的分类器则会让它更糟。这里是一个采用随机化规则的简单例子。假定对所有 x，$Y = 1$，且分类器 $\hat{G}(x)$ 以概率 0.4（对所有 x）预测 $Y = 1$，以概率 0.6（对所有 x）预测 $Y = 0$。则 $\hat{G}(x)$ 的误分类误差是 0.6，但 Bagging 分类的误分类误差是 1.0。

对于分类，我们可以按照独立的弱学习器（weaker learner）(Dietterich, 2000b)的一致性来理解 Bagging 的影响。令在一个两类例子中的、在 x 处贝叶斯最优决策为 $G(x) = 1$。假定每个弱学习器 G_b^* 有误差率 $e_b = e < 0.5$，令 $S_1(x) = \sum_{b=1}^{B} I(G_b^*(x) = 1)$ 是类别 1 的一致投票。

因为弱学习器假定是独立的，$S_1(x) \sim \text{Bin}(B, 1-e)$，且随着 B 变大，有 $\Pr(S_1 > B/2) \to 1$。这个概念已经传播到统计学以外，称为“群体智能”(Surowiecki, 2004) 即多个独立且不同的人的智能组合典型情况下会超过任何单个人的知识[①]，且可以通过投票来加以利用。当然，这里主要的条件是“独立”，而 Bagged 树则不是。图8–11阐述了在一个仿真例子上一致性投票的威力，那里，只有 30% 的投票者具有某些知识。

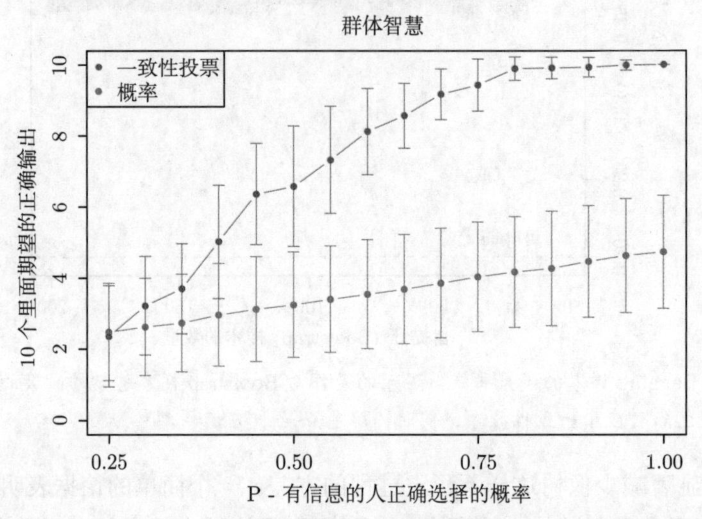

图 8–11　模拟学术奖励投票。在 10 个范畴中的 50 个成员投票，每一个范畴有 4 个提名。对任意范畴，只有 15 个投票者有相关的知识，用在那个范畴中选择“正确”候选者的概率来表示（因此 $P = 0.25$ 意味着他们没有相关知识）。对每个范畴，15 个专家从 50 个里面随机选出。结果显示一致性投票的期望正确以及单个的期望正确。误差栏显示了标准偏差。我们看到，举例来说，如果 15 个有 50% 的可能选出正确的候选者，则一致性投票将双倍于单个人的期望性能

在第15章中，我们将看到随机森林如何通过减少采样树之间的相关性来在 Bagging 上做改进。

请注意，当我们 bag 一个模型时，在模型上任意简单的结构将会丢失。作为示例，一个 Bagged 树将不再是一棵树。对于模型的解释，这显然是一个缺陷。典型情况下，多数稳定的过程 (如最近邻) 是不会显著受到 Bagging 影响的。不幸的是，因为强调可解释性，受 Bagging 帮助最多的不稳模型是不稳的，而这种可解释的特性又在 Bagging 过程中丢失了。

图8–12展示了一个 Bagging 不起作用的例子。100 个具有两个特征、分成两类的点，由一个灰的线性边界 $x_1 + x_2 = 1$ 所分离。我们选择面向坐标轴的单个分裂作为分类器 $\hat{G}(x)$，并要么沿 x_1，要么沿 x_2 来选择能导致误分类误差最大减少的分裂。

在 $B = 50$ 个 Bootstrap 样本上，从 Bagging 0-1 决策规则获得的决策边界显示于左图的蓝线上。它没有很好的逼近真实边界。从训练数据导出的，单个分裂规则在靠近 0 处分裂（x_1 或 x_2 的值域的中间），因此对远离中点有较少的贡献。平均各个概率而不是平均分类在此处也没有什么帮助。Bagging 从单个分裂规则中估计期望类别概率，即，在多个复制中做

① 译者注：直观理解，就是三个臭皮匠抵一个诸葛亮。

平均。注意，用 Bagging 计算的期望类概率不能从任何单个复本中实现。这一现象类似于一个妈妈不能有 2.4 个小孩。在这个意义上，Bagging 增加了单个基分类器的模型空间。然而，当模型需要更大的扩展空间时，不会对这个例子以及其他许多例子有用。Boosting 是这样一种方法，将在第10章描述。右图的决策边界是 boosting 过程的结果，它粗略地捕捉了对角边界。

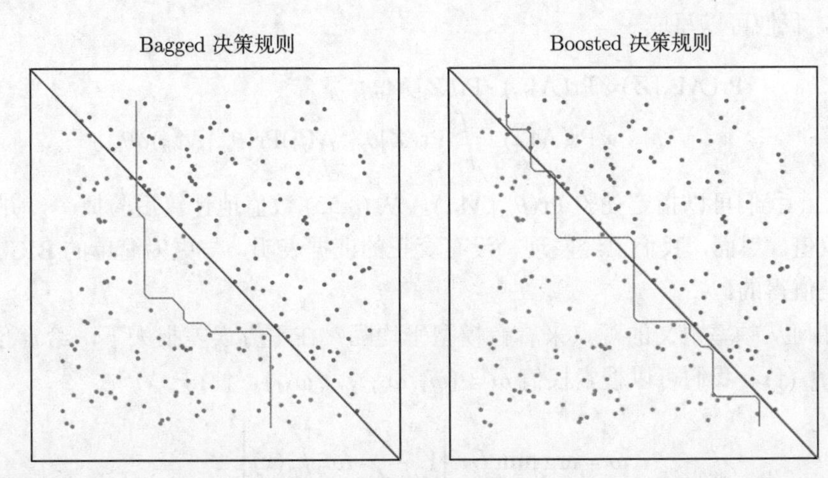

图 8–12　具有两个特征，两类的数据，由一个线性边界分开。左图从一个由单次分裂，面向坐标轴的分类器 Bagging 出的决策规则估计的决策边界。右图从相同分类器的决策规则 boosting 获得的决策边界。测试误差是 0.166 和 0.065。Boosting 将在第10章描述

8.8　模型平均和 Stacking

在8.4节，我们将一个估计子的 Bootstrap 值看成是从某种非参贝叶斯分析中，对应参数的近似后验值。从这个角度来看，Bagged 估计 (8.51) 是近似后验贝叶斯均值。相反，训练样本估计 $\hat{f}(x)$ 对应于后验的众数。因为后验均值（不是众数）最小化了平方误差损失，毫不惊讶，Bagging 通常能降低均方误差。

这里，我们更一般地讨论贝叶斯模型平均。对于训练集 $\boldsymbol{Z}$，我们有一组候选模型集 $\mathcal{M}_m$，$m = 1, \cdots, M$。这些模型可能是具有不同参数值（例如，线性回归的子集）的同类型模型，或对于相同任务（如神经网络和回归树）的不同模型。

假定 ζ 是某个感兴趣的量，例如，在某个固定特征值 x 的预测 $f(x)$。ζ 的后验分布是

$$\Pr(\zeta|\boldsymbol{Z}) = \sum_{m=1}^{M} \Pr(\zeta|\mathcal{M}_m, \boldsymbol{Z})\Pr(\mathcal{M}_m|\boldsymbol{Z}), \tag{8.53}$$

其后验均值是

$$E(\zeta|\boldsymbol{Z}) = \sum_{m=1}^{M} E(\zeta|\mathcal{M}_m, \boldsymbol{Z})\Pr(\mathcal{M}_m|\boldsymbol{Z}). \tag{8.54}$$

贝叶斯预测是一些单个预测的加权平均，其权值与每个模型的后验概率成比例。

这个公式导致了大量不同的模型平均策略。委员会 (Committee)方法对每个模型的预测值进行简单的无加权平均，本质上相当于给每个模型相等的概率。更有雄心地，在7.7节的发展表明 BIC 准则可用于估计后验模型概率。对于那些通过采用不同参数值的同一参数模型导出的不同模型而言，这一策略是可以考虑的。依赖于模型拟合的程度以及使用的参数数量，BIC 对每个模型进行加权。我们也可以完全采用贝叶斯的方法。如果每个模型 $\mathcal{M}_m$ 有参数 θ_m，我们可以写成

$$\begin{aligned}\Pr(\mathcal{M}_m|\boldsymbol{Z}) &\propto \Pr(\mathcal{M}_m)\cdot\Pr(\boldsymbol{Z}|\mathcal{M}_m)\\ &\propto \Pr(\mathcal{M}_m)\cdot\int\Pr(\boldsymbol{Z}|\theta_m,\mathcal{M}_m)\Pr(\theta_m|\mathcal{M}_m)d\theta_m.\end{aligned}\tag{8.55}$$

原则上，我们可以指定先验 $\Pr(\theta_m|\mathcal{M}_m)$，从 (8.55) 数值地计算后验概率，并以此为模型平均的权值。然而，我们已经发现，没有真正的证据表明，与更为简单的 BIC 近似相比，这种尝试是值得的。

我们如何从频率主义的观点来看待模型平均呢？在平方误差损失下，给定预测 $\hat{f}_1(x)$, $\hat{f}_2(x),\cdots,\hat{f}_M(x)$，我们可以搜索权值 $\omega=(\omega_1,\omega_2,\cdots,\omega_M)$，使得

$$\hat{\omega}=\arg\min_{\omega}E_{\mathcal{P}}\left[Y-\sum_{m=1}^{M}\omega_m\hat{f}_m(x)\right]^2.\tag{8.56}$$

这里输入值 x 固定，数据集 $\boldsymbol{Z}$ 的 N 个观测（和目标 $\boldsymbol{Y}$）按 $\mathcal{P}$ 来分布。解是在 $\hat{F}(x)^T=[\hat{f}_1(x),\hat{f}_2(x),\cdots,\hat{f}_M(x)]$ 上的 $\boldsymbol{Y}$ 的总体线性回归：

$$\hat{\omega}=E_{\mathcal{P}}[\hat{F}(x)\hat{F}(x)^T]^{-1}E_{\mathcal{P}}[\hat{F}(x)\boldsymbol{Y}].\tag{8.57}$$

现在全回归比任意单个模型有更小的误差：

$$E_{\mathcal{P}}\left[Y-\sum_{m=1}^{M}\hat{w}_m\hat{f}_m(x)\right]^2\leqslant E_{\mathcal{P}}\left[Y-\hat{f}_m(x)\right]\quad\forall m\tag{8.58}$$

因此在总体级别上，组合模型绝对不会使事情变得更糟糕。

当然，总体线性回归 (8.57) 是不可利用的[①]，一个自然的办法是用在训练集上的线性回归来代替。但是，这里有存在一些简单的例子，表明这种替代并不好。举例来说，如果 $\hat{f}_m(x)$，$m=1,2,\cdots,M$ 表示从 M 个总的输入中选择的，m 大小的最佳子集输入中的预测，则线性回归将把全部权值放在最大的模型上，即 $\hat{\omega}_M=1$，$\hat{\omega}_m=0$，$m<M$。问题是，通过考虑它们的复杂性（在这个例子是输入 m 的总数），我们不会同等看待每个模型。

Stacked 推广或 *Stacking*，是一种解决该问题的方法。令 $\hat{f}_m^{-i}(x)$ 是利用模型 m，在第 i 个观测移去后的数据集上，对 x 的预测。权值的 Stacking 估计从在 $\hat{f}_m^{-i}(x)$，$m=1,2,\cdots,M$ 的 y_i 的最小二乘线性回归上获得。具体而言，Stacking 权值由下式给出：

$$\hat{\omega}^{\mathrm{st}}=\arg\min_{\omega}\sum_{i=1}^{N}\left[y_i-\sum_{m=1}^{M}\omega_m\hat{f}_m^{-i}(x_i)\right]^2.\tag{8.59}$$

① 译者注：因为是一个理想且未知的分布。

最终的预测是 $\sum_m \hat{\omega}^{\mathrm{st}} \hat{f}_m(x)$。利用交叉验证的预测 $\hat{f}_m^{-i}(x)$，Stacking 避免给予具有较高复杂性的模型不公平的高权值。通过限制权值非负以及总和等于 1，Stacking 还可以得出更好的结果。如果我们如方程 (8.54) 一样，将权值解释成后验模型概率，则会导致一个可跟踪的二次规划问题，这似乎像一个合理的限制。

在 Stacking 和通过留一法交叉验证的模型选择之间有一个紧密的联系 (7.10节)。如果我们限制 (8.59) 的最小化到具有一个单位权值和其他为零的权值向量 ω，将导致选择具有最小留一交叉验证误差的一个模型 $\hat{m}$。Stacking 不是选择单个模型，而是组合它们和估计的最优权值。这通常可以导致更好的预测，但比仅采用 M 个模型中的一个具有较少的可解释性。

Stacking 思想实际上比以上所述更一般。一个人可以使用任何学习方法，而不仅仅是线性回归来如式 (8.59) 一样组合模型；权值也能依赖于输入位置 x。用这种方式，学习方法可以“堆”在另一个的上面，以改进预测性能。

8.9　随机搜索：Bumping

本章最后要描述的方法不采用平均或组合模型，而是一种寻找更好的单个模型的技术。Bumping 采用 Bootstrap 采样来从模型空间中去除随机性。对于那些拟合方法会找到多个局部最小的问题，Bumping 可以帮助这些方法来避免陷在较差的解上。

正如 Bagging 一样，我们提取 Bootstrap 样本，并对每个样本拟合一个模型。但是不是平均预测，我们选择的模型是从能最佳拟合训练数据的 Bootstrap 样本中估计出来的。具体而言，我们提取 Bootstrap 样本 $\boldsymbol{Z}^{*1}, \cdots, \boldsymbol{Z}^{*2}$，对每一个拟合模型，在输入点 x 给出预测 $\hat{f}^{*b}(x)$，$b = 1, 2, \cdots, B$。我们然后选择能产生最小预测误差的模型，这一误差是在原始训练集（original training set）上取平均得到的。举例来说，对于平方误差，我们选择从 Bootstrap 样本 $\hat{b}$ 中获得的模型，其中：

$$\hat{b} = \arg\min_{b} \sum_{i=1}^{N} [y_i - \hat{f}^{*b}(x_i)]^2. \tag{8.60}$$

相应的模型预测是 $\hat{f}^{*b}(x)$。按约定，我们也可以包括最初的训练样本到 Bootstrap 样本集中，使得方法如果具有最低训练误差，则可自由挑选原始模型。

通过扰动数据，Bumping 试图移动拟合过程到靠近模型空间的好的区域。举例来说，如果一些数据点正在引起过程寻找一个差的解，任何忽略了这些数据点的 Bootstrap 样本应该可以产生更好的解。

再举一例，考虑图8–13的分类数据，一个臭名昭著的异或（XOR）问题。这里有两类（蓝色和橙色）和两个输入特征，且特征形成了一个纯的交叉效应。通过在 $x_1 = 0$ 处分裂数据，然后在 $x_2 = 0$ 处分裂每一个产生的层，（反之亦然）一个基于树的分类器将实现完美的判别。然而，贪婪、短视的 CART 算法 (9.2节) 试图在两个特征之一寻找最佳分裂，然后分裂其余的层。因为数据的平衡特性，所有在 x_1 或 x_2 上的分裂看上去是无用的，这一过程在顶层本质上形成了一个随机分裂。对于这些数据实际找到的分裂点显示在图8–13的左图上。通过 Bootstrap 采样数据，Bumping 打破了类之间的平衡。采用一个合理数量的 Bootstrap 样本（这里是 20），它将偶尔制造至少一棵初始分裂要么靠近 $x_1 = 0$，要么靠近 $x_2 = 0$ 的树。使用仅仅 20 个 Bootstrap 样本，Bumping 发现了如图8–13右图所示的近优分裂。如果我们增加一些独立于类标签的噪声特征，贪婪树生成算法的缺点将变得更明显。然后树生成的算法不能从其他数据中区分 x_1 或 x_2，结果导致了严重的损失。

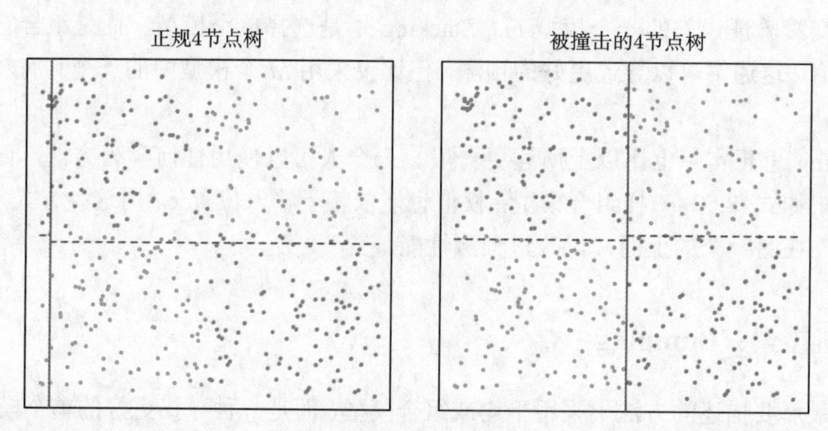

图 8–13　具有两个特征，两类的数据（蓝色和橙色），显示纯的交互作用。左图显示由标准的、贪婪的、树生成算法的三次分裂所找到的划分。靠近左边缘的垂直灰线是第一次分叉；虚线是两个随后的分叉。算法不清楚哪里是好的初始分叉，因此导致了差的选择。右图显示了通过撞击（Bumping）树生长算法 20 次后找到的次最优分叉

因为 Bumping 比较了训练数据上的不同模型，一个人必须确保模型具有近似相同的复杂性。在树的情况中，这将意味着在每个 Bootstrap 样本上用同样数目的终节点来增长树。对于那些可能因为缺乏平滑性，很难优化拟合准则的问题，Bumping 也是有帮助的。这个技巧是要在 Bootstrap 样本上优化一个不同，但更方便的准则，然后从在训练样本上的期望准则中，选择产生最佳结果的模型。

文献说明

这里有许多关于经典统计推断的书籍：Cox 和 Hinkley (1974)和 Silvey (1975)给出了非技术性的陈述。Bootstrap 源自于 Efron (1979)，在 Efron and Tibshirani (1993)和 Hall (1992)中有更完整的描述。一本好的关于贝叶斯推断的较新书是 Gelman 等的 (1995)。Neal (1996) 详细描述了贝叶斯方法在神经网络中的应用。吉布斯采样的统计应用源自于 Geman and Geman (1984)以及 Gelfand and Smith (1990)。相关的工作可见于 Tanner and Wong (1987)。马尔可夫链蒙特卡罗方法，包括吉布斯采样和 Metropolis-Hastings 算法，在 Spiegelhalter 等 (1996)书中有讨论。EM 算法归功于 Dempster 等 (1977)，该论文使得这一算法变得清晰，这里还有一些更早期的工作。将 EM 视为对一个惩罚的完整数据的对数似然的联合最大化方法，由 Neal and Hinton (1998)阐明；Csiszar and Tusnády (1984)和 Hathaway (1986)在更早的时候相继注意

到了这个联系。Bagging 由 Breiman (1996a)提出。Stacking 归功于 Wolpert (1992)。Breiman (1996b)包含了有利于统计学家理解的讨论。Leblanc and Tibshirani (1996)描述了基于 Bootstrap 的 Stacking 的变形。在贝叶斯框架的模型平均最近由 Madigan and Raftery (1994)所提倡。Bumping 由 Tibshirani and Knight (1999)提出。

习题

8.1 令 $r(y)$ 和 $q(y)$ 是概率密度函数。Jensen 不等式表明，对随机变量 X 和凸函数 $\phi(x)$，$E[\phi(X)] \geqslant \phi[E(X)]$。利用 Jensen 不等式证明，当 $r(y) = q(y)$ 时，作为 $r(y)$ 的一个函数，

$$E_q \log[r(Y)/q(Y)] \tag{8.61}$$

被最大化。因此，如方程式 (8.45) 后所陈述的，证明 $R(\theta, \theta) \geqslant R(\theta', \theta)$。

8.2 考虑在分布 $\tilde{P}(\boldsymbol{Z}^m)$ 的 (8.48) 的对数似然的最大化，使得 $\tilde{P}(\boldsymbol{Z}^m) \geqslant 0$ 和 $\sum_{\boldsymbol{Z}^m} \tilde{P}(\boldsymbol{Z}^m) = 1$。利用拉格朗日乘子证明，解是如 (8.49) 所示的条件分布 $\tilde{P}(\boldsymbol{Z}^m) = \Pr(\boldsymbol{Z}^m | \boldsymbol{Z}, \theta')$。

8.3 利用关系

$$\Pr(A) = \int \Pr(A|B) d(\Pr(B)).$$

证明估计 (8.50)。

8.4 考虑8.7节的 Bagging 方法。令估计 $\hat{f}(x)$ 是8.2.1节的 B-样条平滑子 $\hat{\mu}(x)$。考虑应用到这个估计子的方程 (8.6) 的参数 Bootstrap。证明，如果我们采用参数 Bootstrap 生成 Bootstrap 样本来 bag$\hat{f}(x)$，则 Bagging 估计 $\hat{f}_{\text{bag}}(x)$。它将随着 $B \to \infty$，收敛到最初的估计 $\hat{f}(x)$。

8.5 提出一个能将图10–4的每个损失函数推广至超过两类的情况的方案，并设计一个合适的图来比较它们。

8.6 考虑图5–6的骨质密度数据。

(a) 作为年龄的函数，拟合一个立方平滑样条到脊椎 BMD。利用交叉验证来估计平滑的最优值。对内在的函数构造逐点 90% 的置信带。

(b) 对真实函数，通过 (8.28) 计算后验均值和协方差，并与那些在 (a) 中获得的后验带进行比较。

(c) 如图8–2左下图，计算拟合曲线的 100 次 Bootstrap 复本。并与 (a) 和 (b) 的结果进行比较。

8.7 EM 是一个少数化（minorization）算法 (Hunter 和 Lange, 2004; Wu 和 Lange, 2007)。如果对于所有在域中的 x, y，有：

$$g(x, y) \leqslant f(x), g(x, x) = f(x) \tag{8.62}$$

则函数 $g(x, y)$ 就可以说是少数化函数 $f(x)$。对于最大化 $f(x)$，这是有用的。因此容易证明 $f(x)$ 在更新

$$x^{s+1} = \arg\max_x g(x, x^s) \tag{8.63}$$

是非递减的。这类似于最小化函数 $f(x)$ 的多数化（majorization）定义。最终的算法称为 MM 算法，即“少数-最大（Minorize-Maximize）”或“多数-最小（Majorize-Minimize）”。利用 $Q(\theta',\theta)+\log\Pr(\boldsymbol{Z}|\theta)-Q(\theta,\theta)$ 少数化观测数据对数似然 $\ell(\theta';\boldsymbol{Z})$，证明 EM 算法 (8.5.2节) 是 MM 算法的一个例子。注意，只有第一项包含了相关的参数 θ'。

第 9 章　加性模型、树和相关方法

在本章中，我们将开始讨论监督学习的一些特殊方法。这些技术都对某个未知的回归函数假设了一个（不同的）结构化形式，并借此巧妙避开了维数灾问题。当然，它们也为错误指定模型付出了可能的代价，因此，在每种情况下都需要做一个折衷。这里将继续进行第3~6章时意犹未尽的讨论。我们描述 5 个相关的技术：广义加性模型、树、多元自适应回归样条、耐心规则归纳方法和分层混合专家方法。

9.1　广义加性模型

回归模型在许多数据分析中扮演着重要的角色，不仅提供了预测和分类规则，还为理解不同输入的重要性提供了数据分析工具。

尽管传统的线性模型简单好使，但在下列情形下经常会失效：在现实生活中，影响通常不是线性的。在前面的章节中，我们描述了采用预定义的基函数来实现非线性的技术。这一节将描述可用于辨识和刻画非线性回归影响的、更自动和灵活的统计方法。这些方法称为“广义加性模型”。

在回归设置中，一个广义加性模型具有形式

$$E(Y|X_1, X_2, \cdots, X_p) = \alpha + f_1(X_1) + f_2(X_2) + \cdots + f_p(X_p) \tag{9.1}$$

如前所述，$X_1, X_2, \cdots, X_p$ 表示了预测子，Y 表示输出；f_j 是未指定的平滑（“非参”）函数。如果我们采用基函数展开来建模每个函数（正如第5章），最终的模型则可以用简单的最小二乘来拟合。这里，我们的方法不同：我们用*散点图平滑子*（scatterplot smoother，即一个三次平滑样条或核平滑子）来拟合每个函数，并提供一个同时估计所有 p 个函数的算法 (9.1.1节)。

对于两类分类，回顾一下在4.4节讨论的二元数据的 Logistic 回归模型。在那里，我们通过一个线性回归模型和 logit 链接函数：

$$\log\left(\frac{\mu(X)}{1-\mu(X)}\right) = \alpha + \beta_1 X_1 + \cdots + \beta_p X_p. \tag{9.2}$$

将二元响应的均值 $\mu(X) = \Pr(Y = 1|X)$ 与预测子关联在一起。

加性 Logistic 回归模型用更一般的函数形式

$$\log\left(\frac{\mu(X)}{1-\mu(X)}\right) = \alpha + f_1(X) + \cdots + f_p(X_p), \tag{9.3}$$

来代替每个线性项。这里每个 f_j 再次是一个未指定的平滑函数。尽管函数 f_j 的非参形式使模型更加灵活它仍然保留的加性，允许我们用与之前相同的方法来解释模型。一般来说，一个响应 Y 的条件均值 $\mu(X)$ 通过一个链接（link）函数 g

$$g[\mu(X)] = \alpha + f_1(X_1) + \cdots + f_p(X_p). \tag{9.4}$$

与预测子的加性函数发生关联。经典链接函数的例子如下。

- $g(\mu) = \mu$ 是恒等链接，用于高斯响应数据的线性和加性模型。
- $g(\mu) = \text{logit}(\mu)$，如上所述，或者概率单位（probit）链接函数 $g(\mu) = \text{probit}(\mu)$，用于建模二项式概率。概率单位函数是逆高斯累积分布函数：$\text{probit}(\mu) = \Phi^{-1}(\mu)$。
- $g(\mu) = \log(\mu)$ 是用于泊松计数数据的对数线性或对数加性模型。

所有这三个函数都来自指数族采样模型。该族模型还包括伽马和负二项式分布。这些家族模型产生了著名的广义线性模型，它们都能以同样的方式推广到广义加性模型。

采用基块是散点图平滑子的算法，函数 f_j 用一种灵活的方式来估计。估计的函数 $\hat{f}_j$ 然后能揭示在 X_j 影响下可能的非线性。不是所有函数 f_j 都需要是非线性的。我们可以轻松地将线性和其他参数形式与非线性项混合，这在某些输入是定性变量（因子）时是必要的。非线性项也不限制主要的作用：我们可以在两个或更多变量上有非线性分量；或者对因子 X_k 的每个级别上在 X_j 有不同的曲线。因此，下面的每一个都符合要求。

- $g(\mu) = X^T\beta + \alpha_k + f(Z)$ ——是一个半参数模型，其中 X 是要线性建模的一组预测子向量，α_k 是第 k 级定性输入 V 的影响，预测子 Z 的影响通过非参方式建模。
- $g(\mu) = f(X) + g_k(Z)$——再次 k 标记了定性输入 V 的级别。因此，对于 V 和 Z 的作用，建立了一个交互项 $g(V, Z) = g_k(Z)$。
- $g(\mu) = f(X) + g(Z, W)$，其中 g 是两个特征的非参数函数。

加性模型能在大多数情况下代替线性模型，例如时序的加性分解，

$$Y_t = S_t + T_t + \varepsilon_t, \tag{9.5}$$

其中 S_t 是季节分量，T_t 是趋势，ε 是误差项。

9.1.1 拟合加性模型

在本节中，我们为拟合加性模型及其推广介绍一个模块化算法。基块使用可灵活方法拟合非线性影响的散点图平滑子。具体来说，我们采用了在第5章中介绍的三次平滑样条作为散点图平滑子。

加性模型具有形式

$$Y = \alpha + \sum_{j=1}^{p} f_j(X_j) + \varepsilon, \tag{9.6}$$

这里，误差项 ε 有零均值。给定观测 x_i, y_i，5.4节的惩罚均方和 (5.9) 的准则可以用于说明

本问题：

$$\mathrm{PRSS}(\alpha, f_1, f_2, \cdots, f_p) = \sum_{i=1}^{N}\left(y_i - \alpha - \sum_{j=1}^{p} f_j(x_{ij})\right)^2 + \sum_{j=1}^{p}\lambda_j \int f_j''(t_j)^2 dt_j, \tag{9.7}$$

这里 $\lambda_j \geqslant 0$ 是可调参数。能够证明，(9.7) 的最小子是加性三次样条模型；函数 f_j 的每一个是在分量 X_j 的三次样条，且在每一个 x_{ij}，$i = 1, \cdots, N$ 的唯一值上有节点。然而，不在模型上加以进一步限制，解不是唯一的。因为我们可以增加或减去任意常数到每一个函数 f_j，并相应调整 α，因此 α 不是可辨识的。标准约定是假设 $\sum_1^N f_j(x_{ij}) = 0\ \forall j$——函数在数据上平均为零。在这种情况下，容易看到 $\hat{\alpha} = \mathrm{ave}(y_i)$。如果除这个限制以外，输入值矩阵（有第 ij 个元素 x_{ij}）有满列秩，则 (9.7) 是严格凸准则，最小子是唯一的。如果矩阵是奇异的，则分量 f_j 的线性部分（linear part）便不能唯一确定（尽管非线性部分可以!）(Buja 等, 1989)。

除此以外，存在一个寻找解的简单迭代过程。设 $\hat{\alpha} = \mathrm{ave}(y_i)$，且从不让其变化。我们应用三次平滑样条 S_j 到目标 $\{y_i - \hat{\alpha} - \sum_{k\neq j}\hat{f}_k(x_{ik})\}_1^N$ 上，作为 x_{ij} 的函数，来获得一个新的估计 $\hat{f}_j$。对每个预测子轮流执行，即在计算 $y_i - \hat{\alpha} - \sum_{k\neq j}\hat{f}_k(x_{ik})$ 时，采用其他函数 $\hat{f}_k$ 的当前估计。这一过程继续直到估计 $\hat{f}_j$ 稳定。该过程称为“反拟合”，最终的拟合与线性模型的多元回归类似。细节可见于算法9.1。

算法 9.1　加性模型的反拟合算法

1. 初始化：$\hat{\alpha} = \frac{1}{N}\sum_1^N y_i$，$\hat{f}_j \equiv 0$，$\forall i, j$。
2. 循环：$j = 1, 2, \cdots, p, \cdots, 1, 2, \cdots, p, \cdots,$

   $\hat{f}_j \leftarrow \mathcal{S}_j\left[\{y_i - \hat{\alpha} - \sum_{k\neq j}\hat{f}_k(x_{ik})\}_1^N\right]$,

   $\hat{f}_j \leftarrow \hat{f}_j - \frac{1}{N}\sum_{i=1}^N \hat{f}_j(x_{ij})$.

   直到函数 $\hat{f}_j$ 的变化小于某个预设的阈值。

原则上，算法9.1的 (2) 中的第二步是不需要的，因为对零均值响应的平滑样条拟合有零均值（习题9.1）。实际上，机器的舍入误差会导致有偏移，因此调整是有必要的。

同样的算法可以采用完全相同的形式，适合于其他拟合方法，只要指定好适当的平滑算子 S_j。

- 其他一元回归平滑子，如局部多项式回归和核方法。
- 线性回归算法产生了多项式拟合、分段常数拟合、参数样条拟合和级数及傅里叶拟合。
- 更复杂的算子，如用于二阶或更高阶的相互作用的曲面平滑子，或用于周期影响的周期平滑子。

如果我们仅在训练点上考虑平滑子 S_j 的运算，它可以表达成一个 $N \times N$ 的算子矩阵 $\boldsymbol{S}_j$。这样，第 j 项的自由度可以（近似地）计算成 $df_j = \mathrm{trace}[\boldsymbol{S}_j] - 1$，与第5章和第6章讨论的平滑子的自由度类似。

对于一大类线性平滑子 $\boldsymbol{S}_j$，反向拟合等价于求解某组线性方程组的高斯－塞德尔（Gaussi-Seidel）算法。细节可见习题9.2。

对于 Logistic 回归模型和其他广义加性模型，适当的准则是罚对数似然。为了最大化它，反向拟合过程将与似然最大子共同使用。常用于广义线性模型的似然最大化的牛顿-拉夫逊（Newton–Raphson）可以改写成 IRLS（Iteratively Reweighted Least Squares，即迭代加权最小二乘）算法。这导致了在协变量上反复拟合一个工作响应变量的加权线性回归；每个回归产生了一个新的参数估计值，反过来又给出了新的工作响应和权值，然后过程被迭代（见4.4.1节）。在广义加性模型中，加权线性回归只是简单地用加反向拟合算法来代替了。我们在下面的 Logistic 回归中更详细地描述了该算法，在 Hastie 和 Tibshirani (1990)中有更一般的表述。

9.1.2 示例：加性 Logistics 回归

在医疗研究中，最广泛采用的模型可能是用于二元数据的 Logistic 模型。在这个模型中，输出 Y 可编码成 0 或 1，其中 1 表示有一个事件（如死亡或疾病的复发）和 0 表示无事件发生。给定病情预报因子 $X^T = (X_1, \cdots, X_p)$ 的值，我们希望建模一个事件的概率 Y=1|X。目标通常是要理解预报因素的角色，而不是对新的个体进行分类。Logistic 模型也用于风险筛选，其时我们对估计类别概率感兴趣。除了医疗应用，信用风险筛选也是一种流行应用。

广义加性 Logistic 模型具有形式

$$\log \frac{\Pr(Y=1|X)}{\Pr(Y=0|X)} = \alpha + f_1(X_1) + \cdots + f_p(X_p). \tag{9.8}$$

函数 $f_1, f_2, \cdots, f_p$ 采用基于牛顿-拉马逊过程的反向拟合算法估计，详见算法9.2。

算法 9.2 加性 Logistic 回归模型的局部得分算法

---

1. 计算初始值：$\hat{\alpha} = \log[\bar{y}/(1-\bar{y})]$，这里 $\bar{y} = \text{ave}(y_i)$，即类别 1 的样本比例，令 $\hat{f}_j \equiv 0\, \forall j$。
2. 定义 $\hat{\eta}_i = \hat{\alpha} + \sum_j \hat{f}_j(x_{ij})$ 和 $\hat{p}_i = 1/[1+\exp(-\hat{\eta}_i)]$。

   迭代：

   (a) 构造工作目标变量：

   $z_i = \hat{\eta}_i + \frac{y_i - \hat{p}_i}{\hat{p}_i(1-\hat{p}_i)}$.

   (b) 构造权值 $\omega_i = \hat{p}_i(1-\hat{p}_i)$

   (c) 对具有权值 ω_i 的目标变量 z_i，采用加权反拟合算法拟合一个加性模型。
   这得到新的估计 $\hat{\alpha}, \hat{f}_j, \forall j$
3. 继续第 2 步直到函数的变化落到某个预定阈值以下。

在算法9.2的第 2 步的加性模型拟合要求一个加权散点图平滑子。大多数平滑过程可接受观测权值 (习题5.12)，细节可参考 Hastie and Tibshirani (1990)的第 3 章。

采用4.4节描述的 multilogit 公式，加性 Logistic 回归模型可进一步推广到处理两类以上的情况。尽管该公式是式 (9.8) 的直接扩展，但拟合这种模型的算法更复杂一些。详情可参见 Yee and Wild (1996)，其 VGAM 软件可从 http://www.stat.auckland.ac.nz/~yee 得到。

9.1.3　示例：预测垃圾电子邮件

我们将广义加性模型应用于第 1 章介绍的垃圾邮件数据。该数据包含来自 4601 个电子邮件的信息,用于研究筛选“垃圾”邮件（Spam,即 junk email）。数据公开发布在 ftp.ics.uci.edu 上，由加州帕洛阿尔托 (Palo Alto) 惠普实验室乔治・佛曼 (George Forman) 所提供。

响应变量/因变量是二元的，具有值email或spam，其 57 个预测子描述如下。

- 48 个定量预测子——邮件中与给定单词相匹配的单词的百分比。例子包括business（商务）、address（地址）、internet（网络）、free（自由）和george（乔治）。其想法是这些能根据用户来定制。
- 6 个定量预测子——在邮件中匹配一个给定字符的字符的百分比，字符是分号；，左圆括号 (，左方括号 [，感叹号!，$，和#。
- 不间断大写字母序列的平均长度：CAPAVE。
- 不间断大写字母序列的最长长度：CAPMAX。
- 不间断大写字母序列长度的和：CAPTOT。

我们将垃圾邮件编码为 1，正常邮件为 0。一个大小为 1536 的测试集供随机选择，余下的 3065 个观测构成了训练集。对每个预测子，采用四个自由度的三次平滑样条来拟合广义加性模型。这意味着，对每个预测子 X_j，选择的平滑样条参数将使 $\text{trace}[\boldsymbol{S}_j(\lambda_j)] - 1 = 4$，其中 $\boldsymbol{S}_j(\lambda)$ 是采用观测值 x_{ij}，$i = 1, \cdots, N$ 构造的平滑样条算子矩阵。在这样的复杂模型中，这是指定平滑数量的方便方式。

大多数spam预测子都呈长尾分布。在拟合 GAM 模型前，我们对每个变量做对数变换（实际上 $\log(x + 0.1)$），但图9–1是作为原始变量的函数。

测试误差率显示在表9–1；总的误差率是 5.5%。作为比较，线性 Logistic 回归有 7.6% 的误差率。表9–2显示了在加性模型上是高度显著的预测子。

表 9–1　用加性 Logistic 回归模型拟合垃圾邮件训练数据的测试数据混淆矩阵。总的测试误差率是 5.5%

真实类别	预测类别	
	电子邮件 (0)	垃圾邮件 (1)
电子邮件 (0)	58.3%	2.5%
垃圾邮件 (1)	3.0%	36.3%

为了便于说明，在表9.2中，每个变量的贡献被分解成线性部分和非线性部分。表格中上部的预测子与 spam 正相关，同时下部的是负相关。线性分量是在预测子上拟合曲线的加权最小二乘线性拟合，同时非线性部分是残差。估计函数的线性分量由系数，标准误差和 Z-分数来总结；后者是系数除以它的标准误差，如果它超过标准正态分布的合适的四分位数，则被认为是显著的。标记成非线性 P 值（nonlinear P-value）的列是估计函数的非线性检验。然而，请注意，每个预测子的作用完全按照其他预测子的全部作用来调整，而不仅仅是它们的线性部分。在表中显示的预测子通过在 $p = 0.01$ 级（双边）的、至少一个测试（线性或非线性）上来判断其显著性。

图9–1显示了出现在表9–2的显著性预测子的估计函数。许多非线性效应看上去解释了在零处的强不连续性。举例来说，随着george的频率从零增加，spam的概率会显著地下降，但在这之后不会有显著变化。这建议我们用一个数零数量的指示变量来代替每一个频率预测子，然后再利用线性 Logistic 模型。这导致了 7.4% 的测试误差率；如果也包含频率的线性影响，则测试误差率会降到 6.6%。看上去，加性模型的非线性有附加的预测能力。

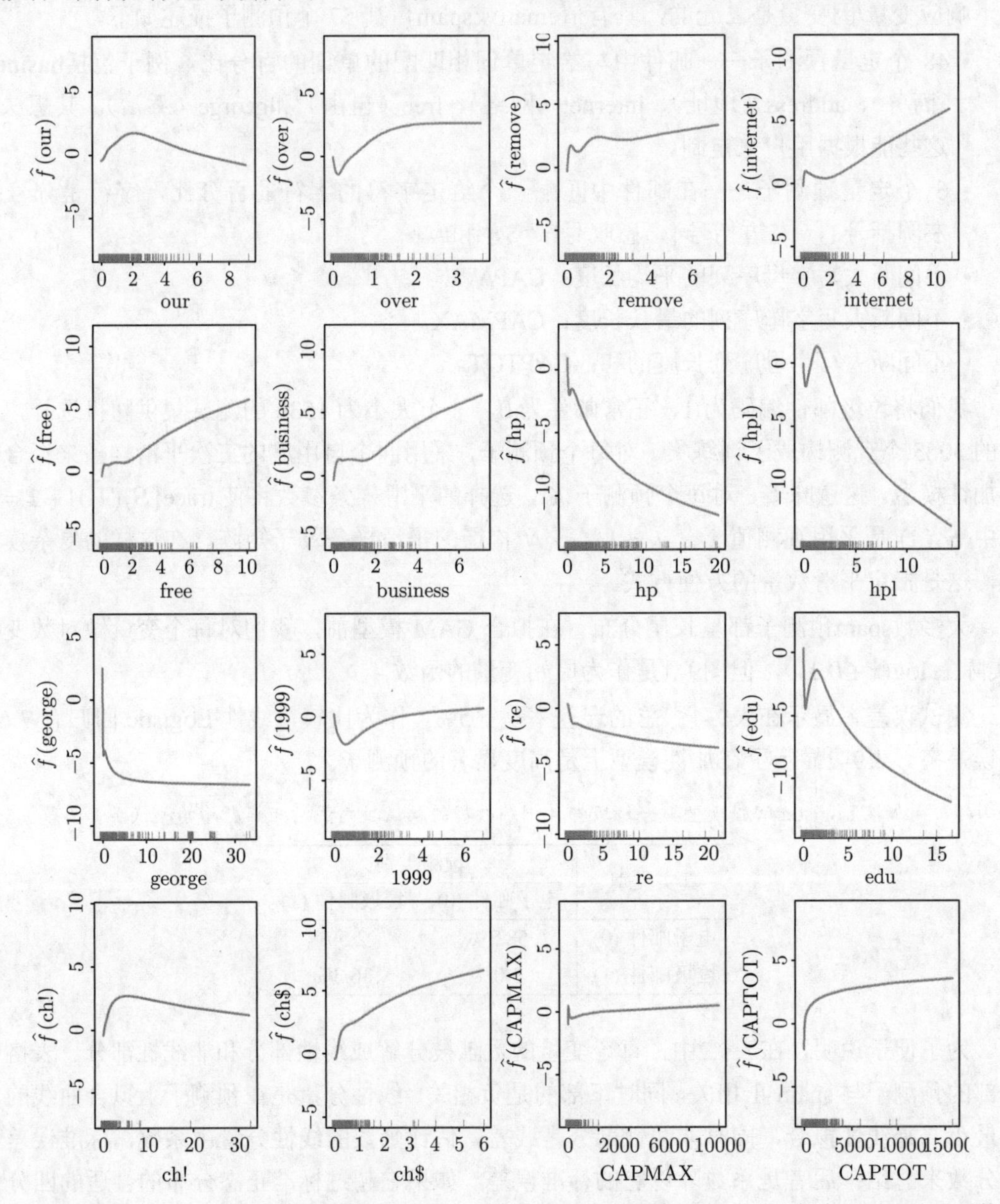

图 9–1　垃圾邮件分析：显著预测子的估计函数。沿每个帧的底部的底线画显示了相应预测子的观测值。对大多数预测子，在 0 处的非线性具有不连续性

如果把真正的“邮件”分成“垃圾邮件”，后果会更严重，因为一封好的邮件会被过滤掉而不会成功送达用户。我们可以通过改变损失 (见 2.4 节) 来变更类别误差率之间的平衡。

如果我们将实际类别 0 预测到类别 1 的损失分配为 L_{01}，同时将实际类别 1 预测到类别 0 的损失分配为 L_{10}，则如果它的概率大于 $L_{01}/(L_{01}+L_{10})$，估计的贝叶斯规则就会预测类别 1。举例来说，如果我们取 $L_{01}=10$，$L_{10}=1$，（实际）类别 0 和类别 1 的误差率就会从 0.8% 变到 8.7%。

表 9–2　拟合垃圾邮件数据的加性 Logistic 回归模型的测试数据混淆矩阵。总的测试误差率是 5.5%

名字	数字	自由度 (df)	系数	标准误差	Z 分数	非线性 P-值
			正效应			
our	5	3.9	0.566	0.114	4.970	0.052
over	6	3.9	0.244	0.195	1.249	0.004
remove	7	4.0	0.949	0.183	5.201	0.093
internet	8	4.0	0.524	0.176	2.974	0.028
free	16	3.9	0.507	0.127	4.010	0.065
business	17	3.8	0.779	0.186	4.179	0.194
hpl	26	3.8	0.045	0.250	0.181	0.002
ch!	52	4.0	0.674	0.128	5.283	0.164
ch$	53	3.9	1.419	0.280	5.062	0.354
CAPMAX	56	3.8	0.247	0.228	1.080	0.000
CAPTOT	57	4.0	0.755	0.165	4.566	0.063
			负效应			
hp	25	3.9	−1.404	0.224	−6.262	0.140
george	27	3.7	−5.003	0.744	−6.722	0.045
1999	37	3.8	−0.672	0.191	−3.512	0.011
re	45	3.9	−0.620	0.133	−4.649	0.597
edu	46	4.0	−1.183	0.209	−5.647	0.000

更激进的做法是，我们可以对类别 0 的观测子采用权值 L_{01}，对类别 1 的观测子采用权值 L_{10}，来让模型更好地拟合在类别 0 中的数据。如上所述，我们然后可以使用估计贝叶斯规则来预测。这样，在类别 0 和类别 1 的误差率分别是 1.2% 和 8.0%。我们下面在基于树的模型前提下，进一步讨论不等损失的问题。

在拟合加性模型后，我们要检查包括哪些相互作用可以显著改进拟合。这可以通过插入某个或全部显著输入来“手动”完成，也可以通过 MARS 过程自动完成 (9.4节)。

这个例子用自动的方法使用了加性模型。作为数据分析工具，加性模型常常更交替的方式，通过增加或去除某些项来决定它们的影响。通过按照 df_j 来标定平滑的数量，我们可以无缝地在线性模型（$df_j=1$）和部分线性模型之间移动，其中某些项可以更灵活地建模。细节见 Hastie and Tibshirani (1990)。

9.1.4　小结

加性模型提供了线性模型的有用扩展，使它们在更灵活的同时仍然维持大多数的可解释性。在线性模型中，用于建模和推断的熟悉工具也可以用于加性模型，例子见表9–2。用于拟合这些模型的反向拟合过程是简单、模块化的，允许我们对每个输入变量选择合适的拟合方法。结果，它们广泛使用在统计社区中。

然而，对于大型数据挖掘应用，加性模型有其局限性。当大量预测子可资利用时，反向拟合算法拟合全部预测子是不可行或不期望的。BRUTO 过程 (Hastie 和 Tibshirani, 1990, 第 9 章)组合了反向拟合和输入的选择，但并不是针对大型数据挖掘问题设计的。近期也有一些采用 LASSO 类型惩罚的工作来估计稀疏加性模型，如 Lin 和 Zhang (2006)的 COSSO 过程，Ravikumar 等 (2008)的 SpAM 方案。对大问题，分阶段前向方法如 boosting（第10章）会更有效，它在模型里还允许交互使用。

9.2 基于树的方法

9.2.1 背景

基于树的方法将特征空间划分成长方形组成的集合，然后对每一个拟合一个简单的模型 (如一个常数)。这种策略在概念上简单有效。我们首先描述一种很受欢迎的、基于树的回归和分类方法，称为 CART，然后将它与其主要的竞争者 C4.5 做对比。

先考虑一个有连续响应 Y 和输入 X_1 和 X_2 的回归问题，其中每一个都在单位区间内取值。图9–2左上图显示了用平行于坐标轴的直线来划分的特征空间。在每个划分元素上，我们可以用不同的常数建模 Y。然而，这里有一个问题：尽管每条划分线有一个像 $X_1 = c$ 这样的简单表述，但某些划分出来的区域很难描述清楚。

为简化问题，我们将注意力限制在图9–2右上图的迭代二叉划分上。首先将空间划分成两个区域并在每个区域用 Y 的均值来建模响应。我们选择变量和分裂点来实现最佳拟合。然后，这两个区域的一个或两个被进一步分裂成两个或更多的区域，这个过程继续，直到满足某个停止规则。举例来说，在图9–2右上图中，我们首先在 $X_1 = t_1$ 处分裂，然后区域 $X_1 \leqslant t_1$ 在 $X_2 = t_2$ 处分裂，区域 $X_1 > t_1$ 在 $X_1 = t_3$ 处分裂。最后，区域 $X_1 > t_3$ 在 $X_2 = t_4$ 处分裂。这个过程的结果是，将数据划分到 5 个显示在图上的区域 $R_1, R_2, \cdots, R_5$ 中。相应的回归模型用在区域 R_m 的常数 c_m 预测 Y，即

$$\hat{f}(X) = \sum_{m=1}^{5} c_m I\{(X_1, X_2) \in R_m\}. \tag{9.9}$$

相同的模型可以通过图9–2左下图的二叉树来表达。整个数据集留在树的顶部。在每个交叉点满足条件的观测子被分配在左分枝，其他到右分枝。树的端节点或叶节点对应于区域 $R_1, R_2, \cdots, R_5$。图9–2右下图是从这个模型的回归面的透视图。为了说明问题，我们选择节点均值 $c_1 = -5, c_2 = -7, c_3 = 0, c_4 = 2, c_5 = 4$ 来制作该图。

迭代二叉树的主要优点是它的可解释性。特征空间划分完全由单个树来描述。在超过两个输入时，像图9–2右上图那样的划分很难画出来，但是二叉树仍然可以用相同的方式表示。这种表示在医疗科学家中也很受欢迎，可能是因为它摸拟了医生的思考方式。基于病人的特点，树将总体划分成高和低两个结果层。

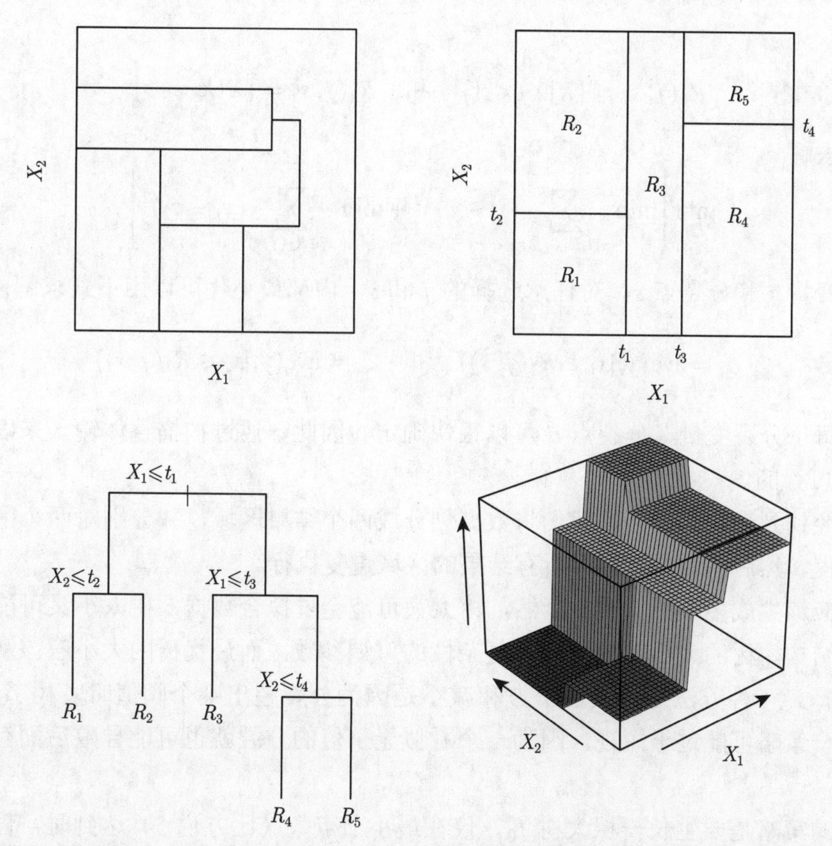

图 9–2 划分和 CART。如在 CART 使用的，右上图显示的是迭代二叉分裂对某个伪数据的两维特征空间的划分结果。右上图显示了不能从迭代二叉分裂获得的一般划分结果。左下图显示的树对应于右上图的划分，而预测面的透视图显示于右下图

9.2.2 回归树

我们现在回到怎样生成回归树的问题上。对于 N 个观测中的每一个，我们的数据包括 p 个输入和一个响应；也就是说，对于 $i = 1, 2, \cdots, N$ 的 (x_i, y_i)，且 $x_i = (x_{i1}, x_{i2}, \cdots, x_{ip})$。算法需要自动决定分裂变量和分裂点，以及树应该具有什么样的拓扑结构 (形状)。首先，假定我们划分了 M 个区域 $R_1, R_2, \cdots, R_M$，在每个区域将响应建模成一个常数 c_m：

$$f(x) = \sum_{m=1}^{M} c_m I(x \in R_m). \tag{9.10}$$

如果采用平方和最小化准则 $\sum(y_i - f(x_i))^2$，我们很容易发现最佳 $\hat{c}_m$ 刚好是区域 R_m 里 y_i 的平均：

$$\hat{c}_m = \text{ave}(y_i | x_i \in R_m). \tag{9.11}$$

现在发现，根据最小平方和找到的最佳二叉划分在计算上一般是不可行的。因此，我们采用一种贪婪算法。首先，从全体数据开始，我们考虑一个分裂变量 j 和分裂点 s，定义成对

半平面：

$$R_1(j,s)=\{X|X_j\leqslant s\}\quad 和\quad R_2(j,s)=\{X|X_j>s\}\tag{9.12}$$

然后求解

$$\min_{j,s}\left[\min_{c_1}\sum_{x_i\in R_1(j,s)}(y_i-c_1)^2+\min_{c_2}\sum_{x_i\in R_2(j,s)}(y_i-c_2)^2\right].\tag{9.13}$$

搜索分裂变量 j 和分裂点 s。对任意选择的 j 和 s，内部最小化可以用下式求解：

$$\hat{c}_1=\text{ave}(y_i|x_i\in R_1(j,s))\quad 和\quad \hat{c}_2=\text{ave}(y_i|x_i\in R_2(j,s))\tag{9.14}$$

对于每个分裂变量，分裂点 d 可以很快确定。因此，通过扫描整体输入来确定最佳对 (j,s)，是可行的。

在已经找到最佳分裂后，我们将数据划分成两个结果区域，并分别对两个区域再次重复分裂过程。然后，这个过程对所有结果的区域重复执行。

我们应该生成多大的树呢？显然，树太大可能会过拟合数据，树太小又可能无法捕捉到重要的结构。树的大小是控制模型复杂性的可调参数，而最优树的大小应该从数据中自适应的选择。一种方法是，仅在平方和减小是因为分裂超出某个阈值时，树节点才分裂。然而，这一策略可能过于短视，因为一个看似无价值的分裂就也可能导致后面有非常好的分裂。

偏好的策略是要生长一棵大树 T_0，仅在最小节点数（比方说 5）达到时，停止分裂过程。然后，采用我们现在将介绍的代价复杂性剪枝（cost-complexity pruning）对这棵大树做剪枝。

定义子树 $T\subset T_0$ 是可通过剪枝 T_0 获得的任意树，即，通过坍缩它的任意多个内（非终端）节点来得到子树。标记端节点为 m，且节点 m 表示区域 R_m。令 $|T|$ 表示 T 端节点的数量。令

$$\begin{aligned}N_m&=\#\{x_i\in R_m\},\\ \hat{c}_m&=\frac{1}{N_m}\sum_{x_i\in R_m}y_i,\\ Q_m(T)&=\frac{1}{N_m}\sum_{x_i\in R_m}(y_i-\hat{c}_m)^2,\end{aligned}\tag{9.15}$$

我们定义代价复杂性准则如下

$$C_\alpha(T)=\sum_{m=1}^{|T|}N_mQ_m(T)+\alpha|T|.\tag{9.16}$$

其想法是对每个 α 搜索能最小化 $C_\alpha(T)$ 的子树 $T_\alpha\subseteq T_0$。调整的参数 $\alpha\geqslant 0$ 控制着树的大小与数据拟合度之间的平衡。大的 α 值得到较小的树 T_α，小的 α 值则反之。需要注意的是，当 $\alpha=0$ 时，解是整个的树 T_0。以下我们将讨论如何选择 α。

对每个 α，可以证明，存在能够最小化 $C_\alpha(T)$ 的唯一最小子树 T_α。为了找 T_α，我们采用最弱链接剪枝（weakest link pruning）：连续坍缩 $\sum_m N_m Q_m(T)$ 上有最少每节点（per-node）数量增加的内节点，并继续直到形成单节点（根）树。这将得到一个（有限）子树序列，能证明这个序列必然包含 T_α。细节见 Breiman 等 (1984)和Ripley (1996)。α 的估计由五折或十折交叉验证实现：我们选择能最小化交叉验证的平方和的 $\hat{\alpha}$ 值。最终得到的树是 $T_{\hat{\alpha}}$。

9.2.3　分类树

如果目标是取值 $1, 2, \cdots, K$ 的分类结果，那么在树算法中唯一需要做的变化就是分裂节点和剪枝树的准则。对于回归，我们采用定义在 (9.15) 的平方误差节点非纯度量 $Q_m(T)$，但是这不适合于分类。在一个节点 m，将有 N_m 个观测数的区域表示为 R_m，令

$$\hat{p}_{mk} = \frac{1}{N_m} \sum_{x_i \in R_m} I(y_i = k),$$

是在节点 m 第 k 类观测数的比例。我们将节点 m 的观测分类到类别 $k(m) = \arg\max_k \hat{p}_{mk}$，即在节点 m 占大多数的类。不同的节点非纯度量 $Q_m(T)$ 包括如下几种：

$$\text{误分类误差：}\quad \frac{1}{N_m} \sum_{i \in R_m} I(y_i \neq k(m)) = 1 - \hat{p}_{mk}(m).$$

$$\text{基尼（Gini）指数：}\quad \sum_{k \neq k'} \hat{p}_{mk} \hat{p}_{mk'} = \sum_{k=1}^{K} p_{mk}(1 - \hat{p}_{mk}).$$

$$\text{交叉熵或偏差：}\quad -\sum_{k=1}^{K} \hat{p}_{mk} \log \hat{p}_{mk}. \tag{9.17}$$

对于两类，如果 p 是在第二类的比例，则这三个度量分别是 $1 - \max(p, 1-p)$，$2p(1-p)$ 和 $-p\log p - (1-p)\log(1-p)$。它们显示在图9–3中。所有三个是类似的，但是交叉熵和基尼指数是可微的，因此更适合于数值优化。与 (9.13) 和 (9.15) 相比，我们发现需要对节点不纯性度量加权。该加权通过由分裂节点 m 创建的、在两个子节点的观测数量 N_{m_L} 和 N_{m_R} 来实现。

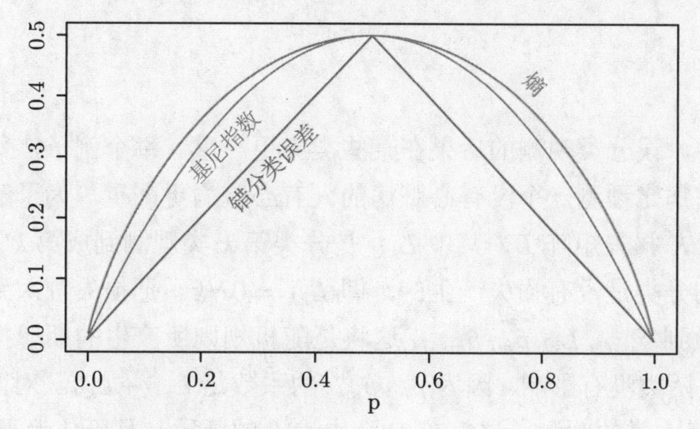

图 9–3　作为在第 2 类里比例 p 的函数，两类分类的节点非纯度量。交叉熵已经被放缩到通过 (0.5, 0.5)

除此以外，交叉熵和基尼指数对节点概率的变化比误分类率更敏感。举例来说，在一个每类有 400 个观测样本两类问题（定义为 (400,400)）中，假定一个分裂产生节点 (300, 100) 和 (100, 300)，同时另一个产生的节点是 (200, 400) 和 (200, 0)。两个分裂都产生了 0.25 的误分类率，但第二个分裂产生了一个纯节点，因此可能更好一些。对于第二种分裂，基尼指数和交叉熵都较低。出于这个原因，扩大树的大小时，基尼指数或交叉熵都值得考虑。而要指导对树进行代价复杂性剪枝时，三个度量中的任何一个都能使用，不过通常还是采用误分类率。

基尼指数可以用两种有趣的方式来解释。不是把观测分类到节点里的大多数，我们可以把其分类到具有概率 $\hat{p}_{mk}$ 的第 k 类。然后，在节点的这个规则的期望训练误差率是 $\sum_{k\neq k'}\hat{p}_{mk}\hat{p}_{mk'}$——基尼指数。类似地，如果我们编码第 k 类的每个观测是 1，否则为 0，那么，在这个 0-1 响应的节点上的方差是 $\hat{p}_{mk}(1-\hat{p}_{mk})$。在类别 k 上的求和再次得到了基尼指数。

9.2.4 其他问题

1. 范畴的预测子

当分裂一个具有 q 个可能无序值的预测子时，把 q 个值分成两组就存在 $2^{q-1}-1$ 个可能划分方式，因此对大的 q 值时，计算将变得异常困难。然而，对于 0 - 1 输出，计算会简化。我们按照落在输出类别 1 的比例来排序预测子类别。然后就如同它是有序的预测子一样来分裂这个预测子。能够证明，在所有可能的 $2^{q-1}-1$ 个分裂中，按交叉熵或基尼指数，这个分裂是最优的。这个结果对定量输出和平方误差损失也成立——范畴按照输出均值的增加来排序。尽管直觉上这些断言的证明不是非平凡的。二元输出的证明可参见 Breiman 等 (1984)和 Ripley (1996)；定量结果的证明可在 Fisher (1958)中看到。对于多范畴输出，尽管各种近似被提出 (Loh 和 Vanichsetakul, 1988)，不存在这样的简化。

划分算法趋向于偏好具有多级 q 的范畴预测子；划分的总数按 q 指数增加，并且选择的机会越多，则越可能根据手头的数据找到好的划分。如果 q 太大，会导致严重的过拟合问题。像这样的变量应该避免。

2. 损失矩阵

在分类问题中，误分类观测的后果在某些类会更严重。举个例子，预测一个实际有心脏病的人没有心脏病比预测一个没有心脏病的人有心脏病更严重。为了解决这个问题，我们定义了一个 $K\times K$ 损失矩阵 $\boldsymbol{L}$，其中 $L_{kk'}$ 是分类第 k 类观测到成第 k' 类时产生的损失。通常，对于正确的分类是没有损失产生的，即 $L_{kk}=0\ \forall k$。把损失融入到建模过程，我们可以调整基尼指数到 $\sum_{k\neq k'}L_{kk'}\hat{p}_{mk}\hat{p}_{mk'}$；这将是随机规则所产生的期望损失。这对多类情况是有效的，但对两类没有影响，因为 $\hat{p}_{mk}\hat{p}_{mk'}$ 的系数是 $L_{kk'}+L_{k'k}$。对两类，更好的方法是用 $L_{kk'}$ 加权在第 k 类的观测。这仅在 $L_{kk'}$ 作为 k 的函数，且不依赖于 k' 时，可用于多类场合。观测加权也可以和偏差一起使用。观测加权的影响是会改变在类别上的先验概率。在一个端节点，经验贝叶斯规则意味着会被分类到类别 $k(m) = \arg\min_k \sum_\ell L_{\ell k}\hat{p}_{m\ell}$。

3. 缺失预测值

假定我们的数据在某些或全部变量中有某些缺失的预测值。我们可以丢弃含某些缺失值的任何观测，但这会导致训练集的严重减少。还有一种方案是，我们可以尝试填补（插入）缺失的值，比方说用在那个预测子上未缺失观测值的均值。对于基于树的模型，有两个更好的方法。第一种可用于范畴预测子：我们只需把“缺失”看成是一个新的范畴。由此可以发现，某些测量具有缺失值的观测与那些没有缺失值的表现上的不同。第二个更一般的方法是构造代理变量。当考虑一个要分裂的预测子时，我们可以仅采用预测子未丢失的观测。已经选择最佳（主要的）预测子和分裂点后，我们形成了一个代理预测子和分裂点的列表。第一个代理是最佳模拟由主要分裂实现训练数据分裂的预测子和相应的分裂点。第二个代理是做得第二好的预测子和相应的分裂点，依此类推。当将观测沿树向下传输时，要么在训练阶段，要么在预测阶段，如果主要的分裂预测子缺失，我们就按次序采用代理的分裂。代理分裂利用了在预测子间的相关性来试图和减轻缺失数据的影响。缺失预测子和其他预测子之间的相关性越高，由缺失值引起的信息损失就越小。缺失数据的一般问题在9.6节中讨论。

4. 为什么二叉分裂?

不是在（如前所述的）每个阶段分裂每个节点到仅仅两组，我们还可以考虑大于两组的多路分裂。尽管这有时候是有用的，这却不是一个好的一般性的策略。问题是多路分裂会分裂数据太快，使得在下一层只有不充分的数据。因此，我们仅在需要的时候才采用这种分裂。因为多路分裂可通过一系列的二叉分裂来实现，所以后者更可取。

5. 其他建树过程

以上的讨论聚焦在树的 CART（分类和回归树）实现。其他流行的方法是 ID3 和它随后的版本，C4.5 和 C5.0 (Quinlan, 1993)。这种程序的早期版本局限在范畴预测子上，采用无剪枝的自上而下的规则。在最近的发展中，C5.0 已经变得相当类似于 CART。C5.0 独有的最显著特征是导出一组规则集的方案。在一棵树生成的，定义了端节点的分裂规则有时可以简化：也就是说，不改变落在节点的观测子集的一个或更多的条件可以去除。最后，我们得到了定义在每个端节点的简化的规则集；这些不再遵循树的结构，但它们的简化可能对用户更有吸引力。

6. 线性组合分裂

不是限制分裂具有形式 $X_j \leqslant s$，我们允许按线性组合的形式 $\sum a_j X_k \leqslant s$ 来分裂。优化权值 a_j 和分裂点 s 以最小化相关的准则（如基尼指数）。尽管这能改进树的预测能力，它会伤害可解释性。计算上，分裂点搜索的离散性排除了对权值采用平滑优化。融入线性组合分裂的更好方式是在专家模型的层次混合（HME）模型里，这是9.5节的主题。

7. 树的不稳定性

树的一个主要问题是它们的高方差。通常情况下，在数据上的一个小变化会导致非常不同的一系列分裂，导致解释多少有点靠不住。这种不稳定性的主要原因是过程的层次本质：一个误差在顶层分裂的影响会沿所有下面的全部分裂向下传播。我们可以通过采用更稳定的分裂准则来在一定程度上减少这种不稳定性，但本质性的不稳定性不会移去。这是从数据中估计一个简单的、基于树的结构要付出的代价。*Bagging*(8.7节) 平均了许多树来约简这种方差。

8. 平滑性的缺乏

树的另一个局限是缺乏预测曲面的平滑性，如图9–2的右下图所示。在 0 / 1 损失的分类中，这没有太多问题，因为偏差在类概率估计里只有有限的影响。然而，在通常期望内在函数是平滑的回归情况中，这能够退化性能。9.4节描述的 MARS 过程能视为 CART 的调整，旨在避免这种平滑性的缺乏。

9. 捕捉加性结构的困难

树的另一个问题是在建模加性结构上的困难。举例来说，在回归中，假定 $Y = c_1 I(X_1 < t_1) + c_2 I(X_2 < t_2) + \varepsilon$，这里 ε 是零均值噪声。然后，一个二叉树可在靠近 t_1 的 X_1 做第一次分裂。在下一层，为了捕捉加性结构，它必须在靠近 t_2 的 X_2 的两个节点处都进行分裂。这在数据充分时可能发生，但模型没有给出特别的支持来发现这样的结构。如果这里有十个而不是两个加性影响，它必须要做更多碰巧的分裂来重建结构，数据分析者将很难在估计树上识别它。这里的“责任”再次归因于利弊共存的二叉树结构。为了捕捉加性结构，MARS 方法 (9.4 节) 再次放弃了这种树结构。

9.2.5 示例：垃圾邮件 (续)

我们对先前介绍的垃圾邮件（spam）示例应用分类树方法。我们采用偏差度量来生长树，并用误分类率来故剪枝。图9–4显示了作为剪枝树大小的函数的、10 折交叉验证误差率，以及十次重复的均值的 ±2 标准误差。测试误差曲线用橙色显示。注意，交叉验证误差率由一系列 α 值而不是树大小来索引；对于在不同的折上生成的树，α 值可能意味着不同的大小。显示在画底部的大小是，剪枝原始（original）树后的大小 $|T_\alpha|$。

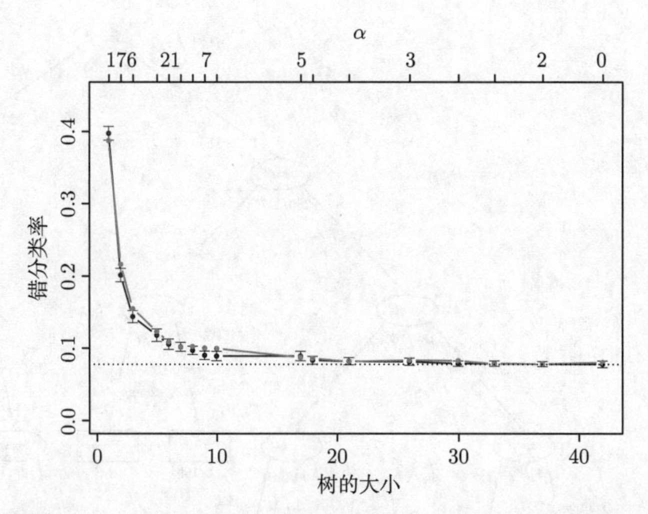

图 9–4　垃圾邮件例子的结果。蓝色曲线是作为树大小的函数，错分类率的十折交叉验证估计，且具有标准误差条。最小值发生在树大小约 17 个端节点时（采用“一个标准误差”规则）。橙色曲线是与交叉验证误差相当接近的测试误差。交叉验证由显示在上面的 α 值标记。显示在图底部的树的大小指 $|T_\alpha|$，是由 α 标记的原始树的大小

误差在大约 17 个端节点后变扁平，得到如图9–5的剪枝树。在从树中选出来的 13 个不同特征中，11 个与在加性模型中的 16 个显著特征重叠 (见表9–2)。在表9–3里，总的误差率大约比在表 9.1 的加性模型高大约 50%。

表 9–3　垃圾邮件数据：在测试数据上（由交叉验证选择的）17 节点树的混淆率。总的误差率是 9.3%

真实类别	预测类别	
	电子邮件	垃圾邮件
电子邮件	57.3%	4.0%
垃圾邮件	5.3%	33.4%

考虑树的最右端的分枝。如果超过 5.5% 的字符是 $，我们会发出“垃圾邮件”警告，并将其分枝到右边。然而，如果加上句子 ***hp*** 频繁发生，则可能是公司的业务，我们将其分类成正常邮件。在测试集里满足这些准则的所有的 22 个例子被正确地被分类。如果第二个条件没有迎合，加上重复大写字母 CAPAVE 的平均长度大于 2.9，则我们分类成“垃圾邮件”。在 227 个测试样例中，只有 7 个被误分类。

在医疗分类问题里，用项敏感性（sensitivity）和特异性（specificity）来刻画规则。它们的定义如下：

• 敏感性：真实状态是患病时预测为患病的概率。

• 特异性：真实状态是未患病时，预测未患病的概率。

如果我们把垃圾邮件和正常邮件分别看成是患病和未患病，则从表9–3有

$$\text{Sensitivity} = 100 \times \frac{33.4}{33.4 + 5.3} = 86.3\%$$

$$\text{Specifity} = 100 \times \frac{57.3}{57.3 + 4.0} = 93.4\%$$

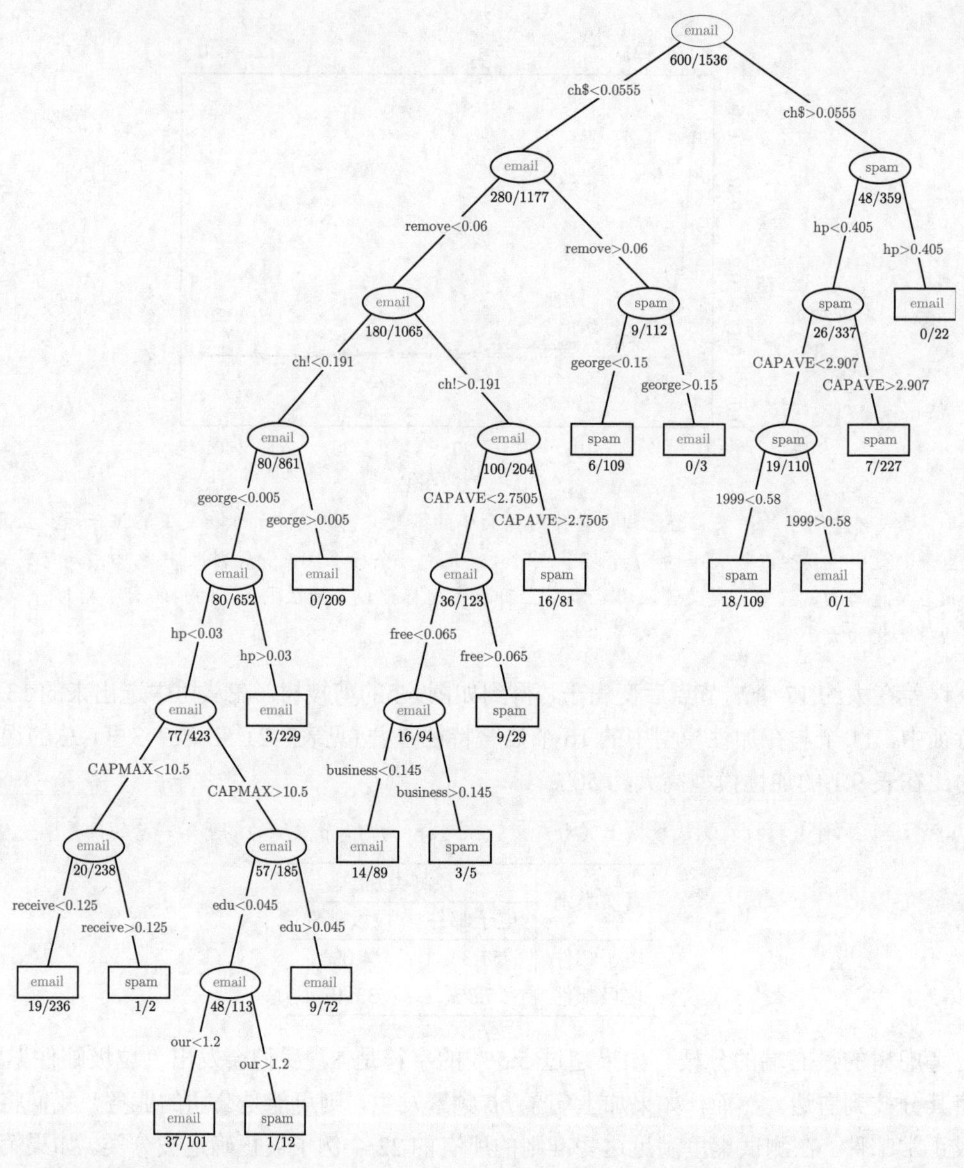

图 9–5 垃圾邮件示例的剪枝树。分裂的变量在分枝中用蓝色显示，分类在每个节点显示。在端节点下面的数据给出在测试数据上的误分类率

在这个分析中，我们采用了相等损失。如前所述，令 $L_{kk'}$ 是预测第 k 类目标到 k' 类时相关联的损失。通过改变损失 L_{01} 和 L_{10} 的相对大小，我们增加了规则的敏感性，减少了特定性，反之亦然。在此例子中，我们想避免标记好的邮件成垃圾邮件，因此我们想特定性要非常高。比如，我们可通过设 $L_{01} > 1$ 和 $L_{10} = 1$ 来实现。如果垃圾邮件的比例是 $\geqslant L_{01}/(L_{10}+L_{01})$，则在每个端节点上贝叶斯规则分类到第 1 类（“垃圾邮件”），否则，第 0 类。接受者操作特性曲线（ROC 曲线）是常用总结评估敏感性和特定性的折衷。当我们变换分类规则的参数时，它用来描绘敏感性与特定性。在 0.1 到 10 之间变换损失 L_{01}，并应用贝叶斯规则到图9–5里选择的 17 个节点树，产生了图9–6的 ROC 曲线。每条靠近 0.9 的曲

线的标准误差近似是 $\sqrt{0.9(1-0.9)/1536} = 0.008$，因此差异的标准误差大约是 0.01。我们看到，为了实现一个接近 100% 的特定性，敏感性必须降到大约 50%。在曲线下的面积常用于定量总结；在每个方向上线性地扩展曲线使得其在 [0,100] 上定义，面积大约是 0.95。为便于比较，我们也包含了在9.2节里的拟合这些数据的 GAM 模型的 ROC 曲线，它对任何损失给了更好的分类准则，面积为 0.98。

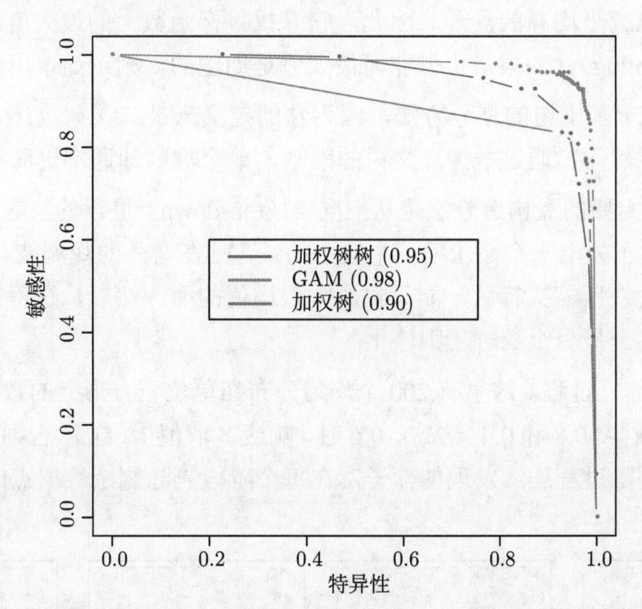

图 9–6　拟合垃圾邮件数据的分类规则的 ROC 曲线。更靠近东北角的曲线表示更好的分类器。在这种情况下，GAM 分类器优于树。加权树比无加权树在更高的特定性上，实现了更好的敏感性。在插图中的数字表示了曲线下的面积

不是仅仅修改节点上的贝叶斯准则，更好的策略是完全考虑在生长树的非均等损失，正如9.2节所做的。在仅有两类 0 和 1 时，通过为第 k 类的一个观测使用加权 $L_{k,1-k}$，可以将损失融入到树生成的过程里。这里我们选择 $L_{01}=5$，$L_{10}=1$，并如前一样拟合相同大小的树 ($|T_\alpha = 17|$)。这个树比最初的树在较高的特定性值时有更高的敏感性，但是在其他极端情形却更差一些。它的最顶层的几次分裂和原始树相同，然后，它会偏离原来的树。在这个应用中，树采用 $L_{01}=5$ 来生长显然要优于原始的树。

在 ROC 曲线下的面积，如上所使用的，有时称为*c-统计量*（*c*-statistic）。有趣的是，可以证明在 ROC 曲线下的面积等价于 Mann-Whitney U 统计量（或 Wilcoxon 秩和测试），对于在两个组预测分数间的中位数差异 (Hanley 和 McNeil, 1982)。为了评估附加的预测子增加到标准模型时的贡献，*c*-统计量可能不是一个富有信息的度量。按照在模型偏差的变化，新的预测子能够是非常显著，但在 *c*-统计量上仅有小的增加。举例来说，从表9–2的模型中移去高显著项george会导致 c-统计量上的减少到小于 0.01。还有一种做法是检查附加的预测子在单个样本基上怎样改变分类是有用的。关于这一点，Cook (2007)有一个好的讨论。

9.3 PRIM：凸块搜索

基于树的方法（对回归）划分特征空间到多个盒形区域，并试图使每个盒子里的响应平均尽可能不同。定义这些盒的分裂准则通过叉元树相互联系着，从而促进了它们的解释。

耐心规则归纳方法（Patient rule induction method，PRIM）也在特征空间中搜索这些盒子，但搜索那些响应平均高的盒子。因此，它寻找目标函数上的最大值，一个练习称为凸块搜索（bump hunting）。如果最小值非而最大值是期望的，则可简单用负响应值处理。

PRIM 也不同于基于树的划分方法，因为盒的定义未被二叉树描述。这使得对规则集合的解释更困难，然而，通过去掉二叉树的限制，单个规则却通常更简单。

在 PRIM 中，主要的盒构造方法是从上向下（top-down）进行的，是从包含所有数据的一个盒子开始。盒子先沿一个面压缩一个较小的量，落在盒外的观测被剥掉（peel off）。选择用来压缩的面是在压缩执行后，能导致最大盒均值的面。然后，过程被重复，当目前的盒包含数据点的某个最少个数时，则停止。

图9–7显示了这一过程。这里有 200 个均匀分布在单位正方形上的数据点。颜色编码的图表明，当 $0.5 < X_1 < 0.8$ 和 $0.4 < X_2 < 0.6$ 时，响应 Y 取值 1（红），否则为 0（蓝）。图中显示了由自上而下剥除过程连续发现的盒子，在每个阶段剥除剩余数据点的比例为 $\alpha = 0.1$。

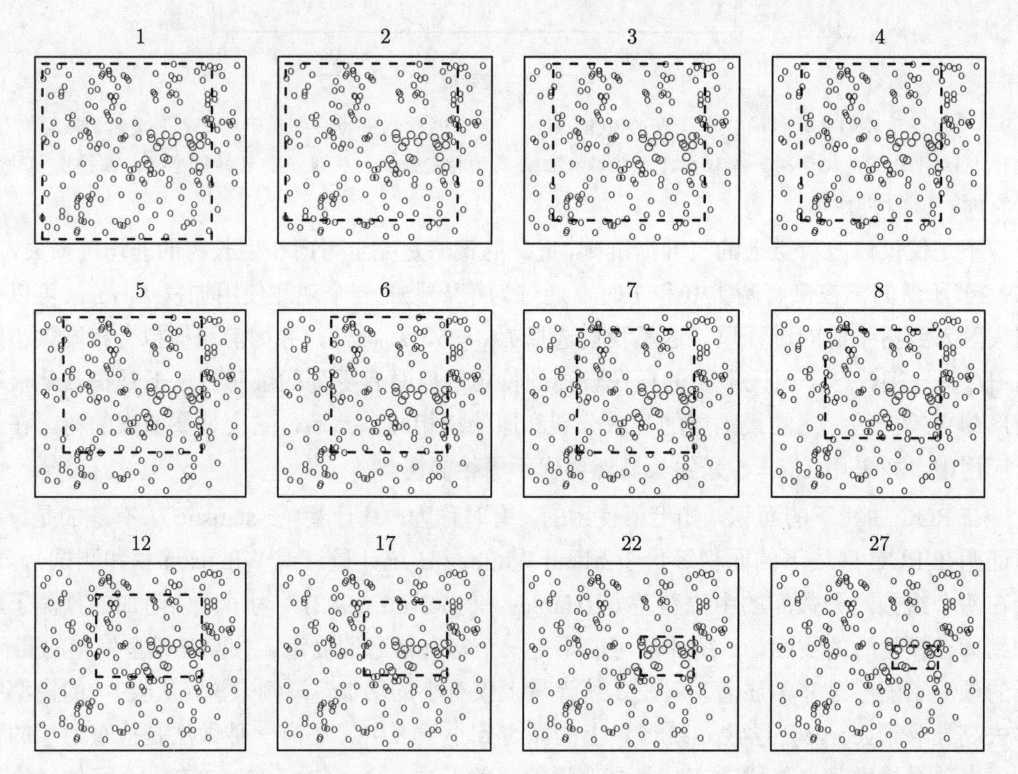

图 9–7 PRIM 算法图解。这里有两个类，用蓝点（类 0）和红点（类 1）来指示。过程从包围所有数据的一个长方形（黑色虚线）开始，然而按预定义的量来沿一条边剥除数据点，以最大化留在盒里的点的均值。从左上图开始显示剥除的序列，直到一个纯红色区域隔离在右下图。迭代次数显示在每个图顶部

图9–8显示了随盒子被压缩，在盒子里响应值的均值。

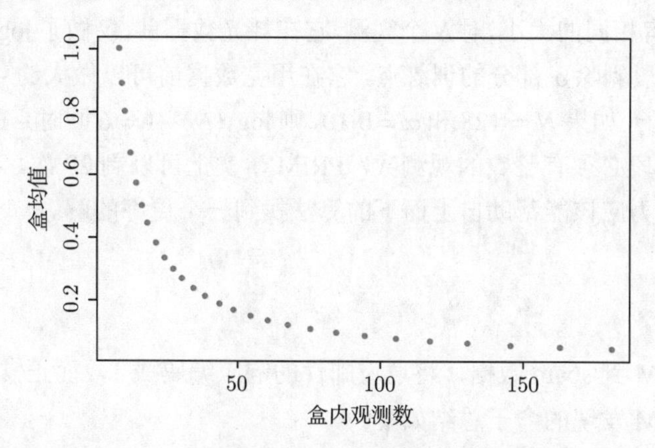

图 9–8 盒均值作为在盒子中观测数量的函数

在自顶而下的序列完成计算后，PRIM 再反转这一过程，如果某一边的扩展增加了盒均值，则沿着这条边扩展。这称为粘贴（pasting）。因为自上而下的过程在每一步是贪婪的，所以像这样的扩展通常是可能的。

这些步骤的结果是一系列盒子，每个盒子有不同的观测数。交叉验证和结合数据分析者的判断用于选择最优盒大小。

定义 B_1 是在第 1 步发现的，盒子里的观测值的指标。PRIM 过程先从训练集中移去在 B_1 里的观测，然后在剩余的数据集上重复使用两步过程——自上而下剥除，跟着自下而上。整个过程被重复几次，产生一系列盒子 $B_1, B_2, \cdots, B_k$。每个盒子由包括一组像

$$(a_1 \leqslant X_1 \leqslant b_1) \quad 和 \quad (b_1 \leqslant X_3 \leqslant b_2).$$

预测子子集的规则集来定义。PRIM 算法总结在算法9.3中。

算法 9.3 耐心规则归纳方法

1. 从全体训练数据，以及一个包含全体数据的最大盒开始
2. 考虑压缩一个面来缩小盒子，以便剥除比例为 α 的观测。这些观测要么具有预测子 $\boldsymbol{X}_j$ 的最高值，要么最低的。选择能在残余盒子里产生最高响应均值的剥除策略。（典型情况下，$\alpha = 0.05$ 或 0.10。）
3. 重复第 2 步直到某个最小的观测数（比如 10）留在盒子里。
4. 沿任意面扩展盒子，只要结果盒子的均值增加。
5. 步骤 1~4 给出了一系列盒子，每个盒子里有不同的观测。采用交叉验证来选择序列中的一个成员。记盒子为 B_1。
6. 从数据集中移去盒子 B_1 中的数据，重复步骤 2~5 来得到第二个盒子，继续下去，直到获得所需要的盒子数量。

通过如 CART 那样考虑预测子的全体划分，PRIM 能处理范畴预测子。缺失值也可以采用类似于 CART 的方式处理。PRIM 是为回归设计的（定量响应变量）；一个两类的输出只需通过简单编码输出为 0 和 1，就可以处理。这里没有简单的方法能同时处理 $k > 2$ 个类别；一种方法是要对每个类相对于一个基类分别执行 PRIM。

PRIM 优于 CART 的一个好处是它的耐心。因为二叉分裂，CART 快速地将数据分割成片段。假定分裂具有相同的大小，对 N 个观测，它在耗光数据前，仅做了 $\log_2(N)-1$ 次分裂。如果 PRIM 在每个阶段剥除 α 部分的训练点，它在用完数据前可以做大约 $-\log(N)/\log(1-\alpha)$ 次剥除步。举个例子，如果 $N=128$ 和 $\alpha=0.10$，则 $\log_2(N)-1=6$ 同时 $-\log(N)/\log(1-\alpha)\approx 46$。考虑在每个阶段必须有整数的观测数，PRIM 事实上可以剥 29 次。在任何场合，更具耐心的 PRIM 的能力应该能帮助自上而下的算法找到一个更好的解。

示例：垃圾邮件 (续)

我们应用 PRIM 到 spam 数据，将垃圾邮件的响应编码成 1，而正常邮件则为 0。

前两个由 PRIM 发现的盒子总结如下。

规则 1	全局均值	盒均值	盒支集
训练	0.3931	0.9607	0.1413
测试	0.3958	1.0000	0.1536

$$\text{规则 1}\begin{cases} \text{ch!} & > & 0.029 \\ \text{CAPAVE} & < & 2.331 \\ \text{your} & > & 0.705 \\ \text{1999} & < & 0.040 \\ \text{CAPTOT} & > & 79.50 \\ \text{edu} & < & 0.070 \\ \text{re} & < & 0.535 \\ \text{ch;} & < & 0.030 \end{cases}$$

规则 1	残余均值	盒均值	盒支集
训练	0.2998	0.9560	0.1043
测试	0.2862	0.9264	0.1061

$$\text{规则 2}\begin{cases} \text{remove} & > & 0.010 \\ \text{george} & < & 0.110 \end{cases}$$

盒支集指落在盒子里的观测的比例。第一个盒子是纯垃圾邮件，包含大约 15% 的测试数据。第二个盒子包含 10.6% 的测试观测，其中 92.6% 是垃圾邮件。两个盒子合在一起包含了 26% 的数据和大约 97% 的垃圾邮件。余下的几个盒子（未显示）是相当小的，包含仅仅约 3% 的数据。

预测子按重要性的次序列出。有趣的是，在 CART 树（图9–5）的顶分裂变量并没有出现在 PRIM 的第一个盒子里。

9.4　MARS：多元自适应回归样条

MARS 是一种用于回归的自适应过程，能很好地适用于高维问题（即大量输入）。它可以看成是分步线性回归的推广或 CART 的调整，以改进后者在回归情况下的性能。我们从第一种角度介绍 MARS，然后建立它与 CART 的联系。

MARS 采用形式为 $(x-t)_+$ 和 $(t-x)_+$ 的分段线性基函数的扩展。"+" 意味着正的部分，所以有

$$(x-t)_+ = \begin{cases} x-t, & \text{如果} \quad x>t, \\ 0, & \text{否则,} \end{cases} \quad \text{和} \quad (t-x)_+ = \begin{cases} t-x, & \text{如果} \quad x<t, \\ 0, & \text{否则,} \end{cases}$$

作为示例，函数 $(x-0.5)_+$ 和 $(0.5-x)_+$ 如图9–9所示。

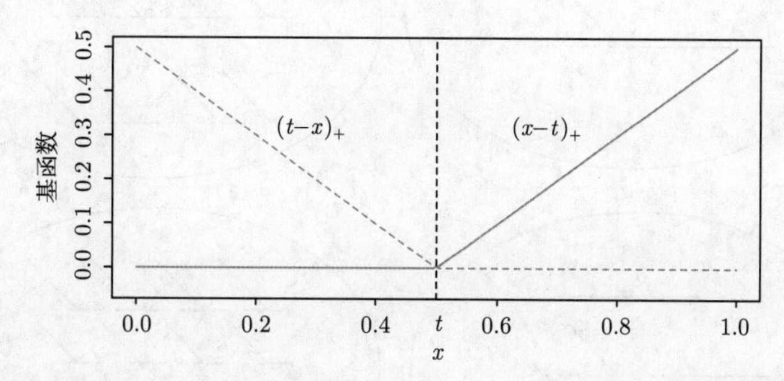

图 9–9　MARS 采用的基函数 $(x-t)_+$ (橙色实线) 和 $(t-x)_+$ (蓝色虚线)

每个函数是分段线性的，在值 t 处有一个节点（node）。按照第5章的术语这些算是线性样条。在下面的讨论中，这两个函数称为反射对（reflected pair）。其想法是，算在输入的每个观测值 x_{ij} 的节点上，对每个输入 X_j 形成反射对。因此，基函数的组合是

$$C = \{(X_j-t)_+, (t-X_j)_+\}_{\substack{t \in \{x_{1j}, x_{2j}, \cdots, x_{Nj}\}, \\ j=1,2,\cdots,p}} \tag{9.18}$$

如果所有输入变量值都是不同的，则总共会有 $2Np$ 个基函数。请注意，尽管每个基函数都只依赖于单个的 X_j，比如 $h(X)=(X_j-t)_+$，但它仍然会被看作是整个输入空间 $\mathbb{R}^p$ 的函数。

建模策略就像一个前向分步线性回归，但不用原始输入，我们允许采用集合 C 的函数和函数的乘积。因此模型形式如下：

$$f(X) = \beta_0 + \sum_{m=1}^{M} \beta_m h_m(X), \tag{9.19}$$

这里每个 $h_m(X)$ 是在集合 C 中的基函数，或者两个或更多类似这样基函数的积。

给定 h_m，系数 β_m 通过最小化残差平方和，(即标准线性回归) 来估计。然而，真正的艺术在于函数 $h_m(X)$ 的构造。在我们的模型里，只从常值函数 $h_0(X)=1$ 开始，所有在集合 C 中的函数是候选函数。图9–10描述了这个过程。

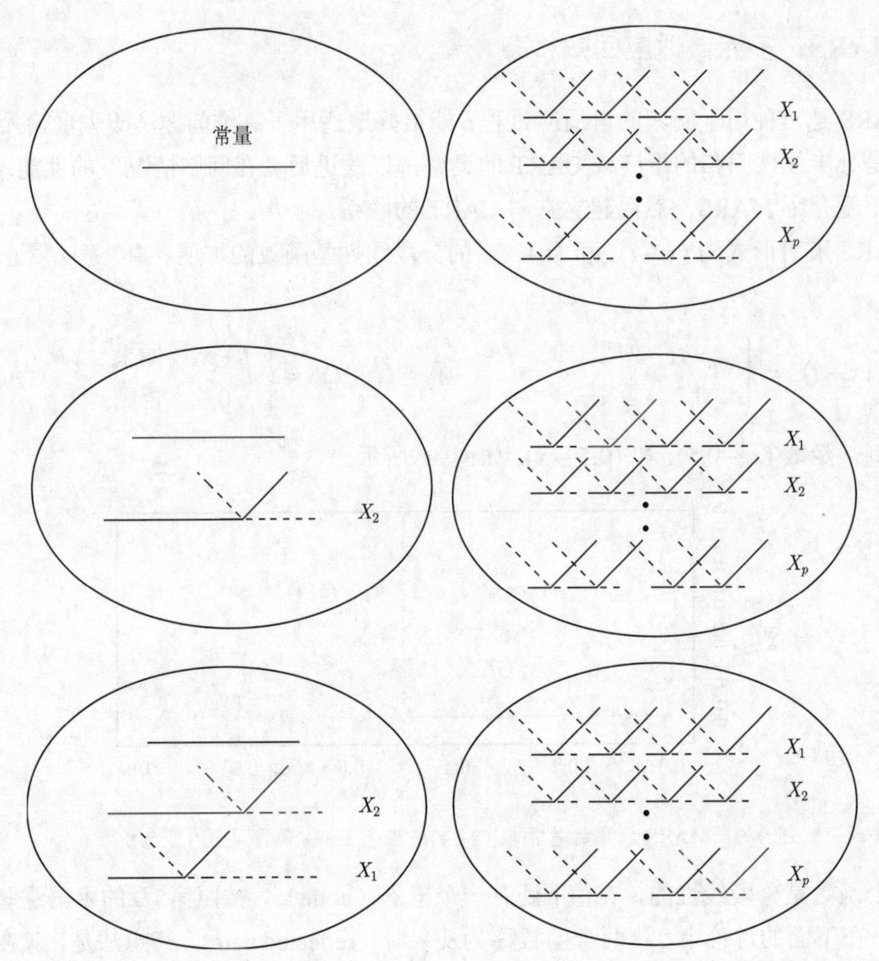

图 9–10 MARS 前向建模过程的示意图。左侧是当前在模型里的基函数：最初，这是常数函数 $h(X)=1$。右侧是全部考虑用来建模的候选基函数。这些是图9–9的分段线性基函数对，其中节点 t 在每个预测子 X_k 的全体唯一观测值 x_j 上。在每个阶段，我们考虑候选对与模型中的基函数的全体乘积。残差误差减少最多的那个乘积增加到当前模型。以上图示了过程的前三步，选择的函数用红色显示

在每个阶段，考虑一个新的基函数对。该基函数对由模型集 $\mathcal{M}$ 的一个函数 h_m 与在集合 $\mathcal{C}$ 里反射对中的一个的全部乘积构成。我们将形式如下的项

$$\hat{\beta}_{M+1}h_\ell(X)\cdot(X_j-t)_+ + \hat{\beta}_{M+2}h_\ell(X)\cdot(t-X_j)_+, h_\ell\in\mathcal{M}$$

增加到模型 $\mathcal{M}$。该项能最大减少训练误差。这里，$\hat{\beta}_{M+1}$ 和 $\hat{\beta}_{M+2}$ 及其他 $M+1$ 个系数一起用最小二乘估计。然后，获胜的乘积 (即具有最小二乘误差的乘积) 增加到模型中，过程继续，直到模型集 $\mathcal{M}$ 的项数达到预设定的最大个数。

举例来说，在第一阶段，我们考虑增加一个形式为 $\beta_1(X_j-t)_+ + \beta_2(t-X_j)_+$；$t\in\{x_{ij}\}$ 的函数到模型上，因为与常值函数相乘只能得到函数本身。假定最优选择是 $\hat{\beta}_1(X_2-x_{72})_+ + \hat{\beta}_2(x_{72}-X_2)_+$，则这对基函数被增加到集合 $\mathcal{M}$ 中，在下一阶段，我们考虑包括如下形式的乘积对

$$h_m(X)\cdot(X_j-t)_+ \quad 和 \quad h_m(X)\cdot(t-X_j)_+, t\in\{x_{ij}\},$$

这里对于 h_m，我们可以选择

$$
\begin{aligned}
&h_0(X)=1,\\
&h_1(X)=(X_2-x_{72})_+ \text{ 或}\\
&h_2(X)=(x_{72}-X_2)_+.
\end{aligned}
$$

第三种选择产生如图9–11所示的函数 $(X_1-x_{51})_+\cdot(x_{72}-X_2)_+$。

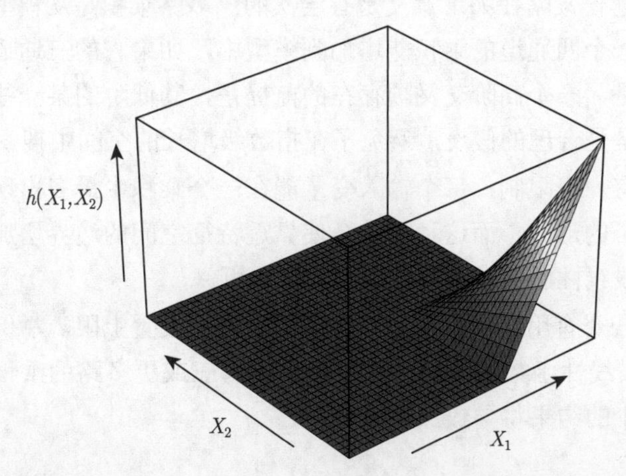

图 9–11 函数 $h(X_1,X_2)=(X_1-x_{51})_+\cdot(x_{72}-X_2)_+$，由两个分段线性 MARS 基函数相乘得到

在这个过程的最后，得到一个形式为 (9.19) 的大模型。这个模型通常都会过拟合数据，因此需要再应用一个反向删除过程。如果被移除的项会引起残差平方误差增长最小，则将在每个阶段从模型中删除，产生大小（项的总数）为 λ 的最佳估计模型 $\hat{f}_\lambda$。我们可以采用交叉验证来估计最优值 λ，但从计算上考虑，MARS 过程实际采用了广义交叉验证。这个准则定义为

$$
\mathrm{GCV}(\lambda)=\frac{\sum_{i=1}^{N}(y_i-\hat{f}_\lambda(x_i))^2}{(1-M(\lambda)/N)^2}. \tag{9.20}
$$

值 $M(\lambda)$ 是在模型中有效参数的数量：这相当于记录模型里项的个数，加上用于选择节点最优位置的参数的个数。一些数学和模拟结果表明，在选择分段线性回归的一个节点时，要付出三个参数的代价。

因此，如果模型里有 r 个线性独立基函数并在前向过程中选择 K 个节点，则有公式 $M(\lambda)=r+cK$，这里 $c=3$。（当模型限定为“加性”时——细节如下——采用 $c=2$ 的惩罚项）。由此，我们沿最小化 $\mathrm{GCV}(\lambda)$ 的反向序列选择模型。

为什么是这些分段线性基函数，为什么是这个特定的模型策略？图9–9中函数的一个关键特性是它们的局部运算能力，它们在其值域以外的部分等于零。将它们相乘，如图9–11所示，仅有两个分量函数是非零的一小部分特征空间上结果非零。因此，仅在需要它们的地方局部地使用非零分量，这可以吝啬地将回归曲面简单建立起来。这是重要的，因为在高维时，要仔细地“消费”参数，不然可能很快会用完。其他基函数 (如多项式) 的使用，将产生一个处处非零的积，并且也行不通。

分段线性基函数的第二个重要好处涉及计算。考虑 $\mathcal{M}$ 中的函数和输入变量 X_j 的 N 个反射对的每一个乘积。这看似需要拟合 N 个单输入线性回归模型，每个都要用 $O(N)$ 次运算，形成总共 $O(N^2)$ 次运算。然而，我们可以用分段线性函数的简单形式。首先用最右边的节点拟合反射对。随着节点连续向左一次移动一个位置，这些基函数在定义域左侧以外的差异为零，在右侧以外相差一个常数。因此，每次像这样移动后，我们能在 $O(1)$ 次运算中更新拟合。这样一来，只需要 $O(N)$ 次运算，就能遍历每个节点。

MARS 的前向建模策略在如下意义是有层次的：多路乘积是从模型中已有的项建立起来的。举例来说，一个四通道的乘积能增加到模型中，如果它的三通道分量之一已经在模型里。这里的哲学是，一个高阶交叉项存在的前提是，其低阶的某一些也存在。这个前提不需要是真的，但是是合理的假设，避免了在指数级增长的空间中搜索。

模型项的形式有一个限制：每个输入变量能在一个乘积中最多出现一次。这阻止了一个输入变量的高阶幂的形成，而这种形成会使靠近特征空间的边界增加或减少太快。像这样的幂，可以用分段线性函数以更稳定的方式来逼近。

MARS 过程的一个有用选项是在相互作用的阶数上设置上限。举例来说，我们可以设上限为 2，允许分段线性函数的两两乘积，但是没有三或更多路的乘积。这有助于最后模型的解释。上限为 1 的结果将导致加性模型。

9.4.1 示例：垃圾邮件（续）

MARS 应用到在本章前面分析过的垃圾邮件数据。为增强可解释性，我们将 MARS 限定为二阶交叉积。尽管目标是一个二类变量，但我们仍然采用平方误差损失函数（见9.4.3节）。图9–12显示了在模型里作为秩（独立基函数的总数）的函数，MARS 过程的测试误差误分类率。误差率约为 5.5%，略高于较早讨论的广义加性模型的误差率（5.3%）。MARS 发现的主要交互作用包括输入 (字符 \$, remove)、(字符 \$, free) 和 (hp，CAPTOT)。然而，这些交叉项没有得到超越广义加性模型的性能。

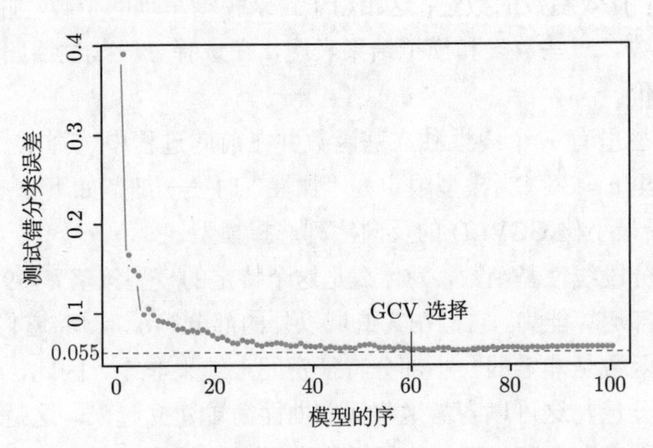

图 9–12 垃圾邮件数据：作为该模型中秩（独立基函数的个数）的函数，MARS 过程的测试误差误分类率

9.4.2　示例：模拟数据

现在我们考察三种对比情况下 MARS 的性能。这里 $N = 100$ 个观测，预测子 $X_1, X_2, \cdots, X_p$ 和误差 ε 服从独立正态分布。

场景 1：数据生成模型是

$$Y = (X_1 - 1)_+ + (X_1 - 1)_+ \cdot (X_2 - .8)_+ + 0.12 \cdot \varepsilon. \tag{9.21}$$

选择噪声标准偏差 0.12，使信噪比大约是 5。我们称为张量积场景，积项得到图9–11所示曲面。

场景 2：与情况 1 相同，但是总共有 $p = 20$ 个预测子，即有 18 个独立于响应的输入。

场景 3：这里有一个神经网络的结构：

$$\begin{aligned} \ell_1 &= X_1 + X_2 + X_3 + X_4 + X_5, \\ \ell_2 &= X_6 - X_7 + X_8 - X_9 + X_{10}, \\ \sigma(t) &= 1/(1 + e^{-t}), \\ Y &= \sigma(\ell_1) + \sigma(\ell_2) + 0.12 \cdot \varepsilon. \end{aligned} \tag{9.22}$$

场景 1 和 2 非常适合 MARS，而场景 3 包含高阶交叉项，可能很难用 MARS 逼近。我们对每个模型执行 5 次模拟，并记录结果。

在场景 1，MARS 一般都会近乎完美地揭示正确的模型。在场景 2，它发现了正确的结构，但也发现了涉及其他预测子的几个多余的项。

令 $\mu(X)$ 是 Y 的真实均值，令

$$\begin{aligned} \text{MSE}_0 &= \text{ave}_{x\in\text{Test}}(\bar{y} - \mu(x))^2, \\ \text{MSE} &= \text{ave}_{x\in\text{Test}}(\hat{f}(x) - \mu(x))^2. \end{aligned} \tag{9.23}$$

这些代表常数模型和拟合 MARS 模型的均方误差，通过对 x 的 1000 个测试值做平均来估计。表9–4显示了每种场景下模型误差或 R^2 的减少比例：

$$R^2 = \frac{\text{MSE}_0 - \text{MSE}}{\text{MSE}_0}. \tag{9.24}$$

显示的值是 5 次模拟的均值和标准误差。场景 2 中通过包含的无用输入，使得 MARS 的性能略有退化。在场景 3 中，明显差了很多。

表 9–4　当 MARS 应用到三个不同的场景时，模型误差（R^2）的减少比例

场景	均值 (标准差)
1. 张量积 $p = 2$	0.97 (0.01)
2. 张量积 $p = 20$	0.96 (0.01)
3. 神经网络	0.79 (0.01)

9.4.3 其他问题

1. 用于分类的 MARS

MARS 方法和算法能扩展到处理分类问题，且已经提出一些策略。

对于两个类别，可以编码输入为 0 / 1，将问题当成回归来处理；我们对垃圾邮件例子就是如此处理的。对于多类问题，可以采用4.2节介绍的指示响应变量的方法。我们可以通过 0 / 1 指示变量来编码 K 个响应类，然后执行多响应 MARS 回归。对于后者，我们对所有响应变量/因变量采用同一组基函数集。分类则通过将样本分配到具有最大预测响应值的类别来完成。然而，如4.2节所介绍的，这里存在潜在的类别掩蔽或重叠问题。更好的方法是采用12.5节讨论的“最优评分”方法。

Stone 等 (1997)发展了特别为分类问题设计的混合 MARS，称为 PolyMARS。它采用4.4节描述的多 Logistic 框架。它用类似于 MARS 的前向分段方式来建模，但在每个阶段，采用对多项式对数似然的二次逼近来搜索下一个基函数对。一旦发现，再用最大似然来拟合扩展的模型，并重复这个过程。

2. CART 与 MARS 的联系

尽管可能有很大的差异，但 MARS 和 CART 在策略上实际却有很强的相似性。假定我们采取 MARS 过程，并进行下列变换。

- 用阶跃函数 $I(x-t>0)$ 和 $I(x-t\leqslant 0)$ 代替分段线性基函数。
- 当模型中的项与候选项相乘时，会被交叉项替代，因此，不能为以后的交叉项所用。

采用这些变换，MARS 前向过程与 CART 树结构的算法相同。将一个阶跃函数与一对反射阶跃函数相乘等价于在这一步分裂一个节点。第二个限制隐含着一个节点可能不可以分裂多次，因而得到了有吸引大的 CART 模型二叉树表示。另一个方面，这个限制使得 CART 很难建模加性结构。MARS 不考虑树结构，反而具有刻画加性影响的优点。

3. 混合输入

MARS 能用一种自然的、非常类似 CART 的方式——定量和定性的——来处理“混合”预测子。MARS 考虑将一个定性预测子在范畴下所有可能的二元划分形成二个组。每个这样的划分生成了一对分段常值基函数——即两组范畴集的指示函数。这个基函数对的处理现在可与其他基函数一样处理，可用于与模型中已有的其他基函数形成张量积。

9.5 层次专家混合

层次专家混合（Hierarchical Mixtures of Experts, HME）过程可以视为基于树方法的变种。主要的不同是树的分裂不是采用硬决策而是相当的概率决策。依赖于输入值，在每个节点上观测依概率分到左边或右边。因为最终的参数优化问题是平滑的，所以它有一些计算上的优势。这一点不像基于树的方法采用的离散分裂搜索。软分裂可能也有助于提高预测精度，并提供了一种有用的可替代的数据描述方法。

HMEs 和 CART 的树实现上还存在着其他的不同。在 HME 中，线性（或 Logistic 回归）模型在每个端节点被拟合，而不是像 CART 用常量拟合。分裂可以是多路径的，而不仅仅是二元的，且分裂方式是输入的线性组合的概率函数，而不是 CART 标准用法中的单输入。然而，这些选择的相对优点还不明朗，大部分已在9.2节的末尾讨论。

简单的两层 HME 模型如图9–13所示。我们可以将它想象成每个非端节点上进行软分裂的树。然而，这个方法的发明者采用了不同的术语。端节点称为专家（expert），非端节点称为门控网络（gating network）。其思路是每个专家提供了一个关于响应的意见（预测），这些意见再通过门控网络组合在一起。正如我们将看到的，模型在形式上是一个混合模型，图中的两层模型可以扩展到多层，因此称为分层混合专家（hierarchical mixtures of experts）。

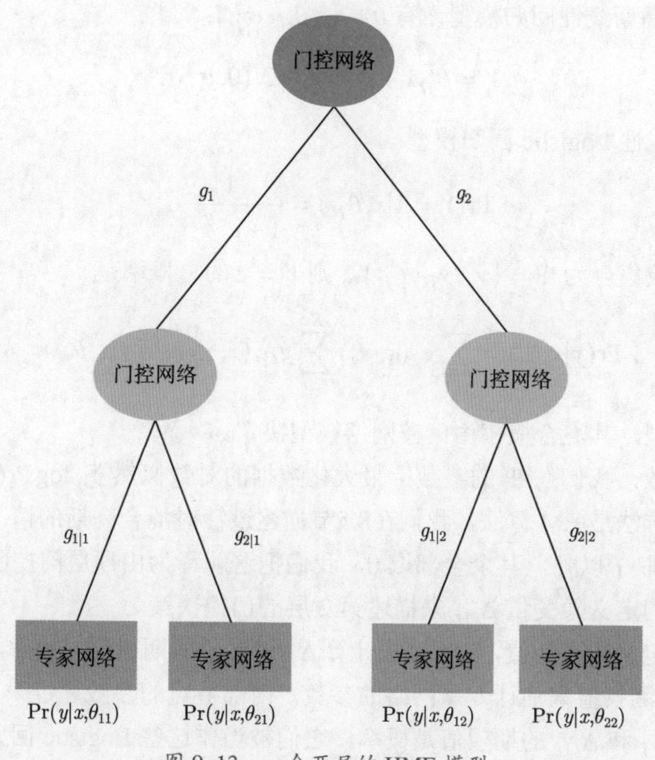

图 9–13　一个两层的 HME 模型

考虑本章前面描述的回归或分类问题。数据是 (x_i, y_i)，$i = 1, 2, \cdots, N$，其中 y_i 要么是连续响应，要么是二值响应，x_i 是向量值输入。为了简化标记，假定 x_i 的第一个元素是 1，用来表示截距。

下面说明 HME 是如何定义的。顶层门控网络有如下输出：

$$g_j(x, \gamma_j) = \frac{e^{\gamma_j^T x}}{\sum_{k=1}^{K} e^{\gamma_k^T x}}, \quad j = 1, 2, \cdots, K, \tag{9.25}$$

其中，每个 γ_j 都是由一组未知参数构成的向量。它表示软的 K 路划分（图9–13中 $K=2$）。每个 $g_j(x,\gamma_j)$ 是分配特征向量为 x 的观测到第 j 个分支的概率。请注意，当 $K=2$ 组时，如果将 x 元素中的一个的系数设为 $+\infty$，则可以得到一条斜率为无穷大的 Logistic 曲线。在这种情况，门控概率要么为 0，要么为 1，对应于那个输入的硬分裂。

在第二层，门控网络有类似的形式：

$$g_{\ell|j}(x,\gamma_{j\ell}) = \frac{e^{\gamma_{j\ell}^T x}}{\sum_{k=1}^K e^{\gamma_{jk}^T x}}, \quad \ell = 1,2,\cdots,K. \tag{9.26}$$

这是在给定上一层已经分配到第 j 层的情况下，分配到 ℓ 个分支的概率。

在每个专家（端节点），对形式如下的响应变量

$$Y \sim \Pr(y|x,\theta_{j\ell}). \tag{9.27}$$

有一个模型。该模型因问题而异。

回归：使用高斯线性回归模型，有 $\theta_{j\ell} = (\beta_{j\ell},\sigma_{j\ell}^2)$：

$$Y = \beta_{j\ell}^T x + \varepsilon \text{ 和 } \varepsilon \sim N(0,\sigma_{j\ell}^2). \tag{9.28}$$

分类：使用线性 Logistic 回归模型：

$$\Pr(Y=1|x,\theta_{j\ell}) = \frac{1}{1+e^{-\theta_{j\ell}^T x}}. \tag{9.29}$$

定义所有参数集合为 $\Psi = \{\gamma_j,\gamma_{j\ell},\theta_{j\ell}\}$，则 $Y=y$ 的总概率是

$$\Pr(y|x,\Psi) = \sum_{j=1}^K g_j(x,\gamma_j)\sum_{\ell=1}^K g_{\ell|j}(x,\gamma_{j\ell})\Pr(y|x,\theta_{j\ell}). \tag{9.30}$$

这是一个混合模型，其混合概率由门控网络模型决定。

为了估计参数，我们在 Ψ 的参数上最大化数据的对数似然 $\sum_i \log\Pr(y_i|x_i,\Psi)$。最方便实现这个想法的方法是 EM 算法。我们在8.5节描述过针对混合高斯的情况。我们定义隐变量 Δ_j，除了一个取 1 以外，其余全部取 0。我们把这解释为由顶层门控网络形成的分支决策。类似地，我们定义隐变量 $\Delta_{\ell|j}$ 来描述第 2 层的门控决策。

在 E 步，给定参数当前值，EM 算法计算 Δ_j 和 $\Delta_{\ell|j}$ 的期望值。然后，这些期望值作为该过程 M 步的观测权值来估计专家网络的参数。内部节点的参数通过一个多重 Logistic 回归版本来估计。Δ_j 和 $\Delta_{\ell|j}$ 的期望值是概率，它们被当作这些 Logistic 回归的响应向量。

层次专家混合方法是 CART 树的“劲敌”。通过采用软分裂（soft split）而不是硬决策规则，它能捕捉过程从低响应到高响应的渐变情况。对数似然是未知权值的一个平滑函数，因此更适合于数值优化。模型类似于采用线性组合分裂的 CART，但后者更难优化。另一方面，就我们所知，如同 CART，这里没有办法为 HME 模型找到一个好的树拓扑结构。通常情况下，我们会用某些深度固定的树，得到可能是 CART 过程的输出。HMEs 的研究重点一直是预测，而不是解释最终模型。HME 的一个“近亲”是隐类别模型（Latent class model）(Lin 等, 2000)，通常仅有一层；其节点或隐类别被解释成展示类似响应变量行为的目标群。

9.6　缺失数据

相当普遍的情况是观测有一个或多个特征缺失的值。常用的方法是用某种方法来填充（impute，英文专用名词）缺失值。

然而，在处理缺失值时，第一个问题是确定缺失数据是否已经使观测数据失真。粗略来讲，如果导致它缺失的机理独立于它的（未观测）值，则说明数据是随机缺失的。一个更精确的定义在 Little 和 Rubin (2002)中给出。假定 $\boldsymbol{y}$ 是响应向量，$\boldsymbol{X}$ 是 $N\times p$ 的输入矩阵（其中某些值缺失）。定义 $\boldsymbol{X}_{\text{obs}}$ 是在 $\boldsymbol{X}$ 里的观测值，并令 $\boldsymbol{Z}=(\boldsymbol{y},\boldsymbol{X})$，$\boldsymbol{Z}_{obs}=(\boldsymbol{y},\boldsymbol{X}_{\text{obs}})$。最后，如果 $\boldsymbol{R}$ 是一个指示矩阵，当 x_{ij} 缺失时，第 ij 个元素的值取 1，否则为 0。如果 $\boldsymbol{R}$ 的分布仅通过 $\boldsymbol{Z}_{\text{obs}}$ 依赖于数据 $\boldsymbol{Z}$：

$$\Pr(\boldsymbol{R}|\boldsymbol{Z},\theta)=\Pr(\boldsymbol{R}|\boldsymbol{Z}_{\text{obs}},\theta). \tag{9.31}$$

数据就称为随机缺失（missing at random，MAR）。这里 θ 是在 $\boldsymbol{R}$ 分布里的任意参数。如果 $\boldsymbol{R}$ 的分布不依赖于观测数据或缺失数据：

$$\Pr(\boldsymbol{R}|\boldsymbol{Z},\theta)=\Pr(\boldsymbol{R}|\theta), \tag{9.32}$$

数据就称为完全随机缺失（missing completely at random, MCAR）。

MCAR 是比 MAR 更强的假设，为了确保有效性，大多数针对缺失值的填充方法都依赖于 MCAR。

举例来说，如果因为医生觉得病人太虚弱，而使病人没有做检查，此时的观测就不是 MAR 或 MCAR。在这种情况下，缺失数据机理会使导致我们的观测训练数据对真实总体做出失真的描述，同时，在此情况下数据填充是危险的。通常情况下，特征是否为 MCAR，必须通过数据收集过程的信息来决定。对于范畴特征，一种诊断该问题的方法是将“缺失值”编码成额外的一个类。然后，我们对训练数据拟合模型，看“缺失”类别是否是对响应的预测。

假设特征是完全随机缺失的，这里有大量处理方法。

1. 丢弃含有任何缺失值的观测。
2. 依赖学习算法来处理它在训练阶段的缺失值。
3. 在训练前填充所有缺失值。

如果缺失值的数量相对少，可以使用方法 (1)，否则应该避免。再看方法 (2)，通过代理分裂（surrogate splits），CART 是一种能有效处理缺失值的学习算法（9.2.4节）。MARS 和 PRIM 采用类似的方法。在广义加性模型中，当反向拟合算法对某输入特征的部分残差进行平滑时，该输入特征缺失的所有观测将被忽略，并且其拟合值设成零。因为拟合曲线有零均值（当模型包含一个截距时），这相当于分配平均拟合值到缺失值的观测。

对大多数学习方法，填充方法 (3) 是必要的。最简单的策略是用那个特征里非缺失值的均值或中间值来填充缺失值。（请注意，对于广义加性模型，以上过程是类似的。）

如果特征中至少有某种相关性，我们能做得更好。给定其他特征，我们可以为每个特征估计一个预测模型，然后根据模型的预测来填充每个缺失值。在为特征的填充选择学习算法时，我们必须记住？这个选择要不同于从 $\boldsymbol{X}$ 预测 $\boldsymbol{y}$ 的方法。因此，一个灵活的、自适应的方法通常是可取的，甚至适用于那些最终目的是在 $\boldsymbol{X}$ 上求 $\boldsymbol{y}$ 的线性回归的情况。除此以外，如果训练集中有许多缺失的特征值，学习方法本身必须能处理缺失的特征值。因此，对这种填充“引擎”，CART 是一个理想的选择。

在填充以后，缺失值会被当成实际观测一样。这忽略了由于填充所引起的不确定性。填充本身会向响应模型引入察外的不确定性到估计和预测。我们可以通过做多次填充和建立多个不同的训练集来度量增加的不确定性。对 $\boldsymbol{y}$ 的预测模型能拟合每个训练集，并且评估在训练集间的变化。如果可能 CART 用作填充引擎，那么多次填充可通过从相应的端节点值采样来实现。

9.7 计算考虑

对于 N 个观测和 p 个预测子，加性模型拟合需要应用 mp 个一维平滑子或回归方法。反向拟合算法要求循环次数 m 小于 20 且通常小于 10，并依赖于输入的相关的数量。举例来说，采用三次平滑样条，初始的排序需要 $N\log N$ 次运算，样条拟合需要 N 次运算。因此，加性模型拟合总的运算次数是 $pN\log N + mpN$。

树需要 $pN\log N$ 次运算来对每个预测子作初始排序，典型情况下还另外需要 $pN\log N$ 次运算作分裂计算。如果分裂发生在靠近预测子值域的边缘，这个数字可以增加到 N^2p。

从 p 个预测子的集合中，要增加一个基函数到已有 m 项的模型中，MARS 需要 $Nm^2 + pmN$ 次运算。因此，建立 M-项的模型，就需要 $NM^3 + pM^2N$ 次计算，如果 M 是 N 的合理比例时，这个计算可能会相当大。

在每个 M 步拟合 HME 的每个分量通常不太昂贵：对于回归，是 Np^2 次，对于 K-类 Logistic 回归，有 Np^2K^2 次。然而，EM 算法需要花很长的时间来收敛，因此，对于大规模的 HME 模型，拟合代价是相当大的。

文献说明

关于广义加性模型，最全面的资料是 Hastie and Tibshirani (1990)以该方法命名的著作。Hastie 等 (1989)和 Hastie and Herman (1990)讨论了这项工作成果在医疗问题上的不同应用，Chambers 和 Hastie (1991)讨论了在 Splus 上的软件实现。Green and Silverman (1994)讨论了大量情况下的惩罚和样条模型。针对非数学背景的读者，Efron and Tibshirani (1991)探讨了统计学的现代代发展（包括广义加性模型）。分类和回归树至少可以追溯到 Morgan 和 Sonquist (1963)。我们采纳了 Breiman 等 (1984)和 Quinlan (1993)的现代方法。PRIM 方法归功于 Friedman and Fisher (1999)，同时 MARS 由 Friedman (1991)引入，加性模型的先驱出现在 Friedman and Silverman (1989)中。分层混合之家合由 Jordan and Jacobs (1994)提出；也可参考 Jacob 等 (1991)。

习题

9.1 证明 y_i 对 x_i 的平滑样条拟合保持了拟合的线性部分（linear part）。换句话说，如果 $y_i = \hat{y}_i + r_i$，这里 $\hat{y}_i$ 表示线性回归拟合，$\boldsymbol{S}$ 是平滑矩阵，则 $\boldsymbol{S}\boldsymbol{y} = \hat{\boldsymbol{y}} + \boldsymbol{S}\boldsymbol{r}$。证明对于局部线性，回归也是成立的（6.1.1节）。因此，论证在算法9.1(2) 之第二行里的调整步是不必要的。

9.2 令 $\boldsymbol{A}$ 是一个已知的 $k \times k$ 矩阵，$\boldsymbol{b}$ 为一个已知的 k-向量，$\boldsymbol{z}$ 是一个未知的 k 向量。高斯-塞德尔算法求解线性系统方程组 $\boldsymbol{A}\boldsymbol{z} = \boldsymbol{b}$ 如下：相继对第 j 个方程里的元素 z_j 求解，并维持其他 z_j 在其当前的猜测不变。对于 $j = 1, 2, \cdots, k, 1, 2, \cdots, k, \cdots$ 重复该过程直至收敛 (Golub and Van Loan, 1983)。

(a) 考虑有 N 个观测和 p 项的加性模型，第 j 项用线性平滑子 $\boldsymbol{S}_j$ 来拟合。考虑下列方程组：

$$\begin{pmatrix} \boldsymbol{I} & \boldsymbol{S}_1 & \boldsymbol{S}_1 & \cdots & \boldsymbol{S}_1 \\ \boldsymbol{S}_2 & \boldsymbol{I} & \boldsymbol{S}_2 & \cdots & \boldsymbol{S}_2 \\ \vdots & \vdots & \vdots & \ddots & \vdots \\ \boldsymbol{S}_p & \boldsymbol{S}_p & \boldsymbol{S}_p & \cdots & \boldsymbol{I} \end{pmatrix} \begin{pmatrix} \boldsymbol{f}_1 \\ \boldsymbol{f}_2 \\ \vdots \\ \boldsymbol{f}_p \end{pmatrix} = \begin{pmatrix} \boldsymbol{S}_1\boldsymbol{y} \\ \boldsymbol{S}_2\boldsymbol{y} \\ \vdots \\ \boldsymbol{S}_p\boldsymbol{y} \end{pmatrix}. \tag{9.33}$$

这里每个 $\boldsymbol{f}_j$ 是数据点上第 j 个函数的 N-向量评估，$\boldsymbol{y}$ 是响应值的 N-向量。证明反向拟合是求解这个方程组的分块高斯-塞德尔算法。

(b) 令 $\boldsymbol{S}_1$ 和 $\boldsymbol{S}_2$ 是特征值在 [0,1) 的对称平滑算子（矩阵）。考虑具有响应向量 $\boldsymbol{y}$ 和平滑子 $\boldsymbol{S}_1$，$\boldsymbol{S}_2$ 的反向拟合算法。证明采用任何初始值，算法将收敛，并对最后迭代给出一个公式。

9.3 反向拟合方程（backfitting equations）。考虑具有正交投影的反向拟合过程，令 $\boldsymbol{D}$ 是总的回归矩阵，它的列展开是 $\boldsymbol{V} = \mathcal{L}_{\text{col}}(\boldsymbol{S}_1) \bigoplus \mathcal{L}_{\text{col}}(\boldsymbol{S}_2) \bigoplus \cdots \bigoplus \mathcal{L}_{\text{col}}(\boldsymbol{S}_p)$，这里 $\mathcal{L}_{\text{col}}(\boldsymbol{S})$ 表示矩阵 $\boldsymbol{S}$ 的列空间。证明估计方程：

$$\begin{pmatrix} \boldsymbol{I} & \boldsymbol{S}_1 & \boldsymbol{S}_1 & \cdots & \boldsymbol{S}_1 \\ \boldsymbol{S}_2 & \boldsymbol{I} & \boldsymbol{S}_2 & \cdots & \boldsymbol{S}_2 \\ \vdots & \vdots & \vdots & \ddots & \vdots \\ \boldsymbol{S}_p & \boldsymbol{S}_p & \boldsymbol{S}_p & \cdots & \boldsymbol{I} \end{pmatrix} \begin{pmatrix} \boldsymbol{f}_1 \\ \boldsymbol{f}_2 \\ \vdots \\ \boldsymbol{f}_p \end{pmatrix} = \begin{pmatrix} \boldsymbol{S}_1\boldsymbol{y} \\ \boldsymbol{S}_2\boldsymbol{y} \\ \vdots \\ \boldsymbol{S}_p\boldsymbol{y} \end{pmatrix}.$$

等价于最小二乘标准方程 $\boldsymbol{D}^T\boldsymbol{D}\beta = \boldsymbol{D}^T\boldsymbol{y}$，这里 β 是系数向量。

9.4 假设用相同的平滑子 $\boldsymbol{S}$，估计在两项加性模型的两项（即：变量是相同的）。假定 $\boldsymbol{S}$ 是对称的，且特征值在 [0,1) 中。证明反向拟合残差收敛到 $(\boldsymbol{I}+\boldsymbol{S})^{-1}(\boldsymbol{I}-\boldsymbol{S})\boldsymbol{y}$ 和平方残差和向上收敛。平方残差和能在较小结构化的场合向上收敛吗？与通过 $\boldsymbol{S}$ 的单项拟合相比，这个拟合的情况如何？[线索：采用 $\boldsymbol{S}$ 的特征分解帮助比较。]

9.5 树的自由度（degrees of freedom of a tree）。给定具有均值 $f(x_i)$ 和方差 σ^2 的数据 y_i 以及拟合运算 $\boldsymbol{y} \to \hat{\boldsymbol{y}}$。拟合的自由度定义为 $\sum_i \mathrm{cov}(y_i, \hat{y}_i)/\sigma^2$。

考虑由回归树估计的拟合 $\hat{\boldsymbol{y}}$，对一组预测子 $X_1, X_2, \cdots, X_p$ 进行拟合。

(a) 按端节点 m 的数量，为这个拟合的自由度给出粗略的公式。

(b) 用预测子 $X_1, X_2, \cdots, X_{10}$ 生成 100 个观测作为独立标准高斯变量并固定这些值。

(c) 生成也具有标准高斯（$\sigma^2 = 1$）、独立于预测子的响应。采用固定大小为 1、5 和 10 的端节点，对数据拟合回归树，并估计每个拟合的自由度。[做响应的 10 次模拟，平均这些结果，以获得自由度较好的估计。]

(d) 比较在 (a) 和 (c) 中估计的自由度，并讨论。

(e) 如果回归树拟合是线性运算，对某些矩阵，我们有 $\hat{\boldsymbol{y}} = \boldsymbol{S}\boldsymbol{y}$，自由度将是 $\mathrm{tr}(\boldsymbol{S})$。提出一种方法，计算回归树的近似 $\boldsymbol{S}$ 矩阵，计算并将最终的自由度与 (a) 和 (c) 中得到的自由度进行比较。

9.6 考虑图6–9的臭氧层数据。

(a) 用加性模型拟合臭氧浓度的三次方根，它是温度、风速和辐射的函数。将你的结果与图6–9显示的结果进行比较。

(b) 树、MARS 和 PRIM 拟合到相同的数据，将结果与 (a) 和图6–9的结果进行比较。

第 10 章 Boosting 和加性树

10.1 Boosting 方法

Boosting 是近 30 年来提出的最有效的学习方法之一。它最初是为分类问题而设计的，但正如将在本章中看到的，它也能很好地扩展到回归问题上。Boosting 的动机是组合多个“弱”分类器来产生强“委员会”的过程。从这个角度来看，Boosting 与 Bagging 以及其他基于委员会的方法 (8.8节) 类似。然而，我们将看到这种联系只是表象而已，Boosting 有本质上的不同。

我们从最流行的 boosting 算法开始。这一算法由 Freund and Schapire (1997)提出，称为“AdaBoost.M1”。考虑两类问题，输出变量编码为 $Y \in \{-1, 1\}$。给定预测子变量的向量 X，分类器 $G(X)$ 在 $\{-1, 1\}$ 中取值作为预测结果。在训练样本上的误差率是

$$\overline{\text{err}} = \frac{1}{N}\sum_{i=1}^{N} I(y_i \neq G(x_i)),$$

未来预测的期望误差率是 $E_{XY} I(Y \neq G(X))$。

弱分类器是误差率仅比随机猜略胜一筹的分类器。Boosting 的目的是对数据重复修改的各种版本[①]，序贯地应用弱分类器算法，因此产生一系列弱分类器 $G_m(x), m = 1, 2, \cdots, M$。将这些分类器的所有预测结果通过加权多数投票的方式组合起来，形成最终的预测：

$$G(x) = \text{sign}\left(\sum_{m=1}^{M} \alpha_m G_m(x)\right). \tag{10.1}$$

这里 $\alpha_1, \alpha_2, \cdots, \alpha_M$ 通过 boosting 算法来计算，并对各自 G_m 的贡献加权。它们的作用是对序列中更准确的分类器给予更大的影响。图10–1给出了 AdaBoost 过程的示意图。

在每个 boosting 步骤，数据修改由应用权值 $\omega_1, \omega_2, \cdots, \omega_N$ 到每一个训练观测变量 (x_i, y_i)，$i = 1, 2, \cdots, N$ 来组成。最初，所有权值均设为 $\omega_i = 1/N$，使第一步仅按常规模式在数据上训练分类器。在后续的每个迭代 $m = 2, 3, \cdots, M$，观测权重被逐个修改，分类器算法被重新应用到加权观测上。在第 m 步，那些被先前步骤引入分类器 $G_{m-1}(x)$ 误分的观测将增加它们的权值，分类正确的则减少权值。因此，随着迭代的进行，很难正确分类的观测样本将得到日益增加的影响。结果，随后的每个分类器将更关注序列中被先前分类器错分的训练样本。

① 译者注：即不断改变数据集的分布。

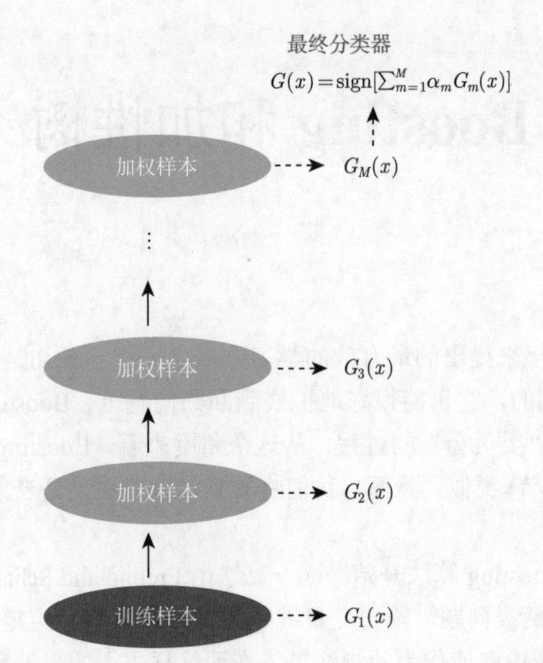

图 10–1 AdaBoost 流程图。分类器在数据集的加权版本上训练，然后组合形成最终的预测

算法10.1给出了 AdaBoost.M1 算法的细节。在第 2(a) 行，当前分类器 $G_m(x)$ 对加权观测样本进行预测。造成的加权误差率在第 2(b) 行被计算。第 2(c) 行计算赋给 $G_m(x)$ 的权值 α_m，以形成最终的分类器 $G(x)$（第 3 行）。每个观测的单个权值在第 2(d) 行更新，以用于下一次迭代。$G_m(x)$ 误分的观测样本将在其权值上乘一个因子 $\exp(\alpha_m)$，以增加它们对序列中下一个分类器 $G_{m+1}(x)$ 的相对影响。

算法 10.1 AdaBoost.M1

1. 初始观测的权值 $\omega_i = 1/N$，$i = 1, 2, \cdots, N$。
2. 从 $m = 1$ 到 M:
   (a) 采用权值 ω_i 对训练数据拟合分类器 $G_m(x)$。
   (b) 计算
   $$\text{err}_m = \frac{\sum_{i=1}^{N}\omega_i I(y_i \neq G_m(x_i))}{\sum_{i=1}^{N}\omega_i}.$$
   (c) 计算 $\alpha_m = \log((1-\text{err}_m)/\text{err}_m)$。
   (d) 设 $\omega_i \leftarrow \omega_i \cdot \exp[\alpha_m \cdot I(y_i \neq G_m(x_i))], i = 1, 2, \cdots, N$。
3. 输出 $G(x) = \text{sign}[\sum_{m=1}^{M}\alpha_m G_m(x)]$.

在 Friedman 等 (2000)的文章中，AdaBoost.M1 算法称为“离散 AdaBoost”，因为基分类器 $G_m(x)$ 返回的是离散类别标签。如果基分类器返回实值预测（例如，映射在 $[-1, 1]$ 区间的概率），则需要对 AdaBoost 进行适当的修改（见 Friedman 等 (2000)的“实数 AdaBoost”）。

再弱的分类器，AdaBoost 也能显著提升其性能，如图10–2所示。特征 $X_1, \cdots, X_{10}$ 是标准的独立高斯，确定性目标 Y 定义为

$$Y = \begin{cases} 1 & \text{如果} \quad \sum_{j=1}^{10} X_j^2 > \mathcal{X}_{10}^2(0.5), \\ -1 & \text{其他} \end{cases} \tag{10.2}$$

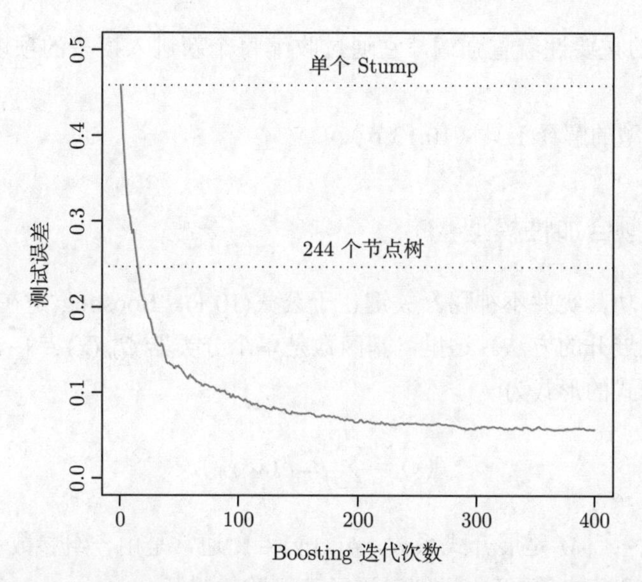

图 10–2　模拟数据(10.2)：基于 stmup 的 boosting 的测试误差率，作为迭代次数的函数。也显示了采用单个 stump 的测试误差率和 244 个节点的分类树

式 (10.2) 中，$\chi^2_{10} = 9.34$ 是具有 10 个自由度的卡方随机变量的中位数（10 个标准高斯的平均和）。这里有 2000 个训练样本，其中每个类大约有 1000 个样本以及 10000 个测试观测。弱分类仅仅是 stump，即只有二个端节点的分类树。与随机猜的 50% 相比，仅仅应用这个分类到训练数据集，就会产生相当高的测试误差率，等于 45.8%。然而，随着 boosting 迭代继续，误差率会稳定减少，在 400 次迭代后达到 5.8%。因此，boosting 这个非常弱的分类器将减少它的预测误差率到原来的 1/4 以下。它也优于单个大的分类树的性能（误差率 24.7%）。自它提出后，大量文章试图解释 AdaBoost 为什么可以形成精确分类器。大多数工作侧重于利用分类树作为“基学习器” $G(x)$，此时的改进是最显著的。事实上，Breiman (NIPS workshop, 1996) 当时认为基于树的 AdaBoost 是“这个世界上现有最好的分类器”（也可见 Breiman (1998)）。正如本章稍后10.7节完全讨论的一样，在数据挖掘应用中，该方法的优势更明显。

本章概述

下面介绍本章主要内容。

- 证明 AdaBoost 拟合了一个基学习器的加性模型，并优化了一个新的指数损失函数。该损失函数非常类似于（负）二项式对数似然（10.2~10.4节）。
- 证明指数损失函数的总体最小化子是类概率的对数几率（10.5节）。
- 介绍比平方误差或指数损失更鲁棒的回归和分类损失函数（10.6节）。
- 论证对于 boosting 的数据挖掘应用，决策树是理想的基学习器（10.7节和10.9节）。
- 针对采用任意损失函数的 boosting 树，发展一类梯度 boosted 模型（gradient boosted models，GBM）（10.10节）。

- “慢学习”的重要性着重强调，它通过收缩每个新进入模型的项以及随机化来实现（10.12.2节）。
- 描述拟合模型的解释工具（10.13节）。

10.2 Boosting 拟合加性模型

Boosting 的成功其实并不神秘。关键在于公式(10.1)。Boosting 是在一组基本的“基”函数集上拟合加性展开的方法。这里，基函数是单个分类器 $G_m(x) \in \{-1,1\}$。更一般的情况是，基函数展开式的形式为

$$f(x) = \sum_{m=1}^{M} \beta_m b(x;\gamma_m), \tag{10.3}$$

这里 β_m，$m = 1,2,\cdots,M$ 是展开式系数，$b(x;\gamma) \in \mathbb{R}$ 通常是由一组参数 γ 表征的、多元参数 x 的简单函数。我们在第5章中详细讨论了基函数的展开。

像这样的加性扩展是本书涵盖的许多学习技术的核心。

- 在单隐层神经网络（第11章），$b(x;\gamma) = \sigma(\gamma_0 + \gamma_1^T x)$，这里 $\sigma(t) = 1/(1+e^{-t})$ 是 sigmoid 函数，同时 γ 用来参数化输入变量的线性组合。
- 在信号处理中，小波（5.9.1节）是常用的选择，采用 γ 来参数化“母”小波的位置和尺度的偏移量。
- 多元自适应回归样条（9.4节）采用剪枝幂样条基函数，其中 γ 用来参数化变量和节点上的值。
- 对于树，γ 用来参数化内节点上的分裂变量和分裂点以及端节点的预测。

典型情况下，这些模型通过最小化训练数据上的平均损失函数，如平方误差或基于似然的损失函数来拟合，

$$\min_{\{\beta_m,\gamma_m\}_1^M} \sum_{i=1}^{M} L\left(y_i, \sum_{m=1}^{M} \beta_m b(x_i;\gamma_m)\right). \tag{10.4}$$

对于大多数损失函数 $L(y, f(x))$ 和/或基函数 $b(x;\gamma)$，这需要用计算上高效的数值优化技术。然而，当可以快速求解仅拟合单个基函数的子问题时，通常可以找到一个简单的替代方案：

$$\min_{\beta,\gamma} \sum_{i=1}^{M} L(y_i; \beta b(x_i;\gamma)). \tag{10.5}$$

10.3 前向分阶段加性建模

前向分阶段建模通过依序增加新的基函数到展开式中来逼近 (10.4) 的解，且不需要调整已经增加的参数和系数。该流程在算法10.2中给出。在每次迭代 m，求解最优基函数 $b(x;\gamma_m)$ 及其相应的系数 β_m，并增加到当前的展开式 $f_{m-1}(x)$ 中。由此可得 $f_m(x)$，这一过程重复进行。先前加入的项不再改动。

算法 10.2 前向分阶段加性建模

1. 初始化 $f_0(x) = 0$。
2. 从 $m = 1$ 到 M:
   (a) 计算
   $$(\beta_m, \gamma_m) = \arg\min_{\beta,\gamma} \textstyle\sum_{i=1}^{N} L(y_i, f_{m-1}(x_i) + \beta b(x_i;\gamma)).$$
   (b) 设 $f_m(x) = f_{m-1}(x) + \beta_m b(x;\gamma_m)$。

对平方误差损失

$$L(y, f(x)) = (y - f(x))^2, \tag{10.6}$$

我们有

$$\begin{aligned} L(y_i, f_{m-1}(x_i) + \beta b(x_i;\gamma)) &= (y_i - f_{m-1}(x_i) - \beta b(x_i;\gamma))^2 \\ &= (r_{im} - \beta b(x_i;\gamma))^2, \end{aligned} \tag{10.7}$$

这里 $r_{im} = y_i - f_{m-1}(x_i)$ 仅是当前模型第 i 个观测结果的残差。因此，对于平方误差损失，每一步能最佳拟合当前残差的项 $\beta b(x;\gamma_m)$ 被增加到展开式中。这个思想是最小二乘回归 boosting 的基础 (将在10.10.2节中讨论)。然而，正如我们将在下一节最后时要证明的一样，对于分类，平方误差损失一般不是一个好的选择，因此有必要考虑其他损失准则。

10.4 指数损失和 AdaBoost

我们现在证明 AdaBoost.M1（算法 10.1）等价于采用损失函数

$$L(y, f(x)) = \exp(-yf(x)). \tag{10.8}$$

的前向分阶段加性建模（算法10.2）。这一准则的适用性将在下一节中讨论。

对于 AdaBoost，基函数是一个单个的分类器 $G_m(x) \in \{-1, 1\}$。采用指数损失函数，在每一步对于待增加的分类器 G_m 及其相应的系数 β_m，我们需要求解

$$(\beta_m, G_m) = \arg\min_{\beta,G} \sum_{i=1}^{N} \exp[-y_i(f_{m-1}(x_i) + \beta G(x_i))]$$

这可以表示成

$$(\beta_m, G_m) = \arg\min_{\beta,G} \sum_{i=1}^{N} \omega_i^{(m)} \exp(-\beta y_i G(x_i)) \tag{10.9}$$

其中 $\omega_i^{(m)} = \exp(-y_i, f_{m-1}(x_i))$。因为每个 $\omega_i^{(m)}$ 既不依赖于 β，也不依赖于 $G(x)$，所以可以视为看应用于每个观测样本的权值。该权值依赖于 $f_{m-1}(x_i)$，因此单个权值在每次迭代 m 中都会改变。

(10.9) 的解可以分两步获得。首先，对于任意值 $\beta > 0$，求解式 (10.9) 获得的 $G_m(x)$ 为

$$G_m = \arg\min_{G} \sum_{i=1}^{N} \omega_i^{(m)} I(y_i \neq G(x_i)), \tag{10.10}$$

它是预测 y 时最小化加权误差率的分类器。这不难看出来，将 (10.9) 的准则表达成下式

$$e^{-\beta}\cdot\sum_{y_i=G(x_i)}\omega_i^{(m)}+e^{\beta}\cdot\sum_{y_i\neq G(x_i)}\omega_i^{(m)}$$

上式又可以写成

$$(e^{\beta}-e^{-\beta})\cdot\sum_{i=1}^{N}\omega_i^{(m)}I(y_i\neq G(x_i))+e^{-\beta}\cdot\sum_{i=1}^{N}\omega_i^{(m)}. \tag{10.11}$$

把 G_m 代入式 (10.9)，求解 β，可得

$$\beta_m=\frac{1}{2}\log\frac{1-\mathrm{err}_m}{\mathrm{err}_m}, \tag{10.12}$$

这里，err_m 是最小加权误差率：

$$\mathrm{err}_m=\frac{\sum_{i=1}^{N}\omega_i^{(m)}I(y_i\neq G_m(x_i))}{\sum_{i=1}^{N}\omega_i^{(m)}}. \tag{10.13}$$

这个近似然后用

$$f_m(x)=f_{m-1}(x)+\beta_m G_m(x)$$

来更新，因此使得下一次迭代的权值为

$$\omega_i^{(m+1)}=\omega_i^{(m)}\cdot e^{-\beta_m y_i G_m(x_i)}. \tag{10.14}$$

现在，利用事实 $-y_iG_m(x_i)=2\cdot I(y_i\neq G_m(x_i))-1$，(10.14) 变成

$$\omega_i^{(m+1)}=\omega_i^{(m)}\cdot e^{\alpha_m I(y_i\neq G_m(x_i))}\cdot e^{-\beta_m}. \tag{10.15}$$

这里，$\alpha_m=2\beta_m$ 是定义在 AdaBoost.M1 算法第 2(c) 行的量 (算法10.1)。由于 (10.15) 的因子 $e^{-\beta_m}$ 是用相同值乘以所有的权值，所以它没有影响。因此，(10.15) 等价于算法10.1的第 2(d) 行。

我们可以将 AdaBoost.M1 算法的第 2(a) 行当作近似求解 (10.10) 和 (10.11) 最小化的一种方法。因此可以推断，AdaBoost.M1 是通过前向分阶段加性建模方法来最小化指数损失函数 (10.8) 的。

对于图10–2的仿真数据问题 (10.2)，图10–3图示了训练集的误分类误差率和平均指数损失。训练集误分类误差率在大约 250 次迭代后就减少到 0（并维持这种状态），但指数损失继续下降。还要注意，在图10–2中，测试集的误分类误差率在 250 次迭代后仍然在继续下降。显然，Adaboost 并不是在优化训练集的误分类误差，其指数损失对估计类别概率的变化更敏感。

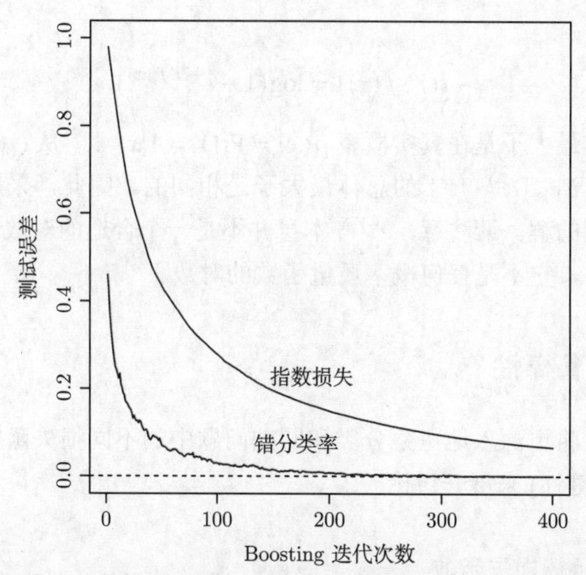

图 10–3 仿真数据，用 stump 做 boosting：训练集的误分类误差率和平均指数损失：$(1/N)\sum_{i=1}^{N}\exp(-y_i f(x_i))$。在大约 250 次迭代后，误分类误差为零，同时，指数损失继续减少

10.5 为什么要用指数损失

AdaBoost.M1 最初的动机源自于一个与前一节非常不同的观点。它与基于指数损失的前向分阶段加性模型的等价性也只是在其提出五年之后才发现。通过研究指数损失函数的特性，我们能更深入地了解它并找到潜在的改进途径。

在加性建模的前提下，指数损失的优势在于计算；它导出了一个简单的模块化重加权 AdaBoost 算法。然而，更有趣的是了解它的统计特性。估计的是什么？估计得有多好？第一个问题可以通过搜索它的总体最小算子来回答。

容易证明 (Friedman 等, 2000)

$$f^*(x) = \arg\min_{f(x)} E_{Y|x}(e^{-Yf(x)}) = \frac{1}{2}\log\frac{\Pr(Y=1|x)}{\Pr(Y=-1|x)}, \tag{10.16}$$

或等价的

$$\Pr(Y=1|x) = \frac{1}{1+e^{-2f^*(x)}}.$$

因此，由 AdaBoost 得出的加性展开是估计了 $\Pr(Y=1|x)$ 的对数几率的二分之一。这证明式 (10.1) 可以采用它的符号（即正负号）作为分类规则。

另一个采用相同总体最小子的损失准则是二项负对数似然或偏差（deviance，也称为“交叉熵”），它将 f 解释为 logit 变换。令

$$p(x) = \Pr(Y=1|x) = \frac{e^{f(x)}}{e^{-f(x)}+e^{f(x)}} = \frac{1}{1+e^{-2f(x)}} \tag{10.17}$$

和定义 $Y' = (Y+1)/2 \in \{0,1\}$，则二项对数似然损失函数为

$$l(Y, p(x)) = Y'\log p(x) + (1-Y')\log(1-p(x)),$$

或等价的，偏差为

$$-l(Y,f(x))=\log(1+e^{-2Yf(x)}). \tag{10.18}$$

因为对数似然的总体最大子是在真实概率 $p(x)=\Pr(Y=1|x)$ 上，从 (10.17) 上能看到，偏差 $E_{Y|x}[-l(Y,f(x))]$ 和 $E_{Y|x}[e^{-Yf(x)}]$ 的总体最大子是相同的。因此，采用两个准则之一，可以在总体上获得相同的解。请注意，e^{-Yf} 本身并不是一个合适的对数似然，因为对于二元随机变量 $Y\in\{-1,1\}$，它不是任何概率质量函数的对数。

10.6 损失函数和鲁棒性

在本节中，我们将更深入地考察分类和回归问题中的不同损失函数，并按它们对极端数据的鲁棒性 (或稳健性) 来展开讨论。

10.6.1 用于分类的鲁棒损失函数

尽管用于总体联合分布时，指数 (10.8) 和二项式偏差 (10.18) 会得出相同的解，但对于有限数据集而言，情况并非如此。两个准则是“边缘”（margin）$yf(x)$ 的单调递减函数。在分类（用 $-1/1$ 响应），边缘扮演类似回归中残差 $y-f(x)$ 的角色。分类规则 $G(x)=\text{sign}[f(x)]$ 意味着：有正边缘 $y_if(x_i)>0$ 的观测被正确分类，而有负边缘 $y_if(x)<0$ 的观测被误分类。决策边界由 $f(x)=0$ 定义。分类算法的目标是尽可能多形成正边缘。因为正边缘观测已经被正确分类，所以任何用于分类的损失准则都应该更多惩罚负边缘。图10–4显示了作为边缘 $yf(x)$ 的函数的，指数 (10.8) 和二项式偏差准则。

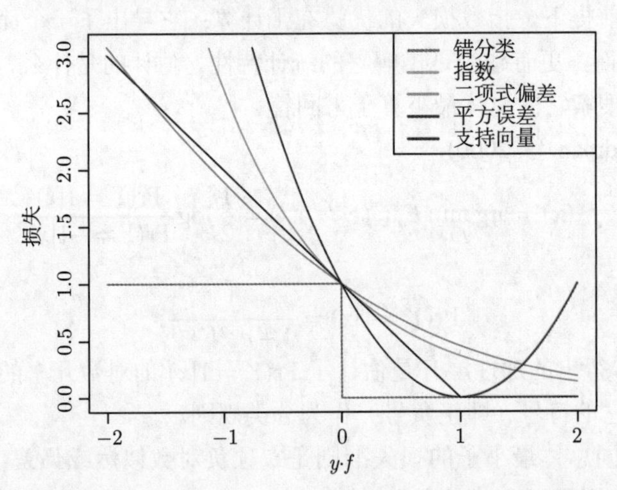

图 10–4 两类分类的损失函数。响应变量是 $y=\pm1$；预测值是 f，且类别预测是 $\text{sign}(f)$。5 个损失函数是误分类：$I(\text{sign}(f)\neq y)$；指数：$\exp(-yf)$；二项式偏差：$\log(1+\exp(-2yf))$；平方误差：$(y-f)^2$；支持向量：$(1-yf)_+$（见 12.3节）。每个函数已经缩放比例使其都能通过点 $(0,1)$

另外也显示了误分类损失 $L(y,f(x))=I(y\cdot f(x)<0)$。该函数对负边缘值给出单位惩罚，对正值则完全不惩罚。指数和偏差损失均可以看成是对误分类损失的单调连续逼近。它

们连续惩罚递增的负边缘值，且惩罚强度重于奖励递增的正边缘值。两种损失的不同在于惩罚的程度。对于递增大的负边缘值，与二项式偏差相关联的惩罚是线性增长的；而指数准则对这种观测的影响呈指数增加。

在训练过程中，指数准则着重影响其负边缘值较大的观测。二项式偏差对这类观测的影响相对较少，而是更均匀地对所有数据施加影响。因此，在贝叶斯误差率不为零的噪声环境下，它更鲁棒，尤其在训练数据存在一些错误指定的类别标签时。在这种情况下，AdaBoost 的预测性能经验上一直能观测到有明显的退化。

图中显示的还有平方误差损失。总体上，相应风险的最小算子是

$$f^*(x) = \arg\min_{f(x)} E_{Y|x}(Y - f(x))^2 = E(Y|x) = 2 \cdot \Pr(Y = 1|x) - 1. \tag{10.19}$$

如前所述，分类规则为 $G(x) = \text{sign}[f(x)]$。对于误分类误差，平方误差损失不是一个好的替代方案。如图10–4所示，它不是递增边缘 $yf(x)$ 的单调递减函数。对边缘值 $y_i f(x_i) > 1$，它二次地增加。对确定性递增的正确分类的观测，它因此会递增地施加影响（误差），也因此会降低对不正确分类的 $y_i f(x_i) < 0$ 的相对影响。所以，如果类别分配是目标，单调递减准则更好的、可替代的损失函数。在第12章，图12–4包含了二次损失的改进，Huberized 平方 hinge 损失 (Rosset 等，2004b)。这一损失函数具有二项式偏差，二次损失和 SVM 的 hinge 损失中一些好的特性。它与二次式 (10.19) 拥有相同的总体最小化，当 $y \cdot f(x) > 1$ 时等于零，而 $y \cdot f(x) < -1$ 时变成线性。因为与指数形式相比，二次函数更容易计算，我们的经验建议这可作为二项式偏差的一种有用替代。

在 K 个类别的分类问题中，响应变量 Y 在无序集 $\mathcal{G} = \{\mathcal{G}_1, \cdots, \mathcal{G}_k\}$ 中取值 (见2.4节和4.4节)。我们现在搜索在 $\mathcal{G}$ 中取值的分类器 $G(x)$。对于贝叶斯分类器，

$$G(x) = \mathcal{G}_k \quad \text{这里} \quad k = \arg\max_{\ell} p_\ell(x) \tag{10.20}$$

只需要知道类条件概率 $p_k(x) = \Pr(Y = \mathcal{G}_k|x)$ 即可。实际上，我们不必学习 $p_k(x)$，而仅需知道哪一个最大即可。然而，在数据挖掘应用中，更感兴趣的是类别概率 $p_\ell(x)$，$\ell = 1, \cdots, K$，而不是执行类别划分。如4.4节所述，logistic 模型能自然地推广到 K 个类别，

$$p_k(x) = \frac{e^{f_k(x)}}{\sum_{\ell=1}^K e^{f_\ell(x)}}, \tag{10.21}$$

上式确保 $0 \leqslant p_k(x) \leqslant 1$，且总和等于 1。请注意，这里我们有 K 个不同的函数，每个类别一个。函数 $f_k(x)$ 存在一个冗余，因为对每一个增加任意 $h(x)$，都不会改变模型。传统上，其中一个会设成零: 举例来说，如 (4.14)，$f_K(x) = 0$。这里，我们宁愿保留对称性，并强制约束 $\sum_{k=1}^K f_k(x) = 0$。二项式偏差可以自然推广到 K 个类别的*多项式偏差*（multinomial deviance）损失函数：

$$L(y, p(x)) = -\sum_{k=1}^K I(y = \mathcal{G}_k) \log p_k(x)$$

$$= -\sum_{k=1}^{K} I(y = \mathcal{G}_k) f_k(x) + \log\left(\sum_{\ell=1}^{K} e^{f_\ell(x)}\right). \tag{10.22}$$

正如在两类情况中一样，准则 (10.22) 只是根据不正确的程度线性惩罚不正确的预测结果。

Zhu 等 (2005)将指数损失推广到 K 个类别的分类问题。细节见习题10.5。

10.6.2　回归的鲁棒损失函数

在回归情况中，与指数损失和二项式对数似然之间关系相类似的是，平均误差损失 $L(y, f(x)) = (y - f(x))^2$ 和绝对损失 $L(y, f(x)) = |y - f(x)|$ 之间的关系。对于平方误差损失，总体的解为 $f(x) = E(Y|x)$，对于绝对损失，其解为中位数 $f(x) = \text{median}(Y|x)$，对于对称误差分布，两个结果是相同的。然而，对有限样本，平方误差损失在拟合过程中更重视具有较大绝对残差 $|y_i - f(x_i)|$ 的观测。因此它的鲁棒性较差。对于长尾误差分布，尤其极度异常错误测量的 y-值（“奇点”），它的表现会严重退步。其他更鲁棒的准则，如绝对损失，在这些情况下的表现要好得多。在统计鲁棒性或稳健性的文献中，已经提出大量回归损失准则。它们对异常的奇点有更强的鲁棒性/稳健性力（即使不是绝对免疫），同时对于高斯误差有与最小二乘相近的有效性。在中度重尾的误差分布时，它们通常比提到的两种损失函数要好。一个像这样的准则是采用 M-回归的 Huber 损失函数 (Huber, 1964)。

$$L(y, f(x)) = \begin{cases} [y - f(x)]^2 & \text{for } |y - f(x)| \leqslant \delta \\ 2\delta|y - f(x)| - \delta^2 & \text{否则} \end{cases} \tag{10.23}$$

图10–5比较了这三种损失函数。

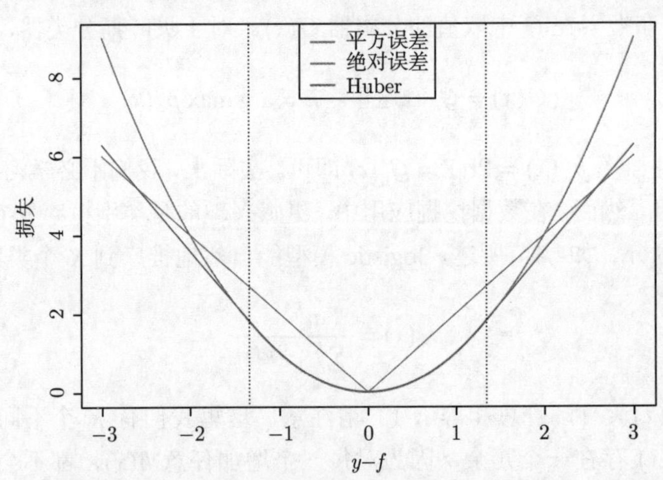

图 10–5　用于回归的三种损失函数的比较，画成边缘 $y - f$ 的函数。Huber 损失函数结合了靠近零处的平方误差损失和当 $|y - f|$ 大的时候，绝对误差损失的好的特性

这些考虑表明，从统计的观点来看，当主要关注鲁棒性时，尤其数据挖掘应用中（见10.7节），回归的平方误差损失和分类的指数损失都不是最好的。然而，它们都可以在前向分阶段加性建模的前提下，得到一个优美的模块化 boosting 算法。对于平方误差损失，只

需要在每一步对当前模型的残差 $y_i - f_{m-1}(x)$ 拟合基学习器。对于指数损失，可以对输出值 y_i 采用基学习器的加权拟合，其中权值 $\omega_i = \exp(-y_i f_{m-1}(x_i))$。在这些情况下，直接采用其他更鲁棒的准则得不到如此简单灵活的 boosting 算法。然而，在10.10.2节，我们证明了可以基于任意可微的损失函数导出简单优美的 boosting 算法，从而用高度鲁棒的 boosting 过程来进行数据挖掘。

10.7　数据挖掘的“现成”过程

预测学习是数据挖掘中的一个重要方面。正如能从本书的看到的，已经提出了大量可以从数据中进行预测学习的方法。每个特定方法都有一些相当有效的场合，而在其他场合，比不上能在相应数据上做得最好的算法。我们试图在讨论每种方法时——介绍其适应场景所具备的特点。然而，对于任意给定问题，哪个过程能执行得最好或者甚至比较好，很难事先就知道。表10–1总结了大量学习方法不同的特点。

表 10–1　不同学习方法的某些特性。关键：△= 好，◇ = 一般，而∇ = 差

特性	神经网络	SVM	树	MARS	k-近邻，核
“混合”类型数据的自然处理	∇	∇	△	△	∇
缺失值的处理	∇	∇	△	△	△
输入空间的奇点鲁棒性	∇	∇	△	∇	△
对输入单调变换的不敏感性	∇	∇	△	∇	∇
计算可扩展性（大 N）	∇	∇	△	△	∇
处理不相关输入的能力	∇	∇	△	△	∇
提取线性组合特征的能力	△	△	∇	∇	◇
可解释性	∇	∇	◇	△	∇
预测能力	△	△	∇	◇	△

考虑到各种学习过程的特别要求，工业和商业数据挖掘应用尤其挑战性。按照观测的数量和在每个观测变量上测量的数量，数据集通常非常大。因此，计算上的考虑扮演了重要角色。同时，数据经常是杂乱的（messy）：输入数据常量定量、二值和范畴变量的混合，且后者通常具有多个层次。另外，一般会有许多缺失值，完整的观测反而比较少见。数值预测和响应变量的分布通常是长尾和高度偏斜的。垃圾邮件数据就属于这种情况（9.1.2节）；当拟合广义加性模型时，为了得到合理的拟合，我们首先对每一个预测子做对数变换。除此以外，它们通常包含了大量误测量值（奇点）。预测变量一般在完全不同的尺度上测量。

在数据挖掘应用中，通常只有包含在分析中的大量预测变量的一小部分，实际与预测相关。它也不像许多应用，如模式识别，这里很少有可靠的领域知识来帮助创建特别相关的特征和/或过滤不相关的特征。这些特征引入后会导致许多方法的性能显著退化。

除此以外，数据挖掘通常要求可解释性的模型，只产生预测还不够。它还期望得到一

些信息。这些信息能帮助理解输入变量联合值和产生的预测响应值之间的关系。因此，黑箱（black box）方法如神经网络，尽管在纯预测场合如模式识别相当有用，对于数据挖掘却较少是有用的。

而对速度、可解释性的要求以及数据的混乱本性，也严重限制了将多数学习方法当作现成技术应用到数据挖掘的可能性。现成的方法（off-the-shelf）指那些不要求在数据预处理上消耗大量时间，或花在仔细调整学习过程上，就可以直接用于数据的方法。

在所有著名的学习方法中，决策树最能迎合这个要求，可以作为现成的方法用于数据挖掘。它们能相对快速地构造，并形成可解释的模型（如果树是小的）。正如在节9.2讨论的，它们自然地融入了数值、范畴预测变量以及缺失值的混合。它们在（严格单调）的单个预测子的变换是不变的。结果，放缩和/或更一般的变换都不是问题，并且它们对预测子奇点的影响也有免疫力。它们将执行内部特征选择视为过程的一个组成部分。因此，如果不是完全免疫，它们也能抵抗包含许多不相关预测变量的影响。决策树的这些特性是它们成为数据挖掘中最受欢迎方法的最大原因。

但有一个因素阻止树成为预测学习的理想工具，即不精确性。与那些能用手头数据进行最佳预测的模型相比，它们难以提供精确的预测。正如在节10.1所见，boosting 决策树通常会显著地改进它们的精度。同时，它维持了大多数数据挖掘期望的属性。树在速度和可解释性的好处会被 boosting 牺牲掉。而对于 AdaBoost 来说，当类别分布重叠，甚至有误标记的训练样本时，则鲁棒性会损失。梯度 boosted 模型（GBM）是试图减轻这些问题的树 boosting 的推广，因此对于数据挖掘产生了一个精确有效的现成的过程。

10.8 示例：垃圾邮件数据

在详细讲述梯度 boosting 算法之前，我们先在一个二类分类问题上展示它的能力。垃圾邮件数据在第1章介绍过，在第9章曾作为许多过程的示例 (9.1.2节、9.2.5节、9.3节和9.4.1节)。

采用与9.1.2节相同的测试集，梯度 boosting 算法可得到 4.5% 的测试误差率。作为比较，加性 logistic 回归的结果是 5.5%，完全生长后并利用交叉验证剪枝的分类回归树（CART）的结果是 8.7%，而 MARS 是 5.5%。尽管采用 McNemar 测试时，梯度 boosting 会显著地优于其他所有的算法 (习题10.6)，这些估计的标准误差大约是 0.6%。

在下面的10.13节，我们对每个预测子采用一个相对重要性度量以及描述预测子对拟合模型的贡献的部分相关性图。我们现在将就垃圾邮件数据来解释这些方法。

图10–6显示了对全部 57 个预测变量的相关重要性谱。显然，从正常邮件中分离垃圾邮件时，一些预测子比其他更重要。字符串 !，$，hp和remove的频率被估计成四个最相关的预测变量。在谱的另一端，字符串857，415，table和3d实质上并没有相关性。

这里用于建模的量是垃圾邮件对正常邮件的对数几率（见10.13节）：

$$f(x) = \log \frac{\Pr(\text{spam}|x)}{\Pr(\text{email}|x)} \tag{10.24}$$

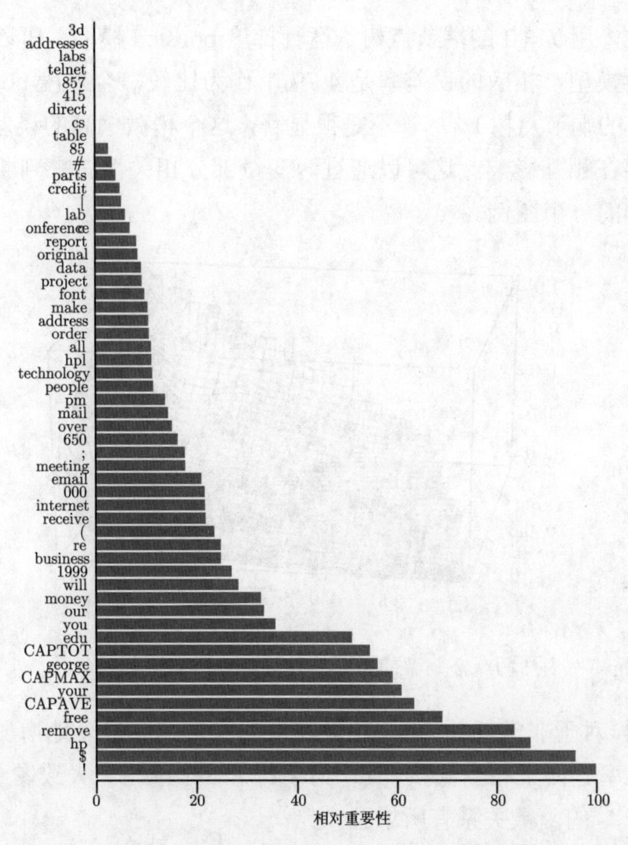

图 10–6 垃圾邮件（*spam*）数据的预测变量重要性谱。变量名写在纵轴坐标上

图10–7显示了在选择的重要预测子的对数几率的部分相关性，两个与垃圾邮件正相关（!和remove)），两个负相关（edu和hp）。这些特定的相关性看上去是本质单调的。它与在加性 logistic 回归模型中发现的相应的函数大体上一致，见第228页的图9–1。

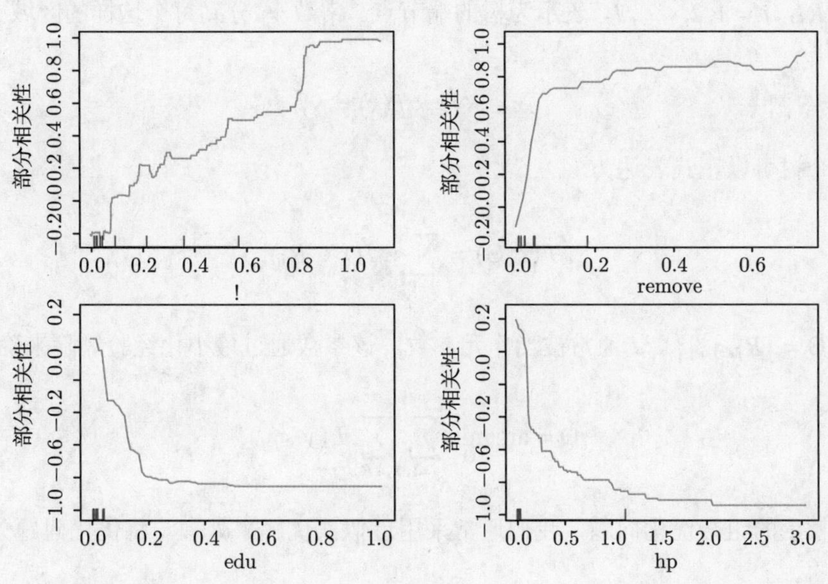

图 10–7 垃圾邮件在 4 个重要预测子上对数几率的部分相关性。底部的红色标记是输入变量的十分位数

在这些数据上，用 $J = 2$ 的端节点树，运行梯度 boosted 模型，可以产生对数几率的纯加性（主要影响）模型，相应的误差率是 4.7%。作为比较，全梯度 boosted 模型的误差率是 4.5%（为 $J = 5$ 的端节点树）。尽管不是很显著，这个稍微偏高的误差率表明，在某些重要预测变量之间存在相互影响。这可以通过两变量部分相关性图来判断。图10–8显示了具有强相互作用影响的一个图例。

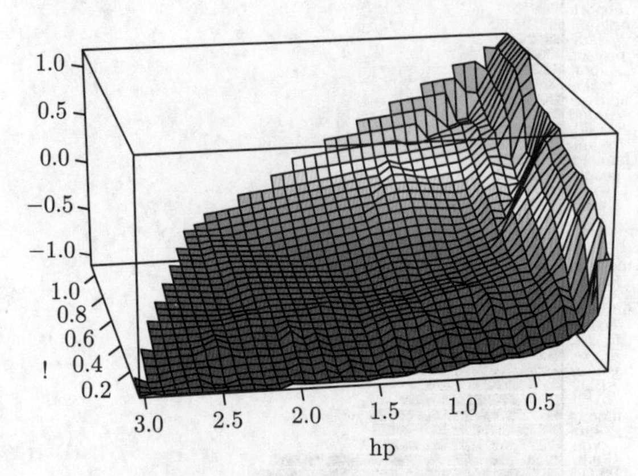

图 10–8　作为hp和字符！的联合频率的函数，垃圾邮件对正常邮件的对数几率的部分相关性

我们可以看到，对于非常低频的hp，垃圾邮件的对数几率显著地增加了。对于高频的hp，垃圾邮件的对数几率趋向于相当低，并且作为字符！的函数，它大致像一个常数。随着hp的频率增加，与字符！的函数关系有所增强。

10.9 Boosting 树

回归和分类树在9.2节中详细讨论过，它们将所有联合预测变量值的空间划分成为不相交的区域 R_j，$j = 1, 2, \cdots, J$，表示为树的端节点。常数 γ_j 分到每个这样的区域中，预测规则为

$$x \in R_j \Rightarrow f(x) = \gamma_j.$$

因此，一个树可以正式表达为

$$T(x; \Theta) = \sum_{j=1}^{J} \gamma_j I(x \in R_j). \tag{10.25}$$

其中参数 $\Theta = \{R_j, \gamma_j\}_1^J$。$J$ 通常被当作元参数。该参数通过最小化经验风险来确定发现：

$$\hat{\Theta} = \arg\min_{\Theta} \sum_{j=1}^{J} \sum_{x_i \in R_j} L(y_i, \gamma_j). \tag{10.26}$$

这是一个棘手的组合优化问题，我们通常采用近似次优解来处理。将优化问题分成两部分是很有用的。

- 给定 R_j 求 γ_j：给定 R_j，估计 γ_j 一般是平凡的，并且通常 $\hat{\gamma}_j = \bar{y}_j$，即落在区域 R_j 的 y_i 的均值。对于误分类损失，$\hat{\gamma}_j$ 是落在区域 R_j 的观测的模式类别。
- 求 R_j：这部分较难，因此需要求近似解。也要注意，求 R_j 实际上也要估计 γ_j。典型的策略是采用贪婪的、自上而下的迭代来逼近 (10.26) 分算法来求 R_j。除此以外，为了优化 R_j，有时还有必要再用一个更平滑、更方便的准则：

$$\tilde{\Theta} = \arg\min_{\Theta} \sum_{i=1}^{N} \tilde{L}(y_i, T(x_i, \Theta)). \tag{10.27}$$

然后，给定 $\hat{R}_j = \tilde{R}_j$，γ_j 就可以用原来的准则更准确地估计得出可以采用原始准则更精确地估计出来。

在9.2节，我们描述了为分类树所采用的这策略。那里，基尼指数代替误分类损失来控制树的生长（辨识 R_j）。

Boosted 树模型是由前向分阶段方式诱导的，这些树的和（算法10.2）

$$f_M(x) = \sum_{m=1}^{M} T(x; \Theta_m) \tag{10.28}$$

给定当前模型 $f_{m-1}(x)$，考虑下一个树的区域集和常数 $\Theta_m = \{R_{jm}, \gamma_{jm}\}_1^{J_m}$，在分阶段前向过程的每一步，我们必须求解

$$\hat{\Theta} = \arg\min_{\Theta_m} \sum_{i=1}^{N} L(y_i, f_{m-1}(x_i) + T(x_i; \Theta_m)) \tag{10.29}$$

给定区域 R_{jm}，在每个区域求最优常数 γ_{jm} 通常很直接：

$$\hat{\gamma}_{jm} = \arg\min_{\gamma_{jm}} \sum_{x_i \in R_{jm}} L(y_i, f_{m-1}(x_i) + \gamma_{jm}). \tag{10.30}$$

求解这些区域是困难的，甚至比求单个树更难。但在几个特例中，该问题却可以简化。

对于平方误差损失，(10.29)的解不会比单棵树的困难。它只是最佳预测当前残差 $y_m - f_{m-1}(x_i)$ 的回归树，并且 $\hat{\gamma}_{jm}$ 是每个对应区域里的残差的均值。

对于两类分类和指数损失，这种分阶段方法 boosting 分类树的 AdaBoost 方法（算法10.1）。尤其是，如果被限制树 $T(x; \Theta_m)$ 是尺度化（scaled）的分类树，则我们在10.4节上证明了 (10.29) 的解是：最小化加权误差率 $\sum_{i=1}^{N} \omega_i^{(m)} I(y_i \neq T(x_i; \Theta_m))$ 的树，其中权值 $\omega_i^{(m)} = e^{-y_i f_{m-1}(x_i)}$。尺度化的分类树是指 $\beta_m T(x; \Theta_m)$，且有限制 $\gamma_{jm} \in \{-1, 1\}$。

如果没有这个限制，对于指数损失，(10.29) 仍然可以简化到对新树的加权指数准则：

$$\hat{\Theta}_m = \arg\min_{\Theta_m} \sum_{i=1}^{N} \omega_i^{(m)} \exp[-y_i T(x_i; \Theta_m)]. \tag{10.31}$$

可以使用这个加权指数损失作为分裂准则，直接实现贪心迭代划分算法。给定 R_{jm}，我们可以证明 (习题10.7)，在每个相应的区域 (10.30) 的解是加权对数几率：

$$\hat{\gamma}_{jm} = \frac{1}{2} \log \frac{\sum_{x_i \in R_{jm}} \omega_i^{(m)} I(y_i = 1)}{\sum_{x_i \in R_{jm}} \omega_i^{(m)} I(y_i = -1)}. \tag{10.32}$$

这要求一个特定的树生长算法，实际上，我们宁愿采用以下提及的加权最小二乘回归树的近似。

对于回归，采用损失准则 (如绝对误差) 或 Huber 损失 (10.23) 来代替平方误差损失，对于分类采用 (10.22) 的偏差来代替指数损失，这都将导致更鲁棒的 boosting 树。不幸的是，不像其非鲁棒性搭档，这些鲁棒准则不能形成简单快速的 boosting 算法。

给定 R_{jm}，对于更一般的损失准则，(10.30) 的解一般都是直接的，因为它只是简单的“位置”估计。对于绝对损失，它在每个各自的区域仅仅是残差的中位数。对于其他准则，有快速迭代算法来求解 (10.30)，且它们的更快的“单步”近似也是可行的。问题是树归纳。对于这些更一般的损失准则，没有求解 (10.29) 的简单快速算法，因而，像 (10.27) 的近似变得必不可少。

10.10 通过梯度 Boosting 的数值优化

采用任意可微损失准则的，求解 (10.29) 的快速近似算法，可以通过模拟数值优化获得。在训练数据上，采用 $f(x)$ 预测 y 的损失是

$$L(f) = \sum_{i=1}^{N} L(y_i, f(x_i)). \tag{10.33}$$

其目标是考虑 f 来最小化 $L(f)$，并约束 $f(x)$ 为各个树的总和 (10.28)。忽略这一约束，最小化 (10.33) 可看成是数值优化：

$$\hat{\boldsymbol{f}} = \arg\min_{\boldsymbol{f}} L(\boldsymbol{f}), \tag{10.34}$$

这里“参数” $\boldsymbol{f} \in \mathbb{R}^N$ 是在 N 个数据点的每一点上，逼近函数 $f(x)$ 的值：

$$\boldsymbol{f} = \{f(x_1), f(x_2), \cdots, f(x_N)\}.$$

数值优化过程通过分量向量的加和来求解 (10.34)：

$$\boldsymbol{f}_M = \sum_{m=0}^{M} \boldsymbol{h}_m, \quad \boldsymbol{h}_M \in \mathbb{R}^N,$$

这里 $\boldsymbol{f}_0 = \boldsymbol{h}_0$ 是初始猜测，然后基于为先前诱导的更新的和 (即当前参数向量 $\boldsymbol{f}_{m-1}$)，再推导每个随后的 $\boldsymbol{f}_m$。数值优化方法在计算每个增量向量 $\boldsymbol{h}_m$（“步”）上是不同的。

10.10.1 最速下降

最速下降选择 $\boldsymbol{h}_m = -\rho_m \boldsymbol{g}_m$，其中 ρ_m 是标量，$\boldsymbol{g}_m \in \mathbb{R}^N$ 是在 $\boldsymbol{f} = \boldsymbol{f}_{m-1}$ 处评估的 $L(\boldsymbol{f})$ 的梯度。梯度 $\boldsymbol{g}_m$ 的分量是

$$g_{im} = \left[\frac{\partial L(y_i, f(x_i))}{\partial f(x_i)}\right]_{f(x_i)=f_{m-1}(x_i)} \tag{10.35}$$

步长（step length）ρ_m 是式

$$\rho_m = \arg\min_{\rho} L(\boldsymbol{f}_{m-1} - \rho \boldsymbol{g}_m) \tag{10.36}$$

的解。当前解然后采用

$$\boldsymbol{f}_m = \boldsymbol{f}_{m-1} - \rho_m \boldsymbol{g}_m$$

来更新，并在下一次迭代重复该过程。最速下降可以看成是非常贪心的策略，因为 $-\boldsymbol{g}_m$ 是在 $\mathbb{R}^N$ 的局部方向，那里 $L(\boldsymbol{f})$ 在 $\boldsymbol{f} = \boldsymbol{f}_{m-1}$ 处有最快的下降。

10.10.2 梯度 Boosting

分阶段前向 boosting（算法10.2）也是非常贪心的策略。在每一步，给定当前模型 f_{m-1} 和它的拟合 $f_{m-1}(x_i)$，其求解得到的树最大约简 (10.29)。因此，树预测 $T(x_i;\Theta_m)$ 类似于负梯度分量 (10.35)。主要的不同是树分量 $\boldsymbol{t}_m = \{T(x_1;\Theta_m), ..., (x_N;\Theta_m)\}^T$ 不是独立的。它们被约束成为 $J-m$ 个端节点的决策树的预测，负梯度反而是无约束的最大下降方向。

在分阶段方法里的 (10.30) 的解类似于最速下降里的线性搜索 (10.36)。不同在于式 (10.36) 为对应于每个分离端区域 $\{T(x_i;\Theta_m)\}_{x_i \in R_{jm}}$ 的、$\boldsymbol{t}_m$ 的分量分别执行线性搜索。

如果最小化在训练集的损失 (10.33) 是唯一目标，最速下降将是一种可取的策略。对于任意可微的损失函数 $L(y, f(x))$，梯度 (10.35) 的计算是平凡的，对于10.6节讨论的鲁棒准则，求解 (10.29) 反而是困难的。不幸的是，梯度 (10.35) 仅定义在训练数据点 x_i 上，反而最终目标是要推广 $f_M(x)$ 到未出现在训练集的新数据上。

这一窘境可能的解决办法是，在第 m 次迭代诱导一棵树 $T(x;\Theta_m)$，那里的预测 $\boldsymbol{t}_m$ 尽可能接近负梯度。利用平方误差来度量接近度 (closeness)，导致

$$\tilde{\Theta}_m = \arg\min_{\Theta} \sum_{i=1}^{N} (-g_{im} - T(x_i;\Theta))^2. \tag{10.37}$$

即通过最小二乘拟合树 T 到负梯度值 (10.35)。正如在10.9节中提及的，关于最小二乘树归纳，存在快速算法。尽管对 (10.37) 的解区域 $\tilde{R}_{jm}$ 与解 (10.29) 的区域 R_{jm} 不相同，但一般两者足够相似，可用于相同的目的。在任何情况，前向分阶段 boosting 过程和自顶至上决策树归纳，两者本身都是逼近过程。在构造树 (10.37) 以后，在每个区域相应的常数由 (10.30) 给出。

表10–2总结了常用损失函数的梯度。对平方误差损失，负梯度仅是有序残差 $-g_{im} = y_i - f_{m-1}(x_i)$，使得式 (10.37) 本身等价于标准最小二乘 boosting。对于绝对误差损失，负梯度是残差的符号（sign）函数，因此，在每次迭代，(10.37) 通过最小二乘拟合树到当前残差的符号。对于 Huber M-回归，负梯度是这两者之间的折衷（见表 10-2）。

对于分类，损失函数是多项式偏差 (10.22)，并在每次迭代构造 K 个最小二乘树。每棵树 T_{km} 拟合到它自己的负梯度向量 g_{km}，

$$-g_{ikm} = \left[\frac{\partial L(y_i, f_1(x_i), \cdots, f_K(x_i))}{\partial f_k(x_i)}\right]_{f(x_i)=f_{m-1}(x_i)}$$

$$=I(y_i = \mathcal{G}_k) - p_k(x_i), \tag{10.38}$$

其中 $p_k(x)$ 由式 (10.21) 给出。尽管在每次迭代会构造 K 个不同的树，这些树通过 (10.21) 相关联。对于二元分类（$K = 2$），仅仅需要一颗树（习题10.10）。

10.10.3 梯度 Boosting 的执行

算法10.3给出了回归的通用梯度树 boosting 算法。通过引入不同的损失函数 $L(y, f(x))$，就可形成特定的算法。算法的第一行初始化最优常值模型，它是仅有一个端节点的树。在第 2(a) 行计算的负梯度分量称为广义的或伪（pseudo）的残差，r。常用的损失函数的梯度总结于表10–2中。

算法 10.3 梯度树 boosting 算法

---

1. 初始化 $f_0(x) = \arg\min_\gamma \sum_{i=1}^N L(y_i, \gamma)$。
2. 对 $m = 1$ 到 M：
   (a) 对 $i = 1, 2, \cdots, N$，计算
   $$r_{im} = -\left[\frac{\partial L(y_i, f(x_i))}{\partial f(x_i)}\right]_{f=f_{m-1}}$$
   (b) 拟合回归树到目标 r_{im}，给出终端区域 R_{jm}，$j = 1, 2, \cdots, J_m$
   (c) 对 $j = 1, 2, \cdots, J_m$ 计算
   $$\gamma_{jm} = \arg\min_\gamma \sum_{x_i \in R_{jm}} L(y_i, f_{m-1}(x_i) + \gamma)$$
   (d) 更新 $f_m(x) = f_{m-1}(x) + \sum_{j=1}^{J_m} \gamma_{jm} I(x \in R_{jm})$.
3. 输出 $\hat{f}(x) = f_M(x)$。

表 10–2 常用损失函数的梯度

情况	损失函数	$-\partial L(y_i, f(x_i))/\partial f(x_i)$
回归	$\frac{1}{2}[y_i - f(x_i)]^2 \mid$	$y_i - f(x_i)$
回归	$\lvert y_i - f(x_i) \rvert$	$\text{sign}[y_i - f(x_i)]$
回归	Huber	$y_i - f(x_i)$ for $\lvert y_i - f(x_i)\rvert \leqslant \delta$ $\delta_m \text{sign}[y_i - f(x_i)]$ for $\lvert y_i - f(x_i)\rvert > \delta_m$ 这里 δ_m = 第 α 个分位数 $\{\lvert y_i - f(x_i)\rvert\}$
分类	偏差	第 k 个分量: $I(y_i = \mathcal{G}_k) - p_k(x_i)$

用于分类的算法是类似的。2(a)~(d) 行在每次迭代 m 重复 K 次，对每一类应用式 (10.38) 一次。在第 3 行的结果是 K 个不同的（耦合）树展开 $f_{kM}(x)$，$k = 1, 2, \cdots, K$。这些通过 (10.21) 产生概率或如 (10.20) 执行分类。细节参见习题10.9。两个基本的调整参数是迭代的次数 M 和每棵形成的树的大小 J_m，$m = 1, 2, \cdots, M$。

该算法的原始实现称为“多元加性回归树”（Multiple additive regression trees, MART），本书第 1 版采用了这种说法。本章许多图是由 MART 生成的。这里介绍的梯度 Boosting 在R gbm软件包中执行 (Ridgeway, 1999, 梯度 Boosted 模型)，可以自由使用。在10.14.2节也采用了gbm包，在第15章和第16章更广泛地使用。另一个 Boosting 的 R 语言

实现是mboost (Hothorn and Bhlmannn, 2006)。梯度 boosting/MART 的商业软件 Treenet® 可从 Salford 系统公司获得。

10.11 Boosting 合适大小的树

历史上，Boosting 被看成是一种模型组合技术，比如这里的树。这样，建树的算法就可看成是基本操作，它能形成将被 boosting 过程组合起来的多个模型。在这种情况下，每棵树在建立时，可用常规方式来分别估计最优大小 (9.2节)。首先生成一棵很大的树（过尺寸），然后应用自下而上的过程来剪枝，以达到端节点的估计最优数量。这种方法隐式地假设了，每棵树都是展开式 (10.28) 的最后一个。除了可能十分大的树以外，这显然是个非常差的假设。结果是树变得非常大，尤其在早期迭代中。这真正退化了性能，并增加了计算开销。

避免该问题最简单的策略是限制所有树到具有相同大小，$J_m = J\ \forall m$。在每次迭代，诱导出一个 J-端节点回归树。因此，J 变成了整个 Boosting 过程的元参数，根据手头数据来调整以便最大化估计的性能。

要获得有用的 J 值的想法，可以通过考虑如下“目标”函数的特性：

$$\eta = \arg\min_{f} E_{XY} L(Y, f(X)). \tag{10.39}$$

这里期望值是 (X, Y) 总体联合分布上的值。目标函数 $\eta(x)$ 是在未来数据上具有最小预测风险的一个，是我们正试图逼近的函数。

一个与 $\eta(X)$ 相关的特性是坐标变量 $X^T = (X_1, X_2, \cdots, X_p)$ 之间相互相关的程度。这可以通过 ANOVA（方差分析）展开来获得：

$$\eta(X) = \sum_j \eta_j(X_j) + \sum_{jk} \eta_{jk}(X_j, X_k) + \sum_{jkl} \eta_{jkl}(X_j, X_k, X_l) + \cdots. \tag{10.40}$$

式 (10.40) 的第一个求和项是对仅有一个预测变量 X_j 的函数求和。特定函数 $\eta_j(X_j)$ 是在采用的损失准则下，联合的最佳逼近 $\eta(X)$ 的那些函数。第二个求和项是两变量函数的和，当这些两变量函数变成主要影响时，能最好地拟合 $\eta(X)$。这称为各个变量对 (X_j, X_k) 的二阶交互关系。第三个求和项反映了三阶的交互关系，依此类推。对许多实际碰到的问题，低阶相互作用的影响常占支配地位。在这种情况下，采用更强高阶交互作用的模型，如大的决策树，将面临精度问题。

基于树的逼近的交互作用级别受限于树的大小 J。即，大于 $J-1$ 级别的交互作用影响是不可能的。因为 Boosted 模型在树 (10.28) 是加性的，这也限制了它们的扩展。令 $J = 2$（单分裂“决策 Stump”）会产生仅有主要影响的 Boosted 模型；此时不允许有交互作用。采用 $J = 3$，则允许有两变量交互影响，依此类推。这表明为 J 值的选择将反映 $\eta(x)$ 主要交互影响的级别。当然这一般是未知的，但在大多数情况它是低的。图10–9图示了在一个仿真例子 (10.2) 的交互影响的阶（J 的选择）的影响。生成函数是加性的（二次单项式之和），

因此具有 $J>2$ 的 Boosting 模型会引起不必要的方差和起较高的测试误差。图10–10比较了由 Boosted Stumps 发现的坐标函数与真实函数。

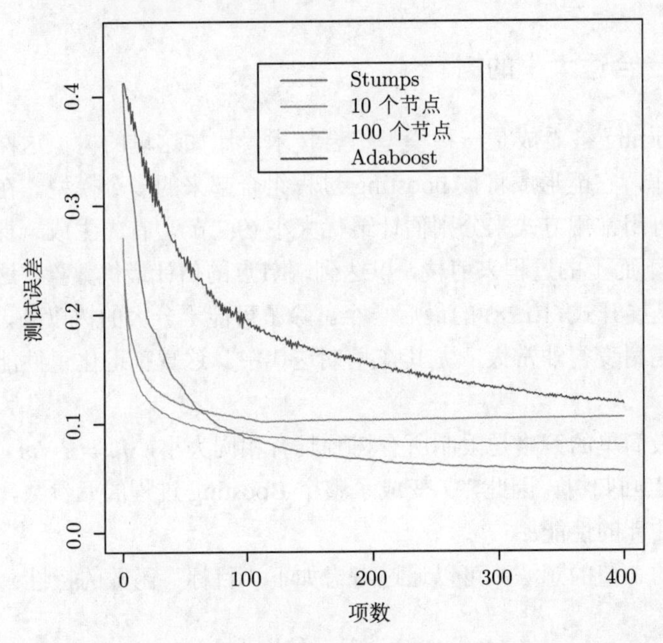

图 10–9 不同大小的树的 Boosting，应用于图10–2使用的例子 (10.2) 上。因为生成式模型是加性的，Stumps 的效果最好。采用算法10.3中二项式偏差损失的 Boosting 算法 10.3；为了比较进行，还显示了 AdaBoost 算法 10.1

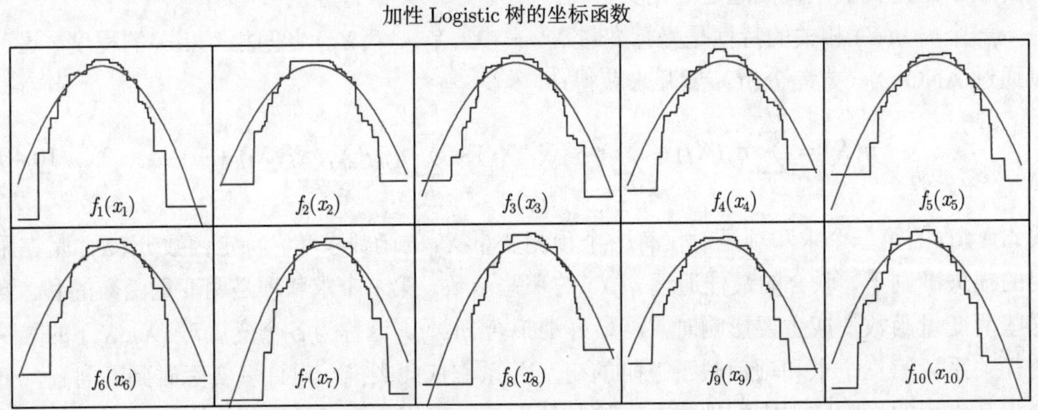

图 10–10 对于图10–9使用的仿真例子，由 Boosting Stumps 估计的坐标函数。为了进行比较，也显示了真实的二次函数

尽管在多数应用中，$J=2$ 是不充分的，但也不大可能要求 $J>10$。迄今为止的经验显示 $4 \leqslant J \leqslant 8$ 在 Boosting 的框架下已经足够好用了，其结果对这一范围内的特定选择相当不敏感。我们可以通过试几个不同的值，并选择一个在验证样本上产生最低风险的值，来实现 J 的精调。然而，在采用 $J \simeq 6$ 的情况，这很少有显著的改进。

10.12 正则化

除了构成树的大小，J，梯度 Boosting 的另一个元参数是 Boosting 迭代次数 M。通常每次迭代会减少训练风险 $L(f_M)$，使得对于足够大的 M，此风险能任意小。然而，拟合训练数据太好的话会导致过拟合，以致于低估未来预测的风险。因此，存在最优数 M^*，它能最小化与应用相关的未来风险。估计 M^* 的方便方法是，在一个验证样本上监测作为 M 函数的预测风险。最小化该风险的 M 值可取作 M^* 的估计。这类似于常用于神经网络的早期停止策略（11.4节）。

10.12.1 收缩

控制 M 的值不是唯一可能的正则化策略。正如岭回归和神经网络，也可以采用收缩技术（见3.4.1节和11.5节）。在 boosting 前提下，最简单实现收缩的办法是当每棵树增加到当前的逼近时，乘一个 $0 < \nu < 1$ 的因子来放缩该树的贡献。也就是说，算法10.3的第 2(d) 行用下式代替：

$$f_m(x) = f_{m-1}(x) + \nu \cdot \sum_{j=1}^{J} \gamma_{jm} I(x \in R_{jm}). \tag{10.41}$$

参数 ν 可视为控制 boosting 过程的学习率。对于相同的迭代次数 M，较小的 ν 值（更多的收缩）导致更大的训练风险。因此，ν 和 M 都控制了在训练数据上的预测风险。然而，这些参数不能独立地操作。对于相同的训练风险，小的 ν 值可以导致更大的 M 值，因此在它们之间存在一个折衷。

经验上，(Friedman, 2001)已经发现，较小的 ν 值有助于得到更低的测试误差，并且要求有相应更大的 M 值。事实上，最佳策略是将 ν 值取非常小（$\nu < 0.1$），然后用早期停止来选择 M。这在回归和概率估计上都产生了显著的改进（与没有收缩 $\nu = 1$ 相比）。虽然通过 (10.20) 对误分类风险的改进较少，但仍然是真正有改进的。为这些改进所付的代价是计算上的：较小的 ν 值导致更大的 M 值，而计算代价与后者成比例。然而，如下所见，即使对于非常大的数据集，许多迭代在计算上通常是可行的。这部分是由于在每一步诱导的树较小，且不需要剪枝。

图10–11显示了图10–2的仿真示例 (10.2)的测试误差曲线。梯度 boosted 模型（MART）采用二项式偏差来训练，基模型要么是 stumps，要么是六个端节点树，并考虑了有或无收缩的情况。收缩的好处是显著地，尤其是跟踪二项式偏差时。采用收缩，每条测试误差曲线都达到了较低的值，并在多次迭代后仍保持较低的值。

16.2.1节在 boosting 的前向分阶段收缩和用于正则化模型参数的 L_1 惩罚 (lasso) 之间建立了联系。我们论证了 L_1 惩罚可能优于为支持向量机等方法采用的 L_2 惩罚。

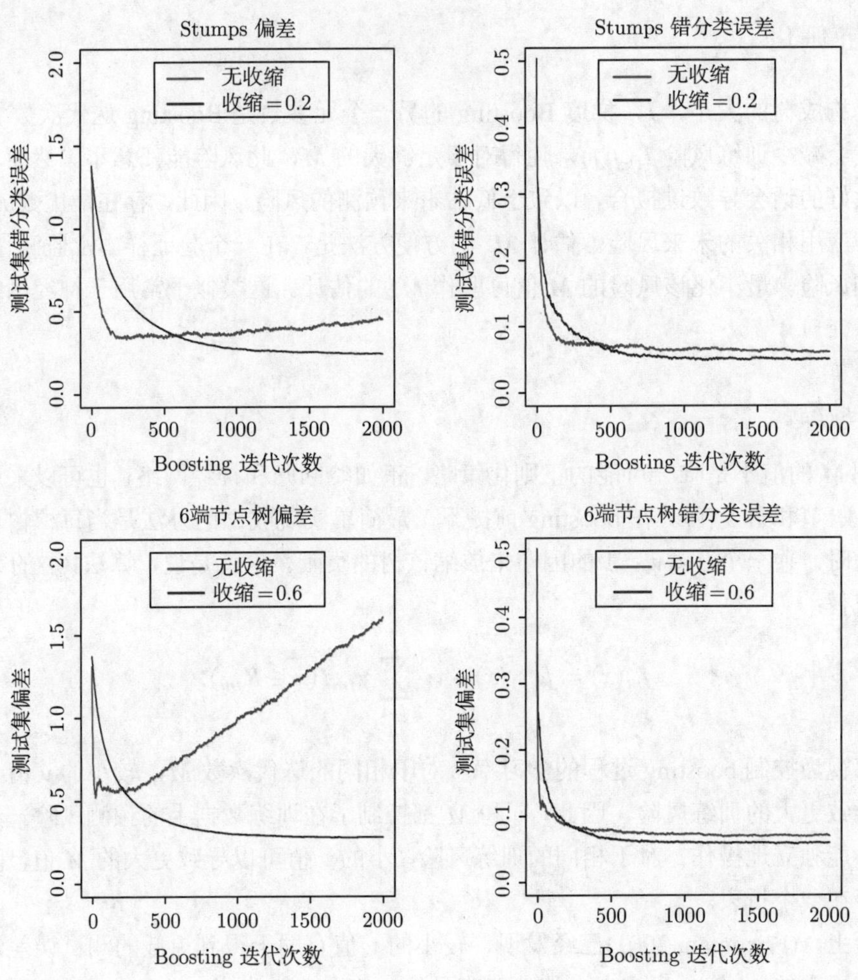

图 10–11　采用梯度 Boosting（MART），在图10–9的仿真示例 (10.2) 上的测试误差曲线。模型采用二项式偏差来训练：基模型要么是 Stumps，要么是 6 端节点树，并考虑了有或无收缩的情况。左图报告了测试偏差，同时右图显示了误分类误差。在所有例子中都能看到收缩的好处，尤其是对于左图的偏差

10.12.2　子采样

在8.7节，我们看到通过平均，Bootstrap 平均（Bagging）改进了有噪分类器的性能。第15章详细讨论了采样再加平均的方差减少机理。我们能应用相同的技术到梯度 Boosting，以改进其性能和计算有效性。

采用随机梯度 *Boosting*（Stochastic Gradient Boosting）(Friedman, 2001)，在每次迭代我们（无放回的）采样 η 比例的训练观测，然后使用这些子样本生成下一棵树。算法的其他部分是相同的。η 典型的取值是 $\frac{1}{2}$，尽管对于大的 N，η 能够远小于 $\frac{1}{2}$。

利用相同的比例 η，采样不仅能减少计算时间，在许多场合它实际上会得到更精确的模型。

图10–12采用仿真样本 (10.2) 图示了子采样的影响，该样本可以作为分类和回归的示例。我们发现在两个例子中，子采样和收缩都略优于其他的方法。看上去，没有收缩的子采样的性能会差一些。

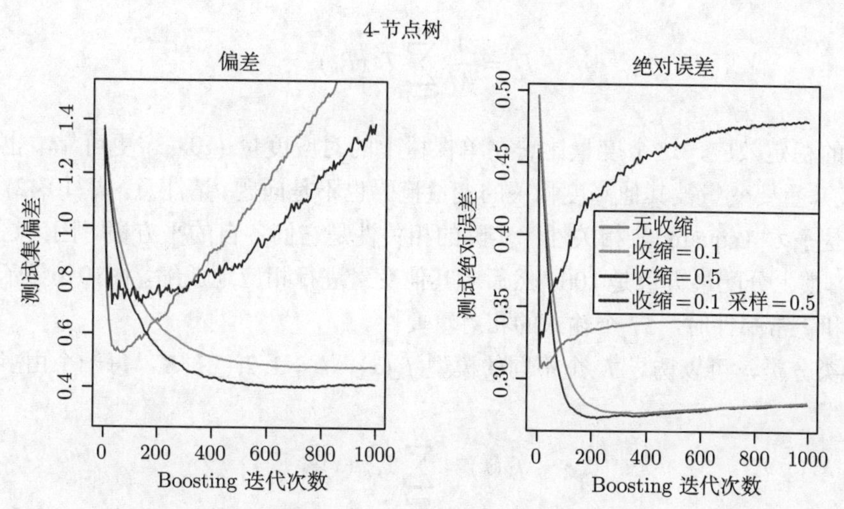

图 10–12 在仿真示例 (10.2) 的测试误差曲线，表明了随机性的影响。对于标记为“样本 =0.5”的曲线，每生成一棵树，一个不同于训练数据 50% 的子采样被使用。在左图中，模型采用二项式偏差损失函数，通过gbm来拟合；在右图使用平方误差损失

缺点是现在有四个参数需要设置: J，M，ν 和 η。典型情况下，可能先做一些探索来决定 J，ν 和 η 的适当值，并保留 M 作为主要参数。

10.13 解释

单棵决策树是高度可解释的。整个模型可以用容易可视化的简单二维图形（二元树）完全表达。线性组合树 (10.28) 失去了这一重要的特征，因此必须用不同的方式来解释。

10.13.1 预测变量的相对重要性

在数据挖掘应用中，输入预测变量很少是等相关的。通常仅仅其中的一些对响应有显著影响；大多数预测变量是不相关的，最好也不要包括进来。因此，通常在预测响应时，学习每个输入变量的相对重要性和贡献是有益的。

对于单棵决策树 T，Breiman 等 (1984)提出

$$\mathcal{I}_\ell^2(T) = \sum_{t=1}^{J-1} \hat{\imath}_t^2 I(v(t) = \ell) \tag{10.42}$$

作为每个预测变量 X_ℓ 的相关性的度量。求和是在树的 $J-1$ 个内节点上进行。在每个这样的节点 t，输入变量中的一个 $x_{v(t)}$ 用于将与该节点相关的区域划分成两个子区域；在每个区域，用不同的常量来拟合响应值。选择的特定变量是：对在整个区域上的常值拟合上，按

平方误差风险来得到最大估计改进 $\hat{i}_t^2$ 的变量。变量 X_ℓ 的平方相对重要性是选作分裂变量的全体内节点上的平方改进的总和。

这个重要性度量容易推广到加性树展开 (10.28)；它仅仅是在树上的平均：

$$\mathcal{I}_\ell^2 = \frac{1}{M}\sum_{m=1}^{M}\mathcal{I}_\ell^2(T_m). \tag{10.43}$$

由于平均的稳定效应，这个度量比它在单棵树上的对应度量 (10.42) 更可靠。也因为收缩 (10.12.1节)，重要变量被其他高度相关的变量掩码也不是问题。请注意，式 (10.42) 和 (10.43) 可以看成是平方（squared）相关性；实际的相关性是它们各自的平方根。因为这些度量是相关的，习惯上分配最大值是 100，然后对其他变量进行相应地放缩。图10–6显示了在预测垃圾邮件和正常邮件时，57 个输入的相对重要性。

对 K-类分类，可以诱导 K 个不同的模型 $f_k(x)$，$k = 1, 2, \cdots, K$，每一个由多棵树的和组成：

$$f_k(x) = \sum_{m=1}^{M} T_{km}(x). \tag{10.44}$$

在此情况，(10.43) 推广到

$$\mathcal{I}_{\ell k}^2 = \frac{1}{M}\sum_{m=1}^{M}\mathcal{I}_\ell^2(T_{km}). \tag{10.45}$$

这里 $\mathcal{I}_{\ell k}$ 是从其他类别分离第 k 类观测时，X_ℓ 的相关性。X_ℓ 总的相关性可以通过在所有类上求平均得到：

$$\mathcal{I}_\ell^2 = \frac{1}{K}\sum_{k=1}^{K}\mathcal{I}_{\ell k}^2. \tag{10.46}$$

图10–23和图10–24说明了这些“求平均”和“各自相对重要性”的使用。

10.13.2 部分相关性图

在辨识了最相关的变量后，下一步是要试图理解近似 $f(X)$ 在这些联合值的相依性的本质。作为参数的函数，$f(X)$ 的图形渲染提供了在输入变量的联合值的依赖性的全面概括。

不幸的是，像这样的可视化仅限于低维视图。我们能用大量不同的方法，方便地显示一至二个参数的函数。这些参数要么是连续的，要么是离散的（或混合的）；本书到处都是这种显示。稍微高维的函数可通过对除一到二个参数外的其他所有参数取条件，来绘制 (Becker 等，1996)，从而形成一组 网格（trellis）画[①]。

当多余两个或三个变量时，观察相应更高维参数的函数就更加困难。一个有效的替代有时是看一组画，每个画显示了近似 $f(x)$ 在选择的、输入变量的较小子集上的部分相关性。尽管这样一组画很少能提供对逼近的全面描述，它通常能提供一些有帮助的线索，尤其当 $f(x)$ 由低阶相互作用主导时 (10.40)。

① 在 R 语言中称为“网格”（lattice）。

考虑输入预测变量 $X^T = (X_1, X_2, \cdots, X_p)$ 的 $\ell < p$ 的子向量 X_S，由 $\mathcal{S} \subset \{1, 2, \cdots, p\}$ 来索引。令 C 是补集，满足 $\mathcal{S} \cup C = \{1, 2, \cdots, p\}$。原则上，一般的函数 $f(X)$ 将依赖于所有的输入变量 $f(X) = f(X_S, X_C)$。一种在 X_S 上定义 $f(X)$ 的平均或部分（partial）相关性的方式是

$$f_S(X_S) = E_{X_C} f(X_S, X_C). \tag{10.47}$$

这是 f 的边缘平均，而且比如当在 X_S 的变量和那些在 X_C 的变量没有强相关时，它可以作为在 $f(X)$ 的选择子集的影响的有用描述。

部分相关函数能用于解释任何“黑箱”学习方法的结果。通过

$$\bar{f}_S(X_S) = \frac{1}{N} \sum_{i=1}^{N} f(X_S, x_{iC}), \tag{10.48}$$

来估计。这里 $\{x_{1C}, x_{2C}, \cdots, x_{NC}\}$ 是出现在训练数据 X_C 上的值。这要求为哪一个 $\bar{f}_S(X_S)$ 被评估，和为 X_S 的每个联合值集合，遍历整个数据。这在计算上是强度很大的，甚至对于中等规模的数据集来说。幸运地是，采用决策树，$\bar{f}_S(X_S)$(10.48) 能不涉及数据，快速从树本身计算出来 (习题10.11)。

要重点注意的是，在考虑了其他变量 X_C 在 $f(X)$ 的（平均）影响后，定义在 (10.47) 的部分相关性函数反映了 X_S 在 $f(X)$ 上的影响。它们不是忽略 X_C 的影响后在 $f(X)$ 上 X_S 的影响。后者由条件期望得到

$$\tilde{f}_S(X_S) = E(f(X_S, X_C)|X_S), \tag{10.49}$$

它是仅用 X_S 函数上对 $f(X)$ 的最佳最小二乘逼近。仅 X_S 和 X_C 独立这种不可能的事件中，量 $\tilde{f}_S(X_S)$ 和 $\bar{f}_S(X_S)$ 将是相同的。举例来说，如果选择的变量子集的影响是纯加性的，

$$f(X) = h_1(X_S) + h_2(X_C). \tag{10.50}$$

则 (10.47) 产生 $h_1(X_S)$，相差一个加性常数。如果影响是纯乘性的，

$$f(X) = h_1(X_S) \cdot h_2(X_C), \tag{10.51}$$

则 (10.47) 产生 $h_1(X_S)$，相差一个乘性常数因子。另一方面，(10.49) 在两种场合都不会产生 $h_1(X_S)$。事实上，(10.49) 能在那些 $f(X)$ 完全不相关的可变子集上产生强的影响。

在选择的可变子集上观察 Boosted 树逼近 (10.28) 的部分相关性的图，有助于提供其特性的定性描述。示例见于10.8节和10.14节。由于计算机图形学和人类感知的局限，子集 X_S 的大小必须是小的（$l \approx 1, 2, 3$）。这里当然有大量这样的子集，但仅从高度相关的预测子的相当小的子集中选择出来的，可能是富含信息的。另外，那些在 $f(X)$ 的影响是近似加性 (10.50) 或乘性 (10.51) 的子集将最具可解释的。

对于 K-类分类，这里有 K 个不同的模型 (10.44)，每类一个。每一个通过

$$f_k(X) = \log p_k(X) - \frac{1}{K} \sum_{l=1}^{K} \log p_l(X). \tag{10.52}$$

联系到各自的概率 (10.21)。因此每个 $f_k(X)$ 是在对数尺度上，各自概率的单调递增函数。每个相应的 $f_k(X)$(10.44)，在它最相关预测子 (10.45) 上的部分相关性图能帮助揭示，实现类别的对数几率依赖于各自输入变量的程度。

10.14 实例

在本节中，将在大量较大的数据集上用适当的、不同的损失函数来介绍梯度 Boosting。

10.14.1 加州住房

这个数据集取自卡内基梅隆大学的 StatLib 数据库 (http://lib.stat.cmu.edu)。它由加洲的 20 460 个小区（1990 个人口普查块组）的聚集数据组成。因变量 Y 是以 10 万美元为单位测量的，每个小区房屋的中位数价值。预测子变量是人口统计量，如中位数收入MedInc，由房屋数量反映的住房密度House，每个住宅的平均居住率AveOccup。也被包括在预测子中的是每个小区的位置（经度和纬度），几个反映小区内房屋特征的量：房间的平均数AveRooms和卧室的平均数AveBedrms。因此总共八个预测子，所有的预测子都是数值型的。

我们用 MART 过程拟合梯度 Boosting 模型，用 J=6 个端节点、学习率 (10.41) 为 $\nu = 0.1$ 以及预测数值响应的 Huber 损失准则，随机将数据集分成训练集（80%）和测试集（20%）。

在 800 次迭代后，AAE 的值是 0.31。与之相比，最优常数预测子中间值 $\{y_i\}$ 的值是 0.89。按更熟悉的量，该模型的平方多元相关系数是 $R^2 = 0.84$。Pace and Barry (1997)采用了复杂的空间自回归过程，那里每个小区的预测是基于邻近小区的中间值房屋价值，并采用其他预测子作为协变量。取变换后的实验，在预测 $\log Y$ 时，实现了 $R^2 = 0.85$。对于梯度 Boosting，采用 $\log Y$ 作为响应，相应的值是 $R^2 = 0.86$。

图10–13显示了平均绝对误差：

$$\mathrm{AAE} = E|y - \hat{f}_M(x)| \tag{10.53}$$

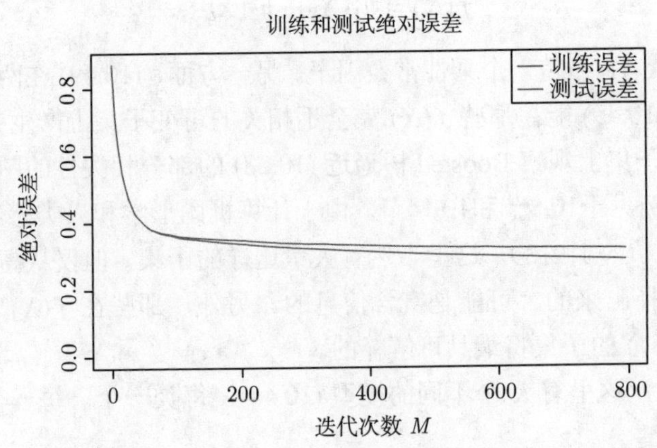

图 10–13 对于加州住房数据，作为迭代次数的函数的平均绝对误差

它是训练数据和测试数据上迭代次数 M 的函数。可以看到，测试误差随着 M 的增加而单调减少，在早期更快，然后随着迭代的增加，逐渐减缓直至接近常数。因此，选择特定的 M 值并不是重点，只要它不是太小。这在许多应用中都是这种情况。收缩策略 (10.41) 趋向于排除过拟合问题，尤其是对较大的数据集。

图10–14显示了八个预测变量的相对变量重要性。毫不奇怪，小区中间值收入是最相关的预测子。经度，纬度和平均占有率的相关性都是收入的一半，而其他预测子的影响较少。

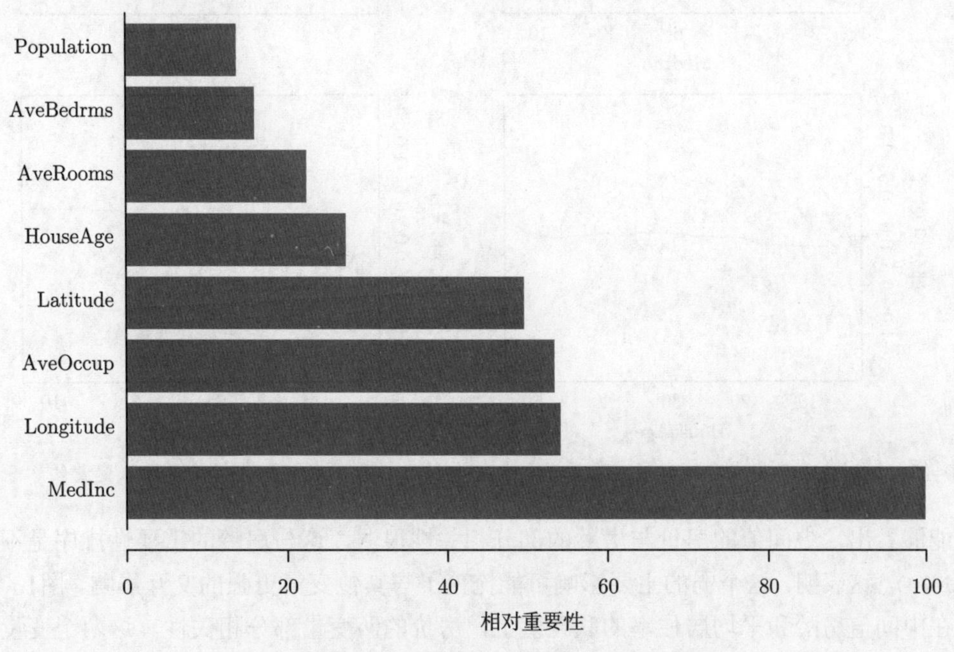

图 10–14 加州住房数据，预测子的相对重要性

图10–15显示了在最相关的非位置预测子上的单变量部分相关性图。请注意，这些图不是严格平滑的。这是采用基于树的模型的后果。决策树产生了不连续的分段常数模型 (10.25)。继续在 (10.28) 树上求和，当然会有更多的片段。不像本书讨论的大多数方法，这里没有在结果上强制平滑性约束。任意尖锐的不连续性都可以建模。实际上，这些曲线常展示光滑的趋势的事实，是因为所估计的是对该问题的响应的最佳预测。通常情况下是这样的。

每幅画的底部的散列标记描绘了相应变量的数据分布的十分位。注意，这里数据密度在靠近边缘是较低的，尤其对于较大的值。这使得在那些区域曲线较少能很好的确定。画的垂直尺度是相同的，并给出了不同变量相对重要性的可视化比较。

房价中间值对收入中间值的部分相关性是单调递增的，对于数据的主体来说接近线性。房价一般随着平均居住率的增加而单调下降，可能的例外是平均居住率少于 1 人时。房价中间值与平均房间数有非单调的部分相关性。它在大约 3 间房时有最小值，而且对较小和较大的值都是递增的。

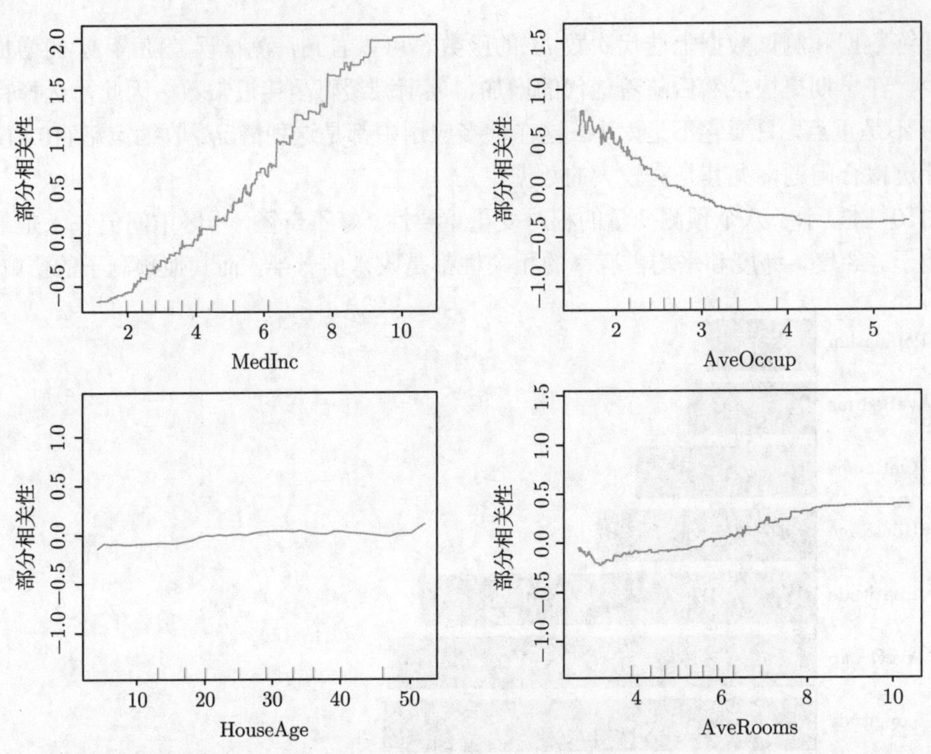

图 10–15 加州住房数据在非地段变量上房价的部分相关性。各图底部红色标记是输入变量的十分位数

能够看出，中间值的房价与房龄的部分相关性很弱，这与房龄的重要性排序是不一致(图10–14)。这表明，这个弱的主要影响可能掩盖了与其他变量更强的交互影响。图10–16显示了在中间值房龄和平均居住率的联合值上，房价的两变量部分相关性。这两个变量间的相互作用是明显的。对于平均居住率大于 2 的值，房价几乎与中间值房龄无关，反而对于小于 2 的，对房龄有较强的依赖性。

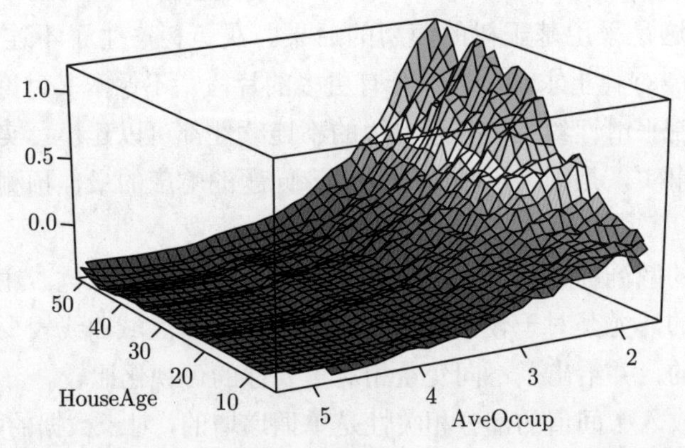

图 10–16 在中间值房龄和平均占有率的部分相关性。看上去这两个变量间有一个强的相互影响

图10–17显示了在经度和纬度的联合值上拟合模型的两变量部分相关性，显示成带阴影的等高线图。显然，中间值房价与小区在加州的位置有很强的相关性。请注意，图10–17不是忽略了其他预测子 (10.49) 的影响后，房价对位置的图。像所有部分相关性图，它反映了

在考虑了其他小区和房屋特性的影响后 (10.47) 对地段的影响。它能看成是为地段付出的额外开支。可以看到，在靠近太平洋的地方，尤其在白令海峡和洛杉矶圣地亚哥区域，额外开支相当高。在加州的北部、中央峡谷和东南沙漠区域，为地段所付的开支则相当较少。

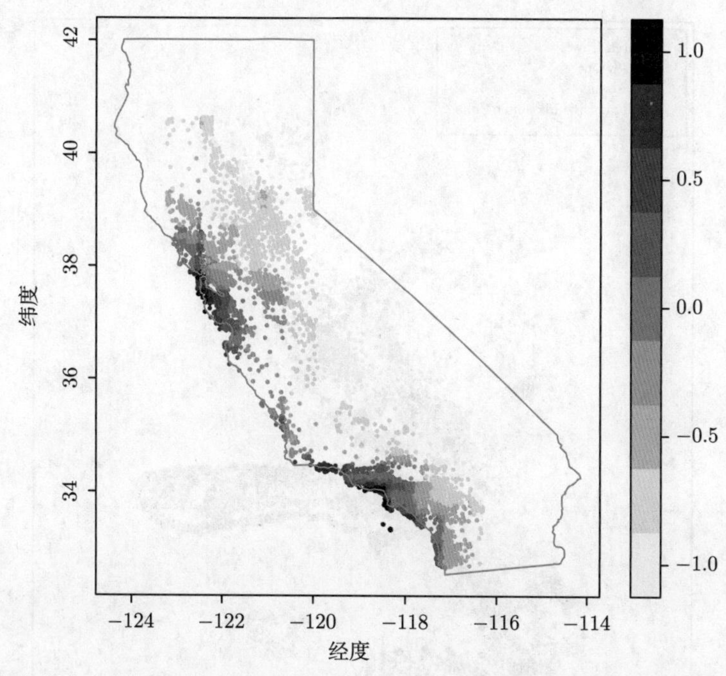

图 10–17　中间值房价与在加州地段的部分相关性。在 1990 个价格下的一个单位是 10 万美元，画出的值与总的中间值 180 000 美元相关

10.14.2　新西兰黑鲂鱼

动植物生态学家以环境变量构成函数，采用回归模型来预测种群的存在、丰富性和富有程度。尽管多年来，简单的线性和参数模型比较流行，最近的文献表明，大家对更复杂的模型如广义加性模型 (9.1节，GAM)，多元自适应回归样条 (见9.4节，MARS) 和 Boosted 回归树 (Leathwick 等, 2005；Leathwick 等, 2006)的兴趣在增加。这里我们对黑鲂鱼（Black Oreo Dory）[①]的存在和丰富性进行建模。这是一种靠近新西兰水域的海鱼[②]。

图10–18显示了 17000 个拖网（深水网捕鱼，最大深度 2 公里），红点表示了有此类鱼的 2353 个拖网，超过 100 个种群中的一个被定期记录。此外也记录了每个拖网中按公斤捕捞的每种种族的规模。除了种群的捕捞，也有大量关于拖网的环境测量信息可资利用。这些信息包括拖网的平均深度（AveDepth）和水的温度与盐度。因为后两者与深度强相关，所以 Leathwick 等 (2006)提出了两个替代参数TempResid和SalResid，即两个度量按深度调整

① 中文版编注：又称“奥利奥”或“多利鱼”，野生，生活在水深 400~600 米处，可全年捕捞，旺季是每年 6 月到 9 月，12 月到次年 4 月。肉质鲜嫩，含油脂偏高，适合烤和煎。

② 该模型、数据和显示在此处的图均由新西兰水和大气研究国家研究所的 John Leathwick 博士和墨尔本大学 Botany 校区的 Jane Elith 友情提供。研究拖网数据的收集取自 1979~2005 年间，由新西兰渔业管理局所支持。

后的残差（通过不同的非参回归）。SSTGrad是海洋表面温度的梯度的度量，Chla是经过卫星成像测量的、生态系统产量的广义指标。SusPartMatter提供了对悬浮颗粒 (尤其是海岸水里的悬浮颗粒) 的度量，这也是从卫星上导出的。

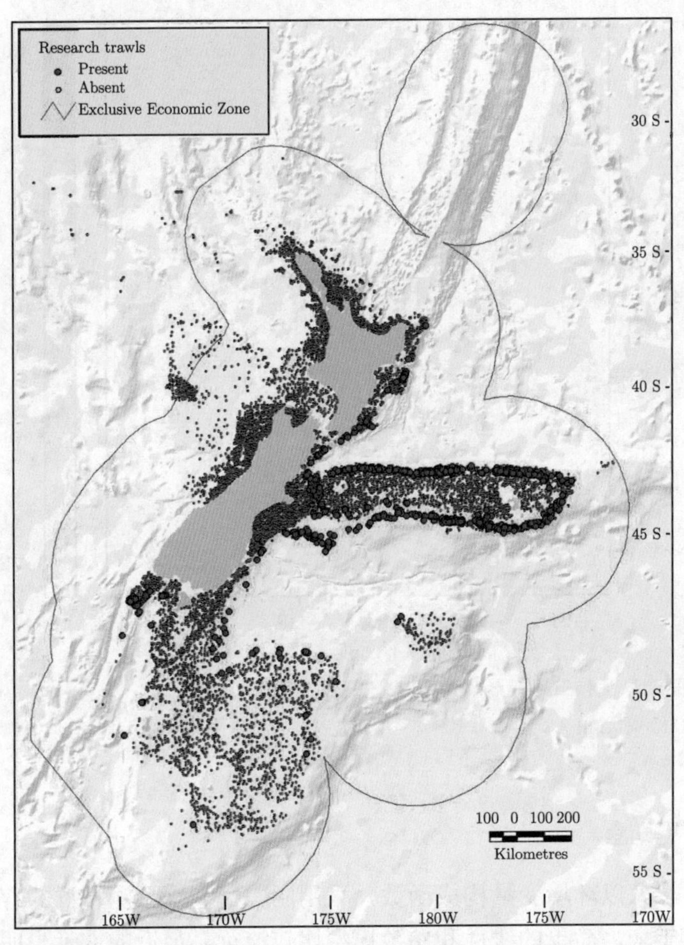

图 10–18 新西兰和它周边专属经济区的地图，显示了在 1970 到 2005 年间的 17 000 拖网的位置（小蓝点）。红点显示了有黑鲂鱼（Black Oreo Dory）种群出现的拖网位置

本分析的目的是要估计在一张拖网中捕到黑鲂鱼的概率以及期望的捕捞规模，这些值都需要做标准化，以便能考虑拖网的速度和距离以及拖网的网眼大小的变化影响。作者采用 logistic 回归来估计概率。对于捕捞的规模，假设泊松分布和建模成平均计数的对数看上去似乎是自然的，但因为有太多的零的数量，通常是不合适的。尽管已经发展了特定的方法，如零膨胀（zero-inflated）泊松 (Lambert, 1992)，他们选择了更简单的方法。如果 $\boldsymbol{Y}$ 是（非负）的捕捞规模，则

$$E(Y|X) = E(Y|Y > 0, X) \cdot \Pr(Y > 0|X). \tag{10.54}$$

第二项通过 Logistic 回归来估计，第一项仅用具有正的捕获的 2353 个拖网的结果来估计。

对于 Logistic 回归，作者采用梯度 boosted 模型（GBM）[1]，该模型具有二项式偏差的损失函数，深度为 10 的树，以及收缩因子 $\nu = 0.025$。对于正的捕获，他们采用平方误差损失的 GBM 来建模 $\log(Y)$（也是深度为 10 的树，但 $\nu = 0.01$），然后进行预测。在两个例子中，他们采用 10 折交叉验证来选择项的总数和收缩因子。

图10–19中的左图显示了对于一系列 GBM 模型的均值二项式偏差，既有对 10 折交叉验证的也有对测试数据的均值二项式偏差。拟合采用了每项 8 个自由度（df）的光滑样条。与一个 GAM 模型的性能相比，这里存在适当的改进。右图显示了两个模型的 ROC 曲线(见9.2.5节)，该曲线用来度量预测性能。从这个角度来看，性能看起来非常类似，用 AUC（曲线下的面积）总结的话，GBM 可能稍微要锐利一些。在相等的敏感性/特定性方面，GBM 达到了 91%，而 GAM 是 90%。

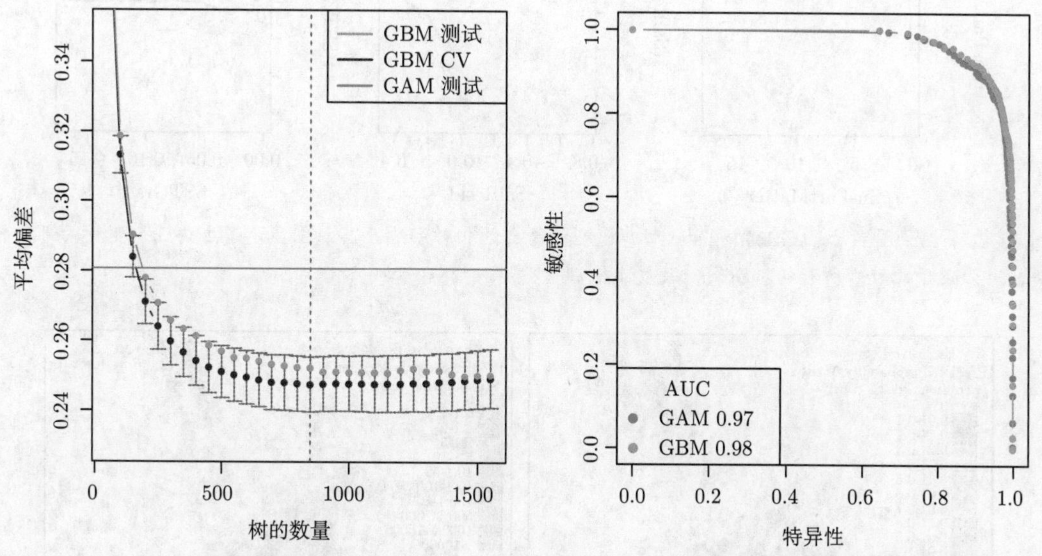

图 10–19　关于拟合存在/缺失的数据的 GBM logistic 回归模型，左图显示了作为树的数量的函数的，均值偏差。显示的是在训练数据上的 10 折交叉验证（和 1× 标准误差条），和在测试数据的测试偏差。为便于比较，也显示了对每一项采用 8 个自由度的 GAM 模型的测试偏差。对于选择的 GBM 模型（在左图上的垂线）和 GAM 模型，右图显示了测试数据的 ROC 曲线

图10–20总结了变量在 logistic GBM 拟合中的贡献。我们发现存在一个良定义的捕获 Black Oreo 的深度范围，且在较冷的水中有更高频率的捕捞机会。我们没有对定量捕捉模型给出细节；但重要的变量多数是相同的。

所有在这些模型中采用的预测子都可以在一个精细的地图网格上得到；事实是它们是从环境图册，卫星图像和类似的一些得到，细节见 Leathwick 等 (2006)。这也意味着可以在这个格点上做预测，并输出到地理信息系统图系统中。图10–21显示了存在和捕获规模的预测图，两者都标准化到了一个共同的拖网条件集，因为预测子随地理位置以连续的方式而变化，预测也是如此。

[1] 在版本 2.2.0 的 R 软件中的版本 1.5-7 的 gbm 软件包。

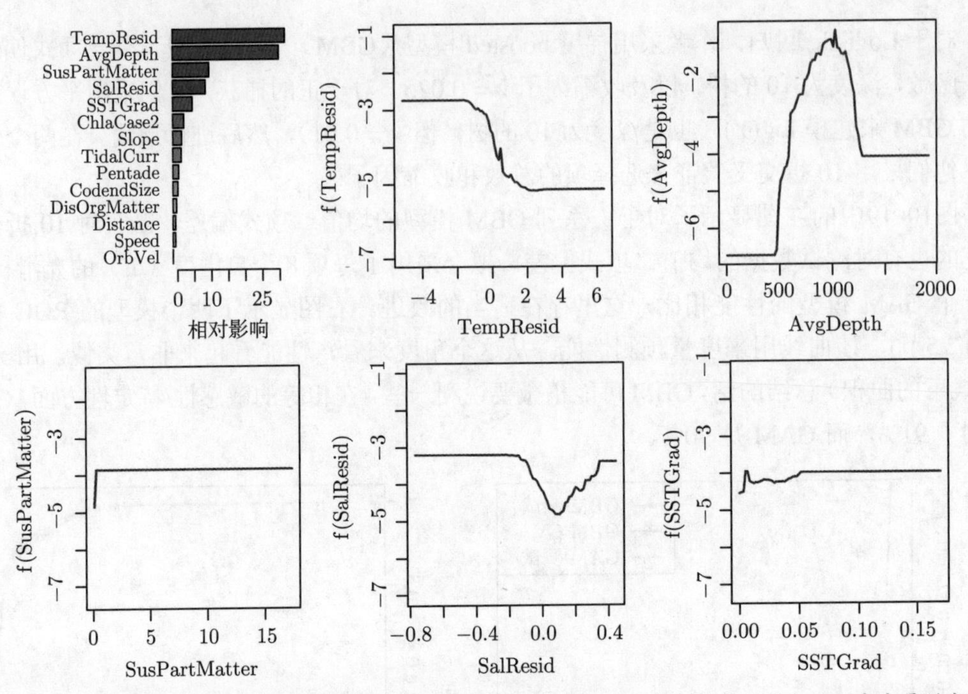

图 10–20 左上图显示了 GBM logistic 回归模型计算出的相对影响。其余图显示了主要五个变量的部分相关性。为便于比较，所有的都在同一尺度上绘制

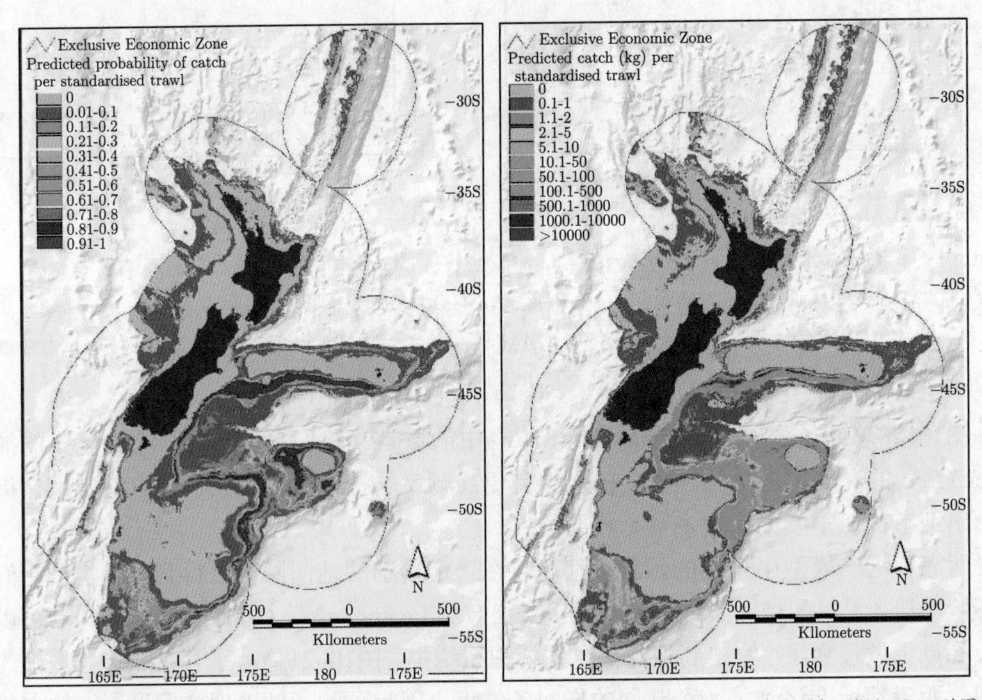

图 10–21 从梯度 boosting 模型中获得的存在概率（左图）和捕捉的规模（右图）的地理预测图

因为建模相互作用和自动选择变量的能力，以及对奇点和缺失数据的鲁棒性，GBM 模型在数据丰富和充满热情的社团得以快速流行。

10.14.3 人口统计数据

在本节中，采用 MART 来说明在多类分类问题上的梯度 Boosting。数据来源于在旧金山湾区购物中心顾客填写的 9243 张调查表（Impact Resources 公司，哥伦比亚，俄亥俄州）。问题中有 14 个涉及人口统计。为了说明清楚，目标是要采用职业以外的其他 13 个变量作为预测子来预测职业，因此要辨识能在不同职业范畴间判别的人口统计变量。我们随机将数据划分成训练集（80%）和测试集（20%），并使用学习率 $\nu = 0.1$ 和 $J = 6$ 节点的树。

图10–22显示了 $K = 9$ 个职业类别值及其相应的错误率。总的误差率是 42.5%，这可以和预测数量最多类的Prof/Man（专业/管理）而获得的 69% 的零（null）率相比较。四个最好的预测类别是 retired（退休）、student（学生）、Prof/Man（专业/管理的）以及Homemaker（家庭主妇）。

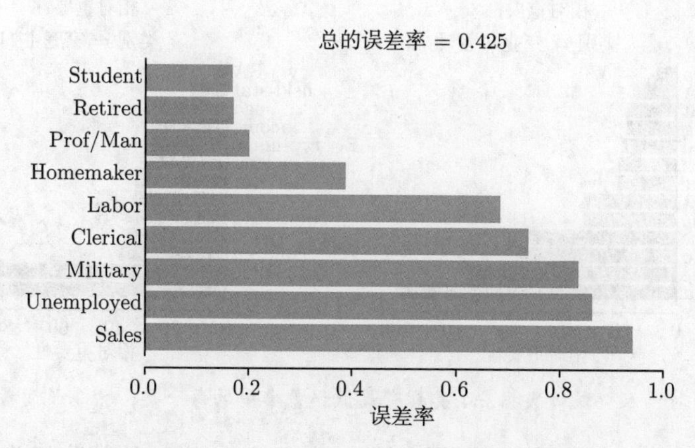

图 10–22 人口统计数据中每种职业的误差率

图10–23显示了作为全体类别的平均 (10.46)，相对预测子变量的重要性。

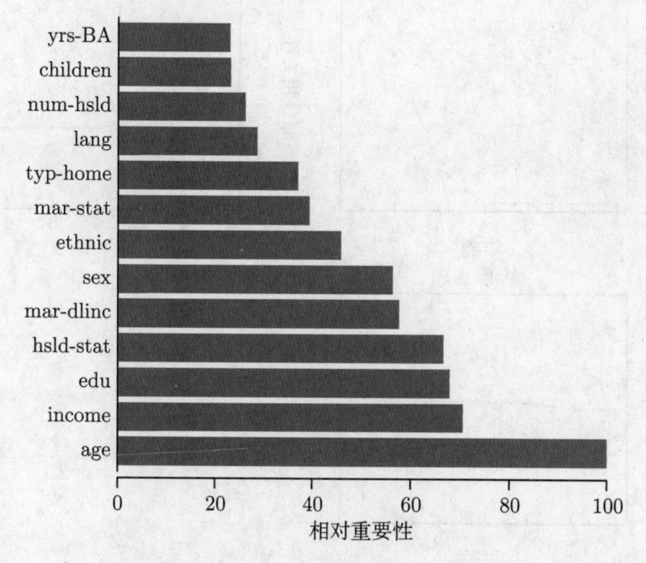

图 10–23 对于人口统计数据，作为所有类别的平均，预测子的相对重要性

图10–24显示了对 4 种最好预测类别的每一种，单个相对重要性的分布 (10.45)。我们可以看到，对不同类，最相关的预测子通常是不同的。一个例外是年龄（age），它是预测Retired，Student和Prof/Man时最相关的三个之中的一个。

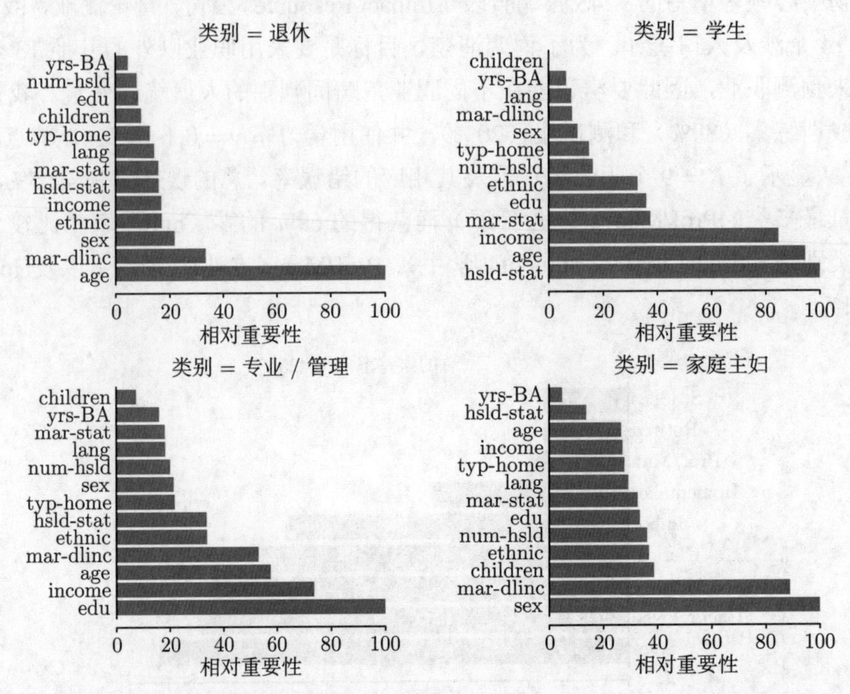

图 10–24　对于人口统计数据，4 类具有最低误差率中的每一类，预测子变量的重要性

图10–25显示了对于这三个类别在年龄上对数几率 (10.52) 的部分相关性。

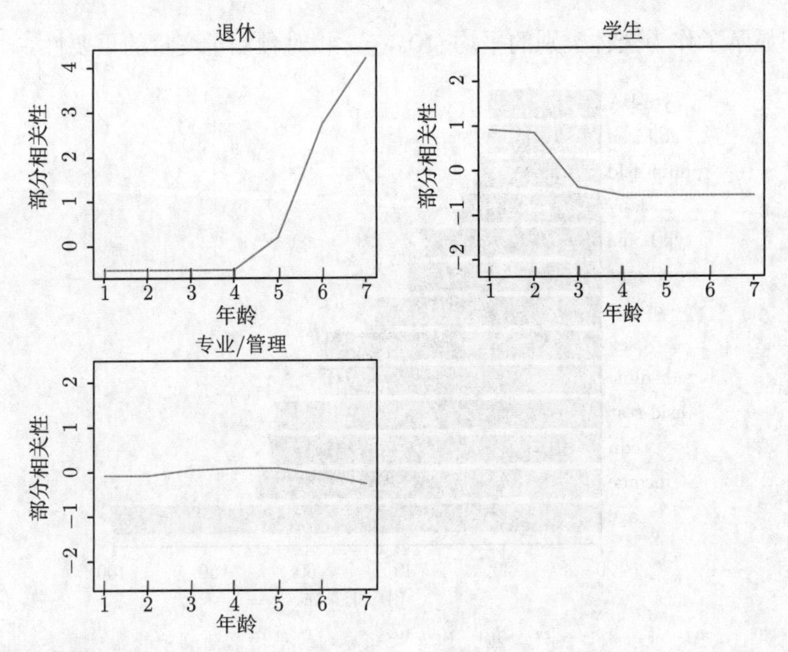

图 10–25　对于人口统计数据，三种不同职业的几率对年龄的部分相关性

在每个等空间的年龄间距，横坐标值按次序编码。可以看到，在考虑其他变量的贡献后，年长者被退休的机会更大，反而学生的机会相反。成为 Professional/managerial 的机会在中年人中最高。这些结果当然不令人吃惊，它们表明对每个类别分别检查部分相关性能获得合理的结果。

文献说明

Schapire (1990)在 PAC 学习框架 (Valiant, 1984; Kearns and Vazirani, 1994)下提出第一个简单的 boosting 过程。Schapire 证明，在输入数据流的过滤版本上训练两个额外的分类器，一个*弱学习器*（weak learner）就总是能改进其性能。弱学分器是用来产生二类分类器的算法。该分类器能 (以高概率) 保证性能显著优于抛硬币。在前 N 个训练点学习一个初始分类器 G_1 后，

- G_2 在新的 N 个样本上进行学习，其中一半的数据被 G_1 误分类。
- G_3 在 G_1 和 G_2 不能得到一致结果的 N 个数据上学习。
- Boosted 分类器是 $G_B = majority\ vote(G_1, G_2, G_3)$。

Schapire 的“弱可学习性的强处”定理证明 G_B 的性能有优于 G_1。

Freund (1995)提出了“按多数来 boost”的变种，同时组合多个弱学习器，并改进了 Schapire 所提出的简单 boosting 算法的性能。支持这两种算法的理论要求弱学习器能产生一个有固定误差率的分类器。这得到了更自适应和实际的 AdaBoost (Freund and Schapire, 1996a)及其衍生算法 (已去掉了这个假设)。

Freund and Schapire (1996a) 和 Schapire and Singer (1999)以泛化误差上界的形式，为支持其算法提供理论支持。该理论最初基于 PAC 学习的概念，随后被计算学习社区深入研究。其他试图解释 boosting 算法的理论来源于博弈论 (Freund and Schapire 1996b；Breiman, 1999, Breiman, 1998 和 VC 理论 (Schapire 等, 1998)。这些界和 AdaBoost 相关与 AdaBoost 相关的界和理论都很有意思，但一直不太具备实际意义上的重要性。实际上，boosting 产生的结果远比界所隐含的更有影响。Schapire (2002)和 Meir and Rätsch (2003)给出了一个比本书的第 1 版更近期的综述。

Friedman 等 (2000)为我们在本章的探索奠定了基础。Friedman 等 (2000)从统计上分析了 AdaBoost，导出了指数准则，证明了它在估计类别概率的对数机会。他们提出了加性树模型，合适大小的树和10.11节的 ANOVA 表示，以及多类别的 logit 公式。Friedman (2001)发展了梯度 boosting 和 boosting 在回归和分类的收缩版本。Mason 等 (2000)也提出了 boosting 的梯度方法。正如 Friedman 等 (2000)在发表的讨论中所说的，关于怎么和为什么 boosting 的机制及其原因，仍存处有争议。

本书第 1 版出版以来，一直争议不断，已经扩展到统计学社区。有一系列关于 boosting 一致性的讨论 (Jiang, 2004)，Logosi and Vayatis (2004)，Zhang and Yu (2005)，Bartlett and Traskin (2007)。Mease and Wyner (2008)通过一系列模拟示例，挑战了我们对 boosting 的一些解释；我们的响应 (Friedman 等, 2008b)减少了多数的反对。Bühlmann and Hothorn (2007)最近的调查报告支持了我们对 boosting 的解释。

习题

10.1 推导 AdaBoost 关于更新参数的表达式 (10.22)。

10.2 证明结果 (10.16)，即，AdaBoost 准则的总体版本的最小子是对数机会的一半。

10.3 证明边缘平均 (10.47) 还原了加性和乘性函数 (10.50) 和 (10.51)，同时条件期望 (10.49) 没有。

10.4 (a) 写一个用树来实现的 AdaBoost 程序。

(b) 重做图10–2的例子的计算。画出训练误差和测试误差，并讨论它的行为。

(c) 研究使测试误差最后会开始上升所需要的迭代次数。

(d) 改变本例的设置如下：定义两个类，第一类的特征是 $X_1, X_2, \cdots, X_{10}$，为标准独立高斯变量。在第 2 类中，特征 $X_1, X_2, \cdots, X_{10}$ 也是标准独立高斯，但限制条件是 $\sum_j X_j^2 > 12$。现在类之间在特征空间有显著的重叠。重复图10–2的 AdaBoost 实验，并讨论结果。

10.5 多类指数损失（multiclass exponential loss）(Zhu 等，2005)。对于 K 类分类问题，考虑编码 $Y = (Y_1, \cdots, Y_K)^T$，且

$$Y_k = \begin{cases} 1 & \text{if } G = \mathcal{G}_k \\ -\frac{1}{K-1} & \text{否则.} \end{cases} \tag{10.55}$$

令 $f = (f_1, \cdots, f_K)^T$，且有 $\sum_{k=1}^K f_k = 0$，定义：

$$L(Y, f) = \exp(-\frac{1}{K} Y^T f). \tag{10.56}$$

(a) 采用拉格朗日乘子，服从零和约束，导出 $L(Y, f)$ 的总体最小子 f^*，并将这些与类别概率相联系。

(b) 证明采用这个损失函数的多分类 boosting 会导致类似于如10.4节的 AdaBoost 的重加权算法。

10.6 McNemar 检验（Agresti，1996)。采用大小为 1536 的测试样本，对于广义加性模型 (GAM)，我们报道了在垃圾邮件数据上的测试误差率为 5.5%，对于梯度 boosting(GBM) 是 4.5%。

(a) 证明这些估计的标准误差是大约 0.6%。

因为两种模型都采用了相同的测试数据，误差率是相关的，且我们不能执行两样本的 t-检验。我们可以直接在每个测试观测上比较这两个方法，得出结论：

GBM	GBM 正确	GBM 错误
正确	1434	18
错误	33	51

McNemar 测试聚焦于 discordant 误差，33 对 18。

(b) 执行检验来证明：GAM 比梯度 boosting 产生了更显著的误差，具有的双边 p 值是 0.036。

10.7 推导表达式 (10.32)。

10.8 考虑 K 类问题，如果第 i 个观测在第 k 类时，目标 y_{ik} 编码成 1，否则为 0。假定当前模型为 $f_k(x)$，$k=1,\cdots,K$，满足 $\sum_{k=1}^K f_k(x)=0$（见节 10.6 的式(10.21)）。我们希望对于在预测空间的区域 R 的观测，通过增加常数 $f_k(x)+\gamma_k$ 来更新模型，其中 $\gamma_K=0$。

(a) 写下这个问题的多项式对数似然，以及它的一阶和二阶偏导。

(b) 仅使用 (a) 中的 Hessian 矩阵的对角，从 $\gamma_k=0\ \forall k$ 开始，证明对于 γ_k 的一步近似牛顿更新是

$$\gamma_k^1=\frac{\sum_{x_i\in R}(y_{ik}-p_{ik})}{\sum_{x_i\in R}p_{ik}(1-p_{ik})}, k=1,\cdots,K-1, \tag{10.57}$$

这里 $p_{ik}=\exp(f_k(x_i))/\exp(\sum_{\ell=1}^K f_\ell(x_i))$。

(c) 如目前模型所做的，我们宁愿更新是总和为零。采用对称参数，证明

$$\hat{\gamma}_k=\frac{K-1}{K}(\gamma_k^1-\frac{1}{K}\sum_{\ell=1}^K\gamma_\ell^1), k=1,\cdots,K \tag{10.58}$$

是一个合适的更新，这里对于所有 $k=1,\cdots,K$，γ_k^1 如 (10.57) 所定义的。

10.9 考虑一个 K 类问题，如果第 i 个观测在第 k 类中，目标 y_{ik} 被编码成 1，否则是 0。采用多项式偏差损失函数 (10.22) 和对称 logistic 变换，采用构成梯度 boosting 算法10.3的参数来导出算法10.4。[线索：见习题10.8的第 2(b)iii。]

算法 10.4 K-类分类的梯度 boosting

1. 初始化：$f_{k0}(x)=0, k=1,2,\cdots,K$.
2. 从 $m=1$ 到 M。
   (a) 设
   $$p_k(x)=\frac{e^{f_k(x)}}{\sum_{\ell=1}^K e^{f_\ell(x)}}, k=1,2,\cdots,K.$$
   (b) 从 $k=1$ 到 K：
      i. 计算 $r_{ikm}=y_{ik}-p_k(x_i), i=1,2,\cdots,N$.
      ii. 对目标 r_{ikm}，$i=1,2,\cdots,N$，拟合回归树，并给出端区域 R_{jkm}，$j=1,2,\cdots,J_m$.
      iii. 计算
      $$\gamma_{jkm}=\frac{K-1}{K}\frac{\sum_{x_i\in R_{jkm}}r_{ikm}}{\sum_{x_i\in R_{jkm}}|r_{ikm}|(1-|r_{ikm}|)},\quad j=1,2,\cdots,J_m$$
      iv. 更新 $f_{km}(x)=f_{k,m-1}(x)+\sum_{j=1}^{J_m}\gamma_{jkm}\boldsymbol{I}(x\in R_{jkm})$.
3. 输出 $\hat{f}_k(x)=f_{kM(x)}$，$k=1,2,\cdots,K$.

10.10 说明对于 $K=2$ 的类别分类，在每个梯度 boosting 迭代，仅需要生长一棵树。

10.11 说明怎么有效地计算在 (10.47) 的部分相关性函数 $f_S(X_S)$。

10.12 考虑 (10.49)，令 $\mathcal{S}=\{1\}$ 和 $\mathcal{C}=\{2\}$，且 $f(X_1,X_2)=X_1$。假定 X_1 和 X_2 是二变元高斯，每个有零均值，方差为 1，且 $E(X_1,X_2)=\rho$。证明：尽管 f 不是 X_2 的函数，$E(f(X_1,X_2|X_2))=\rho X_2$，

第 11 章 神经网络

11.1 概述

在本章中，我们描述一类在不同领域分别发展的——统计学和人工智能——基于本质相同的模型的方法。这种方法的中心思想是提取输入数据的线性组合作为导出的特征，然后把目标作为这些特征的非线性函数。它是一种出色的学习方法，在众多领域有广泛的应用。我们首先讨论投影寻踪模型（projection pursuit model），该模型从半参数统计和平滑（semiparametric statistics and smoothing）领域演变而来。本章其余部分将讨论神经网络模型。

11.2 投影寻踪回归

像一般监督学习问题，假定输入数据向量为具有 p 个分量的 X 目标向量为 Y。令 $\omega_m, m = 1, 2, \cdots, M$ 为参数未知的 p 维单位向量。投影寻踪回归（projection pursuit regression，PPR）模型具有以下形式

$$f(X) = \sum_{m=1}^{M} g_m(\omega_m^T X). \tag{11.1}$$

这是一个基于导出特征 $V_m = \omega_m^T X$ 而非输入本身的加性模型。函数 g_m 形式未指定，并且与方向 ω_m 一起，利用一些柔性光滑方法（flexible smoothing method）来估计（见下文）。

函数 $g_m(\omega_m^T X)$ 称为 $\mathbb{R}^p$ 空间中的岭函数（ridge function）。该函数只在向量 ω_m 定义的方向变化。标量变量 $V_m = \omega_m^T X$ 是 X 在单位向量 ω_m 上的投影，我们搜索 ω_m 来使该模型能够很好地拟合，因此命名为“投影寻踪”。图11–1给出了一些岭函数的例子。在左边的例子中，$\omega = (1/\sqrt{2})(1,1)^T$，因此，该函数仅在 $X_1 + X_2$ 的方向上变化。在右图中，$\omega = (1, 0)$。

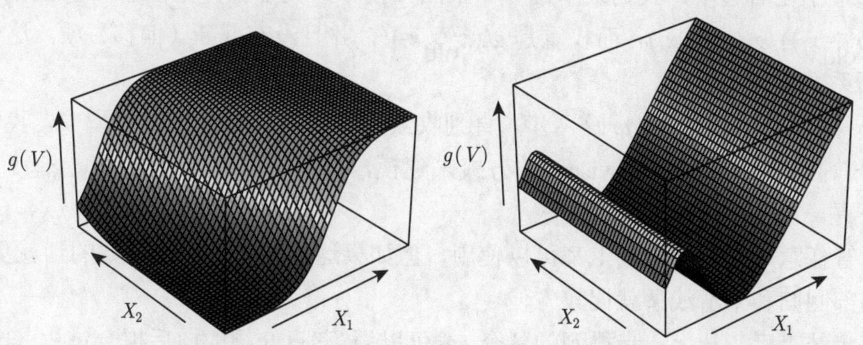

图 11–1 两个岭函数的透视图。左图中，$g(V) = 1/[1 + \exp(-5(V - 0.5))]$，其中 $V = (X_1 + X_2)/\sqrt{2}$。右图中，$g(V) = (V + 0.1)\sin(1/(V/3 + 0.1))$，其中 $V = X_1$

PPR 模型 (11.1) 非常具有一般性，因为以输入的线性组合为变量的非线性函数的操作会形成极大类的模型空间。比如说，乘积 $X_1 \cdot X_2$ 可以写成 $[(X_1+X_2)^2-(X_1-X_2)^2]/4$，更高阶的乘积同理可得。

实际上，如果 M 取任意大，通过选取合适的 g_m，PPR 模型可以很好地逼近任意空间 $\mathbb{R}^p$ 的连续函数。这一类模型叫*广义逼近子*（universal approximator）。不过，这种一般性是有代价的。就是拟合模型的解释通常比较困难，因为模型的输入都经过了比较复杂和多个面的变换。因此，PPR 模型最多用来做预测，但一般不用于对数据产生可理解的模型。$M=1$ 的模型是一个例外，在计量经济学中该模型称为"*单指数模型*"（single index model），该模型比线性回归模型更一般，并且提供了一个类似的解释。

给定训练样本 (x_i, y_i)，$i=1,2,\cdots,N$，我们怎样拟合 PPR 模型呢？在函数 g_m 和方向向量 ω_m，$m=1,2,\cdots,M$ 上，我们搜索误差函数的近似最小化：

$$\sum_{i=1}^{N}\left[y_i-\sum_{m=1}^{M}g_m(\omega_m^T x_i)\right]^2 \tag{11.2}$$

如其他光滑问题一样，为了避免过拟合解，我们需要显式或隐式地对 g_m 强制一些复杂性的约束。

考虑模型只有一项（即 $M=1$，并去掉下标）。给定方向向量 ω，我们得到中间变量 $v_i=\omega^T x_i$。于是，我们得到一个一维平滑问题，并且可以利用任意散点图平滑子，比如平滑样条，来获得对 g 的估计。

另一方面，给定 g，我们想最小化以 ω 为参数的式 (11.2)。用高斯-牛顿搜索法处理此任务比较方便。这是一个伪牛顿（quasi-Newton）问题，其中涉及到求 g 的二阶导的海森矩阵的部分被丢弃了。该问题的简单推导如下。设 ω_{old} 是当前对 ω 的估计。我们可以写为

$$g(\omega^T x_i)\approx g(\omega_{\text{old}}^T x_i)+g'(\omega_{\text{old}}^T x_i)(\omega-\omega_{\text{old}})^T x_i \tag{11.3}$$

因此得到

$$\sum_{i=1}^{N}\left[y_i-g(\omega^T x_i)\right]^2\approx\sum_{i=1}^{N}g'(\omega_{\text{old}}^T x_i)^2\left[\left(\omega_{\text{old}}^T x_i+\frac{y_i-g(\omega_{\text{old}}^T x_i)}{g'(\omega_{\text{old}}^T x_i)}\right)-\omega^T x_i\right]^2. \tag{11.4}$$

为了最小化右边项，我们采用最小二乘回归技术，其中目标是在输入 x_i 上的 $\omega_{\text{old}}^T x_i+(y_i-g(\omega_{\text{old}}^T x_i))/g'(\omega_{\text{old}}^T x_i)$，而权重是 $g'(x_{\text{old}}^T x_i)^2$，并且没有截断（偏移）项。这样便可以得到更新系数向量 ω_{new}。

不断迭代估计 g 和估计 ω 这两步，直到收敛。在多于一项的 PPR 模型中，我们用一种叫*前向分阶段*（forward stage-wise）的方式来建模，每个阶段更新一对 (ω_m, g_m)。

以下是一些实现方面的细节。

- 尽管任意平滑方法原则上都可以使用，但如果这些方法能提供导数的话就更方便了。局部回归和平滑线条就比较方便。
- 每步结束后，从上一步得到的各个 g_m 可以用第9章介绍的向后拟合过程（backfitting procedure）来调整。虽然这种方法可以最终减少很多项，但能否提高预测性能还不清楚。

- 虽然原则上 ω_m 需要调整，但通常可以不重新调整（部分原因是避免过大的运算量）。
- 项数 M 通常是作为前向分阶段（forward stage-wise）策略的一部分来估计。当下一项不能显著改善模型的拟合性能时，模型训练过程便停止。同时，交叉验证也可以用来确定 M 的值。

投影寻踪的思想可以有很多应用，比如密度估计 (Friedman 等, 1984; Friedman, 1987)。具体可参考14.7节对 ICA 的讨论及其与探索式投影寻踪（exploratory projection pursuit）的关系。然而，投影寻踪回归并没有广泛用于统计领域，原因可能是它被引入的时间 (1981)，其要求的计算量远远超过了当时最快的计算能力。但该模型确实提供了一个重要的智能进展，并在神经网络领域得以再生和进一步发展，这也是本章剩余部分的主题。

11.3 神经网络

神经网络（neural network）已经演变到包含一大类建模和学习方法。在这里，介绍一个使用最广泛的、称为“vanilla”的神经网络，有时称为“单隐层反馈网络”或“单层感知机”。神经网络曾经被过度炒作，使其变得神奇而神秘。正如我们将在本章澄清的，它们不过是一些非线性的统计模型而已，和前面讨论的投影寻踪方法回归模型非常相似。

神经网络是一个两阶段的回归或分类模型，常采用图11–2的网络图（network diagram）形式表示。这个网络可以用于回归或分类。对于回归，典型情况下，$K = 1$ 并且顶层仅有一个输出单元 Y_1。然而，这些神经网络可以无缝处理多元定量响应。我们将讨论一般的情况。

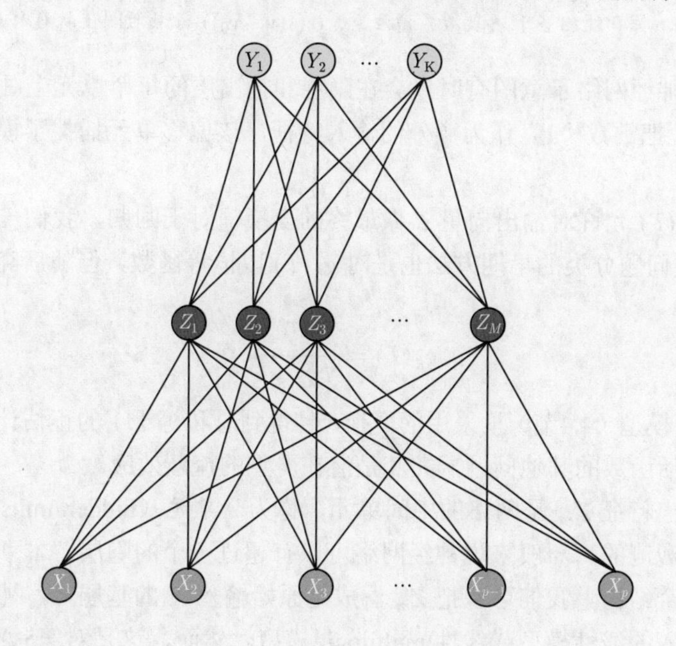

图 11–2 单隐层前向神经网络示意图

对于 K 类分类，神经网络顶端有 K 个单元，其中第 k 个单元针对第 k 类概率建模。这里有 K 个目标的测量 Y_k，$k = 1, \cdots, K$，对于第 k 类，每个都被编码成 0 - 1 变量。

导出特征 Z_m 通过输入的线性组合来创建，然后目标值 Y_k 则是 Z_m 的线性组合函数，

$$\begin{aligned} Z_m &= \sigma(\alpha_{0m} + \alpha_m^T X), \quad m = 1, \cdots, M, \\ T_k &= \beta_{0k} + \beta_k^T Z, \quad k = 1, \cdots, K, \\ f_k(X) &= g_k(T), \quad k = 1, \cdots, K,, \end{aligned} \tag{11.5}$$

其中 $Z = (Z_1, Z_2, \cdots, Z_M)$，$T = (T_1, T_2, \cdots, T_K)$。

激活函数 $\sigma(v)$ 通常采用 *sigmoid* 函数 $\sigma(v) = 1/(1+e^{-v})$；图11–3画出了 $1/(1+e^{-v})$ 的图。有时，高斯径向基函数（第6章）也用来表示 $\sigma(v)$，因而形成所谓的径向基函数网络（radial basis function network）。

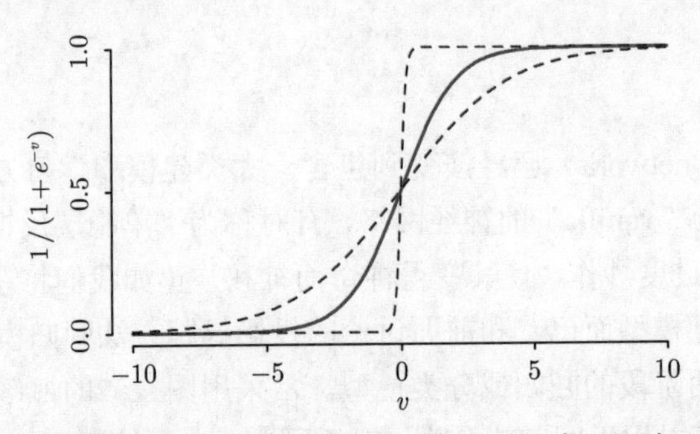

图 11–3 sigmoid 函数 $\sigma(v) = 1/(1+\exp(-v))$ 示意图（红色曲线），常用于神经网络的隐层。图示包括 $s = \frac{1}{2}$ 的 $\sigma(sv)$（蓝色曲线）和 $s = 10$ 的 $\sigma(sv)$（粉红色曲线）。尺度参数 s 控制着激活率（activation rate），我们能看出大的 s 在 $v = 0$ 处相当于硬激活。请注意，$\sigma(s(v - v_0))$ 将激活阈值从 0 移到 v_0

像图11–2的神经网络示意图有时候会在隐层和输出层的每个单元上画一个额外的偏移项（bias）单元。把常数“1”作为额外的输入特征，该偏移单元捕捉了模型 (11.5) 里的截距 α_{0m} 和 β_{0m}。

输出函数 $g_k(T)$ 允许对输出向量 T 做最终的变换。对于回归，我们一般取恒等函数即 $g_k(T) = T_k$。K 类问题分类的早期方法也是对 $g_k(T)$ 取恒等函数，但随后弃用了，而偏好用 softmax 函数

$$g_k(T) = \frac{e^{T_k}}{\sum_{\ell=1}^K e^{T_\ell}}. \tag{11.6}$$

这正是 multilogit 模型（4.4节）里采用的变换，且得到总和等于 1 的正估计。在4.2节中，我们讨论了线性激活函数的其他问题，尤其是潜在严重的掩蔽效应。

用来计算导出特征 Z_m 是网络的中间单元，称为隐单元（hidden units），这是因为 Z_m 的值不是可直接观测的。一般来说神经网络可以有超过一个的隐层，本章结尾部分的例子就描述了这样一个结构。我们可以把 Z_m 看成是原始输入 X 的基展开，神经网络则是使用这些变换作为输入的线性模型或线性 multilogit 模型。然而，这是对第5章讨论的基展开技术的重要增强，因为这里基函数的参数是从数据里学到的。

注意，如果 σ 是恒等函数，那么整个模型会坍缩成输入的线性模型。因此，对于回归和分类，神经网络可以视为线性模型的非线性扩展。通过引进非线性变换 σ，它大大扩展

了线性模型的类型。在图11–3中，我们可以看出 sigmoid 函数的激活率依赖于 α_m 的范数，且如果 $\|\alpha_m\|$ 很小，其单元的确只在激活函数的线性部分做运算。

还需要注意，具有单隐层的神经网络模型形式上和上述的投影寻踪模型一样。不同点在于 PPR 模型采用了非参函数 $g_m(v)$，而神经网络使用了基于 $\sigma(v)$ 的更简单的函数，该函数有 3 个自由参数。更具体地说，若把神经网络看成是 PPR 模型，我们有

$$\begin{aligned} g_m(\omega_m^T X) &= \beta_m \sigma(\alpha_{0m} + \alpha_m^T X) \\ &= \beta_m \sigma(\alpha_{0m} + \|\alpha_m\|(\omega_m^T X)), \end{aligned} \tag{11.7}$$

其中 $\omega_m = \alpha_m/\|\alpha_m\|$ 是第 m 个单位向量。因为 $\sigma_{\beta,\alpha_0,s}(v) = \beta\sigma(\alpha_0 + sv)$ 比更广义的非参函数 $g(v)$ 的复杂度要低，因此神经网络可以用 20 或 100 个这种函数，而 PPR 模型一般只能用比较少的项（比如说 $M = 5$ 或 10），我们对这种情况就不用觉得惊讶了。

最后，我们注意到“神经网络”的名字首先源自对人脑的建模。网络中每个单元代表一个神经元，连接（图11–2中的边）表示突触。在早期模型中，当一个神经元上通过的总的信号强度超过某个阈值时，该单元便会触发。在上述模型中，它相当于采用了 $\sigma(Z)$ 和 $g_m(T)$ 的阶跃函数。后来，神经网络被认为是非线性统计建模的有用工具。从这个目的来看，阶跃函数在优化中还不够平滑。因此阶跃函数便被图11–3的平滑阈值函数 sigmoid 函数所代替。

11.4　拟合神经网络

神经网络模型未知的参数常称为权重（weight），而我们的目标是为神经网络寻找能很好拟合训练数据的权值。将由所有权重组成的集合记为 θ，它包括

$$\begin{aligned} &\{\alpha_{0m}, \alpha_m;\ m = 1, 2, \cdots, M\} &\quad M(p+1)\text{个权重}, \\ &\{\beta_{0k}, \beta_k;\ k = 1, 2, \cdots, K\} &\quad K(M+1)\text{个权重}. \end{aligned} \tag{11.8}$$

对于回归，我们用平方误差和作为模型拟合情况的度量（误差函数）

$$R(\theta) = \sum_{k=1}^{K} \sum_{i=1}^{N} (y_{ik} - f_k(x_i))^2. \tag{11.9}$$

对于分类，我们既可以采用平方误差函数，也可以采用交叉熵（偏差）来衡量：

$$R(\theta) = -\sum_{i=1}^{N} \sum_{k=1}^{K} y_{ik} \log f_k(x_i), \tag{11.10}$$

相应的分类器是 $G(x) = \arg\max_k f_k(x_i)$。采用 softmax 激活函数和交叉熵误差函数时，神经网络的隐层刚好是线性 logistic 回归模型，并且全体参数采用最大似然估计来估计。

通常来说我们不需要 $R(\theta)$ 的全局最优解，因为这很可能导致过拟合。或者，我们需要引入一些正则化，这可以通过直接加进惩罚项或间接地采用早期停止实现。具体细节见 11.5 节。

最小化 $R(\theta)$ 的一般方法是通过梯度下降来实现，在这种情况下称为*反向传播*（back-propagation）。因为这个模型的组合形式，梯度很容易地通过链式法则来求导。该梯度可通过前向和后向不断地扫描网络来计算，跟踪每个单元的局部量。

以下详细介绍平方误差损失的反向传播算法。设 $z_{mi} = \sigma(\alpha_{0m} + \alpha_m^T x_i)$，由式（11.5）和令 $z_i = (z_{1_i}, z_{2_i}, \cdots, z_{Mi})$,，我们有

$$R(\theta) \equiv \sum_{i=1}^{N} R_i$$
$$= \sum_{i=1}^{N} \sum_{k=1}^{K} (y_{ik} - f_k(x_i))^2, \tag{11.11}$$

求导得

$$\frac{\partial R_i}{\partial \beta_{km}} = -2(y_{ik} - f_k(x_i)) g_k'(\beta_k^T z_i) z_{mi},$$
$$\frac{\partial R_i}{\partial \alpha_{m\ell}} = -\sum_{k=1}^{K} 2(y_{ik} - f_k(x_i)) g_k'(\beta_k^T z_i) \beta_{km} \sigma'(\alpha_m^T x_i) x_{i\ell}. \tag{11.12}$$

给定这些导数，第 $(r+1)$ 次迭代的梯度下降更新的形式为

$$\beta_{km}^{(r+1)} = \beta_{km}^{(r)} - \gamma_r \sum_{i=1}^{N} \frac{\partial R_i}{\partial \beta_{km}^{(r)}},$$
$$\alpha_{m\ell}^{(r+1)} = \alpha_{m\ell}^{(r)} - \gamma_r \sum_{i=1}^{N} \frac{\partial R_i}{\partial \alpha_{m\ell}^{(r)}}, \tag{11.13}$$

其中 γ_r 是*学习率*（learning rate），我们将在下面讨论。

现在式(11.12)可写成

$$\frac{\partial R_i}{\partial \beta_{km}} = \delta_{ki} z_{mi},$$
$$\frac{\partial R_i}{\partial \alpha_{m\ell}} = s_{mi} x_{i\ell}. \tag{11.14}$$

量 δ_{ki} 和 s_{mi} 分别是当前模型中输出层和隐层单元的“误差”。从它们的定义看，这些误差满足

$$s_{mi} = \sigma'(\alpha_m^T x_i) \sum_{k=1}^{K} \beta_{km} \delta_{ki}, \tag{11.15}$$

该式称为*反向传播方程式*（back-propagation equation）。应用该式，(11.13)中的更新可以用一个两次传递（two-pass）算法实现。在*前向传递*（forward pass）中，我们固定当前权重并计算式(11.15)的预测值 $\hat{f}_k(x_i)$。在*反向传递*（backward pass）中，计算误差 δ_{ki}，并通过(11.15)反向传递来给到误差 s_{mi} 上。然后两个误差的集合通过式(11.14)来用于计算更新式子(11.13)所需要的梯度。

上述的两次传递（two-pass）过程就是常说的反向传播，它也被称为 delta 规则 (Widrow and Hoff, 1960)。交叉熵的计算分量与平方误差函数和有相似的形式，推导见习题11.3。

反向传播的好处在于简单和局部性。在反向传播算法中，每个隐单元仅仅通过跟它共享连接的单元发送和接收信息。因此它可以在并行结构计算机上得到有效地实现。

式(11.13)中的更新过程是一种*批次学习*（batch learning），其参数更新是基于所有训练数据上的总和。学习也可以在线执行——每次处理一个观测，在每个训练过程后都更新梯度，并循环执行训练过程多次。这样，式(11.13)中的和便由单个被加数所代替。我们把一个*训练迭代次数*（training epoch）定义为对整个训练集的一遍遍历。在线学习使得神经网络能够处理非常大的训练集，并能在新数据到来时更新网络的权重。

批次学习的学习率 γ_r 通常取常数，也能通过每次更新中最小化误差函数的直线搜索（line search）来优化。如果是在线学习，当迭代次数 $r \to \infty$ 时，γ_r 应趋向于零。这种学习性质是一种*随机逼近*（stochastic approximation）(Robbins and Munro, 1951)形式；在这种形式中，如果满足 $\gamma_r \to 0$，$\sum_r \gamma_r = \infty$，和 $\sum_r \gamma_r^2 < \infty$（比如 $\gamma_r = 1/r$），那么算法将会收敛。

反向传播算法可能很慢，因此实际上我们一般不会采用这种算法。因为矩阵 R 的二阶导（海森，Hessian）矩阵所占空间非常大，因此二阶的技术比如牛顿方法也没啥吸引力。不过还有一些更好的方法的，比如说共轭梯度下降法和变度量法（variable metric method）。这些方法可以避免直接计算矩阵的二阶导，同时仍然保持快速收敛。

11.5 神经网络训练中的一些问题

训练神经网络是门艺术。这些模型一般都是过参数（overparametrized）的，优化问题是非凸和不稳的，除非遵循一些原则。本节我们总结了其中的一些重要问题。

11.5.1 初始值

注意，当权重接近零时，sigmoid 函数的有效部分（图11–3）大致是线性的，因此神经网络便坍缩成一个近似线性的模型（见习题11.2）。通常，我们把权值初值选为零附近的随机值。因此，该模型起初是近似线性的并随着权重上升而变成非线性的。每个单元梯度要在需要的地方定位方向和引入非线性。用零做初值会导致梯度为零和模型高度对称且算法将永远不会移动。相反，以较大初值开始训练神经网经往往会导致不好的结果。

11.5.2 过拟合

通常，神经网络有太多的权重，且在 R 的全局最小值会过拟合。在神经网络早期发展阶段或者通过设计或者因为偶然，使用在停止训练的规则用于避免过拟合。在该方法中，我们仅训练神经网络一段时间，并在到达全局最小前停止训练。因为权重始于高度正则（线性）的值，这将使最终的模型向线性模型收缩。用验证集来确定什么时候结束训练是有用的，因为我们期望验证误差此时会开始上升。

更显式的正则化方法是权衰减（*weight decay*），这个方法和线性模型（3.4.1节）中的岭回归一样。我们加进一项惩罚项到误差函数 $R(\theta)+\lambda J(\theta)$ 中，其中

$$J(\theta)=\sum_{k,m}\beta_{km}^2+\sum_{m,\ell}\alpha_{m\ell}^2 \tag{11.16}$$

其中平衡参数 $\lambda\geqslant 0$。较大的 λ 会使权重收缩到零，因而一般用交叉验证来估计 λ 的值。罚项的作用只是分别把 $2\beta_{km}$ 和 $2\alpha_{m\ell}$ 加到各自的梯度表达式(11.13)上。也有其他形式的惩罚项，比如，

$$J(\theta)=\sum_{km}\frac{\beta_{km}^2}{1+\beta_{km}^2}+\sum_{ml}\frac{\alpha_{m\ell}^2}{1+\alpha_{m\ell}^2}, \tag{11.17}$$

该惩罚项叫权消去（weight elimination）惩罚。相比式(11.16)，它对较小权重收缩更多。

图11–4展示的是在第2章的混合例子上用 10 个隐单元的神经网络训练的结果，分别采用了权值衰减（上图）和没有采用权值衰减（下图）。有权衰减惩罚可以显著改善预测。图11–5显示的是训练得到的权重的热力图（这种图如果用灰度表示就是所谓的 Hinton 图。）我们发现，权值衰减在两层上都降低了权重，最终权值会完全均匀分布在 10 个隐单元上。

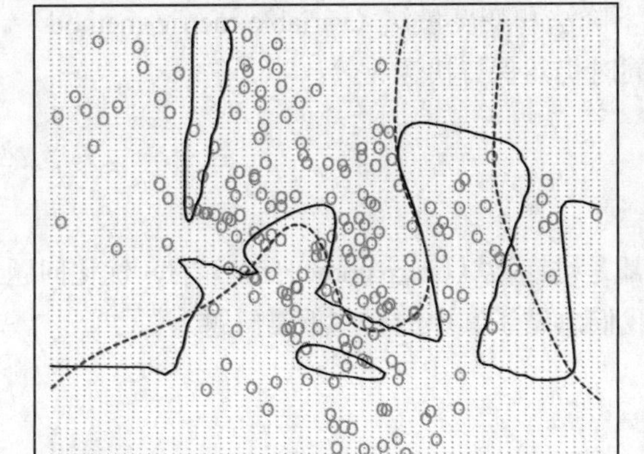

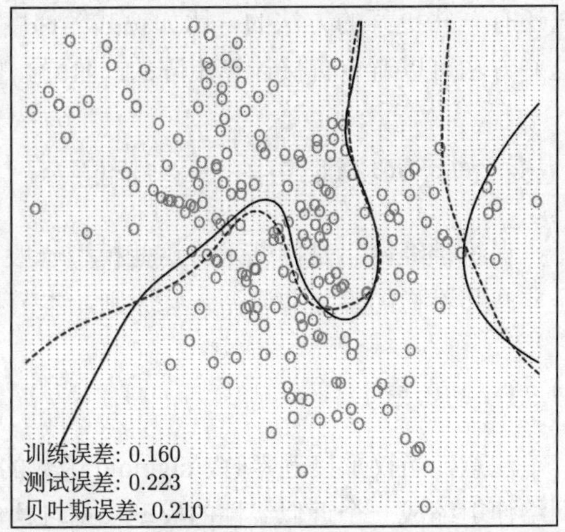

图 11–4　用来训练第2章中混合例子的神经网络。上图未使用权值衰减，且对训练数据过拟合了。下图使用权值衰减，接近于贝叶斯误差率（紫色的虚线边界）。这两种情况都采用 softmax 激活函数和互熵误差

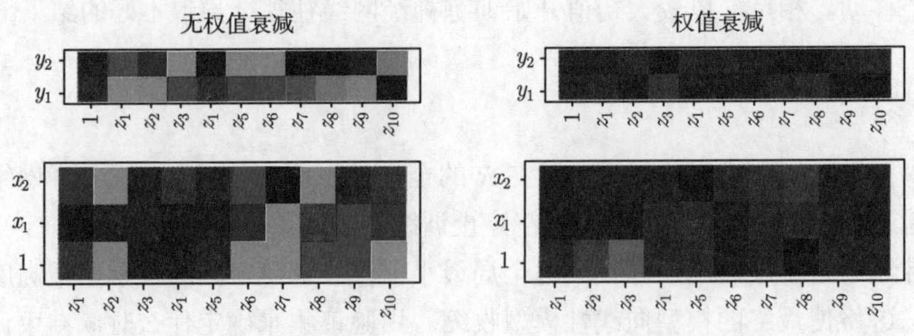

图 11–5　用图11–4的神经网络训练出来的权重的热度图。显示范围从亮绿色（负）到亮红色（正）

11.5.3 输入数据的尺度

因为输入数据的尺度决定底层权重的尺度影响，因此它对最终解的质量有着很大的影响。最好在开始阶段把所有输入标准化至均值为 0 方差为 1。这种处理可以保证在正则化过程能同等对待所有输入，并且允许为随机初始权值选择有意义的范围。在标准化输入后，我们在值域 $[-0.7, +0.7]$ 上取随机均匀权值。

11.5.4 隐层是神经网络的学术语

一般来说，隐层单元过多比过少要好。如果隐层单元取得太少，该模型可能没有足够的自由度来刻画数据中的非线性；隐层单元过多，如果使用合适的正规化，额外的权重能收缩到零。典型情况下，我们把隐层单元的数量设为 5 到 100，且其数量随输入的数量和训练样本的数量而增加。最常见的是取合理大小的单元数量，然后用正则化来训练。一些研究人员用交叉验证的方法来估计隐层单元的最优值，但如果用交叉验证估计了正则化参数的话，那么就不必要用交叉验证估计隐层单元的最优值。另外，隐层数目的选择一般由背景知识和经验来确定。每层会抽取输入的某些特征用于回归和分类。采用多个隐层允许在不同粒度下，构造层次结构的特征。有关多层的有效使用，示例可参见 11.6节。

11.5.5 多个极小值

误差函数 $R(\theta)$ 是非凸的，存在多个局部最小值。因此，最终获得的结果非常依赖初始权值的选择。我们必须至少尝试大量随机初值，然后选取能给出最低（惩罚）误差的解。可能更好的方法是用一组神经网络预测值的均值作为最终预测结果 (Ripley, 1996)。这种做法比平均权值更好，因为模型的非线性预示着这种平均求解可能会得到很差的结果。另一种方法是通过 bagging，这种方法先随机扰乱训练数据，然后把这些数据训练，并平均训练后的神经网络的预测值。8.7节介绍过这一方法。

11.6 示例：仿真数据

我们通过两组加性误差模型 $Y = f(X) + \varepsilon$ 来产生数据：

$$\text{sigmoids 函数和：} Y = \sigma(a_1^T X) + \sigma(a_2^T X) + \varepsilon_1;$$

$$\text{径向函数：} Y = \prod_{m=1}^{10} \phi(X_m) + \varepsilon_2.$$

这里 $X^T = (X_1, X_2, \cdots, X_p)$，每个 X_j 均是标准高斯变量，对于第一个模型，$p = 2$，第二个模型 $p = 10$。

关于 sigmoid 模型，取 $a_1 = (3, 3)$, $a_2 = (3, -3)$；对径向模型，取 $\phi(t) = (1/2\pi)^{1/2} \exp(-t^2/2)$。在两个模型中，$\varepsilon_1$ 和 ε_2 均为高斯误差，通过选择合适的方差，使信噪比为 4

$$\frac{\operatorname{Var}(E(Y|X))}{\operatorname{Var}(Y-E(Y|X))}=\frac{\operatorname{Var}(f(X))}{\operatorname{Var}(\varepsilon)} \tag{11.18}$$

训练样本大小选取为 100 个，测试样本为 10000 个。我们通过权衰减的方法和不同隐藏层数量来拟合神经网络，并记录每 10 个随机初值得到的平均测试误差 $E_{\text{Test}}(Y-\hat{f}(X))^2$。我们仅生成一个训练集，但通过上述模型得到的结果相当于是通过训练集的“均值”得到的。图11–6显示了这个模型的测试误差。请注意，零隐层的神经网络相当于线性最小二乘回归。神经网络对于 sigmoid 函数模型的和是完美适合的，并且两个隐层的神经网络性能最好，几乎接近贝叶斯误差。(采用平方误差的回归对应的的贝叶斯率就是误差方差；在图中，我们报道了对应贝叶斯误差的测试误差)。然而，要注意，随着隐层单元数目的增多，过拟合现象迅速的出现，并且在某些初值的情况下得到的结果比线性模型（零隐单元）更差。甚至对于两个隐层的神经网络，10 次初始权值中的两个产生的结果比线性模型还差，这验证了取多个初值的重要性。

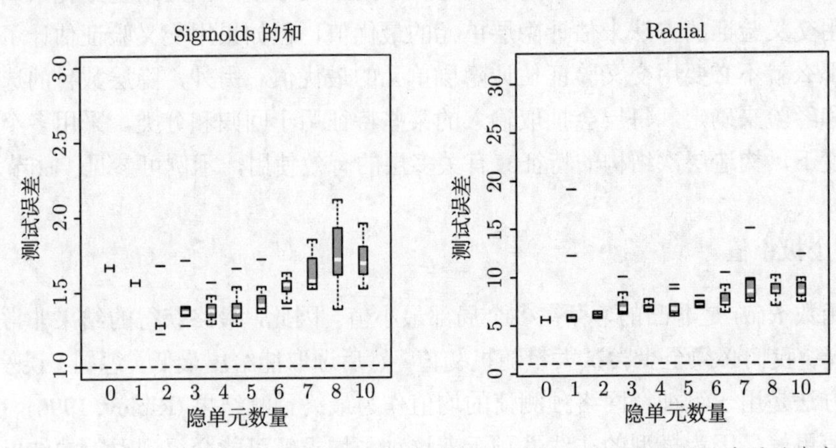

图 11–6　仿真数据例子中，相对于贝叶斯误差（水平虚线），测试误差的盒形图。左图的真实函数是两个 sigmoid 函数的和，右图是径向函数。对于 10 次不同初始权值和具有如图所示的隐单元数目的单隐层，图中显示了相应的测试误差

在某种意义上，径向函数对于神经网络来说是最难处理的，因为它是球对称的，且没有偏好的方向。我们在图11–6的右边看到，在这种情况下神经网络的性能很差，其测试误差一直高于贝叶斯误差（注意，左图的垂直方向刻度是不同的）。实际上，因为常值拟合（如样本平均）实现的相对误差达到 5（当 SNR 是 4 的时候），我们可以看到神经网络的性能比平均的结果更差。

在本例中，我们采用固定的权衰减参数 (即 0.0005) 来代表适中的正则化。图11–6左图的结果表明，隐单元数目越大，所需的正则化越多。

在图11–7中，我们重复了 sigmoid 模型和的实验，左图是无权值衰减的结果，右图是采用很大的权值衰减（$\lambda=0.1$）的结果。如果没有权值衰减，对于隐单元数大的的神经网络，过拟合现象更严重。当权值衰减值取 $\lambda=0.1$ 的时候，则随着隐单元数的增加，没有出现过拟合。最后，图 11–8显示一个有 10 个隐层并在一个较宽的范围内不断变化权值衰减的神经网络的测试误差。我们看到当参数取 0.1 时，模型接近于最优。

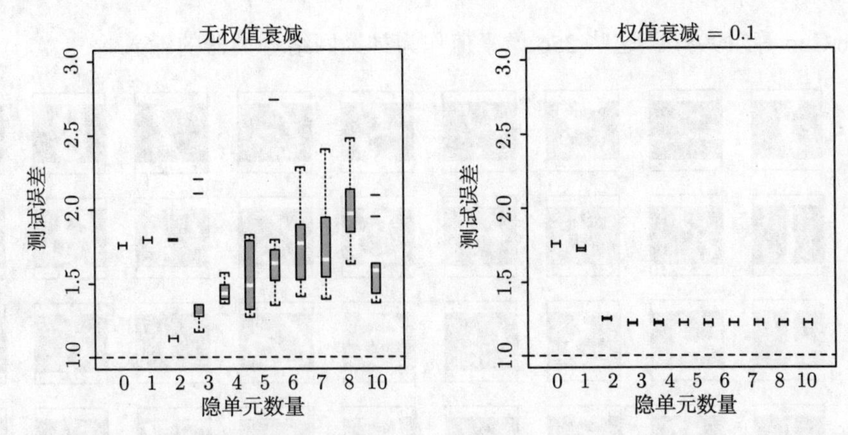

图 11–7　仿真数据例子中，相对于贝叶斯误差的测试误差的盒形图。真实函数是两个 sigmoid 函数的和。测试误差是一个有不同隐节点数的单隐层神经网络，在 10 次不同初始权值的结果。两个图分别表示没有权值衰减参数（左图）和有很大权值衰减参数 $\lambda = 0.1$（右图）的结果

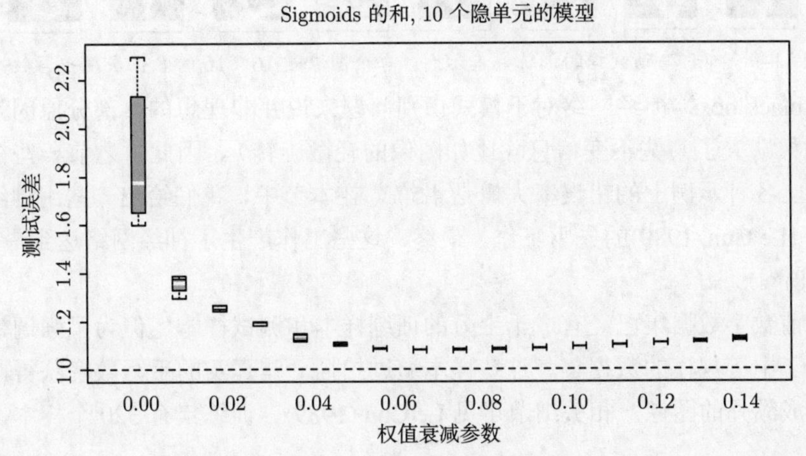

图 11–8　仿真数据例子中，测试误差盒形图。真实函数是两个 sigmoid 函数的和。显示的测试误差是一个有 10 个隐单元数的单隐层神经网络在如图所示的权值误差值上选择 10 次不同初始权值的结果

总的来说，这里有两个自由参数需要选择，分别是权值衰减参数 λ 和隐层单元数目 M。从学习策略方面来说，我们可以固定其中任意一个参数，使其取对应于最小约束模型（least constrained model）的值，从而保证模型足够丰富，并且利用交叉验证来选取另一个参数。这里最小约束值是零权值衰减和 10 个隐层。对比图11–7的左图和图 11–8，我们发现测试误差对权值减参数更不敏感，因此，对于这个参数，用交叉验证是个不错的选择。

11.7　示例：邮政编码数据

本例是字符识别任务，手写数字的分类。这个问题已经被机器学习和神经网络关注了很多年，并且一直是这个领域的基准问题。图11–9显示了一些标准化的手写数字示例，它们是美国邮政服务机构从一些信封上自动扫描下来的。原始的扫描数字是二值图像，并且大小和方向都不一样；这里显示的图像都是经过调整和尺寸标准化，最后变成了 16×16 的

灰度图 (Le Cun 等, 1998) 。这些 256 像素值作为神经网络分类器的输入。

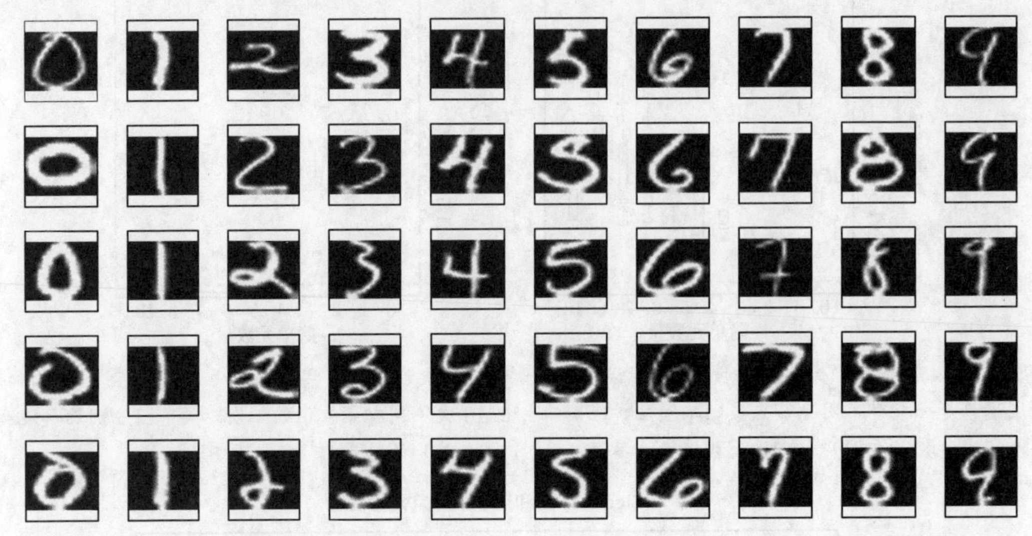

图 11–9 邮政编码数据的训练样本示例。每个图像是 16 × 16 的 8 位灰度手写数字

黑箱（black box）神经网络对于模式识别问题来说并非理想的，部分原因是因为用像素来代表图像缺失了某些不变信息（比如图像的轻微旋转）。因此，之前一些神经网络的在这个问题上各种示例上的错误率大概是 4.5%。在本节中，我们给出一些用神经网络克服了这些缺点 (Le Cun, 1989)的先驱工作。最终，这些工作产生了神经网络达到最佳性能 (Le Cun 等, 1998)①。

虽然目前数字数据集已经有成千上万的训练样本和测试样本，但为了强调效果，这里我们特意取了中等规模的数据集。这些样本通过扫描一些真实的手写数字获得，并通过随机平移来生成额外的图像。相关细节可见 Le Cun (1989)。训练集有 320 个样本，测试集有 160 个样本。

我们采用五种神经网络来拟合这些数据：

- Net-1: 无隐层，和多元 logistic 回归等价。
- Net-2: 一个隐层，12 个全连接的隐单元。
- Net-3: 两个局部链接的隐层。
- Net-4: 两个隐层，局部链接并且一些权重共享。
- Net-5: 两个隐层，局部链接，两层上权重共享。

这些结构描绘如图11–10所示。比如 Net-1 有 256 个输入，每个输入对应于 16×16 的每个输入像素，10 个输出对应于 0-9 的数字。预测值 $\hat{f}_k(x)$ 表示图像 x 有第 k（$k = 0, 1, 2, \cdots, 9$）个数字类别的的估计概率。

这些网络都是 sigmoid 输出单元，并且都使用平方误差函数和来拟合。第一个网络没有隐层，因此几乎等价于线性多元回归模型（习题11.3)。Net-2 是有 12 个隐单元的单隐层网络，其种类如前所述。

① 这个例子的这些图片和表格是根据Le Cun (1989)重新生成的。

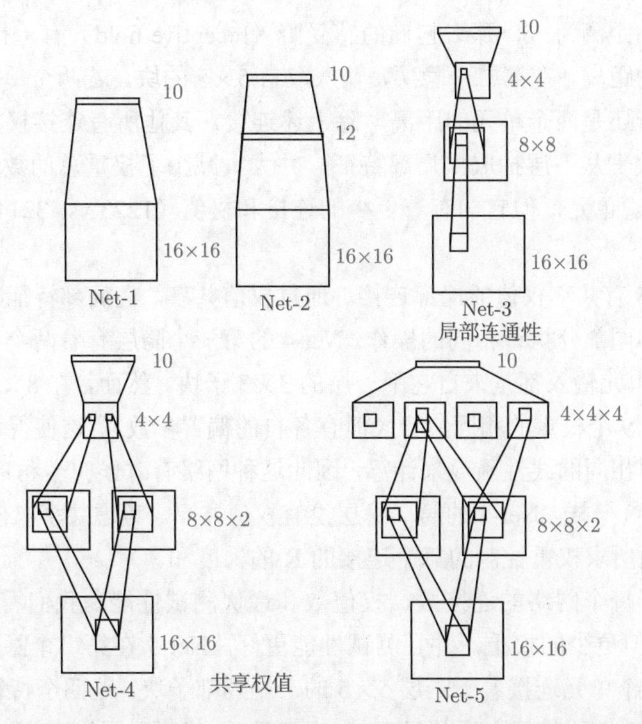

图 11–10　用于 ZIP 码例子的五种神经网络的结构

所有网络的训练误差都是 0%，因为在所有情况下参数都比训练样本多。随训练回合改变，测试误差的演变如图11–11所示。我们看到线性网络（Net-1）很快就过拟合了，同时其他网络的测试误差性能每一个都比前面一个的性能要好。

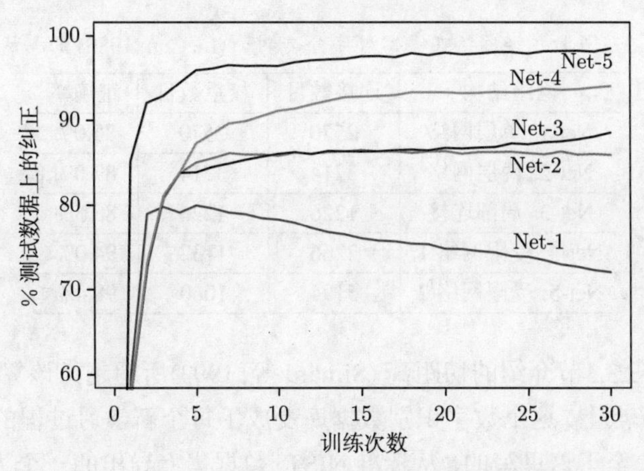

图 11–11　表11–1中五种网络应用于 ZIP 码数据 (Le Cun, 1989)。作为训练回合次数的函数，测试性能曲线

其他三种网络还有额外的特点，这显示了神经网络框架的能力和适应性。这些网络引进了一些适合手头问题的约束，允许更复杂的连接和较少的参数。

Net-3 采用局部连接机制：这意味着每个隐单元仅与它下面一层的一小块单元连接。在第一个隐层（8×8 的阵列），每个单元从输入层的 3×3 的子块取得输入；在第一隐层的单元，若两个单元的距离为一，那么它们的感受野（receptive field）有一行或一列是重叠的，因此是两个像素的距离。在第二个隐层，输入取自 5×5 的块，若两个单元距离仍为一，则它们对应的感知野还是两个单元的距离。除上述连接，其他所有连接权重都设为零。局部连接使每个单元负责从下层抽取出局部特征，并大大减少了权重总的数目。虽然 Net-3 比 Net-2 有着更多的隐单元，但它却有着更少的连接和权值（1223 vs. 3214），并取得相似的性能。

Net-4 和 Net-5 有共享权值的局部连接。通过权值共享，在局部特征映射里的所有单元都可以对图像的不同部分执行相同的操作。Net-4 的第一个隐层有着两个 8×8 的阵列，正如 Net-3 一样，每个单元输入都是来自它下一层的 3×3 子块。然而，在 8×8 的特征映射里的每个单元，分享了 9 个权重的相同集合（但有各自的偏置参数）。这使得从图像的不同部分抽取的特征都使用相同的线性函数来计算，因此这种网络有时候叫*卷积网络*（convolutional network）。和 Net-3 一样，Net-4 的第二隐层没有权值共享。考虑共享权值的误差函数 **R** 的梯度，等于考虑由所求权重控制的每个连接的 **R** 的梯度和。

表11–1给出了每个网络的连接数、权值数和最优测试性能。我们看到，Net-4 有着比 Net-3 更多的连接但更少的权重，并且测试性能更好。Net-5 在第二个隐层有四个 4×4 的特征映射，其中每个单元连接着下一层 5×5 的一个局部子块。这四个特征映射都共享着权值。我们发现 Net-5 性能最好，误差只有 1.6%，而“vanilla”网络 Net-2 是 13%。Net-5 的精妙设计是经历了许多人多年的实验得出的，它的启蒙思想来源于手写字风格的特征应该出现在字体的多个部分。这个网络和相似的网络在 ZIP 码问题上在当年（1990 年初期）得到了比其他任何学习方法更好的性能。这个例子也说明了神经网络并不是如当时宣传的一个全自动工具。像所有的统计模型，主观的知识能够改进它们的性能。

表 11–1　五种神经网络在手写数字分类例子 (Le Cun, 1989) 的测试性能

网络结构	连接数目	权重数目	正确率
Net-1: 单层网络	2570	2570	80.0%
Net-2: 两层网络	3214	3214	87.0%
Net-3: 局部连接	1226	1226	88.5%
Net-4: 受限网络 1	2266	1132	94.0%
Net-5: 受限网络 2	5194	1060	98.4%

这种网络后来13.3.3节介绍的切距离 (Simard 等, 1993)所超越，该算法显式融入了自然仿射不变性。在这一点上，这个数字识别数据库变成了每个新学习过程的测试台，研究人员努力在降低错误率。至于这里写的，从标准 NIST[①] 数据集上导出的一个大数据集上（60 000 个训练数据，10 000 个测试数据），最好的误差率如下 (Le Cun 等, 1998)：

- 1.1%：切距离，使用 1-近邻分类器（13.3.3节）；
- 0.8%：阶次为 9 的多项式支持向量机（12.3节）；
- 0.8%：比这里描述的卷积网络（convolutional network）更复杂的版本，*LeNet-5*；

① 国家标准和技术研究所维护着大数据库，包括手写字数据库：http://www.nist.gov/srd。

• 0.7%：boosted *LeNet-4*。Boosting 在第10章里介绍。*LeNet-4* 是 *LeNet-5* 前身。

(Le Cun 等, 1998) 给出过一个相当大的性能结果表，并且很显然很多研究小组都很努力地在降低这些测试误差。取 $N = 10\,000$ 和 $p \approx 0.01$ 的二项式平均（binomial average），他们在误差估计上声明了 0.1% 的标准误差。这意味着算法相互差误差率在 0.1%~0.2% 之间的，可以认为是统计等价的。实际情况下标准误差会更高，因为测试数据在各个调整过程中已经被隐式地使用了。

11.8　讨论

投影寻踪回归和神经网络都是处理输入的线性组合（“导出的特征”）的非线性函数。对于回归和分类，这是很强大并非常一般的做法，在很多问题上已经证明了可同其他最好的方法相媲美。

这些工具在高信噪比的问题和要求预测但不要求可解释性的情况下尤其有效。但当目标是要描述数据生成的物理过程以及每个输入的角色这类问题时，它们就没那么有效了。每个模型都可以以非线性的方式进入模型的不同地方。有些作者 (Hinton, 1989)绘制了到每个隐单元的估计权值的框图，试图理解每个单元抽取的特征。但是，由于缺少对每个参数向量 α_m，$m = 1, \cdots, M$ 的可辨识性，这种做法的效果是很有限的。通常存在一些解，其 α_m 张成的线性空间与训练过程得到的相同，因此会有一些大致相同的预测结果。有些作者建议计算这些权值的主成分，以便得到一个可解释的解。通常来说，模型解释的困难使它们在一些领域 (比如医学领域) 的应用变得比较困难，因为在这些领域中模型的可解释性非常重要。

在神经网络训练方面，一直有大量研究。不像 CART 和 MARS 这些方法，神经网络是实值参数的平滑函数。这促进了对这些模型进行贝叶斯推论的发展。下面将介绍一个成功的贝叶斯方法实现的神经网络模型。

11.9　贝叶斯神经网络和 NIPS 2003 挑战

2003 年举办了一次分类竞赛。在竞赛中，提供了五个标注好的训练数据库给参赛者。该竞赛由 Neural Information Process Systems (NIPS）的一个工作坊来组织。每个数据库是一个两类分类问题，具有不同的数据规模、来自不同的领域（见表11–2）。本次比赛也提供了验证集的特征度量。

参赛者提出和利用统计学习过程对数据集进行预测并可以在 12 周内提交对验证集进行预测的结果到一个网站。利用这些反馈，参赛者然后要提交对一个不同的测试集的预测结果，他们也会收到自己的结果。最后，官方发布验证集的类别标签信息，参赛者有一周时间组合训练集和验证集来训练他们的算法，并在竞赛网页上面提交他们的最终预测结果。这次竞赛总共有 75 支参赛队伍，最终分别有 20 个团队提交了验证集的结果，有 16 个团队提交了测试集的结果。

在这次竞赛中，强调了特征提取。人工的“探针”加进了数据中，这些是和真实特征分布相似但独立于类标签的噪声特征。表11–2显示了加入每个数据集的探针相对于全体特征集的百分比。因此，每个学习算法必须估计一种辨识探针的方法，然后降低探针上的权重或者直接丢弃掉这些探针。

表 11–2　NIPS2003 挑战数据集。标记着 p 的列是特征的数目。Dorothea 数据集特征是二值特征。N_{tr}，N_{val} 和 N_{te} 分别是训练集，验证集和测试集的数目

数据库	领域	特征类型	p	探针百分比	N_{tr}	N_{val}	N_{te}
Arcene	质谱法	密集	10,000	30	100	100	700
Dexter	文本分类	稀疏	20,000	50	300	300	2000
Dorothea	药物发现	稀疏	100,000	50	800	350	800
Gisette	数字识别	密集	5000	30	6000	1000	6500
Madelon	人造	密集	500	96	2000	600	1800

各种度量被用来评估参赛方法，包成测试集上的百分比正确率，ROC 曲线下的面积和直接比较每对分类器（head-to-head）的组合分数。这次竞赛的结果很有趣，详见 Guyon 等 (2006)。其中最有吸引力的结果是：Neal and Zhang (2006)的方法总体上最好。在决赛中，他们在五个数据集中的三个赢得了第一，另外两个分别赢得了第五名和第七名。

在他们的算法中，Neal and Zhang (2006)采用一系列预处理特征选择的步骤，接着采用了贝叶斯神经网络、狄利克雷扩散（Dirichlet diffusion）树和这些方法的组合。在这里，重点关注贝叶斯神经网络并试图找出到底是哪一方面使他们的方法取得了成功。我们重跑了他们的代码并把这些结果跟 boosted 神经网络、boosted 树和其他相关的方法进行了比较。

11.9.1　贝叶斯，**Boosting** 和 **Bagging**

我们先简要回顾用贝叶斯做推断的方法及其在神经网络上的应用。给定训练集 $\boldsymbol{X}_{tr}$，$\boldsymbol{y}_{tr}$，我们假设有一个以 θ 为参数的采样模型；Neal and Zhang (2006)采用一个两隐层的神经网络，对于二值输出，输出节点上是类别概率 $\Pr(Y|X,\theta)$。给定先验概率 $Pr(\theta)$，参数的后验分布是

$$\Pr(\theta|\boldsymbol{X}_{tr},\boldsymbol{y}_{tr})=\frac{\Pr(\theta)\Pr(\boldsymbol{y}_{tr}|\boldsymbol{X}_{tr},\theta)}{\int\Pr(\theta)\Pr(\boldsymbol{y}_{tr}|\boldsymbol{X}_{tr},\theta)\,\mathrm{d}\theta} \tag{11.19}$$

对于特征是 X_{new} 的测试样例，新标签 Y_{new} 的预测分布是

$$\Pr(Y_{new}|X_{new},\boldsymbol{X}_{tr},\boldsymbol{y}_{tr})=\int\Pr(Y_{new}|X_{new},\theta)\Pr(\theta|\boldsymbol{X}_{tr},\boldsymbol{y}_{tr})\,\mathrm{d}\theta \tag{11.20}$$

参见式8.24。因为 (11.20) 中的积分不可积，复杂的马尔可夫链蒙特卡罗方法（MCMC）用于从后验概率 $\Pr(Y_{new}|X_{new},\boldsymbol{X}_{tr},\boldsymbol{y}_{tr})$ 里采样。我们用这种方法产生几百个 θ 值，然后用它们的均值来估计积分的值。Neal 和 Zhang (2006)为所有参数采用了扩散（diffuse）高斯先验。这个特定的 MCMC 方法叫“混合蒙特卡罗”（hybrid Monte Carlo），是采样方法的成功所在。该方法包含一个辅助的动量向量，并且采用了势函数是目标密度的哈密顿动力学

（Hamiltonian dynamics）。这样处理避免了随机游走行为，另外可以使连续的候选者在样本空间中的移动步伐增大。它们趋向于较少相关，因此可以更快地收敛到目标分布。

Neal and Zhang (2006)也试图采用其他形式的预处理特征方法，如下所示。

1. 用 t-检验进行单变量筛选（univariate screening）。
2. 自动相关性判定（automatic relevance determination）。

在后一方法（ARD）中，第 j 个特征到第一隐层单元的每一个的权值（系数）拥有共同的先验方差 σ_j^2 和先验零均值。每个方差 σ_j^2 的后验分布被计算，并抛弃掉后验方差集中在较小值的特征。

这个方法之所以成功的三个主要特点如下。

1. 特征选择和预处理。
2. 神经网络模型。
3. 用 MCMC 对该模型进行贝叶斯推断。

根据 Neal and Zhang (2006)，特征筛选纯粹是为了计算效率；当特征很多时，MCMC 过程非常慢。另外，也不必采用特征选择来避免过拟合，因为后验平均(11.20)会自动处理这个问题。

现在，我们来理解贝叶斯模型成功的原因。在我们看来，现代贝叶斯方法的能力不在于将它们看成正式的推断方法，因为大部分人都不相信高维的、复杂的神经网络模型的先验是实际正确的。然而，贝叶斯/MCMC 方法给出了一个对模型空间的相关部分进行采样并对高概率的模型的预测进行平均的有效方法。

Bagging 和 Boosting 是与贝叶斯模型里的 MCMC 有些相似的非贝叶斯方法。贝叶斯方法固定数据并根据后验分布的当前估计来扰动参数。Bagging 用独立同分布的方式扰动数据，然后重新估计当前模型，从而得到一组新的模型参数。最后，从不同的 bagged 样本计算这些模型的平均预测值。Boosting 和 Bagging 很相似，但拟合的模型是每个基学习器的加性模型，这些基学习器用独立同分布的样本学习得到。我们可以把所有这些模型写成如下形式

$$\hat{f}(x_{new}) = \sum_{\ell=1}^{L} \omega_\ell E(Y_{new}|x_{new}, \hat{\theta}_\ell) \tag{11.21}$$

在所有情况下，$\hat{\theta}_\ell$ 是模型参数的大集合。对于贝叶斯模型，$\omega_\ell = 1/L$，我们从后验分布对 θ_l 进行采样，并平均估计后验均值 (11.21)。对于 Bagging，同样 $\omega_\ell = 1/L$，而 $\hat{\theta}_\ell$ 是对训练数据进行 Bootstrap 重采样后参数重拟合的结果。对于 Boosting，所有权值都等于 1，然后 $\hat{\theta}_\ell$ 可以非随机序列的方式进行选择，以连续地改善其拟合效果。

11.9.2　性能比较

基于前述相似性，我们决定在表11–2的五个数据集上比较一下贝叶斯神经网络和 Boosted 树，Boosted 神经网络，随机森林，Bagged 神经网络的性能。Bagging 和 Boosting 神经网络不是我们之前工作中用过的方法。因为在这个竞赛中贝叶斯神经网络非常成功，并

且 Bagging 树和 Boosting 树性能也很好，所以我们决定采用他们和其他方法进行比较。另外，我们认为，通过 Bagging 和 Boosting 神经网络，可以对模型选择和模型搜索策略进行评估。

下面是我们进行比较的学习方法的一些细节。

- 贝叶斯神经网络：这里的结果是用 Neal and Zhang (2006)的贝叶斯方法拟合神经网络所得到的。这些模型有两个隐层，分别有 20 个和 8 个单元。由于时间原因，我们重跑了部分神经网络模型。
- **Boosted** 树：我们用采用 R 语言开发的 gbm 包（1.5-7 版）来做实验。树深度和收缩因子在各个数据集上都不同。我们一致地在每个 Boosting 迭代中 Bagging 了 80% 的数据（默认是 50%）。收缩因子在 0.001 和 0.1 间。树深度在 2 到 9 之间变动。
- **Boosted** 神经网络：因为 Boosting 典型情况下会采用多“弱”学习器时最有效，我们 Boosted 一个有二到四个单元的单隐层神经网络，并采用 R 语言的 nnet 包 (7.2-36 版) 来拟合。
- 随机森林：我们采用 R 语言开发的包randomForest（4.5-16 版），参数采用默认值。
- **Bagged** 神经网络：我们采用和上述贝叶斯神经网络同样的架构（两个隐层，每个隐层分别有 20 和 8 个单元）来构造网络，同时利用 Neal 的 C 语言的包 Flexible Bayesian Modeling（2004-11-10 发布）和 Matlab 里的神经网络工具包（5.1 版）训练该模型。

Nicholas Johnson 对这个实验做了一个分析，详情可参考 Johnson (2008)[①]。实验结果见图11–12和表11–3。

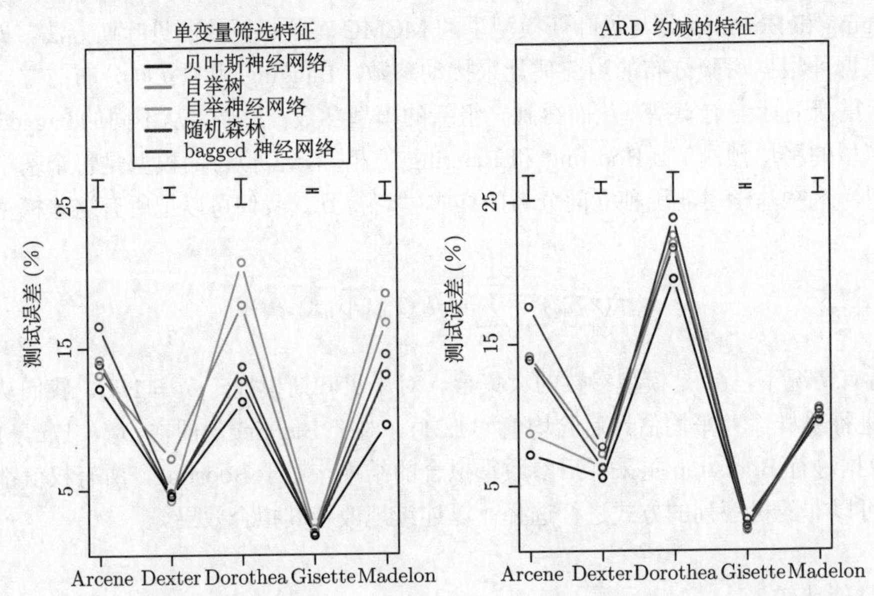

图 11–12　五个问题上不同学习方法的性能，采用了特征的单变量筛选（上图）和从自动相关性判决方法得到的约减特征集。每个图上面的误差条的宽度等于两个误差率的差值的一个标准误差。在这些问题中的大部分，几个竞争算法的误差率都在这个误差界内

① 我们感谢 Isabelle Guyon 在准备本节实验结果时提供的帮助。

表 11–3　不同方法的性能。里面的值表示五个问题的测试误差的平均排名 (越小越好)，平均计算时间和均值的标准误差，以分钟为单位

方法	Screened 特征		ARD 约减特征	
	平均排名	平均时间	平均排名	平均时间
贝叶斯神经网络	1.5	384(138)	1.6	600(186)
Boosted 树	3.4	3.03(2.5)	4.0	34.1(32.4)
Boosted 神经网络	3.8	9.4(8.6)	2.2	35.6(33.5)
随机森林	2.7	1.9(1.7)	3.2	11.2(9.3)
Bagged 神经网络	3.6	3.5(1.1)	4.0	6.4(4.4)

图和表显示了贝叶斯，Boosted 和 Bagged 神经网络，Boosted 树和随机森林用筛选和约减特征集的结果。每幅图上方的误差条表明两个误差率之差的标准误差。虽然对某些数据集测试误差的差异统计上不是显著但总的来说贝叶斯神经网络还是比其他方法要好。使用选择的特征集时，随机森林是所有方法中最好的。而用约减特征集时，Boosted 神经网络性能最好，几乎和贝叶斯神经网络一样。

Boosted 神经网络和 Boosted，对这些特定问题，神经网络模型要更好一些。更具体来说，单个的特征在这里可能并不见得好，特征的线性组合则要更有效。但是随机森林的结果却是跟这一解释相悖，这让我们有些吃惊。

因为约减特征集来自于贝叶斯神经网络方法，仅仅使用了筛选的特征的方法才是合法的、自满的过程。然而，这也表明更好的内在特征选择方法可能有助于 Boosted 神经网络的总体性能。

该表也显示了不同方法的大致训练时间。在这方面，非贝叶斯方法表现出明显的优势。

总的来说，贝叶斯神经网络的优越性能可以归因于以下事实。

1. 神经网络模型很适合这五个问题。

2. MCMC 方法对探索参数空间的重要部分提供了一个有效的途径，然后根据模型的质量来对这些模型求平均。

贝叶斯方法对于类似于神经网络这种平滑参数模型是很有效的，至于是否对非平滑模型 (比如说树) 也做得很好，还没有定论。

11.10　计算问题

对于有 N 个观测值，p 个预测值，M 个隐单元和 L 个训练周期的神经网络，其神经网络拟合一般要 $O(NpML)$ 个运算。现在有很多训练神经网络的包，可能比主流的统计方法还要多得多。因为可获取的软件在质量方面有很大差别，所以神经网络的学习问题对 (比如说输入尺度化这些问题) 是很敏感的，因此，这些软件需要仔细选择和测试。

文献说明

投影寻踪由 Friedman and Tukey (1974)提出，并由 Friedman and Stuetzle (1981)特化到回归模型。另外，Huber (1985)在学术上进行了回顾，Roosen and Hastie (1994)用平滑样条形式化了该问题。神经网络的动机要回溯到 McCulloch and Pitts (1943)，Widrow and Hoff (1960)（重印于 Anderson and Rosenfeld (1988)的著作中）和Rosenblatt (1962)的文献中。Hebb (1949) 深深影响了学习算法的发展。神经网络在 20 世纪 80 年代中期的重生，要归功于 Werbos (1974)，Parker (1985)和 Rumelhart 等 (1986)，因为他们提出了反向传播算法。今天有很多书是关于这个话题的，面向的读者范围很广。对于本书的读者，可能 Hertz 等 (1991)，Bishop (1995)和 Ripley (1996)这些文献最具有参考价值。神经网络的贝叶斯学习方法在 Neal (1996)中描述。邮政编码例子是从 Le Cun (1989)里拿出来的；该数据也可参考 Le Cun 等 (1990) 和 Le Cun 等 (1998)文献。

在本节中，我们不讨论诸如神经网络的逼近性这些理论方面的话题，感兴趣的读者可参考 Barron (1993)，Girosi 等 (1995)和 Jones (1992)的工作。Ripley 对这些工作的部分结果做了总结，请参考 Ripley (1996)。

习题

11.1 在投影寻踪回归模型(11.1)和神经网络(11.5)间建立精确的对应关系。具体来说，证明单层回归网络和具有 $g_m(\omega_m^T x) = \beta_m \sigma(\alpha_{0m} + s_m(\omega_m^T x))$ 形式的 PPR 模型等价，其中 ω_m 表示第 m 个单位向量。针对分类网络建立一个相似的等价关系。

11.2 考虑一个神经网络，它有如(11.5)的定量输出，采用平方误差损失和恒等输出函数 $g_k(t) = t$。假设从输入层到隐层的权值 α_m 几乎为零。证明最终模型在输入上接近于线性。

11.3 对交叉熵损失函数，推导出其前向和反向传播方程。

考虑采用交叉熵损失的 K 类输出的神经网络。若该神经网络没有隐层，证明该模型和第 4章描述的多项式 logistic 模型等价。

11.4 (a) 写一个程序用反向传播和权值衰减算法来训练一个（10 个隐单元的）单隐层神经网络。

(b) 把它应用到以下模型生成的 100 个观测样本中

$$Y = \sigma(a_1^T X) + (a_2^T X)^2 + 0.30 \cdot Z,$$

其中 σ 是 sigmoid 函数，Z 是标准正态，$X^T = (X_1, X_2)$，每个 X_j 是独立的标准正态，且 $a_1 = (3,3)$，$a_2 = (3,-3)$。生成一个 1000 个样本的测试集，画出对于不同权值误差参数值的情况下，以训练周期次数为函数的训练误差和测试误差曲线。讨论每种情况下的过拟合行为。

(c) 从 1 到 10 改变网络里隐层单元的数目，确定对这个任务，取得好效果所需的最小数量的隐单元。

11.5 采用固定自由度的三次平滑样条，写程序执行投影寻踪回归。对不同的平滑参数值和模型项（model terms）数量，用上面习题中的数据训练它。找出对此模型，要取得好效果时的最小的模型项数，并和上题里的隐单元数目进行比较。

11.6 用9.1.2节的 *spam* 垃圾邮件数据训练一个神经网络，并和那一章的加性模型的结果相比较。请比较最后模型的分类性能和可解释性。

第 12 章　支持向量机与柔性判别分析

12.1　概述

本章我们介绍分类的线性决策边界的推广。第4章介绍了两类样本线性可分时的最优分类超平面。这里我们把它扩展到线性不可分的情形，也就是说类与类之间有重叠的情形。这些技术然后扩展到 支持向量机（support vector machine），它可以在一个大的、变换后的特征空间中通过构造线性边界来产生非线性边界。第二组方法推广了 Fisher 线性判别分析（linear discriminant analysis，LDA）。这些改进包括，它用非常类似于支持向量机的方法来助力非线性边界的构造柔性判别分析（flexible discriminant analysis），用于处理信号和图像分类中存在大量高相关特征；罚判别分析（penalized discriminant analysis），用于处理不规则形状类别的混合判别分析（mixture discriminant analysis）。

12.2　支持向量机分类器

我们在第4章讨论了在两个绝对可分的类别中构造最优（optimal）分类超平面的方法。本章先复习一下，然后把它扩展到不可分的情况，即类别不能用线性边界分开。

我们的训练样本包含 N 对数据 $(x_1, y_1), (x_2, y_2), \cdots, (x_N, y_N)$，其中 $x_i \in \mathbb{R}^p, y_i \in \{-1, 1\}$。定义超平面为

$$\{x : f(x) = x^T\beta + \beta_0 = 0\}, \tag{12.1}$$

其中 β 是单位向量：$\|\beta\| = 1$。通过 $f(x)$ 推导出分类规则

$$G(x) = \text{sign}[x^T\beta + \beta_0]. \tag{12.2}$$

该超平面的几何结构可以参考4.5节，我们在说明 (12.1) 中 $f(x)$ 表示一个点 x 到超平面 $f(x) = x^T\beta + \beta_0 = 0$ 有正负距离。因为类别是可分的，所以我们可以找到一个满足条件 $y_i f(x_i) > 0\ \forall i$ 的函数 $f(x) = x^T\beta + \beta_0$。因此我们可以求出在类别类别 1 和-1 训练样本之间那个具有最大边缘的超平面（见图12–1）。下面这个最优化问题体现了这个概念：

$$\begin{aligned} &\max_{\beta, \beta_0, \|\beta\|=1} M \\ \text{服从}\quad &y_i(x_i^T\beta + \beta_0) \geqslant M, i = 1, \cdots, N, \end{aligned} \tag{12.3}$$

图中两边缘与超平面的带宽均为 M 单位长度，因此总共宽度为 $2M$ 单位宽。这个宽度叫做边缘（margin）。

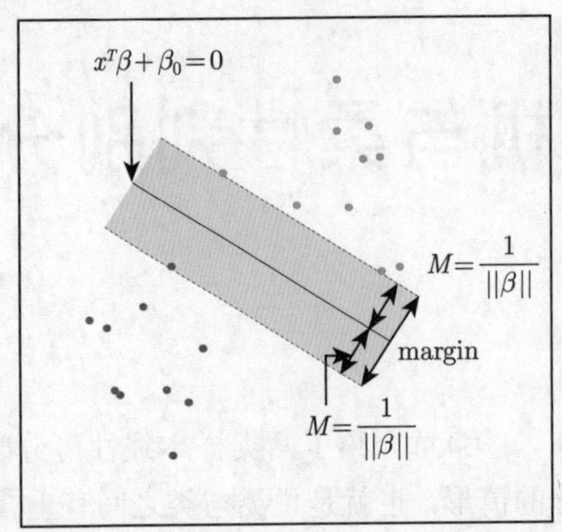

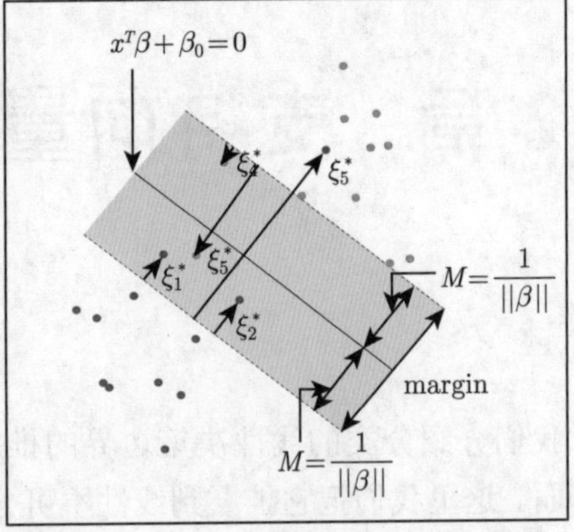

图 12–1 支持向量分类器。左图为线性可分的情况。实线代表决策边界，虚线界定宽度为 $2M=2/\|\beta\|$，阴影的最大边缘。右图展示了非线性可分（有重叠）的情况。标注为 ξ_j^* 的点落到边缘的错误一边，超过距离为 $\xi_j^*=M\xi_j$；落在正确一边的点 $\xi_j^*=0$。在总开销 $\sum\xi_i\leqslant$ constanct（常数）的约束下该边缘被最大化。因此 $\sum\xi_j^*$ 是在边缘错误一边的点的总距离

我们可以将该问题更方便地表示为

$$\min_{\beta,\beta_0}\|\beta\|$$
$$\text{服从}\quad y_i(x_i^T\beta+\beta_0)\geqslant 1, i=1,\cdots,N, \tag{12.4}$$

其中我们略去了在 β 上的范数约束。请注意：$M=1/\|\beta\|$。(12.4) 是可分数据的支持向量机常用写法。这是一个凸优化问题（二次准则，线性约束），4.5.2节曾描述了它的解。

现在假设特征空间中类别之间是相互重叠的。处理这个问题的一个方法是：仍然最大化 M，但允许一些点落在边缘的错误一侧。定义松弛变量 $\xi=(\xi_1,\xi_2,\cdots,\xi_N)$。有两种自然方式可修改 (12.3) 的约束：

$$y_i(x_i^T\beta+\beta_0)\geqslant M-\xi_i, \tag{12.5}$$

或

$$y_i(x_i^T\beta+\beta_0)\geqslant M(1-\xi_i), \tag{12.6}$$

$\forall i$，$\xi_i\geqslant 0,\sum_{i=1}^N\xi_i\leqslant$ constant。两种选择导致了不同的解。第一种选择看起来更自然，因为它度量了到边缘的实际距离；而第二种选择度量的是相对距离，它随边缘 M 的宽度而变化。然而，第一种选择是非凸优化，而第二种是凸的；因此 (12.6) 得出一个"标准的"支持向量分类器，我们从现在开始使用的都是这种形式的支持向量分类器。

下面是这个式子的思想。约束 $y_i(x_i^T\beta+\beta_0)\geqslant M(1-\xi_i)$ 中 ξ_i 的值是使预测值 $f(x_i)=x_i^T\beta+\beta_0$ 落在边缘错误一侧的比例量。因此通过约束求和 $\sum\xi_i$ 的界，我们也约束了预测落在边缘错误一侧的总比例量。当 $\xi_i>1$ 时，出现错误分类，因此约束 $\sum\xi_i$ 的界，比如说等于 K，就相当于约束了在 K 时所有训练样本错误分类的总个数。

和4.5.2节中的 (4.48) 一样，我们可以把 β 的范数约束略去，定义 $M=\frac{1}{\|\beta\|}$，并把 (12.4) 写成如下等价形式

$$\min \|\beta\| \quad \text{服从} \quad \begin{cases} y_i(x_i^T\beta+\beta_0) \geqslant 1-\xi_i & \forall i, \\ \xi_i \geqslant 0, \sum \xi_i \leqslant \text{常数}. \end{cases} \tag{12.7}$$

这是不可分的情况下支持向量机分类器的一般形式。但是，有时我们会对约束 $y_i(x_i^T\beta+\beta_0) \geqslant 1-\xi_i$ 中固定的标量“1”感到困惑，因而更偏好从 (12.6) 出发。图12–1中的右图阐述了训练样本有重叠的情况。

依准则 (12.7) 的特点，我们发现在类别边界内的点对边界的形成没起太大的作用。这似乎是一个比较吸引人的性质，也将支持向量机和线性判别分析（4.3节）区别开来。在线性判别分析的 (LDA) 中，决策边界由类别分布协方差和类别质心位置决定。我们将在12.3.3节看到 logistic 回归在这方面更像支持向量机。

12.2.1　支持向量分类器的计算

(12.7) 的问题是二次的，具有线性不等式约束，因此是一个凸优化问题。我们介绍了利用拉格朗日乘子法的二次规划解。为了计算方便，我们把 (12.7) 重写为如下等价形式

$$\min_{\beta,\beta_0} \frac{1}{2}\|\beta\|^2 + C\sum_{i=1}^{N}\xi_i$$
$$\text{服从} \quad \xi_i \geqslant 0, y_i(x_i^T\beta+\beta_0) \geqslant 1-\xi_i \quad \forall i, \tag{12.8}$$

其中“代价”参数 C 代替了 (12.7) 中的常数；$C=\infty$ 对应于线性可分的情况。

该问题的拉格朗日函数（原问题）是

$$L_P = \frac{1}{2}\|\beta\|^2 + C\sum_{i=1}^{N}\xi_i - \sum_{i=1}^{N}\alpha_i[y_i(x^T\beta+\beta_0)-(1-\xi_i)] - \sum_{i=1}^{N}\mu_i\xi_i, \tag{12.9}$$

我们要最小化以 β, β_0 和 ξ_i 为变量的目标函数。对相应的变量求导并令其等于 0，可得

$$\beta = \sum_{i=1}^{N}\alpha_i y_i x_i, \tag{12.10}$$

$$0 = \sum_{i=1}^{N}\alpha_i y_i, \tag{12.11}$$

$$\alpha_i = C - \mu_i, \forall i, \tag{12.12}$$

同时要满足正约束：$\alpha_i, \mu_i, \xi_i \geqslant 0, \forall i$。把 (12.10)~(12.12) 代入 (12.9)，我们得到拉格朗日 (Wolfe) 对偶目标方程

$$L_D = \sum_{i=1}^{N}\alpha_i - \frac{1}{2}\sum_{i=1}^{N}\sum_{i'=1}^{N}\alpha_i\alpha_{i'}y_i y_{i'}x_i^T x_{i'}, \tag{12.13}$$

对 (12.8) 的任意可行解，上式给出了它的一个下界。因此我们需要在 $0 \leqslant \alpha_i \leqslant C$ 和 $\sum_{i=1}^{N}\alpha_i y_i = 0$ 的约束下最大化 L_D。除了 (12.10)~(12.12) 外，Karush-Kuhn-Tucker 条件包含了以下约束

$$\alpha_i[y_i(x_i^T\beta+\beta_0)-(1-\xi_i)] = 0, \tag{12.14}$$

$$\mu_i \xi_i = 0, \tag{12.15}$$

$$y_i(x_i^T \beta + \beta_0) - (1 - \xi_i) \geqslant 0, \tag{12.16}$$

其中 $i = 1, \cdots, N$。(12.10)–(12.16) 这些等式一起唯一表征了原问题和对偶问题的解。

从 (12.10)，我们发现 β 的解是如下的形式

$$\hat{\beta} = \sum_{i=1}^{N} \hat{\alpha}_i y_i x_i, \tag{12.17}$$

其中仅当样本 i 使得 (12.16) 的约束完全相等时 (由于 (12.14))，系数 $\hat{\alpha}$ 非零。这些样本被称为**支持向量**（support vector），因为 $\hat{\beta}$ 仅由这些向量来表达。在这些支持点中，有一些落在边界的边缘上（$\xi_i = 0$），因此从 (12.15) 和 (12.12) 可以得到 $0 \leqslant \hat{\alpha}_i \leqslant C$；对于其他样本点（$\hat{\xi}_i > 0$）有 $\hat{\alpha}_i = C$。从 (12.14) 我们可以看到任意边界点（$0 < \hat{\alpha}_i, \hat{\xi}_i = 0$）可用来求解 β_0，为了数值上的稳定性，一般用所有边界点解出的 β_0 均值来作为其真实值。

最大化对偶式 (12.13) 的二次凸问题比原问题 (12.9) 简单，可以用标准方法求解（比如 Murray 等，1981）。

给定 $\hat{\beta}_0$ 和 $\hat{\beta}$，决策方程可写为

$$\begin{aligned} \hat{G}(x) &= \text{sign}[\hat{f}(x)] \\ &= \text{sign}[x^T \hat{\beta} + \hat{\beta}_0]. \end{aligned} \tag{12.18}$$

该过程的可调的参数是代价参数 C。

12.2.2 示例：混合模型（续）

图12–2显示了图2–5混合模型例子（有两个重叠的类）的支持向量边界，图中显示了代价参数 C 取两个不同值的结果。这两种情况下，分类器的性能相当类似。落在错误边界上的点是支持向量。另外，落在边界正确一侧并接近边界的点（在边缘上）也是支持向量。$C = 0.01$ 对应的边缘宽度比 $C = 10,000$ 的时候要大。因此，大的 C 值更关注靠近决策边界的（正确分类）的点，反之，C 越小，则要考虑离边界更远的点。不管是哪种情况，也不管被误分的点离决策边界多远，这些点都将被赋予一定权重。在本例中，因为线性边界的刚性约束，最终结果对 C 的取值并不敏感。

正如第7章讨论的，C 的最优值可以用交叉验证来估计。有趣的是，留一法交叉验证错误率可以由数据中支持向量的点的比例给出上界，是因为把一个不是支持向量的数据留出来作验证，并不会改变结果。因此，被原始边界正确分类的样本点在交叉验证过程仍然会分正确。但这个上界一般比较高，因此对选择 C 并不是很有用（在我们的例子中分别是 62% 和 85%）。

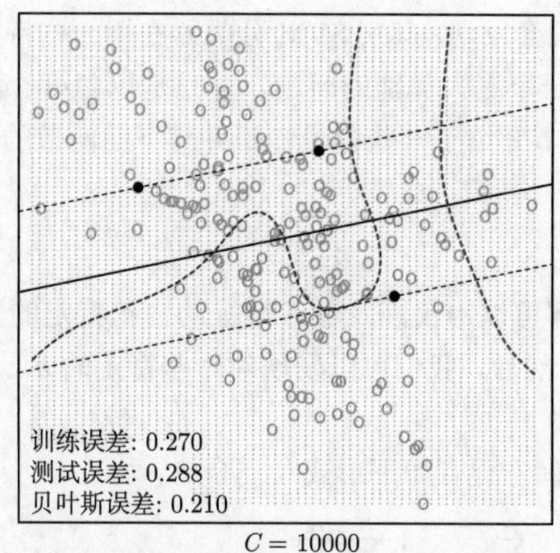

$C = 10000$

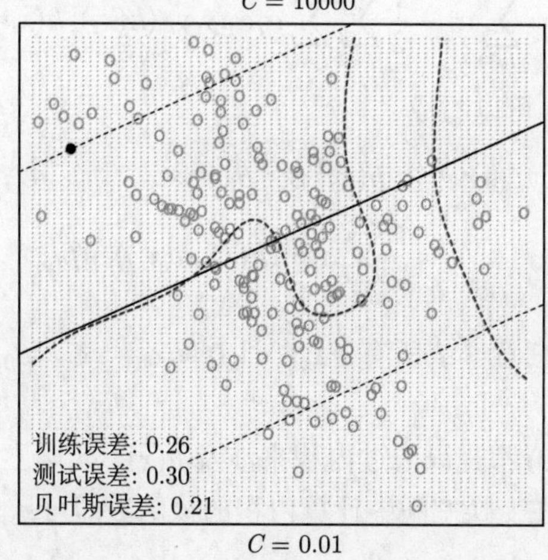

$C = 0.01$

图 12–2　在有两个重叠类的混合数据的例子中的线性支持向量边界，上图描述两个不同 C 值的结果。虚线表示 $f(x) = \pm 1$ 的边缘。支持点（$\alpha_i > 0$）是落在边界错误一侧的所有点。黑色实心的点是刚好落在边缘的点（$\xi_i = 0, \alpha_i > 0$）。在上图，62% 的观测是支持点，而下图 85% 是支持点。背景中的紫色虚线是贝叶斯决策边界

12.3　支持向量机与核

前面描述的支持向量分类器是在输入特征空间中找出线性边界。和其他线性方法一样，我们可以使基展开方法，如多项式或样条技术（第5章），来扩大特征空间，从而使过程更灵活。一般来说，在扩展空间的线性边界，能实现更好的训练类别可分性，并变换成原空间中的非线性边界。基函数 $h_m(x), m = 1, \cdots, M$ 一旦确定，处理过程就和原来的一样了。我们采用输入特征 $h(x_i) = (h_1(x_i), h_2(x_i), \cdots, h_M(x_i))$，$i = 1, \cdots, N$ 来拟合 SV 分类器，并产生（非线性）函数 $\hat{f}(x) = h(x)^T\hat{\beta} + \hat{\beta}_0$。和前面一样，分类器是 $\hat{G}(x) = \text{sign}(\hat{f}(x))$。

支持向量机（support vector machine）分类器是这个思想的扩展，其中扩展空间的维数可以允许非常大，在某些情况甚至是无穷大。看起来似乎需要相当大的计算量。似乎采用足够多的基函数后，数据也将可分以及过拟合会出现。是我们首先描述 SVM 分类器是如何

处理这些问题的。然后我们会发现，其实 SVM 分类器在用一些特定的准则和正则化来求解函数拟合问题，它从属于一个更大类别的问题，并且是包含第 5章的中平滑样条包括在内。读者可以参考5.8节，该小节介绍了一些背景知识并与下面两节的内容略有重叠。

12.3.1 计算分类的 SVM

(12.9) 优化问题及其解可以用仅涉及输入特征的内积特定的方式来表示。我们直接在变换特征向量 $h(x_i)$ 上做。然后，我们可以发现对一些特定的 h，这些内积可以非常方便地计算出来。

(12.13) 的拉格朗日对偶方程有如下形式

$$L_D = \sum_{i=1}^{N} \alpha_i - \frac{1}{2} \sum_{i=1}^{N} \sum_{i'=1}^{N} \alpha_i \alpha_{i'} y_i y_{i'} \langle h(x_i), h(x_{i'}) \rangle. \tag{12.19}$$

从 (12.10) 可以看到解 $f(x)$ 可以写成

$$\begin{aligned} f(x) &= h(x)^T \beta + \beta_0 \\ &= \sum_{i=1}^{N} \alpha_i y_i \langle h(x), h(x_i) \rangle + \beta_0. \end{aligned} \tag{12.20}$$

和前面一样，给定 α_i，对任意（或所有）x_i，且 $0 < \alpha_i < C$，β_0 可以通过求解 (12.20) 的 $y_i f(x_i) = 1$ 确定。

因此，(12.19) 和 (12.20) 都是只通过内积来涉及 $h(x)$。实际上，我们根本不需要指定映射函数 $h(x)$，只要求知道在变换空间中计算内积的核函数即可：

$$K(x, x') = \langle h(x), h(x') \rangle \tag{12.21}$$

K 应该是一个对称正（半）定矩阵，详情参见5.8.1节。

在 SVM 的文献中，K 常用的三种选择如下：

$$\begin{aligned} d\text{ 阶多项式：} \quad & K(x, x') = (1 + \langle x, x' \rangle)^d, \\ \text{径向基：} \quad & K(x, x') = exp(-\gamma \|x - x'\|^2), \\ \text{神经网络：} \quad & K(x, x') = tanh(\kappa_1 \langle x, x' \rangle + \kappa_2). \end{aligned} \tag{12.22}$$

举例来说，考虑有两个输入变量 X_1 和 X_2 的特征空间，并采用 2 阶的多项式核。有

$$\begin{aligned} K(X, X') &= (1 + \langle X, X' \rangle)^2 \\ &= (1 + X_1 X_1' + X_2 X_2')^2 \\ &= 1 + 2X_1 X_1' + 2X_2 X_2' + (X_1 X_1')^2 + (X_2 X_2')^2 + 2X_1 X_1' X_2 X_2'. \end{aligned} \tag{12.23}$$

则有 $M = 6$，且如果我们选择 $h_1(X) = 1$，$h_2(X) = \sqrt{2} X_1$，$h_3(X) = \sqrt{2} X_2$，$h_4(X) = X_1^2$，$h_5(X) = X_2^2$，$h_6(X) = \sqrt{2} X_1 X_2$，则有 $K(X, X' = \langle h(X), h(X') \rangle$。从 (12.20)，我们看到解的形式为

$$\hat{f}(x) = \sum_{i=1}^{N} \hat{\alpha}_i y_i K(x, x_i) + \hat{\beta}_0. \tag{12.24}$$

参数 C 的作用在扩大特征空间中非常明显，因为在扩大特征空间中，完美的线性可分通常是可以实现的。大的参数 C 会阻止任何正的 ξ_i，因此会在原空间分类边界形成过拟合的锯齿状边界；而较小的参数 C 则会导致小值的 $\|\beta\|$，从而影响到 $f(x)$，使边界更平滑。图12–3描述了非线性支持向量机应用于第2章中混合数据的结果。和图5–5相比，在这个例子中，径向基核产生了一个相当类似贝叶斯最优边界的边界。

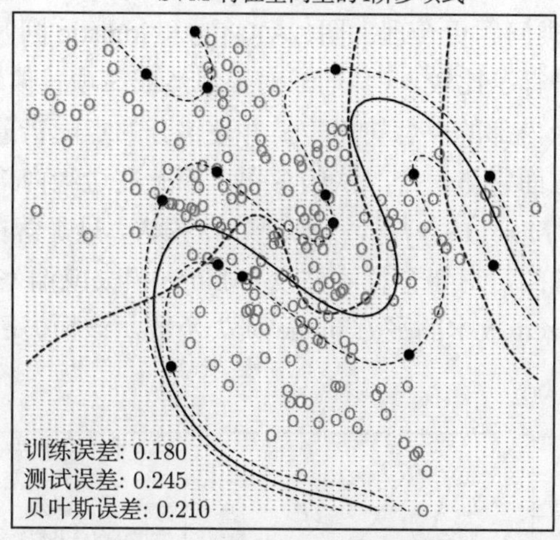

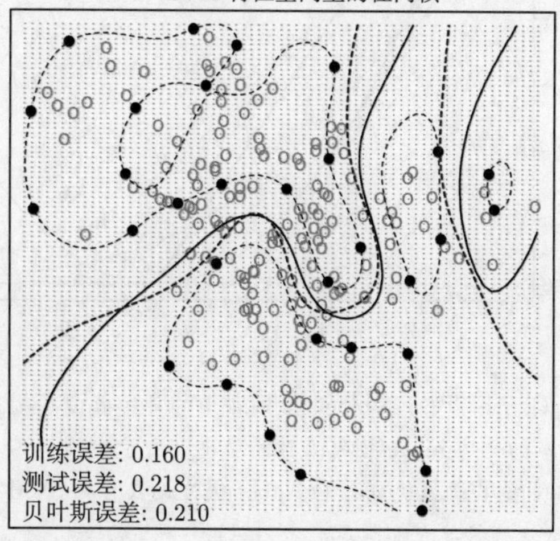

图 12–3　用于混合数据的两个非线性 SVM。上图是用 4 阶多项式核的结果，下图是径向基核（$\gamma = 1$）的结果。在每种情况下，调节参数 C 来近似实现最佳测试误差性能，取 $C = 1$ 时，两种情况都取得了好的效果。径向基核效果最好（接近于贝叶斯最优），当数据服从混合高斯分布时，这种效果是不出意外的。背景中紫色虚线是贝叶斯决策边界

在支持向量的早期文献中，有文献指出支持向量机的核性质是它的独特性质，并允许巧妙避开维数灾问题。这两种观点都是不正确的，下面三个小节我们将讨论这些问题。

12.3.2 作为罚方法的 SVM

对 $f(x) = h(x)^T\beta + \beta_0$，考虑如下优化问题

$$\min_{\beta_0,\beta} \sum_{i=1}^{N} [1 - y_i f(x_i)]_+ + \frac{\lambda}{2}\|\beta\|^2 \tag{12.25}$$

其中下标 + 表示正的部分。这是损失 + 惩罚（loss + penalty）的形式，在函数估计领域是很常见的范例。易证（习题12.1）当 $\lambda = 1/C$ 时，(12.25) 的解就是 (12.8) 的解。

通过检验 hinge 损失函数 $L(y, f) = [1 - yf]_+$，可以证明，相比其他更传统的损失函数，hinge 损失函数对两类分类问题更合理。图12–4 将它和 logistic 回归中的对数似然损失、平方误差损失和一个变种进行了比较。（负的）对数似然或二项式偏差和 SVM 的损失函数有着类似的尾，使落在边缘内部的点惩罚为零，并使错分的点随错分程度线性增长。但是对于平方误差来说，另一方面它是一个二次的惩罚，因此在边缘内部的点也对模型有很大影响。平方 hinge 损失 $L(y, f) = [1 - yf]_+^2$，类似于二次损失，只是落在边缘内部的点为零。它左边的尾仍然是二次上升的，对错分样本并没有 hinge 损失或偏差鲁棒。最近，Rosset and Zhu (2007)提出了 Huberized 版本的平方 hinge 损失函数，该损失函数在 $yf = -1$ 处可以平滑转变为线性损失函数。

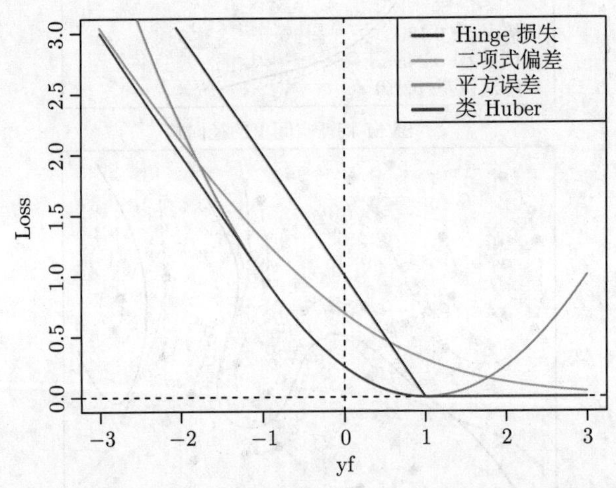

图 12–4 支持向量损失函数（hinge 损失）和 logistic 回归中的负对数似然损失函数（二项式偏差），平方误差损失函数，Huberized 版本的平方 hinge 损失函数的对比。由于 $y = +1$ 和 $y = -1$ 间的对称性，所有函数都看成是以 yf 而不是 f 为变量的函数。偏差和 Huber 损失函数有和 SVM 相同的渐近线，但在内部被取整了。所有函数都进行了缩放，使其左侧限尾斜率为 −1

我们可按它们在总体上做的估计来刻画这些损失函数。我们考虑最小化 $EL(Y, f(X))$。表12–1总结了这些结果。我们看到 hinge 损失函数估计的是分类器 $G(x)$ 本身，而其他函数都是估计类别后验概率的变换。Huberized 平方 hinge 损失函数分享了 logistic 回归的好的特性（平滑的损失函数，概率估计），并且也分享了 SVM hinge 损失函数的好特性（支持点）。

(12.25) 将 SVM 视为正则化函数估计问题，线性展开 $f(x) = \beta_0 + h(x)^T\beta$ 的系数收缩到

零（常数除外）。如果 $h(x)$ 表示一个有某种序结构（比如按粗糙度排序）的层次基，并且，若向量 h 中粗糙度更高（rougher）的元素 h_j 有更小的范数，那么均匀收缩会更有意义。

表 12–1　图12–4中不同损失函数的总体最小化子。Logistic 回归采用贝努利对数似然或偏差。线性判别分析（习题4.2）采用平方误差损失函数。SVM hinge 损失函数估计后验类别概率的众数，而其他函数估计这些概率的线性变换

损失函数	$L[y, f(x)]$	最小化函数
二项式偏差	$\log[1+e^{-yf(x)}]$	$f(x)=\log\frac{\Pr(Y=+1\|x)}{\Pr(Y=-1\|x)}$
SVM Hinge 损失	$[1-yf(x)]_+$	$f(x)=\text{sign}[\Pr(Y=+1\|x)-\frac{1}{2}]$
平方损失	$[y-f(x)]^2=[1-yf(x)]^2$	$f(x)=2\Pr(Y=+1\|x)-1$
“Huberised” 平方 Hinge 损失	$-4yf(x),\quad yf(x)<-1$ $[1-yf(x)]_+^2\quad$ 否则	$f(x)=2\Pr(Y=+1\|x)-1$

表12–1中，平方误差除外的所有损失函数是所谓的“最大化边缘的损失函数”(Rosset 等, 2004b)。这表示，如果数据是可分的，则有，随着 $\lambda\to 0$，(12.25) 中 $\hat{\beta}_\lambda$ 的极限定义最优分割超平面。①

12.3.3　函数估计和重建核

在这里，我们按重建核希尔伯特空间的函数估计来介绍 SVM，其中的核性质很丰富。这个材料的某些细节在5.8节讨论过。这里，我们提供支持向量分类器的另一个角度，帮助澄清它的工作原理。

假设基 h 是从正定核 K 的（可能有限维的）特征展开（eigen-expansion）生成的，

$$K(x,x')=\sum_{m=1}^{\infty}\phi_m(x)\phi_m(x')\delta_m \tag{12.26}$$

且 $h_m(x)=\sqrt{\delta_m}\phi_m(x)$。则令 $\theta_m=\sqrt{\delta_m}\beta_m$，我们可以把（12.25）写成

$$\min_{\beta_0,\theta}\sum_{i=1}^{N}\left[1-y_i(\beta_0+\sum_{m=1}^{\infty}\theta_m\phi_m(x_i))\right]_+ +\frac{\lambda}{2}\sum_{i=1}^{\infty}\frac{\theta_m^2}{\delta_m}. \tag{12.27}$$

现在 (12.27) 和5.8节中 (5.49) 有着相同的形式，并且，这里阐述的重建核希尔伯特空间理论保证了有限维的解，其形式为

$$f(x)=\beta_0+\sum_{i=1}^{N}\alpha_i K(x,x_i). \tag{12.28}$$

尤其是，我们得到了和优化准则（12.19）等价的版本 [5.8.2节的（5.67）；同时可参考 Wahba 等 (2000)]，

$$\min_{\beta_0,\alpha}\sum_{i=1}^{N}(1-y_if(x_i))_+ +\frac{\lambda}{2}\alpha^T\boldsymbol{K}\alpha, \tag{12.29}$$

① 对于可分数据的 logistic 回归，$\hat{\beta}_\lambda$ 是发散的，但 $\hat{\beta}_\lambda/\|\hat{\beta}_\lambda\|$ 收敛到最优分离方向。

其中 $\boldsymbol{K}$ 是对所有训练特征对的核评价的 $N \times N$ 矩阵（见习题12.2）。

这些模型很常见，举例来说，包含第5章和第9章讨论过的整个平滑样条族、加性和交互样条模型（additive and interaction spline）的，详情可参考 Wahba (1990)和 Hastie and Tibshirani (1990) 的工作。可以更一般地表达为

$$\min_{f \in \mathcal{H}} \sum_{i=1}^{N} [1 - y_i f(x_i)]_+ + \lambda J(f), \tag{12.30}$$

其中 $\mathcal{H}$ 是函数的结构化空间，$J(f)$ 是该空间中一个合适的正则化项。比如，假设 $\mathcal{H}$ 是加性函数 $f(x) = \sum_{j=1}^{p} f_j(x_j)$ 张成的空间，并且 $J(f) = \sum_j \int \{f_j''(x_j)\}^2 dx_j$。则（12.30）的解就是一个加性三次样条，并且其中的核（12.28）是 $K(x, x') = \sum_{j=1}^{p} K_j(x_j, x_j')$。这里的每个 K_j 都是在 x_j 上的单变元平滑样条核 (Wahba, 1990)。

相反，上面的阐述也表明，举例来说，（12.22）描述的任意核都可以在任意凸损失函数使用，并可以得到具有 (12.28) 形式的有限维表达。图12–5采用了与图12–3相同的核函数，但损失函数改用二项式对数似然作为损失函数外[①]。因此，拟合的函数是对数几率的估计，

$$\begin{aligned} \hat{f}(x) &= \log \frac{\hat{\Pr}(Y = +1|x)}{\hat{\Pr}(Y = -1|x)} \\ &= \hat{\beta}_0 + \sum_{i=1}^{N} \hat{\alpha}_i K(x, x_i), \end{aligned} \tag{12.31}$$

或者相反，我们可以得到类别概率的估计

$$\hat{\Pr}(Y = +1|x) = \frac{1}{1 + e^{-\hat{\beta}_0 - \sum_{i=1}^{N} \hat{\alpha}_i K(x, x_i)}}, \tag{12.32}$$

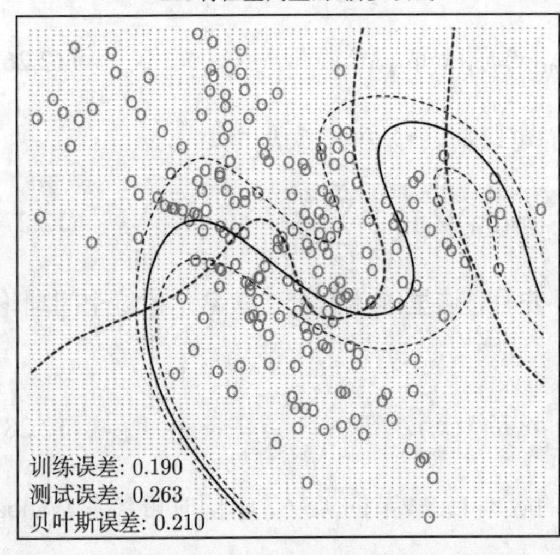

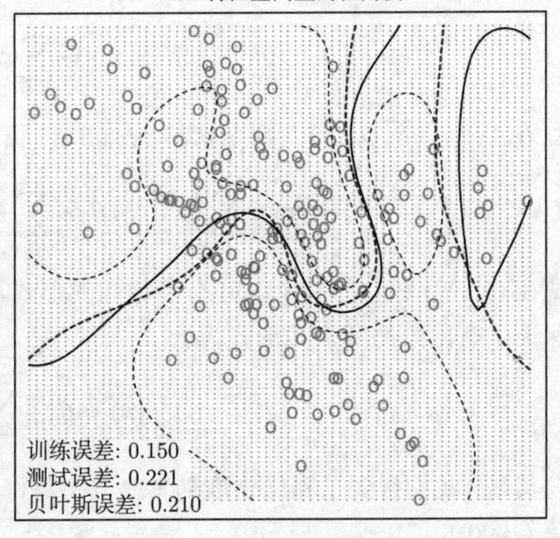

图 12–5 图12–3的 SVM 模型的 logistic 回归版本，该例子采用恒等核（identical kernel），因此有等同惩罚，但采用的损失函数是对数似然损失函数而不是原来 SVM 的损失函数。两个虚线等高线对应于第一类后验概率分别为是 0.75 和 0.25 的情况（或相反）。背景中紫色虚线是贝叶斯决策边界

① Ji Zhu 帮助准备了这些例子。

这些要拟合的模型在外观和性能上很相似。5.8节给出了更多示例和细节。

实际上，在 SVMs 中，N 个 α_i 值相当大的一部分会等于零（非支持点）。在图12–3的两个例子中，这部分的比例分别为 42% 和 45%。这是准则 (12.25) 第一部分的分段线性本质的结果。（在训练集中）类别重叠越少，这个比例就会越大。减小 λ 一般都会减小类别间的重叠度（允许更灵活的 f）。少量的支持点意味着 $\hat{f}(x)$ 可以更快估计出来，这对查找时间很重要。当然，过多地减小类重叠则会引起较差的泛化能力。

12.3.4 SVM 和维数灾难

本节我们解决 SVMs 是否会受到维数灾影响的问题。请注意，在 (12.23) 中，我们不允许在幂和乘积空间中有完全一般的内积。举例来说，所有的形式为 $2X_jX_j'$ 的项权值全部相等，并且核不能自适应地关注某些子空间。如果特征的数量 p 很大，但数据仅在一个线性子空间中（比如由 X_1 和 X_2 张成的子空间）可分，那么这种核函数就不容易找出该数据的结构，会因要在太多维上搜索而导致性能受损。我们将需要把子空间的知识融入核函数；也就是说，告诉核函数只关注样本的前两个维度而忽略其他维度。如果这样的知识可用作先验，多数统计学习方法就会变得非常容易。自适应方法的一个主要目标就是辨识出这样的结构。

我们通过一个图示的例子来支持以上论述。我们首先生成两类样本，每类 100 个观测。第一类有四个标准正态独立特征 X_1, X_2, X_3, X_4。第二类同样有四个标准正态独立特征，但有约束 $9 \leqslant \sum X_j^2 \leqslant 16$。这个问题相对容易。为了构造第二个更难的问题，我们加进六个标准高斯噪声特征来扩大特征集。这样，第二类便差不多完全包围了第一类，就像四维子空间的橘子皮包住橘子一样。该问题的贝叶斯误差是 0.029（和维数无关）。我们生成 1000 个测试样本来比较不同方法的性能。表 12–2概括了多于 50 次仿真、且加或不加噪声特征的情况下的平均测试误差。

表 12–2　橘子皮：图示结果是 50 次仿真的平均测试误差（均值的标准误差）。BRUTO 自适应地拟合一个加性样条模型，而 MARS 自适应地训练一个低阶交互模型

		测试误差（SE）	
	方法	有噪声特征	无噪声特征
1	SV 分类器	0.450(0.003)	0.472(0.003)
2	SVM/poly 2	0.078(0.003)	0.152(0.004)
3	SVM/poly 5	0.180(0.004)	0.370(0.004)
4	SVM/poly 10	0.230(0.003)	0.434(0.002)
5	BRUTO	0.084(0.003)	0.090(0.003)
6	MARS	0.156(0.004)	0.173(0.005)
	贝叶斯	0.029	0.029

表中第一行在原特征空间使用支持向量机。第 2 到第 4 行涉及的支持向量机使用的核分别为 2 阶，5 阶和 10 阶多项式核。对所有支持向量过程，我们选择最小化测试误差 C 的代价参数 C，以尽可能保证公平。第 5 行用最小二乘拟合加性样条到 (-1,+1) 响应，采用

Hastie and Tibshirani (1990)介绍的用于加性模型的 BRUTO 算法。第 6 行用 MARS（多元自适应回归样条）方法训练，和第9章描述的一样，该方法允许所有的阶交互；它与 SVM/多项式 10 阶方法的性能类似。BRUTO 和 MARS 方法都有忽略冗余变量的能力。在第 5 行和第 6 行的方法中，我们都没有用测试误差来选择平滑参数。

在原特征空间中，两个类不能用一个超平面分开来，因此（第 1 行的）支持向量机性能比较差。多项式支持向量机大大改进了测试误差率，但严重受到六个噪声特征的影响。这种支持向量机对核的选择也很敏感：因为真正的决策边界是一个二阶的多项式，两阶多项式核（第 2 行）性能最好。但是高阶多项式核（第 3 行和第 4 行）效果就比较差。BRUTO 的边界是加性地 (即具有线性性质)，因此它性能也比较好。总体来说，BRUTO 和 MARS 能很好的自适应，其性能不会因噪声的存在而恶化。

12.3.5 SVM 分类器的路径算法

SVM 分类器的正则化参数是代价参数 C 或者是 (12.25) 的 λ 倒数。常用做法是把 C 设置得尽量高，这通常会导致过拟合分类器。

图12–6显示了在混合数据的实验中采用不同的径向基核的参数 γ 的情况下，作为 C 的函数的测试误差。当 $\gamma = 5$ 时（窄峰核，narrow peaked kernels），我们需要比较重的正则化（较小的 C）。当 $\gamma = 1$ 时（该取值用在图12–3的例子中），C 的取值大小处于中间位置。很显然，在类似的这些例子中，我们需要选择一个好的 C，可能可通过交叉验证来实现。在这里我们描述一种路径方法（和 3.8节的原则一致），该方法能通过改变 C 来有效地拟合全部 SVM 模型序列。

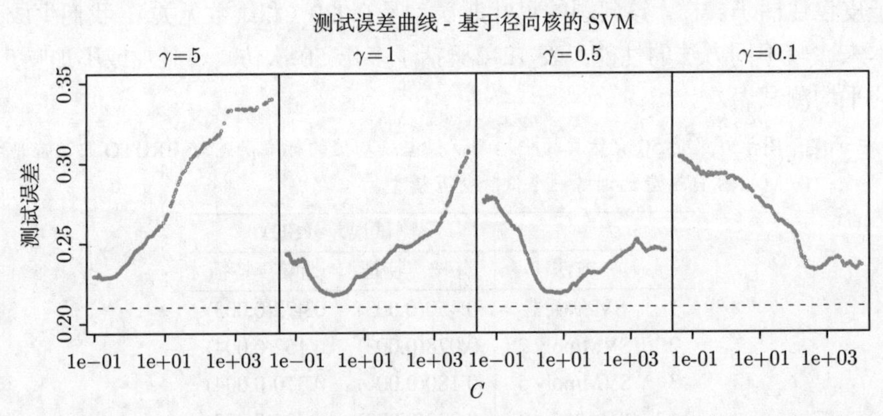

图 12–6 在混合数据例子中，采用径向基核 SVM 分类器的情况下，作为代价参数 C 函数的测试误差曲线。每个图上面的参数 γ 是径向基核 $K_\gamma(x, y) = \exp(-\gamma\|x - y\|^2)$ 的标量参数。C 的最优值很大程度上依赖于核的范围。水平紫色虚线表示贝叶斯误差

根据图12–4，使用 (12.25) 的损失 + 惩罚的形式很方便。我们可以在给定 λ 时，得到 β 的解：

$$\beta_\lambda = \frac{1}{\lambda}\sum_{i=1}^{N}\alpha_i y_i x_i. \tag{12.33}$$

α_i 是拉格朗日乘子，但在这里它的取值范围 $[0,1]$ 区。

图12–7给出了该算法的构造过程。可以证明:KKT 最优条件意味着有标签的样本 (x_i, y_i) 落在如下三个不同的组里面。

- 观测点被正确分类并落在其对应边缘之外。这时，有 $y_i f(x_i) > 1$，并且拉格朗日乘子 $\alpha_i = 0$。这一类例子是橙色的点 8，9，11 和蓝色的点 1，4。
- 观测点落在边界上，满足 $y_i f(x_i) = 1$，拉格朗日乘子 $\alpha_i \in [0,1]$。这一类例子有橙色的点 7 和蓝色的点 2 和 6。
- 观测点落在边界内部，因此 $y_i f(x_i) < 1$，$\alpha_i = 1$。该类样本有蓝色点 3，5 和橙色点 10，12。

路径算法的思想如下。初始时，λ 取大值，边界 $1/\|\beta_\lambda\|$ 宽，并且所有样本点都在边缘内部，具有 $\alpha_i = 1$。随着 λ 的减小，$1/\|\beta_\lambda\|$ 减小，边缘逐渐变窄。因此，有些点会从边界内部移到边界外部，从而对应的 α_i 从 1 变到 0。由于 $\alpha_i(\lambda)$ 的连续性，这些点在转移过程中会在边界附近游走（linger）。从 (12.33) 我们看到 $\alpha_i = 1$ 对应点对 $\beta(\lambda)$ 的贡献是固定的，而 $\alpha_i = 0$ 的点则没有贡献。因此，当 λ 减小的时候，所有会产生改变的是在边界上的（数量很少的）点。因为所有这些点满足 $y_i f(x_i) = 1$，这会导致产生少量线性方程组，这些等式描述了在这些过程当中 $\alpha_i(\lambda)$ 以及 β_λ 是怎样改变的。这样就得到了每个 $\alpha_i(\lambda)$ 的分段线性路径。当点越过边缘时，过程则停止。图12–7（右图）显示了 $\alpha_i(\lambda)$ 在左图的少量样例中的轮廓。

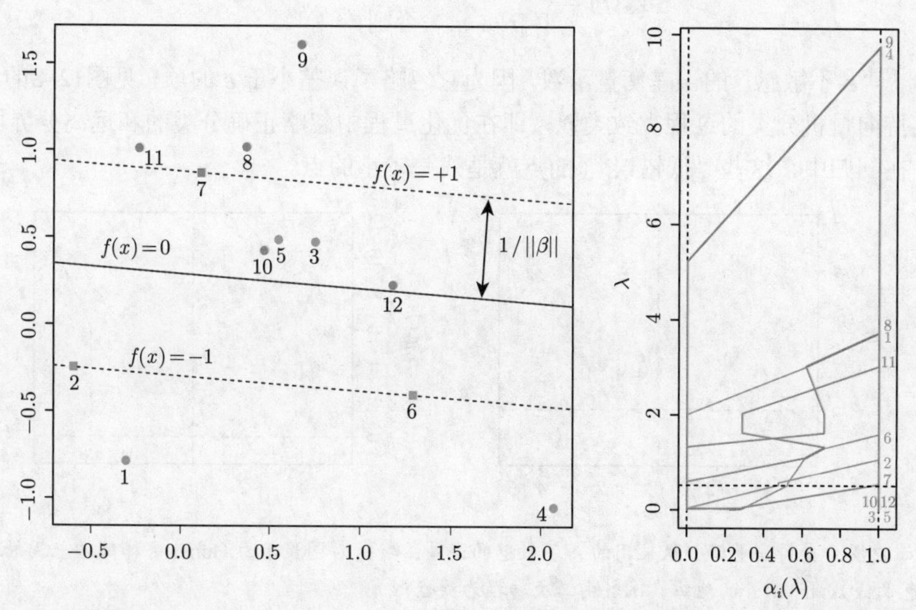

图 12–7　描述 SVM 路径算法的一个简单例子。(左图:) 该图显示了当 $\lambda = 1/2$ 的时候，模型的状态。"+1"的点是橙色的，"-1"的点是蓝色的。软边缘宽度是 $2/\|\beta\| = 2 \times 0.587$。两个蓝色的点 $\{3,5\}$ 被错分，但两个橙色的点 $\{10,12\}$ 被正确分类，但却是在他们对应边缘 $f(x) = 1$ 的错误侧；每个都有 $y_i f(x_i) < 1$。三个方形点 $\{2,6,7\}$ 刚好在边缘上。(右图:) 该图显示了分段线性的函数的轮廓 $\alpha_i(\lambda)$。$\lambda = 1/2$ 时水平的虚线表示左图模型的 α_i 的状态

尽管我们采用线性 SVM 来描述这个算法，但同样的思想也适用于非线性模型，只需把 (12.33) 代替为

$$f_\lambda(x) = \frac{1}{\lambda}\sum_{i=1}^{N}\alpha_i y_i K(x, x_i). \tag{12.34}$$

Hastie 等 (2004)详细描述了这个问题。可 CRAN 上R语言包svmpath可以用于拟合这些模型。

12.3.6 用于回归支持向量机

本节我们描述如何用 SVMs 处理一个定量响应的回归，我们采用的方法继承了 SVM 分类器的一些内在性质。我们首先讨论线性回归模型

$$f(x) = x^T\beta + \beta_0, \tag{12.35}$$

然后再处理非线性推广。为了估计 β，我们考虑下式的最小值

$$H(\beta, \beta_0) = \sum_{i=1}^{N} V(y_i - f(x_i)) + \frac{\lambda}{2}\|\beta\|^2, \tag{12.36}$$

其中

$$V_\varepsilon(r) = \begin{cases} 0, & \text{如果}|r| < \varepsilon, \\ |r| - \varepsilon, & \text{否则} \end{cases} \tag{12.37}$$

这是一个“ε-不敏感”的误差衡量函数，因为它忽略了误差小于 ε 的项（见图12–8的左图）。这与支持向量机分类的过程大致类似，即在优化过程中忽略正确分类的和远离分界面的那些点。在回归中，这些“低错误'”的点就是残差较小的点。

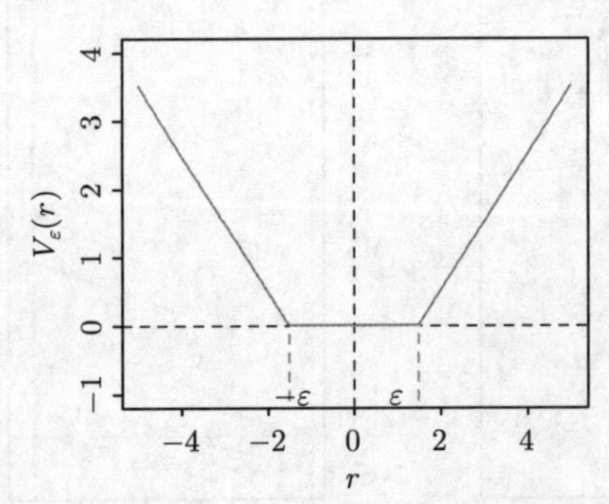

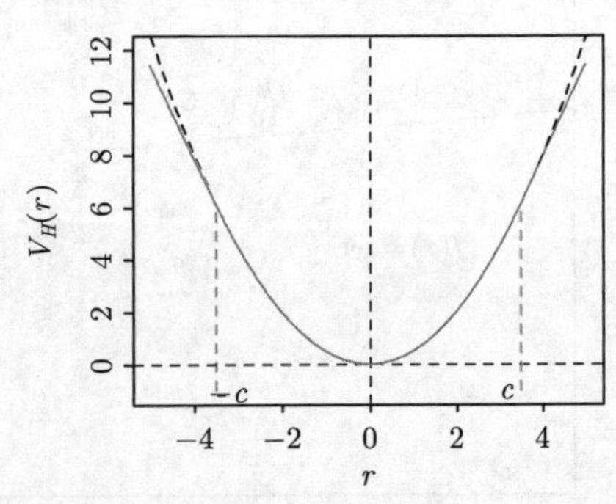

图 12–8 左图为支持向量回归机采用的 ε-不敏感的误差函数。右图显示为 Huber 鲁棒回归采用的误差函数（蓝色曲线）。$|c|$ 以外的地方，函数由二次转换为线性形式

把这个度量和统计学中的鲁棒回归的误差度量相比较，很有趣。来源于 Huber (1964)，最常见的鲁棒回归的误差度量有如下形式

$$V_H(r) = \begin{cases} r^2/2, & \text{如果}|r| < c, \\ c|r| - c^2/2, & |r| > c, \end{cases} \tag{12.38}$$

该函数形状如图12–8的右图所示。当观察值的残差绝对值贡献大于事先选择的常数 c 时，该误差函数由二次变为线性。这使得拟合对异常点不太敏感。支持向量的误差度量 (12.37) 也有线性的尾形状（大于 ε 的时候），但同时它也抹平了那些只有小残差样本的贡献。

如果 $\hat{\beta}, \hat{\beta}_0$ 是使 H 最小的参数，那么可以证明解有如下形式

$$\hat{\beta} = \sum_{i=1}^{N}(\hat{\alpha}_i^* - \hat{\alpha}_i)x_i, \tag{12.39}$$

$$\hat{f}(x) = \sum_{i=1}^{N}(\hat{\alpha}_i^* - \hat{\alpha}_i)\langle x, x_i\rangle + \beta_0, \tag{12.40}$$

其中 $\hat{\alpha}_i, \hat{\alpha}_i^*$ 是正数。解如下二次规划问题：

$$\min_{\alpha_i, \alpha_i^*} \varepsilon \sum_{i=1}^{N}(\alpha_i^* + \alpha_i) - \sum_{i=1}^{N} y_i(\alpha_i^* - \alpha_i) + \frac{1}{2}\sum_{i,i'=1}^{N}(\alpha_i^* - \alpha_i)(\alpha_{i'}^* - \alpha_{i'})\langle x_i, x_{i'}\rangle$$

满足以下约束

$$\begin{aligned} 0 \leqslant \alpha_i, \alpha_i^* \leqslant 1/\lambda, \\ \textstyle\sum_{i=1}^{N}(\alpha_i^* - \alpha_i) = 0, \\ \alpha_i \alpha_i^* = 0. \end{aligned} \tag{12.41}$$

由于这些约束的性质，一般只有解值 $(\hat{\alpha}_i^* - \hat{\alpha}_i)$ 的子集不为零，而相关联的数据值称为支持向量。和分类过程一样，解仅通过内积 $\langle x_i, x_{i'}\rangle$ 来依赖于输入。因此，我们可以通过定义一个合适的内积，把该方法推广到更高维的空间中，比如采用 (12.22) 定义的某一个内积。

注意参数 ε 和 λ 与准则 (12.36) 的关联。这些似乎扮演了不同的角色。ε 是损失函数 V_ε 的参数，就像 c 是 V_H 的参数。注意，V_ε 和 V_H 都依赖于 y 的尺度，因此也依赖于 r。如果我们缩放响应值（因此改用 $V_H(r/\sigma)$ 和 $V_\varepsilon(r/\sigma)$），可能要考虑使用 c 和 ε 的预设值（针对高斯，$c = 1.345$ 实现了 95% 的效率）。λ 的量值是一个更传统的正则化参数，可以用交叉验证来估计。

12.3.7　回归与核

正如12.3.3节讨论的，核性质并非支持向量机所独有的。假如我们考虑用一组基函数 $\{h_m(x)\}, m = 1, 2, \cdots, M$ 来逼近回归函数：

$$f(x) = \sum_{m=1}^{M} \beta_m h_m(x) + \beta_0. \tag{12.42}$$

为了估计 β 和 β_0，我们针对某些一般的误差度量 $V(r)$ 来最小化

$$H(\beta, \beta_0) = \sum_{i=1}^{N} V(y_i - f(x_i)) + \frac{\lambda}{2}\sum \beta_m^2 \tag{12.43}$$

对于任意选择的 $V(r)$，解 $\hat{f}(x)=\sum\hat{\beta}_m h_m(x)+\hat{\beta}_0$ 有如下形式

$$\hat{f}(x)=\sum_{i=1}^{N}\hat{\alpha}_i K(x,x_i) \tag{12.44}$$

其中 $K(x,y)=\sum_{m=1}^{M}h_m(x)h_m(y)$。请注意，这个形式和第5章和第6章讨论的径向基函数扩展和正则化估计形式一样。

更具体来说，考虑 $V(r)=r^2$ 的情况。设 $\boldsymbol{H}$ 是 $N\times M$ 的基矩阵，其中第 ith 个元素是 $h_m(x_i)$，并假设 $M>N$ 大。为了简便起见，我们假定 $\beta_0=0$，或者说这个常数被合并到 h 里；另一个说法参见习题12.3。

我们通过最小化惩罚最小二乘准则来估计 β

$$H(\beta)=(\boldsymbol{y}-\boldsymbol{H}\beta)^T(\boldsymbol{y}-\boldsymbol{H}\beta)+\lambda\|\beta\|^2. \tag{12.45}$$

其解为

$$\hat{\boldsymbol{y}}=\boldsymbol{H}\hat{\beta} \tag{12.46}$$

其中 $\hat{\beta}$ 由下式确定

$$-\boldsymbol{H}^T(\boldsymbol{y}-\boldsymbol{H}\hat{\beta})+\lambda\hat{\beta}=0. \tag{12.47}$$

从上式来看，似乎需要计算变换空间的 $M\times M$ 的内积矩阵。然而，可以预乘一个 $\boldsymbol{H}$，得到

$$\boldsymbol{H}\hat{\beta}=(\boldsymbol{H}\boldsymbol{H}^T+\lambda\boldsymbol{I})^{-1}\boldsymbol{H}\boldsymbol{H}^T\boldsymbol{y}. \tag{12.48}$$

$N\times N$ 矩阵 HH^T 由观测点对 i,i' 间的内积组成；也就是说，它是内积核 $\{HH^T\}_{i,i'}=K(x_i,x_{i'})$ 的求值。在这种情况下，易证（12.44）在任意 x 的预测值满足

$$\begin{aligned}\hat{f}(x)&=h(x)^T\hat{\beta}\\&=\sum_{i=1}^{N}\hat{\alpha}_i K(x,x_i),\end{aligned} \tag{12.49}$$

其中 $\hat{\alpha}=(\boldsymbol{H}\boldsymbol{H}^T+\lambda I)^{-1}\boldsymbol{y}$。正如支持向量机中一样，不需要指定或计算大的函数集 $h_{(}X),h_2(X),\cdots,h_M(x)$。我们只需在训练样本对 i,i' 和用于预测的测试样本 x 上计算内积即可。仔细选择 h_m（比如特定的、容易估计的核 K 的特征函数）意味着我们可以有效的在 $N^2/2$ 的开销下估计 K，而不需要直接计算所带来的 N^2M 的开销。

然而，值得注意的是，这个性质依赖于惩罚项里平方范数 $\|\beta\|^2$ 的选择。如果它不成立，可以考虑 L_1 范数 $|\beta|$，后者可能会形成更优异的模型。

12.3.8　讨论

支持向量机可以扩展到多类别的情况，本质是求解多个两类分类问题。我们为每对类建立一个分类器，然后最终的分类器就是最有优势的那个分类器[①] (Kressel, 1999; Friedman,

① 译者注：这种处理称为逐对分类器，即为每两类建立一个分类器，每个分类器将把预测样本分到其中一类，在所有分类器的分类结果中，分到最多一类的情况被判定为预测样本的预测类别。

1996; Hastie and Tibshirani, 1998)。还有，像12.3.3节一样，我们可以用多元损失函数和一个合适的核来求解。SVMs 在很多监督和非监督学习的问题中有很多应用。在写这本书的时候，经验表明它在实际问题中有很好的性能。

最后，我们提一下支持向量机和结构风险最小化 (7.9) 的联系。假设训练样本（或它们的基展开）包含在半径为 R 的球里，如 (12.2)，令 $G(x) = \text{sign}[f(x)] = \text{sign}[\beta^T x + \beta_0]$。那么可以证明函数类 $\{G(x), \|\beta\| \leqslant A\}$ 的 VC 维 h 满足

$$h \leqslant R^2 A^2. \tag{12.50}$$

如果 $f(x)$ 能把训练样本分开，且关于 $\|\beta\| \leqslant A$ 最优，那么在训练集中，下式至少以概率 $1 - \eta$ 成立 (Vapnik, 1996, p. 139):

$$\text{Error}_{\text{Test}} \leqslant 4 \frac{h[\log(2N/h) + 1] - \log(\eta/4)}{N}. \tag{12.51}$$

支持向量机分类器是第一组实用学习过程中的一员，它们可以得到基于 VC 维的有用的界，因此SRM（结构风险最小化）程序得以实现。但是在得出这个界的时候，我们要把一些球放在数据点的周围——这是一个取决于特征的观测值的过程。因此严格来说，类别的 VC 维在看到特征之前，不是固定不变的先验值。

正则化参数 C 控制着分类器在 VC 维的上界。根据 SRM 的范例，给定 (12.51)，我们可以通过最小化 (12.51) 的测试误差的上界来确定 C。但是，还没有证据证明这会比用交叉验证选择参数 C 有任何优势。

12.4　线性判别分析泛化

在4.3节里，我们讨论了分类的基本工具——线性判别分析（LDA）。本章剩余部分将讨论如何直接推广 LDA 来得到优于 LDA 的分类器。

LDA 的一些优点如下。

- 它是简单的原型分类器。新样本被分类到最接近质心的类。一个微小的不同是距离是用池聚协方差（pooled covariance）估计的马氏距离。
- 如果训练样本的每一类都是多元高斯分布，且有共同协方差，那么 LDA 就是估计的贝叶斯分类器。由于这个假设一般都不可能是真的，因此，这个性质看起来并不是很有用。
- 由 LDA 得到的决策边界是线性的，因此决策规则是简单易行的。
- LDA 提供了数据自然的低维视角。比如说，图12–12就是一个 10 类 256 维数据的、富有信息的 2 维视图。
- 因为 LDA 的简单和低方差，所以 LDA 通常可以得到最好的分类效果。在 STATLOG 的项目中[①]LDA 在 22 个数据集的 7 个都是排在前三的分类器 (Michie 等, 1994)。

不幸的是，正是因为 LDA 的简单，才导致了它在很多情况下会失效。

① 这个比较是在 SVM 出现之前进行的。

- 通常情况下，线性决策边界不足以把类别分开。当 N 很大时，我们可以估计更复杂的决策边界。因此，二次判别分析（Quadratic discriminant analysis，QDA）在这种情况下很有用，且允许二次决策边界。但更一般的情况是，我们希望对一些不规则的边界建模。
- 前面所说 LDA 的缺点通常如此解释：每类用单个原型来表示是不充分的。因为 LDA 用一个原型（类质心）和共同协方差矩阵来描述每类中的数据分布。因此在很多情况下，每类用多个原型会更合适。
- 从谱的另一方面，我们可能产生了太多（相关的）预测子，比如数字化的模拟信号和图像。在这种情况下，LDA 使用了太多参数，以较大方差估计这些参数，导致性能受到影响。所以，我们在这种情况下需要进一步的限制或正则化 LDA。

在本章剩余部分，我们介绍一类技术，可以通过 LDA 模型推广来解决上述问题。这主要是通过三个不同的思想来实现的。

第一个想法是把 LDA 问题重新定义为线性回归问题。很多现成的技术都可以把线性回归扩展到更灵活的、非参回归形式。这反过来会产生更灵活的判别分析方法，我们把它称作 FDA。在很多时候，回归过程都可以视为通过基扩张来辨识扩大的预测子集合。FDA 相当于在扩大空间的 LDA，这个和 SVM 的范例一样。

在有太多预测子的时候，比如数字图像中的像素，我们就不想再扩大它们，因为已经太大了。第二个想法是拟合一个 LDA 模型，但惩罚其系数使其在空间域上足够平滑或一致，比如一幅图像可看成一个空间域。我们把这个过程称为罚判别分析（penalized discriminant analysis）或 PDA。对 FDA 而言，因为扩张基很大，所以一般都需要引进正则项（这又和 SVM 很像）。这两种思想都可以通过在 FDA 模型下选择合适的正则化回归来实现。

第三个想法是为每类建立一个有两个或更多的混合高斯的模型，这些高斯有不同的质心，但每个分量高斯，既类内的也有类间的，都有着相同的协方差矩阵。这因此允许更复杂的决策边界，并可以像 LDA 一样进行子空间降维。我们把这个扩展叫作混合判别分析（mixture discriminant analysis）或 MDA。

所有这三类推广都利用与 LDA 的关联来建立一个共同的框架。

12.5 柔性判别分析

本章我们描述一种在导出响应上采用线性回归实现 LDA 的方法。这反过来又导致了对 LDA 的非参、柔性替代方法。和第4章一样，我们假设有一些观测样本，其定量响应 G 落入 K 类 $\mathcal{G}=\{1,\cdots,K\}$ 中的一类，每个类有度量特征 X。假设 $\theta:\mathcal{G}\to\mathbb{R}^1$ 是一个分配分数给每个类别的函数，以便变换的类标签可以由在 X 上的线性回归做出最优预测：如果的训练样本的形式为 $(g_i,x_i), i=1,2,\cdots,N$，则求解

$$\min_{\beta,\theta}\sum_{i=1}^{N}\left(\theta(g_i)-x_i^T\beta\right)^2, \tag{12.52}$$

注意，要对 θ 加一些限制来避免平凡解（比如在训练样本的零均值和单位方差）。这会使类与类之间在一维可分。

更一般来讲，我们可以为类标签最多找 $L \leqslant K-1$ 个独立的评分集 $\theta_1, \theta_2, \cdots, \theta_L$ 以及 L 个对应的线性映射 $\eta_\ell(X) = X^T\beta_\ell, \ell = 1, \cdots, L$，这些映射对于 $\mathbb{R}^p$ 上的多元回归，是最优的。这里打分函数 $\theta_\ell(g)$ 和映射 β_ℓ 通过最小化平均平方残差获得，

$$ASR = \frac{1}{N}\sum_{\ell=1}^{L}\left[\sum_{i=1}^{N}\left(\theta_\ell(g_i) - x_i^T\beta_\ell\right)^2\right]. \tag{12.53}$$

考虑适当内积来防止零解，分数集假设是相互正交的和标准化的。

但是为什么我们要这样做呢？可以证明4.3.3节导出的判别（标准）向量序列 v_ℓ 和序列 β_ℓ 相同，最多差一个常数 (Mardia 等, 1979；Hastie 等, 1995)。除此以外，测试点 x 到第 k 类质心 $\hat{\mu}_k$ 的马氏距离由下式给出：

$$\delta_J(x, \hat{\mu}_k) = \sum_{\ell=1}^{K-1}\omega_\ell(\hat{\eta}_\ell(x) - \bar{\eta}_\ell^k)^2 + D(x), \tag{12.54}$$

其中 $\bar{\eta}_\ell^k$ 是第 k 类中 $\hat{\eta}_\ell(x_i)$ 的均值，并且 $D(x)$ 不依赖于 k。这里 ω_ℓ 是按第 ℓ 个最优得分拟合的均方残差 r_ℓ^2 来定义的坐标权重

$$w_\ell = \frac{1}{r_\ell^2(1-r_\ell^2)}. \tag{12.55}$$

在4.3.2节，我们看到在每类有着相同协方差的高斯分布下，这些标准距离是分类所需要的。总结如下：

> *LDA 可以通过一个线性回归序列，然后分类到拟合空间的最近类的质心来实现。降秩或当 $L = K-1$ 时满秩的情形分析都是相似的。*

这个结论的强大之处在于它引发的推广。我们可以用更灵活、非参的拟合代替线性回归拟合 $\eta_\ell(x) = x^T\beta_\ell$，类似的，也可得到一个比 LDA 更灵活的分类器。前面曾把加性拟合、样条方程和 MARS 模型等进行了推广。在这种更一般化的形式中，回归问题可以通过如下准则定义：

$$ASR(\{\theta_\ell, \eta_\ell\}_{\ell=1}^L) = \frac{1}{N}\sum_{\ell=1}^{L}\left[\sum_{i=1}^{N}(\theta_\ell(g_i) - \eta_\ell(x_i))^2 + \lambda J(\eta_\ell)\right], \tag{12.56}$$

其中 J 是适合某种非参回归形式的正则化因子，比如说平滑样条、加性样条和低阶 ANOVA 样条模型。其他包括12.3.3节所阐述的由核生成的函数和相关惩罚。

在我们描述这一推广涉及的计算之前，先看一个比较简单的例子。假设我们对每个 η_ℓ 使用一个 2 阶的多项式回归。因为每个待拟合的函数是二次的，同时和 LDA 一样，它们的二次项在距离比较时会消掉，由 (12.54) 得到的决策边界将是二次曲面。通过利用预测子的平方项和交叉积项来扩充原预测子，我们可以以更方便的形式得到相同（identical）的二次边界。在扩大的空间中，我们执行 LDA，在扩大空间中的线性边界在原空间中就会映射成一个二次边界。经典例子是有一对中心在原点的多元高斯，其中一个协方差矩阵为 $\boldsymbol{I}$，另

一个为 $c\boldsymbol{I}$，且 $c>1$；图12–9显示了这个例子。贝叶斯决策边界是球面 $\|x\|=\frac{pc\log c}{2(c-1)}$，该边界在扩大的空间中是一个线性边界。

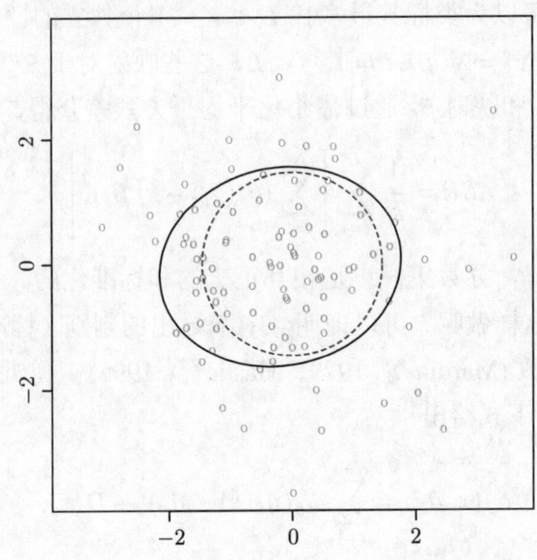

图 12–9　数据由 $N(0,\boldsymbol{I})$ 和 $N(0,\frac{4}{9}\boldsymbol{I})$ 生成的 50 个点组成。实心黑色椭圆是用二阶多项式回归的 FDA 得到的决策边界。紫色虚线的圆是贝叶斯决策边界

很多非参回归过程的操作如下：首先生成导出变量的基展开，然后在增广的空间中执行线性回归。MARS 方法（第9章）就是这种类型。平滑样条和加性样条模型能产生异常大的基集合（加性样条有 $N\times p$ 个基函数），但是然后在增广的空间中执行罚回归拟合。SVMs 的做法也类似；我们同样可以看12.3.7节中基于核回归的例子。FDA 在这种情况下可以看成是在增广空间中执行 *罚线性回归分析*（penalized linear discriminant analysis）的过程。我们在12.6节将详细阐述。增广空间中的线性边界将映射成约简空间中的非线性边界。这实际上和支持向量机使用的技术如出一辙。

我们用4章语音识别的例子来阐述 FDA，该例有 $K=11$ 个类以及 $p=10$ 个特征。类别是 11 个元音，分别在 11 个不同的单词当中。以下是具体的单词，前面的代表具体元音的符号。

元音	单词	元音	单词	元音	单词	元音	单词
i:	heed	O	hod	I	hid	C:	hoard
E	head	U	hood	A	had	u:	who’d
a:	hard	3:	heard	Y	hud		

在训练集中，8 个人每人把每个单词读 6 遍，类似的，测试集里的 7 个人也如此执行。10 个预测子用相当复杂的方式从数字化的语音中提取出来的，但该方式在语音识别领域却是很常用的。因此，我们总共得到 528 个训练观测值，462 个测试观测值。图12–10给出了 LDA 和 FDA 产生的两维映射。FDA 模型采用自适应样条回归函数来对 $\delta_l(x)$ 建模，右图画的点坐标是 $\hat{\eta}_1(x_i)$ 和 $\hat{\eta}_2(x_i)$。S-PLUS 中采用的例程叫 bruto，也就是图的标题和表12–3中的 BRUTO。我们发现，在这种情况下灵活建模有助于分类。表12–3显示了大量分类技术得到

的训练和测试误差率。其中 FDA/MARS 表示 Friedman 的多元自适应回归样条；*degree* = 2 意味着允许逐对乘积。我们发现，对 FDA/MARS 来说，最好的分类结果是在降秩子空间中得到的。

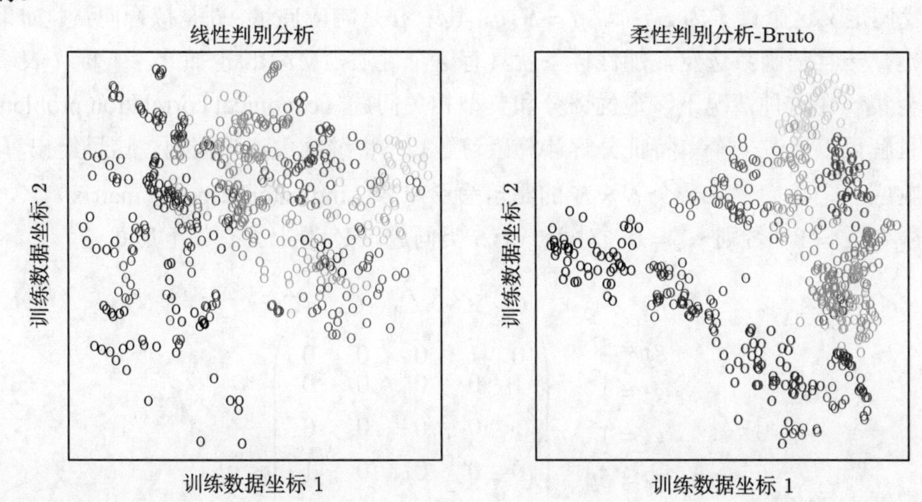

图 12–10　左图显示了元音训练数据得到的前两个 LDA 规范变量。右图显示了用 FDA/BRUTO 方法拟合时，相应的投影；图中画的是拟合回归函数 $\hat{\eta}_1(x_i)$ 和 $\hat{\eta}_2(x_i)$。请注意改进的数据的可分性。颜色代表了十一个不同的元音

表 12–3　元音识别数据的结果。在很大的集合中，神经网络的结果是最好的，其结果取自神经网络文档。FDA/BRUTO 表示用 FDA 进行回归的方法

	方法	误差率	
		训练	测试
（1）	LDA	0.32	0.56
	Softmax	0.48	0.67
（2）	QDA	0.01	0.53
（3）	CART	0.05	0.56
（4）	CART（线性组合分裂）	0.05	0.54
（5）	单层感知器		0.67
（6）	多层感知器（88 个隐单元）		0.49
（7）	高斯节点神经网络（528 个隐单元）		0.45
（8）	最近邻		0.44
（9）	FDA/BRUTO	0.06	0.44
	Softmax	0.11	0.50
（10）	FDA/MARS（degree = 1）	0.09	0.45
	最优约简维数（= 2）	0.18	0.42
	Softmax	0.14	0.48
（11）	FDA/MARS（degree = 2）	0.02	0.42
	最优约简维数（= 6）	0.13	0.39
	Softmax	0.10	0.50

FDA 估计的计算

FDA 坐标的计算在许多重要情况下可以简化，特别是当非参回归过程可表示为线性算子时。我们定义这个算子为 $\boldsymbol{S}_\lambda$；即 $\hat{\boldsymbol{y}} = \boldsymbol{S}_\lambda \boldsymbol{y}$，其中 $\boldsymbol{y}$ 是响应向量，$\hat{\boldsymbol{y}}$ 是拟合向量。如果平滑参数固定，一旦基函数选定，加性样条就具有这个性质，MARS 也如此。下标 λ 表示平滑参数的全集。在这种情况下，最优评分和典型相关问题（canonical correlation problem）等价，并且解可以通过一个单特征分解计算。习题12.6将继续关注该问题，这里给出算法。

从响应 g_i，我们建立一个 $N \times K$ 的指示响应矩阵（indicator response matrix）$\boldsymbol{Y}$，使得 $g_i = k$ 时，$y_{ik} = 1$，否则 $y_{ik} = 0$。对于一个 5 类问题，$\boldsymbol{Y}$ 看上去有如下形式：

$$
\begin{matrix}
 \\ g_1 = 2 \\ g_2 = 1 \\ g_3 = 1 \\ g_4 = 5 \\ g_5 = 4 \\ \vdots \\ g_N = 3
\end{matrix}
\begin{matrix}
\begin{matrix} C_1 & C_2 & C_3 & C_4 & C_5 \end{matrix} \\
\begin{pmatrix}
0 & 1 & 0 & 0 & 0 \\
1 & 0 & 0 & 0 & 0 \\
1 & 0 & 0 & 0 & 0 \\
0 & 0 & 0 & 0 & 1 \\
0 & 0 & 0 & 1 & 0 \\
 & & \vdots & & \\
0 & 0 & 1 & 0 & 0
\end{pmatrix}
\end{matrix}
$$

以下是计算步骤。

1. *多元非参回归*。在 $\boldsymbol{X}$ 上，拟合 $\boldsymbol{Y}$ 的多响应、自适应非参回归，得出拟合值 $\hat{\boldsymbol{Y}}$。设 $\boldsymbol{S}_\lambda$ 是拟合最终选择模型的线性算子，$\eta^*(x)$ 是拟合回归函数的向量。
2. *最优评分*。计算 $\boldsymbol{Y}^T \hat{\boldsymbol{Y}} = \boldsymbol{Y}^T \boldsymbol{S}_\lambda \boldsymbol{Y}$ 的特征分解，其中特征向量 $\boldsymbol{\Theta}$ 是标准化的特征向量：$\boldsymbol{\Theta}^T \boldsymbol{D}_\pi \boldsymbol{\Theta} = \boldsymbol{I}$。这里 $\boldsymbol{D}_\pi = \boldsymbol{Y}_T \boldsymbol{Y}/N$ 是估计的类先验概率的对角矩阵。
3. *更新*。用最优评分 $\eta(x) = \boldsymbol{\Theta}^T \eta^*(x)$ 更新第一步的模型。

$\eta(x)$ 里，K 个函数的第一个是常量函数——是平凡解；剩余的 $K-1$ 个函数是判别函数。常量函数和标准化使得剩余的函数都被中心化。

再一次，$\boldsymbol{S}_\lambda$ 可以对应于任意回归方法。当 $\boldsymbol{S}_\lambda = \boldsymbol{H}_X$，也就是线性回归映射算子的时候，FDA 就变成了线性判别分析。我们在本章第343页的“计算上的考虑”提到的软件充分利用了这种模块性：FDA函数的参数有一个“method=”参数，它允许我们提供任意上的回归函数，只要这些函数符合一些自然的约定。我们提供的回归函数可以是多项式回归、自适应加性模型和 MARS。它们都可以有效处理多元响应情况，因此第 1 步在回归例程中被单独调用。第 2 步的特征分解可以同时计算所有最优评分函数。

4.2节讨论了我们在指示响应矩阵中使用线性回归来做分类时所遇到的“坑”。尤其是，当在三个或多于三个类时，有严重的掩蔽问题。FDA 采用第 1 步的回归做拟合，但是它进一步转换，得到有用的判别函数，以避开这些“坑”。习题12.9从另一角度解释了这个现象。

12.6　罚判别分析

尽管 FDA 是由推广最优打分所推动的，也可直接看成是正则化判别分析的一种形式。假设 FDA 中使用的回归过程相当于一个基展开 $h(X)$ 的线性回归，且对系数有二次惩罚：

$$ASR(\{\theta_\ell, \beta_\ell\}_{\ell=1}^{L}) = \frac{1}{N}\sum_{\ell=1}^{L}\left[\sum_{i=1}^{N}(\theta_\ell(g_i) - h^T(x_i)\beta_\ell)^2 + \lambda\beta_\ell^T\mathbf{\Omega}\beta_\ell\right]. \tag{12.57}$$

$\mathbf{\Omega}$ 的选择和具体问题相关。如果 $\eta_\ell(x) = h(x)\beta_\ell$ 是样条基函数的展开，则 $\mathbf{\Omega}$ 可约束 η_ℓ 在 $\mathbb{R}^p$ 空间中是光滑的。在加性样条情况中，每个坐标有 N 个样条基函数，结果在 $h(x)$ 中总共有 Np 个基函数，在这种情况下，$\mathbf{\Omega}$ 是 $Np \times Np$ 的块对角矩阵。

因此，FDA 的步骤可以看成是 LDA 的推广形式，我们把这个叫作罚判别分析（penalized discriminant analysis）或 PDA。

- 通过基展开 $h(X)$ 来扩大预测子集 X。
- 在增广空间中使用（惩罚的）LDA，其中罚马氏距离是

$$D(x, \mu) = (h(x) - h(\mu))^T(\mathbf{\Sigma}_W + \lambda\mathbf{\Omega})^{-1}(h(x) - h(\mu)), \tag{12.58}$$

  其中 $\mathbf{\Sigma}_W$ 是导出变量 $h(x_i)$ 的类内协方差矩阵。
- 采用惩罚的度量分解分类子空间：

$$\max u^T\mathbf{\Sigma}_{\text{Bet}}u \quad \text{服从} \quad u^T(\mathbf{\Sigma}_W + \lambda\mathbf{\Omega})u = 1.$$

不严谨地说，惩罚马氏距离趋向于给“不光滑”的坐标赋予较低的权重，而给“光滑”的坐标赋予更高的权重；因为惩罚不是对角的，对于平滑和不平滑的线性组合，同样可得到这个结论。

对于某类问题，涉及基扩展的第一步不是必需的；因为我们已经有了大量的（相关）预测子。一个代表性例子是待分类的目标是数字化模拟信号时。

- 以 256 个频率集对一段语音片段进行采样的对数-周期图；参考第112页图5–5。
- 手写数字的数字图像上的灰度像素值。

在这些例子中，我们也直观地看到了为什么需要正则化。以数字图像为例。邻近的像素值很可能是相关的，而通常几乎是相同的。这预示着这些像素点对应的 LDA 的系数对可能相差很大，并且符号相反，因此当像素值相似时，这两个系数会相互抵消。正相关预测子会导致有噪声的、负相关的估计，且这种噪声会导致不期望的采样方差。一个合理的策略是对系数进行正则化，就像处理图像一样，使其在空间域平滑。这就是 PDA 所做的事情。除了需要使用一个合适的罚回归方法，PDA 的计算过程和 FDA 类似。这里 $h^T(X)\beta_\ell = X\beta_\ell$，$\Omega$ 的选择遵循：把 β_ℓ 看成是图像时，$\beta_\ell^T\Omega\beta_\ell$ 将惩罚 β_ℓ 里的粗糙。第4页图1–2给出了一些手写数字的例子。图12–11给出了使用 LDA 和 PDA 的判别变量（discriminant variates）。用 LDA 产生的图像看起来像椒盐（salt-and-pepper）图像，但 PDA 产生的是比较平滑的图像。

第一个平滑图像可以看作线性对比泛函（linear contrast functional）的系数，该泛函的作用是将中心空的图像 (0, 有时是 4) 与中间黑色垂直带的图像分离开。

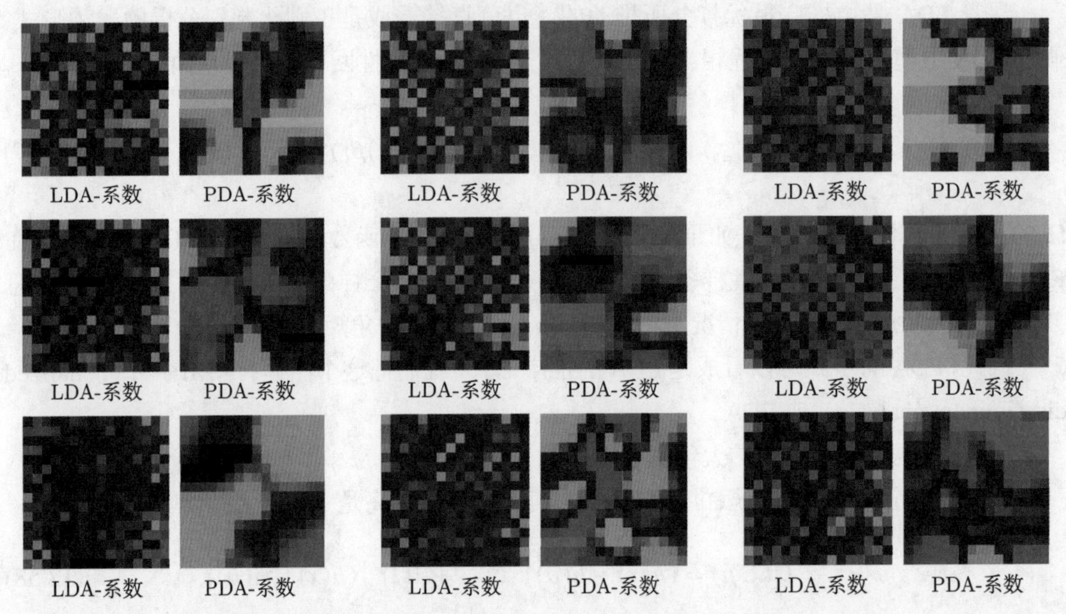

图 12–11　图像成对出现，代表数字识别问题的 9 个判别系数函数。每对图像的左图是 LDA 系数，同时右图是 PDA 系数，已经规范化来增强空间的平滑性

图 12–12支持了这个解释，但如果要解释第二个坐标就比较困难。Hastie 等 (1995)更详细讨论了本例和其他例子。该文献也证明了在他们尝试的情况中，在独立测试数据上，正则化可以使 LDA 的性能大约提升 25%。

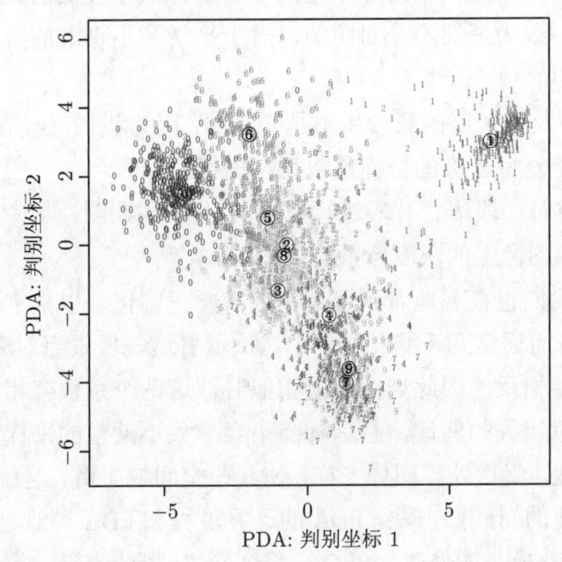

图 12–12　衡量测试数据的前两个惩罚典型变量。圆圈表示类质心。第一个坐标主要区别 0 和 1 的类，第二个坐标区别 6 和 7 或 9

12.7　混合判别分析

线性判别分类器可以看作一种原型分类器。每个类用它的类质心表示，我们采用合适的度量把样本分到最近的类质心。在很多情况下，用单个原型来代表不同质的类是不充分的，混合模型更合适。本节我们复习一下混合高斯模型，并说明它们怎样通过前面讨论的 FDA 和 PDA 方法来进行推广。第 k 类的混合高斯模型有以下密度

$$P(X|G=k)=\sum_{r=1}^{R_k}\pi_{kr}\phi(X;\mu_{kr},\mathbf{\Sigma}),\tag{12.59}$$

其中混合比例（mixing proportions）π_{kr} 总和等于 1。这样，第 k 类就有了 R_k 个原型，在我们的说明中，一直用相同的协方差矩阵 $\mathbf{\Sigma}$ 做度量。为每类给定一个模型，类的后验概率是

$$P(G=k|X=x)=\frac{\sum_{r=1}^{R_k}\pi_{kr}\phi(X;\mu_{kr},\mathbf{\Sigma})\Pi_k}{\sum_{\ell=1}^{K}\sum_{r=1}^{R_\ell}\pi_{\ell r}\phi(X;\mu_{\ell r},\mathbf{\Sigma})\Pi_\ell},\tag{12.60}$$

其中 Π_k 表示类别先验概率。

我们在第8章见过两个分量特殊情况下的计算。和 LDA 一样，我们采用基于 $P(G,X)$ 的联合似然函数，通过最大似然来估计参数：

$$\sum_{k=1}^{K}\sum_{g_i=k}\log\left[\sum_{r=1}^{R_k}\pi_{kr}\phi(x_i;\mu_{kr},\mathbf{\Sigma})\Pi_k\right].\tag{12.61}$$

如果直接处理上式，log 里面的和就会变成一个相当麻烦的优化问题。对于混合分布，计算最大似然估计（MLE）的经典、自然的方法是 EM 算法 (Dempster 等, 1977)，因为这个方法有好的收敛性质。EM 算法迭代执行如下两步。

- **E-step:** 给定当前参数，对第 k 类的每个观察样本（$g_i=k$），计算 k 类的子类 c_{kr} 的响应度（responsibility）：

$$W(c_{kr}|x_i,g_i)=\frac{\pi_{kr}\phi(x_i;\mu_{kr},\mathbf{\Sigma})}{\sum_{\ell=1}^{R_k}\pi_{k\ell}\phi(x_i;\mu_{k\ell},\mathbf{\Sigma})}.\tag{12.62}$$

- **M-step:** 用 E 步得到的权值来计算每类中每个高斯分量的参数上的加权 MLE。

在 E 步，算法按比例把第 k 类的观测的单位权值分配给该类的各个子类。如果它和特定子类的质心接近，并远离其他质心，则它在那个子类的权值便会接近 1。另一方面，如果观测样本在两个子类的中间位置，则二者会得到近似相等的权值。

在 M 步，第 k 类中的样本都要使用 R_k 次，对 R_k 分量密度的每一个采用不同权值来估计其参数。第8章对 EM 算法作了详细介绍。该算法需要初始化，因此会到受初始值的影响，因为混合似然一般来说都是多峰的。我们的软件（在第12章343页的计算上的考虑一节中提到）允许用几个策略来处理这个问题，这里介绍默认的方法。用户提供每类中子类的数目 R_k。在第 k 类中，我们用多个随机初始值的 K-均值聚类算法来拟合数据。这样，就把观测划分成 R_k 个不相交的组，由它们组成 0 和 1 的初始权值矩阵。

我们假设整个过程中具有相同分量协方差矩阵 $\mathbf{\Sigma}$，以换取简捷性；和 LDA 一样，我们可以把秩的约束整合到混合公式中来。为了更好地理解这一点，我们回顾一下关于 LDA 鲜为人知的事实。秩-L 的 LDA 拟合（4.3.3节）和高斯模型的最大似然拟合是等价的，其中不同类的均值向量被限制到 $\mathbb{R}_p$ 空间的秩为 L 的子空间里（习题4.8）。对于混合模型，我们也可以继承这个性质，并在所有类中心 $\Sigma_k R_k$：$\text{rank}\{\mu_{k\ell}\} = L$ 的约束下最大化对数似然 (12.61)。

同样，我们用 EM 算法来解，M 步就变成一个有 $R = \sum_{k=1}^{K}$ “类”的 LDA 的加权版本。另外，我们可以采用前面描述的最优得分方法来求解这个加权 LDA 问题，在这个阶段，我们同样可以用加权版本的 FDA 和 PDA。有人可能希望除增加“类别”数量外，我们也期望第 k 类的观测数量也相应增长一个因子 R_k。如果线性算子用于最优分数回归，则可证并非如此。在这种情况下，扩大的指示矩阵 Y 坍缩成一个模糊的（blurred）响应矩阵 Z，这个现象看起来比较令人欣慰。比如，假定有 $K = 3$ 类样本，并且每类中 $R_k = 3$。那么 Z 可以是

$$
\begin{array}{c}
\\
g_1 = 2\\
g_2 = 1\\
g_3 = 1\\
g_4 = 3\\
g_5 = 2\\
\vdots\\
g_N = 3
\end{array}
\begin{array}{c}
\begin{array}{ccccccccc}
C_{11} & C_{12} & C_{13} & C_{21} & C_{22} & C_{23} & C_{31} & C_{32} & C_{33}
\end{array}\\
\begin{pmatrix}
0 & 0 & 0 & 0.3 & 0.5 & 0.2 & 0 & 0 & 0\\
0.9 & 0.1 & 0.0 & 0 & 0 & 0 & 0 & 0 & 0\\
0.1 & 0.8 & 0.1 & 0 & 0 & 0 & 0 & 0 & 0\\
0 & 0 & 0 & 0 & 0 & 0. & 0.5 & 0.4 & 0.1\\
0 & 0 & 0 & 0.7 & 0.1 & 0.2 & 0 & 0 & 0\\
 & & & \vdots & & & & & \\
0 & 0 & 0 & 0 & 0 & 0 & 0.1 & 0.1 & 0.8
\end{pmatrix}
\end{array}
\tag{12.63}
$$

其中，在 k 类的行的项对应着 $W(c_{kr}|x, g_i)$。

余下步骤相同：

$$
\left.\begin{array}{l}
\hat{\boldsymbol{Z}} = \boldsymbol{S}\boldsymbol{Z}\\
\boldsymbol{Z}^T\hat{\boldsymbol{Z}} = \boldsymbol{\Theta}\boldsymbol{D}\boldsymbol{\Theta}^T\\
\text{更新}\pi_s\text{和}\Pi_S
\end{array}\right\}\text{MDA 的 } M \text{ 步.}
$$

这些简单的修改给混合模型带来了相当大的灵活性。

- LDA，FDA，PDA 的维数约简步骤受到类别个数的限制；尤其是，在 $K = 2$ 时，我们不能再降维。MDA 利用子类来代替类，因此允许我们看由这些子类中心张成的子空间的低维表示。这个子空间通常对判别分析很重要。
- 在 M 步采用 FDA 或 PDA，我们可以使其自适应于都更特殊的情况。比如说，我们可以对数字模拟信号和图像拟合 MDA 模型，并加入一些平滑约束。

图12–13在混合例子中对 FDA 和 MDA 进行了比较。

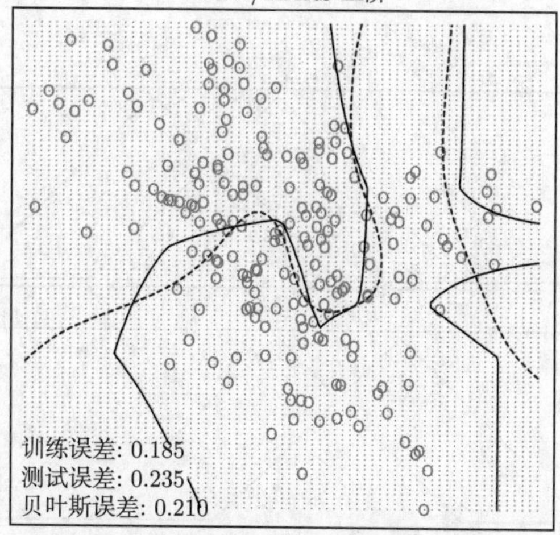

MDA-每类 5 个子类

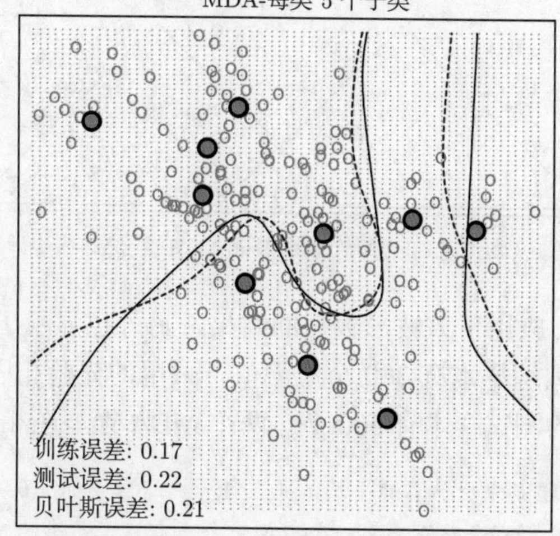

图 12–13　在混合数据上的 FDA 和 MDA。上图使用 FDA，以 MARS 作为回归过程。下图是每个类有 5 个类中心（已标注）的 MDA 方法。MDA 的解和贝叶斯最优接近，这和在混合高斯数据上做的预期结果一样。背景中紫色虚线是贝叶斯决策边界

示例：**Waveform** 数据

现在，我们在一个流行的仿真示例中说明这些想法中的某一些，该例子取自 Breiman 等 (1984，p.49-p.55)，并在 Hastie and Tibshirani (1996b)和其他文献中应用过。该例是一个有 21 维变量的 3 类问题，被认为是困难的模式识别问题。其预测子定义为

$$\begin{aligned} X_j &= Uh_1(j) + (1-U)h_2(j) + \varepsilon_j \text{ 第一类}, \\ X_j &= Uh_1(j) + (1-U)h_3(j) + \varepsilon_j \text{ 第二类}, \\ X_j &= Uh_2(j) + (1-U)h_3(j) + \varepsilon_j \text{ 第三类}, \end{aligned} \tag{12.64}$$

其中 $j = 1, 2, \cdots, 21$，U 是 $(0, 1)$ 上的均匀分布，ε_j 是标准正态变量，h_ℓ 是平移的三角波形：$h_1(j) = \max(6 - |j - 11|, 0), h_2(j) = h_1(j-4), h_3(j) = h_1(j+4)$。图12–14显示了这三类

的一些样本波形。

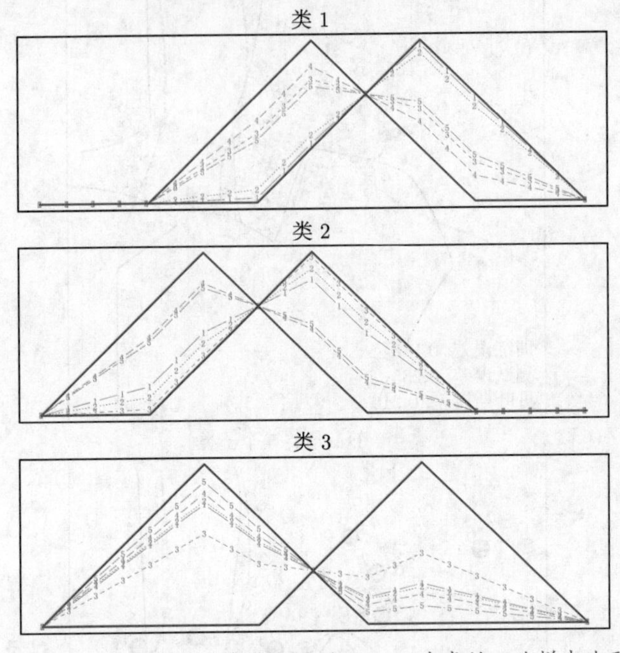

图 12–14 加入高斯噪声前，模型 (12.64) 生成的一些样本波形

表12–4给出了 MDA 应用于该波形数据的结果，另外也显示了在本章和其他章的几个其他方法的结果。每个训练样本有 300 个观测值，采用的先验相同，因此每类大致有 100 个观测样本。我们采用的测试样本有 500 个。两个 MDA 模型在相应标题中表述。

表 12–4 波形数据的结果。值是十次仿真的平均，并在括号内给出了标准误差。中间那条线上面的五项是 Hastie 等 (1994)的结果。中间那条线下面第一个模型是每类有三个子类的 MDA 模型。下一行除了通过粗糙的惩罚判别系数外，其他跟第一行一样。第三行是对应的惩罚 LDA 和 PDA 模型

方法	误差率	
	训练	测试
LDA	0.121(0.006)	0.191(0.006)
QDA	0.039(0.004)	0.205(0.006)
CART	0.072(0.003)	0.289(0.004)
FDA/MARS(degree = 1)	0.100(0.006)	0.191(0.006)
FDA/MARS(degree = 2)	0.068(0.004)	0.215(0.002)
MDA（3 个子类）	0.087(0.005)	0.169(0.006)
MDA（3 个子类，penalized 4 df）	0.137(0.006)	0.157(0.005)
PDA（penalized 4 df）	0.150(0.005)	0.171(0.005)
Bayes		0.140

图12–15显示了惩罚 MDA 在测试数据上评估的主要标准变量。正如我们所猜测的，类别看上去分布在三角形的三条边上。因为 $h_j(i)$ 是由 21 维空间上的三个点表示，因此形成

三角形的顶点，并且每类都表示为一对顶点的凸组合，因而分布在三角形的边上。我们也可以清楚地看到，所有信息都分布在前两维上；由两维解释的方差百分比达到 99.8%，因此，剪枝后面的维数几乎不会丢失信息。该问题的贝叶斯风险估计为 0.14 (Breiman 等，1984)。我们看到，MDA 和最优解非常接近，这不奇怪，因为 MDA 模型和生成模型的结构很相似。

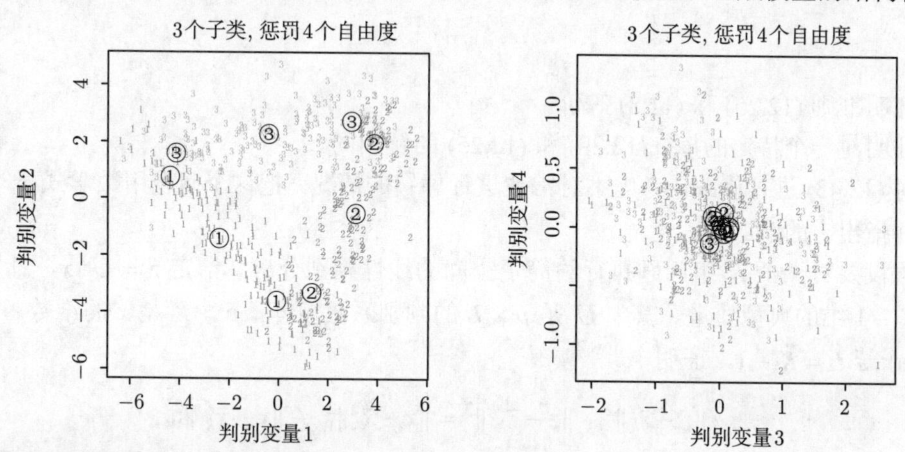

图 12–15　用 MDA 模型拟合 waveform 模型样本的一些二维视图。图上的点是独立于测试数据，把原数据映射到两个主要的标准基（左图），和第三个和第四主导基（右图）的结果。我们同时标出了子类的中心

计算上的考虑

假设有 N 个训练样本，p 个预测子，并有 m 个支持向量，假设 $m \approx N$，那么支持向量机就要 $m^3 + mN + mpN$ 次操作。虽然能找到方法使其计算更快一点 (Platt, 1999)，但我们发现它还是不能随 N 有好的缩放性。近年来这种技术发展很快，建议上网搜索最新的技术。

和 PDA 一样，LDA 需要 $Np^2 + p^3$ 次运算。FDA 的复杂度依赖于采用的回归方法。很多回归方法 (比如加性模型和 MARS 方法) 对 N 都是线性的。通用的样条回归和基于核的回归都需要 N^3 个操作。

我们提供了用 R 语言写的包mda，里面实现了 FDA，PDA 和 MDA 的训练过程，我们还提供了用 S_PLUS 写的程序。

文献说明

支持向量机的理论由 Vapnik 提出，Vapnik (1996)提供了详细介绍。现在关于 SVMs 的文献有很多，Alex Smola 和 Bernhard Schölkopf 维护了一个在线在参考文献，网址为 http://www.kernel-machines.org。

我们对支持向量机的分析是基于 Wahba 等 (2000)和 Evgeniou 等 (2000)的工作和 Burges 的教程 (Burges, 1998)。

线性判别分析由 Fisher (1936)和 Rao (1973)提出。它和最优评分的方法的联系至少可以回溯到 Breiman and Ihaka (1984)的文献与 Fisher (1936)中提到的一种简单形式。这些技术

有较强的联系，相关分析见 (Greenacre, 1984)。对柔性判别分析、惩罚判别分析和混合判别分析的描述摘自 Hastie 等 (1994)，Hastie 等 (1995)和 Hastie and Tibshirani (1996b)的工作。Hastie 等 (1998)对这三种技术做了总结；也可以参考 Ripley (1996)。

习题

12.1 证明准则 (12.25) 和 (12.8) 等价。

12.2 证明对一个特定的核，(12.29) 和 (12.25) 的解相同。

12.3 对 (12.43) 进行修改，考虑不对常数进行惩罚的情况。把这个问题用数学式子写出来，并指出它的解。

12.4 假设要对一个 K-组问题执行约简子空间的线性判别分析。给定 $z = \boldsymbol{U}^T x$，计算 $L \leqslant K-1$ 维的典型变量，其中 $\boldsymbol{U}$ 是 $p \times L$ 的判别系数矩阵，$p > K$ 是 x 的维数。

(a) 若 $L = K-1$，证明

$$\|z - \bar{z}_k\|^2 - \|z - \bar{z}_{k'}\|^2 = \|x - \bar{x}_k\|_W^2 - \|x - \bar{x}_{k'}\|_W^2,$$

其中 $\|\cdot\|_W$ 表示对应于协方差矩阵 $\boldsymbol{W}$ 的马氏距离。

(b) 若 $L < K-1$，证明（a）中左边的表达式，衡量了投影到 $\boldsymbol{U}$ 张成的子空间的那些分页在马氏平方距离上的差异。

12.5 phoneme.subset 的数据包含 60 个人发音的数字化音素的对数-周期图。可以在本书的网站找到：http://www-stat.stanford.edu/ElemStatLearn，其中每个说话人从五个音素类中形成发音。可以把每个向量的 256 个“特征”和对应的 0-255 的频率画出来。

（a）为每个类分别画出所有音素曲线对频率的图。

（b）计划用最近原型分类方法这些曲线进行音素分类。尤其，对每类使用 K-均值聚类算法（在 R 语言中是 `kmeans()`），然后把观测样本分到最近的类中心。曲线是高维的，而只有相当小的样本大小对变量的比例。因此，你要把这些原型约束成频率的平滑函数。具体来说，要把每个原型 m 表示成 $m = B\theta$，其中 B 是 $256 \times J$ 的由自然样条基函数组成的矩阵，其中 J 个节点在（$0, 255$）均匀选取，边界节点在 0 和 255。说明如何解析执行，尤其是怎样有效避免高维拟合过程的开销。（提示：把 B 的列约束成相互正交的向量。）

（c）在 phoneme 数据上实现算法。把数据分成训练集和测试集（50-50），并保证每个说话者不会被分到不同的类上（为什么?）。取每类中有 $K = 1, 3, 5, 7$ 个中心，对每个 K，取 $J = 5, 10, 15$ 个节点（对每个 J 的值，注意在相同的起始值执行 K-means），并比较结果。

12.6 假设 FDA 的回归过程（12.5节）是基函数 $h_m(x), m = 1, \cdots, M$ 的线性展开。令 $\boldsymbol{D}_\pi = \boldsymbol{Y}^T\boldsymbol{Y}/N$ 是类别比例的对角阵。

（a）证明 (12.52) 的最优打分问题可以写成如下向量的形式

$$\min_{\theta,\beta} \|\boldsymbol{Y}\theta - \boldsymbol{H}\beta\|^2, \tag{12.65}$$

其中 θ 是 K 个实数的向量，$\boldsymbol{H}$ 是赋值 $h_j(x_i)$ 的 $N\times M$ 矩阵。

（b）假设在 $theta$ 上的标准化是 $\theta^T\boldsymbol{D}_\pi\mathbf{1}=0$ 和 $\theta^T\boldsymbol{D}_\pi\theta=1$。用原始得分 $\theta(g_i)$ 解释这些标准化。

（c）证明若采用标准化，(12.65) 可以以 β 为参数部分被优化，最终得到

$$\max_\theta \theta^T\boldsymbol{Y}^T\boldsymbol{S}\boldsymbol{Y}\theta, \tag{12.66}$$

其服从标准化约束，其中 $\boldsymbol{S}$ 是对应于基矩阵 $\boldsymbol{H}$ 的投影算子。

（d）假设 h_j 包含常数函数，证明 $\boldsymbol{S}$ 的最大特征值是 1。

（e）令 $\boldsymbol{\Theta}$ 为 $K\times K$ 的得分矩阵（对应着列），并设标准化是 $\boldsymbol{\Theta}^T\boldsymbol{D}_\pi\boldsymbol{\Theta}=\boldsymbol{I}$。证明 (12.53) 的解是 $\boldsymbol{S}$ 的特征向量的完全集；第一个特征向量是平凡的，只考虑中心化分数的作用。剩下是最优得分的解。

12.7 推导 (12.57) 里的惩罚最优得分问题的解。

12.8 证明最优得分获得的系数 β_ℓ 和线性判别分析得到的判别方向 v_ℓ 成比例。

12.9 令 $\hat{\boldsymbol{Y}}=\boldsymbol{X}\hat{\boldsymbol{B}}$ 是在 $N\times p$ 的矩阵 X 做线性回归后，得到的 $N\times K$ 的指示响应矩阵，其中 $p>K$。考虑约减后的特征 $x_i^*=\hat{\boldsymbol{B}}^Tx_i$。证明用 x_i^* 做特征的 LDA 和原空间的 LDA 是等价的。

12.10 核和线性判别分析。假设你试图用输入变量的变换向量 $h(x)$，来进行线性判别分析（两类的情况）。因为 $h(x)$ 是高维的，可以用类内协方差矩阵 $\boldsymbol{W}_h+\gamma\boldsymbol{I}$ 来正则化。证明该模型可以仅用内积 $K(x_i,x_{i'})=\langle h(x_i),h(x_{i'})\rangle$ 来估计。因此，正则化的线性判别分析同样有像支持向量机一样的核性质。

12.11 MDA 把每个类看成是一个混合高斯模型。因此每个混合的中心属于且仅属于一类。一个更一般的模型允许每个混合中心为所有类共享。我们把标签和特征的联合概率写成一些联合密度的混合形式

$$P(G,X)=\sum_{r=1}^R\pi_rP_r(G,X), \tag{12.67}$$

另外，我们假设

$$P_r(G,X)=P_r(G)\phi(X;\mu_r,\boldsymbol{\Sigma}). \tag{12.68}$$

该模型包括一些中心点在 μ_r 的区域，每个区域有一个类的轮廓（profile）$P_r(G)$。于是后验概率是

$$P(G=k|X=x)=\frac{\sum_{r=1}^R\pi_rP_r(G=k)\phi(x;\mu_r,\boldsymbol{\Sigma})}{\sum_{r=1}^R\pi_r\phi(x;\mu_r,\boldsymbol{\Sigma})}, \tag{12.69}$$

其中分母是边缘分布 $P(X)$。

（a）证明该模型（MDA2）可以看成是 MDA 的推广，因为

$$P(X|G=k)=\frac{\sum_{r=1}^R\pi_rP_r(G=k)\phi(x;\mu_r,\boldsymbol{\Sigma})}{\sum_{r=1}^R\pi_rP_r(G=k)}, \tag{12.70}$$

其中 $\pi_{rk} = \pi_r P_r(G=k)/\sum_{r=1}^{R}\pi_r P_r(G=k)$ 对应第 k 类的混合比例。

（b）推导出 MDA2 的 EM 算法。

（c）证明如果初始权值矩阵的构造和 MDA 一样，即在每类中分别采用 K-均值聚类算法，那么 MDA2 的算法和原来的 MDA 算法就是一样的。

第 13 章　原型方法与最近邻

13.1　概述

本章我们介绍一些简单且本质上与模型无关的分类和模式识别方法。它们是高度非结构化，对理解特征和类别结果的关系上通常没有帮助。然而，和黑箱（black box）预测一样，它们在实际数据问题中非常有效，通常是性能最好的方法之一。最近邻技术也能用于回归；该技术在第2 章提到过，并且在低维问题中也很有效。但是在高维数据中，偏差-方差折衷使得最近邻回归不如分类时那么有效。

13.2　原型方法

本章中，我们的训练数据包含 N 对样本 $(x_1, g_1), \cdots, (x_n, g_N)$，其中 g_i 是类标签，取值范围是 $\{1, 2, \cdots, K\}$。原型方法用在特征空间的点集来表示训练数据。这些原型除了后面讨论的 1-最近邻分类外，通常都不是训练样本集中的样本。

每个原型有一个对应的类别标签，查询点 x 的分类按最近原型所属的类来完成。“最近”通常定义为每个训练样本特征标准化到零均值和单位方差后，特征空间的欧几里得距离。欧几里得距离对定量特征是比较合适的。我们将在第14章讨论定性特征和其他种类特征上的距离度量。

如果这些原型在位置上能很好地反映每类的分布，那么这些方法就是很有效的。对于不规则的类边界，可以在特征空间中用足够多处于合适位置的原型来表示。因此，主要的挑战是，估计要使用多少个原型和怎样在特征空间中安置它们。根据原型选择的数量和方式，这些方法各有不同。

13.2.1　K-均值聚类

K-均值聚类是一种在未标注数据集里求簇及其聚类中心的算法。一旦选择期望的聚类中心的数目，比方说 R，K-均值聚类就会通过迭代，不断把这些类中心移到使总类内方差① 最小的位置。给定一组初始中心点集，K-均值聚类交替执行以下两个步骤。

- 对每个中心，我们辨识训练样本的一个子集（它的簇），使子集里的点和该中心的距离都小于和其他任何中心的距离。
- 计算每个簇里数据点上每个特征的均值，然后利用这个新的均值向量表示该簇新的中心。

---

① K-均值里的 K 表示类中心的数目。因为我们已经用 K 来表示类的数目了，因此这里用 R 来表示簇的数目。

这两步不断迭代直到收敛。一般来说，初始的中心是从训练数据里随机抽取的 R 个观测。K-均值的细节以及允许不同变量类型和更一般距离度量的推广，可参考第14章。

要利用 K-均值做标签数据的分类，步骤如下。

- 对每类训练数据分别执行 K-均值聚类，每类采用 R 个原型。
- 对 $K \times R$ 原型的每一个赋予一个类标签。
- 把一个新特征 x 分类到最近原型的类里。

图13–1上图显示了具有三个类和两个特征的仿真示例。我们采用每个类中 $R = 5$ 个原型，图上显示了分类区域和决策边界。需要注意的是，很多原型都分布在类边界附近，这导致边界附近的点存在潜在的误分。这是由该方法的一个明显缺陷引起的：对每类，其他类对该类原型的位置没有影响。我们下面要描述一个更好的方法，该方法用所有数据来定位原型。

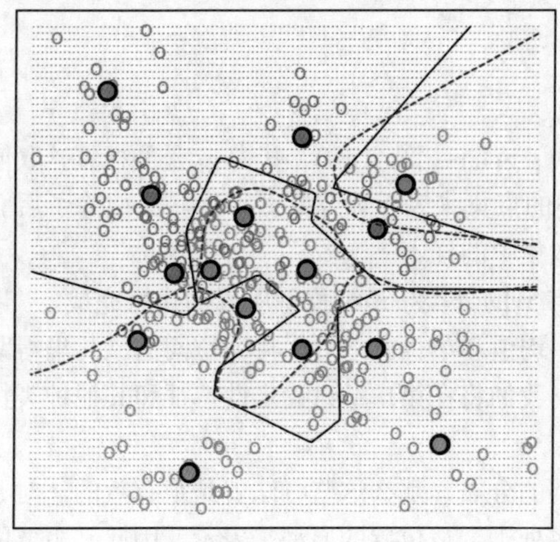

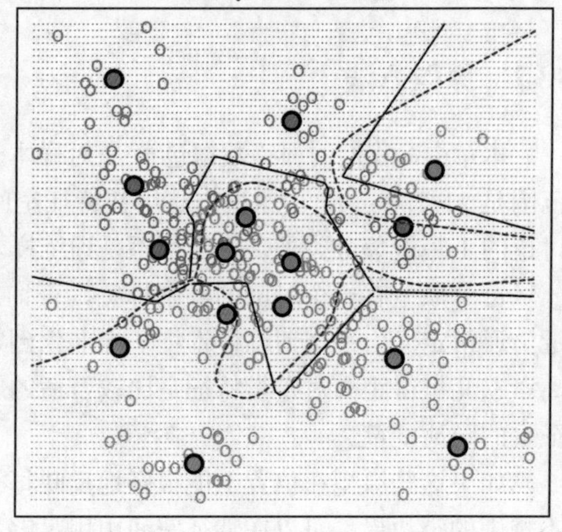

图 13–1 三个类，每类有五个原型的仿真例子。每类的数据由一个混合高斯生成。在上图，原型通过在每类中分别运用 K-均值聚类得到。在下图，LVQ 算法（初始值为 K-均值的解）使原型能够远离决策边界。背景中的紫色虚拟曲线是贝叶斯决策边界

13.2.2 向量量化学习

在 Kohonen (1989)提出的这个方法中，我们采用考虑决策边界的特殊策略来确定原型位置。LVQ 是一个在线（online）算法——一次处理一个观测样本。

算法 13-1 表明，该算法的主要思想是，使训练样本吸引正确类别的原型，而排斥其他类的原型。当迭代完成时，原型应靠近其所属类别的训练点。随着迭代的进行，学习率 ε 逐渐趋于零，读者可参考随机逼近学习率的介绍（11.4节）。

图13.1下图显示了采用 K-均值的结果作为初始值，LVQ 的结果。原型趋向于远离决策边界，同时也远离竞争类的原型。

以上介绍的算法实际上叫 LVQ1。有人提出了一些可以改善性能的变形（LVQ2，LVQ3

等)。向量量化的一个缺点是它是通过算法来定义的，而不是通过优化某个固定的准则来实现的，这使得理解其性质变得比较困难。

算法 13.1　向量量化学习—LVQ

---

1. 每类选择 R 个初始原型：$m_1(k), m_2(k), \cdots, m_R(k), k = 1, 2, \cdots, K$，比如说，每类随机采样 R 个训练样本。
2. 随机（有放回）采样一个训练样本 x_i，令 (j, k) 表示离 x_i 的最近的原型 $m_j(k)$。
   (a) 若 $g_i = k$（即它们在同一类中），则把原型移向训练样本：
$$m_j(k) \leftarrow m_j(k) + \varepsilon(x_i - m_j(k)),$$
   其中 ε 表示学习率。
   (b) 若 $g_i \neq k$（就是说他们不在同一类），则把原型远离训练样本：
$$m_j(k) \leftarrow m_j(k) - \varepsilon(x_i - m_j(k)).$$
3. 不断重复第 2 步，并在每次迭代中减小学习率 ε 直到零。

13.2.3　混合高斯

与 K-均值、LVQ 方法相类似，混合高斯模型也可以看成是原型方法。我们在6.8节、8.5节和12.7节详细介绍了混合高斯模型。按高斯密度，每个簇可描述成是有质心（和 K-均值一样）跟协方差矩阵的分布。如果我们把每个分量高斯的协方差矩阵定义为标量协方差矩阵（习题13.1），那么这个对比就会变得更新奇。EM 算法里的两步和 K-均值的两步比较相似。

- 在 E 步，基于每类对应的高斯的似然，每个观测样本都赋予该类的响应或权值。观测接近簇中心就很可能获得该类的权值比较接近 1，其他簇对应的权值就逼近零。那些在两个簇中间的观测样本[①]，将要相应除上它们的权值。
- 在 M 步，每个观测样本根据权重对每个簇有一定贡献。

因此，混合高斯模型通常叫软聚类方法，而 K-均值聚类是硬聚类方法。

同样，当用混合高斯模型来表示每类的特征密度对 x 分类时，它会产生光滑的后验概率 $\hat{p}(x) = \{\hat{p}_1(x), \cdots, \hat{p}_K(x)\}$（见第339页的(12.60)）。虽然这个方法通常被解释为软分类问题，但实际上，分类规则是 $\hat{G}(x) = \arg\max_k \hat{p}_k(x)$。图13–2在第2章的仿真混合问题上比较了 K-均值聚类和混合高斯模型的结果。我们看到，尽管其决策边界大致相似，但混合模型的边界更光滑（虽然原型大概在相同的位置）。我们也看到，虽然两个方法都在西北方向的区域产生一个蓝色的（不正确的）原型，混合高斯模型却能最终忽略这个区域，但 K-均值方法不能。LVQ 方法在这个例子中的性能和 K-均值聚类相似，这里不具体给出。

---

① 译者注：即和两个簇中心的距离一样。

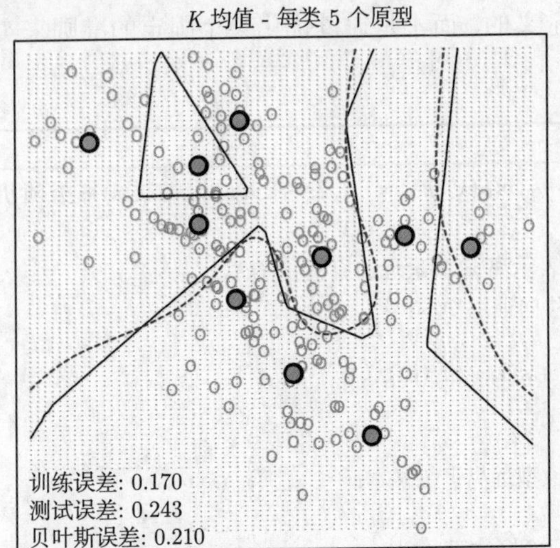

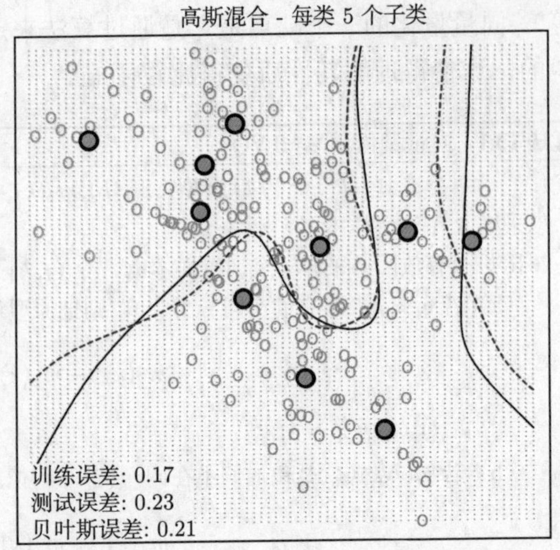

图 13–2　上图是 K-均值聚类分类器应用到混合数据的示例。决策边界是分段线性的。下图是所有分量高斯均有共同协方差混合高斯模型的结果。混合模型的 EM 算法始于 K-均值的解。背景中紫色的虚线代表贝叶斯决策边界

13.3　K-近邻分类器

这些分类器是基于记忆的（memory-based），不要求对模型进行拟合。给定一个待查询的点 x_0，我们找离该点最近的 k 个点 $x_{(r)}, r = 1, \cdots, k$，然后用多数投票（majority vote）原则对该点进行分类。平局时则随机分类。为简便起见，将假设特征的取值是实数值，且在特征空间采用欧几里得距离计算：

$$d_{(i)} = \|x_{(i)} - x_0\|. \tag{13.1}$$

因为特征可能是用不同的单位度量的，所以一般来说我们都会首先标准化每个特征，使其均值为 0 且方差为 1。我们在第14章讨论适合定量特征和有序特征的距离度量，并讨论如何把它们结合起来处理混合数据。本章稍后也将讨论自适应距离度量的选取。

尽管简单，K 近邻已经成功应用在大量分类问题上，包括手写字识别、卫星图像场景和 EKG 模式等。当每类都有很多可能的原型时，k 近邻通常有效，但决策边界很不规则。图13–3上图给出了在有三类的仿真数据上应用 15-最近邻分类器的决策边界。和下图的 1-最近邻分类器相比，15-最近邻分类器得到的边界相对更光滑。最近邻和原型方法有紧密的联系：在 1-最近邻分类器中，每个训练点都是一个原型。

图13–4显示了在两类混合问题中，训练误差、测试误差、十倍交叉验证误差和近邻数量的函数关系。因为十倍 CV 误差是十次结果的平均值，所以我们可以算出它的标准差。

因为该方法只用到离测试样本最近的训练样本，因此 1-最近邻估计的偏差通常比较低，但方差高。Cover and Hart (1967)的著名结论是，1-最近邻的渐近误差率不会比贝叶斯误差率的两倍大。证明过程主要思想如下（采用平方误差损失）。我们假设测试样本恰好为其中一个训练样本，从而使偏差变为零。当特征空间维数固定并且训练样本以稠密方式填满了

整个特征空间时，这个假设是渐近正确的。那么这种情况下，贝叶斯规则的误差等于一个贝努利随机变量（测试数据的目标）的方差，但是 1-最近邻规则的误差却是贝努利随机变量的方差的两倍，即对训练数据和测试数据两个目标各贡献了一次。

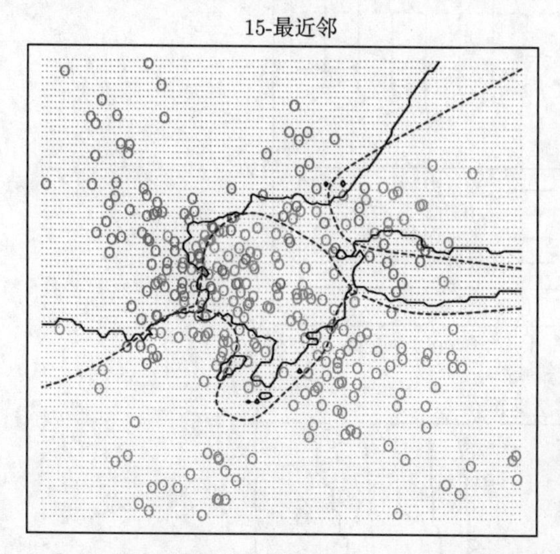

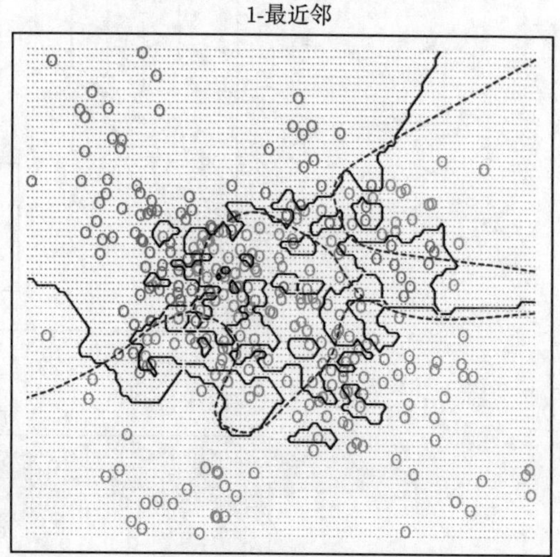

图 13–3 k-近邻分类器应用在图13–1中仿真数据上的结果。背景中紫色的虚线是贝叶斯决策边界

我们现在就错分损失给出更多细节。对于 x，设 k^* 为占主导的类，令 $p_k(x)$ 为类 k 的真正条件概率，有

$$\text{贝叶斯误差} = 1 - p_{k^*}(x), \tag{13.2}$$

$$\begin{aligned}\text{1-最近邻分类器误差} &= \sum_{k=1}^{K} p_k(x)(1 - p_k(x)), &(13.3)\\ &\geqslant 1 - p_{k^*}(x). &(13.4)\end{aligned}$$

渐进 1-近邻误差率是随机规则的误差率；依概率 $p_k(x), k = 1, \cdots, K$，随机选取分类和测试样本。在 $K = 2$ 的情况下，1-最近邻误差率是 $2p_{k^*}(x)(1 - p_{k^*}(x)) \leqslant 2(1 - p_{k^*}(x))$（两倍的贝叶斯误差率）。更一般来说，我们可以得到如下结论（习题13.3）：

$$\sum_{k=1}^{K} p_k(x)(1 - p_k(x)) \leqslant 2(1 - p_{k^*}(x)) - \frac{K}{K-1}(1 - p_{k^*}(x))^2. \tag{13.5}$$

这种情况的许多其他结果已经被推导出来，Ripley (1996)对此进行了一些总结。

这个结果可以让我们大致了解一个给定问题上可能的最好结果。比如说，如果 1-最近邻规则的误差率是 10%，那么渐近地，贝叶斯误差率就至少是 5%。这意外是渐近部分，它假设最近邻规则的偏差（bias）是零，而实际中偏差可能是很大的。我们后面介绍的自适应最近邻规则就是试图解决这个问题。对于简单的最近邻，这个偏差和方差的特性，能对选取一个给定问题的最优的最近邻个数起到指导作用。我们将在下面的例子中具体描述。

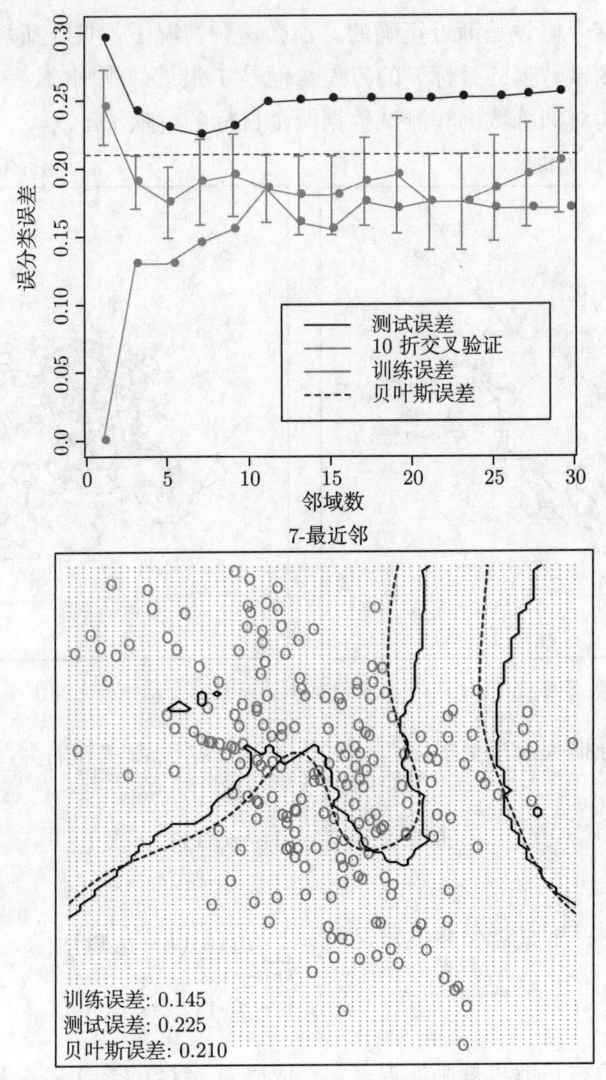

图 13–4 k-近邻分类器应用两类的混合数据上的结果。上图显示错误率和近邻数目大小的函数关系。在十倍交叉验证的曲线中我们加进了标准误差。下图显示使测试误差最小的最优的 γ 近邻分类器得到的决策边界。背景中的紫色虚线是贝叶斯决策边界

13.3.1 示例：一个比较性研究

本节，我们在两个仿真问题上比较最近邻分类器、K-均值分类器和 LVQ 分类器的性能。每个样本有 10 个独立的特征 X_j，每个特征都是 $[0,1]$ 上的均匀分布。两类类标签是 0 和 1，定义如下：

$$Y = I\left(X_1 > \frac{1}{2}\right)；\text{问题 1：“简单”},$$

$$Y = I\left(\text{sign}\left\{\prod_{j=1}^{3}\left(X_j - \frac{1}{2}\right)\right\} > 0\right)；\text{问题 2：“困难”}. \tag{13.6}$$

因此，在第一个问题中，两类样本可被超平面 $X_1 = 1/2$ 分开；在第二个问题中，两类样本形成了一个由前三个特征定义的超立方体里的棋盘样模式。两类问题的贝叶斯误差率都是零，并且训练集有 100 个训练样本，测试集有 1000 个样本。

图13–5显示了随着调整参数变化，最近邻分类器、*K*-均值分类器和 LVQ 分类器在十次实现的均值和标准差。我们看到 *K*-均值和 LVQ 方法得到了几乎相同的结果。在调整参数的最优选择情况下，针对第一类问题，*K*-均值和 LVQ 效果比最近邻好，但在第二类问题中，两者性能类似。需要注意，每个最优的参数显然是问题相关的。比如说，25-最近邻在第一个问题中比 1-最近邻性能好 70%，但第二个问题中，1-最近邻却要好 18%。这些结果说明了采用基于目标和数据的方法 (比如交叉验证)，来选取最优参数的重要性（见图13–4和第7章）。

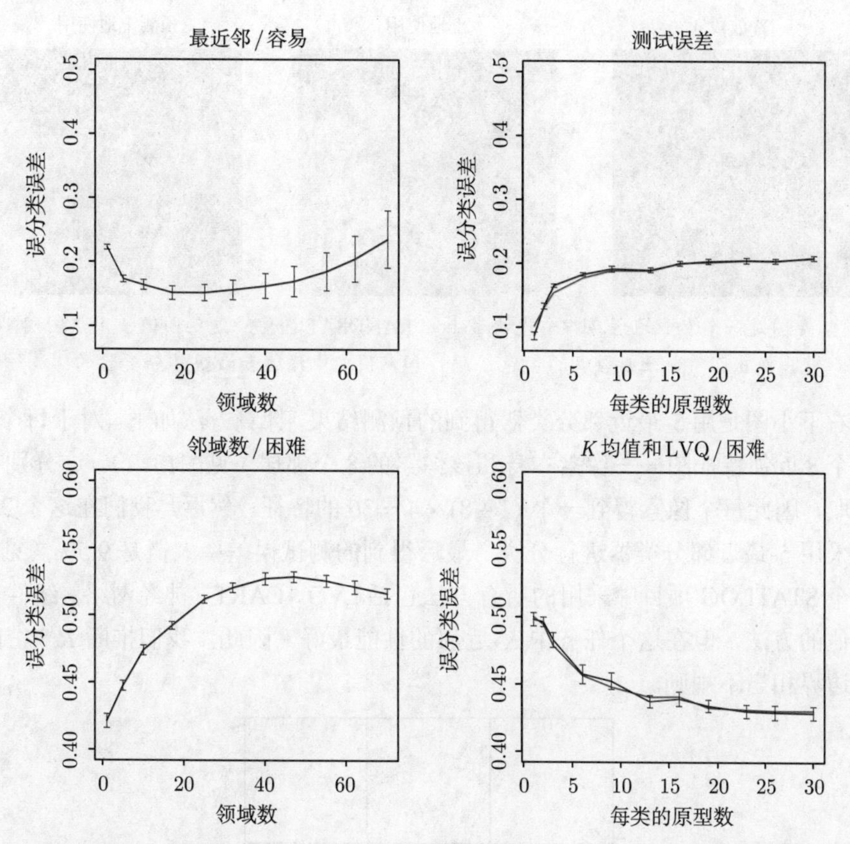

图 13–5　最近邻分类器，*K*-均值分类器（蓝色）和 LVQ 分类器（红色）对文本中描述的“容易”和“困难”两个问题上的，10 次结果的均值 ± 一标准差的误分类误差

13.3.2　示例：*K*-近邻和图像场景分类

STATLOG 项目 (Michie 等, 1994)是利用 LANDSAT 部分图像（82 × 100 像素）来分类的公用测试。图13–6给出澳大利亚农田的四张热力图图像，其中两张是可见光谱范围的图像，两张是红外光谱图像。每个像素都有一个类别标签，标签值来自 7 个元素的集合 $G =$

{红土，棉花，羊毛，蔬菜短芽，混合，灰土，潮湿的灰土，很潮湿的灰土}，这些值由调查该地区的研究助理采集后手工确定。下方中间的图显示实际的土地使用，我们用不同的颜色表示不同的类别。目标是利用在四个光谱带的信息对土地使用进行分类。

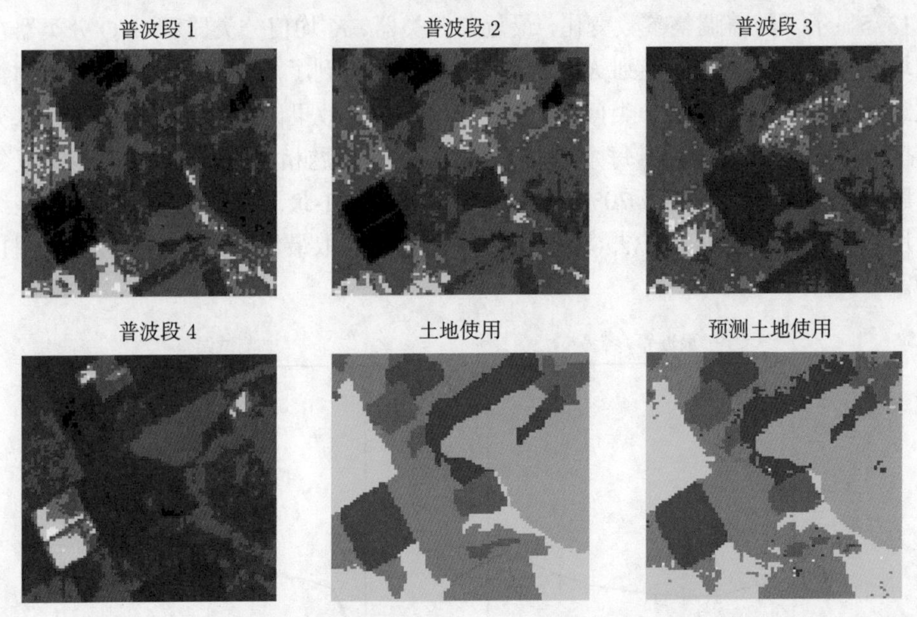

图 13–6 前四幅图是一个农业地区在四个光谱带上的 LANDSAT 图像，这些图像使用热图阴影的方式来描述。剩下两张图给出了实际土地使用（颜色编码）和采用文中描述 5-最近邻分类器的预测结果

图中右下小图是用 5-最近邻分类器得到的预测结果，计算方法如下。对于每个像素，我们抽取一个 8-近邻特征图——像素本身和该像素的 8 个邻居（见图13–7）。这分别在四个光谱图上抽取，因此每个像素得到一个 $(1+8)\times 4=36$ 的特征。然后，我们在这个 36-维的特征空间中采用 5-最近邻分类器进行分类。最后得到的测试误差率大概是 9.5%（见图13–8）。我们在这个 STATLOG 项目中采用的所有方法包括 LVQ、CART、神经网络、线性判别分析和很多其他的方法，但在这个任务中 K-近邻的性能最好。因此，我们推断 R^{36} 空间也的特征的决策边界相当不规则。

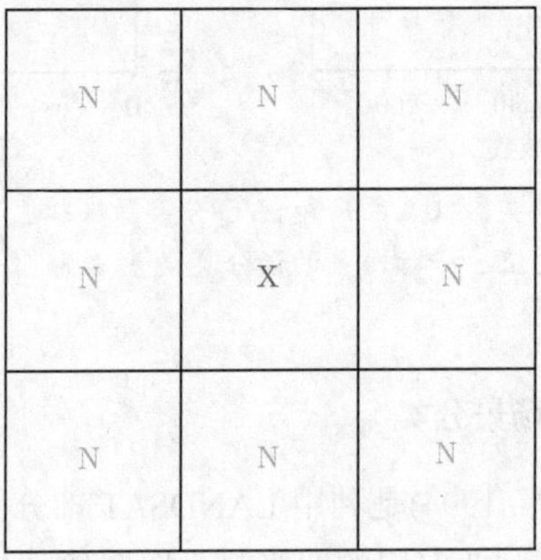

N	N	N
N	X	N
N	N	N

图 13–7 一个像素点和其 8 个近邻组成的特征图

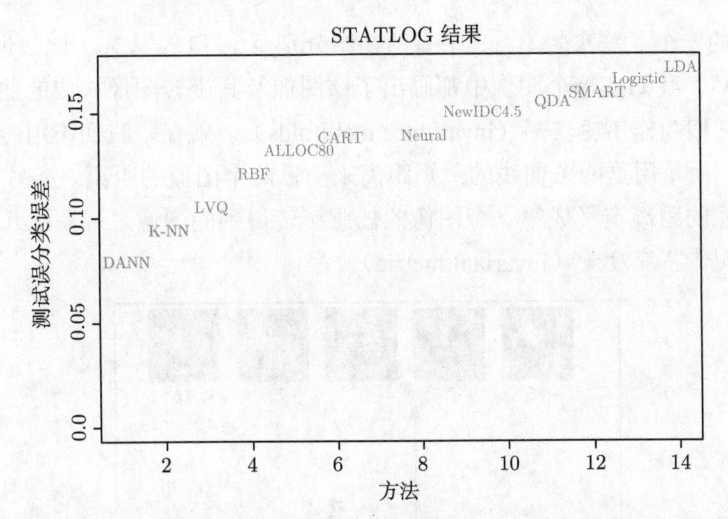

图 13–8　STATLOG 项目中告道的，多个分类器得到的测试误差。其中 DANN 表示采用自适应度量的 k-近邻方法（见13.4.2节）

13.3.3　不变度量和切距离

在一些问题中，训练特征在某种自然变换下是不变的。最近邻分类器可以通过融入这些不变性到度量中来测量目标间的距离。这里，我们给出一个采用这个思想得到很好的例子，在该度量提出时 (Simard 等, 1993)，相应分类器的性能超越了当时的其他方法。

这个例子是11.1节和11.7节讨论的手写数字识别问题。输入是 $16 \times 16 = 256$ 的灰度图像；图13–9给出了一些示例。图13–10最上方给出了“3”（中间）及其朝两个方向分别旋转 $7.5°$ 和 $15°$ 的图像。这种旋转在实际手写时经常发生。对人眼来说，在少量旋转后，“3”仍然明显还是“3”。

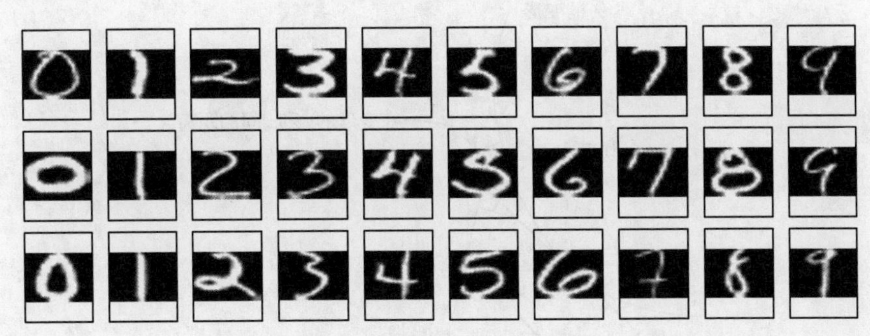

图 13–9　手写字灰度图像示例

因此，我们希望最近邻分类器将这些“3”和原来的“3”看成是近邻的（相似）样本。问题是，这些旋转的“3”的 256 个灰度像素值和原图像里“3”很不一样，因此，在 $\mathbb{R}^{256}$ 空间中用欧几里得距离度量，两个样本的距离能非常远。

我们在度量同类数字的距离时，去除旋转的影响。考虑由原本的“3”及其旋转版本的像素值集合。这个集合是 $\mathbb{R}^{256}$ 里的一维曲线，图13–10中用绿色的曲线表示“3”。图 13–11显

示了 $\mathbb{R}^{256}$ 空间的一个非写实版本，其中有两幅图分别用 x_i 和 $x_{i'}$ 表示。比如说，这可能表示不同的两个“3”。我们在每个图像中都画出了该图像及其旋转图像构成的曲线，在这种情况下，我们把它们叫作不变流形（invariance manifolds）。现在，我们不用两个图像常用的欧几里得距离，而是用这两条曲线的最短距离来衡量两个图像的距离。换另一种说法就是，我们把两个图像的距离定义成第一个图像的任意旋转得到的图像之最短欧几里得距离。我们把这个距离叫作不变度量（invariant metric）。

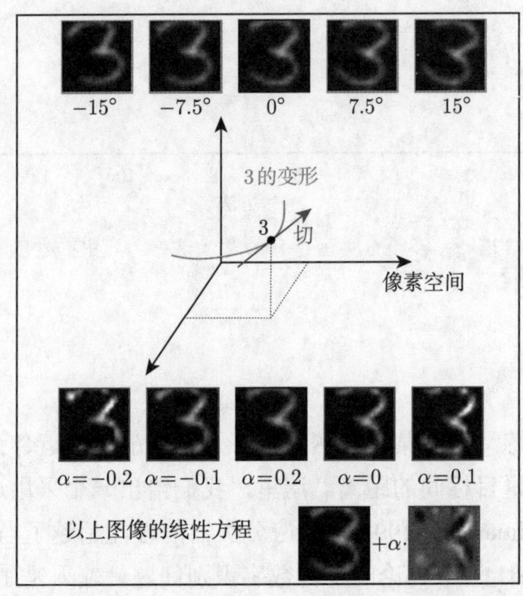

图 13–10　顶部第一行给出了原来位置的“3”（中间）和旋转后的样本。图中绿色曲线描述了 256 维空间的旋转的“3”的集合。红色的线是曲线在原图位置的切线，在这条切线上同样有一些“3”，图下面一行给出了切线上的一些图像

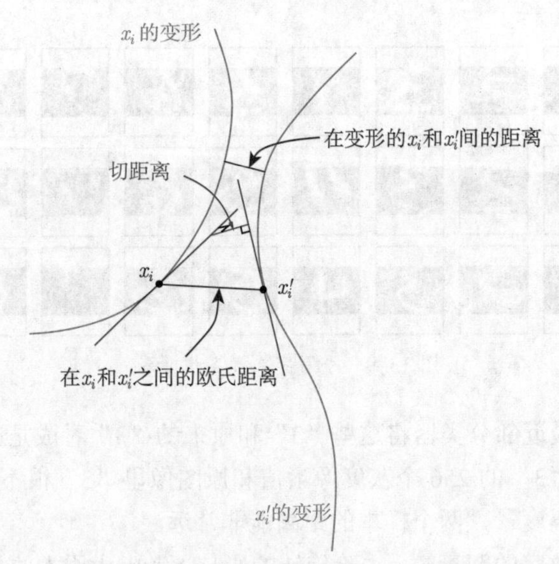

图 13–11　两个图像 x_i 和 $x_{i'}$ 的切距离的计算。实际上，我们采用切线的最短距离，而不是 x_i 和 $x_{i'}$ 的欧几里得距离或这两条曲线的最短距离来定义切距离

原则上，我们可以用这个不变度量来做 1-最近邻分类。但是这里有两个问题。首先，对于真实图像，它很难计算。另外，它允许很多变形，这可能会导致差的性能。比如说，旋转 180° 后“6”就很可能被认为是“9”。因此，我们需要限制为少量旋转。

切距离（tangent distance）的采用便解决了这些问题。如图13–10所示，我们可以用原图的切向量来近似图像“3”的不变流形。这个切向量可以通过估计原图像稍微旋转以后所形成的向量方向得到，或者也可以通过更复杂的空间光滑的方法得到（习题13.4）。对于比较大的旋转，这个切图像看起来就不再是“3”，因此，大程度的变形带来的坏处便得到了缓解。

我们的想法就是对每个训练图像计算不变切线。对于待分类的测试图像，我们计算他们的不变切线，然后在训练集里找出和它的切线最近的线。最近的切线对应的类别（数字）就是该查询图像的预测类别。在图13–11中，两条切线相交了，但这是因为我们要在两维的空间中画出一个实际上有 256 维的图。在 $\mathbb{R}^{256}$ 维空间中，两条线相交的概率几乎为零。

这里有一个更简单的方法可以实现这种不变性，就是把训练样本的一些旋转版本的样本也加进训练集，然后在这个训练集中用标准的最近邻分类器分类。这个想法在 Abu-Mostafa (1995)中叫“hint”（线索），它在不变的空间较小时，性能很好。目前，我们已经给出了这个问题的一个简化的版本。但是除了旋转以外，我们认为不变性还有六种类型。这包括平移（两个方向）、放缩（两个方向）、削减和字符加厚。因此，图13–10和图13–11的曲线和切线就变成了一个 7 维的流形和超平面。另外，对每个训练样本加入一些变形的样本来试图捕捉其所有可能的变形是不可行的。但切流形能提供一个漂亮的方法来捕捉这些不变性。

表13–1给出了一个有 7291 个训练图像和 2007 个测试图像（美国邮政服务数据库）的测试误差率，分类器用的是精心构造的神经网络，简单的 1-最近邻分类器和切距离 1-最近邻分类规则。切距离最近邻分类器效果显著，且和人眼的误差率差不多（该测试集非常难）。实际上，在该问题中，用最近邻规则对在线分类显会很慢（见13.5节），神经网络却能比较快地进行分类。

表 13–1 手写体邮政篇码问题的测试误差率

方法	误差率
神经网络	0.049
1-最近邻/欧几里得距离	0.055
1-最近邻/切距离	0.026

13.4 自适应最近邻方法

在高维空间应用最近邻分类器时，一个点的最近邻能够非常远，将导致这个分类规则的偏差和性能下降。

要量化这一问题，考虑均匀分布在单位立方体 $[-\frac{1}{2},\frac{1}{2}]^p$ 的 N 个点。令 R 表示以原点为

中心的 1-最近邻区域的半径。则有

$$\text{median}(R) = v_p^{-1/p}\left(1 - \frac{1}{2}^{1/N}\right)^{1/p}, \tag{13.7}$$

其中 $v_p r^p$ 表示 p 维空间中半径为 r 的球的体积。图13–12给出了在不同训练样本数量和维数的情况下半径的中值。我们发现，半径中值很快接近于 0.5，也就是该立方体的边界处。

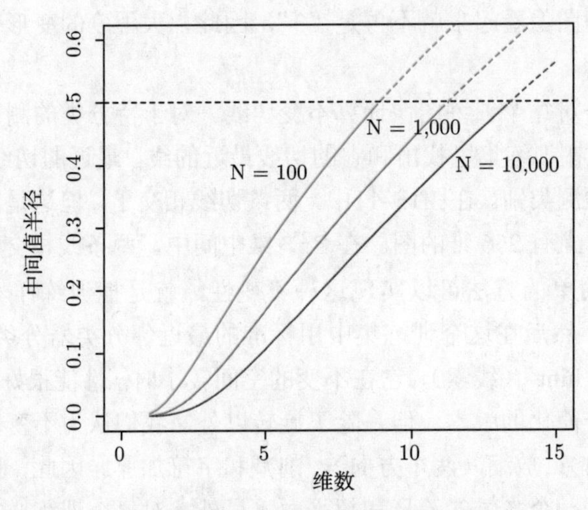

图 13–12 N 个 p 维观测的均匀数据在 1-最近邻的中间值半径

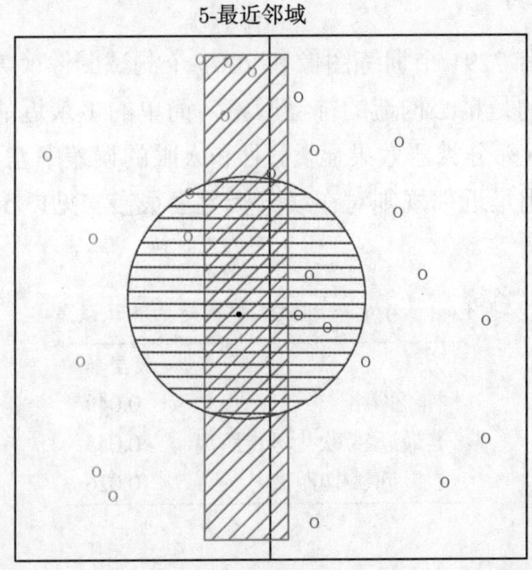

图 13–13 均匀分布在立方体内的点，图上垂线把数据分成红绿两类。垂直的矩形条标出了只使用垂直坐标找目标点（实心点）的 5-最近邻区域。球体显示了同时考虑水平和垂直方向的 5-近邻点区域，我们在这个例子看到，该区域扩展到了红色样本的区域（在该例子中，近邻点被错误的类主导了）

我们怎么解决这个问题呢？考虑图13–13中两类的情况。该例有两个特征，一个测试点的最近邻用一个圆形区域来表示。在近邻分类器中隐含的假设是：类的概率在其邻域内大致是常数，因此用简单的平均就能得到好的估计。但是，在该例子中，类概率只在垂直方向上变化。如果我们知道这一点，就可以沿垂直方向，如图显示的高的长方形区域，寻找近邻点。这个做法可以使我们估计的偏差得以减小，并且可以保持方差一致。

通常来说，这种情况就需要在最近邻分类中采用自适应的度量，以便在找最近邻的时候可以在是类概率改变不大的方向上找。在高维特征空间中，类概率可能只在低维的子空间变化，因此采用这种度量方式是有很大优势的。

Friedman (1994a)提出了一种解决这个问题的算法，该算法通过不断裁掉包含训练数据的盒子的边，来自适应地找出长方形的邻域。我们在这里介绍一下 Hastie and Tibshirani (1996a)提出的判别自适应最近邻（discriminant adaptive nearest-neighbor，DANN）方法。更早的方法可参考 Short and Fukunaga (1981)和 Myles and Hand (1990)的文献中。

对每个测试点，找与它相邻的 (比如说 50 个点的) 邻域，然后利用这些点的类分布来决定怎样改变邻域的形状——也就是说怎样自适应度量。然后再把自适应的度量应用于测试点的最近邻规则中。因此，这个方法中每个测试点都采用了潜在不同的度量。

图13–13清楚地表明，邻域应该在与类质心相连的线正交的方向延伸，在此方向上类别概率变化最小。一般来说，使类概率改变最大的方向和类中心连线的方向是不正交的（见第88页的图4–9）。假设一个局部判别模型，为了确定邻域的最优形状，我们只需要包含在局部的类内协方差矩阵和类间协方差矩阵中的信息就可以了。

在一个测试点 x_0 上判别自适应最近邻（DANN）度量定义为

$$D(x, x_0) = (x - x_0)^T \mathbf{\Sigma}(x - x_0), \tag{13.8}$$

其中

$$\begin{aligned}\mathbf{\Sigma} &= \boldsymbol{W}^{-1/2}[\boldsymbol{W}^{-1/2}\boldsymbol{B}\boldsymbol{W}^{-1/2} + \varepsilon \boldsymbol{I}]\boldsymbol{W}^{-1/2} \\ &= \boldsymbol{W}^{-1/2}[\boldsymbol{B}^* + \varepsilon \boldsymbol{I}]\boldsymbol{W}^{-1/2}.\end{aligned} \tag{13.9}$$

这里 $\boldsymbol{W}$ 是汇合的类内协方差矩阵 $\sum_{k=1}^K \pi_k \boldsymbol{W}_K$，$\boldsymbol{B}$ 是类间协方差矩阵 $\sum_{k=1}^K \pi_k(\bar{x}_k - \bar{x})(\bar{x}_k - \bar{x})^T$，$\boldsymbol{W}$ 和 $\boldsymbol{B}$ 都是用点 x_0 的 50 近邻计算的。计算好这个度量后，我们就把它用到 x_0 的最近邻规则中。

这个复杂的式子实际上操作起来非常简单。首先，我们考虑 W 对数据进行或标准化（sphere），然后在 $\boldsymbol{B}^*$ 对应的零特征值的方向上延展邻域（球化后数据的类间矩阵）。这是有意义的，因为局部来看，观测的类均值在这些方向没有区别。ε 参数使邻域变圆，使邻域从无限长的条纹状变化到椭圆形，因此可以防止利用到离测试点比较远的点。通常情况下，$\varepsilon = 1$ 似乎就能取得好的效果。图13–14给出了两类同心圆数据得到的邻域。我们要注意，当两类数据都在同一邻域时，邻域在正交于决策边界的方向是如何延展的。在只有一类样本的纯区域，邻域是圆的；在这种情况下，类间协方差矩阵 $\boldsymbol{B} = 0$，并且式(13.8)中的 $\mathbf{\Sigma}$ 是单位阵。

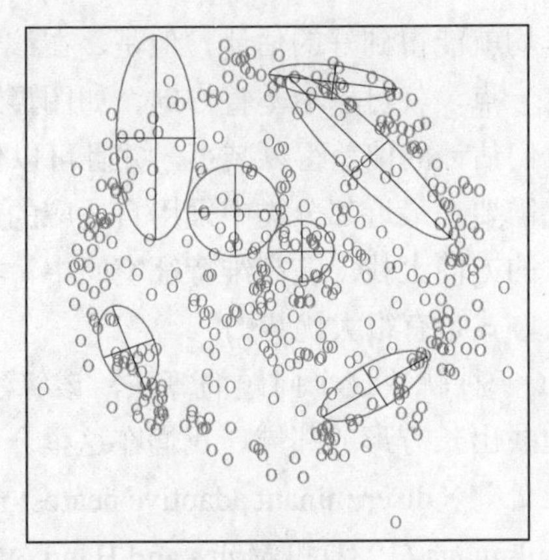

图 13–14 在不同查询点（十字交叉处的数据），利用 DANN 找到的邻域。数据中有两类，其中一类包围另外一类。我们采用 50 个最近邻点来估计局部的度量。图示的用来形成 15-最近邻的最终度量

13.4.1 示例

在这里，我们生成一个十维的两类数据，和图13–14的两维例子类似。第一类的所有 10 个预测子在平方半径大于 22.4 小于 40 的条件下，都是独立的标准分布，而第二类的特征没有半径条件的约束。每类有 250 个观测样本。因此，第一类数据在十维空间里几乎包围了第二类的样本。

在这个例子中，我们没有纯粹的噪声变量，因此我们可能不需要特定的最近邻子集选择规则。对于特征空间中任意给定的样本点，其类别判别信息只在一个方向上产生。然而，当我们沿特征空间移动时，在此空间某处的所有变量都重要。

图13–15显示了标准 5-最近邻分类器、LVQ 和判别自适应 5-近邻分类器在 10 次实现时测试误差的箱形图。对于 LVQ，每一类采用 50 个原型来使其与 5-最近邻相当（因为 250 / 5 = 50）。相对于 LVQ 或标准最近邻方法，自适应地度量显著降低了错误率。

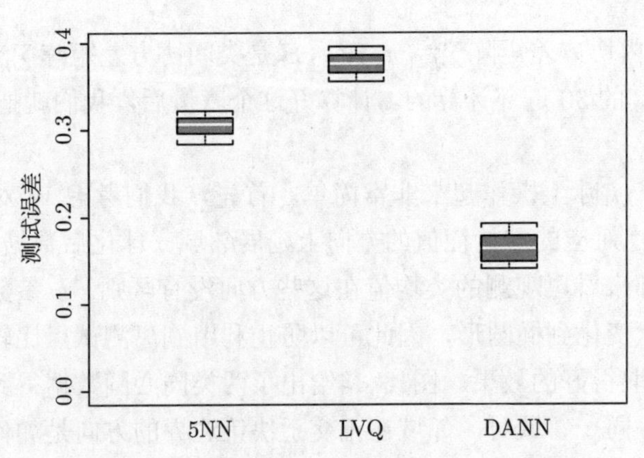

图 13–15 10 维的仿真示例：对于标准 5-最近邻分类器，有 50 个中心的 LVQ 和判别自适应 5-最近邻方法的十次测试的测试误差的箱形图

13.4.2 最近邻的全局维数约简

判别自适应最近邻方法采用了局部维数约简的方法——就是说，对每个测试点分别做维数约简。然而在很多问题上，我们也可以得益于全局维数约简，也就是说，在一个原特征空间的最优选择子空间中应用最近邻方法。比如说，假设有两类在四维特征空间中形成两个嵌套球形，并且还有和六个类别无关的噪声特征。然后，我们希望得到其中重要的四维子空间，并在该约简子空间中应用最近邻分类器。Hastie and Tibshirani (1996a)讨论了为了这个目的而提出的判别自适应最近邻方法的一个变种。在每个训练样本 x_i 处，我们计算质心间的平方和矩阵 $\boldsymbol{B}_i$，然后把这些矩阵在所有训练样本中求平均：

$$\bar{\boldsymbol{B}} = \frac{1}{N}\sum_{i=1}^{N}\boldsymbol{B}_i. \tag{13.10}$$

令 $e_1, e_2, \cdots, e_p$ 为矩阵 $\bar{\boldsymbol{B}}$ 的特征向量，按从大到小的特征值 θ_k 排序。然后利用这些特征向量张成全局子空间维简的最优子空间。其中的推导过程基于事实：$\bar{\boldsymbol{B}}$ 的最优 rank-L 逼近 $\bar{\boldsymbol{B}}_{[L]} = \sum_{\ell=1}^{L}\theta_\ell e_\ell e_\ell^T$ 是下面问题的解

$$\min_{\text{rank}(\boldsymbol{M})=L}\sum_{i=1}^{N}\text{trace}[(\boldsymbol{B}_i - \boldsymbol{M})^2]. \tag{13.11}$$

因为每个 $\boldsymbol{B}_i$ 都包含以下信息：（a）局部判别子空间；（b）在该子空间里判别能力的强度，所以式（13.11）可看成是通过加权最小平方，寻找对 N 个子空间最优逼近的 L 维子空间的方法（习题13.5）。

在以上提及并在 Hastie and Tibshirani (1996a)文献中被检测过的四维球形示例，有四个特征值 θ_ℓ 比较大（用特征向量几乎张成了感兴趣的子空间），剩余六个特征值几乎为零。可操作的方式是，我们把数据映射到主要的四维子空间，并在该子空间用最近邻分类器进行分类。在13.3.2节的卫星图像分类例子中，图13–8中标记为 DANN 的方法，就是在全局约简子空间中采用了 5-最近邻。同时，这个技术和 Duan and Li (1991)提出的*切片逆回归*（sliced inverse regression）也有一些联系。作者们在回归中采用了类似的思想，采用却是全局而不是局部的计算。他们实际假设了特征分为球状对称，从而用来估计感兴趣的子空间。

13.5 计算考虑

一般来说，最近邻的一个缺陷是它的计算复杂性，不管是在找近邻阶段还是在存储整个训练集阶段。对 N 个样本和 p 个预测子的数据，最近邻分类器要求 Np 步操作来为每个测试样本寻找最近邻点。寻找最近邻现有的快速算法有 (Friedman 等, 1975; Friedman 等, 1977)，这些方法可以一定程度上减小计算量。同时 Hastie and Simard (1998)在不变性度量的前提下，提出了类似 K-均值聚类的方法来减小切距离的计算量。

要减小存储空间，则更困难，针对这个问题，一些*编辑*（editing）和*浓缩*（condensing）方法被提出。其中的基本思想就是把足够用于最近邻预测的训练集子集分离出来，把剩下

的训练数据扔掉。直观上来讲，保留决策边界和这些边界下确一侧的训练样本非常重要，同时要丢掉一些远离决策边界的点。

Devijver and Kittler (1982) 提出的多编辑（*multi-edit*）算法把数据循环地分为训练集和测试集，然后在训练集上应用最近邻规则计算，把测试集中分错的样本删掉。其中的思想就是要保持训练集中的同质的簇。

Hart (1968)提出的浓缩（condensing）算法则更进一步，它试图只保留这些簇中重要的外部点。他们从一个随机选取的样本开始，把它看成训练集，每次处理一个额外的样本，如果被当前训练集的最近邻规则分错了，就把它加进训练集。

Dasarathy (1991) 和 Ripley (1996)在他们的文献中对这些方法做了一个综述。除了最近邻外，这些方法还可以应用到其他学习问题上。虽然这些方法有时候比较有用，但是我们对它们并没有太多实际的经验，而且在其他文献中也没找到其性能的系统性比较。

文献说明

最近邻方法至少要回溯到 Fix and Hodges (1951)的文献。另外，Dasarathy (1991) 对这个问题做了大量的研究。Ripley (1996)的第 6 章对该问题有一个很好的总结。K-均值聚类是由 Lloyd (1957)和 MacQueen (1967)提出的。Kohonen (1989)提出了向量量化学习。切距离方法是由 Simard 等 (1993)提出的。Hastie and Tibshirani (1996a)提出了判别自适应最近邻的技术。

习题

13.1 考虑一个高斯混合模型，其中的协方差矩阵假设是标量：$\boldsymbol{\Sigma}_r = \sigma \boldsymbol{I}\ \forall r = 1, \cdots, R$，$\sigma$ 是固定参数。详细讨论用 K-均值聚类和 EM 算法来拟合此混合模型的类似之处。证明当 $\sigma \to 0$ 时，这两种方法是一致的。

13.2 为 1-最近邻的中值半径推导式子（13.7）。

13.3 令 E^* 为在 K 类问题中的贝叶斯误差率，其中真实的类概率分布是 $p_k(x), k = 1, \cdots, K$。假设测试样本和训练样本有着同样的特征 x，证明式（13–5）

$$\sum_{k=1}^{K} p_k(x)(1 - p_k(x)) \leqslant 2(1 - p_{k^*}(x)) - \frac{K}{K-1}(1 - p_{k^*}(x))^2.$$

其中 $k^* = \arg\max_k p_k(x)$。因此证明当训练集数量增大时，1-最近邻规则的误差率在 L_1 中收敛到一个值 E_1，上界是

$$E^*\left(2 - E^*\frac{K}{K-1}\right). \tag{13.12}$$

[Cover and Hart (1967)的定理的这个结论是从 Ripley (1996) 的第 6 章拿出来的，那里也有一个简短的证明]。

13.4 考虑一幅图像是两维空间域（纸坐标）上的函数 $F(x):\mathbb{R}^2\mapsto\mathbb{R}^1$。那么 $F(c+x_0+\boldsymbol{A}(x-x_0))$ 表示图像 F 的一个仿射变换，其中 $\boldsymbol{A}$ 是一个 2×2 的矩阵。

(a) 分解矩阵 $\boldsymbol{A}$（通过 Q-R 分解），使得辨识四个仿射变换的参数（两个放缩，修剪和旋转）可以清楚地辨识出来。

(b) 用链式法则证明 $F(c+x_0+\boldsymbol{A}(x-x_0))$ 对每个参数的导数都可以用 F 的两个空间导数表达。

(c) 用两维的核平滑因子（第6章）描述当图像被量化成 16×16 像素时平滑过程的具体实现过程。

13.5 令 $\boldsymbol{B}_i$，$i=1,2,\cdots,N$ 是 $p\times p$ 的半正定矩阵，并令 $\hat{\boldsymbol{B}}=(1/N)\sum\boldsymbol{B}_i$。写出 $\bar{\boldsymbol{B}}$ 的特征分解 $\sum_{\ell=1}^{p}\theta_\ell e_\ell e_\ell^T$，其中 $\theta_\ell\geqslant\theta_{\ell-1}\geqslant\cdots\geqslant\theta_1$。证明 $\boldsymbol{B}_i$ 的最优 rank-L 逼近

$$\min_{\operatorname{rank}(\boldsymbol{M})=L}\sum_{i=1}^{N}\operatorname{trace}[(\boldsymbol{B}_i-\boldsymbol{M})^2],$$

是 $\bar{\boldsymbol{B}}_{[L]}=\sum_{\ell=1}^{L}\theta_\ell e_\ell e_\ell^T$。（提示：把 $\sum_{i=1}^{N}\operatorname{trace}[(\boldsymbol{B}_i-\boldsymbol{M})^2]$ 写成 $\sum_{i=1}^{N}\operatorname{trace}[(\boldsymbol{B}_i-\bar{\boldsymbol{B}})^2]+\sum_{i=1}^{N}\operatorname{trace}[(\boldsymbol{M}-\bar{\boldsymbol{B}})^2]$））。

13.6 这里我们考虑形状平均（shape everaging）的问题。具体来说，令 $\boldsymbol{L}_i,i=1,\cdots,M$ 每一个是 $\mathbb{R}^2$ 上 $N\times2$ 矩阵上的点，每个点是从手写（曲线）字母的相应位置采样所得。寻找满足以下条件的 M 个字母 $\boldsymbol{L}_i$ 的仿射不变平均（affine invariant average）$\boldsymbol{V}$，$\boldsymbol{V}$ 维数同样是 $N\times2$，且有 $\boldsymbol{V}^T\boldsymbol{V}=\boldsymbol{I}$：$\boldsymbol{V}$ 是下式的最小化

$$\sum_{j=1}^{M}\min_{\boldsymbol{A}_j}\|\boldsymbol{L}_j-\boldsymbol{V}\boldsymbol{A}_j\|^2.$$

指出解的具体形式。

如果一些字符比较大并且主导了均值，则说明这个解是不好的。另一个可替代的方法是最小化下式：

$$\sum_{j=1}^{M}\min_{\boldsymbol{A}_j}\|\boldsymbol{L}_j\boldsymbol{A}_j^*-\boldsymbol{V}\|^2.$$

推导出这个式子的解。其中的准则是如何变化的？用 $\boldsymbol{L}_j$ 的 SVD 分解来简化这两个方法的比较。

13.7 考虑利用最近邻方法来处理图13–5左图的“容易”和“困难”问题。

(a) 重复图13–5左图的结果。

(b) 用五倍交叉验证估计错分误差，并把错误率曲线和 1 中的进行比较。

(c) 考虑一个对训练集错分误差的“AIC-like”惩罚。具体来说，把 $2t/N$ 加到训练集错分误差里，其中 t 是参数 N/r 的一个近似估计，r 是最近邻的数量。把这个惩罚错分误差和 1，2 中的结果进行比较。哪种方法能给出更好的最近邻最优数估计：交叉验证还是 AIC？

13.8 生成一个两特征的两类的数据。这些特征都是标准偏差为 1 的独立高斯变量。第 1 类均值向量是（–1, –1），第 2 类均值向量是（1，1）。对每个特征向量，我们令它旋转

θ 度，其中 θ 在 0 和 2π 间均匀选取。每类生成 50 个样本作为训练数据集，每类生成 500 个样本作为测试数据集。用以下四种分类器分类。

(a) 最近邻分类器。

(b) 有提示的最近邻分类器：在应用最近邻前，每个训练样本都旋转 10 个角度，得到的样本都加入训练集。

(c) 不变度量的最近邻分类器，采用关于原点旋转不变的欧几里得距离。

(d) 切距离最近邻分类器。

每种情况下，近邻数目采用十倍交叉验证来选取。比较其结果。

第 14 章 非监督学习

14.1 概述

前面几章关注于这样一个问题，给定一个输入或预测变量集 $X^T = (X_1, ..., X_p)$，预测一个至多个输出或因变量 $Y = (Y_1, ..., Y_m)$ 的值。令 $x_i^T = (x_{i1}, ..., x_{ip})$ 代表输入中第 i 个训练样本，y_i 表示响应度量。预测是基于预先已求解的训练样本 $(x_1, y_1), ..., (x_N, y_N)$ 来完成的，即所有变量的联合值已知。这种学习方式称为监督学习（supervised learning）或者“有教师指导的学习”（learning with a teacher）。其隐含的意思是，“学生”给出训练样本中每个 x_i 一个对应的答案 $\hat{y}_i$，监督者或“教师”则提供正确的答案，并且/或者指出学生的错误所在。通常用某个损失函数 $L(y, \hat{y})$ 来刻画，比如 $L(y, \hat{y}) = (y - \hat{y})^2$。

如果假设 (X, Y) 是由联合概率密度 $\Pr(X, Y)$ 表示的随机变量，那么监督学习可以表示为密度估计问题。该问题主要涉及条件密度 $\Pr(Y|X)$ 的一些属性。通常，感兴趣的属性是能在每个 x 处最小化期望误差的“位置”参数 μ，

$$\mu(x) = \underset{\theta}{\arg\min}\, E_{Y|X} L(Y, \theta). \tag{14.1}$$

如果对联合概率密度取条件，则有

$$\Pr(X, Y) = \Pr(Y|X) \cdot \Pr(X),$$

这里 $\Pr(X)$ 仅是 X 的联合边缘密度。在监督学习中，通常不会直接关注 $\Pr(X)$。人们更关心的是条件密度 $\Pr(Y|X)$ 的性质。因为 Y 通常是低维的（通常等于 1），只需要关注它的位置 $\mu(x)$，所以问题就极大的简化了。正如前几章所讨论的那样，这里有很多方法可以成功处理不同环境下的监督学习问题。

本章中，我们主要处理非监督学习（unsupervised learning）或者说是“无教师指导的学习”（learning without a teacher）。在这种情况下，我们有由 N 个观测对象的集合 $(x_1, x_2, ..., x_N)$ 形成的、具有联合密度 $\Pr(X)$ 的随机 p-维向量 X。目标是在没有监督者或教师为每个观测提供正确答案或者误差程度（degree-of-error）的帮助下，直接推断出这个概率密度的性质。这里 X 的维数通常比在监督学习中高很多，感兴趣的性质通常也比简单的位置估计更复杂。在 X 表示全体涉及变量的前提下，需要研究的性质相对减少一些：我们不需要在对其他变量集的变化值取条件下，去推断 $\Pr(X)$ 的性质怎样改变。

在低维问题中 (如 $P \leqslant 3$)，有各种有效的非参数方法可以从全体 X-值中直接估计出密度 $\Pr(x)$ 本身，并用图形的方式来表征 (如 Silverman, 1986)。但是由于维数灾问题，这些方法在高维情况下会失效。我们只能估计相当粗糙的全局模型，比如使用混合高斯模型或者各种刻画 $\Pr(x)$ 的简单描述性统计学方法。

一般而言，这些描述性统计方法试图刻画、在 $\Pr(X)$ 相对较大的时候、X 值或这些值的集合的特点。举例来说，主成分、多维尺度、自组织映射和主曲线都试图辨识，具有高数据密度的 X 空间里的低维流形。它提供了反映各个变量之间关联性的信息，以及这些变量是否能看成是一个小的“隐”变量集的函数的信息。聚类分析则是尝试发现包含 $\Pr(X)$ 的众数的、X 空间上的多个凸区域。这可以表明 $\Pr(X)$ 是否能用一些更为简单的、反映观测值的不同种类或类别的混合密度来表示。混合建模有着相似的目标。关联规则试图构造简单的描述（合取规则）刻画，在异常高维的二元值数据特例下的高密度区域。

在监督学习中，有一个清晰判定成功与否的标准。这个标准可以用来在特殊情况下判别充分性，也可以用来比较不同方法在不同条件下的有效性。缺乏成功的程度可以通过在联合分布 $\Pr(X,Y)$ 的期望损失来直接测量。这一损失可以使用包括交叉验证在内的大量方法来估计。然而，在无监督的框架下，没有像这样的成功度量。从大多数非监督学习算法输出提取的推断，很难判定其有效性。我们必须求助于启发式的参数，不仅是为了像监督学习一样提供算法的动机，也是为了能用于判定结果的品质。因为有效性是见仁见智的，不能直接验证，这种不太适宜的处理已经大量增生和过度扩散了。

在这一章，我们介绍实际中常用的非监督学习技术以及作者青睐的一些方法。

14.2 关联规则

关联规则是挖掘商业数据库的流行工具。它的目标是从数据库中发现出现得最频繁的变量集 $X(X_1, X_2, ..., X_p)$ 中的联合值。这种方法最常用于二值数据 $X_j \in \{0,1\}$ 中，常称为“购物车”分析。在这种前提下，观测值是销售交易，比如一家商场收银台的交易记录等。变量代表的是商场销售的所有商品。对于观测 i，每个变量 X_j 取两值中的一个：如果第 j 个商品作为交易的一部分购买，则 $X_{ij} = 1$，反之，$X_{ij} = 0$。频繁出现联合值 1 的变量，意味着它们经常被一起购买。这类信息对于货架摆放、促销商品搭配、价目表设计以及基于购买模式对消费者进行分类都非常有用。

更一般的情况下，关联规则分析的基本目标是为特征向量 X 寻找一组原型 X 值 $v_1, ..., v_L$，使得这些值每一个估计的概率密度 $\Pr(v_l)$ 相对较大。在这种一般性的框架下，该问题可以视为“模式发现”或“凸块搜索”(bump hunting)。正如设想的那样，这个问题无比的困难。对于每个 $\Pr(v_l)$，一种自然的估计子是所有 $X = v_l$ 的观测的比例。对于涉及不止少量变量的问题，其中每个变量具有多个值，所有 $X = v_l$ 的观测值的总数几乎一直太小，不足以得到可靠的估计。为了获得一个容易处理的问题形式，分析的目标和所用数据的通用性都必须大大简化。

首先简化的是修改目标。不是寻找值 $\Pr(x)$ 大的值 X，我们寻找 X 空间中相对于其大小或支持度，高概率内容的区域 (region)。令 $\mathcal{S}_j$ 表示第 j 个变量的全体可能值的集合（它的支持度），令 $s_j \subseteq \mathcal{S}_j$ 是这些值的子集。修改后的目标可以阐述为，试图寻找变量值的子集 $s_1, ..., s_p$，使得每个变量同时在其各自子集中有值的概率

$$\Pr\left[\bigcap_{j=1}^{p}(X_j \in s_j)\right], \tag{14.2}$$

相对较大。子集的交 $\cap_{j=1}^{p}(X_j \in s_j)$ 称为连接规则（conjunctive rule）。对于定量变量来说，子集 s_j 是连续性区间；对于范畴变量来说，这些子集是显式描述的。注意，如果子集 s_j 事实上是所有值的集合，即 $s_j = \mathcal{S}_j$，正如经常出现的情况一样，则变量 X_j 不会出现在规则(14.2)中。

14.2.1 购物车分析

求解(14.2)的一般方法将在14.2.6节中讨论。这些方法在很多应用中都相当有用。然而，它们对于经常需要做购物车分析的大规模商业数据库（$p \approx 10^4$，$N \approx 10^8$），是不适用的。这需要对(14.2)做进一步的简化。首先，只考虑两种类型的子集，要么 s_j 只包含 X_j 中的一个单值，即 $s_j = V_{0j}$，要么它包含所有 X_j 能取到的值的全集，即 $s_j = S_j$。这样就把问题(14.2)简化为寻找一个整数子集 $\mathcal{J} \subset \{1, ..., p\}$ 和相应的值 $V_0 j$，$j \in \mathcal{J}$，使得

$$\Pr\left[\bigcap_{j\in\mathcal{J}}(X_j = v_{0j})\right] \tag{14.3}$$

是大的。图14–1图示了这一假设。

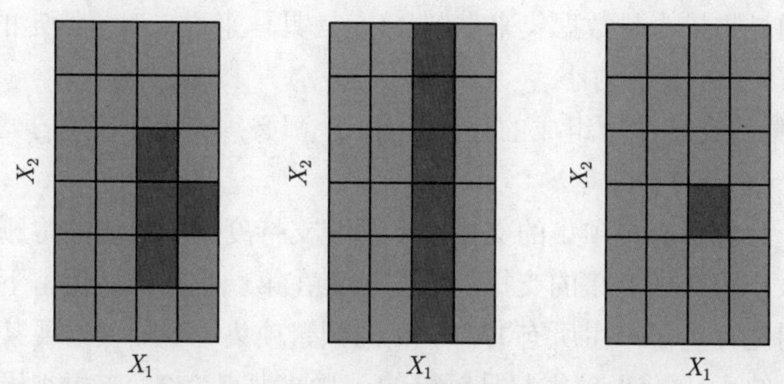

图 14–1 关联规则的简化。这里有两个输入 X_1 和 X_2，分别取 4 个和 6 个不同的值。红色方块表示高密度区域。要简化计算，我们假设派生子集要么对应于一个输入的单值要么对应于所有值。在这种假设下，我们能发现中间或者右边的模式，但发现不了左边的模式

我们可以使用哑变量（dummy variable）技术把(14.3)的问题转化为一个只牵涉二值变量的问题。这里，我们假设对于每个变量 X_j，支集 $\mathcal{S}_j$ 是有限的。具体而言，创建一组新的变量集 $Z_1, \cdots, Z_K$，每个变量是从原始变量 $X_1, ..., X_p$ 获得的值 V_{lj}。哑变量 K 的数目是

$$K = \sum_{j=1}^{p} |\mathcal{S}_j|$$

这里 $|\mathcal{S}_j|$ 代表着从 X_j 中得到的不同值的数目。对于每个哑变量，如果对应 Z_k 的变量有相应的值分配，则这个哑变量被赋值 $Z_k = 1$。否则 $Z_k = 0$。这将式(14.3)变换为发现一个整数

$\mathcal{K} \subset \{1, ..., K\}$ 的子集，使得

$$\Pr\left[\bigcap_{k \subset \mathcal{K}} (Z_k = 1)\right] = \Pr\left[\prod_{k \in \mathcal{K}} Z_k = 1\right] \tag{14.4}$$

是大的。这是购物车问题的标准形式。集合 $\mathcal{K}$ 被称为“项集”(item set)。项集中变量 Z_k 的数量称为“规模”（注意，规模不会大于 p）。(14.4)的估计值取数据库中那些(14.4)的合取值为真时观测的比值：

$$\widehat{\Pr}\left[\prod_{k \in \mathcal{K}} (Z_k = 1)\right] = \frac{1}{N} \sum_{i=1}^{N} \prod_{k \in \mathcal{K}} z_{ik} \tag{14.5}$$

这里 z_{ik} 是在第 i 个例子时 Z_k 的取值。这称为项集 $\mathcal{K}$ 的“支持度”或“流行度” $T(\mathcal{K})$。当 $\prod_{k \in \mathcal{K}} z_{ik} = 1$ 时，表明观测对象 i“包含在”项集 $\mathcal{K}$。

在关联规则挖掘中，指定下支持度的界 t，我们需要找所有的项集 $\mathcal{K}_l$。该项集从变量 $Z_1, ..., Z_k$ 中获得，并且它在数据库中的支持度要大于下界 t

$$\{\mathcal{K}_l | T(\mathcal{K}_l) > t\} \tag{14.6}$$

14.2.2 Apriori 算法

对于非常大的数据库，(14.6)的解可以用可行的计算来获得，只要阈值 t 可调至使得式(14.6)仅包含全体 2^K 个可能项集中的一小部分。Apriori 算法 (Agrawal 等, 1995)利用维数灾的几个特点，通过扫描少量数据集来求解(14.6)。具体来说，对于给定的支撑阈值 t：

- 基数 $|\{\mathcal{K} | T(\mathcal{K}) > t\}|$ 相对小
- 由 $\mathcal{K}$ 里子集的支持度所组成的任何项集 $\mathcal{L}$ 都必须有大于或等于 $\mathcal{K}$ 的支持度，即 $\mathcal{L} \subset \mathcal{K} \Rightarrow T(\mathcal{L}) \geqslant T(\mathcal{K})$

第一次扫描数据，计算所有单项集的支持度。那些支持度小于阈值的将删除。第二次扫描数据，计算所有大小为 2 的项集的支撑。这些项集在第一次扫描后保留下来、能形成单个项集组对。换而言之，为了产生所有 $|\mathcal{K}| = m$ 的频繁项集，我们仅需要某些侯选者，使其所有大小为 $m - 1$ 的 m 个前导项集都是频繁的。那些大小为 2、支撑小于阈值的项集将被删除。每个相继的扫描都只需要考虑这样一些项集。这些项集由上一次扫描保留下来的项集以及第一次扫描保持的项组合所构成。数据扫描的过程一直延续到所有的前一阶段的项集支持度都小于指定的阈值。Apriori 算法仅仅需要为 $|\mathcal{K}|$ 的每一个值在全体数据上扫描一遍，这是至关重要的，因为我们假设数据不能全部放到计算机内存里。如果数据足够稀疏（或者阈值 t 足够大），则即使是非常大的数据集，这个过程也将在合理的时间内完成。

还有许多技巧可以作为这一策略的部分，以加快计算速度和收敛 (Agrawal 等, 1995)。Apriori 算法代表了数据挖掘技术的一个主要进展。

每一个通过 Apriori 算法获得的高支持度项集 $\mathcal{K}$(14.6)产生一组“关联规则”集。项 Z_k，$k \in \mathcal{K}$，被划分成两个不相交的子集，$A \cup B = \mathcal{K}$，并写成

$$A \Rightarrow B \tag{14.7}$$

第一个项子集 A 称为“前因”，第二个项子集 B 称为“后果”。基于数据库的前因后果项集的流行程度，关联规则具有一些特性。规则 $T(A \Rightarrow B)$ 的“支持度”是前因后果的并集里观测的比例，它正好是从它们导出的项集 $\mathcal{K}$ 的支持度。这能够看成是：在随机选择的购物车里，同时观测到的两个项集的概率 $Pr(A \text{ and } B)$ 的估计(14.5)。规则的“置信度”（confidence）或“可预见性”（predictability）$C(A \Rightarrow B)$ 是由它的支持度除以它的前因支撑：

$$C(A \Rightarrow B) = \frac{T(A \Rightarrow B)}{T(A)}, \tag{14.8}$$

它可以看作是对 $\Pr(B|A)$ 的估计。概念 $\Pr(A)$ 代表项集 A 出现在购物车中的概率，是 $\Pr(\prod_{k \in A} Z_k = 1)$ 的缩写。“期望置信度”（expected confidence）被定义成后果项 $T(B)$ 的支持度，它是无条件概率 $\Pr(B)$ 的估计。最后，“提升度”规则被定义成置信水平除以期望置信度：

$$L(A \Rightarrow B) = \frac{C(A \Rightarrow B)}{T(B)}.$$

这是对关联度量 $\Pr(A \text{ and } B)/\Pr(A)Pr(B)$ 的估计。

作为示例，假设项集 $\mathcal{K} = \{\text{peanut butter, jelly, bread}\}$，并考虑规则

$$\{\text{peanut butter, jelly}\} \Rightarrow \{\text{bread}\}.$$

这个规则的支持度值为 0.03，它意味着peanut butter，jelly和bread同时出现在 3% 的购物车中。该规则的置信度为 0.82 时表明，当peanut butter和jelly被购买时，有 82% 的概率bread也被购买。如果bread出现在所有购物车中的概率是 43%，那么规则 $\{\text{peanut butter, jelly}\} \Rightarrow \{\text{bread}\}$ 将有 1.95 的提升度。

这个分析的目标是产生一个既有高支持度值也有置信水平(14.8)的关联规则(14.7)。Apriori 算法返回在支撑阈值 t (14.6) 定义下的，所有具有高支撑的项集。设定置信度阈值 c，报道所有置信度大于该阈值的项集(14.6)所形成的规则：

$$\{A \Rightarrow B | C(A \Rightarrow B) > c\} \tag{14.9}$$

对于大小为 $|\mathcal{K}|$ 的每个项集 $\mathcal{K}$，共有 $2^{|\mathcal{K}|-1} - 1$ 个形如 $A \Rightarrow (\mathcal{K} - A)$，$A \subset \mathcal{K}$ 的规则。Agrawal 等 (1995)提出了一个改进的 Apriori 算法，它能快速决定哪些规则能在置信阈值(14.9)下幸存，这些规则是从解出的项集(14.6)中形成的各种可能。

全部分析的输出是一组满足如下约束的关联规则(14.7)：

$$T(A \Rightarrow B) > t \quad \text{和} \quad C(A \Rightarrow B) > C.$$

这些通常都存储在用户可查询的数据库中。典型的请求可能是按置信度、提升度或者支持度的次序来显示这些规则。更具体地，一个人可能要求列出以前因或者尤其是后果中的特定项目为条件的列表。例如，请求可能是这样：

列出以滑冰鞋为后果的，置信度超过 80% 且支持度超过 2% 的所有交易。

这可能为预测滑冰鞋销售的项目（即前因）提供信息。如果关注于某个特定的后果项，我们就可以把该问题纳入到监督学习的框架下。

关联规则已经成为分析与购物车相关的大规模商业数据库的流行工具。此时，数据可以用一种多维列联表形式表示出来。输出以易于理解和解释的合取规则的形式(14.4)表示。Apriori 算法允许此类分析应用到巨型数据库，且比其他类型的分析更具有适用性。关联规则是数据挖掘领域获得巨大成功的算法之一。

除了对应用的数据形式有所限制，关联规则还有其他限制。其中最重要的是支持度阈值(14.6)的计算可行性。解项集的数目、它们的大小以及扫描数据的次数都会随着下边界的减小而呈指数级增长。因此，那些具有高置信度或者提升度但是支持度较小的规则就不会被发现。例如，由于结果项caviar销量太少，就无法发现高置信度规则 vodka ⇒ caviar。

14.2.3　示例：购物车分析

这里，我们举例说明在中等规模的人口统计数据集上使用 Apriori 算法的情况。这个数据集包含旧金山海湾地区（Impact Resources, Inc., Columbus OH, 1987）购物中心顾客完成的 $N = 9409$ 份人口调查表。这里，我们使用与人口统计相关的前 14 个问题的答卷。这些问题列在表14–1中。可以看出，数据由有序变量和（无序的）范畴变量混合而成，其中后者有多个值。该数据集还有许多缺失值。

表 14–1　输入的人口统计数据

特征	人口统计信息	值数量	类型
1	性别	2	范畴
2	婚姻状况	5	范畴
3	年龄	7	顺序
4	教育情况	6	顺序
5	职业	9	范畴
6	收入	9	顺序
7	在湾区的居住年数	5	顺序
8	双收入	3	范畴
9	户数	9	顺序
10	子女数	9	顺序
11	户主情况	3	范畴
12	房屋类型	5	范畴
13	民族	8	范畴
14	家庭语言	3	范畴

我们使用 Christian Borgelt[①] 提供的 Apriori 算法的免费软件。在删除有缺失值的观测后，每个有序变量预测子从中间值截断，分别使用两个哑变量编码；具有 k 个范畴的每个

① http://fuzzy.cs.uni-magdeburg.de/borgelt。

范畴预测子分别使用 k 个哑变量编码。这样就产生了一个关于 6876 个观测 50 个哑变量的 6876×50 的矩阵。

该算法共发现 6288 个关联规则，涉及 $\leqslant 5$ 个预测子，它们的支持度至少是 10%。要理解如此大的规则集，本身就是一个挑战的数据分析任务。这里我们不尝试分析这些数据，仅仅在图14–2中显示，在数据中每个哑变量的相关频率（上图）和关联规则（下图）。越是流行的范畴趋向于越频繁出现在规则当中，例如在语言中的第一个范畴（英语）。然而，其他的如职业除在第一和第五水平外都表现不是很明显。下面是由 Apriori 算法发现的关联规则的 3 个例子。

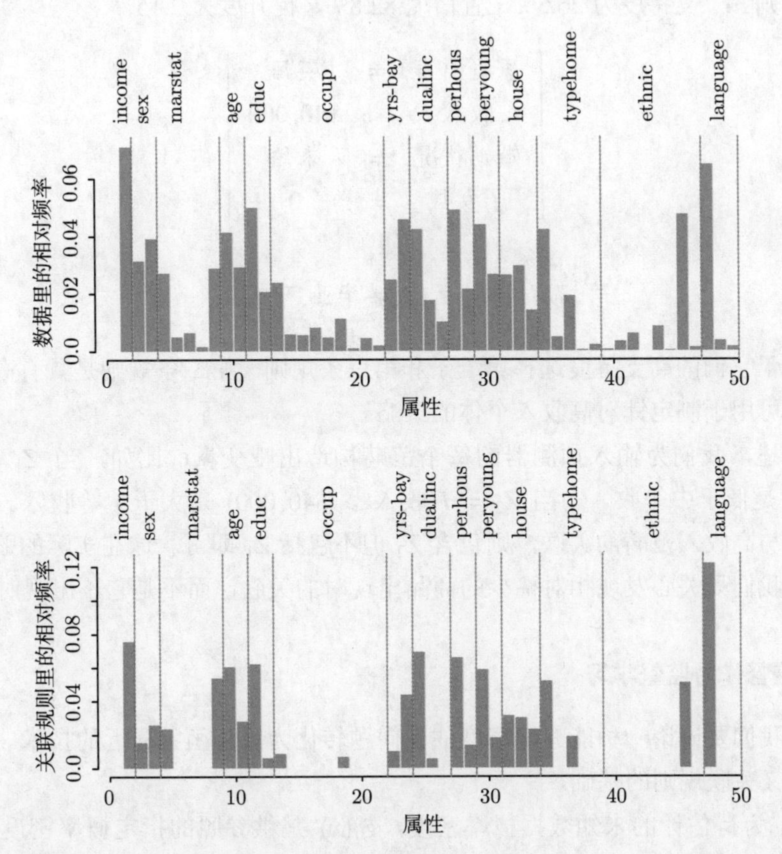

图 14–2　购物车分析：上图中，数据中每个哑变量（编码一个输入范畴）的相对频率。下图中，Apriori 算法发现的关联规则

关联规则 1：　支撑为 25%，置信度 99.7%，提升为 1.03。

$$\begin{bmatrix} \text{户数} & = & \mathit{1} \\ \text{子女数} & = & \mathit{0} \end{bmatrix}$$

$$\Downarrow$$

$$\text{家庭语言} = \text{英语}$$

关联规则 2：支持度为 13.4%，置信度 80.8%，提升度为 2.13。

$$\begin{bmatrix} \text{家庭语言} & = & \text{英语} \\ \text{房产类型} & = & \text{自有} \\ \text{职位} & = & \{\text{专家/经理}\} \end{bmatrix}$$
$$\Downarrow$$
$$\text{收入} \geqslant \$40,000$$

关联规则 3：支持度为 26.5%，置信度 82.8%，提升度为 2.15。

$$\begin{bmatrix} \text{家庭语言} & = & \text{英语} \\ \text{收入} & < & \$40,000 \\ \text{婚姻状况} & = & \text{未婚} \\ \text{子女数} & = & 0 \end{bmatrix}$$
$$\Downarrow$$
$$\text{教育情况} \notin \{\text{大学毕业}, \text{研究生}\}$$

我们基于它们的高支持度选择第一条和第三条规则。第二条规则是具有高收入后果的关联规则，可用于制定针对高收入个体的策略。

如上所述，我们为输入预测器的每个范畴构造出哑变量，比如，当 $Z_1 = I(\text{收入} < \$40,000)$ 时是低于中等收入，当 $Z_2 = I(\text{收入} \geqslant \$40,000)$ 是大于中等收入。如果我们只有兴趣发现与高收入范畴的关联，则包含 Z_2 但不包括 Z_1 即可。这在实际的购物车问题中经常出现。我们只关心发现相对稀少的商品出现时的关联，而不是它不出现时的关联。

14.2.4 非监督作为监督学习

这里，我们要讨论一种能够把密度估计问题转化为监督函数逼近的技术。这构成下一节描述的广义关联规则的基础。

令 $g(x)$ 为待估计的未知数据概率密度，$g_0(x)$ 是供参照的指定概率密度函数。例如：$g_0(x)$ 可能是在所有变量值域上的均匀密度。其他可能性将在下面论述。数据集 $x_1, x_2, ..., x_N$ 假设是从 $g(x)$ 中抽取的独立同分布（i.i.d）随机样本。一个大小为 N_0 的样本可以用蒙特卡罗方法从 $g_0(x)$ 中抽取。结合这两个数据集，分配 $w = N_0/(N+N_0)$ 个实体到从 $g(x)$ 中抽取的那些，分配 $w_0 = N/(N+N_0)$ 个实体到从 $g_0(x)$ 中抽取的样本，则导致了得到从混合概率密度 $(g(x)+g_0(x))/2$ 随机提取的样本。如果分配值 $Y = 1$ 到从 $g(x)$ 中获取的每个样本点，分配值 $Y = 0$ 到从 $g_0(x)$ 获取的每个样本点，则有

$$\begin{aligned} \mu(x) = E(Y|x) &= \frac{g(x)}{g(x)+g_0(x)} \\ &= \frac{g(x)/g_0(x)}{1+g(x)/g_0(x)} \end{aligned} \tag{14.10}$$

可以通过使用以联合样本

$$(y_1,x_1),(y_2,x_2),\ldots,(y_{N+N_0},x_{N+N_0}) \tag{14.11}$$

为训练集的监督学习来估计。结果估计 $\hat{\mu}(x)$ 可以反过来为 $g(x)$ 提供估计

$$\hat{g}(x)=g_0(x)\frac{\hat{\mu}(x)}{1-\hat{\mu}(x)}. \tag{14.12}$$

Logistic 回归的广义形式（4.4 节）尤其适合用来解决这类应用问题，因为对数几率，

$$f(x)=\log\frac{g(x)}{g_0(x)}, \tag{14.13}$$

可以直接估计。这种例子有

$$\hat{g}(x)=g_0(x)e^{\hat{f}(x)}. \tag{14.14}$$

一个例子显示于图14–3。在左图中，我们生成了大小为200的训练集，右图显示了从包含训练样本的矩形里均匀采样的参考数据（蓝色）。训练样本标记为类别 1，参考数据标记为类别 0，利用自然样条张量积（5.2.1节）的 Logistic 回归模型来拟合这些数据。右图显示了 $\hat{\mu}(x)$ 的一些概率等高线，这些等高线也是密度估计 $\hat{g}(x)$ 的等高线，因为 $\hat{g}(x)=\hat{\mu}(x)/(1-\hat{\mu}(x))$ 是单调函数。这个等高线大致描绘出了数据的密度。

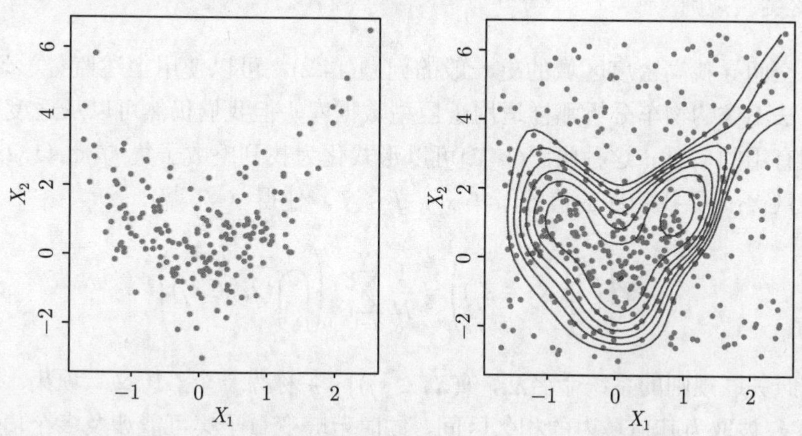

图 14–3　通过分类的密度估计。左图中 200 个数据点的训练集。右图中训练集加上在包含训练集的矩形框内均匀生成的 200 个参照数据点。训练样本被标记为类 1，参考样本标记为类 0，用一个半参数 logistic 回归模型与数据进行拟合。图中显示了关于 $\hat{g}(x)$ 的等高线

原则上，任何参照密度可用于(14.14)的 $g_0(x)$。实际上，估计 $\hat{g}(x)$ 的准确性在很大程度上依赖于特定的选择。好的选择又依赖于数据密度 $g(x)$ 和用于估计(14.10)或(14.13)的过程。如果准确性是目标，$g_0(x)$ 的选择应该使得最终函数的函数 $\mu(x)$ 或 $f(x)$ 能容易被采用的方法逼近。然而，准确性不一直是主要目标。$\mu(x)$ 和 $f(x)$ 都是关于密度比率 $g(x)/g_0(x)$ 的单调函数。因此，它们能看成是“对比”统计量，提供关于数据密度 $g(x)$ 偏离参照数据密度 $g_0(x)$ 的信息。因此，在数据分析情况中，$g_0(x)$ 的选择由偏差类型决定，而偏差类型

又取决于手头的特定问题。例如，如果对于来自于均匀性的偏离感兴趣，$g_0(x)$ 可以是整个变量值域上的均匀密度。如果对来自联合正态性的偏差感兴趣，则 $g_0(x)$ 的好的选择是与数据有相同均值向量和协方差矩阵的高斯分布。来自独立性的偏差可以使用

$$g_0(x) = \prod_{j=1}^{p} g_j(x_j) \tag{14.15}$$

来衡量。这里 $g_j(x_j)$ 是 X_j 的边缘数据密度，j 是 X 的列坐标。对每个变量的数据值应用一个不同的随机序列，来自独立密度(14.15)的样本很容易从数据自身生成。

如前所讨论的，非监督学习关注于揭示数据密度 $g(x)$ 的特性。每项技术关注于一个特定的特性或这些特性的集合。尽管这种把问题转化为某个监督学习(14.10)~(14.14)的方法，某段时间曾经是统计学习惯的一部分，尽管它有潜力把发展良好的监督学习方法应用到非监督问题上，但是这些似乎都没有产生什么太大的影响。一个原因可能是问题必须要用蒙特卡罗技术产生的模拟数据集来扩充。因为这个数据集的大小应该至少和数据样本一样大 $N_0 \geqslant N$，估计过程的计算量和内存需求至少都要加倍。同时，产生蒙特卡罗样本自身也需要大量的计算。尽管这在过去可能很困难的，但随着资源变得容易获取，这些增加的计算量已经算不上是一种负担。我们将在下一节阐述使用监督学习方法解决非监督学习问题。

14.2.5 广义关联规则

在数据空间寻找高密度区域的更一般的问题(14.2)，可以使用上述监督学习方法解决。尽管这种方法不像购物车分析那样适用于巨型数据库，但我们仍然可以从适度大小的数据库中获取到有用的信息。这种问题(14.2)可以形式化为找到整数子集 $\mathcal{J} \subset \{1, 2, ..., p\}$ 和对于相应的变量 X_j，寻找相应的值的子集 s_j，$j \in \mathcal{J}$，使得

$$\widehat{\Pr}\left(\bigcap_{j\in\mathcal{J}}(X_j \in s_j)\right) = \frac{1}{N}\sum_{i=1}^{N} I\left(\bigcap_{j\in\mathcal{J}}(x_{ij} \in s_j)\right) \tag{14.16}$$

是大的。按照关联规则的系统命名法，$\{(X_j \in s_j)\}_{j\in\mathcal{J}}$ 称为一个“广义”项集。对应于定量变量的子集 s_j 被取为其值域内的相邻区间，同时范畴变量子集可能涉及多个值。该公式的强大本性是，不用对所有支持度(14.16)大于特定最小阈值的广义项集进行全面搜索，这在更严格限制的购物车分析中是可能的。这里必须使用多种启发式搜索，最希望的一种是要发现像这样广义项集的有用集合。

无论是购物车分析(14.5)还是广义公式(14.16)都隐含考虑了均匀密度分布。如果所有的联合数据值 $(x_1, x_2, ..., x_N)$ 都是均匀分布的，那么我们要寻找的是比期望的更频繁的项集。这有助于发现那些边缘成分（$X_j \in s_j$）是单个（individually）高频的个别项集，也就是使得量

$$\frac{1}{N}\sum_{i=1}^{N} I(x_{ij} \in s_j) \tag{14.17}$$

的值大。与边缘性较少频繁的子集的合取相比，频繁子集的合取(14.17)趋向于更多出现在高支持度(14.16)的项集中。这就是为什么尽管具有高关联（提升度），规则 vodka $\Rightarrow$ caviar 却很难被发现的原因：没有一个项有高的边缘支持度，所以它们的联合支撑就特别小。参照均匀分布，可能会引起具有较低成分关联的高频项集主宰了最高支持度项集的集合。

高频子集 s_j 作为最频繁的 X_j 的值的析取而形成。使用变量边缘数据密度(14.15)的积作为参照分布，就可以在发现的项集中去除对单个变量的高频值的优先权。这是因为如果变量之间没有关联（完全独立），不管个体变量值的频率分布如何，密度比率 $g(x)/g_0(x)$ 都是一致的。类似 voda $\Rightarrow$ caviar 的规则就会有机会被发现。然而，现在还不清楚如何把均匀分布以外的参照分布并入到 Apriori 算法中。正如14.2.5节解释的那样，给定原始数据集，我们可以直接从积密度(14.15)生成一个样本。

在选择一个参照分布和按(14.11)提取一个样本后，我们就形成了一个具有二值输出变量 $Y \in \{0, 1\}$ 的监督学习问题。目标是使用训练集从中找到区域：

$$R = \bigcap_{j \in \mathcal{J}} (X_j \in s_j) \tag{14.18}$$

使得目标函数 $\mu(x) = E(Y|x)$ 相对较大。另外，我们可能希望这些区域的数据支持度

$$T(R) = \int_{x \in R} g(x) dx \tag{14.19}$$

不要太小。

14.2.6 监督学习方法的选择

区域(14.18)由合取规则界定。因此在这个前提下，学习这些规则的监督方法将最适合。CART 树的端节点由具有(14.18)形式的规则精确的界定。把 CART 应用到合并数据(14.11)上，将产生一个决策树。这个决策树通过使用区域不相交的集合（端节点），试图在整个数据空间上对目标(14.11)建模。每一个区域定义成一个形如(14.18)的规则。这些具有高的平均 y-值的端节点 t：

$$\bar{y}_t = \text{ave}(y_i | x_i \in t)$$

是高支持度广义项集的候选者(14.16)。实际的数据支持度由下式获取：

$$T(R) = \bar{y}_t \cdot \frac{N_t}{N + N_0}$$

这里 N_t 是在由端节点表示的、区域内的（汇聚）观测的数量。通过检查最终的决策树，我们可能会发现具有相对高支持度的、有趣的广义项集。它们在寻找具有高置信度和/或提升度的广义关联规则中随即被划分为前因和后果。

另一个针对此目的的自然学习方法在9.3节中有部分描述的，耐心规则归纳法PRIM。PRIM同样产生了如(14.18)那样准确的规则，但是它的主要设计目标是寻找能最大化平均

目标(14.10)值的高支持度区域，而非在整个数据空间上构建目标函数。它也为在支持度/平均目标值之间做折衷提供了更多的控制。

习题14.3解决了一个问题。该问题是当我们从几个边缘分布的乘积中生成随机数据时，从这些方法的任意一个中产生的。

14.2.7 示例：购物车分析（续）

这里，我们用表14–1的人口统计数据来说明 PRIM 的使用。

从 PRIM 分析中生成的三个高支持度的广义项集如下：

项集 1：支持度为 24%。

$$\begin{bmatrix} \text{婚姻状态} & = & \text{已婚} \\ \text{房产状态} & = & \text{自有} \\ \text{房屋类型} & \neq & \text{公寓} \end{bmatrix}$$

项集 2：支持度为 24%。

$$\begin{bmatrix} \text{年龄} & \leqslant & 24 \\ \text{婚姻状况} & \in & \{\text{未婚同居，单身}\} \\ \text{职业} & \notin & \{\text{专家，家庭主妇或主夫，退休}\} \\ \text{房产状态} & \in & \{\text{租借，与父母同住}\} \end{bmatrix}$$

项集 3：支持度为 15%。

$$\begin{bmatrix} \text{房产类型} & = & \text{租借} \\ \text{房屋类型} & \neq & \text{宿舍} \\ \text{房产数} & \leqslant & 2 \\ \text{子女数} & = & 0 \\ \text{职业} & \notin & \{\text{家庭主妇或主夫，学生，失业}\} \\ \text{收入} & \in & [\$20,000, \$150,000] \end{bmatrix}$$

从置信度(14.8)大于 95% 的项集中得到的，广义关联规则如下：

关联规则 1：支持度为 25%，置信度 99.7%，提升度为 1.35。

$$\begin{bmatrix} \text{婚姻类型} & = & \text{已婚} \\ \text{房产类型} & = & \text{自有} \end{bmatrix}$$
$$\Downarrow$$
$$\text{房屋类型} \neq \text{公寓}$$

关联规则 2：支持度为 25%，置信度 98.7%，提升度为 1.97。

$$\begin{bmatrix} \text{年龄} & \leqslant & 24 \\ \text{职业} & \notin & \{\text{专家，主妇或主夫，退休}\} \\ \text{房产类型} & \in & \{\text{租借，与父母同住}\} \end{bmatrix}$$

$$\Downarrow$$

$$\text{婚姻状况} \in \{\text{单身，未婚同居}\}$$

关联规则 3：支持度为 25%，置信度 95.9%，提升度为 2.61。

$$\begin{bmatrix} \text{房产类型} & \in & \text{自有} \\ \text{房屋类型} & \neq & \text{公寓} \end{bmatrix}$$

$$\Downarrow$$

$$\text{婚姻状况} = \text{已婚}$$

关联规则 4：支持度为 15%，置信度 95.4%，提升度为 1.50。

$$\begin{bmatrix} \text{房产类型} & = & \text{租借} \\ \text{房屋类型} & \neq & \text{宿舍} \\ \text{房产数} & \leqslant & 2 \\ \text{职业} & \notin & \{\text{主妇或主夫，学生，失业}\} \\ \text{收入} & \in & [\$20,000, \$150,000] \end{bmatrix}$$

$$\Downarrow$$

$$\text{子女数} = 0$$

在这些特定的规则中没有多少值得惊讶，它们大部分情况下和直觉是相符的。在先验信息较少的其他环境下，不期望的结果出现的几率也变大了。这些结果确实说明广义关联规则可以提供此种信息。同时，监督学习方法和诸如 CART 或 PRIM 的规则归纳法结合起来，能够揭示出组成成分中具有高关联性的项集。

这些广义关联规则和先前由 Apriori 算法发现的规则如何比较呢？因为 Apriori 过程给出了数千条规则，所以比较很困难。然而，一些一般的点还是能得到的。Apriori 算法是穷尽的，它发现了具有大于特定量支集的所有规则。相反的，PRIM 是一个贪心算法，它不能保证给出一个“最优”的规则集合。另一方面，由于 Apriori 算法只可以处理哑变量，因此不能发现以上的某些规则。例如，因为房屋类型（type of home）是一个范畴输入，每个水平均有一个哑变量，Apriori 不能找到包含如下集合的规则：

$$\text{房屋类型} \neq \text{公寓}.$$

为了发现这个集合，相对于其他房屋范畴类型，我们必须将公寓（apartment）用一个哑变量来编码。但对所有这种潜在有兴趣的比较都提前编码，一般不可行。

14.3　聚类分析

聚类分析也称为数据分割，它有各种各样的目标。所有的都涉及到把一个对象集合分组或分割成子集或簇 (cluster)，使得分到同一簇的对象比不同簇的对象更相近。一个对象可以用一组度量的集合或者用与其他对象的关系来描述。另外，有时侯目标是把这些簇分成自然的层次。这就涉及把这些簇连续地自我分组，使得在每个层次上相同组内的簇比不同组内的簇更相似。

聚类分析也用于形成描述性统计量，以澄清数据是否由不同的子群组成，每一组代表具有真正不同属性的对象。后一个目标需要对分配到各自簇内不同对象间的差异程度进行评估。

所有聚类分析目的的核心是聚类对象之间相似（或不相似）程度的概念。聚类方法试图根据所给的相似性定义来进行对象分类。这只能从关心的主题来考虑。这种情况从某种程度上类似于（监督学习）预测问题里损失或代价函数的指定。这里，不正确预测所关联的损失取决于数据以外的因素。

图14–4显示的是，通过流行的 K-均值算法将一些仿真数据聚成 3 个类的情形。在这个例子里，类别中的 2 个类不是很好分开，因而用“分割”来描述这个过程比用“聚类”更准确。K-均值聚类起始于 3 个假想的类中心点，然后交替执行下面的步骤，直至收敛：

- 对于每个数据点，（按欧式距离）辨识离它最近的聚类中心；
- 用靠近聚类中心所有最近点的逐坐标平均来代替该聚类中心。

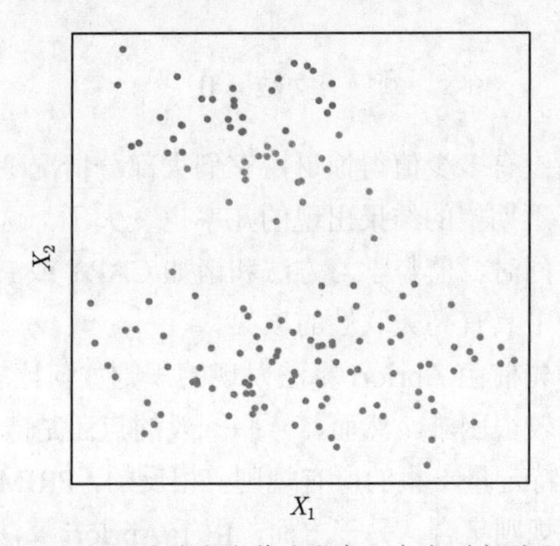

图 14–4　平面上的模拟数据，通过 K-均值聚类算法聚成 3 个类（分别用橘黄色、蓝色和绿色表示）

我们稍后将更详细地描述 K-均值算法，包括如何选取聚类数的问题（在这个例子里是 3）。K-均值聚类是一个自上而下：top-down 的过程，我们讨论的其他聚类算法都是自下而上（bottom-up）的。所有聚类算法的基础是两个对象之间的距离或不相似程度的选择。在描述不同聚类算法之前，我们先讨论距离度量。

14.3.1　邻接矩阵

有时，数据是直接以对象间邻接（或相似）关系的形式表示的，它们或相似（similarities）或不相似（dissimilarities）。例如，在社会科学实验中，参与者被要求判断对象之间的差异程度。不相似性可以通过计算这些判断的平均值来获得。这种类型的数据可以表示为 $N\times N$

的矩阵 **D**，其中 N 是对象的数目，每个元素 $d_{ii'}$ 代表第 i 个对象和第 i' 个对象之间的相似程度。然后，这个矩阵被当作聚类算法的输入。

大部分算法都假定具有非负项和零对角元素的一个非相似矩阵：$d_{ii}=0$，$i=1,2,\dots,N$。如果原始数据是以相似关系记录的，则能用一个适当的单调递减函数把它们转化为非相似关系。同时，大部分算法都假定了对称的非相似矩阵。因此，如果原矩阵 **D** 不是对称的，就必须用 $(D+D^T)/2$ 代替。主观判断非相近程度很少是严格意义上的距离，因为对于所有的 $k\in 1,\dots,N$，三角不等式 $d_{ii'}\leqslant d_{ik}+d_{i'k}$ 并不都是成立的。因此，某些基于距离的算法就不能使用这种类型的数据。

14.3.2　基于属性的不相似性

在这大部分情况下，我们在变量 $j=1,2,\dots,p$（也称为属性，attribute）上，有测量值 x_{ij}，$i=1,\dots,N$。因为大部分流行的聚类算法将差异矩阵作为输入，所以我们必须首先构造成对观测值之间的不相似性。在最常见的情况下，我们定义第 j 个属性值之间的不相似性为 $d_j(x_{ij},x_{i'j})$，然后定义

$$D(x_i,x_{i'})=\sum_{j=1}^{p}d_j(x_{ij},x_{i'j}) \tag{14.20}$$

作为对象 i 和 i' 之间的不相似性。最通常的做法是采用平方距离

$$d_j(x_{ij},x_{i'j})=(x_{ij}-x_{i'j})^2 \tag{14.21}$$

然而，其他的选择也是可行的，且能导致潜在不同的结果。对于非定量的属性（比如范畴数据），平方距离可能不合适。另外，有些时候，我们期望对每个属性加权而不是像在(14.20)中那样赋予它们相同的权重。

我们首先按属性类型讨论备选方案。

- 定量变量。此种类型的变量或属性的测量值用连续的实数值表示。很自然，我们可以用一个绝对差的单调递增函数定义它们之间的“误差”：

$$d(x_i,x_{i'})=l(|x_i-x_{i'}|).$$

除平方误差损失 $(x_i-x_{i'})^2$ 以外，一个常用的选择是一致性（绝对误差）。与较小的差异相比，前者强调较大的差异更多一些。另一种方式是，将聚类建立在相关性上：

$$\rho(x_i,x_{i'})=\frac{\sum_j(x_{ij}-\bar{x}_i)(x_{i'j}-\bar{x}_{i'})}{\sqrt{\sum_j(x_{ij}-\bar{x}_i)^2\sum_j(x_{i'j}-\bar{x}_{i'})^2}} \tag{14.22}$$

其中 $\bar{x}_i=\sum_j x_{ij}/p$。注意，这是变量（variable）的平均而不是观测值的平均。如果观测先被标准化，那么 $\sum_j(x_{ij}-x_{i'j})^2\propto 2(1-\rho(x_i,x_{i'}))$。因此，基于相关性（相似度）的聚类和基于平方距离（非相似性）的聚类是等价的。

- 顺序变量。这种类型的变量值通常表示为连续的整数，并且可实现的值被认为是一个有序集合。比如，成绩等级（A，B，C，D，E），喜爱的程度（不能忍受、不喜欢、还行、喜欢以及非常喜欢）。排序数据是一类特殊的顺序变量。顺序变量的误差测量通常通过用其初始值的预定次序

$$\frac{i-1/2}{M}, \quad i=1,\ldots,M \tag{14.23}$$

替代 M 个初始值来界定。在这个尺度上，它们被当成定量变量。

- 范畴变量。对于无序的范畴（也称为名义的）变量，成对的值之间的差异度必须明确描述。如果变量有 M 个不同值，那就可以组成一个 $M\times$ M 的对称矩阵，其中元素 $L_{rr'}=L_{r'r}, L_{rr}=0, L_{rr'}\geqslant 0$。最常见的选择是，对于所有 $r\neq r'$ 有 $L_{rr'}=1$，同时不均等的损失可以用来强调某些错误而非其他。

14.3.3 目标不相似性

接下来，我们定义一个过程。该过程将 p 个个体属性不相似度 $d_j(x_{ij},x_{i'j}) j=1,2,j$ 组合成两个具有各自属性值的对象或观测值（$x_i,x_{i'}$）之间的，单个的总不相似性度量 $D(x_i,x_{i'})$。这几乎一直可以通过加权平均（凸组合）来完成。

$$D(x_i,x_{i'})=\sum_{j=1}^{p} w_j\cdot d_j(x_{ij},x_{i'j});\quad \sum_{j=1}^{p} w_j=1. \tag{14.24}$$

这里 w_j 是分配给第 j 个属性的权重，在确定总的对象不相似性时，它用来调节那个变量的相对影响。权重的选择应该根据不同的问题区别对待。

对每一个变量都赋予相同的权重（比方说，$w_j=1$），不一定会让所有的属性具有相同影响，意识到这一点很重要。第 j 个属性 X_j 在对象不相似性 $D(x_i,x_{i'})$ 的影响(14.24) 依赖于它对数据集上所有成对观测值之平均对象不相似度的相对贡献。

$$\bar{D}=\frac{1}{N}\sum_{i=1}^{N}\sum_{i'=1}^{N} D(x_i,x_{i'})=\sum_{j=1}^{p} w_j\cdot \bar{d}_j,$$

其中，

$$\bar{d}_j=\frac{1}{N}\sum_{i=1}^{N}\sum_{i'=1}^{N} d_j(x_{ij},x_{i'j}) \tag{14.25}$$

是第 j 个属性上的平均不相似性。因此，第 j 个变量的相对影响是 $w_j\cdot\bar{d}_j$，同时，设 $w_j\sim 1/\bar{d}_j$ 将在刻画对象间总的不相似性时给予所有属性相同的影响。例如，如果有 p 个定量变量及对每个坐标采用平方误差距离，那么式(14.24)就可以变成 $\mathbb{R}^p$ 上的点对之间的（加权）平方欧式距离：

$$D_I(x_i,x_{i'})=\sum_{j=1}^{p} w_j\cdot(x_{ij}-x_{i'j})^2 \tag{14.26}$$

其中定量变量为坐标轴。在这种情况下，(14.25)变成

$$\bar{d}_j = \frac{1}{N^2}\sum_{i=1}^{N}\sum_{i'=1}^{N}(x_{ij} - x_{i'j})^2 = 2 \cdot \text{var}_j, \tag{14.27}$$

这里 var_j 是 $\text{Var}(X_j)$ 的样本估计。因此，公式里每个变量的相对重要性正比于它在数据集上的方差。通常，不考虑属性的类型，对所有属性均设为 $w_j = 1/\bar{d}_j$，会使其中每一个都会同等地影响成对对象（$x_i, x_{i'}$）间的总不相似性。尽管这看起来像是合理的，也经常被推荐，但很有可能适得其反。如果目标是把数据分割成相似对象的组，那么所有属性在（问题相关的）对象间不相似性的概念上贡献可能不相等。在该问题域背景下，某些属性值的差异可能更反映出实际对象的差异度。

如果目标是发现数据中的自然分组，那么某些属性可能比其他属性表现出更多的组团倾向。在定义对象不相似性时，与能够把组分开更相关的变分就应分配的更高的影响力。在这个情况下，给定所有属性同等的影响将会把这些组掩盖住，使得聚类算法无法发现它们。图14–5展示了这一情况。

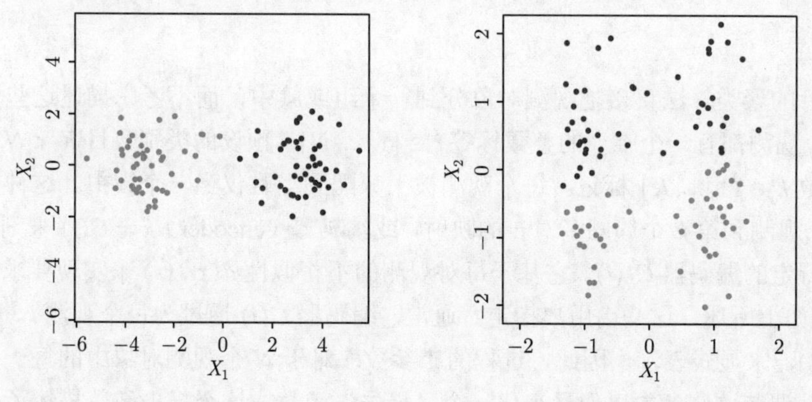

图 14–5　仿真数据：左图是应用在原始数据上的 K-均值聚类（$K = 2$）。两个颜色表示不同的簇成员。右图中，特征在聚类之前先做标准化。这等价于使用特征权重 $1/[2/\cdot\text{var}(X_j)]$。可以看出，标准化使得两个良好分开的类的边界变得模糊。注意，两幅图使用的水平轴和垂直轴单位相同

虽然简单通用方法对于选择个体属性不相似性 $d_j(x_{ij}, x_{i'j})$ 和它们的权重 w_j 是适合的，但是这种方法不能代替对每个单独问题背景下的仔细考虑。为了成功聚类，指定一个合适的不相似性度量远比选择聚类算法重要。因为它依赖于特定的知识领域而不适合作为一般性的研究，与算法本身相比，这个问题在聚类文献中很少被强调。

最后，经常有些观测对象会在一个或多个属性上有**缺失值**（missing value）。为了融入缺失值到不相似性计算(14.24)中，最常用的方法是，在计算观测对象 x_i 和 $x_{i'}$ 之间的不相似性时，忽略那些至少有一个缺失值的每对观测对象 $x_{ij}, x_{i'j}$。但如果两个观测对象都没有共同的测量值时，这种方法就无能为力了。在这种情况下，两个观测对象都可以从分析中删除。或者，缺失值可以用未缺失值数据的均值或中值来代替。对于范畴变量，我们只需考虑把“缺失”作为一个新的类别值，如果两个对象在相同变量上都缺失了值，那么我们有理由认为这两个对象是相似的。

14.3.4 聚类算法

聚类分析的目标是把观测对象分成组（“簇”），使得分配到相同组内对象的逐对不相似性小于分配列不同组的对象的逐对不相似性。聚类算法可分为 3 个不同的类型：组合算法、混合模型和模式寻找。

组合算法（combinatorial algorithm）直接在观测数据上进行，没有直接考虑其内在的概率模型。*混合建模*（mixture modeling）假设数据是从某个概率密度函数描述的总体中抽取出来的独立同分布样本。概率密度函数由多个分量密度函数混合所提取的参数模型来表征，每个分量密度函数描述一个簇。然后该模型通过最大似然或者相应的贝叶斯方法来拟合数据。*模式寻找者*（mode seeker）（或“凸块搜索”）是一种非参数的方法，它试图直接估出概率密度函数的不同模式。然后，“最接近”各自模式的观测定义单个的簇。

混合模型在6.8节中有描述。PRIM算法作为模式寻找（凸块搜索）的例子也已经在9.3节和14.2.6节进行了论述。接下来，我们讨论组合算法。

14.3.5 组合算法

最流行的聚类算法直接把观测对象分到一个组或簇中，而不考虑描述这些数据的概率模型。每个观测都有一个唯一的整数标签 $i \in \{1, ..., N\}$。预设的类别数目 $K < N$ 被假定，每一个用整数 $k \in \{1, ..., K\}$ 标记。每个观测被上分配到当且仅当一个簇中。这种分配可以用分配第 i 个观测到第 k 个簇的多对一的映射，或*编码器*（encoder）$k = C(i)$ 来刻画。我们要搜索一个特定的编码器 $C^*(i)$。它基于每对观测的不相似性 $d(x_i, x_{i'})$ 来实现要求的目标（细节如下）。如上所述，这些由用户指定。通常，编码器 $C(i)$ 通过为每个观测 i，赋予一个值（聚类分配），来显式表示。因此，过程的“参数”对于 N 个观测对象中的每一个，是单个簇的分配。调节这些参数以便最小化一个“损失”函数。这个损失函数描述了聚类目标未被满足的程度。

一种方法是直接指定一个数学损失函数，并通过组合优化方法来常试图最小化它。因为目标是分配相近的点到同一类中，一个自然的损失（或“能量”）函数可以写成

$$W(C) = \frac{1}{2}\sum_{k=1}^{K}\sum_{C(i)=k}\sum_{C(i')=k} d(x_i, x_{i'}). \tag{14.28}$$

这个准则反映了分配到同类中的观测样本相互接近的程度。它有时被称为“类内簇”的点分散度，这是因为

$$T = \frac{1}{2}\sum_{i=1}^{N}\sum_{i'=1}^{N} d_{ii'} = \frac{1}{2}\sum_{k=1}^{K}\sum_{C(i)=k}\left(\sum_{C(i')=k} d_{ii'} + \sum_{C(i')\neq k} d_{ii'}\right),$$

或者

$$T = W(C) + B(C),$$

其中，$d_{ii'} = d(x_i, x_{i'})$。这里，T 是总点分散度，对于给定的数据，它是独立于簇分配的常量。量

$$B(C) = \frac{1}{2}\sum_{k=1}^{K}\sum_{C(i)=k}\sum_{C(i')\neq k} d_{ii'} \tag{14.29}$$

是类间（between-cluster）点分散度。当分配到不同类的观测距离很远时，这个值会很大。因此有

$$W(C) = T - B(C)$$

显然，最小化 $W(C)$ 和最大化 $B(C)$ 是等价的。

通过组合优化的聚类分析原则上是直接了当的。我们只需要在 N 个数据点分到 K 个类的所有可能分配上，最小化 W 或是最大化 B。遗憾的是，如此枚举式的优化仅适用于很小的数据集。不同的分配数目是 (Jain and Dubes, 1988)：

$$S(N, K) = \frac{1}{K!}\sum_{k=1}^{K}(-1)^{K-k}\binom{K}{k}k^N. \tag{14.30}$$

例如，$S(10, 4) = 34,105$ 是十分可行的。但是，$S(N, K)$ 随着参数值的增加非常迅速增长，如 $S(19, 4) \simeq 10^{10}$，而大部分聚类问题的数据集维数 N 都大于 19。因为这个原因，实际的聚类算法只能检查所有可能编码器 $k = C(i)$ 的一小部分。目标是辨识可能包含最优解的一个小的子集，或者至少是一个好的次优划分。

这种可行的策略基于迭代贪心下降。指定一个初始划分。在每次迭代中，簇分配总是沿准则的值对比上一个值改进的方向来变化。这种类型的聚类算法的不同之处在于，每一次迭代中对于类别分配的调整。当这种策略不能够提供改进时，算法将终止并且把当前的分配结果作为最终解。因为在每次迭代中，把观测对象分配到簇都是对上一步的微小扰动，因此所有可能分配中(14.30)只有很小一部分被检测出来。然而，与全局最优相比，这类算法能收敛到可能是高度次优的*局部*（local）最优。

14.3.6　K-均值算法

K-均值算法是最流行的迭代下降聚类方法之一。它适用于所有变量都是定量类型且平方欧式距离

$$d(x_i, x_{x'}) = \sum_{j=1}^{p}(x_{ij} - x_{i'j})^2 = \|x_i - x_{i'}\|^2$$

作为不相似性度量的情况。注意，通过重新定义 x_{ij} 的值，我们可以采用加权欧式距离（习题14.1)。

类内点分散程度(14.28)可以写成

$$
\begin{aligned}
W(C) &= \frac{1}{2}\sum_{k=1}^{K}\sum_{C(i)=k}\sum_{C(i')=k}\|x_i - x_{i'}\|^2 \\
&= \sum_{k=1}^{K} N_k \sum_{C(i)=k}\|x_i - \bar{x}_k\|^2
\end{aligned}
\tag{14.31}
$$

其中 $\bar{x}_k = (\bar{x}_{1k}, \ldots, \bar{x}_{pk})$ 是与第 k 个类相关的平均向量，且 $N_k = \sum_{i=1}^{N} I(C(i) = k)$。因此，通过把 N 个观测分配到 K 个类，使得在每个类中观测样本 x_i 到由簇中的点构成的类均值 $\bar{x}_k$ 的平均不相似性最小，从而最小化上式的准则。

求解

$$
C^* = \min_{C}\sum_{k=1}^{K} N_k \sum_{C(i)=k}\|x_i - \bar{x}_k\|^2
$$

的迭代下降算法可以通过注意下式获得。对于任意观测对象 S 的集合，有

$$
\bar{x}_S = \arg\min_{m}\sum_{i\in S}\|x_i - m\|^2. \tag{14.32}
$$

因此，我们可以通过解决扩大的优化问题来计算 C^*：

$$
\min_{C,\{m_k\}_1^k}\sum_{k=1}^{K} N_k \sum_{C(i)=k}\|x_i - m_k\|^2. \tag{14.33}
$$

这可以通过算法 14.1中提到的交替优化过程来最小化。

算法 14.1 *K*-均值聚类

1. 对于给定的聚类分配 C，考虑当前已分配的每个类(14.32)的均值 $\{m_1, \ldots, m_k\}$，最小化总的聚类方差(14.33)。
2. 给定当前的均值集合 $\{m_1, \ldots, m_k\}$，通过把每个观测对象分配到最近的（当前）类均值使得(14.33)最小，即

$$
C(i) = \underset{1\leqslant k\leqslant K}{\operatorname{argmin}}\|x_i - m_k\|^2. \tag{14.34}
$$

3. 迭代步骤 1 和步骤 2，直到分配不再发生变化。

每个步骤 1 和 2 都减少了准则(14.33)的值，因此收敛是能够保证的。然而，结果可能是次优的局部最小值。Hartigan and Wong (1979)提出的算法则更进一步，证实了没有一个观测对象从一个组换到另一组的单次转换时，会减小目的函数。另外，我们应该使用不同的随机策略作为初始均值来执行算法，并选择使目标函数取最小值的解。

图14–6显示在图14–4的仿真数据集上使用 *K*-均值算法时的一些迭代过程，其中类质心用“O”表示。直线显示点的划分，每个扇区表示最靠近其质心的点集。这种划分叫沃罗诺伊镶嵌（Voronoi tessellation）。过程经过 20 次迭代后收敛。

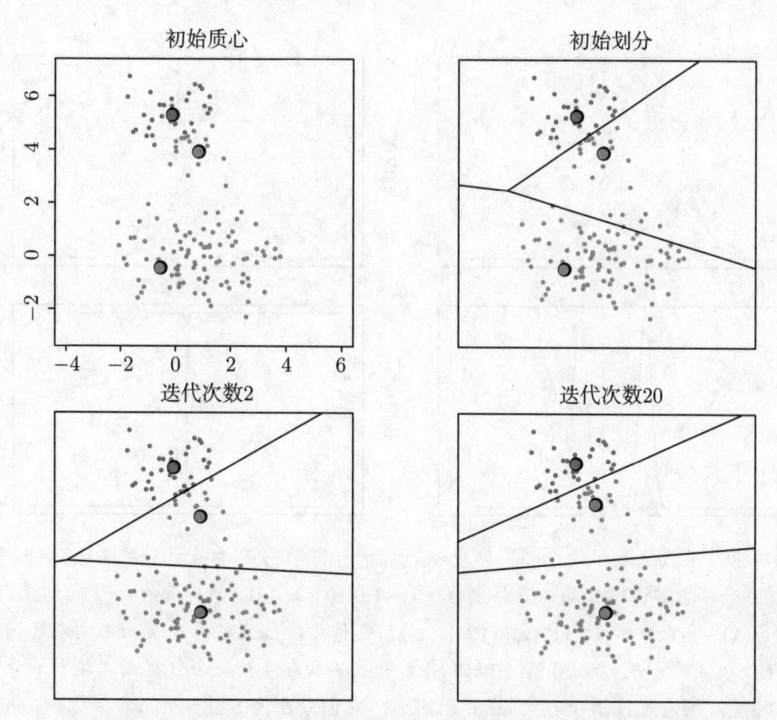

图 14–6　图14–4的仿真数据使用 K-均值算法的持续迭代过程

14.3.7　作为软 K-均值聚类的高斯混合

在估计某个高斯混合模型时，K-均值聚类过程与 EM 算法密切相关（6.8节和8.5.1节）。EM 算法在 E 步时，基于每个混合分量的相对密度为每个数据点分配一个“响应度”（responsibility），在 M 步时，基于当前的响应度重新计算分量密度参数。假设我们指定 K 个混合分量，每个分量的高斯密度都具有标量协方差矩阵 $\sigma^2\boldsymbol{I}$。然后，每个混合分量下的相对密度是数据点与混合中心之间欧式距离的单调函数。因此，在这种设置下，EM 是一个“软”版本的 K-均值聚类，对数据点按概率（而非确定性）来分配到类中心。随着方差 $\sigma^2 \to 0$，这些概率都变成 0 和 1，则这两种方法变成相同的。具体的细节可见于习题14.2。图14–7说明的是实线上两个聚类的结果。

14.3.8　示例：人类癌症微阵列数据

这里，我们对第 1 章中描述的人类肿瘤微阵列数据使用 K-均值聚类。这是一个高维的聚类例子。数据是 6830×64 的实数矩阵，每一个反映一个基因（行）和样本（列）表达测量。这里，我们对样本聚类，每个是长度为 6830 的向量，对应于 6830 个基因的表达值。每个样本有一个标签，比如breast（乳腺癌）和melanoma（黑色素瘤）等。我们在聚类中不使用这些标签，但会事后检测哪个标签落入哪个类。

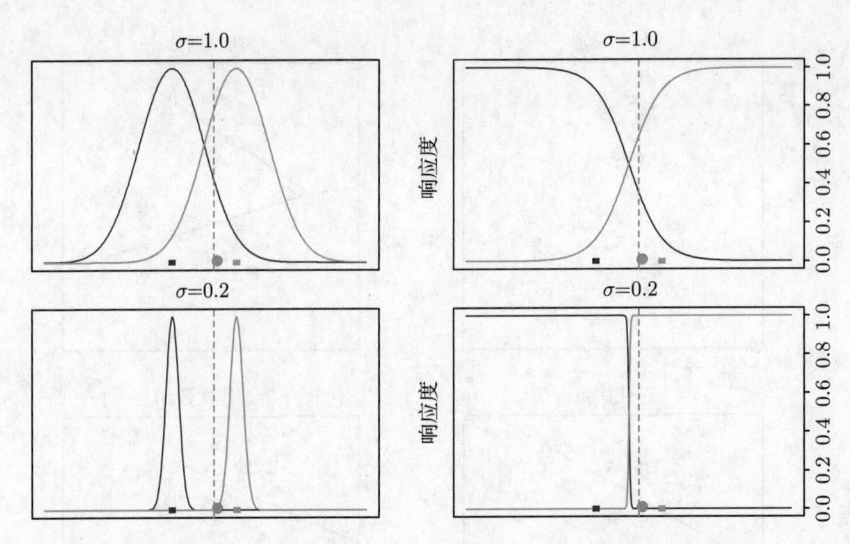

图 14–7 左上图中，实线上表示两个高斯密度 $g_0(x)$ 和 $g_1(x)$（分别为蓝色和橘黄色），$x = 0.5$ 处为单个数据点（绿色点）。彩色方块所在的位置分别为 $x = -1.0$ 和 $x = 1.0$，表示每个密度的均值。右上图中，相对密度 $g_0(x)/(g_0(x)+g_1(x))$ 和 $g_1(x)/(g_0(x)+g_1(x))$，也称为数据点的每个类的“响应度”。左下图中，高斯标准差 $\sigma = 1.0$；右下图中，$\sigma = 0.2$。EM 算法使用这些响应度把每个数据点“软”划分到两个类中。当 σ 相对大的时候，响应度接近于 0.5（在右上图中，它们分别为 0.36 和 0.64）。当 $\sigma \to 0$ 时，响应度 $\to 1$，因为类中心最接近目标点时所有的类都为 0。右下方是“硬”划分的结果

在使用 K-均值聚类时，K 值从 1 到 10，并为每次聚类计算总类内平方和，如图14–8所示。通常，我们在平方和曲线（或它的对数）上寻找一个拐点来确定最优的聚类数目（参照14.3.11节）。图上没有看到明显的指示：我们选择 $K = 3$ 个类的例子作为说明，见表 14–2。

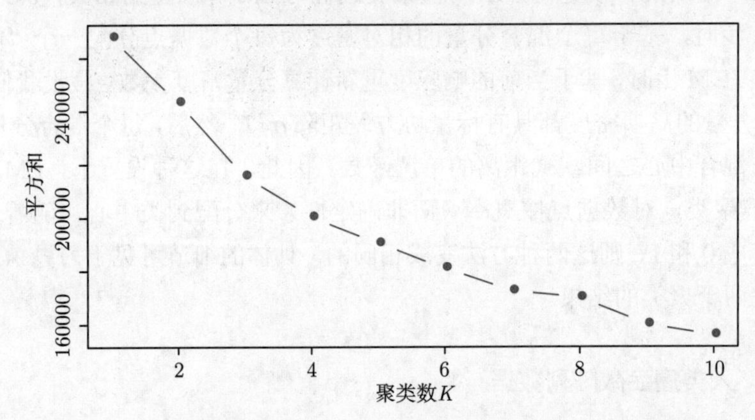

图 14–8 K 均值聚类的总簇间平方和应用于人类癌症微阵列数据

我们可以看到，这个过程成功地把具有相同癌症的样本聚集在一起。事实上，在第二类中，两个乳腺癌随后被发现是误诊，它们是转移后的黑色素瘤。然而，K-均值聚类在这个应用中是有缺陷的。其一，它不能对类内对象给出线性排序，上面例子只是简单的字母排序的结果。其二，随着聚类数目 K 的变化，类中成员会以任意方式变化。这就是说，如果有 (比方说) 4 个类，这些类不必嵌套在上面三个类中。因为这些原因，层次聚类算法（随后描述）可能更适合这一类应用。

表 14–2　人类肿瘤数据：使用 K-均值聚类得到 3 个类，每个类中不同类型的癌症数量

类	Breast	CNS	Colon	K562	Leukemia	MCF7
1	3	5	0	0	0	0
2	2	0	0	2	6	2
3	2	0	7	0	0	0
类	Melanoma	NSCLC	Ovarian	Prostate	Renal	Unknown
1	1	7	6	2	9	1
2	7	2	0	0	0	0
3	0	0	0	0	0	0

14.3.9　向量量化

在明显不相关的图像和信号压缩领域，特别是在向量量化（vector quantization）或VQ(Gersho and Gray, 1992)，K-均值聚类算法是一个关键的工具。图14–9[①]的左边是著名的统计学家费舍尔爵士 (Sir Ronald Fisher) 的数字化相片，由 1024 × 1024 个像素组成，每个像素的灰度值从 0 ~ 255，因此需要每个像素 8 位存储空间。整个图像占用 1MB=1 兆的存储空间。中间的图像是原图像的 VQ 压缩后的版本，它只需要原存储量的 0.239（在质量上有部分损失）。右边的图像压缩得更厉害，只需要原空间的 0.0625（质量上损失较多）。

图 14–9　费舍尔 (1890—1962) 先生是当代统计学的创始人之一。他提出了最大似然、充分性和其他很多基本概念。左图是一个每个像素 8 位的、1024 × 1024 的灰度图像。中间的图是 2 × 2 的块 VQ 的结果，使用了 200 个编码向量，压缩率为 1.9 位/像素。右边仅使用了 4 个编码向量，压缩率为 0.50 位/像素

这里使用的 VQ 算法一开始把图像分成小块，在本例是2×2的像素块。总共有512×512块，每一块具有 4 个数值。因此，每一块就可以看做是 $\mathbb{R}^4$ 维空间上的一个向量。一个 K-均值聚类算法——在这里也称为劳埃德（Lloyd）算法——在这个空间运行。中间的图像采用 $K = 200$，同时右边的图像采用 $K = 4$。每一个 512 × 512 像素的块（或点）使用它最近的聚类中心来估计，这个中心也成为码字。聚类的过程称为*编码*（encoding step）步，质心的集合叫*码本*（codebook）。

为了表达近似的图像，我们需要为每个块提供在码本中能近似它的的辨识身份。这样，每个块将需要 $\log_2(K)$ 个比特。我们还需要提供码本本身，它有 $K \times 4$ 个实数（通常可以忽略不计）。总的来说，压缩后的存储相当于原图像的 $\log_2(K)/(4 \cdot 8)$（当 K=200 时是 0.239，

① 这个例子由 Maya Gupta 提供。

K=4 时是 0.063）。这通常表示成每像素的比特率（rate）：$\log_2(K)/4$ 分别是 1.91 和 0.5。从中心恢复重构图片的过程称为*解码步*（decoding step）。

为什么我们期望 VQ 能够工作呢？因为在每天的图像 (比如照片) 中，很多图像块看起来都是相同的。在这种情况下，有很多几乎纯白色的块，类似会有很多有各种阴影的纯灰色块。这样，每个部分只需要一个块就可以表示，同时有多个指针都指向这个块。

我们上面所描述的被称为*有损*（lossy）压缩，因为图像是原始图像的退化版本。这种退化或*失真*（distortion）通常按照均方误差来衡量。在这个例子中，当 $K = 200$ 时 $D = 0.89$，当 $K = 4$ 时 $D = 16.95$。更一般的情况可以使用*率失真*（rate distortion）曲线来评估这种折衷。我们还可以利用重复模式，使用*块聚类*（block clustering）来实现无损压缩。如果对原图片使用无损压缩的话，则能做到最佳压缩每像素占用 1.48 比特。

我们在前面说到，需要 $\log_2(K)$ 比特在码本中辨识 K 个码字的每一个。这里采用的是定长编码，当某些码字相比其他码字在图像中出现的次数较多时，这种方法是低效的。由香农编码理论我们知道，变长编码一般会做得更好，同时编码率会变成 $-\sum_{\ell=1}^{K} p_\ell \log_2(p_\ell)/4$。分子部分是码字在图像中的分布 p_ℓ 的熵。使用变长编码，我们的比率可以分别下降到 1.42 和 0.39。最后，还有许多 VQ 方法的推广已经提出：比如，树结构的 VQ 使用自顶向下，14.3.12节提到的 2 均值类型的算法来寻找质心。这允许持续改善压缩。更多的细节可以阅读 Gersho and Gray (1992)。

14.3.10 *K*-中心点

正如前面讨论的那样，当不相似性使用平方欧氏距离 $D(x_i, x_{i'})$(14.112)衡量时，K-均值算法是恰当的。这要求所有变量都是定量类型。另外，采用平方欧氏距离令让最大距离对场值估计具有最高的影响。这会导致过程对产生较大距离的奇点缺乏鲁棒性。这些限制可以通过增加计算量为代价来抵消。

K-均值算法中，唯一假定了平方欧式距离的部分是最小化步(14.32)，(14.33)的类代表 $\{m_1, ..., m_k\}$ 取作当前分配类的均值。通过考虑式(14.33)的 $\{m_1, ..., m_k\}$ 的显式优化，来替代最小化步，该算法可以推广到任意定义的不相似性 $D(x_i, x_{i'})$。最常见的情况是，每个类的中心限制为分配到该类的一个观测对象，正如算法14.2总结的那样。这个算法假定是属性数据，但是方法也可用于仅用距离矩阵描述的数据（14.3.1节）。这不需要显式地计算类中心，相反，只需要记录指标 i_k^* 即可。

为每个临时类 k 求解(14.32)需要的计算量正比于分配给它的观测，而求解(14.36)需要的计算量将增加到 $O(N_k^2)$。给定一组聚类“中心” $i_1, ..., i_k$，如前所述，获得一个新的分配：

$$C(i) = \underset{1 \leqslant k \leqslant K}{\arg\min}\, d_{ii_k^*} \tag{14.35}$$

它需要的计算量与 $K \cdot N$ 成比例。因此，K-中心点比 K-均值需要更多的计算量。

交替(14.36)和(14.35)表示了一种特定的启发式搜索策略，为了尝试求解

算法 14.2　K-中心点聚类

1. 对于给定的类分配 C，找到能最小化到类中其他点的总距离的类内观察标本：

$$i_k^* = \underset{\{i:C(i)=k\}}{\arg\min} \sum_{C(i')=k} D(x_i, x_{i'}) \tag{14.36}$$

则 $m_k = x_{i_k^*}, k = 1, 2, ..., K$ 是当前估计的类中心。

2. 给定当前的类中心集 $\{m_1, ..., m_K\}$，把每个观察对象分配到距离其（当前）最近的类中心，使得整体误差最小：

$$C(i) = \underset{1 \leqslant k \leqslant K}{\arg\min}\, D(x_i, m_k) \tag{14.37}$$

3. 交替迭代步骤 1 和步骤 2，直到分配不再改变。

$$\min_{C, \{i_k\}_1^K} \sum_{k=1}^{K} \sum_{C(i)=k} d_{ii_k}, \tag{14.38}$$

Kaufman and Rousseeuw (1990)提出过一个替代策略直接解决(14.38)，即暂时把每个中心 i_k 与当前不是类中心的某个观测交换，选择的交换要使得准则(14.38)的值有最大程度的降低。持续这一过程直到不能发现更好的交换。Massart 等 (1983)曾使用分支定界组合方法获得式(14.38)的全局最小值，但在实际中，只适合很小的数据集。

示例：国家不相似性

这个例子源自于 Kaufman and Rousseeuw (1990)，来自一项研究：政治学专业的学生被要求为 12 个国家提供成对的不相似性测量，分别为比利时、巴西、智利、古巴、埃及、法国、印度、以色列、美国、苏联、南斯拉夫和扎伊尔。平均不相似性分数展示在表 14.3 中。

表 14–3　取自一份政治学调查数据：国家相互不相似性的平均值，来源于政治学学生的问卷调查

	比利时	巴西	智利	古巴	埃及	法国	印度	以色列	美国	苏联	南斯拉夫
巴西	5.58										
智利	7.00	6.50									
古巴	7.08	7.00	3.83								
埃及	4.83	5.08	8.17	5.83							
法国	2.17	5.75	6.67	6.92	4.92						
印度	6.42	5.00	5.58	6.00	4.67	6.42					
以色列	3.42	5.50	6.42	6.42	5.00	3.92	6.17				
美国	2.50	4.92	6.25	7.33	4.50	2.25	6.33	2.75			
苏联	6.08	6.67	4.25	2.67	6.00	6.17	6.17	6.92	6.17		
南斯拉夫	5.25	6.83	4.50	3.75	5.75	5.42	6.08	5.83	6.67	3.67	
扎伊尔	4.75	3.00	6.08	6.67	5.00	5.58	4.83	6.17	5.67	6.50	6.92

我们对这些不相似性使用 3 中心点聚类。注意，K-均值聚类不能用，因为我们只知道距离而非原始观测。图14–10左图显示的是依据 3 中心聚类算法重排和分块后的不相似性。右图是一个二维的多维尺度图，3 中心点聚类分配结果由颜色指示（多维尺度将在14.8节部分讨论）。这两个图都显示 3 个类都被很好地分开，但 MDS（多维尺度）显示“埃及”落在两个类中间。

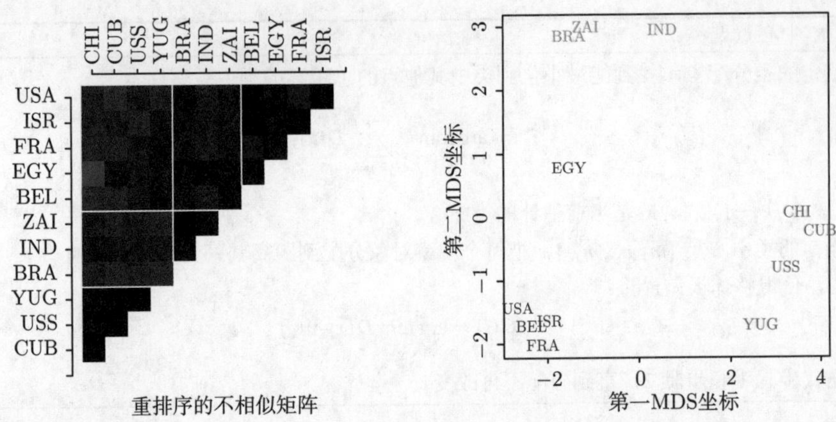

图 14–10 国家不相似性调查。左图：按 3 中心点聚类、重排和分块后的不相似性。热力图按最相似（暗红色）到最不相似（亮红色）编码。右图：按不同颜色显示 3 中心点簇的 2 维的多维尺度图

14.3.11 实际问题

为了应用 K-均值或 K-中心点算法，必须选择聚类个数 K^* 和初始化。后者可以通过指定初始中心点集合 $m_1, ..., m_k$ 或者 $i_1, i_1, ..., i_k$ 或者初始编码器 $C(i)$ 来定义。通常情况下，指定中心点更方便。可行的建议包括从简单的随机选择到基于前向分步分配的精细策略。在每一步，给定前一步选择的类中心点 $i_1, ..., i_{k-1}$，新的类中心点通过最小化(14.33)或(14.38)的准则来获取。这样持续 K 步，就可以产生 K 个初始中心点，随后即可开始优化算法。

聚类个数 K 的选取依赖于目标。对于数据分割来说，K 值通常作为问题的一部分定义。比如，一个公司雇佣 K 个销售员，目标是把顾客数据划分成 K 个部分，每个顾客对应一个销售员，分配给每个销售员的顾客要尽量相似。然而，聚类分析常用于提供描述性统计量，以确定包含在数据库里的观测样本属于自然不同类的程度。这里，聚类簇的个数 K^* 是未知的，且和分组本身一样，需要从数据中估计。

基于数据的方法在估计 K^* 时，通常要检验类内不相似性 W_K，将其作为聚类个数 K 的函数。对于 $K \in \{1, 2, ..., K_{\max}\}$，可以得到不同的解。相应值 $\{W_1, W_2, ..., W_{K_{\max}}\}$ 通常随着 K 的增大而减小。即使是在一个独立的测试集上评估准则，情况也是如此。因为大量的聚类中心会稠密地填满了特征空间，以至于它们与所有点都很接近。因此，在监督学习中的对模型选择非常有用的交叉验证技术，在这种环境下就不能使用了。

隐藏在这个方法背后的直觉是，如果实际上有 K^* 个不同的观测分组（在不相似性定义下），则对于算法返回的类 $K < K^*$，每个类都会包含真实类别中的一个子集。也就是说，获得的解不会将同一个自然聚团里的观测对象分到不同的估计簇中。在一定程度上，求解准则值会随着指定类数的增加而显著减少，$W_{K+1} \ll W_K$，因为自然簇会相继地分到不同的类别中。对于 $K > K^*$，估计类的一个必定会把至少自然簇中的一个分成两个子群。随着 K 更进一步增长，这将使准则值有较小的减少。与将两个良好分离的群的并集划分到他们适当的群相比，把群内的观测相当接近的自然簇分拆开来，会较少减少准则。

当这种情况在一定程度上实现时，将在准则值上出现连续差异显著降低，在 $K = K^*$ 时

$W_K - W_{K+1}$。也就是说，$\{W_K - W_{K+1}|K < K^*\} \gg \{W_K - W_{K+1|K \geqslant K^*}\}$。在 W_K 和 W 的函数图像上通过寻找“拐点”，可以获得 K^* 的估计值 $\hat{K}^*$。相比其他的聚类方法，该方法可以说是启发式的。

最近提出的间隙统计量（Gap Statistic）(Tibshirani 等, 2001b)是把曲线 $\log W_K$，与均匀分布在包含数据的矩形框内的数据上获得的曲线作比较。它所估计出最优的聚类数目位于两个曲线间隙最大的地方。本质上，这是一种能自动定位提及的“拐点”的方法。当数据落入到单个类时它，也能很好的工作，且在此情况下它估算出来的最优聚类数就等于 1，而大多数其他方法此时会失效。

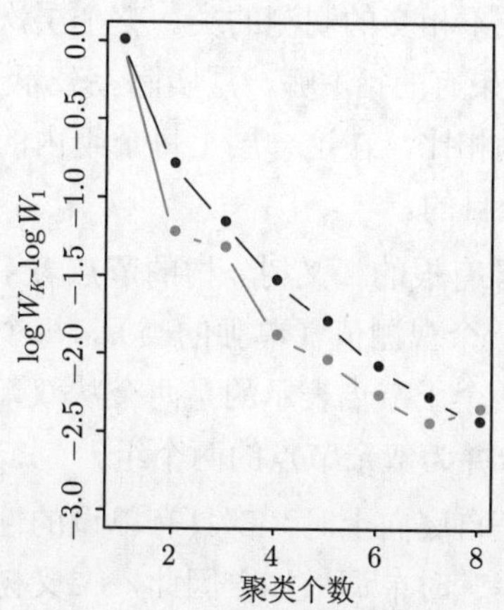

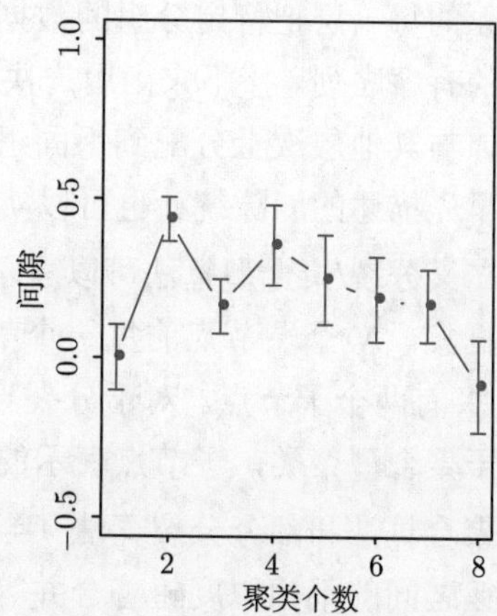

图 14–11　左图：图14–4中的仿真数据的 $\log W_K$ 的观测值（绿色）和期望值（蓝色）。这两条曲线在一个簇时都等于零。右图：间隙曲线，它等于 $\log W_K$ 的观察值与期望值之差。间隙估计 K^* 是在 $K+1$ 里产生一个标准偏差内的间隙的最小 K 值，这里 $K^* = 2$

图14–11显示了应用到图14–4的仿真数据上的间隙统计量结果。左图显示的是 $\log W_K$，分别对应于 $K = 1, 2, \ldots, 8$ 个类时（绿色曲线），以及从均匀数据中取到的 20 多个仿真数据的 $logW_K$ 的期望值（蓝色曲线）。右图显示了间隙曲线，它是期望曲线减去观测值曲线得到的，同时也显示了错误边界的半宽度 $s'_K = s_K\sqrt{1 + 1/20}$，这里 s_K 是 $\log K$ 在 20 个仿真数据上的标准差。在 $K = 2$ 个类时，间隙曲线取到最大值。如果 $G(K)$ 是 K 个类的间隙曲线，则估计 K^* 的形式化规则是

$$K^* = \arg\min_K \{K|G(K) \geqslant G(K+1) - s'_{K+1}\} \tag{14.39}$$

从图14–4上看出，得出的 $K^* = 2$ 是合理的。

14.3.12　层次聚类

应用 K-均值聚类或 K-中心点聚类算法的结果，依赖于聚类个数和起始组态的分配。相反，层次聚类方法没有这些要求。取而代之的是，它要求用户基于两个组内观测对象的成对不相似性，指定观测对象的（不相交的）组之间的不相似性度量。正如名字所述，它产生

了层次表示，在层次体系的每一个级别上的类都是由其下一个低级别的类合并构成的。在最低的层次上，每个类只包含单个观测。在最高层次上，只有一个包含了所有数据的类。

层次聚类的方法主要包含两个基本形式：聚合型（agglomerative，自底向上）和分裂型（divisive，自顶向下）。聚合型策略起始于底部，在每个级别上，以递归方式把选定成对的类合并成一个类。它将在下一个高的级别上产生总量少一个的类。被选出来要合并的两个组是具有最小组间不相似度的一对。分裂方法开始于顶部，在每个级别上，递归方式把一个现已存在的类分成两个新类。分裂产生的两个新组具有最大的组间不相似性。这两种方法都会产生 $N-1$ 层的层次体系。

层次体系的每一层把特定分组的数据表示成不相交的观测的类。整个层次体系反映了像这样分组的有序序列。接下来由用户决定（如果有的话）哪一层实际上表示一个“自然”类，就是说，与其他层次上分配到不同组的观测相比，在这一层上每个组内的观测都更充分的相似。早先描述的间隙统计也可以实现这个目的。

递归的二叉分裂/聚合型算法可以表示为一棵有根的二叉树。树的节点表示组。根节点表示整个数据集。N 个端节点的每一个都表示一个观测值（单独的类）。每个非终端节点（“双亲节点”）有两个子节点。对于分裂聚类，两个子节点表示的是两个从双亲节点分裂得到的组；对于聚合型聚类，子节点表示的是将合并为双亲节点的两个组。

大多数聚合算法和部分分裂算法（当看作是自底向上时）都具有单调的性质。这就是说，在合并簇之间的不相似度随着合并等级的提升时单调增加。因此，二叉树可以绘制成每个节点的高度与两个子节点的组内不相似成正比。代表着个体观测对象的端节点被全画在零高度上。这种类型的图叫谱系图（dendogram，又称树状图）。

树状图用图形的形式，为层次聚类提供了一种高度可解释的完整描述。这是层次聚类流行的一个主要原因。

对于微阵列数据，图14–12展示的是采用平均链接（average linkage）的聚合聚类的树状图结果。聚合聚类及例子将在本章稍后部分做详细讨论。在某个特定的高度上水平把树状图割开，可以得到不相交的类。这些类用图上相交的垂线表示。当最优的组间的不相似性超过切割的阈值时算法终止，并划分出这些类。以高值合并的组，相对于树上那些它所包含的较低层的子组的合并值来说，更有可能成为自然类的候选对象。注意，这种情况可能发生在不同的层次，显示了层次聚类，即类内嵌套类。

这种树状图经常被看作是数据自身的图形总结，而不是算法结果的描述。然而，这种解释应该要小心对待。首先，不同的分层方法（见下面）以及数据中的细微改变，都会导致相当不同的树状图。其次，在一定程度上，这种总结仅当成对的观测差异确实是层次结构时，才是有效的。层次方法仅仅是在数据上强加了一个层次结构而并不管这个结构是否真实存在。

由树状图产生的层级结构在多大程度上能真实的反映数据自身，能通过同表象相关系数（cophenetic correlation coefficient）来判断。这是 $N(N)/2$ 个观测对象对的不相似性 $d_{ii'}$ 的输入到算法，和从树状图同表象（cophenetic）导出的、它们相应的不相似性 $C_{ii'}$ 之间的相关性。两个观测对象 (i, i') 间的同表象不相似性 $C_{ii'}$ 是在同一类内观测对象 i 和 i' 首次连结在一起时的组间不相似度。

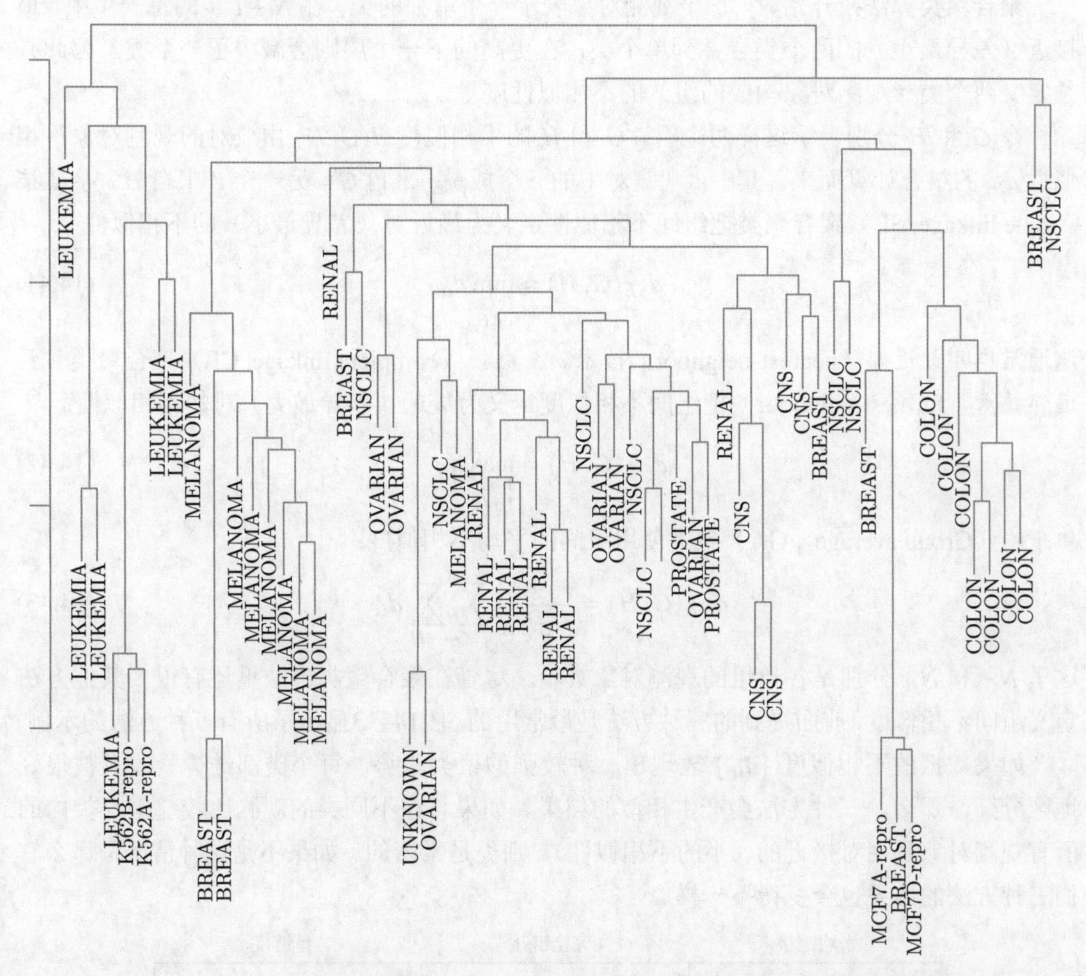

图 14–12　在人类肿瘤微阵列数据上，应用平均链接的聚合层次聚类算法得到的树状图

同表象不相似性是一种非常有限制的不相似性度量。首先，在观测对象上的 $C_{ii'}$ 必须包含很多相同的值（tie），因为全部 $N(N-1)/2$ 个值中仅 $N-1$ 能够区分。此外，对任意三个观测对象 (i, i', k)，这些不相似性都服从*超度量不等式*（ultrametric inequality）：

$$C_{ii'} \leqslant \max\{C_{ik}, C_{i'k}\} \tag{14.40}$$

作为一个几何例子，设想数据表示为欧式坐标系上的点。为了使数据点之间的距离集合满足(14.40)，由所有三个点组成的三角形都必须是等腰三角形，其不相等的长度的边不大于两个等边的长度 (Jain and Dubes，1988)。因此，期望在任意数据集上的广义差异度，都紧密地与从树状图上计算得到的同表象差异度相似，是不现实的，尤其是相同值很少时。因此，这种树状图应该主要被看作是一种在特定算法下数据之聚类结构的描述。

14.3.13 聚合聚类

聚合聚类算法在开始时，每个观测对象表示一个单独的类。在 $N-1$ 步的每一步中，最接近（差异最小）的两个类合并到单个类，在更高的下一个层则会减少了一个类。因此必须定义两个类（观测对象构成的组）的不相似性度量。

令 G 和 H 分别表示这样两个组。G 和 H 的不相似度 $d(G,H)$ 由成对的观测对象不相似性 $d_{ii'}$ 的集合计算而来。其中，观测对中的一个成员 i 来自 G，另一个 i' 来自 H。单链接（single linkage, SL）聚合聚类把组间不相似性定义为最近对（差异最小）的不相似性：

$$d_{SL}(G,H)=\min_{\substack{i\in G\\ i'\in H}} d_{ii'} \tag{14.41}$$

这通常也叫最近邻（nearest-neighbor）技术。全链接（complete linkage, CL）聚合聚类（最远邻技术，furthest-neighbor）把组间不相似度定义为最远（差异最大）对的不相似性：

$$d_{CL}(G,H)=\max_{\substack{i\in G\\ i'\in H}} d_{ii'} \tag{14.42}$$

组平均（Group average，GA）聚类使用组间的平均不相似度：

$$d_{GA}(G,H)=\frac{1}{N_G N_H}\sum_{i\in G}\sum_{i'\in H} d_{ii'} \tag{14.43}$$

这里 N_G 和 N_H 分别是各自组的观测对象数量。尽管在聚合聚类方法里还有很多其他方法定义组间不相似度，前面提到的三种方法是最常用的。图14–13显示了所有三种方法的示例。

如果数据的不相似度 $\{d_{ii'}\}$ 表现出一种较强的聚类趋势，每个类都结构紧凑且被很好地区分开，那么，三种方法会产生相似的结果。如果与在不同类的观测比较起来，类内的所有观测对象是相对接近的（小的不相似性），则类是紧凑的。如果不是这种情况，那么它们三种方法的结果也会变得不一样。

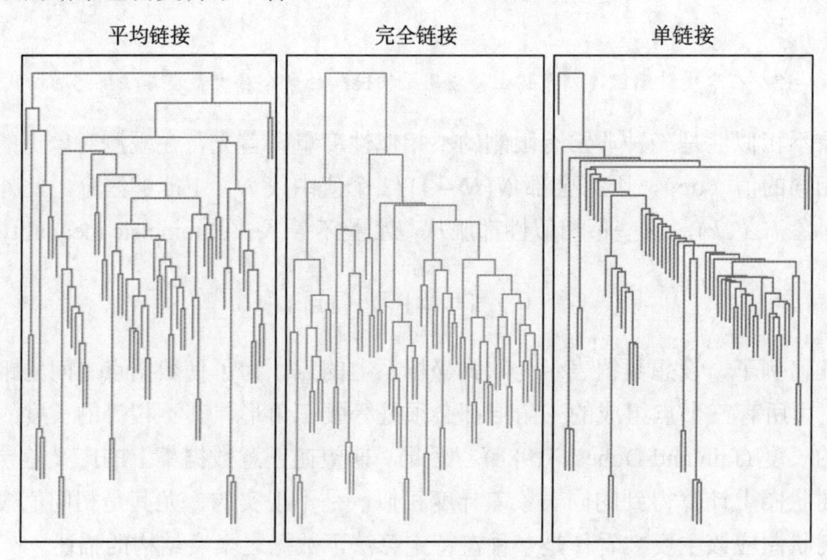

图 14–13 人类肿瘤微阵列数据使用聚合层次聚类后的树状图

单链接(14.41)仅要求对于待考虑的靠在一起的两个组 G 和 H，单个不相似度 $d_{ii'}, i \in G, i' \in H$ 要小，而不需要考虑这两个组内其他观测对象的不相似度。因此，在相对低的阈值下，它会趋向于将由一系列接近中间观测所链接的观测结合起来。这种现象称作“链锁”（chaining），常常被认为单链接法的一个不足。由单链接产生的类可能违反“紧凑性”（compactness），即在基于提供的观测不相似度 $\{d_{ii'}\}$，每个类的类内的观测对象应趋向于相互相近。如果定义一组观测对象的 D_G 的直径（diameter）为其组内观测对象之间最大的差异度：

$$D_G = \max_{\substack{i \in G \\ i' \in G}} d_{ii'} \tag{14.44}$$

那么单链接会产生具有很大直径的类。

全链接(14.42)展现了另一个极端。两个组 G 和 H 只有当其中所有的观测对象都相对近似时，它们才被认为是接近的。这种方法倾向于产生具有最小直径(14.44)的紧密类。然而，这种方法产生的类也可能违背“闭性”。就是说，观测与其他组的观测对象的接近程度可能远大于它与其所在组其他观测的接近程度。

组平均聚类(14.43)是单链接和全链接两种极端方法的折衷。它试图产生一些相对紧密的类，那里类与类都相对较远。然而，它的结果依赖于观测差异度 $d_{ii'}$ 度量的数值范围。对 $d_{ii'}$ 应用严格单调递增的变换 $h(\cdot)$，即 $h_{ii'} = h(d_{ii'})$，就能改变(14.43)式的结果。相反，(14.41)和(14.42)仅依赖于 $d_{ii'}$ 的顺序，因此对于这种单调变换是不变的。这种不变性常被看做是单链接和全链接优于组平均方法的理由。

我们能证明组平均聚类具有被单链接和全链接所违背的统计一致性。假设我们有属性值数据 $X^T = (X_1, ..., X_p)$，每个类 k 是一个取自于某个总体联合密度 $p_k(x)$ 的随机样本。整个数据集是取自 K 个这样混合密度的随机样本。组平均差异度 $d_{GA}(G, H)$(14.43)就是对下式的一种估计：

$$\int\int d(x, x') p_G(x) p_H(x') dx dx' \tag{14.45}$$

这里，$d(x, x')$ 是点 x 和点 x' 在属性值空间的不相似性。随着样本大小 N 趋于无穷，$d_{GA}(G, H)$(14.43) 趋于(14.45)，这是两个密度 $p_G(x)$ 和 $p_H(x')$ 之间关系的一种刻画。对于单链接来说，当 $N \to \infty$ 时，$d_{SL}(G, H)$(14.41)趋向于零，且独立于 $p_G(x)$ 和 $p_H(x')$。对于全链接来说，$d_{CL}(G, H)$(14.42)在 $N \to \infty$ 时趋向于无穷，它也是独立于上述两个密度。但是，不清楚总体分布的哪些方面为 $d_{SL}(G, H)$ 和 $d_{CL}(G, H)$ 所估计。

1. 示例：人类癌细胞微阵列数据（续）

图14–13左图显示，微阵列数据样本（列）使用平均链接聚合聚类算法得到的树状图结果。中间和右图显示的是使用全链接和单链接聚合方法得到的结果。平均链接和全链接给出了相似的结果，同时单链接产生了瘦长型的不平衡分组。我们主要关注的是平均链接聚类。

像 K-均值聚类一样，层次聚类能成功地把简单癌症聚类。同时，它还有其他出色的特性。通过在不同高度截断树状图，可以得到不同的簇或聚类数量，并且簇集合是相互嵌套的。它给出了样本的部分有序信息。在图14–14中，我们按照从层次聚类得到的序列重排了基因和样本的表示矩阵，其中行是基因，列是样本。

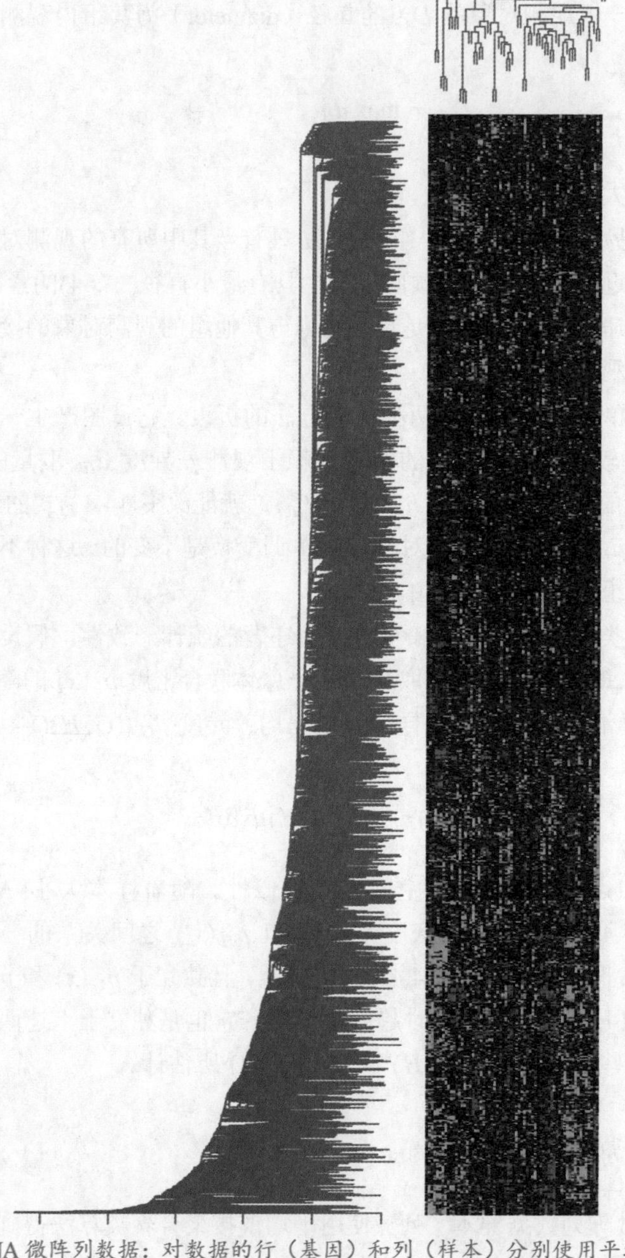

图 14–14　DNA 微阵列数据：对数据的行（基因）和列（样本）分别使用平均链接层次聚类，以此决定行和列的顺序（见正文）。颜色范围从亮绿（负数，欠表达）到亮红（正数，过表达）

注意，如果我们在任意一个合并处翻转一个树状图分支的方向，树状图的结果仍然和层次聚类的序列一致。因此为了确定叶子的顺序，我们必须加一个约束。为了产生图14–14的行次序，我们可以使用 S-PLUS 软件中的缺省规则：在每次合并，具有较紧凑聚类的子树放在左边（在图中朝着旋转树状图的底部）。单个基因可能是最紧的类，涉及两个单个基因的合并则按观测对象数量依次排序。相同的规则也适用于列。其他的规则也是可行的，比如，按照基因维数的多维尺度排序，详见14.8节。

图14–14的二路重组产生了基因和样本的富有信息的图。比起第1章图1–3中行和列的随机排序，此图能提供更多的信息。除此以外，树状图本身是有意义的，比如，生物学家可以按生物进程来解释基因簇。

2. 分裂聚类

分裂聚类算法开始的时候，把整个数据集作为单一的簇或类，然后递归地，在每次迭代过程中以从上到下的方式把一个存在的类分成两个子类。在聚类文献里，这种方法并没有像聚合聚类那样广泛的研究。在压缩方向的工程文献中，(Gersho and Gray, 1992)对该方法有过一些探讨。在聚类设置里，当兴趣点在于将数据划分成相对少量的类时，分裂方法比起聚合方法有潜在的优势。

分裂范式可以递归的应用任何组合方法完成，比如 K-均值（14.3.6节或 K-中心点（14.3.10节），采用 $K = 2$，在每次迭代实施分裂。然而，这样的方法都依赖于每一步指定的起始配置。另外，产生一个有单调性的分支序列也是不必的，虽然对树状图来说是必要的。

Macnaughton Smith 等 (1965)提出了一种能够避免这些问题的分裂算法。一开始，把所有的观测放到一个单独的类 G 中。然后，选择那些与所有其他观测的平均不相似性最大的观测。这个观测成为第二类 H 的第一个成员。在每个后续的步骤中，对 G 中的观测计算，与 H 中拥有的观测的平均距离，减去留在 G 中观测的平均距离。结果最大的那一个转移到 H 中。这个过程持续，直到相应的平均不相似性变成负数。就是说，在平均意义下，G 中的任何观测都不接近于 H 中的观测。这种划分的结果就是原来的类被分成两个女儿类：转移到 H 的观测为一类，保留在 G 中的为另一类。这两个类展示了层次结构的第二层。接下去的每一层都是这个分裂过程应用到前一层的簇中之一得到的结果。Kaufman and Rousseeuw (1990)建议在每一层上选择具有最大直径(14.44)的类做划分。作为替代方案，我们也可以选择具有最大组内平均差异度的类来分裂：

$$\bar{d}_G = \frac{1}{N_G^2} \sum_{i \in G} \sum_{i' \in G} d_{ii'}$$

这种递归的分裂持续，直到所有的类要么变成一个单独的观测对象，要么其中的每个成员之间的不相似性为零。

14.4 自组织映射

这种方法可以看成有约束的 K-均值聚类版本，其中原型假设为位于特征空间的一维或者二维流形上。得到的流形也常看作是*有约束的拓扑映射*（constrained topological map），因为初始的高维观测可以映射到二维坐标系统。最初的自组织映射是在线的——一次处理一个观测——随后提出了批处理的版本。该技术也与下节讨论的*主曲线*（principal curves）和*主曲面*（principal surfaces）有着密切的联系。

我们考虑一个具有 K 个原型 $m_j \in \mathbb{R}^p$ 的二维矩形网格（其他选择如六边形网格也能使用）的自组织映射（简称 SOM）。K 个原型的每一个都考虑用整数坐标对 $\ell_j \in Q_1 \times Q_2$ 来参数化。这里 $Q_1 = \{1, 2, ..., q_1\}$，Q_2 也类似，同时 $K = q_1 \cdot q_2$。举例来说，m_j 需要初始化到数据的二维主成分平面（见下一节）。我们可以把原型看成“纽扣”，有规律地“缝合”在主成分平面上。自组织映射（SOM）过程就是尝试弯曲平面，使得“纽扣”尽可能近似数据点。一旦模型拟合，观测数据就能映射到二维的网格上。

这些观测对象 x_i 一次处理一个。我们找到 $\mathbb{R}^p$ 欧式距离与 x_i 最接近的原型 m_j，然后找到 m_j 的所有近邻 m_k，通过下面的更新方法朝着 x_i 的方向移动 m_k：

$$m_k \leftarrow m_k + \alpha(x_i - m_k) \tag{14.46}$$

m_j 的“近邻”定义成使 ℓ_j 和 ℓ_k 之间距离更小的所有 m_k。最简单的方法是使用欧式距离，“小”由阈值 r 决定。邻域总是包含最近的原型 m_j 本身。

注意，距离定义在原型整数拓扑坐标的空间 $Q_1 \times Q_2$ 中，而不是在特征空间 $\mathbb{R}^p$ 中。更新(14.46) 的作用是使原型更接近于数据点，同时还要维持原型之间的光滑二维空间关系。

自组织映射（SOM）算法的性能依赖于学习率 α 和距离阈值 r。典型情况下，α 在上千次迭代（一次迭代处理一个观测对象）过程中从 1.0 逐渐减少到 0.0。类似的，r 也在上千次迭代过程中、线性方式从起始值 R 降到 1。我们会在下面的例子里说明如何选取 R。

我们已经介绍了自组织映射最简单的版本。更复杂的版本是依据距离来修改更新：

$$m_k \leftarrow m_k + \alpha h(\|\ell_j - \ell_k\|)(x_i - m_k) \tag{14.47}$$

这里当指标 ℓ_k 与那些远离的批标相比，更接近 ℓ_j 时，*邻近函数*（neighborhood function）h 将给予相应的原型 m_k 更多的权重。

如果把阈值 r 定义为足够小，以至于每个邻域都只包含一个点，就会缺失原型之间的空间联系。在这种情况下，我们可以证明 SOM 是 K-均值聚类的在线版本，且最终稳定在 K-均值发现的局部最优点上。因为 SOM 带约束的 K-均值聚类，所以在任意给定问题上检查这种约束是否合理很重要。对两种方法，我们都可以通过计算所有观测的重构误差 $\|x - m_j\|$ 之和来确定。对于 K-均值来说，是越小越好，但如果自组织映射是合理的近似，它不应该太小。

作为一个图示的例子，我们在半径为 1 的半球体曲面附近生成 90 个三维的样本点。这些点是三个类之一——分别为红色、绿色和蓝色——分布在 (0,1,0)，(0,0,1) 和 (1,0,0) 周围。

数据见图14–15。

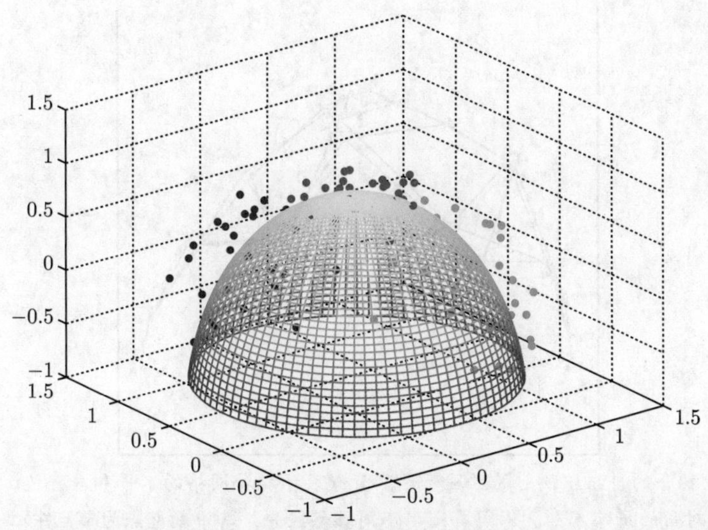

图 14–15　半球体曲面附近的三类仿真数据

按照我们的设计，红色的类比绿色或蓝色的类更为紧凑（数据生成的全部细节见习题14.5）。采用一个 5×5 的原型网格，网格初始大小为 $R = 2$，这意味着每个邻域内大约有三分之一的原型。我们对 90 个观测对象总共做了 40 次遍历，同时令 r 和 α 在 3600 次迭代中线性减少。

在图14–16中，原型用圆圈表示，投影到每个原型的数据点随机画在相应的圆圈里面。左图显示初始的设置，右图显示最后的结果。该算法成功地分离了类，然而，红色类的分割显示流形自身出现了折叠（图14–17）。因为在二维展示中没有使用距离，所以无法在自组织映射投影中看出红色类比起其他两个类更为紧凑。

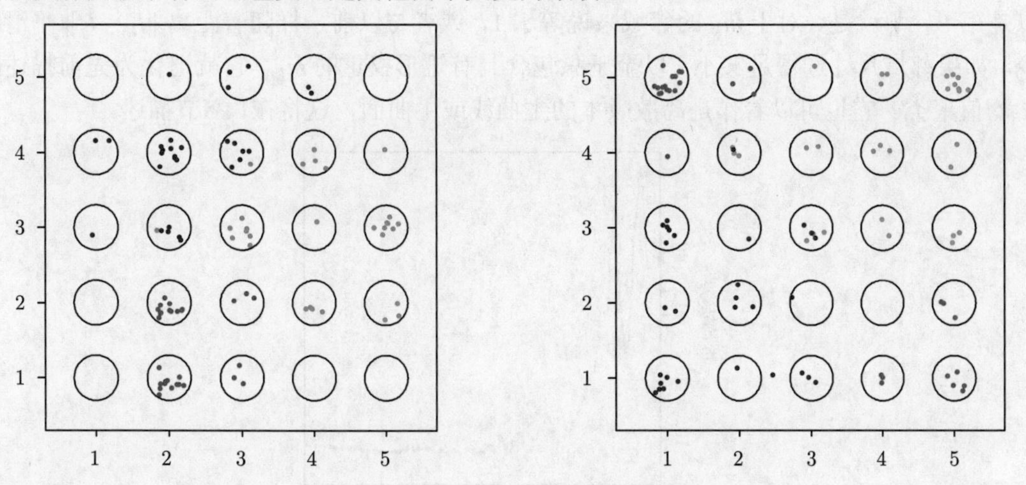

图 14–16　应用于半球体曲面数据示例的自组织映射。左图是初始设置，右图是最终结果。每个圆表示一个 5×5 的原型网格，同时，投影到每个原型的数据点随机落入对应圆的内部

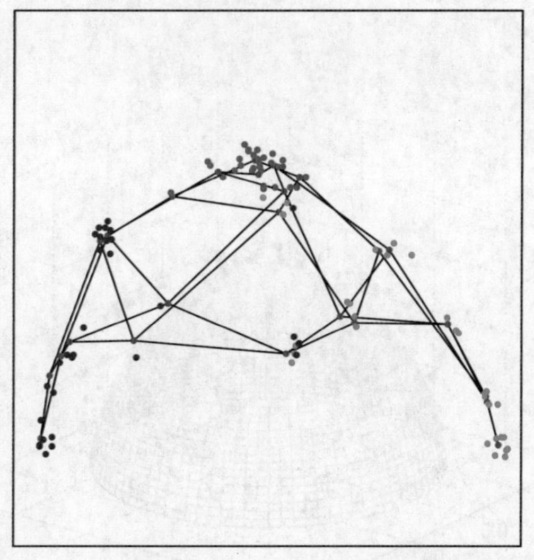

图 14–17 在 $\mathbb{R}^3$ 上拟合的自组织映射的丝网表示。直线表示拓扑网格的水平和垂直边。双线表明为了建模红色点，曲面被对角的折回本身。不同类别用不同颜色区分，其中紫色点为节点中心

图14–18显示了重构误差，它等价于原型周围每个数据点的总平方和。为了比较，我们对数据执行了有 25 个质心的 K-均值聚类，它的重构误差显示为图中的水平线。我们看到，SOM 显著降低了这个误差，接近于 K-均值的水平。这也说明 SOM 采用的二维约束对这个特定数据集是合理的。

在批处理版本的 SOM 中，我们通过

$$m_j = \frac{\sum w_k x_k}{\sum w_k} \tag{14.48}$$

更新每个 m_j。求和是对映射到（即最接近于）m_j 的近邻 m_k 中的点 x_k 的和。权重函数可以是矩形，那就是，对于 m_k 的邻域来说等于 1，或者与以前一样随着距离 $\|l_k - l_j\|$ 平滑减少。如果邻域尺寸选得足够小，以至于只包含具有矩形权重的 m_k，它就退化为先前描述的 K-均值聚类。它也可以看作是离散版本的主曲线或主曲面，这将在14.5节描述。

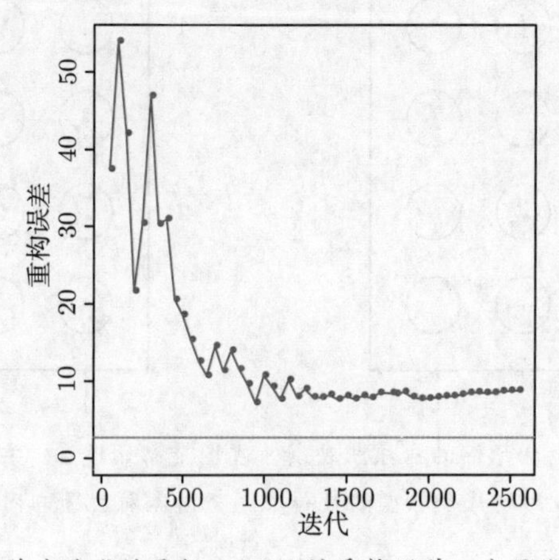

图 14–18 半球形数据：作为迭代的函数，SOM 的重构误差。水平线表示 K-均值聚类的误差

示例：文档组织和检索

随着互联网和 Web 的快速发展，文档检索变得越来越重要，SOM 已经被证明对组织和标注大型语料库非常有用。这个例子取自 WEBSOM 的主页 http://websom.hut.fi/ (Kohonen 等, 2000)。图14–19展示的是对 12 088 个新闻组 comp.ai.neural-nets 的 SOM 拟合。标签由 WEBSOM 软件自动生成，同时为结点的典型内容提供说明。

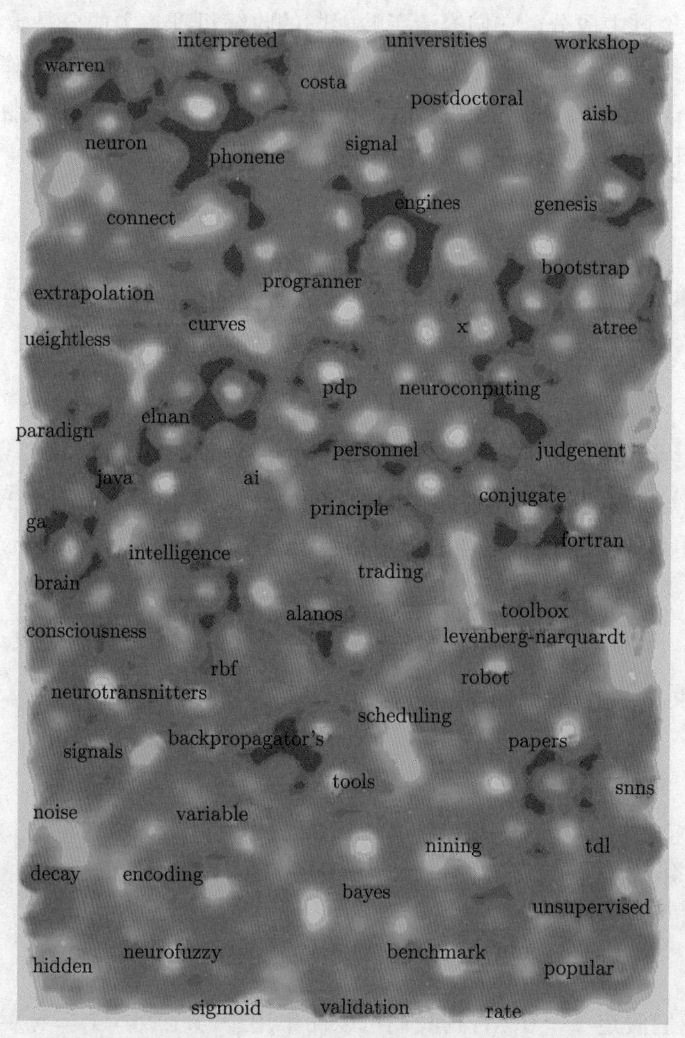

图 14–19　使用自组织映射模型拟合 12 088 个新闻组 comp.ai.neural-nets 属性时的热度图（见 WEBSOM 主页）。越亮的区域表示更高的密度区域。其中的节点依据典型内容自动标记

在这样的应用中，文档必须先预处理，生成特征向量。我们创建一个“术语-文档”(term-document）矩阵，其中每行表示一篇档。每行元素表示预先定义的术语集里每一个相对发生频率。这些术语可能是一个巨大的词典元素集（50 000 词）、是更大的二元语法集（词对）或者是它们的子集。这些矩阵的典型特点是非常稀疏，因此需要一些预处理过程以减少特征（列）的数量。有时，用奇异值分解（下一节）来约简矩阵；Kohonen 等 (2000)提出

用随机变量理论来减少矩阵。然后这些约简的向量会被当作 SOM 的输入。

在这个应用中，作者提出了一个“放大”特征，它允许用户与映射建立交互以获取更多细节。最后一级放大检索了实际新的而且可以打开阅读的新闻文章。

14.5 主成分、主曲线和主曲面

3.4.1节中讨论过主成分，它们澄清了岭回归的收缩机理。主成分是数据的一系列投影，这些投影相互间无关联并按方差来排序。在下一节中，我们提出主成分作为线性流形来逼近一组具有 N 个点 $x_i \in \mathbb{R}^p$ 的集合。然后，我们在14.5.4节提出一些非线性推广。其他最近关于非线性逼近流形的方法将在14.9节中讨论。

14.5.1 主成分

$\mathbb{R}^p$ 中数据集的主成分提供了对所有秩 $q \leqslant p$ 数据的最佳线性逼近序列。

定义观测样本为 $x_1, x_2, \cdots, x_N$，考虑用秩-q 的线性模型来表示它们：

$$f(\lambda) = \mu + \boldsymbol{V}_q \lambda, \tag{14.49}$$

这里 μ 是在 $\mathbb{R}^p$ 中的位置向量，$\boldsymbol{V}_q$ 是由 q 列正交单位向量组成的 $p \times q$ 矩阵，λ 是一个 q 个参数的向量。这是秩为 q 的仿射超平面的参数表示。图14–20和图14–21显示了 $q = 1$ 和 $q = 2$ 的情况。用最小二乘拟合这样的模型相当于最小化*重构误差*（reconstruction error）：

$$\min_{\mu, \{\lambda_i\}, \boldsymbol{V}_q} \sum_{i=1}^{N} \|x_i - \mu - \boldsymbol{V}_q \lambda_i\|^2. \tag{14.50}$$

我们对 μ 和 λ_i 求导优化 (习题14.7)，可得

$$\begin{aligned} \hat{\mu} &= \bar{x}, & (14.51) \\ \hat{\lambda}_i &= \boldsymbol{V}_q^T (x_i - \bar{x}). & (14.52) \end{aligned}$$

余下的是求正交矩阵 $\boldsymbol{V}_q$：

$$\min_{\boldsymbol{V}_q} \sum_{i=1}^{N} \|(x_i - \bar{x}) - \boldsymbol{V}_q \boldsymbol{V}_q^T (x_i - \bar{x})\|^2. \tag{14.53}$$

为方便起见，我们假定 $\bar{x} = 0$（否则我们可以简单用中心化版本 $\tilde{x}_i = x_i - \bar{x}$ 来代替观测样本）。$p \times p$ 矩阵 $\boldsymbol{H}_q = \boldsymbol{V}_q \boldsymbol{V}_q^T$ 是*投影矩阵*，将每个点 x_i 映射到其秩 q 的重构 $\boldsymbol{H}_q x_i$ 上，以及映射 x_i 的正交投影到由 $\boldsymbol{V}_q$ 的列张成的子空间。解可以表述如下。将（中心化）的观测组成 $N \times p$ 矩阵 $\boldsymbol{X}$ 的行。我们构造 $\boldsymbol{X}$ 的*奇异值分解*（singular value decomposition）：

$$\boldsymbol{X} = \boldsymbol{U}\boldsymbol{D}\boldsymbol{V}^T \tag{14.54}$$

这在数值分析中是标准分解，有很多已知算法可以用于它的计算 (举例来说, Golub and van Load, 1983)。这里 $\boldsymbol{U}$ 是 $N \times p$ 正交矩阵（$\boldsymbol{U}^T\boldsymbol{U} = \boldsymbol{I_p}$），其列 $\boldsymbol{u}_j$ 称为*左奇异向量*（left singular vector）；$\boldsymbol{V}$ 是 $p\times p$ 正交矩阵（$\boldsymbol{V}^T\boldsymbol{V}=\boldsymbol{I}_p$)），其列 v_j 称为右奇异向量（right singular vector），$\boldsymbol{D}$ 是一个 $p\times p$ 的对角矩阵，具有称为奇异值（singular values）的对角元素 $d_1\geqslant d_2\geqslant\cdots\geqslant d_p\geqslant 0$。对每个秩 q，式 (14.53) 的解 $\boldsymbol{V}_q$ 由 $\boldsymbol{V}$ 的前 q 列组成。$\boldsymbol{UD}$ 的列称为 $\boldsymbol{X}$ 的主成分 (见3.5.1节)。在式(14.52)的 N 个最优 λ_i 由前 q 个主成分给出（N 行 $N\times q$ 矩阵 $\boldsymbol{U}_q\boldsymbol{D}_q$)。

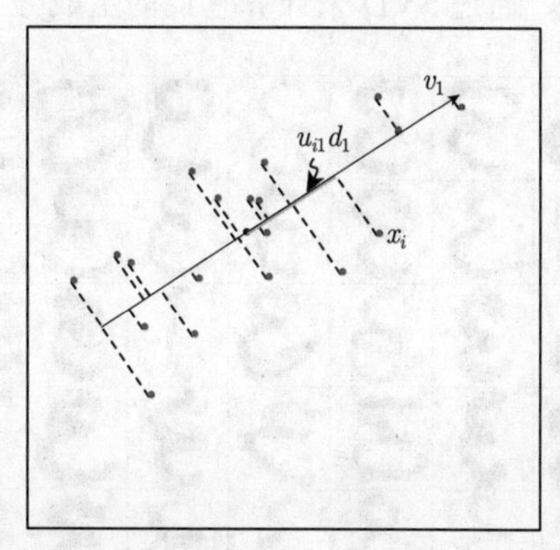

图 14–20　一组数据集的第一线性主成分。直线最小化每个点到该点在直线上的正交投影的总的平方距离

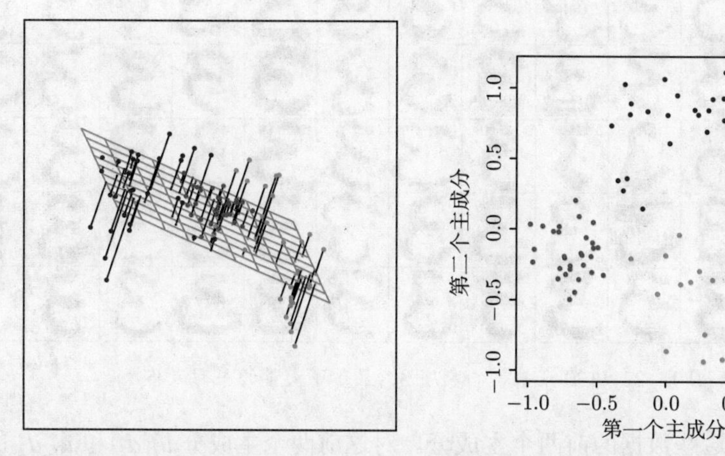

图 14–21　对半球形数据的最佳秩-2 的线性逼近。右图显示由 $\boldsymbol{U}_2\boldsymbol{D}_2$ 获得的坐标的投影点，这两个坐标是数据的前两个主成分

$\mathbb{R}^2$ 的一维主成分直线如图14–20所示。对每个数据点 x_i，直线上都有一个最近的点，由 $u_{i1}d_1v_1$ 给定。这里 v_1 是直线的方向，$\hat{\lambda}_i=u_{i1}d_1$ 度量的是从原点开始沿直线的方向上距离。类似地，图14–21图示了拟合半球数据的二维主成分曲面 (左图)。右图显示了数据到前两个主成分的投影。该投影是前面提到的 SOM 方法的初始构造。在分离不同类上，这个过程是相当成功的。因为半球形是非线性的，所以非线性投影将做得更好，这将是下一节的主题。

主成分有其他许多漂亮的特性，举例来说，线性组合 $\boldsymbol{X}v_1$ 在特征的所有线性组合中具有最高方差；$\boldsymbol{X}v_2$ 在满足正交于 v_1 的 v_2 的全体线性组合中具有最高方差，诸如此类。

示例：手写数字

主成分是一种有用的维数约简和压缩工具。我们在介绍第 1 章的手写数字时说明了这一特点。图14–22显示了一个 130 个手写 3 的样本集，每个数字是从总共 658 个 3 字中取出的 16×16 灰度图。我们能看到，在手写风格、字符粗细和方向上具有相当大的变化。我们将这些图像看成 $\mathbb{R}^{256}$ 中的点，通过 SVD 来计算它们的主成分 (14.54)。

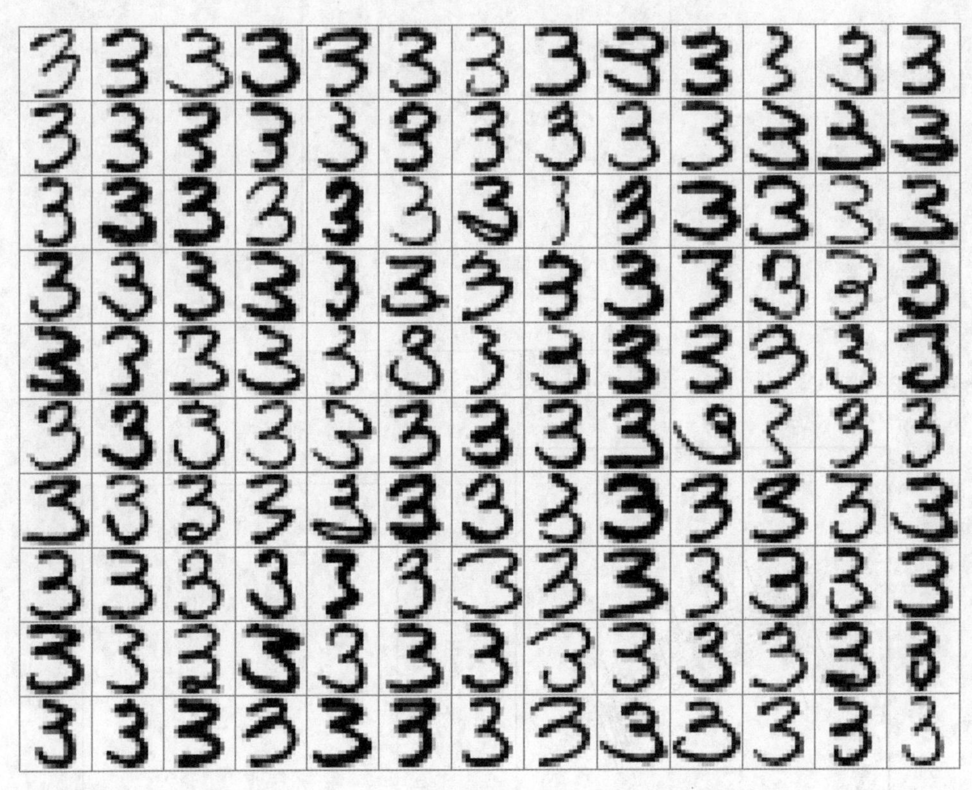

图 14–22 130 个手写的数字 3，显示了大量的手写风格

图14–23显示了这些数据的前两个主成分。对这前两个主成分 $u_{i1}d_1$ 和 $u_{i2}d_2$ 的每一个，我们计算 5%、25%、50%、75% 和 95% 分位数点，用它们来定义叠加在图上的矩形栅格。空心圆点表明这些图像靠近栅格的顶点，距离度量主要集中于这些投影坐标，但也给予了一些权重到在正交子空间的分量。右图显示了对应于这个空心圆点的图像。这允许通过可视化来理解前面两个主成分的物理含义。我们发现，v_1（水平移动）主要描述数字 3 下部的延长程度，同时 v_2（垂直移动）描述了字符的粗细。按照式 (14.49) 的参数模型，这两个分量的模型具有形式

$$
\begin{aligned}
\hat{f}(\lambda) &= \bar{x} + \lambda_1 v_1 + \lambda_2 v_2 \\
&\models \quad + \lambda_1 \cdot \quad + \lambda_2 \cdot
\end{aligned}
\tag{14.55}
$$

这里我们用图像显示前两个主成分方向 v_1 和 v_2。尽管这里可能有 256 个主成分，其中 50

个解释了这些数字 390% 的变化，12 个解释了 63% 的变化。图14–24比较了奇异值和随机从 $\boldsymbol{X}$ 每一列中抓取的、等价不相关数据获得的奇异值。数字图像中的像素本质上是相关的，因为都是同一个数字，相关性甚至会更强。主成分上一个相对小的子集可以作为表示高维数据的、相当好的低维特征。

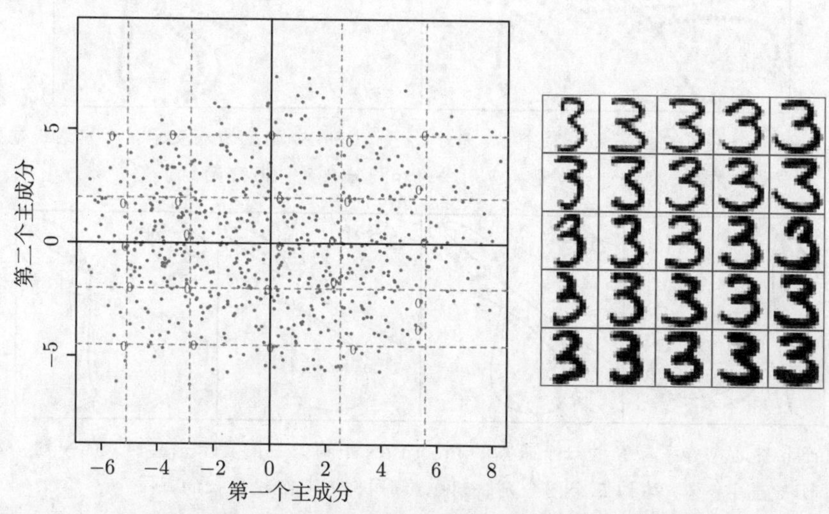

图 14–23　左图中，手写 3 的前两个主成分。空圆点是最靠近栅格顶点的投影图像，由主成分的边缘分位数定义。右图中，对应于空圆点的图像。这些显示了前两个主成分的本质

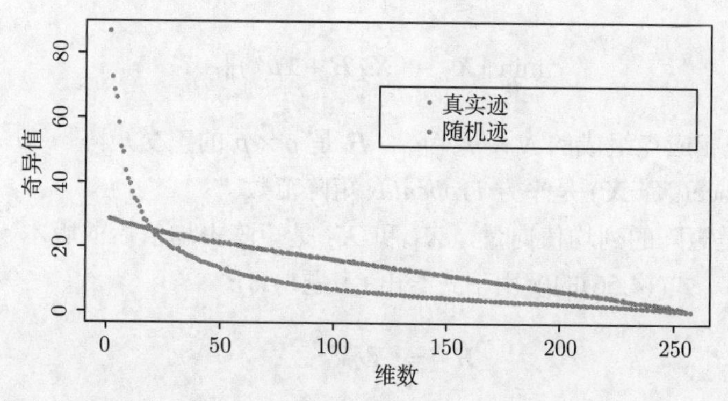

图 14–24　数字 3 的 256 个奇异值，与数据随机版本奇异值比较的结果（$\boldsymbol{X}$ 的每个列是乱序的）

示例：Procrustes 变换和形状平均

图14–25在同一图中画了两个点集，分别是橙色和绿色。在本例中，这些点表示从测试者“Suresh”的签名中提取的、手写数字 S 的两个数字化版本。图14–26表示了从这些图中（后两图）提出的全部签名。签名由超市中常见的触摸屏设备动态记录。每个数字 S 用 $N = 96$ 个点表示，我们将其定义为 $N \times 2$ 矩阵 $\boldsymbol{X}_1$ 和 $\boldsymbol{X}_2$。这里，点之间存在对应关系——$\boldsymbol{X}_1$ 和 $\boldsymbol{X}_2$ 的第 i 行意味着要表示两个 S 上的相同位置。用形态学度量的语言，这些点表示两个目标上的标记点（landmark）。找到这样的标记点一般是困难的，主观的。在这个特例

中，我们采用了沿每个签名的速度信号的动态时间变形（dynamic time warping）(Hastie 等, 1992)，但这里不做详述。

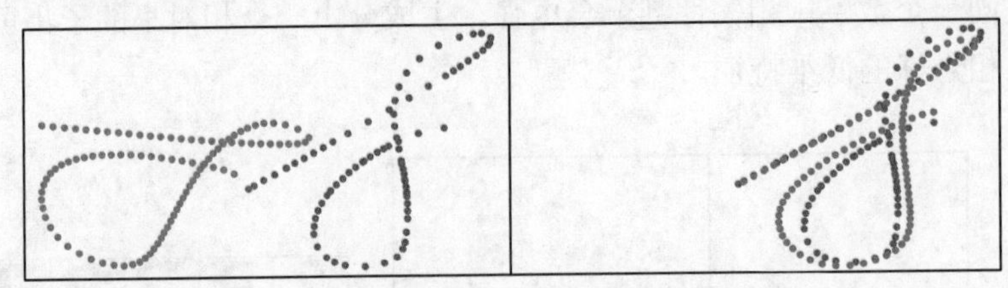

图 14–25 左图：两个不同的数字化手写字 S，每个由 $\mathbb{R}^2$ 上 96 个相应的点表示。考虑到视觉效果，绿色 S 被有意旋转和平移。右图：Procrustes 变换应用平移和旋转来最佳匹配两组点集

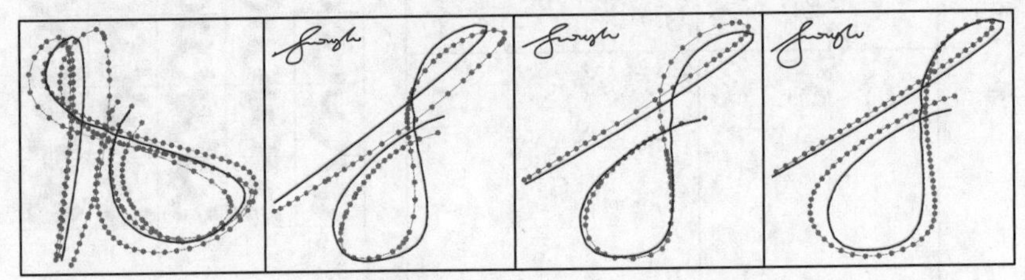

图 14–26 Suresh 签名中首字母 S 的三个版本的 Procrustes 平均。左图显示先前形状的平均，每个形状 $\boldsymbol{X}'_\ell$ 在先前的形状空间重叠。右边三个图分别映射先前形状 M 来匹配原来的每一个 S

在右图中，我们对绿色点集运用平移和旋转来最佳匹配橙色点集——即所谓的 Procrustes 变换(如 Mardia 等, 1979)。

考虑问题

$$\min_{\mu,\mathrm{R}} \|\boldsymbol{X}_2 - (\boldsymbol{X}_1\boldsymbol{R} + \mathbf{1}\mu^T)\|_F, \tag{14.56}$$

这里 $\boldsymbol{X}_1$ 和 $\boldsymbol{X}_2$ 是相应点组成的 $N \times p$ 矩阵，$\boldsymbol{R}$ 是 $p \times p$ 的正交矩阵[①]，μ 是 p 向量的位置坐标。$\|\boldsymbol{X}\|_F^2 = \mathrm{trace}(\boldsymbol{X}^T\boldsymbol{X})$ 是平方 *Frobenius* 矩阵范数。

令 $\bar{x}_1$ 和 $\bar{x}_2$ 是矩阵的列均值向量，$\tilde{\boldsymbol{X}}_1$ 和 $\tilde{\boldsymbol{X}}_2$ 是矩阵去均值后的版本。考虑 SVD 分解 $\tilde{\boldsymbol{X}}_1^T\tilde{\boldsymbol{X}}_2 = \boldsymbol{UDV}^T$。式(14.56)的解由下式给出 (习题14.8):

$$\begin{aligned}\hat{\boldsymbol{R}} &= \boldsymbol{UV}^T \\ \hat{\mu} &= \bar{x}_2 - \hat{\boldsymbol{R}}\bar{x}_1,\end{aligned} \tag{14.57}$$

最小距离称为 *Procrustes* 距离。从解的形式来看，我们能在每个矩阵的列质心对每个矩阵做中心化，然后完全忽略它的位置。在后文的描述中，我们均假设是这种情况。

有缩放的 *Procrustes* 距离（Procrustes distance with scaling）解决的是一个更一般的问题

$$\min_{\beta,\boldsymbol{R}} \|\boldsymbol{X}_2 - \beta\boldsymbol{X}_1\boldsymbol{R}\|_F, \tag{14.58}$$

这里，$\beta > 0$ 是正标量。$\boldsymbol{R}$ 的解和前面相同，有 $\hat{\beta} = \mathrm{trace}(D)/\|\boldsymbol{X}_1\|_F^2$。

① 为简化问题，我们仅考虑包含反射和旋转 [$O(p)$ 群] 的正交矩阵，尽管在这里反射是不可能的，这些方法可进一步限制到仅允许旋转 [$SO(p)$ 群]。

与 Procrustes 距离相关的是一组有 L 个形状的 *Procrustes* 平均（procrustes average），其求解问题：

$$\min_{\{\boldsymbol{R}_\ell\}_1^L, \boldsymbol{M}} \sum_{\ell=1}^{L} \|\boldsymbol{X}_\ell \boldsymbol{R}_\ell - \boldsymbol{M}\|_F^2; \tag{14.59}$$

也就是，按平均平方 Procrustes 距离，来求与所有形状中最接近的形状 M。这可以通过一个简单的替代算法来求解。

1. 初始化 $\boldsymbol{M} = \boldsymbol{X}_1$ (举例)。
2. 固定 M，求解 L 个 Procrustes 旋转问题，得到 $\boldsymbol{X}'_\ell \leftarrow \boldsymbol{X}\hat{\boldsymbol{R}}_\ell$。
3. 令 $\boldsymbol{M} \leftarrow \frac{1}{L}\sum_{\ell=1}^{L} \boldsymbol{X}'_\ell$。

重复步骤 1 和步骤 2，直到准则(14.59)收敛。

图14–26展示了一个有三种形状的简单示例。注意，我们能仅期望最多有一个旋转的解；或者呢，引入一个约束 (如 $\boldsymbol{M}$ 是上三角形的)，来迫使其具有唯一性。我们可能较容易地融入定义 (14.59) 中的尺度，见习题14.9。

更一般的的情况是，我们可以通过

$$\min_{\{\boldsymbol{A}_\ell\}_1^L, \boldsymbol{M}} \sum_{\ell=1}^{L} \|\boldsymbol{X}_\ell \boldsymbol{A}_\ell - \boldsymbol{M}\|_F^2; \tag{14.60}$$

定义一组形状的仿射不变（affine-invariant）平均。其中 $\boldsymbol{A}_\ell$ 是任意 $p \times p$ 的非奇异矩阵。这里我们要求标准化，如 $\boldsymbol{M}^T\boldsymbol{M} = \boldsymbol{I}$，以避免平凡解。其解有意思，且可以无迭代的方式计算 (习题14.10)。

1. 令 $\boldsymbol{H}_\ell = \boldsymbol{X}_\ell(\boldsymbol{X}_\ell^T\boldsymbol{X}_\ell)^{-1}\boldsymbol{X}_\ell^T$ 是由 $\boldsymbol{X}_\ell$ 定义的秩 p 的投影矩阵。
2. $\boldsymbol{M}$ 是 $N \times p$ 矩阵，由 $\bar{\boldsymbol{H}} = \frac{1}{L}\sum_{\ell=1}^{L} \boldsymbol{H}_\ell$ 的 p 个最大特征向量构成。

14.5.2 主曲线和主曲面

主曲线推广了主成分线，对 $\mathbb{R}^p$ 中的点集提供了一维曲线的逼近。主曲面更一般，提供二维或更高维的弯曲流形逼近。

我们首先为随机变量 $\boldsymbol{X} \in \mathbb{R}^p$ 定义主曲线，然后转到有限数据的情况。令 $f(\lambda)$ 是一条在 $\mathbb{R}^p$ 中参数化的光滑曲线。因此 $f(\lambda)$ 是具有 p 个坐标的向量函数，每个都是单参数 λ 的光滑函数。参数 λ 可选为，举例来说，某个沿固定起始点的曲线上的弧长。对每个数据值 x，令 $\lambda_f(x)$ 定义曲线上离 x 点最近的点。如果

$$f(\lambda) = E(X|\lambda_f(\boldsymbol{X}) = \lambda). \tag{14.61}$$

则 $f(\lambda)$ 称为随机向量 $\boldsymbol{X}$ 的分布上的主曲线。意思是，$f(\lambda)$ 是投影到该点的所有数据点的平均，也就是说，那些对它“负责”的点。这称为自相合（self-consistency）特性。尽管实际上，连续多元分布有无穷多主曲线 (Duchamp and Stuetzle, 1996)，但我们感兴趣的主要是光滑的主曲线。主曲线图如图14–27所示。

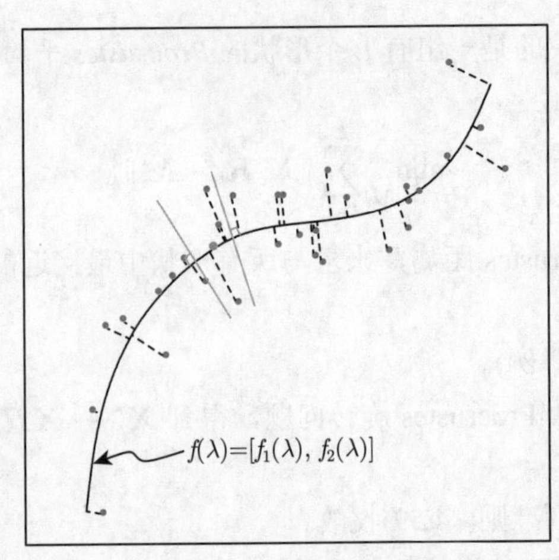

图 14–27 一组数据集的主曲线。每个在曲线上的点是投影到该点的所有数据点的平均

主点（principal points）是一个有趣的相关概念。考虑 k 个原型的集合以及在分布支撑集上的每个点 x，识别出距离最近的原型，即对其有响应的原型。这诱导了将特征空间划分成所谓的 Voronoi 区域。这组最小化从 $\boldsymbol{X}$ 它的原型的期望距离的 k 个点，称为分布的主点。每个主点是自相合的，等于其 Voronoi 区域中 $\boldsymbol{X}$ 的均值。举例来说，$k=1$ 时，一个圆形正态分布的主点是均值向量；$k=2$ 时，是在对称穿过均值向量的射线上的点对。在分布上，主点类似于由 K-均值聚类找到的质心。主曲线可看成是 $k=\infty$ 时的主点，但限定于光滑曲线上。它类似于 SOM 限定 K-均值聚类中心到光滑流形上。

要找到分布上的主曲线 $f(\lambda)$，我们考虑它的坐标函数 $f(\lambda)=[f_1(\lambda), f_2(\lambda),\cdots,f_p(\lambda)]$，令 $\boldsymbol{X}^T=(\boldsymbol{X}_1,\boldsymbol{X}_2,\cdots,\boldsymbol{X}_p)$。考虑下列交替步骤：

$$\begin{aligned}&\text{(a)}\quad \hat{f}_j(\lambda)\leftarrow E(\boldsymbol{X}_j|\lambda(\boldsymbol{X})=\lambda);\quad j=1,2,\cdots,p\\&\text{(b)}\quad \hat{\lambda}_f(x)\leftarrow \arg\min_{\lambda'}\|x-\hat{f}(\lambda')\|^2.\end{aligned}\tag{14.62}$$

第一个方程式固定 λ，同时迫使满足自相合要求(14.61)。第二个方程式固定曲线，求每个数据点到曲线上的最近距离点。在有限数据时，主曲线算法从线性主成分开始，迭代式(14.62)中的两步直到收敛。在第 (a) 步，散点图平滑算子通过作为弧长 $\hat{\lambda}(\boldsymbol{X})$ 的函数来平滑每个 $\boldsymbol{X}_j$，从而估计条件期望，同时第 (b) 步对每个观测列的数据点执行投影。证明收敛性一般都很困难，但可以证明，如果线性最小二乘拟合用于散点图平滑，则过程收敛到第一线性主成分线，并等价于用幂法（power method）求矩阵的最大特征向量。

主曲面的形式和主曲线完全相同具有，但是有更高的维数。最常用的是二维主曲面，其坐标函数是

$$f(\lambda_1,\lambda_2)=[f_1(\lambda_1,\lambda_2),\cdots,f_p(\lambda_1,\lambda_2)].$$

前面第 (a) 步的估计通过二维曲面平滑子获得。二维以上的主曲面很少采用，因为在高维平滑时，可视化很难起作用了。

图14–28显示了一个拟合半球形数据的主曲面的结果。画在图中是以估计的非线性坐标 $\hat{\lambda}_1(x_i)$，$\hat{\lambda}_2(x_i)$ 为函数所画的数据点类别间的分离是显而易见的。

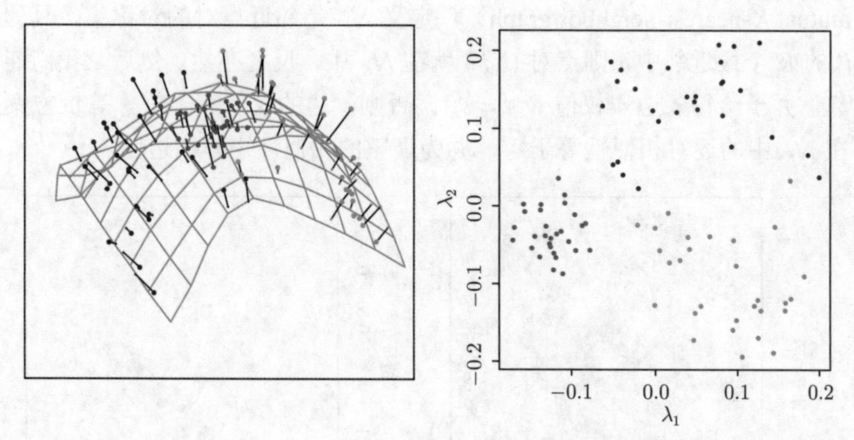

图 14–28　拟合半球形数据的主曲面。左图是拟合的两维曲面。右图中，数据点投影到该曲面后获得的坐标 $\hat{\lambda}_1$，$\hat{\lambda}_2$

主曲面非常类似于自组织映射。如果我们采用核曲面平滑子来估计每个坐标函数 $f_j(\lambda_1,\lambda_2)$，则它的形式和 SOMs 的批处理版本相同(14.48)。SOM 权值 ω_k 仅仅是核上的权值。然而，有一点不同：主曲面对每个数据点 x_i 估计一个原型 $f(\lambda_1(x_1),\lambda_2(x_i))$，而 SOM 是所有数据点共用少数几个原型。结果便是，SOM 和主曲面只有在 SOM 原型总数变得很大时才一致。

在概念上，两者也存在差别。主曲面按它的坐标函数提供整个流形的参数化，而 SOM 是离散的，只产生估计的原型来近似数据。主曲面的平滑参数化在流形上局部保持了距离：在图14–28中，红色的类比绿色的或蓝色的类更紧凑。在简单的情形下，估计坐标函数本身是有信息量的，见习题14.13。

14.5.3　谱聚类

传统聚类方法 (如 K-均值) 采用球形或椭球形度量来分组数据点。因此，在簇非凸的时候，如图14–29左上图的同心圆数据，不会有好的效果。谱聚类是标准聚类方法的推广，主要是针对这些情况提出的。它与推广 MDS 的局部多维尺度技术（14.9节）有密切联系。

谱聚类从一个 $N\times N$ 的逐对相似性矩阵开始，其中每个元素 $s_{ii'}>0$ 是全体样本对之间的相似性。我们用一个无向相似图 $G=\langle V,E\rangle$ 来表达观测值。N 个顶点 v_i 表示观测值，如果顶点间的相似性是正的（或超过某个阈值），则用一条边来连接这一对顶点，边用 $s_{ii'}$ 来加权。聚类现在可以释义成图划分问题，辨识簇的连通分量。我们希望划分图，使得不同组之间的边低权值，而组内高权值。谱聚类的想法是，构造相似性图来表达不同观测值之间的局部邻域关系。

更具体一点，考虑 N 个样本点 $x_i\in\mathbb{R}^p$，令 $d_{ii'}$ 是 x_i 和 x_i' 之间的欧氏距离。我们采用径向核格拉姆矩阵（radial-kernel gram matrix）作为相似性矩阵，即 $s_{ii'}=\exp(-d_{ii'}^2/c)$，这里 $c>0$ 是一个尺度参数。

有许多方式定义相似性矩阵及其关联、反映局部行为的相似性图。最流行的是*互 K 最*

近邻图（mutual K-nearest-neighbor graph）。定义 $\mathcal{N}_K$ 是邻近点对的对称集，具体而言，如果点 i 在 i' 的 K 个最近邻中，则点对 (i,i') 就在 $\mathcal{N}_K$ 中，反之亦然。然后，我们连接所有对称的最近邻，并予给每条边一权值 $w_{ii'}=s_{ii'}$；否则，边的权值等于零。等价方案是，可以令所有不在 $\mathcal{N}_K$ 中的逐对相似性等于零，并为调整的相似性矩阵构造图。

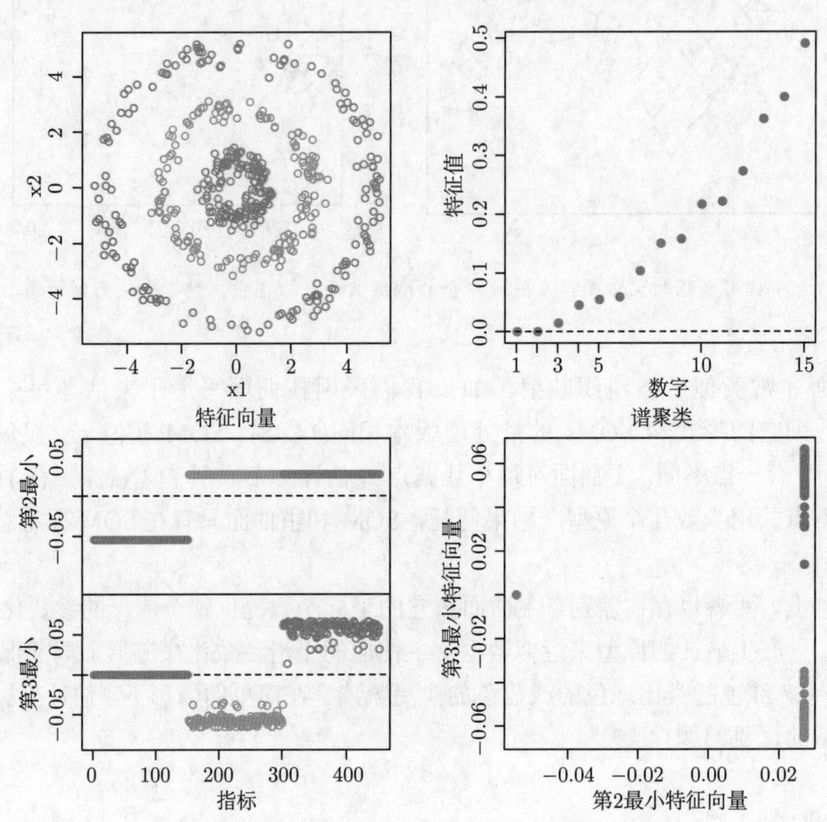

图 14–29　阐述谱聚类的简单示例。左上图的数据是分布在三个同心圆的类上，每类有 150 个点，共 450 个数据点。点按角度均匀的分布，三个组的半径分别是 1，2.8 和 5，每个点上加入了标准偏差为 0.25 的高斯噪声。采用一个 $k=10$ 的最近邻相似图，对应于 $\boldsymbol{L}$ 的第二和第三个最小特征值的特征向量显示于左下图；最小特征向量是常数。数据点采用如左上图的方式着色。15 个最小特征值显示于右上图。第 2 和第 3 的特征向量的坐标（$\boldsymbol{Z}$ 的 450 行）画在右下图。谱聚类对这些点执行了标准的聚类（如 K-均值），将容易还原三个最初的类别

另一个方案是，全连通图包括所有权值为 $w_{ii'}=s_{ii'}$ 的逐对边，通过尺度参数 c 来控制局部行为。

从相似性图得出的边的权值矩阵 $\boldsymbol{W}=\{\omega_{ii'}\}$ 称为邻接矩阵（adjacency matrix）。顶点 i 的度是 $g_i=\sum_{i'}\omega_{ii'}$，即连接到该顶点的边的权值之和。令 $\boldsymbol{G}$ 是对角元素为 g_i 的对角矩阵。

最后，图拉普拉斯（graph Laplacian）定义为

$$\boldsymbol{L}=\boldsymbol{G}-\boldsymbol{W} \tag{14.63}$$

这称为未归一化的图拉普拉斯（unnormalized graph Laplacian），大量归一化版本已经提出——如考虑节点的度 g_i 来归一化拉普拉斯，$\tilde{\boldsymbol{L}}=\boldsymbol{I}-\boldsymbol{G}^{-1}\boldsymbol{W}$。

谱聚类求对应于 $\boldsymbol{L}$ 的 m 个最小特征值的 m 个特征向量 $\boldsymbol{Z}_{N\times m}$（忽略最小的平凡常值特征向量）。利用 (如 K-均值) 标准方法，对 $\boldsymbol{Z}$ 的行聚类，获得对原始数据点的聚类。

一个例子如图14–29所示。左上图显示由不同颜色表示的三个圆形簇中 450 个仿真数据点。K-均值聚类显然在辨识两个大圆上的簇时存在困难。我们采用 10 最近邻相似性图来做谱聚类，并在左下图显示对应于图拉普拉斯第二和第三最小特征值的特征向量。15 个最小特征值显示于上右图。两个显示的特征向量能很好地辨识这三个类，在右下图中，特征向量矩阵 $\boldsymbol{Y}$ 的散点图表明类别已经明显分离。对这些变换后的数据点应用 K-均值聚类的过程，很容易辨识这三个类组。

为什么谱聚类有效了呢？对任意向量 $\boldsymbol{f}$，我们有

$$\begin{aligned}\boldsymbol{f}^T\boldsymbol{L}\boldsymbol{f} &= \sum_{i=1}^N g_i f_i^2 - \sum_{i=1}^N\sum_{i'=1}^N f_i f_{i'}\omega_{ii'} \\ &= \frac{1}{2}\sum_{i=1}^N\sum_{i'=1}^N \omega_{ii'}(f_i - f_{i'})^2. \end{aligned} \tag{14.64}$$

公式(14.64)表明，如果具有大的相邻性大的点对，有靠得很近的坐标 f_i 和 $f_{i'}$ 时，则 $\boldsymbol{f}^T\boldsymbol{L}\boldsymbol{f}$ 将会实现小的值。

因为针对任意图，$\boldsymbol{1}^T\boldsymbol{L}\boldsymbol{1}=0$，这个常值向量是对应零特征值的平凡特征向量。不太明显的是，事实上，如果图是连通的①，它将是唯一的零特征向量 (习题14. 21)。推广这一结论，容易证明对于一个有 m 连通分量的图，节点可重排序使得 $\boldsymbol{L}$ 是块对角矩阵，其中每个块都是一个连通分量。然后，$\boldsymbol{L}$ 有 m 个对应于零特征值的特征向量，特征值为零的特征空间由连通分量的指示向量来张成。实际上，图的连通有强有弱，因此零特征值常用一些小的特征值来近似。

谱聚类是求非凸聚类的一种有趣的方法。当应用归一化的图拉普拉斯时，可从另一个角度来看这种方法。定义 $\boldsymbol{P}=\boldsymbol{G}^{-1}\boldsymbol{W}$，我们考虑在具有传递概率矩阵 $\boldsymbol{P}$ 的图上做随机游走。则谱聚类会形成一组节点，使得随机游走很少从一个群传递到另一个群。

实际上，要应用谱聚类，仍然必须解决大量的问题。我们必须选择相似性图的类型——例如，全连通或最近邻、相关的参数 (如邻域的最近邻总数 k 或核的尺度参数 c)。我们必须选择从 $\boldsymbol{L}$ 中提取的特征向量的数量。最后，如同所有聚类方法，必须选择聚类的类数。在图14–29的简单示例中，我们对 $k\in[5,200]$ 获得了好的结果，值 200 对应于一个全连通图。当 $k<5$ 时，结果是糟糕的。再看一下图14–29的右上图，我们看不出最小三个特征值和其他特征值之间有明显的分离。因此，仍然不是很清楚需要选择多少个特征向量。

14.5.4　核主成分

谱聚类与线性主成分的非线性版本核主成分（kernel principal component）相关。标准线性主成分（PCA）从协方差矩阵的特征向量获得，并得到数据最大方差的方向。Kernel

① 如果任意两个节点可以通过一个连接节点的路径连通，则说明这个图是连通的。

PCA (Schölkopf 等, 1999)扩展 PCA 的范围，模拟了我们想通过非线性变换来扩展特征，然后再从这个变换特征空间中获得 PCA 的思路。

在18.5.2节中，展示了数据矩阵 $\boldsymbol{X}$ 的主成分变量 $\boldsymbol{Z}$ 可以通过内积（Gram）矩阵 $\boldsymbol{K}=\boldsymbol{X}\boldsymbol{X}^T$ 来计算。具体来讲，我们对 Gram 矩阵的双中心化版执行特征分解：

$$\widetilde{\boldsymbol{K}}=(\boldsymbol{I}-\boldsymbol{M})\boldsymbol{K}(\boldsymbol{I}-\boldsymbol{M})=\boldsymbol{U}\boldsymbol{D}^2\boldsymbol{U}^T, \tag{14.65}$$

其中，$\boldsymbol{M}=\mathbf{1}\mathbf{1}^T/N$，然后 $\boldsymbol{Z}=\boldsymbol{U}\boldsymbol{D}$。习题 18.15 展示了怎样在这个空间计算新观测样本的投影。

核 PCA 只是简单模拟了这个过程，将核矩阵 $\boldsymbol{K}=\{K(x_i,x_{i'})\}$ 解释成为隐特征 $\langle\phi(x_i),\phi(x_{i'})\rangle$ 的内积矩阵，并求其特征向量。第 m 个分量 $\boldsymbol{z}_m$ 的元素（$\boldsymbol{Z}$ 的第 m 列）可写为（考虑中心化）$z_{im}=\sum_{j=1}^N\alpha_{jm}K(x_i,x_j)$，这里 $\alpha_{jm}=u_{jm}/d_m$(习题14.16)。

如果将 $\boldsymbol{z}_m$ 看成主分量函数 $g_m\in\mathcal{H}_K$ 的样本评估，其中 $\mathcal{H}_K$ 是由 K 生成的再生核希尔伯特空间（见5.8.1节），我们能得到更多关于核 PCA 的独到见解。第一主成分函数 g_1 解决

$$\max_{g_1\in\mathcal{H}_K}\operatorname{Var}_{\mathcal{T}}g_1(\boldsymbol{X})\quad\text{服从}\quad\|g_1\|_{\mathcal{H}_K}=1 \tag{14.66}$$

这里 $\operatorname{Var}_{\mathcal{T}}$ 指训练数据 $\mathcal{T}$ 上的样本方差。如核 $\boldsymbol{K}$ 所指示的，范数约束 $\|g_1\|_{\mathcal{H}_K}=1$ 控制着函数 g_1 的大小和粗糙度。正如在回归情况中一样，可以证明式 (14.66)的解是表达为 $g_1(x)=\sum_{j=1}^N c_jK(x,x_j)$ 的有限维。习题14. 17证明，解由前面的 $\hat{c}_j=\alpha_{j1}$，$j=1,\cdots,N$ 定义。第二主成分函数用类似的方式定义，并附加约束 $\langle g_1,g_2\rangle_{\mathcal{H}_K}=0$，依此类推[①]。

Schölkopf 等 (1999)展示了采用核主成分作为手写数字分类的特征，证明用它们代替线性主成分，可以改进分类器的性能。

注意，如果我们采用径向核

$$K(x,x')=\exp(-\|x-x'\|^2/c), \tag{14.67}$$

则核矩阵 $\boldsymbol{K}$ 的形式与谱聚类中相似性矩阵 $\boldsymbol{S}$ 相同。边的权值矩阵 $\boldsymbol{W}$ 是 $\boldsymbol{K}$ 的局部化版本，并令所有非最近邻的点对相似性等于零。

核 PCA 求对应于 $\widetilde{\boldsymbol{K}}$ 的最大特征值的特征向量；这等价于求对应于

$$\boldsymbol{I}-\widetilde{\boldsymbol{K}} \tag{14.68}$$

的最小特征值的特征向量。这几乎与拉普拉斯 (14.63)相同，不同在于 $\widetilde{\boldsymbol{K}}$ 的中心化以及实际上 $\boldsymbol{G}$ 有沿对角的节点的度。

图14–30检测了图14–29中简单示例中核主成分的性能。在左上图中，我们采用谱聚类中使用过的 $c=2$ 的径向核。它没有分离不同的群，但当采用 $c=10$（右上图）时，第一分量将群很好地分开了。在左下图，我们使用谱聚类中最近邻径向核 $\boldsymbol{W}$ 来做核 PCA。在右下图，我们采用核矩阵本身作为相似性矩阵，来构造谱聚类中的拉普拉斯 (14.63)。没有哪种情况实现了将两个群分开的投影。调整 c 也无济于事。

① 这一小节得益于与 Jonathan Taylor 的有用讨论。

在这个简单示例中，我们发现核 PCA 对核的大小和核的本质特性相当敏感。我们也看到核的最近邻剪枝决定着谱聚类的成功与否。

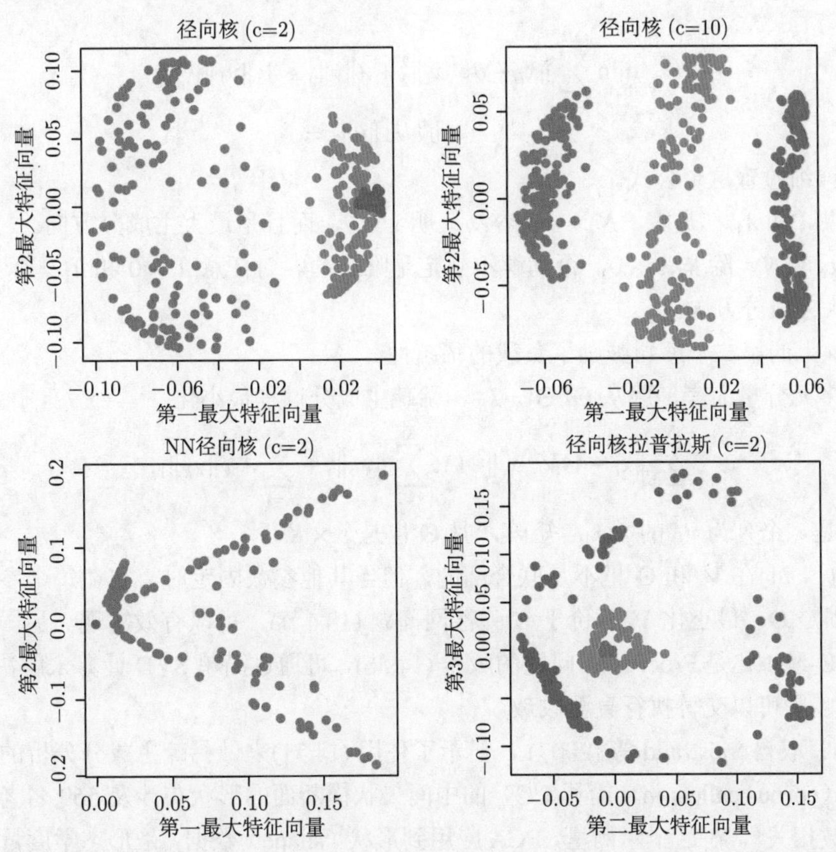

图 14–30　采用不同的核，核主成分应用到图14–29的玩具例子。左上图中，采用 $c = 2$ 的径向核 (14.67)。右上图中，采用 $c = 2$ 的径向核。左下图中，从谱聚类获得的最近邻径向核 $\boldsymbol{W}$。右下图中，采用从径向核构造的拉普拉斯的谱聚类

稀疏主成分

我们经常通过检验方向向量 v_j 也称为负载（loading）来解释主成分，从中理解哪些变量起了作用。我们用式 (14.55)中的图像负载来做这些事。通常来说，如果负载是稀疏的，则解释较容易。在本节中，我们简要地讨论一些推导具有稀疏负载的主成分方法。它们均是基于 Lasso(L_1) 惩罚。

我们从一个 $N \times p$ 数据矩阵 $\boldsymbol{X}$ 开始，其列已经中心化。提出的方法侧重于要么是主成分的最大方差特性，要么是最小重构误差。Joliffe 等 (2003)的 *SCoTLASS* 过程采用了第一种方法，求解

$$\max v^T(\boldsymbol{X}^T\boldsymbol{X})v, \quad 服从 \quad \sum_{j=1}^{p}|v_j| \leqslant t, v^Tv = 1. \tag{14.69}$$

绝对值约束迫使一些负载为 0，因此 v 是稀疏的。除此以外，稀疏分量可以用相同的方式来求解，即迫使第 k 个分量正交于前 $k-1$ 个分量。不幸的是，问题是非凸的，计算很困难。

Zou 等 (2006)开始用 PCA 的回归/重构特性来替代上述方法，采用类似于14.5.1节中的方法。令 x_i 是 $\boldsymbol{X}$ 的第 i 行。对单个分量，其稀疏主成分（sparse principal component）技术求解下列方程

$$\min_{\theta,v}\sum_{i=1}^{N}\|x_i-\theta v^T x_i\|_2^2+\lambda\|v\|_2^2+\lambda_1\|v_1\|_1 \tag{14.70}$$
$$\text{服从 } \|\theta\|_2=1$$

下面我们详细检查这个公式。

- 如果 λ 和 λ_1 都是零，$N>p$，容易证明 $v=\theta$，而且是最大主成分方向。
- 当 $p\gg N$，除非 $\lambda>0$，否则解不必定是唯一的。对任意 $\lambda>0$ 和 $\lambda_1=0$，v 的等比最大主成分方向。
- 在 v 上的第二个惩罚鼓励了负载的稀疏性。

对于多元分量而言，服从 $\boldsymbol{\Theta}^T\boldsymbol{\Theta}=\boldsymbol{I}_K$，稀疏主成分过程最小化

$$\sum_{i=1}^{N}\|x_i-\boldsymbol{\Theta}\boldsymbol{V}^T x_i\|^2+\lambda\sum_{k=1}^{K}\|v_k\|_2^2+\sum_{k=1}^{K}\lambda_{1k}\|v_k\|_1, \tag{14.71}$$

这里，$\boldsymbol{V}$ 是一个列为 v_k 的 $p\times K$ 矩阵，且 $\boldsymbol{\Theta}$ 也是 $p\times K$。

准则 (14.71)在 $\boldsymbol{V}$ 和 $\boldsymbol{\Theta}$ 里不是联合凸的，但当其他参数固定时，它在每个参数上都是凸的[①]。固定 $\boldsymbol{\Theta}$，最小化 $\boldsymbol{V}$ 等价于 K 弹性网问题 (18.4节)，可以有效实现。另一方面，固定 $\boldsymbol{V}$，对 $\boldsymbol{\Theta}$ 最小化是 Procrustes 问题的版本 (14.56)，可通过简单 SVD 计算来解决 (习题14.12)。这些步骤可以交替执行直至收敛。

图14–31取自 Sjöstrand 等 (2007)，显示了使用 (14.71)来做稀疏主成分分析的例子。这里胼胝体（corpus callosum，简称 CC）的中间矢状横断面的形状与涉及 569 名老年人的各种临床参数相关[②]。在这个示例里，PCA 应用到形状（shape）数据，是形态学度量的流行工具。对这样的应用，大量标记点（landmark）沿着形状的圆周来辨识，一个例子见图14–32。这些采用 Procrustes 分析来对齐，以允许旋转和放缩 (见14.5.1节)。这些用于 PCA 的特征是每个标记点的坐标对的序列，并被摊开成单个向量。

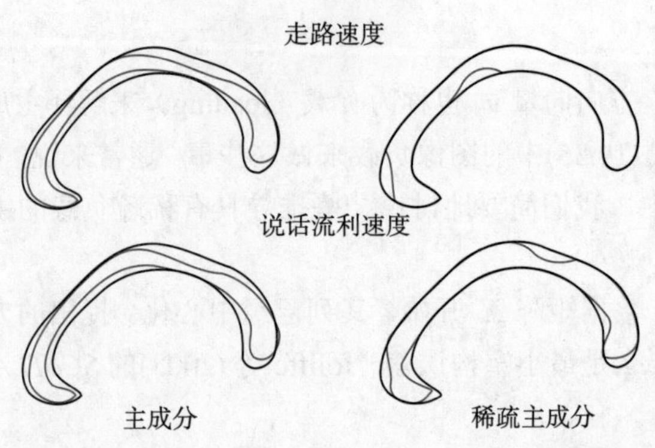

图 14–31 从胼胝体变异研究得到的标准和稀疏主成分。对应于显著的主成分形状变异（红色曲线）包含在均值胼胝体 CC 形状（黑色曲线）里

① 请注意，通常的主成分准则，举例来说，式 (14.50)在参数上也不是联合凸的。然而，解是良态的，且有有效的算法。

② 我们要感谢 Rasmus Larsen 和 Karl Sjöstrand 等建议这个应用以及提供了我们这里用的 postscript 格式的图。

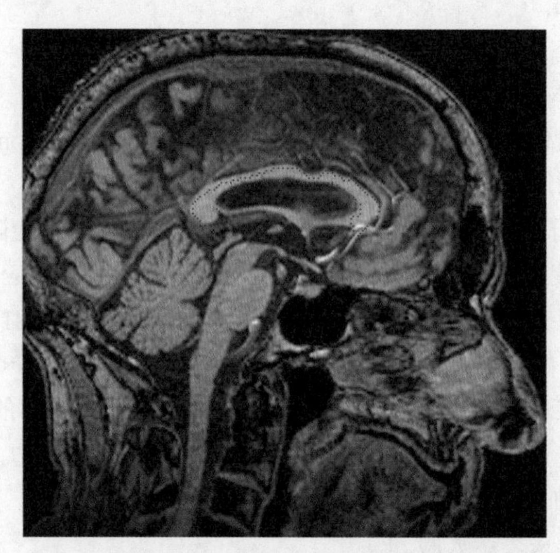

图 14–32　中部矢状大脑切片的例子，其中胼胝体采用标记点标注

在这个分析中，标准的和稀疏的主成分都计算了，并识别出了显著联系到各种临床参数的分量。在图中，对应于显著主成分分量（红色曲线）的形状变异包含在均值胼胝体 CC 形状（黑色曲线）里面。走路不稳联系到胼胝体中变薄的区域（显示有萎缩），这些区域与大脑的运动控制和认知中心相关。说话不流利与其他较薄的区域相关，这些区域联接着听觉/视觉/感知中心。稀疏主成分过程给出了更简化但更有可能对重要差异形成信息更丰富的分析过程。

14.6　非负矩阵分解

非负矩阵分解（Non-negative matrix factorization）(Lee and Seung, 1999)是最近出现的主成分分析的一种替代方法，在这里，数据和各个分量都假定是非负的。这对于构建非负数据 (如图像) 很有用。

一个 $N \times p$ 的数据矩阵 $\boldsymbol{X}$ 由下式近似

$$\boldsymbol{X} \approx \boldsymbol{W}\boldsymbol{H} \tag{14.72}$$

这里 $\boldsymbol{W}$ 是 $N\times r$ 的矩阵，$\boldsymbol{H}$ 是 $r\times p$ 的矩阵，同时 $r \leqslant \max(N,p)$。我们假设 $x_{ij}, w_{ik}, h_{kj} \geqslant 0$。

我们可以通过最大化下式得到矩阵 $\boldsymbol{W}$ 和 $\boldsymbol{H}$：

$$L(\boldsymbol{W},\boldsymbol{H}) = \sum_{i=1}^{N}\sum_{j=1}^{p}[x_{ij}\log(\boldsymbol{W}\boldsymbol{H})_{ij} - (\boldsymbol{W}\boldsymbol{H})_{ij}]. \tag{14.73}$$

这是一个模型的对数似然函数，模型中的 x_{ij} 均值为 $(\boldsymbol{W}\boldsymbol{H})_{ij}$，服从泊松分布——对于正数数据，这是非常合理的。

接下来的替代算法 (Lee and Seung, 2001)能够收敛到 $L(\boldsymbol{W},\boldsymbol{H})$ 的局部最大值：

$$w_{ik} \leftarrow w_{ik}\frac{\sum_{j=1}^{p} h_{kj}x_{ij}/(\boldsymbol{W}\boldsymbol{H})_{ij}}{\sum_{j=1}^{p} h_{kj}}$$

$$h_{kj} \leftarrow h_{kj} \frac{\sum_{i=1}^{N} w_{ik} x_{ij} / (\boldsymbol{W}\boldsymbol{H})_{ij}}{\sum_{i=1}^{N} w_{ik}} \tag{14.74}$$

这个算法可以看成最大化 $L(\boldsymbol{W}, \boldsymbol{H})$ 后得到的弱化过程（minorization）（习题14.23），同时它还和对数线性模型的迭代等比例权缩算法相关（习题14.24）。

图14–33展示的例子取自 Lee and Seung (1999)[①]，比较了非负矩阵（NMF）、矢量量化（VQ，等价于 K-均值聚类）主成分分析（PCA）。这三种学习方法应用于 $N = 2429$ 幅人脸图像的数据库，每幅图有 19×19 个像素，最后形成一个 $2,429 \times 381$ 矩阵 $\boldsymbol{X}$。如图显示的 7×7（每个是 19×19 的图像）蒙太奇/剪辑阵列，每个方法学到一个 $r = 49$ 的基图像集。黑色像素表示正值，红色像素表示负值。右上图显示的是一个具体的人脸实例，由基图像的线性叠加来近似。线性叠加的系数显示在每个蒙太奇/剪辑的旁边，也是一个 7×7 的矩阵[②]，等号右边是最终的叠加结果。作者指出，不同于 VQ 和 PCA，NMF 学习的是按类似于人脸部件的基图像集来表达人脸。

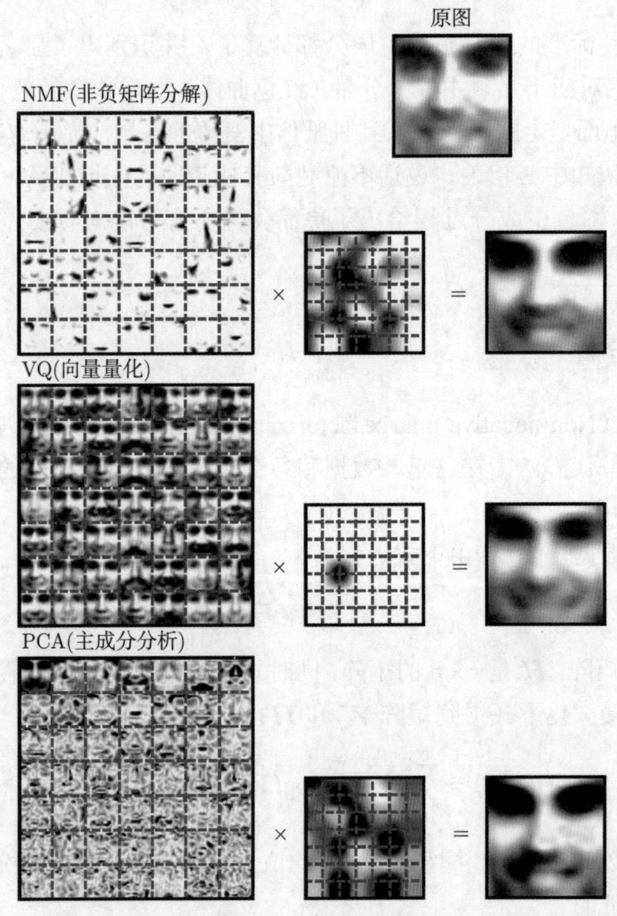

图 14–33 非负矩阵分解（NMF）、向量量化（VQ，等价于 K-均值聚类）和主成分分析（PCA）应用于人脸图像数据库。不像 VQ 和 PCA，NMF 学习的是用一组类似人脸部件的基图像来表征人脸

① 感谢 Sebastian Seung 为我们提供该图像。

② 这种 7×7 排列允许更紧凑的显示，并没有结构上的意义。

Donoho and Stodden (2004)指出非负矩阵分解有一个潜在的严重问题。即使在形式上 $\boldsymbol{X}=\boldsymbol{W}\boldsymbol{H}$ 是完全成立时，其分解可能不唯一。图14–34说明了这个问题。数据点落在 $p=2$ 维空间中，同时数据和坐标轴之间存在一个“开空间”。我们可以在这个开空间里任意选取基向量 h_1 和 h_2，同时又能使用这些向量的非负线性组合准确表示每个数据点。这种不唯一性意味着上述算法得到的结果依赖于起始值，这似乎有碍于分解的可解释性。尽管存在解释性方面的缺点，非负矩阵分解及其应用仍然引起了研究人员广泛的兴趣。

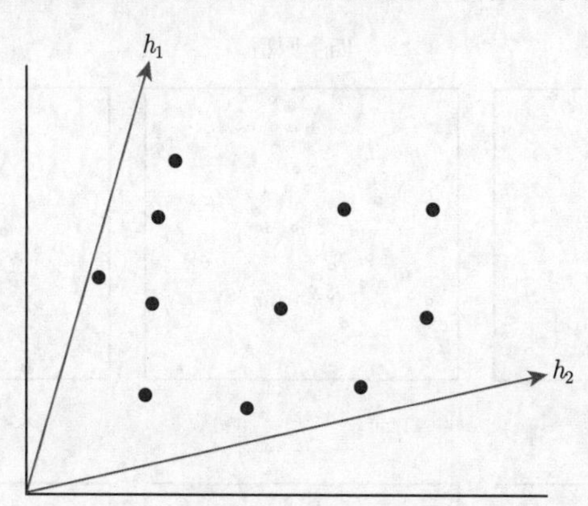

图 14–34 非负矩阵分解的不唯一性。有 11 个点分布在二维空间中。在坐标轴和数据之间的开空间内，取任意的基向量 h_1 和 h_2 都可以准确地重构数据

原型分析

该方法来源于 Cutler and Breiman (1994)，用由数据点自身线性叠加而成的原型（prototype）来近似数据点。在某种意义上，它类似于 K-均值聚类。然而，不是用单个相邻的原型来逼近每个数据点，原型分析是通过一组原型的凸组合来近似每个数据点。凸组合的使用使得原型落在数据云的凸壳 (convex hull，又称凸包) 上。在这个意义下，原型要么是“纯的”，要么是典型的 (archetypal) ①。

和(14.72)一样，$N\times p$ 数据矩阵 $\boldsymbol{X}$ 可建模如下

$$\boldsymbol{X}\approx\boldsymbol{W}\boldsymbol{H} \tag{14.75}$$

这里，$\boldsymbol{W}$ 是 $N\times r$ 的矩阵，$\boldsymbol{H}$ 是 $r\times p$ 的矩阵。我们假定 $w_{ik}\geqslant 0$，同时 $\sum_{k=1}^{r}w_{ik}=1\ \forall i$。因此 D 人间中的 N 个数据点（X 的行向量）在 p 维空间里可以用 r 个原型（H 的行向量）的凸组合表示。我们也假设

$$\boldsymbol{H}=\boldsymbol{B}\boldsymbol{X} \tag{14.76}$$

这里，B 是 $r\times N$ 同时 $b_{ki}\geqslant 0$，$\sum_{i=1}^{N}b_{ki}=1\forall k$。这样，每个原型自身是数据点的凸组合。同时使用(14.75)和(14.76)，我们在权重 $\boldsymbol{W}$ 和 $\boldsymbol{B}$ 上最小化

$$\begin{aligned}J(\boldsymbol{W},\boldsymbol{B})&=\|\boldsymbol{X}-\boldsymbol{W}\boldsymbol{H}\|^2\\&=\|\boldsymbol{X}-\boldsymbol{W}\boldsymbol{B}\boldsymbol{X}\|^2\end{aligned} \tag{14.77}$$

① 译者注：Archytype 和 Prototype 都是原型的意思，但一般来说，后者可以是未完成的，前者则是已能形成产品的原型。

这个函数采用交替的方式来最小化，其中每个单独的最小化步骤都涉及凸优化。但权值是整个问题却是非凸的，因此算法将收敛到准则的局部最小值。

图14–35是一个二维的仿真数据示例。上半部分展示的是 archetypal 分析的结果，下半部分是 K-均值聚类的结果。为了能最好的从原型的凸组合重构数据，它需要在数据的凸壳上定位原型。这可以从图14–35的上半部分看出，一般来说，正如 Cutler and Breiman (1994)证明的那样，就是这种情况。图的下半部分是 K-均值聚类，它选取的原型是数据云的中心。

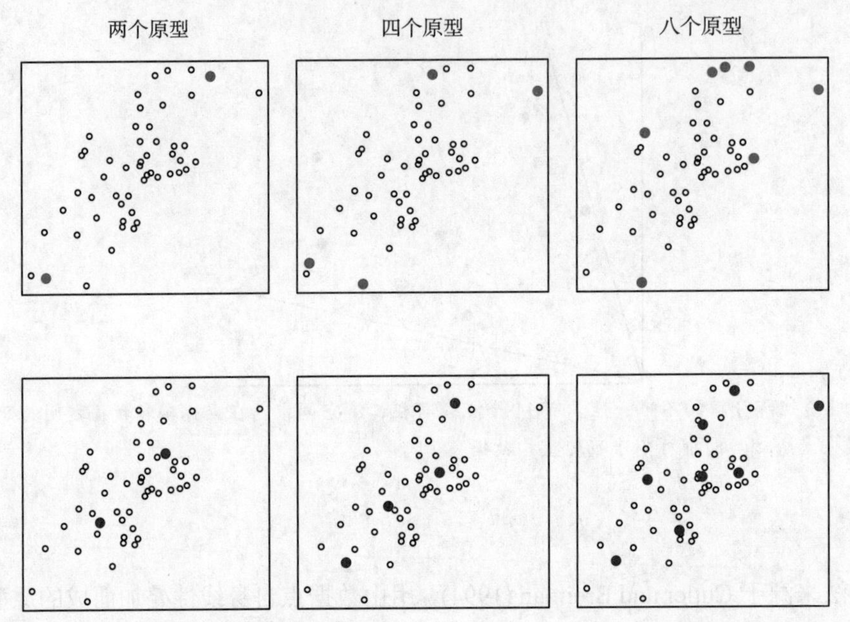

图 14–35 对取自二元高斯分布的 50 个数据点使用 archetypal 分析（上半部分）和 K 均值聚类（下半部分）。每个例子中彩色点表示原型所在的位置

我们可以把 K-均值聚类看作是 archetypal 模型的一个特例，$\boldsymbol{W}$ 的每一行只有一个元素是 1，其余元素为 0。

同时也要注意，archetypal 模型(14.75)和非负矩阵分解模型(14.72)有着相同的一般形式。然而，这两个模型应用环境和目标都有所不同。非负矩阵分解目的是近似数据矩阵 $\boldsymbol{X}$ 的列向量，感兴趣的主要输出是 $\boldsymbol{W}$ 的列向量，因为它表示的是数据的主要非负成分。archetypal 分析的重点是使用 $\boldsymbol{H}$ 的行向量近似 $\boldsymbol{X}$ 的行向量，因为 $\boldsymbol{H}$ 的行向量代表的是 archetypal 数据点。非负矩阵分解也假设 $r \leqslant p$。当 $r = p$ 时，我们可以得到准确的重构，只需让 $\boldsymbol{W}$ 等于 $\boldsymbol{X}$ 的列收缩后的形式，即加起来等于 1。相反，archetypal 分析要求 $r \leqslant N$，但是允许 $r > p$。比如，在图14–35里，$p = 2$，$N = 50$，而 $r = 2$，4 或 8。这个附加的约束条件(14.76)意味着 archetypal 近似并不完美，即使 r 可以大于 p。

图14–36是对图14–22中手写数字 3 数据库使用 archetypal 分析的结果。图14–36的 3 行分别是运行 3 次得到的结果，指定的原型分别两个、三个和四个。正如期望的那样，算法产生了大小和形状都极端的 $3's$。

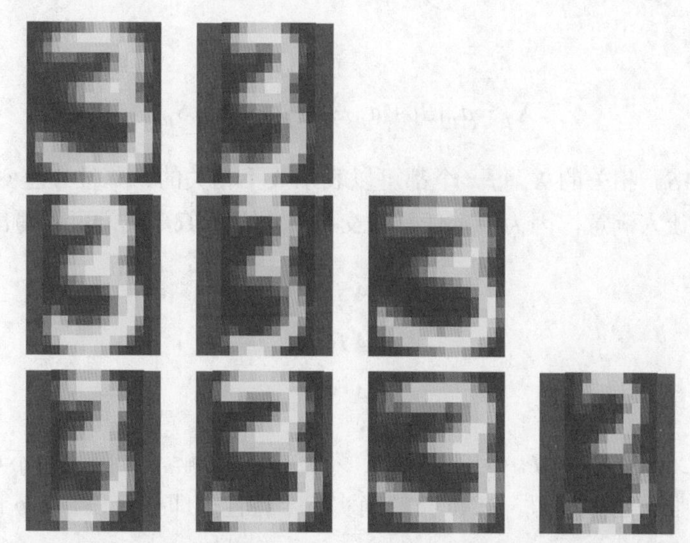

图 14–36　对数字化 3's 应用 archetypal 分析。图中，3 行分别是运行 3 次得到的结果，指定的原型分别为两个、三个和四个

14.7　独立分量分析和探测式投影寻踪

多元数据通常可以视为，从不能直接测量，只能从隐源间接测量得到内在源生成多个非间接测量。例子如下。

- 教育学和心理学测试采用调查问卷来度量客体的内在智力和其他大脑能力。
- EEG 脑扫描通过置于头部各个部位上的传感器所记录的电磁信号来间接测量大脑各个部位的神经元活动。
- 股票交易价格随时间不断变动，反映了各种不可测因素如市场置信度、外部影响以及其他很难辨识和测量的驱动力。

因子分析是在统计文献中发展，用来辨识这些隐源的经典技术。因子分析模型典型依赖于高斯分布，因而在一定程度用途有限。最近，独立分量分析已经成为因子分析的“劲敌”，且正如我们将看到的，依赖于内在源的非高斯分布是它成功的根本原因。

14.7.1　隐变量和因子分析

奇异值分解 $\boldsymbol{X} = \boldsymbol{U}\boldsymbol{D}\boldsymbol{V}^{\boldsymbol{T}}$(14.54)有一种隐变量表征。记为 $\boldsymbol{S} = \sqrt{N}\boldsymbol{U}$ 和 $\boldsymbol{A}^T = \boldsymbol{D}\boldsymbol{V}^{\boldsymbol{T}}/\sqrt{N}$，则有 $\boldsymbol{X} = \boldsymbol{S}\boldsymbol{A}^{\boldsymbol{T}}$，因此 $\boldsymbol{X}$ 上的每一列是 $\boldsymbol{S}$ 列的线性组合。现在，因为 $\boldsymbol{U}$ 是正交的，如前一样假定 $\boldsymbol{X}$ 的列 (且因此 $\boldsymbol{U}$) 中每一个都是均值零，这意味着 $\boldsymbol{S}$ 的列均值零，且均不相交和有单位方差。按随机变量，SVD 或相应的主成分分析（PCA）能解释成隐变量模型的估计：

$$\boldsymbol{X}_1 = a_{11}S_1 + a_{12}S_2 + \cdots + a_{1p}S_p$$
$$\boldsymbol{X}_2 = a_{21}S_1 + a_{22}S_2 + \cdots + a_{2p}S_p$$

$$\vdots \quad \vdots$$

$$\boldsymbol{X}_p = a_{p1}S_1 + a_{p2}S_2 + \cdots + a_{pp}S_p \tag{14.78}$$

或简写成 $\boldsymbol{X} = \boldsymbol{A}S$。相关的 X_j 每一个都可以表示成不相关的、单位方差变量 S_ℓ 的线性展开。但这并不能让人满意，因为给定任意正交 $p \times p$ 矩阵 $\boldsymbol{R}$，我们可以写出

$$\begin{aligned} \boldsymbol{X} &= \boldsymbol{A}S \\ &= \boldsymbol{A}\boldsymbol{R}^T\boldsymbol{R}S \\ &= \boldsymbol{A}^*S^*, \end{aligned} \tag{14.79}$$

和 $\text{Cov}(S^*) = \boldsymbol{R}\text{Cov}(S)\boldsymbol{R}^T = \boldsymbol{I}$。因此，存在多种这样的分解，且因此而不可能将任何特定的隐变量辨识成唯一的内在源。SVD 分解确实有个特性，即任何秩 $q < p$ 的剪枝分解都可以最优方式逼近 $\boldsymbol{X}$。

经典的因子分析（factor analysis）模型，最初由测量心理量学研究人员提出，在一定程度上缓解了这些问题，可参见 Mardia 等 (1979)。当 $q < p$ 时，因子分析模型有如下形式：

$$\begin{aligned} X_1 &= a_{11}S_1 + a_{12}S_2 + \cdots + a_{1p}S_p + \varepsilon_1 \\ X_2 &= a_{21}S_1 + a_{22}S_2 + \cdots + a_{2p}S_p + \varepsilon_2 \\ &\vdots \quad \vdots \\ X_p &= a_{p1}S_1 + a_{p2}S_2 + \cdots + a_{pp}S_p + \varepsilon_p, \end{aligned} \tag{14.80}$$

或 $\boldsymbol{X} = \boldsymbol{A}S + \varepsilon$。这里，$S$ 是 $q < p$ 个内在隐变量或因子的向量，$\boldsymbol{A}$ 是 $p \times q$ 的因子负荷矩阵，且 ε_j 是零均值不相关的扰动。其想法是隐变量 S_ℓ 是 X_j 中变量的共同来源，能解释它们的相关结构，同时不相关的 ε_j 对每个 X_j 是唯一的，且挑选了其他未解释的变化。典型情况下，S_j 和 ε_j 建模成高斯随机变量，模型用最大似然法来拟合。所有在协方差矩阵里的参数是

$$\boldsymbol{\Sigma} = \boldsymbol{A}\boldsymbol{A}^T + \boldsymbol{D}_\varepsilon \tag{14.81}$$

这里，$\boldsymbol{D}_\varepsilon = \text{diag}[\text{Var}(\varepsilon), \cdots, \text{Var}(\varepsilon_p)]$。$S_j$ 的高斯特征和不相关性使其成为统计上独立的随机变量。因此，一组教育测试成绩可以看成是由独立的内在因素如智能和动机等决定的。$\boldsymbol{A}$ 的列可看成是因子负荷（factor loadings），用于命名和解释这些因子。

不幸的是，因为对任意 $q \times q$ 正交阵 $\boldsymbol{R}$，$\boldsymbol{A}$ 和 $\boldsymbol{A}\boldsymbol{R}^T$ 在(14.81)是等价的，所以可辨识问题(14.79)仍然存在。这在因子分析的使用中留下了某种主观性，因为用户能搜索更易解释的旋转版本。这导致了许多对因子分析的怀疑，可能解释了在同期统计学中其较少受到欢迎的原因。尽管我们不试图详细讲述，SVD 在(14.81)的估计中扮演了关键角色。举例来说，如果 $\text{Var}(\varepsilon_j)$ 都假设是相等的，则 SVD 主要的 q 分量辩识由了 $\boldsymbol{A}$ 决定的子空间。

因为每个 X_j 都有不同的扰动 ε_j，所以因子分析可看成是建模 X_j 相关性结构，而不是协方差结构。这能从(14.81)里标准化的协方差结构看出。这是因子分析和 PCA 的重要区别，

不过这并不是我们讨论的中心。习题14.15讨论了一个简单的例子，说明因为这一区别而导致因子分析和 PCA 得到有显著不同的解。

14.7.2　独立分量分析

独立分量分析（independent component analysis，ICA）模型与(14.78)形式上几乎完全相同，只不过 S_i 被假设成统计独立（statistically independent）而非不相关。直觉上，缺乏相关性确定了多元分布的二次交叉矩（协方差），同时一般情况下，统计独立性决定着所有交叉矩。这些额外的矩条件允许唯一辨识 $\boldsymbol{A}$ 的元素。因为多元高斯分布仅由二阶矩决定，所以它是一个例外，且任何高斯独立分量可如前一样被唯一确定，最多再加一个旋转。因此，如果我们假设 S_i 是独立和非高斯的，就可以避免式(14.78)和(14.80)的可辨识性问题可以避免。

这里，我们将讨论式(14.78)的满 p 分量模型，其中 S_ℓ 是独立且有单位方差的；因子分析模型(14.80)的 ICA 版本也存在。我们的考虑基于 Hyvärinen and Oja (2000)的综述文章。

我们希望还原 $\boldsymbol{X} = \boldsymbol{AS}$ 中的混合矩阵 $\boldsymbol{A}$。为了不失一般性，我们假设 $\boldsymbol{X}$ 已经做了白化（whiten）处理，使得 $\mathrm{Cov}(\boldsymbol{X}) = \boldsymbol{I}$，这通常可以通过 SVD 来实现。反过来意味着 $\boldsymbol{A}$ 是正交的，因为 $\boldsymbol{S}$ 也有协方差 $\boldsymbol{I}$。因此，求解 ICA 问题相当于求一个正交矩阵 $\boldsymbol{A}$，使得向量随机变量的分量 $\boldsymbol{S} = \boldsymbol{A}^T\boldsymbol{X}$ 是独立（和非高斯）的。

图14–37显示了分离两个混合信号时 ICA 的能力。这是一个经典的鸡尾酒会（cocktail party）问题的例子，不同的麦克风 X_j 接收不同独立源 S_ℓ（音乐和不同人的语音等）的混合。通过利用源信号的独立性和非高斯性，ICA 能执行盲源分离（blind source separation，又称“盲信号分离”）。

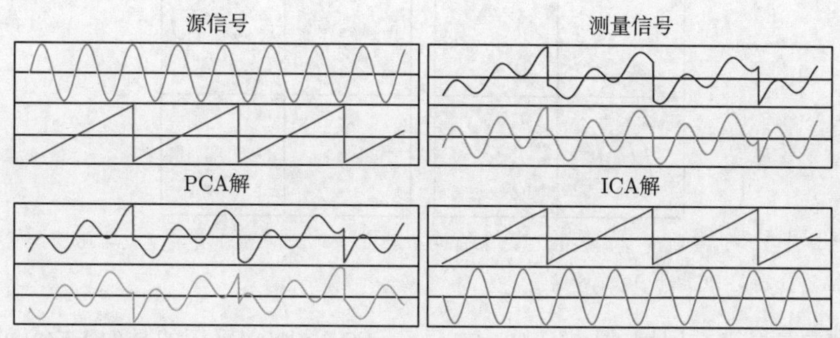

图 14–37　人工时序数据的 ICA 和 PCA 对比示例。左上图显示两个源信号，在 1000 个均匀间隔时间点上测得。右上图显示了观测到的混合信号。下面两个图显示主成分和独立分量解

许多流行的 ICA 方法是基于熵的。密度为 $g(y)$ 的随机变量 Y 的微分熵由下式给出：

$$H(Y) = -\int g(y)\log g(y)dy. \tag{14.82}$$

信息论中有一个著名的结论是，在所有同方差的随机变量中，高斯变量具有最大熵。最后，

随机向量 $\boldsymbol{Y}$ 分量之间的互信息（mutual information）$\boldsymbol{I}(X)$ 是依赖性的一个自然度量：

$$I(Y) = \sum_{j=1}^{p} H(Y_j) - H(Y). \tag{14.83}$$

量 $I(Y)$ 称为 Y 的密度 $g(y)$ 和它的独立版本 $\prod_{j=1}^{p} g_j(y_j)$ 之间的 *Kullback-Leibler* 距离，其中 $g_j(y_j)$ 是 Y_j 的边缘密度。现在，如果 X 有协方差 $\boldsymbol{I}$，且 $Y = \boldsymbol{A}^T X$，其中 $\boldsymbol{A}$ 是正交的，则易证

$$I(Y) = \sum_{j=1}^{p} H(Y_j) - H(X) - \log|\det \boldsymbol{A}| \tag{14.84}$$

$$= \sum_{j=1}^{p} H(Y_j) - H(X) \tag{14.85}$$

求最小化 $I(Y) = I(\boldsymbol{A}^T X)$ 的 $\boldsymbol{A}$ 是要找一个正交变量，使得分量间具有最强的独立性。按(14.84)，它等价于最小化 Y 各分量的熵之和，也就相当于最大化远离高斯形式。

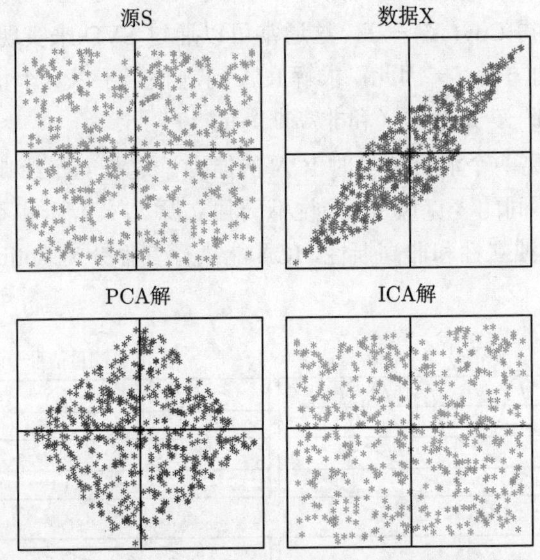

图 14–38　混合独立均匀随机变量。左上图是来自两个独立均匀源的 500 次实现，右上图是它们的混合视图。下面两幅图分别是 PCA 和 ICA 的解

为方便起见，没有用熵 $H(Y_j)$，Hyvärinen and Oja (2000)采用的是如下定义的负熵 (negentropy)$J(Y_j)$：

$$J(Y_j) = H(Z_j) - H(Y_j) \tag{14.86}$$

其中 Z_j 是和 Y_j 同方差的高斯随机变量。负熵是非负的，度量了 Y_j 偏离高斯形式的程度。他们提出对负熵的简单近似，以便能对数据进行优化和计算。图14–37~图14–39的 ICA 解采用了近似

$$J(Y_j) \approx [\mathrm{EG}(Y_j) - \mathrm{EG}(Z_j)]^2, \tag{14.87}$$

其中对于 $1 \leqslant a \leqslant 2$，$G(u) = \frac{1}{a}\log\cosh(au)$。当应用到 x_i 的样本时，期望都由数据平均所替代。这是两位作者在 FastICA 软件中提供的可选项。更经典（及较不鲁棒的）度量基于四阶矩，因此是通过峰度（Kurtosis）来求解对高斯形式的偏离程度。细节见 Hyvärinen and Oja (2000)。在14.7.4节中，我们介绍了他们求最优方向的近似牛顿算法。

总之，应用于多元数据的 ICA 求的是一个正交投影序列，使投影数据尽可能偏离高斯形式。在预先白化处理过的数据中，这相当于寻找尽可能独立的分量。

ICA 本质上是从因子分析的解开始，进而加一个旋转来获得独立分量。从这个观点来看，ICA 只是另一种形式的因子旋转模型，和测量心理学中传统的 varimax 和 quartimax 是一样的。

示例 1：手写数字

我们回顾14.5.1节中 PCA 分析的手写数字 3。图14–39 比较了前五个（标准化的）主成分和前五个 ICA 分量，所有的都按同样的标准单元显示。注意，每个图是 256 维空间的 2 维投影。当 PCA 分量都看上去服从联合高斯分布时，ICA 分量有长尾分布。这一点也不奇怪，因为 PCA 侧重于方差，而 ICA 关注于非高斯分布。所有的分量都已经标准化，因此看不出主成分有方差递减现象。

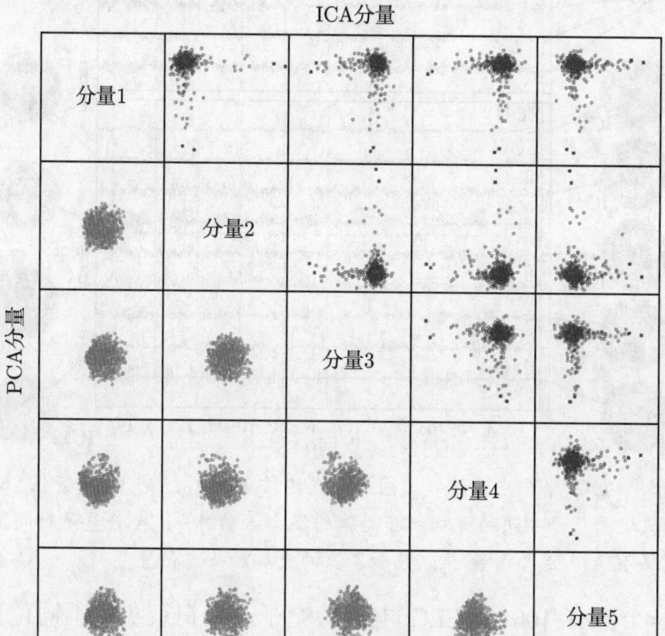

图 14–39　采用快速 ICA（FastICA，对角线上方）得到的前五个 ICA 分量和前五个主成分（对角线下方）的比较。每个分量都标准化到单位方差

对每个 ICA 分量，我们加亮两个异常的数字和一对中心化的数字并显示于图14–40中。这表明了每个分量的特性。举例来说，ICA 分量 5 选择的是尾部如长扫帚一样的 3。

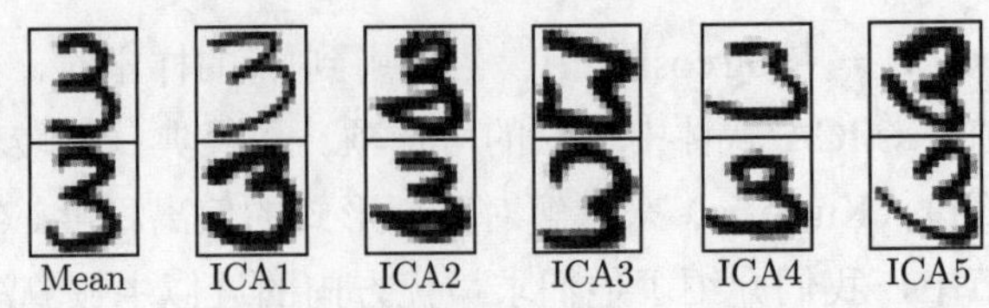

图 14–40 高亮图14–39中的数字。与平均数字（Mean digit）相比，我们能看到各个 ICA 分量的本质

示例 2：EEG 时间进程

ICA 在脑动力学研究中已经成为重要的工具——我们这里提出的示例是，采用 ICA 来解开多通道脑电图机（ElectroEncephalographic，EEG）数据的信号分量 (Onton and Makeig, 2006)。

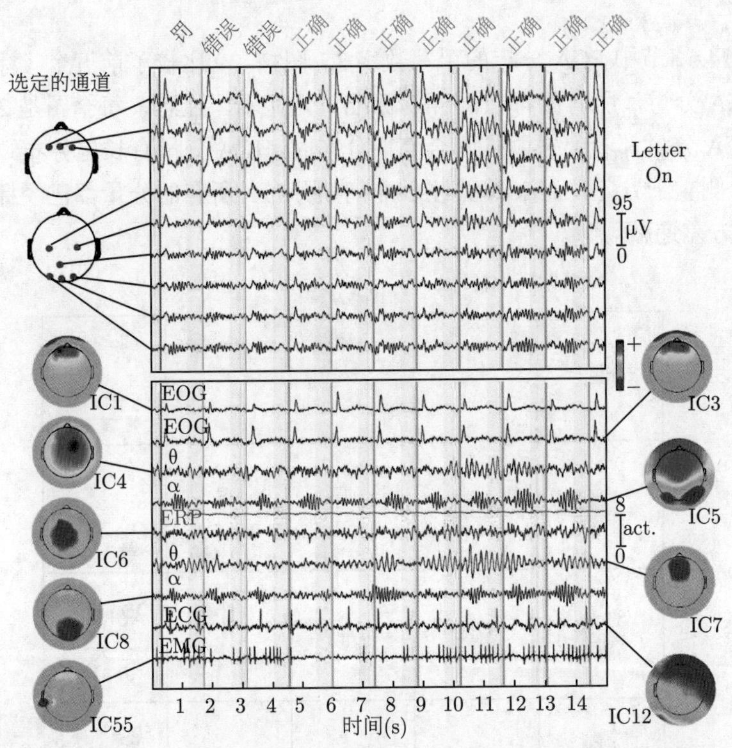

图 14–41 在（100 个中的）9 个头皮通道（上图）的（1917 秒的）15 秒 EEG 数据，以及（下图的）9 个 ICA 分量。当邻近电极记录几乎相同的大脑和非大脑的混合活动时，ICA 分量是时间上不同的。着色的头皮反映了作为热力图的 ICA 未混合系数 $\hat{a}_j$，显示了源的大脑和头皮位置

受试者戴上一个嵌有 100 个 EEG 电极的帽子，来记录头皮不同位置上的大脑活动。图14–41[①]（上图）显示了测试者在 30 分钟周期内执行标准 two-back 测试[②]，学习任务时从

① 重印于 *Progess in Brain Research*, 159 卷, Julie Onton 和 Scott Makeig，“Information based modeling of event-related brain dynamics”，106 页，版权 2006，得到 Elsevier 的许可。我们感谢 Julie Onton 和 Scott Makeig 提供了这幅图的电子版。

② 中文版编注：*N*-back 测试中的一种。拿出一副扑克牌，先让受试者看第一张，然后拿出第二张，问第一张是什么，以此类推，叫 one-back，隔两张就叫 two-back，主要是检测大脑的工作记忆功能。大脑前额叶不正常或患有某些精神疾病的人 (如精神分裂症患者)，就可以用这个来检测他是否有认知功能障碍。

这些电极的 9 个子集获得的 15 秒输出结果。测试者在大约 1500 毫秒的间隔中被提供一个字母（B, H, H, C, F 或 K），然后通过按一或两个键来响应，表明眼前的字母与前两步相同不是不同。依赖于回答，测试者得分或失分，偶尔获得奖励或被罚。时间进程数据显示了 EEG 信号的空间相关性——邻近传感器的信息看上去非常相似。

这里，关键的假设是每个头皮在电极上记录的信号，是从不同大脑皮层活动和非皮层人为领域的独立势能的混合；关于 ICA 这一领域的详细综述可见参考文献。

图14–41的下图显示选择的 ICA 分量。着色图表示估计的未混合系数 $\hat{a}_j$ 叠加在头皮上的热力图，显示了活动位置。相应的时间进程显示 ICA 分量的活动。

举例来说，在每次性能反馈信号后（着色的垂线），测试者眨眼，表明 IC1 和 IC2 的位置和人造信号。IC12 是与心脉相关的人造信号。IC4 和 IC7 解释了前额叶 theta 波带的活动，在正确性能的延长后出现。更多关于本例的细节以及 ICA 在 EEG 建模中的使用可见于 Onton and Makeig (2006)。

14.7.3 探测式投影寻踪

Friedman and Tukey (1974)提出了*探测式投影寻踪*（exploratory projection pursuit），一种可视化高维数据的图探测技术。他们的观点是大多数高维数据的低维（1 或 2 维）投影看上去是服从高斯分布的。有趣的结构，如簇或长尾，将为非高斯投影所揭示。他们提出了大量用于优化的*投影指标*（projection indices），每一个侧重于不同的高斯偏离性。自从他们提出这一概念后，又有了大量的改进 (Huber, 1985; Friedman, 1987)，各种指标，包括熵，在交互式图形包Xgobi(Swayne 等，1991，现称为 GGobi)中得到实现。这些投影指标与前文中的 $J(Y_j)$ 形式完全相同，其中，X 分量的标准化线性组合是 $Y_j = a_j^T X$。事实上，交叉熵的某些近似和替代与为投影寻踪提出的指标是一致的。典型情况下，在投影寻踪中，方向 a_j 不被约束成正交的。Friedman (1987)将数据变换成在选择方向上像高斯分布，然后再搜索随后的方向。尽管初衷不同，ICA 和探测式投影寻踪仍然相当类似，至少从这里的描述来看是这样。

14.7.4 ICA 的直接方法

独立分量依定义有联合积密度

$$f_S(s) = \prod_{j=1}^{p} f_j(s_j), \tag{14.88}$$

因此，这里提出采用广义加性模型 (9.1节) 来直接估计该密度的方法。完整的细节可见于 Hastie and Tibshirani (2003)，方法可从 CRAN 获得，R 语言软件包中实现的 ProDenICA 软件包中实现。

按偏离高斯分布的表达思想，我们将每个 f_j 表示成一个*斜*（tilted）高斯密度：

$$f_j(s_j) = \phi(s_j) e^{g_j(s_j)}, \tag{14.89}$$

这里，ϕ 是标准高斯密度，g_j 满足密度，要求的标准化条件。如前一样，假定 $\boldsymbol{X}$ 是预先白化的，则观测数据 $\boldsymbol{X}=\boldsymbol{A}S$ 的对数似然是

$$\ell(\boldsymbol{A},\{g_j\}_1^p;\boldsymbol{X})=\sum_{i=1}^{N}\sum_{j=1}^{p}[\log\phi_j(a_j^Tx_i)+g_j(a_j^Tx_i)], \tag{14.90}$$

这里考虑服从“$\boldsymbol{A}$ 是正交的和” g_j 导致了(14.89)的密度这两个约束，来最大化上式。没有在 g_j 上引入任何额外的约束，模型(14.90)是过参数化的，因此我们转而最大化一个正则化版本：

$$\sum_{j=1}^{p}\left[\frac{1}{N}\sum_{i=1}^{N}[\log\phi(a_j^Tx_i)+g_j(a_j^Tx_i)]-\int\phi(t)e^{g_j(t)}dt-\lambda_j\int\{g_j'''(t)\}^2(t)dt\right]. \tag{14.91}$$

受到 Silverman(1986), 5.4.4 节的启发，我们（为每个 j）减去了式(14.91)的两个惩罚项。

- 第一项在任意解 $\hat{g}_j$ 上引入密度约束 $\int\phi(t)e^{\hat{g}_j(t)}dt=1$。
- 第二项是粗糙度惩罚，以保证解 $\hat{g}_j$ 是节点在观测值 $s_{ij}=a_j^Tx_i$ 的二次样条。

我们能进一步证明，每个解密度 $\hat{f}_j=\phi e^{\hat{g}_j}$ 的均值为零和方差为 1 (习题14.18)。随着我们增加 λ_j，这些解接近于标准高斯密度 ϕ。

如算法14.3所介绍的，我们通过交替的方式优化(14.91)来拟合函数 g_j 和方向 a_j。

算法 14.3 积密度 ICA 算法：**ProDenICA**

1. 初始化 $\boldsymbol{A}$（随机高斯矩阵，然后做正交化）。
2. 交替执行以下两步直到 $\boldsymbol{A}$ 收敛。
   (a) 给定 $\boldsymbol{A}$，考虑 g_j 优化(14.91)（分别对每个 j）。
   (b) 给定 g_j，$j=1,\cdots,p$，向寻找最优 $\boldsymbol{A}$ 的方向执行一步不动点算法。

步骤 2(a) 相当于半参数密度估计，可采用广义加性模型的新颖应用来求解。为方便起见，我们提出 p 个不同问题中的一个，

$$\frac{1}{N}\sum_{i=1}^{N}[\log\phi(s_i)+g(s_i)]-\int\phi(t)e^{g(t)}dt-\lambda\int\{g_j'''(t)\}^2(t)dt. \tag{14.92}$$

尽管式(14.92)的第二个积分导出了光滑样条，但第一个积分难，要求近似。我们构造了一个具有 L 个值为 s_ℓ^* 的精细网格，增量是 Δ 以覆盖观测值 s_i，并统计在得到的盒子中有多少个 s_i：

$$y_\ell^*=\frac{\#s_i\in(s_\ell^*-\Delta/2,s_\ell^*+\Delta/2)}{N} \tag{14.93}$$

典型情况下，我们选取 L 是 1000，这已经绰绰有余了。然后，通过

$$\sum_{\ell=1}^{L}\left\{y_i^*[\log(\phi(s_\ell^*))+g(s_\ell^*)]-\Delta\phi(s_\ell^*)e^{g(s_\ell^*)}\right\}-\lambda\int g'''^2(s)ds \tag{14.94}$$

近似(14.92)。最后一个表达式可以看成等比例于具有响应 y_ℓ^*/Δ、惩罚参数 λ/Δ 和均值 $\mu(s)=\phi(s)e^{g(s)}$ 的惩罚泊松对数似然。这是一个广义加性样条模型（generalized additive spline model）(Hastie and Tibshirani, 1990；Efron and Tibshirani, 1996)，其中偏移项为 $\log\phi(s)$。该模型可在 $O(L)$ 次运算使用牛顿算法来拟合。尽管这里采用二次样条，但实际上三次就够了。我们有 p 个调整参数要设置，实际上，我们将其都设为相同的，并通过有效自由度 df(λ) 来指定平滑的程度。我们的软件采用 5df 作为缺省值。

算法14.3的第 2(b) 步要求考虑 $\boldsymbol{A}$ 来优化(14.91)，并保持 $\hat{g}_j$ 固定。求和式中只有第一项涉及 $\boldsymbol{A}$，且因为 $\boldsymbol{A}$ 是正交的，因而涉及 ϕ 的所有项都不依赖于 $\boldsymbol{A}$（习题14.19）。因此我们需要最大化

$$\begin{aligned} C(\boldsymbol{A}) &= \frac{1}{N}\sum_{j=1}^{p}\sum_{i=1}^{N}\hat{g}_j(a_j^T x_i) \\ &= \sum_{j=1}^{p} C_j(a_j) \end{aligned} \tag{14.95}$$

$C(\boldsymbol{A})$ 是拟合密度和高斯密度之间的对数似然比，能看成是负熵(14.86)的估计，其中每个 $\hat{g}_j$ 是(14.87)的对比度函数。2(b) 步的不动点更新步是改进的牛顿算法 (习题14.20)。

1. 对每个 j 更新

$$a_j \leftarrow E\{X\hat{g}_j'(a_j^T X) - E[\hat{g}_j''(a_j^T X)]a_j\} \tag{14.96}$$

这里 E 表示考虑样本 x_i 的期望。因为 $\hat{g}_j$ 是一个拟合的二次（或三次）样条，一阶和二阶偏导都容易得到。

2. 采用对称均方根变换 $(\boldsymbol{A}\boldsymbol{A}^T)^{-\frac{1}{2}}\boldsymbol{A}$ 来正交化 $\boldsymbol{A}$。如果 $\boldsymbol{A} = \boldsymbol{U}\boldsymbol{D}\boldsymbol{V}^T$ 是 $\boldsymbol{A}$ 的 SVD，则易证它将导致更新 $\boldsymbol{A} \leftarrow \boldsymbol{U}\boldsymbol{V}^T$。

ProDenICA算法对图14–37的人工时序数据、图14–38的混合均匀数据和图14–39的数字数据，性能和FastICA一样好。

图14–42显示的是ProDenICA与FastICA以及另一个半参数竞争者 KernelICA (Bach and Jordan, 2002)的仿真比较结果。左图显示 18 个用作比较的基分布。对每个分布，我们生成一对独立分量（$N = 1024$）和条件数在 1 和 2 之间的 $\mathbb{R}^2$ 随机混合矩阵。我们采用负熵准则(14.87)来执行 R 语言写的FastICA和ProDenICA。对于KernelICA，我们采用的是作者的 MATLAB 源码[①]。因为搜索准则是非凸的，所以我们对每种方法采用了五个随机开始。每个算法得到一个正交混合矩阵 $\boldsymbol{A}$（数据已经预先白化），这可用于与生成的正交混合矩阵 $\boldsymbol{A}_0$ 作比较。我们采用 Amari 测度 (Bach and Jordan, 2002)来度量两个矩阵的相似度：

$$d(\boldsymbol{A}_0, \boldsymbol{A}) = \frac{1}{2p}\sum_{i=1}^{p}\left(\frac{\sum_{j=1}^{p}|r_{ij}|}{\max_j |r_{ij}|} - 1\right) + \frac{1}{2p}\sum_{j=1}^{p}\left(\frac{\sum_{i=1}^{p}|r_{ij}|}{\max_i |r_{ij}|} - 1\right), \tag{14.97}$$

这里 $r_{ij} = (\boldsymbol{A}_0\boldsymbol{A}^{-1})_{ij}$。图14–42的右图 (在对数 R 度上) 比较的是真实和估计的混合矩阵之间的 Amari 测度的平均。ProDenICA在所有场景下都可以匹敌于FastICA和KernelICA，且在大多数混合模拟中优势更明显。

① Francis Back 友情提供该代码，并帮助我们建立了仿真。

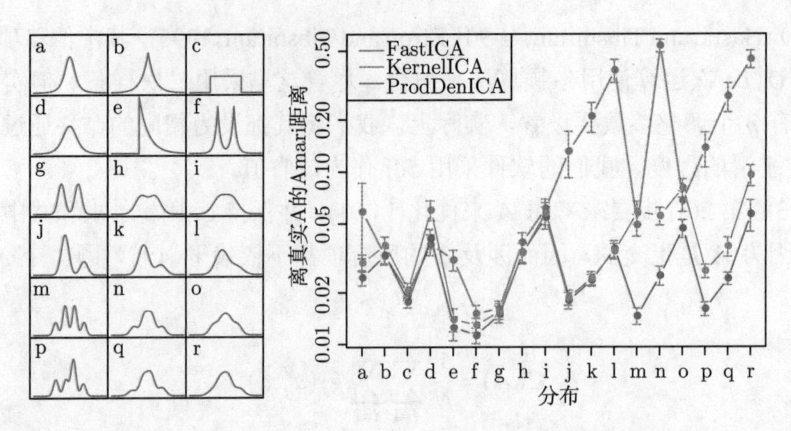

图 14–42　左图显示用于比较的 18 个分布。包括“t”，均匀、指数、混合指数、对称和非对称高斯混合。右图基于在 $\mathbb{R}^2$ 的 30 次仿真，对每个分布（按对数尺度）显示每种方法和每个分布平均 Amari 测度

14.8　多维尺度

自组织映射和主曲线主及曲面都是映射 $\mathbb{R}^p$ 中的数据点到一个低维流形中。多维尺度（Multidimensional scaling，MDS）有类似的目的，但在处理问题的方式上多少有些不同。

我们从观测 $x_1, x_2, \cdots, x_N \in \mathbb{R}^p$ 开始，令 d_{ij} 是观测 i 和 j 之间的距离。通常，我们选择欧氏距离 $d_{ij} = \|x_i - x_j\|$，但使用其他距离也可。除此以外，在某些应用，我们甚至没有可用的数据点葡萄酒 x_i，而仅有某些不相似性（dissimilarity）度量 d_j（见14.3.10节）。举例来说，在品尝葡萄实验里，d_{ij} 可以是测试者判断葡萄酒 i 和 j 之间存在多少差异的度量，测试者对所有葡萄酒对 i, i 提供这样的度量。MDS 仅要求不相似性 d_{ij}，这与 SOM 和主曲线及主曲线要求数据点 x_i 是相反的。

多维元尺度搜索能最小化所谓*压力函数*（stress function）[①]的值 $z_1, z_2, \cdots, z_N \in \mathbb{R}^k$:

$$S_M(z_1, z_2, \cdots, z_N) = \sum_{i \neq i'} (d_{ii'} - \|z_i - z_{i'}\|)^2 \tag{14.98}$$

这称为“最小二乘和 Kruskal-Shephard 尺度”。其思想是找一个能尽可能好的保持逐对距离的、数据的低维表达。注意，该低维近似是按距离而非平方距离：在外面的平方根只是一个约定。梯度下降算法用于最小化 S_M。

一个最小二乘尺度的变种是所谓最小化

$$S_{Sm}(z_1, z_2, \cdots, z_N) = \sum_{i \neq i'} \frac{(d_{ii'} - \|z_i - z_{i'}\|)^2}{d_{ii'}} \tag{14.99}$$

的 *Sammon* 映射（Sammon mapping）。这里更多强调保持较小的数据逐对距离。

在*经典尺度*（classical scaling）中，我们从相似性 $s_{ii'}$ 开始。通常，我们采用中心化的内积 $s_{ii'} = \langle x_i - \bar{x}, x_{i'} - \bar{x} \rangle$。随即，问题是在 $z_1, z_2, \cdots, z_N \in \mathbb{R}^k$ 上最小化

① 一些作者定义压力为 S_M 的均方根，因为它不影响优化，所以我们取了平方以便使其与其他准则的比较更简单。

$$S_C(z_1, z_2, \cdots, z_N) = \sum_{i,i'} (s_{ii'} - \langle z_i - \bar{z}, z_{i'} - \bar{z} \rangle)^2 \tag{14.100}$$

这是有吸引力的，因为按特征向量，这是一个显式解，见习题14.11。如果我们有的是距离而非内积，则如果是欧氏距离[①]，就将它们转成内积，见第18章中式(18.31)。如果相似性是用中心化的内积来计算，则经典多维尺度完全等价于主成分这一本质上是线性维数约简的技术。经典多維尺度不等价于最小二乘尺度，因为损失函数不同，映射也是非线性的。

最小二乘和经典多维尺度可看成是*度量*（metric）尺度方法，在某种意义上，实际的不相似性或相似性是近似的。*Shephard-Krusal 非度量尺度*（Shephard-Krusal nonmetric scaling）有效地利用了仅排序。非度量尺度试图在 z_i 和任意递增函数 θ 上最小化压力函数

$$S_{NM}(z_1, z_2, \cdots, Z_N) = \frac{\sum_{i \neq i'} [\|z_i - z_{i'}\| - \theta(d_{ii'})]^2}{\sum_{i \neq i'} \|z_i - z_{i'}\|^2} \tag{14.101}$$

固定 θ，我们用梯度下降在 z_i 上最小化。固定 z_i，等分回归（isotonic regression）用来求对 $\|z_i - z_{i'}\|$ 的最佳单调逼近 $\theta(d_{ii'})$。这些步骤迭代执行下来。

像自组织映射和主曲面，多维尺度反映了低维坐标系统中的高维数据。主曲线和主曲面则更进一步，用低维坐标系统参数化的低维流形来逼近初始数据。在主曲面和 SOM 中，在原特征空间中靠得近的点在映射到流形后应该也相互靠近，但在特征空间中距离的点在映射后可能可能也彼此靠得近。这在多维尺度中较少可能出现，因为它显式保持着所有逐对距离。

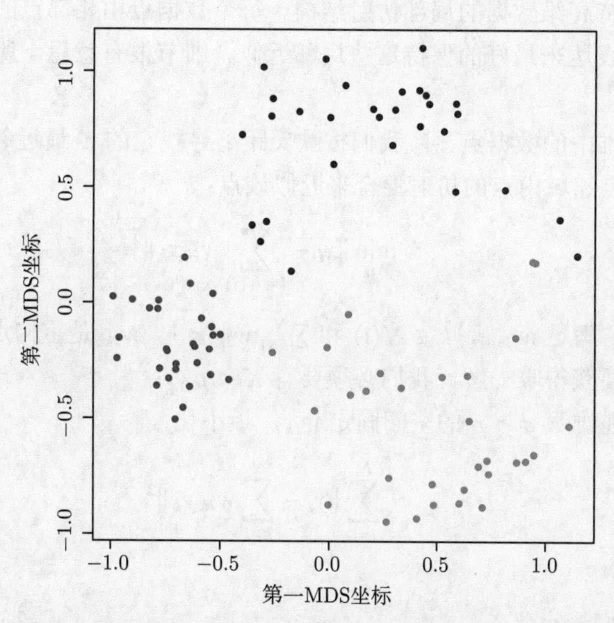

图 14–43　利用经典多维尺度，从半球形数据上得到的前两个坐标

图14–43显示对半球形示例，利用经典尺度获得的前两个 MDS 坐标。不同簇之间有明显的分离，红色簇明显更紧凑一些。

① 如果元素反映某个维度空间 N 个点之间的逐对欧氏距离，则 $N \times N$ 的距离矩阵是欧氏的。

14.9 非线性维数约简和局部多维尺度

类似于主曲面的思路，最近提出了几种用于非线性维数约简的方法。其想法是数据靠近嵌套于高维空间的内在低维流形上。这些方法可以想象成是“拍平”流形，因此约简数据到一组可反映它们在流形上相对位置的低维坐标集。它们在信噪比非常高（如物理系统）的问题中非常有用，但可能对于具有较低信噪比的观测数据不是十分有效。

基本目标解释如图14–44所示。数据处在靠近有较大曲率的抛物线的位置。经典 MDS 不能将数据点沿曲线的序提取，因为它会把曲线上两个相反端的点判断会相互靠近。右图显示了*局部多维尺度*（local multi-dimensional scaling）的结果，该方法是我们下面将讨论的非线性多维尺度的三种方法之一。这些方法仅利用 p 维中数据点的坐标，不用其他关于流形的信息。局部 MDS 在保持点在曲线上的序方面有好的表现。

我们现在简要介绍三种新的非线性维数约简和流形映射的方法。

等度规特征映射（Isometric feature mapping，ISOMAP）(Tenenbaum 等, 2000)构造了一个沿流形逼近数据点之间测地线距离的图。具体而言，对每个数据点，我们寻找其邻域——在该点某个小的欧氏距离内的点。我们构造一个图，任意两个相邻点用边连接。然后，任意两个点的测地线距离用图上的最短路径近似。最后，经典的多维尺度方法应用于图的距离，形成低维映射。

局部线性嵌套（Locally Linear Embedding，LLE）(Roweis and Saul, 2000)采用了非常不同的方法，试图保持高维数据的局部仿射结构。每个数据点由相邻点的线性组合近似。然后，构造一个低维表达来最好的保持这些局部近似。细节很有意思，所以我们将其详细描述如下。

1. 对每个在 p 维中的数据点 x_i，我们按欧氏距离寻找它的 K 最近邻 $\mathcal{N}(i)$。
2. 我们用每个点邻域内点的仿射混合来近似该点：

$$\min_{W_{ik}} \|x_i - \sum_{k\in\mathcal{N}(i)} w_{ik}x_k\|^2 \tag{14.102}$$

   其中权值 w_{ik} 满足 $w_{ik=0}$，$k \notin \mathcal{N}(i)$ 和 $\sum_{k=1}^{N} w_{ik} = 1$。$w_{ik}$ 是重构点 i 时点 k 所做的贡献。注意，要获得唯一解，我们必须要有 $K < p$。
3. 最后，我们在维数 $d < p$ 的空间固定 w_{ik}，最小化

$$\sum_{i=1}^{N} \|y_i - \sum_{k=1}^{N} w_{ik}y_k\|^2 \tag{14.103}$$

   来求点 y_i。

在第 3 步，我们最小化

$$\mathrm{tr}[(\boldsymbol{Y}-\boldsymbol{WY})^T(\boldsymbol{Y}-\boldsymbol{WY})] = \mathrm{tr}[\boldsymbol{Y}^T(\boldsymbol{I}-\boldsymbol{W})^T(\boldsymbol{I}-\boldsymbol{W})\boldsymbol{Y}] \tag{14.104}$$

注意，该方程式要求一个约束 (如 $\boldsymbol{Y}'\boldsymbol{Y} = \boldsymbol{I}$)，以避免平凡解 $\boldsymbol{Y} = 0$。这里 $\boldsymbol{W}$ 是 $N\times N$；对某个小的 $d < p$，$\boldsymbol{Y}$ 是 $N\times d$。解 $\hat{\boldsymbol{Y}}$ 是 $\boldsymbol{M} = (\boldsymbol{I}-\boldsymbol{W})^T(\boldsymbol{I}-\boldsymbol{W})$ 的尾部特征向量。因为 $\mathbf{1}$ 是

对于零特征值的平凡特征向量，我们丢弃它并保留余下的 d。这有边际效应 $\mathbf{1}^T\boldsymbol{Y}=0$，因此嵌套坐标是均值中心化至原点的。

局部 MDS (Chen and Buja, 2008)采用了最简单且被认为是最直接的方法。我们定义 $\mathcal{N}$ 是邻近点对的对称集；具体而言，点对 (i,i') 是在 $\mathcal{N}$ 里，如果点 i 在 i' 的 K 最近邻中，反之亦然。然后，我们构造压力函数

$$S_L(z_1,z_2,\cdots,z_N)=\sum_{(i,i')\in\mathcal{N}}(d_{ii'}-\|z_i-z_{i'}\|)^2+\sum_{(i,i')\notin\mathcal{N}}w\cdot(D-\|z_i-z_{i'}\|)^2 \tag{14.105}$$

这里，D 是某个大的常数，w 是权值。其想法是，非邻域的点被认距离是非常远；这样的点对应该给予小的权值 w，使其不会支配整个压力函数。要简化表达，取 $w\sim 1/D$，令 $D\to\infty$。展开(14.105)，则有

$$S_L(z_1,z_2,\cdots,z_N)=\sum_{(i,i')\in\mathcal{N}}(d_{ii'}-\|z_i-z_{i'}\|)^2-\tau\sum_{(i,i')\notin\mathcal{N}}\|z_i-z_{i'}\|, \tag{14.106}$$

其中 $\tau=2wD$。式(14.106)第一项试图保持数据的局部结构，同时第二项鼓励非邻域点对 (i,i') 的表达 $z_i,z_{i'}$ 相互远离。对于固定值的邻域数 K 和调整参数 τ，局部 MDS 在 z_i 上最小化压力函数(14.106)。

图14–44的右图显示了采用邻域 $k=2$ 和 $\tau=0.01$ 时，局部 MDS 的结果。我们采用多个初始值的坐标下降来求（非凸）压力函数(14.106)的更优最小值。沿曲线的数据点的序在很大程度得以保留。

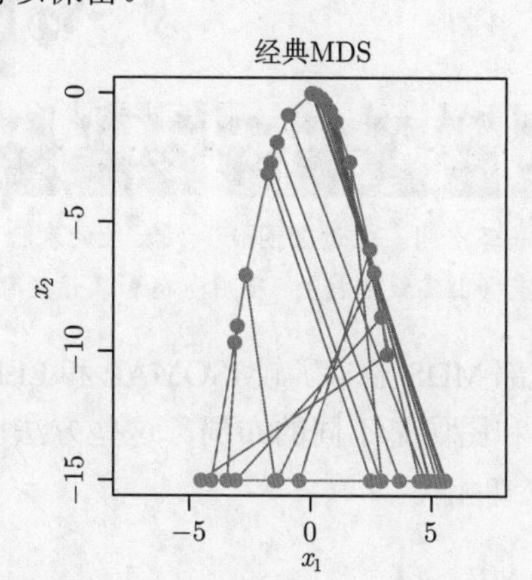

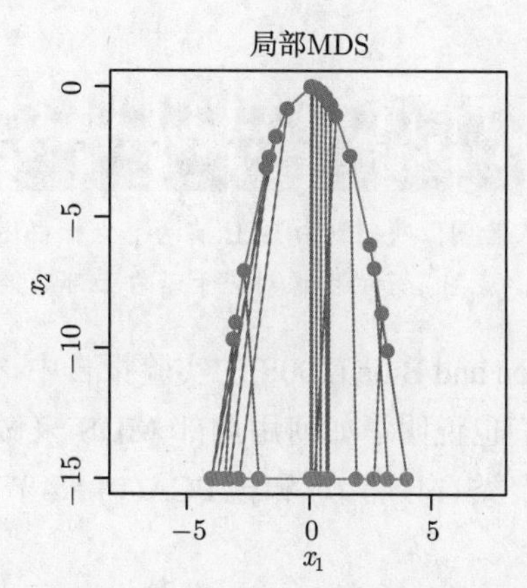

图 14–44　橙色点显示的是处在抛物线上的数据，同时蓝色点显示的是一维中的多维尺度表达。经典多维尺度（左图）没有保留数据点沿曲线的序，因为它将曲线相反两侧的数据点判定为是靠近的。相反，局部多维尺度（右图）很好地在保留数据点沿曲线的序

图14–45显示了这些方法（LLE）[①]的一个更有趣的应用。数据由 1965 张图片组成，数据化成一幅 20×28 的灰度图像。图中显示的 LLE 前两个坐标的结果表明了姿态和表情上的一些变化。类似的图像可由局部 MDS 得到。

① Sam Roweis 和 Lawrence Saul 友情提供了这张图。

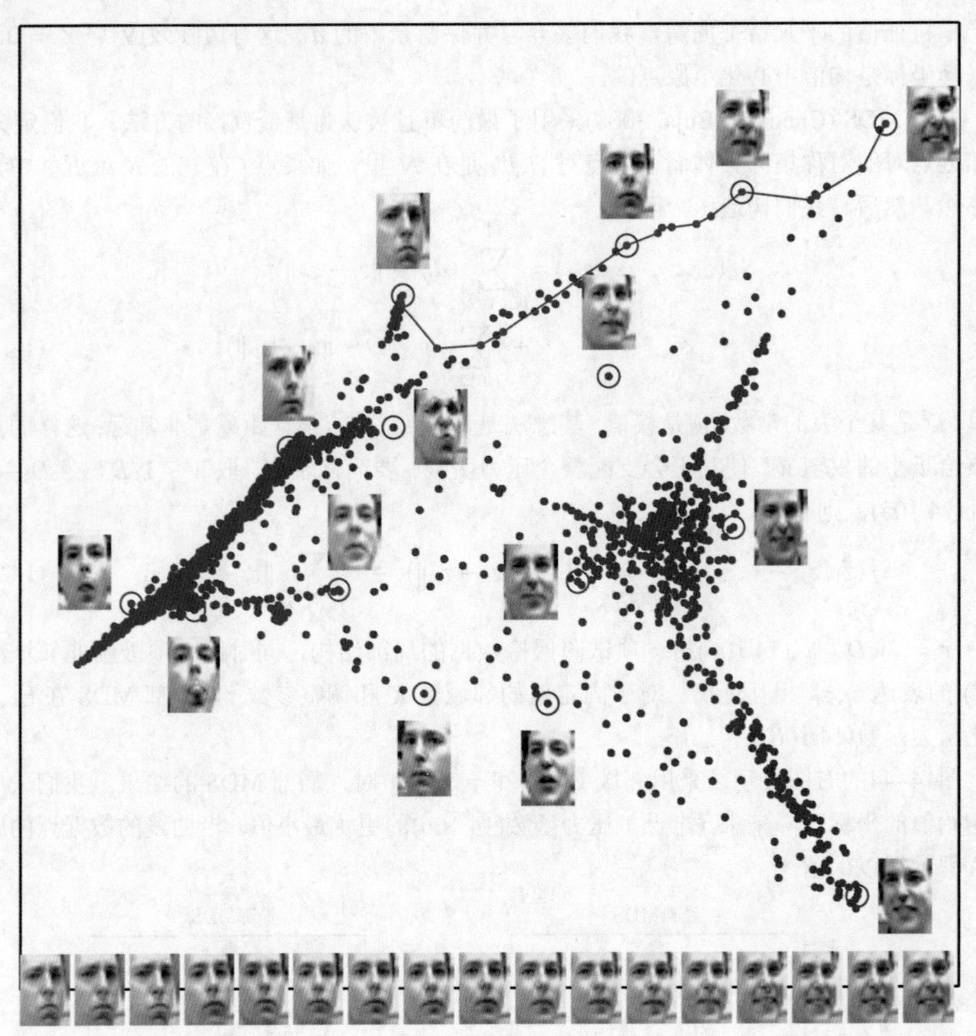

图 14–45 人脸图像映射到由 LLE 前两个坐标描述的嵌套空间。靠近圆圈点，代表性的人脸显示于空间的不同部分。底图显示的图像对应于沿右上部路径的点（由实线连接），表明姿态和表情变化的特定模式

在 Chen and Buja (2008)的实验报告中，局部 MDS 显示了较 ISOMAP 和 LLE 更优越的性能。他们也说明了如何用局部 MDS 来做图和图像是不同的布局。这些方法也与前面讨论过的谱聚类 (14.5.3节) 和核 PCA(14.5.4节) 密切相关。

14.10 谷歌的 PageRank 算法

在本节中，我们就谷歌搜索引擎采用的最初的 *PageRank* 算法做简要的介绍，这一算法是非监督方法近期一个有趣的应用。

假定我们有 N 个网页，希望按其重要性来排序。举例来说，N 个网页可能都包含一个与“统计学习”匹配的字符串，我们希望按其与浏览者可能的相关性来排序网页。

PageRank 算法认为，如果有许多其他网页指向一个网页，则考虑该网页是重要的。然而，

指向给定网页的链接网页不能同等对待：算法既考虑了链接网页的重要性（称为 *PageRank*），也考虑了链接网页的外链接的数量。具有较高 PageRank 的链接网页将给更多权值，同时，有较多外链的网页则给予较少权值。基于该想法，得出 PageRank 的递归定义，细节如下。

如果网页 j 指向网页 i，令 $L_{ij}=1$，否则为零。令 $c_j=\sum_{i=1}^{N}L_{ij}$ 等于网页 j 指向的网页的数量（外链的数量）。则 Google PageRank p_i 可定义为如下的递归关系：

$$p_i=(1-d)+d\sum_{j=1}^{N}\left(\frac{L_{ij}}{c_j}\right)p_j \tag{14.107}$$

这里 d 是正常数 (似乎可设成 0.85)。

其想法是网页 i 的重要性是指向该网页的网页之重要性的总和。其和通过 $1/c_j$ 来加权，即，每个网页分配总投票 1 到其他网页。常数 d 确保每个网页至少有 $1-d$ 的 *PageRank*。用矩阵约定：

$$\boldsymbol{p}=(1-d)\boldsymbol{e}+d\cdot\boldsymbol{L}\boldsymbol{D}_c^{-1}\boldsymbol{p} \tag{14.108}$$

其中 $\boldsymbol{e}$ 是 N 个 1 的向量，$\boldsymbol{D}_c=\mathrm{diag}(c)$ 是对角元为 c_j 的对角矩阵。引入归一化 $\boldsymbol{e}^T\boldsymbol{p}=N$(即，平均 PageRank 是 1)，我们可以将(14.108)写成

$$\begin{aligned}\boldsymbol{p}&=[(1-d)\boldsymbol{e}\boldsymbol{e}^T/N+d\boldsymbol{L}\boldsymbol{D}_c^{-1}]\boldsymbol{p}\\&=\boldsymbol{A}\boldsymbol{p}\end{aligned} \tag{14.109}$$

这里矩阵 $\boldsymbol{A}$ 是方括号内的表达式。

利用与马尔可夫链（见下面）的连接，能够证明矩阵 $\boldsymbol{A}$ 有等于 1 的实特征值，1 是它的最大特征值。这意味着我们能用幂方法求 $\hat{\boldsymbol{p}}$：从 $\boldsymbol{p}=\boldsymbol{p}_0$ 开始，我们迭代

$$\boldsymbol{p}_k\leftarrow\boldsymbol{A}\boldsymbol{p}_{k-1};\quad \boldsymbol{p}_k\leftarrow N\frac{\boldsymbol{p}_k}{\boldsymbol{e}^T\boldsymbol{p}_k} \tag{14.110}$$

不动点 $\hat{\boldsymbol{p}}$ 是期望的页面排名。

在 Page 等 (1998)的论文中，作者考虑 PageRank 是一种用户行为的模型，其中一个随机浏览者随机点击链接，而不考虑内容。浏览者在网上随机访问，随机地从外链中选择。因子 $1-d$ 是其没点击一个链接而转跳到随机网页的概率。

PageRank 的某些介绍在定义(14.107)中将 $(1-d)/N$ 作为第一项，与随机浏览者的解释尽可能一致。然而，网页排序解（除 N）是在 N 个网页的不可约简，非周期马尔可夫链的静态分布。

定义(14.107)也对应于一个不可约简，非周期的马尔可夫链，它有着不同于有 $(1-d)/N$ 版本的传递概率。将 PageRank 看成马尔可夫链，澄清了为什么矩阵 $\boldsymbol{A}$ 有最大实特征值 1。因为 $\boldsymbol{A}$ 有每列总和为 1 的正元素，马尔可夫链理论告诉我们，它有特征值为 1 的唯一特征向量，对应于链的静态分布 (Bremaud, 1999)。

为便于解释，图14–46给出了一个小型网络。链接矩阵是

$$\boldsymbol{L}=\begin{pmatrix}0&0&1&0\\1&0&0&0\\1&1&0&1\\0&0&0&0\end{pmatrix}\tag{14.111}$$

其外链的数目是 $\boldsymbol{c}=(2,1,1,1)$。

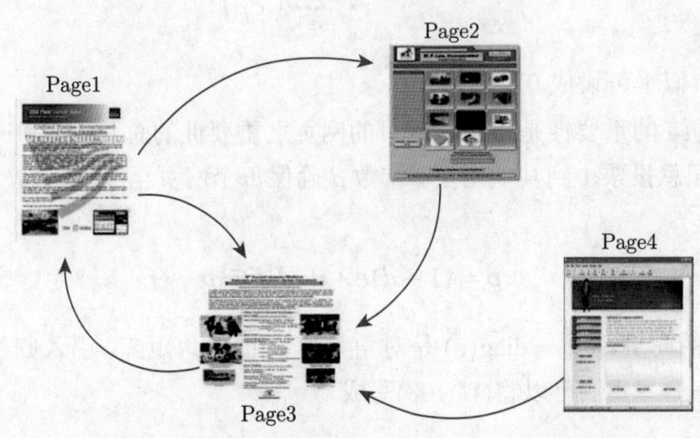

图 14–46 Pagerank 算法：一个小型网络的示例

PageRank 解是 $\hat{\boldsymbol{p}}=(1.49,.78,1.58,.15)$。注意，网页 4（page 4）没有指向它的链接，因此，最小 PageRank 是 0.15。

文献说明

关于聚类，有许多书籍可以参考，包括 Hartigan (1975)，Gordon (1999)和 Kaufman and Rousseuv (1990)。*K*-均值聚类至少可追溯到 Lloyd (1957)，Forgy (1965)，Jancey (1966)和 MacQueen (1967)。在工程中的应用，尤其是通过向量量化的图像压缩，可见于 Gersho and Gray (1992)。*k* 中心点过程在 Kaufman and Rousseeuv (1990)中讲述。关联规则在 Agrawal 等 (1995)中概述。自组织映射由 Kohonen (1989)和 Kohonen (1990)提出；Kohonen 等 (2000)给出了较新的解释。主成分分析和多维尺度在多元分析的权威书籍中介绍，如 Mardia 等 (1979)。Buja 等 (2008)就多维尺度研发了一个较强大的环境，称为 Ggvis，用户手册中包括对这个主题的简单综述。图14–17和图14–21（左图）和图14–28(左图) 由 Xgobi 产生，该软件是这几个作者设计的多维数据可视化软件包。GGobi 是更新近的实现 (Cook and Swayne, 2007)。Goodall (1991)从统计学角度对 Procrustes 方法进行了技术上的综述，Ramsay and Silverman (1997)讨论了形状对齐问题。主曲线和主曲面由 Hastie (1984)和 Hastie and Stuetzle (1989)提出。主点的思想由 Flury (1990)形式化，Tarpey and Flury (1996)对自相合的一般概念进行了描述。关于谱聚类，非常好的一本教材可见于 von Luxburg (2007)，它是本章14.5.3节的主要来源。Luxborg 归功于 Donath and Hoffman (1973)和 Fiedler (1973)。他们最

早研究这一主题。谱聚类的历史可见于 Spielman and Teng (1996)。独立分量分析由 Comon (1994)提出，随后得到 Bell and Sejnowski (1995)的发展，我们在14.7节的处理基于 (Hyvärinen and Oja, 2000)。投影寻踪由 (Friedman and Tukey, 1974)提出，(Huber, 1985)有详细讨论。动态投影寻踪算法在 GGobi 中实现。

习题

14.1 聚类加权。证明加权欧氏距离

$$d_e^{(w)}(x_i, x_{i'}) = \frac{\sum_{l=1}^p w_l (x_{il} - x_{i'l})^2}{\sum_{l=1}^p w_l}$$

满足

$$d_e^{(w)}(x_i, x_{i'}) = d_e(z_i, z_{i'}) = \sum_{l=1}^p (z_{il} - z_{i'l})^2, \tag{14.112}$$

其中

$$z_{il} = x_{il} \cdot \left(\frac{w_l}{\sum_{l=1}^p w_l} \right)^{1/2}. \tag{14.113}$$

因此，基于 x 的加权欧氏距离等价于基于 z 的无加权欧氏距离。

14.2 考虑 p-维特征空间的混合模型密度，

$$g(x) = \sum_{k=1}^K \pi_k g_k(x), \tag{14.114}$$

其中 $g_k = N(\mu_k, \boldsymbol{I} \cdot \sigma^2)$ 和 $\pi_k \geqslant 0\, \forall k$，且有 $\sum_k \pi_k = 1$。这里 $\{\mu_k, \pi_k\}$，$k = 1, \cdots, K$ 和 σ^2 是未知参数。

假定我们有数据 $x_1, x_2, \cdots, x_N \sim g(x)$，我们希望拟合该混合模式

(a) 写下数据的对数似然。

(b) 推导用于计算最大似然估计的 EM 算法（见8.1节）。

(c) 证明，如果 σ 在混合模型中有已知值，取 $\sigma \to 0$，则在某种意义上，该 EM 算法与 K-均值聚类一致。

14.3 在14.2.7节中，我们讨论了用于构造广义关联规则的 CART 或 PRIM 的使用。说明，当我们从积-边缘分布生成随机数据时，这两个个方法会出现问题：即通过随机置换每个变量的值。提出解决这一问题的办法。

14.4 采用分类树，聚类表14–1中的人口统计学数据。具体来说，通过随机置换每个特征内的值，生成与训练集相同大小的参照样本。对训练样本（类 1）和参照样本（类 0）建立分类树，并描述有最高估计类别 1 的概率的端节点。与表14–1附近的 PRIM 结果作比较，也与应用到相同数据的 K-均值聚类结果作比较。

14.5 如下所述，生成具有三个特征的数据，三类中每类有 30 个数据点：

$$\theta_1 = U(-\pi/8, \pi/8)$$

$$\phi_1 = U(0, 2\pi)$$
$$x_1 = \sin(\theta_1)\cos(\phi_1) + W_{11}$$
$$y_1 = \sin(\theta_1)\cos(\phi_1) + W_{12}$$
$$z_1 = \cos(\theta_1) + W_{13}$$

$$\theta_2 = U(\pi/2 - \pi/4, \pi/2 + \pi/4)$$
$$\phi_2 = U(-\pi/4, \pi/4)$$
$$x_2 = \sin(\theta_2)\cos(\phi_2) + W_{21}$$
$$y_2 = \sin(\theta_2)\cos(\phi_2) + W_{22}$$
$$z_2 = \cos(\theta_2) + W_{23}$$

$$\theta_3 = U(\pi/2 - \pi/4, \pi/2 + \pi/4)$$
$$\phi_1 = U(\pi/2 - \pi/4, \pi/2 + \pi/4)$$
$$x_3 = \sin(\theta_3)\cos(\phi_3) + W_{31}$$
$$y_3 = \sin(\theta_3)\cos(\phi_3) + W_{32}$$
$$z_3 = \cos(\theta_3) + W_{33}$$

这里 $U(a, b)$ 指示了值域 $[a, b]$ 中的均匀变元，W_{jk} 是具有标准偏差 0.6 的独立正态变元。因此，数据靠近球形曲面上，分别以 $(1, 0, 0)$, $(0, 1, 0)$ 和 $(0, 0, 1)$ 为三个簇中心。写程序，用 SOM 拟合这些数据，采用本章中给出的学习率。对相同数据执行 K-均值聚类，并与本章中的结果进行比较。

14.6 给定原型位于二维网格上，写程序执行 K-均值聚类和自组织（SOM）。应用于人类肿瘤微阵列数据的列，对两种算法均采用 $K = 2, 5, 10, 20$ 个质心。论证：随着 SOM 邻域的大小越取越小，SOM 的解会变得更类似于 K-均值的解。

14.7 推导14.5.1节的(14.51)和(14.52)。证明 $\hat{\mu}$ 不是唯一解，并刻画一族等价解。

14.8 对 Procrustes 问题(14.56)推导解(14.57)。也推导有缩放的 Procrustes 问题(14.58)的解。

14.9 写算法求解

$$\min_{\{\beta_\ell\}_1^L, \{\boldsymbol{R}_\ell\}_1^L, \boldsymbol{M}} \sum_{\ell=1}^{L} \|\boldsymbol{X}_\ell \boldsymbol{R}_\ell - \boldsymbol{M}\|_F^2 \tag{14.115}$$

应用到三个 S 并与图14–26的结果进行比较。

14.10 推导仿射不变平均问题(14.60)的解。应用到三个 S 并与图14–9的结果进行比较。

14.11 *经典多维尺度*。令 $\boldsymbol{S}$ 是中心化内积矩阵，其元素为 $\langle x_i, \bar{x}, x_j - \bar{x}\rangle$。令 $\lambda_1 > \lambda_2 > \cdots > \lambda_k$ 是 $\boldsymbol{S}$ 的 k 个最大特征值，其中相关的特征向量是 $\boldsymbol{E}_k = (e_1, e_2, \cdots, e_k)$。令 $\boldsymbol{D}_k$ 是具有对角元素 $\sqrt{\lambda_1}, \sqrt{\lambda_2}, \cdots, \sqrt{\lambda_k}$ 的对角矩阵。证明对经典多维尺度问题(14.100)的解 z_i 是 $\boldsymbol{E}_k \boldsymbol{D}_k$ 的行。

14.12 考虑稀疏 PCA 准则(14.71)。

(a) 证明当 $\mathbf{\Theta}$ 固定时，求解 $\boldsymbol{V}$ 相当于 K 个分离的弹性网回归问题，且响应是 $\mathbf{\Theta}^T x_i$ 的 K 个元素。

(b) 证明当 $\boldsymbol{V}$ 固定，求解 $\mathbf{\Theta}$ 相当于 Procrustes 问题的降秩版本，约简为

$$\max_{\mathbf{\Theta}} \operatorname{trace}(\mathbf{\Theta}^T \boldsymbol{M}) \text{ 服从 } \quad \mathbf{\Theta}^T \mathbf{\Theta} = \boldsymbol{I}_K, \tag{14.116}$$

其中 $\boldsymbol{M}$ 和 $\mathbf{\Theta}$ 都是 $K \leqslant p$ 的 $p \times K$ 矩阵。如果 $\boldsymbol{M} = \boldsymbol{UDQ}^T$ 是 $\boldsymbol{M}$ 的 SVD，证明最优是 $\mathbf{\Theta} = \boldsymbol{UQ}^T$。

14.13 生成 200 个有三个特征的数据点，其位置邻近螺旋线。具体来说，定义 $X_1 = \cos(s) + 0.1 \cdot Z_1$，$X_2 = \sin(s) + 0.1 \cdot Z_2$，$X_3 = s + 0.1 \cdot Z_3$，其中 s 在 0 到 2π 间等间距取 200 个值，Z_1、Z_2 和 Z_3 是独立的，且服从标准高斯分布。

(a) 对数据拟合主曲线，并画出估计坐标函数。将其与内在的函数 $\cos(s)$，$\sin(s)$ 和 s 比较。

(b) 对相同数据拟合自组织映射，看是否可以发现最初数据点云的螺旋线进行形状。

14.14 用包含 X_j 的逆方差的对角矩阵前-和后-乘方程式(14.81)。因此得到相关矩阵的等价分解，在某种意义下，是对矩阵 $\boldsymbol{A}$ 应用了一个简单的放缩。

14.15 按

$$\begin{aligned}
X_1 &\sim Z_1 \\
X_2 &= X_1 + 0.001 \cdot Z_2 \\
X_3 &= 10 \cdot Z_3
\end{aligned} \tag{14.117}$$

生成三个变元 X_1, X_2, X_3 的 200 个观测。其中 Z_1, Z_2, Z_3 是独立标准正态变元。计算第一主成分和因子分析方向。因此证明第一主分量在最大方差方向 X_3 对齐其自身，同时主因子本质上忽略了不相关的分量 X_3，并挑选出相关分量 $X_2 + X_1$（Geoffrey Hinton, 私下交流）。

14.16 考虑14.5.4节概括的核主成分过程。论证主分量的数量 M 等于 $\boldsymbol{K}$ 的秩，即 $\boldsymbol{D}$ 的非零元数量。证明第 m 个分量 z_m（$\boldsymbol{Z}$ 的第 m 列）可写成（加上中心化）$z_{im} = \sum_{j=1}^N \alpha_{jm} K(x_i, x_j)$，其中 $\alpha_{jm} = u_{jm}/d_m$。证明新观测 x_0 到第 m 分量的映射是 $z_{0m} = \sum_{j=1}^N \alpha_{jm} K(x_0, x_j)$。

14.17 证明采用 $g_1(x) = \sum_{j=1}^N c_j K(x, x_j)$，式(14.66)的解由 $\hat{c}_j = u_{j1}/d_1$ 给出，其中 $\boldsymbol{u}_1$ 是式(14.65)的第一列，d_1 是 $\boldsymbol{D}$ 的第一对角元素。证明第二和随后的主分量函数用类似方式定义（提示：可以参见5.8.1节）。

14.18 考虑从 ICA 引出的密度估计问题中的正则化对数似然

$$\frac{1}{N} \sum_{i=1}^{N} [\log \phi(s_i) + g(s_i)] - \int \phi(t) e^{g(t)} dt - \lambda \int \{g'''(t)\}^2 (t) dt. \tag{14.118}$$

其解 $\hat{g}$ 是二次平滑样条，可写成 $\hat{g}(s) = \hat{q}(s) + \hat{q}_{\perp}(s)$，其中 q 是二次函数（在罚项的零空间里）。令 $q(s) = \theta_0 + \theta_1 s + \theta_2 s^2$。通过检查 $\hat{\theta}_k, k = 1, 2, 3$ 的静态条件，证明解 $\hat{f} = \phi e^{\hat{g}}$

是一个密度，具有 0 均值和 1 方差。如果我们采用二次偏导罚 $\lambda \int \{g''(t)\}^2(t)dt$ 来代替，什么简单的修改可以让问题维持三阶矩条件？

14.19 如果 $\boldsymbol{A}$ 是 $p \times p$ 正交的，证明426页的公式(14.91)的第一项

$$\sum_{j=1}^{p}\sum_{i=1}^{N}\log\phi(a_j^T x_i)$$

不依赖于 $\boldsymbol{A}$，其中 a_j 是 $\boldsymbol{A}$ 的第 j 列。

14.20 *ICA 的不动点算法* (Hyvärinen 等, 2001)。考虑对 a 最大化 $C(a) = E\{g(a^T X)\}$，其中 $\|a\| = 1$ 和 $\mathrm{Cov}(X) = I$。采用拉格朗日乘子来增强范数约束，并写下修改后准则的前两个偏导。利用近似

$$E\{XX^T g''(a^T X)\} \approx E\{XX^T\}E\{g''(a^T X)\}$$

证明牛顿更新步可写成不动点更新(14.96)。

14.21 考虑具有非负边权值 $w_{ii'}$ 和图拉普拉斯 $\boldsymbol{L}$ 的无向图。假定在图中有 m 个连通分量 $A_1, A_2, \ldots, A_m$。证明 $\boldsymbol{L}$ 的 m 个特征向量对应于特征值零，这里分量的指示向量 $I_{A_1}, I_{A_2}, \ldots, I_{A_m}$ 张成零特征空间。

14.22 (a) 证明定义(14.108)意味着 PageRanks p_i 的和是网页的数量 N。

(b) 写程序采用式(14.107)的幂方法计算 PageRank 解，应用于图14–47的网络。

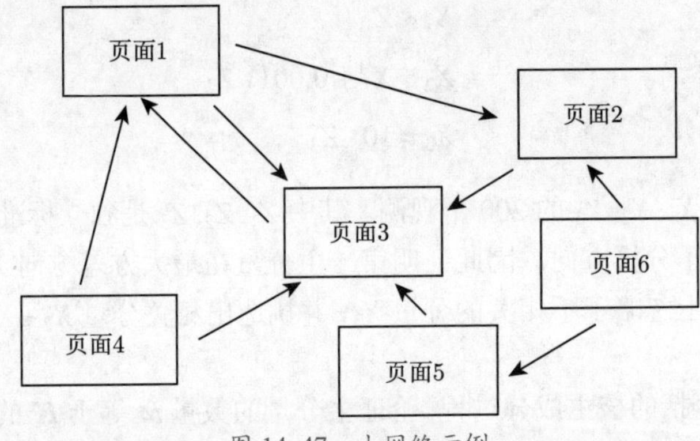

图 14–47 小网络示例

14.23 非负矩阵分解算法 (Wu and Lange, 2007)。如果对所有在值域中的 x, y 有

$$g(x,y) \leqslant f(x), g(x,x) = f(x) \tag{14.119}$$

则函数 $g(x,y)$ 称为弱化（minorize）函数 $f(x)$。这对最大化 $f(x)$ 是有用的，因为易证 $f(x)$ 在如下更新时是非减的：

$$x^{(s+1)} = \arg\max_x g(x, x^s) \tag{14.120}$$

这类似于最大化（majorization）的定义，用来最小化函数 $f(x)$。其结果算法称为 MM 算法，即 minorize-maximize 或 majorize-minimize (Lange, 2004)。也能证明 EM 算法(8.5)是 MM 算法的例子，详情参见8.5.3节和习题8.2。

(a) 考虑式(14.73)里函数 $L(\boldsymbol{W},\boldsymbol{H})$ 的最大化，按无矩阵的形式写成

$$L(\boldsymbol{W},\boldsymbol{H})=\sum_{i=1}^{N}\sum_{j=1}^{p}\left[x_{ij}\log\left(\sum_{k=1}^{r}w_{ik}h_{kj}\right)-\sum_{k=1}^{r}w_{ik}h_{kj}\right].$$

利用 $\log(x)$ 的凸性，证明对任意 r 值的集合 $y_k\geqslant 0$ 和 $0\leqslant c_k\leqslant 1$，且 $\sum_{k=1}^{r}c_k=1$，

$$\log\left(\sum_{k=1}^{r}y_k\right)\geqslant\sum_{k=1}^{r}c_k\log(y_k/c_k)$$

因此，

$$\log\left(\sum_{k=1}^{r}w_{ik}h_{kj}\right)\geqslant\sum_{k=1}^{r}\frac{a_{ikj}^{s}}{b_{ij}^{s}}\log\left(\frac{b_{ij}^{s}}{a_{ikj}^{s}}w_{ik}h_{kj}\right),$$

其中

$$a_{ikj}^{s}=w_{ik}^{s}h_{kj}^{s}\quad 和\quad b_{ij}^{s}=\sum_{k=1}^{r}w_{ik}^{s}h_{kj}^{s},$$

和 s 指示当前的迭代。

(b) 因此证明，忽略常数，函数

$$\begin{aligned}g(\boldsymbol{W},\boldsymbol{H}|\boldsymbol{W}^{s},\boldsymbol{H}^{s})=&\sum_{i=1}^{N}\sum_{j=1}^{p}\sum_{k=1}^{r}x_{ij}\frac{a_{ikj}^{s}}{b_{ij}^{s}}(\log w_{ik}+\log h_{kj})\\&-\sum_{i=1}^{N}\sum_{j=1}^{p}\sum_{k=1}^{r}w_{ik}h_{kj}\end{aligned}$$

最小化 $L(\boldsymbol{W},\boldsymbol{H})$。

(c) 令 $g(\boldsymbol{W},\boldsymbol{H}|\boldsymbol{W}^{s},\boldsymbol{H}^{s})$ 的偏导为零，并因此推导更新步骤(14.74)。

14.24 考虑秩 1 情况下（$r=1$）的非负矩阵分解(14.72)。

(a) 证明更新式(14.74)约简到：

$$\begin{aligned}w_i&\leftarrow w_i\frac{\sum_{j=1}^{p}x_{ij}}{\sum_{j=1}^{p}w_ih_j}\\h_j&\leftarrow h_j\frac{\sum_{i=1}^{N}x_{ij}}{\sum_{i=1}^{N}w_ih_j}\end{aligned}\tag{14.121}$$

其中 $w_i=w_{i1}$，$h_j=h_{1j}$。这是迭代比例尺度过程的示例，应用于对二通路列联表的独立性模型中。

(b) 证明最后一次迭代具有显式形式

$$w_i=c\cdot\frac{\sum_{j=1}^{p}x_{ij}}{\sum_{i=1}^{N}\sum_{j=1}^{p}x_{ij}},\quad h_k=\frac{1}{c}\cdot\frac{\sum_{i=1}^{N}x_{ik}}{\sum_{i=1}^{N}\sum_{j=1}^{p}x_{ij}}\tag{14.122}$$

对任意常数 $c>0$。这些等价于对两路独立模型中通常的行和列估计。

14.25 对数字数据库的 2 的集合拟合一个非负矩阵分解模型。采用 25 个基元素，并与采用 24 个分量（加上均值）的 PCA 做比较。在两个例子中，均显示如图14–33所示的矩阵 $\boldsymbol{W}$ 和 $\boldsymbol{H}$。

第 15 章　随机森林

15.1　概述

前面8.7节的 bagging 或者 *bootstrap* 集成（bootstrap aggregation）是用于减少估计预测函数的方差技术。bagging 似乎在高方差、低偏差的过程中有相当好的效果，例如树。对于回归来说，我们只需用训练数据的 boostrap 采样集多次拟合同一棵回归树，然后取平均值。在分类问题中，树组成的委员会中的每一棵都为预测的类别提供一个投票结果。

尽管和 bagging 算法不同，第10章中的 Boosting 算法最初也是作为委员会（committee）方法提出的，由弱学习器（weak learners）组成的委员会随时间演化，并且每个成员提供一个加权投票。在很多问题上，Boosting 比 bagging 算法更有优势，因此常常作为首选方案。

随机森林 (Random forests), (Breiman, 2001)是对 bagging 算法的一个重要改进，它首先建立大量去相关性（de-correlated）的树，然后对它们的结果做平均。在很多问题上，随机森林的性能与 Boosting 算法旗鼓相当，并且更容易训练和调节。结果，随机森林也颇受欢迎，并且在很多工具包中得到了实现。

15.2　随机森林的定义

bagging 算法的本质思想是平均大量有噪，但近似无偏差的模型，以此减少模型的方差。树是 bagging 算法的理想候选，因为它们能够抓住数据间复杂的关联结构，并且如果树长得足够深，偏差会相对更低。因为树有众所周知的噪声，所以它们非常受益于平均。另外，因为在 bagging 中生成的每棵树是同分布的（i.d.），故 B 颗这种树的均值期望与它们中任一树的均值期望相同。这意味着所有 bagged 树的偏差与其中每一棵（bootstrap）树的偏差相等，想要提高估计的准确度，简单减少方差即可。这与 boosting 算法相反。在 boosting 中，树以自适应方式生成来减少偏差，因此，这样的树相互之间不是同分布的。

如果随机变量的方差为 σ^2，则平均 B 个独立同分布随机变量的方差为 $\frac{1}{B}\sigma^2$。如果变量只是简单的同分布（同分布但不必然独立），并且变量两两之间的相关系数为 ρ，则该平均的方差为 (习题15.1)

$$\rho\sigma^2 + \frac{1-\rho}{B}\sigma^2 \tag{15.1}$$

随着 B 的增大，式中的第二项会消失，但是第一项会保留，因此成对 bagged 树的相关系数的规模过大限制了平均的好处。随机森林（算法15.1）的思路是通过减少树之间的相关系数来改进 bagging 的方差约减，同时不至于增加太多方差。这可以在树的生长过程中通过对输入变量的随机选择来实现。

算法 15.1 回归或分类问题的随机森林

1. $b = 1$ to B
   (a) 从训练数据中提取大小为 N 的 bootstrap 样本 Z^*。
   (b) 对 bootstrap 数据生成一个随机森林树 T_b，通过对树的每个端节点迭代重复下列步骤，直到最小节点大小 $n_{\min}$ 达到:
      i. 从 p 个变量中随机选择 m 个变量；
      ii. 在 m 中挑选最好的变量/分裂点；
      iii. 在两个子节点分裂节点。
2. 输出树的集成 $\{T_b\}_1^B$。

在新点 x 上做预测：

回归：$\hat{f}_{rf}^B(x) = \frac{1}{B}\sum_{b=1}^B T_b(x)$。

分类：令 $\hat{C}_b(x)$ 是第 b 棵随机森林树的类别预测，则 $\hat{C}_{rf}^B$ = 多数投票$\{\hat{C}_b(x)\}_1^B$。

具体而言，当在 bootstrap 数据集上生成一棵树时：

在每次分裂前，从输入变量中随机选择 $m \leqslant p$ 个变量作为分裂的候选变量。

典型的 m 值是 $\sqrt{p}$ 或者甚至低到等于 1。

在 B 棵这样的树 $\{T(X;\Theta_b)\}_1^B$ 生成后，随机森林（回归）预测子为

$$\hat{f}_{rf}^B(x) = \frac{1}{B}\sum_{b=1}^B T(x;\Theta_b). \tag{15.2}$$

和10.9节中一样，Θ_b 按分裂变量、在每个节点上的割点以及端节点的值刻画第 b 棵随机森林树。直觉上，减少 m 将减少在集成中任意一对树之间的相关性，因此根据式 (15.1)，可以减少平均的方差。

并不是所有估计算子都能够通过这样的方法扰动数据，来提高性能。似乎那些高度非线性的估计子，比如树，能得到最多的收益。对于 bootstrapped 树来说，ρ 一般比较小（一般是 0.05 或者更小，如图15–9所示），同时 σ^2 不会比单棵树的方差大太多。另一方面，bagging 不会改变线性估计，例如样本均值（同样也不会改变方差）；boostrap 均值的逐对相关性大概为 50%（习题15.4）。

随机森林很受欢迎。Leo Breiman[①] 的合作者 Adele Cutler维护一个随机森林的网站[②]，那里该软件可以免费使用。据统计，到 2002 年为止已经有超过 3000 次的下载量。另外，Andy Liaw开发一个 R 语言的 randomForest 包，且可从CRAN网站下载。

我们三个作者对随机森林的成功有很高的评价，如“最准确”和“最好解释”等。从我们使用随机森林的经验来看，它确实非常好，并且很少需要调节参数。随机森林分类器在 spam 测试数据集上的误分率仅为 4.88%，与梯度 boosting 算法的 4.5% 相差不多。bagging 算法比两者均差，为 5.4%（采用在习题10.6中的 McNemar 测试），因此在这个问题上，看上去增加随机性是有益的。

① 很不幸，Leo Breiman 于 2005 年 7 月辞世。

② http://www.math.usu.edu/adele/forests。

图15–1给出了三种方法在 2500 棵树上的测试误差过程。从图中可以看出，在这种情况下，尽管采用十折交叉验证选择全部 2500 棵树，梯度 boosting 算法已经开始出现过拟合的情况。

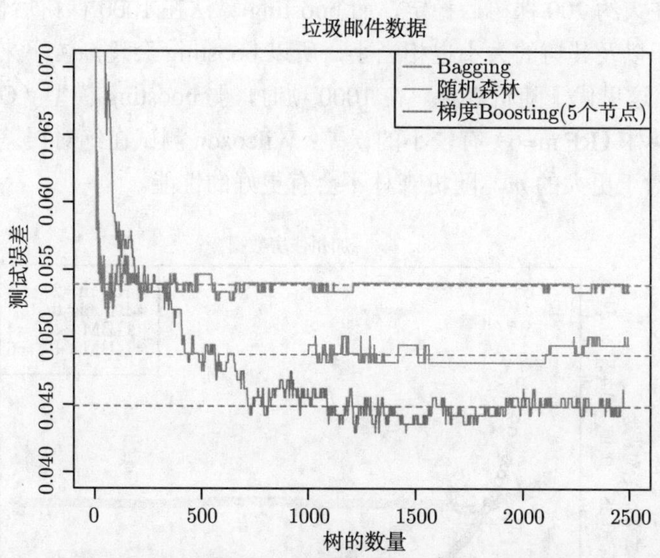

图 15–1　bagging，随机森林和梯度 boosting 在垃圾邮件数据上的应用。boosting 的树采用 5 个节点，树的数目通过十折交叉验证选取（2500 棵树）。图中每“步”对应在单个错分中的一个改变（在 1536 大小的测试集上）

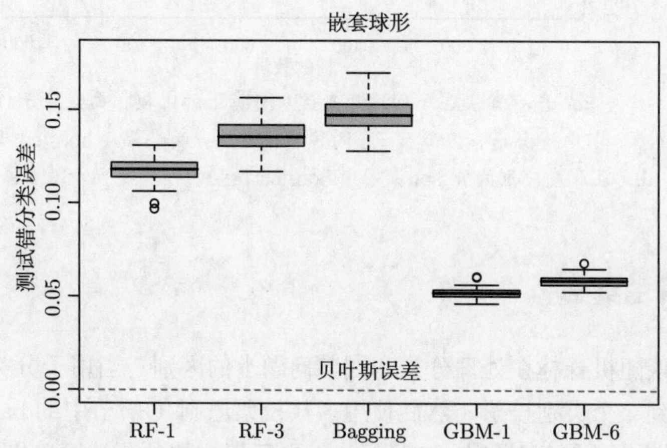

图 15–2　在 $\mathbb{R}^{10}$ 空间里“嵌套球形”中 50 次仿真的结果。贝叶斯决策边界是一个球形曲面（加性的）。“RF-3”对应 $m = 3$ 的随机森林，“GBM-6”是相互关系阶数为 6 的梯度 boosting 算法，“RF-1”和“GBM-6”类似。训练集包含 2000 个样本，测试集包含 10000 个样本

图15–2展示了，在嵌套球形问题 [第10章的方程 (10.2)] 上随机森林和梯度 boosting 之间比较的仿真结果①。这里 boosting 的性能很容易超过随机森林。请注意，这里 m 越小，性

① 随机森林采用 500 棵树，用 R 工具包的randomForest 4.5-11 来拟合。梯度 boosting 模型的收缩参数设为 0.05，2000 棵树，采用 R 工具包的gbm 1.5 来拟合。

能越好，尽管部分原因可能是真实的决策边界是加性的。

图15–3比较了随机森林和（有收缩）boosting 在回归问题上的性能，使用的数据集为加州住房数据（见10.14.1节）。可以发现两个明显的特点。

- 随机森林在大约 200 棵树后稳定，而 boosting 算法在 1000 棵树后性能仍在提高。由于收缩因子以及其树的大小也相当小，所以 boosting 会逐渐慢下来。
- Boosting 在这里优于随机森林。在 1000 项时，弱 boosting 模型（GBM 深度 4）比更强的随机森林（RF m=6）有较小的误差：Wilcoxon 测试在绝对误差的平均差有 0.007 的 p-值。对于更大的 m，随机森林不会有更好的性能。

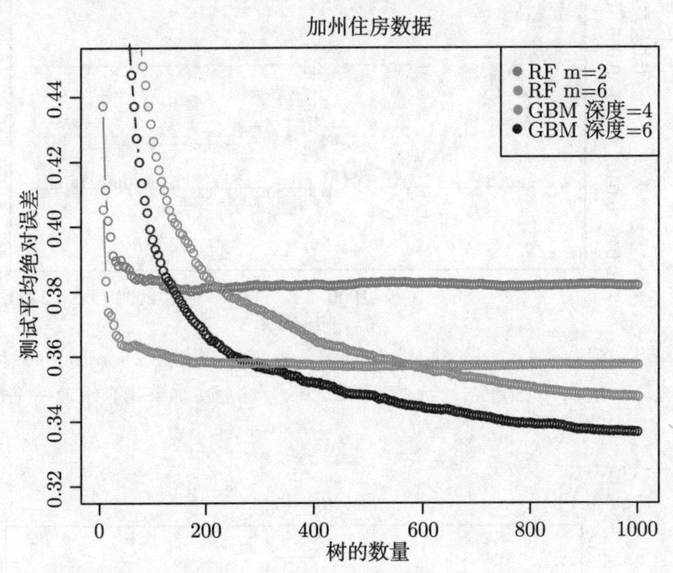

图 15–3 随机森林与梯度 boosting 算法在加利福尼亚住房数据上的比较。曲线表示作为模型中树的数量的函数的均值绝对误差。图中给出 $m = 2$ 和 $m = 6$ 两种随机森林。两个梯度 boosted 模型采用式 (10.41) 的收缩参数 $\nu = 0.05$，且交互深度分别为 4 和 6。图中 boosted 模型的性能要优于随机森林

15.3 随机森林的细节

我们曾经避谈随机森林在处理分类和回归问题上的区别。当用于分类问题时，随机森林从每棵树上得到一个类别投票，然后使用多数投票原则（8.7节中的 bagging 有一个类似的讨论）分类。当用于回归问题时，在目标点 x 上每棵树的预测被简单平均，如式 (15.2) 一样。另外，该算法的发明者推荐了以下策略。

- 对于分类，m 的默认值可以设置成 $\lfloor\sqrt{p}\rfloor$，最小节点数为 1。
- 对于回归，m 的默认值为 $\lfloor p/3\rfloor$，最小节点数为 5。

实际上，这些参数的最佳值将依赖于具体的问题，它们应视为调整参数。在图15–3中，$m = 6$ 比默认值 $\lfloor\sqrt{8/3}\rfloor = 2$ 有更好的性能。

15.3.1 包外样本

随机森林一个重要的特征是它对包外（out-of-bag，OOB）样本的利用：对于每个观测 $z_i = (x_i, y_i)$，通过仅平均那些来构造它的随机森林预测器（那些对应于 z_i 未出现的 Boostrap 样本的树）来构造。

通过 N 折交叉验证获得的 OOB 估计错误几乎是相同的，参见习题15.2。因此，不像许多其他非线性估计子，随机森林可在一个序列里拟合，其中交叉验证以这种方式执行。如果 OOB 误差稳定了，则可以终止训练过程。

图15–4显示垃圾邮件数据集，OOB 错分率与测试误差的比较。虽然这里取了 2500 棵树的结果的平均，但从图上来看大约用 200 棵树就够了。

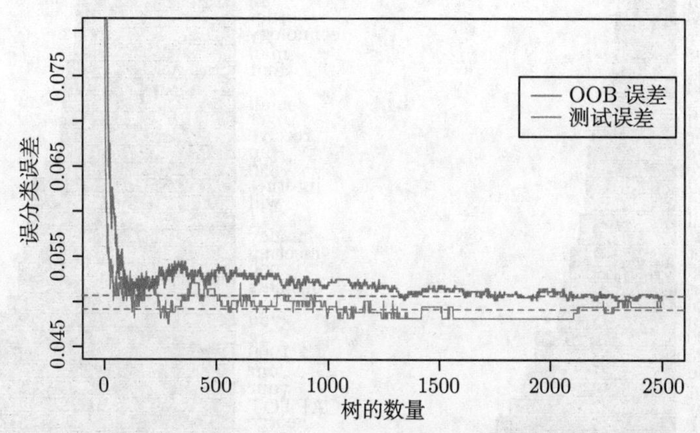

图 15–4 在垃圾邮件训练数据集上的 OOB 错误与测试集上测试误差的比较

15.3.2 变量重要性

至于随机森林的变量重要性图，其构造可以像为梯度 boosting 模型构造重要性图的那样（见10.13节）。在每棵树中的每个分裂，分裂准则的改进归功于分裂变量的重要性度量，并且在森林的全体树上分别从每个变量上逐渐累积。图15–5中的左图显示在垃圾邮件数据集中用该方法计算得到的变量重要性，可以比较本书前面第 267页梯度 Boosting 方法相应的图10–6。Boosting 算法完全忽略了一些变量，而随机森林没有。候选分支变量的选择增加了任何单个变量加入随机森林的机会，但在 Boosting 算法中不存在这样的选择。

随机森林也用 OOB 样本来构造不同的变量重要性（variable importance）测量，其目的显然是测量每个变量的预测强度。当第 b 棵树生长时，用这棵树获得的预测精度记录 OOB 样本。然后，OOB 样本中第 j 个变量的值将随机置换，并再次计算精度。作为这种置换的结果，精度的降低将在所有树上平均，并用这种降低来衡量变量 j 在随机森林中的重要性。这些在图15–5的右图中表示为最大值的百分比。虽然两种方法的排序方式相似，但在右图中变量的重要性在变量间更加均匀。随机化过程有效避免了单个变量的影响，很接近于将线性模型的一个参数设置为零的情况（习题15.7）。这个方法没有变量来运用变量对预测性能的影响，因为如果缺少这个变量，其他的变量可作为替补来重拟合模型。

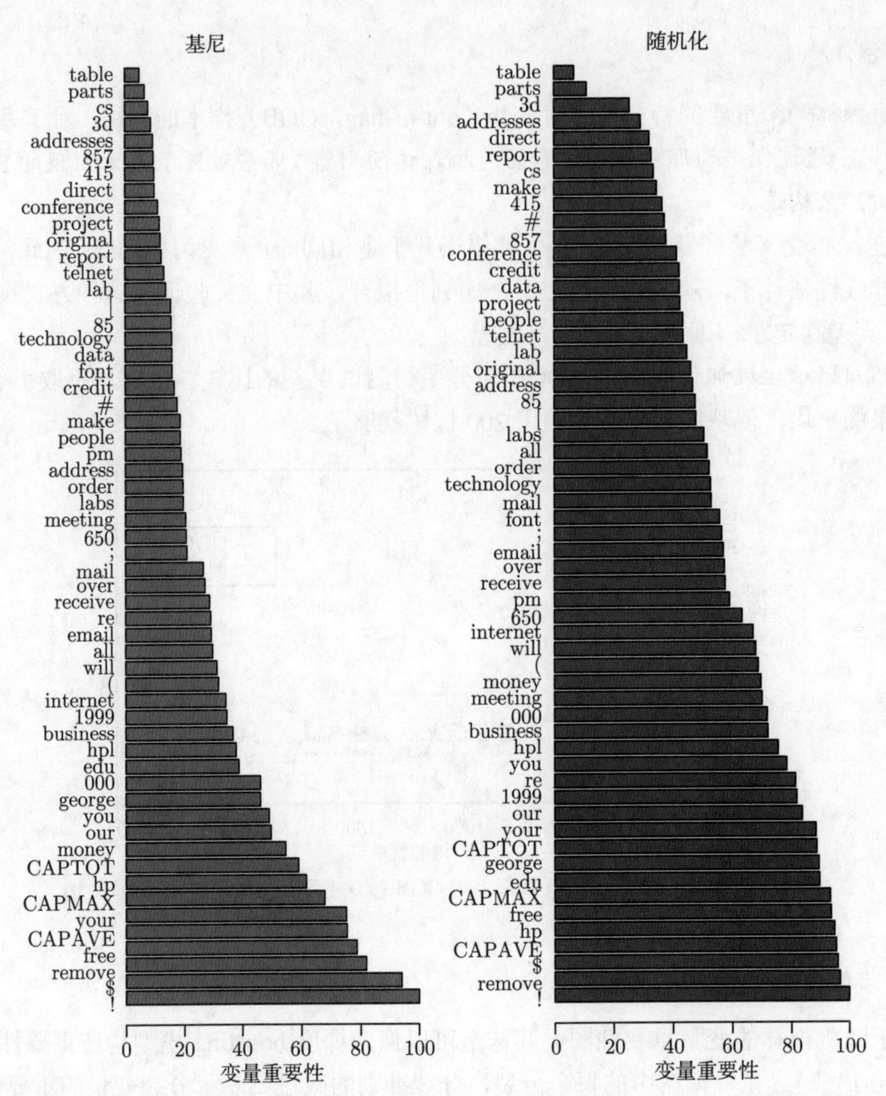

图 15–5 分类随机森林在垃圾邮件数据生长时的变量重要性图。如梯度 boosting 一样，左图基于基尼分裂指标来绘制重要性。与梯度 boosting 产生的排序相比，该排序更好（图10–6）。右图采用 OOB 随机化来计算变量重要性，趋向于更均匀地扩展重要性

15.3.3 邻近图

随机森林一个值得宣传的输出是邻近图（proximity plot）。图15–6显示了本书第2章2.3.3节中所定义混合数据的邻近图。在生长随机森林时，会为训练样本累积一个 $N \times N$ 的邻近矩阵。对每棵树，分享同一端节点的任意 OOB 观测样本对的邻近性都会加 1。然后这个邻近矩阵可以通过多维尺度方法（见14.8节）在二维空间中表示。其想法是即使数据点是高维的，涉及混合变量等，邻近图仍然能够用随机森林分类器的视角，显示出哪些观测样本被有效地分在一起。

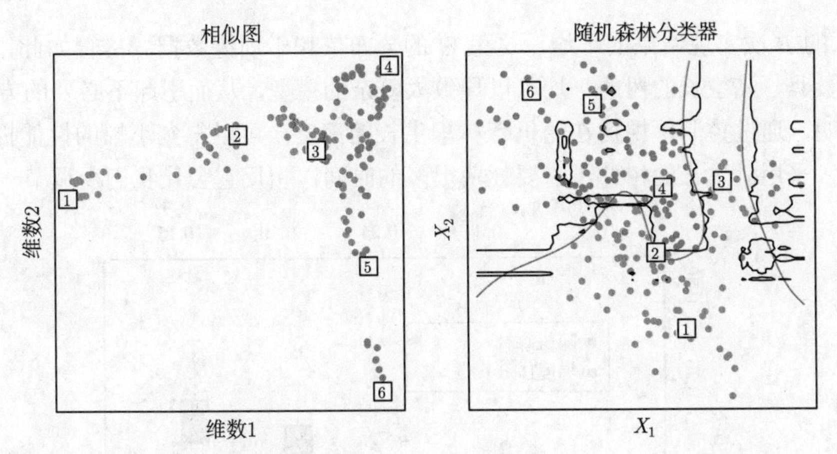

图 15–6　左图中，在混合数据上生长的随机森林分类器的邻近图。右图中，在混合数据上随机森林的决策边界和训练数据。在每个图上已经辨识 6 个点

不考虑对性能产生问题的数据，随机森林的邻近图看上去都很相似。它们都趋向于形成一个星型结构，每类一个臂，结构越明显，分类性能会越好。

因为混合数据是二维的，我们能将邻近图中的点映射到原始坐标上，从而更好地理解邻近图所表达的意思。从图中看，那些处于纯区域的点会逐类映射到星型的极端上，同时更靠近决策边界的点则会映射到更靠近中心。如果我们仔细考虑一下邻近矩阵的构造原理，就不会惊讶于这种结果了。在纯区域中的邻近点经常会放在一个框里，因为当一个端节点是纯的时候，它将不会再被随机森林生成算法所分裂。另一方面，如果相隔很近、但属于不同的类别的点对有时会共享一个端节点，但是不会一直如此。

15.3.4　随机森林与过拟合

当变量的数量很多，而相关变量的比例很少时，在小的 m 时，随机森林的性能可能较差。在每次分裂，选择相关变量的机会较小。图15–7显示了支持这个论断的仿真结果。其主要细节在图标题和习题15.3中给出。我们能看到，在每一对的顶端，通过随机森林树，相关变量在任意分裂将被选择的超几何概率（在仿真中，我们令所有情况中的相关变量地位都相等）。当该概率变小时，Boosting 算法和随机森林间的差别会增加。当相关变量的数目增加时，随机森林的性能对于噪声变量的数量增加表现出惊人的鲁棒性。例如，给定 6 个相关变量和 100 个噪声变量，假设 $m = \sqrt{(6+100)} \approx 10$，在任意分支中相关变量被选择的概率是 0.46。根据图15–7，与 Boosting 算法相比，这不会降低随机森林的性能。随机森林的鲁棒性很大程度得益于误分代价对每棵树中概率估计的方差和偏差相对不敏感。我们将在下一节考虑随机森林在回归问题上的应用。

另外一个断言是随机森林对数据“不会过拟合”。确实，增加 B 不会导致随机森林序列过拟合，就像 Bagging 算法，随机森林估计 (15.2) 逼近期望：

$$\hat{f}_{rf}(x) = E_{\Theta}T(x;\Theta) = \lim_{B\to\infty} \hat{f}(x)^B_{rf} \tag{15.3}$$

这是对 Θ 的 B 次实现结果的平均。这里 Θ 的分布依赖于训练数据。尽管如此，这个限制能过似合数据，满生长的树的平均可以导致太复杂的模型，从而引起不必要的方差。Segal (2004) 证明，通过控制单棵树在随机森林里生长的深度，可以得到小幅的性能提升。我们的经验是，采用满生长的树并不需要耗费很多的时间，相反它会让我们少调节一个参数。

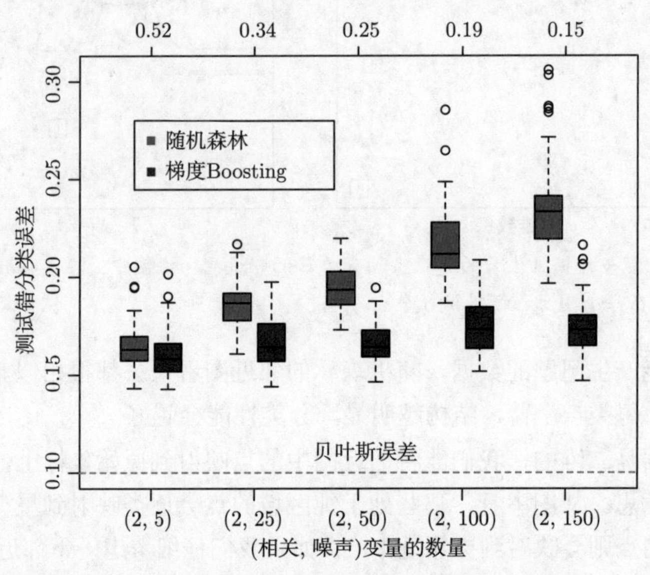

图 15–7 在增加有噪变量数量下的问题，随机森林和梯度 Boosting 算法的比较。在每种情况中，真实决策边界依赖于两个变量，并包含噪声变量的增加数量。随机森林采用其缺省值 $m = \sqrt{p}$。每一对的顶部是在任意分裂点选择某一个相关变量的概率。关于每一对，其结果是基于 50 次仿真的结果，其中训练样本数目为 500，测试样本为 500。参见习题15.3

图15–8显示在一个简单的回归示例上深度控制的轻微影响。分类器对方差较少敏感，过拟合的影响在随机森林分类问题中很少看到。

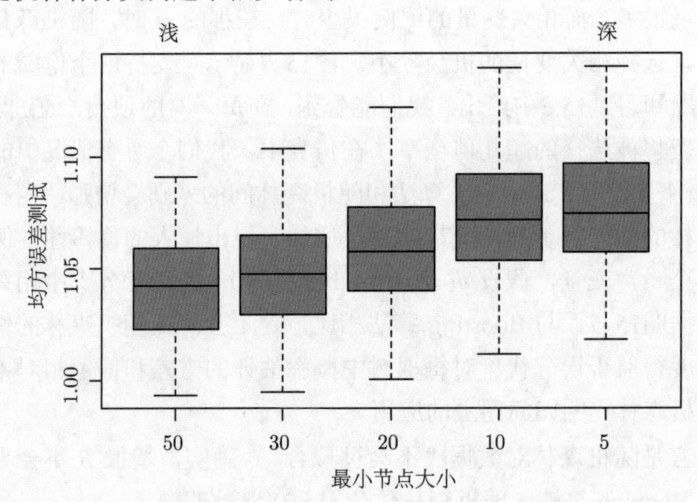

图 15–8 在随机森林回归上，树的大小对误差的影响。在本例中，真实曲面在 12 个变量中的 2 个是加性，并加入加性单位方差高斯噪声的。这里，树深度由最小节点大小控制；最小节点数量越小，树的深度越深

15.4　分析随机森林

本节分析应用于随机森林的附加随机性的机理。关于这个讨论，我们侧重于回归问题和均方损失函数，因为这些抓住了要点，也因为偏差和方差在0-1损失函数上更复杂（见7.3节）。另外，即使在分类问题中，我们可以考虑用随机森林的平均估计类别后验分布，并用偏差和方差作为适合的描述子进行分类。

15.4.1　变量与去相关影响

随机森林回归预测子的极限形式（$B \to \infty$）

$$\hat{f}_{rf}(x) = E_{\Theta|Z}T(x;\Theta(Z)), \tag{15.4}$$

这里，我们令其显式地依赖于训练数据 Z。在此，我们考虑单个目标点 x 的估计值。从式(15.1)，我们得到

$$Var\hat{f}_{rf}(x) = \rho(x)\sigma^2(x) \tag{15.5}$$

这里有两点。

- $\rho(x)$ 是在平均中采用的，任意一对树之间的采样（sampling）相关性。

$$\rho(x) = corr[T(x;\Theta_1(Z)), T(x;\Theta_2(Z))] \tag{15.6}$$

  其中 $\Theta_1(Z)$ 和 $\Theta_2(Z)$ 是从随机采样的 Z 上生长的，随机提取的一对随机森林。

- $\sigma^2(x)$ 是任意随机提取的单棵树的采样偏差。

$$\sigma^2(x) = VarT(x;\Theta(Z)) \tag{15.7}$$

$\rho(x)$ 与给定随机森林集成中的拟合树之间的平均相关性很容易混淆：也就是说，把拟合树看成是 N 维向量，计算依赖于数据的向量间的逐平均对相关性。然而，情况并非如此：这些条件相关性并不直接与平均过程相关，在 $\rho(x)$ 里对 x 的依赖警示我们存在不同。相反，$\rho(x)$ 是在 x 处评估的一对随机森林树之间的理论相关性。它通过从总体中重复地从提取训练样本 Z，然后提取一对随机森林来诱导。用统计学的行话来说，是由 Z 和 Θ 的采样分布（sampling distribution）诱导的相关系数。

更准确地说，这个平均了式(15.6)和(15.7)的计算的可变性如下：

- 条件于 Z: 由于在每次分裂的 boosting 采样和特征采样；
- 对 Z 自身的采样可变性的结果。

事实上，在 x 处拟合的一对树的条件协方差为零，因为 boosting 采样和特征采样是独立同分布的。见习题15.5。

接下来的说明基于仿真模型

$$Y = \frac{1}{\sqrt{50}}\sum_{j=1}^{50} X_j + \varepsilon \tag{15.8}$$

其中 X_j 和 ε 都是独立同分布的高斯。我们使用 500 个训练集，每个集合 100 个样本，以及一个包含 600 个样本的单个测试集。因为回归树在 Z 上是非线性的，我们在下面看到的模式在一定程度上依赖于模型的结构，因此是不同的。

图15–9展示了随着 m 的减小，成对树间的相关性 (15.6) 是如何减少的：如果它们不使用相同的分裂变量，对于不同训练集 Z，在 x 的成对树预测值可能较少相似。

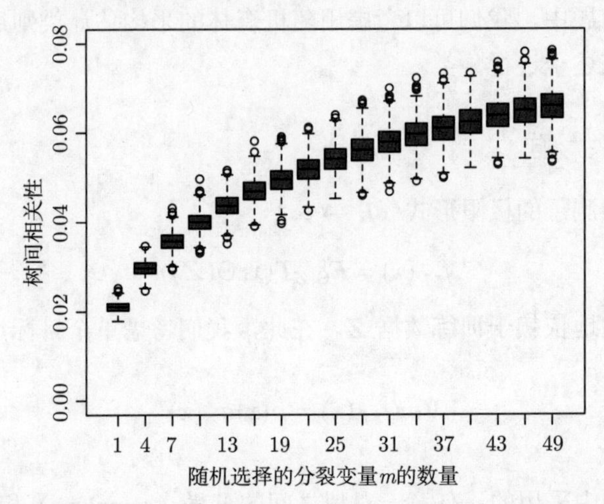

图 15–9 作为 m 的函数，通过随机森林回归算法画出的成对树间的相关性。盒形图表示在 600 个随机选择的预测点 x 上的相关性

在图15–10的左图中，我们考虑单棵树预测子的方差，$\mathrm{Var}T(x;\Theta(Z))$（从我们的仿真模型随机提取的 600 个预测点 x 上做平均）。这是总方差，可以通过标准条件方差参数分解成两个部分 (见习题15.5)：

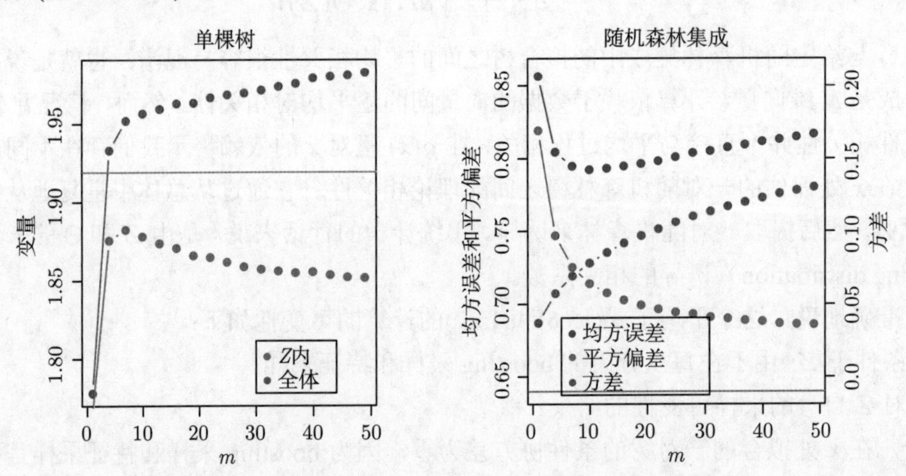

图 15–10 仿真结果。左图显示作为 m 的函数，单棵随机森林树的平均方差。“Z 内”表示基于 boostrap 采样和分裂变量采样，对方差的平均样本内贡献 (15.9)。“全体”包括 Z 的采样可变性。水平线是单棵满生长树的平均方差（没有 boostrap 采样）。右图显示作为 m 的函数，集成的平均均方根误差、平方偏差和方差。注意，方差轴在右边（与左边尺度相同，范围不同）。水平线是满生长树的平均平方偏差

$$\begin{aligned}\mathrm{Var}_{\Theta,\boldsymbol{Z}}T(x;\Theta(\boldsymbol{Z})) &= \mathrm{Var}_{\boldsymbol{Z}}E_{\Theta|\boldsymbol{Z}}T(s;\Theta(\boldsymbol{Z})) + E_{\boldsymbol{Z}}\mathrm{Var}_{\Theta|\boldsymbol{Z}}T(x;\Theta(\boldsymbol{Z})) \\ \textit{Total Variance} &= \mathrm{Var}_{\boldsymbol{Z}}\hat{f}_{rf}(x) + \textit{within-}\boldsymbol{Z}\ \text{Variance}\end{aligned} \tag{15.9}$$

其中第二项是 $\boldsymbol{Z}$ 内方差——随机化的结果，它随着 m 的减少而增加。第一项实际是随机森林集成的采样方差（显示于右图），式随着 m 的减少而减少。在 m 范围的大部分情况下，单棵树的方差不会明显改变。因此，按照式 (15.5)，集成的方差会显著小于这棵树的方差。

15.4.2　偏差

正如在 bagging 中，随机森林的偏差和任何单棵采样树的偏差 $T(x;\Theta(\boldsymbol{Z}))$ 相同：

$$\begin{aligned}\mathrm{Bias}(x) &= \mu(x) - \mathbb{E}_{\boldsymbol{Z}}\hat{f}_{rf}(x) \\ &= \mu(x) - \mathbb{E}_{\boldsymbol{Z}}\mathbb{E}_{\Theta|\boldsymbol{Z}}T(x;\Theta(\boldsymbol{Z}))\end{aligned} \tag{15.10}$$

这通常也比从 $\boldsymbol{Z}$ 生成的、未剪枝树的偏差（在绝对项）要大，因为随机性和约简的样本空间引入了限制。因此，bagging 或者随机森林获得的预测性能改进*完全要归功于方差减少*。

任何偏差的讨论依赖于未知的真实函数。图15–10（右图）显示了对我们的加性模型仿真的平方偏差（从 500 次实现中估计）。虽然对于不同的模型，偏差曲线的形状和速率各不相同，总的趋势是随着 m 减少，偏差增加。图中显示的是均方差，在选择 m 时，可以看到经典的偏差-方差折衷。对于所有的 m，随机森林的平方偏差比单棵树要大（水平线）。

这些模式表明与岭回归的相似性（3.4.1节）。当我们有很多变量和类似数量的系数时，岭回归（在线性模型中）是有用的：岭回归向零收缩系数且强相关变量的系数靠近。虽然训练样本的数量不一定允许所有变量都出现在模型中，但通过岭的正则化可以稳定模型，并且允许变量有它们的发言权（尽管减弱了）。具有小 m 的随机森林执行类似的平均。每个相关变量都有轮到优先进行树分裂的时候，集成平均减少了任何单个变量的贡献。因为这个仿真例子 (15.8) 基于全体变量上的线性模型，所以岭回归获得的均方误差较低（当 $df(\lambda_{\text{opt}}) \approx 29$ 时，约为 0.45）。

15.4.3　自适应最近邻

随机森林分类器与 K 最近邻有很多共同之处（13.3节），事实上是后者的加权版本。因为每棵树都生长到最大尺寸，对于特定的 Θ^*，$T(x;\Theta^*(\boldsymbol{Z}))$ 是对训练样本中的一个的响应值[①]。树生长算法找到该观测的“最优”路径并从中选择最具信息的预测子。平均过程分配权值到这些训练响应，并最终通过投票来实现预测。因此，通过随机森林投票机理，那些接近目标点的观测对象得到分配的权值——一个等价的核——组合后形成分类决策。

图15–11显示了在混合数据上 3 最近邻和随机森林的决策边界的相似性。

① 我们没有考虑纯节点不会进一步分裂的事实，因此在一个端节点可以有多于一个的观测。

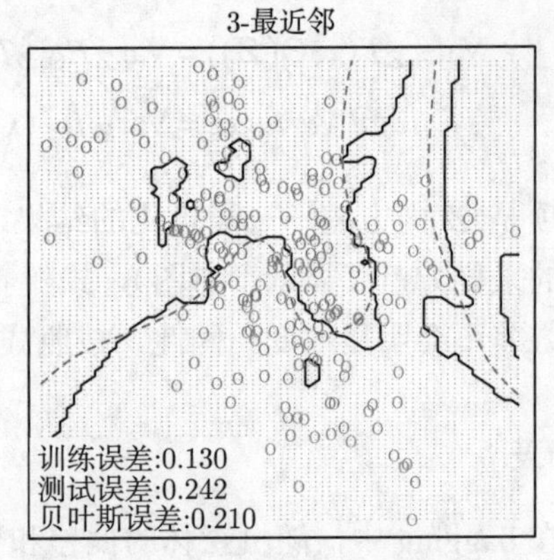

图 15–11 在混合数据上，随机森林与 3-最近邻的比较。在一个随机森林上，单棵树的面向坐标轴的特性导致决策区域有面向坐标轴的偏好

文献说明

这里介绍的随机森林由 Breiman (2001)正式提出，不过很多思想在之前的文献中以不同的形式出现过。值得一提的是，Ho (1995)提出了“随机决策森林”的概念，并且在特征的随机子空间使用树的表决。使用随机扰动和平均的想法来避免过拟，这个的想法由 Kleinberg (1990)及稍后的 Kleinberg (1996) 提出。Amit and Geman (1997)选择用图像特征构造随机树来处理图像分类问题。Breiman (1996a) 提出 bagging 算法，该算法是他自己后来提出的“随机森林”版本的先驱。Dietterich (2000b)通过使用额外的随机性又进一步提高 bagging 算法的性能。他的方法是在每个节点对前 20 个分裂变量进行排序，然后从列表中随机选择。通过仿真和真实示例，他证明这个附加的随机性可以提高 bagging 的性能。Friedman and Hall (2007)证明（无放回的）子采样是 bagging 算法的有效替代。他们证明，在大小为 $N/2$ 的样本上生长和平均树（按照偏差/方差考虑）近似等价于 bagging，同时（通过去相关）使用 N 的一小部分样本甚至能进一步减少方差。

这里列出一些执行随机森林的免费软件。在本章中，用的是 R 语言实现的 randomForest 软件包，该软件由 Andy Liaw 维护，可从 CRAN 网站下载。它允许分裂变量选择和子采样。Adele Cutler 维护了一个随机森林网站 http://www.math.usu.edu/adele/forests/，从这里（2008 年 8 月开始），我们可以免费下载 Leo Breiman 和 Adele Cutler 提供的软件。他们的代码和名词 random forests 的版权完全属于 Salford systems，以用于商业用途。新西兰怀卡托 (Waikato) 大学的 WeKa 机器学习归档 http://www.cs.waikato.ac.nz/ml/weka/也提供了一个随机森林的免费 Java 实现。

习题

15.1 导出方差公式 (15.1)。如果 ρ 是负的，则看上去会失效；诊断这种情况中的问题。

15.2 证明，随着 bootstrap 样本 B 的数量增大，关于随机森林方法的 OOB 误差估计逼近它的 N-折 CV 误差估计，在极端情况下，等式成立。

15.3 考虑图15–7（Mease and Wyner, 2008）使用的仿真模型。二元观测对象依概率

$$\Pr(Y = 1|X) = q + (1 - 2q) \cdot \boldsymbol{I}\left[\sum_{j=1}^{J} X_j > J/2\right] \tag{15.11}$$

生成。这里 $X \sim U[0,1]^p$，$0 \leqslant q \leqslant \frac{1}{2}$，以及 $J \leqslant p$ 是某个预定义的（偶）数。描述这个概率曲面，并给出贝叶斯误差率。

15.4 假定 $x_i, i = 1, \cdots, N$ 是独立同分布 (μ, σ^2)。令 $\bar{x}_1^*$ 和 $\bar{x}_2^*$ 是样本均值的两个 bootstrap 实现。证明采样相关性 $\text{corr}(\bar{x}_1^*, \bar{x}_2^*) = \frac{n}{2n-1} \approx 50\%$。沿着这条思路，导出 $\text{var}(\bar{x}_1^*)$ 和 bagged 均值 $\bar{x}_{\text{bag}}$ 的方差。这里 $\bar{x}$ 是线性统计量，bagging 对线性统计量不产生方差约减。

15.5 证明在样本点 x 处，一对随机森林树之间的采样相关性由下式给出：

$$\rho(x) = \frac{\text{Var}_{\boldsymbol{Z}}[E_{\Theta|\boldsymbol{Z}} T(x; \Theta(\boldsymbol{Z}))]}{\text{Var}_{\boldsymbol{Z}}[E_{\Theta|\boldsymbol{Z}} T(x; \Theta(\boldsymbol{Z}))] + E_{\boldsymbol{Z}} \text{Var}_{\Theta|\boldsymbol{Z}}[T(x, \Theta(\boldsymbol{Z}))]}. \tag{15.12}$$

分子中的项是 $\text{Var}_{\boldsymbol{Z}}[\hat{f}_{rf}(x)]$，分母的第二项是由于随机森林里的随机化所形成的期望条件方差。

15.6 对垃圾邮件数据拟合一系列随机森林分类器，探讨对参数 m 的敏感性。画一个与适当选择的 m 值范围相关的 OOB 误差和测试误差图。

15.7 假定我们对响应为 y_i 和预测子为 $x_{i1}, \cdots, x_{ip}$ 的 N 个观测对象，拟合一个线性回归模型。假定所有变量标准化到零均值以及标准偏差为一。令 RSS 是在训练数据上的均方残差，$\hat{\beta}$ 是估计系数。定义 RSS_j^* 是采用相同 $\hat{\beta}$，但是在预测子被计算前对第 j 个变量随机排列后的 N 个训练数据上的均方残差。证明：

$$\mathbb{E}_P[\text{RSS}_j^* - \text{RSS}] = 2\hat{\beta}_j^2, \tag{15.13}$$

这里 $\mathbb{E}_P$ 定义了考虑置换分布的期望。论证：当采用一个独立测试集做评估时，上式是近似正确的。

第 16 章 集成学习

16.1 概述

集成学习 (emsemble learning) 的思路是通过组合一组简单基础模型的能力来构造一个预测模型。我们已经看到大量示例可以纳入这个范畴。

本书前面8.7节的 Bagging 算法和第15章的随机森林都采用集成的思路来进行分类，其中决策树*委员会*（committee）中每一个树成员都为最终的预测类别进行投票。第10章的 boosting 算法最初也是作为委员会方法提出的，尽管不像随机森林，*弱学习器*（weak learner）的委员会随着时间演化，成员采用的是加权投票。8.8节的 stacking 算法是一种新方式，组合了大量拟合模型的能力。事实上，我们可以把任意一种词典算法如回归样条表示成集成方法，其中的基函数扮演了弱学习器的角色。

非参回归的贝叶斯方法也可以看成是集成方法：大量候选模型根据参数设置的后验分布来进行平均 (如 Neal and Zhang, 2006)。

集成学习可以分解成两个任务：根据训练数据提出形成形成一组基学习器，然后将它们组合成混合预测算子。在本章中，我们将进一步讨论 Boosting 技术，它通过在弱学习器的高维空间中执行正则化和监督的搜索来建立集成模型。

一个早期的集成学习示例是采用*错误纠正输出编码*（error-correcting output codes, ECOC）(Dietterich and Bakiri, 1995)，该方法是为多分类任务设计的。考虑 10 类数字分类问题，编码矩阵 $\boldsymbol{C}$ 如表 16–1所示。

表 16–1　10 类数字分类问题的 15 位错误纠正编码矩阵的一部分。每列定义一个二分类问题

数字	C_1	C_2	C_3	C_4	C_5	C_6	$\cdots$	C_{15}
0	1	1	0	0	0	0	$\cdots$	1
1	0	0	1	1	1	1	$\cdots$	0
2	1	0	0	1	0	0	$\cdots$	1
$\vdots$	$\vdots$	$\vdots$	$\vdots$	$\vdots$	$\vdots$	$\vdots$	$\cdots$	$\vdots$
8	1	1	0	1	0	1	$\cdots$	1
9	0	1	1	1	0	0	$\cdots$	0

注意，编码矩阵 $\boldsymbol{C}_\ell$ 的第 ℓ 列定义为将最初的全部类别合并成两组的二类变量。算法的具体过程如下。

1. 针对由编码矩阵的列定义的 $L = 15$ 个两类别分类问题，分别学习分类器。
2. 在测试点 x，令 $\hat{p}_\ell(x)$ 为第 ℓ 个响应时其值等于 1 的预测概率。
3. 定义 $\delta_k(x) = \sum_{\ell=1}^{L} |C_{k\ell} - \hat{p}_\ell(x)|$ 为 k 类别的判别函数，其中 $\boldsymbol{C}_{k\ell}$ 为表16–1编码矩阵第 k 行第 ℓ 列的值。

编码矩阵 C 的每一行是表示该类的二值编码。行的位数比实际需要的位数要多，其想法是冗余的“错误纠正”位允许有一些不准确性，且能提高性能。事实上，前面的编码矩阵 C 在任意行之间有距离为 7 的最小海明距离[①]。请注意，因为 10 个类别仅要求 $\lceil \log_2 10 \rceil = 4$ 位来唯一表达，甚至指示响应编码（4.2节）是冗余的。Dietterich and Bakiri (1995)证明了：当使用分类树作为基分类器时，在大量多类别问题上都获得了很好的性能。

James and Hastie (1998)分析了 ECOC 方法，并指出随机编码分配和通过最优构造的错误修正码具有同样好的性能。同时，他们还指出编码的主要好处体现在方差约减上（正如 bagging 和随机森林一样），因为不同的编码问题得出不同的分类树，前面的解码步骤 (3) 与取平均有相似的作用。

16.2 Boosting 与正则化路径

在本书第 1 版的 10.12.2 节中，我们对梯度 boosting 算法获取的模型序列和高维特征空间中的正则化模型拟合进行过类比分析。这主要是因为我们发现 boosted 版本的线性回归和 *Lasso*(3.4.2节) 之间有紧密的联系。我们和其他人一直致力于研究这个联系，在这里将介绍我们当前对这种联系的理解。我们先从最初的动机开始，它与本章的集成学习有很自然的关系。

16.2.1 惩罚式回归

梯度 boosting 算法（本书第10章第275页）收缩策略 (10.41) 的成功，直觉上能够与具有大的基展开的罚线性回归做类比来获得。考虑能在训练数据上实现的、所有可能 J-端节点回归树的词典，将其作为 $\mathbb{R}^p$ 空间的基函数。线性模型是

$$f(x) = \sum_{k=1}^{K} \alpha_k T_k(x), \tag{16.1}$$

其中 $K = \text{card}(\mathcal{T})$。假如系数用最小平方估计。因为这样的树在数量上可能非常大，甚至比最大的训练数据集还要大，因此需要某种正则化。令 $\hat{\alpha}(\lambda)$ 求解：

$$\min_{\alpha} \left\{ \sum_{i=1}^{N} \left(y_i - \sum_{k=1}^{K} \alpha_k T_k(x_i) \right)^2 + \lambda \cdot J(\alpha) \right\}, \tag{16.2}$$

$J(\alpha)$ 是系数的函数，一般用来惩罚较大的值。例如

$$J(\alpha) = \sum_{k=1}^{K} |\alpha_k|^2 \quad \text{岭回归}, \tag{16.3}$$

$$J(\alpha) = \sum_{k=1}^{K} |\alpha_k| \quad \text{Lasso}, \tag{16.4}$$

$$\tag{16.5}$$

① 在两个向量间的海明距离是对应元素之间的误匹配数。

它们都在3.4节中介绍过。如文中讨论过的，使用中等偏大的 λ 的 Lasso 问题的解趋向于稀疏，即许多 $\hat{\alpha}_k(\lambda) = 0$。也就是说，所有可能的树中，只有一小部分符合模型 (16.1)。

这种现象似乎是合理的，因为在逼近任意特定目标函数时，全部可能的树里仅一小部分是相关的。然而，相关子集随目标不同而不同。那些未设为零的系数，在其绝对值比相应最小二乘值更小时，将被 Lasso 收缩[①]：$|\hat{\alpha}_k(\lambda)| < |\hat{\alpha}_k(0)|$。当 λ 增大时，系数都会收缩，每一个最终都会变为 0。

由于基函数 T_k 非常多，所以直接用 Lasso 惩罚 (16.4) 求解 (16.2) 不可行的。然而，有一个可行的前向分阶段策略，它能够高度接近于 Lasso 的效果，且非常类似于 boosting 和前向分阶段算法10.2。算法 16.1给出了细节。虽然按树基函数 T_k 来释义，但该算法可以采用任何基函数集。在算法第一步，全体系数初始设为 0，这相当于 (16.2) 中 $\lambda = \infty$。在接下来的每一步，2(a) 选择能最佳拟合当前残差的树 T_{k^*}。在 2(b) 中，它对应的系数 $\check{\alpha}_{k^*}$ 然后对其增量或减量某个无穷小的量，同时其他系数 $\check{\alpha}_k$，$k \neq k^*$ 保持原值。原则上，这个过程可以迭代，直到所有的残差都为 0，或者 $\beta^* = 0$。后一种情况在 $K < N$ 时可能发生，在那时，系数的解表示最小二乘的解。这对应于 (16.2) 中 $\lambda = 0$ 的情况。

算法 16.1　前向分阶段线性回归

1. 初始化 $\check{\alpha}_k = 0$，$k = 1, \cdots, K$。设 $\varepsilon > 0$ 为某个小的常数，M 取大值。
2. 对 $m = 1$ 到 M：

   2-a $(\beta^*, k^*) = \arg\min_{\beta,k} \sum_{i=1}^N \left(y_i - \sum_{l=1}^K \check{\alpha}_l T_l(x_i) - \beta T_k(x_i)\right)^2$。

   2-b $\check{\alpha}_{k*} \to \check{\alpha}_{k*} + \varepsilon \cdot \mathrm{sign}(\beta^*)$。
3. 输出 $f_M(x) = \sum_{k=1}^K \check{\alpha}_k T_k(x)$。

在对算法16.1迭代 $M < \infty$ 次后，很多系数，即那些原来仍在增大的系数，将为 0。其他的系数也趋向于有比相应最小二乘解小的绝对值，$|\check{\alpha}_k(M)| < |\hat{\alpha}_k(0)|$。因此，定性来看，这个 M 次迭代的解类似于 Lasso 的解，其中 M 与 λ 逆相关。

图16–1使用第 3 章提到的前列腺数据，给出一个示例。在这里，我们不用树 $T_k(x)$ 作为基函数，而是就用原数据变量 X_k，也就是，多元线性回归模型。左图显示从 Lasso 获得的估计参数轮廓，对应于不同边界参数的值 $t = \sum_k |\alpha_k|$。右图为分阶段算法16.1的结果，其中 $M = 250$，$\varepsilon = 0.01$(图16–1的左右图与图3–10和图3–19的左图相同)。可以看出，两图非常相似。

在一些情况下，有更多不只是定性的相似性。例如，如果所有基函数 T_k 相互不相关，则随着 $\varepsilon \downarrow 0$，$M \uparrow$ 会有 $M\varepsilon \to t$，算法16.1将得到和边界参数为 $t = \sum_k |\alpha_k|$ 的 Lasso 算法完全一样的解（对路径上所有解类似）。当然，基于树的回归子并不是不相关的。然而，如果系数 $\hat{\alpha}_k(\lambda)$ 是关于 λ 的单调函数，解时集合就还是相同的。这种情况经常出现在变量之间相关性比较低的时候。当 $\hat{\alpha}_k(\lambda)$ 关于参数 λ 不是单调的函数时，解将不再相同。随着正则化参数的改变，算法16.1的解集变动较快，但仍然比 Lasso 慢。

① 如果 $K > N$，一般没有唯一的“最小二乘值”，因为有能完美拟合数据的无穷多个解。我们可从中选择 L_1 范数解最小的一个，它是唯一 Lasso 解。

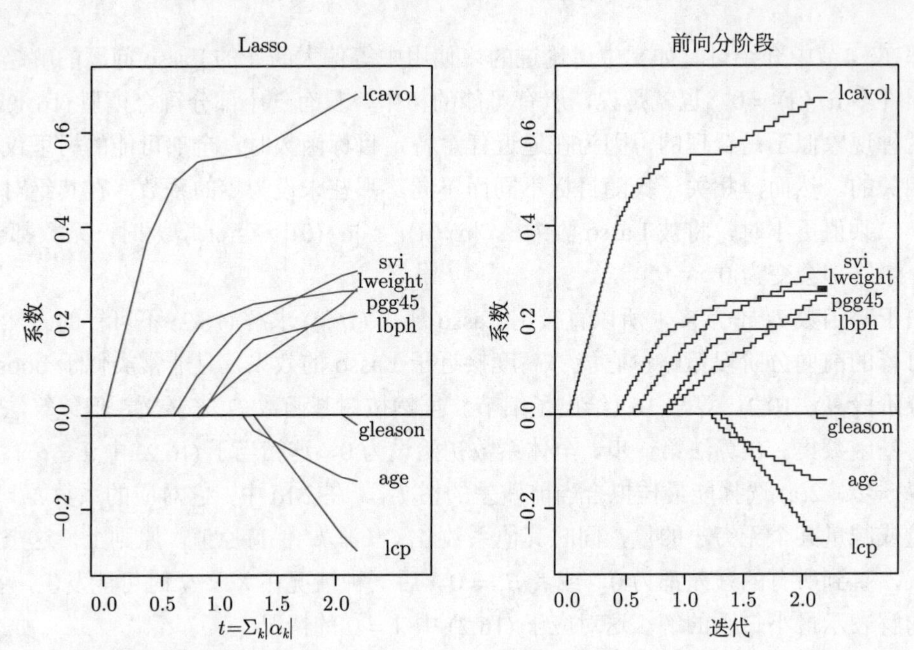

图 16–1 针对第 3 章讨论的前列腺数据，线性回归中估计系数的轮廓。左图为 Lasso 的结果，其中 $t=\sum_k|\alpha_k|$ 为不同的边界参数值。右图为分阶段线性回归算法16.1，采用 $M=220$ 连续个步骤，其中 $\varepsilon=0.01$

通过 ε-极限情况来描绘求解路径，Efron 等 (2004)对 Lasso 和前向分阶段算法之间的关系进行了更为准确的分析。他们发现，Lasso 和前向分段算法的系数路径都是分段线性函数。这有利于有效算法的提出，允许整条路径有着在计算上的开销和单个最小二乘拟合相同。这就是在3.8.1节中详细介绍的*最小角回归算法*（least angle regression）。

Hastie 等 (2007)发现，这个无穷小量前向分阶段算法 (FS_0) 拟合了一个单调版本的 Lasso，每一步，对系数路径弧长（arc length）的给定增量，它都最优减少损失函数 (见16.2.3节和3.8.1节)。对于 $\varepsilon>0$ 的情况，弧长为 $M\varepsilon$，因此它与步数成比例。

带收缩 (10.41) 的树 boosting(算法10.3) 与算法16.1非常类似，算法10.3中的学习率参数 ν 对应于算法16.1中的 ε。对于平方误差损失，唯一的不同是，每次迭代时选择的最优树 T_{k*}，是通过标准的自上而下的贪心树归纳算法来近似的。对于其他损失函数，例如 Adaboost 的指数损失和二项偏差，Rosset 等 (2004a)给出的结果和现在所看到的类似。因此，我们可以把带收缩的树 boosting 看成是一种在所有可能（J-端节点）树的单调病态回归的形式，并且用 Lasso 惩罚 (16.4) 作为它的正则化项。我们将在16.2.3节再次回到这个问题上。

无收缩的选择 (在式10.41中，$\nu=1$) 类似于前向分步回归，或者更激进的最佳子集选择，它惩罚非零系数的个数 $J(\alpha)=\sum_k|\alpha_k|^0$。通过选取小部分主导变量，最佳子集选择算法经常能得到不错的效果。但是如果有中等比例的强变量，一般我们都知道子集选择会过于贪婪 (Copas, 1983)，与不太激进的策略 (Lasso 或者岭回归) 比起来，经常会得到差的结果。但如果用 boosting 收缩，结果会有显著的改进，因此，这仍然是对此方法的另一种肯定。

16.2.2　"押稀疏"原则

正如前一节所示，带收缩的 boosting 前向分阶段策略近似最小化与 Lasso 的 L_1 范式惩罚相同的损失函数。该模型建立比较慢，要在整个"模型空间"中进行搜索，并且要添加从重要预测子中导出的收缩的基函数。相反，L_2 惩罚项在计算方面更容易处理得多，如12.3.7节所展示的那样。选择符合特定正定核的，基函数和 L_2 惩罚项，我们就能够解决相应的优化问题，而不需要在所有单个基函数上进行显式搜索。

尽管如此，在很多情况下，与方法 (如支持向量机) 相比，boosting 性能更好，很大程度上是因为隐式使用了 L_1 惩罚项而不是 L_2。L_1 惩罚项的收缩结果更适合稀疏（sparsity）的情况，其中只有很少部分基函数有非零 (在全部可能选择中)。

我们能够通过一个取自 Friedman 等 (2004) 的简单例子来强化这个结论。假定我们有 10 000 个数据点，并且我们的模型是一百万棵树的线性组合。假设这些树的真实总体系数是来自高斯分布，那么可知，从贝叶斯角度来看，最好的预测算子是岭回归 (习题3.6)。就是说，在拟合系数时，我们应该使用 L_2 惩罚项而不是 L_1。另一方面，如果只有少量系数（如 1000）非零，Lasso(L_1 惩罚项) 会得到更好的效果。我们把这样的情况看成是稀疏（sparsity）的场景，同时第一种情况（高斯系数）是稠密的。需要注意，在稠密情况下，虽然 L_2 惩罚是最好的，但没有哪种方法能做得很好，因为使用的样本点太少，以至不能估计大量的非零系数。这是维数灾问题造成的结果。在稀疏的情况下，我们使用 L_1 惩罚项也许能获得更好的效果，因为非零参数的数量很小。然而，L_2 在这种情况下不行。

换句话说，使用 L_1 惩罚项遵循我们对高维问题的"押注稀疏"（bet on sparsity）原则：

使用在稀疏问题上能获得好结果的过程，因为在稠密问题上没有什么过程能够获得好的结果。

需要一些限定条件。

- 对于任意给定的应用，稀疏或者稠密的程度依赖于未知的真实目标函数和选择的字典 $\mathcal{T}$。
- 稀疏对稠密的概念与训练样本的大小和/或信噪比（noise-to-signal ration，简称 NSR）相关。较大的训练集允许我们以较小的标准误差估计系数。类似，在小的信噪比（NSR）和给定样本情况下，与较大的信噪比相比，我们能够辨识更多非零参数。
- 字典的大小在其中也起了很大的作用。增加字典的大小可能让函数有更稀疏的表示，但是搜索问题变得更加困难，同时引起更高的方差。

图16–2通过仿真实验解释了在线性模型前提下的这些观点。对分类和回归问题，我们比较了岭回归和 Lasso。每次运行都包含有 300 个独立高斯预测子的 50 个样本。在最上面一行中，所有 300 个系数是通过高斯分布生成的非零系数。在中间一行，只有 10 个通过高斯分布产生的非零系数，最后一行是 30 个非零高斯系数。对于回归问题，在线性预测子 $\eta(X) = X^T\beta$ 中加入标准高斯噪声来产生连续的响应。对于分类问题，线性预测子通过逆 logit 转换成概率，然后生成二值响应。我们给定了五种不同的信噪比，它们通过在生成响应前放缩 $\eta(X)$ 得到。在这两种情况下，信噪比都定义成 NSR = $\mathrm{Var}(Y|\eta(X))/\mathrm{Var}(\eta(X))$。

岭回归和 Lasso 的系数路径都通过 50 个 λ 的系列值来拟合，其中 λ 对应于范围在 1 到 50 的 df（具体细节见第3章）。这些模型在较大的测试集上估计（无限的高斯，5000 个二元样本），且在每一个问题中 λ 都选定为能使测试样本错误最小的值。对于回归问题，我们报告百分比方差，分类问题报告分类误差百分比（相对于基准误差 0.5）。每一个场景都进行了 20 次仿真实验。

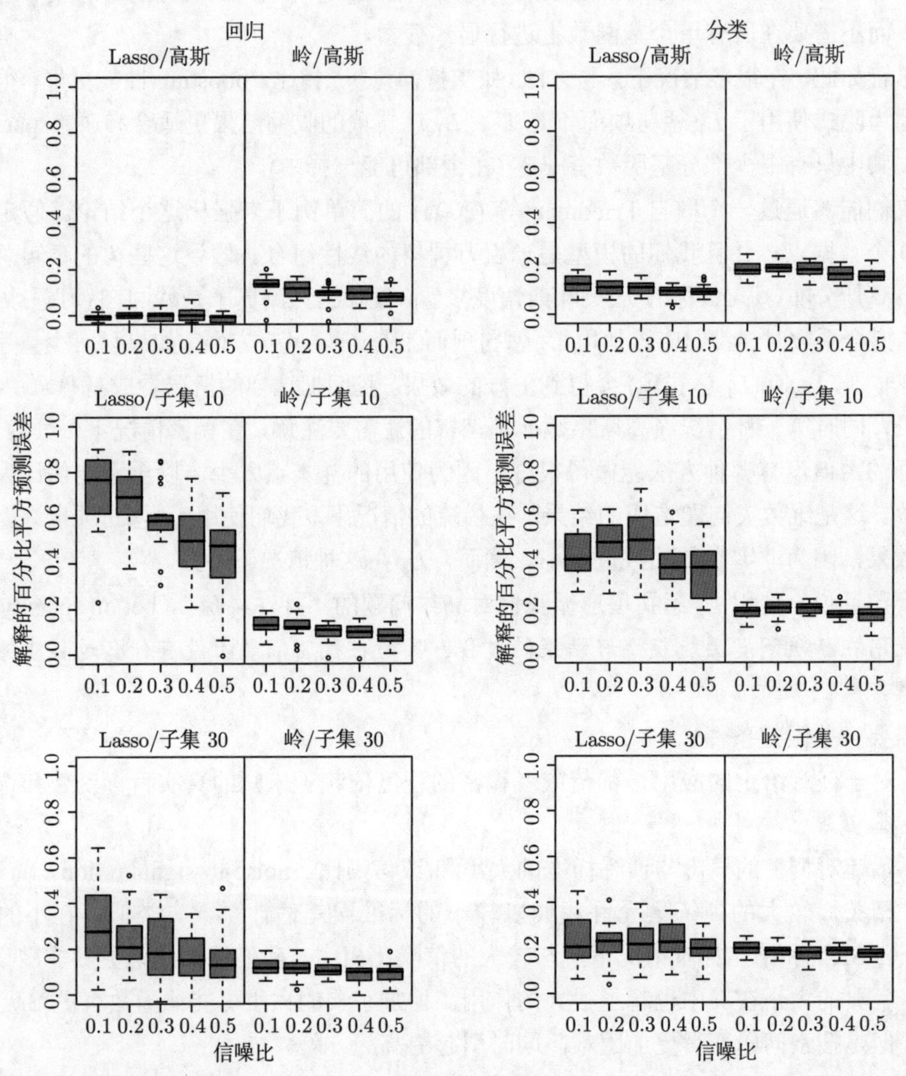

图 16–2 证明在回归和分类问题上 L_1 惩罚项（Lasso）优于 L_2 惩罚项 (岭) 的仿真。每次运行有 300 个独立高斯预测子的 50 个观测样本。最上面一行，全部 300 个系数是非零的，从高斯分布生成。中间一行，仅 10 个非零，最下一行有 30 个非零。对于回归问题，线性预测子 $\eta(X)$ 中加入了高斯误差。对于分类问题，二值响应通过逆 logit 变换生成。对 $\eta(X)$ 放缩得到了显示的信噪比。Lasso 在列中使用，岭在右列使用。我们报道了在测试数据上解释的最优百分比误差（相对于常数模型的误差），对每个组合，显示 20 次实现的盒形图。只有一处岭优于 Lasso（最上一行），但两者性能都不好

注意，对于分类问题，我们用平方误差损失来拟合二元响应。还要注意，我们不用训

练样本来选择 λ，而是报告不同场景下不同方法可能的最好行为。L_2 惩罚的性能处处都不好。Lasso 仅在两种情况下（稀疏系数）表现出相当好的性能。如期望的那样，随着 NSR 的增加和模型变得更稠密，性能会进一步恶化（分类较少出现）。与回归相比，这些差异在分类中较为少见。

这些经验结果为 L_1 惩罚项在稀疏情况下更有效的理论结果提供了大量支持 (Donoho and Johnstone, 1994; Donoho and Elad, 2003; Donoho, 2006b；Candes and Tao, 2007)。

16.2.3　正则化路径，过拟合与边缘

经常能观察到 boosting 算法“不会过拟合”，或者更准确的说法“过拟合速度缓慢”这样的现象，在之前的随机森林章节曾做了部分解释——误分类误差对方差的敏感性 (较均方误差) 更低，并且分类是 boosting 团体主要的关注对象。这一节我们说明 boosted 模型的正则化路径有“很好的表现”，且对于某些损失函数，它们具有漂亮的极限形式。

图16–3展示了 Lasso 和无穷小前向分阶段（FS_0）在仿真回归情况下的系数路径。数据由 1000 个高斯变量的词典组成，在 20 大小的块内有强相关性（$\rho = 0.95$），而块之间不相关。生成的模型中有 50 变量有非零系数，每个块提取一个变量，并且参数值从标准高斯中提取。最后，加入信噪比为 0.72 的高斯噪声 (习题16.1)。FS_0 算法是算法16.1的一种受限版本，其中它的步长 ε 收缩到零 (见3.8.1节)。变量聚群意图模拟邻近树的相关性，对于前向分阶段算法，这样的设置是带收缩梯度 boosting 的理想版本。对于这两种算法，系数路径都能够精确计算出来，因为它们是分段线性的（见3.8.1节的 LARS 算法）。

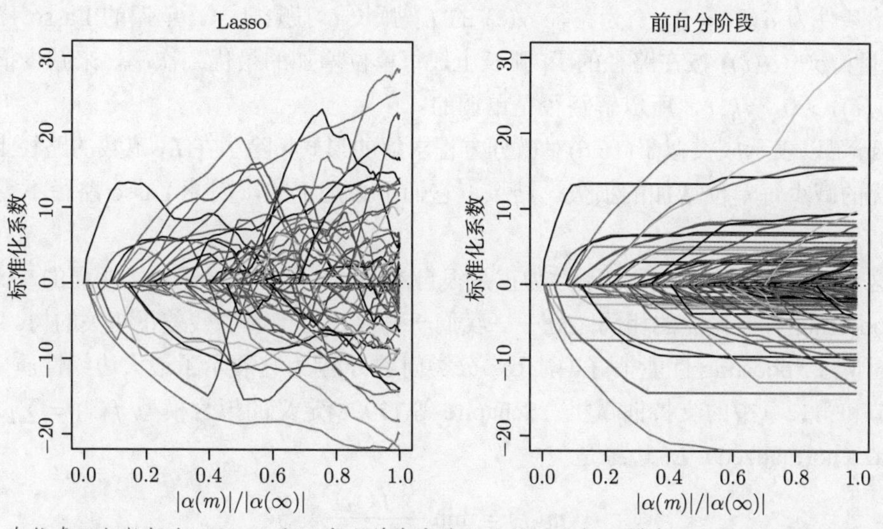

图 16–3　在仿真回归数据上，Lasso 和无穷小前向分阶段路径的比较。样本总数是 60，变量个数是 1000。前向分阶段路径在算法最后阶段比 Lasso 的路径更稳定

这里，系数轮廓仅在路径早期阶段是相似的。对于随后的阶段，前向分阶段路径趋向于单调和更光滑，而与 Lasso 相关的方法波动则相对较大。这主要是因为变量子集内的强相关性——Lasso 对多共线性 (multi-clooineminty) 很敏感 (习题3.28)。

两种模型的性能相当接近 (16–4)，它们几乎获得了相同的最小值。在后面的阶段中，前向分阶段需要更长的时间出现过拟合，这可能是更平滑路径的后果。

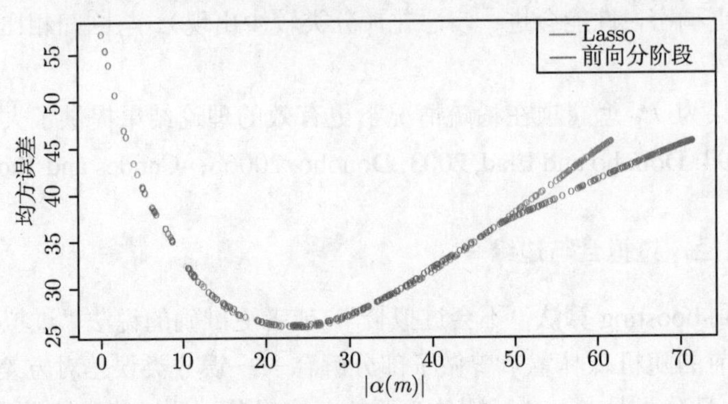

图 16–4 在仿真数据上，Lasso 和无穷小前向分阶段的均方误差。尽管系数路径是不同的，两个模型在正则化路径的关键部分性能相似。在右尾处，Lasso 看上去更快过拟合

Hastie 等 (2007)证明，针对平方误差损失，FS_0 解决了单调（monotone）版本的 Lasso 问题。假设 $\mathcal{T}^a = \mathcal{T} \cup \{-\mathcal{T}\}$ 是扩大的词典，其通过加入原 $\mathcal{T}$ 空间中每个基元素的负拷贝来得到。考虑非负系数 $a_k \geqslant 0$ 的模型 $f(x) = \sum_{T_k \in \mathcal{T}^a} \alpha_k T_k(x)$。在这样的扩展空间中，Lasso 系数路径是正的，同时 FS_0 的路径是单调非递减的。

单调 Lasso 路径通过微分方程来表示

$$\frac{\partial \alpha}{\partial \ell} = \rho^{ml}(\alpha(\ell)) \tag{16.6}$$

其中初始条件为 $\alpha(0) = 0$，ℓ 为路径 $\alpha(\ell)$ 的 L_1 弧长 (习题16. 2)。单调的 Lasso 移动方向（速度向量）$\rho^{ml}(\alpha(\ell))$ 按在路径的 L_1 弧长上，每单位增加的最优二次率，来减少损失。因为 $\rho^{ml}(\alpha(\ell)) > 0$，$\forall k, \ell$，所以解路径是单调的。

Lasso 可以表示成类似于(16.6)对微分方程求解的形式，除了在 L_1 范数的路径上，移动方向最优的减少每单位增加的损失。结果，它们不必是正的，因此 Lasso 路径不需要是单调的。

在这个扩大的词典中，限定系数为正是很自然的，因为它可以避免了明显的二义性。它也和树 boosting 有更自然的相同之处——我们一直寻找与当前的残差正相关的树。

前面说过，boosting 性能很好（对于二分类问题），因为它展示了最大边缘性质，这非常像4.5.2节和第12章中的支持向量机。Schapire 等 (1998)定义的拟合模型 $f(x) = \sum_k \alpha_k T_k(x)$ 的归一化（normalized）L_1 边缘是

$$m(f) = \min_i \frac{y_i f(x_i)}{\sum_{k=1}^K |\alpha_k|} \tag{16.7}$$

这里是在训练样本上求最小值，且 $y_i \in \{-1, +1\}$。与支持向量机的 L_2 边缘 (4.40) 不同，L_1 边缘 $m(f)$ 度量的是 L_∞ 单位下，离最近训练点的最远距离（最大坐标距离）。

Schapire 等 (1998) 在可分数据上证明了，Adaboost 在每次迭代增加 $m(f)$，并且收敛到一个边缘对称的解。Rätsch and Warmuth (2002)证明带收缩的 Adaboost 渐近收敛到 L_1 边缘

最大解。Rosset 等 (2004a) 为通用损失函数考虑了式 (16.2) 的正则化模型。他们证明了，随着 $\lambda \downarrow 0$，对于特殊的损失函数它们的解会收敛到最大边缘的结构。尤其是，他们证明了对指数损失函数的 Adaboost，和二项式偏差，这结果也成立。

总结这一节的一些结果，我们得到 boosting 分类器的如下结论：

Boosted 分类器序列形成了到最大化边界解的，L_1 正则化单调路径序列。

当然，路径的最大边缘端可能是不理想和过拟合的解，如图16–5所示。早期停止相当于在路径上选择一个点，这一策略可以借助于验证数据集来完成。

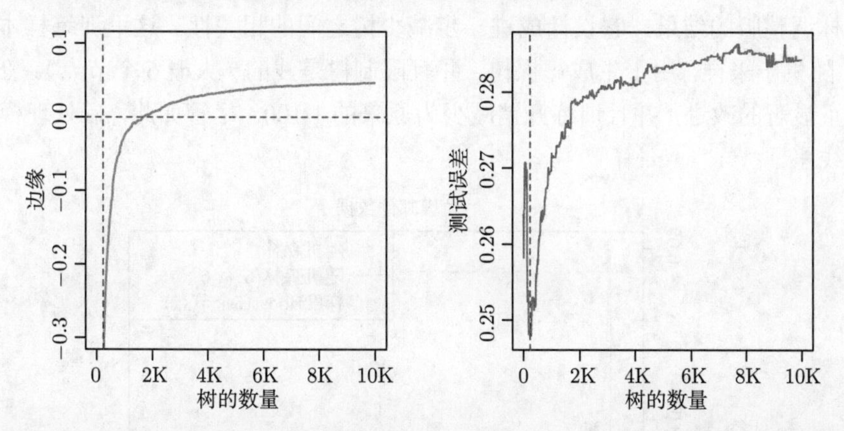

图 16–5 左图显示了在混合数据上 Adaboost 分类器的 L_1 边缘 $m(f)$，作为 4-节点树的数量的函数。模型采用收缩因子 0.02，R 软件包 gbm 来拟合。在 10 000 棵树后，$m(f)$ 稳定。注意，当边缘过零时，训练误差变为零。右图显示了在 240 棵树时最小化的测试误差。在这个例子中，如果一直运行到收敛，Adaboost 会显著过拟合

16.3 集成学习

从前几节学到的见识能用于形成一个更有效和快速的集成模型。我们再考虑这个函数形式：

$$f(x) = \alpha_0 + \sum_{T_k \in \mathcal{T}} \alpha_k T_k(x) \tag{16.8}$$

其中 $\mathcal{T}$ 为基函数的词典，一般为树。对于梯度 Boosting 和随机森林，$|\mathcal{T}|$ 会很大，相当典型的结果是，最后的模型会包括成千棵树。在前一节中，我们证明了带收缩的梯度 Boosting 在它的树空间中拟合了一条 L_1 正则化单调路径。

Friedman and Popescu (2003)提出一种混合方法，它将该过程分成两个阶段，如下所示。

- 从训练数据诱导的有限基函数词典 $\mathcal{T}_L = \{T_1(x)T_2(x)...T_M(x)\}$
- 在这个词典中，通过拟合 Lasso 路径来建立一族函数 $f_\lambda(x)$

$$\alpha(\lambda) = \arg\min_{\alpha} \sum_{i=1}^{N} L[y_i, \alpha_0 + \sum_{m=1}^{M} \alpha_m T_m(x_i)] + \lambda \sum_{m=1}^{M} |\alpha_m| \tag{16.9}$$

在其最简单的形式，这种模型可看成是对 boosting 算法或者随机森林的后处理方式，从梯度 boosting 或者随机森林算法产生的树集合 $\mathcal{T}_L$ 中生成。通过对这些树拟合 Lasso 路径，我们使用一个很小的约简集，这将减少用于未来预测的存储空间和计算时间。在下一节中，我们将介绍如何通过修正来减少集成 $\mathcal{T}_L$ 的相关性，从而加强 Lasso 后续处理的性能。

作为初次说明，我们把这个过程应用于垃圾邮件数据生成的随机森林集成。

图16–6表明，Lasso 后处理让随机森林性能有了一定程度的提高（蓝色曲线），它将原来的 1000 棵树减少到 40 棵。后处理的性能接近梯度 boosting 的性能。橙色曲线显示了一个随机森林调整版的结果，它设计成进一步减少树之间的相关性。这里训练样本的 5% 的（无放回）随机子采样，用于生成每棵树，并且限制树是浅的（大概 6 个节点）。在这里，后处理产生了显著的改进，并且训练开销减少为原来的 1/100。尽管如此，后处理模型的性能仍然比蓝线差。

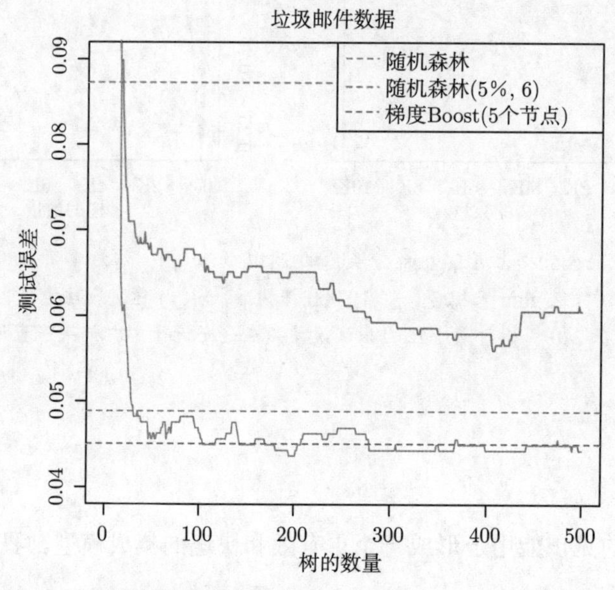

图 16–6 Lasso 后处理 (16.9) 在垃圾邮件数据上的应用。水平蓝线是拟合垃圾邮件数据的随机森林的测试误差，采用了生长到最大深度的 1000 棵树（其中 $m = 7$; 见算法15.1）。扭曲的蓝色曲线是作为有非零系数的树的数量的函数，采用 Lasso 后处理前 500 棵树后的测试误差。橙色曲线/直线采用改进的随机森林形式，其中随机提取的 5% 数据用于生长每棵树，同时树均被强制成浅层的（典型的有 6 个端节点）。这里后处理在生成集成的随机森林上提供了更大的改进

16.3.1 学习一个好的集成

不是所有的集成 $\mathcal{T}_L$ 都能从后处理上得益。在基函数的基础上，我们希望选择能够涵盖整个空间的恰到好处的基函数，并且相互之间有充足的不同，从而使得后处理能更有效。

Friedman and Popescu (2003)再一次从数值积分和重要性采样上获得了灵感。他们把未知的函数看成一个积分的形式

$$f(x) = \int \beta(\gamma)b(x;\gamma)d\gamma \tag{16.10}$$

其中 $\gamma \in \Gamma$ 是基函数 $b(x;\gamma)$ 的索引。例如，如果基函数是树，那么 γ 就是分裂变量、端节点中的分裂点和值的索引。数值积分相当于求解 M 个估计点 $\gamma_m \in \Gamma$ 集合，和对应的权重 α_m，使得 $f_m(x) = \alpha_0 + \sum_{m=1}^{M} \alpha_m b(x;\gamma_m)$ 能够很好的逼近 x 域上的 $f(x)$。重要性采样相当于随机对 γ 进行采样，但是给空间 Γ 中相关区域更多的权重。Friedman and Popescu (2003)建议使用在训练数据上评估的损失函数 (16.9) 来度量（缺乏）相关程度：

$$Q(\gamma) = \min_{c_0, c_1} \sum_{i=1}^{N} L(y_i, c_0 + c_1 b(x_i;\gamma)) \tag{16.11}$$

如果单个基函数被选定（如树），那么这将是全局最小子 $\gamma^* = \arg\min_{\gamma\in\Gamma} Q(\gamma)$。在选择 γ 时引入的随机性将有可能造成不太优的结果 $Q(\gamma) > Q(\gamma^*)$。他们提出了一种衡量采样准则 $\mathcal{S}$ 特征宽度 σ 的自然度量，

$$\sigma = E_{\mathcal{S}}[Q(\gamma) - Q(\gamma^*)] \tag{16.12}$$

- σ 太窄说明有太多相似的 $b(x;\gamma_m)$ 和 $b(x;\gamma^*)$。
- σ 太宽说明 $b(x;\gamma_m)$ 分布太广，而且可能由很多不相关的情况组成。

Friedman and Popescu (2003)使用子采样作为引入随机性的机制，得到一个集成生成算法16.2。

算法 16.2 ISLE 集成生成

1. $f_0(x) = \arg\min_c \sum_{i=1}^{N} L(y_i, c)$
2. 对 $m = 1$ 到 M 执行：
   (a) $\gamma_m = \arg\min_\gamma \sum_{i\in S_m(\eta)} L(y_i, f_{m-1}(x_i) + b(x_i;\gamma))$。
   (b) $f_m(x) = f_{m-1}(x) + \nu b(x;\gamma_m)$。
3. $\mathcal{T}_{\text{ISLE}} = \{b(x;\gamma_1), b(x;\gamma_2), \cdots, b(x;\gamma_M)\}$。

$S_m(\eta)$ 是训练观测的 $N \cdot \eta(\eta \in (0,1])$ 子采样，一般是无放回的。他们的仿真表明，选择 $\eta \leqslant \frac{1}{2}$，并且对于大的 N，选择 $\eta \sim \frac{1}{\sqrt{N}}$。减小 η 将会增加随机性，因此会增加宽度 σ。参数 $\nu \in [0,1]$ 对随机过程引入了记忆（memory）；ν 越大，避免类似于前面找到的 $b(x;\gamma)$ 的可能性越大。大量常见随机化方式是算法16.2的特例。

- *bagging* 是 $\eta = 1$，但是有放回采样，并且 $\mu = 0$。Friedman and Hall (2007)认为 $\eta = 1/2$ 的无放回采样等价于 $\eta = 1$ 的有放回采样，而且前者更有效。
- 随机森林 采样是类似的，其通过选择分裂变量引入了更多的随机性。减少算法16.2中的 $\eta < 1/2$ 与减少随机森林的参数 m 具有类似的效果，但是不会受在15.4.2节潜在偏差的影响。
- 带收缩的梯度 *boosting*(10.41) 使用 $\eta = 1$，但是通常不会产生太充分的宽度 σ。
- 随机梯度 *boosting* (Friedman, 1999) 完全按照其算法执行。

作者推荐设置参数值 $\nu = 0.1$ 和 $\eta \leqslant 1/2$，并且称（集成生成和后处理）这种组合为重要性采样学习集成（Importance sampled learning ensemble，ISLE）。

图16–7展示了 ISLE 算法在垃圾邮件数据上的性能。它并没有提高预测性能，但是它能得到更简约的模型。注意在实际操作中，后处理包括由交叉验证选择的式 (16.9) 中的正则化参数 λ。这里我们只简单通过给出在测试集上的整条路径来展示后处理的作用。

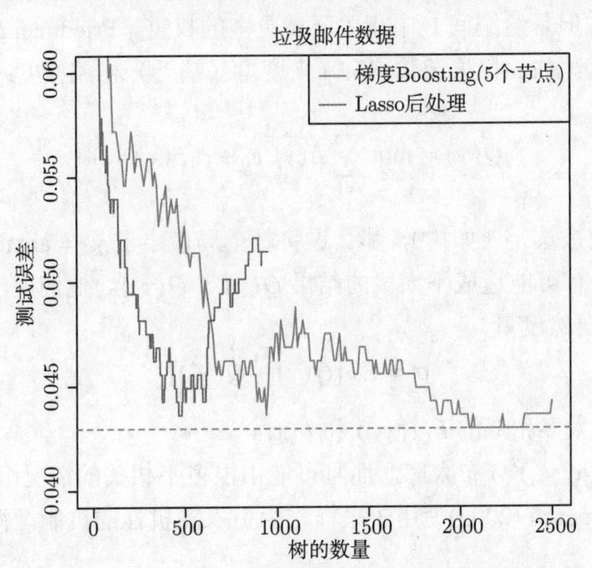

图 16–7　拟合垃圾邮件数据的重要性采样学习集成（ISLE）。这里我们采用 $\eta = 1/2$，$\nu = 0.05$，且树有 5 个端节点。Lasso 后处理集成在本例中未改进预测误差，但减少了五倍树的数量

图16–8显示各种 ISLE 在回归问题上的使用。生成函数

$$f(X) = 10 \cdot \prod_{j=1}^{5} e^{-2X_j^2} + \sum_{j=6}^{35} X_j \tag{16.13}$$

其中 $X \sim U[0,1]^{100}$（最后 65 个元素为噪声变量）。响应 $Y = f(X) + \varepsilon$，其中 $\varepsilon \sim N(0, \sigma^2)$，我们选择 $\sigma = 1.3$ 使得信噪比接近 2。使用训练样本数量为 1000，并在 500 个测试样本集上进行平均来估计均方差 $E(\hat{f}(X) - f(X))^2$。子采样 GBM 曲线（浅蓝色）是随机梯度 *boosting*((Friedman, 1999) 的一个实例，在本例中，它的性能优于比梯度 boosting。

16.3.2 规则集成

这里，我们介绍一种基于单条准则的树集成方法的改进 (Friedman and Popescu, 2003)。我们遇到了前面9.3节中讨论 PRIM 方法时的准则。其想法是通过对树簇里的每棵树构造一组准则来扩大集成树。

图16–9描绘了一棵以数字为节点的小树。从该树导出如下规则：

$$\begin{aligned}
R_1(X) &= I(X_1 < 2.1)\\
R_2(X) &= I(X_1 \geqslant 2.1)\\
R_3(X) &= I(X_1 \geqslant 2.1) \cdot I(X_3 \in \{S\})\\
R_4(X) &= I(X_1 \geqslant 2.1) \cdot I(X_3 \in \{M, L\})
\end{aligned} \tag{16.14}$$

$$R_5(X) = I(X_1 \geqslant 2.1) \cdot I(X_3 \in \{S\}) \cdot I(X_7 < 4.5)$$

$$R_5(X) = I(X_1 \geqslant 2.1) \cdot I(X_3 \in \{S\}) \cdot I(X_7 \geqslant 4.5)$$

规则 1、4、5 和 6 的线性扩展等价于树自身 (习题16.3)。因此，式 (16.14) 对树来说是一个过完备（over-complete）的基。

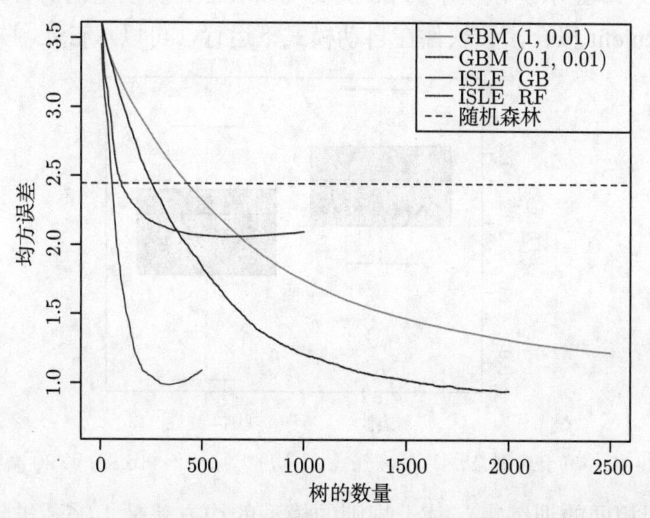

图 16–8　回归仿真示例中集成方法的演示。符号 GBM(0.1,0.01) 表示参数 (η, ν) 的梯度 boosted 模型。我们报了离真实（已知）函数的均方误差。注意，子采样的 GBM 模型（绿色）优于完全 GBM 模型（橙色）。Lasso 后处理版本实现了类似的误差。随机森林的性能被之后处理版本所超越，但两者均劣于其他模型

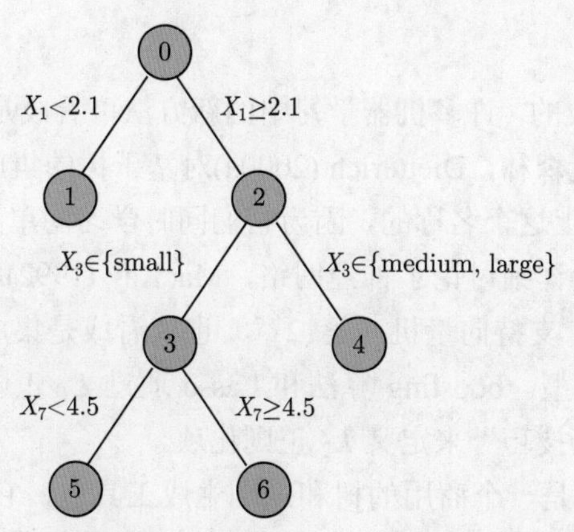

图 16–9　集成中的一棵典型树，从中可以导出规则

对于集成 $\mathcal{T}$ 中的每棵树 T_m，我们可以建立它的微型集成准则 $\mathcal{T}^m_{RULE}$，然后把它们组合成更大的集成：

$$\mathcal{T}_{RULE} = \bigcup_{m=1}^{M} \mathcal{T}^m_{RULE} \tag{16.15}$$

然后可以像其他集成一样，通过 Lasso 或者类似的正则化过程对它进行后续处理。

在从更复杂的树导出规则时，该方法有如下几个好处。

- 模型的空间扩大了，可以进一步提高性能。

- 规则比树更好解释，所以有潜力形成更简化的模型。
- 通过将变量 X_j 包含进来，可以自然扩充 $\mathcal{T}_{RULE}$，这样可以允许集成更好的对线性方程建模。

Friedman and Popescu (2008)在大量图示的例子上展示了该方法的能力，包括一些仿真实验 (16.13)。图16–10 显示了该模型的 20 次实现相对于真实模型的均方误差的盒形图。模型拟合使用软件 Rulefit 拟合，该软件在自动模式下运行，可以从 ESL 主页[①]下载。

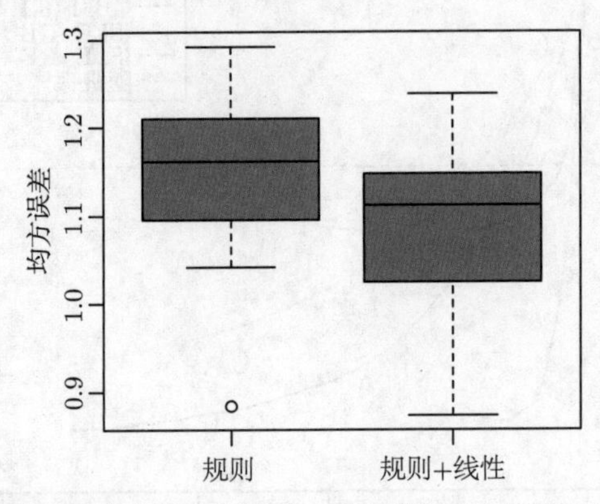

图 16–10 用于规则集成的均方误差，采用模拟示例 (16.13) 的 20 次实现

和图16–8使用相同的训练集，基于规则的模型的均方差是 1.06。虽然比那张图中最好的结果要差一点，但是结果没有可比性，因为这里使用交叉验证来选择最后的模型。

文献说明

正如本章前面所提及的，许多机器学习中的新方法可看成是集成方法。包括神经网络、boosting、bagging 和随机森林，Dietterich (2000a)对基于树的集成算法进行了综述。神经网络（第 11 章）是最配得上这个名称的，因为它们同时学习隐单元（基函数的）参数和如何组合它们。Bishop (2006)详细讨论了神经网络，MacKay (1992)和Neal (1996)从贝叶斯的角度进行了进一步的阐述。支持向量机（第12章）也能看成是集成学习方法，因为它们在高维空间拟合 L_2 正则化模型。boosting 算法和 Lasso 通过 L_1 正则化项利用稀疏性来避免高维问题，SVMs 依赖“核技巧”来定义 L_2 正则化项。

C5.0 (Quinlan, 2004)是一个商用的树和规则生成工具包，它的某些目标与 Rulefit 有共同之处。

目前有大量且不同的涉及“组合分类器”的文献，通过 ad-hoc（启发式）框架来混合不同类型的方法以提高性能。其中，主要的方法可以参阅 Kittler 等 (1998)的文章。

习题

16.1 精确描述怎样采用节16.2.3的仿真来生成块相关数据。

① ESL 主页：www-stat.stanford.edu/ElemStatLearn。

16.2 令 $\alpha(t) \in \mathbb{R}^p$ 是分段可微和连续系数轮廓，且 $\alpha(0) = 0$。从时间 0 到 t，α 的 L_1 弧长定义为

$$\Lambda(t) = \int_0^t |\dot{\alpha}(t)|_1 dt. \tag{16.16}$$

证明 $\Lambda(t) \geqslant |\alpha(t)|_1$，并且，当且仅当 $\alpha(t)$ 是单调的，等式成立。

16.3 证明采用方程 (16.14) 的规则 1，4，5 和 6 来拟合线性回归模型，与拟合相对于该树的回归树是相同的。证明：如果采用 logistic 回归模型拟合，那么对于分类也为真。

16.4 编程并运行图16–2介绍的仿真研究。

第 17 章 无向图模型

17.1 概述

一个图是由顶点（节点）集以及连接某些顶点对的边的集合组成的。在图模型中，每个顶点表示一个随机变量。为理解整个随机变量全集的联合分布，图提供了可视化的方式。它们对于监督学习和非监督学习都有很大的帮助。在无向图（undirected graph）中，边是没有方向箭头的。我们把讨论限制在无向图模型上，也叫马尔可夫随机场（Markov random field）或者马尔可夫网络（Markov network）。在这些图中，两顶点之间的边的缺失有特别的意义：给定其他变量，相应的随机变量是条件独立的。

图17–1显示了流体细胞数据集的图模型，数据集是从 $N = 7466$ 个细胞上测量得到的 11 个蛋白质，取自 Sachs 等 (2003)。图中的每个顶点对应于蛋白质的实值表达级别。被估计的网络结构假设为多元高斯分布，使用本章稍后讨论的图 lasso 过程。

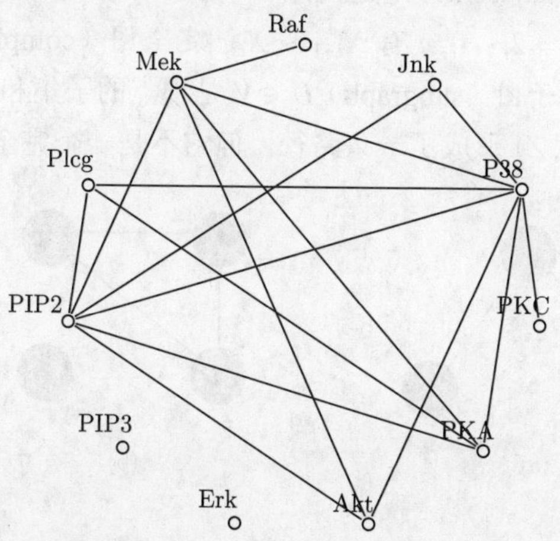

图 17–1 从流体细胞数据上估计的稀疏无向图示例，其中数据集是由 $N = 7466$ 细胞上测量的 $p = 11$ 个蛋白质组成。网络结构采用本章讨论的图 lasso 估计

稀疏图有相对少的边数，方便解释。它在众多领域中都有应用，包括基因组学和蛋白质学，那里它们能够提供细胞通道的粗略模型。在理解和定义图模型上已经有相当多的工作，可以参考文献注释以了解更多内容。

正如我们将看到的，通过编码相应顶点的随机变量间的条件相关性的强度值或势（potential），一个图的边被参数化。图模型的主要挑战包括模型选择（选择图的结构），从数据中估计边参数，以及从它们的联合分布计算边缘顶点概率和期望。后面两个任务在计算机科学文献中有时称为学习（learning）和推断（inference）。

我们不打算对这个有趣的领域给全面的解释。作为替代，我们将介绍一些基本概念，然后讨论一些估计无向图模型的参数和结构的简单方法；与这种方法相关的技术已经在本书中使用过。对于连续和离散值顶点，提出的估计方法是不同的，所以我们会分别处理。17.3.1节和17.3.2节可能比较有意思，因为它们介绍了新的、基于回归来估计图模型的过程。

对于有向图模型（directed graphical model）和贝叶斯网络（Bayesian network）有大量和生动的文献；那里图模型的边有带方向的箭头（但没有有向的循环）。有向图模型表示可分解为条件分布乘积的概率分布，且有因果解释的潜力。在此，我们建议读者阅读 Wasserman (2004)对无向图和有向图有一个简要的理解，接下来一节和该书第18章非常相近。一个更长的有用的参考文献将在本章的文献说明中提及。

17.2　马尔可夫图及其性质

在本节中，我们讨论图作为随机变量集的联合分布的模型的基本性质。我们讨论 (a) 从数据中对边参数的估计和参数化，(b) 并在稍后节中讨论对图的拓扑结构的估计。

图17–2给出了无向图的四个例子。一个图 $\mathcal{G}$ 包含一对元素 (V, E)，其中 V 为顶点集，E 为连接顶点的一组边（通过一对顶点定义）。如果两个顶点 X，Y 之间有边相连，那么我们就可以称这两点邻接（adjacent）：定义为 $X \sim Y$。一条路径（path）是一组相互连接的点集合，也就是说对于 $i = 2, \cdots, n$ 有 $X_{i-1} \sim X_i$。完全图（complete graph）是所有点两两之间都有边相连接。一个子图（subgraph）$U \in V$ 是顶点的子集和他们的连接边的集合。例如，图17–2(a) 中的 (X, Y, Z) 形成了一条路径，但它不是一个完全图。

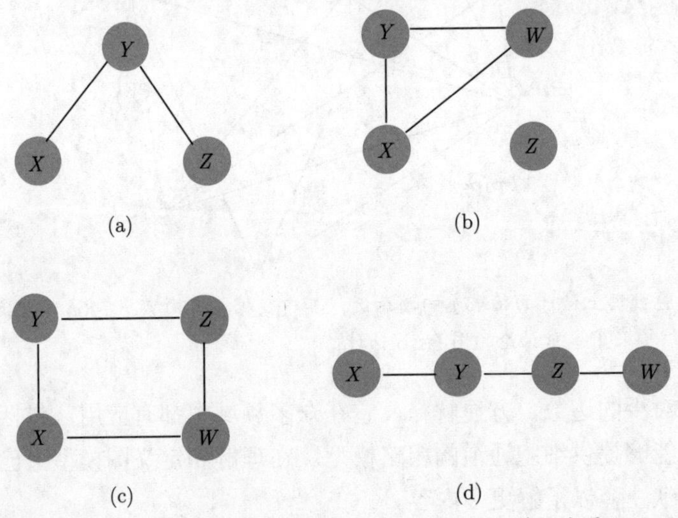

图 17–2　无向图模型或马尔可夫网络示例。每个节点或顶点表示一个随机变量，两顶点间缺少一条边表示顶点是条件独立的。举例来说，给定 Y，图 (a) 中，X 和 Z 是条件独立的。图 (b) 中，Z 独立于 X，Y 和 W

假如我们有一个图 $\mathcal{G}$，其顶点集 V 表示一组联合分布为 P 的随机变量。在马尔可夫图 $\mathcal{G}$ 中，两个点之间没有边相连，意味着在给定其他顶点的随机变量时，对应的两个随机变

量是条件独立的。它可以表示成

$$X\text{和}Y\text{之间没有边相连} \Leftrightarrow X \perp Y|\text{rest} \tag{17.1}$$

其中 rest 指图中所有其他的顶点。例如图17–2(a) 中 $X \perp Z|Y$。这些就是图 $\mathcal{G}$ 的逐对马尔可夫独立性（pairwise Markov independencies）。

如果 A，B 和 C 为子图，如果 A 和 B 之间的每条路径都与 C 的一个节点有交集的话，那么我们就说 C 将 A 和 B 分开。例如图17–2(a) 中 Y 将子集 X 和 Z 分开，(d) 中 Z 将 Y 和 W 分开。在图17–2(b) 中，Z 与 X，Y，W 没有交集，所以我们可以说这两集合被空集分开。在图17–2(c) 中集合 $C = \{X, Z\}$ 将 Y 和 W 分开。

分离子有漂亮的性质，它能够将图分成两个条件独立的子集。特别地，在具有子图 A，B，C 的马尔可夫图 $\mathcal{G}$ 中，

$$\text{如果}C\text{将}A\text{和}B\text{分开，那么}A \perp B|C \tag{17.2}$$

这称为 $\mathcal{G}$ 的全局马尔可夫特性（global Markov properties）。它表明，（对于具有正分布的图）全局马尔可夫性与逐对马尔可夫独立性是等价的。这就是说，满足逐对马尔可夫独立性和全局马尔可夫假设的，具有关联概率分布的图集是相同的。这个结果对通过简单的成对独立性来推测全局独立关系是非常重要的。例如图17–2(d) 中 $X \perp Z|\{YW\}$，因为它是马尔可夫图且 X 和 Z 之间没有边连接。但 Y 也将 X 和剩下的 Z、W 分开，因此通过全局独立性假设，我们可以得到 $X \perp Z|Y$ 和 $X \perp W|Y$。同样我们还可以得到 $Y \perp W|Z$。

全局马尔可夫特性允许我们将图分解成多个更小、更好管理的子集，因此在很大程度上将问题在计算和解释性上做了简化。出于这一目的，我们将图分成一个一个的小团。团（clique）是一个完全子图——一个两两之间都有连接的点集。如果它是一个团，且不能在加入其他任意一个顶点仍然使其为团的话，我们就称这个团为“最大团”。图17–2中的最大团为

(a)　$\{X, Y\}$，$\{Y, Z\}$

(b)　$\{X, Y, W\}$，$\{Z\}$

(c)　$\{X, Y\}$，$\{Y, Z\}$，$\{Z, W\}$，$\{X, W\}$ 和

(d)　$\{X, Y\}$，$\{Y, Z\}$，$\{Z, W\}$。

虽然接下来的关于图理论的一些应用可以同时适用于连续和离散分布的情况，但是大多数情况下是用于后者。一个概率密度函数 f 在马尔可夫图 $\mathcal{G}$ 中可以表示成

$$f(x) = \frac{1}{Z}\prod_{C \in \mathcal{C}} \psi_C(x_C) \tag{17.3}$$

其中 $\mathcal{C}$ 为最大团的集合，函数 $\psi_C(\cdot)$ 称为团势函数（clique potentials）。这不是一般意义上的密度函数[①]，而是通过评分高于其他实例的某些实例 x_C，来捕捉在 X_C 中的相关性的仿

① 如果团是可分的，则势函数能是密度，但一般不是这种情况。

射性。量值

$$Z=\sum_{x\in\mathcal{X}}\prod_{C\in\mathcal{C}}\psi_C(x_C) \tag{17.4}$$

是归一化常数，也称为划分（partition）函数。换句话说，表达式 (17.3) 意味着一个具有独立性特性的图可由乘积中的团来定义。这一结果对于具有正分布的马尔可夫网络 $\mathcal{G}$ 成立，称为 *Hammersley-Clifford* 定理（Hammersley 和 Clifford, 1971; Clifford, 1990）。

许多在图上进行估计和计算的方法首先将图分解成它的最大团。相关的量在单个团上计算，然后在全图上累积。一个突出的示例是用于从树的联合分布上计算边缘和低阶概率的联合树（join tree）和合并树（junction tree）算法。细节可见 Pearl (1986)，Lauritzen and Spiegelhalter (1988)， Pearl (1988)，Shenoy and Shafer (1988)，Jensen 等 (1990)或 Koller and Friedman (2007)。

图模型不全是唯一指定联合概率分布的较高阶相关性结构。考虑图17–3的完全三节点图。它能表达以下两种分布之一的依赖性结构：

$$\begin{aligned} f^{(2)}(x,y,z) &= \frac{1}{Z}\psi(x,y)\psi(x,z)\psi(y,z); \\ f^{(3)}(x,y,z) &= \frac{1}{Z}\psi(x,y,z). \end{aligned} \tag{17.5}$$

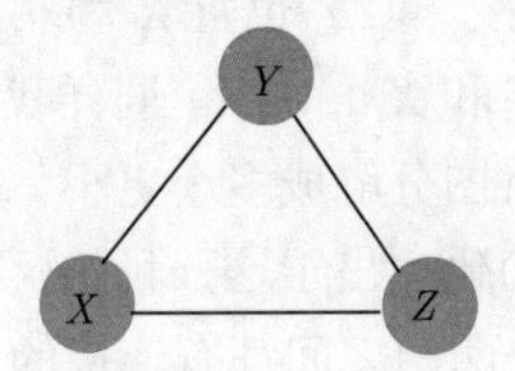

图 17–3　一个在变量联合分布上没唯一的指定较高阶相关性结构的完全图

第一个仅指定了二阶依赖性（能用更少的参数来表达）。离散数据的图模型是用于多路连续表的对数线性模型（loglinear models for multiway contingency tables）的特例 (如 Bishop 等, 1975)；在那里，$f^{(3)}$ 被看成是“没有二阶交互作用”的模型。

对本章的其他部分，我们关注逐对马尔可夫图（pairwise Markov graphs）(Koller 和 Friedman, 2007)。这里对每条边有一个势函数（如上面 $f^{(2)}$ 的变量对），并且最多表达了二阶交互作用。按参数来看，这里有更多的节俭，因此更容易处理，并且给出了由图结构隐含的最小复杂性。针对连续和离散数据的模型是仅在边集上表达的成对变量的边缘分布函数。

17.3　连续变量的无向图模型

这里考虑全体变量是连续的马尔可夫网络的情形。因为高斯分布有便于分析的特性，它几乎一直被用于这样的图模型。假设观测是具有均值 μ 和协方差矩阵 $\mathbf{\Sigma}$ 的多元高斯分布。因为高斯分布反映了最多二阶关系，它自动编码了一个逐对马尔可夫图。图17–1的图是高斯图模型的一个示例。

高斯分布的一个特点是所有条件分布也是高斯。逆协方差矩阵 $\mathbf{\Sigma}^{-1}$ 包含关于变量间的部分协方差（partial covariances）的信息；即，条件于所有其他变量，i 和 j 对之间的协方差。具体而言，如果 $\mathbf{\Theta} = \mathbf{\Sigma}^{-1}$ 的第 ij 个分量为零，给定其他变量，则变量 i 和变量 j 是条件独立的 (习题17.3)。

检测一个变量对其他变量的条件分布是有导向性的，那里 $\mathbf{\Theta}$ 的作用是显式的。假定划分 $X = (Z, Y)$，其中 $Z = (X_1, \cdots, X_{p-1})$ 由前 $p-1$ 个变量组成，$Y = X_p$ 是最后一个。则我们有给定 Z 的 Y 的条件分布 (如 Mardia 等, 1979)：

$$Y|Z = z \sim N(\mu_Y + (z - \mu z)^T \mathbf{\Sigma}_{ZZ}^{-1}\sigma_{ZY}, \sigma_{YY} - \sigma_{ZY}^T \mathbf{\Sigma}_{ZZ}^{-1}\sigma_{ZY}), \tag{17.6}$$

这里我们已将 $\mathbf{\Sigma}$ 划分为

$$\mathbf{\Sigma} = \begin{pmatrix} \mathbf{\Sigma}_{ZZ} & \sigma_{ZY} \\ \sigma_{ZY}^T & \sigma_{YY} \end{pmatrix}. \tag{17.7}$$

在式 (17.6) 的条件均值与在 Z 上 Y 的总体多元线性回归具有相同的形式，其中回归系数 $\beta = \mathbf{\Sigma}_{ZZ}^{-1}\sigma_{ZY}$ [见前面第 2 章的式 (2.16)]。如果我们以相同方式划分 $\mathbf{\Theta}$，因为 $\mathbf{\Sigma\Theta} = \boldsymbol{I}$，用于被划分的逆的标准公式给出：

$$\theta_{ZY} = -\theta_{YY} \cdot \mathbf{\Sigma}_{ZZ}^{-1}\sigma_{ZY}, \tag{17.8}$$

其中 $1/\theta_{YY} = \sigma_{YY} - \sigma_{ZY}^T \mathbf{\Sigma}_{ZZ}^{-1}\sigma_{ZY} > 0$。因此

$$\begin{aligned}\beta &= \mathbf{\Sigma}_{ZZ}^{-1}\sigma_{ZY} \\ &= -\theta_{ZY}/\theta_{YY}.\end{aligned} \tag{17.9}$$

这里我们已经学到下面两件事情。

- 式 (17.6) 里，在 Z 上 Y 的相关性仅是均值项。这里我们显式地看到在 β 里的零元素，因此，θ_{ZY} 意味着给定其他元素，Z 的相应元素条件独立于 Y。
- 我们可以通过多元线性回归学习这个相关性的结构。

因此给定其他节点，$\mathbf{\Theta}$ 捕捉了需要描述每个节点的条件分布的（既有结构的，也有定量的）全部二阶信息，且是高斯图模型中的所谓“自然”参数①。

另外一种（不同的）图模型是*协方差图*（covariance graph）或*相关网络*（relevance network）。如果在相应变量间的协方差（而不是部分协方差）是非零的，则其中顶点由双向边连接。这在基因组学中是流行的，尤其在 Butte 等 (2000)中。这些模型的负对数似然是非凸的，这使得计算更具挑战性 (Chaudhuri 等, 2007)。

17.3.1　当图结构已知时的参数估计

给定 $\boldsymbol{X}$ 的某个实现，我们希望估计逼近其联合分布的无向图的参数。首先假定图是完备的（全连接的)。假设我们有 N 个多元正态实现 x_i，$i = 1, \cdots, N$，其中总体均值为 μ，协

① 从高斯图模型中形成的分布是 Wishart 分布。这是指数族的成员，具有典型或自然参数 $\mathbf{\Theta} = \mathbf{\Sigma}^{-1}$。确实，偏最大化对数似然 (17.11) 是 Wishart 对数似然（相差常数项）。

方差是 $\boldsymbol{\Sigma}$。令

$$\boldsymbol{S} = \frac{1}{N}\sum_{i=1}^{N}(x_i - \bar{x})(x_i - \bar{x})^T \tag{17.10}$$

是经验协方差矩阵，具有样本均值向量 $\bar{x}$。忽略常数，数据的对数似然可写成

$$\ell(\boldsymbol{\Theta}) = \log\det\boldsymbol{\Theta} - \operatorname{trace}(\boldsymbol{S}\boldsymbol{\Theta}). \tag{17.11}$$

在式 (17.11) 中，我们考虑均值参数 μ 来做偏最大化。量 $-\ell(\boldsymbol{\Theta})$ 是 $\boldsymbol{\Theta}$ 的凸函数。易证 $\boldsymbol{\Sigma}$ 的最大似然估计就是 $\boldsymbol{S}$。

现在要让图更有用一些（尤其在高维情况）。让我们假设一些边是缺失的；举例来说，在图17–1中，PIP3和Erk之间的边是缺失的几条边之一。如我们所见到的，对于高斯分布，这意味着 $\boldsymbol{\Theta} = \boldsymbol{\Sigma}^{-1}$ 的相应元素是零。因此我们现在想在参数的某些预定子集为零的约束下，最大化 (17.11)。这是一个等约束凸优化问题，存在大量方法可以求解它，尤其是迭代比例拟合过程 (Speed and Kiiveri, 1986)。在如 Whittaker (1990)和 Lauritzen (1996)中对这个方法和其他方法做了总结。这些方法利用了如先前小节中介绍的简化，其简化来源于将图分解成其最大的团数。这里我们概述了一个简单的替代方法，其采用不同的方式来利用稀疏性。这一方法的成果在我们讨论图结构估计问题时会变得明显。

其想法是基于线性回归，由式 (17.6) 和式 (17.9) 所激发。具体来说，假设对于连接到给定顶点 i 的顶点，我们想估计这些顶点的边参数 θ_{ij}，并限制未连接的参数等于 0。则似乎节点 i 值在其他相关顶点的线性回归，可能提供一个合理的估计。但这忽略了在这个回归的预测子之间的相关性结构。它证明了，如果执行回归时，我们取而代之采用预测子交叉积矩阵的当前（基于模型的）估计，这会得到正确解，并精确地求解最大似然的约束问题。下面我们给出细节。

要约束对数似然 (17.11)，我们对所有缺失边增加拉格郎日常数：

$$\ell_C(\boldsymbol{\Theta}) = \log\det\boldsymbol{\Theta} - \operatorname{trace}(\boldsymbol{S}\boldsymbol{\Theta}) - \sum_{(j,k)\notin E}\gamma_{jk}\theta_{jk}. \tag{17.12}$$

利用 $\log\det\boldsymbol{\Theta}$ 的偏导等于 $\boldsymbol{\Theta}^{-1}$ 的事实 (比如 Boyd and Vandenberghe, 2004)，最大化 (17.12) 的梯度方程式可写成

$$\boldsymbol{\Theta}^{-1} - \boldsymbol{S} - \boldsymbol{\Gamma} = 0, \tag{17.13}$$

$\boldsymbol{\Gamma}$ 是所有边缺失的顶点对，取非零值的拉格郎日参数矩阵。

我们将说明能怎样使用回归，一次一行和一列的求解 $\boldsymbol{\Theta}$ 和它的逆 $\boldsymbol{\Theta}^{-1}$。为简化起见，我们主要关注最后一行和列。然后方程 (17.13) 的上右块可写成

$$w_{12} - s_{12} - \gamma_{12} = 0. \tag{17.14}$$

这里，我们已将矩阵划分成如式 (17.7) 的两部分：第一部分是前 $p-1$ 个行和列，第二部分是第 p 行和列。对 $\boldsymbol{W}$ 和它的逆 $\boldsymbol{\Theta}$ 采用类似方式划分，我们有

$$\begin{pmatrix} \boldsymbol{W}_{11} & w_{12} \\ w_{12}^T & w_{22} \end{pmatrix}\begin{pmatrix} \boldsymbol{\Theta}_{11} & \theta_{12} \\ \theta_{12}^T & \theta_{22} \end{pmatrix} = \begin{pmatrix} \boldsymbol{I} & 0 \\ 0^T & 1 \end{pmatrix}. \tag{17.15}$$

这意味着

$$
\begin{aligned}
w_{12} &= -\boldsymbol{W}_{11}\theta_{11}/\theta_{22} &(17.16)\\
&= \boldsymbol{W}_{11}\beta &(17.17)
\end{aligned}
$$

其中如式 (17.9)，$\beta = -\theta_{11}/\theta_{22}$。现在将式 (17.17) 代入式 (17.14) 中，则有

$$
\boldsymbol{W}_{11}\beta - s_{12} - \gamma_{12} = 0. \tag{17.18}
$$

除了被观测的均值交叉积矩阵 $\boldsymbol{S}_{11}$ 由从模型中获得的当前估计协方差矩阵 $\boldsymbol{W}_{11}$ 代替以外，这可以解释成在其他预测子上 X_p 的约束回归的，$p-1$ 个估计方程式。

现在我们用简单的子集回归来求解 (17.18)。假定在 γ_{12} 中有 $p-q$ 个非零元素，即 $p-q$ 个边约束为零。这 $p-q$ 行未携带信息，因此可以删除。除此以外，通过移去它的 $p-q$ 个零元素，我们可以约简 β 到 β^*，得到约简的 $q \times q$ 个系统方程：

$$
\boldsymbol{W}_{11}^*\beta^* - s_{12}^* = 0, \tag{17.19}
$$

其解是 $\hat{\beta}^* = \boldsymbol{W}_{11}^{*\,-1}s_{12}^*$。然后补上 $p-q$ 个零以获得 $\hat{\beta}$。

尽管看上去，从式 (17.16) 中仅还原了元素 θ_{12} 加上一个标量因子 $1/\theta_{22}$，（采用划分的逆公式）易证：

$$
\frac{1}{\theta_{22}} = w_{22} - w_{12}^T\beta \tag{17.20}
$$

因为在 (17.13) 的 $\boldsymbol{\Gamma}$ 的对角是零，也有 $w_{22} = s_{22}$。

在服从缺失边的约束下，这导致了用来估计 $\hat{\boldsymbol{W}}$ 和它的逆 $\hat{\boldsymbol{\Theta}}$ 的，在算法 17.1 中给出的简单迭代过程。

算法 17.1　用于估计已知结构的无向高斯图模型的改进回归算法

1. 初始化 $\boldsymbol{W} = \boldsymbol{S}$。
2. 对 $j = 1, 2, \cdots, p, 1, \cdots$ 重复，直到收敛
   (a) 划分矩阵 $\boldsymbol{W}$ 到第 1 部分：所有的除了第 j 行和列；第 2 部分：第 j 行和列。
   (b) 对非约束边参数 β^*，采用如 (17.19) 的约简方程系统，求解 $\boldsymbol{W}_{11}^*\beta^* - s_{12}^* = 0$。
   通过在适合位置对 $\hat{\beta}^*$ 补零得到 $\hat{\beta}$。
   (c) 更新 $w_{12} = \boldsymbol{W}_{11}\hat{\beta}$。
3. 在最后循环中（对每个 j），求解 $\hat{\theta}_{12} = -\hat{\beta}\cdot\hat{\theta}_{22}$，且 $1/\hat{\theta}_{22} = s_{22} - w_{12}^T\hat{\beta}$。

注意，该算法概念上是有意义的。图估计问题不是 p 个单独的回归问题，而是 p 个耦合问题。代替被观测的交叉积矩阵，在步骤 (b) 里共同 $\boldsymbol{W}$ 的使用，会与该问题以适当的方式耦合在一起。令人吃惊的是，我们没能在文献中找到这一过程。然而，它与 Dempster (1972)的协方差选择过程是相当的，且也类似于 Chaudhuri 等 (2007)提出的关于协方差图的迭代条件拟合过程。

这里有一些从 Whittaker (1990)借来的小小示例。假定模型如图17–4所述，且具有经验协方差矩阵 $\boldsymbol{S}$。我们对该问题应用算法17.1，举例来说，在步骤 (b) 中关于变量 1 的修改回归，变量 3 则拎出来。该过程快速收敛到解：

$$\hat{\boldsymbol{\Sigma}} = \begin{pmatrix} 10.00 & 1.00 & 1.31 & 4.00 \\ 1.00 & 10.00 & 2.00 & 0.87 \\ 1.31 & 2.00 & 10.00 & 3.00 \\ 4.00 & 0.87 & 3.00 & 10.00 \end{pmatrix}, \quad \hat{\boldsymbol{\Sigma}}^{-1} = \begin{pmatrix} 0.12 & -0.01 & 0.00 & -0.05 \\ -0.01 & 0.11 & -0.02 & 0.00 \\ 0.00 & -0.02 & 0.11 & -0.03 \\ -0.05 & 0.00 & -0.03 & 0.13 \end{pmatrix}.$$

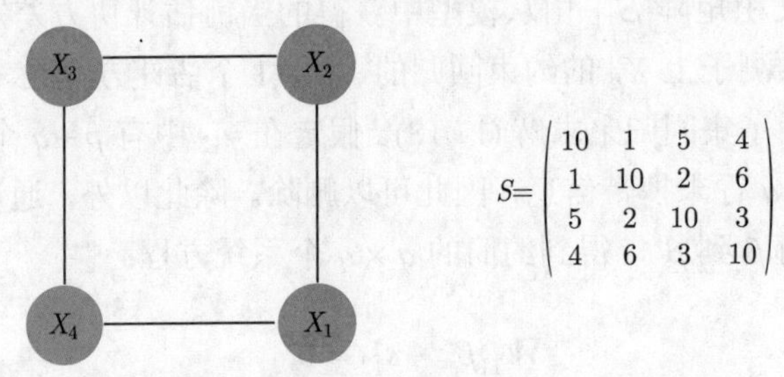

图 17–4　简单图的说明以及一个经验协方差矩阵

注意，在 $\hat{\sigma}^{-1}$ 的零元素对应于缺失边 (1,3) 和 (2,4)。也要注意，在 $\hat{\sigma}$ 的相应元素是唯一不同于 $\boldsymbol{S}$ 的元素。$\hat{\Sigma}$ 的估计有时称为 $\boldsymbol{S}$ 的正定“补”的示例。

17.3.2　图结构的估计

在大多数情况下，我们不知道哪条边能从图中删除，因此希望能从数据本身发现。近年来，大量作者提出使用 L_1(lasso) 正则化来实现这个目标。

Meinshausen and Bühlmann (2006)提出了一个简单的方法：不是试图完全估计 $\boldsymbol{\Sigma}$ 或 $\boldsymbol{\Theta} = \boldsymbol{\Sigma}^{-1}$，他们仅估计 θ_{ij} 中非零的分量。要实现这个，他们将每个变量看成是响应，其他视为预测子来拟合 lasso 回归。然后，如果要么在 j 的变量 i 的估计系数非零，要么（OR）在 i 的变量 j 的估计系数非零（也可以采用AND与规则)，则分量 θ_{ij} 被估计成非零。他们证明，渐近地，这一过程一致地估计了 $\boldsymbol{\Theta}$ 的非零元素集。

我们能跟着前一节的发展策略，采用 lasso 惩罚得到更系统性的方法。考虑最大化带罚对数似然：

$$\log\det\boldsymbol{\Theta} - \operatorname{trace}(\boldsymbol{S}\boldsymbol{\Theta}) - \lambda\|\boldsymbol{\Theta}\|_1, \tag{17.21}$$

这里 $\|\boldsymbol{\Theta}\|_1$ 是 L_1 范数——$\boldsymbol{\Sigma}^{-1}$ 的元素的绝对值的和，且我们已经忽略了常数。负的带罚似然是 $\boldsymbol{\Theta}$ 的凸函数。

它表明，我们可以采用 lasso 来得到带罚对数似然的精确最大子。具体来说，我们简单用一个修改的 lasso 步代替算法 17.1 中修改回归步 (b)。这里是一些细节。

类似的梯度方程 (17.13) 现在是

$$\boldsymbol{\Theta}^{-1} - \boldsymbol{S} - \lambda\cdot\operatorname{sign}(\boldsymbol{\Theta}) = \mathbf{0}. \tag{17.22}$$

这里，我们采用了子梯度（sub-gradient）的概念，且如果 $\theta_{jk} \neq 0$ 时有 $\text{Sign}(\theta_{jk}) = \text{sign}(\theta_{jk})$，否则如果 $\theta_{jk} = 0$，则 $\text{Sign}(\theta_{jk}) \in [-1, 1]$。继续前一节的进展，我们得到式 (17.18) 的类似：

$$\boldsymbol{W}_{11}\beta - s_{12} + \lambda \cdot \text{Sign}(\beta) = 0 \tag{17.23}$$

（记得 β 和 θ_{12} 有相反符号）。我们现在将看到，该系统精确等价于 lasso 回归的估计方程。

考虑具有结果变量 $\boldsymbol{y}$ 和预测子矩阵 $\boldsymbol{Z}$ 的通常回归情况。这里 lasso 最小化

$$\frac{1}{2}(\boldsymbol{y} - \boldsymbol{Z}\beta)^T(\boldsymbol{y} - \boldsymbol{Z}\beta) + \lambda \cdot \|\beta\|_1 \tag{17.24}$$

[见第 3 章的第52页](3.52)；这里为方便起见，我们增加了因子 $\frac{1}{2}$]。该表达式的梯度是

$$\boldsymbol{Z}^T\boldsymbol{Z}\beta - \boldsymbol{Z}^T\boldsymbol{y} + \lambda \cdot \text{Sign}(\beta) = 0 \tag{17.25}$$

因此，加上一个因子 $1/N$，$\boldsymbol{Z}^T\boldsymbol{y}$ 类似于 s_{12}。同时，用我们当前模型中得到的估计交叉积矩阵 $\boldsymbol{W}_{11}$ 代替 $\boldsymbol{Z}^T\boldsymbol{Z}$。

最终的过程称为图 *lasso*（graphical lasso），由 Friedman 等 (2008c)提出，并建立了 Banerjee 等 (2008)的工作基础。算法 17.2对此进行了总结。

算法 17.2 图 Lasso

1. 初始化 $\boldsymbol{W} = \boldsymbol{S} + \lambda\boldsymbol{I}$。$\boldsymbol{W}$ 的对角在随后的步骤中维持不变。
2. 对 $j = 1, 2, \cdots, p, 1, 2, \cdots, p, \cdots$，重复，直到收敛
   (a) 划分矩阵 $\boldsymbol{W}$ 到第 1 部分：所有的除了第 j 行和列；及第 2 部分：第 j 行和列。
   (b) 对修改的 lasso，采用 (17.26) 的循环坐标下降算法，求解估计方程
   $\boldsymbol{W}_{11}\beta - s_{12} + \lambda \cdot \text{Sign}(\beta) = 0$
   (c) 更新 $w_{12} = \boldsymbol{W}_{11}\hat{\beta}$。
3. 在最后循环中（对每个 j），求解 $\hat{\theta}_{12} = -\hat{\beta} \cdot \hat{\theta}_{22}$，且 $1/\hat{\theta}_{22} = w_{22} - w_{12}^T\hat{\beta}$。

Friedman 等 (2008c)采用分路径坐标下降方法 (3.8.6节) 来求解每阶段的调整 lasso 问题。这里是针对图 lasso 算法的分路径坐标下降的细节。令 $\boldsymbol{V} = \boldsymbol{W}_{11}$，对于 $j = 1, 2, \cdots, p-1, 1, 2, \cdots, p-1, \cdots$，更新形式

$$\hat{\beta}_j \leftarrow S\left(s_{12j} - \sum_{k \neq j} V_{kj}\hat{\beta}_k, \lambda\right)/V_{jj} \tag{17.26}$$

其中 S 是软阈值算子：

$$S(x, t) = \text{sign}(x)(|x| - t)_+. \tag{17.27}$$

该过程循环通过预测子直到收敛。

易证解矩阵 $\boldsymbol{W}$ 的对角元素 w_{jj} 只是 $s_{jj} + \lambda$，且在算法 17.2的第 1 步是不变的[①]。

① 问题 (17.21) 的可替换公式可构造成不惩罚 $\boldsymbol{\Theta}$ 的对角。然后解矩阵的对角元素 w_{jj} 是 s_{jj}，且算法的其他部分不变。

图 lasso 算法异常快，能用少于一分钟的时间求解有 1000 个节点、中等稀疏的问题。也容易修改算法有针对特定边的惩罚参数 λ_{jk}；因为 $\lambda_{jk}=\infty$ 将迫使 $\hat{\theta_{jk}}$ 为零，该算法包含算法 17.1。通过将稀疏逆－协方差问题归纳成一系列回归，我们可以快速计算和检查作为惩罚参数 λ 的函数的解路径。更多细节可参见 Friedman 等 (2008c)。

图17–1显示了对流式细胞仪数据集应用图 lasso 的结果。这里 lasso 罚参数 λ 设为 14。实际上，检查随 λ 变化，所获得的不同图集是富有信息的。图17–5显示了四个不同的解。随着惩罚参数的增加，图变得更稀疏。

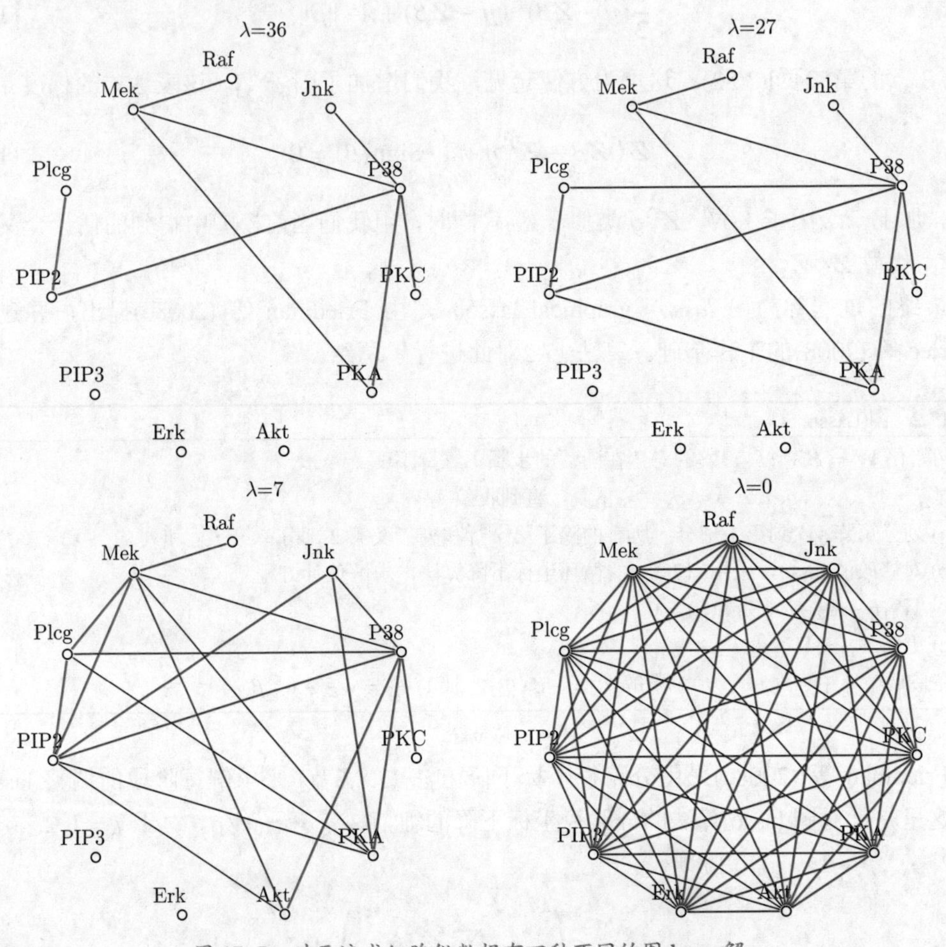

图 17–5 对于流式细胞仪数据有四种不同的图 lasso 解

最后注意，图模型某些节点的值可能会未被观测，即缺失或隐藏。只要某些值在一个节点缺失，EM 算法可用于填补缺失值 (习题17.9)。然而，有时整个节点被隐藏或成为隐变量（latent）。在高斯模型里，如果一个节点有全部缺失值，因为线性特性，我们可以在缺失节点做简单平均来产生在观测节点上的另一个高斯模型。因此，包含隐节点不会丰富对观测节点的最终模型；事实上，它强加了额外的结构到它的协方差矩阵上。然而，在离散模型（描述如下）里，固有的非线性特性使隐单元成为扩展该模型的强有力方式。

17.4 离散变量的无向图模型

全是离散变量的无向马尔可夫网络很流行，有二值变量的逐对马尔可夫网络最为常见。在统计力学文献中，常称其为*伊辛模型*（Ising models），在机器学习文献称为*玻尔兹曼机*（Boltzmann machines），那里顶点是二值的，被看成是“节点”或“单元”。

除此以外，每个节点上的值可以是观测到的（可见）或未观测（隐藏）的。节点通常按层来组织，类似于神经网络。玻尔兹曼机在非监督和监督学习中都十分有用，尤其对于结构化的输入数据如图像，但一直受计算困难所阻碍。图17–6显示了一个受限的玻尔兹曼机（随后讨论），那里某些变量是隐藏的，仅某些节点对是连接的。我们首先考虑更简单的情况，那里所有 p 个节点对于在 E 中枚举的边对 (j,k) 是可见的。

定义节点 j 的二值变量为 X_j，关于它们的联合概率的伊辛模型由下式给出：

$$p(X,\mathbf{\Theta}) = \exp\left[\sum_{(j,k)\in E}\theta_{jk}X_jX_k - \Phi(\mathbf{\Theta})\right] \quad \text{for} \quad X \in \mathcal{X}, \tag{17.28}$$

其中 $\mathcal{X} = \{0,1\}^p$。正如前节的高斯模型，仅建模逐对相互作用。伊辛模型是在统计力学中提出的，现在更广泛地应用于建模逐对相互作用的联合影响。$\Phi(\mathbf{\Theta})$ 是划分函数的对数，定义为

$$\Phi(\mathbf{\Theta}) = \log\sum_{x\in\mathcal{X}}\left[\exp(\sum_{(j,k)\in E}\theta_{jk}x_jx_k)\right] \tag{17.29}$$

划分函数确保了概率在样本空间的和等于 1。项 $\theta_{jk}x_jx_k$ 表示（对数）势函数 (17.5) 的特定参数化，出于技术的原因，它要求包含一个常数（constant）节点 $X_0 \equiv 1$（习题17.10)，且该节点有“边”连接到所有其他节点。在统计学文献中，这个模型等价于多路计数表的一阶交互作用的泊松对数线性模型 (Bishop 等, 1975; McCullagh and Nelder, 1989; Agresti, 2002)。

伊辛模型意味着，以其他节点为条件的每个节点的 logistic 形式是 (习题17.11):

$$\Pr(X_j = 1|X_{-j} = x_{-j}) = \frac{1}{1+\exp(-\theta_{j0} - \sum_{(j,k)\in E}\theta_{jk}x_k)}, \tag{17.30}$$

其中 X_{-j} 表示除了 j 以外的所有节点。因此，参数 θ_{jk} 度量了以其他节点为条件，在 X_k 上 X_j 的相关性。

17.4.1 图结构已知时参数的估计

给定取自该模型的某些数据，我们怎样估计参数呢？假定有观测 $x_i = (x_{i1}, x_{i2}, \cdots, x_{ip}) \in \{0,1\}^p$，$i = 1, \cdots, N$。对数似然是

$$\ell(\mathbf{\Theta}) = \sum_{i=1}^{N}\log\Pr_{\mathbf{\Theta}}(X_i = x_i)$$

$$= \sum_{i=1}^{N} \left[\sum_{(j,k)\in E} \theta_{jk} x_{ij} x_{ik} - \Phi(\mathbf{\Theta}) \right] \tag{17.31}$$

对数似然的梯度是

$$\frac{\partial \ell(\mathbf{\Theta})}{\partial \theta_{jk}} = \sum_{i=1}^{N} x_{ij} x_{ik} - N \frac{\partial \Phi(\mathbf{\Theta})}{\partial \theta_{jk}} \tag{17.32}$$

和

$$\begin{aligned} \frac{\partial \Phi(\mathbf{\Theta})}{\partial \theta_{jk}} &= \sum_{x \in \mathcal{X}} x_j x_k \cdot p(x, \mathbf{\Theta}) \\ &= E_{\mathbf{\Theta}}(X_j X_k) \end{aligned} \tag{17.33}$$

令梯度为零，则有

$$\hat{E}(X_j X_k) - E_{\mathbf{\Theta}}(X_j X_k) = 0 \tag{17.34}$$

这里我们已经定义

$$\hat{E}(X_j X_k) = \frac{1}{N} \sum_{i=1}^{N} x_{ij} x_{ik}, \tag{17.35}$$

是考虑数据的经验分布得到的期望。查看式 (17.34)，我们发现最大似然估计只是匹配了它们观测的内积到节点间的估计内积。这是一个对指数簇模型的评分（梯度）方程的标准形式，那里充分统计量设成等于模型的期望。

要求最大似然估计，我们可以采用梯度搜索或牛顿方法。然而，$E_{\mathbf{\Theta}}(X_j X_k)$ 的计算涉及在 X 的 $\mathcal{X} = 2^p$ 个可能值的 2^{p-2} 中对 $p(X, \mathbf{\Theta})$ 的枚举，因此对大的 p 值一般是不可行的（例如，大于约 30）。对较小的 p，大量标准统计方法可以利用。

- **泊松对数线性建模**：这里我们将问题看成是一个大的回归问题 (习题17.12)。响应向量 $\boldsymbol{y}$ 是数据的多路径列表的每个单元里的 2^p 计数向量[①]。预测子矩阵 $\boldsymbol{Z}$ 具有 2^p 行和最多 $1+p+p^2$ 列来刻画单元里的每一个，尽管这个数目依赖于图的稀疏性。计算代价本质上是具有 $O(p^4 2^p)$ 这个规模的回归问题的计算代价，且对于 $p < 20$ 是可行的。牛顿更新步通常由迭代重加权最小二乘来计算，步骤的数量通常在个位数。细节见 Agresti (2002)和 McCullagh and Nelder (1989)。标准软件（如 R 软件包glm）可用于拟合该模型。
- **梯度下降**：要求最多 $O(p^2 2^{p-2})$ 次计算来计算梯度，但可能比二阶牛顿法要用更多的梯度步。然而，它能处理 $p \leqslant 30$ 这种稍微大一点的问题。这些计算可利用在稀疏图的特定团块结构，并采用合取树（junction-tree）算法来减少。这里我们忽略了具体细节。
- **迭代等比例拟合**：（IPF）在梯度方程 (17.34) 上执行循环坐标下降。在每一步，更新一个参数使得梯度方程恰好等于零。这可以用循环的方式执行，直到全部梯度为零。

① 每个单元计数看成是一个独立泊松变量。我们通过条件于总的计数 N（在这个框架也是泊松），得到对应于(17.28)的多项式模型

一个完整的周期与梯度评估的代价相同，但可能更有效。采用合取树，Jirouśek and Přeučil (1995)执行了 IPF 的有效版本。

当 p 大（p>30）时，其他方法可用于近似梯度。

- 平均场近似 (Peterson 和 Anderson, 1987)用 $E_{\mathbf{\Theta}}(X_j)E_{\mathbf{\Theta}}(X_j)$ 估计 $E_{\Theta}(X_jX_k)$，用它们的均值代替输入变量，导致关于参数 θ_{jk} 的非线性方程组。
- 要获得近精确解，Gibbs 采样 (8.6节) 通过从估计的模型概率 $\Pr_{\mathbf{\Theta}}(X_j|X_{-j})$ 中连续采样来近似 $E_{\mathbf{\Theta}}(X_jX_k)$(见如 Ripley (1996))。

我们没有讨论可分解模型（decomposable models），那里最大似然估计可以在无需任何迭代的情况下找到闭式解。这些模型来自于 (比如树) 具有树结构拓扑的特殊图。当计算的可跟踪性是关注的重点时，树表达是一类有用的模型，且它们回避了在本节中提到的计算问题。细节可见 Whittaker (1990)的第 12 章。

17.4.2　隐节点

我们可以通过包含隐节点来增加离散马尔可夫网络的复杂性。假设变量子集 $X_{\mathcal{H}}$ 是未观测或“隐的”，其他 $X_{\mathcal{V}}$ 是可观测或“可见的”。则观测数据的对数似然是

$$\begin{aligned}\ell(\mathbf{\Theta}) &= \sum_{i=1}^{N}\log[\Pr_{\mathbf{\Theta}}(X_{\mathcal{V}} = x_{i\mathcal{V}})]\\ &= \sum_{i=1}^{N}\left[\log\sum_{x_{\mathcal{H}}\in X_{\mathcal{H}}}\exp\sum_{(j,k)\in E}(\theta_{jk}x_{ij}x_{jk} - \phi(\mathbf{\Theta}))\right].\end{aligned} \tag{17.36}$$

在 $x_{\mathcal{H}}$ 上的求和意味着我们对隐单元的所有可能的 $\{0,1\}$ 值求和。梯度则是

$$\frac{d\ell(\mathbf{\Theta})}{d\theta_{jk}} = \hat{E}_{\mathcal{V}}E_{\mathbf{\Theta}}(X_jX_k|X_{\mathcal{V}}) - E_{\mathbf{\Theta}}(X_jX_k) \tag{17.37}$$

如果 X_jX_k 均可见，第一项是这两者的经验平均；如果一个或两个都隐藏，它们首先在给定可见数据下进行填充，然后在隐变量上求平均。第二项是 X_jX_k 的无条件期望。

第一项的内部期望可利用条件期望的基本规则和贝努利随机变量的特点来计算。具体来说，对观测 i

$$E_{\mathbf{\Theta}}(X_jX_k|X_{\mathcal{V}} = x_{i\mathcal{V}}) = \begin{cases} x_{ij}x_{jk} & \text{if } j,k\in\mathcal{V}\\ x_{ij}\Pr_{\mathbf{\Theta}}(X_k = 1|X_{\mathcal{V}} = x_{i\mathcal{V}}) & \text{if } j\in\mathcal{V}, k\in\mathcal{H}\\ \Pr_{\mathbf{\Theta}}(X_j = 1, X_k = 1|X_{\mathcal{V}} = x_{i\mathcal{V}}) & \text{if } j,k\in\mathcal{H}.\end{cases} \tag{17.38}$$

现在要求运行两次单独的Gibbs 采样；第一次通过从如上所述的模型采样来估计 $E_{\mathbf{\Theta}}(X_jX_k)$；第二次估计 $E_{\Theta}(X_jX_k|X_{\mathcal{V}} = x_{i\mathcal{V}})$。在随后的运行中，可见单元被固定（“堆集”）在观测值上，仅对隐变量采样。Gibbs 采样必须在梯度搜索的每个阶段，在训练集上对每个观测执行。结果该过程可能非常慢，甚至对中等大小的模型也是如此。在17.4.4节，我们考虑了更进一步的限制来确保计算上可行。

17.4.3 图结构的估计

具有二元逐对马尔可夫网络的 lasso 惩罚的使用由 Lee 等 (2007)和 Wainwright 等 (2007)提出。第一篇文章的作者研究了精确最大化带罚对数似然的共轭梯度过程。其瓶颈是在梯度的 $E_{\Theta}(X_jX_k)$ 的计算；经合取树算法的精确计算对稀疏图是可行的，但对稠密图不实用。

第二篇文章的作者提出了近似解，类似于用于高斯图模型的 Meinshausen and Bühlmann (2006)的方法。他们将每个节点看成是其他节点的函数，来对该点拟合 L_1 罚 logistic 回归；然后用某种方式对称化边的参数估计。举例来说，如果 $\tilde{\theta}_{jk}$ 是对于结果节点 j，从 logistic 模型上获得的 $j-k$ 个边参数估计，“最小”对称集 $\hat{\theta}_{jk}$ 则要么是 $\tilde{\theta}_{jk}$，要么是 $\tilde{\theta}_{kj}$，均在绝对值意义下是最小的。“最大”准则可类似地定义。他们证明了在某种条件下，两个近似都随样本大小趋于无穷，正确的估计了非零边。Hoefling and Tibshirani (2008)扩展了图 lasso 到离散马尔可夫网络，得到了比共轭梯度更快的过程，但仍然需要计算 $E_{\Theta}(X_jX_k)$。他们也在广泛的模拟研究中比较了近似和精解解，发现“最小”和“最大”近似均比精确过程仅略差一些，且这两个近似都估计了非零边和估计了边参数的实际值，但要快得多。除此以外，因为他们从不计算 $E_{\Theta}(X_jX_k)$，因而可以处理更稠密的图。

最后，我们指出在高斯和二元模型的关键不同。在高斯情况，$\mathbf{\Sigma}$ 和它的逆通常是要关注的，而图 lasso 过程也估计这两个量。然而，对于高斯图模型的近似 (Meinshausen and Bühlmann 2006)，在二元情况时类似于 Wainwright 等 (2007)的近似，仅得到 $\mathbf{\Sigma}^{-1}$ 的估计。相反，对于二元数据，马尔可夫模型关注 $\mathbf{\Theta}$ 而不关注它的逆。Wainwright 等 (2007)的近似方法直接估计 $\mathbf{\Theta}$，因此对二元问题是一个有吸引力的解。

17.4.4 受限玻尔兹曼机

在本节中，我们考虑由神经网络激发的、图模型的一种特殊结构，那里单元按层来组织。受限玻尔兹曼机（Restricted Boltzmann Machines，RBM）由一个可见单元层和一个层内无边接的隐层单元组成。如果移去隐层单元的连接，则计算条件期望会更简单，如在式(17.37)和式(17.38)[①]。图17–6显示了一个例子；可见层被分成输入变量 $\mathcal{V}_1$ 和输出变量 $\mathcal{V}_2$，同时还有一个隐层 $\mathcal{H}$。我们定义这样的网络是

$$\mathcal{V}_1 \leftrightarrow \mathcal{H} \leftrightarrow \mathcal{V}_2. \tag{17.39}$$

举例来说，$\mathcal{V}_1$ 可以是手写数字图像的二值像素，$\mathcal{V}_2$ 可以是 10 个单元，分别代表观测类标签 0-9。

该模型的受限形式简化了用于估计式 (17.37) 的 Gibbs 采样，因为给定在其他层的变量，每一层的变量是相互独立的。因此，可以采用由表达式 (17.30) 给出的条件概率来一起采样。

产生的模型不如玻尔兹曼机通用，但仍然是有用的，举例来说，它可以从图像中学习提取有意思的特征。

---

① 感谢 Geoffrey Hinton 帮助准备 RBM 的材料。

通过在显示于图17–6的 RBM 每一层交替采样变量，可能从联合密度模型中生成样本。如果可见层的 $\mathcal{V}_1$ 部分在交替采样期间在特定特征向量上聚团，则可能在给定 $\mathcal{V}_1$ 的标签的分布上采样。可替代地，测试项的分类也能通过比较观测特征和每个标记范畴的未规一化联合密度来实现。我们不必计算划分函数，因为它对所有这些组合是相同的。

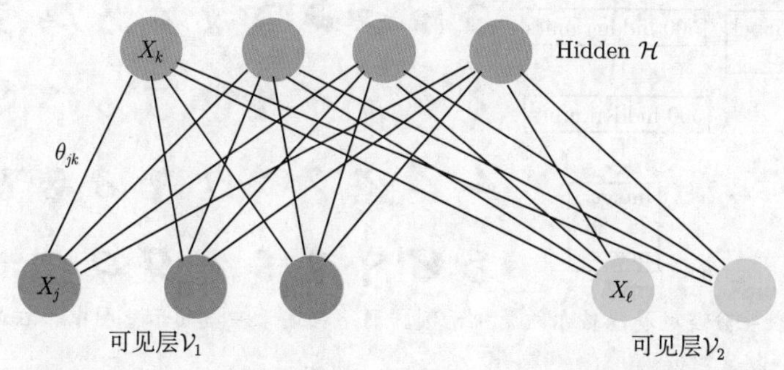

图 17–6　受限玻尔兹曼机（RBM），在相同层上的节点没有连接。可见单元被分开，允许 RBM 建模特征 $\mathcal{V}_1$ 和它们的标签 $\mathcal{V}_2$ 的联合密度

正如指出的，受限玻尔兹曼机与单隐层神经网络有本质相同的形式 (11.3节)。在后者模型的边是有向的，隐单元通常是实值的，且拟合准则是不同的。条件于输入特征，神经网络最小化了目标和它们模型预测间的误差（交叉熵）。相反，受限玻尔兹曼机最大化了对所有可见单元——即特征和目标——的联合分布的对数似然。它能从对预测标签有用的输入特征中提取信息，但是不像监督学习方法，它可能也要利用它的隐单元中的一些，来建模不是立即与预测标签相关的，特征向量的结构。然而，当和其他隐层导出的特征组合在一起时，可证明这些特征是有用的。

遗憾的是，在受限玻尔兹曼机里的 Gibbs 采样是非常慢的，因为它要花很长时间达到静态。随着网络权值变得越来越大，链混合得更慢，且需要运行更多的步骤来获得无条件估计。Hinton (2002)很有经验地注意到，如果从数据的马尔可夫链开始，且仅运行少数几步（不是要收敛），估计式 (17.37) 的二次期望，学习仍然会有好的性能。他称其为对比散度（contrastive divergence）：给定 $\mathcal{V}_1$，$\mathcal{V}_2$，采样 $\mathcal{H}$，然后给定 $\mathcal{H}$，采样 $\mathcal{V}_1$，$\mathcal{V}_2$，最后，给定 $\mathcal{V}_1$，$\mathcal{V}_2$，采样 $\mathcal{H}$。其想法是当参数远离解时，迭代 Gibbs 采样子到静态可能是浪费时间的，因为单次迭代已可以为移动估计提供了一个好的方向。

现在我们给出一个示例来说明 RBM 的使用。采用对比散度，有可能从 MNIST 数据集中训练一个 RBM 来识别手写数字 (Lecun 等, 1998)。采用 2000 个隐单元，784 个可见单元来表示二值像素强度以及一个 10 路多项式可见单元来表示类别标签，RBM 在测试集上实现了 1.9% 的误差率。这比支持向量机实现的 1.4% 略高，与由 BP 训练的神经网络性能相当。然而，如果将 784 个像素强度用 500 个没使用任何标签信息，从图像中提取的特征来代替的话，RBM 模型的误差率可以降到 1.25%。首先，采用对比散度训练一个具有 784 个可见单元和 500 个隐单元的 RBM，以对图像集建模。然后，第一个 RBM 的隐状态被当作数据来训练第二个有 500 个可见单元和 500 个隐单元的 RBM。最后，第二个 RBM 的隐状态被当成特征，来训练一个作为联合密度模型的，有 2000 个隐单元的 RBM。关于这种贪心的，层对层的方式学习特征的细节和验证在 Hinton 等 (2006)中有详细介绍。图17–7给出了按这种方式学习的组合模型的表示，也显示了一些它能处理的失真类型的例子。

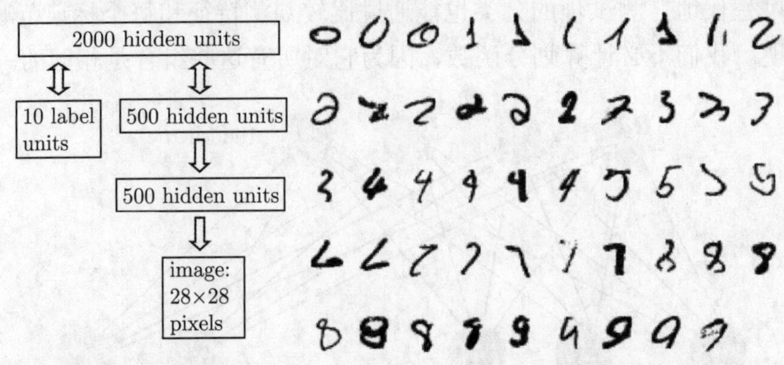

图 17–7　用于手写数字分类的受限玻尔兹曼机示例。网络描述于左边的示意图中。右边显示的是模型正确分类的一些困难的测试图像

文献说明

在定义和理解图模型的结构方面，已经有了相当多的工作成果。对图模型的全面理解可见 Whittaker (1990)，Lauritzen (1996)，Cox and Wermuth (1996)，Edwards (2000)，Pearl (2000)，Anderson (2003)，Jordan (2004)和 Koller and Friedman (2007)。Wasserman (2004)有一个简要的介绍，Bishop (2006) 的第 8 章进行了详细的综述。玻尔兹曼机由 Ackley 等 (1985) 年提出。Ripley (1996)有一章详细讲述了图模型与机器学习之间的关系。我们发现这对玻尔兹曼机的讨论尤其有用。

习题

17.1 针对图17–8的马尔科夫图，列出所有隐含的条件独立相关性及求出最大团数。

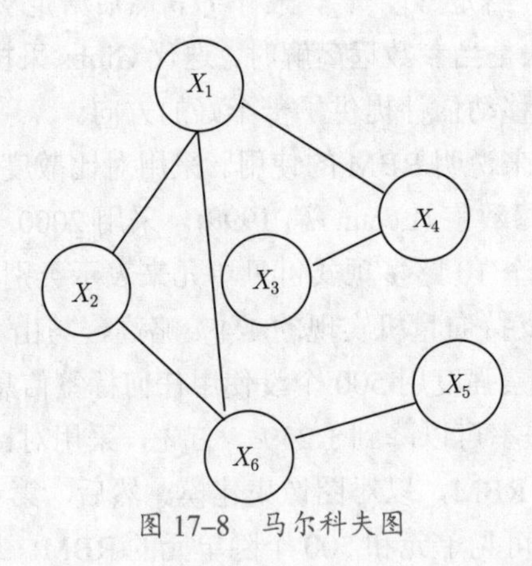

图 17–8　马尔科夫图

17.2 考虑随机变量 X_1, X_2, X_3, X_4。在每个下列情况画出具有给定独立关系的图。

(a) $X_1 \perp X_3 | X_2$ 和 $X_2 \perp X_4 | X_3$。

(b) $X_1 \perp X_4 | X_2, X_3$ 和 $X_2 \perp X_4 | X_1, X_3$。

(c) $X_1 \perp X_4 | X_2$，$X_1 \perp X_3 | X_2, X_4$ 和 $X_3 \perp X_4 | X_1, X_2$。

17.3 令 $\mathbf{\Sigma}$ 是 p 个变量集 X 的协方差矩阵。考虑在两个变量子集间的部分协方差矩阵 $\mathbf{\Sigma}_{a,b} = \mathbf{\Sigma}_{aa} - \mathbf{\Sigma}_{ab}\mathbf{\Sigma}_{bb}^{-1}\mathbf{\Sigma}_{ba}$，其中第一个变量子集 $X_a = (X_1, X_2)$ 由前两个变量组成，第二个变量子集 X_b 由其他的组成。这是在对所有其他的变量做线性调整后，这两组变量间的协方差。在高斯分布，这是 $X_a \perp X_b$ 的条件分布的协方差矩阵。在对余下的 X_b 取条件的 X_a，成对间的部分相关系数 $\rho_{jk|\text{rest}}$ 简单地从这个部分协方差中计算。定义 $\mathbf{\Theta} = \mathbf{\Sigma}^{-1}$。

(a) 证明 $\mathbf{\Sigma}_{a,b} = \mathbf{\Theta}_{aa}^{-1}$。

(b) 证明如果 $\mathbf{\Theta}$ 的任意非对角元素为零，则在相应变量间的部分相关系数为零。

(c) 证明如果将 $\mathbf{\Theta}$ 看成好像它是一个协方差矩阵，并计算相应的“相关性”矩阵：

$$\boldsymbol{R} = \text{diag}(\mathbf{\Theta})^{-1/2} \cdot \mathbf{\Theta} \cdot \text{diag}(\Theta)^{-1/2}, \tag{17.40}$$

则 $r_{jk} = -\rho_{jk|\text{rest}}$。

17.4 定义

$$f(X_1 | X_2, X_3, \cdots, X_p)$$

是给定 $X_2, \cdots, X_p$，X_1 的条件密度。如果

$$f(X_1 | X_2, X_3, \cdots, X_p) = f(X_1 | X_3, \cdots, X_p)$$

证明 $X_1 \perp X_2 | X_3, \cdots, X_p$。

17.5 考虑17.3.1节没有缺失边的情况。证明

$$\boldsymbol{S}_{11}\beta - s_{12} = 0$$

是最后一个变量在其他变量的多元回归系数的估计方程。

17.6 *从算法 17.1还原* $\hat{\mathbf{\Theta}} = \hat{\mathbf{\Sigma}}^{-1}$。采用表达式 (17.16) 推导标准划分逆表达式：

$$\theta_{12} = -\boldsymbol{W}_{11}^{-1} w_{12} \theta_{22} \tag{17.41}$$

$$\theta_{22} = 1/(w_{22} - w_{12}^T \boldsymbol{W}_{11}^{-1} w_{12}) \tag{17.42}$$

因为 $\hat{\beta} = \boldsymbol{W}_{11}^{-1} w_{12}$，证明 $\hat{\theta}_{22} = 1/(w_{22} - w_{12}^T \hat{\beta})$ 和 $\hat{\theta}_{12} = -\hat{\beta}\hat{\theta}_{22}$。因此，$\hat{\theta}_{12}$ 仅是用 $-\hat{\theta}_{22}$ 对 $\hat{\beta}$ 的放缩。

17.7 写一段程序执行修改的回归过程 (17.1)，用于拟合具有预先指定缺失边的高斯图模型。在本书网站的流体细胞数据上测试它，采用图17–1的图。

17.8 (a) 写一段程序采用坐标下降过程 (17.26) 拟合 lasso。将其结果与那些用lars程序或其他凸优化子的结果比较，检查它是否正确运行。

(b) 采用 (a) 的程序，写代码执行图 lasso 算法 (17.2)。应用它到本书网站的流体细胞数据。变化正则化参数，并检验最终的网络。

17.9 假定我们有一个高斯图模型，那里在某些顶点的部分或全体数据缺失。

(a) 针对均值 μ 和协方差矩阵 $\mathbf{\Sigma}$ 的 N 个独立同分布的多元观测 $x_i \in \mathbb{R}^p$ 的数据集，考虑 EM 算法。对每个样本 i，令 o_i 和 m_i 分别索引了观测到和缺失的预测子。证明在 E 步中，观测从 μ 和 $\mathbf{\Sigma}$ 的当前估计中填充：

$$\hat{x}_{i,m_i} = E(x_{i,m_i}|x_{i,o_i},\theta) = \hat{\mu}_{m_i} + \hat{\Sigma}_{m_i,o_i}\hat{\Sigma}_{o_i,o_i}^{-1}(x_{i,o_i}, -\hat{\mu}_{o_i}) \tag{17.43}$$

同时在 M 步，μ 和 $\mathbf{\Sigma}$ 从填充数据的经验均值和（修改的）协方差重新估计：

$$\hat{\mu}_j = \sum_{i=1}^{N} \hat{x}_{ij}/N$$

$$\hat{\mathbf{\Sigma}}_{jj'} = \sum_{i=1}^{N} [(\hat{x}_{ij} - \hat{\mu}_j)(\hat{x}_{ij'} - \hat{\mu}_{j'}) + c_{i,jj'}]/N \tag{17.44}$$

这里如果 $j, j' \in m_i$，$c_{i,jj'} = \hat{\mathbf{\Sigma}}_{jj'}$，否则为零。对纠正项 $c_{i,jj'}$ 的解释原因 (Little and Rubin, 2002)。

(b) 对采用习题 (17.7) 的修改回归过程的高斯图模型，执行 EM 算法的M步。

(c) 对本书网站的流体细胞数据，设数据中在前 1000 个观测的最后蛋白质Jnk缺失，拟合图17–1的模型，比较Jnk的预测值和实际值。仅使用非缺失数据，与那些如图17–1在其他顶点上有边连接到Jnk的Jnk回归获得的结果作比较。

17.10 采用仅有两个变量的简单二值图模型，证明为什么包含一个常值节点 $X_0 \equiv 0$ 在模型中是本质的。

17.11 证明对于在离散图模型的联合概率的伊辛模型 (17.28) 隐含着条件分布具有 logistic 形式 (17.30)。

17.12 考虑一个泊松回归问题，其具有 p 个二元变量 $x_{ij}, j = 1, \cdots, p$ 和度量了有预测子 $x_i \in \{0,1\}^p$ 的观测总数的响应变量 y_i。设计是平衡的，那里所有 $n = 2^p$ 个可能组合被测量。我们假设一个关于每个单元泊松均值的对数线性模型：

$$\log \mu(X) = \theta_{00} + \sum_{(j,k)\in E} x_{ij}x_{ik}\theta_{jk}, \tag{17.45}$$

采用17.4.1节的相同约定（包括常数变量 $x_{i0} = 1\ \forall i$）。我们假设响应是如下分布：

$$\Pr(Y = y|X = x) = \frac{e^{-\mu(x)}\mu(x)^y}{y!} \tag{17.46}$$

写出观测响应 y_i 的条件对数似然，计算梯度。

(a) 证明关于 θ_{00} 的梯度方程计算了划分函数 (17.29)。

(b) 证明关于其他参数的梯度方程等价于梯度 (17.34)。

第 18 章 高维问题：$p \gg N$

18.1 p 远大于 N 的情形

在本章中，讨论的预测问题将关注于特征的维数 p 远远大于观测样本数量 N 的情形，通常写为 $p \gg N$。此类问题已变得日益重要，特别是在基因组（genomics）和计算生物学的其他领域。我们将看到这种情形下的主要问题在于高方差和过拟合。因此，简单和高度正则化的方法通常是解决该问题的首选。本章的第一部分将关注于分类和回归情况下的预测，同时第二部分将对特征提取和评估中更基本的问题展开讨论。

首先，我们来看一个例子，图18–1对一个小的仿真研究做了总结，展示在 $p \gg N$ 的情况下"弱拟合更适用"的原则。对 $N = 100$ 样本中的每一个，我们生成 p 个逐对相关系数为 0.2 的标准高斯特征 X。结果 Y 通过如下线性模型生成

$$Y = \sum_{j=1}^{p} X_j \beta_j + \sigma \varepsilon \tag{18.1}$$

这里 ε 通过标准高斯分布生成。对每个数据集，系数 β_j 的集合也通过标准高斯分布生成。我们考察三种情况：$p = 20, 100$ 和 1000。每种情况选择标准差 σ 使得信噪比 $\mathrm{Var}[\mathrm{E}(\boldsymbol{Y} \mid \boldsymbol{X})]/\sigma^2$ 等于 2。结果，取 100 次仿真运行的平均值，一元回归系数显著[①]的数量分别是 9，33 和 331。$p = 100$ 的情况用来模拟高维基因组或蛋白质组数据集中可能的数据。

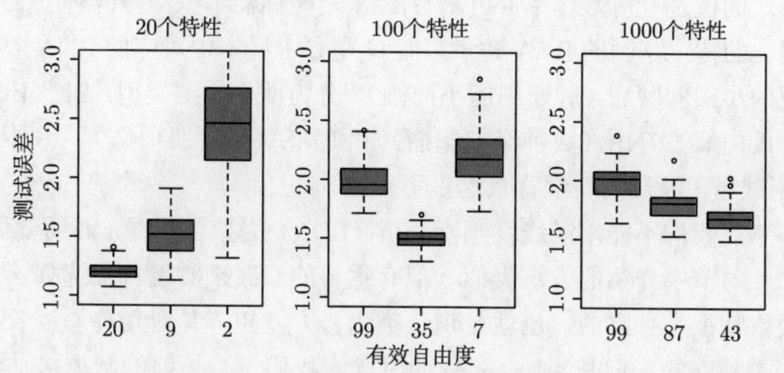

图 18–1 仿真实验的测试误差结果。显示的是针对三个不同的特征数 p，运行 100 次仿真后相对测试误差的盒形图。相对误差是测试误差除以贝叶斯误差 σ^2。从左到右显示的是采用不同的正则化参数 λ：0.001，100 和 1000 得到的岭回归结果。拟合里的平均有效自由度显示在每幅图下方

我们用岭回归来拟合数据，其中正则化参数 λ 分别取三个不同的值：0.001，100 和 1000。当 $\lambda = 0.001$ 时，这几乎等同于最小二乘回归，其中小的正则化项确保了当 $p > N$ 时问题

① 当 $|\hat{\beta}_j/\hat{\mathrm{se}}_j| \geqslant 2$ 时，一个回归系数被称为是显著的，这里 $\hat{\beta}_j$ 是估计的（一元）系数，$\hat{\mathrm{se}}_j$ 是它的估计标准误差。

非奇异。图18–1展示每种情景下由不同估计模型子得到的相对测试误差的盒形图。用于每个岭回归拟合的相应的平均自由度显示于图中（用51页中①的式(3.50)计算）。自由度是比 λ 更具有可解释性的参数。我们看到，在岭回归中，当 $p = 20$ 的时候，$\lambda = 0.001$（20 df）胜出；当 $p = 100$ 的时候，$\lambda = 100$（35 df）胜出；当 $p = 1000$ 的时候，$\lambda = 100$（43 df）胜出。

对于以上结果，可作这样解释：当 $p = 20$ 的时候，我们一直可以很好拟合，并能在低偏差情况下确定尽可能多的显著系数。当 $p = 100$ 的时候，我们可以通过适度收缩来确定一些非零系数。最后，当 $p = 1000$ 的时候，尽管有很多非零系数，将它们找出来却变得希望渺茫，我们需要一直向下收缩。作为证据，令 $t_j = \widehat{\beta}_j/\widehat{\text{se}}_j$，这里 $\widehat{\beta}_j$ 是岭回归的估计，$\widehat{\text{se}}_j$ 是该估计的标准误差。在这三种情况下，分别使用最优的岭回归参数，$|t_j|$ 的中值分别是 2.0，0.6 和 0.2, 而 $|t_j|$ 的值超过 2 的平均次数分别为 9.8、1.2 和 0.0。

当 $p < N$ 的时候，$\lambda = 0.001$ 的岭回归成功地利用了特征的相关性，但是当 $p \gg N$ 的时候，却无法做到这一点。后者无法从相对较少的样本中获得足够信息来有效地估计高维协方差矩阵。在上例中，更多正则化会得到更高的预测性能。

因此，在高维数据的分析中，要么需要对 $N > p$ 的程序做改进，要么需要设计全新的程序，都不足为奇。本章将以这两种手段为例，讨论高维分类和回归问题，这些方法倾向于更重的正则化，并科学运用上下文知识来为正则化选择合适的形式。本章结尾将讨论特征选择和多重检验。

18.2　对角线性判别分析与最近收缩质心

基因表达阵列是生物学中一项重要的新兴技术，我们在第1章和第14章中讨论过。在接下来的例子中，数据取自微阵列实验集，形成一个 2308 个基因（列）和 63 个样本（行）的矩阵。每个表达的值是一对数比率 $\log(R/G)$。R 是靶标样本中与微阵列上某一特定（特定基因）位点混合的特定基因的 RNA 数量，而 G 是参考样本中对应的 RNA 数量。样本取自儿童体内发现的小细胞肿瘤（肿瘤细胞小而圆），分为四个主要类型：BL（Burkitt 淋巴瘤）、EWS（Ewing 氏肉瘤）、NB（成神经细胞瘤）和 RMS（横纹肌肉瘤）。另外还有一个包含 20 个观测的测试集。涉及的科学背景这里不详述。

因为 $p \gg N$，我们不能用满线性判别分析（LDA）去拟合数据，而需要做某种正则化。此处介绍的和4.3.1节中介绍的方法类似，但有重要的修改来实现特征选择。正则化最简单的形式假定类内特征是独立的，也就是说，类内协方差矩阵是对角阵。尽管事实上一个类内的特征很少是独立的，但是当 $p \gg N$ 的时候，我们没有足够的数据去估计它们的依赖性。独立性假设在很大程度上减少了模型中参数的数量，并且通常可以产生有效和可解释的分类器。

接下来，我们便可以考虑用于分类的*对角协方差*（diagonal-covariance）LDA 规则。类别 k 的判别得分（discriminant score）[见第 4 章的式 (4.12)] 为

① 对于正则化参数 λ 的固定值，自由度依赖于每次模拟中观测子的值。因此，我们计算的是相对于模拟次数的平均自由度。

$$\delta_k(x^*) = -\sum_{j=1}^{p} \frac{(x_j^* - \bar{x}_{kj})^2}{s_j^2} + 2\log \pi_k. \tag{18.2}$$

这里 $x^* = (x_1^*, x_2^*, \cdots, x_p^*)^\top$ 是关于某个测试观测表达值的向量，s_j 是第 j 个基因的聚合类内标准偏差，$\bar{x}_{kj} = \sum_{i \in C_k} x_{ij}/N_k$ 是类 k 中基因 j 的 N_k 个值的均值，其中 C_k 是类别 k 的索引集。我们称 $\tilde{x}_k = (\bar{x}_{k1}, \bar{x}_{k2}, \cdots, \bar{x}_{kp})^\top$ 为类别 k 的质心（centroid）。式(18.2)的第一部分仅是 x^* 到第 k 个质心的（负）标准化平方距离。第二部分是基于*类先验概率*（prior probability）π_k 的修正，其中 $\sum_{k=1}^{K} \pi_k = 1$。那么分类法则为

$$C(x^*) = \ell \quad \text{if} \quad \delta_\ell(x^*) = \max_k \delta_k(x^*). \tag{18.3}$$

我们知道，在适当归一化后，对角 LDA 分类器等价于最近质心分类器。如6.6.3节所述，它也是朴素贝叶斯分类器的特例。它假定每类的特征是具有等方差的独立高斯分布。

对角 LDA 分类器在高维环境中通常很有效。在 Bickel and Levina (2004)中，也被称为“独立性法则”，他们从理论上证明，对于高维问题，该方法在性能上优于标准的线性判别分析。这里对角 LDA 分类器对于 20 个测试样本产生了 5 个误分类误差。对角 LDA 分类器的一个缺陷是，它使用了所有的特征（基因），因此不便于解释。如果加入正则化，在测试误差和可解释性上都可以做得更好。

我们希望通过一种正则化方法，将对分类预测没有贡献的特征自动丢弃。为实现这个目标，我们可以分别针对每个特征，将其各类均值向全局均值收缩。得到的结果可看作是最近质心分类器的正则化版本，也可等价看成 LDA 的对角协方差形式的正则化版本。我们称这一过程为*最近收缩质心*（nearest shrunken centroids, NSC）。

收缩过程可定义如下。令

$$d_{kj} = \frac{\bar{x}_{kj} - \bar{x}_j}{m_k(s_j + s_0)}, \tag{18.4}$$

这里 $\bar{x}_j$ 是基因 j 的全局均值，$m_k^2 = 1/N_k - 1/N$，s_0 是一个小的正常数，通常选取为 s_j 的中值。这一常数是为了防止由于表达值接近零而引起 d_{kj} 过大。如果类内方差 σ^2 是常数，则分子项中的对比度 $\bar{x}_{kj} - \bar{x}_j$ 的方差是 $m_k^2\sigma^2$，也就是分母的归一化形式。我们使用软阈值将 d_{kj}

$$d'_{kj} = \text{sign}(d_{kj})(|d_{kj}| - \Delta)_+; \tag{18.5}$$

向零收缩，如图 18–2所示。这里 Δ 是待定参数；我们在例子中使用了 10 折交叉验证（见图18–4的上图）。每个 d_{kj} 都在其绝对值上减去 Δ，如果得到的值小于零，则将其置为零。软阈值函数如图18–2所示，5.9节的小波系数中也应用了同样的阈值。另一个选择是使用硬阈值：

$$d'_{kj} = d_{kj} \cdot I(|d_{kj}| \geqslant \Delta); \tag{18.6}$$

我们偏向于选择软阈值，因为它更平滑并且通常表现更好。$\bar{x}_{kj}$ 的收缩则可以通过式(18.4)的逆变换得到

$$\bar{x}'_{kj} = \bar{x}_j + m_k(s_j + s_0)d'_{kj}. \tag{18.7}$$

之后，我们用收缩质心 $\bar{x}'_{kj}$ 来替换判别得分 (18.2)中的初始值 $\bar{x}_{kj}$。估计子(18.5)也可以看成类别均值的一个 Lasso 类型的估计子（习题18.2）。

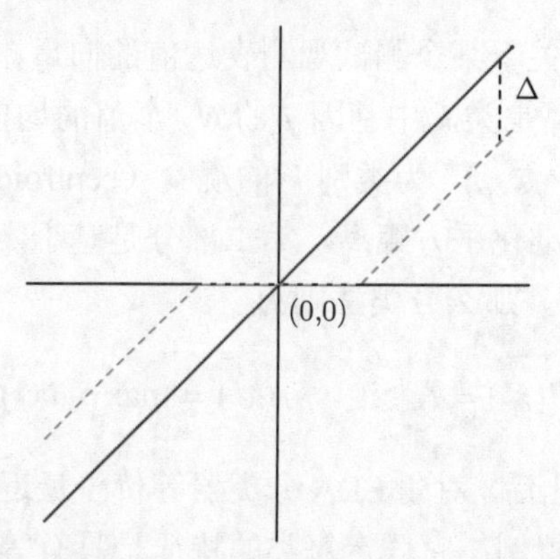

图 18–2 软阈值函数 $\text{sign}(x)(|x|-\Delta)_+$ 如桔黄色所示，平行于红色所示的 45 度直线

注意，在分类规则中，只有那些对于至少一类有非零 d'_{kj} 的基因是起作用的，因此绝大多数基因通常可以丢弃。本例中除了 43 个基因，其余均舍弃了，留下一小部分用于刻画每个类的可解释的基因。图18–3是以热度图表示的基因。

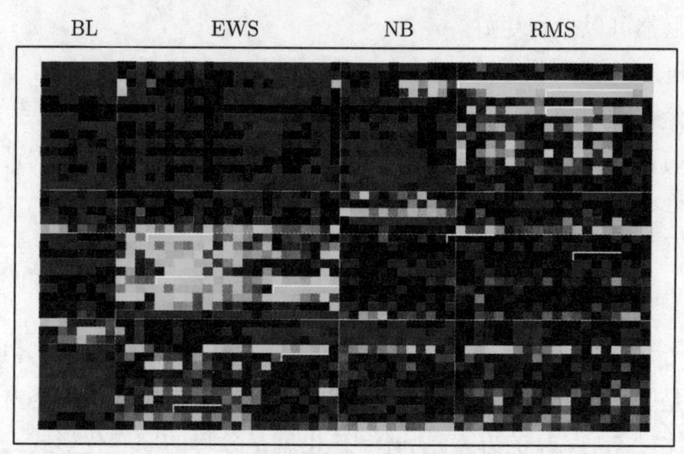

图 18–3 选中的 43 个基因的热力图。在每个水平分割中，我们将基因按照层次聚类的顺序排列，垂直分割中对样本也采用相同的方式。黄色表示过表达，蓝色表示欠表达

图18–4的上图展示了收缩的有效性。如果没有收缩，测试数据上的错误是 5/20，训练数据和 CV（交叉验证）数据上也有一些错误。收缩质心则在 Δ 取很宽范围以内的取值都达到了零测试误差。图18–4下方的图显示 SRBCT 数据（灰色）相对于全局质心的四个质心。蓝色条是通过对灰色条形使用软阈值得到的收缩质心，其中 $\Delta = 4.3$。判别分数(18.2)可以用来构造类概率估计

$$\hat{p}_k(x^*) = \frac{e^{\frac{1}{2}\delta_k(x^*)}}{\sum_{\ell=1}^{K} e^{\frac{1}{2}\delta_\ell(x^*)}}. \tag{18.8}$$

这些类概率估计可以用来对分类进行评级，或者决定完全不对特定样本进行归类。

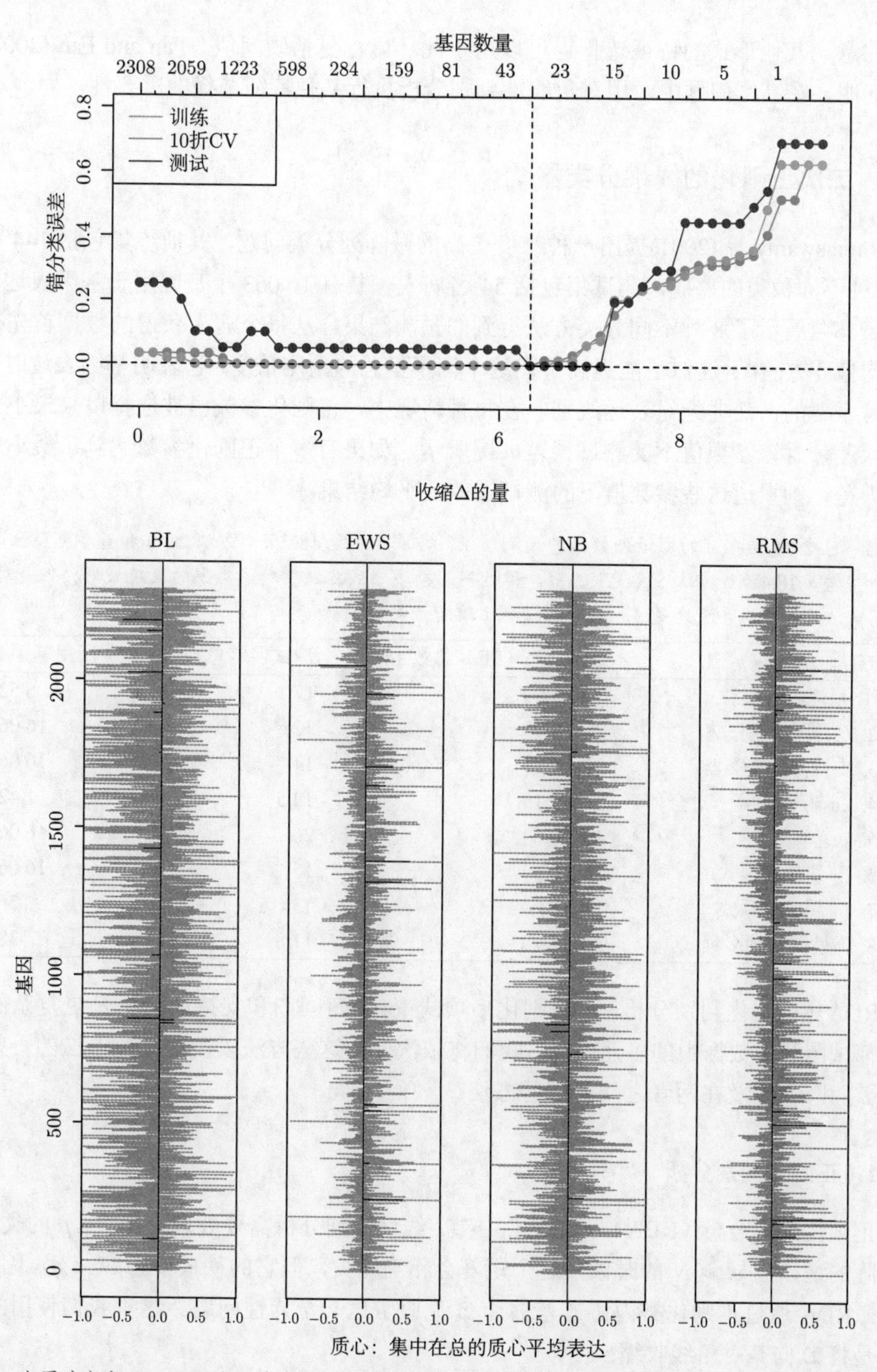

图 18–4　上图为数据 SRBCT 的误差曲线。所示是随阈值参数 Δ 变化的训练误差，10 折交叉验证误差和测试误差。$\Delta 4.34$ 的值由 CV 选择，产生了包含 43 个基因的子集。下图为数据 SRBCT（灰色）相对于全局质心的四个质心轮廓 d_{kj}。每个质心包括 2308 个分量，并且我们能看到相当大的噪声。蓝色柱是这些质心的收缩形式 $d'j_{kj}$，通过对灰色柱应用软阈值 $\Delta = 4.3$ 得到

注意，其他形式的特征选择也可以用于此环境，包括硬阈值。Fan and Fan (2008)从理论上证明，在高维问题中，用对角线性判别分析执行某种特征选择的重要性。

18.3 二次正则化的线性分类器

Ramaswamy 等 (2001)提出一种难度更高的微阵列分类问题，其训练集包括 144 名病人和 14 种不同种类的癌症，测试集包括 54 名病人。共有 16 063 个基因用于基因表达测量。

表18–1展示了 8 种不同分类方法得到的预测结果。从每个病人获得的数据首先被正则化成均值 0 方差 1；这似乎能提高了在这个例子里总的预测精度，它表明基因表达时的“形状”是重要的，而非绝对表达级别。在每种情况中，正则化参数已被选择以来最小化交叉验证误差，且该参数值下的测试误差如图所示。如果有多个正则化参数达到了最小化交叉验证误差，则报道这些参数值下的测试误差的平均结果。

表 18–1 包含 14 类癌症的微阵列数据的预测结果。方法 1 参见 18.2节，方法 2、3 和 6 参见18.3节，方法 4、7 和 8 参见18.4节。方法 5 参见13.3节。弹性网罚项多项式方法在测试集上的表现最好，但是对每个测试误差估计的标准误差大约是 3，因此这样的比较尚无定论

方法	CV 误差（SE）总数 144	测试误差总数 54	所用基因数
1. 最近收缩质心	35（5.0）	17	6 520
2. L_2 罚项判别分析	25（4.1）	12	16 063
3. 支持向量分类器	26（4.2）	14	16 063
4. Lasso 回归（一对全体）	30.7（1.8）	12.5	1 429
5. k 近邻	41（4.6）	26	16 063
6. L_2 罚项多项式	26（4.2）	15	16 063
7. L_1 罚项多项式	17(2.8)	13	269
8. 弹性网罚项多项式	22（3.7）	11.8	384

RDA（正则化判别分析），正则化多项式 logistic 回归和支持向量机是更复杂的方法，它们都试图利用数据中的多元信息。我们将依次介绍这些方法以及正则化方法的一些变种，包括 L_1 和 L_2 以及在两者之间的一些方法。

18.3.1 正则化判别分析

正则化判别分析（RDA）可详见4.3.1节。线性判别分析需要处理一个 $p\times p$ 的类内协方差矩阵的逆。当 $p \gg N$ 的时候，这个矩阵会相当庞大，但它的秩最多为 $N<p$，因此是奇异的。RDA 通过正则化类内协方差估计 $\hat{\mathbf{\Sigma}}$ 克服了这一奇异性问题。这里我们使用的 RDA 版本是将 $\hat{\mathbf{\Sigma}}$ 向其对角线收缩：

$$\hat{\mathbf{\Sigma}}(\gamma)=\gamma\hat{\mathbf{\Sigma}}+(1-\gamma)\,\mathrm{diag}(\hat{\mathbf{\Sigma}}),\ \text{其中}\ \gamma\in[0,1]. \tag{18.9}$$

注意，$\gamma=0$ 对应于对角化 LDA，即最近收缩质心的“非收缩”形式。(18.9)式的收缩形式与岭回归（3.4.1节）颇有相似，岭回归将特征的总协方差矩阵向对角（标量）矩阵收缩。事

实上，若将线性判别分析看做范畴响应达到最优分值的线性回归（见 12.6节式(12.57)），这一等价关系就更精确了。

对 $p \times p$ 的大矩阵求逆的计算负担可通过18.3.5节中讨论的方法予以克服。表18–1第二行中 γ 的值通过交叉验证选择；所有 $\gamma \in (0.002, 0.550)$ 的取值都产生了相同的 CV 和测试误差。对 RDA 的进一步改进，包括质心的收缩和对协方差矩阵的收缩，可以参见 Guo 等 (2006)。

18.3.2 二次正则化的 Logistic 回归

通过类似的方式调整，Logistic 回归（4.4节）也能处理 $p \gg N$ 的情况。对于 K 个类，我们利用第 4 章的式(4.17)多类 logistic 模型的对称形式：

$$\Pr(G = k \mid X = x) = \frac{\exp(\beta_{k0} + x^\top \beta_k)}{\sum_{\ell=1}^{K} \exp(\beta_{\ell 0} + x^\top \beta_\ell)}. \tag{18.10}$$

该式含有对数几率参数 $\beta_1, \beta_2, \cdots, \beta_K$ 的 K 个系数向量。我们通过最大化罚项对数似然来对正则化该拟合：

$$\max_{\{\beta_{0k}, \beta_k\}_1^K} \left[\sum_{i=1}^{N} \log \Pr(g_i \mid x_i) - \frac{\lambda}{2} \sum_{k=1}^{K} \|\beta_k\|_2^2 \right] \tag{18.11}$$

该正则化自动解决了参数化产生的冗余，并且使得 $\sum_{k=1}^{K} \hat{\beta}_{kj} = 0,\ j = 1, \cdots, p$（习题 18.3)。需要注意的是常数项 β_{k0} 未正则化（因此应该将其置零)。由此产生的优化问题是凸的，可以用 Newton 算法或其他数值技术求解。细节可参见 Zhu 和 Hastie (2004)。Friedman 等 (2008a)提供了可以计算两类和多类 logistic 回归模型正则化路径的软件。表18–1第 6 行报道了多类 logistic 回归模型的结果，以“多项式”表示。可以证明 (Rosset 等, 2004a)，对于可分离数据，当 $\lambda \to 0$，正则化的（两类）logistic 回归估计（重归一化）收敛于最大边缘分类器（12.2节）。这为下面将要讨论的支持向量机提供了一种有吸引力的、可替代的方案，特别在多类问题中更是如此。

18.3.3 支持向量分类器

两类问题的支持向量分类器在12.2节中已有论述。当 $p > N$ 的时候，它更具吸引力，因为此时除非在不同的类中有一模一样的特征向量，否则通常这两类可以用一个超平面完美分割。不用通过任何正则化方法，支持向量分类器会找到有最大边缘的分割超平面，也就是使两类训练集之间的间隙最大的超平面。而当 $p \gg N$ 时，未正则化的支持向量分类器通常也和最好的正则化的版本表现一样好，这多少让人有点吃惊。过拟合一般来说也不是什么问题，部分是因为对误分类损失的不敏感性。

有很多种不同的方法可以将两类支持向量分类器推广到 $K > 2$ 的多类。在“一对一”（one versus one, OVO）的方法中，总共需要计算 $\binom{K}{2}$ 个逐对分类器。对每个测试样本点，预测的结果是在所有两两比较的结果中获胜最多的类。在“一对全体”（one versus all，OVA）的方法中，每个类都与 K 类中的所有其他类进行两类比较。为了对测试样本点分类，我们需要对 K 个分类器中的每一个计算置信度（为到超平面的有符号距离），将具有最高置信度的类作为优胜者。最后，Vapnik (1998)和 Weston and Watkins (1999)提出了将两类准则(12.7)推广为（有些复杂的）多类准则。

Tibshirani and Hastie (2007)提出了一种*边缘树*（margin tree）分类器，那里支持向量分类器应用于二元树中，很像在 CART（第9章）中一样。类按照层级方式组织起来，这样做的好处是，举例来说，可以将病人按照不同的癌症类型分类。

表18–1的第 3 行是使用 OVA 方法的支持向量分类器的结果；Ramaswamy 等 (2001)报告指出（我们也证实了）这种方法对此类问题表现最好。正如我们从上一节结尾处的评论中所预期的那样，错误率与第 6 行的结果非常接近。错误率在 $C > 0.001$ 的值，对 C（第 12 章的式12.8的正则化参数）的选择并不敏感。因为 $p > N$，将 C 设成 $C = \infty$，支持向量的超平面可以将训练数据完美分割开。

18.3.4 特征选择

当 p 很大时，特征选择对于分类器来说是很重要的科学需求。不管是判别分析，还是 logistic 回归和支持向量分类器，都不会自动进行特征选择，因为他们都使用了二次正则化。在这些模型中，所有特征都有非零权重。例如特征选择中的 Ad-hoc 方法首先移去系数小的基因，然后再对分类器进行拟合。这种方法从最小的权重开始，以分步反向的方式向更大的权重移动。这称为*递归特征消除*（recursive feature elimination）方法 (Guyon 等, 2002)。但这种方法在本例中却不成功；根据 Ramaswamy 等 (2001)的报告，以支持向量分类器为例，当基因数目从全集的 16 063 逐渐减少时，其准确率也随之下降。考虑到训练样本数只有 144 个，这个现象是相当引人注意的。但对于这种表现，我们却没有合适的解释。

本节所讨论的三种方法 RDA，LR 和 SVM 都可以在修改后采用核来拟合非线性决策边界。通常使用这种方法的动机是要增加模型的复杂性。由于 $p \gg N$，这些模型已经充分复杂，并且总会面临过拟合的危险。然而尽管维度很高，径向核（12.3.3节）在高维问题中有时会产生很出色的结果。径向核倾向于衰减两个远点之间的内积，从而对奇异点更鲁棒。这常见于高维情况，并且可以解释正面的结果。在表18–1中，我们尝试了使用径向核的 SVM，但在本例中的表现并不理想。

18.3.5 $p \gg N$ 时的计算捷径

本节中讨论的计算技巧，可用于任何在系数上做二次正则化的线性模型拟合的方法。这不仅包括所有本章中讨论的方法，还有很多其他的方法。当 $p > N$ 时，通过14.5节中介绍的奇异值分解，计算可以在 N 维空间而不是 p 维空间中进行。这里有它的几何直觉：就好像两个三维空间中的点总是在一条直线上，N 个 p 维空间中的点位于 $N - 1$ 维的仿射子空间中。

给定 $N \times p$ 的数据矩阵 $\boldsymbol{X}$，令

$$\boldsymbol{X} = \boldsymbol{U}\boldsymbol{D}\boldsymbol{V}^\top \tag{18.12}$$
$$= \boldsymbol{R}\boldsymbol{V}^\top \tag{18.13}$$

为 $\boldsymbol{X}$ 的奇异值分解（SVD）; 即 $\boldsymbol{V}$ 是列与列正交的 $p \times N$ 阶矩阵，$\boldsymbol{U}$ 是 $N \times N$ 阶正交阵，$\boldsymbol{D}$ 是对角阵，其中元素 $d_1 \geqslant d_2 \geqslant d_N \geqslant 0$。$\boldsymbol{R}$ 是 $N \times N$ 阶矩阵，行向量为 $r_i^\top$。

作为简单示例，首先考虑一个岭回归的估计：

$$\hat{\beta} = (\boldsymbol{X}^\top\boldsymbol{X} + \lambda\boldsymbol{I})^{-1}\boldsymbol{X}^\top\boldsymbol{y}. \tag{18.14}$$

用 $\boldsymbol{R}\boldsymbol{V}^\top$ 替换 $\boldsymbol{X}$，在对式子整理后得到

$$\hat{\beta} = \boldsymbol{V}(\boldsymbol{R}^\top\boldsymbol{R} + \lambda\boldsymbol{I})^{-1}\boldsymbol{R}^\top\boldsymbol{y} \tag{18.15}$$

（习题18. 4）。因此，$\hat{\beta} = \boldsymbol{V}\hat{\theta}$，其中 $\hat{\theta}$ 是使用 N 个观测 $(r_i, y_i), i = 1, 2, \cdots, N$ 的岭回归估计。也就是说，我们可以简单地将数据矩阵从 $\boldsymbol{X}$ 降到 $\boldsymbol{R}$，并对 $\boldsymbol{R}$ 的行向量进行操作。当 $p > N$ 时这个技巧将计算复杂度从 $O(p^3)$ 降到 $O(pN^2)$。

这些结果能推广到所有在参数上是线性的，具有二次罚的模型。考虑任一种监督学习问题，我们用线性函数 $f(X) = \beta_0 + X^\top\beta$ 给条件分布为 $Y \mid X$ 的一个参数建模。基于 β 上的二次罚，我们通过数据最小化损失函数 $\sum_{i=1}^N L(y_i, f(x_i))$ 来拟合参数 β。记得 Logistic 回归正是这样一个例子。接下来，我们就有了下列简单定理：

令 $f^*(r_i) = \theta_0 + r_i^\top\theta$，其中 r_i 如式 (18.13)定义，考虑如下这对优化问题：

$$(\hat{\beta}_0, \hat{\beta}) = \underset{\beta_0, \beta \in \mathbb{R}^p}{\operatorname{argmin}} \sum_{i=1}^N L(y_i, \beta_0 + x_i^\top\beta) + \lambda\beta^\top\beta; \tag{18.16}$$

$$(\hat{\theta}_0, \hat{\theta}) = \underset{\theta_0, \theta \in \mathbb{R}^N}{\operatorname{argmin}} \sum_{i=1}^N L(y_i, \theta_0 + r_i^\top\theta) + \lambda\theta^\top\theta. \tag{18.17}$$

则有 $\hat{\beta}_0 = \hat{\theta}_0$，$\hat{\beta} = \boldsymbol{V}\hat{\theta}$。

该定理表明我们可以简单的用 N 向量 r_i 替换 p 向量 x_i，并像以前一样使用带罚项的拟合，但需要少得多的预测子。N 向量解 $\hat{\theta}$ 然后通过简单的矩阵乘法转换回 p 向量解。这一结果属于统计学传统的部分，值得广泛了解，具体细节参见 Hastie and Tibshirani (2004)。

从几何意义上来说，我们正将特征旋转到一个，除了前面的 N 维坐标之外其他坐标都为零的坐标系。因为二次罚项具有旋转不变性，这样的旋转是可行的，并且这些线性模型是等价不变的。

这一结果可以应用于本章讨论的很多学习方法中，比如正则化（多类）logistic 回归，线性判别分析（习题18.6）和支持向量机。它也可以应用于带二次正则项的神经网络（11.5.2节）。然而需要注意的是，它并不适用于对系数使用了非二次（L_1）罚项的方法，如 Lasso。

通常，我们使用交叉验证来选择参数 λ。可以知道（习题 18.12）在原始数据上，我们只需要构造 $\boldsymbol{R}$ 一次，并将它作为每个 CV 折的数据。

本书前面的12.3.7节中，支持向量的“核技巧”利用了与本节相同的约简方法，只是环境有些不同。假设我们要处理一个 $N \times N$ 的格拉姆（内积）矩阵 $\boldsymbol{K} = \boldsymbol{X}\boldsymbol{X}^{\top}$。根据式(18.12)，我们有 $\boldsymbol{K} = \boldsymbol{U}\boldsymbol{D}^2\boldsymbol{U}^{\top}$，并且 $\boldsymbol{K}$ 拥有和 $\boldsymbol{R}$ 同样的信息。习题18.13展示了如何利用本节中的思想，通过 $\boldsymbol{K}$ 的 SVD 来拟合岭 logistic 回归。

18.4 L_1 正则化的线性分类器

18.3节的方法是对参数应用 $L-2$ 罚项来正则化，正如岭回归的一样。所有待估计系数是非零的，因此不用执行特征选择。本节，我们将讨论用 $L-1$ 罚项的替代方法，因此提供了自动的特征选择。

回想3.4.2节中的 Lasso，

$$\min_{\beta} \frac{1}{2} \sum_{i=1}^{N} \left(y_i - \beta_0 - \sum_{j=1}^{p} x_{ij}\beta_j \right)^2 + \lambda \sum_{j=1}^{p} |\beta_j|, \tag{18.18}$$

这里已经写成了式(3.52)中的拉格朗日形式。正如讨论过的，对于充分大值的调节参数 λ 取充分大值时，L_1 罚项的引入会使系数 $\hat{\beta}_j$ 解的一个子集精确等于零。

在3.8.1节中，我们讨论了对所有 λ 都能有效的计算出 Lasso 解的 LARS 算法。当 $p > N$ 时（正如本章中的情况），随着 λ 趋近于 0，Lasso 方法精确拟合了训练数据。事实上，通过凸对偶，可以证明当 $p > N$ 时，非零系数的个数对于所有 λ 的取值最多有 N 个 (例如 Rosset and Zhu, 2007)。因此 Lasso 为我们提供了一种（简练的）特征提取形式。

Lasso 回归可以通过编码结果为 ±1，并对预测值运用分割点（通常 0）来应用到两类分类问题上。对于多于两类的问题，则有许多可行的方法，包括18.3.3节中讨论的 OVA 和 OVO 方法。我们在 18.3节的癌症数据上试验了 OVA 方法。结果如表 18–1行（4）所示。其性能居于最好方法的行列。

一种解决分类问题的更自然的方法是使用 Lasso 罚来正则化 Logistic 回归。在文献中提出过几种实现的方法，包括与 LARS 相似的路径算法 (Park and Hastie, 2007)。因为路径是分段光滑并且是非线性的，精确方法比 LARS 算法慢，并且当 p 很大的时候不太可行。

Friedman 等 (2010)为拟合 L_1-罚 Logistic 和多项式回归模型提出了一种非常快的算法。与式(18.11)比较，他们使用了18.3.2节中式(18.10) 的对称多项式 logistic 回归模型，并最大化带罚对数似然

$$\max_{\{\beta_{0k}, \beta_k \in \mathbb{R}^p\}_1^K} \left[\sum_{i=1}^{N} \log \Pr(g_i \mid x_i) - \lambda \sum_{k=1}^{K} \sum_{j=1}^{p} |\beta_{kj}| \right]; \tag{18.19}$$

他们的算法通过循环坐标下降（3.8.6节），在 λ 的预先选择的取值序列上计算出精确解，并利用了当 $p \gg N$ 时解是稀疏的和 λ 的相邻取值的解相似这两个特性。该方法用于表18–1的行（7），并通过交叉验证调节全体参数 λ。除了自动特征选取总共选择了 269 个基因以外，

其性能与最佳方法的类似。Genkin 等 (2007)中也采用了类似的方法：尽管他们的模型是建立在贝叶斯观点上的，但事实上他们计算了后验模式，即对带罚最大似然问题求解。

在基因工程应用中，变量之间通常有强的相关性；基因的操作方式遵循分子通路。对于在一个强但是相关的变量集合中做选择，Lasso 罚项表现不是很好（习题3.28）。另一方面，岭惩罚倾向于将相关变量的系数收缩到一起（第 3 章75页的习题3.29）。弹性网（elastic net）罚项 (Zou and Hastie, 2005)是一个折衷，其形式为

$$\sum_{j=1}^{p}(\alpha|\beta_j| + (1-\alpha)\beta_j^2). \tag{18.20}$$

式中第二项鼓励将高度相关特征平均，而第一项则鼓励在这些平均化的特征的系数上的稀疏解。弹性网罚项可以用于任何线性模型，对回归和分类都适用。

因此以上带有弹性网罚项的多项式问题便成为

$$\max_{\{\beta_{0k},\beta_k\in\mathbb{R}^p\}_1^K}\left[\sum_{i=1}^{N}\log \Pr(g_i \mid x_i) - \lambda\sum_{k=1}^{K}\sum_{j1}^{p}(\alpha|\beta_{kj}| + (1-\alpha)\beta_{kj}^2)\right]. \tag{18.21}$$

参数 α 决定了罚项的混合程度，通常根据定性的背景预先选取。当 $p > N$ 时弹性网会产生超过 N 个的非零系数，从而比 Lasso 具有潜在的优势。表18–1的第（8）行使用这个模型，并由交叉验证选择 α 和 λ。我们在 0.05 到 1.0 之间选取了 α 的 20 个序列值，并且 100 个 λ 的值按对数尺度均匀分布在整个区间。$\alpha \in [0.75, 0.80]$ 的取值下有最小的 CV 误差，并且对所有可能的解有 $\lambda < 0.001$。尽管在所有方法中该方法的测试误差最低，其边缘却是小且不显著的。有趣的是，当对 α 的每个取值都单独执行 CV 时，最小测试误差 8.8 在 $\alpha = 0.10$ 的时候取得，但这却不是在二维 CV 中选择的值。

图18–5显示了在两类白血病数据集 (Golub 等, 1999) 的 Lasso 和弹性网系数路径。数据集包括 38 个样本上的 7129 组基因表达测量，其中 27 个属于类 ALL（acute lymphocytic leukemia，即急性淋巴细胞性白血病），其他 11 个属于类 AML（acute myelogenous leukemia，即急性骨髓性白血病）。同时还有一个包括 34 个样本的测试集，两类样本数目为 (20, 14)。因为数据是线性可分的，因此在 $\lambda = 0$ 的解是未定义的（习题18.11），并且对于取值很小的 λ，解是退化的。因此当拟合概率接近 0 和 1 时，路径将被剪枝。左图共有 19 个非零系数，右图有 39 个。图 18–6（左图）显示了在训练集和测试集的 Lasso logistic 回归的误分类误差，以及训练集上 10 层交叉检验的误分类误差。右图使用了二项式偏差来度量误差，因此这种方法更平滑。尽管单条曲线相对平滑，但小样本的规模导致所有这些曲线的采样方差很大。（例子参见第166页第 7 章图7–1）。这两张图都表明极限解 $\lambda \downarrow 0$ 已经足够了，在测试集中只产生了 3/34 个分类误差。弹性网对应的图表因为定性上相似，此处没有展示。

当 $p \gg N$ 时，对于所有正则化 logistic 回归模型，其限定系数是有偏差的。所以，在实际的软件执行中，对于 $\lambda > 0$，其最小值是显式或隐式设置的。然而，这些系数的重归一化版本是收敛的，并且这些限定解可以认为是线性最优分割超平面（SVM）的一种有趣替代。当 $\alpha = 0$ 时，除了所有的 7129 个基因都被选择了，限定解与 SVM 相吻合（见18.3.2节

结尾部分）。当 $\alpha=1$ 时，限定解与 L_1 分割超平面相吻合 (Rosset 等, 2004a)，并且只包含最多 38 个基因。随着 α 从 1 开始递减，弹性网的解在分割超平面中会包含更多基因。

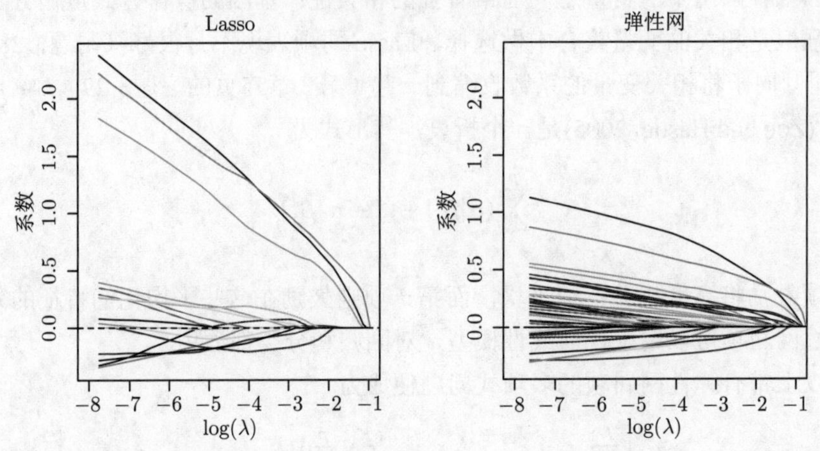

图 18–5　对白血病数据的正则化 Logistic 回归路径。左图是 Lasso 路径，右图是 $\alpha=0.8$ 的弹性网路径。在路径的终点（最左端），Lasso 有 19 个非零系数，而弹性网有 39 个。弹性网的平均效用比 Lasso 得到的非零系数更多，但具有较小的幅值

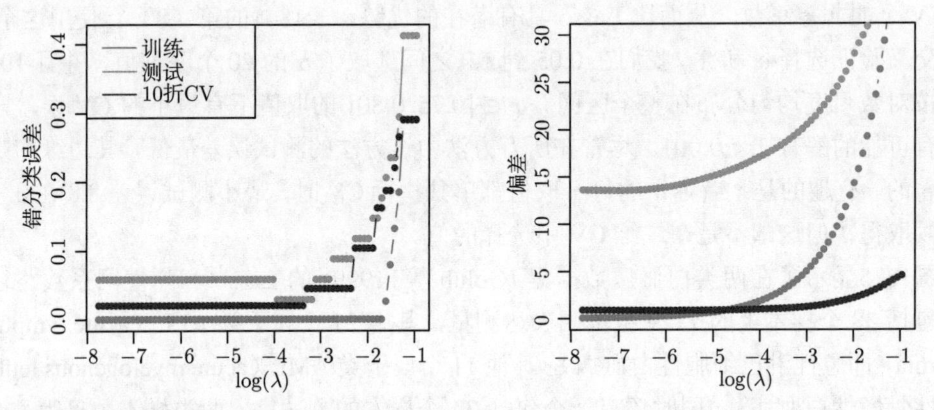

图 18–6　白血病数据集上 Lasso Logistic 回归的训练，测试以及 10 折交叉验证曲线。左图显示了误分类误差，右图显示了偏差

18.4.1　Lasso 在蛋白质质谱仪中的应用

蛋白质质谱（protein mass spectrometry）已经成为分析血液中蛋白质的流行技术，并可用于疾病诊断或理解其内在过程。

对于每份血清样本 i，我们为 time of flight 的取值 t_j 记录其强度 x_{ij}。在机器的一个运行周期中，当粒子从发射器到检测器所花费的时间近似为 t_j 时，该强度与该时间内观测到的粒子数目相关。飞行时间与血液中构成蛋白的质量电荷比（m/z）之间的关系是已知的。因此在某个确定 t_j 下光谱波峰的辨识能告诉我们，具有相应质量和电荷的蛋白质。这个蛋白质的种类随之可通过其他方法加以确定。

图 18–7是一个取自 Adam 等 (2003) 的例子。它显示了健康病人和前列腺癌患者的平均光谱。总共有 16 898 个 m/z 位点，取值从 2000 到 40 000。整个数据集包括 157 个健康病例和 167 个癌症病例，目的是找出一个 m/z 的位置来区分这两组病例。这是一个*函数型*（functional）数据的例子，其预测子可看作 m/z 的函数。在过去几年中，该问题受到颇多关注，例如 Petricoin 等 (2002)。

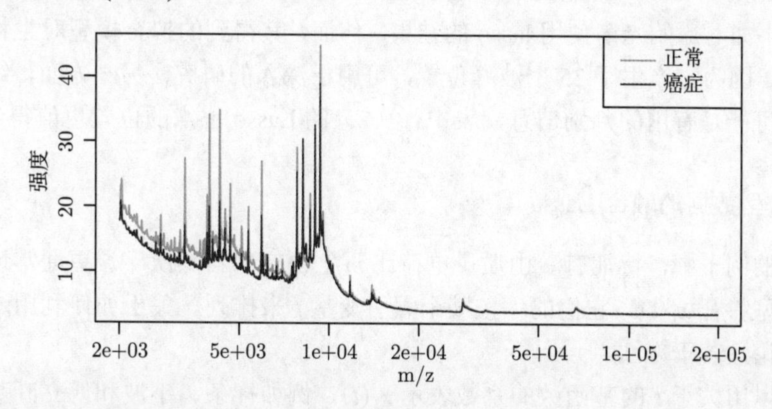

图 18–7　蛋白质质量光谱测定数据：采集自正常病例和前列腺癌病例的平均轮廓

我们首先对数据进行标准化（减去一个基值之后归一化），并且只关注介于 2000 和 40 000 之间的 m/z 的值（超出这个范围的光谱我们并不关心）。接下来我们对数据应用最近收缩质心和 Lasso 回归，这两种方法的结果显示在表18–2中。

表 18–2　前列腺癌数据样本的结果。测试误差的标准差约为 4.5

方法	测试误差 /108	位点数量
1. 最近收缩质心	34	459
2. Lasso	22	113
3. 在波峰上的 Lasso	28	35

通过对数据更严格的拟合，Lasso 实现了相当低的测试错误率。然而，这并不能提供一种科学上有用的解。在理想情况下，蛋白质质谱将一个生物学样本分解为构成它的蛋白质，而这些蛋白应该出现在光谱的波峰位置。Lasso 没有将这些波峰区特别对待，于是毫不奇怪地，只有不多的非零 Lasso 权重处于光谱的波峰附近。除此之外，相同的蛋白质在不同光谱中会在略有不同的 m/z 值附近产生波峰。为了识别出常见的波峰，需要根据样本的不同来对 m/z 进行某种变形。

为了解决这一问题，我们为每个光谱应用标准波峰提取算法，在 217 个训练光谱中一共产生了 5178 个波峰。我们的想法是将所有病人的波峰汇集起来，从而构建出一个常见波峰的集合。出于这一目的，我们对以 $\log m/z$ 为轴的这些波峰的位置进行层次聚类。在高度为 log(0.005)[①] 的点，我们对得到的树状图进行水平切割，并计算每个形成的聚类的平均波峰位置。这一过程产生了 728 个共同簇及其对应的波峰中心。

① 采用值 0.005 意味着当两个波峰间距小于 0.5% 时，考虑两个波峰是同一波峰。这是一个相当常见的假设。

给定这728个共同波峰，我们确定了哪些是在每个单个光谱中都出现的以及出现时，波峰的高度。如果某一波峰从没出现过，则将其波峰高度记为零。由此得到了一个 217×728 的波峰高度矩阵。该矩阵作为特征用于 Lasso 回归中。对同样的 728 个波峰我们也记录了测试光谱。

将波峰应用到 Lasso，所得到的预测结果显示在表18–2的最后一行：它的表现相当不错，但还是不如对原始光谱使用 lasso 的结果。然而，其得到的拟合模型对生物学家来说可能更加有用，因为它产生了 35 个波峰位置，可用于深入的研究。另一方面，结果表明光谱的波峰之间可能是有用的判别信息，表中行（2）的 Lasso 位点的位置也值得进一步审视。

18.4.2 函数型数据的融合 Lasso

在先前的例子中，特征有着由质量电荷比 m/z 决定的自然次序。更通常地，我们会遇到一些函数型特征 $x_i(t)$，它们的序按某个索引变量 t 来排列。关于如何利用这种结构，我们前面已讨论过若干方法。

我们可以用关于 t 的基函数的系数表示 $x_i(t)$，例如样条、小波和傅立叶基，然后将这些系数当作预测子进行回归。等价地，我们可以转而用这些基表示原始特征的系数。这些方法详见5.3节。

对于分类问题，我们讨论了与12.6节中带罚项判别分析类似的方法。这种方法使用了能显式控制得到的系数向量的平滑程度的一个罚项。

以上方法倾向于均匀地平滑系数。在此我们提出一种更灵活的策略，通过改变 Lasso 罚来考虑特征的排序。*融合 Lasso*（fused Lasso）求解 (Tibshirani 等, 2005)：

$$\min_{\beta\in\mathbb{R}^p}\left\{\sum_{i=1}^{N}(y_i-\beta_0-\sum_{j=1}^{p}x_{ij}\beta_j)^2+\lambda_1\sum_{j=1}^{p}|\beta_j|+\lambda_2\sum_{j=1}^{p-1}|\beta_{j+1}-\beta_j|\right\} \tag{18.22}$$

这个准则是在 β 上严格凸的，所以存在唯一解。第一个罚项鼓励稀疏解，同时第二个鼓励解在索引 j 处平滑。

式(18.22)的差值罚项假定索引 j 是均匀分布的。如果内在的索引变量 t 有非均匀的变量 t_j，对式(18.22)的自然的推广则需基于相除的差值罚项。

$$\lambda_2\sum_{j=1}^{p-1}\frac{|\beta_{j+1}-\beta_j|}{|t_{j+1}-t_j|}. \tag{18.23}$$

这相当于，序列中的每一项都需要一个罚项修改因子。

当预测子矩阵为 $\boldsymbol{X}=\boldsymbol{I}_N$，$N\times N$ 阶单位阵时，可以得到一种尤其有用的特殊情况。这就是融合 Lasso 的特例，常用来近似序列 $\{y_i\}_1^N$。*融合 Lasso 信号近似算子*（fused Lasso signal approximator）求解

$$\min_{\beta\in\mathbb{R}^N}\left\{\sum_{i=1}^{N}(y_i-\beta_0-\beta_i)^2+\lambda_1\sum_{i=1}^{N}|\beta_i|+\lambda_2\sum_{i=1}^{N-1}|\beta_{i+1}-\beta_i|\right\} \tag{18.24}$$

图18–8显示了一个取自 Tibshirani and Wang (2007)的例子。图中的数据来自一个比较基因组杂交（Comparative Genomic Hybridization，简称 CGH）阵列，用于度量与正常样本相比，肿瘤样本中每个基因的复本数的近似对数（以 2 为底）比。横坐标代表了每个基因中染色体的位置。其想法是，在癌细胞中，基因通常会发生增生（复制）或删除，检测这类事件是有意思的。并且，这类事件通常发生在连续的区域。由融合 Lasso 信号近似算子估计的平滑信号估计在图中以暗红色显示（λ_1 和 λ_2 的值是近似选取的）。显著的非零区域可以用来检测在肿瘤中基因的增长和消失。

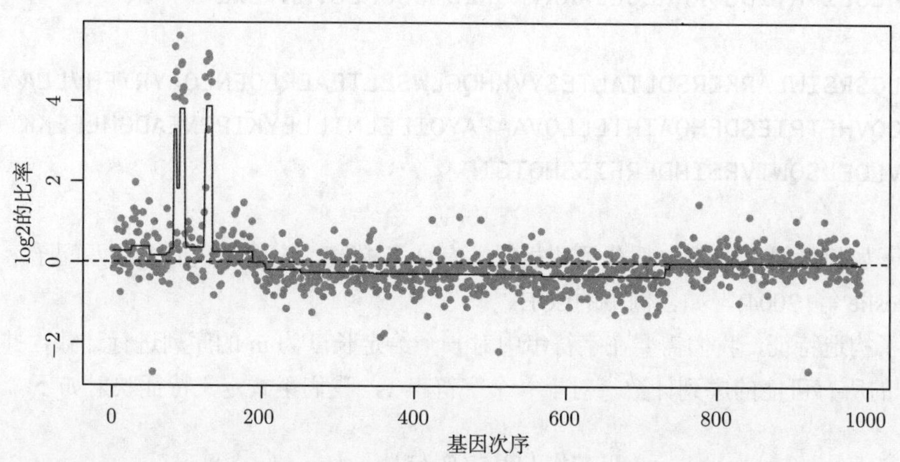

图 18–8　应用到 CGH 数据上的融合 Lasso。每点代表（在以 2 为底的对数空间上）相对于一个控制样本的复本数，一个肿瘤样本上一个基因的复本数

融合 Lasso 也有 2 维的形式，其参数位于像素的网格中，罚项作用于目标像素左、右、上、下的第一项差值。这对于图像的去噪或分类是很有用的。Friedman 等 (2007)为 1 维和 2 维的融合 Lasso 设计了一种快速的广义坐标下降算法。

18.5　特征无法获取时的分类

在某些应用中，待研究的对象本质上更抽象，如何去定义一个特征向量并非显而易见。只要能用数据集中对象之间的相似性填满一个 $N \times N$ 的邻接矩阵，则将近似性解释成内积后，我们可以应用已有武器库中的许多分类器。蛋白质结构正属于这种情况，我们将在接下来的18.5.1节探索这一问题。

在其他应用中，如文档分类，特征矩阵是可以获得的，但却有极高的维数。我们当然不会希望计算如此高维的数据，而仅仅希望能存储两个文档之间的内积。通常，这些内积可以通过采样技巧来近似。

逐对距离也用于同样的目的，因为它们也可以转化为中心化的内积。相似矩阵的讨论详见第14章。

18.5.1 示例：字符串核以及蛋白质分类

计算生物学中的一个重要问题是要基于蛋白质序列的相似性将蛋白质分为功能性和结构性的类别。蛋白质分子是长度和成分都不同的氨基酸的字符串。在我们关注的这个例子中，氨基酸分子的长度介于 75 ~ 160 之间，而每个氨基酸分子都可能是 20 个不同种类中的一种，以字母作为它的标签。如下是两个例子，其长度分别为 110 和 153:

```
IPTSALVKETLALLSTHRTLLIANETLRIPVPVHKNHQLCTEEIFQGIGTLESQTVQGGTV
ERLFKNLSLIKKYIDGQKKKCGEERRRVNQFLDYLQEFLGVMNTEWI

PHRRDLCSRSIWLARKIRSDLTALTESYVKHQGLWSELTEAERLQENLQAYRTFHVLLA
RLLEDQQVHFTPTEGDFHQAIHTLLLQVAAFAYQIEELMILLEYKIPRNEADGMLFEKK
LWGLKVLQELSQWTVRSIHDLRFISSHQTGIP
```

关于如何度量一对蛋白质分子的相似性有许多提议。这里，我们关注匹配子字符串的数目 (Leslie 等, 2004)，如上例中的LQE。

为了构造特征，我们需要在字符串中对一个给定长度为 m 的序列进行计数，并且为长度为 m 的所有可能的序列计数。对于一个字符串 x，我们正式定义特征映射如下

$$\mathbf{\Phi}_m(x) = \{\phi_a(x)\}_{a\in\mathcal{A}_m} \tag{18.25}$$

$\mathcal{A}_m$ 是长度为 m 的子序列集，$\phi_a(x)$ 是“a”在字符串 x 中出现的次数。通过以上映射，我们定义内积为

$$\boldsymbol{K}_m(x_1, x_2) = \langle\mathbf{\Phi}_m(x_1), \mathbf{\Phi}_m(x_2)\rangle, \tag{18.26}$$

该式度量了两个字符串 x_1，x_2 之间的相似性。这样可以利用如支持向量机等分类器将字符串归类到不同的蛋白质类别中。

现在可能的序列 a 的数目是 $|\mathcal{A}_m| = 20^m$。这对于适中的 m 可能也太大了，并且子序列中的绝大多数都不匹配我们训练集中的字符串。它证明，我们可以利用树状结构有效地计算 $N\times N$ 阶内积矩阵或字符串核（string kernel）$\boldsymbol{K}_m$，而不必计算单个向量。这一方法论以及用到的数据都来自于 (Leslie 等, 2004)[①]

我们的数据包括 1708 个分成两类的蛋白质样本，其中 1663 个负样本，45 个正样本。前面介绍的两个例子，也就是我们称为“x_1”和“x_2”的两个字符串都取自这一数据集。我们已经标记了在两个蛋白质中都出现的子序列LQE。一共有 20^3 个可能的子序列，即 $\mathbf{\Phi_3}\boldsymbol{x}$ 将是长度为 8000 的向量。在本例中，$\phi_{LQE}(x_1) = 1$ 和 $\phi_{LQQE}(x_2) = 2$。

利用 (Leslie 等, 2004)提供的软件，我们计算 $m = 4$ 的字符串核，然后将其用于支持向量分类器，在 $20^4 = 160,000$ 维的特征空间上求最大边缘的解。在所有训练数据上，我们采用 10 折交叉验证计算 SVM 的预测值。图18–9的橙色曲线显示了对支持向量分类器使用交

① 我们再次感谢 Christina Leslie 的帮助以及她提供的数据，这些数据可以从我们的图书网站上获取。

叉验证的 ROC 曲线。该曲线通过使用交叉验证的支持向量分类器得到实数预测值，再改变其在预测值的割点位置来计算。在曲线下方的区域面积是 0.84。Leslie 等 (2003)证明，虽然可能没有专门针对蛋白质字符串匹配设计的方法精确，字符串核的方法也是很有竞争力的。

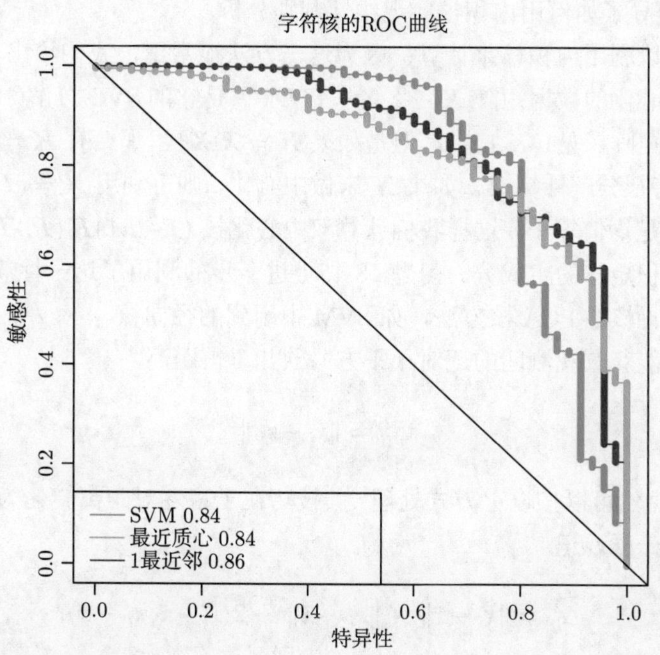

图 18–9　使用字符串核对蛋白质样本进行交叉验证的 ROC 曲线。图例说明旁边的数字是围在曲线下面的面积，以此作为准确性的总度量。SVM 相对于其他两种方法更敏感，同时后两者有更好的特异性

许多其他的分类器可以仅仅利用核矩阵中的信息来计算；一些细节详见下一节。最近质心分类器（绿色），距离加权的 1 最近邻（蓝色）的结果都显示在图 18–9中，它们的性能都与支持向量分类器相似。

18.5.2　使用内积核以及成对距离的分类和其他模型

除了支持向量机之外，还有许多其他的分类器，也可以只利用内积矩阵来实现。这说明它们也像 SVM 一样可以被“核化”。

一个明显的例子是最近邻分类器，因为我们可以将逐对内积转化为逐对距离：

$$\|x_i - x_{i'}\|^2 = \langle x_i, x_i\rangle + \langle x_{i'}, x_{i'}\rangle - 2\langle x_i, x_{i'}\rangle. \tag{18.27}$$

图 18–9显示了 1 最近邻分类器的一个变种，它形成了需要构建 ROC 曲线的连续判别分数。这种距离加权的 1-最近邻分类器利用了测试点到每个类最近成员的距离；见习题18.14。

最近质心分类器的推广也很容易。对于一对训练样本 $(x_i, g_i), /, i = 1, \cdots, N$，一个测试样本 x_0 和一个类质心 $\bar{x}_k, /, k = 1, \cdots, K$，我们有

$$\|x_0 - \bar{x}_k\|^2 = \langle x_0, x_0\rangle - \frac{2}{N_k}\sum_{g_i=k}\langle x_0, x_i\rangle + \frac{1}{N_k^2}\sum_{g_i=k}\sum_{g_{i'}=k}\langle x_i, x_{i'}\rangle, \tag{18.28}$$

由此我们可以计算测试样本到每个质心的距离并实现最近质心分类。这也意味着类似 K-均值聚类的方法，也可以仅仅利用数据点的内积矩阵来实现。

二次正则化的 Logistic 和多项式回归也可以通过内积核来实现；见 12.3.3节和习题18.13。习题12.10推导了如何用内积核实现线性判别分析。

主成分也可以利用内积核来计算；因为这一方法很常用，我们给出一些细节。首先假定我们有一个中心化的数据矩阵 $\boldsymbol{X}$，令 $\boldsymbol{X}=\boldsymbol{U}\boldsymbol{D}\boldsymbol{V}^{\top}$ 是它的 SVD 分解(18.12)。则 $\boldsymbol{Z}=\boldsymbol{U}\boldsymbol{D}$ 是主成分变量的矩阵（见14.5.1节）。但是如果 $\boldsymbol{K}=\boldsymbol{X}\boldsymbol{X}^{\top}$，那么有 $\boldsymbol{K}=\boldsymbol{U}\boldsymbol{D}^2\boldsymbol{U}^{\top}$，于是我们可以从 $\boldsymbol{K}$ 的特征分解计算 $\boldsymbol{Z}$。如果 $\boldsymbol{X}$ 未做中心化，则可利用 $\tilde{\boldsymbol{X}}=(\boldsymbol{I}-\boldsymbol{M})\boldsymbol{X}$ 令其中心化，$\boldsymbol{M}=\frac{1}{N}\mathbf{1}\mathbf{1}^{\top}$ 是均值算子。这样我们计算双中心化核 $(\boldsymbol{I}-\boldsymbol{M})\boldsymbol{K}(\boldsymbol{I}-\boldsymbol{M}))$ 的特征向量作为未中心化的内积矩阵的主成分。习题 18.15更进一步的利用了这一性质，14.5.4节更详细地讨论了一些常见核的 PCA 核方法，如 SVM 中用到的径向核。

如果我们只能获取观测间的逐对（平方）欧几里得距离，

$$\Delta_{ii'}^2=\|x_i-x_{i'}\|^2 \tag{18.29}$$

可以证明，我们仍然可以按以上方式处理。其技巧在于将逐对距离转化为中心化的内积，然后就和上述操作一样。记

$$\Delta_{ii'}^2=\|x_i-\bar{x}\|^2+\|x_{i'}-\bar{x}\|^2-2\langle x_i-\bar{x},x_{i'}-\bar{x}\rangle. \tag{18.30}$$

定义 $\boldsymbol{B}=\{-\Delta_{ii'}^2/2\}$，我们将 $\boldsymbol{B}$ 双中心化:

$$\tilde{\boldsymbol{K}}=(\boldsymbol{I}-\boldsymbol{M})\boldsymbol{B}(\boldsymbol{I}-\boldsymbol{M}) \tag{18.31}$$

易知 $\tilde{K}_{ii'}=\langle x_i-\bar{x},x_{i'}-\bar{x}\rangle$ 为中心化内积矩阵。

距离和内积也允许我们计算每个类的中心点——与这个类中其他观测的平均距离最小的观测。中心点可以用于分类（最近中心点），也可以做 k-中心点聚类（14.3.10节）。对于如蛋白质这样的抽象数据对象，中心点比均值方法有现实意义上的优势。中心点本身是训练样本的一个，是实际存在并可见的。我们在下一节中尝试了中心点方法（见表18–3），但它的性能却令人失望。

表 18–3　抽象样例的交叉验证错误率。最近收缩质心采用没有收缩来结束，但确实使用了逐字标准化(18.2节)。这一标准化过程令其相对于其他方法有明显的优势

	方法	交叉验证错误率（SE）
1.	最近收缩质心	0.17（0.05）
2.	支持向量机	0.23（0.06）
3.	最近中心点	0.65（0.07）
4.	1-近邻	0.44（0.07）
5.	最近质心	0.29（0.07）

了解用内积核和距离我们不能做什么是很有用的。

- 我们不能标准化变量；在下一节的例子中标准化显著提高了性能。
- 我们不能直接评估单个变量的贡献。具体来说，我们不能执行单个 t 测试，拟合最近收缩质心模型或拟合任何使用 Lasso 罚项的模型。
- 我们不能分离噪音和好的变量：所有的变量都有同等的发言权。如果像通常那样，相关变量相对于不相关变量的比率很小，使用核的方法就不会像特征选择的方法那样见效。

18.5.3　示例：摘要分类

这个看似异想天开的例子是用来说明核方法的局限性的。我们从 48 篇论文中搜集了摘要，作者分别为 Bradley Efron（BE），Trevor Hastie & Rob Tibshiranni（HT，两人合作紧密）和 Jerome Friedman，每组作者选取 16 篇。我们从这些摘要中抽取了所有独一单词，定义特征 x_{ij} 为单词 j 出现在摘要 i 中的次数。这种表示方法称为词袋（bag of words）。引号、括号和特殊字符首先从摘要数据中去除，且所有字母都被转换为小写。我们也去掉了单词“we”，因为这对于 HT 和其他摘要会有些不公平的判别。

一共产生了 4492 个单词，其中 $p = 1310$ 个是唯一的。我们的目的是根据特征 x_{ij} 将文档分类为 BE，HT 或 JF。虽然这是人造的，这个例子允许我们评估，如果针对于原始特征的信息没有用到，性能上可能会出现退化。

我们首先对数据应用最近收缩质心分类器，使用 10 折交叉检验。不进行收缩是很有必要的，因此使用了所有的特征，见表 18–3第一行。错误率为 17%，特征个数可以在几乎不影响准确率的的情况下减少到大约 500 个。注意，最近收缩分类器需要原始特征矩阵 $\boldsymbol{X}$，从而对每个单独的特征进行标准化。图 18–10显示了前 20 个辨识度最高的单词，以正向的评分表示该单词出现在某一类多于出现在其他类的程度。

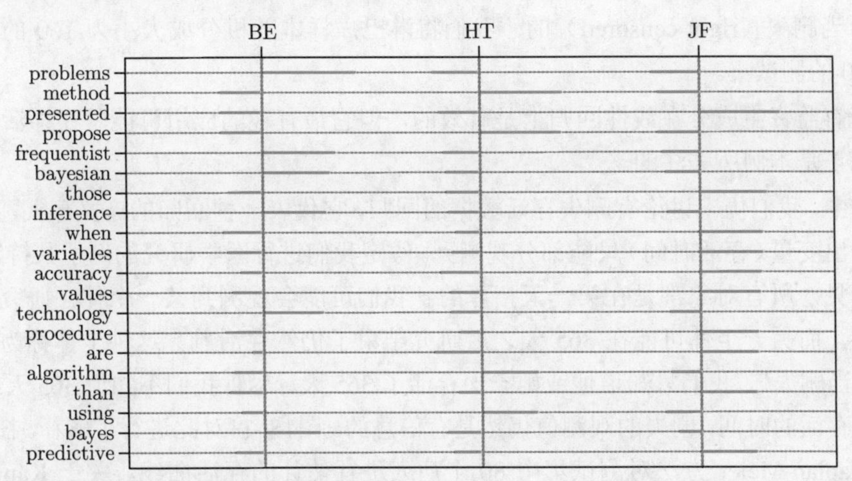

图 18–10　摘要样例：由最近收缩质心得到的前 20 个评分。每个评分是该单词在给定类与在其他类的出现频率的标准化差值。因此正的评分（在代表基准线的垂直灰线右边）表示在该类中的出现频率更高；负的评分表示出现频率较低

有些单词是有意义的：比如 frequentist（频率派）和 Bayesian（贝叶斯）反映了 Efron 更强调统计推断。然而，其他很多单词却有些出人意料，它们反映了个人的写作风格：如 Friedman 喜欢用 presented，而 HT 喜欢用 propose。

接下来我们将应用没有正则化和线性核的支持向量分类器，并使用“所有成对（OVO）”的方法处理这三个类（对 SVM 进行正则化并不会提升它的性能）。结果显示在表18–3中。它的表现要比最近质心分类器稍差。

如前所述，表18–3的第一行代表了最近收缩质心（没有进行收缩）。以 s_j 表示特征 j 的聚合类内标准差，s_0 代表 s_j 的中位数。那么在用 $s_j + s_0$ 标准化每个特征后 [式(18.4)]，行（1）也对应于最近质心分类。

行（3）显示最近中心点的性能很差，这多少有些出乎意料。可能是由于小样本和高维，使用中心点会比使用均值的方差更高。1-最近邻分类器的性能也很差。

最近质心分类器的性能显示在表18–3的行（5）：它比最近中心点好，但比最近收缩质心，甚至比没有经过收缩的最近收缩质心的性能要差。差别似乎在于最近收缩质心对每一个特征都做了标准化。标准化在这里就尤为重要了，并且需要对单个特征值都进行操作。最近，质心使用了球形度量，且依赖于所有特征都位于相似的单元的假设。支持向量机估计特征的线性组合，因而能更好处理非标准化的特征。

18.6 高维回归：有监督主成分

本节描述当 $p \gg N$ 时对回归和广义回归尤其有用的一种简单方法。我们通过另一个微阵列数据来阐述该方法。数据取自 Rosenwald 等 (2002)，包括 240 个患有弥漫性大 B 细胞淋巴瘤（DLBCL）的病人，共有 7399 个基因表达度量。输出变量是存活时间，可能是观测到的或恰当删失（right censored）的。我们将淋巴瘤样本随机分成大小为 160 的训练集和大小为 80 的测试集。

尽管有监督主成分在线性回归上是有效的，但它最有趣的应用可能是在存活时间的研究上，也正是本例所关注的。

本书中，我们仍未讨论有删失存活数据的回归，它代表一种回归的广义形式，那里某些个体的输出变量（存活时间）只能部分观测到。假定我们进行医学研究的例子共持续365天，为简单起见，所有对象都是在第一天招募的。我们可能会观测到某一个体在研究开始 200 天后死去。而另一个体可能在 365 天之后研究结束了仍然存活着。这种个体称为在第 365 天被“恰当删失”。我们只知道他或她至少存活了 365 天。尽管我们不知道 365 天之后这个个体实际存活的时间，删失的观测值仍然是有信息的。图18–11对此进行了解释。图18–12显示了用 Kaplan-Meier 方法对测试集中 80 个病人进行估计的存活曲线。关于 Kaplan-Meier 方法的描述，可参见 Kalbfleisch and Prentice (1980)。

本例中，我们的目标是找出能预测出一组独立的病人集合存活时间的一组特征（基因）。这对于选择治疗手段或帮助理解疾病的生物学机理，可能会起到有效的医学预诊指示作用。

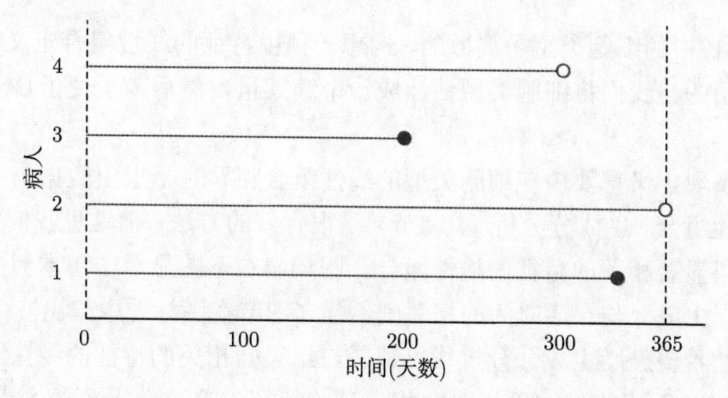

图 18–11　删失存活数据。图示有 4 个病人。第一个和第三个病人在研究结束之前去世了。第二个在研究结束之后（365 天）仍然存活，同时第四个病人在研究结束之前失去了联系。举例来说，这个病人可能离开了本国。第二个和第四个病人的存活时间称为“删失”

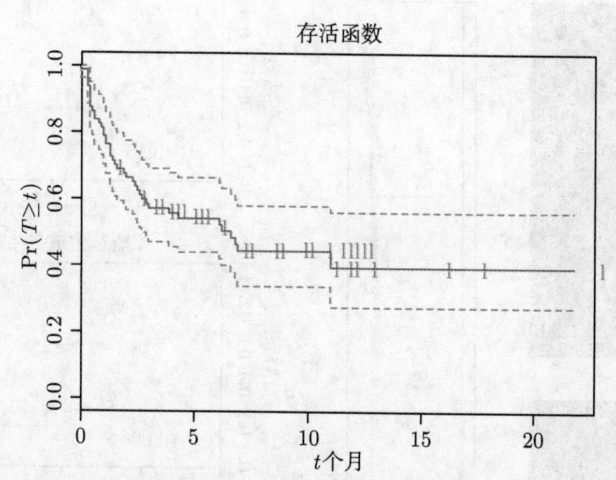

图 18–12　淋巴瘤数据。测试集中 80 个病人存活函数的 Kaplan-Meier 方法估计以及 1-标准误差曲线。曲线估计过去 t 个月的存活概率。记号表示删失的观测值

有监督主成分的内在概念模型显示于图18–13。我们设想有两类细胞，携带良性细胞的病人平均存活时间更久。然而，两类存活时间集合有相当大的重叠。我们可以将存活时间看做细胞类型的“有噪声的替代”。全监督方法会给那些与存活时间相关性最强的基因赋以最大的权重。这些基因是部分相关的，但并不是完美地与细胞类型相关。如果我们能够转而探索病人的内在细胞类型，这些类型通常是通过沿通路上共同作用的大规模签名那些基因所反映，那么我们就可以在预测病人存活时间上做得更好。

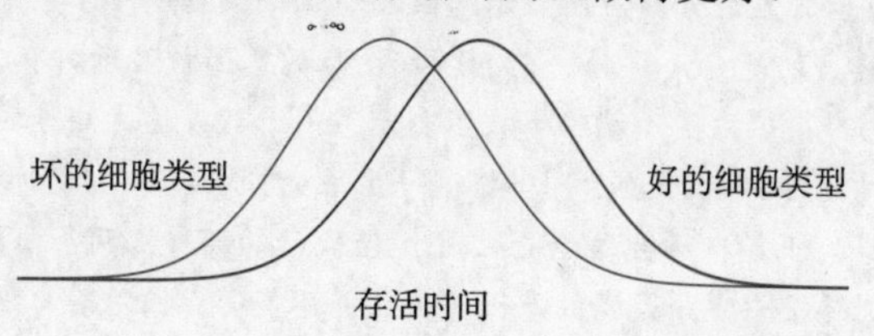

图 18–13　有监督主成分的内在概念模型。有两类细胞，有良性细胞的病人平均存活时间更长。有监督主成分通过平均能反映其性质的基因表达来估计细胞的种类

虽然图18–13中的细胞类型是离散的，构想一种由特征的线性组合定义的，连续的细胞类型却是很有用的。我们将细胞类型估计成一个连续量，然后为了便于显示和可解释再将其离散化。

我们如何发现定义重要内在细胞类型的线性组合呢？对于求出数据集中表现大方差的那些特征的线性组合，主成分分析（14.5节）是很有效的方法。但这里我们要找的是，既有大方差又与结果显著相关的特征的线性组合。图18–4右下图显示了在本例中应用标准主成分的结果；第一主成分与存活时间的相关度不强（细节在图标题中给出）。

因此，我们希望鼓励主成分分析找出那些与结果强相关的特征的线性组合。为实现这一目标，我们着眼于那些与结果相关度相当高的特征。这总结于**监督主成分**（supervised principal components）算法18.1中，图示于图18–14。

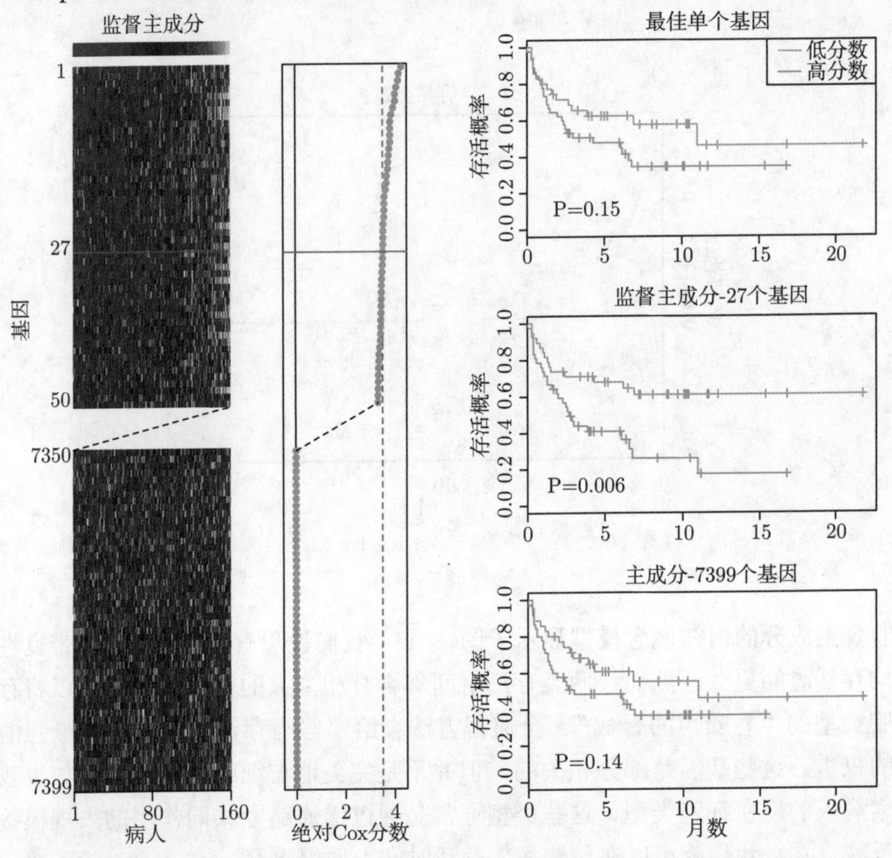

图 18–14 淋巴瘤数据的有监督主成分。左图显示基因表达训练数据一个子集的热力图。行按照一元 Cox 得分的大小排序，中间的垂直列是 Cox 得分。前 50 和后 50 的基因被显示。有监督主成分利用了前 27 个基因（通过 10 折 CV 选取）。在热力图顶端以条状图表示，用于对表达式矩阵的列排序。另外，每行都乘上一个 Cox 得分的符号。右边中间的图显示，当将这一主成分分析在零点（训练数据的均值）分为高低两组时测试数据的存活曲线。正如在对数秩检验上用 p-值表示的那样，两条曲线明显是分开的。顶图也是一样，只不过使用的是训练集中得分最高的基因。虽然并不显著，但两条曲线还是分开的。底图在所有基因上使用第一主成分，分开程度也很差。顶部基因的每一个都可以解释成一个内在细胞类型特征的有噪声代替，且有监督主成分用它们来估计隐因素

算法 18.1　监督主成分

1. 将输出作为每个特征的函数分别计算标准化一元回归的系数。
2. 对列表 $0 \geqslant \theta_1 < \theta_2 < \cdots < \delta_K$ 中的每个阈值 θ：
   (a) 构造一个约简的数据矩阵，该矩阵仅由那些一元系数的绝对值超过 θ 的特征组成，并计算矩阵的前 m 个主成分。
   (b) 将这些主成分用于回归模型预测其输出。
3. 通过交叉验证选择 θ（和 m）。

步骤（1）和（2b）的细节依赖于结果变量的类型。对于标准回归问题，我们在步骤（1）中使用一元线性最小二乘系数，在步骤（2b）中使用线性最小二乘模型。在存活时间问题上，Cox 的按比例风险回归模型应用广泛；因此我们在步骤（1）中使用这一模型的评分检验，并在步骤（2b）中使用多元 Cox 模型。细节对于理解基本的方法并不是本质的，可参见 Bair 等 (2006)。

图18–14显示了本例中监督主成分的结果。我们以 10 折交叉验证得到的数值 3.53 作为 Cox 分数的截点，产生了 27 个基因。然后再用这个数据的子集计算第一主成分（$m = 1$）以及它对每个测试观测的取值。我们将其作为定量预测子包含在 Cox 回归模型中，它的似然比显著性是 $p = 0.005$。当二分化之后（以训练集上的均值分数作为阈值），它将测试集中的病人清晰地分为高风险组和低风险组（图 18–14的中右图，$p = 0.006$）。

图18–14的右上图只使用评分最高的基因（二分化后）作为存活时间的特征。在测试集上，它的作用不显著。类似，右下图显示使用所有训练数据做二分化主成分的结果，作用同样不显著。

我们的过程在步骤（2a）中允许 $m > 1$ 个主成分。然而，步骤（1）中的监督却鼓励主成分与结果对齐，如此一来，大多数情况下都只有第一个或最前面的几个成分对预测有用的。在下面的数学发展中，我们不仅考虑第一个成分，推广到多个成分的情况也能以相似的形式推导。

18.6.1　与隐变量模型的关联

有监督主成分与内在细胞类型模型（图18–13）之间正式的联系，可通过数据的隐变量模型来建立。假设我们有一个响应变量 Y，它通过一个线性模型与一个潜在的隐变量 U 相关联

$$Y = \beta_0 + \beta_1 U + \varepsilon. \tag{18.32}$$

另外，以 $j \in \mathcal{P}$ 为索引的特征 X_j 的集合我们（关于路径）有一种度量方式，即

$$X_j = \alpha_{0j} + \alpha_{1j} U + \varepsilon_j,\ j \in \mathcal{P} \tag{18.33}$$

假定误差 ε 和 ε_j 均值为零，并且在它们各自的模型中独立于其他随机变量。

我们还有许多额外独立于 U 的特征 $X_k, k \notin \mathcal{P}$。我们希望能够辨识 $\mathcal{P}$，估计 U，从而拟合预测模型(18.32)。这是隐结构模型的一个特例或称之为单成分因子分析模型 (Mardia 等,

1979，也可见14.7节)。隐因子 U 是图18–13中概念化的、细胞类型的连续版本。

有监督主成分算法可看作一种拟合如下模型的方法。

- 筛选步（1）用于估计集合 $\mathcal{P}$。
- 给定 $\widehat{\mathcal{P}}$，步骤（2a）中最大主成分用于估计隐变量 U。
- 最后，步骤（2b）中的回归拟合估计模型 (18.32)中的参数。

步骤（1）是自然的，因为平均来看只有 α_{1j} 非零，回归系数才是非零的。因此，这一步应该选择特征 $j \in \mathcal{P}$。步骤（2）也是自然的，如果我们假定误差 ε_j 服从等方差高斯分布。这种情况下，主成分是对单因子模型的最大似然估计 (Mardia 等, 1979)。步骤（3）的回归显然就是最后一步。

假定一共有 p 个特征，其中 p_1 个特征属于相关集 $\mathcal{P}$。那么，p 和 p_1 都增加，但 p_1 相对于 p 增加较小的话，可知（在合理条件下）首位的监督主成分与内在隐因子是一致的。通常，第一主成分可能并不是一致的，因为它可能会由于大量“噪声”特征的存在而受到污染。

最后，假定监督主成分过程中的步骤（1）中所用的阈值产生大量的特征用于主成分的计算。为了使其具有可解释性，也为了实际应用，我们希望找到一种能近似这个模型的特征集归约方法。预条件处理（18.6.3节）就是这样的一种方法。

18.6.2 与偏最小二乘的关联

有监督主成分和偏最小二乘回归（Partial Least Squares，PLS）（3.5.2节）密切相关。Bair 等 (2006)发现，监督主成分之所以性能好，前关键是在步骤（2a）中过滤掉有噪特征。偏最小二乘（3.5.2节）降低噪声特征的权重，但并不将其舍弃；结果，大量的噪声特征能污染预测。然而一种与监督主成分相似的偏最小二乘过程的改进方法已经提出 [如 Brown 等 (1991)，Nadler and Coifman (2005)]。我们按监督主成分的步骤（1）和步骤（2a）来选择特征，但然后应用 PLS（而不是主成分）到这些特征上。针对当前的讨论，我们称之为“有阈值 PLS”。

有阈值 PLS 可以看成监督主成分的有噪版本，因此我们可能不能期望它实际见效。假设所有的变量都标准化。第一个 PLS 变量的形式为

$$\boldsymbol{z} = \sum_{j \in \mathcal{P}} \langle \boldsymbol{y}, \boldsymbol{x}_j \rangle \boldsymbol{x}_j, \tag{18.34}$$

它可以看成模型(18.33)中隐因子 U 的估计。相反，监督主成分方向 $\hat{\boldsymbol{u}}$ 满足

$$\hat{\boldsymbol{u}} = \frac{1}{d^2} \sum_{j \in \mathcal{P}} \langle \hat{\boldsymbol{u}}, \boldsymbol{x}_j \rangle \boldsymbol{x}_j, \tag{18.35}$$

其中 d 是 $\boldsymbol{X}_{\mathcal{P}}$ 的第一个奇异值。这服从第一主成分的定义。因此，有阈值 PLS 利用 $\boldsymbol{y}$ 与每个特征的内积作为权重，而监督主成分利用特征得到一个“自相合”的估计 $\hat{\boldsymbol{u}}$。因为不是单个结果 $\boldsymbol{y}$，而是许多特征都对 $\hat{\boldsymbol{u}}$ 的估计有作用，我们能期望 $\hat{\boldsymbol{u}}$ 比 $\boldsymbol{z}$ 的噪声少。事实上，

如果集合 $\mathcal{P}$ 中有 p_1 个特征，并且 N，p 和 p_1 随着 $p_1/N \to 0$ 趋向无穷大，则可利用如下所示的 Bair 等 (2006)中的技术：

$$\begin{aligned} \boldsymbol{z} &= \boldsymbol{u} + O_p(1) \\ \hat{\boldsymbol{u}} &= \boldsymbol{u} + O_p(\sqrt{p_1/N}), \end{aligned} \tag{18.36}$$

其中 $\boldsymbol{u}$ 是模型(18.32)，(18.33)中真实的（不可观测的）隐变量。

现在我们在一个仿真示例，数值地比较这些方法。有 $N = 100$ 个样本和 $p = 5000$ 个基因。我们按如下方式生成数据：

$$\begin{aligned} x_{ij} &= \begin{cases} 3 + \varepsilon_{ij} & \text{if } i \leqslant 50, \\ 4 + \varepsilon_{ij} & \text{if } i > 50 \end{cases} & j = 1, \ldots, 50 \\ x_{ij} &= \begin{cases} 1.5 + \varepsilon_{ij} & \text{if } 1 \leqslant i \leqslant 25 \text{ or } 51 \leqslant i \leqslant 75 \\ 5.5 + \varepsilon_{ij} & \text{if } 26 \leqslant i \leqslant 50 \text{ or } 76 \leqslant i \leqslant 100 \end{cases} & j = 51, \ldots, 250 \\ x_{ij} &= \varepsilon_{ij} & j = 251, \ldots, 5000 \\ y_i &= 2 \cdot \tfrac{1}{50} \textstyle\sum_{j=1}^{50} x_{ij} + \varepsilon_i \end{aligned} \tag{18.37}$$

这里 ε_{ij} 和 ε_i 是均值为 0、标准偏差分别为 1 和 1.5 的独立正态随机变量。因此，在前 50 个基因中，样本 1 ~ 50 和样本 51 ~ 100 的平均差是一个单位，这个平均差是与结果 y 相关的。接下来的 200 个基因在样本（1~ 25，51 ~ 75）和样本（26 ~ 50，76 ~ 100）之间的平均差大到 4 个单位，但这个平均差却和结果无关。剩余的基因是噪声。图18–15显示了一个典型实现的热力图，结果显示在左边，前 500 个基因显示在右边。

图 18–15　结果（左列）和以模型(18.37)实现的前 500 个基因的热力图。每列代表基因，每行代表样本

我们以该模型生成 100 次仿真，图18–16对测试误差结果进行了总结。主成分和偏最小二乘的测试误差显示在图的右边，两种方法的结果都受到数据中噪声特征的强烈干扰。在选择的特征数目范围很大时监督主成分和有阈值 PLS 都表现很好，而前者表现出一致更低的测试误差。

尽管这个例子看上去似乎是为监督主成分“量身定做”的，但它在其他模拟和真实数据集上似乎也有良好的性能 (Bair 等, 2006)。

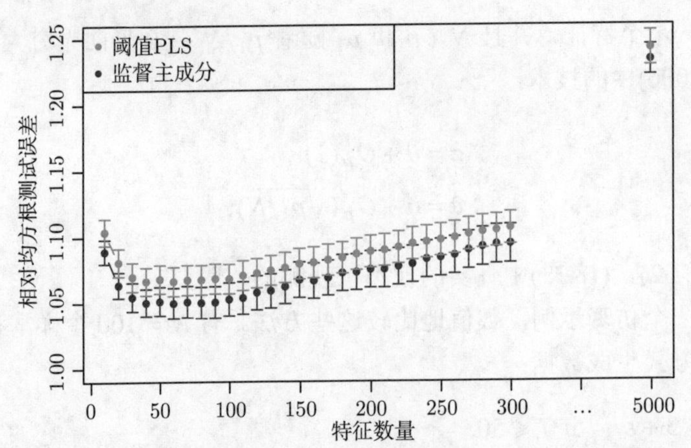

图 18–16 监督主成分和有阈值 PLS 方法在模型(18.37) 的 100 次实现中的均方根测试误差（±1-标准误差）。所有方法采用一个成分，并且误差与有噪声的标准偏差相关（贝叶斯误差是 1.0）。在两种方法中，我们为过滤器的阈值尝试了不同的值，保留的特征个数显示在横坐标轴上。最右端的点对应于使用了所有基因的常规主成分和偏最小二乘

18.6.3 特征选择的预条件处理

如图18–16所示，监督主成分相比其他竞争方法可以得到更低的测试误差。但是，它并不能一直都形成只涉及到少量特征（基因）的稀疏模型。即使算法步骤（1）的阈值产生相对较少的特征，也可能会有一些被忽略的特征与监督主成分反而有很大的内积（本来可能是其很好的替代）。另外，相关度高的特征更倾向于一起被选择，从而可能在选择的特征集合中产生大量的冗余。

另一方面，Lasso 方法（18.4节和3.4.2节）从这批数据中产生了稀疏的模型。在上一节的仿真例子中，这两种方法的测试误差孰优孰劣呢？图18–17显示了针对模型(18.37)的一次实现，分别用 Lasso、监督主成分和预条件 Lasso（详见下文）的测试误差。

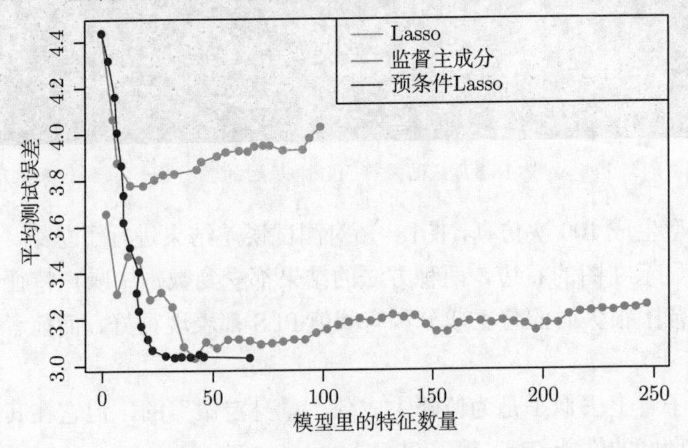

图 18–17 在模型(18.37)的一次实现上，Lasso、监督主成分和预条件处理 Lasso 的测试误差。每个模型都以非零特征数目作为索引。监督主成分的连线在 250 个特征处剪断。Lasso 在 100 个特征即样本大小（见18.4节）处自行剪断。本例中，预条件处理在大约 25 个特征实现了最低测试误差

我们可以看到，当模型中包括 50 个特征的时候，监督主成分（橘色曲线）达到最低误差。此特征数量与仿真的正确数目相吻合。虽然对于前 50 个特征线性模型是最优的，Lasso（绿色）却由于受到大量噪声特征的负面影响，而在模型中特征相当少的时候开始过拟合。

我们能否既得到 Lasso 的稀疏性，又有监督主成分的低测试误差呢？这正是预条件处理（pre-conditioning）的目的 (Paul 等, 2008)。这个方法首先对训练集的每个观测计算出监督主成分预测子 $\hat{y}_i$（由交叉验证选出阈值）。然后将 $\hat{y}_i$ 代替正常的输出 y_i 作为结果变量，再应用 Lasso。不仅仅是监督主成分中阈值选择步骤所保留的特征，所有特征在 Lasso 拟合中都要用到。其观点是先将结果变量去噪，Lasso 应该就不会受到大量噪声特征的负面影响。图18–17显示预条件处理（紫色曲线）在本例中是成功的，其测试误差远低于通常的 Lasso，并且（在本例中）和监督主成分一样低。它也能使用更少的特征达到同样的性能。而常规的 Lasso 方法，应用于原始的结果上时，会比预条件处理形式的 Lasso 更快产生过拟合现象。既然结果变量已经去噪，那么过拟合也就不是问题。对于预条件件 Lasso，我们通常在更多主观标准 (如简约性) 上选择调节参数。

如果使用初始估计而不是监督主成分，使用后处理（post processors）而不是 Lasso，预条件处理可以应用于各种环境。更多细节可参见 (Paul 等, 2008)。

18.7　特征评估和多重检验问题

在本章的开始部分，我们讨论了 $p \gg N$ 时的预测模型。这里，我们考虑更基本的问题，即评估 p 个特征中每一个的显著性。考虑 18.4.1节中蛋白质质谱的例子。在那个问题中，科学家可能对预测一个病人是否患有前列腺癌不感兴趣。目标可能是希望识别出正常样本和癌症样本之间充分不同的蛋白质，从而加强对疾病的理解并为药物的研发指明方向。因此，我们的目标是评估单个特征的显著性。这种评估与本章前面部分讨论的有所不同，它通常不需要借助多元预测模型。特征评估问题将我们的关注点从预测转移到传统的统计课题上，即多重假设检验（multiple hypothesis testing）。本章的剩余部分，我们将用 M 而不是 p 来表示特征数目，因为我们会频繁地提及p 值。

举例来说，如表18–4所示的微阵列数据，取自癌症病人对电离辐射治疗的敏感性研究 (Rieger 等, 2004)。每行包括 58 个病人样本的基因表达：44 个反应正常的病人和 14 个对辐射有严重反应的病人。测量在寡核酸微阵列进行。实验的目的是找出辐射敏感组群中病人身上表达不同的基因。一共有 $M = 12\,625$ 个基因，为方便说明，表中显示了一些样本和基因的数据。

为识别出有信息量的基因，我们为每个基因构造了一个 2 样本 t 统计量

$$t_j = \frac{\bar{x}_{2j} - \bar{x}_{1j}}{\mathrm{se}_j}, \tag{18.38}$$

这里 $\bar{x}_j = \sum_{j \in C_\ell} x_{ij}/N_\ell$。$C_\ell$ 是属于组 ℓ 的 N_ℓ 个样本的指标，$\ell = 1$ 表示未治疗组，$\ell = 2$ 是已治疗组。量 se_j 是基因 j 的汇聚类内标准误差：

$$\text{se}_j = \frac{\hat{\sigma}_j}{\sqrt{\frac{1}{N_1}+\frac{1}{N_2}}}; \quad \hat{\sigma}_j^2 = \frac{1}{N_1+N_2-2}\left(\sum_{i\in C_1}(x_{ij}-\bar{x}_{1j})^2+\sum_{i\in C_2}(x_{ij}-\bar{x}_{2j})^2\right). \tag{18.39}$$

表 18–4　取自辐射敏感度的微阵列研究的 12,625 个基因的子集。一共有 44 个属于正常组群的样本和 14 个属于辐射敏感组群的样本；这里，每个组群我们只显示 3 个样本

	正常				辐射敏感			
基因 1	7.85	29.74	29.50	⋯	17.20	-50.75	-18.89	⋯
基因 2	15.44	2.70	19.37	⋯	6.57	-7.41	79.18	⋯
基因 3	-1.79	15.52	-3.13	⋯	-8.32	12.64	4.75	⋯
基因 4	-11.74	22.35	-36.11	⋯	-52.17	7.24	-2.32	⋯
⋮	⋮	⋮	⋮	⋮	⋮	⋮	⋮	⋮
基因 12 625	-14.09	32.77	57.78	⋯	-32.84	24.09	-101.44	⋯

12,625 个 t 统计量的直方图在图18–18中以橘色显示，取值范围从 −4.7 到 5.0。如果 t_j 的取值是正态分布的，我们可以认为任何绝对值大于 2 的取值明显很大。这对应于大约 5% 的显著性水平。本例中，1189 个基因有 $|t_j| \geqslant 2$。然而对于 12 625 个基因，我们期望即使治疗对任何基因都无效，也偶尔出现很多大的值。例如，如果基因是独立的（当然，事实上是不可能的），伪显著基因的数目应该服从均值为 $12\,625 \cdot 0.05 = 631.3$ 标准偏差为 24.5 的二项式分布，1189 事实上已经超出了这一范围。

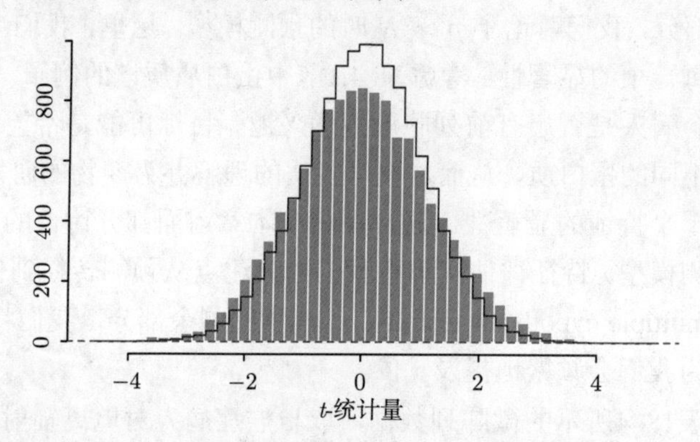

图 18–18　辐射敏感性微阵列样例。比较辐射敏感组群对不敏感组群，12,625 个 t 统计量的直方图。蓝色覆盖的部分是样本标签的 1000 个排列的 t 统计量的直方图

如何为所有 12 625 个基因评估其结果呢？这称为“多重检验”（multiple testing）。和前面一样，我们首先计算每个基因的 p 值。这要用到理论上的 t 分布概率假设，其假设特征服从正态分布。另一种有吸引力的方法是使用置换分布，因为它避免了对数据分布的假设。我们（原则上）计算了所有 $K = \binom{58}{14}$ 种样本标签的排列，对于每种排列，k 计算其 t-统计量 t_j^k。那么基因 j 的 p 值为

$$p_j = \frac{1}{K}\sum_{k=1}^{K} I(|t_j^k| > |t_j|). \tag{18.40}$$

当然，$\binom{58}{14}$ 显然太大了（大约 10^{13}），因此我们不可能枚举出所有可能的排列。可替代的方案是，我们对所有可能的排列进行随机采样，这里我们随机采样了 $K = 1000$ 种排列。

为了利用基因的相似性（例如在相同尺度空间上的度量）这一事实，我们可以汇聚所有基因的结果计算 p 值。

$$p_j = \frac{1}{MK}\sum_{j'=1}^{M}\sum_{k=1}^{K} I(|t_{j'}^k| > |t_j|). \tag{18.41}$$

相比式(18.40)，这也会得到更具粒度或层次感的 p 值，因为在汇聚的零分布中的值远远多于每个单独零分布中的值。

使用 p-值的集合，我们希望能对所有 $j = 1, 2, \cdots, M$ 检验假设

$$\begin{aligned} H_{0j} &= \text{治疗对基因}j\text{无效} \\ &\text{对比} \\ H_{1j} &= \text{治疗对基因}j\text{有效} \end{aligned} \tag{18.42}$$

如果 $p_j < \alpha$，我们在水平 α 拒绝假设 H_{0j}。这个检验具有等于 α 的类型 1 型 I 误差，即错误拒绝假设 H_{0j} 的概率是 α。

现在有许多检验需要考虑，不清楚我们应该使用哪一种作为全局的误差度量方法。依定义 $\Pr(A_j) = \alpha$，令 A_j 代表假设 H_{0j} 错误拒绝的事件。*分族误差率*（family-wise error rate，简称 FWER）表示至少发生一次错误拒绝事件的概率，是一种常用的总误差度量。具体来说，如果 $A = \cup_{j=1}^{M} A_j$ 是至少发生一次错误拒绝的事件，那么 FWER 就是 $\Pr(A)$。通常，如果 M 很大，则 $\Pr(A) \gg \alpha$ 并依赖于检验之间的相关性。如果每个检验的类型-I 误差率 α 都是独立的，那么所有测试的分族误差率为 $(1-(1-\alpha)^M)$。另一方面，如果测试之间是正依赖的，即 $\Pr(A_j \mid A_k) > \Pr(A_j)$，那么 FWER 就会小于 $(1-(1-\alpha)^M)$。在实际应用特别是基因组的研究中，检测之间的正依赖性是很常见的。

一种最简单的多重检验方法是 Bonferroni 方法。它令每个单独的检验都更严格，从而使 FWER 最多等于 α：如果 $p_j < \alpha/M$，则拒绝 H_{0j}。显而易见，FWER 是 $\leqslant \alpha$ 的（习题18.16）。如果 M 相对较小，Bonferroni 方法是有用的，但对于很大的 M，它就太过保守，也就是说，被它判断为显著的基因太少了。

本例中，如果检验水平为 $\alpha = 0.05$，则我们必须令阈值为 $0.05/12\,625 = 3.9 \times 10^{-6}$。这 12 625 个基因中没有任何一个的 p 值会这么小。

这个方法有很多变种可以修正单独的 p 值，使得 FWER 最多为 α，其中一些方法避免了独立性假设，例如 Dudoit 等 (2002b)。

18.7.1　错误发现率

一个不同于多重检测的方法是不试图控制 FWER，而是只关注伪显著基因的比例。下面我们将看到，这个方法在实际应用中很有吸引力。

表18–5总结了 M 次假设检验的理论结果。注意，分族误差率为 $\Pr(V \geqslant 1)$。这里我们只关注错误发现率（false discovery rate）：

$$\text{FDR} = \mathbb{E}(V/R). \tag{18.43}$$

表 18–5 M 次假设检验可能的结果。注意 V 是正误判检验的次数；类型-I 误差率为 $E()/M_0$。类型-II 误差率为 $E(T)/M_1$，能量为 $1 - E(T)/M_1$

	判断非显著	判断显著	合计
H_0 真	V	V	M_0
H_0 假	T	S	M_1
合计	$M - R$	R	M

在微阵列环境中，这是在 R 个称为显著基因中误判为显著基因的期望比例。该期望从生成数据的全体获得。Benjamini and Hochberg (1995)最先提出错误发现率的概念，并且给出了检验过程（算法18.2），其 FDR 以用户定义的水平 α 为界。Benjamini-Hochberg（BH）过程是基于 p 值的，可通过对检验统计量（如高斯）的渐近逼近来获得，或通过此处采用的置换分布来获得。

算法 18.2 Benjamini-Hochberg（BH）方法

1. 固定错误发现率 α 并令 $p_{(1)} \leqslant p_{(2)} \leqslant \cdots \leqslant p_{(M)}$ 表示排序后的 p-值
2. 定义
$$L = \max\left\{j : p_{(j)} < \alpha \cdot \frac{j}{M}\right\}. \tag{18.44}$$
3. 拒绝所有满足 BH 的拒绝阈值 $p_j \leqslant p_{(L)}$ 的 H_{0j}。

如果假设是独立的，Benjamini and Hochberg (1995)即证明，不管有多少零假设是真的，也不管零假设为假时 p 值的分布如何，这一过程都有性质如下。

$$\text{FDR} \leqslant \frac{M_0}{M}\alpha \leqslant \alpha. \tag{18.45}$$

以 $\alpha = 0.15$ 为例来说明。图18–19左下图显示排序后的 p 值 $p_{(j)}$，直线的斜率为 0.15/12625。

从左开始向右移动的过程中，BH 方法找到 p 值落到直线下方的最后时刻。这时 $j = 11$，所以我们拒绝了 11 个 p-值最小的基因。注意，这个截断发生在第 11 最小 p 值 0.00012 处，而第 11 最大的 $|t_j|$ 值为 4.101，因此，我们拒绝了 11 个 $|t_j| \geqslant 4.101$ 的基因。

通过我们简短的描述，BH 过程的工作原理还不够清晰；即为什么相应的FDR 取值最多是 0.15，这个值为 α 所用。的确，关于这一点的证明，是相当复杂的 (Benjamini and Hochberg, 1995)。

一种更直接的处理方法是插入（plug-in）方法。不同于从一个 α 的取值开始，我们为 t-统计量固定一个割点，如上例出现的取值 4.101。观测到的大于等于 4.101 的 $|t_j|$ 有 11 个。大于等于 4.101 的总排列值 $|t_j^k|$ 有 1518 个，平均每个排列 1518/1000 = 1.518 个。因此，对

错误发现率的直接估计为 $\widehat{\text{FDR}} = 1.518/11 \approx 14\%$。注意，14% 约等于前面用到的 $\alpha = 0.15$（差异归因于不连续性）。这一过程详见算法18.3，概述如下：

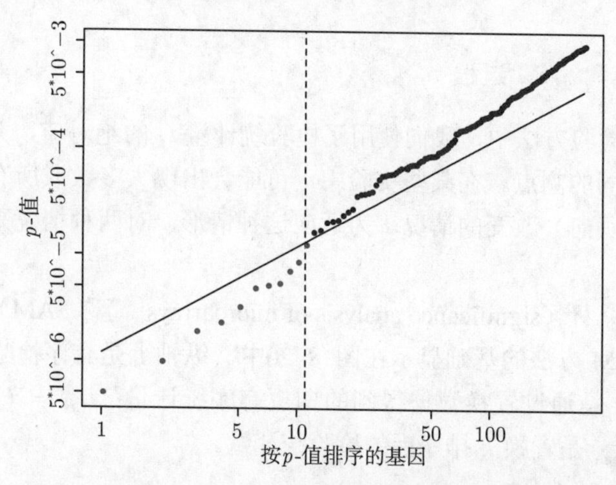

图 18–19　微阵列的示例（续）。所示为 Benjamini-Hochberg 方法排序后的 p-值 $p_{(j)}$ 和直线 $0.15 \cdot (j/12,625)$。使 p-值 $p_{(j)}$ 落在直线下方的最大 j 给出了 BH 阈值。本例中，这时 $j = 11$，以竖直线表示。因此，BH 方法判定 11 个 p 值最小的基因（红色）为显著的

算法18.3中 FDR 的插入估计等价于算法 18.2中使用排列 p-值(18.40)的 BH 过程。

算法 18.3　错误发现率的插入估计

1. 生成数据的 K 个排列，为特征 $j = 1, 2, \cdots, M$ 和排列 $k = 1, 2, \cdots, K$ 生成其 t-统计量 t_j^k。
2. 割点 C 的取值范围，令

$$R_{\text{obs}} = \sum_{j=1}^{M} I(|t_j| > C), \quad \widehat{\mathbb{E}(V)} = \frac{1}{K}\sum_{j=1}^{M}\sum_{k=1}^{K} I(|t_j^k| > C). \tag{18.46}$$

3. 利用 $\widehat{\text{FDR}} = \widehat{\mathbb{E}(V)}/R_{\text{obs}}$ 估计 FDR。

这种 BH 方法和插入估计之间的一致性并非巧合。习题 18. 17说明了他们大体上是等价的。注意，这一过程完全不涉及 p-值，而是直接使用检验统计量。

插入估计基于以下近似

$$\mathbb{E}(V/R) \approx \frac{\mathbb{E}(V)}{\mathbb{E}(R)} \tag{18.47}$$

通常，$\widehat{\text{FDR}}$ 是 FDR 的相合估计 (Storey, 2002; Storey 等, 2004)。注意，分子 $\widehat{\mathbb{E}(V)}$ 实际上估计了 $(M/M_0)\mathbb{E}(V)$，因为置换分布使用的是 M (而不是 M_0) 作为零假设。因此，如果可以得到 M_0 的估计，就可以通过 $(\hat{M}_0/M) \cdot \widehat{\text{FDR}}$ 得到对 FDR 更准确的估计。习题18.19展示了一种估计 M_0 的方法。对 FDR 最保守的估计（向上有偏）是令 $M_0 = M$。同样，通过关系式(18.45)，对 M_0 的估计也可以用于提升 BH 方法的性能。

读者可能会对我们选择 0.15 这么大的值作为 FDR 的界 α 感到惊讶。但请牢记，FDR 和类型-I 误差不一样，它的 0.05 是依惯例选取的。对于科学家来说，错误发现率是统计学家

告诉科学家，那些显著基因列表中假阳性基因的期望比例。微阵列实验中，FDR 高达 0.15 可能仍然有用，特别是对其性质尚处于探索阶段的时候。

18.7.2 非对称割点和 SAM 过程

在前面介绍的检验方法中，我们使用了检验统计量 t_j 的绝对值，并因此对该统计量的正负值都采用了相同的割点。在某些实验中，可能会出现大多数或所有差异表达基因都沿着正向（或都沿着负向）改变的情况。为适应这种情形，对两种情况采用不同的割点会比较有利。

微阵列显著性分析（significance analysis of microarrays, 简称 SAM）方法提供了实现这一目标的途径。SAM 方法的基础显示在图18–20中。纵轴上是有序检验统计量 $t_{(1)} \leqslant t_{(2)} \leqslant \cdots \leqslant t_{(M)}$，横轴上是通过置换数据得到的期望有序统计量：$\tilde{t}_{(j)} = (1/K)\sum_{k=1}^{K} t_{(j)}^{k}$，其中 $t_{(1)}^{k} \leqslant t_{(2)}^{k} \leqslant \cdots \leqslant t_{(M)}^{k}$ 是置换 k 排序后的检验统计量。

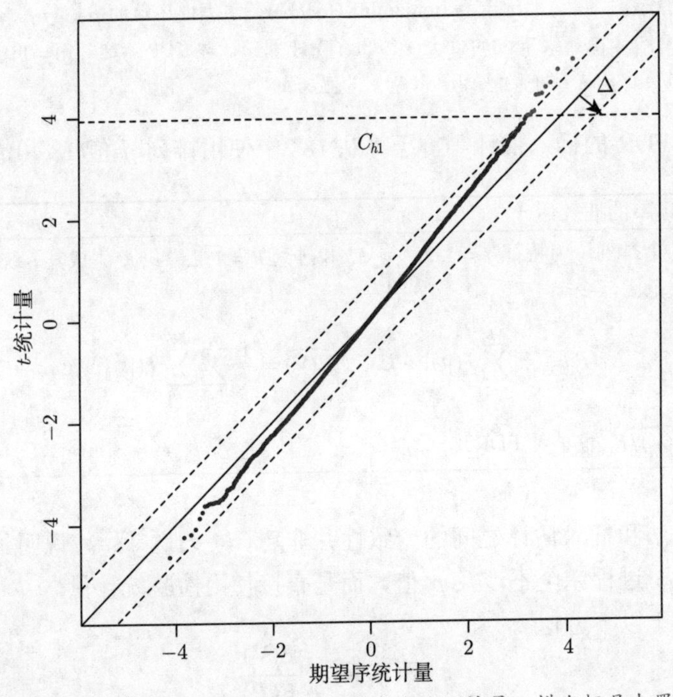

图 18–20 辐射敏感微阵列数据的 SAM 图。纵坐标是有序检验统计量，横坐标是由置换数据得到的检验统计量的期望有序统计量。平行于 45° 方向是两条间距为 Δ 个单位的直线。从原点开始向右移动，我们会发现基因第一次离开条带的位置。此处定义上割点 C_{hi}，并且所有超过这个割点的基因被判定为显著的（以红色标注）。同样，我们在左下角可以找到基因的下割点 C_{low}。对于特定的值 $\Delta = 0.71$，图中左下部是没有被判定为显著的基因

平行于 45° 线，绘有两条间距为 Δ 的直线。从原点开始向右移动，我们会发现基因第一次离开条带的位置。此就定义上割点 C_{hi}，所有超过这个割点的基因被判定为显著的（以红色标注）。类似地，我们在左下角可以找到基因的下割点 C_{low}。因此，每个调节参数 Δ

定义了上下割点，对每一个这样的割点，采用前面的方法计算插入估计 $\widehat{\text{FDR}}$。典型的做法是计算出一系列 Δ 值和对应的 $\widehat{\text{FDR}}$ 值，然后从中根据主观背景选出特定的一对。

使用 SAM 方法的优势在于割点可能存在非对称性。在图 18–20的例子中，当 $\Delta = 0.71$，我们得到 11 个显著基因，它们都位于右上方。位于左下方的数据点从没离开过条带的范围，因此 $C_{\text{low}} = -\infty$。即对于该 Δ 取值，左（负）侧没有被判定为显著的基因。我们不会像18.7.1节中那样强制令割点对称，因为假定两端有相同的表现并不合理。

在这个方法和采用似然比检验的非对称可能性之间有些相似。假设我们在无效的零假设下有一个对数似然 $\ell_0(t_j)$，和另一假设下的对数似然 $\ell(t_j)$。那么，似然比检验等价于在某个 Δ，如果

$$\ell(t_j) - \ell_0(t_j) > \Delta, \tag{18.48}$$

则拒绝零假设。依赖于似然，特别是其相对值，这种方法将对 t_j 而非 $-t_j$ 产生不同的阈值。SAM 方法在如下情况下拒绝零假设

$$|t_{(j)} - \tilde{t}_{(j)}| > \Delta \tag{18.49}$$

同样，每个 $t_{(j)}$ 的阈值依赖于其对应的空值 $\tilde{t}_{(j)}$。

18.7.3　FDR 的贝叶斯解释

Storey (2002)和 Efron and Tibshirani (2002)提出 FDR 有一种有趣的贝叶斯解释。首先，我们要定义*正错误发现率*（positive false discovery rate，简称 pFDR）如下

$$\text{pFDR} = \mathbb{E}\left[\frac{V}{R}|R > 0\right]. \tag{18.50}$$

在错误发现率的术语前加上“*正*”表示我们只对结果是正的误差率估计感兴趣。这个略微修改过的 FDR 形式，有一个清楚的贝叶斯解释。注意，如果 $\Pr(R = 0) > 0$，正常的 FDR[表达式(18.43)] 是无定义的。

令 Γ 为单次检验的拒绝域，上例中我们令 $\Gamma = (-\infty, 4.10) \cup (4.10, \infty)$。假设对独立同分布的统计量 $t_1, \cdots, t_M$ 和拒绝域 Γ 进行了 M 次同样的单次假设检验。我们定义一个随机变量 Z_j，如果第 j 个零假设为真，它就等于 0，否则为 1。假设每一对 (t_j, Z_j) 是关于某个分布 F_0 和 F_1 的独立同分布随机变量，且有

$$t_j \mid Z_j \sim (1 - Z_j) \cdot F_0 + Z_j \cdot F_1 \tag{18.51}$$

这就是说，每个检测统计量 t_j 来自于两个分布之一：零假设为真，则来自 F_0，否则来自 F_1。令 $\Pr(Z_j = 0) = \pi_0$，取边际分布得

$$t_j \sim \pi_0 \cdot F_0 + (1 - \pi_0) \cdot F_1 \tag{18.52}$$

然后可得 (Efron 等, 2001；Storey, 2002)

$$\text{pFDR}(\Gamma) = \Pr(Z_j = 0 \mid t_j \in \Gamma). \tag{18.53}$$

因此在混合模型(18.51)中，pFDR 是当检验中的检验统计量落入拒绝域时 (即当我们拒绝零假设时)，零假设为真的后验概率（习题18.20）。

错误发现概率为基于整个拒绝域如 $|t_j| > 2$ 的检验提供了一种准确性度量。但如果这种检测下的 FDR 为 (比方说) 10%，那么一个 $t_j = 5$ 的基因就比 $t_j = 2$ 的基因显著性更高。因此，研究一种局部（特定基因）的 FDR 是很有意义的。检验统计量 t_j 的 q 值 (Storey, 2003) 定义为在所有拒绝域中拒绝 t_j 的最小 FDR。即对于对称拒绝域，$t_j = 2$ 的 q 值定义为拒绝域 $\Gamma = \{-(\infty, -2) \cup (2, \infty)\}$ 的 FDR。因此 $t_j = 5$ 的 q 值小于 $t_j = 2$ 的，这反映 $t_j = 5$ 比 $t_j = 2$ 更显著。$t = t_0$ 处的*局部错误发现率*（local false discovery rate）(Efron and Tibshirani, 2002)定义为

$$\Pr(Z_j = 0 \mid t_j = t_0). \tag{18.54}$$

这是围绕 $t_j = t_0$ 点的一个无穷小拒绝域的（正）FDR。

文献说明

在本章中，我们关于具体问题给出了很多参考文献，这里再补充一些。Dudoit 等 (2002a) 对基因表达数据的判别方法做了综述和比较。Levina (2002)为 $p > N$ 时 $p, N \to \infty$ 的对角 LDA 和完全 LDA 的比较做了一些数学上的分析。她证明在合理假设下，对角 LDA 比满 LDA 的渐进误差率低。Tibshirani 等 (2001a)和 Tibshirani 等 (2003)提出了最近收缩质心分类器。Zhu and Hastie (2004)研究了正则化 logistic 回归。高维回归和 Lasso 是非常活跃的研究领域，许多相关参考文献在3.8.5节中给出。融合 Lasso 由 Tibshirani 等 (2005)提出，同年 Zou and Hastie (2005)引入了弹性网。监督主成分在 Bair and Tibshirani (2004)和 Bair 等 (2006)中有讨论。关于删失存活数据的介绍可参见 Kalbfleisch and Prentice 1980。

微阵列技术推动了统计研究的迅猛发展，可参考如下书籍：Speed (2003)，Parmigiani 等 (2003)，Simon 等 (2004)，Lee (2004)。

错误发现率由 Benjamini and Hochberg (1995)提出，并由他们二位以及许多其他研究者在后续的论文中得到研究和推广。关于 FDR 一部分论文的列表可见 Yoav Benjamini 的个人主页。一些最近的论文包括 Efron and Tibshirani (2002)，Storey (2002)，Genovese and Wasserman (2004)，Storey and Tibshirani (2003)和 Benjamini and Yekutieli (2005)。Duodoit 等 (2002b)回顾了在生物芯片研究中识别差异表达基因的各种方法。

习题

18.1 对于一个系数估计 $\hat{\beta}_j$，令 $\hat{\beta}_j/\|\hat{\beta}_j\|_2$ 是其归一化形式。证明当 $\lambda \to \infty$，归一化的岭回归估计收敛于重归一化的偏最小二乘单成分估计。

18.2 最近收缩质心和 *Lasso*。考虑一个分类问题的（朴素贝叶斯）高斯模型，其特征 $j = 1, 2, \cdots, p$ 在每个类 $k = 1, 2, \cdots, K$ 中都假设是独立的。观测值为 $i = 1, 2, \cdots, N$，C_k 是在 k 类中 N_k 个观测值指标的集合。对于满足 $\sum_{k=1}^{K} \mu_{jk} = 0$ 的 $i \in C_k$，我们观测到 $x_{ij} \sim N(\mu_j + \mu_{jk}, \sigma_j^2)$。令 $\hat{\sigma}_j^2 = s_j^2$ 是特征 j 的汇聚类内方差，考虑 Lasso 类型的最小化问题：

$$\min_{\{\mu_j, \mu_{jk}\}} \left\{ \frac{1}{2} \sum_{j=1}^{p} \sum_{k=1}^{K} \sum_{i \in C_k} \frac{(x_{ij} - \mu_j - \mu_{jk})^2}{s_j^2} + \lambda \sqrt{N_k} \sum_{j=1}^{p} \sum_{k=1}^{K} \frac{|\mu_{jk}|}{s_j} . \right\} \tag{18.55}$$

证明：当置 s_0 为零，并令 m_k^2 等于 $1/N_k$ 而不是前述的 $1/N_k - 1/N$ 时，其解等价于最近收缩质心分类器(18.5)。

18.3 证明正则化多类 logistic 回归问题(18.10)的拟合系数满足 $\sum_{k=1}^{K} \hat{\beta}_{kj} = 0, j = 1, \cdots, p$。$\hat{\beta}_{k0}$ 是多少？讨论带有这些常数参数的问题及其解决方法。

18.4 推导岭回归的计算公式(18.15)。[提示：利用带罚平方和准则函数的一阶导数证明，对于某个 $s \in \mathbb{R}^N$，如果 $\lambda > 0$，则 $\hat{\beta} = \boldsymbol{X}^\top s$]。

18.5 将 β 和 $\boldsymbol{X}$ 的行分解为它们在 $\boldsymbol{V}$ 的列空间上以及在 $\mathbb{R}^p$ 上的补的投影，证明18.3.5节的定理 (18.16)和(18.17)。

18.6 证明18.3.5节的定理可应用于正则化判别分析 [式(4.14)和式(18.9)]。

18.7 考虑一个 $p \gg N$ 的线性回归问题，假定 $\boldsymbol{X}$ 的秩为 N。令 $\boldsymbol{X}$ 的 SVD 分解为 $\boldsymbol{X} = \boldsymbol{U}\boldsymbol{D}\boldsymbol{V}^\top = \boldsymbol{R}\boldsymbol{V}^\top$，其中 $\boldsymbol{R}$ 是 $N \times N$ 阶非奇异矩阵，$\boldsymbol{V}$ 是 $p \times N$ 阶列正交的矩阵。

(a) 证明存在无限多个残差为零的最小二乘解。

(b) 证明 β 的岭回归估计可写成如下形式

$$\hat{\beta}_\lambda = \boldsymbol{V}(\boldsymbol{R}^\top \boldsymbol{R} + \lambda \boldsymbol{I})^{-1} \boldsymbol{R}^\top \boldsymbol{y} \tag{18.56}$$

(c) 证明当 $\lambda = 0$ 时，解 $\hat{\beta}_0 = \boldsymbol{V}\boldsymbol{D}^{-1}\boldsymbol{U}^\top \boldsymbol{y}$ 的残差都等于零，并且在所有残差为零的解中，它是唯一有最小欧几里得范数的。

18.8 数据堆存（*data piling*）。习题4.2证明两类 LDA 的解可以通过对由 −1 和 +1 组成的二值响应向量 $\boldsymbol{y}$ 进行线性回归得到。对任意 x 的预测 $\hat{\beta}^\top x$（加上比例和平移）是 LDA 得分 $\delta(x)$。假定这里 $p \gg N$。

(a) 考虑线性回归模型 $f(x) = \alpha + \beta^\top x$ 是对二值响应 $\boldsymbol{Y} \in \{-1, +1\}$ 的拟合。利用习题18.7，证明存在无数多个由 $\mathbb{R}^p$ 上的 $\hat{\beta}$ 定义的方向，数据在这些方向上的投影恰好落在两个点上，每个类一个点。这些方向称为数据堆存（*data piling*）的方向 (Ahn and Marron, 2005)。

(b) 证明两个投影点之间的距离是 $2/\|\hat{\beta}\|$，也就是由这些方向定义的不同超平面之间的边缘距离。

(c) 论证存在单个最大数据堆存方向使投影点之间的距离最大，且定义为 $\hat{\beta}_0 = \boldsymbol{V}\boldsymbol{D}^{-1}\boldsymbol{U}^\top \boldsymbol{y} = \boldsymbol{X}^{-1}\boldsymbol{y}$，其中 $\boldsymbol{X} = \boldsymbol{U}\boldsymbol{D}\boldsymbol{V}^\top$ 是 $\boldsymbol{X}$ 的 SVD 分解。

18.9 比较习题18.8 的数据堆存方向与最优分割超平面方向（4.5.2节）的性能。哪个方向产生的边缘最宽？为什么？通过一个小型仿真来说明这一差别。

18.10 当 $p \gg N$ 时，线性判别分析（见4.3节）的性能会由于类内协方差矩阵 $\boldsymbol{W}$ 是奇异的而退化。一种正则化判别分析(4.14)的形式将 $\boldsymbol{W}$ 替换为岭回归的形式 $\boldsymbol{W}+\lambda\boldsymbol{I}$，得到正则化判别函数 $\delta_\lambda(x)=x^\top(\boldsymbol{W}+\lambda\boldsymbol{I})^{-1}(\bar{x}_1-\bar{x}_{-1})$。证明：$\delta_0(x)=\lim_{\lambda\downarrow 0}\delta_\lambda(x)$ 与习题18.8中定义的最大数据堆存方向一致。

18.11 假定有一组 N 对样本 (x_i,y_i)，其中 y_i 是二值的，$x_i\in\mathbb{R}^1$。同时假设两类数据是可分的，例如对每一对 $y_i=0$ 和 $y_{i'}=1$ 的 i，i'，存在 $C>0$ 满足 $x_{i'}-x_i\geqslant C$。你可能希望用最大似然拟合一个线性 logistic 回归模型 $\operatorname{logit}\Pr(Y=1\mid X)=\alpha+\beta X$。证明 $\hat{\beta}$ 是未定的。

18.12 假设我们要在 $p\gg N$ 的情况下（对任意线性模型）通过 10 折交叉验证选择岭参数 λ。我们希望能利用18.3.5节中介绍的计算捷径。证明我们只需将 $N\times p$ 阶矩阵 $\boldsymbol{X}$ 一次规约为 $N\times N$ 阶的矩阵 $\boldsymbol{R}$，就可以在所有交叉验证过程中使用计算捷径。

18.13 假设 $p>N$ 的预测子以一个 $N\times N$ 的内积矩阵 $\boldsymbol{K}=\boldsymbol{X}\boldsymbol{X}^\top$ 表示，我们要用二次正则化，拟合一个与在原始特征上线性 logistic 回归模型等价的模型。我们的预测也利用了内积矩阵；新的 x_0 以 $k_0=\boldsymbol{X}x_0$ 表示。令 $\boldsymbol{K}=\boldsymbol{U}\boldsymbol{D}^2\boldsymbol{U}^\top$ 为 $\boldsymbol{K}$ 的特征分解。证明预测由 $\hat{f}_0=k_0^\top\hat{\alpha}$ 获得，其中

(1) $\hat{\alpha}=\boldsymbol{U}\boldsymbol{D}^{-1}\hat{\beta}$，并且

(2) $\hat{\beta}$ 是输入矩阵为 $\boldsymbol{R}=\boldsymbol{U}\boldsymbol{D}$ 的岭 logistic 回归估计。

证明同样的方法可用于任意合适的核矩阵 $\boldsymbol{K}$。

18.14 *距离加权 1-NN 分类*。考虑两类分类问题中的 1-最近邻方法（13.3节）。令 $d_+(x_0)$ 为类 +1 中到训练观测值的最短距离，同样定义类 −1 中的 $d_-(x_0)$。令 N_- 是类 −1 中的样本数目，N_+ 是类 +1 中的，并且 $N=N_-+N_+$。

(a) 证明

$$\delta(x_0)=\log\frac{d_-(x_0)}{d_+(x_0)} \tag{18.57}$$

可看作对应于 1-NN 分类的非参判别函数。[提示：证明 $\hat{f}_+(x_0)=\frac{1}{N_+d_+(x_0)}$) 可看作类 +1 中位于 x_0 的非参估计]。

(b) 如何修改这个函数，从而引入不同于采样先验 N_+/N 和 N_-/N 的类先验概率 π_+ 和 π_-？

(c) 如何将这个方法推广到 K-NN 分类器中？

18.15 *核 PCA*（*kernel PCA*）。在18.5.2节中，我们证明了如何通过未中心化的内积矩阵 $\boldsymbol{K}$ 计算主成分变量 $\boldsymbol{Z}$。我们用 $\boldsymbol{M}=\boldsymbol{1}\boldsymbol{1}^\top/N$ 计算特征分解 $(\boldsymbol{I}-\boldsymbol{M})\boldsymbol{K}(\boldsymbol{I}-\boldsymbol{M})=\boldsymbol{U}\boldsymbol{D}^2\boldsymbol{U}^\top$，然后 $\boldsymbol{Z}=\boldsymbol{U}\boldsymbol{D}$。假设我们有内积向量 $\boldsymbol{k}_0$，包含新数据点 x_0 与训练集中每个 x_i 的 N 个内积。证明 x_0 在主成分方向上的（中心化）投影是

$$\boldsymbol{z}_0=\boldsymbol{D}^{-1}\boldsymbol{U}^\top(\boldsymbol{I}-\boldsymbol{M})[\boldsymbol{k}_0-\boldsymbol{K}\boldsymbol{1}/N]. \tag{18.58}$$

18.16 *多重比较的 Bonferroni 方法*（*Bonferroni method for multiple comparisons*）。如果在多重检验下的零假设为 H_{0j}, $j=1,2,\cdots,M$。其对应的 p-值为 p_j, $j=1,2,\cdots,M$。令

A 表示事件至少有一个零假设被错误地拒绝，A_j 表示事件第 j 个零假设被错误地拒绝。假设我们采用 Bonferroni 方法，如果 $p_j < \alpha/M$ 就拒绝第 j 个零假设。

(1) 证明 $\Pr(A) \leqslant \alpha$。[提示：$\Pr(A_j \cup A_{j'}) = \Pr(A_j) + \Pr(A_{j'}) - \Pr(A_j \cap A_{j'})$]

(2) 如果假设 $H_{0j}, j = 1,2,\cdots,M$ 是独立的，那么 $\Pr(A) = 1 - \Pr(A^C) = 1 - \prod_{j=1}^{M} \Pr(A_j^C) = 1 - (1-\alpha/M)^M$ 。用其证明本例中 $\Pr(A) \approx \alpha$。

18.17 *Benjamini-Hochberg* 和插入方法的等价性（*equivalence between Benjamini-Hochberg and plug-in methods*）。

(a) 在算法18.2的标记中，证明对于拒绝阈值 $p_0 = p_{(L)}$，置换值中超过 $|T|_{(L)}$ 的比例最多为 p_0，$|T|_{(L)}$ 是 $|t_j|$ 中第 L 大的值。证明插入 FDR 估计 $\widehat{\text{FDR}}$ 小于等于 $p_0 \cdot M/L = \alpha$。

(b) 证明割点 $|T|_{(L+1)}$ 产生了估计 FDR 大于 α 的检验。

18.18 利用结果(18.53)证明

$$\text{pFDR} = \frac{\pi_0 \cdot \{\Gamma\text{的类型-I 误差}\}}{\pi_0 \cdot \{\Gamma\text{的类型-I 误差}\} + \pi_1 \cdot \{\Gamma\text{的幂}\}} \tag{18.59}$$

(Storey, 2003)。

18.19 考虑18.7节中表18–4的数据，它们可从本书网站获得。

(a) 利用基于 t-统计量的对称双边拒绝域，计算对于不同的割点值 FDR 的插入估计。

(b) 对不同的 FDR 水平 α 执行 BH 过程，并证明得到的结果与第（1）问中得到的等价。

(c) 令 $(q_{.25}, q_{.75})$ 是通过置换数据集得到的 t-统计量的四分位数。令 $\hat{\pi}_0 = \{\#t_j \in (q_{.25},, q_{.75})\}/(.5M)$，置 $\hat{\pi}_0 = \min(\hat{\pi}_0, 1)$。将由第（1）问中得到的 FDR 估计乘以 $\hat{\pi}_0$ 并检查结果。

(d) 给出第（3）问中的估计的动机。(Storey, 2003)

18.20 结果(18.53)的证明。写

$$\text{pFDR} = \mathbb{E}\left(\frac{V}{R} \mid R > 0\right) \tag{18.60}$$

$$= \sum_{k=1}^{M} \mathbb{E}\left[\frac{V}{R} \mid R = k\right] \Pr(R = k \mid R > 0) \tag{18.61}$$

利用事实来完成证明：给定 $R = k$，V 是经过 k 次检验，成功率为 $\Pr(H = 0 \mid T \in \Gamma)$ 的二项式随机变量，以完成证明。

参考文献

Abu-Mostafa, Y. (1995). Hints. *Neural Computation*, 7:639–671.

Ackley, D. H., Hinton, G., and Sejnowski, T. (1985). A learning algorithm for Boltzmann machines. *Trends in Cognitive Sciences*, 9:147–169.

Adam, B.-L., Qu, Y., Davis, J. W., Ward, M. D., Clements, M. A., Cazares, L. H., Semmes, O. J., Schellhammer, P. F., Yasui, Y., Feng, Z., and Wright, G. (2003). Serum protein fingerprinting coupled with a pattern-matching algorithm distinguishes prostate cancer from benign prostate hyperplasia and healthy mean. *Cancer Research*, 63(10):3609–3614.

Agrawal, R., Mannila, H., Srikant, R., Toivonen, H., and Verkamo, A. (1995). Fast discovery of association rules. In *Advances in Knowledge Discovery and Data Mining*. AAAI/MIT Press, Cambridge, MA.

Agresti, A. (1996). *An Introduction to Categorical Data Analysis*. Wiley, New York.

Agresti, A. (2002). *Categorical Data Analysis (2nd Ed.)*. Wiley, New York.

Ahn, J. and Marron, J. (2005). The direction of maximal data piling in high dimensional space. Technical report, Statistics Department, University of North Carolina, Chapel Hill.

Akaike, H. (1973). Information theory and an extension of the maximum likelihood principle. In *Second International Symposium on Information Theory*, pages 267–281.

Allen, D. (1977). The relationship between variable selection and data augmentation and a method of prediction. *Technometrics*, 16:125–7.

Ambroise, C. and McLachlan, G. (2002). Selection bias in gene extraction on the basis of microarray gene-expression data. *Proceedings of the National Academy of Sciences*, 99:6562–6566.

Amit, Y. and Geman, D. (1997). Shape quantization and recognition with randomized trees. *Neural Computation*, 9:1545–1588.

Anderson, J. and Rosenfeld, E., editors (1988). *Neurocomputing: Foundations of Research*. MIT Press, Cambridge, MA.

Anderson, T. (2003). *An Introduction to Multivariate Statistical Analysis, 3rd ed.* Wiley, New York.

Bach, F. and Jordan, M. (2002). Kernel independent component analysis. *Journal of Machine Learning Research*, 3:1–48.

Bair, E., Hastie, T., Paul, D., and Tibshirani, R. (2006). Prediction by supervised principal components. *Journal of the American Statistical Association*, 101:119–137.

Bair, E. and Tibshirani, R. (2004). Semi-supervised methods to predict patient survival from gene expression data. *PLOS Biology*, 2:511–522.

Bakin, S. (1999). Adaptive regression and model selection in data mining problems. Technical report, PhD. thesis, Australian National University, Canberra.

Banerjee, O., Ghaoui, L. E., and d'Aspremont, A. (2008). Model selection through sparse maximum likelihood estimation for multivariate gaussian or binary data. *Journal of Machine Learning Research*, 9:485–516.

Barron, A. (1993). Universal approximation bounds for superpositions of a sigmoid function. *IEEE Transactions on Information Theory*, 39:930–945.

Bartlett, P. and Traskin, M. (2007). Adaboost is consistent. In Schölkopf, B., Platt, J., and Hoffman, T., editors, *Advances in Neural Information Processing Systems 19*, pages 105–112. MIT Press, Cambridge, MA.

Becker, R., Cleveland, W., and Shyu, M. (1996). The visual design and control of trellis display. *Journal of

Computational and Graphical Statistics, 5:123–155.

Bell, A. and Sejnowski, T. (1995). An information-maximization approach to blind separation and blind deconvolution. *Neural Computation*, 7:1129–1159.

Bellman, R. E. (1961). *Adaptive Control Processes*. Princeton University Press.

Benjamini, Y. and Hochberg, Y. (1995). Controlling the false discovery rate: a practical and powerful approach to multiple testing. *Journal of the Royal Statistical Society Series B.*, 85:289–300.

Benjamini, Y. and Yekutieli, Y. (2005). False discovery rate controlling confidence intervals for selected parameters. *Journal of the American Statistical Association*, 100:71–80.

Bickel, P. and Levina, E. (2004). Some theory for Fisher's linear discriminant function,"Naive Bayes", and some alternatives when there are many more variables than observations. *Bernoulli*, 10:989–1010.

Bickel, P. J., Ritov, Y., and Tsybakov, A. (2008). Simultaneous analysis of lasso and Dantzig selector. *Annals of Statistics*. to appear.

Bishop, C. (1995). *Neural Networks for Pattern Recognition*. Clarendon Press, Oxford.

Bishop, C. (2006). *Pattern Recognition and Machine Learning*. Springer, New York.

Bishop, Y., Fienberg, S., and Holland, P. (1975). *Discrete Multivariate Analysis*. MIT Press, Cambridge, MA.

Boyd, S. and Vandenberghe, L. (2004). *Convex Optimization*. Cambridge University Press.

Breiman, L. (1992). The little bootstrap and other methods for dimensionality selection in regression: X-fixed prediction error. *Journal of the American Statistical Association*, 87:738–754.

Breiman, L. (1996a). Bagging predictors. *Machine Learning*, 26:123–140.

Breiman, L. (1996b). Stacked regressions. *Machine Learning*, 24:51–64.

Breiman, L. (1998). Arcing classifiers (with discussion). *Annals of Statistics*, 26:801–849.

Breiman, L. (1999). Prediction games and arcing algorithms. *Neural Computation*, 11(7):1493–1517.

Breiman, L. (2001). Random forests. *Machine Learning*, 45:5–32.

Breiman, L. and Friedman, J. (1997). Predicting multivariate responses in multiple linear regression (with discussion). *Journal of the Royal Statistical Society Series B.*, 59:3–37.

Breiman, L., Friedman, J., Olshen, R., and Stone, C. (1984). *Classification and Regression Trees*. Wadsworth, New York.

Breiman, L. and Ihaka, R. (1984). Nonlinear discriminant analysis via scaling and ACE. Technical report, University of California, Berkeley.

Breiman, L. and Spector, P. (1992). Submodel selection and evaluation in regression: the X-random case. *International Statistical Review*, 60:291–319.

Bremaud, P. (1999). *Markov Chains: Gibbs Fields, Monte Carlo Simulation, and Queues*. Springer, New York.

Brown, P., Spiegelman, C., and Denham, M. (1991). Chemometrics and spectral frequency selection. *Transactions of the Royal Society of London Series A.*, 337:311–322.

Bruce, A. and Gao, H. (1996). *Applied Wavelet Analysis with S-PLUS*. Springer, New York.

Bühlmann, P. and Hothorn, T. (2007). Boosting algorithms: regularization, prediction and model fitting (with discussion). *Statistical Science*, 22(4):477–505.

Buja, A., Hastie, T., and Tibshirani, R. (1989). Linear smoothers and additive models (with discussion). *Annals of Statistics*, 17:453–555.

Buja, A., Swayne, D., Littman, M., Hofmann, H., and Chen, L. (2008). Data vizualization with multidimensional scaling. *Journal of Computational and Graphical Statistics*. to appear.

Bunea, F., Tsybakov, A., and Wegkamp, M. (2007). Sparsity oracle inequalities for the lasso. *Electronic Journal of Statistics*, 1:169–194.

Burges, C. (1998). A tutorial on support vector machines for pattern recognition. *Knowledge Discovery and Data Mining*, 2(2):121–167.

Butte, A., Tamayo, P., Slonim, D., Golub, T., and Kohane, I. (2000). Discovering functional relationships between

RNA expression and chemotherapeutic susceptibility using relevance networks. *Proceedings of the National Academy of Sciences*, pages 12182–12186.

Candes, E. (2006). Compressive sampling. In *Proceedings of the International Congress of Mathematicians*, Madrid, Spain. European Mathematical Society.

Candes, E. and Tao, T. (2007). The Dantzig selector: Statistical estimation when p is much larger than n. *Annals of Statistics*, 35(6):2313–2351.

Chambers, J. and Hastie, T. (1991). *Statistical Models in S*. Wadsworth/Brooks Cole, Pacific Grove, CA.

Chaudhuri, S., Drton, M., and Richardson, T. S. (2007). Estimation of a covariance matrix with zeros. *Biometrika*, 94(1):1–18.

Chen, L. and Buja, A. (2008). Local multidimensional scaling for nonlinear dimension reduction, graph drawing and proximity analysis. *Journal of the American Statistical Association*.

Chen, S. S., Donoho, D., and Saunders, M. (1998). Atomic decomposition by basis pursuit. *SIAM Journal on Scientific Computing*, 20(1):33–61.

Cherkassky, V. and Ma, Y. (2003). Comparison of model selection for regression. *Neural computation*, 15(7):1691–1714.

Cherkassky, V. and Mulier, F. (2007). *Learning from Data (2nd Edition)*. Wiley, New York.

Chui, C. (1992). *An Introduction to Wavelets*. Academic Press, London.

Clifford, P. (1990). Markov random fields in statistics. In Grimmett, G. R. and Welsh, D. J. A., editors, *Disorder in Physical Systems. A Volume in Honour of John M. Hammersley*, pages 19–32, Oxford. Clarendon Press.

Comon, P. (1994). Independent component analysis—a new concept? *Signal Processing*, 36:287–314.

Cook, D. and Swayne, D. (2007). *Interactive and Dynamic Graphics for Data Analysis; with R and GGobi*. Springer, New York. With contributions from A. Buja, D. Temple Lang, H. Hofmann, H. Wickham and M. Lawrence.

Cook, N. (2007). Use and misuse of the receiver operating characteristic curve in risk prediction. *Circulation*, 116(6):928–35.

Copas, J. B. (1983). Regression, prediction and shrinkage (with discussion). *Journal of the Royal Statistical Society, Series B, Methodological*, 45:311–354.

Cover, T. and Hart, P. (1967). Nearest neighbor pattern classification. *IEEE Transactions on Information Theory*, IT-11:21–27.

Cover, T. and Thomas, J. (1991). *Elements of Information Theory*. Wiley, New York.

Cox, D. and Hinkley, D. (1974). *Theoretical Statistics*. Chapman and Hall, London.

Cox, D. and Wermuth, N. (1996). *Multivariate Dependencies: Models, Analysis and Interpretation*. Chapman and Hall, London.

Cressie, N. (1993). *Statistics for Spatial Data (Revised Edition)*. Wiley-Interscience, New York.

Csiszar, I. and Tusnády, G. (1984). Information geometry and alternating minimization procedures. *Statistics & Decisions Supplement Issue*, 1:205–237.

Cutler, A. and Breiman, L. (1994). Archetypal analysis. *Technometrics*, 36(4):338–347.

Dasarathy, B. (1991). *Nearest Neighbor Pattern Classification Techniques*. IEEE Computer Society Press, Los Alamitos, CA.

Daubechies, I. (1992). *Ten Lectures in Wavelets*. Society for Industrial and Applied Mathematics, Philadelphia, PA.

Daubechies, I., Defrise, M., and De Mol, C. (2004). An iterative thresholding algorithm for linear inverse problems with a sparsity constraint. *Communications on Pure and Applied Mathematics*, 57:1413–1457.

De Boor, C. (1978). *A Practical Guide to Splines*. Springer, New York.

Dempster, A. (1972). Covariance selection. *Biometrics*, 28:157–175.

Dempster, A., Laird, N., and Rubin, D. (1977). Maximum likelihood from incomplete data via the EM algorithm (with discussion). *Journal of the Royal Statistical Society Series B*, 39:1–38.

Devijver, P. and Kittler, J. (1982). *Pattern Recognition: A Statistical Approach*. Prentice-Hall, Englewood Cliffs,

N.J.

Dietterich, T. (2000a). Ensemble methods in machine learning. *Lecture Notes in Computer Science*, 1857:1–15.

Dietterich, T. (2000b). An experimental comparison of three methods for constructing ensembles of decision trees: bagging, boosting, and randomization. *Machine Learning*, 40(2):139–157.

Dietterich, T. and Bakiri, G. (1995). Solving multiclass learning problems via error-correcting output codes. *Journal of Artificial Intelligence Research*, 2:263–286.

Donath, W. E. and Hoffman, A. J. (1973). Lower bounds for the partitioning of graphs. *IBM Journal of Research and Development*, pages 420–425.

Donoho, D. (2006a). Compressed sensing. *IEEE Transactions on Information Theory*, 52(4):1289–1306.

Donoho, D. (2006b). For most large underdetermined systems of equations, the minimal ℓ^1-norm solution is the sparsest solution. *Communications on Pure and Applied Mathematics*, 59:797–829.

Donoho, D. and Elad, M. (2003). Optimally sparse representation from overcomplete dictionaries via ℓ^1-norm minimization. *Proceedings of the National Academy of Sciences*, 100:2197–2202.

Donoho, D. and Johnstone, I. (1994). Ideal spatial adaptation by wavelet shrinkage. *Biometrika*, 81:425–455.

Donoho, D. and Stodden, V. (2004). When does non-negative matrix factorization give a correct decomposition into parts? In Thrun, S., Saul, L., and Schölkopf, B., editors, *Advances in Neural Information Processing Systems 16*. MIT Press, Cambridge, MA.

Duan, N. and Li, K.-C. (1991). Slicing regression: a link-free regression method. *Annals of Statistics*, 19:505–530.

Duchamp, T. and Stuetzle, W. (1996). Extremal properties of principal curves in the plane. *Annals of Statistics*, 24:1511–1520.

Duda, R., Hart, P., and Stork, D. (2000). *Pattern Classification (2nd Edition)*. Wiley, New York.

Dudoit, S., Fridlyand, J., and Speed, T. (2002a). Comparison of discrimination methods for the classification of tumors using gene expression data. *Journal of the American Statistical Association*, 97(457):77–87.

Dudoit, S., Yang, Y., Callow, M., and Speed, T. (2002b). Statistical methods for identifying differentially expressed genes in replicated cDNA microarray experiments. *Statistica Sinica*, pages 111–139.

Edwards, D. (2000). *Introduction to Graphical Modelling, 2nd Edition*. Springer, New York.

Efron, B. (1975). The efficiency of logistic regression compared to normal discriminant analysis. *Journal of the American Statistical Association*, 70:892–898.

Efron, B. (1979). Bootstrap methods: another look at the jackknife. *Annals of Statistics*, 7:1–26.

Efron, B. (1983). Estimating the error rate of a prediction rule: some improvements on cross-validation. *Journal of the American Statistical Association*, 78:316–331.

Efron, B. (1986). How biased is the apparent error rate of a prediction rule? *Journal of the American Statistical Association*, 81:461–70.

Efron, B., Hastie, T., Johnstone, I., and Tibshirani, R. (2004). Least angle regression (with discussion). *Annals of Statistics*, 32(2):407–499.

Efron, B., Hastie, T., and Tibshirani, R. (2007). Discussion of "Dantzig selector" by Candes and Tao. *Annals of Statistics*, 35(6):2358–2364.

Efron, B. and Tibshirani, R. (1991). Statistical analysis in the computer age. *Science*, 253:390–395.

Efron, B. and Tibshirani, R. (1993). *An Introduction to the Bootstrap*. Chapman and Hall, London.

Efron, B. and Tibshirani, R. (1996). Using specially designed exponential families for density estimation. *Annals of Statistics*, 24(6):2431–2461.

Efron, B. and Tibshirani, R. (1997). Improvements on cross-validation: the 632+ bootstrap: method. *Journal of the American Statistical Association*, 92:548–560.

Efron, B. and Tibshirani, R. (2002). Microarrays, empirical Bayes methods, and false discovery rates. *Genetic Epidemiology*, 1:70–86.

Efron, B., Tibshirani, R., Storey, J., and Tusher, V. (2001). Empirical Bayes analysis of a microarray experiment.

Journal of the American Statistical Association, 96:1151–1160.

Evgeniou, T., Pontil, M., and Poggio, T. (2000). Regularization networks and support vector machines. *Advances in Computational Mathematics*, 13(1):1–50.

Fan, J. and Fan, Y. (2008). High dimensional classification using features annealed independence rules. *Annals of Statistics*. to appear.

Fan, J. and Gijbels, I. (1996). *Local Polynomial Modelling and Its Applications*. Chapman and Hall, London.

Fan, J. and Li, R. (2005). Variable selection via nonconcave penalized likelihood and its oracle properties. *Journal of the American Statistical Association*, 96:1348–1360.

Fiedler, M. (1973). Algebraic connectivity of graphs. *Czechoslovak Mathematics Journal*, 23(98):298–305.

Fisher, R. A. (1936). The use of multiple measurements in taxonomic problems. *Eugen.*, 7:179–188.

Fisher, W. (1958). On grouping for maximum homogeniety. *Journal of the American Statistical Association*, 53(284):789–798.

Fix, E. and Hodges, J. (1951). Discriminatory analysis—nonparametric discrimination: Consistency properties. Technical Report 21-49-004,4, U.S. Air Force, School of Aviation Medicine, Randolph Field, TX.

Flury, B. (1990). Principal points. *Biometrika*, 77:33–41.

Forgy, E. (1965). Cluster analysis of multivariate data: efficiency vs. interpretability of classifications. *Biometrics*, 21:768–769.

Frank, I. and Friedman, J. (1993). A statistical view of some chemometrics regression tools (with discussion). *Technometrics*, 35(2):109–148.

Freund, Y. (1995). Boosting a weak learning algorithm by majority. *Information and Computation*, 121(2):256–285.

Freund, Y. and Schapire, R. (1996a). Experiments with a new boosting algorithm. In *Machine Learning: Proceedings of the Thirteenth International Conference*, pages 148–156. Morgan Kauffman, San Francisco.

Freund, Y. and Schapire, R. (1996b). Game theory, on-line prediction and boosting. In *Proceedings of the Ninth Annual Conference on Computational Learning Theory*, pages 325–332, Desenzano del Garda, Italy.

Freund, Y. and Schapire, R. (1997). A decision-theoretic generalization of online learning and an application to boosting. *Journal of Computer and System Sciences*, 55:119–139.

Friedman, J. (1987). Exploratory projection pursuit. *Journal of the American Statistical Association*, 82:249–266.

Friedman, J. (1989). Regularized discriminant analysis. *Journal of the American Statistical Association*, 84:165–175.

Friedman, J. (1991). Multivariate adaptive regression splines (with discussion). *Annals of Statistics*, 19(1):1–141.

Friedman, J. (1994a). Flexible metric nearest-neighbor classification. Technical report, Stanford University.

Friedman, J. (1994b). An overview of predictive learning and function approximation. In Cherkassky, V., Friedman, J., and Wechsler, H., editors, *From Statistics to Neural Networks*, volume 136 of *NATO ISI Series F*. Springer, New York.

Friedman, J. (1996). Another approach to polychotomous classification. Technical report, Stanford University.

Friedman, J. (1997). On bias, variance, 0-1 loss and the curse of dimensionality. *Journal of Data Mining and Knowledge Discovery*, 1:55–77.

Friedman, J. (1999). Stochastic gradient boosting. Technical report, Stanford University.

Friedman, J. (2001). Greedy function approximation: A gradient boosting machine. *Annals of Statistics*, 29(5):1189–1232.

Friedman, J., Baskett, F., and Shustek, L. (1975). An algorithm for finding nearest neighbors. *IEEE Transactions on Computers*, 24:1000–1006.

Friedman, J., Bentley, J., and Finkel, R. (1977). An algorithm for finding best matches in logarithmic expected time. *ACM Transactions on Mathematical Software*, 3:209–226.

Friedman, J. and Fisher, N. (1999). Bump hunting in high dimensional data. *Statistics and Computing*, 9:123–143.

Friedman, J. and Hall, P. (2007). On bagging and nonlinear estimation. *Journal of Statistical Planning and*

Inference, 137:669–683.

Friedman, J., Hastie, T., Hoefling, H., and Tibshirani, R. (2007). Pathwise coordinate optimization. *Annals of Applied Statistics*, 2(1):302–332.

Friedman, J., Hastie, T., Rosset, S., Tibshirani, R., and Zhu, J. (2004). Discussion of three boosting papers by Jiang, Lugosi and Vayatis, and Zhang. *Annals of Statistics*, 32:102–107.

Friedman, J., Hastie, T., and Tibshirani, R. (2000). Additive logistic regression: a statistical view of boosting (with discussion). *Annals of Statistics*, 28:337–307.

Friedman, J., Hastie, T., and Tibshirani, R. (2008a). Regularization paths for generalized linear models via coordinate descent. Technical report, Stanford University.

Friedman, J., Hastie, T., and Tibshirani, R. (2008b). Response to "mease and wyner: Evidence contrary to the statistical view of boosting". *Journal of Machine Learning Research*, 9:175–180.

Friedman, J., Hastie, T., and Tibshirani, R. (2008c). Sparse inverse covariance estimation with the graphical lasso. *Biostatistics*, 9:432–441.

Friedman, J., Hastie, T., and Tibshirani, R. (2010). Regularization paths for generalized linear models via coordinate descent. *Journal of Statistical Software*, 33(1):1–22.

Friedman, J. and Popescu, B. (2003). Importance sampled learning ensembles. Technical report, Stanford University, Department of Statistics.

Friedman, J. and Popescu, B. (2008). Predictive learning via rule ensembles. *Annals of Applied Statistics, to appear.*

Friedman, J. and Silverman, B. (1989). Flexible parsimonious smoothing and additive modelling (with discussion). *Technometrics*, 31:3–39.

Friedman, J. and Stuetzle, W. (1981). Projection pursuit regression. *Journal of the American Statistical Association*, 76:817–823.

Friedman, J., Stuetzle, W., and Schroeder, A. (1984). Projection pursuit density estimation. *Journal of the American Statistical Association*, 79:599–608.

Friedman, J. and Tukey, J. (1974). A projection pursuit algorithm for exploratory data analysis. *IEEE Transactions on Computers, Series C*, 23:881–889.

Fu, W. (1998). Penalized regressions: the bridge vs. the lasso. *Journal of Computational and Graphical Statistics*, 7(3):397–416.

Furnival, G. and Wilson, R. (1974). Regression by leaps and bounds. *Technometrics*, 16:499–511.

Gelfand, A. and Smith, A. (1990). Sampling based approaches to calculating marginal densities. *Journal of the American Statistical Association*, 85:398–409.

Gelman, A., Carlin, J., Stern, H., and Rubin, D. (1995). *Bayesian Data Analysis*. CRC Press, Boca Raton, FL.

Geman, S. and Geman, D. (1984). Stochastic relaxation, Gibbs distributions and the Bayesian restoration of images. *IEEE Transactions on Pattern Analysis and Machine Intelligence*, 6:721–741.

Genkin, A., Lewis, D., and Madigan, D. (2007). Large-scale Bayesian logistic regression for text categorization. *Technometrics*, 49(3):291–304.

Genovese, C. and Wasserman, L. (2004). A stochastic process approach to false discovery rates. *Annals of Statistics*, 32(3):1035–1061.

Gersho, A. and Gray, R. (1992). *Vector Quantization and Signal Compression*. Kluwer Academic Publishers, Boston, MA.

Girosi, F., Jones, M., and Poggio, T. (1995). Regularization theory and neural network architectures. *Neural Computation*, 7:219–269.

Golub, G., Heath, M., and Wahba, G. (1979). Generalized cross-validation as a method for choosing a good ridge parameter. *Technometrics*, 21:215–224.

Golub, G. and Van Loan, C. (1983). *Matrix Computations*. Johns Hopkins University Press, Baltimore.

Golub, T., Slonim, D., Tamayo, P., Huard, C., Gaasenbeek, M., Mesirov, J., Coller, H., Loh, M., Downing, J.,

Caligiuri, M., Bloomfield, C., and Lander, E. (1999). Molecular classification of cancer: Class discovery and class prediction by gene expression monitoring. *Science*, 286:531–536.

Goodall, C. (1991). Procrustes methods in the statistical analysis of shape. *Journal of the Royal Statistical Society, Series B*, 53:285–321.

Gordon, A. (1999). *Classification (2nd edition)*. Chapman and Hall/CRC Press, London.

Green, P. and Silverman, B. (1994). *Nonparametric Regression and Generalized Linear Models: A Roughness Penalty Approach*. Chapman and Hall, London.

Greenacre, M. (1984). *Theory and Applications of Correspondence Analysis*. Academic Press, New York.

Greenshtein, E. and Ritov, Y. (2004). Persistence in high-dimensional linear predictor selection and the virtue of overparametrization. *Bernoulli*, 10:971–988.

Guo, Y., Hastie, T., and Tibshirani, R. (2006). Regularized linear discriminant analysis and its application in microarrays. *Biostatistics*, 8:86–100.

Guyon, I., Gunn, S., Nikravesh, M., and Zadeh, L., editors (2006). *Feature Extraction, Foundations and Applications*. Springer, New York.

Guyon, I., Weston, J., Barnhill, S., and Vapnik, V. (2002). Gene selection for cancer classification using support vector machines. *Machine Learning*, 46:389–422.

Hall, P. (1992). *The Bootstrap and Edgeworth Expansion*. Springer, New York.

Hammersley, J. M. and Clifford, P. (1971). Markov field on finite graphs and lattices. unpublished.

Hand, D. (1981). *Discrimination and Classification*. Wiley, Chichester.

Hanley, J. and McNeil, B. (1982). The meaning and use of the area under a receiver operating characteristic (roc) curve. *Radiology*, 143:29–36.

Hart, P. (1968). The condensed nearest-neighbor rule. *IEEE Transactions on Information Theory*, 14:515–516.

Hartigan, J. (1975). *Clustering Algorithms*. Wiley, New York.

Hartigan, J. A. and Wong, M. A. (1979). [(Algorithm AS 136] A *k*-means clustering algorithm (AS R39: 81v30 p355-356). *Applied Statistics*, 28:100–108.

Hastie, T. (1984). *Principal Curves and Surfaces*. PhD thesis, Stanford University.

Hastie, T., Botha, J., and Schnitzler, C. (1989). Regression with an ordered categorical response. *Statistics in Medicine*, 43:884–889.

Hastie, T., Buja, A., and Tibshirani, R. (1995). Penalized discriminant analysis. *Annals of Statistics*, 23:73–102.

Hastie, T. and Herman, A. (1990). An analysis of gestational age, neonatal size and neonatal death using nonparametric logistic regression. *Journal of Clinical Epidemiology*, 43:1179–90.

Hastie, T., Kishon, E., Clark, M., and Fan, J. (1992). A model for signature verification. Technical report, AT&T Bell Laboratories. `http://www-stat.stanford.edu/~hastie/Papers/signature.pdf`.

Hastie, T., Rosset, S., Tibshirani, R., and Zhu, J. (2004). The entire regularization path for the support vector machine. *Journal of Machine Learning Research*, 5:1391–1415.

Hastie, T. and Simard, P. (1998). Models and metrics for handwritten digit recognition. *Statistical Science*, 13:54–65.

Hastie, T. and Stuetzle, W. (1989). Principal curves. *Journal of the American Statistical Association*, 84(406):502–516.

Hastie, T., Taylor, J., Tibshirani, R., and Walther, G. (2007). Forward stagewise regression and the monotone lasso. *Electronic Journal of Statistics*, 1:1–29.

Hastie, T. and Tibshirani, R. (1987). Nonparametric logistic and proportional odds regression. *Applied Statistics*, 36:260–276.

Hastie, T. and Tibshirani, R. (1990). *Generalized Additive Models*. Chapman and Hall, London.

Hastie, T. and Tibshirani, R. (1996a). Discriminant adaptive nearest-neighbor classification. *IEEE Pattern Recognition and Machine Intelligence*, 18:607–616.

Hastie, T. and Tibshirani, R. (1996b). Discriminant analysis by Gaussian mixtures. *Journal of the Royal Statistical Society Series B.*, 58:155–176.

Hastie, T. and Tibshirani, R. (1998). Classification by pairwise coupling. *Annals of Statistics*, 26(2):451–471.

Hastie, T. and Tibshirani, R. (2003). Independent components analysis through product density estimation. In S. Becker, S. T. and Obermayer, K., editors, *Advances in Neural Information Processing Systems 15*, pages 649–656. MIT Press, Cambridge, MA.

Hastie, T. and Tibshirani, R. (2004). Efficient quadratic regularization for expression arrays. *Biostatistics*, 5(3):329–340.

Hastie, T., Tibshirani, R., and Buja, A. (1994). Flexible discriminant analysis by optimal scoring. *Journal of the American Statistical Association*, 89:1255–1270.

Hastie, T., Tibshirani, R., and Buja, A. (1998). Flexible discriminant and mixture models. In Kay, J. and Titterington, M., editors, *Statistics and Artificial Neural Networks*. Oxford University Press.

Hastie, T., Tibshirani, R., and Friedman, J. (2003). A note on "Comparison of model selection for regression" by Cherkassky and Ma. *Neural computation*, 15(7):1477–1480.

Hastie, T. and Zhu, J. (2006). Discussion of "Support vector machines with applications" by Javier Moguerza and Alberto Munoz. *Statistical Science*, 21(3):352–357.

Hathaway, R. J. (1986). Another interpretation of the EM algorithm for mixture distributions. *Statistics & Probability Letters*, 4:53–56.

Hebb, D. (1949). *The Organization of Behavior*. Wiley, New York.

Hertz, J., Krogh, A., and Palmer, R. (1991). *Introduction to the Theory of Neural Computation*. Addison Wesley, Redwood City, CA.

Hinton, G. (1989). Connectionist learning procedures. *Artificial Intelligence*, 40:185–234.

Hinton, G. (2002). Training products of experts by minimizing contrastive divergence. *Neural Computation*, 14:1771–1800.

Hinton, G., Osindero, S., and Teh, Y.-W. (2006). A fast learning algorithm for deep belief nets. *Neural Computation*, 18:1527–1554.

Ho, T. K. (1995). Random decision forests. In Kavavaugh, M. and Storms, P., editors, *Proc. Third International Conference on Document Analysis and Recognition*, volume 1, pages 278–282. IEEE Computer Society Press, New York.

Hoefling, H. and Tibshirani, R. (2008). Estimation of sparse Markov networks using modified logistic regression and the lasso. submitted.

Hoerl, A. E. and Kennard, R. (1970). Ridge regression: biased estimation for nonorthogonal problems. *Technometrics*, 12:55–67.

Hothorn, T. and Bühlmann, P. (2006). Model-based boosting in high dimensions. *Bioinformatics*, 22(22):2828–2829.

Huber, P. (1964). Robust estimation of a location parameter. *Annals of Mathematical Statistics*, 53:73–101.

Huber, P. (1985). Projection pursuit. *Annals of Statistics*, 13:435–475.

Hunter, D. and Lange, K. (2004). A tutorial on MM algorithms. *The American Statistician*, 58(1):30–37.

Hyvärinen, A., Karhunen, J., and Oja, E. (2001). *Independent Component Analysis*. Wiley, New York.

Hyvärinen, A. and Oja, E. (2000). Independent component analysis: algorithms and applications. *Neural Networks*, 13:411–430.

Izenman, A. (1975). Reduced-rank regression for the multivariate linear model. *Journal of Multivariate Analysis*, 5:248–264.

Jacobs, R., Jordan, M., Nowlan, S., and Hinton, G. (1991). Adaptive mixtures of local experts. *Neural computation*, 3:79–87.

Jain, A. and Dubes, R. (1988). *Algorithms for Clustering Data*. Prentice-Hall, Englewood Cliffs, N.J.

James, G. and Hastie, T. (1998). The error coding method and PICTs. *Journal of Computational and Graphical Statistics*, 7(3):377–387.

Jancey, R. (1966). Multidimensional group analysis. *Australian Journal of Botany*, 14:127–130.

Jensen, F. V., Lauritzen, S., and Olesen, K. G. (1990). Bayesian updating in recursive graphical models by local computation. *Computational Statistics Quarterly*, 4:269–282.

Jiang, W. (2004). Process consistency for Adaboost. *Annals of Statistics*, 32(1):13–29.

Jiroušek, R. and Přeučil, S. (1995). On the effective implementation of the iterative proportional fitting procedure. *Computational Statistics and Data Analysis*, 19:177–189.

Johnson, N. (2008). A study of the NIPS feature selection challenge. Submitted.

Joliffe, I. T., Trendafilov, N. T., and Uddin, M. (2003). A modified principal component technique based on the lasso. *Journal of Computational and Graphical Statistics*, 12:531–547.

Jones, L. (1992). A simple lemma on greedy approximation in Hilbert space and convergence rates for projection pursuit regression and neural network training. *Annals of Statistics*, 20:608–613.

Jordan, M. (2004). Graphical models. *Statistical Science (Special Issue on Bayesian Statistics)*, 19:140–155.

Jordan, M. and Jacobs, R. (1994). Hierachical mixtures of experts and the EM algorithm. *Neural Computation*, 6:181–214.

Kalbfleisch, J. and Prentice, R. (1980). *The Statistical Analysis of Failure Time Data*. Wiley, New York.

Kaufman, L. and Rousseeuw, P. (1990). *Finding Groups in Data: An Introduction to Cluster Analysis*. Wiley, New York.

Kearns, M. and Vazirani, U. (1994). *An Introduction to Computational Learning Theory*. MIT Press, Cambridge, MA.

Kittler, J., Hatef, M., Duin, R., and Matas, J. (1998). On combining classifiers. *IEEE Transaction on Pattern Analysis and Machine Intelligence*, 20(3):226–239.

Kleinberg, E. M. (1990). Stochastic discrimination. *Annals of Mathematical Artificial Intelligence*, 1:207–239.

Kleinberg, E. M. (1996). An overtraining-resistant stochastic modeling method for pattern recognition. *Annals of Statistics*, 24:2319–2349.

Knight, K. and Fu, W. (2000). Asymptotics for lasso-type estimators. *Annals of Statistics*, 28(5):1356–1378.

Koh, K., Kim, S.-J., and Boyd, S. (2007). An interior-point method for large-scale L1-regularized logistic regression. *Journal of Machine Learning Research*, 8:1519–1555.

Kohavi, R. (1995). A study of cross-validation and bootstrap for accuracy estimation and model selection. In *International Joint Conference on Artificial Intelligence (IJCAI)*, pages 1137–1143. Morgan Kaufmann.

Kohonen, T. (1989). *Self-Organization and Associative Memory (3rd edition)*. Springer, Berlin.

Kohonen, T. (1990). The self-organizing map. *Proceedings of the IEEE*, 78:1464–1479.

Kohonen, T., Kaski, S., Lagus, K., Salojärvi, J., Paatero, A., and Saarela, A. (2000). Self-organization of a massive document collection. *IEEE Transactions on Neural Networks*, 11(3):574–585. Special Issue on Neural Networks for Data Mining and Knowledge Discovery.

Koller, D. and Friedman, N. (2007). *Structured Probabilistic Models*. Stanford Bookstore Custom Publishing. (Unpublished Draft).

Kressel, U. (1999). Pairwise classification and support vector machines. In Schölkopf, B., Burges, C., and Smola, A., editors, *Advances in Kernel Methods - Support Vector Learning*, pages 255–268. MIT Press, Cambridge, MA.

Lambert, D. (1992). Zero-inflated Poisson regression, with an application to defects in manufacturing. *Technometrics*, 34(1):1–14.

Lange, K. (2004). *Optimization*. Springer, New York.

Lauritzen, S. (1996). *Graphical Models*. Oxford University Press.

Lauritzen, S. and Spiegelhalter, D. (1988). Local computations with probabilities on graphical structures and their application to expert systems. *J. Royal Statistical Society B.*, 50:157–224.

Lawson, C. and Hansen, R. (1974). *Solving Least Squares Problems*. Prentice-Hall, Englewood Cliffs, NJ.

Le Cun, Y. (1989). Generalization and network design strategies. Technical Report CRG-TR-89-4, Department of Computer Science, Univ. of Toronto.

Le Cun, Y., Boser, B., Denker, J., Henderson, D., Howard, R., Hubbard, W., and Jackel, L. (1990). Handwritten digit recognition with a back-propogation network. In Touretzky, D., editor, *Advances in Neural Information Processing Systems*, volume 2, pages 386–404, Denver, CO. Morgan Kaufman.

Le Cun, Y., Bottou, L., Bengio, Y., and Haffner, P. (1998). Gradient-based learning applied to document recognition. *Proceedings of the IEEE*, 86(11):2278–2324.

Leathwick, J., Elith, J., Francis, M., Hastie, T., and Taylor, P. (2006). Variation in demersal fish species richness in the oceans surrounding new zealand: an analysis using boosted regression trees. *Marine Ecology Progress Series*, 77:802–813.

Leathwick, J., Rowe, D., Richardson, J., Elith, J., and Hastie, T. (2005). Using multivariate adaptive regression splines to predict the distributions of New Zealand's freshwater diadromous fish. *Freshwater Biology*, 50:2034–2051.

Leblanc, M. and Tibshirani, R. (1996). Combining estimates in regression and classification. *Journal of the American Statistical Association*, 91:1641–1650.

LeCun, Y., Bottou, L., Bengio, Y., and Haffner, P. (1998). Gradient-based learning applied to document recognition. *Proceedings of the IEEE*, 86(11):2278–2324.

Lee, D. and Seung, H. (1999). Learning the parts of objects by non-negative matrix factorization. *Nature*, 401:788.

Lee, D. and Seung, H. (2001). Algorithms for non-negative matrix factorization. In *Advances in Neural Information Processing Systems, (NIPS 2001)*, volume 13, pages 556–562. Morgan Kaufman, Denver.

Lee, M.-L. (2004). *Analysis of Microarray Gene Expression Data*. Kluwer Academic Publishers.

Lee, S.-I., Ganapathi, V., and Koller, D. (2007). Efficient structure learning of markov networks using l_1-regularization. In Schölkopf, B., Platt, J., and Hoffman, T., editors, *Advances in Neural Information Processing Systems 19*, pages 817–824. MIT Press, Cambridge, MA.

Leslie, C., Eskin, E., Cohen, A., Weston, J., and Noble, W. S. (2003). Mismatch string kernels for discriminative protein classification. *Bioinformatics*, 1:1–10.

Leslie, C., Eskin, E., Cohen, A., Weston, J., and Noble, W. S. (2004). Mismatch string kernels for discriminative protein classification. *Bioinformatics*, 20(4):467–476.

Levina, E. (2002). *Statistical issues in texture analysis*. PhD thesis, Department. of Statistics, University of California, Berkeley.

Lin, H., McCulloch, C., Turnbull, B., Slate, E., and Clark, L. (2000). A latent class mixed model for analyzing biomarker trajectories in longitudinal data with irregularly scheduled observations. *Statistics in Medicine*, 19:1303–1318.

Lin, Y. and Zhang, H. (2006). Component selection and smoothing in smoothing spline analysis of variance models. *Annals of Statistics*, 34:2272–2297.

Little, R. and Rubin, D. (2002). *Statistical Analysis with Missing Data (2nd Edition)*. Wiley, New York.

Lloyd, S. (1957). Least squares quantization in PCM. Technical report, Bell Laboratories. Published in 1982 in IEEE Transactions on Information Theory 28 128-137.

Loader, C. (1999). *Local Regression and Likelihood*. Springer, New York.

Logosi, G. and Vayatis, N. (2004). On the bayes-risk consistency of regularized boosting methods. *Annals of Statistics*, 32(1):30–55.

Loh, W. and Vanichsetakul, N. (1988). Tree structured classification via generalized discriminant analysis. *Journal of the American Statistical Association*, 83:715–728.

Macnaughton Smith, P., Williams, W., Dale, M., and Mockett, L. (1965). Dissimilarity analysis: a new technique of hierarchical subdivision. *Nature*, 202:1034–1035.

MacKay, D. (1992). A practical Bayesian framework for backpropagation neural networks. *Neural Computation*, 4:448–472.

MacQueen, J. (1967). Some methods for classification and analysis of multivariate observations. In *Proceedings of the Fifth Berkeley Symposium on Mathematical Statistics and Probability, eds. L.M. LeCam and J. Neyman*, pages 281–297, University of California Press.

Madigan, D. and Raftery, A. (1994). Model selection and accounting for model uncertainty using Occam's window. *Journal of the American Statistical Association*, 89:1535–46.

Mardia, K., Kent, J., and Bibby, J. (1979). *Multivariate Analysis*. Academic Press.

Mason, L., Baxter, J., Bartlett, P., and Frean, M. (2000). Boosting algorithms as gradient descent. In Solla, S., Leen, T., and Muller, K.-R., editors, *Neural Information Processing Systems 1999*, volume 12, pages 512–518. MIT Press.

Massart, D., Plastria, F., and Kaufman, L. (1983). Non-hierarchical clustering with MASLOC. *The Journal of the Pattern Recognition Society*, 16:507–516.

McCullagh, P. and Nelder, J. (1989). *Generalized Linear Models*. Chapman and Hall, London.

McCulloch, W. and Pitts, W. (1943). A logical calculus of the ideas imminent in nervous activity. *Bulletin of Mathematical Biophysics*, 5:115–133. Reprinted in Anderson and Rosenfeld (1988), pp 96-104.

McLachlan, G. (1992). *Discriminant Analysis and Statistical Pattern Recognition*. Wiley, New York.

Mease, D. and Wyner, A. (2008). Evidence contrary to the statistical view of boosting (with discussion). *Journal of Machine Learning Research*, 9:131–156.

Meinshausen, N. (2007). Relaxed lasso. *Computational Statistics and Data Analysis*, 52(1):374–293.

Meinshausen, N. and Bühlmann, P. (2006). High-dimensional graphs and variable selection with the lasso. *Annals of Statistics*, 34:1436–1462.

Meir, R. and Rätsch, G. (2003). An introduction to boosting and leveraging. In Mendelson, S. and Smola, A., editors, *Lecture notes in Computer Science*, Advanced Lectures in Machine Learning. Springer, New York.

Michie, D., Spiegelhalter, D., and Taylor, C., editors (1994). *Machine Learning, Neural and Statistical Classification*. Ellis Horwood Series in Artificial Intelligence. Ellis Horwood.

Morgan, J. N. and Sonquist, J. A. (1963). Problems in the analysis of survey data, and a proposal. *Journal of the American Statistical Association*, 58:415–434.

Murray, W., Gill, P., , and Wright, M. (1981). *Practical Optimization*. Academic Press.

Myles, J. and Hand, D. (1990). The multiclass metric problem in nearest neighbor classification. *Pattern Recognition*, 23:1291–1297.

Nadler, B. and Coifman, R. R. (2005). An exact asymptotic formula for the error in CLS and in PLS: The importance of dimensional reduction in multivariate calibration. *Journal of Chemometrics*, 102:107–118.

Neal, R. (1996). *Bayesian Learning for Neural Networks*. Springer, New York.

Neal, R. and Hinton, G. (1998). *A view of the EM algorithm that justifies incremental, sparse, and other variants; in Learning in Graphical Models, M. Jordan (ed.)*, pages 355–368. Dordrecht: Kluwer Academic Publishers, Boston, MA.

Neal, R. and Zhang, J. (2006). High dimensional classification with bayesian neural networks and dirichlet diffusion trees. In Guyon, I., Gunn, S., Nikravesh, M., and Zadeh, L., editors, *Feature Extraction, Foundations and Applications*, pages 265–296. Springer, New York.

Onton, J. and Makeig, S. (2006). Information-based modeling of event-related brain dynamics. In Neuper and Klimesch, editors, *Progress in Brain Research*, volume 159, pages 99–120. Elsevier.

Osborne, M., Presnell, B., and Turlach, B. (2000a). A new approach to variable selection in least squares problems.

IMA Journal of Numerical Analysis, 20:389–404.

Osborne, M., Presnell, B., and Turlach, B. (2000b). On the lasso and its dual. *Journal of Computational and Graphical Statistics*, 9:319–337.

Pace, R. K. and Barry, R. (1997). Sparse spatial autoregressions. *Statistics and Probability Letters*, 33:291–297.

Page, L., Brin, S., Motwani, R., and Winograd, T. (1998). The pagerank citation ranking: bringing order to the web. Technical report, Stanford Digital Library Technologies Project. `http://citeseer.ist.psu.edu/page98pagerank.html`.

Park, M. Y. and Hastie, T. (2007). l_1-regularization path algorithm for generalized linear models. *Journal of the Royal Statistical Society Series B*, 69:659–677.

Parker, D. (1985). Learning logic. Technical Report TR-87, Cambridge MA: MIT Center for Research in Computational Economics and Management Science.

Parmigiani, G., Garett, E. S., Irizarry, R. A., and Zeger, S. L., editors (2003). *The Analysis of Gene Expression Data*. Springer, New York.

Paul, D., Bair, E., Hastie, T., and Tibshirani, R. (2008). "Pre-conditioning" for feature selection and regression in high-dimensional problems. *Annals of Statistics*, 36(4):1595–1618.

Pearl, J. (1986). On evidential reasoning in a hierarchy of hypotheses. *Artificial Intelligence*, 28:9–15.

Pearl, J. (1988). *Probabilistic reasoning in intelligent systems: networks of plausible inference*. Morgan Kaufmann, San Francisco, CA.

Pearl, J. (2000). *Causality: Models, Reasoning and Inference*. Cambridge University Press.

Peterson, C. and Anderson, J. R. (1987). A mean field theory learning algorithm for neural networks. *Complex Systems*, 1:995–1019.

Petricoin, E., Ardekani, A., Hitt, B., Levine, P. J., Fusaro, V., Steinberg, S. M., Mills, G. B., Simone, C., Fishman, D. A., Kohn, E., and Liotta, L. A. (2002). Use of proteomic patterns in serum to identify ovarian cancer. *Lancet*, 359:572–577.

Platt, J. (1999). *Fast Training of Support Vector Machines using Sequential Minimal Optimization; in Advances in Kernel Methods—Support Vector Learning, B. Schölkopf and C. J. C. Burges and A. J. Smola (eds)*, pages 185–208. MIT Press, Cambridge, MA.

Quinlan, R. (1993). *C4.5: Programs for Machine Learning*. Morgan Kaufmann, San Mateo.

Quinlan, R. (2004). C5.0. `www.rulequest.com`.

Ramaswamy, S., Tamayo, P., Rifkin, R., Mukherjee, S., Yeang, C., Angelo, M., Ladd, C., Reich, M., Latulippe, E., Mesirov, J., Poggio, T., Gerald, W., Loda, M., Lander, E., and Golub, T. (2001). Multiclass cancer diagnosis using tumor gene expression signature. *PNAS*, 98:15149–15154.

Ramsay, J. and Silverman, B. (1997). *Functional Data Analysis*. Springer, New York.

Rao, C. R. (1973). *Linear Statistical Inference and Its Applications*. Wiley, New York.

Rätsch, G. and Warmuth, M. (2002). Maximizing the margin with boosting. In *Proceedings of the 15th Annual Conference on Computational Learning Theory*, pages 334–350.

Ravikumar, P., Liu, H., Lafferty, J., and Wasserman, L. (2008). Spam: Sparse additive models. In Platt, J., Koller, D., Singer, Y., and Roweis, S., editors, *Advances in Neural Information Processing Systems 20*, pages 1201–1208. MIT Press, Cambridge, MA.

Ridgeway, G. (1999). The state of boosting. *Computing Science and Statistics*, 31:172–181.

Rieger, K., Hong, W., Tusher, V., Tang, J., Tibshirani, R., and Chu, G. (2004). Toxicity from radiation therapy associated with abnormal transcriptional responses to DNA damage. *Proceedings of the National Academy of Sciences*, 101:6634–6640.

Ripley, B. D. (1996). *Pattern Recognition and Neural Networks*. Cambridge University Press.

Rissanen, J. (1983). A universal prior for integers and estimation by minimum description length. *Annals of Statistics*, 11:416–431.

Robbins, H. and Munro, S. (1951). A stochastic approximation method. *Annals of Mathematical Statistics*, 22:400–407.

Roosen, C. and Hastie, T. (1994). Automatic smoothing spline projection pursuit. *Journal of Computational and Graphical Statistics*, 3:235–248.

Rosenblatt, F. (1958). The perceptron: a probabilistic model for information storage and organization in the brain. *Psychological Review*, 65:386–408.

Rosenblatt, F. (1962). *Principles of Neurodynamics: Perceptrons and the Theory of Brain Mechanisms*. Spartan, Washington, D.C.

Rosenwald, A., Wright, G., Chan, W. C., Connors, J. M., Campo, E., Fisher, R. I., Gascoyne, R. D., Muller-Hermelink, H. K., Smeland, E. B., and Staudt, L. M. (2002). The use of molecular profiling to predict survival after chemotherapy for diffuse large b-cell lymphoma. *The New England Journal of Medicine*, 346:1937–1947.

Rosset, S. and Zhu, J. (2007). Adaptable, efficient and robust methods for regression and classification via piecewise linear regularized coefficient paths. Unpublished.

Rosset, S., Zhu, J., and Hastie, T. (2004a). Boosting as a regularized path to a maximum margin classifier. *Journal of Machine Learning Research*, 5:941–973.

Rosset, S., Zhu, J., and Hastie, T. (2004b). Margin maximizing loss functions. In Thrun, S., Saul, L., and Schölkopf, B., editors, *Advances in Neural Information Processing Systems 16*. MIT Press, Cambridge, MA.

Rousseauw, J., du Plessis, J., Benade, A., Jordaan, P., Kotze, J., Jooste, P., and Ferreira, J. (1983). Coronary risk factor screening in three rural communities. *South African Medical Journal*, 64:430–436.

Roweis, S. T. and Saul, L. K. (2000). Locally linear embedding. *Science*, 290:2323–2326.

Rumelhart, D., Hinton, G., and Williams, R. (1986). Learning internal representations by error propagation. In Rumelhart, D. and McClelland, J., editors, *Parallel Distributed Processing: Explorations in the Microstructure of Cognition*, pages 318–362. The MIT Press, Cambridge, MA.

Sachs, K., Perez, O., Pe'er, D., Lauffenburger, D., and Nolan, G. (2003). Causal protein-signaling networks derived from multiparameter single-cell data. *Science*, 308(5721):523–529.

Schapire, R. (1990). The strength of weak learnability. *Machine Learning*, 5(2):197–227.

Schapire, R. (2002). The boosting approach to machine learning: an overview. In Denison, D., Hansen, M., Holmes, C., Mallick, B., and Yu, B., editors, *MSRI workshop on Nonlinear Estimation and Classification*. Springer, New York.

Schapire, R., Freund, Y., Bartlett, P., and Lee, W. (1998). Boosting the margin: a new explanation for the effectiveness of voting methods. *Annals of Statistics*, 26(5):1651–1686.

Schapire, R. and Singer, Y. (1999). Improved boosting algorithms using confidence-rated predictions. *Machine Learning*, 37(3):297–336.

Schölkopf, B., Smola, A., and Müller, K.-R. (1999). Kernel principal component analysis. In Schölkopf, B., Burges, C., and Smola, A., editors, *Advances in Kernel Methods—Support Vector Learning*, pages 327–352. MIT Press, Cambridge, MA, USA.

Schwarz, G. (1978). Estimating the dimension of a model. *Annals of Statistics*, 6(2):461–464.

Scott, D. (1992). *Multivariate Density Estimation: Theory, Practice, and Visualization*. Wiley, New York.

Seber, G. (1984). *Multivariate Observations*. Wiley, New York.

Segal, M. (2004). Machine learning benchmarks and random forest regression. Technical report, eScholarship Repository, University of California. `http://repositories.edlib.org/cbmb/bench_rf_regn`.

Shao, J. (1996). Bootstrap model selection. *Journal of the American Statistical Association*, 91:655–665.

Shenoy, P. and Shafer, G. (1988). An axiomatic framework for Bayesian and belief-function propagation. In AAAI Workshop on Uncertainty in AI, pages 307–314. North-Holland.

Short, R. and Fukunaga, K. (1981). The optimal distance measure for nearest neighbor classification. *IEEE*

Transactions on Information Theory, 27:622–627.

Silverman, B. (1986). *Density Estimation for Statistics and Data Analysis*. Chapman and Hall, London.

Silvey, S. (1975). *Statistical Inference*. Chapman and Hall, London.

Simard, P., Cun, Y. L., and Denker, J. (1993). Efficient pattern recognition using a new transformation distance. In *Advances in Neural Information Processing Systems*, pages 50–58, San Mateo, CA. Morgan Kaufman.

Simon, R. M., Korn, E. L., McShane, L. M., Radmacher, M. D., Wright, G., and Zhao, Y. (2004). *Design and Analysis of DNA Microarray Investigations*. Springer, New York.

Sjöstrand, K., Rostrup, E., Ryberg, C., Larsen, R., Studholme, C., Baezner, H., Ferro, J., Fazekas, F., Pantoni, L., Inzitari, D., and Waldemar, G. (2007). Sparse decomposition and modeling of anatomical shape variation. *IEEE Transactions on Medical Imaging*, 26(12):1625–1635.

Speed, T., editor (2003). *Statistical Analysis of Gene Expression Microarray Data*. Chapman and Hall, London.

Speed, T. and Kiiveri, H. T. (1986). Gaussian Markov distributions over finite graphs. *Annals of Statistics*, 14:138–150.

Spiegelhalter, D., Best, N., Gilks, W., and Inskip, H. (1996). Hepatitis B: a case study in MCMC methods. In Gilks, W., Richardson, S., and Spegelhalter, D., editors, *Markov Chain Monte Carlo in Practice*, Interdisciplinary Statistics, pages 21–43. Chapman and Hall, London.

Spielman, D. A. and Teng, S.-H. (1996). Spectral partitioning works: Planar graphs and finite element meshes. In *IEEE Symposium on Foundations of Computer Science*, pages 96–105.

Stamey, T., Kabalin, J., McNeal, J., Johnstone, I., Freiha, F., Redwine, E., and Yang, N. (1989). Prostate specific antigen in the diagnosis and treatment of adenocarcinoma of the prostate II radical prostatectomy treated patients. *Journal of Urology*, 16:1076–1083.

Stone, C., Hansen, M., Kooperberg, C., and Truong, Y. (1997). Polynomial splines and their tensor products (with discussion). *Annals of Statistics*, 25(4):1371–1470.

Stone, M. (1974). Cross-validatory choice and assessment of statistical predictions. *Journal of the Royal Statistical Society Series B*, 36:111–147.

Stone, M. (1977). An asymptotic equivalence of choice of model by cross-validation and Akaike's criterion. *Journal of the Royal Statistical Society Series B.*, 39:44–7.

Stone, M. and Brooks, R. (1990). Continuum regression: cross-validated sequentially constructed prediction embracing ordinary least squares, partial least squares and principal components regression (Corr: V54 p906-907). *Journal of the Royal Statistical Society, Series B*, 52:237–269.

Storey, J. (2002). A direct approach to false discovery rates. *Journal of the Royal Statistical Society B.*, 64(3):479–498.

Storey, J. (2003). The positive false discovery rate: A Bayesian interpretation and the q-value. *Annals of Statistics*, 31:2013–2025.

Storey, J., Taylor, J., and Siegmund, D. (2004). Strong control, conservative point estimation, and simultaneous conservative consistency of false discovery rates: A unified approach. *Journal of the Royal Statistical Society, Series B*, 66:187–205.

Storey, J. and Tibshirani, R. (2003). Statistical significance for genomewide studies. *Proceedings of the National Academy of Sciences*, 100-:9440–9445.

Surowiecki, J. (2004). *The Wisdom of Crowds: Why the Many are Smarter than the Few and How Collective Wisdom Shapes Business, Economics, Societies and Nations.* Little, Brown.

Swayne, D., Cook, D., and Buja, A. (1991). Xgobi: Interactive dynamic graphics in the X window system with a link to S. In *ASA Proceedings of Section on Statistical Graphics*, pages 1–8.

Tanner, M. and Wong, W. (1987). The calculation of posterior distributions by data augmentation (with discussion). *Journal of the American Statistical Association*, 82:528–550.

Tarpey, T. and Flury, B. (1996). Self-consistency: A fundamental concept in statistics. *Statistical Science*, 11:229–243.

Tenenbaum, J. B., de Silva, V., and Langford, J. C. (2000). A global geometric framework for nonlinear dimensionality reduction. *Science*, 290:2319–2323.

Tibshirani, R. (1996). Regression shrinkage and selection via the lasso. *Journal of the Royal Statistical Society, Series B*, 58:267–288.

Tibshirani, R. and Hastie, T. (2007). Margin trees for high-dimensional classification. *Journal of Machine Learning Research*, 8:637–652.

Tibshirani, R., Hastie, T., Narasimhan, B., and Chu, G. (2001a). Diagnosis of multiple cancer types by shrunken centroids of gene expression. *Proceedings of the National Academy of Sciences*, 99:6567–6572.

Tibshirani, R., Hastie, T., Narasimhan, B., and Chu, G. (2003). Class prediction by nearest shrunken centroids, with applications to DNA microarrays. *Statistical Science*, 18(1):104–117.

Tibshirani, R. and Knight, K. (1999). Model search and inference by bootstrap "bumping. *Journal of Computational and Graphical Statistics*, 8:671–686.

Tibshirani, R., Saunders, M., Rosset, S., Zhu, J., and Knight, K. (2005). Sparsity and smoothness via the fused lasso. *Journal of the Royal Statistical Society, Series B*, 67:91–108.

Tibshirani, R., Walther, G., and Hastie, T. (2001b). Estimating the number of clusters in a dataset via the gap statistic. *Journal of the Royal Statistical Society, Series B.*, 32(2):411–423.

Tibshirani, R. and Wang, P. (2007). Spatial smoothing and hot spot detection for CGH data using the fused lasso. *Biostatistics*, 9:18–29.

Tropp, J. (2004). Greed is good: algorithmic results for sparse approximation. *IEEE Transactions on Information Theory*, 50:2231– 2242.

Tropp, J. (2006). Just relax: convex programming methods for identifying sparse signals in noise. *IEEE Transactions on Information Theory*, 52:1030–1051.

Valiant, L. (1984). A theory of the learnable. *Communications of the ACM*, 27:1134–1142.

van der Merwe, A. and Zidek, J. (1980). Multivariate regression analysis and canonical variates. *The Canadian Journal of Statistics*, 8:27–39.

Vapnik, V. (1996). *The Nature of Statistical Learning Theory*. Springer, New York.

Vapnik, V. (1998). *Statistical Learning Theory*. Wiley, New York.

Vidakovic, B. (1999). *Statistical Modeling by Wavelets*. Wiley, New York.

Von Luxburg, U. (2007). A tutorial on spectral clustering. *Statistics and Computing*, 17(4):395–416.

Wahba, G. (1980). Spline bases, regularization, and generalized cross-validation for solving approximation problems with large quantities of noisy data. In *Proceedings of the International Conference on Approximation theory in Honour of George Lorenz*, pages 905–912, Austin, Texas. Academic Press.

Wahba, G. (1990). *Spline Models for Observational Data*. SIAM, Philadelphia.

Wahba, G., Lin, Y., and Zhang, H. (2000). GACV for support vector machines. In Smola, A., Bartlett, P., Schölkopf, B., and Schuurmans, D., editors, *Advances in Large Margin Classifiers*, pages 297–311, Cambridge, MA. MIT Press.

Wainwright, M. (2006). Sharp thresholds for noisy and high-dimensional recovery of sparsity using ℓ_1-constrained quadratic programming. Technical report, Department of Statistics, University of California, Berkeley.

Wainwright, M. J., Ravikumar, P., and Lafferty, J. D. (2007). High-dimensional graphical model selection using ℓ_1-regularized logistic regression. In Schölkopf, B., Platt, J., and Hoffman, T., editors, *Advances in Neural Information Processing Systems 19*, pages 1465–1472. MIT Press, Cambridge, MA.

Wasserman, L. (2004). *All of Statistics: a Concise Course in Statistical Inference*. Springer, New York.

Weisberg, S. (1980). *Applied Linear Regression*. Wiley, New York.

Werbos, P. (1974). *Beyond Regression*. PhD thesis, Harvard University.

Weston, J. and Watkins, C. (1999). Multiclass support vector machines. In Verleysen, M., editor, *Proceedings of ESANN99*. D. Facto Press, Brussels.

Whittaker, J. (1990). *Graphical Models in Applied Multivariate Statistics*. Wiley, Chichester.

Wickerhauser, M. (1994). *Adapted Wavelet Analysis from Theory to Software*. A.K. Peters Ltd, Natick, MA.

Widrow, B. and Hoff, M. (1960). Adaptive switching circuits. In *IRE WESCON Convention record*, volume 4. pp 96-104; Reprinted in Andersen and Rosenfeld (1988).

Wold, H. (1975). Soft modelling by latent variables: the nonlinear iterative partial least squares (NIPALS) approach. In *Perspectives in Probability and Statistics, In Honor of M. S. Bartlett*, pages 117–144.

Wolpert, D. (1992). Stacked generalization. *Neural Networks*, 5:241–259.

Wu, T. and Lange, K. (2007). The MM alternative to EM. unpublished.

Wu, T. and Lange, K. (2008). Coordinate descent procedures for lasso penalized regression. *Annals of Applied Statistics*, 2(1):224–244.

Yee, T. and Wild, C. (1996). Vector generalized additive models. *Journal of the Royal Statistical Society, Series B.*, 58:481–493.

Yuan, M. and Lin, Y. (2007). Model selection and estimation in regression with grouped variables. *Journal of the Royal Statistical Society, Series B*, 68(1):49–67.

Zhang, P. (1993). Model selection via multifold cross-validation. *Annals of Statistics*, 21:299–311.

Zhang, T. and Yu, B. (2005). Boosting with early stopping: convergence and consistency. *Annals of Statistics*, 33:1538–1579.

Zhao, P., Rocha, G., and Yu, B. (2008). The composite absolute penalties for grouped and hierarchichal variable selection. *Annals of Statistics*. (to appear).

Zhao, P. and Yu, B. (2006). On model selection consistency of lasso. *Journal of Machine Learning Research*, 7:2541–2563.

Zhu, J. and Hastie, T. (2004). Classification of gene microarrays by penalized logistic regression. *Biostatistics*, 5(2):427–443.

Zhu, J., Zou, H., Rosset, S., and Hastie, T. (2005). Multiclass adaboost. Unpublished.

Zou, H. (2006). The adaptive lasso and its oracle properties. *Journal of the American Statistical Association*, 101:1418–1429.

Zou, H. and Hastie, T. (2005). Regularization and variable selection via the elastic net. *Journal of the Royal Statistical Society Series B.*, 67(2):301–320.

Zou, H., Hastie, T., and Tibshirani, R. (2006). Sparse principal component analysis. *Journal of Computational and Graphical Statistics*, 15(2):265–28.

Zou, H., Hastie, T., and Tibshirani, R. (2007). On the degrees of freedom of the lasso. *Annals of Statistics*, 35(5):2173–2192.

关键名词和术语中英文对照

半参数统计：semiparametric statistics
包外：out-of-bag，简称 OOB
薄板样条：thin-plate spline
贝叶斯分类器：Bayes classifier
贝叶斯率：Bayes rate
贝叶斯网络：Bayesian network
贝叶斯信息准则：Bayesian information criterion，简写为 BIC
贝叶斯因子：Bayes factor
被调整的响应：adjusted response
比较基因组杂交：Comparative Genomic Hybridization，CGH
边缘：margin
边缘树：margin tree
编辑：editing
变度量法：variable metric method
变量重要性：variable importance
变系数模型：varying coefficient model
标准变量：canonical variates
标准方程：normal equation
玻尔兹曼机：Boltzmann machine
不变度量：invariant metric
不变流形：invariance manifolds
部分协方差：partial covariance

采样分布：sampling distribution
参考空间：reference space
参数模型：parametric model
参数有效数量：effective number of parameters
参数自举：parametric bootstrap
残差平方和：residual sum of squares
层次专家混合：hierarchical mixtures of experts，简称 HME
插入：plug-in
超度量不等式：ultrametric inequality
成组 Lasso：grouped Lasso
惩罚判别分析：penalized discriminant analysis
词袋：bag of words
词典：dictionary
错误发现率：false discovery rate
错误纠正输出编码：error-correcting output codes，简称 ECOC

代价复杂性剪枝：cost-complexity pruning
代理分裂：surrogate splits
单变量筛选：univariate screening
单链接：single linkage
单指数模型：single index model
等度规特征映射：Isometric feature mapping，ISOMAP
等分回归：isotonic regression
等价核：equivalent kernel
递归特征消除：recursive feature elimination
典型相关分析：canonical correlation analysis
典型相关问题：canonical correlation problem
迭代加权最小二乘：iteratively reweighted least squares，简称 IRLS

迭代重加权最小二乘：iteratively reweighted least squares
动态时间变形：dynamic time warping
独立分量分析：independent component analysis，简称 ICA
独立同分布：independent and identically distributed
度量：metric
对比泛函：contrast funtional
对比散度：contrastive divergence
对角协方差：diagonal-covariance
对偶空间：dual space
对数几率：log-odds
对数周期图：log-periodogram
多编辑：multi-edit
多分辨率分析：multiresolution analysis
多类指数损失：multiclass exponential loss
多模分布：multimodal distribution
多数--最小：majorize-minimize
多通道脑电图扫描仪：electroencephalographic，EEG
多维尺度：multidimensional scaling，简称 MDS
　局部多维尺度：local multi-dimensional scaling
多线性回归模型：multiple linear regression model
多项式分布：multinomial distribution
多项式偏差：multinomial deviance
多项式似然：multinomial likelihood
多元加性回归树：Multiple additive regression trees, 简称 MART
多重假设检验：multiple hypothesis testing
多重检验：multiple testing

二次判别分析：Quadratic discriminant analysis，简称 QDA
二次判别函数：quadratic discriminant functions，简称 QDA
二项式平均：binomial average

罚判别分析：penalized discriminant analysis
罚线性回归分析：penalized linear discriminant analysis
反射对：reflected pair
反向传播：back-propagation
　反向传播方程式：back-propagation equation
反向传递：backward pass
反向拟合方程：backfitting equation
泛化：generalization
泛化误差：generalization error
范畴：category
方差分析：analysis-of-variance，简写为 ANOVA
非参自举：nonparametric bootstrap
非负矩阵分解：non-negative matrix factorization
非监督：unsupervised
非监督学习：unsupervised learning
非线性 P 值：nonlinear P-value
分步反向选择：backward-stepwise selection
分段多项式：piecewise polynomial
分类：classification
分离超平面：separating hyperplane
分裂型：divisive
分族误差率：family-wise error rate
粉碎：shatter
父函数：father function
负熵：negentropy
负载：loadin
复杂性：complexity

傅里叶变换：Fourier transform

感受野：receptive field
感知机：perceptron
感知机学习算法：perceptron learning algorithm
高斯-马尔可夫定理：Gaussian – Markov theorem
高斯-塞德尔：Gaussi-Seidel
格莱姆-施密特：Gram-Schmidt
估计偏差：estimation bias
观测信息：observed information
冠心病：coronary heart disease，简称 CHD
广义 EM：generalized EM，GEM 算法
广义逼近子：universal approximator
广义加性模型：generalized additive models
广义加性样条模型：generalized additive spline model
广义交叉验证：generalized cross validation，简写为 GCV
广义线性模型：generalized linear model
过参数：overparametrized
过完备：over-complete

哈尔：Haar
哈夫曼：Huffman
哈密顿动态学：Hamiltonian dynamics
海森：Hessian
海森矩阵：Hessian matrix
合并树：junction tree
核性质：kernel property
核主成分：kernel principal component
黑箱：black box
后向分步删除过程：backward stepwise deletion process
后验众数：posterior mode
互 K 最近邻图：mutual K-nearest-neighbor graph
互信息：mutual information
划分：partition
回归：regression
回归样条：regression spline
混合建模：mixture modeling
混合蒙特卡罗：hybrid Monte Carlo
混合判别分析：mixture discriminant analysis

鸡尾酒会：cocktail party
基寻踪：basis pursuit
基于记忆：memory-based
基于样本的学习：learning by example
激活函数：activation function
加性模型：additive model
加性样条：additive spline
间隙统计量：Gap Statistic
监督学习：supervised learning
监督主成分：supervised principal components
降秩回归：reduced-rank regression
交叉熵：cross entropy
交互样条：interact spline
椒盐：salt-and-pepper
节点：node
结构风险最小化：structured risk minimization，简写为 SRM
截断幂：truncated power
截峰填壑：trimming the hills and filling the valleys
紧性：compactness
经典尺度：classical scaling
径向核格拉姆矩阵：radial-kernel gram matrix
径向基函数：radial basis function

径向基函数网络：radial basis function network
局部加权回归：locally weighted regression
局部线性嵌套：locally linear embedding，简称 LLE
局部支集：local support
聚合型：agglomerative
聚类：cluster 或 clustering
聚团协方差：pooled covariance
卷积网络：convolutional network
决策边界：decision boundary
均方根误差：mean squared error

可分解模型：decomposable model
可预见性：predictability
块聚类：blook custeny

垃圾邮件：spam
拉格朗日形式：Lagrangian form
拉普拉斯近似：Laplace approximation
类间协方差：between-class covariance
类内协方差：within-class covariance
离散变量：discrete variables
联合密度：joint density
联合树：join tree
链锁：chaining
两次传递：two-pass
邻接：adjacent
邻接矩阵：adjacency matrix
邻近函数：neighborhood function
邻近图：proximity plot
零膨胀：zero-inflated
岭函数：ridge function
岭回归：ridge regression
留一法：leave-one-out，简称 LOO
留一法：leave-one-out，简写为 LOO
路径：path
逻辑斯特：logistic
率失真：rate distortion

马尔可夫链蒙特卡罗：Markov Chain Monte Carlo，MCMC
马尔可夫随机场：Markov random field
马尔可夫网络：Markov network
马氏度量：Mahalanobis metric
码本：codebook
盲源分离：blind source separation
帽矩阵：hat matrix
蒙特卡罗：Monte-Carlo
幂方法：power method
敏感性：sensitivity
模式寻找者：mode seekers
模型复杂性：model complexity
模型偏差：model bias
模型项：model term
模型选择：model selection
母小波：mother wavelet
目标：target

耐心规则归纳方法：Patient rule induction method，简称 PRIM
内插：interpolate
逆小波变换：inverse wavelet transform
牛顿-拉夫逊：Newton-Raphson
浓缩：condensing

判别变量：discriminant variable
判别变量：discriminant variate
判别得分：discriminant score
判别函数：discriminant functions
判别自适应最近邻：discriminant adaptive nearest-neighbor，简称 DANN
判别坐标：discriminant coordinates
批学习：batch learning

皮尔森卡方统计量：Pearson Chi-square statistics
偏差：bias
偏差：deviance
偏差-方差分解：bias-variance decomposition
偏差分析：analysis of deviance
偏最小二乘：partial least squares
平方误差损失：squared error los
平滑：smoothing
平滑参数：smoothing parameter
平滑矩阵：smoother matrix
平均链接：average linkag
评分函数：score function
评估表示子：representer of evaluation
朴素贝叶斯：Naive Bayes
普洛克路斯忒斯变换：Procrustes transform
　Procrustes 平均：procrustes average
　有放缩的 Procrustes 距离：Procrustes distance with scaling

期望置信水平：expected confidence
奇异值：singular value
奇异值分解：singular value decomposition
前向传递：forward pass
前向分步选择：forward-stepwise selection
前向分阶段：forward stage-wise
欠拟合：underfit
乔里斯基分解：Cholesky decomposition
切距离：tangent distance
切片逆回归：sliced inverse regression
权衰减：weight decay
权衰减：weight decay
权衰减惩罚：weight decay penalty
权重：weight
全局马尔可夫特性：global Markov property
全链接：complete linkage
缺失值：missing value

热力图：heat maps
融合 Lasso：fused Lasso
　融合 Lasso 信号近似算子：fused Lasso signal approximator
柔性光滑方法：flexible smoothing method
柔性判别分析：flexible discriminant analysis
软分裂：soft split
瑞利商：Rayleigh quotient
弱学习器：weak learner
弱学习器：weaker learner

三次方光滑样条：cubic smoothing spline
三次样条：cubic spline
散点图平滑子：scatterplot smoother
散点云图：scatter-cloud
少数-最大：minorize-maximize
神经网络：neural network
时频定位：localized in time and frequency
时频定位性：time and frequency localization
似然比测试：likelihood-ratio test，亦即 deviance test
似然函数：likelihood function
势：potential
受限玻尔兹曼机：Restricted Boltzmann Machines，简称 RBM
舒瓦茨准则：Schwarz criterion
输出：output
输入：input
属性：attribute
树的自由度：degrees of freedom of a tree

树状图：dendogram
数据堆存：Data Piling
数据增广：data augmentation
双背：two-back
双峰性：bi-modality
瞬时前缀码：instantaneous prefix code
松驰 Lasso：relaxed Lasso
随机逼近：stochastic approximation
随机缺失：missing at random，简称 MAR
随机森林：random forest
随机梯度 boosting：stochastic gradient boostin
随机梯度下降：stochastic gradient descent
损失函数：loss function

贪婪算法：greedy algorithm
探测式投影寻踪：exploratory projection pursuit
特异性：specificity
特征：feature
特征：features
特征分解：eigen decomposition
特征空间：feature space
梯度 boosted 模型：gradient boosted model，简称 GBM
填充：impute
条件似然：conditional likelihood
同表象相关系数：cophenetic correlation coefficient
同质：homotopy
统计独立：statistically independent
统计模型：statistical model
统计学习：statistical learning
投影寻踪回归：projection pursuit regression
投影寻踪模型：projection pursuit model
投影指标：projection index
凸块搜索：bump hunting
图 lasso：graphical lasso
图拉普拉斯：graph Laplacian
团：clique
团势函数：clique potential
推断：inference

外插：extrapolation
完全随机的缺失：missing completely at random, MCAR
完全图：complete graph
网络图：network diagram
微阵列显著性分析：significance analysis of microarrays, 简称 SAM
维数灾：curse of dimensionality
伪牛顿：quasi-Newton
尾部分位数：tail quantile
委员会：committee
未标准化的图拉普拉斯：unnormalized graph Laplacian
沃罗诺伊镶嵌：Voronoi tessellation
无教师指导的学习：learning without a teacher
无穷小分阶段前向回归：infinitesimal forward stagewise regression
无向图：undirected graph
无信息错误率：non-information error rate
无信息先验：noninformative prior

稀疏主成分：sparse principal component
系数：coefficient
现成的方法：off-the-shelf
线框图：wire-frame plot
线性部分：linear part
线性对比泛函：linear contrast functional
线性基展开：linear basis expansion
线性模型：linear model

线性判别分析：LDA
线性判别函数：linear discriminant function
线性平滑子：linear smoother
相对过拟合比率：relative overfitting rate
相关网络：relevance network
相似：similarity
响应：response
响应度：responsibility
响应度：responsibiliy
向后拟合过程：backfitting procedure
向量量化：vector quantization
项集：item set
小波：wavelet
小波变换：wavelet transform
协方差图：covariance graph
信息矩阵：information matrix
形状平均：shape everaging
学习：learning
学习率：learning rate
学习器：learner
训练：training
训练迭代次数：training epoch
训练集：training set
训练误差：training error

压力函数：stress function
哑变量：dummy variable
掩蔽效应：masking effect
样本内：in-sample
样本外：extra-sample
样条：spline
一对全体：one versus all，简称 OVA
一对一：one versus one, OVO
一个标准误差：one-standard-error
伊辛模型：Ising model
因变量：dependent variable
因子：factor
因子分析：factor analysis
因子负载：factor loading
隐类别模型：Latent class model
用于多路连续表的对数线性模型：loglinear models for multiway contingency tables
有教师指导的学习：learning with a teacher
有向图模型：directed graphical model
有效自由度：effective degree of freedom
有序范畴变量：ordered categorical
有约束的拓扑映射：constrained topological map
预测分布：predictive distribution
预测精度：prediction accuracy
预测-校正：predictor-corrector
预测子：predictor
预条件处理：pre-conditioning
原型：prototype

再生核希尔伯特空间：reproducing kernel Hilbert space
再生性：reproducing property
在线算法：online algorithm
窄峰核：narrow peaked kernel
粘贴：pasting
张量积：tensor product
正错误发现率：positive false discovery rate
正交投影：orthogonal projection
正则化：regularization
支撑点：support points
支持向量机：support vector machine
直线搜索：line search
指示响应矩阵：indicator response matrix
置信水平：confidence
重构误差：reconstruction error
重要性采样学习集成：Importance sampled learning ensemble

逐对马尔可夫独立性：pairwise Markov independency
逐对马尔可夫图：pairwise Markov graph
主成分：principal components 或 Karhunen-Loeve
主点：principal points
主动集：active set
主曲面：principal surfaces
主曲线：principal curves
子梯度：sub-gradient
子图：subgraph
自变量：independent variable
自动核校正技术：automatic kernel carpentry
自动相关性判定：automatic relevance determination
自举法：Bootstrap
自举法：bootstrap
自然三次样条：natural cubic spline
自适应 Lasso：adaptive Lasso
自下而上：bottom-up
自相合：self-consistency
字典：dictionary
组合算法：combinatorial algorithm
最大似然估计：maximum likelihood estimation
最近邻：nearest-neighbor
最近收缩质心：nearest shrunken centroids，简称 NSC
最弱链接剪枝：weakest link pruning
最小二乘：least square
最小角度回归：least angle regression
最小角度回归算法：least angle regression
最小描述长度：minimum description length，简写为 MDL
最小约束模型：least constrained model
最优分离超平面：optimal separating hyperplane
最优评分：optimal scoring
最远邻技术：furthest-neighbor
左奇异向量：left singular vector
坐标函数：coordinate function
坐标下降：coordinate-descent

k 最近邻：k-nearest neighbor
Akaike 信息准则：Akaike information criterion，简写为 AIC
bootstrap 集成：bootstrap aggregation
Lasso：Lasso
Rao 分数检验：Rao score test
Sammon 映射：Sammon mapping
Shephard-Krusal 非度量尺度：Shephard-Krusal nonmetric scaling
Vapnik-Chervonenkis 维：Vapnik-Chervonenkis dimension，简写为 VC 维
Voronoi 嵌图：Voronoi tessellation